Springer-Verlag Berlin Heidelberg GmbH

# Handbibliothek für Bauingenieure

**Ein Hand- und Nachschlagebuch für Studium und Praxis**

Herausgegeben von

Dr.-Ing. e. h. **Robert Otzen**

Präsident des staatlichen Materialprüfungsamts Berlin,
Geheimer Regierungsrat und Professor, Technische Hochschule Berlin

I. Teil: Hilfswissenschaften ............ 5 Bände

II. Teil: Eisenbahnwesen und Städtebau .. 10 Bände

III. Teil: Wasserbau .................... 8 Bände

IV. Teil: Konstruktiver Ingenieurbau ...... 5 Bände

## Inhaltsverzeichnis.

### I. Teil: Hilfswissenschaften.

*1. Band: Mathematik. Von Prof. Dr. phil. H. E. Timerding, Braunschweig. Mit 192 Textabbildungen. VIII und 242 Seiten. 1922. Gebunden RM 6.40

*2. Band: Mechanik. Von Dr.-Ing. Fritz Rabbow, Hannover. Mit 237 Textfiguren. VIII und 204 Seiten. 1922. Gebunden RM 6.40

*3. Band: Maschinenkunde. Von Prof. H. Weihe, Berlin. Mit 445 Textabbildungen. VIII und 232 Seiten. 1923. Gebunden RM 7.40

4. Band: Vermessungskunde. Von Geh. Baurat Prof. Dr.-Ing. Martin Näbauer, München. Zweite Auflage. Mit 439 Textabbildungen.

*5. Band: Betriebswissenschaft. Von Dr.-Ing. Max Mayer, Duisburg. Mit 31 Textabbildungen. X und 220 Seiten. 1926. Gebunden RM 16.50

### II. Teil: Eisenbahnwesen und Städtebau.

*1. Band: Städtebau. Von Prof. Dr.-Ing. Otto Blum, Hannover, Prof. G. Schimpff †, Aachen, und Stadtbauinspektor Dr.-Ing. W. Schmidt, Stettin. Mit 482 Textabbildungen. XIV und 478 Seiten. 1921. Gebunden RM 15.—

*2. Band: Linienführung. Von Prof. Dr.-Ing. Erich Giese, Prof. Dr.-Ing. Otto Blum und Prof. Dr.-Ing. Kurt Risch, Hannover. Mit 184 Textabbildungen. XII und 435 Seiten. 1925. Gebunden RM 21.—

*3. Band: Unterbau. Von Prof W. Hoyer, Hannover. Mit 162 Textabbildungen. VIII und 187 Seiten. 1923. Gebunden RM 8.—

*4. Band: Oberbau und Gleisverbindungen. Von Dr.-Ing. Adolf Bloss, Dresden. Mit 245 Textabbildungen. VII und 174 Seiten. 1927. Gebunden RM 13.50

*5. Band, Erster Teil: Personen- und Güterbahnhöfe. Von Prof. Dr.-Ing. Otto Blum, Hannover. Mit 337 Textabbildungen. VI und 273 Seiten. 1930. Gebunden RM 28.50

---

* *Auf alle vor dem 1. Juli 1931 erschienenen Bücher wird ein Notnachlaß von 10 % gewährt.*

5. Band, Zweiter Teil: Verschiebebahnhöfe. Von Prof. Dr.-Ing. O. Ammann, Karlsruhe. Erscheint 1933.

*6. Band: Eisenbahn-Hochbauten. Von Regierungs- und Baurat C. Cornelius, Berlin. Mit 157 Textabbildungen. VIII und 128 Seiten. 1921. Gebunden RM 6.40

*7. Band: Sicherungsanlagen im Eisenbahnbetriebe. Auf Grund gemeinsamer Vorarbeit mit Prof. Dr.-Ing. M. Oder † verfaßt von Geh. Baurat Prof. Dr.-Ing. W. Cauer, Berlin. Mit einem Anhang „Fernmeldeanlagen und Schranken" von Regierungsbaurat Dr.-Ing. F. Gerstenberg, Berlin. Mit 484 Abbildungen im Text und auf 4 Tafeln. XVI und 460 Seiten. 1922. Gebunden RM 15.—

*8. Band: Verkehr und Betrieb der Eisenbahnen. Von Prof. Dr.-Ing. Otto Blum, Hannover, Oberregierungsbaurat Dr.-Ing. G. Jacobi, Erfurt, und Prof. Dr.-Ing. Kurt Risch, Hannover. Mit 86 Textabbildungen. XIII und 418 Seiten. 1925. Gebunden RM 21.—

*9. Band: Bergbahnen. Von Prof. Dr.-Ing. O. Ammann, Karlsruhe, und Privatdozent Dr.-Ing. C. v. Gruenewaldt, Karlsruhe. Mit 205 Textabbildungen und einer Tafel. VIII und 178 Seiten. 1930. Gebunden RM 28.—

10. Band: Der neuzeitliche Straßenbau. Aufgaben und Technik. Von Prof. Dr.-Ing. E. Neumann, Stuttgart. Zweite, umgearbeitete und verbesserte Auflage. Mit 274 Textabbildungen. XII und 474 Seiten. 1932. Gebunden RM 35.50

## III. Teil: Wasserbau.

*1. Band: Der Grundbau. Von Prof. O. Franzius, Hannover. Unter Benutzung einer ersten Bearbeitung von Regierungsbaumeister a. D. O. Richter, Frankfurt a. M. Mit 389 Textabbildungen. XIII und 360 Seiten. 1927. Gebunden RM 28.50

*2. Band: See- und Seehafenbau. Von Reg.- und Baurat Prof. H. Proetel, Magdeburg. Mit 292 Textabbildungen. X und 222 Seiten. 1921. Gebunden RM 7.50

3. Band: Lehrbuch des Flußbaues. Von Regierungsbaurat Dr.-Ing. H. Wittmann, Berlin. In Vorbereitung.

*4. Band: Kanal- und Schleusenbau. Von Regierungs- u. Baurat Friedrich Engelhard, Oppeln. Mit 303 Textabbildungen und einer farbigen Übersichtskarte. VIII und 262 Seiten. 1921. Gebunden RM 8.50

5. Band: Wasserversorgung der Städte und Siedlungen. In Vorbereitung.

6. Band: Entwässerung der Städte und Siedlungen. Von Stadtoberbaurat a. D. Professor Wilhelm Geissler, Dresden. Erscheint 1933.

*7. Band: Kulturtechnischer Wasserbau. Von Geh. Reg.-Rat Prof. E. Krüger, Berlin. Mit 197 Textabbildungen. X und 290 Seiten. 1921. Gebunden RM 9.50

8. Band: Wasserkraftanlagen. Von Prof. Dr.-Ing. Adolf Ludin, Berlin. Erscheint Winter 1932/33.

## IV. Teil: Konstruktiver Ingenieurbau.

*1. Band: Statik der Tragwerke. Von Prof. Dr.-Ing. Walther Kaufmann, Hannover. Zweite, ergänzte und verbesserte Auflage. Mit 368 Textabbildungen. VIII und 322 Seiten. 1930. Gebunden RM 19.50

*2. Band: Der Holzbau. Von Dr.-Ing. Th. Gesteschi, Berat. Ingenieur in Berlin. Mit 533 Textabbildungen. X und 421 Seiten. 1926. Gebunden RM 45.—

*3. Band: Der Massivbau. (Stein-, Beton- und Eisenbetonbau.) Von Geh. Reg.-Rat Prof. Dr.-Ing. e. h. Robert Otzen, Berlin. Mit 497 Textabbildungen. XII und 492 Seiten. 1926. Gebunden RM 37.50

*4. Band: Der Eisenbau. Erster Teil: Grundlagen der Konstruktion, feste Brücken. Von Prof. Martin Grüning, Hannover. Mit 360 Textabbildungen. VIII und 441 Seiten. 1929. Gebunden RM 48.—

5. Band: Der Eisenbau. Zweiter Teil: Von Prof. Martin Grüning, Hannover.

* *Auf alle vor dem 1. Juli 1931 erschienenen Bücher wird ein Notnachlaß von 10 % gewährt.*

# Handbibliothek für Bauingenieure

Ein Hand- und Nachschlagebuch für Studium und Praxis

Herausgegeben

von

Dr.-Ing. e. h. **Robert Otzen**
Präsident des staatlichen Materialprüfungsamtes
Geh. Reg.-Rat u. Professor, Techn. Hochschule Berlin

I. Teil. Hilfswissenschaften. 4. Band:

## Vermessungskunde

Von

**M. Näbauer**

Zweite
umgearbeitete und verbesserte Auflage

Springer-Verlag Berlin Heidelberg GmbH

1932

# Vermessungskunde

Von

Dr.-Ing. M. Näbauer
Geh. Baurat, o. Professor an der Technischen Hochschule
zu München

Zweite
umgearbeitete und verbesserte Auflage

Mit 439 Textabbildungen

Springer-Verlag Berlin Heidelberg GmbH
1932

ISBN 978-3-662-41727-0 ISBN 978-3-662-41866-6 (eBook)
DOI 10.1007/978-3-662-41866-6
Softcover reprint of the hardcover 2nd edition 1932

# Vorwort.

Dieses Buch bildet einen Bestandteil der von *R. Otzen* herausgegebenen Handbibliothek für Bauingenieure und wendet sich in erster Linie an diejenigen Bauingenieure, welche nicht nur einige Begriffe erhaschen möchten, sondern sich ernsthaft mit der Vermessungskunde befassen wollen oder müssen. Ist diese schon dem Inlandsbauingenieur unentbehrlich, weil er selbst Vermessungsarbeiten auszuführen oder doch vielfach zu beurteilen oder weiter zu verwenden hat, so ist sie es erst recht für unsere Auslandsingenieure. Ihnen steht kein Vermessungsspezialist zur Seite und sie haben in kartographisch unbekannten Ländern häufig recht umfangreiche Vermessungen vollkommen selbständig durchzuführen.

Eine etwas gründlichere Behandlung des Stoffes war also geboten. Immerhin durfte das Buch nicht zu umfangreich werden. Deshalb mußte die Routenaufnahme von vornherein ausscheiden; aus dem Gebiet der astronomisch geographischen Ortsbestimmung wurden nur die notwendigsten Angaben zur behelfsmäßigen Breiten- und Azimutbestimmung gebracht und auch die Photogrammetrie ist in einem mäßigen Umfang behandelt, so daß dem Buch der Charakter einer Vermessungskunde erhalten bleibt. Für diese Gebiete ist aber durch gute Sonderwerke[1] gesorgt; ihre Weglassung bzw. kürzere Behandlung ist daher kaum als eine wesentliche Lücke anzusprechen.

Die eingeflochtenen Fehlerbetrachtungen und Genauigkeitsangaben haben nicht nur theoretische Bedeutung; sie sollen vor allem den Leser befähigen, das für seine Absichten jeweils zweckmäßigste Beobachtungs- und Aufnahmeverfahren herauszugreifen und unter Vermeidung überflüssiger Arbeit ausreichende Genauigkeit zu erzielen. In einzelnen Kapiteln (Theodolitpolygonzüge, Photogrammetrie, Papieränderung, Flächenberechnung) etwas weiter getriebene Fehleruntersuchungen sind ein Zugeständnis an den Vermessungsingenieur; der Bauingenieur mag sie überschlagen.

Auch dem Studierenden möchte das Werk eine Hilfe sein. Den vollen Nutzen wird aber nur derjenige ziehen, welcher das Buch nicht als bequemen Ersatz für den Vortrag, sondern als dessen Hilfsmittel und Ergänzung betrachtet und welcher sich auch mit der praktischen Seite der Meßkunst in den vorgesehenen Übungen vertraut macht.

Der Vermessungsingenieur wird natürlich an das Buch nach mancher Richtung hin noch weitergehende Anforderungen stellen; immerhin wird er es auch in der vorliegenden Form nicht ohne allen Nutzen aus der Hand legen.

Die Entwicklung der Vermessungskunde in den letzten Jahrzehnten ist hauptsächlich durch die stürmische Entfaltung der Luftphotogrammetrie sowie durch die Neukonstruktion von Theodoliten mit verkürztem Fernrohr von unveränderlicher Länge und von Reduktionstachymetern für Feinmessungen gekennzeichnet. Dazu kommt für untertänige Messungen die Einführung der Mehrgewichtslotung. Es wurde versucht, diesen Fortschritten in der vorliegenden Neuauflage bei einer erträglichen Erweiterung des Buchrahmens Rechnung zu tragen. Neu eingefügt sind auch — nicht zum wenigsten mit Rücksicht auf die steigenden Anforderungen der Luftphotogrammetrie — einige Angaben über behelfsmäßige Breiten- und Azimutbestimmung sowie der bei der Ausgleichung von vermittelnden und bedingten Beobachtungen auftretende Rechenschematismus.

München, im September 1932.

**Dr. M. Näbauer.**

---

[1] Siehe z. B. *Neumayer, G. v.:* Anleitung zu wissenschaftlichen Beobachtungen auf Reisen, Bd. 1, 3. Aufl. Hannover 1906 und die seit 1928 erschienenen umfassenderen photogrammetrischen Werke von *Gast, v. Gruber, Hugershoff, Löschner* und *Sarnetzky.*

# Inhaltsverzeichnis.

## III. Aufnahmearbeiten.

## IV. Planherstellung und Flächenberechnung.



## V. Absteckungsarbeiten.

# Einleitung.

**Aufgabe der Vermessungskunde** im Umfange der sog. niederen Geodäsie oder praktischen Geometrie ist die Vermessung, Berechnung und Abbildung von kleineren Teilen der Erdoberfläche in einem solchen Ausmaße, daß für die grundrißlichen Darstellungen noch die Ebene als Bezugsfläche dienen kann. Sollen dabei relative Längenverzerrungen über 1 : 50000 vermieden werden, so dürfen die äußersten Punkte des Aufnahmegebietes nicht mehr als 40 km von einem das Gebiet der Länge nach teilenden Großkreis abstehen.

Für die zweckmäßige Durchführung einer Vermessung muß man sich von vornherein über die anzustrebende Genauigkeit, die zu ihrer Erreichung geeignetste Methode und den notwendigen Arbeitsaufwand ungefähr im klaren sein; ferner darf man es aus Gründen der Ehrlichkeit und der Sicherheit halber nicht unterlassen, sich aus dem Verlauf der Beobachtungen und dem Verhalten der aus ihnen berechneten Ergebnisse von der wirklich erreichten Zuverlässigkeit der Endresultate ein richtiges Bild zu machen. Es ist daher notwendig, der Vermessungskunde eine kurze Fehlertheorie vorauszuschicken, welche den Leser wenigstens mit der Beurteilung von Beobachtungsreihen, der Berechnung des mittleren Fehlers bei gleichen und verschiedenen Gewichten aus Beobachtungsfehlern und Beobachtungsdifferenzen, mit der Fehlerfortpflanzung in Funktionen der Beobachtungen sowie mit der zweckmäßigsten Verteilung einzelner Widersprüche gegen feste Beobachtungssummen vertraut macht.

Eine besondere Instrumentenkunde enthält die Besprechung der für Vermessungen wichtigsten Instrumente und ihres Gebrauchs, so daß zum Teil auch schon einfache Messungen auftreten. Hingegen bringen die Abschnitte über Aufnahme- und Absteckungsarbeiten die Beschreibung der Messungen einzeln und im Zusammenhang, wie sie insbesondere bei Projektierungen auftreten. Hinsichtlich der Verarbeitung von Aufnahmen ist das Wichtigste im Abschnitt über Planherstellung und Flächenberechnung enthalten.

Den Anstoß zur Entwicklung der Vermessungskunde, deren Ursprung sich im Dunkel der Zeiten verliert, gaben zweifellos praktische Bedürfnisse und die alten Kulturvölker Mesopotamiens, denen die Herstellung ausgedehnter Bewässerungsanlagen nachgerühmt wird, müssen wohl schon im Besitze einer über die ersten Anfänge hinausgewachsenen praktischen Geometrie gewesen sein. Das alte Ägypten hatte schon ein Grundstückskataster und die infolge der regelmäßig wiederkehrenden Überschwemmungen des Nils etwa verloren gegangenen Grenzen konnten wieder hergestellt werden. Ein hervorragender Zeuge für die Pflege der praktischen Geometrie in Griechenland ist *Heron* von Alexandrien, der bereits die Ausführung einer Koordinatenaufnahme samt Flächenberechnung ausführlich beschreibt. Auch die Römer hatten ihr Kataster und in den Agrimensoren eine eigene Feldmesserzunft. Eine nennenswerte Fortbildung aber hat die Vermessungskunst weder den Römern noch den folgenden Jahrhunderten zu verdanken. In die erste Hälfte des 14. Jahrhunderts fällt das Auftreten der ersten Ablesevorrichtung, der Transversalenteilung, und erst 1631 war die Entwicklung des außerordentlich wichtigen Nonius abgeschlossen. Schon etwas früher hatte *Praetorius* den Meßtisch erfunden, welcher in der Aufnahmepraxis bis tief ins vorige Jahrhundert hinein das Feld beherrschte.

Einen ungemein kräftigen Aufschwung erfuhr die Vermessungskunde durch die zu Beginn des 19. Jahrhunderts hauptsächlich in Deutschland — meist aus Steuerzwecken — einsetzenden Landesvermessungen, die vielfach noch den Meßtisch verwendeten. Infolge der mit der Bodenbewertung gestiegenen Genauigkeitsansprüche aber trat das Aufnehmen durch unmittelbar gemessene, rechtwinklige Koordinaten auf trigonometrischer Grundlage, die sog. Zahlenaufnahme oder Koordinatenmethode, immer mehr in den Vordergrund. Dieses inzwischen hoch entwickelte Verfahren, ferner die größtenteils durch die Bedürfnisse des Eisenbahnbaues seit etwa 1840 bewirkte Entwicklung des geometrischen Nivellements zur genauesten Methode der Höhenmessung, die Ausbreitung der Tachymetrie, das Aufblühen der Photogrammetrie sowie der für größere und wichtigere Messungen heute überall verlangte Genauigkeitsnachweis sind charakteristisch für den gegenwärtigen Stand der Vermessungskunde[1].

[1] An Literatur zu diesen geschichtlichen Ausführungen sei verwiesen auf: 1. *Herodot:* II, 109 und VI, 42. 2. *Hammer, E.:* Geschichte der Landmessung in Ägypten. Z. Vermess.-Wes. 1908 S. 377 bis 384. 3. *Borchardt, L.:* Nilmesser und Nilstandsmarken. Abh. d. K. preuß. Ak. d. W. 1906 Anhang Abh. I S. 1 bis 55. 4. *Cantor, M.:* Die römischen Agrimensoren und ihre Stellung in der Feldmeßkunst. Leipzig 1875. 5. *Stöber, E.:* Die römischen Grundsteuervermessungen. München 1877. 6. *Jordan-Steppes:* Das deutsche Vermessungswesen. Stuttgart 1882. 7. *Roedder:* Zur Geschichte des Vermessungswesens Preußens, insbesondere Altpreußens, aus der ältesten Zeit bis in das 19. Jahrhundert. Z. Vermess.-Wes. Beginn 1907 S. 689, Schluß 1908 S. 195. 8. *Lührs, W.:* Ein Beitrag zur Geschichte der Transversalteilungen und des „Nonius". Z. Vermess.-Wes. 1910 S. 177ff.

# I. Elemente der Fehlertheorie[1].

## 1. Fehler und Fehlereigenschaften.

Alle in den messenden Wissenschaften ausgeführten Beobachtungen sind mit Fehlern behaftet, welche ihr Entstehen hauptsächlich den Unvollkommenheiten der Sinnesorgane, kleinen Fehlern im Bau, in der Berichtigung und Aufstellung des Instrumentes, ungünstigen atmosphärischen Verhältnissen und anderen ähnlichen Gründen verdanken. Diese Fehler verraten sich bei wiederholter Beobachtung ein und derselben Größe in den zwischen den Beobachtungen bestehenden Abweichungen. Liegen hingegen nur einmalige Beobachtungen verschiedener Größen vor, welche wie die Winkel im Dreieck einer von vornherein bekannten Bedingung strenge genügen sollen, so äußern sie sich in dem Widerspruch, welchen die Beobachtungen der Erfüllung einer oder mehrerer solcher Bedingungen entgegensetzen.

Die Beobachtungsfehler lassen sich nach Art ihrer Entstehung und Wirkung in drei Gruppen zusammenfassen, nämlich in

a) grobe Fehler, b) systematische Fehler, c) rein zufällige, unvermeidliche Fehler.

Die groben Fehler entspringen der Unachtsamkeit. Sie können bei genügender Sorgfalt von vornherein vermieden oder doch mit Hilfe von Kontrollen rechtzeitig aufgedeckt und beseitigt werden, so daß sie in der Fehlertheorie keine wesentliche Rolle spielen.

Wichtiger sind schon die systematischen Fehler, welche ihre Entstehung mehr oder weniger einseitig wirkenden Ursachen wie restigen Instrumentenfehlern oder Temperatureinflüssen von gleichartigem Charakter verdanken. Diese Art von Fehlern tritt in einer zeichnerischen Darstellung der Beobachtungen meist deutlich zutage. Die Messungen schmiegen sich nämlich in einem solchen Falle einer Kurve an, welche sehr häufig eine Gerade ist. In diesem sehr wichtigen Falle spricht man von einem linearen Verlauf des systematischen Fehlers. Liegt diese Gerade parallel zur Abszissenachse, so handelt es sich um einen gleichbleibenden Fehlereinfluß, der als konstanter Fehler bezeichnet wird. Wenn in einer Reihe von $n$ Elementen ein Gesamtfehler

$$\varepsilon_i' = \varepsilon_i + c \tag{1}$$

rechnerisch in den rein zufälligen Fehler $\varepsilon_i$ und den konstanten Fehler $c$ zerlegt werden soll, so geschieht dies mittels der Gleichungen

$$c = \frac{1}{n}(\varepsilon_1' + \varepsilon_2' + \cdots + \varepsilon_n'), \qquad \varepsilon_i = \varepsilon_i' - c. \tag{2}$$

Die systematischen Fehler können aus dem Verlaufe der Beobachtungen errechnet und zahlenmäßig berücksichtigt werden. Dieser Weg ist zwar etwas umständlich, läßt sich aber — besonders in der Astronomie — nicht immer vermeiden. Einfacher ist

[1] Für ein tieferes Studium der Fehlertheorie und Ausgleichungsrechnung, sowie ihrer Anwendungen sei auf folgende Werke verwiesen: a) *Helmert, F. R.:* Die Ausgleichungsrechnung nach der Methode der kleinsten Quadrate, 3. Aufl. Leipzig und Berlin 1924. b) *Jordan, W.:* Handbuch der Vermessungskunde Bd. 1: Ausgleichungsrechnung nach der Methode der kleinsten Quadrate, 7. Aufl. Stuttgart 1920. c) *Hegemann, E.:* Übungsbuch für die Anwendung der Ausgleichungsrechnung, 2. Aufl. Berlin 1902. d) *Vogler, Ch. A.:* Geodätische Übungen für Landmesser und Ingenieure Teil II 3. Aufl. Berlin 1913.

Ein ausführliches Literaturverzeichnis über das Gebiet der Fehlertheorie enthält *Czuber, E.:* Die Entwicklung der Wahrscheinlichkeitstheorie und ihre Anwendungen, im Jahresbericht der deutschen Mathematikervereinigung Bd. 7. Leipzig 1899.

es, durch eine planmäßige Anordnung und Verbindung der Beobachtungen absolut genommen gleich große positive und negative Summen der systematischen Fehlereinflüsse zu erzielen, so daß das Mittel aus den Beobachtungen einen von diesen Fehlern freien Wert vorstellt. Dieses als Tilgungsmessung oder Kompensationsmessung bezeichnete Verfahren der Fehlertilgung ist besonders in der Geodäsie weit verbreitet. Ein einfaches Beispiel dafür ist die übliche Art der Horizontalwinkelmessung in zwei Fernrohrlagen, bei welcher das Hinausfallen einer größeren Anzahl von systematischen Fehlern erreicht wird. Befreit man die Beobachtungen von den groben und systematischen Fehlern, so bleiben noch die rein zufälligen, unvermeidlichen Beobachtungsfehler, mit denen man sich in der Fehlertheorie hauptsächlich zu befassen hat, übrig. Diese treten bei jedem Beobachtungsverfahren auf und sind als unvermeidlich zu betrachten. Sie können aber unter sonst gleichen Umständen durch vermehrte Sorgfalt bei flottem Arbeitsgange verkleinert werden und üben insbesondere auf das Mittel aus mehrfach wiederholten Beobachtungen nur noch einen stark verringerten Einfluß aus.

Die zufälligen, unvermeidlichen Beobachtungsfehler sind aber nicht etwa vollständig gesetzlos; sie besitzen vielmehr eine Reihe von charakteristischen Eigenschaften, unter denen besonders folgende zu nennen sind:

1. das arithmetische Mittel der algebraischen Fehlerwerte soll mit zunehmender Fehlerzahl gegen Null konvergieren;

2. die Vorzeichen sollen annähernd gleichmäßig über die Fehlerreihe verteilt sein und die Vorzeichenfolgen sollen den Vorzeichenwechseln die Waage halten;

3. kleine Fehler treten häufiger auf als große; zwischen bestimmten Grenzen soll eine bestimmte Zahl von Fehlern liegen;

4. die unter den Fehlermaßen bestehenden theoretischen Beziehungen sollen erfüllt sein.

Ehe auf diese Punkte eingegangen wird, mögen einige allgemeine Bemerkungen über die algebraische Definition des Fehlers eingeschaltet werden. Unter einem Fehler versteht der Sprachgebrauch eine Größe, welche man von der Beobachtung wegnehmen muß, um auf den verbesserten Wert zu kommen. Hingegen ist zur Erreichung des gleichen Zieles die Verbesserung zur Beobachtung hinzuzufügen. Aus praktischen Gründen zieht man das Wort Fehler, das sich auch schon in sehr vielen Zusammensetzungen fest eingebürgert hat, dem schleppenden Ausdruck Verbesserung vor und aus rechnerischen Gründen gibt man jenem heute ziemlich allgemein die sachliche Bedeutung der Verbesserung. Diesem Brauche folgend wird künftighin immer, wenn nicht ausdrücklich anderes bemerkt ist, unter dem Fehler eine Größe verstanden, deren Hinzutreten zur Beobachtung diese in den richtigen bzw. in einen verbesserten Wert überführt.

Sind also für eine Größe, deren wahrer Wert $X$ ist, die fehlerhaften Beobachtungen $l_1, \ldots l_i, \ldots l_n$ gefunden worden und sind $\varepsilon_1, \ldots \varepsilon_i, \ldots \varepsilon_n$ die wahren Fehler dieser Beobachtungen, so ist

$$X = l_1 + \varepsilon_1 = \cdots = l_i + \varepsilon_i = \cdots = l_n + \varepsilon_n \tag{3}$$

und

$$\varepsilon_i = X - l_i. \tag{4}$$

Bleibt der wahre Wert $X$ unbekannt und tritt daher an seine Stelle ein Näherungswert $x$, so treten auch an Stelle der wahren Fehler $\varepsilon_i$ die scheinbaren Beobachtungsfehler $v_i$.

Für den besonderen Fall, daß die Näherung $x$ ein wahrscheinlichster Wert[1] ist, werden die einzelnen $v_i$ wahrscheinlichste Beobachtungsfehler. Den Gleichungen (3) und (4) entsprechen hier die Beziehungen

$$x = l_i + v_i, \qquad v_i = x - l_i. \tag{5}$$

[1] Der wahrscheinlichste Wert ist ein der Wahrheit möglichst nahekommender Wert, welcher bei einer unendlich oft wiederholten Messung der gesuchten Größe in der Reihe der Beobachtungen am häufigsten auftreten würde.

Nach dieser Abschweifung kehren wir wieder zu den unvermeidlichen Beobachtungsfehlern zurück. Bezeichnet man mit $W_\varepsilon^{\varepsilon+d\varepsilon}$ die mathematische Wahrscheinlichkeit für das Fallen eines Fehlers zwischen die Grenzen $\varepsilon$ und $\varepsilon + d\varepsilon$, so ist, wie zuerst *C. F. Gauß*[1] gezeigt hat,

$$W_\varepsilon^{\varepsilon+d\varepsilon} = \varphi(\varepsilon)\,d\varepsilon = \frac{h}{\sqrt{\pi}} e^{-h^2\varepsilon^2}\,d\varepsilon. \tag{6}$$

Den Faktor

$$\varphi(\varepsilon) = \frac{h}{\sqrt{\pi}} e^{-h^2\varepsilon^2} \tag{7}$$

bezeichnet man als das *Gauß*sche Fehlergesetz. Die in ihm enthaltene Größe $h$ ist für die Güte der Beobachtungsreihe kennzeichnend und wird deshalb das Maß der Genauigkeit genannt. Das angegebene Fehlergesetz enthält den Fehler $\varepsilon$ lediglich in der zweiten Potenz; es sind also positive und negative Fehler gleichen Absolutwertes gleich wahrscheinlich. Aus dieser Erkenntnis aber folgen leicht die unter 1. und 2. aufgezählten Fehlereigenschaften.

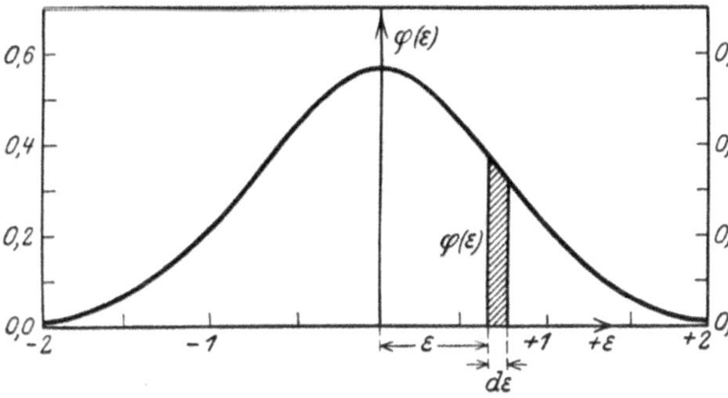


Abb. 1. Das Gaußsche Fehlergesetz für $h = 1$.

Der Verlauf des *Gauß*schen Fehlergesetzes ist für die Annahme $h = 1$ in Abb. 1 veranschaulicht, in welcher die $\varepsilon$ als Abszissen und die zugehörigen $\varphi(\varepsilon)$ als Ordinaten aufgetragen sind. Die so entstehende Kurve ist symmetrisch zur Achse der $\varphi(\varepsilon)$ und die im Bilde schraffierte schmale Fläche ist nach (6) die Wahrscheinlichkeit $W_\varepsilon^{\varepsilon+d\varepsilon}$.

Unter der Häufigkeitszahl $H_{\varepsilon_i}^{\varepsilon_r}$ versteht man die Zahl derjenigen Fehler, welche zwischen den Grenzen $\varepsilon_i$ und $\varepsilon_r$ liegen. Sie ist das Produkt

$$H_{\varepsilon_i}^{\varepsilon_r} = n \cdot W_{\varepsilon_i}^{\varepsilon_r} = n \int_{\varepsilon_i}^{\varepsilon_r} \varphi(\varepsilon)\,d\varepsilon = n \frac{h}{\sqrt{\pi}} \int_{\varepsilon_i}^{\varepsilon_r} e^{-h^2\varepsilon^2}\,d\varepsilon, \tag{8}$$

wenn $n$ die Gesamtzahl der Beobachtungen bedeutet und $W_{\varepsilon_i}^{\varepsilon_r}$ die Wahrscheinlichkeit für das Fallen eines Fehlers zwischen die Grenzen $\varepsilon_i$ und $\varepsilon_r$ angibt. Da man, wie im

[1] *C. F. Gauß* (1777—1855) hat sein Fehlergesetz 1794 aufgestellt, aber erst 1809 in der Theorie der Bewegung der Himmelskörper (ins Deutsche übertragen von *C. Haase*, Hannover 1865) veröffentlicht. Seine Ableitung stützt sich auf den Begriff der mathematischen Wahrscheinlichkeit (Verhältnis der dem Eintreffen eines Ereignisses günstigen Anzahl von Fällen zur Gesamtzahl aller möglichen Fälle) und auf die allgemein gebräuchliche Annahme, daß der wahrscheinlichste Wert gleich genauer, direkter Beobachtungen das einfache arithmetische Mittel sei. Die später hauptsächlich von *Bessel*, *Hagen* und *Crofton* entwickelte Theorie der Elementarfehler führt ebenfalls zum *Gauß*schen Fehlergesetz. Sie besitzt den großen Vorzug, auf die Natur der Beobachtungsfehler als zusammengesetzte Größen einzugehen und führt wieder unter Benutzung des Wahrscheinlichkeitsbegriffes, aber ohne Verwendung des arithmetischen Mittels zum Ziele. Voraussetzung ist bei *Crofton* [Philos. Trans. Roy. Soc., Lond. Bd. 160 (1870) S. 175ff.] nur mehr, daß jeder Beobachtungsfehler als die algebraische Summe einer sehr großen Zahl von im Vergleich zum Gesamtfehler sehr kleinen Elementarfehlern betrachtet werden darf und daß die im allgemeinen verschieden großen Elementarfehler irgendein gerades Fehlergesetz befolgen, d. h., daß bestimmte Absolutfehler ebenso häufig positiv wie negativ auftreten. Von dem vielgliedrigen Charakter der Beobachtungsfehler kann man sich leicht überzeugen. So setzt sich z. B. der Fehler des in üblicher Weise in zwei Fernrohrlagen gemessenen Horizontalwinkels ungerechnet einer Drehung der Unterlage aus 28 Elementarfehlern (4 Einstellfehler, 8 Ablesefehler, 8 Kreisteilungsfehler, 8 Nonienteilungsfehler) zusammen. Aber auch dann, wenn scheinbar einfache Verhältnisse vorliegen wie bei der Einschätzung der Lage eines Teilstriches in einem Felde, handelt es sich um einen physiologisch recht komplizierten Vorgang, da das Zustandekommen der Strichbilder durch die Vermittlung einer sehr großen Zahl von Sehstäbchen erfolgt. Jedes der bei der Bildentstehung mitwirkenden Stäbchen gibt gewissermaßen ein mit einem Fehler, dem Elementarfehler, behaftetes Urteil über die Strichlage ab.

nächsten Kapitel gezeigt wird, $h$ auf dem Umwege über den mittleren Fehler aus den Beobachtungsfehlern ableiten kann, so läßt sich die Häufigkeitszahl $H_{\varepsilon_l}^{\varepsilon_r}$ wirklich zahlenmäßig berechnen. Es erweist sich als zweckmäßig, die Grenzen $\varepsilon_l$ und $\varepsilon_r$ in Einheiten des schon genannten mittleren Fehlers einzuführen. Da dieser auch bei Punkt 4 eine Rolle spielt, so müssen wir zunächst auf die Fehlermaße eingehen, ehe die Besprechung der unter 3. und 4. genannten Eigenschaften der rein zufälligen, unvermeidlichen Beobachtungsfehler ganz abgeschlossen wird.

## 2. Fehlermaße und Gewichte.

Der Wert einer Beobachtungsreihe wird durch die zugehörige Fehlerreihe erschöpfend bestimmt. Aus praktischen Gründen sucht man für diese Beurteilung nach einem kürzeren Ausdruck, welcher sich in den sog. Fehlermaßen ergibt. Davon kommen in Betracht

1. der mittlere Fehler $m$,
2. der durchschnittliche Fehler $d$,
3. der wahrscheinliche Fehler $w$,

welche alle ganz bestimmte Mittelwerte aus den Einzelfehlern $\varepsilon_1, \ldots\ldots \varepsilon_n$ sind. Ihre Berechnung erfolgt nach den Beziehungen

$$m = \pm \sqrt{\frac{[\varepsilon\varepsilon]}{n}}, \tag{9}$$

$$d = \pm \frac{[|\varepsilon|]}{n}, \tag{10}$$

$$w = \pm |\varepsilon_{\frac{1}{2}(n+1)}| \text{ für ungerades } n, \quad |\varepsilon_{\frac{n}{2}}| < \pm w < |\varepsilon_{\frac{n}{2}+1}| \text{ für gerades } n, \tag{11}$$

in welchen die eckige Klammer das von *Gauß* in die Geodäsie eingeführte Summenzeichen bedeutet, während das Zeichen $|\ |$ angibt, daß es sich um den Absolutwert der zwischen den Strichen stehenden Größe handelt. Die Vorzeichenverbindung $\pm$ weist darauf hin, daß die Fehlermaße als Unsicherheiten der Beobachtungen aufzufassen sind; nicht aber als Größen, welche mit einem bestimmten Vorzeichen versehen, zur fehlerhaften Beobachtung hinzugefügt, deren richtigen Wert ergeben. Nach den Gleichungen (9) bis (11) ist der mittlere Fehler die Wurzel aus dem arithmetischen Mittel der Quadrate der Einzelfehler, während der durchschnittliche Fehler das arithmetische Mittel aus den Absolutwerten der wahren Beobachtungsfehler angibt. Der wahrscheinliche Fehler wird in der nach Absolutwerten geordneten Fehlerreihe ebenso oft nicht erreicht, als er überschritten wird. Also wird in einer derart geordneten Reihe bei einer ungeraden Anzahl von Beobachtungen das in der Mitte stehende Element der wahrscheinliche Fehler sein; für gerades $n$ hingegen läßt er sich nicht direkt scharf angeben; er liegt in diesem Falle zwischen den beiden in der Mitte der Fehlerreihe stehenden Elementen und kann in der Regel hinreichend genau durch deren arithmetisches Mittel ersetzt werden.

Denkt man sich die Beobachtungen unendlich oft wiederholt und zugleich die Fehlergrenzen ins Unendliche erweitert, so gelangt man unter Beachtung des Umstandes, daß die Zahl der im Intervall $d\varepsilon$ liegenden Fehler diesem selbst proportional ist, auf folgende, die Fehlermaße bestimmende Integralausdrücke

$$m = \pm \left\{2\int_0^{+\infty} \varepsilon^2 \cdot \varphi(\varepsilon)\, d\varepsilon\right\}^{\frac{1}{2}}, \tag{12}$$

$$d = \pm 2\int_0^{+\infty} \varepsilon \cdot \varphi(\varepsilon)\, d\varepsilon, \tag{13}$$

$$\tfrac{1}{4} = \int_0^{+w} \varphi(\varepsilon)\, d\varepsilon. \tag{14}$$

Diese Formen haben wenig praktisches Interesse, sind aber für theoretische Untersuchungen nicht zu entbehren.

Ersetzt man in den drei letzten Gleichungen $\varphi(\varepsilon)$ durch den Ausdruck (7), so führt die nunmehr mögliche Auswertung der Integrale zu den strengen Ergebnissen

$$m = \pm \frac{1}{h\sqrt{2}}, \qquad d = \pm \frac{1}{h\sqrt{\pi}}, \qquad w = \pm \frac{0{,}476\,9363\ldots}{h}, \tag{15}$$

nach welchen die Fehlermaße einfache Funktionen des Maßes der Genauigkeit sind. Hieraus entsteht durch Elimination von $h$ die ebenfalls strenge Beziehung

$$m = d\sqrt{\frac{\pi}{2}} = \frac{w}{0{,}476\,9363\ldots\sqrt{2}}, \tag{16}$$

welche für praktische Zwecke durch die sehr gute Näherung

$$m \approx \tfrac{5}{4} d \approx \tfrac{3}{2} w \tag{17}$$

ersetzt werden kann[1].

Weitaus das wichtigste Fehlermaß ist der mittlere Fehler, welcher die Genauigkeitsverhältnisse am ungünstigsten darstellt. Er wird immer berechnet, während die beiden anderen Fehlermaße nur dann bestimmt werden, wenn es sich um die eingehende Untersuchung einer Fehlerreihe handelt, wobei auch festzustellen ist, ob die durch (16) bzw. (17) bestimmten theoretischen Beziehungen zwischen den Fehlermaßen genügend erfüllt werden. Will man ausnahmsweise das Maß der Genauigkeit in Zahlen haben, so findet man es bei bekanntem $m$ leicht aus der Beziehung

$$h = \frac{1}{m\sqrt{2}}. \tag{18}$$

Tabelle 1.

| $r$ | $W_0^{rm}$ | $r$ | $W_0^{rm}$ |
|---|---|---|---|
| 0,0 | 0,000 | 0,6 | 0,452 |
| 0,1 | 0,080 | 0,8 | 0,576 |
| 0,2 | 0,158 | 1,0 | 0,683 |
| 0,3 | 0,236 | 1,2 | 0,770 |
| 0,4 | 0,311 | 1,5 | 0,866 |
| 0,5 | 0,383 | 2,0 | 0,954 |
| 0,6 | 0,452 | 3,0 | 0,997 |

Wir müssen noch einmal auf die unter (8) stehende Häufigkeitszahl zurückkommen, indem wir an Stelle von $\varepsilon_i$ und $\varepsilon_r$ als Grenzen die Beträge 0 und $r \cdot m$ einführen. Die entsprechenden Wahrscheinlichkeitszahlen $W_0^{rm}$ dafür, daß ein Fehler zwischen 0 und dem $r$-fachen mittleren Fehler liegt, sind in Tabelle 1 zusammengestellt. Die zugehörige Häufigkeitszahl ist

$$H_0^{rm} = n\, W_0^{rm}. \tag{19}$$

Ein Blick auf Tabelle 1 zeigt, daß rund zwei Drittel (68,3%) aller Fehler den mittleren Fehler nicht überschreiten sollen. Die Zahl $H_{im}^{rm}$ der zwischen den Grenzen $im$ und $rm$ zu erwartenden Fehler ist als die Differenz der Häufigkeitszahlen $H_0^{im}$ und $H_0^{rm}$ der Ausdruck

$$H_{im}^{rm} = n\,(W_0^{rm} - W_0^{im}). \tag{20}$$

Ein weiterer wichtiger Begriff ist der Maximalfehler oder Grenzfehler. Er ist offenbar die Summe der Absolutwerte aller den Beobachtungsfehler zusammensetzenden Elementarfehler. Da diese aber nicht genügend genau bekannt sind, so läßt sich der Grenzfehler auf Grund dieser Definition nicht wohl bestimmen. Sehr viel einfacher findet man ihn hinreichend genau durch folgende Überlegung. Nach der Tabelle der Wahrscheinlichkeitszahlen ist erst unter 300 Beobachtungen eine einzige zu erwarten, deren Fehler den dreifachen mittleren Fehler erreicht. In der erdrückend großen Mehrzahl der kürzeren Beobachtungsreihen ist deshalb der größte auftretende

[1] Die einfachen Beziehungen (16) bzw. (17) entsprechen dem *Gauß*schen Fehlergesetze. Sie lauten anders, wenn es sich, wie z. B. bei den Abrundungsfehlern, um Fehler handelt, die einem anderen Gesetze gehorchen.

zufällige Fehler stets kleiner als $3\,m$ zu erhoffen. Daher setzt man heute allgemein den Maximalfehler $M$ dem dreifachen mittleren Fehler gleich; also ist

$$M = 3\,m. \tag{21}$$

Als Erläuterung der bisherigen Ausführungen mag ein Beispiel dienen. Zur Feststellung der Länge eines 20 m-Bandes und zur Prüfung der mit ihm erreichbaren Meßgenauigkeit wurde eine vorher mit genaueren Hilfsmitteln zu $X = 507{,}410$ m bestimmte Länge wiederholt gemessen, wobei die in Tabelle 2 unter $l$ eingetragenen Zahlen gefunden wurden. Mit dem Werte $X$, welchem mit Rücksicht auf die genauere Bestimmungsart der Charakter eines wahren Wertes beigelegt werden soll, vergleichen wir zunächst die einzelnen Beobachtungen $l$ und finden hierbei in den Differenzen $X - l = \varepsilon'$ die wahren Beobachtungsfehler. Der einseitige Vorzeichenverlauf und die große algebraische Summe dieser in Spalte 3 enthaltenen Werte zeigen, daß die $\varepsilon'$ offenbar keine rein zufälligen Beobachtungsfehler sind, sondern durch systematische Fehler entstellt werden. Daß dem so ist, zeigt deutlich ein Blick auf Abb. 2, in welcher die Beobachtungsnummern (Zeiten!) als Abszissen, die Werte $\varepsilon'$ als Ordinaten aufgetragen sind. Die entstandene Punktreihe läßt sich genügend genau durch eine Gerade ausgleichen, welche zufällig durch den Koordinatenursprung geht. Der Grund für diesen systematischen Fehlerverlauf ist in einer von der zunehmenden Tagestemperatur herrührenden Verlängerung des Meßbandes zu suchen.

Tabelle 2.

| Nr. | $l$ | $\varepsilon'$ | $\varepsilon$ | $\varepsilon\varepsilon$ | $\lvert\varepsilon\rvert$ |
|---|---|---|---|---|---|
| | m | cm | cm | cm² | cm |
| 1 | 507,35 | + 6,0 | + 6,0 | 36,0 | 0,0 |
| 2 | 38 | + 3,0 | + 2,6 | 6,8 | 0,4 |
| 3 | 35 | + 6,0 | + 5,4 | 29,2 | 0,6 |
| 4 | 44 | − 3,0 | − 3,6 | 13,0 | 1,0 |
| 5 | 31 | + 10,0 | + 7,3 | 53,3 | 1,1 |
| 6 | 40 | + 1,0 | 0,0 | 0,0 | 1,6 |
| 7 | 47 | − 6,0 | − 7,4 | 54,8 | 2,0 |
| 8 | 47 | − 6,0 | − 7,5 | 56,2 | 2,5 |
| 9 | 43 | − 2,0 | − 3,6 | 13,0 | 2,6 |
| 10 | 37 | + 4,0 | + 2,0 | 4,0 | 3,4 |
| 11 | 39 | + 2,0 | − 0,4 | 0,2 | 3,6 |
| 12 | 39 | + 2,0 | − 0,6 | 0,4 | 3,6 |
| 13 | 40 | + 1,0 | − 1,6 | 2,6 | 4,5 |
| 14 | 37 | + 4,0 | + 1,1 | 1,2 | 4,9 |
| 15 | 48 | − 7,0 | − 10,2 | 104,0 | 5,4 |
| 16 | 41 | 0,0 | − 3,4 | 11,6 | 6,0 |
| 17 | 40 | + 1,0 | − 2,5 | 6,2 | 7,3 |
| 18 | 33 | + 8,0 | + 4,5 | 20,2 | 7,4 |
| 19 | 36 | + 5,0 | + 1,0 | 1,0 | 7,5 |
| 20 | 32 | + 9,0 | + 4,9 | 24,0 | 10,2 |
| [+] | | + 62,0 | + 34,8 | | |
| [−] | | − 24,0 | − 40,8 | | |
| [±] | | + 38,0 | − 6,0 | 437,7 | 75,6 |

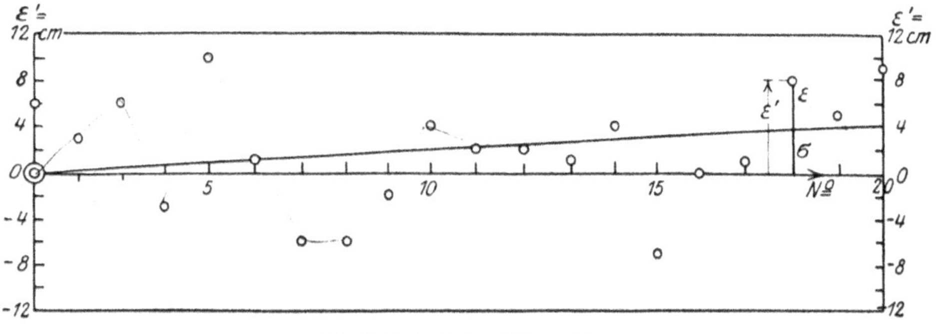


Abb. 2. Verlauf einer Fehlerreihe.

Durch die ausgleichende Gerade wird, wie es in Abb. 2 für die 18. Beobachtung angedeutet ist, jede Fehlerordinate $\varepsilon'$ in einen systematischen Fehleranteil $\sigma$ und den übrigbleibenden rein zufälligen Beobachtungsfehler $\varepsilon$ zerlegt. Die der Abbildung entnommenen $\varepsilon$ stehen in Spalte 4 der Tabelle. Ihr arithmetisches Mittel ist $-6{,}0\,\text{cm} : 20 = -0{,}3\,\text{cm}$, ein im Vergleich zu den Fehlern selbst verschwindend kleiner Wert[1]. Auch die Vorzeichenverteilung ist befriedigend. Es sind 9 positive und 10 negative Vorzeichen, während ein Fehler Null ist. Auch die Zahl der 10 Vorzeichenfolgen unterscheidet sich nur wenig von der Anzahl der 8 Vorzeichenwechsel. Nachdem die bisherige Prüfung der Fehlerreihe befriedigt, gehen wir an die Berechnung des mittleren Fehlers. Die hierzu notwendigen Quadrate $\varepsilon\varepsilon$ enthält Spalte 5 der Tabelle 2, ihre Summe ist 437,7 cm². Es wird also nach (9) der mittlere Fehler der einzelnen Messung der ganzen Länge

$$m = \pm\sqrt{\frac{437{,}7}{20}} = \pm\, 4{,}7\,\text{cm}.$$

Der durchschnittliche Fehler ergibt sich aus den Beobachtungen mittels (10) zu $\pm 3{,}8$ cm. Aus den in der letzten Spalte von Tabelle 2 stehenden, ihrer absoluten Größe nach geordneten Fehlerwerten folgt, daß der wahrscheinliche Fehler zwischen 3,4 und 3,6 liegt. Wir setzen ihn gleich dem Mittel dieser Zahlen, also $w = \pm\, 3{,}5$ cm. Mit Hilfe von (17) kann man bei bekanntem $m$ die Werte $d$ und $w$ auch auf theoretischem Wege finden. Sie sind $d = \frac{4}{5}\, m = \pm\, 3{,}8$ cm und $w = \frac{2}{3}\, m = \pm\, 3{,}1$ cm. Die Zusammenstellung dieser Ergebnisse in Tabelle 3 zeigt, daß die von der Theorie geforderte Beziehung zwischen

Tabelle 3.

| Fehlermaße aus der Beobachtung (cm) | Fehlermaße nach der Theorie (cm) |
|---|---|
| $m = \pm\, 4{,}7$ | |
| $d = \pm\, 3{,}8$ | $d = \pm\, 3{,}8$ |
| $w = \pm\, 3{,}5$ | $w = \pm\, 3{,}1$ |

Tabelle 4.

| $i$ | $r$ | $im$ (cm) | $rm$ (cm) | Häufigkeitszahl $H_{im}^{rm}$ aus der Beobachtung | Häufigkeitszahl $H_{im}^{rm}$ aus der Theorie |
|---|---|---|---|---|---|
| 0 | 0,5 | 0 | 2,35 | 7 | 7,7 |
| 0,5 | 1,0 | 2,35 | 4,7 | 6 | 6,0 |
| 1,0 | 1,5 | 4,7 | 7,05 | 3 | 3,7 |
| 1,5 | 2,0 | 7,05 | 9,4 | 3 | 1,8 |
| 2,0 | $\infty$ | 9,4 | $\infty$ | 1 | 0,9 |

den Fehlermaßen beim durchschnittlichen Fehler genau, beim wahrscheinlichen Fehler etwas weniger gut erfüllt ist.

Zur Beurteilung der Fehlerverteilung sind mit Hilfe der Beziehung (20) die Häufigkeitszahlen berechnet und in Tabelle 4 zusammengestellt worden. Sie stimmen mit den durch unmittelbares Abzählen aus den Beobachtungen gewonnenen Zahlen recht gut überein.

Der Maximalfehler endlich ist $M = 3\cdot 4{,}7$ cm $= \pm\, 14{,}1$ cm und wird, wie ein Blick auf die letzte Spalte von Tabelle 2 zeigt, von keinem der Einzelfehler erreicht. Alles in allem läßt sich feststellen, daß die untersuchte Fehlerreihe dem *Gauß*schen Fehlergesetz recht gut entspricht.

Über die Länge des Meßbandes gibt uns am einfachsten die ausgleichende Gerade in Abb. 2 Aufschluß. Da diese durch den Koordinatenursprung geht, so ist zu Beginn der Messung kein systematischer Fehler vorhanden gewesen; das Meßband besaß in diesem Zeitpunkte die Soll-Länge 20 m + 0,00 mm. Am Schluß der Messung wird infolge des systematischen Fehlers die Länge von 507,410 m um 4,2 cm zu klein, also muß das Meßwerkzeug um den verhältnismäßigen Betrag (20:507,410)·4,2 cm = 1,65 mm zu groß sein. Es war also die Meßbandlänge am Ende der Messung 20 m + 1,65 mm. Ist der Ausdehnungskoeffizient des Meßbandes $1{,}1\cdot 10^{-5}$ (1,1 mm auf 10 m u. 10°), so folgt aus der errechneten Längenzunahme des Bandes von 1,65 mm eine Temperaturzunahme von 7,5° während der Messung, was durchaus im Bereiche der Möglichkeit liegt.

[1] Er könnte durch eine geringe Parallelverschiebung — strenggenommen durch eine Drehung und Parallelverschiebung — der ausgleichenden Geraden vollständig zum Verschwinden gebracht werden.

Unter dem Gewicht $p$ einer Beobachtung versteht man den reziproken Wert ihres mittleren Fehlerquadrates, also

$$p = \frac{1}{m^2}, \tag{22}$$

oder auch

$$p = 2h^2 \tag{23}$$

mit Rücksicht auf die Beziehung (15). Für rechnerische Zwecke faßt man den Begriff des Gewichtes etwas weiter auf und setzt $p = C : m^2$, wobei $C$ eine für die betreffende Berechnung unveränderliche Größe bedeutet, welche so gewählt wird, daß die Rechnung mit handlichen Zahlen geführt werden kann.

Besitzen die ungleich genauen Beobachtungen $l_1, \ldots l_i, \ldots l_n$ die mittleren Fehler $m_1, \ldots m_i, \ldots m_n$ und die Gewichte $p_1, \ldots p_i, \ldots p_n$, so besteht die fortlaufende Verhältnisgleichung

$$p_1 : p_2 : \ldots : p_n = \frac{1}{m_1^2} : \frac{1}{m_2^2} : \ldots \frac{1}{m_n^2}. \tag{24}$$

Ferner ist allgemein

$$p_i \cdot m_i^2 = C. \tag{25}$$

Der mittlere Fehler $m_0$ der Gewichtseinheit ist derjenige mittlere Fehler, welcher zum Gewicht $p_0 = 1$ gehört. Setzen wir das Wertepaar $p_0, m_0$ in (25) ein, so zeigt sich, daß $C = m_0^2$ ist. Hieraus folgen die viel gebrauchten Beziehungen

$$m_0 = m_i \sqrt{p_i} \quad \text{bzw.} \quad m_i = \frac{m_0}{\sqrt{p_i}}. \tag{26}$$

Bei einer Fehlerberechnung aus ungleichgewichtigen Beobachtungen sind die wahren Beobachtungsfehler $\varepsilon$ erst auf gleiches Maß der Genauigkeit, d. h. auf gleiches Gewicht zu bringen, damit man sie als zur selben, gleich sorgfältig ausgeführten Beobachtungsreihe gehörige Fehler betrachten kann. Diese Reduktion erfolgt nach dem Vorgange von (26). Es sind also die Ausdrücke

$$\varepsilon_1' = \varepsilon_1 \sqrt{p_1}, \ldots \quad \varepsilon_i' = \varepsilon_i \sqrt{p_i}, \ldots \quad \varepsilon_n' = \varepsilon_n \sqrt{p_n} \tag{27}$$

die auf gleiches Maß der Genauigkeit, und zwar auf das Gewicht 1 gebrachten wahren Beobachtungsfehler, welche für alle weiteren Untersuchungen an Stelle der $\varepsilon$ treten. Nach dieser Überlegung folgt aus (9) der Ausdruck

$$m_0 = \pm \sqrt{\frac{[\varepsilon' \varepsilon']}{n}} = \pm \sqrt{\frac{[p \varepsilon \varepsilon]}{n}} \tag{28}$$

für den mittleren Fehler der Gewichtseinheit und die Zerlegung eines Gesamtfehlers

$$\varepsilon_i'' = \varepsilon_i + c \tag{29}$$

in den zufälligen Bestandteil $\varepsilon_i$ und den konstanten Fehler $c$ erfolgt hier mittels der Beziehungen

$$c = [\varepsilon_i'' \sqrt{p_i}] : [\sqrt{p_i}], \qquad \varepsilon_i = \varepsilon_i'' - c. \tag{30}$$

## 3. Fehlerfortpflanzung.

Durch die Beobachtungsfehler werden auch alle aus den Beobachtungen abgeleiteten Größen gefälscht. Ist

$$x = f(l_1, l_2, \ldots l_n) \tag{31}$$

eine Funktion der Beobachtungen $l_1, l_2, \ldots l_n$ und erfahren diese die bestimmten Änderungen $dl_1, dl_2, \ldots dl_n$, so ist die Funktionsänderung $dx$ das totale Differential

$$dx = \frac{\partial f}{\partial l_1} \cdot dl_1 + \frac{\partial f}{\partial l_2} \cdot dl_2 + \cdots + \frac{\partial f}{\partial l_n} \cdot dl_n \tag{32}$$

der Funktion[1]. Verstehen wir unter den $dl$ die wahren Beobachtungsfehler $\varepsilon$ und setzen wir zur Abkürzung $\frac{\partial f}{\partial l_i} = q_i$, so folgt aus (32) nunmehr ein bestimmter Funktionsfehler

$$\xi = q_1 \varepsilon_1 + q_2 \varepsilon_2 + \cdots q_n \varepsilon_n = [q \varepsilon]. \tag{33}$$

Denken wir uns die Reihe der Beobachtungen etwa $\nu$-mal wiederholt, so ergeben sich auch $\nu$ verschiedene bestimmte Funktionsfehler $\xi_1, \xi_2, \ldots \xi_\nu$, aus denen sich nach dem Begriff des mittleren Fehlers für das mittlere Fehlerquadrat der Funktion $x$ der Ausdruck

$$m_x^2 = \frac{\overset{\nu}{\underset{1}{[\xi^2]}}}{\nu} = \frac{1}{\nu} \sum_1^\nu \overset{n}{\underset{1}{[q \varepsilon]^2}} \tag{34}$$

ergibt. Wenn man diesen Ausdruck unter Einführung aller möglichen Vorzeichenverbindungen der $\varepsilon$ entwickelt, so fallen alle Glieder mit $\varepsilon_i \varepsilon_k$ hinaus und es bleibt

$$m_x^2 = q_1^2 \frac{[\varepsilon_1 \varepsilon_1]}{\nu} + q_2^2 \frac{[\varepsilon_2 \varepsilon_2]}{\nu} + \cdots + q_n^2 \frac{[\varepsilon_n \varepsilon_n]}{\nu}. \tag{35}$$

Die hierin enthaltenen Quotienten sind aber die zu den Beobachtungswerten $l_1, l_2, \ldots l_n$ gehörigen mittleren Fehlerquadrate $m_1^2, m_2^2, \ldots m_n^2$, so daß aus (35) nunmehr die Beziehung

$$m_x = \pm \sqrt{[q^2 m^2]} = \pm \sqrt{\left(\frac{\partial f}{\partial l_1}\right)^2 m_1^2 + \left(\frac{\partial f}{\partial l_2}\right)^2 m_2^2 + \cdots + \left(\frac{\partial f}{\partial l_n}\right)^2 m_n^2} \tag{36}$$

folgt, welche das sog. mittlere Fehlergesetz enthält. Machen wir von dem Zusammenhange $m_i = m_0 : \sqrt{p_i}$ Gebrauch, so erscheint (36) in der häufig benützten Form

$$m_x = m_0 \sqrt{\left[\frac{qq}{p}\right]}, \tag{37}$$

deren unter der Wurzel stehender Ausdruck $\left[\frac{qq}{p}\right]$ als Gewichtskoeffizient der Funktion $x$ bezeichnet wird. Bei sinngemäßer Anwendung des Gewichtsbegriffes auf die Funktion $x$ ist nach (26)

$$m_x = \frac{m_0}{\sqrt{p_x}}, \tag{38}$$

wenn $p_x$ das Funktionsgewicht bedeutet. Ein Vergleich der zwei letzten Gleichungen zeigt, daß der Gewichtskoeffizient das reziproke Funktionsgewicht ist.

Liegen gleich genaue Beobachtungen mit demselben mittleren Fehler $m_0$ vor, so wird

$$m_x = m_0 \sqrt{[qq]}. \tag{39}$$

Besonders wichtig ist der Fall einer Summe

$$x = l_1 + l_2 + \cdots + l_n \tag{40}$$

von gleich genauen Beobachtungen. Da hier sämtliche Differentialquotienten $q = 1$ sind, so wird $[qq] = n$ und

$$m_x = \pm m_0 \sqrt{n}, \tag{41}$$

woraus der wichtige Satz folgt, daß die mittlere Unsicherheit einer Summe von gleich genauen Beobachtungen mit der Wurzel aus der Zahl der Beobachtungen fortschreitet. Dieses Ergebnis bleibt auch bestehen, wenn die Summe negative Glieder enthält.

---

[1] Aus (32) folgt: a) der bestimmte relative Fehler eines Produktes ist gleich der Summe der relativen Faktorenfehler, b) der bestimmte relative Fehler eines Quotienten ist die Differenz: relativer Fehler des Zählers minus relativer Fehler des Nenners.

Ein praktisch wichtiges **Beispiel** mag diese Ausführungen beschließen. Zur Bestimmung der unzugänglichen Entfernung $BC$ (siehe Abb. 3) wurden in dem Dreiecke $ABC$ die notwendigen Bestimmungsstücke $c$, $\alpha$ und $\beta$ gemessen, denen die mittleren Fehler $m_c$, $m_\alpha$ und $m_\beta$ zukommen. Wie groß ist der mittlere Fehler $m_a$ der gesuchten Entfernung $BC = a$ zu befürchten?

Nach dem Sinussatz ist

$$a = c \frac{\sin \alpha}{\sin(\alpha + \beta)}, \tag{42}$$

in welchem Ausdruck $c$, $\alpha$ und $\beta$ als die fehlerhaften Beobachtungen aufzufassen sind. Um auf die Differentialquotienten der Funktion nach den verschiedenen Veränderlichen zu kommen, wollen wir die Funktion, da sie Produktenbau besitzt, erst logarithmieren und dann differentiieren. Es ist

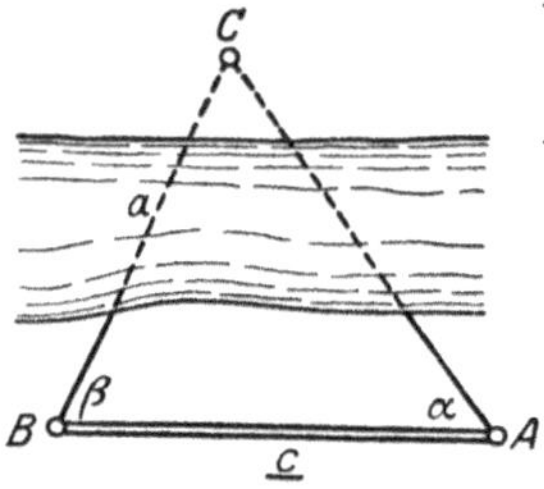

Abb. 3. Längenfehler einer Dreiecksseite.

$$\log a = \log c + \log \sin \alpha - \log \sin(\alpha + \beta)$$

und

$$da = a\left\{\frac{dc}{c} + \operatorname{ctg}\alpha \cdot d\alpha - \operatorname{ctg}(\alpha+\beta)\cdot d(\alpha+\beta)\right\},$$

$$= a\left\{\frac{dc}{c} + (\operatorname{ctg}\alpha + \operatorname{ctg}\gamma)\,d\alpha + \operatorname{ctg}\gamma \cdot d\beta\right\}. \tag{43}$$

In der letzten Gleichung ist $-\operatorname{ctg}(\alpha+\beta)$ durch $\operatorname{ctg}\gamma$ ersetzt, da man $\gamma$ als die Ergänzung der Summe $\alpha + \beta$ der beiden gemessenen Winkel auf $180^0$ leicht ermitteln kann. Aus (43) gewinnen wir in einfachster Weise die partiellen Differentialquotienten

$$\frac{\partial a}{\partial c} = \frac{a}{c}, \qquad \frac{\partial a}{\partial \alpha} = a(\operatorname{ctg}\alpha + \operatorname{ctg}\gamma), \qquad \frac{\partial a}{\partial \beta} = a \operatorname{ctg}\gamma, \tag{44}$$

deren Einführung in (36) auf den gesuchten mittleren Fehler

$$m_a = \pm a \sqrt{\left(\frac{m_c}{c}\right)^2 + \{(\operatorname{ctg}\alpha + \operatorname{ctg}\gamma)\, m_\alpha\}^2 + (\operatorname{ctg}\gamma \cdot m_\beta)^2} \tag{45}$$

der unzugänglichen Entfernung in allgemeiner Form führt. Die in diesem Ausdruck enthaltenen Winkelfehler $m_\alpha$ und $m_\beta$ sind im Bogenmaß zu verstehen.

## 4. Das einfache arithmetische Mittel.

**Der wahrscheinlichste Wert einer Anzahl gleich genauer, direkter Beobachtungen $l_1, l_2, \ldots l_n$ der gesuchten Größe ist das einfache arithmetische Mittel aus den Beobachtungen**

$$x = \frac{[l]}{n}. \tag{46}$$

Für die praktische Rechnung ist es meist zweckmäßig, die Beobachtungen in der Form $l_i = l_0 + \Delta l_i$ zu verwenden, wo $l_0$ irgendeinen runden Näherungswert der Beobachtungen und $\Delta l_i$ den Überschuß der Beobachtung $l_i$ über $l_0$ bedeutet. Wie eine sehr einfache Rechnung zeigt, wird dann

$$x = l_0 + \frac{[\Delta l]}{n}. \tag{47}$$

Man hat bei diesem naheliegenden Verfahren den großen Vorteil, die Mittelbildung mit den kleinen Beträgen $\Delta l$ vornehmen zu können.

Ein Vergleich der einzelnen Beobachtungen mit $x$ führt nicht auf die wahren, sondern auf die **wahrscheinlichsten** (scheinbaren) **Beobachtungsfehler**

$$v_i = x - l_i, \tag{48}$$

deren Summe stets Null sein muß, wie auch die Beobachtungen beschaffen sind. Die Beziehung

$$[v] = 0\,, \tag{49}$$

welche leicht aus (46) und (48) herzuleiten ist, besitzt also lediglich den Charakter einer Rechenprobe. Um den mittleren Fehler $m_x$ des einfachen arithmetischen Mittels aus dem mittleren Fehler $m_0$ einer Einzelbeobachtung zu finden, denken wir uns (46) in der Form $x = \frac{l_1}{n} + \frac{l_2}{n} + \cdots + \frac{l_n}{n}$ angeschrieben, woraus sich die Differentialquotienten $q_1 = q_2 = \cdots = q_n = \frac{1}{n}$ ergeben. Damit wird der Gewichtskoeffizient

$$[qq] = n(1:n)^2 = 1:n$$

und hiermit finden wir aus (39)

$$m_x = \frac{m_0}{\sqrt{n}} \tag{50}$$

als den mittleren Fehler des einfachen arithmetischen Mittels. Da er zur Wurzel aus der Wiederholungszahl umgekehrt proportional ist, so läßt sich die Genauigkeit des Mittels durch eine Vergrößerung der Wiederholungszahl, besonders solange $n$ noch klein ist, steigern. Ein Vergleich von (50) mit (38) zeigt, daß

$$p_x = n \tag{51}$$

das Gewicht des einfachen arithmetischen Mittels ist.

Wie ergibt sich nun, da wir die wahren Beobachtungsfehler $\varepsilon$ im allgemeinen doch nicht kennen, der mittlere Beobachtungsfehler $m_0$ aus den scheinbaren Beobachtungsfehlern $v$? Aus den beiden Gleichungen $\varepsilon_i = X - l_i$, $v_i = x - l_i$ folgen die Ausdrücke

$$\varepsilon_i = (X - x) + v_i \tag{52}$$

und

$$\varepsilon_i\,\varepsilon_i = (X - x)^2 + 2\,v_i\,(X - x) + v_i\,v_i\,. \tag{53}$$

Also wird

$$[\varepsilon\,\varepsilon] = n\,(X - x)^2 + 2\,[v]\,(X - x) + [v\,v]\,, \tag{54}$$

oder mit Rücksicht auf (49)

$$[\varepsilon\,\varepsilon] = n\,(X - x)^2 + [v\,v]\,. \tag{55}$$

Dieser noch strenge Ausdruck enthält in der Differenz $(X - x)$ den wahren Fehler des arithmetischen Mittels, der immer unbekannt bleiben wird. Da es sich um eine im Vergleich zu den Beobachtungsfehlern kleine Größe handelt, welche in (55) keinen großen Einfluß ausüben kann, so ersetzen wir $X - x$ durch den mittleren Fehler $m_x$ des arithmetischen Mittels, welcher mit dessen wahrem Fehler dieselbe Größenordnung besitzt. Damit wird näherungsweise $[\varepsilon\varepsilon] = n \cdot m_x^2 + [vv]$. Nun ist nach der Definition des mittleren Fehlers $[\varepsilon\varepsilon] = n \cdot m_0^2$ und nach (50) wird $n \cdot m_x^2 = m_0^2$, so daß

$$n \cdot m_0^2 = m_0^2 + [v\,v] \tag{56}$$

oder

$$(n - 1)\,m_0^2 = [v\,v] \tag{57}$$

wird. Daraus aber erhalten wir unmittelbar

$$m_0 = \pm\sqrt{\frac{[v\,v]}{n - 1}} \tag{58}$$

als Näherungsausdruck für den mittleren Fehler der einzelnen Beobachtung.

Durch die Entwicklung $[vv] = [v(x - l)] = x[v] - [lv] = 0 - [lv]$ ergibt sich für die Fehlerquadratsumme die Rechenprobe

$$[v\,v] = -[l\,v] \tag{59}$$

oder bequemer

$$[v\,v] = -[\varDelta l \cdot v]\,, \tag{60}$$

wenn wieder wie früher die $\varDelta l$ die Überschüsse der Beobachtungen $l$ über irgendeinen Wert $l_0$ bedeuten.

## 5. Das allgemeine arithmetische Mittel.

Besitzen die direkten Beobachtungen $l_1, l_2, \ldots l_n$ einer gesuchten Größe die Gewichte $p_1, p_2, \ldots p_n$, so kann der wahrscheinlichste Wert $x$ nur durch eine unter Berücksichtigung der Gewichte durchgeführte Mittelbildung gefunden werden.

Bedeuten $m_0$ und $m_i$ die mittleren Fehler einer Beobachtung vom Gewicht 1 und der Beobachtung $l_i$, so ist nach (26)

$$m_i = \frac{m_0}{\sqrt{p_i}}\,. \tag{61}$$

Ein Vergleich dieser Beziehung mit (50) zeigt, daß sich jedes $l_i$ als einfaches arithmetisches Mittel aus $p_i$ gleich genauen Beobachtungen $\lambda^{(i)}$, deren jede denselben mittleren Fehler $m_0$ besitzt, auffassen läßt. Aus diesen gleich genauen, fingierten Elementarbeobachtungen $\lambda$, deren Gesamtzahl $p_1 + p_2 + \cdots + p_n = [p]$ ist, läßt sich nunmehr der wahrscheinlichste Wert $x$ als einfaches arithmetisches Mittel $x$ berechnen, nämlich

$$x = \frac{(\lambda_1^{(1)} + \lambda_2^{(1)} + \lambda_3^{(1)} + \cdots + \lambda_{p_1}^{(1)}) + \cdots + (\lambda_1^{(n)} + \lambda_2^{(n)} + \cdots + \lambda_{p_n}^{(n)})}{[p]}\,. \tag{62}$$

Durch Multiplikation der einzelnen Zählerausdrücke mit den zugehörigen Quotienten $\frac{p_i}{p_i}$ erhält man

$$x = \frac{p_1 \dfrac{\lambda_1^{(1)} + \lambda_2^{(1)} + \lambda_3^{(1)} + \cdots + \lambda_{p_1}^{(1)}}{p_1} + \cdots + p_n \dfrac{\lambda_1^{(n)} + \lambda_2^{(n)} + \cdots + \lambda_{p_n}^{(n)}}{p_n}}{[p]}\,. \tag{63}$$

Die im Zähler stehenden Quotienten sind nun die verschieden gewichtigen, wirklich ausgeführten Beobachtungen $l_1, \ldots l_n$, so daß sich als wahrscheinlichster Wert der direkt beobachteten Größe schließlich der Ausdruck

$$x = \frac{p_1 l_1 + p_2 l_2 + \cdots + p_n l_n}{p_1 + p_2 + \cdots + p_n} = \frac{[p\,l]}{[p]} \tag{64}$$

ergibt, welchen man als das allgemeine arithmetische Mittel der Beobachtungen bezeichnet. Auch hier gestaltet sich die Rechnung wesentlich einfacher, wenn man nach Absonderung eines Näherungswertes $l_0$ die Mittelbildung wieder auf die Beobachtungsreste $\varDelta l$ beschränkt, den wahrscheinlichsten Wert $x$ also nach der Formel

$$x = l_0 + \frac{[p \cdot \varDelta l]}{[p]} \tag{65}$$

ermittelt. Der für das einfache arithmetische Mittel gültigen Kontrolle $[v] = 0$ entspricht hier die einfache Rechenprobe

$$[p\,v] = 0\,, \tag{66}$$

von deren Richtigkeit man sich durch Einsetzen der $v = x - l$ und weitere Entwicklung des Ausdrucks leicht überzeugen kann. Auch der mittlere Fehler $m_x$ des allgemeinen arithmetischen Mittels läßt sich bei bekanntem $m_0$ leicht angeben. Dieses Mittel kann, wie wir gesehen haben, als einfaches arithmetisches Mittel aus insgesamt $[p]$ fingierten Beobachtungen $\lambda$ mit dem gleichen mittleren Fehler $m_0$ aufgefaßt werden. Also ergibt die sinngemäße Anwendung von (50)

$$m_x = \frac{m_0}{\sqrt{[p]}}\,. \tag{67}$$

Ein Vergleich dieses Ausdrucks mit (38) zeigt, daß

$$p_x = [p] \tag{68}$$

das **Gewicht des allgemeinen arithmetischen Mittels** ist. Der **mittlere Fehler** $m_0$ **der Gewichtseinheit** läßt sich unter Benutzung von (66) und (67) auf ganz ähnlichem Wege finden wie beim einfachen arithmetischen Mittel. Es ist

$$m_0 = \pm \sqrt{\frac{[p\,v\,v]}{n-1}}. \tag{69}$$

Eine **Rechenprobe** für die richtige Ermittlung der hierin enthaltenen Fehlerquadratsumme bietet die Beziehung

$$[p\,v\,v] = -\,[p\,l\,v] = -\,[p \cdot \Delta l \cdot v]. \tag{70}$$

Als Erläuterung der Berechnung des einfachen und des allgemeinen arithmetischen Mittels mag das folgende einfache **Beispiel** dienen. Zur Bestimmung des Winkels $\alpha$ wurden bei einer ersten Beobachtungsreihe die in Tabelle 5 enthaltenen Werte $\alpha'$ gefunden, aus denen der wahrscheinlichste Wert $x_1 = 10^0\,11'\,55{,}0'' \pm 0{,}6''$ hervorgeht, während der mittlere Fehler jeder der gleich genauen sieben Einzelbeobachtungen $m_1 = \pm 1{,}6''$ ist. Eine spätere Messung des gleichen Winkels mit einem anderen Instrument lieferte die in der zweiten Hälfte von Tabelle 5 stehenden gleich genauen 11 Einzelwerte $\alpha''$, deren einfaches arithmetisches Mittel auf den wahrscheinlichsten Wert $x_2 = 10^0\,11'\,56{,}0'' \pm 0{,}7''$ führt. Der mittlere Fehler der einfachen Beobachtung ist

Tabelle 5.

| Nr. | $\alpha'$ (° ′ ″) | $v$ (″) | $vv$ (″)² |
|---|---|---|---|
| 1 | 10 11 56 | − 1,0 | 1,0 |
| 2 | 52 | + 3,0 | 9,0 |
| 3 | 55 | 0,0 | 0,0 |
| 4 | 57 | − 2,0 | 4,0 |
| 5 | 54 | + 1,0 | 1,0 |
| 6 | 56 | − 1,0 | 1,0 |
| 7 | 55 | 0,0 | 0,0 |
| [+] | | + 4,0 | |
| [−] | | − 4,0 | |
| [±] | | 0,0 | + 16,0 |

$x_1 = 10^0\,11'\,55{,}0''$;
$m_1 = \pm 1{,}6''$; $m_{x_1} = \pm 0{,}6''$

| Nr. | $\alpha''$ (° ′ ″) | $v$ (″) | $vv$ (″)² |
|---|---|---|---|
| 1 | 10 11 56 | 0,0 | 0,0 |
| 2 | 55 | + 1,0 | 1,0 |
| 3 | 61 | − 5,0 | 25,0 |
| 4 | 53 | + 3,0 | 9,0 |
| 5 | 58 | − 2,0 | 4,0 |
| 6 | 56 | 0,0 | 0,0 |
| 7 | 54 | + 2,0 | 4,0 |
| 8 | 55 | + 1,0 | 1,0 |
| 9 | 58 | − 2,0 | 4,0 |
| 10 | 56 | 0,0 | 0,0 |
| 11 | 54 | + 2,0 | 4,0 |
| [+] | | + 9,0 | |
| [−] | | − 9,0 | |
| [±] | | 0,0 | + 52,0 |

$x_2 = 10^0\,11'\,56{,}0''$;
$m_2 = \pm 2{,}3''$; $m_{x_2} = \pm 0{,}7''$

hier $m_2 = \pm 2{,}3''$. Aus den beiden Werten $x_1$ und $x_2$, deren Unterschied die Summe ihrer mittleren Fehler nicht erreicht, soll durch Bildung des allgemeinen arithmetischen Mittels der wahrscheinlichste Wert $\alpha$ des Winkels und sein mittlerer Fehler $m_\alpha$ abgeleitet werden. Wären beide Beobachtungsreihen mit demselben Instrument und vom gleichen Beobachter unter denselben Verhältnissen durchgeführt worden, so könnte man nach der im Anschluß an (61) erfolgten Deutung der Gewichte die Gewichte $p_1$ und $p_2$ der Größen $x_1$ und $x_2$ den zugehörigen Wiederholungszahlen 7 und 11 gleichsetzen. Da diese Voraussetzung nicht zutrifft und es sich auch nach dem Zeugnis der stark voneinander abweichenden mittleren Beobachtungsfehler $m_1$ und $m_2$ um verschiedenwertige Beobachtungsreihen handelt, müssen wir zur Gewichtsermittlung auf die mittleren Fehler von $x_1$ und $x_2$ zurückgreifen, indem wir $p_1 = C : m_{x_1}^2$ und $p_2 = C : m_{x_2}^2$

setzen. Nehmen wir die Konstante $C = 1$, so ergeben sich die in Spalte 5 der Tabelle 6 stehenden Gewichtszahlen und mit diesen findet man aus den über $x_0 = 10^0\,11'\,50''$ überschießenden Resten $\Delta x$ das allgemeine Mittel $\alpha = 10^0\,11'\,50'' + (26{,}0'' : 4{,}8) = 10^0\,11'\,55{,}4''$. Die anschließende Fehlerberechnung führt auf die Fehlerquadratsumme $[pvv] = 1{,}17$, woraus sich der mittlere Fehler der Gewichtseinheit nach (69) zu $m_0 = \pm\,1{,}1''$ und nach (67) der mittlere Fehler $m_\alpha$ zu $1{,}1'' : \sqrt{4{,}8} = \pm\,0{,}5''$ ergibt. Also ist der wahrscheinlichste Wert des gesuchten Winkels und sein mittlerer Fehler $\alpha = 10^0\,11'\,55{,}4'' \pm 0{,}5''$.

Tabelle 6.

| Nr. | $x$ | $m_x$ | $m_x^2$ | $p$ | $p \cdot \Delta x$ | $v$ | $p v$ | $p v v$ |
|---|---|---|---|---|---|---|---|---|
| 1 | $10^0\,11'\,55{,}0''$ | 0,6 | 0,36 | 2,8 | + 14,0 | + 0,4″ | + 1,12 | 0,45 |
| 2 | 56,0 | 0,7 | 0,49 | 2,0 | + 12,0 | − 0,6 | − 1,20 | 0,72 |
| [ ] | | | | 4,8 | + 26,0 | | − 0,08 | 1,17 |

## 6. Beobachtungsdifferenzen.

Häufig finden bei der direkten Beobachtung einer Größe Doppelbeobachtungen statt, wobei sich an Stelle eines einzelnen $l_i$ je ein Wertepaar $l_i'$, $l_i''$ ergibt. Die Unterschiede

$$d_i = l_i'' - l_i' \tag{71}$$

der beiden gleich genauen Elemente jeder Doppelbeobachtung werden als Beobachtungsdifferenzen bezeichnet. Sie besitzen, da der Sollbetrag Null einer jeden Differenz von vornherein feststeht, den Charakter von wahren Beobachtungsfehlern; deshalb kann die zu Elementen vom Gewicht 1 gehörige mittlere Beobachtungsdifferenz $d_0$ aus den Einzelwerten $d_i$ ebenso gefunden werden, wie früher der mittlere Fehler $m_0$ aus den $\varepsilon$. Für den allgemeinen Fall, daß in den $n$ Doppelbeobachtungen die Elemente paarweise die verschiedenen Gewichte $p_1, \ldots p_i, \ldots p_n$ besitzen, wird daher nach (28)

$$d_0 = \sqrt{\frac{[p\,d\,d]}{n}}\,. \tag{72}$$

Aus diesem mittleren Fehler einer Beobachtungsdifferenz zum Elementengewicht 1 soll nunmehr der mittlere Fehler $m_0$ einer Einzelbeobachtung $l$ vom Gewicht 1 hergeleitet werden. Ist

$$x = l_0'' - l_0' \tag{73}$$

eine Differenz von solchen Beobachtungen, so führt das mittlere Fehlergesetz auf die Beziehung

$$d_0^2 = m_0^2 + m_0^2 = 2\,m_0^2 \tag{74}$$

oder

$$m_0 = \frac{d_0}{\sqrt{2}} = \pm \sqrt{\frac{[p\,d\,d]}{2\,n}}\,. \tag{75}$$

Aus diesem mittleren Fehler der Gewichtseinheit der Einzelbeobachtung findet man leicht den mittleren Fehler $\mu_0$ der Doppelbeobachtung

$$x_0 = \tfrac{1}{2}\,(l_0' + l_0'')\,, \tag{76}$$

diese als arithmetisches Mittel zweier zusammengehöriger Einzelbeobachtungen vom Gewichte 1 aufgefaßt. Es ist nach dem mittleren Fehlergesetz

$$\mu_0 = \frac{m_0}{\sqrt{2}} = \pm\,\frac{1}{2}\sqrt{\frac{[p\,d\,d]}{n}}\,. \tag{77}$$

Noch ein Wort über die Gewichtsverhältnisse! Sind $p_{d_0}$, $p_0$, $p_{x_0}$ die Gewichte der Beobachtungsdifferenz $d_0$, der Einzelbeobachtung $l_0'$ bzw. $l_0''$ und der Doppelbeobachtung $x_0$, so besteht nach dem Gewichtsbegriff und den Gleichungen (75), (76) die Verhältnisgleichung

$$p_{d_0} : p_0 : p_{x_0} = \frac{1}{d_0^2} : \frac{1}{m_0^2} : \frac{1}{\mu_0^2} = \frac{1}{2\,m_0^2} : \frac{1}{m_0^2} : \frac{2}{m_0^2} = \frac{1}{2} : 1 : 2\,;$$

also ist

$$p_{d_0} = \tfrac{1}{2}\,p_0 = \tfrac{1}{2} \qquad \text{und} \qquad p_{x_0} = 2\,p_0 = 2\,. \tag{78}$$

Diese Erkenntnis läßt sich natürlich auch auf die in Wirklichkeit ausgeführten Beobachtungen $l_i'$, $l_i''$ vom Gewicht $p_i$, ihr Mittel $x_i$ mit dem Gewicht $p_{x_i}$ und die zugehörige Beobachtungsdifferenz $d_i$ vom Gewichte $p_{d_i}$ übertragen, so daß

$$p_{d_i} = \tfrac{1}{2}\,p_i\,, \qquad p_{x_i} = 2\,p_i \tag{79}$$

die allgemeineren Beziehungen für den Zusammenhang der hier auftretenden Gewichte sind.

## 7. Ausgleichung von Beobachtungen, deren Summe ein Festwert ist.

Häufig tritt die Aufgabe heran, aus direkten Beobachtungen $l_1, \ldots l_n$ mit den Gewichten $p_1, \ldots p_n$ die wahrscheinlichsten Werte $x_1, \ldots x_n$ der gesuchten Größen abzuleiten, wenn deren Summe einen bestimmten Wert $S$ ergeben muß. Die unveränderten Beobachtungen genügen dieser Bedingung noch nicht, weisen vielmehr einen Widerspruch

$$S - \overset{n}{\underset{1}{[l_i]}} = w \tag{80}$$

auf. Zur Bestimmung von $x_i$ dient außer der unmittelbaren Beobachtung $l_i$ mit dem Gewicht $p_i$ und dem mittleren Fehler $m_i = m_0 : \sqrt{p_i}$ auch noch die Ergänzung der Summe der übrigen Beobachtungen auf den Sollbetrag $S$, also der Ausdruck

$$y_i = S - \overset{n}{\underset{1}{[l_i]}} + l_i = l_i + w \tag{81}$$

mit dem mittleren Fehlerquadrat

$$m_{y_i}^2 = m_0^2 \left( \frac{1}{p_1} + \cdots + \frac{1}{p_{i-1}} + \frac{1}{p_{i+1}} + \cdots \frac{1}{p_n} \right) = m_0^2 \left( \overset{n}{\underset{1}{\left[\frac{1}{p}\right]}} - \frac{1}{p_i} \right) \tag{82}$$

und dem Gewicht

$$p_{y_i} = \frac{1}{\left[\frac{1}{p}\right] - \frac{1}{p_i}}\,. \tag{83}$$

Aus $l_i$ und $y_i$ erhält man nun den wahrscheinlichsten Wert $x_i$ als das allgemeine arithmetische Mittel

$$x_i = \frac{p_i l_i + p_{y_i} y_i}{p_i + p_{y_i}} = \frac{p_i l_i + \dfrac{l_i + w}{\left[\frac{1}{p}\right] - \frac{1}{p_i}}}{p_i + \dfrac{1}{\left[\frac{1}{p}\right] - \frac{1}{p_i}}} = l_i + \frac{w}{p_i \left[\frac{1}{p}\right]} = l_i + \frac{m_i^2}{[m^2]} \cdot w\,. \tag{84}$$

Es ist also der Widerspruch $w$ umgekehrt proportional den Gewichten oder direkt proportional den Quadraten der mittleren Fehler auf die Beobachtungen zu verteilen.

Für die Fehlerberechnung[1] gewinnt man aus den scheinbaren Beobachtungsfehlern $v_i' = x_i - l_i = \frac{1}{p_i}\frac{w}{\left[\frac{1}{p}\right]}$ und $v_i'' = x_i - y_i = \frac{1}{p}\frac{w}{\left[\frac{1}{p}\right]} - w$ mit den zugehörigen Gewichten $p_i$ und $p_{y_i}$ die Fehlerquadratsumme $[pvv] = \frac{w^2}{\left[\frac{1}{p}\right]}$ und hieraus den mittleren Fehler der Gewichtseinheit

$$m_0 = \pm \frac{w}{\sqrt{\left[\frac{1}{p}\right]}}. \tag{85}$$

Da die Summe der Gewichte von $l_i$ und $y_i$ den Betrag $p_i + p_{y_i} = p_i : \left(1 - \frac{1}{p_i\left[\frac{1}{p}\right]}\right)$ besitzt, so folgt für den mittleren Fehler des errechneten Mittels $x_i$ nach (67) der Ausdruck

$$m_{x_i} = \pm \frac{w}{\sqrt{\left[\frac{1}{p}\right]}}\sqrt{\frac{1}{p_i}\left(1 - \frac{1}{p_i\left[\frac{1}{p}\right]}\right)}. \tag{86}$$

Für den besonderen Fall, daß es sich um lauter gleich genaue Beobachtungen vom selben Gewicht $p = 1$ handelt, trifft auf jede der $n$ Beobachtungen dieselbe Verbesserung $w : n$; der mittlere Fehler der einzelnen Beobachtung und derjenige jedes wahrscheinlichsten Wertes $x$ sind

$$m_0 = \frac{w}{\sqrt{n}} \quad \text{bzw.} \quad m_x = \frac{w}{n}\sqrt{n-1} = m_0\sqrt{\frac{n-1}{n}}. \tag{87}$$

Die nach den Gleichungen (85) bis (87) berechneten Fehler besitzen jedoch nur geringe Zuverlässigkeit, da sie sich nur auf ein einzelnes $w$ stützen.

Ein einfaches Beispiel ist die Winkelabgleichung im Dreieck. Sind $\alpha'$, $\beta'$, $\gamma'$ die gleich genau beobachteten Winkel eines ebenen Dreiecks, so wird der Dreieckswiderspruch

$$w = 180^0 - (\alpha' + \beta' + \gamma') \tag{88}$$

gleichmäßig auf die einzelnen Winkel verteilt. Die ausgeglichenen Winkel sind also

$$\alpha = \alpha' + \frac{w}{3}, \quad \beta = \beta' + \frac{w}{3}, \quad \gamma = \gamma' + \frac{w}{3}. \tag{89}$$

Umständlicher ist hier die Ermittlung der als Längenübertragungsfehler bezeichneten Seitenfehler. Aus den bestimmten Fehlern $d\alpha'$, $d\beta'$, $d\gamma'$ der beobachteten Winkel ergeben sich über (88) und (89) diejenigen der abgeglichenen Winkel zu

$$\left.\begin{aligned} d\alpha = \tfrac{1}{3}(2\,d\alpha' - d\beta' - d\gamma'), \qquad d\beta = \tfrac{1}{3}(2\,d\beta' - d\alpha' - d\gamma'), \\ d\gamma = \tfrac{1}{3}(2\,d\gamma' - d\alpha' - d\beta'). \end{aligned}\right\} \tag{90}$$

Die aus einer gegebenen Seite $a$ mit den abgeglichenen Dreieckswinkeln berechnete Seite

$$c = a \cdot \frac{\sin\gamma}{\sin\alpha} \tag{91}$$

besitzt wegen (91) und (90) den bestimmten Fehler

$$\begin{aligned} dc &= c\left(\frac{da}{a} - \operatorname{ctg}\alpha \cdot d\alpha + \operatorname{ctg}\gamma \cdot d\gamma\right) \\ &= \frac{c}{3}\left\{3\frac{da}{a} - (2\operatorname{ctg}\alpha + \operatorname{ctg}\gamma)\,d\alpha' + (2\operatorname{ctg}\gamma + \operatorname{ctg}\alpha)\,d\gamma' + (\operatorname{ctg}\alpha - \operatorname{ctg}\gamma)\,d\beta'\right\}. \end{aligned} \tag{92}$$

[1] Eine große Zuverlässigkeit besitzt diese Art der Fehlerermittlung — wie auch die ganze Ausgleichung — nicht, da sie sich nur auf den einen Widerspruch $w$ stützt.

Sind $m_a$, $m_c$ und $\mu$ die mittleren Unsicherheiten der Seiten $a$, $c$ und der beobachteten Dreieckswinkel, so erhält man aus (92) beim Übergang auf mittlere Fehler

$$m_c = \pm c \sqrt{\left(\frac{m_a}{a}\right)^2 + \frac{2}{3}(\operatorname{ctg}^2\alpha + \operatorname{ctg}\alpha \operatorname{ctg}\gamma + \operatorname{ctg}^2\gamma)\,\widehat{\mu}^2}\,. \tag{93}$$

Hierin ist $\mu$ im Bogenmaß zu verstehen.

## 8. Allgemeines Ausgleichungsprinzip.

Wie in der Wahrscheinlichkeitsrechnung gezeigt wird, ist die Wahrscheinlichkeit für das gleichzeitige Eintreffen mehrerer sich nicht ausschließender Ereignisse gleich dem Produkt der Wahrscheinlichkeiten für das Eintreffen der einzelnen Ereignisse. Nach diesem Satze ist die Wahrscheinlichkeit dafür, daß ein bestimmtes Fehlersystem $\varepsilon_1, \ldots \varepsilon_i, \ldots \varepsilon_n$ eintrifft oder genauer gesagt, daß je ein Element der Fehlerreihe zwischen den Grenzen $\varepsilon_1$ und $\varepsilon_1 + d\varepsilon, \ldots \varepsilon_i$ und $\varepsilon_i + d\varepsilon, \ldots \varepsilon_n$ und $\varepsilon_n + d\varepsilon$ liegt, das Produkt

$$W(\varepsilon_1, \ldots \varepsilon_i, \ldots \varepsilon_n) = \varphi(\varepsilon_1)\,d\varepsilon \cdot \varphi(\varepsilon_2)\,d\varepsilon \cdot \varphi(\varepsilon_3)\,d\varepsilon \ldots \varphi(\varepsilon_n)\,d\varepsilon$$

oder mit Rücksicht auf (6):

$$W(\varepsilon_1, \varepsilon_2, \ldots \varepsilon_n) = \frac{h_1 \cdot h_2 \cdot \ldots h_n}{\sqrt{\pi^n}}(d\varepsilon)^n\, e^{-(h_1^2\varepsilon_1^2 + h_2^2\varepsilon_2^2 + \cdots + h_n^2\varepsilon_n^2)}\,. \tag{94}$$

In diesem Ausdruck sind, sofern sich an der Genauigkeit der Beobachtungen, also auch an den $h$ nichts ändert, lediglich die im Exponenten stehenden $\varepsilon^2$ veränderlich, während der Faktor der Potenz als ein Festwert $C$ betrachtet werden kann. Unter Beachtung von (23) erhält also (94) die Form

$$W(\varepsilon_1, \varepsilon_2, \ldots \varepsilon_n) = C e^{-\frac{1}{2}[p\varepsilon\varepsilon]}. \tag{95}$$

Unter den unendlich vielen möglichen Fehlersystemen $\varepsilon_1, \ldots \varepsilon_n$ ist eines das wahrscheinlichste, welches mit $v_1, v_2, \ldots v_n$ bezeichnet werden soll. Man findet es leicht aus der Bedingung heraus, daß es den Ausdruck (95) zu einem größten Werte machen muß, was dann zutrifft, wenn

$$V = [pvv] = \text{Min.} \tag{96}$$

ist. Nach diesem Ergebnis muß man, um auf die wahrscheinlichsten Werte der Beobachtungen zu kommen, diese — natürlich unter Beachtung etwa vorhandener Nebenbedingungen — mit solchen Verbesserungen $v$ versehen, daß die Summe der mit den zugehörigen Gewichten multiplizierten Quadrate dieser Verbesserungen ein kleinster Wert wird. Dieses Prinzip ist die mathematische Grundlage der Ausgleichungsrechnung nach der Methode der kleinsten Quadrate; es hat diesem Verfahren auch den Namen gegeben und auf ihm fußt die Lösung aller möglichen Formen von Ausgleichungsaufgaben, welche auf die Gewinnung von wahrscheinlichsten Werten hinzielen.

Der für die Genauigkeitsbeurteilung unentbehrliche mittlere Fehler einer Beobachtung vom Gewicht 1 ist der Ausdruck

$$m_0 = \pm \sqrt{\frac{[pvv]}{ü}}, \tag{97}$$

wenn $ü$ die Zahl der überschüssigen Bestimmungsstücke bedeutet.

Die Anwendung der Forderung (96) auf die beiden gebräuchlichsten Ausgleichungsarten führt zu folgenden Ergebnissen.

### a) Ausgleichung vermittelnder Beobachtungen.

Von einer Ausgleichung vermittelnder Beobachtungen spricht man, wenn zwischen den $n$ Beobachtungen $l_1, l_2, \ldots l_n$ mit den Gewichten $p_1, p_2, \ldots p_n$ und den wahren Werten $X, Y, Z, \ldots$ der $\nu$ Unbekannten ein linearer Zusammenhang[1] besteht, welcher durch die $n$

Bestimmungsgleichungen

$$\begin{aligned} a_1X + b_1Y + c_1Z + \cdots &= l_1 + \varepsilon_1, \\ a_2X + b_2Y + c_2Z + \cdots &= l_2 + \varepsilon_2, \\ &\cdots\cdots \\ a_nX + b_nY + c_nZ + \cdots &= l_n + \varepsilon_n \end{aligned} \tag{98}$$

ausgedrückt wird. $a, b, c, \ldots$ bedeuten hierin fehlerfreie Koeffizienten, während $\varepsilon_1, \varepsilon_2, \ldots \varepsilon_n$ die wahren Fehler der Beobachtungen $l$ sind. Damit man von einer Ausgleichung sprechen kann, muß stets $\nu < n$ sein. Ersetzt man in (98) die wahren Werte $X, Y, Z, \ldots$ der Unbekannten durch deren wahrscheinlichste Werte $x, y, z, \ldots$, so treten an Stelle der unbekannten wahren Beobachtungsfehler $\varepsilon$ die wahrscheinlichsten Beobachtungsfehler $v$ und aus den Bestimmungsgleichungen gehen die $n$

Fehlergleichungen

$$\begin{aligned} a_1x + b_1y + c_1z + \cdots - l_1 &= v_1, \\ a_2x + b_2y + c_2z + \cdots - l_2 &= v_2, \\ &\cdots\cdots \\ a_nx + b_ny + c_nz + \cdots - l_n &= v_n \end{aligned} \tag{99}$$

hervor. Hieraus läßt sich der analytische Ausdruck für $V = [pvv]$ aufstellen, welcher nach (96) zum Minimum zu machen ist. Man erhält durch Differentiation von $V$ nach den einzelnen Veränderlichen $x, y, z, \ldots$ die $\nu$

abgekürzten Normalgleichungen

$$[pav] = 0, \quad [pbv] = 0, \quad [pcv] = 0, \ldots \tag{100}$$

aus welchen nach Substitution der unter (99) stehenden Ausdrücke der $v$ die $\nu$

Normalgleichungen

$$\begin{aligned} [paa]x + [pab]y + [pac]z + \cdots &= [pal], \\ [pab]x + [pbb]y + [pbc]z + \cdots &= [pbl], \\ [pac]x + [pbc]y + [pcc]z + \cdots &= [pcl] \\ &\cdots\cdots \end{aligned} \tag{101}$$

hervorgehen. Aus diesem linearen Gleichungssystem, dessen Gleichungszahl gleich der Zahl der Unbekannten ist, können nunmehr die wahrscheinlichsten Werte $x, y, z, \ldots$ eindeutig ermittelt werden. Aus (99) folgen dann auch die wahrscheinlichsten Beobachtungsfehler $v$. Da $\ddot{u} = n - \nu$ die Zahl der überschüssigen Beobachtungen angibt, so wird nach (97) der mittlere Fehler der Gewichtseinheit

$$m_0 = \pm \sqrt{\frac{[pvv]}{n - \nu}}. \tag{102}$$

Treten in (101) an Stelle der $x, y, z, \ldots$ Reihen von neuen Unbekannten, die sog. Gewichtskoeffizienten

$$\begin{aligned} &Q_{11}, \quad Q_{12}, \quad Q_{13}, \ldots, \\ &Q_{12}, \quad Q_{22}, \quad Q_{23}, \ldots, \\ &\cdots\cdots \\ &Q_{1\nu}, \quad Q_{2\nu}, \quad Q_{3\nu}, \ldots, \end{aligned} \tag{103}$$

[1] Besteht dieser lineare Zusammenhang nicht von vornherein, so kann man ihn nach Einführung von guten Näherungswerten der Unbekannten mit Hilfe des *Taylor*schen Satzes leicht herstellen.

zu welchen auf der rechten Seite statt $[pal]$, $[pbl]$, $[pcl]$, ... die neuen Absolutglieder

$$\begin{matrix} 1, & 0, & 0, \ldots, \\ 0, & 1, & 0, \ldots, \\ 0, & 0, & 1, \ldots, \\ \ldots & \ldots & \ldots \end{matrix} \tag{104}$$

gehören, so entstehen die $\nu$ verschiedenen Systeme von Gewichtsgleichungen, aus denen man sich die quadratischen Gewichtskoeffizienten $Q_{11}, Q_{22}, Q_{33}, \ldots$ ermittelt denken kann. Dem besonders häufigen Fall von $\nu = 2$ Unbekannten entsprechen folgende zwei Systeme von

Gewichtsgleichungen

$$\left.\begin{aligned} [paa]\,Q_{11} + [pab]\,Q_{12} &= 1, \\ [pab]\,Q_{11} + [pbb]\,Q_{12} &= 0, \end{aligned}\right\} \quad (105) \qquad \left.\begin{aligned} [paa]\,Q_{12} + [pab]\,Q_{22} &= 0, \\ [pab]\,Q_{12} + [pbb]\,Q_{22} &= 1. \end{aligned}\right\} \quad (106)$$

Mit Hilfe der quadratischen Gewichtskoeffizienten ergeben sich dann auch die mittleren Fehler der wahrscheinlichsten Werte der Unbekannten, nämlich

$$m_x = m_0\sqrt{Q_{11}}, \qquad m_y = m_0\sqrt{Q_{22}}, \qquad m_z = m_0\sqrt{Q_{33}}, \ldots. \tag{107}$$

## b) Ausgleichung bedingter Beobachtungen.

Für eine Reihe von Größen, deren wahre Werte $X_1, X_2, X_3, \ldots X_n$ sind, liegen direkte Beobachtungen $l_1, l_2, \ldots l_n$ mit den Gewichten $p_1, p_2, \ldots p_n$ vor. Die unbekannt bleibenden wahren Werte $X_i$ wie auch die zu bestimmenden wahrscheinlichsten Werte der Unbekannten

$$x_1 = l_1 + v_1, \qquad x_2 = l_2 + v_2, \ldots \qquad x_n = l_n + v_n \tag{108}$$

müssen die $r$ linearen

Bedingungsgleichungen

$$\begin{aligned} a_0 + a_1 x_1 + a_2 x_2 + \cdots + a_n x_n &= 0, \\ b_0 + b_1 x_1 + b_2 x_2 + \cdots + b_n x_n &= 0, \\ c_0 + c_1 x_1 + c_2 x_2 + \cdots + c_n x_n &= 0 \end{aligned} \tag{109}$$

streng erfüllen. Die wahrscheinlichsten Beobachtungsfehler $v$ sind also diesmal so zu bestimmen, daß $V = [pvv]$ unter Einhaltung der durch (109) ausgedrückten Nebenbedingungen ein kleinster Wert wird. Die dieser Forderung entsprechende analytische Behandlung führt zu folgender Lösung.

Zunächst erhält man durch Einsetzen der Beobachtungen $l$ in die Bedingungsgleichungen (109) die $r$

Widersprüche

$$w_1 = a_0 + [al], \qquad w_2 = b_0 + [bl], \qquad w_3 = c_0 + [cl], \ldots, \tag{110}$$

mit deren Hilfe die $r$

Normalgleichungen

$$\begin{aligned} \left[\frac{aa}{p}\right] k_1 + \left[\frac{ab}{p}\right] k_2 + \left[\frac{ac}{p}\right] k_3 + \cdots + w_1 &= 0, \\ \left[\frac{ab}{p}\right] k_1 + \left[\frac{bb}{p}\right] k_2 + \left[\frac{bc}{p}\right] k_3 + \cdots + w_2 &= 0, \\ \left[\frac{ac}{p}\right] k_1 + \left[\frac{bc}{p}\right] k_2 + \left[\frac{cc}{p}\right] k_3 + \cdots + w_3 &= 0 \\ \ldots\ldots\ldots\ldots\ldots\ldots\ldots\ldots \end{aligned} \tag{111}$$

zur Ermittlung der Korrelaten $k_1, k_2, \ldots k_r$ aufgestellt werden können. Mit Rücksicht auf diese Hilfsgrößen spricht man hier auch von einer Korrelatenausgleichung. Sind die $k$ bekannt, so ergeben sich aus den $n$

Korrelatengleichungen

$$\begin{aligned} p_1 v_1 &= a_1 k_1 + b_1 k_2 + c_1 k_3 + \cdots, \\ p_2 v_2 &= a_2 k_1 + b_2 k_2 + c_2 k_3 + \cdots, \\ &\cdots\cdots\cdots\cdots \\ p_n v_n &= a_n k_1 + b_n k_2 + c_n k_3 + \cdots \end{aligned} \tag{112}$$

die $n$ wahrscheinlichsten Beobachtungsverbesserungen

$$v_i = \frac{1}{p_i}(a_i k_1 + b_i k_2 + c_i k_3 + \cdots). \tag{113}$$

Die Gleichungen (108) führen dann unmittelbar auf die wahrscheinlichsten Werte $x$, welche vor ihrer weiteren Verwertung durch Einsetzen in die Bedingungsgleichungen (109) zu verproben sind.

Da die $r$ Bedingungsgleichungen mit $r$ überschüssigen Beobachtungen gleichwertig sind, so wird der mittlere Fehler der Gewichtseinheit

$$m_0 = \pm \sqrt{\frac{[pvv]}{r}}. \tag{114}$$

Eine gute Rechenprobe bildet die Beziehung

$$[pvv] = -[wk]. \tag{115}$$

# II. Elemente der Instrumentenkunde[1].

## 9. Geodätische Maßeinheiten.

Unter der Messung einer Größe versteht man die Ermittlung ihres Verhältnisses zu einer anderen als Einheit (Benennung) dienenden Größe derselben Art. Durch dieses als Maßzahl bezeichnete Verhältnis im Zusammenhalt mit der Benennung ist die Größe bestimmt. In der niederen Geodäsie oder Vermessungskunde haben wir es hauptsächlich mit Längenmessungen, Flächenmessungen, Winkelmessungen und ihren Einheiten zu tun.

### a) Längenmaße.

In den meisten Kulturstaaten ist heute das internationale Meter die gesetzliche Längeneinheit. Ursprünglich sollte das Meter ein sog. Naturmaß werden und nach einem Beschluß der französischen Nationalversammlung vom 30. III. 1791 der 10000000te Teil des durch Paris gehenden Erdmeridianquadraten sein. Zur Verkörperung mußte es durch die bisherige Maßeinheit, die Peru-Toise ausgedrückt werden. Der gewünschte Zusammenhang wurde aus einer von *Mechain* und *Delambre*[2] in der Zeit von 1792 bis 1798 auf dem Pariser Meridian zwischen Dünkirchen und Barcelona durchgeführten Breitengradmessung gefunden. Nach diesen Messungen war das Meter

[1] Zur Entwicklung der Instrumentenkunde siehe *J. A. Repsold:* Zur Geschichte der astronomischen Meßwerkzeuge von Purbach bis Reichenbach 1450—1830. Leipzig 1908. — Ein vorbildliches Werk über Instrumentenkunde sind *Voglers* Abbildungen geodätischer Instrumente (mit Text). Berlin 1892.

[2] Siehe *Delambre:* Base du système métrique decimal (3 Bände). Paris 1806, 1807, 1810. Zur Frage der Längenmaße siehe auch *G. Berndt:* Grundlagen und Geräte technischer Längenmessungen, 2. Aufl. Berlin 1929.

443,296 Pariser Linien, deren die Toise 864 besaß. Zur Festhaltung der errechneten Meterlänge verfertigte *Fortin* einen Platinendmaßstab mit den Querschnittsausmaßen 4 mm auf 25 mm, dessen Endflächenabstand bei 0° C die Meterlänge darstellte[1]. Sie wurde ebenso wie der sie verkörpernde Maßstab als das Archivmeter oder legale Meter bezeichnet. Das neue Urmaß hatte einige Nachteile, die sich mit der zunehmenden Verfeinerung der Messungen immer störender bemerkbar machten. Es zeigte infolge seines ungünstigen Querschnitts eine beträchtliche Durchbiegung, die Maßvergleichung war nicht so genau durchzuführen wie bei einem Strichmaßstab und infolge einer unvermeidlichen Endenabnützung schien auch die Meterlänge nicht genügend gesichert. Das in den siebziger Jahren des vergangenen Jahrhunderts begründete internationale Maß- und Gewichtsbureau in Sèvres hat daher aus einer sehr widerstandsfähigen Legierung von 90% Platin und 10% Iridium ein neues Meterprototyp von der in Abb. 4 dargestellten Querschnittsform als Strichmaßstab hergestellt. Die Meterlänge ist hier durch den Abstand dargestellt, welchen bei der Temperatur des schmelzenden Eises die Mitten zweier in der neutralen Faserschicht *ab* befindlicher Endstriche besitzen. Die bei dieser äußerst widerstandsfähigen Querschnittsform noch möglichen geringen Durchbiegungen haben auf den in der neutralen Faserschicht gemessenen Strichabstand nur noch einen verschwindend kleinen Einfluß, der auch für die feinsten Messungen belanglos bleibt. Bei der gewählten Querschnittsform findet auch eine rasche Anpassung der Maßstabtemperatur an diejenige der Umgebung statt. Die im September 1889 in Paris zusammengetretene Generalkonferenz des internationalen Maß- und Gewichtskomitees hat das beschriebene Urmaß, dessen Länge innerhalb der Grenzen der Beobachtungsgenauigkeit genau mit derjenigen des Archivmeters übereinstimmte, als das internationale Meter angenommen[2]. Aus dem Gußblock des internationalen Meters wurde gleichzeitig mit diesem eine Anzahl von Kopien hergestellt, welche nach genauer Vergleichung mit dem internationalen Urmaß an die beteiligten Staaten als sog. nationale Prototype verlost wurden. Deutschland erhielt hierbei den Maßstab Nr. 18, dessen jeweilige Länge durch seine Gleichung

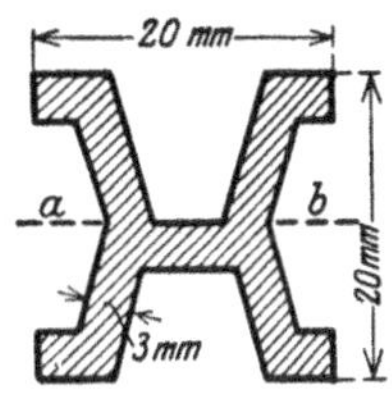

Abb. 4. Querschnitt des internationalen Meterstabs.

$$M_{18} = 1\,\mathrm{m} - 1{,}0\,\mu + (8{,}59\,t + 1{,}70\,t^2)\,\mu \pm 0{,}2\,\mu \qquad (116)$$

ausgedrückt wird. Hierin ist $-1{,}0\,\mu\,(1\,\mu = 0{,}001\,\mathrm{mm})$ die absolute Maßstabverbesserung[3], das zweite Glied gibt die Temperaturverbesserung, während das letzte Glied den mittleren Fehler der Maßstabgleichung bedeutet. Die Temperaturangaben $t$ beziehen sich in (116) auf ein Quecksilberthermometer mit Celsiusgraden[4].

Die in der Geodäsie gebräuchlichen Zusammensetzungen und Unterabteilungen des Meters sind folgende:

1 hm = 100 m (Hektometer), 1 km = 1000 m (Kilometer), 1 dm = 0,1 m (Dezimeter), 1 cm = 0,01 m (Zentimeter), 1 mm = 0,001 m (Millimeter), 1 dmm = 0,1 mm (Dezimillimeter), 1 cmm = 0,01 mm (Zentimillimeter), 1 $\mu$ = 0,001 mm (Mikron).

---

[1] Nach Vergleichungen des Maßstabs mit der Peru-Toise auf dem Komparator von *Lenoir*.

[2] In Wirklichkeit ist es um 13,355 $\mu$ kürzer als das legale Meter. Daher ist beim Übergang auf internationale Meter zum Logarithmus einer in legalen Metern ausgedrückten Länge der Betrag von $+ 58 \cdot 10^{-7}$ zu addieren.

[3] Zu verschiedenen Zeiten wiederholte Vergleichungen haben eine geringe Veränderlichkeit der absoluten Maßstabverbesserung ergeben.

[4] Auf die Einführung des internationalen Meters als gesetzliche Längeneinheit im Deutschen Reiche beziehen sich die Novelle zur Maß- und Gewichtsordnung v. 26. IV. 1893 sowie das Gesetz über die Maß- und Gewichtsordnung v. 30. V. 1908. Die Bezeichnung der Maße (und Gewichte) ist zuletzt durch Bundesratsbeschluß v. 14. XII. 1911 geregelt worden. Das metrische Maßsystem selbst war im Norddeutschen Bunde schon 1868 eingeführt und 1872 auf das ganze Deutsche Reich ausgedehnt worden.

In manchen Fällen braucht man auch den Zusammenhang von älteren und von fremden Maßeinheiten mit dem Meter. Es bestehen folgende Beziehungen[1]:

$$
\left.\begin{array}{l}
1 \text{ Toise} = 6 \text{ Pariser Fuß} = 6\cdot 12 \text{ Pariser Zoll} = 6\cdot 12\cdot 12\ (= 864) \text{ Pariser} \\
\quad \text{Linien} = 1{,}949036 \text{ m}, \\
1 \text{ preußischer (rheinländischer) Fuß} = 12 \text{ preuß. Zoll} = 12\cdot 12\ (= 144) \text{ preuß.} \\
\quad \text{Linien} = 0{,}3138535 \text{ m}, \\
1 \text{ bayerischer Fuß} = 0{,}1 \text{ Rute} = 12 \text{ Werkzoll} = 144 \text{ Werklinien} = 10 \text{ Dezi-} \\
\quad \text{malzoll} = 100 \text{ Dezimallinien} = 0{,}291859 \text{ m}, \\
1 \text{ badischer Fuß} = 0{,}300000 \text{ m}, \\
1 \text{ hannoverscher Fuß} = 12 \text{ Zoll} = 144 \text{ Linien} = 0{,}292095 \text{ m}, \\
1 \text{ sächsischer Fuß (verschiedene Zusammensetzungen und Unterabteilungen)} \\
\quad = 0{,}28319 \text{ m}, \\
1 \text{ württembergischer Fuß} = 10 \text{ Zoll} = 100 \text{ Linien} = 0{,}286490 \text{ m}, \\
1 \text{ braunschweigischer Fuß} = 0{,}285362 \text{ m}, \\
1 \text{ Wiener Klafter} = 6 \text{ Fuß} = 6\cdot 12 \text{ Zoll} = 6\cdot 12\cdot 12 \text{ Linien} = 6\cdot 12\cdot 12\cdot 12 \\
\quad \text{Punkte} = 10 \text{ Feldschuh} = 100 \text{ Feldzoll} = 1000 \text{ Feldlinien} = 1{,}896484 \text{ m}, \\
1 \text{ englischer Yard} = 3 \text{ Fuß} = 3\cdot 12 \text{ Zoll} = 3\cdot 12\cdot 12 \text{ Linien} = 3\cdot 12\cdot 12\cdot 12 \\
\quad \text{Punkte} = 0{,}9143835 \text{ m}, \\
1 \text{ russischer Fuß} = 1 \text{ englischer Fuß} = 0{,}3048 \text{ m}.
\end{array}\right\} \quad (117)
$$

Der Umstand, daß eine sehr große Zahl von gut bestimmten Kopien des internationalen Urmaßes auf die verschiedensten Teile der Erdoberfläche verteilt ist, bietet eine gewisse Gewähr gegen den Verlust der internationalen Längeneinheit. Immerhin bleibt zu bedenken, daß infolge des gemeinsamen Ursprungs der verschiedenen nationalen Prototype aus dem gleichen Gußblock auch gleichartige Veränderungen derselben zu befürchten sind, welche bei einer erneuten Vergleichung der Urmaßkopien unter sich oder mit dem internationalen Meter nur zum Teil offenbar werden. Es ist deshalb sehr zu begrüßen, daß es den Physikern gelungen ist, durch die Herstellung einer sehr scharfen Beziehung zwischen der Wellenlänge des Lichtes und der Meterlänge diese noch fester zu verankern. Aus den Beobachtungen amerikanischer und französischer Physiker in den letzten Jahrzehnten ergab sich mit großer Genauigkeit für ganz trockene Luft bei 760 mm Druck und $+15^0$ des Wasserstoffthermometers die Beziehung

$$1 \text{ m} = 1553165\,\lambda_r, \quad (118)$$

in welcher $\lambda_r$ die Wellenlänge der roten Linie des Kadmiumspektrums bedeutet[2].

## b) Flächenmaße.

Die Flächenmaße bauen sich in einfachster Weise aus den Längenmaßen auf, indem die Flächeneinheiten die Quadrate der Längeneinheiten sind.

Die eigentliche Flächeneinheit ist das Quadratmeter, das mit 1 qm oder 1 $m^2$ bezeichnet wird. Die wichtigsten Unterabteilungen sind: 1 qdm (1 $dm^2$) = 0,01 qm, 1 qcm (1 $cm^2$) = 0,01 qdm und 1 qmm (1 $mm^2$) = 0,01 qcm. Ferner sind die größeren Einheiten 1 a = 100 qm (Ar), 1 ha = 100 a (Hektar) und 1 qkm (1 $km^2$) = 100 ha (Quadratkilometer) in Gebrauch. Es sind das die Flächen von Quadraten, deren Seitenlängen 1 m, 1 dm, 1 cm, 1 mm, 10 m, 1 hm und 1 km sind.

---

[1] Die folgenden Beziehungen und die entsprechenden bei den Flächenmaßen sind in der Hauptsache aus *Bauernfeind:* Elemente der Vermessungskunde entnommen.

[2] Siehe hierzu *Benoît, Fabry* u. *Perot:* Nouvelle détermination du Mètre en longueurs d'ondes lumineuses. C. R. Acad. Sci., Paris Bd. 144 (1907) S. 1082—1086 und den Bericht von *Hammer:* Die Sicherung der Grundlage des Metersystems. Z. Vermess.-Wes. 1908 S. 45—48.

Einige ältere Flächenmaße sind folgende:

1 preußischer Morgen = 180 Quadratruten = 0,255322 ha,
1 bayerisches Tagwerk = 40000 Quadratfuß = 3407,27 qm,
1 badischer Morgen = 400 Quadratruten = 0,36 ha,
1 hannoverscher Morgen = 120 Quadratruten = 2621 qm,
1 sächsischer Acker = 2 Scheffel = 300 Feldmesserquadratruten = 5534,23 qm, (119)
1 württembergischer Morgen = 384 Quadratruten = 3151,745 qm,
1 österreichisches Joch = 1600 Quadratklafter = 5754,64 qm,
1 englischer Acre = 160 Quadratruten = 4840 Quadratyards = 4046,7 qm,
1 Square Mile = 640 Acres = 2,5899 qkm.

## c) Winkelmaße.

An Winkelmaßen sind in der Geodäsie das Gradmaß und das analytische oder Bogenmaß in Verwendung. Mit Rücksicht auf die praktisch unerläßliche Forderung, daß die Kreisteilungen nach einem vollen Umgange wieder in sich selbst zurückkehren, ist für die Messungen nur ein solches Winkelmaß brauchbar, dessen Einheit im Kreisumfang ohne Rest enthalten ist. Dies trifft leider nicht für das Bogenmaß, wohl aber für das Gradmaß zu, in welchem deshalb unsere Winkelteilungen ausschließlich ausgeführt werden.

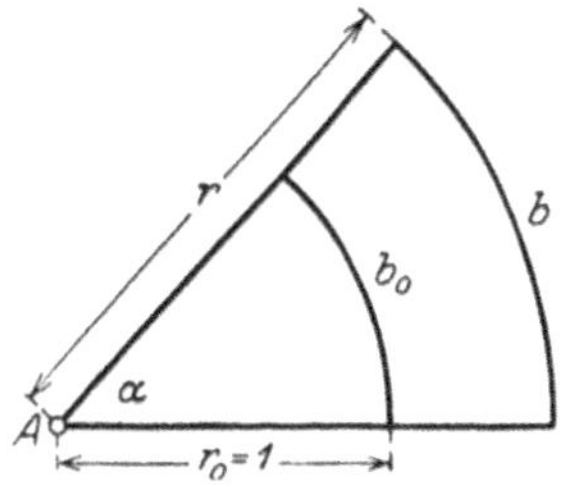

Abb. 5. Bogenmaß.

Das ältere, heute in Deutschland noch am weitesten verbreitete Gradmaß entspricht der Sexagesimalteilung und lehnt sich auf das engste an die althergebrachte Zeiteinteilung an. Der rechte Winkel wird hier in $90^{\circ}$, $1^{\circ}$ in $60'$ und $1'$ in $60''$ zerlegt. Etwaige Bruchteile von Sekunden werden in Dezimalform angegeben. Die im Bergbau früher übliche Stundenteilung der Markscheiderinstrumente ist der Sexagesimalteilung auf das engste verwandt.

Von Frankreich aus verbreitete sich im vorigen Jahrhundert die dort im Anschluß an die dezimale Unterteilung des Meters eingeführte Zentesimalteilung des Quadranten. Bei dieser Teilung wird der rechte Winkel in $100^{g}$, $1^{g}$ in $100^{\backprime}$ und $1^{\backprime}$ in $100^{\backprime\backprime}$ geteilt, so daß man die Ablesung sofort in Form eines Dezimalbruches anschreiben kann[1].

Bedeuten $\alpha^{(0)}$ und $\alpha^{(g)}$ die Maßzahlen ein und desselben Winkels in Sexagesimalteilung (alte Teilung) und Zentesimalteilung (Neuteilung), so besteht nach dem Gesagten der Zusammenhang

$$\alpha^{(0)} = \tfrac{9}{10}\,\alpha^{(g)} \quad \text{bzw.} \quad \alpha^{(g)} = \tfrac{10}{9}\,\alpha^{(0)}. \tag{120}$$

Für analytische Untersuchungen, in der Geodäsie besonders bei Fehlerberechnungen, gebraucht man das Bogenmaß. Das Bogenmaß $\widehat{\alpha}$ eines Winkels $\alpha$ (Abb. 5) ist das Verhältnis eines zwischen den Winkelschenkeln konzentrisch zum Winkelscheitel $A$ liegenden Bogens $b$ zum zugehörigen Halbmesser $r$. Nimmt dieser den besonderen Wert $r_0 = 1$ an, so ist die Maßzahl des zugehörigen Bogens $b_0$ unmittelbar gleich $\widehat{\alpha}$. Daher gilt

$$\widehat{\alpha} = \frac{b}{r} = \frac{b_0}{1\,\mathrm{m}}\,, \tag{121}$$

wenn 1 m wieder die Längeneinheit bedeutet.

---

[1] Statt $^{\backprime}$ und $^{\backprime\backprime}$ werden auch die Bezeichnungen $^{c}$ und $^{cc}$ verwendet.

Während die Sexagesimalteilung den Vorteil des engen Zusammenhanges mit der Zeit, die Zentesimalteilung die einfache Form, vielleicht auch eine etwas einfachere Berechnung der Beobachtungsergebnisse für sich hat, besitzt die zum Zwecke einer an sich sehr wünschenswerten Vereinheitlichung der Winkelteilung neuerdings vorgeschlagene dezimale Unterteilung des alten Grades keinen dieser Vorzüge in ausgesprochenem Maße.

Der Zusammenhang zwischen Bogenmaß und Gradmaß folgt aus dem Umstande, daß der gestreckte Winkel im alten Gradmaß 180°, im Bogenmaß aber gleich $\pi$ ist. Hieraus findet man leicht

$$\alpha^0 = \frac{180^0}{\pi} \cdot \widehat{\alpha} = \varrho^0 \widehat{\alpha}; \qquad \alpha' = 60 \cdot \varrho^0 \widehat{\alpha} = \varrho' \widehat{\alpha}; \qquad \alpha'' = 60 \cdot \varrho' \widehat{\alpha} = \varrho'' \widehat{\alpha} \tag{122}$$

und umgekehrt

$$\widehat{\alpha} = \alpha^0 : \varrho^0 = \alpha' : \varrho' = \alpha'' : \varrho''. \tag{123}$$

Die Umwandlungskonstanten $\varrho^0$, $\varrho'$, $\varrho''$ geben die Zahlen der Grade bzw. der Minuten und Sekunden an, welche ein Winkel vom Bogenmaß 1 faßt. Ihre Werte sind:

$$\varrho^0 = 57{,}29578^0; \qquad \varrho' = 3437{,}747'; \qquad \varrho'' = 206264{,}8''. \tag{124}$$

Die entsprechende Umwandlungskonstante für Zentesimalteilung ist

$$\varrho^g = 200^g : \pi = 63{,}66198^g. \tag{125}$$

Den runden Halbmessern (Entfernungen) 1 hm, 1 hm, 1 km und den runden Winkeln (Richtungsfehlern) 1°, 1′, 1″ entsprechen die als Hektometergrad, Hektometerminute und Kilometersekunde bezeichneten Bögen (Querfehler)

$$1\,\mathrm{hm}^0 = 1{,}75\,\mathrm{m}, \qquad 1\,\mathrm{hm}' = 2{,}91\,\mathrm{cm}, \qquad 1\,\mathrm{km}'' = 4{,}85\,\mathrm{mm}. \tag{126}$$

Im Zentesimalsystem sind die entsprechenden Beträge

$$1\,\mathrm{hm}^g = 1{,}57\,\mathrm{m}, \qquad 1\,\mathrm{hm}^{\backprime} = 1{,}57\,\mathrm{cm}, \qquad 1\,\mathrm{km}^{\backprime\backprime} = 1{,}57\,\mathrm{mm}. \tag{127}$$

Diese Werte leisten bei Genauigkeitsschätzungen gute Dienste.

## 10. Bestandteile geodätischer Meßinstrumente.

Unter diesen sind besonders zu nennen Spiegel und Prismen, Linsen und Ablesevorrichtungen.

### a) Spiegel und Prismen.

Die Spiegel sind vor den Prismen dadurch ausgezeichnet, daß sie stets sog. farblose, d. h. von Farbenzerstreuung freie Bilder liefern. Ihre geometrische Wirkungsweise beruht auf dem bekannten Reflexionsgesetz, nach welchem der einfallende und der reflektierte Strahl (*PQ* und *QA* in Abb. 6) mit der Flächennormalen *QN* in einer

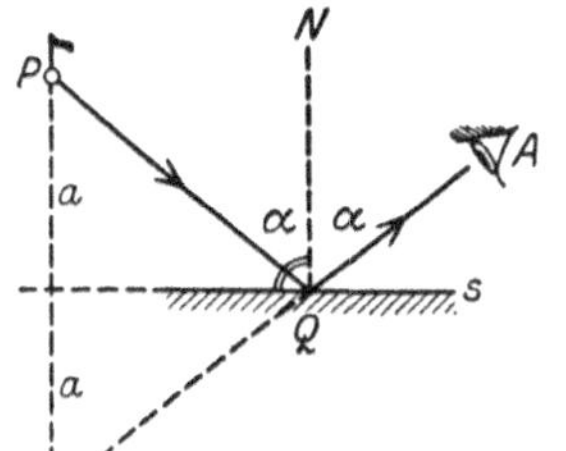

Abb. 6. Reflexion durch einen ebenen Spiegel.

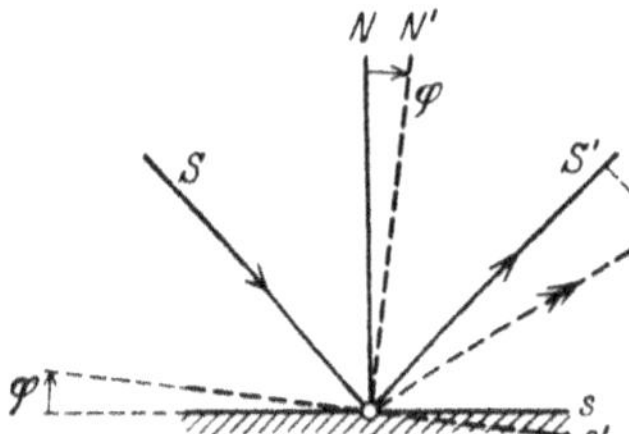

Abb. 7. Spiegeldrehung und Bildwanderung.

Ebene liegen und der Reflexionswinkel $\sphericalangle NQA$ gleich dem Einfallswinkel $\sphericalangle PQN$ ist. Ist die reflektierende Fläche *s* ein ebener Spiegel, so liegen *P* und sein virtuelles Spiegelbild *P'* symmetrisch zur Spiegelfläche. Demnach behält bei wanderndem Auge *A* das Spiegelbild *P'* seinen Ort bei. Unmittelbar aus dem Spiegelgesetz ergibt sich folgende wichtige Erkenntnis. Dreht sich der Spiegel um eine zur Einfallsebene senkrechte Achse um den Winkel $\varphi$ (Abb. 7), so dreht sich der reflektierte Strahl im gleichen Sinne um den Betrag $2\varphi$. Ebene Spiegel führen bei horizontaler Lage durch Vertauschung von oben und unten eine **einfache Bildaufrichtung** und bei lotrechter Stellung durch Vertauschung von rechts und links eine **einfache Seitenvertauschung** herbei.

Wichtiger als die einfachen Spiegel sind in der Instrumentenkunde die **Prismen**, die wegen ihrer besseren Eigenschaften die eigentlichen Spiegel fast vollkommen verdrängt haben.

Abb. 8 stellt den Strahlengang im senkrechten Querschnitt eines dreiseitigen Prismas dar. Ein einfarbiger Strahl $S$ trifft in *1* unter dem Einfallswinkel $\alpha$ auf das Prisma und wird beim Übergang in dieses unter dem Brechungswinkel $\beta$ gebrochen, so daß nach dem *Snellius*schen Brechungsgesetz

$$\sin\alpha : \sin\beta = n \qquad (128)$$

ist, wenn $n$ den sog. Brechungsindex bedeutet. Er ist für den Übergang des sichtbaren Lichtes aus Luft in Kronglas 1,54 und aus Luft in Wasser 1,34. Besitzen der auftreffende und der gebrochene Strahl die gegen eine beliebige Ausgangsrichtung im Uhrzeigersinn positiv gezählten Richtungswinkel $\varphi_1$ und $\varphi_2$, so ist die **Richtungsänderung** des Strahles infolge der einmaligen Brechung durch den Ausdruck

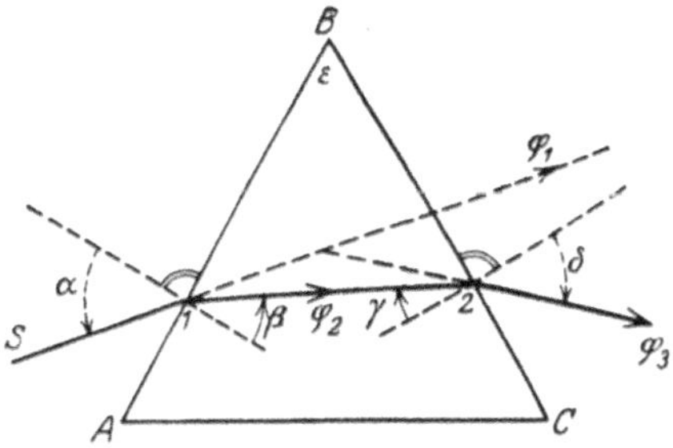


Abb. 8. Strahlengang im dreiseitigen Prisma.

$$\sin(\varphi_2 - \varphi_1) = \sin(\alpha - \beta) = \frac{1}{2n}(2\sin\alpha\sqrt{n^2 - \sin^2\alpha} - \sin 2\alpha) \qquad (129)$$

bestimmt. Der weitergehende Strahl verläßt schließlich in *2* das Prisma unter einem Richtungswinkel $\varphi_3$, indem er mit dem Einfallslot den Winkel $\delta$ einschließt, welcher sich aus der Beziehung

$$\sin\delta = \sin\varepsilon\sqrt{n^2 - \sin^2\alpha} - \cos\varepsilon\sin\alpha \qquad (130)$$

berechnen läßt. $\varepsilon$ bedeutet hierin den brechenden Winkel des Prismas. Bei bekanntem $\delta$ ergibt sich die Gesamtablenkung des Strahles leicht mittels des Ausdrucks

$$\varphi_3 - \varphi_1 = \alpha + \delta - \varepsilon. \qquad (131)$$

Denkt man sich den zweiten Einfallswinkel $\gamma$ wachsend, bis der zugehörige Brechungswinkel $\delta = 90^0$ wird, so gleitet der gebrochene Strahl die Seite $BC$ entlang und $\gamma$ ist in diesem Fall in den durch $\sin\gamma_0 = 1 : n$ bestimmten **Inzidenzwinkel** $\gamma_0$ übergegangen. Bei weiterem Wachstum von $\gamma$ kann der Strahl das Prisma nicht mehr verlassen; er wird dann total reflektiert, bei welchem Vorgang infolge geringen Lichtverlustes sehr helle Spiegelbilder entstehen.

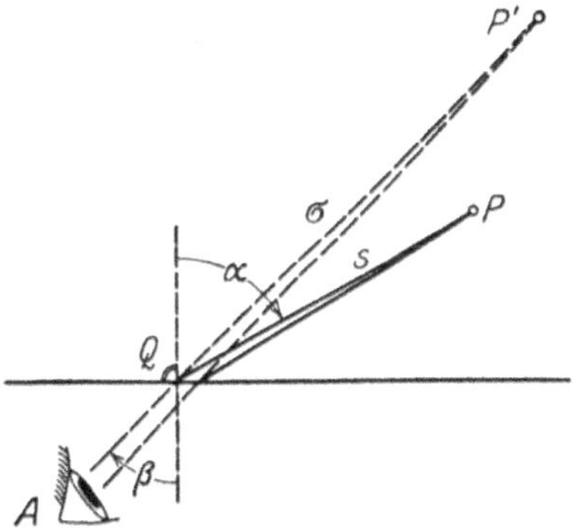


Abb. 9. Bildweite $\sigma$ und Gegenstandsweite $s$, wenn Gegenstand und Auge in verschiedenen Medien liegen.

Für kleine Winkel $\alpha$, $\varepsilon$ ergibt sich die Näherungsbeziehung

$$\varphi_3 - \varphi_1 \approx (n - 1)\,\varepsilon. \qquad (132)$$

Denken wir uns das Auge $A$ im Prisma, so wird ihm ein vom Einfallspunkt $Q$ (Abb. 9) um $s$ entfernter Punkt $P$ unter der größeren Entfernung $AQ + \sigma$ in $P'$ erscheinen. Da $AQ$ der Natur der Sache nach im Vergleich zu den Punktentfernungen verschwindend klein ist, so vernachlässigen wir es und setzen die scheinbare Entfernung des betrachteten Punktes vom Auge unmittelbar gleich $\sigma$. Dieses ist unter Beibehaltung der bisher gebrauchten Bezeichnungen

$$\sigma = \frac{s}{n}\{n^2 + (n^2 - 1)\,\mathrm{tg}^2\alpha\}. \qquad (133)$$

Hiernach erscheint vom dichteren Medium aus der im dünneren Medium liegende Gegenstand stets in zu großer Entfernung und umgekehrt.

Sehr häufig verwendet man Prismen, deren Querschnitt ein gleichschenkeliges Dreieck ist, unter Ausnutzung der totalen Reflexion als Spiegel zur Bildaufrichtung. In Abb. 10 trifft der mehrfarbige Strahl $S_{rv}$ in *1* auf den Querschnittsschenkel $AB$ und wird hier beim Eintritt in das Prisma in verschiedenfarbige Strahlen zerlegt, unter denen $S_r$ (rot) und $S_v$ (violett) die äußersten sichtbaren sein mögen. Jeder dieser Strahlen erfährt eine andere Brechung und geht deshalb in der Folge seinen eigenen Weg. $S_r$ z. B. gelangt in $2_r$ unter einem Einfallswinkel, der größer ist als der Inzidenzwinkel, an die Grundlinie $AC$ und wird dort total reflektiert. Bei $3_r$ trifft er auf den Schenkel $BC$ und verläßt hier nach nochmaliger Brechung das Prisma. Da die Basiswinkel bei $A$ und $C$ einander gleich sind, und die Strahlenstücke $2_r\,1$ und $2_r\,3_r$ infolge der an der Grundlinie stattfindenden Reflexion mit der Grundlinie $AC$ die gleichen Winkel einschließen, so treffen die genannten Strahlenstücke auch unter gleichen Winkeln auf die Schenkel $AB$ und $BC$. Sie schließen also innerhalb und nach dem Brechungsgesetze deshalb auch außerhalb des Prismas mit dem Einfallslote $N_{rv}$ und $N_r$ dieselben Winkel ein. Daraus folgt aber

Spiegelprismen.

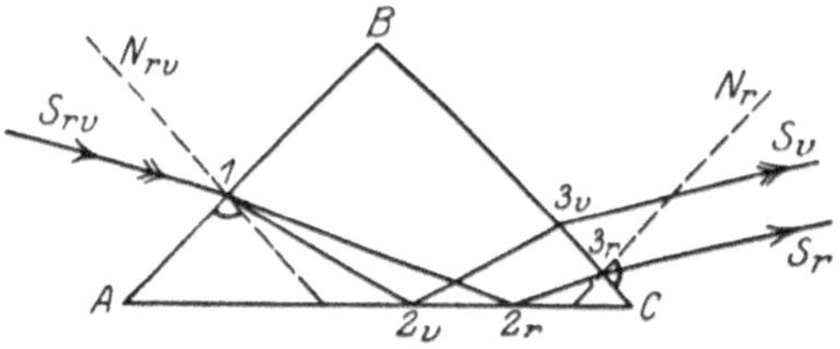


Abb. 10. Verhalten eines mehrfarbigen einmal reflektierten Strahls beim Gang durch ein gleichschenkeliges dreiseitiges Prisma.

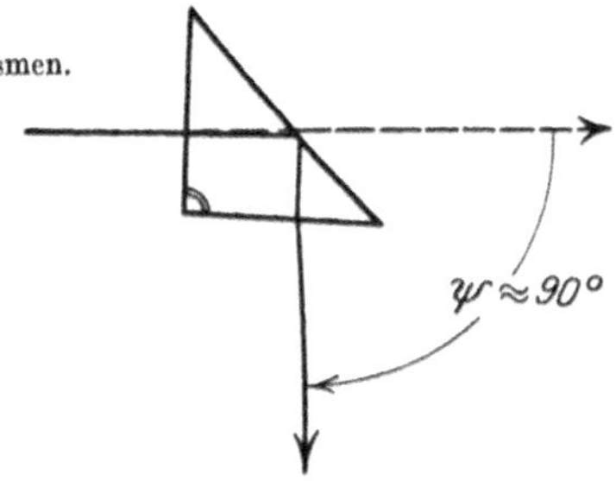


Abb. 11. Prisma zur Herbeiführung einer Strahlenablenkung von annähernd 90° durch Spiegelung.

unmittelbar, daß der eintretende Strahl $S_{rv}$ und der austretende $S_r$ gegen die Basis $AC$ gleichmäßig geneigt sind. Der ganze Vorgang kann daher seiner Endwirkung nach durch eine Spiegelung ersetzt werden, die an einer durch den Schnittpunkt von $S_{rv}$ und $S_r$ parallel zu $AC$ gelegten Fläche stattfindet. Ganz entsprechendes gilt auch für den violetten Strahl $S_v$ und für jeden anderen. Es werden deshalb alle aus dem Prisma austretenden Strahlen zueinander parallel sein und im Auge wieder in einem Punkte der Netzhaut vereinigt werden, so daß doch wieder von Farbenzerstreuung freie Bilder entstehen.

Es fragt sich noch, ob die scheinbare Bildentfernung dieselbe ist wie die Entfernung des Gegenstandes? Diese Frage ist nach Abb. 9 und Gl. (133) zu bejahen; denn während beim Eintritt des Strahles in das Prisma eine Vergrößerung der Entfernung von $s$ auf $\sigma$ stattfindet und durch die Reflexion an $2_r$ die Bildgröße und Bildentfernung nicht geändert wird, findet beim Strahlenaustritt in $3_r$, welche unter den gleichen Verhältnissen wie in *1*, nur unter Vertauschung von Einfalls- und Brechungswinkel vor sich geht, wieder eine Verkleinerung der Entfernung von $\sigma$ auf die ursprüngliche Entfernung $s$ statt.

Ist der Prismenquerschnitt ein gleichschenkeliges rechtwinkliges Dreieck (Abb. 11), so erfährt ein auf die Kathetenfläche annähernd senkrecht auffallender Strahl eine Richtungsablenkung $\psi$ von annähernd 90°. Ein Spiegelbeleg auf der Hypotenusenfläche ist nicht unbedingt notwendig, weil der Strahl die Hypotenusenfläche unter einem Einfallswinkel von ungefähr 45° trifft, welcher noch größer ist als der für Kronglas und Luft rund 42° betragende Grenzwinkel, so daß noch totale Reflexion stattfinden muß. Durch die Anbringung eines solchen Prismas vor dem Objektiv oder besser vor dem Okular kann man auch stark geneigte Sichten bei bequemer Kopfhaltung vornehmen.

Neuerdings spielen auch die vollständigen Umkehrprismen, welche sowohl eine Bildaufrichtung als auch eine Seitenvertauschung herbeiführen, eine größere Rolle. Das in Abb. 12 dargestellte Prisma dieser Art ist das *Abbe*sche Prisma[1], ein sog. geradsichtiges Prisma, bei dem eintretender und austretender Hauptstrahl in einer Geraden liegen, so daß keine seitliche Bildverschiebung stattfindet. Dem Prisma, in welchem der Strahl ausschließlich vorwärts geführt wird, ist unten eine Dachfläche angeschliffen. Diese Vorkehrung bewirkt die Seitenvertauschung, während die Vertauschung von unten und oben durch den eigentlichen Prismenkörper herbeigeführt wird.

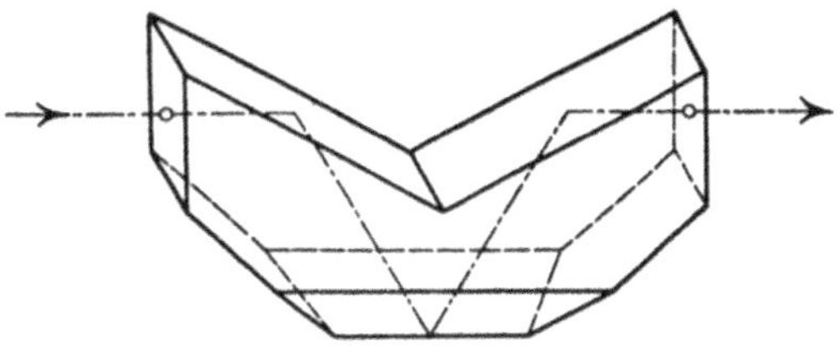

Abb. 12. Geradsichtiges vollständiges Umkehrprisma von Abbe.

Ein anderes geradsichtiges vollständiges Umkehrprisma ist das Dachprisma von *Hensoldt*, welches ebenfalls nur Vorwärtsführung des Strahles aufweist[2].

Auch Prismen, deren Querschnitt ein Parallelogramm ist, werden in der Geodäsie verwendet, um eine parallele Verschiebung des Strahlengangs zu erreichen (Abb. 13). Ein solches Prisma verschiebt alle unter sich parallelen Strahlen, die sowohl an $BC$ wie auch an $AD$ total reflektiert werden, parallel und um den gleichen Betrag nach derselben Seite hin. Treffen die Strahlen, wie in Abb. 13 angenommen, senkrecht auf das Prisma, so ist das Maß der Parallelverschiebung die Länge der vom ankommenden Strahl getroffenen Querschnittsseite.

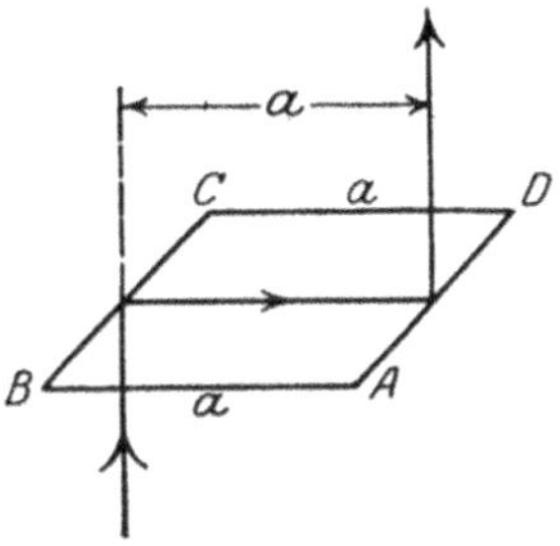


Abb. 13. Prisma zur Parallelverschiebung der Strahlen.

Trifft ein Strahl unter dem Einfallswinkel $\alpha$ (Abb. 14) auf eine planparallele Platte von der Dicke $d$, so ist der austretende Strahl zum auffallenden parallel und gegen diesen um den Betrag

$$q = d \cdot \sin\alpha \left\{1 - \frac{1}{\sqrt{n^2 + (n^2 - 1)\,\mathrm{tg}^2\alpha}}\right\} \tag{134}$$

seitlich verschoben. Aus (134) findet man leicht den bei kleineren Einfallswinkeln meist hinreichend genauen Näherungsausdruck

$$q \approx \frac{n-1}{n}\, d \cdot \widehat{\alpha}. \tag{135}$$

Die durch Punkt $P$ gehende Senkrechte zur Platte wird von der rückwärtigen Verlängerung des austretenden Strahls in einem Punkte $P'$ getroffen, der um

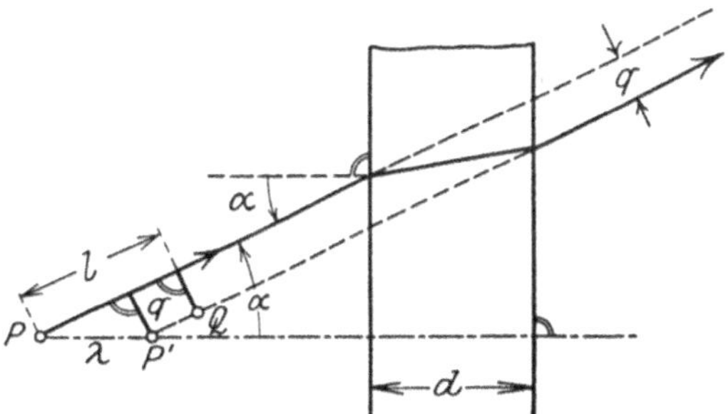


Abb. 14. Wirkung der planparallelen Platte.

$$\lambda = \frac{q}{\sin\alpha} = d \cdot \left\{1 - \frac{1}{\sqrt{n^2 + (n^2 - 1)\,\mathrm{tg}^2\alpha}}\right\} \tag{136}$$

näher an der Platte liegt wie $P$. Für nicht allzu große $\alpha$ wird meistens die aus Gl. (135) folgende Näherung

$$\lambda \approx \frac{n-1}{n}\, d \tag{137}$$

[1] Siehe *A. Gleichen:* Die Theorie der modernen optischen Instrumente S. 152. Stuttgart 1911.

[2] Siehe *E. Hammer:* Neues *Hensoldt*sches Fernrohr mit aufrechten Bildern für kleinere geodätische Instrumente. Z. Vermess.-Wes. 1909 S. 247ff.

genügen. Dieser Betrag ist von $\alpha$ unabhängig, so daß auch alle Nachbarstrahlen in ihrer Rückverlängerung durch denselben Punkt $P'$ gehen und dem hinter der Platte befindlichen Auge der Punkt $P$ um $\lambda$ senkrecht gegen die Platte zu verschoben erscheint. Bei größeren Einfallswinkeln aber gilt dies nur näherungsweise. Für eine gewöhnliche Glasplatte ist der Näherungswert $\lambda$ ein Geringes größer als $d:3$.

Bei schärferen Anforderungen ist zu berücksichtigen, daß der scheinbare Ort für $P$ ein sehr nahe bei $P'$ liegender Punkt $Q$ ist, dessen Koordinaten in bezug auf $P$ und den von ihm ausgehenden Strahl die Werte

$$l = d \cdot \cos\alpha \left\{1 - \frac{n^2 - (n^2-1)\,\mathrm{tg}^4\alpha}{\sqrt{n^2 + (n^2-1)\,\mathrm{tg}^2\alpha}^{\,3}}\right\} \tag{138}$$

und $q$ sind. Durch Reihenentwicklungen ergeben sich aus (134) und (138) die Ausdrücke

$$q = \frac{n-1}{n} \cdot d \cdot \widehat{\alpha}\left\{1 + \frac{3+3n-n^2}{6n^2} \cdot \widehat{\alpha}^2 + \frac{15(n+1)(3-n^2)+n^4}{120\,n^4} \cdot \widehat{\alpha}^4 + G^6\right\}, \tag{139}$$

$$l = \frac{n-1}{n} \cdot d + \frac{n-1}{n} \cdot d \cdot \widehat{\alpha}^2 \left\{\frac{3(n+1)-n^2}{2n^2} + \frac{15(n+1)(3-n^2)+n^4}{24\,n^4} \cdot \widehat{\alpha}^2 + G^4\right\}, \tag{140}$$

mit deren Hilfe nachträglich auch die Genauigkeit der Faustformeln (135) und (137) beurteilt werden kann[1].

## b) Linsen.

Unter Linsen im gewöhnlichen Sinne versteht man durchsichtige homogene, meist aus Glas bestehende, durch Kugelflächen begrenzte Körper. Je nachdem sie in der Mitte dicker oder dünner sind als am Rande, hat man es mit Sammellinsen oder mit Zerstreuungslinsen zu tun. Erstere sammeln das Licht oder machen doch divergente Strahlen weniger divergent; letztere verhalten sich umgekehrt. Die linke

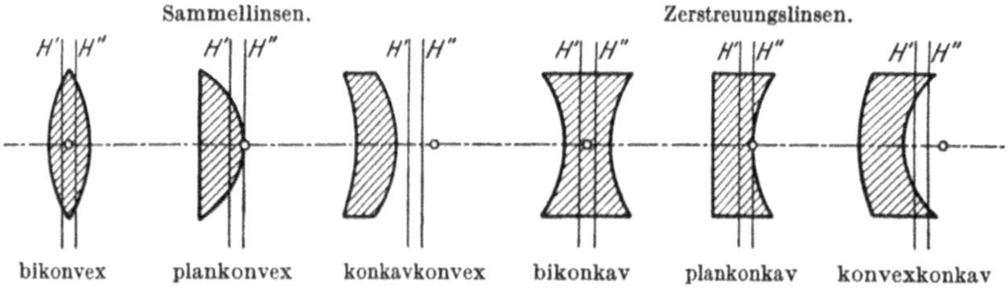


Abb. 15.

Hälfte von Abb. 15 veranschaulicht die bikonvexe, plankonvexe und konkavkonvexe Sammellinse, während rechts die bikonkave, plankonkave und konvexkonkave Zerstreuungslinse dargestellt ist.

In Abb. 16 sind $M'$, $M''$ die Mittelpunkte der die Linse begrenzenden Kugelflächen. Ihre Verbindungsgerade, die optische Achse der Linse, trifft diese in den Scheitelpunkten $\Sigma'$ und $\Sigma''$. $A$ bedeutet die als Linsenöffnung bezeichnete lichte Weite der Linse. Alle durch den optischen Mittelpunkt $O$ gehenden Strahlen sind in ihren außerhalb der Linse liegenden Hälften $S'$, $S''$ zueinander parallel. Die Linse entwerfe nun von dem um die Gegenstandsweite $g$ von $O$ abstehenden Gegenstand $G$ ein dazu konjugiertes Bild $B$, welches von $O$ um die Bildweite $b$ absteht. Dann besteht zwischen $g$, $b$ und der Brennweite $f$ die grundlegende Beziehung

$$\frac{1}{g} + \frac{1}{b} = \frac{1}{f} \qquad \text{bzw.} \qquad (g-f)(b-f) = f^2, \tag{141}$$

[1] An einschlägiger Literatur sei genannt: a) *Samel:* Der Durchgang des Lichtes durch eine planparallele Glasplatte. Z. Vermess.-Wes. 1930 S. 229—234. b) *Hoecken:* Der Durchgang des Lichtes durch eine planparallele Glasplatte. Z. Vermess.-Wes. 1930 S. 493—497.

welche man als dioptrische Hauptformel oder Abbildungsgleichung bezeichnet. $f$ bedeutet hierin einen Festwert, nämlich die Brennweite der Linse. In der für die meisten Zwecke der geodätischen Instrumentenkunde ausreichenden einfacheren Theorie, welche von der Verwendung der Hauptpunkte absieht und nur mit dem optischen Mittelpunkte arbeitet, versteht man unter der Linsenbrennweite die unter sich gleichen Abstände des optischen Mittelpunktes von den beiden Brennpunkten $F'$ und $F''$, in welchen die von rechts bzw. von links her parallel zur optischen Achse auffallenden Strahlen je in einem Punkte der Achse gesammelt werden. Zwischen der Gegenstandsgröße $G$ und der Bildgröße $B$ besteht die einfache Beziehung

$$B : G = b : g. \tag{142}$$

Die Differentiation von (141) liefert in

$$db = -\left(\frac{b}{g}\right)^2 dg \tag{143}$$

den wichtigen Ausdruck für die einer bestimmten, kleinen Änderung $dg$ der Gegenstandsweite entsprechende Bildweitenänderung $db$.

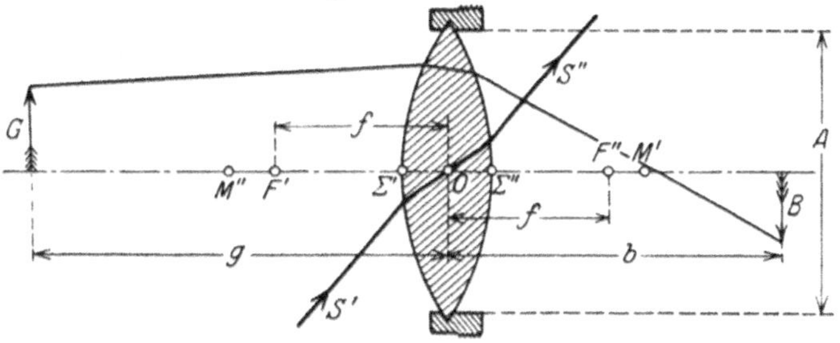

Abb. 16. Verhältnisse an der Linse für die Näherungsannahme, daß die Hauptpunkte in den optischen Mittelpunkt fallen.

Die vorhin erwähnte einfachere Theorie reicht aber doch nicht immer aus, besonders nicht in der Photogrammetrie, wo ein großer Teil der Strahlen unter sehr beträchtlichen Winkeln gegen die optische Achse des Objektivs auftrifft. In der genaueren Theorie spielen die Haupt- und Knotenpunkte eine wichtige Rolle. Die Knotenpunkte zeichnen sich dadurch aus, daß die durch sie nach zwei beliebigen konjugierten Punkten gezogenen Richtungen zueinander parallel sind. Hingegen versteht man unter den beiden Hauptebenen einer Linse diejenigen achsensenkrechten, konjugierten Ebenen, in welchen Gegenstand und Bild gleich groß und gleich gerichtet sind, so daß die Verbindungsgeraden entsprechender Punkte dieser Ebenen zur optischen Achse parallel laufen. Unter den Hauptpunkten aber, die in der Folge ebenso wie die Hauptebenen selbst mit $H'$ und $H''$ bezeichnet werden sollen, versteht man die Durchstoßpunkte der optischen Achse durch die Hauptebenen. Hauptpunkte und Knotenpunkte sind getrennte Punktpaare, wenn, wie z. B. beim Auge, vor und hinter der Linse zwei verschieden brechende Medien liegen. Bei allen an geodätischen Instrumenten verwendeten Linsen aber fällt je ein Hauptpunkt in den entsprechenden Knotenpunkt, weil sich hier vor und hinter der Linse ein und dasselbe Medium befindet. In der Regel spricht man dann von den Hauptpunkten der Linse, obwohl man meistens die aus dem Begriff der Knotenpunkte folgenden Eigenschaften im Auge hat.

In Abb. 17 bedeuten $F'$ und $F''$ wieder die beiden Brennpunkte, welche um die Brennweite $f$ von den zugehörigen Hauptpunkten $H'$, $H''$ abstehen. Zu der schon früher erwähnten Eigenschaft des optischen Mittelpunktes ist noch hinzuzufügen, daß die parallelen Außenhälften eines durch $O$ gehenden Strahles in ihren Verlängerungen durch die beiden Hauptpunkte gehen.

Ist $d$ die Linsendicke, $t$ der Abstand beider Hauptebenen, $n$ der Brechungsquotient und bedeuten $M'$, $M''$ die Mittelpunkte der begrenzenden Kugelflächen mit den Halbmessern $r'$ und $r''$, ferner $h'$, $h''$ die Abstände der Hauptpunkte $H'$, $H''$ von den zugehörigen Linsenscheiteln $\Sigma'$, $\Sigma''$ und $s'$, $s''$ die Entfernungen des optischen Mittelpunktes $O$ von den genannten Scheitelpunkten, so sind die gegenseitigen Größenverhältnisse durch folgende Beziehungen bestimmt:

$$\frac{1}{f} = (n-1)\left(\frac{1}{r'} + \frac{1}{r''} - \frac{n-1}{n}\cdot\frac{d}{r'r''}\right) \approx (n-1)\left(\frac{1}{r'} + \frac{1}{r''}\right), \tag{144}$$

$$h' = \frac{r'd}{n(r'+r'') - (n-1)d} \approx \frac{r'd}{n(r'+r'')} \approx \frac{s'}{n}, \tag{145}$$

$$h'' = \frac{r''d}{n(r'+r'') - (n-1)d} \approx \frac{r''d}{n(r'+r'')} \approx \frac{s''}{n}, \tag{146}$$

$$s' = \frac{r'}{r'+r''}d \approx n\cdot h', \qquad s'' = \frac{r''}{r'+r''}d \approx n\cdot h'', \tag{147}$$

$$t = d - (h'+h'') \approx \frac{n-1}{n}d, \tag{148}$$

$$s' : s'' = h' : h'' = r' : r''. \tag{149}$$

In Abb. 17 besitzen alle diese Größen positives Vorzeichen. Für Glaslinsen, bei denen $n$ rund 1,5 ist, findet man aus (148) für den Hauptpunktabstand $t \approx d:3$.

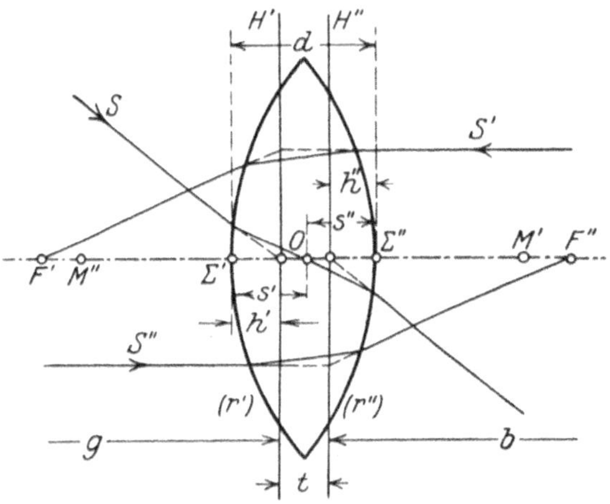


Abb. 17. Verhältnisse an der Linse für die strengere Annahme, daß die Hauptpunkte nicht in den optischen Mittelpunkt fallen.

Abb. 15, in welcher die Spuren der Hauptebenen mit $H'$, $H''$ und die optischen Mittelpunkte durch kleine Kreise bezeichnet sind, gibt einen Überblick über die Lage der genannten Ebenen und Punkte für die wichtigsten Linsenformen.

Rechnet man $g$ und $b$ von den Hauptebenen aus, so bleibt die Abbildungsgleichung (141) unverändert bestehen. Es ist also der zwischen den Hauptebenen liegende Raum für die Bildkonstruktion aus den Strahlen gewissermaßen unwirksam, weshalb er und seine Dicke $t$ als der tote Raum bezeichnet werden.

Abb. 18 veranschaulicht das Zusammenwirken zweier Einzellinsen mit den Brennweiten $f'$ und $f''$, den Hauptebenenpaaren $H_1'$, $H_1''$ und $H_2'$, $H_2''$, den toten Räumen $t'$, $t''$ und dem Abstand $a$ der beiden Hauptebenen $H_1''$, $H_2'$. Die optische Wirkung der beiden Linsen läßt sich durch diejenige einer einzigen fingierten Linse ersetzen, welche die Brennpunkte $F'$, $F''$, die Äquivalentbrennweite $f$, den optischen Mittelpunkt $O$ und die Hauptebenen $H'$, $H''$ besitzt. Die gegenseitige Lage der genannten Gebilde ist durch die Beziehungen

$$f = \frac{f'f''}{f'+f''-a}, \tag{150}$$

$$h' = \frac{af'}{f'+f''-a} = \frac{a}{f''}\cdot f, \qquad h'' = \frac{af''}{f'+f''-a} = \frac{a}{f'}\cdot f, \tag{151}$$

$$\sigma' = \frac{h'}{h'+h''}a = \frac{f'}{f'+f''}a, \qquad \sigma'' = \frac{h''}{h'+h''}a = \frac{f''}{f'+f''}a, \tag{152}$$

$$\sigma' : \sigma'' = h' : h'' = f' : f'', \tag{153}$$

$$t = t' + t'' - \frac{a^2}{f'+f''-a} = t' + t'' - \frac{a^2}{f'f''}\cdot f \tag{154}$$

vollständig bestimmt. Die Bedeutung der hierin enthaltenen Bezeichnungen wird durch die Angaben von Abb. 18, denen lauter positive Vorzeichen entsprechen, ergänzt. Auch hier gilt wieder die alte Abbildungsgleichung (141), wenn $g$ und $b$ von den Hauptebenen $H'$, $H''$ der Äquivalentlinse aus gezählt werden. Ebenso besitzt der neue optische Mittelpunkt $O$ die früher angegebene Eigenschaft, daß die Außenhälften aller durch ihn gehenden Strahlen je zueinander parallel sind und in ihrer Verlängerung sämtlich durch die zugehörigen Hauptpunkte $H'$, $H''$ gehen.

Wird die Linsendicke vernachlässigt, so daß die beiden Hauptpunkte jeder Einzellinse in deren optischen Mittelpunkt fallen, so bleiben die angegebenen Beziehungen bestehen. Die Gleichungen (150) bis (153) behalten für diesen Fall auch ihre äußere Form; lediglich (154) läßt sich, da bei der getroffenen Annahme $t'$ und $t''$ verschwinden, in die einfachere Gestalt

$$t = -\frac{a^2}{f'+f''-a} = -\frac{a^2}{f'f''}\cdot f \tag{155}$$

bringen, wobei man jetzt $a$ kurzweg als den Linsenabstand auffassen kann.

Unter den Mängeln der einfachen Linse sind besonders zu nennen die Farbenabweichung, die Kugelabweichung, der Astigmatismus und das Koma, die Bildverzerrung und die Bildwölbung.

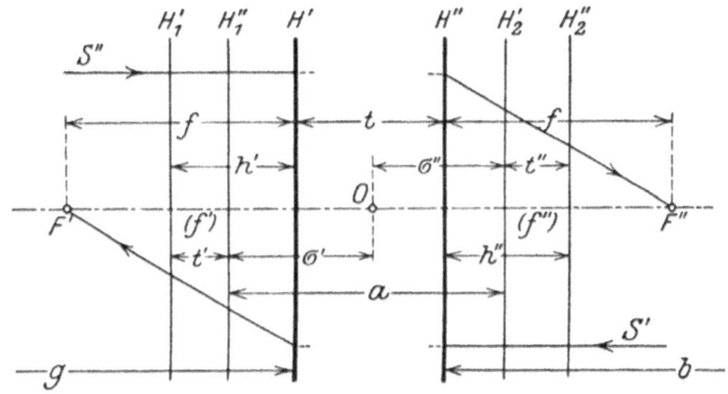

Abb. 18. Zusammenwirken zweier Einzellinsen.

Farbenabweichung tritt ein, wenn ein Strahl $S$ (Abb. 19) verschiedenfarbigen Lichtes beim Durchgang durch die Linse in seine Einzelfarben zerlegt wird. Die kurzwelligen Strahlen $S_v$ werden dabei stärker gebrochen als die langwelligen $S_r$. Liegt $S$ parallel zur optischen Achse, so sind die Schnittpunkte $F_r$, $F_v$ der genannten Strahlen mit der Achse die getrennten Brennpunkte der roten und violetten Strahlen, während ihr Ab-

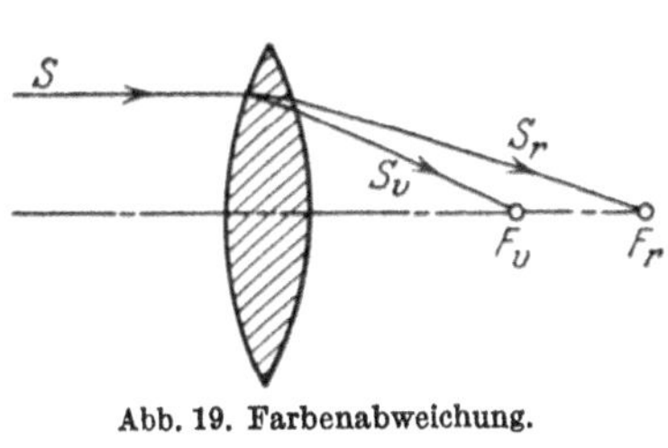

Abb. 19. Farbenabweichung.

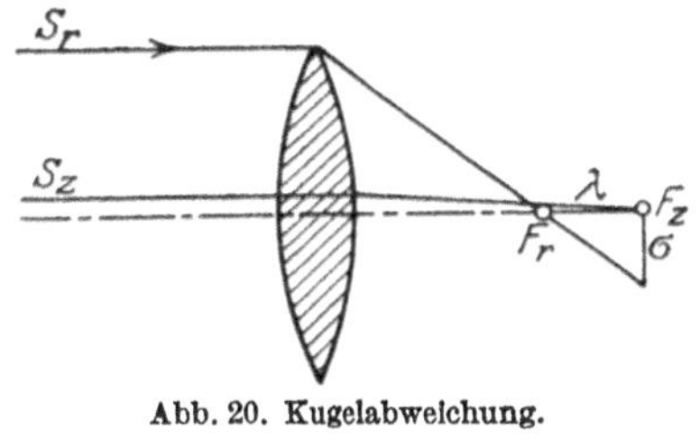

Abb. 20. Kugelabweichung.

stand den entsprechenden Brennweitenunterschied darstellt. Die Bilder sind hier von störenden farbigen Säumen umgeben.

Ein zur optischen Achse paralleler Randstrahl $S_r$ (Abb. 20) und ein gleichgerichteter zentraler Strahl $S_z$ treffen nach der Brechung die Linsenachse in den getrennten Punkten $F_r$ und $F_z$, welche die Brennpunkte der Randstrahlen und der Zentralstrahlen sind. Diese Erscheinung ist die Kugelabweichung oder sphärische Aberration. Der Abstand $\lambda$ beider Brennpunkte $F_r$ und $F_z$ ist die sphärische Längenabweichung. Hingegen ist die sphärische Querabweichung $\sigma$ der achsensenkrechte Abstand des Brennpunktes der zentralen Strahlen von einem vor der Brechung achsenparallelen Randstrahl. Infolge der Kugelabweichung wird das Bild eines Punktes nicht wieder ein Punkt, sondern ein Scheibchen, worunter die Deutlichkeit des Bildes leidet.

Wird ein Punkt $P$ durch zwei etwas stärker gegen die optische Achse geneigte, einem Meridianschnitt angehörige Nachbarstrahlen $PA$ (Abb. 21) und $PB$ abgebildet, so erscheint das Bild in einem Punkte $P_m$. Findet jedoch die Abbildung durch zwei in einer zum Meridian senkrechten Ebene (Sagittalebene) liegende Nachbarstrahlen statt, so fällt der Bildort in den Achsenpunkt $P_s$. Es entstehen also für diese extremen Lagen der Strahlenebenen zwei getrennte Bilder $P_m$ und $P_s$, deren Abstand die astigmatische Differenz ist, während die Erscheinung selbst als Astigmatismus bezeichnet wird.

Eng mit dem Astigmatismus hängt das Koma zusammen. Wird die Abbildung nicht durch ein enges Strahlenbündel, sondern unter Ausnutzung der ganzen Linse durch unendlich viele Bündel herbeigeführt, so entstehen unendlich viele Bildpunkte $P_m$ und $P_s$, so daß die Abbildung des Punktes $P$ strenggenommen durch Flächen stattfindet. Diese Flächen haben in einer Spitze (kaustische Spitze) einen Punkt gemeinsam, in dem besonders viel Strahlen zusammengefaßt werden, so daß dieser Punkt eine im Vergleich zu den übrigen Flächenpunkten hervorstechende Helligkeit besitzt und daher als eigentlicher Bildort ziemlich scharf aufgefaßt werden kann. Werden aber diese besonders wirksamen Spitzenstrahlen — etwa durch eine ungeeignete Blende — an ihrer Vereinigung gehindert, so erscheint an Stelle der scharfen Spitze ein kometenschweifartiges, mehr oder weniger verschwommenes Gebilde, das man als Koma bezeichnet.

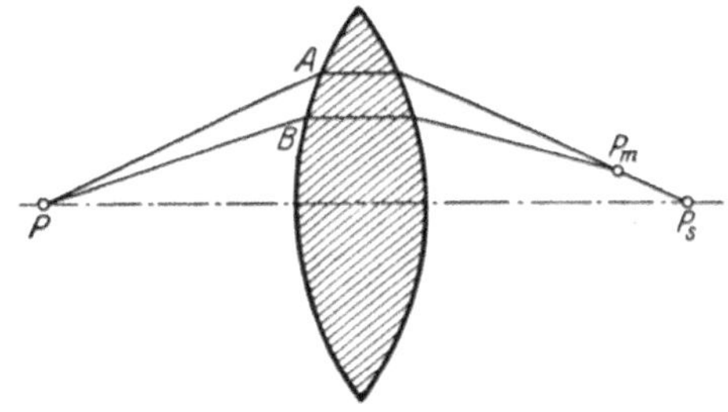

Abb. 21. Astigmatismus.

Eine Verzeichnung oder Bilderverzerrung tritt auf, wenn das Bild perspektivisch nicht richtig gezeichnet ist. Von einer Bildwölbung hingegen spricht man, wenn die Linse von einem ebenen achsensenkrechten Gebilde ein auf einer gewölbten Fläche liegendes Bild entwirft.

Diese verschiedenen Fehler, welche wegen ihres starken Wachstums mit der Strahlenneigung besonders in der Photogrammetrie lästig fallen müßten, kann man durch das Zusammenwirken mehrerer und verschiedenartiger Linsen, sowie durch die Verwendung geeigneter Blenden am richtigen Orte so weit beheben, daß sie — besonders bei Fernrohren — praktisch vollkommen belanglos werden.

Zum Schluß dieser Ausführungen über Linsen soll noch das Zusammenwirken von planparalleler Platte und Linse gestreift werden. Denkt man sich eine planparallele Platte senkrecht zur optischen Achse des Objektivs eines Fernrohres vor dieses gebracht, so wird dadurch nach (137) und den anschließenden Ausführungen der angezielte Gegenstand scheinbar um rund ein Drittel der Plattendicke nähergerückt. Dieser im Vergleich zur Gegenstandsweite verschwindend kleinen Verringerung derselben entspricht nach (143) wegen des im allgemeinen sehr kleinen Verhältnisses $b : g$ nur eine verschwindend kleine Vergrößerung der Bildweite, die einer Messung kaum mehr zugänglich ist und daher vernachlässigt werden kann. Wird hingegen die Platte hinter dem Objektiv in den konvergenten Strahlengang eingeschoben, so wird dadurch die Bildweite um rund ein Drittel der Plattendicke vergrößert. Die Wirkung der Platte auf die Lage des Bildes ist also in beiden Fällen eine ganz verschiedene[1].

## c) Ablesevorrichtungen.

Als Ablesevorrichtungen kommen hauptsächlich in Betracht die Meßschraube, der Meßkeil, der einfache Zeiger, die Lupe, Transversalen, der Nonius, das Strichmikroskop, das Skalenmikroskop, das Schraubenmikroskop und das Noniusmikroskop.

[1] Für ein tieferes Eingehen auf optische Fragen sei verwiesen auf *Wüllner, A.:* Lehrbuch der Experimentalphysik Bd. 4 5. Aufl. Leipzig 1899. *Chwolson:* Lehrbuch der Physik Bd. 2. Braunschweig 1904. *v. Rohr, M.:* Die Theorie der optischen Instrumente. Berlin 1904, sowie Theorie und Geschichte des photographischen Objektivs. Berlin 1899. *Drude:* Lehrbuch der Optik. 3. Aufl. Leipzig 1913. *Gleichen, A.:* Leitfaden der praktischen Optik. Leipzig 1906, und Die Theorie der modernen optischen Instrumente. Stuttgart 1911.

Die **Meßschraube** oder **Mikrometerschraube** ist eine feingearbeitete Schraube mit geringer Ganghöhe, welche bei fester Lagerung zur genauen Messung kleiner Verschiebungen eines Schlittens, im andern Fall zur sorgfältigen Bestimmung von Dicken, Tiefen und dergleichen verwendet werden kann. Abb. 22 veranschaulicht einen Dickenmesser (Lehrschraube), dessen in einer festen Mutter $M$ gelagerte Feinschraube $S$ bei einer Drehung mittels des Knopfes $K$ in ihrer Längsrichtung verschoben wird. Das Schraubenende und das ihm gegenüberstehende Widerlager $W$ sind flach gewölbt und gehärtet; die Ablesungen erfolgen mittels einer Zeigerkante $Z$ an dem als geteilte Trommel ausgebildeten Schraubenkopf $T$. Zur Vermeidung ungleichen Druckes bei der Messung wird zweckmäßig eine sogenannte Fühlschraube verwendet, bei welcher der Knopf $K$ auf der Schraubenspindel nur durch Reibung aufsitzt. Bedeutet $a_0$ die Trommelablesung bei anstoßender Schraube, $a$ diejenige bei eingeschobenem Körper, so ist dessen in Schraubenganghöhen ausgedrückte Dicke $d = a - a_0$.

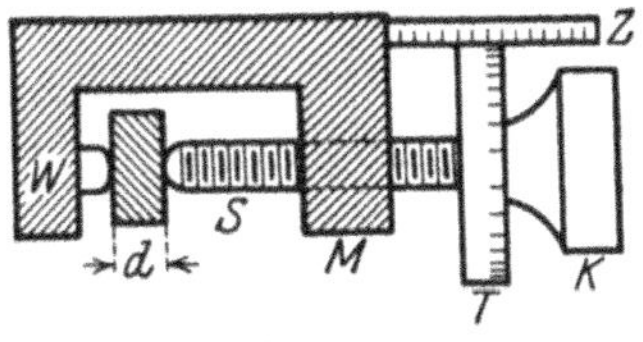

Abb. 22. Mikrometerschraube.

Der **Meßkeil**[1] (Abb. 23) ist ein mit einer Teilung versehener Keil, dessen wirksame Flächen nur schwach gegeneinander geneigt sind und welcher dazu dient, kleine Abstände zweier meist gekreuzten Schneiden oder den Abstand einer Schneide von einer dazu parallelen ebenen Fläche genau zu bestimmen. Bei einer solchen Messung wird der Keil vorsichtig bis zum Auftreten des ersten Widerstandes eingeschoben und an der Teilung die Ablesung $i$ gefunden. Sind $d_o$ und $d_n$ die zu den Ablesungen $o$ und $n$ gehörigen, etwa mit Hilfe einer Mikrometerschraube bestimmten Keildicken, so ist offenbar

$$d = d_o + i \cdot \frac{d_n - d_o}{n} = d_o + C \cdot i \tag{156}$$

der gesuchte Schneidenabstand. Diese Beziehung (156) nennt man die **Keilgleichung**.

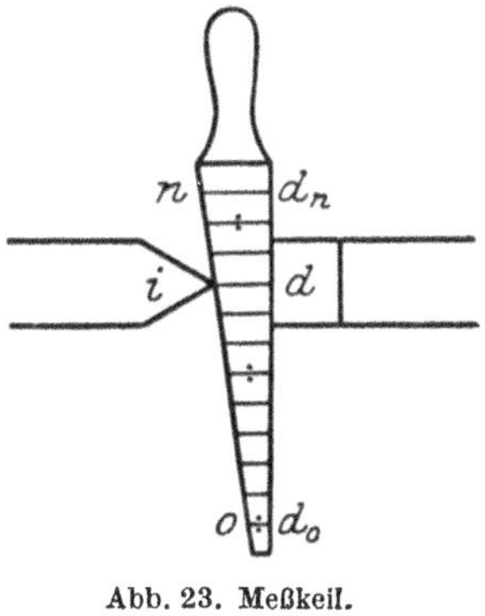

Abb. 23. Meßkeil.

Der mittlere Fehler einer sorgfältigen Keilmessung ist auf rund 1 cmm, derjenige einer sehr guten Mikrometerschraubenmessung auf wenig mehr als 1 $\mu$ zu veranschlagen.

Der **einfache Zeiger** ist ein Strich, eine Kante, Spitze oder etwas Ähnliches, womit diejenige Stelle der Teilung bezeichnet wird, an welcher abgelesen werden soll. Da eine Angabe auf ganze Teilungseinheiten in der Regel nicht genau genug ist, so muß die Stellung des Zeigers $Z$ (Abb. 24) gegen die beiden ihn einfassenden Striche geschätzt werden. Bei einiger Übung läßt sich an einer guten, d. h. scharfen und übersichtlichen Teilung bis auf Zwanzigstel die Teilungseinheit schätzen[2]. Einfache Zeiger an geodätischen Intrumenten sind wegen der geringeren Ablesegenauigkeit nicht gerade häufig; sie werden aber z. B. an den Nadelenden mancher Bussolen angebracht.

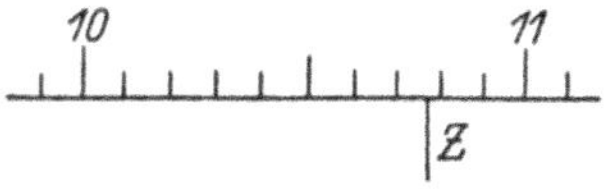

Abb. 24. Einfacher Zeiger.

Die **Lupe** ist eine Sammellinse mit kurzer Brennweite und dient zur Betrachtung kleiner, nahe gelegener Gegenstände, welche um ein geringes innerhalb des Brennpunktes liegen müssen. Das Auge kann zwei Punkte bzw. Striche, deren scheinbarer Abstand beträchtlich unter 1′ bzw. 5″ sinkt, nicht mehr voneinander trennen. Eine Annäherung zum Auge vergrößert allerdings diesen Gesichtswinkel, findet aber ihre Grenze in der

[1] In die Geodäsie wurde der Meßkeil durch *Reichenbach* eingeführt, welcher ihn bei seinem 1806 konstruierten Basisapparat verwendete.

[2] Näheres über Schätzungsfehler an Teilungen enthalten die Ausführungen über die Fehler der Distanzmessung.

deutlichen Sehweite, da sonst das Bild des Gegenstandes hinter die Netzhaut fällt und unscharf wird. Diesem Übelstand hilft die Lupe $L$ mit der Brennweite $f$ dadurch ab, daß sie von dem kleinen Gegenstand $G$ mit der geringen Gegenstandsweite $g$ (Abb. 25) in der deutlichen Sehweite $w$ ein virtuelles, aufrechtes, stark vergrößertes Bild $B$ entwirft, zu dem eine Bildweite $b$ gehört. Erscheint dem in der Entfernung $e$ von der Lupe befindlichen Auge das vergrößerte Bild unter dem Winkel $\alpha$, während es unbewaffnet den in derselben Entfernung $w$ befindlichen Gegenstand unter dem kleineren Winkel $\beta$ sehen würde, so ist das Verhältnis $v = \alpha : \beta$ die Lupenvergrößerung. Unter Anwendung der dioptrischen Hauptgleichung findet man an der Hand von Abb. 25 leicht den Ausdruck

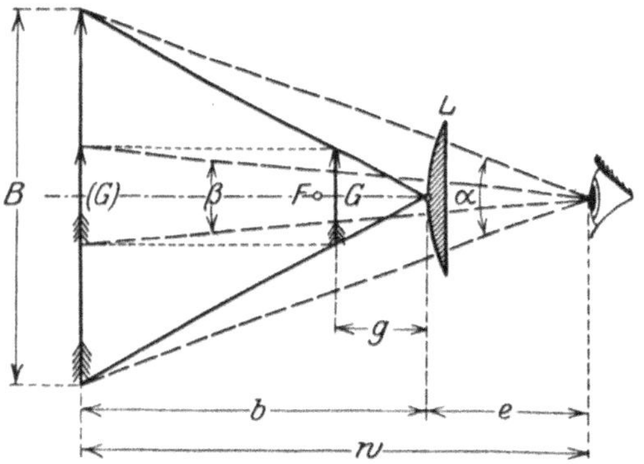

Abb. 25. Strahlengang in der einfachen Lupe.

$$v = \frac{w}{f} + 1 - \frac{e}{f}. \tag{157}$$

Ist das Auge ganz an der Lupe, so ergibt sich nach (157) der Größtwert $v_{max} = (w : f) + 1$. Da das Auge kaum jemals weiter als um die Brennweite von der Lupe absteht, so kann man für den kleinsten Wert der Lupenvergrößerung den Quotienten $v_{min} = w : f$ nehmen.

Wird die Lupe aus freier Hand gebraucht, wie z. B. bei Bussolenablesungen, so hat man es mit einer Handlupe zu tun. Die an den Instrumenten zur Erleichterung der Ablesung befestigten Lupen sind entweder ringförmige Lupen (Abb. 26) oder Röhrenlupen (Abb. 27). Bei ersteren ist das Auge unmittelbar an der Linse, bei letzteren rund um die Brennweite hinter der Linse, so daß die Lupenvergrößerung die Extremwerte $v_{max}$ bzw. $v_{min}$ annimmt. Bei der Röhrenlupe, welche innen matt oder geschwärzt ist, werden die bei der ringförmigen Lupe zur Bildentstehung mitverwendeten

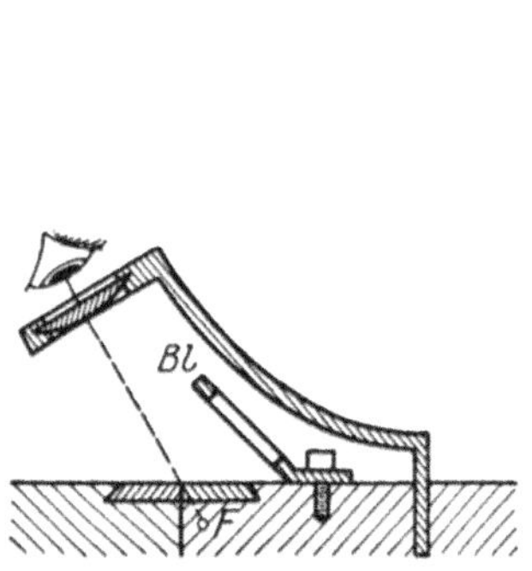

Abb. 26. Ringförmige Lupe.

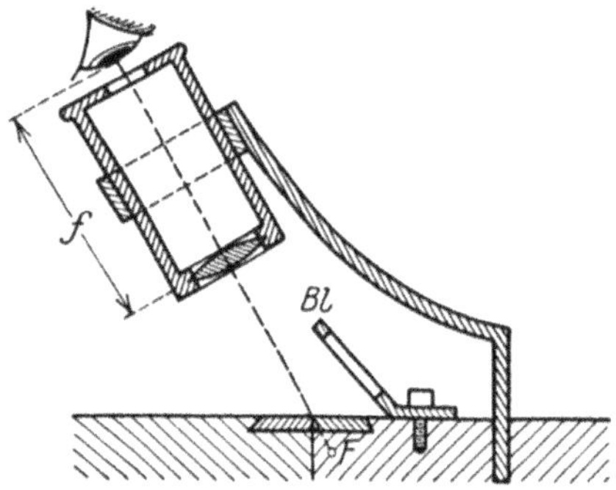

Abb. 27. Röhrenlupe.

störenden Randstrahlen abgehalten. Die Blende $Bl$ dient in beiden Fällen zur Verbesserung der Beleuchtung. Außer diesen einfachen Lupen, welche als Einzellinsen mehr oder weniger mit den früher besprochenen Linsenfehlern behaftet sind, gibt es auch zusammengesetzte Lupen, bei denen diese Mängel größtenteils behoben sind. Sie dienen hauptsächlich als Okulare und sollen dort besprochen werden, kommen aber auch als sog. Mikroskoplupen mit größerem Linsenabstand als Ablesehilfsmittel an Teilungen zur Verwendung.

Die gebräuchlichen Lupenvergrößerungen gehen etwa bis zu $v = 10$.

Die Transversalen sind das älteste bekannte Hilfsmittel zur Verfeinerung von Ablesungen und wurden am Rande der geteilten Kreise aufgetragen. Mit dem Auftauchen des Nonius im 17. Jahrhundert verschwanden sie bald von den Kreisen, finden aber heute noch nach der zeichnerischen Seite hin die ausgedehnteste Verwendung bei den Transversalmaßstäben (Abb. 28), welche zum genauen Auftrag bestimmter Längen und umgekehrt zur genauen Messung von mit dem Zirkel abgegriffenen Maßen dienen. Ein solcher Transversalmaßstab wird durch einen auf Messing, Nickel, Neusilber oder auch starkes Papier aufgetragenen rechteckigen Rahmen eingefaßt, welcher durch Parallele zu den Schmalseiten in Einzelrechtecke von runder Höhe — in der Abbildung 10 m — zerlegt wird. Auf den beiden Längsseiten des letzten dieser Rechtecke ist ein und dieselbe Teilung aufgetragen, deren Einheit — wie in der Abbildung — so gewählt wird, daß die Teilung noch übersichtlich bleibt. Verbindet man nun je einen Strich der linken Teilung mit dem folgenden der rechten Teilung, so entsteht das bekannte Bild der Paralleltransversalen. Zur leichten Bestimmung des Abstandes irgendeines Punktes einer solchen Transversalen von ihrem Anfangspunkt dient eine Anzahl von — in der Regel 9 — Parallelen zu den Langseiten des Rahmens. Die Abstände der Schnittpunkte dieser Parallelen mit den Transversalen von den Rechtecksschmalseiten nehmen von Punkt zu Punkt um je ein Zehntel der Einheit zu, und da man zwischen hinein noch bis auf einzelne Zehntel schätzen kann, so läßt sich der Abstand zweier günstig gestellter Zirkelspitzen, besonders wenn nicht nur mit dem Auge, sondern auch mit dem Gefühl beobachtet wird, bis auf einige Hundertstel der Teilungseinheit bestimmen. Die in Abb. 28 eingetragene Länge z. B. ist $l = 12{,}77$ m im Maßstab $M = 1:250$*.

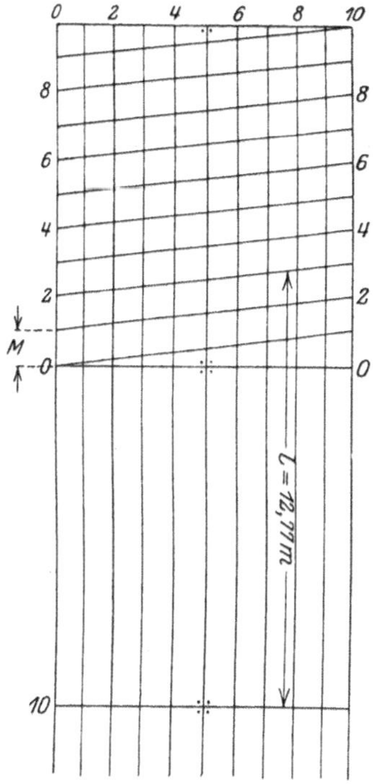

Abb. 28. Transversalmaßstab.

Die am weitesten verbreitete und wichtigste Ablesevorrichtung an Teilungen ist zweifellos der Nonius. Er ist ein längs einer Hauptteilung $H_a$ (Abb. 29) verschiebbarer Hilfsmaßstab $H_i$ mit gleichmäßiger Teilung, deren Nullstrich Ablesezeiger ist und auf deren Länge von $n$ Noniusteilen $N$ die Zahl von $n - 1$ Maßstabteilen $M$ trifft. Der Unterschied $M - N$ zwischen einem Maßstab- und

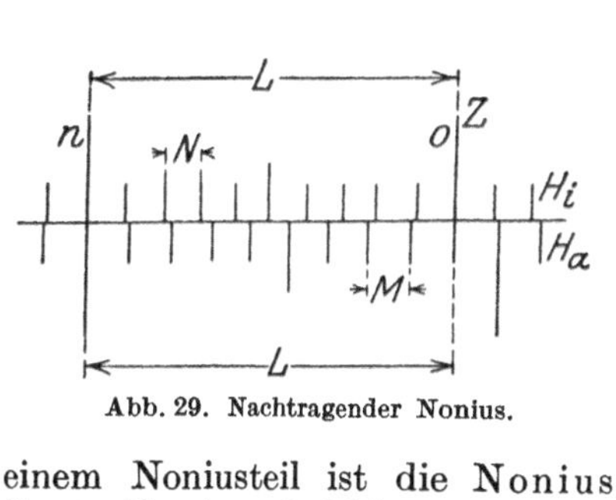

Abb. 29. Nachtragender Nonius.

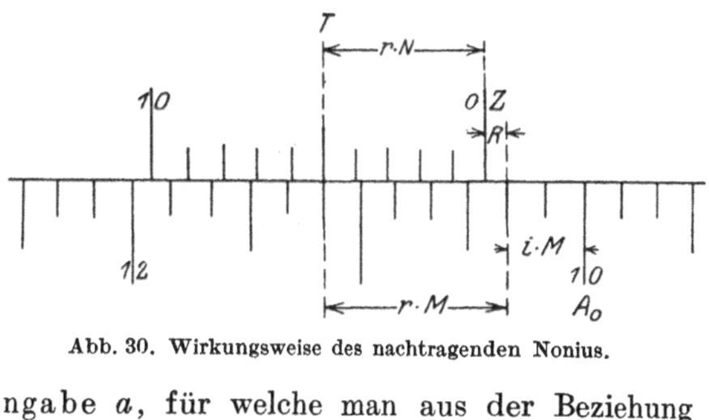

Abb. 30. Wirkungsweise des nachtragenden Nonius.

einem Noniusteil ist die Noniusangabe $a$, für welche man aus der Beziehung $L = n \cdot N = (n-1)M$ leicht den Ausdruck

$$a = \frac{M}{n} \tag{158}$$

---

* Nach *Lührs, W.*: Ein Beitrag zur Geschichte der Transversalteilungen und des Nonius, Z. Vermess.-Wes. 1910 S. 177ff., gebührt das Verdienst der Erfindung und ersten Anwendung der Transversalteilung *Levi ben Gerson* aus Avignon (1288—1344). Einen sehr ausgedehnten Gebrauch von dieser Ablesevorrichtung machte in der zweiten Hälfte des 16. Jahrhunderts der bekannte dänische Astronom *Tycho Brahe*, welcher alle seine Instrumente am Rande der Kreise mit Transversalen ausgestattet hatte.

findet. Viele Nonien besitzen eine kleine Überteilung, die besonders für Ablesungen in der Nähe eines Striches der Hauptteilung sowie bei Genauigkeitsuntersuchungen gute Dienste leistet. Bei der Ablesung gibt man, wenn es sich etwa um eine Winkelteilung handelt, zuerst die vor dem Zeigerstrich liegende Gradzahl $A_0$ (Abb. 30) an, fügt dazu die $i$ ganzen Maßstabteile $M$ zwischen dem Gradstrich $A_0$ und dem Zeiger $Z$ und sucht sodann die Deckstelle (Koinzidenzstelle) $T$ eines Noniusstriches mit einem Striche der Hauptteilung. Umfaßt der Abstand $ZT$ etwa $r$ Noniusteile und wird die gesuchte Ablesung am Zeiger mit $A$ bezeichnet, so ist nach den Eintragungen in der Abbildung

$$A = A_0 + i \cdot M + R = A_0 + i \cdot M + r(M - N) = A_0 + i \cdot M + r \cdot a\,. \qquad (159)$$

Da in der Abbildung $M = 10'$, $n = 10$, also $a = 1'$, ferner $A_0 = 10^0$, $i = 2$ und $r = 5$ ist, so ist die Ablesung in Zahlen $A = 10^0 + 2 \cdot 10' + 5 \cdot 1' = 10^0\,25'$. Bei übersichtlichen Teilungen läßt sich die Treffstelle zwischen zwei Noniusstrichen bis auf die Hälfte oder das Drittel der Noniusangabe einschätzen. Heute verwendet man fast ausschließlich den eben besprochenen, nachtragenden Nonius, dessen Bezifferung mit derjenigen der Hauptteilung gleichgerichtet ist. Früher stand auch der vortragende Nonius in Gebrauch, bei dem auf $n$ Noniusteile $n + 1$ Maßstabteile treffen und dessen Bezifferung derjenigen des Hauptmaßstabes entgegenläuft.

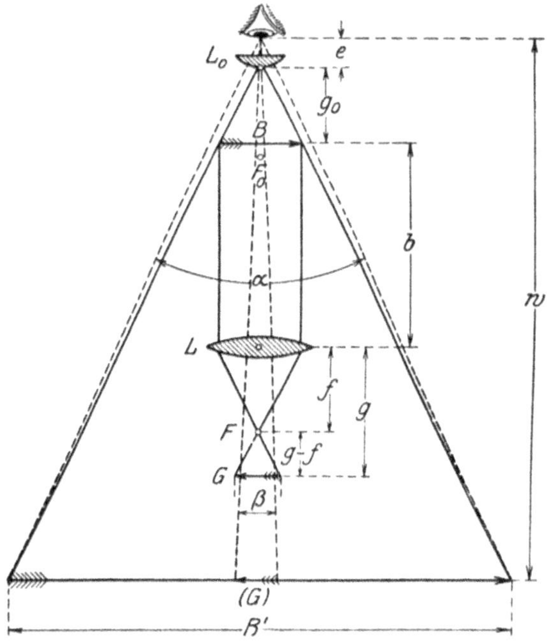

Abb. 31. Wirkungsweise des Mikroskops.

Die Leistungsfähigkeit des Nonius liegt zwischen derjenigen des Meßkeils und derjenigen einer feinen Mikrometerschraube; der mittlere Fehler der mit dem Nonius an einer guten Teilung unter Verwendung einer rund 10-fach vergrößernden Lupe ausgeführten Ablesung mag in linearem Maße ungefähr $\pm 5\mu$ betragen[1].

Während der einfache Zeiger, auch wenn eine Lupe zur Ablesung benutzt wird, stets in der Teilungsebene liegt, handelt es sich beim Strichmikroskop um einen in der Bildebene des Mikroskops liegenden einfachen Zeigerstrich, welcher nicht unmittelbar auf der Teilung, sondern in deren Bild die abzulesende Stelle bezeichnet.

Die Wirkungsweise des Mikroskops im allgemeinen ist folgende. Ein in Wirklichkeit aus einer — oder mehreren — achromatischen Linse bestehendes Objektiv $L$ (Abb. 31) mit der Brennweite $f$ entwirft von einem in der Entfernung $g > f$, aber $< 2f$ befindlichen Gegenstande $G$ ein umgekehrtes, reelles, schon ziemlich stark ver-

[1] Zur geschichtlichen Seite dieser Ablesevorrichtung siehe die in der vorhergehenden Anmerkung genannte Studie von *Lührs*. Siehe auch *Hammer, E.*: Pedro Nunes. Z. Vermess.-Wes. 1909 S. 177ff. Den ersten Anstoß zur Erfindung des Nonius gab eine praktisch allerdings nicht verwendbare Erfindung des Portugiesen *Nunes* (1502—1578?), direkt nicht mehr meßbare Teile mit Hilfe von Koinzidenzen zu bestimmen. Das Verfahren wurde durch *Curtius*, besonders aber durch *Clavius* (1537 bis 1612) weiter ausgebildet und schließlich durch *Pierre Vernier* (1580—1637?), Münzdirektor der Grafschaft Burgund, 1631 zum Abschluß gebracht. Nahezu gleichzeitig (1643) und vermutlich vollständig unabhängig von *Vernier* hat auch der schwedische Gelehrte *Hedraeus* (1608—1659) den Nonius erfunden.

größertes Bild $B$ in der Bildweite $b$, welches vom Auge durch eine in der Regel zusammengesetzte Okularlupe $L_0$ mit der Brennweite $f_0$ betrachtet und in der deutlichen Sehweite $w$ als umgekehrt bleibendes, stark vergrößertes, virtuelles Bild gesehen wird. Sind $\alpha$ und $\beta$ die Winkel, unter denen das vergrößerte Bild $B_0$ und der nicht vergrößerte Gegenstand $G$ in der deutlichen Sehweite erscheinen, so ist die Mikroskopvergrößerung

$$v = v' \cdot v'' = \frac{f}{g-f}\left(\frac{w}{f_0} + 1 - \frac{e}{f_0}\right). \tag{160}$$

Hierin bedeutet $v' = B : G$ die reelle Objektivvergrößerung, während $v''$ die schon früher besprochene Lupenvergrößerung ist. Die verschiedenen in der Geodäsie als Ablesevorrichtungen verwendeten Mikroskope besitzen etwa 20- bis 50-fache Vergrößerung.

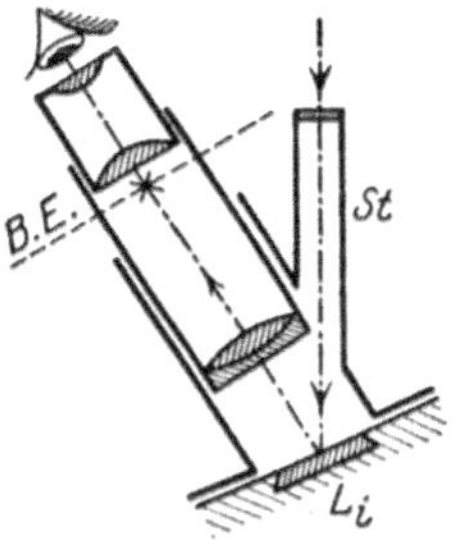


Abb. 32. Strichmikroskop (Achsenschnitt).

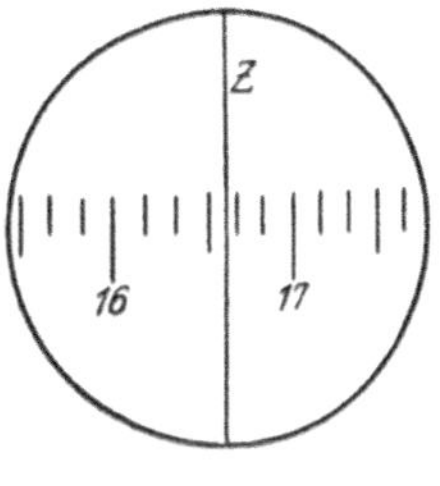


Abb. 33. Anblick im Strichmikroskop.

Das auf Anregung des Professors *Reinhertz*[1] 1902 von *Fennel* konstruierte Strichmikroskop besitzt in der Bildebene *B.E.* einen in Abb. 32 durch ein Kreuz bezeichneten, im Gesichtsfeld (Abb. 33) unmittelbar sichtbaren Zeigerfaden $Z$, dessen Stellung in der Teilung bis auf ein Zehntel oder auf ein Zwanzigstel des meist $10'$ betragenden Maßstabteils geschätzt werden kann. Durch einen oben durch ein Glasplättchen abgeschlossenen Stutzen *St* trifft an der Ablesestelle stets lotrechtes Licht auf die im übrigen verdeckte Teilung, so daß durch eine gleichmäßig gute Beleuchtung die Schärfe der Ablesung gefördert wird. Nach den von *Reinhertz* (siehe letzte Fußnote) durchgeführten Untersuchungen ist für ein Instrument von 13 cm Kreisdurchmesser $\pm 1'$ (linear $\pm 27\mu$) als Maximalfehler der einzelnen Ablesung zu betrachten. Die entsprechenden mittleren Fehler sind rund $20''$ bzw. 1 cmm. Das Strichmikroskop dürfte daher für Längenmessungen in bezug auf Genauigkeit dem Meßkeil etwa gleichwertig sein[2].

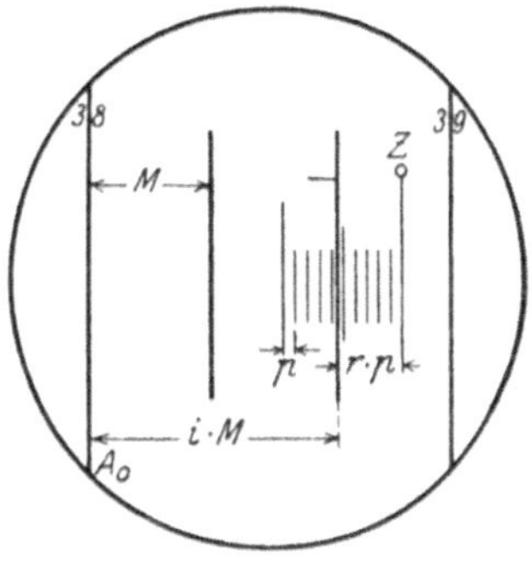


Abb. 34. Skalenmikroskop (Anblick im Gesichtsfeld).

Das in der jetzt gebräuchlichen Form von *M. Hensoldt* 1878 erfundene Skalenmikroskop[3] enthält in der Bildebene des Mikroskops ein durchsichtiges Glasplättchen mit einer feinen Teilung (Abb. 34), deren Länge mit dem Bilde des Maßstabteiles $M$ genau übereinstimmt. Enthält die Hilfsteilung, deren Nullstrich (rechter, langer Strich) zugleich der Ablesezeiger $Z$ ist, $n$ Teile $p$, so ist der Wert der Teilungseinheit $p = M : n$. Fast immer ist $M = 20'$ und $n = 10$, also $p = 2'$. Die auszuführende Ablesung ist

$$A = A_0 + i \cdot M + r \cdot p, \tag{161}$$

wenn $A_0$ die vorhergehende Gradzahl, $i$ die Anzahl der ganzen Maßstabteile zwischen $A_0$

[1] Siehe *Reinhertz:* Ablesung am Strichmikroskop. Z. Vermess.-Wes. 1902 S. 213—214 und *Fennel:* Fennels neue Schätzmikroskop-Theodolite. Z. Vermess.-Wes. 1902 S. 214ff.

[2] Einige Bemerkungen über das Strichmikroskop und seine Genauigkeit siehe auch bei *Fennel, A.:* Kleine Theodolite mit Ablesung durch Strichmikroskope. Z. Vermess.-Wes. 1931 S. 12—17.

[3] Schon in der 2. Hälfte des 18. Jahrhunderts hat *Brander* (siehe *Friedrich, C.:* Georg Friedrich Brander und sein Werk. München 1909?) zu Meßzwecken Feinteilungen auf Glas in die Bildebene von Mikroskopen und Meßfernrohren gebracht. *Hensoldt* hat sein Skalenmikroskop unter dem Titel „Ein vereinfachtes Ablesemikroskop für Kreis- und Längenteilungen“ in der Z. Vermess.-Wes. 1879 S. 497—504 beschrieben. Die gleichzeitig entstandenen Abarten von *Hildebrand* (Kantenteilung auf einem Silberplättchen) und *Hahn* (Transversalteilung auf Glas) haben sich nicht eingebürgert.

und $Z$ und $r$ die Zahl von Einheiten der Hilfsteilung von $Z$ bis zum vorhergehenden Strich der Hauptteilung bedeutet. Die zahlenmäßige Ablesung in Abb. 34 z. B. ist

$$A = 38^{\circ} + 2 \cdot 20' + 5{,}6 \cdot 2' = 38^{\circ}\,51'\,12''.$$

Bei etwa 40- bis 50-facher Vergrößerung des Mikroskops ist diese die Augen etwas weniger anstrengende Ablesevorrichtung dem Nonius ungefähr gleichwertig.

Unter den heute gebräuchlichen geodätischen Ablesevorrichtungen ist die feinste das Schraubenmikroskop, in dessen Bildebene ein durch Führungsstücke $ff$ (Abb. 35) geleiteter Schlitten $S$ durch eine in der Büchse $M$ gelagerte Feinschraube $F$ eine Verschiebung erfährt, welche an der geteilten Trommel $T$ mittels eines — in der Abbildung nicht enthaltenen — Zeigers abgelesen werden kann[1]. Zur Vermeidung eines toten Ganges dient ein gegen den Schlitten drückender Federstift $e$, welcher in der mit dem Mikroskopkasten $K$ verschraubten Federbüchse $B$ sitzt. Auch kann der Gang der Feinmeßschraube durch ein auf die geschlitzte Mutter $M$ drückendes Schräubchen $s$ geregelt werden. In einem Ausschnitt des Schlittens erscheint das bei guter Beleuchtung helle Bild der Maßstabteilung, von welchem sich ein über den Ausschnitt hinweg auf dem Schlitten aufgespannter Doppelfaden abhebt (siehe auch Abb. 36). Zeigermarke für die Ablesung ist hier die Spitze eines ins Teilungsbild hineinragenden Zahnes, welcher in fester Verbindung mit dem Führungsstück $f$ eine feste, von der Schlittenstellung unabhängige Lage besitzt. Die Brennweite des Mikroskopobjektivs, dessen Abstand von der Teilung und die Ganghöhe der Meßschraube werden so gewählt, daß durch eine oder mehrere ganze Schraubenumdrehungen der Faden von einem Teilstrichbild bis zum nächsten verschoben wird. Bei der Ablesung wird nun der Doppelfaden, welcher in der Nullstellung (in Abb. 36 gestrichelt) die Zeigerspitze einschließt, verschoben, bis er den vorhergehenden (linken) Teilstrich einschließt. Faßt der zugehörige Trommelweg $\tau$ Trommelteile $t$, nämlich $r$ ganze Umdrehungen $u$ und $\tau'$ restige Trommelteile, so ergibt das Produkt $R = \tau \cdot t$ offenbar den vom Faden überstrichenen Rest der Ablesung und die Gesamtablesung wird

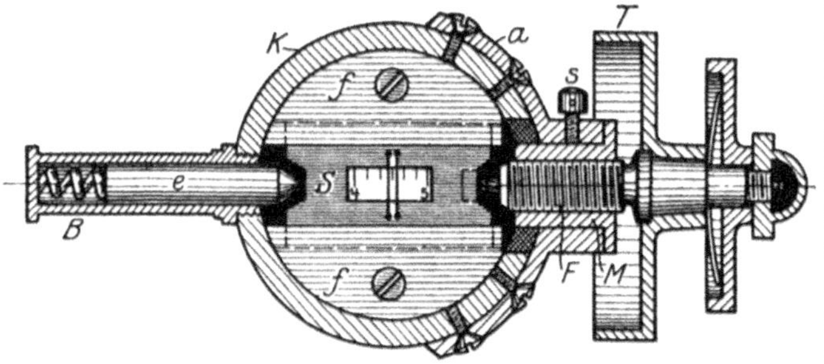

Abb. 35. Schraubenmikroskop (offener Mikroskopkasten).

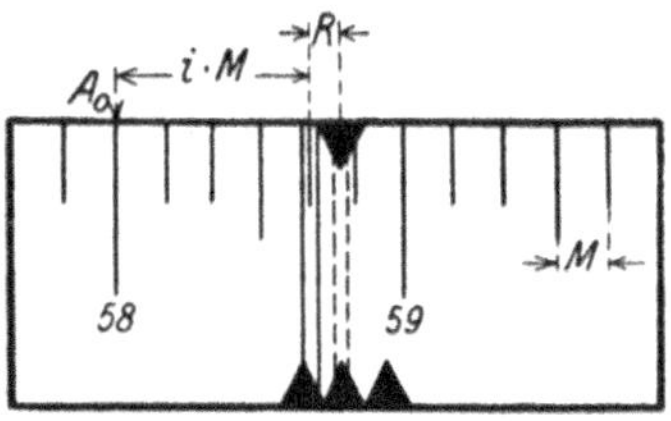

Abb. 36. Anblick des Bildes im Schraubenmikroskop.

$$A = A_0 + i \cdot M + \tau \cdot t = A_0 + i \cdot M + r \cdot u + \tau' \cdot t\,, \tag{162}$$

wenn zwischen der letzten Gradablesung $A_0$ und dem Ablesezeiger noch $i$ ganze Maßstabteile $M$ liegen. Bei ganz scharfen Messungen wird der Faden stets auf beide den Zeiger einschließende Striche eingestellt. Ergeben sich dabei links und rechts die verschiedenen Restablesungen $R_l$ und $R_r$ mit dem Mittel $a = \frac{1}{2}(R_l + R_r)$ und der Differenz $\Delta = R_l - R_r$ (Run), so tritt an Stelle von (162) der genauere Ausdruck

$$A = A_0 + i \cdot M + a + \left(\frac{M}{2} - a\right)\frac{\Delta}{M} = A_0 + i \cdot M + R_l - a\,\frac{\Delta}{M}\,. \tag{163}$$

[1] Die Schraubenmikroskope sind in den Einzelheiten vielfach verschieden ausgebildet. Die hier gegebene Darstellung entspricht der *Fennel*schen Konstruktion (siehe Z. Vermess.-Wes. 1903 S. 574 bis 578).

Die Leistungsfähigkeit dieser Ablesevorrichtung hängt in erster Linie von der Beschaffenheit und Lagerung der Mikrometerschraube ab[1].

Schließlich ist noch das Noniusmikroskop[2] zu nennen, ein Mikroskop, in dessen Bildebene auf einem Glasplättchen — ähnlich wie beim Skalenmikroskop — eine feine Teilung aufgetragen ist, welche in bezug auf das Bild der Hauptteilung ein Nonius ist. Bei seiner Kürze — er faßt nur 10 Teile — kann er rasch überblickt und abgelesen werden. Nach Untersuchungen von *Hammer*, *Hohenner* und *Klempau*[3] scheint seine Genauigkeit etwa dieselbe zu sein, wie die eines vorzüglichen Nonius.

Eine neuere praktische Ablesevorrichtung ist das Kombinationsmikroskop, bei welchem die Ablesegenauigkeit durch Verwendung eines verstellbaren Zeigerstrichs und Ablesung an einer Hilfsteilung gesteigert werden kann[4].

Alle die verschiedenen Ablesemikroskope müssen eine ganz bestimmte Stellung gegen die abzulesende Teilung einnehmen. Für das Strichmikroskop genügt es, wenn der deutlich sichtbare Zeiger in der Ebene des Teilungsbildes liegt, was beim Nichtzutreffen leicht durch ein Verschieben des ganzen Mikroskops senkrecht zur Teilung herbeigeführt werden kann. Bei den anderen Mikroskopen aber muß auch noch das Bild der Teilungseinheit eine ganz bestimmte Länge besitzen, so daß ein etwaiger Überschuß über den Sollbetrag (Run) durch Verschiebung erst des Mikroskopobjektivs in der Objektivröhre und dann des ganzen Mikroskops in seiner Längsrichtung (Stimmen des Mikroskops) zu beseitigen ist. Der letzte Restfehler in der Abstimmung läßt sich beim Schraubenmikroskop, wie vorhin angegeben, aus den Einstellungen auf Strich links und rechts ermitteln und berücksichtigen, beim Skalenmikroskop und beim Noniusmikroskop hingegen nicht, so daß wohl schon aus diesem Grunde das Schraubenmikroskop von den andern Mikroskopen nicht überboten werden dürfte. Unbedingte Voraussetzung für die volle Ausnutzung der im Vergleich zum Nonius etwa größeren Leistungsfähigkeit der Mikroskope ist ihre möglichst stabile Verbindung mit der Unterlage. Sind in diesem Punkte Unzulänglichkeiten vorhanden, so ist schließlich ein guter Nonius in Verbindung mit einer hochwertigen Lupe vorzuziehen.

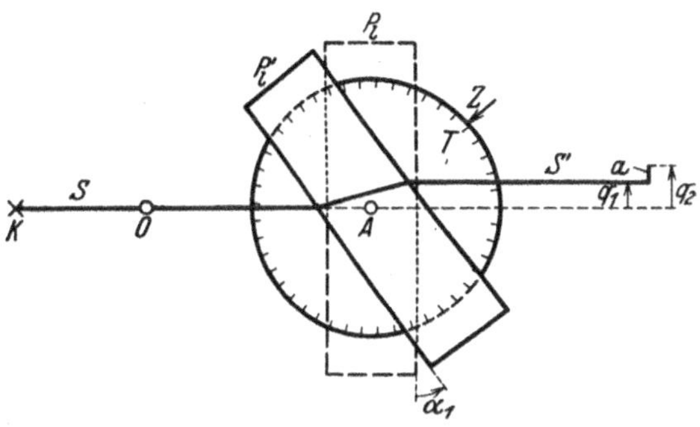

Abb. 37. Optisches Mikrometer.

Das optische Mikrometer besteht in seiner einfachsten Form aus einer drehbaren, planparallelen Glasplatte in Verbindung mit einer festen Absehvorrichtung. In der Normalstellung $P_l$ der Platte (Abb. 37) steht diese auf der durch die Punkte $K$, $O$ bestimmten Zielrichtung senkrecht und der Strahl $S$ erfährt beim Plattendurchgang weder eine Brechung noch eine Verschiebung. Wird nun die Platte um einen mittels des Zeigers $Z$ an der Trommelteilung abzulesenden Winkel $\alpha_1$ in die Lage $P'_l$ gedreht, so wird der Strahl parallel nach $S'$ verschoben. Die Verschiebung $q_1$ ist bei kleinem

[1] Die Vereinigung des schon seit dem Ende des 16. Jahrhunderts bekannten Mikroskops mit der Meßschraube zum Schraubenmikroskop hat zuerst vermutlich *Ramsden* (1735—1800) durchgeführt.

[2] Theodolite mit Noniusmikroskopen werden seit etwa 1912 von *Fennel* gebaut. Den dabei verwendeten Gedanken hat schon *Hensoldt* (siehe Z. Vermess.-Wes. 1879 S. 497ff.) ausgesprochen.

[3] *Hammer, E. v.:* Theodolit mit Nonienmikroskopen von *A. Fennel:* Z. Instrumentenkde. 1912 S. 148—154. *Hohenner, H.:* Beitrag zur Bestimmung der Ablesegenauigkeit des *Fennel*schen Noniusmikroskops. Z. Vermess.-Wes. 1913 S. 484—487. *Klempau:* Über die Genauigkeit der *Fennel*schen Theodolite mit Nonienmikroskopen. Landmesser 1914 S. 292—297.

[4] *F. W. Breithaupt* hat nach Vorschlägen von *Heckmann* Instrumente mit derartigen Ablesevorrichtungen gebaut. Auch bei *Fennel*schen Instrumenten werden sie verwendet. Siehe hierzu *H. Heckmann:* Die Entwicklung des Kombinationsmikroskops mit optischem Mikrometer, Z. Instrumentenkde. 1932 S. 128—131 und Entgegnung von *A. Fennel* in Z. Instrumentenkde. 1932 S. 247/248.

Drehwinkel $\alpha_1$ hinreichend genau durch (135) bestimmt. Bei größeren Drehwinkeln ist die schärfere Formel (139) oder gar der strenge Ausdruck (134) zu verwenden[1]. Um die senkrecht zu $S$ gestellte, kleine Größe $a$ zu messen, werden deren Enden durch geeignete Plattendrehungen eingestellt und die zugehörigen Querabstände $q_1, q_2$ aus den beobachteten Winkeln $\alpha_1, \alpha_2$ ermittelt. Ihr Unterschied $q_2 - q_1$ ist der gesuchte Wert $a$.

## 11. Zielvorrichtungen.

Zur Bezeichnung und Festhaltung beliebiger Richtungen im Raum dienen Ziel- oder Absehvorrichtungen, als welche hauptsächlich Diopter und Meßfernrohre in Betracht kommen.

### a) Das Diopter.

Die ältere und ungenauere Zielvorrichtung ist das Diopter, dessen Hauptbestandteile zwei durch ein Lineal, eine Röhre oder ein anderes Mittel in fester Verbindung stehende Plättchen ausmachen. Der dem Auge zugewendete Okularflügel $o$ (Abb. 38) enthält in der Mitte ein rundes Schauloch von etwa 1 mm Durchmesser, während der dem einzustellenden Gegenstand $P$ zugewendete Objektivflügel $O$ mit einem sog. Fadenkreuz aus Pferdehaaren oder feinem Draht ausgestattet ist. Dient das Instrument lediglich zur Bezeichnung von Lotebenen, so ist wenigstens einer der beiden Flügel mit einem vertikalen Spalt versehen. Beim Gebrauch ist das Diopter so lange zu verstellen, bis — vom Schauloch aus gesehen — der Schnittpunkt des Objektivkreuzes den einzustellenden Punkt $P$ deckt. In diesem Falle liegt $P$ auf der durch den Schaulochmittelpunkt und den Fadenkreuzschnittpunkt bestimmten Ziellinie. Das Diopter besitzt den Vorteil eines großen Gesichtsfeldes; mißlich ist der Umstand, daß das Auge beim Einrichten den Mittelpunkt des Objektivkreuzes und den einzustellenden Gegenstand wegen ihrer sehr verschiedenen Entfernungen nicht gleichzeitig, sondern nur rasch nacheinander deutlich sehen kann. Diese Absehvorrichtung findet heute noch bei den verschiedenen Kreuzscheibenkonstruktionen Verwendung; sie tritt als sog. Sucher auch in Verbindung mit stärker vergrößernden Fernrohren auf, und ermöglicht es, den einzustellenden Punkt schnell in das kleine Gesichtsfeld des Fernrohrs zu bringen. Die Zielgenauigkeit des Diopters hängt hauptsächlich von der Schaulochöffnung, die zur Vermeidung von Beugungserscheinungen nicht unter 1 mm betragen darf, ferner von der Dicke der Objektivfäden und in geringerem Grade auch von der Länge des Instrumentes ab. Einem guten Diopter kann man einen mittleren Zielfehler von etwa $\pm 20''$ zuschreiben[2].

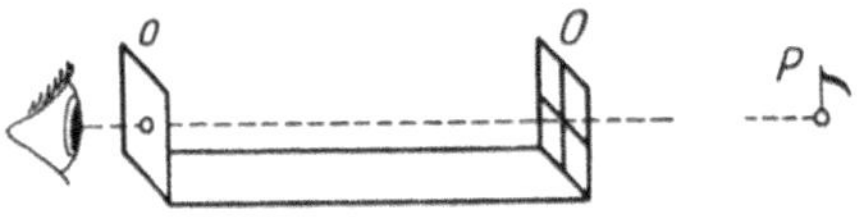

Abb. 38. Diopter.

### b) Das Meßfernrohr.

Zu einer wesentlich genaueren Zielvorrichtung hat sich im Laufe der Zeit das Meßfernrohr entwickelt. Dessen ursprüngliche Gestalt ist das in seinen Hauptbestandteilen schon 1611 von *Kepler* angegebene einfache astronomische Fernrohr. Dasselbe besteht im wesentlichen aus zwei Sammellinsen $L$ und $L_0$ (optische Mittel-

[1] Siehe hierzu auch *Hohenner:* Eine neue Meßlupe und ihre Verwendung als Ablesevorrichtung sowie als selbständiges Meßgerät. Z. Vermess.-Wes. 1929 S. 353—366. Die Abhandlung enthält auch einige historische Angaben.

[2] *Stampfer, S.:* Über die Genauigkeit des Visierens bei Winkelmessungen Bd. 18 d. Jahrbücher d. k. k. Polytechnischen Instituts in Wien S. 211—236. Wien 1834, gibt noch beträchtlich kleinere mittlere Fehler an und teilt auch eine Zusammenstellung der zweckmäßigsten Abmessungen mit.

Von Interesse ist es auch, daß *Tycho Brahe* (1546—1601) die astronomischen Beobachtungen, aus denen später *Kepler* die berühmten Bewegungsgesetze der Planeten ableitete, noch mit Diopterinstrumenten ausgeführt hat.

punkte $O$, $O_0$) mit einer großen und einer kleinen Brennweite $f$ bzw. $f_0$ (Abb. 39). Die erste dieser Linsen, das dem Gegenstand zugewendete, in der Objektivröhre *O.R.* steckende Objektiv, entwirft von einem Gegenstand in der Bildweite $b$ ein verkleinertes, reelles, umgekehrtes Bild, von dem das im Okularauszug *O.A.* steckende und als Lupe wirkende Okular ein umgekehrt bleibendes, virtuelles, stark vergrößertes Bild erzeugt, welches das Auge in der deutlichen Sehweite $w$ sieht (siehe auch Abb. 40). Okularröhre und Objektivröhre stecken ineinander, sind zur Vermeidung von Reflexen innen geschwärzt und durch eine Okulartriebschraube $T$, in seltenen Fällen durch einen Objektivtrieb, gegeneinander verschiebbar. Fernrohre mit einer eigenen mechanischen

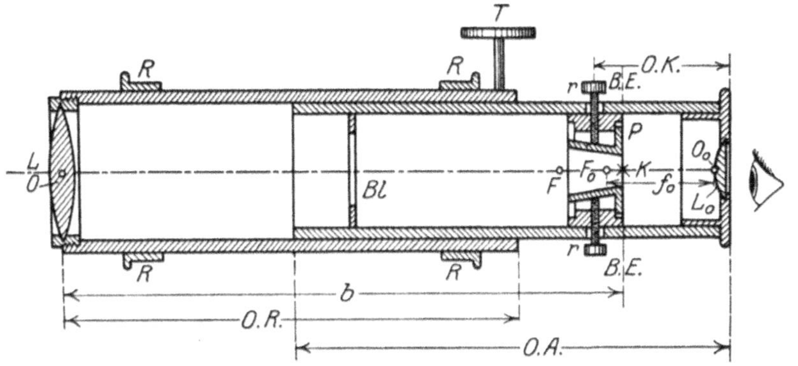


Abb. 39. Einfaches astronomisches Fernrohr (Längsschnitt).

Achse sind auch noch mit zylindrischen Ringen *R R* versehen. Die das Bild verschlechternden Randstrahlen werden durch die Blende *Bl* abgehalten, während die eigentliche Abgrenzung des Bildes die Bildfeldblende $P$ besorgt. Der als Okularkopf *O.K.* bezeichnete hintere Teil des Okularauszugs enthält noch die für ein Zielfernrohr unentbehrliche Fadenkreuzeinrichtung[1], welche erst der Engländer *William Gascoigne*

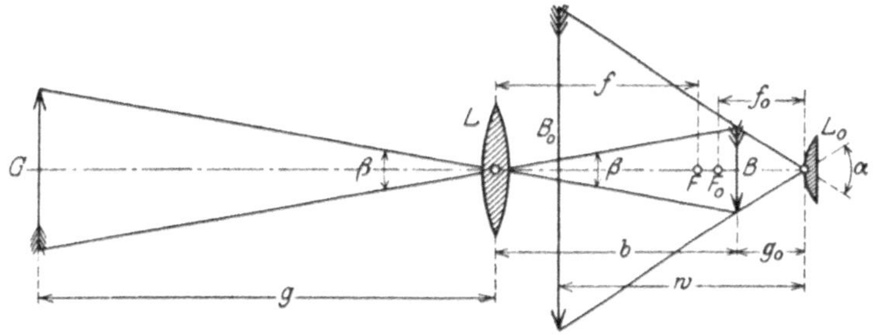


Abb. 40. Strahlengang im einfachen astronomischen Fernrohr.

um 1640 eingeführt hat. Auf eine in der Bildebene *B.E.* liegende, auch als Bildfeldblende dienende Fadenkreuzplatte $P$ sind Spinnfäden — der Erfinder hat Pferdehaare benutzt — gespannt, deren Schnittpunkt $K$ mit einem Punkt des Bildes $B$ zur Deckung gebracht werden kann, so daß das Fernrohr eine ganz bestimmte Richtung erhält. Sehr alt ist schon der Ersatz der Spinnfäden durch feine, in Glas eingerissene Linien. Die Fadenkreuzplatte sitzt auf einem Kegelstumpf, welcher meist durch vier Richtschräubchen *rr* gefaßt wird und senkrecht zur Längsrichtung des Fernrohrs etwas verschoben werden kann. Auch eine geringe Verschiebung in der Längsrichtung ist möglich, wenn die Schräubchen durch schlitzförmige Öffnungen gehen. Gegen ein etwa feststehendes Fadenkreuz läßt sich auch das Okular verschieben, wenn es nicht durch

[1] Siehe hierzu *Hammer, E.*: Zur Geschichte des Fadenkreuzes. Z. Vermess.-Wes. 1896 S. 513ff.

Verschraubung, sondern mittels einer Steckhülse in der Okularröhre befestigt ist. Abb. 41 gibt eine Zusammenstellung der **wichtigsten Fadenkreuzformen**. Die Größe des virtuellen Bildes $B_0$ (Abb. 40) läßt sich leicht durch die Gegenstandsgröße und die verschiedenen auftretenden Entfernungen ausdrücken. Nach den in der Abbildung enthaltenen ähnlichen Dreiecken ist

$$B_0 = \frac{w}{g_0} \cdot \frac{b}{g} \cdot G = \frac{w}{g} \cdot v \cdot G = v \cdot \beta \cdot w \tag{164}$$

die **scheinbare Bildgröße in der deutlichen Sehweite.**

Die Abkürzung $v = b : g_0$ ist, wie wir bald sehen werden, die Fernrohrvergrößerung.

Bei der **Einstellung des Fernrohrs** auf einen Punkt spielen sich folgende Vorgänge ab:

1. Zur deutlichen Sichtbarmachung des Fadenkreuzes ist an dem auf hellen Hintergrund gerichteten Fernrohr durch Verschieben der Okularhülse — seltener des Fadenkreuzes — der Abstand der Okularlinse von den Fäden so zu ändern, daß diese scharf und deutlich erscheinen.

2. Ist etwa mit Hilfe eines Suchers oder durch bloße Versuche der Zielpunkt in das Gesichtsfeld des Fernrohrs gebracht, so ist durch Verstellen des ganzen Okular-

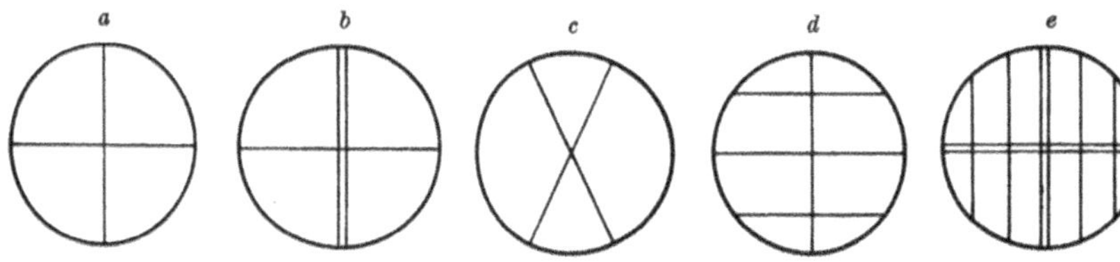


Einfaches Nivellierinstr. u. Polygonisierungstheodolit. — Triangulierungstheodolit. — Andreaskreuz, Triangulierungstheodolit, ältere Form. — Distanzmesser. — Astronomisches Okular.

Abb. 41. Fadenkreuzformen.

auszuges mittels der Triebschraube auch die deutliche Sichtbarkeit des Zielbildes herbeizuführen. Eine scharfe Probe für das vollkommene Gelingen dieses Vorganges liegt darin, daß beim Hin- und Herbewegen des Auges vor dem Okular der Fadenkreuzschnittpunkt sich nicht mehr gegen das Bild verschieben darf, da dieses nach seiner Deutlichmachung in der Ebene des ebenfalls deutlich sichtbaren Fadenkreuzes liegen soll. Ist trotzdem eine solche Verschiebung vorhanden, so spricht man von einer **Parallaxe zwischen Bild und Fadenkreuz**, welche durch eine geringe Verstellung des Okularauszugs, möglicherweise auch noch durch eine kleine Verbesserung in der deutlichen Sichtbarmachung des Fadenkreuzes zu beheben ist.

3. Nunmehr kann bei angezogenen Klemmen mittels horizontal und vertikal wirkender Feinstellschrauben das Fernrohr so gedreht und geneigt werden, daß der Fadenkreuzschnittpunkt das Bild des Zielpunktes deckt. Dann ist der Punkt eingestellt, d. h. die als Zielachse bezeichnete Verbindungsgerade des Fadenkreuzschnittpunktes mit dem optischen Mittelpunkt des Objektivs geht in ihrem äußeren Teile durch den angezielten Punkt.

Für die **Leistungsfähigkeit des Meßfernrohrs** sind hauptsächlich maßgebend 1. die Fernrohrvergrößerung, 2. das Gesichtsfeld, 3. die Fernrohrhelligkeit, 4. die Beschaffenheit der Fernrohrbilder.

Die **Fernrohrvergrößerung** $v$ ist das Verhältnis der beiden Winkel $\alpha$ und $\beta$, unter welchen im Fernrohr das virtuelle Bild $B_0$ und andererseits mit freiem Auge der Gegenstand $G$ erblickt werden.

Sie kann an Hand von Abb. 40 z. B. aus den optischen Konstanten des Fernrohrs gefunden werden. Wegen der im Vergleich zur Gegenstandsweite $g$ recht kleinen Fernrohrlänge dürfen wir den Scheitel des Winkels $\beta$ auch in den optischen Mittelpunkt des Objektivs verlegen, ohne den Winkel merklich zu verändern. Dann ist, wenn wir $B$ näherungsweise als Kreisbogen zum Halbmesser $b$ bzw. $g_0$ auffassen,

$$v = \alpha : \beta = b : g_0 \,. \qquad (165)$$

Für größere Entfernungen, wie sie beim geodätischen Meßfernrohr fast immer auftreten, ist die Bildweite $b$ nahezu gleich der Objektivbrennweite $f$. Ferner ist wegen der Lupenwirkung des Okulars $g_0$ nahezu gleich der Okularbrennweite $f_0$, so daß der Quotient

$$v = f : f_0 \qquad (166)$$

der beiden Linsenbrennweiten in einer praktischen Zwecken genügenden Annäherung die Fernrohrvergrößerung angibt.

Am einfachsten und häufigsten aber wird diese unmittelbar aus dem Sehwinkelverhältnis bestimmt, wie in Abb. 42 (teilweise Umklappung) angedeutet ist. Projiziert man das im Fernrohr gesehene Bild einer Latte von der Länge $L$ auf die mit dem anderen, unbewaffneten Auge direkt gesehene Latte, so erscheint ein vergrößerter Lattenabschnitt ($l$) unter dem gleichen Gesichtswinkel $\alpha$ wie die ganze Lattenlänge $L$ dem freien Auge. Diesem würde der Lattenabschnitt $l$ unter dem kleineren Gesichtswinkel $\beta$ erscheinen. Nach dem Begriff der Fernrohrvergrößerung ergibt sich mit den in die Abbildung eingetragenen Bezeichnungen

$$v = \frac{\alpha}{\beta} = \frac{L}{D} : \frac{l}{D} = \frac{L}{l}\,, \qquad (167)$$

wenn $l$ und $L$ wie Kreisbögen zum Halbmesser $D$ behandelt werden, was bei den kleinen auftretenden Winkeln praktisch erlaubt ist.

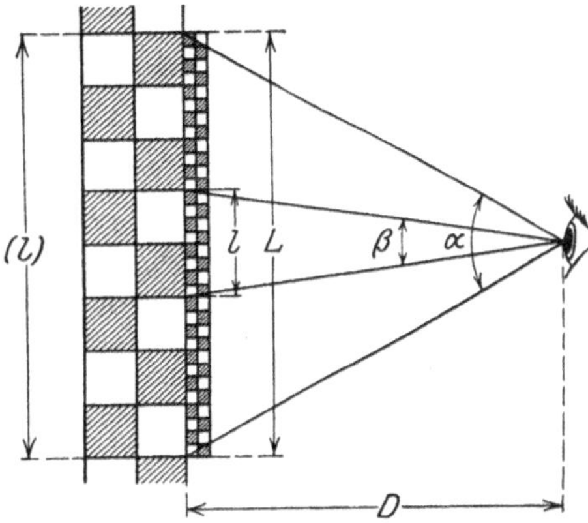

Abb. 42. Bestimmung der Fernrohrvergrößerung aus dem Sehwinkelverhältnis.

Auch mit Hilfe des *Ramsden*schen **Lichtkreises** kann man die Vergrößerung des Fernrohrs bestimmen. Bei Stellung des Fernrohrs auf $\infty$ besteht nämlich die Beziehung $A : d = f : f_0 = v$, wenn $A$ die Objektivöffnung und $d$ den Durchmesser des um $f_0$ hinter dem Okular erscheinenden hellen Kreises (von $L_0$ entworfenes Bild des Objektivs $L$) bedeutet[1]. Es ist also unter der Voraussetzung, daß der *Ramsden*sche Bildkreis der ganzen Objektivöffnung entspricht, die Vergrößerung auch gleich dem Verhältnis der Objektivöffnung zum Durchmesser des *Ramsden*schen Bildkreises.

Fernrohre von mittlerer Leistungsfähigkeit besitzen eine etwa 20fache Vergrößerung.

Unter dem **Gesichtsfeld** $\gamma$ versteht man den Öffnungswinkel des im Fernrohr auf einmal zu überblickenden Kegelraums, dessen Leitlinie und Spitze der Innenrand der Bildfeldblende $P$ (Abb. 43) und der optische Mittelpunkt $O$ des Objektivs sind. Bei einer Blendenöffnung $d$ ist $\widehat{\gamma} = d : b$ oder auch $\widehat{\gamma} = d : f$, da man für diesen Zweck wieder die Bildweite durch die Brennweite ersetzen darf. Drückt man die Blendenöffnung durch die Form $d = k \cdot f_0$ in Einheiten der Okularbrennweite aus, so ergibt sich

$$\widehat{\gamma} = k\,(f_0 : f) = k : v \,. \qquad (168)$$

Bei unveränderlicher Blendenöffnung ist daher das **Gesichtsfeld zur Vergrößerung des Fernrohrs umgekehrt proportional.**

**Die wirkliche Bestimmung des Gesichtsfeldes erfolgt aber** nicht aus den Fernrohrabmessungen, sondern zweckmäßiger **auf empirischem Wege.** Richtet man das horizontale Fernrohr so auf eine in der Entfernung $g$ befindliche lotrechte Latte, daß diese zu einem Durchmesser des Gesichtsfeldes wird, und erscheinen bei

[1] Bei den hernach zu besprechenden Fernrohren von *Huygens* und *Ramsden* liegt der *Ramsden*sche Bildkreis um $\frac{1}{2} f_0$ hinter dem Augenglas.

dieser Stellung $a_o$ und $a_u$ als Lattenablesungen am oberen und unteren Blendenrand, so ist, wie ein Blick auf Abb. 43 zeigt, das im Gradmaß ausgedrückte Gesichtsfeld

$$\gamma^0 = \varrho^0 \frac{a_u - a_o}{g} . \tag{169}$$

Bei mittleren Instrumenten beträgt es etwa 1½°.

Die Fernrohrhelligkeit $h$ ist das Verhältnis der Lichtmengen $H'$ und $H$, welche das Fernrohrbild und der frei gesehene Gegenstand auf die Flächeneinheit der Netzhaut senden. Man findet dafür auf ziemlich einfachem Wege den Ausdruck

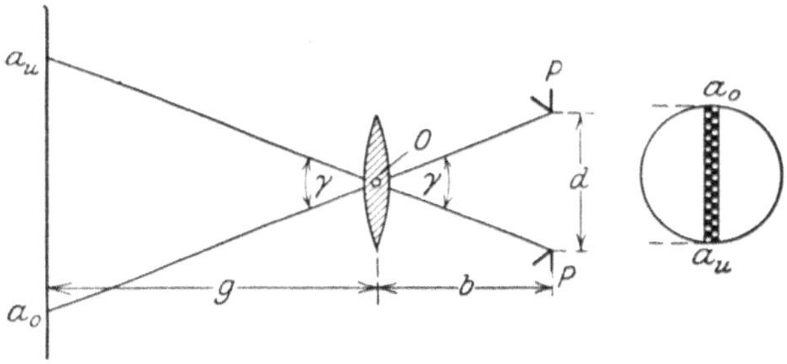


Abb. 43. Bestimmung des Fernrohrgesichtsfeldes.

$$h = \frac{H'}{H} = \frac{A^2}{O^2 v^2} , \tag{170}$$

wo $A$ die Objektivöffnung, $O$ die Pupillenöffnung und $v$ die Fernrohrvergrößerung bedeutet. $h$ kann durch Verkleinerung eines etwa veränderlichen $O$ nur so lange gesteigert werden, bis das aus dem Okular austretende Licht gerade die Pupille ausfüllt. In diesem Falle ist $h_{\max} = 1$, ebenso für jedes kleinere $O$. Der angegebene Größtwert 1 der Fernrohrhelligkeit wird in Wirklichkeit niemals erreicht, weil beim Durchgang der Strahlen durch die Linsen sowie durch Reflexion an den Linsenoberflächen immer etwas Licht verloren geht. Nach (168) und (170) ist $h$ zu $\gamma^2$ direkt und zu $v^2$ indirekt proportional.

Die Fernrohrbilder sollen genügend groß und hell und im übrigen so beschaffen sein, daß sie zum Original perspektivisch richtig sind, keine störende Farben- oder Kugelabweichung zeigen und alle wichtigen Einzelheiten deutlich erkennen lassen. Betrachtet man im Fernrohr eine scharf begrenzte schwarz-weiße Felderteilung oder andere regelmäßig begrenzte, tiefschwarze Körper auf weißem Papier, so sollen auch die Bilder deutlich, tief schwarz, unverzerrt und, abgesehen von einem schwachblauen Saum, frei von farbigen Rändern erscheinen. Von besonderer Wichtigkeit für die deutliche Sichtbarkeit der Einzelheiten im Bild ist das Trennungs- oder Auflösungsvermögen des Fernrohrs. Man versteht darunter das Mindestmaß des Gesichtswinkels, welches an einer gleichmäßigen Teilung die Feldbreiten besitzen, wenn sie bei guter Beleuchtung im Fernrohr eben noch als getrennte Gebilde erscheinen. Muß man z. B. eine Nivellierlatte mit der Feldgröße $t$ in die Entfernung $g$ bringen, damit dieser Grenzzustand eintritt, so ist das in Sekunden ausgedrückte Trennungsvermögen

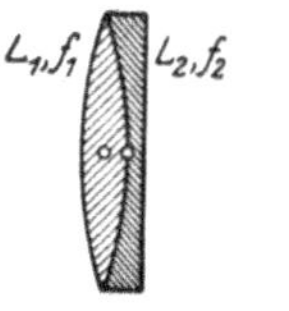


Abb. 44. Achromatisches Objektiv.

$$\tau = \varrho'' \frac{t}{g} . \tag{171}$$

Das einfache astronomische Fernrohr mit seinen einfachen Linsen liefert sehr unvollkommene Bilder, deren starke Kugel- und Farbenabweichung nur durch sehr starkes Abblenden, also zu sehr auf Kosten der Helligkeit genügend vermieden werden könnte. Diese Mängel lassen sich durch die Verwendung geeignet zusammengesetzter Linsen praktisch bedeutungslos machen. Nicht die älteste, aber die wichtigste Linsenzusammenstellung ist das achromatische Objektiv, welches 1758 von *Dollond* in die praktische Optik eingeführt und am Anfange des 19. Jahrhunderts durch *Fraunhofer* wesentlich vervollkommnet wurde[1]. Es besteht aus einer dem Gegenstand zugewendeten bikonvexen Kronglaslinse $L_1$ (Abb. 44) und einer anschließenden optisch dichteren Flint-

[1] Nach *M. v. Rohr* ist das achromatische Objektiv 1733 von *Chester Moor Hall* erfunden worden. Siehe *M. v. Rohr:* Der wahre Erfinder der achromatischen Fernrohre. Z. Instrumentenkde. 1931 S. 85—91.

glaslinse $L_2$, welche so ausgewählt werden, daß die Brennpunkte zweier Farben genau und die der übrigen näherungsweise damit zusammenfallen. Für Überschlagsrechnungen kann der geringe Abstand der optischen Mittelpunkte der beiden Linsen mit den Brennweiten $f_1, f_2$ vernachlässigt werden, so daß sich nach (150) die Ersatzbrennweite des Systems zu $\varphi = f_1 f_2 : (f_1 + f_2)$ ergibt.

Schon um 1660 ist das zusammengesetzte Okular von *Huygens* (Abb. 45) entstanden, welches aus zwei plankonvexen Linsen $L_0$ (Augenglas) und $L_1$ (Kollektiv) mit den Brennweiten $f_0, f_1$ und dem Abstand $a$ besteht. Die dem Objektiv ihre gewölbten Seiten zukehrenden Linsen sollen — was nicht immer genau zutrifft — so ausgewählt werden, daß sie gemeinsamen hinteren Brennpunkt $F_{01}$ besitzen und im übrigen das Verhältnis

$$f_0 : a : f_1 = 1 : 2 : 3 \qquad (172)$$

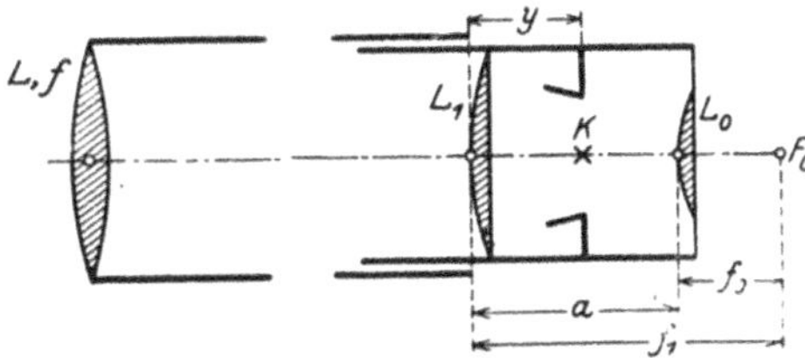

Abb. 45. Meßfernrohr mit Huygens-Okular.

besteht. Beim Zutreffen dieser Voraussetzungen halbiert die Bildebene den Linsenabstand, so daß ihr Abstand vom Kollektiv den Betrag $y = f_0$ annimmt. Vom optischen Standpunkt aus ist diese Konstruktion eigentlich als zusammengesetztes Objektiv anzusprechen, da $L$ und $L_1$ zusammen das durch $L_0$ als Lupe betrachtete reelle Bild erzeugen. Lediglich die gleichzeitige Befestigung von $L_1$ und $L_0$ in der Okularröhre rechtfertigt die Bezeichnung „zusammengesetztes Okular". Die Ersatzlinse für $L$ und $L_1$ besitzt für die Stellung des Fernrohres auf unendlich die Brennweite $\varphi = \frac{2}{3} f$.

Um 1760 entstand das in Abb. 46 skizzierte *Ramsden*-Okular, eine aus zwei, die gewölbten Seiten einander zukehrenden, bikonvexen Linsen $L_0$ (Augenglas) und $L_1$ (Kollektiv) zusammengesetzte Lupe, deren Bestandteile ebenfalls einen gemeinsamen hinteren Brennpunkt $F_{01}$ haben und der Bedingung

$$f_0 : a : f_1 = 5 : 4 : 9 \qquad (173)$$

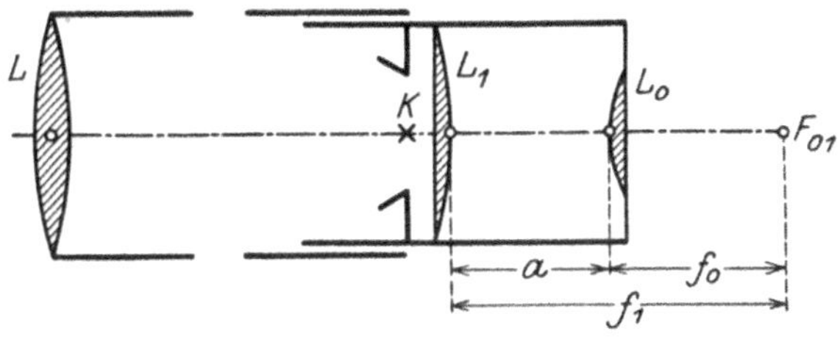

Abb. 46. Meßfernrohr mit Ramsden-Okular.

genügen sollen. Das Fadenkreuz liegt bei dieser Konstruktion sehr nahe am Kollektiv zwischen diesem und dem Objektiv. Die $L_1$ und $L_0$ ersetzende Äquivalentlinse besitzt hier die Brennweite $\varphi_0 = 0{,}9 f_0$.

Ein Vergleich der besprochenen Okularformen zeigt, daß beim *Huygens*-Okular das Fadenkreuz eine sehr geschützte Lage besitzt, während das *Ramsden*-Okular perspektivisch etwas bessere Bilder liefert. Über ihre Leistungsfähigkeit im Vergleich mit dem einfachen astronomischen Fernrohr unterrichtet die Zusammenstellung in Tabelle 7.

Tabelle 7.

| Instrument | Vergrößerung | Gesichtsfeld | Fernrohrhelligkeit | Fernrohrverkürzung |
|---|---|---|---|---|
| Einfaches astronomisches Fernrohr | $v$ | $\gamma$ | $h$ | · |
| Huygens-Fernrohr . . . . . . . . | $v' = \frac{2}{3} v$ | $\gamma' = \frac{3}{2} \gamma$ | $h' = \frac{9}{4} h$ | $\frac{1}{2} f_0$ |
| Ramsden-Fernrohr . . . . . . . . | $v'' = \frac{10}{9} v$ | $\gamma'' = \frac{9}{10} \gamma$ | $h'' = \frac{81}{100} h$ | $\frac{1}{50} f_0$ |

Eine um 1850 entstandene Weiterbildung des *Ramsden*-Okulars ist das orthoskopische Okular von *Kellner*, bei dem das Augenglas selbst eine achromatische Linse ist. Im Euriskop-Okular (*Hensoldt*, 1907) ist auch noch das *Ramsden*sche Kollektiv ein Achromat. Diesen Okularen werden farbenreinere, bis an den Gesichtsfeldrand scharfe, perspektivisch richtige Bilder und ein großes Gesichtsfeld nachgerühmt[1].

Neuerdings trifft man häufig das verkürzte Fernrohr von unveränderlicher Länge[2], dessen wesentliche Bestandteile aus Abb. 47 zu ersehen sind. Objektiv $L_1$, Fadenkreuz $K$ und Okular $L_0$ sitzen hier in unveränderlichen Abständen fest in der gleichen Röhre; das Zusammenfallen der Bildebene $B.E.$ mit der Fadenkreuzebene wird durch Verstellen einer schwach gekrümmten Zerstreuungslinse $L_2$, der Einstellinse (Fokussierlinse), mittels eines besonderen, drehbaren Einstellringes (Fokussierring) erreicht. Diese Fernrohre sind gegen das Eindringen von Staub besser geschützt wie die Auszugfernrohre; auch ist ihre Führung sicherer und sie besitzen den weiteren Vorteil, daß $L_1$ und $L_2$ zusammen ein sog. Teleobjektiv bilden, wodurch eine kurze Fernrohrlänge $l$ erzielt wird.

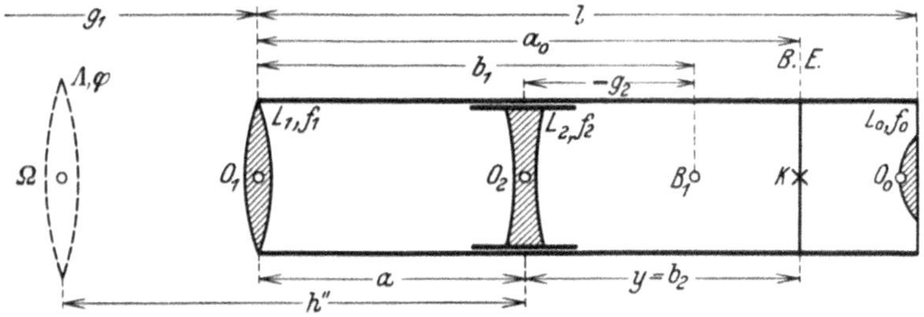

Abb. 47. Verkürztes Fernrohr von unveränderlicher Länge.

Mit den in der Abbildung enthaltenen Bezeichnungen ergibt sich

$$\varphi = \frac{f_1 f_2}{f_1 + f_2 - a} \tag{174}$$

als Brennweite der an Stelle von $L_1$, $L_2$ tretenden hinteren Ersatzlinse. Deren Abstand von $L_2$ ist

$$h'' = \frac{a \cdot f_2}{f_1 + f_2 - a} = \frac{\varphi}{f_1} \cdot a \tag{175}$$

und die Fernrohrverkürzung wird

$$k = h'' - a = \frac{a - f_1}{f_1 + f_2 - a} \cdot a = \left(\frac{\varphi}{f_1} - 1\right) a\,. \tag{176}$$

Wählt man kleines, positives $f_1$ und großes, negatives $f_2$, so erhält man nach (174) und (175) normales, positives $\varphi$ und großes, positives $h''$. Die Objektivlinsen werden dadurch beträchtlich an das Okular herangerückt und das Fernrohr erfährt nach (176) eine wesentliche, mit $a$ veränderliche Verkürzung.

Die zu einer bestimmten Gegenstandsweite $g$ gehörige Stellung der Einstellinse kann man entweder durch ihren jeweiligen Abstand $a$ von der eigentlichen Objektivlinse $L_1$ oder durch ihren Abstand $y$ vom Fadenkreuz festlegen. Um diese Größen zu finden, denkt man sich von einem Punkt $P$ (in der Abbildung nicht mehr enthalten) durch $L_1$ ein Bild $B_1$ und von diesem durch $L_2$ ein mit $K$ zusammenfallendes neues Bild ent-

[1] Besondere Okulare verwendet die Firma *Zeiß* bei ihren Instrumenten (siehe z. B. *Gleichen:* Die Theorie der modernen optischen Instrumente S. 145ff. Stuttgart 1911). — Neuerdings ist auch — hauptsächlich für Berichtigungszwecke — die Konstruktion von biaxialen Fernrohren wieder aufgenommen worden, nachdem *Brander* schon in der zweiten Hälfte des 18. Jahrhunderts amphidioptrische Fernrohre, d. h. Fernrohre zum Vorwärts- und Rückwärtszielen gebaut hatte (siehe *Brander, G. F.:* Die neue Art, Winkel zu messen. Augsburg 1772).

[2] Der erste Erfinder des Meßfernrohres von unveränderlicher Länge ist vermutlich der bekannte Augsburger Mechaniker *G. F. Brander* (siehe Z. Instrumentenkde. 1931 S. 92). Dem Wirken dieses hervorragendsten süddeutschen Feinmechanikers des 18. Jahrhunderts gelten die Abhandlungen: a) *Friedrich, C.:* Georg Friedrich Brander und sein Werk. München 1910. b) *Müller, Fr. J.:* Georg Friedrich Brander in Z. d. Vereins d. höheren bayerischen Vermessungsbeamten 1910 S. 146 bis 162 u. 188—201.

worfen. Man erhält dann durch Anwendung der dioptrischen Hauptgleichung auf die beiden Zusammenstellungen $g_1, f_1, b_1$ und $g_2, f_2, b_2$ leicht die Ausdrücke

$$a = \frac{1}{2}\left(a_0 + \frac{f_1 g_1}{g_1 - f_1}\right) - \sqrt{\frac{1}{4}\left(a_0 + \frac{f_1 g_1}{g_1 - f_1}\right)^2 - \left(a_0 f_2 + \frac{a_0 - f_2}{g_1 - f_1} \cdot f_1 g_1\right)}, \quad (177)$$

$$y = a_0 - a = \frac{1}{2}\left(a_0 - \frac{f_1 g_1}{g_1 - f_1}\right) + \sqrt{\frac{1}{4}\left(a_0 + \frac{f_1 g_1}{g_1 - f_1}\right)^2 - \left(a_0 f_2 + \frac{a_0 - f_2}{g_1 - f_1} \cdot f_1 g_1\right)}. \quad (178)$$

Hierin ist $a_0$ der feste Abstand der nach Einstellung eines Zieles in die Fadenkreuzebene fallenden Bildebene *B. E.* vom Objektiv[1].

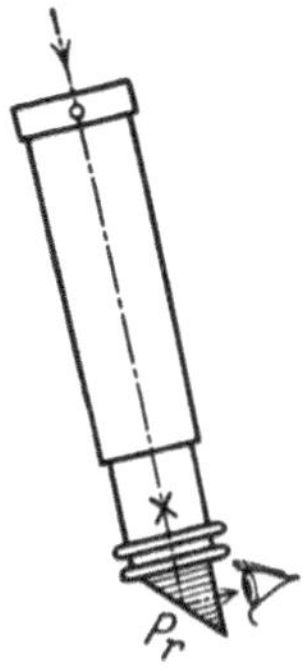

Abb. 48. Okularprisma.

Bei sehr stark geneigten Sichten kann man am einfachsten durch Verwendung eines den Strahlengang um rund 90° ablenkenden Okularprismas $P_r$ (Abb. 48) eine Beobachtung bei bequemer Kopfhaltung ermöglichen. Diese einfache Anordnung besitzt anderen gegenüber den großen Vorteil, daß der Strahlengang vor der Bildentstehung nicht gestört wird, also auch etwaige Schliffehler des Prismas die gegenseitige Lage zwischen Bild und Fadenkreuz nicht stören können[2].

Die Fernrohrachsen sind: 1. die Zielachse, 2. der Fadenkreuzweg bzw. die Führungslinie der Einstellinse, 3. die mechanische Achse. Weniger wichtig ist 4. die optische Achse.

Die Zielachse[3] verbindet den Fadenkreuzschnittpunkt mit dem hinteren Knotenpunkt des Objektivs bzw. eines koaxialen Objektivsystems. Eine zu dieser inneren Zielachse Parallele durch den vorderen Knotenpunkt nennt man die äußere Zielachse. Kann man bei geringeren Genauigkeitsansprüchen die Linsendicke vernachlässigen, so tritt an Stelle der Knotenpunkte der optische Mittelpunkt des Objektivs[4]. Die mechanische Achse wird durch die Mittelpunkte der beiden zylindrischen Ringe *R R* (in Abb. 39) bestimmt, während die optische Achse die optischen Mittelpunkte des Objektivs und des Okulars verbindet. Diese Fernrohrachsen sollen zusammenfallen, was dann zutrifft, wenn der Fadenkreuzschnittpunkt und die verschiedenen optischen Mittelpunkte bzw. die Knotenpunkte auf der mechanischen Fernrohrachse liegen. Die weitere Untersuchung soll auf das einfache, astronomische Fernrohr beschränkt bleiben[5].

[1] Über die Möglichkeit, Fadenkreuz und Strichkreuz zu vermeiden, siehe *Näbauer:* Ein Zielfernrohr ohne materielle Bildmarke, in der Festschrift zur Jahrhundertfeier der Technischen Hochschule Karlsruhe (1925).

[2] Für Messungen auf sehr verkehrsreichen Plätzen wird manchmal aus Gründen der Sicherheit ein Fernrohr mit aufrechten Bildern gewünscht. Diesen Zweck kann man durch eine nochmalige Bildumkehrung mittels eines sog. terrestrischen Okulars erreichen, welches jedoch unbequem lang ist. Einfacher gelangt man dazu durch Einschalten eines vollständig bildumkehrenden Prismas in den Strahlengang, wie es beim *Hensoldt*schen Fernrohr mit aufrechten Bildern (siehe *Hammer, E.:* Z. Vermess.-Wes. 1909 S. 247—250) zutrifft. Allerdings darf man nicht übersehen, daß hier jede Lageänderung des Prismas eine Bildverschiebung gegen das feststehende Fadenkreuz zur Folge hat.

[3] Der mit Zielachse ursprünglich gleichwertige Ausdruck Ziellinie wird neuerdings vielfach für das vom Objektivsystem im Objektraum entworfene Bild des Fadenkreuzweges gebraucht.

[4] Von dieser Näherung macht man besonders bei zeichnerischen Darstellungen Gebrauch. Sind die Bestandteile eines Objektivsystems nicht genau koaxial, so gibt es kein Punktpaar, von dem aus alle entsprechenden Punkte von Gegenstand und Bild in streng parallelen Richtungen erscheinen. Man kann dann unvollkommene Knotenpunkte einführen, welche durch folgende Bedingungen bestimmt sind:

a) Die von ihnen zum eingestellten Zielpunkt (äußere Zielachse) und zum Fadenkreuzschnittpunkt (innere Zielachse) gezogenen Richtungen sind streng parallel;

b) die Richtungsunterschiede der übrigen nach konjugierten Punkten gezogenen Strahlen sollen möglichst klein werden.

Dabei kann man sich auf ein sehr enges Strahlenbündel beschränken, dessen Mittelstrahl die Zielachse ist.

[5] Bei anderen Fernrohren spielt in die einschlägigen Untersuchungen natürlich die Eigenart der Konstruktion herein. Im übrigen sind kleine Achsenfehler, sofern sie während der Dauer einer vollen Beobachtung konstant bleiben, nicht schlimm, da sie für alle genaueren Messungen durch ein geeignetes Beobachtungsverfahren (z. B. Nivellieren aus der Mitte der Station oder Beobachten in zwei Fernrohrlagen) unschädlich gemacht werden.

Zur Prüfung der zentrischen Lage des Objektivs $L$ (Abb. 49) steckt man etwa bei herausgenommenem Okularauszug eine in ihrer Brennebene eine feine Glasteilung $T$ enthaltende Röhrenlupe so in die Objektivröhre, daß die Hilfsteilung in die Objektivbildebene $B.E.$ zu liegen kommt und die Röhrenlupe unabhängig vom Fernrohr durch einen besonderen Halter $H$ getragen wird. Ursprünglich wird zu einem eingestellten Punkt $P$ ein Bildort $P'$ gehören; nach einer halben Drehung des Fernrohrs um seine in der Abbildung durch Strichpunkte bezeichnete mechanische Achse gehört dazu ein anderer Bildpunkt $P''$, wenn eine Exzentrizität $e_1$ des Objektivmittelpunkts vorhanden ist. Aus dem an der Mikrometerteilung abgelesenen Abstand $P'P'' = 2e_1'$ findet man leicht den Ausdruck

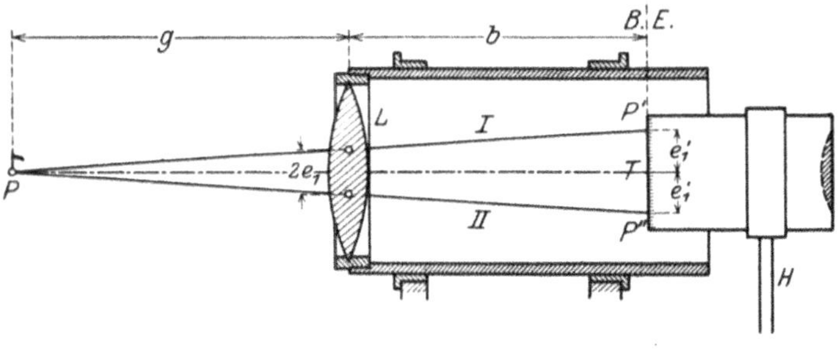


Abb. 49. Prüfung der zentrischen Lage des Objektivs.

$$e_1 = \frac{g}{g+b} e_1'. \quad (179)$$

Zur Untersuchung der zentrischen Lage des Okulars kann man bei getrenntem aufgestelltem Objektiv irgendeinen mit freiem Auge deutlich sichtbaren Punkt (z. B. oberes Lattenende) auf das Fernrohrbild einer Lattenteilung vor und nach der Drehung des Fernrohres um seine mechanische Achse projizieren. Ist der am Lattenbild abgelesene Abstand dieser Projektionen $2r$, so ist der Abstand des optischen Mittelpunktes der Okularlinse von der mechanischen Fernrohrachse hinreichend genau

$$e_2 = \frac{b}{g} \cdot r, \quad (180)$$

wenn $b$ und $g$ ihre bisherige Bedeutung besitzen.

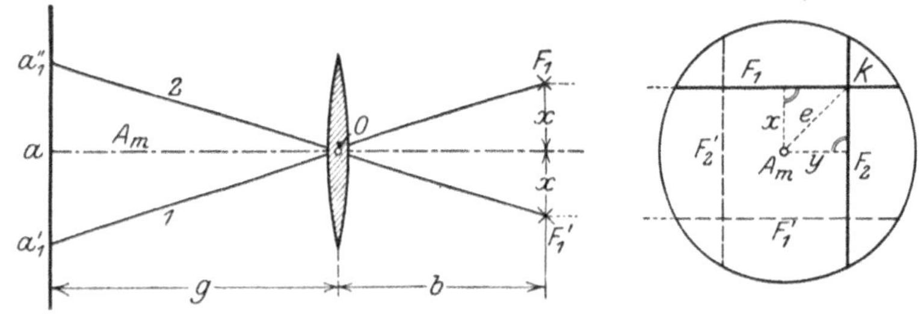


Abb. 50. Ermittlung der Fadenkreuzexzentrizität.

Eine geringe Linsenexzentrizität hat nur einen unbedeutenden Einfluß auf die Messungen, der durch geeignete Anordnungen leicht vollständig ausgeschaltet werden kann. Man begnügt sich daher meist mit einem kurzen summarischen Prüfungsverfahren, indem man untersucht, ob bei einer Drehung des ganzen Fernrohrs um seine mechanische Achse ein mit freiem Auge gesehener, ins Fernrohrbild hineinprojizierter Punkt in diesem feststeht oder wandert.

Die Exzentrizität $e$ des Fadenkreuzschnittpunktes $K$ (Abb. 50) läßt sich aus den Abständen $x, y$ der beiden Fäden $F_1, F_2$ von der mechanischen Achse $A_m$ mittels der Beziehung $e^2 = x^2 + y^2$ finden. Um die Komponente $x$ zu gewinnen, macht man den ersten Faden $F_1$ zum horizontalen und liest seine Stellungen $a_1'$ und $a_1''$ an einer lotrechten Teilung in der ursprünglichen 1. Fernrohrlage und nach einer Halbdrehung des Fernrohrs um seine mechanische Achse in der 2. Fernrohrlage ab. Mittels der beiden in Abb. 50a enthaltenen ähnlichen Dreiecke findet man leicht

$$x = \frac{1}{2} \cdot \frac{b}{g} (a_1'' - a_1'). \tag{181}$$

In ganz entsprechender Weise ergibt sich nach einer Drehung um 90°, welche $F_2$ zum horizontalen Faden macht, die Komponente $y$ aus Ablesungen $a_2'$, $a_2''$. Zur Beseitigung der Fadenkreuzexzentrizität $e$ ist jeder Faden durch Verschieben auf die Mittellage aus beiden Fadenstellungen mittels der Fadenkreuzschräubchen für sich zu zentrieren. Der Faden $F_1$ z. B. wäre auf die Ablesung $a = \frac{1}{2}(a_1' + a_1'')$ einzustellen. Ist die Berichtigung genügend gelungen, so darf der Fadenkreuzschnittpunkt beim Drehen des Fernrohrs um seine mechanische Achse den ursprünglich eingestellten Punkt nicht verlassen.

Wird die für eine bestimmte Entfernung durchgeführte Fadenkreuzzentrierung unter Verwendung anderer Entfernungen nachgeprüft und zeigen sich dabei wieder Mängel in der Zentrierung, so fällt der Fadenkreuzweg nicht in die Zielachse. Diese besitzt dann für jede andere Stellung des Okularauszugs eine etwas andere Stellung zum Fernrohr.

Die Erfahrung lehrt, daß die Zielgenauigkeit unter sonst gleichen Umständen nicht nur von der Vergrößerung, sondern wesentlich auch von der Helligkeit und Schärfe des Bildes sowie der Form der Zielzeichen abhängt. Aus sehr gründlichen und umfangreichen Untersuchungen gibt *Noetzli*[1] abweichend von den bisherigen Annahmen an, daß für einen einigermaßen geübten Beobachter unter nicht zu ungünstigen äußeren Umständen der mittlere Zielfehler

$$m \approx \pm 3{,}5'' : \sqrt{v} \tag{182}$$

— $v$ = Vergrößerung — gesetzt werden darf. Die günstigste scheinbare Fadenstärke ist nach ihm für gewöhnlich etwa 1′, bei Einstellungen auf stärkere Lichtquellen dagegen rund 2′. Dünne Einzelfäden sind meist günstiger als parallele Doppelfäden, deren Abstand für die scheinbare Zielgröße bald zu groß und bald zu klein ist. Sie könnten zweckmäßig durch zwei in der Mitte des Bildfeldes in Keilform zusammenlaufende Fäden ersetzt werden[2]. Die günstigste Form der Zielmarke ist ein Keil mit kleinem Öffnungswinkel[3].

## 12. Die Libelle.

Die ältesten Hilfsmittel zur Lotrechtstellung und Horizontallegung von Geraden und Ebenen sind zweifellos das Lot und die Oberfläche einer ruhenden Flüssigkeit. Ersteres findet als Senkel noch heute ausgedehnte Anwendung, und in der Kanalwaage besitzen wir auch noch ein auf dem hydrostatischen Prinzip beruhendes Instrument. Genauere Orientierungen gegen das Lot aber führt man heute ausschließlich mit Hilfe der auf dem Auftrieb beruhenden Libellen durch, die in der Form von Dosenlibellen und Röhrenlibellen Verwendung finden.

---

[1] *Noetzli, A.:* Untersuchungen über die Genauigkeit des Zielens mit Fernrohren. Zürich 1915. Diese sehr lesenswerte Arbeit enthält auch noch andere für die Zielgenauigkeit wichtige Folgerungen, auf die hier nicht in allen Einzelheiten eingegangen werden kann. *Lüdemann, K.:* Der mittlere Zielfehler bei Winkelmessungen für Kleintriangulation. Z. Vermess.-Wes. 1927 S. 100—105 findet etwas größere — rund doppelt so große — Zielfehler.

[2] Diese Erkenntnis ist nicht neu, wie die altbekannte Fadenkreuzform des Andreaskreuzes beweist.

[3] Die erste größere Messung, bei der verfeinerte Instrumente mit Fernrohren Verwendung fanden, war die von *Picard* 1669 bis 1670 ausgeführte Gradmessung.

## a) Die Dosenlibelle.

Die **Dosenlibelle** besteht in ihrer zweckmäßigsten Form aus einem einzigen zugeschmolzenen[1], zylindrischen Glaskörper (Abb. 51), der oben durch eine Kugelkappe abgeschlossen wird, welche — neuerdings zur Vermeidung von Parallaxe auf der Innenfläche — einen zu ihrem Mittelpunkte $M$ konzentrischen Einstellkreis $K$ besitzt. Die Füllflüssigkeit ist meist Weingeist, auf dem eine aus dessen Dampf bestehende Blase schwimmt, deren Durchmesser am besten 1 bis 1,5 mm unter dem des Einstellkreises bleibt. Zum Schutze der Libelle dient eine Metallfassung, die bei Instrumenten zur Horizontalstellung von Ebenen mit einer zur Tangentialebene $T_m$ von $M$ parallelen, ebenen Aufsatzfläche ausgestattet ist. Wird unter dieser Voraussetzung die Libelle durch Neigen der Unterlage zum Einspielen gebracht, so fällt $M$ in den Blasenmittelpunkt, zu dem stets ein lotrechter Halbmesser gehört. Die darauf senkrecht stehende Tangentialebene $T_m$ und die dazu parallele Aufsatzfläche $AA$ bzw. die Oberfläche der Unterlage sind also dann horizontal. Soll die Libelle zur Lotrechtstellung einer mit ihr verbundenen Achse dienen, so muß $T_m$ auf dieser senkrecht stehen.

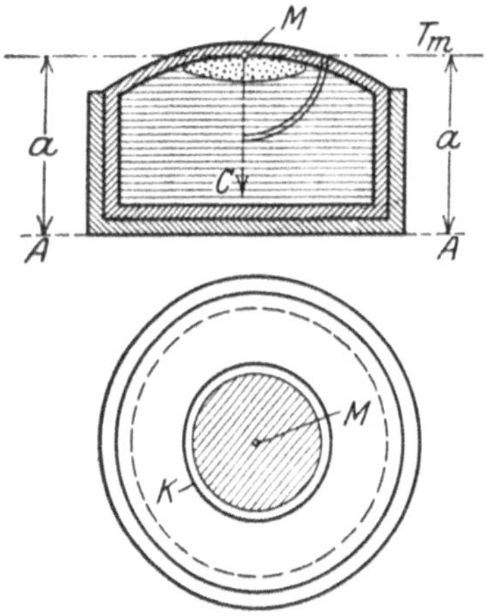

Abb. 51. Dosenlibelle im Vertikalschnitt und im Grundriß.

Die Berichtigung der Dosenlibelle, welche mit größtem Vorteil zur ersten angenäherten Orientierung gegen das Lot dient, entspricht ganz derjenigen der hernach ausführlicher zu behandelnden Röhrenlibelle. Zur Beurteilung ihrer ungefähren Leistungsfähigkeit mögen die folgenden Angaben von *Samel*[2] dienen. Er fand bei senkrechter Draufsicht an zugeschmolzenen Libellen

$$\left.\begin{array}{ll} \text{1. den mittleren Fehler einer Lotrechtstellung der Drehachse} & m = \pm(35 \pm \phantom{1}8{,}4)'', \\ \text{2. den mittleren Fehler des Einspielenlassens d. Dosenlibelle} & \mathfrak{m} = \pm(21 \pm 12{,}4)'', \\ \text{3. den Konvergenzwinkel zwisch. Stehachse u. Dosennormale} & Z = \pm(28 \pm \phantom{1}2{,}5)''. \end{array}\right\} \quad (183)$$

Diese Zahlen sind arithmetische Mittel aus Einzelbestimmungen an vier Dosenlibellen mit einem durchschnittlichen Krümmungshalbmesser von rund 0,8 m. Für $r = 1$ m wird also der mittlere Fehler der Lotrechtstellung

$$m \approx \pm \tfrac{1}{2}'. \qquad (184)$$

## b) Die Röhrenlibelle[3].

Dieses feinere, auch zur Messung ganz kleiner Neigungswinkel dienende Richtmittel besteht aus einer tonnenförmig ausgeschliffenen Glasröhre, welche mit einer leicht beweglichen Flüssigkeit — meist Schwefeläther — und einer darauf schwimmenden, aus deren Dampf bestehenden Blase gefüllt ist (Abb. 52)[4]. Das eine der heute stets zu-

---

[1] Zugeschmolzene Dosenlibellen, bei denen kein Auslaufen der Füllflüssigkeit und kein Eindringen der Luft zu befürchten ist, hat 1904 zuerst *Mollenkopf* in Stuttgart hergestellt; siehe Z. Vermess.-Wes. 1904 S. 699.

Zur Erfindung der Dosenlibelle siehe *Lüdemann, K.:* Zur Geschichte der Dosenlibelle. Z. Instrumentenkde. 1931 S. 136—144 und *Breithaupt, G.:* Zur Geschichte der Dosenlibelle. Z. Instrumentenkde. 1931 S. 256 u. f.

[2] *Samel:* Genauigkeit der Lotrechtstellung von Stehachsen mit Dosenlibellen aus einem einzigen Glaskörper und mit solchen älterer Form. Z. Vermess.-Wes. 1911 S. 149—160. Siehe auch *Haußmann, K.:* Glasdosenlibelle für Feldmeßinstrumente. Z. Vermess.-Wes. 1920 S. 241—245; ferner *Lüdemann, K.:* Einige Beobachtungen an Dosenlibellen. Z. Instrumentenkde. 1928 S. 31—39.

[3] Die Röhrenlibelle wurde um 1661 von *Thévenot* erfunden; siehe *Müller, C.:* Zur Geschichte der Röhrenlibelle. Z. Vermess.-Wes. 1907 S. 673—678.

[4] Es handelt sich also um eine Blasenwaage.

geschmolzenen Enden ist manchmal als eine Kammer $K$ ausgebildet, mit deren Hilfe die Blase im Hauptkörper verkürzt oder verlängert werden kann. Die Innenwand der Libelle ist ihrer Entstehung nach eine Rotationsfläche, welche durch die Drehung eines flachen Kreisbogens um eine Achse $RR$, die Rotationsachse der Libelle, entsteht. Den in Wirklichkeit von einem Kreisbogen meist etwas abweichenden Schnitt einer durch $RR$ gehenden Lotebene mit der Röhreninnenwand bezeichnet man als die Schliffkurve der Libelle. Der Glaskörper trägt außen eine über der Schliffkurve hinziehende Teilung (Abb. 53), deren Mittelpunkt $M$ über dem Scheitel $S$ der Schliffkurve liegt. Die Teilungseinheit $a$ ist meist eine Pariser Linie (1 P. L. = 2,256 mm), seltener

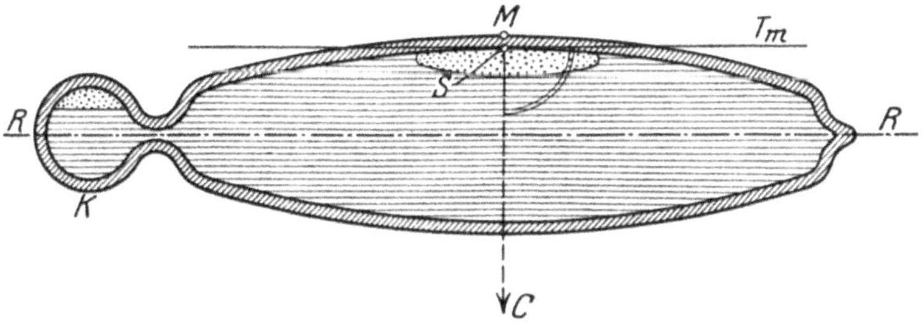


Abb. 52. Röhrenlibelle mit Kammer (Längsschnitt).

2 mm. Eine besondere Bedeutung besitzt die als Libellenachse bezeichnete Scheiteltangente $T_m$ der Schliffkurve. Bei einspielender Libelle umgibt die Blase den Teilungsmittelpunkt symmetrisch. Es wird also der zum höchsten Punkt $S$ der Schliffkurve führende Halbmesser $CS$ ($C$ = Mittelpunkt der Schliffkurve) lotrecht und die darauf senkrecht stehende Libellenachse $T_m$ horizontal liegen. Den Ort der Blasenmitte bezeichnet man als den Blasenstand $b$; er ist das arithmetische Mittel aus den Ablesungen $a_1$, $a_2$ an den Blasenenden. Hingegen ist der Libellenausschlag $A$ der Abstand des Blasenmittelpunktes von der Mittelmarke $M$. Man hat demnach

$$b = \tfrac{1}{2}(a_1 + a_2), \qquad A = b - M. \tag{185}$$

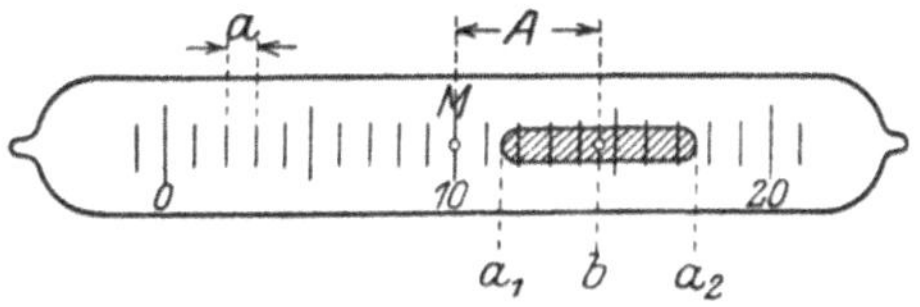


Abb. 53. Röhrenlibelle mit Teilung (Grundriß).

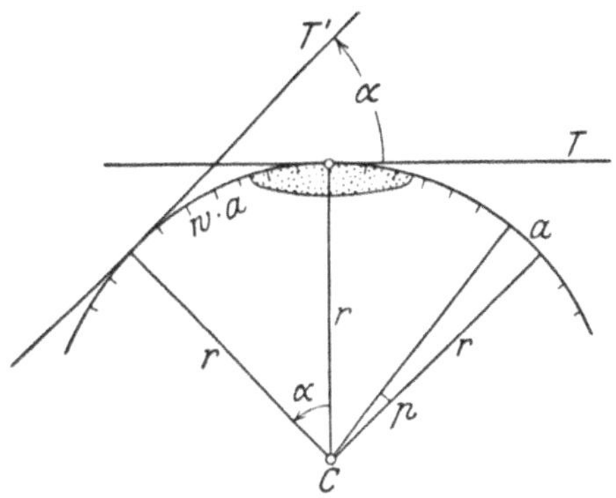


Abb. 54. Neigungsänderung und Blasenweg.

Der Libellenteilwert $p$ oder die Libellenangabe ist derjenige Winkel, den zwei nach benachbarten Teilstrichen führende Halbmesser (Abb. 54) einschließen; er ist in Sekunden ausgedrückt

$$p'' = \varrho'' \frac{a}{r}, \tag{186}$$

wenn $r$ den Halbmesser der Schliffkurve bedeutet. Bei einer Neigungsänderung $\alpha$ der Libelle in der Richtung ihrer Achse gelangt die Tangente $T$ an den Blasenmittelpunkt in die Lage $T'$. Sie erfährt dabei eine Richtungsänderung $\alpha$, der eine Änderung des Blasenstandes um $w$ Teilungseinheiten (Blasenweg) entspricht[1]. Nach Abb. 54 und

[1] In Wirklichkeit werden bei einer solchen Bewegung auch $C$ und die Schliffkurve verschoben. Durch eine einfache Parallelverschiebung, welche an den betrachteten Richtungen nichts ändert, kann man den verschobenen Mittelpunkt der Schliffkurve wieder in seine ursprüngliche Lage bringen. Man kann daher, soweit es sich um die Richtungen handelt, von der erwähnten Verschiebung von vornherein absehen, wie es auch in Abb. 54 zur Vereinfachung geschehen ist.

Gl. (186) ist die Neigungsänderung

$$\alpha = \varrho'' \frac{w \cdot a}{r} = w \cdot p''. \tag{187}$$

Zur Bestimmung des Teilwertes verbindet man die Libelle mit einem gleichgerichteten horizontalen Fernrohr, das auf eine in der Entfernung $D$ von der Drehachse lotrecht aufgestellte, geteilte Latte gerichtet wird. Zwei extremen Blasenständen $b_1$ und $b_2$, zwischen denen ein Blasenweg $w$ (Abb. 55) liegt, werden die Lattenablesungen $a_1$, $a_2$ entsprechen. Sind *1*, *2* die zugehörigen Tangenten an die Blasenmittelpunkte, *I* und *II* die entsprechenden Lagen der Zielachse, welche Linienpaare infolge einer gleichen Neigungsänderung je denselben Winkel $\beta$ einschließen, so ist nach der Abbildung $\beta = \frac{\varrho''}{D}(a_2 - a_1) = w \cdot p''$; also wird der gesuchte Teilwert

$$p'' = \varrho'' \frac{a_2 - a_1}{w \cdot D}. \tag{188}$$

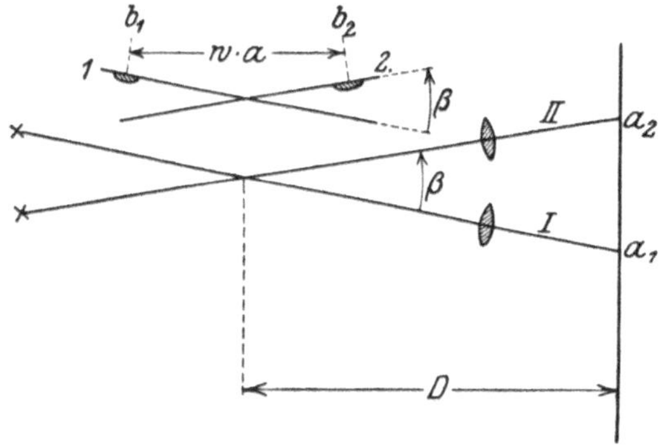

Abb. 55. Teilwertbestimmung aus Lattenablesungen.

Ein besonderes Hilfsmittel zur Bestimmung des Libellenteilwertes und zur eingehenden Untersuchung der Libelle ist das Legebrett oder der Libellenprüfer. Dieses Instrument

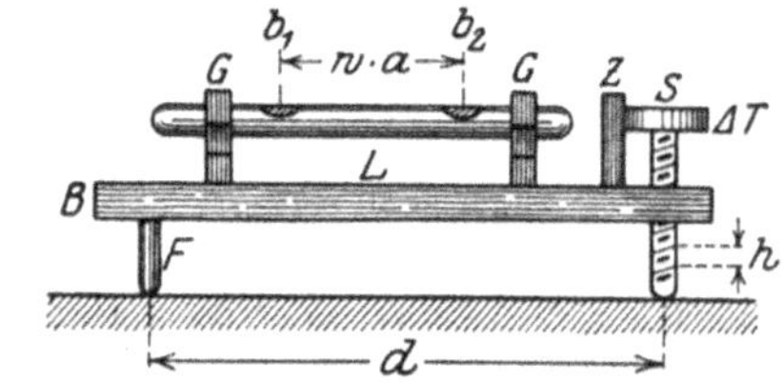

Abb. 56. Teilwertbestimmung mit dem Legebrett.

ist in Abb. 56 im Aufriß skizziert und besteht im wesentlichen aus einem von zwei Füßen $FF$ und einer Schraube $S$ getragenen Brett $B$, welches zwei für die Aufnahme einer Libelle $L$ bestimmte Gabellager $GG$ trägt. An der Trommel der Schraube $S$ wird mittels eines Zeigers $Z$ der jeweilige Stand des Legebretts abgelesen. Einer ganzen Schraubenumdrehung entspricht eine gewisse als Konstante des Legebretts oder Sekundenwert der Schraubenganghöhe bezeichnete Neigungsänderung $t$ der Längsachse des Instruments. Sie ist durch den Ausdruck $t'' = \varrho'' \cdot (h : d)$ bestimmt, wenn $h$ die Schraubenganghöhe und $d$ den Abstand der Schraube von der durch die Verbindungslinie der Fußendpunkte gebildeten Drehachse bedeutet.

Entspricht nun bei einer Drehung der Schraube um einen Trommelweg $\Delta T$ diesem ein Blasenweg $w$, so ist die vorgenommene Neigungsänderung $\beta'' = w \cdot p'' = \Delta T \cdot t''$. Hieraus aber folgt für den Teilwert der Ausdruck

$$p'' = \frac{\Delta T}{w} \cdot t''. \tag{189}$$

Libellen, welche auch zur Messung von kleinen Neigungswinkeln dienen, sind von Zeit zu Zeit auf den glatten Gang der Blase, sowie die Veränderlichkeit der Schliffkurve und des Teilwertes[1] zu untersuchen. Liegen keine Unregelmäßigkeiten und keine Veränderungen vor, so entspricht demselben Trommelweg stets ein und derselbe Blasenweg.

[1] Teilwertänderungen sind mehrfach beobachtet worden. Sie treten hauptsächlich in Begleitung starker Temperaturänderungen auf, wenn die Libellenfassung — besonders bei eingegipsten Libellen — einen der Ausdehnung oder Zusammenziehung des Glaskörpers hinderlichen Zwang ausübt. Eine zusammenfassende Darstellung dieser Frage gibt *Samel, P.:* Der Einfluß von Luftdruck und Temperatur auf die Angabe von Röhrenlibellen. Z. Vermess.-Wes. 1913 S. 569ff. Siehe auch *Pinkwart:* Der Einfluß der Temperatur auf die Angabe von Röhrenlibellen. Z. Vermess.-Wes. 1931 S. 187 bis 191 u. 215—230.

Nach *Reinhertz*[1] sind die mittleren Fehler $m_s$ und $m_b$ für das Einspielenlassen der Libelle bzw. für den abgelesenen Blasenstand etwa

$$m_s \approx \pm 0{,}1 \sqrt{p} \quad \text{und} \quad m_b \approx \pm 0{,}2 \sqrt{p}, \tag{190}$$

wo $m_s$, $m_b$ und $p$ in Sekunden zu verstehen sind. Die für eine richtige Ausnutzung der Libelle zweckmäßigste Blasenlänge beträgt etwa ein Drittel der Röhrenlänge. Sehr viel kürzere Blasen, wie sie an heißen Tagen auftreten, sind zu träge. Dagegen sind längere Blasen, wie man sie in den kühleren Morgenstunden beobachten kann, viel zu unruhig[2].

Außerordentlich störend ist das Nachziehen der Blase, dessen Ursache die bei nicht ganz wasserfreier Füllung auftretenden Ausscheidungen[3] des Glases sind. Diese am Glase haftenden Körperchen hindern die Beweglichkeit der Blase manchmal so sehr, daß die Libelle vollständig unbrauchbar wird.

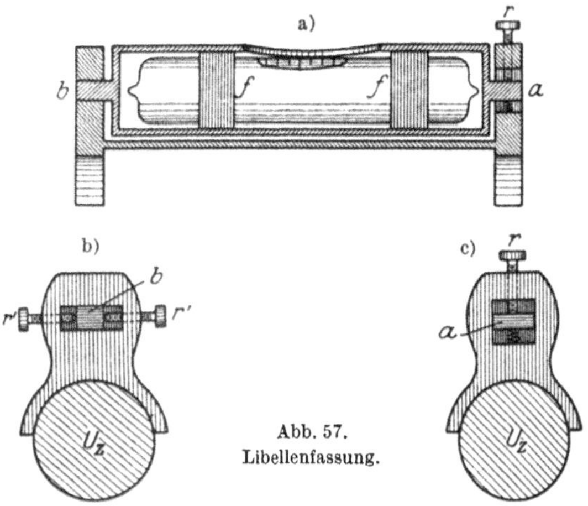

Abb. 57. Libellenfassung.

Jede Libelle besitzt teils zu ihrem Schutze, teils zur Ermöglichung einer Verbindung mit der Unterlage eine Fassung, die möglichst spannungsfrei sein soll. Häufig ist, wie in Abb. 57 angedeutet, der Glaskörper mit Hilfe einer Fadenwicklung $ff$ in einer Röhre befestigt, welche selbst durch Richtschräubchen $r$, $r'$ oder durch Richtschräubchen und Gegenfeder im lotrechten und horizontalen Sinne etwas gegen eine äußere Fassung verstellt werden kann. Bei größeren plötzlichen Temperatursprüngen ist eine ruckweise Lageänderung des Glaskörpers gegen die Fassungsröhre oder dieser beiden gegen die äußere Fassung um so mehr zu befürchten, je verschiedener die Ausdehnungskoeffizienten dieser Körper sind. Durch sog. spannungsfreie Fassungen soll diese schädliche Erscheinung möglichst vermieden werden.

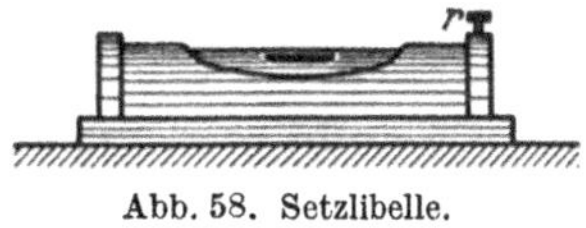

Abb. 58. Setzlibelle.

Die Form der Röhrenlibelle wechselt mit ihrem Zweck und der Art ihrer Fassung. Im einzelnen sind zu nennen: 1. die Setz- oder Tischlibelle, 2. die Reitlibelle, 3. die Hängelibelle, 4. die Doppelschlifflibelle, 5. die fest mit dem Instrument verbundene Libelle, 6. die bei umlegbarem Fernrohr mit dem Fernrohr oder den Fernrohrstützen fest verbundene Libelle[4].

Die Setzlibelle (Abb. 58) ist eine Libelle mit ebener Bahn und dient zur Horizontalstellung von Ebenen. Vor dem Gebrauch ist ihr Neigungsfehler $\delta$, der Winkel nämlich, welchen die Libellenachse mit der ebenen Bahn einschließt, zu beseitigen. Zu diesem Zweck bringt man die Libelle durch Neigen der Unterlage zum Einspielen, so daß die Libellenachse in Lage *I* (Abb. 59) horizontal liegt. Setzt man die Libelle um, so gelangt deren Achse in Lage *II*, welche mit Lage *I* den Winkel $2\delta$ einschließt, so daß der beobachtete Blasenausschlag $A$ dem doppelten Neigungsfehler entspricht.

---

[1] Mitteilungen über einige Beobachtungen an Libellen. Z. Instrumentenkde. 1890 S. 309ff.

[2] Nach *Wanach, B.:* Untersuchungen von Sekundenlibellen. Z. Instrumentenkde. 1926 S. 221—238, sind größere Blasenlängen vorzuziehen a) wegen ihrer geringeren Trägheit, b) wegen der geringeren Wirkung eines Gestaltsfehlers auf die Blaseneinstellung; sie ist — nach S. 232 — zur Blasenlänge umgekehrt proportional.

[3] Siehe hierzu den Bericht von *Löwenherz, L.:* Die Tätigkeit der Physikalisch-Technischen Reichsanstalt bis Ende 1890. Z. Instrumentenkde. 1891 S. 166, Absatz Störungen bei Libellen.

[4] Der Vollständigkeit halber sei auch noch die weniger wichtige Reversions- oder Kehrlibelle genannt.

Zur Beseitigung des Neigungsfehlers ist der halbe Libellenausschlag durch Heben oder Senken des einen Libellenendes mit Hilfe eines lotrecht wirkenden Richtschräubchens $r$ zum Verschwinden zu bringen. Der Ausschlag der berichtigten Libelle gibt unmittelbar den Neigungswinkel der Unterlage in der Libellenrichtung an.

Auch mit Hilfe einer nicht berichtigten Libelle kann man aus den vor und nach dem Umsetzen beobachteten Blasenständen $b_1$ und $b_2$ den Neigungswinkel $\alpha$ einer Unterlage $U$ und den Neigungsfehler $\delta$ bestimmen. Ist in Abb. 60 $H$ die Horizontale

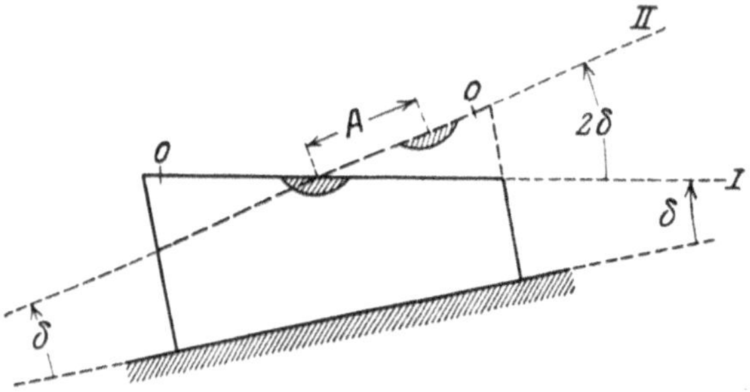


Abb. 59. Untersuchung der Setzlibelle.

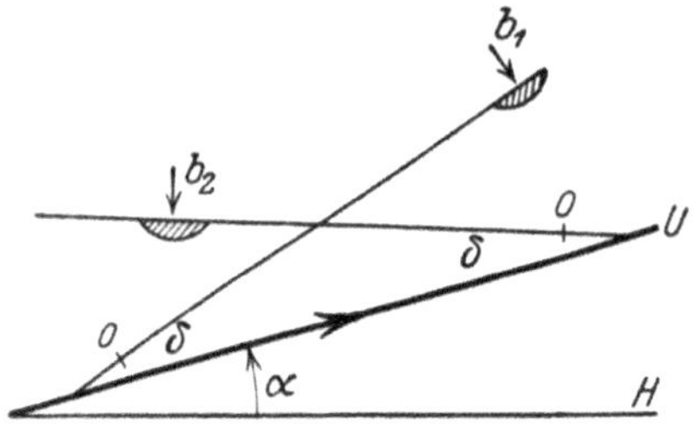


Abb. 60. Neigungsermittlung mit nicht berichtigter Libelle.

und bedeutet $M$ wieder die Ablesung an der Mittelmarke, so sind die beiden Blasenstände offenbar die Ausdrücke

$$b_1 = M + \alpha + \delta, \qquad b_2 = M - \alpha + \delta,$$

welche sofort auf die Größen

$$\alpha = \tfrac{1}{2}(b_1 - b_2), \qquad \delta = \tfrac{1}{2}(b_1 + b_2) - M \tag{191}$$

führen. Hierbei entspricht die Richtung von $U$ dem Sinne der Libellenbezifferung in der ersten Lage.

Die **Reitlibelle** ist zum Aufsetzen auf eine zylindrische Achse $U_z$ bestimmt und daher mit Füßen ausgestattet, welche entweder zylindrische oder gabelförmig ausgebildete Enden mit dachförmig gestellten, ebenen Ansatzflächen besitzen, wie es in den Abb. 57 und 61 veranschaulicht ist. Der Beseitigung des wie bei der Tischlibelle wegzuschaffenden Neigungsfehlers geht hier die Beseitigung des **Kreuzungsfehlers** voraus. Man versteht unter diesem Fehler denjenigen Winkel $\varkappa$ (Abb. 62), welchen die Libellenachse mit der die mechanische Achse $A_u$ der Unterlage enthaltenden Lotebene einschließt. Dreht man, nachdem die Libelle in ihrer gewöhnlichen Lage zum Einspielen gebracht ist und die Libellenachse die Lage $I$ besitzt, die Libelle auf oder mit der zylindrischen Unterlage nach verschiedenen Seiten hin (Lage $II$ und $III$ der Libellenachse), so findet infolge der Kreuzung beider Achsen das eine Mal eine Senkung und Hebung, das andere Mal eine Hebung und Senkung der Libellenenden statt, so daß sich die Blase in beiden Fällen nach verschiedenen Seiten hin bewegt. Der Kreuzungsfehler kann mit Hilfe der horizontal wirkenden Richtschräubchen $r'r'$ weggebracht werden. Wird bei einem in den Lagern drehbaren Ringfernrohr auch noch das Fadenkreuz zentriert, so sind schließlich Libellenachse, mechanische Fernrohrachse und Ziellinie zueinander parallel.

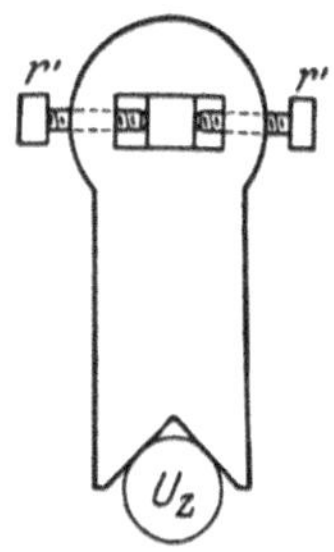


Abb. 61. Fuß einer Reitlibelle mit dachförmigem Ende.

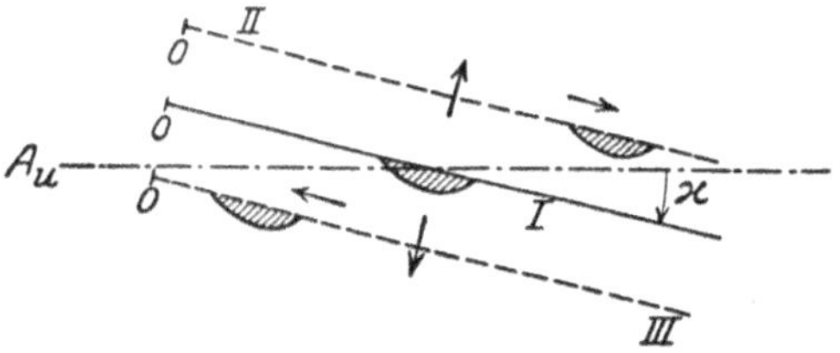


Abb. 62. Kreuzungsfehler der Libelle.

Die Hängelibelle besitzt zwei meist nach verschiedenen Seiten geöffnete Haken (Abb. 63 zeigt einen derselben), mit deren Hilfe sie an einer zylindrischen Achse aufgehängt wird. Kreuzungs- und Neigungsfehler werden wie bei der Reitlibelle beseitigt.

Für die Vermessungskunde wichtiger ist die zwei Teilungen tragende Doppelschlifflibelle (Abb. 64a), deren beide Achsen $T_1$, $T_2$ zueinander parallel sein müssen[1]. Um die Ziellinie eines Fernrohrs ohne mechanische Achse zu den Libellenachsen parallel zu stellen, richtet man, wie in Abb. 64b angedeutet, das Fernrohr vor und nach dem Durchschlagen bei einspielender Libelle auf eine lotrechte Teilung, an welcher zu den beiden Lagen *I* und *II* der Ziellinie die Ablesungen $a_1$, $a_2$ gefunden werden, deren Mittel

$$a_0 = \tfrac{1}{2}(a_1 + a_2)$$

der horizontalen Lage *III* der Zielachse entspricht. Für die Berichtigung ist der nach Einstellung des Fernrohrs auf $a_0$ vorhandene Libellenausschlag mit Hilfe der Höhen-

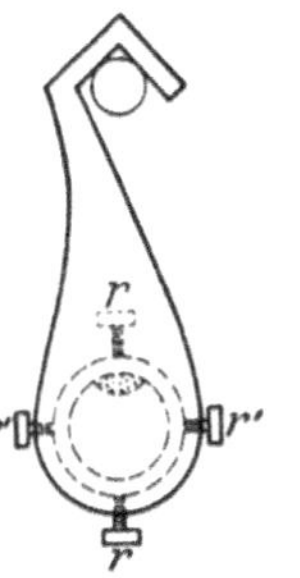

Abb. 63. Hängelibelle (Seitenansicht).

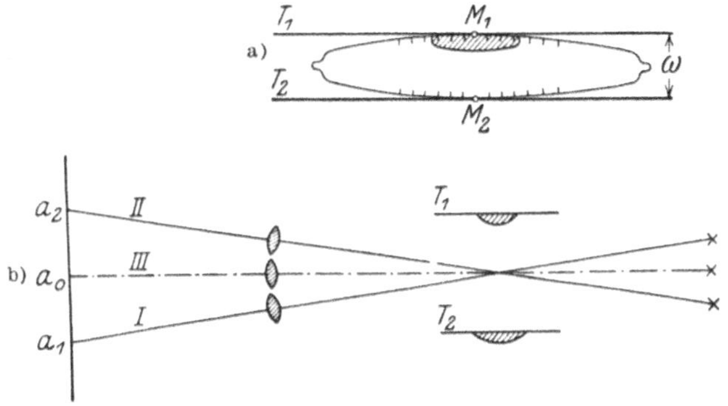


Abb. 64. Doppelschlifflibelle und ihre Berichtigung.

richtschräubchen der Libelle zu beseitigen. Ein etwaiger kleiner Kreuzungsfehler $\varkappa$ der Libellenachse mit der Ziellinie kann bei gewöhnlichen Messungen wegen seines geringen Einflusses unberücksichtigt bleiben; gegebenenfalls wäre dieser Fehler schon vor dem Neigungsfehler zu beseitigen[2]. Die durch ihn bei einspielender Libelle verursachte geringe Neigung der Ziellinie ist, wie hier ohne Beweis mitgeteilt werden soll

$$\nu'' = v'' \cdot \frac{\varkappa^0}{\varrho^0}, \tag{192}$$

wenn $v$ den seitlichen Stehachsenfehler oder mit anderen Worten den kleinen Winkel bedeutet, welchen die zur Libellenachse parallele Ebene durch die Ziellinie mit dem Horizont einschließt.

Bei fester Verbindung der Libelle mit dem Instrument kann die parallele Lage von Libellenachse und Ziellinie nach Andeutung von Abb. 65 dadurch geprüft werden, daß man mit dem zunächst in $A$ stehenden Instrument bei einspielender Libelle an der nacheinander in $P_1$ und $P_2$ stehenden Latte die Ablesungen $a_1'$, $a_2'$ ausführt, hierauf das Instrument in einem um den Lattenabstand $D$ über $P_2$ hinausliegenden

[1] In Wirklichkeit schließen die beiden Libellentangenten einen kleinen Winkel $\omega$, den Konvergenzwinkel, ein, dessen geringer Einfluß durch die Beobachtungsmethode unschädlich gemacht werden kann. Über die Größe dieses Konvergenzwinkels bei verschiedenen Libellen und seine Veränderung mit der Zeit siehe *Dorn:* Z. Vermess.-Wes. 1907 S. 359 und *Müller, C.:* Z. Vermess.-Wes. 1920 S. 113. Zur Geschichte der Doppelschlifflibelle siehe a) Neues Nivellierinstrument von *J. Amsler-Laffon* in Schaffhausen. Dinglers polytechn. J. Bd. 153 (1859) S. 401—404; b) *Fennel, A.:* Betrachtungen über Nivellierinstrumente mit Reversionslibelle (gemeint ist die Doppelschlifflibelle!). Z. Vermess.-Wes. 1927 S. 273—279.

[2] Siehe hierzu *Helmert:* Theorie der Libellenachse. Z. Vermess.-Wes. 1878 S. 192, ferner *Vogler:* Lehrbuch der Praktischen Geometrie II, S. 34. Braunschweig 1894 und *Hohenner:* in Z. Vermess.-Wes. 1912 S. 567.

Punkt $B$ aufstellt und dort bei einspielender Libelle an der Latte in $P_2$ und $P_1$ die Ablesungen $a_3'$, $a_4'$ ermittelt. Wäre kein Neigungsfehler $\delta$ vorhanden, so hätten sich die den horizontalen Sichten entsprechenden Ablesungen $a_1$, $a_2$, $a_3$, $a_4$ ergeben. Deren letzte aber läßt sich aus den fehlerhaften Ablesungen berechnen. Bei der getroffenen Anordnung sind nämlich die beiden schraffierten Dreiecke kongruent, und man findet daher über die Gleichungen

$$h = a_1 - a_2 = a_4 - a_3,$$

$$a_4 = a_1 - a_2 + a_3,$$

$$a_1 = a_1' - \Delta,$$

$$a_2 = a_2' - \Delta - \varepsilon,$$

$$a_3 = a_3' - \varepsilon$$

leicht das Ergebnis

$$a_4 = a_1' - a_2' + a_3'. \qquad (193)$$

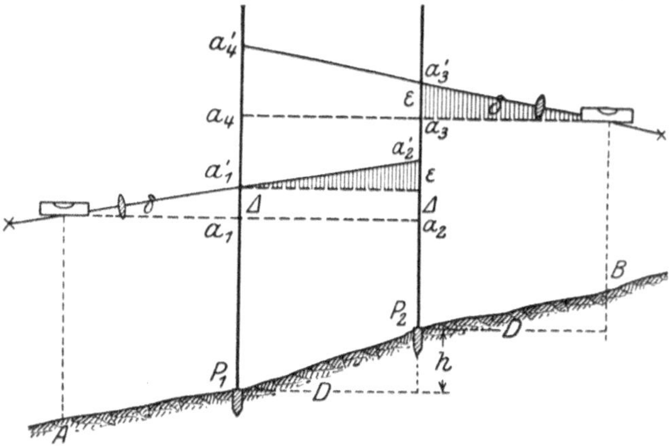

Abb. 65. Libellenberichtigung bei fester Verbindung aller Bestandteile durch Ablesungen in zwei Außenständen.

Zur Beseitigung des Neigungsfehlers ist bei einspielender Libelle der Fadenkreuzkörper zu heben oder zu senken, bis die errechnete Ablesung $a_4$ erscheint. Bezüglich des Kreuzungsfehlers zwischen Libellenachse und Ziellinie gelten die bei der Doppelschlifflibelle gemachten Ausführungen.

Die Berichtigung der auf S. 55 unter 6. genannten Libellenverbindung wird etwas später S. 61—63 behandelt.

## 13. Nivellierinstrumente und Nivellierlatten.

Die verschiedenen Nivellierinstrumente beruhen auf dem Prinzip des Pendels, der kommunizierenden Röhren oder des Auftriebs.

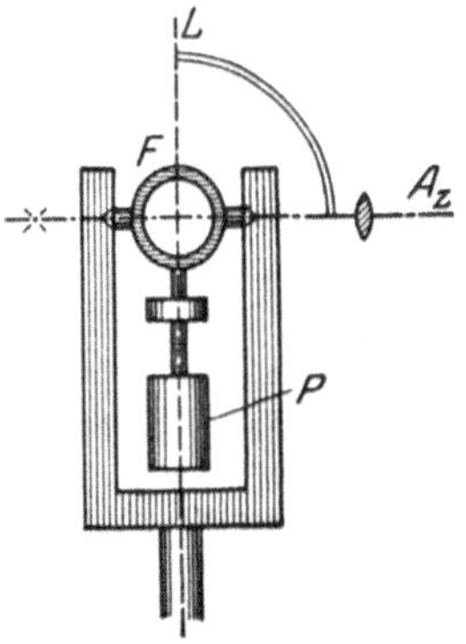

Abb. 66. Pendelnivellierinstrument von Starke und Kammerer.

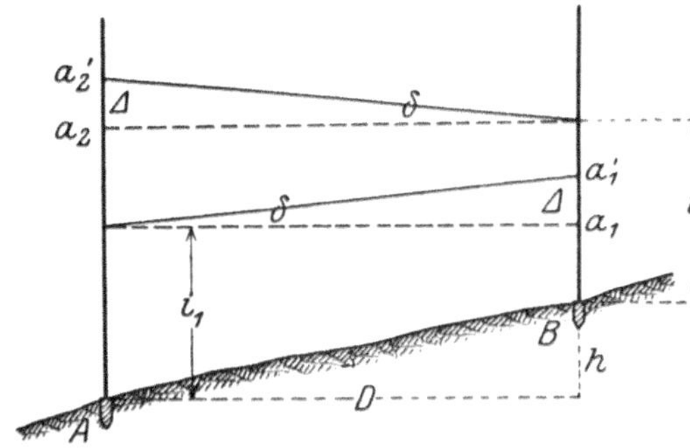

Abb. 67. Berichtigung des Pendelnivellierinstrumentes.

### a) Pendelinstrumente.

Bei den verschiedenen Instrumenten dieser Art, welche nur untergeordnete Bedeutung besitzen, ist eine Senkrechte zu dem durch ein Pendel verkörperten Lot die horizontale Ziellinie[1]. Ein solches Instrument ist unter vielen z. B. das in Abb. 66

[1] Die von *Picard* um 1670 gebaute Pendelwaage war schon mit einem Fernrohr ausgestattet und zur Fehlertilgung zum Umhängen eingerichtet.

skizzierte Pendelnivellierinstrument von *Starke* und *Kammerer*, welches manchmal bei der Anlage von Waldwegen und ähnlichen Aufgaben Verwendung findet. Es besteht aus einem in einer Gabel hängenden Fernrohr $F$, dessen — in der Umklappung gezeichnete — Ziellinie $A_z$ durch ein Pendel $P$ senkrecht zum Lot $L$ gerichtet wird. Zur Prüfung der horizontalen Lage der Ziellinie kann man Gegenbeobachtungen nach Gl. (193) verwenden oder in folgender Weise verfahren. Liegt der Instrumentenhorizont in den Punkten $A$, $B$ (Abb. 67) um $i_1$ bzw. $i_2$ über diesen Punkten und erhält man im Instrument an der jeweils im anderen Punkte stehenden Latte die Ablesungen $a_1'$, $a_2'$, während der horizontalen Ziellinie $a_1$, $a_2$ entsprechen würde, so findet man aus der Abbildung leicht die Beziehungen

$$\Delta = \tfrac{1}{2}(a_1' + a_2') - \tfrac{1}{2}(i_1 + i_2), \qquad \delta'' = \varrho''\frac{\Delta}{D}, \qquad a_2 = a_2' - \Delta. \tag{194}$$

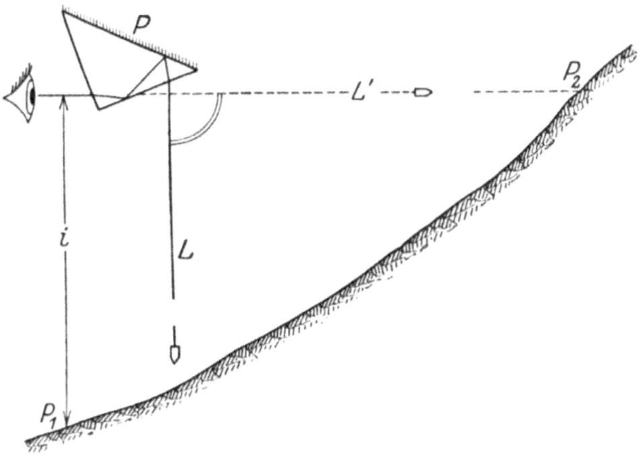

Abb. 68. Optische Horizontallegung des Lotes.

Hierin ist $\delta$ der Neigungswinkel der Ziellinie, während $a_2$ die durch Berichtigung herzustellende Ablesung bedeutet.

Zu den Pendelnivellierinstrumenten gehört auch die Verbindung des Schnursenkels mit einem der hernach zu beschreibenden optischen Instrumente zum Abstecken rechter Winkel. Ist z. B. in Abb. 68 $P$ ein *Bauernfeind*sches Winkelprisma, so sieht das durchblickende Auge das Lot $L$ um 90° abgelenkt. Das Lotbild $L'$ ist also eine horizontale Absehlinie und der Geländepunkt $P_2$, auf den es hinweist, liegt um die sog. Aughöhe $i$ über dem Standpunkt $P_1$ des Beobachters. Bei flüchtigen, unvermittelt herantretenden Höhenbestimmungen kann diese einfache Vorrichtung gute Dienste leisten.

Um ein ungefähres Bild von der Leistungsfähigkeit der Pendelnivellierinstrumente zu geben, sei bemerkt, daß der mittlere Fehler des mit einem solchen Instrumente bestimmten Höhenunterschiedes zweier um 1 km entfernten Punkte auf etwa 0,5 m zu veranschlagen ist.

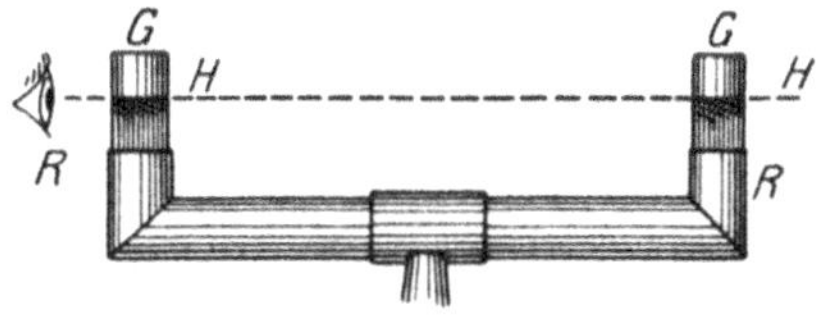

Abb. 69. Offene Kanalwaage.

## b) Hydrostatische Nivellierinstrumente.

Ein älteres dieser auf dem Prinzip der kommunizierenden Röhren beruhenden Instrumente ist die in Abb. 69 skizzierte offene Kanalwaage[1]. Sie wird auf einem einfachen Stativ verwendet und besteht aus zwei 1 bis 1½ m voneinander abstehenden kommunizierenden Röhren $RR$, welche in offene Glaszylinder $GG$ endigen. Das Instrument enthält meist rot gefärbtes Wasser, dessen Spiegel sich gut von der Umgebung abhebt. Da das Wasser in beiden Schenkeln gleich hoch steht, so liegt jede in den beiden Flüssigkeitsspiegeln streichende Sicht $HH$ horizontal.

[1] Eine Kanalwaage in Verbindung mit dem Diopter als Zielvorrichtung hat schon *Heron* von Alexandria verwendet. Siehe hierzu *Schöne, H.*: Herons von Alexandria Vermessungslehre und Dioptra. Leipzig 1903.

In neuerer Zeit hat *Kahle*[1] die bequemer zu verwendende geschlossene Handkanalwaage eingeführt. Es ist dies eine mit gefärbter Flüssigkeit etwa zur Hälfte gefüllte, allseitig geschlossene Röhre, welche die Form eines Rechtecks oder, wie in Abb. 70, eines Kreises von nicht zu großen Abmessungen besitzt.

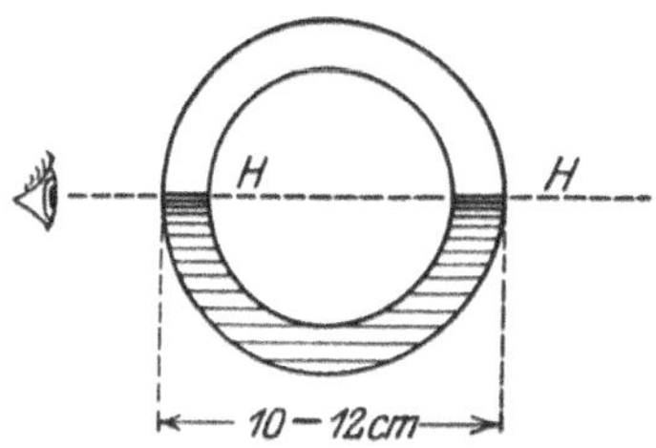

Abb. 70. Geschlossene Handkanalwaage von Kahle.

Eine Kanalwaage besonderer Art ist die etwa 30 bis 40 m lange Schlauchkanalwaage[2], mit der man auch um die Ecke herum nivellieren kann.

Kanalwaagen, deren Handhabung keine besonderen Kenntnisse erfordert, werden manchmal noch im Bauhandwerk verwendet. Sie genießen den Vorzug, keiner Berichtigung zu bedürfen. In einem sehr steilen und unübersichtlichen Gelände kann wohl auch für geodätische Zwecke die Handkanalwaage vorteilhaft sein, über deren Gebrauch und Leistungsfähigkeit *Kahle* auf Grund eigener Erfahrungen besonders in der letzten der in Anmerkung 1 zitierten Arbeiten „Über Nivellements mit geschlossener Kanalwaage“ eine umfassende Darstellung gibt.

Die Fehler der hydrostatischen Nivellierinstrumente sind etwa von derselben Größenordnung wie diejenigen der Pendelnivellierinstrumente.

### c) Fernrohrnivellierinstrumente mit Libelle.

Auch hier gibt es Freihandinstrumente, welche geringeren Genauigkeitsansprüchen genügen. Trotz ihrer verschiedenen Ausbildung in Einzelheiten beruhen sie alle auf dem gleichen Grundgedanken. Es wird nämlich durch Spiegelwirkung die Blase einer Libelle, deren Achse zur Fernrohrziellinie parallel ist, in das Gesichtsfeld des Fernrohres gebracht und dieses so geneigt, daß der Blasenmittelpunkt auf dem Horizontalfaden des Fadenkreuzes liegt. In dieser Stellung liegt die Ziellinie horizontal, und es wird nun in Richtung des verlängerten Horizontalfadens an dem in der anderen, helleren Gesichtsfeldhälfte erscheinenden Lattenbild abgelesen.

Ein neueres Instrument dieser Art ist das in Abb. 71 skizzierte amerikanische Handnivellier, bei welchem durch ein Prisma sowohl die Blase *B* als auch der zwischen dem Prisma und der Libelle liegende Horizontalfaden *F* in das Gesichtsfeld gespiegelt wird.

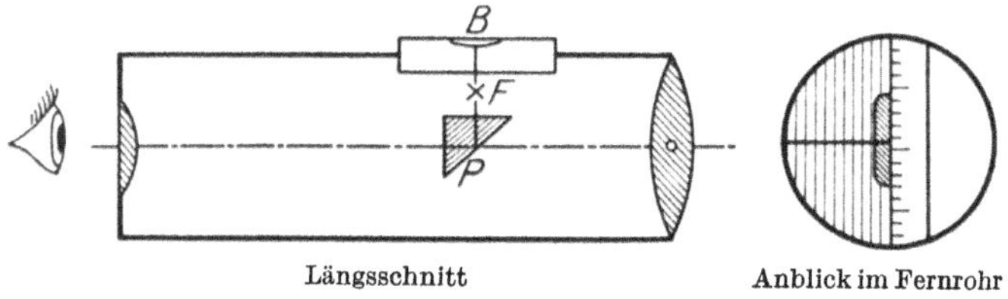

Abb. 71. Amerikanisches Freihandnivellierinstrument.

Alle Freihandnivelliere verschwinden aber an Bedeutung vollständig neben den verschiedenen Fernrohrnivellierinstrumenten mit Stativ und Libelle. Die Hauptbestandteile eines solchen auf einem stabilen Stativ befestigten Instrumentes sind vor allem ein gutes, stark (etwa 15- bis 40fach) vergrößerndes Fernrohr und eine in seiner Längsrichtung angeordnete, mit dem Fernrohr fest oder lose verbundene Röhrenlibelle. Beide sind um eine Stehachse, meist auch um eine besondere Horizontalachse drehbar. An Nebenbestandteilen sind zu nennen eine Dosenlibelle, welche zur angenäherten und vielfach schon ausreichenden Lotrechtstellung der Stehachse dient, ferner eine oder zwei Feinstellschrauben. Vielfach wird das Nivellierinstrument durch Beigabe einer Distanzmessereinrichtung, eines Horizontal- und eines Höhenkreises zum sog. Feldmesseruniversal ausgebildet.

Die Röhrenlibelle, deren Teilwert sich etwa zwischen 15″ und 4″ bewegt, soll dem Fernrohr angepaßt sein. Um hierüber Klarheit zu gewinnen, kann man zunächst aus

[1] Siehe *Kahle, P.:* Z. Vermess.-Wes. 1889 S. 183; 1892 S. 49; 1894 S. 513—537.

[2] Siehe Z. Vermess.-Wes. 1891 S. 45.

wiederholten Einstellungen auf denselben Zielpunkt den mittleren Fehler $m_b$ des Blasenstandes bestimmen und hierauf umgekehrt bei wiederholter Einstellung desselben Blasenstandes aus Lattenablesungen in der für das Instrument gebräuchlichen Zielweite den mittleren Ablesefehler $m_a$ ermitteln. Stimmen diese in derselben Maßeinheit auszudrückenden Fehler ungefähr überein, so steht die Empfindlichkeit der Libelle zur Leistungsfähigkeit des Fernrohrs im richtigen Verhältnis.

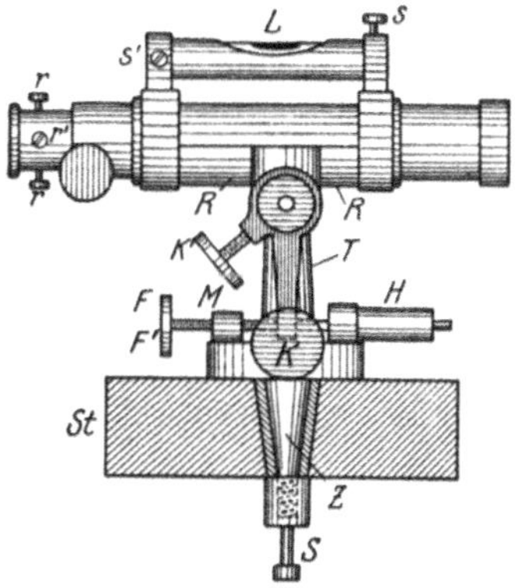

Abb. 72. Zapfennivellierinstrument (Münchener Form).

Die mannigfachen Konstruktionen der Fernrohrstativnivelliere lassen sich etwa nach der Anordnung der Hauptbestandteile (Libelle, Fernrohr und Fußgestell) gliedern, deren Verbindung 1. vollständig, 2. teilweise oder 3. gar nicht gelöst werden kann. Hiernach ist auch, wie schon vorweg bemerkt werden soll, die Berichtigung des Instruments eine verschiedene, welche der Reihe nach im allgemeinen 1. einen Stand ohne Lattenablesung, 2. einen Stand mit Lattenablesungen, 3. zwei Stände mit Lattenablesungen erfordert.

Eine bekannte Konstruktion ist das in Abb. 72 skizzierte Zapfennivellierinstrument mit in einem Rohrlager *RR* drehbaren Ringfernrohr und umsetzbarer Reitlibelle. Das Instrument endigt in einen konischen Zapfen *Z*, welcher in der Büchse des Stativkopfes *St* durch eine Schraube *S* befestigt wird. Um die als Stehachse bezeichnete Zapfenachse erfolgt die Horizontaldrehung; sie kann durch eine Klemme *K* mit Feinbewegung *F* gehemmt werden. Auch eine Kippbewegung des Fernrohrs um eine besondere Horizontalachse ist möglich. Bei angezogener Klemme *K'* erfolgt die entsprechende Feinbewegung mittels einer Feinstellschraube *F'*, welcher meist der Stift eines Federhäuschens *H* oder auch eine Blattfeder entgegenwirkt. Mangels eines besonderen Fußgestells kann die Stehachse lediglich durch Verstellen der Stativbeine nach dem Augenmaß oder mit Hilfe einer etwa vorhandenen Dosenlibelle angenähert lotrecht gestellt werden, weshalb man auch von einem Instrument mit schiefer Stehachse spricht. Die Gleichheit der Ringdurchmesser kann bei dieser Konstruktion leicht durch Umlegen des Fernrohrs unter der Libelle — die Libellenfüße kommen dabei wieder in dieselben Rohrlagerenden — und Beobachtung der beiden Blasenstände geprüft werden. Zur Berichtigung des Instrumentes ist nach erfolgter deutlicher Sichtbarmachung des Fadenkreuzes 1. dieses zu zentrieren, 2. der Libellenkreuzungsfehler wegzuschaffen, 3. der Neigungsfehler der Libelle durch Umsetzen zu beseitigen.

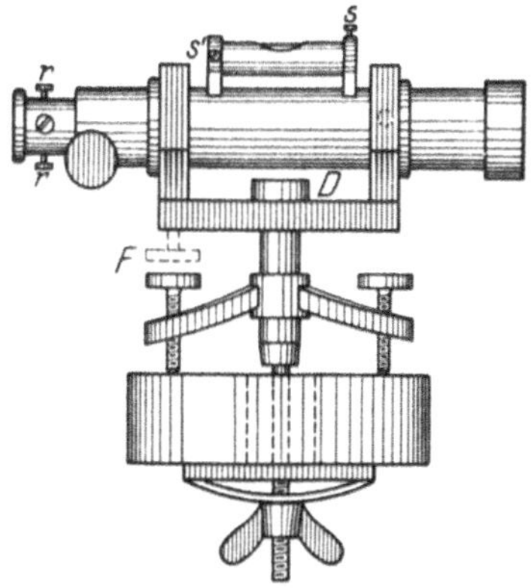

Abb. 73. Dreifußnivellierinstrument mit Ringfernrohr mit fest verbundener Libelle (Fernrohr umlegbar oder mit Doppelschlifflibelle ausgestattet).

Endigt das Instrument unten nicht in einen Zapfen, sondern in einen Dreifuß, so handelt es sich um ein Dreifußnivellierinstrument mit lösbaren Hauptbestandteilen, dessen Stehachse nach einem bei der Theodolitberichtigung zu besprechenden Verfahren genau lotrecht gestellt werden kann.

Abb. 73 stellt ein Nivellierinstrument der zweiten Art — mit nur teilweiser Lösbarkeit der Hauptbestandteile — vor. Die einschliffige, oben oder unten fest mit dem Ringfernrohr verbundene Libelle kann mit diesem in den Lagern gedreht und umgelegt werden, während der vielfach mit einer Dosenlibelle *D* versehene Fernrohrträger mittels eines Dreifußes auf dem Stativkopf ruht und in einen Schraubenansatz endigt, welcher bei der festen Verbindung des Instrumentes mit dem Stativ von unten her durch die Mutter einer Befestigungsschraube gefaßt wird. Die Berichtigung[1] ist hier eine etwas andere, je nachdem zur scharfen Parallelstellung von Libellenachse und Ziellinie noch die genaue Fadenkreuzzentrierung oder aber scharfe Senkrechtstellung der Ziellinie zur genau lotrechten Stehachse verlangt wird. Im ersten Falle ist nach angenäherter Lotrechtstellung der Stehachse zunächst das Fadenkreuz zu zentrieren, der Kreuzungsfehler zu beseitigen und schließlich die Libellenachse parallel zur Ziellinie zu machen. Um letzteres zu erreichen, bringt man die Libelle zum Einspielen und legt sie hierauf mit dem Fernrohr in den Lagern um. Die in die mechanische Fernrohrachse $A_m$ fallende zentrierte Ziellinie $A_z$ (siehe Abb. 74) besitzt vor und nach diesem Vorgange dieselbe Stellung, während die Libellenachse $T_m$ die den doppelten Neigungsfehler $2\delta$ einschließenden Lagen $I$ und $II$ einnimmt. Zur Berichtigung wird die Hälfte des Ausschlages $A$ an dem Höhenrichtschräubchen $s$ der Libelle beseitigt. Das scharfe Einspielenlassen der Libelle erfolgt jeweils mittels der der Zielebene nächstliegenden Fußschraube.

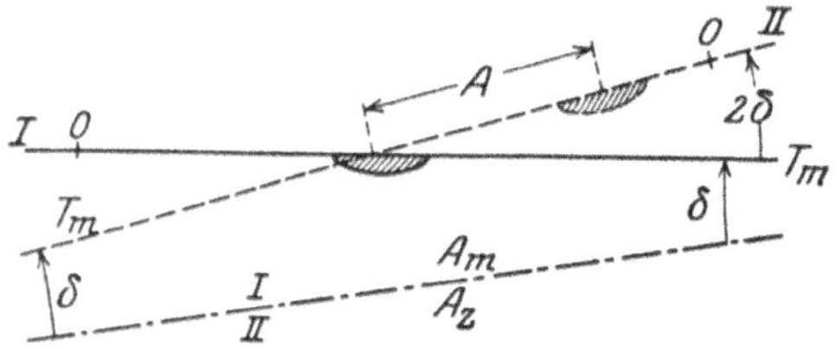


Abb. 74. Berichtigung des in Abb. 73 dargestellten Instrumentes für ein umlegbares Fernrohr unter Wahrung der scharfen Fadenkreuzzentrierung.

Falls die Ziellinie genau senkrecht zur Stehachse gestellt werden soll, so ist diese scharf lotrecht zu stellen und hierauf bei einspielender Libelle in der Gebrauchslage die Ziellinie horizontal zu legen. Um dies zu erreichen, liest man an einer lotrechten Latte vor und nach einer Halbdrehung des Fernrohrs um seine mechanische Achse in der Lage $I$ (Abb. 75) die Beträge $a_1'$, $a_1''$ ab, legt das Fernrohr in den Lagern um und dreht das Instrument um die lotrechte Stehachse, bis das Fernrohr wieder auf die Latte gerichtet ist. Die nunmehr vor und nach einer Halbdrehung des Fernrohrs um seine mechanische Achse in der Stellung $II$ erscheinenden Ablesungen sind $a_2'$, $a_2''$. Da die Drehung des Instruments um eine lotrechte Achse erfolgt ist, so liegt die mechanische Achse in den Stellungen $I$ und $II$ symmetrisch zum Horizont $HH$. Andererseits sind diese Stellungen Symmetrieachsen für die Lagen $I'$, $I''$ bzw. $II'$, $II''$ der Ziellinie vor und nach jeder Halbdrehung. Also liegen auch die Ablesungen paarweise symmetrisch zum Horizont, und deren arithmetisches Mittel

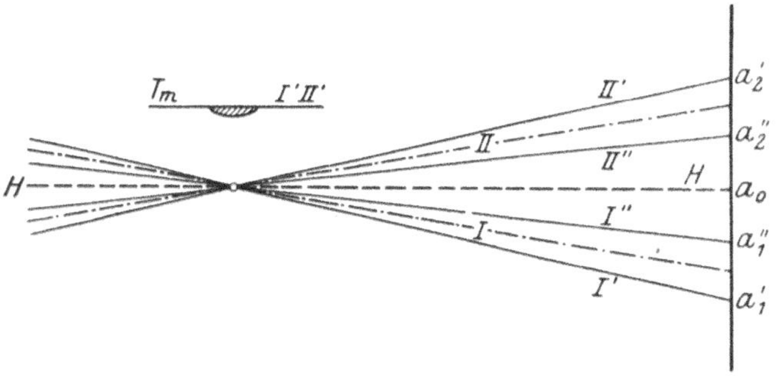


Abb. 75. Berichtigung des in Abb. 73 dargestellten Instrumentes mit Doppelschliffibelle unter Erhaltung einer genau lotrechten Umdrehungsachse.

$$a_0 = \tfrac{1}{4}(a_1' + a_1'' + a_2' + a_2'') \tag{195}$$

ist die einer horizontalen Lage der Ziellinie entsprechende Ablesung, welche in der Gebrauchslage des Fernrohrs bei einspielender Libelle durch Verstellen des Fadenkreuzes herzustellen ist.

Eine gleichzeitige scharfe Fadenkreuzzentrierung und Senkrechtstellung der Ziellinie zur Stehachse ist nur zu erreichen, wenn die gleichzeitige Neigung

[1] Von dem meist äußerst geringen, beim Nivellieren aus der Mitte vollkommen belanglosen Unterschiede der Ringdurchmesser, welcher etwa mittels zweier Hilfsfernrohre durch sog. Fadenkreuzkollimation festgestellt werden könnte, soll hier abgesehen werden.

von Fernrohr und Libelle nicht mehr durch eine der Fußschrauben, sondern durch eine besondere, in Abb. 73 gestrichelt angedeutete Höhenfeinstellschraube $F$ vorgenommen wird, oder wenn es möglich ist, das eine Ringlager durch Richtschrauben etwas zu heben oder zu senken.

Ist in Abb. 73 das Ringfernrohr drehbar, aber nicht umlegbar und besitzt es eine Doppelschlifflibelle, so ist erst das Fadenkreuz zu zentrieren, der Kreu-

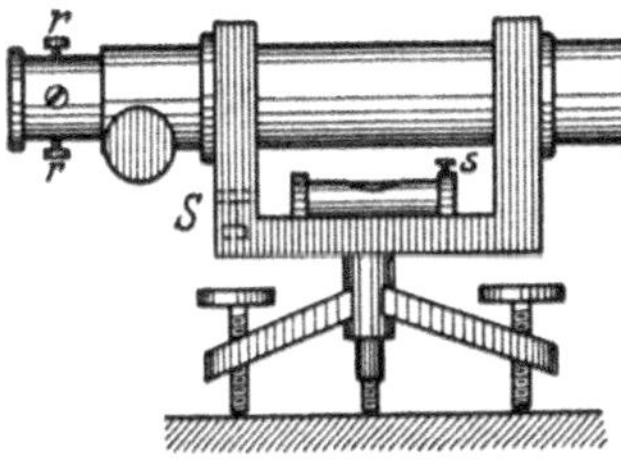


Abb. 76. Dreifußnivellierinstrument mit drehbarem und umlegbarem Ringfernrohr; Libelle fest mit dem Fernrohrträger verbunden.

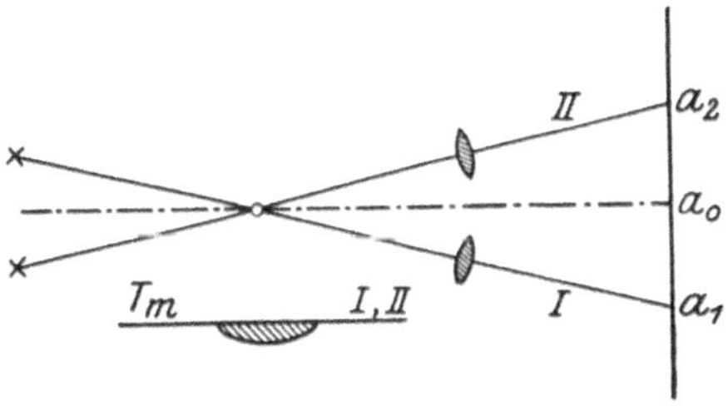


Abb. 77. Berichtigung des in Abb. 76 dargestellten Instrumentes.

zungsfehler zu beseitigen und hierauf vor und nach einer Halbdrehung des Fernrohrs um seine mechanische Achse bei jeweils einspielender Libelle an einer lotrechten Latte abzulesen. Nach Abb. 64, welche auch auf diesen Fall paßt, ist das arithmetische Mittel $a_0$ beider Ablesungen $a_1$, $a_2$ die einer horizontalen Ziellinie entsprechende Ablesung. Der bei ihrer Einstellung erscheinende Libellenausschlag ist mittels der Libellenrichtschrauben zu beseitigen.

Eine scharfe Senkrechtstellung der zentrierten Ziellinie zur Stehachse ist auch hier nur unter den vorher getroffenen Voraussetzungen möglich.

Das in Abb. 76 skizzierte Instrument ist ein Dreifußnivellierinstrument mit einem drehbaren und umlegbaren Ringfernrohr sowie mit einer fest mit dem Fernrohrträger verbundenen Libelle. Zur Berichtigung ist das Fadenkreuz zu zentrieren, die Stehachse genau lotrecht, die Libellenachse horizontal zu stellen und hierauf vor und nach dem Umlegen des Fernrohrs an ein und derselben Latte abzulesen. Das Mittel $a_0$ (Abb. 77) aus den beiden Ablesungen $a_1$, $a_2$ entspricht wieder der horizontalen Ziellinie. Diese Einstellung $a_0$ kann entweder durch Heben oder Senken des einen Lagerbockes mittels einer in Abb. 76 gestrichelt angedeuteten Lagerschraube $S$ erfolgen oder sie kann mangels einer solchen Schraube durch Verschieben des Fadenkreuzes im vertikalen Sinne erzielt werden; allerdings nur auf Kosten der Zentrierung, so daß immer nur in der gleichen Fernrohrstellung beobachtet werden darf.

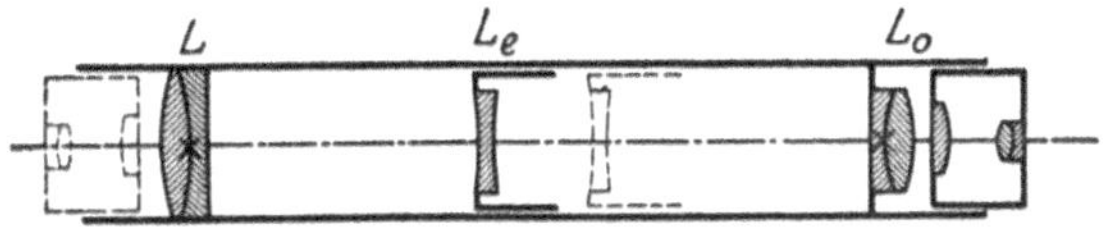


Abb. 78. Das Wildsche Nivellierfernrohr der Firma Zeiß.

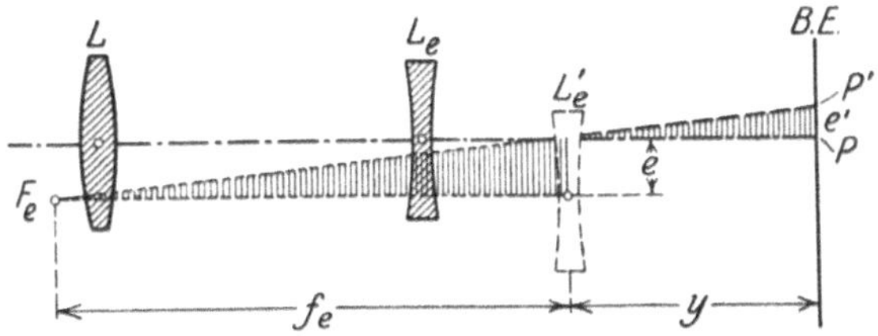


Abb. 79. Querverschiebung der Einstellinse und des Bildes beim Wildschen Nivellierfernrohr.

Manche Vorteile sind dem von *Wild*[1] konstruierten Nivellierinstrument der Firma Zeiß eigen. Bei einem durch zweckmäßige Abmessungen erreichten geringen Gewicht besitzt es ein mit sehr guter Optik ausgestattetes Fernrohr von konstanter Länge. Infolge des einen staubdichteren Abschluß ermöglichenden festen Abstandes des Okulars $L_0$ (Abb. 78) vom Objektiv $L$ muß die scharfe Einstellung des Bildes durch

[1] *Wild, H.:* Neue Nivellierinstrumente. Z. Instrumentenkde. 1909 S. 329—344.

Verschieben einer besonderen Einstellinse $L_e$ vorgenommen werden. Der Hauptvorteil dieser schwach konkaven Einstellinse besteht darin, daß ihrer Querverschiebung $e$ (Abb. 79) eine sehr viel kleinere Bildverschiebung $e'$ entspricht. Nach Abb. 79, in welcher $L_e'$ die von der Bildebene um $y$ abstehende, um $e$ seitlich verschobene Einstellinse mit dem einen Brennpunkt $F_e$ und der Brennweite $f_e$, ferner $P$ und $P'$ die richtige und die um $e'$ fehlerhafte Lage des Bildpunktes bedeuten, ergibt sich aus den beiden ähnlichen, schraffierten Dreiecken $e' = e \cdot (y : f_e)$. Da der Quotient $y : f_e$ etwa ein Fünftel beträgt, so ist — gleich sorgfältige Arbeit vorausgesetzt — bei dieser Konstruktion der einer Querverschiebung der Einstellinse entsprechende lineare Ablesefehler nur rund der fünfte Teil des Fehlers, welcher aus einer gleich großen Querverschiebung des Okularauszugs bzw. des Fadenkreuzes folgt. Das Fernrohr, welches an Stelle eines Fadenkreuzes in die Linsenoberflächen eingeritzte Strichkreuze besitzt, kann zwecks Durchführung einer bequemen Berichtigung durch Umstecken des hinteren Okularteils vor das Objektiv zum Rückwärtszielen[1] eingerichtet werden. Die vom Okular aus durch ein besonderes Prismensystem zu beobachtende Blase einer Doppelschlifflibelle erscheint in zwei Längshälften gespalten (Abb. 80), die bei einspielender Libelle sich zum vollen Blasenbild vereinigen[2]. Die Berichtigung erfolgt mit Hilfe von vier Ablesungen $a_1, a_2, a_3, a_4$, welche man beim Vorwärts- und Rückwärtszielen je bei einspielender Libelle links und rechts an einer im gleichen Punkte bleibenden lotrechten Latte abliest. Das arithmetische Mittel

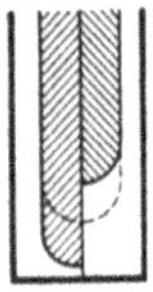

Abb. 80. Bild der Libellenblase am Wildschen Nivellierfernrohr.

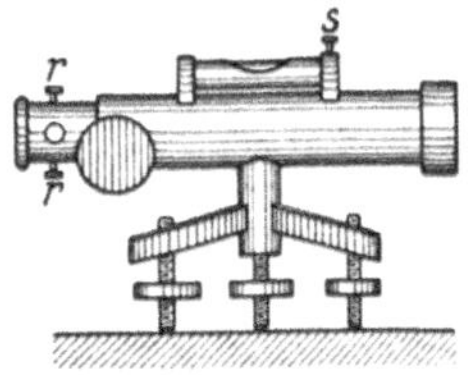


Abb. 81. Dreifußnivellierinstrument mit durchwegs fest verbundenen Bestandteilen (Norddeutsche Form).

$$a = \tfrac{1}{4}(a_1 + a_2 + a_3 + a_4), \tag{196}$$

in dem der Einfluß sowohl einer Achsenkonvergenz der Doppelschlifflibelle als auch des Libellenneigungsfehlers verschwindet, entspricht der horizontalen Zielachse. Man wird also in der durch Vorwärtsvisur bei Libelle links gekennzeichneten Gebrauchslage durch Neigen des Fernrohrs die Einstellung $a$ herbeiführen und hierauf durch Verschieben des Prismensystems die nunmehr ausschlagende Libelle wieder zum Einspielen bringen.

Ein Dreifuß-Nivellierinstrument, dessen sämtliche Bestandteile fest miteinander verbunden sind, ist in Abb. 81 skizziert. Zur Berichtigung wird erst die Stehachse lotrecht und gleichzeitig die Libellenachse horizontal gestellt. Hierauf erfolgt nach (193) aus den in zwei Aufstellungen erhaltenen Lattenablesungen die Ermittlung der einer horizontalen Ziellinie entsprechenden Einstellung $a_4$, welche durch Verstellen des Fadenkreuzes mittels der Richtschräubchen $rr$ herbeigeführt wird.

## d) Nivellierlatten.

Die Nivellierlatten, welche 3 bis 4 m lang und in untergeordneten Fällen zum Zusammenklappen eingerichtet sind, bestehen aus trockenem, geradfaserigem Tannenholz und sind zum Schutze gegen den Einfluß der wechselnden Feuchtigkeit mit einem dichten Ölfarbanstrich überzogen, während die Stirnseiten der Latte durch Metallkappen gegen Beschädigungen geschützt sind. Der Lattenquerschnitt ist entweder ein Rechteck von etwa 3 cm auf 10 cm (Abb. 82) oder zur größeren Versteifung von einfach T-förmiger, doppelt T-förmiger oder auch kasten-

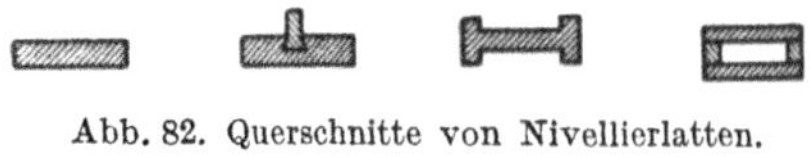


Abb. 82. Querschnitte von Nivellierlatten.

[1] Siehe Anmerkung 1, S. 48.

[2] Siehe hierzu auch *Werkmeister, P.*: Besondere Vorrichtungen zum Beobachten des Libellenstandes bei Nivellierinstrumenten. Z. Instrumentenkde. 1928 S. 39/40.

förmiger Gestalt. Eine fast verschwundene Lattenform ist die Schiebelatte[1]. Sie ist (Abb. 83) mit einer gleitenden Zielscheibe versehen, deren Höhenlage meist mit Hilfe einer über eine Rolle $R$ geführten Zugschnur so lange geändert wird, bis der Zielscheibenmittelpunkt auf der horizontalen Ziellinie liegt. In dieser Stellung wird nicht etwa vom Instrumente aus, sondern am Lattenstandort die Höhenlage der Zielscheibe an einer auf der Rückseite der Latte befindlichen Teilung abgelesen. Die heute fast ausschließlich gebräuchlichen Latten sind zum Selbstablesen vom Instrument aus bestimmte, sog. sprechende Latten[2], deren Teilungen möglichst übersichtlich sein müssen, um auf größere Entfernungen hin deutlich sichtbar zu bleiben. Verwendung finden Strichteilungen und Felderteilungen (Abb. 84), manchmal auch Teilungen mit keilförmigen Strichen. Die Bezifferung gibt fast immer Dezimeter an und die umgekehrten Ziffern stehen entweder neben dem zugehörigen Teilungsstriche oder in dem Felde, welches sie bezeichnen. Abb. 84a zeigt eine einfache, stets eine starke Fernrohrvergrößerung erfordernde Strichteilung, Abb. 84b und c zwei einreihige Felderteilungen, deren erste zur Meterbezeichnung Punkte verwendet, während die andere mit einer Halbdezimeterübersicht ausgestattet ist. Sehr viel vorteilhafter als einreihige Felderteilungen, bei denen sehr häufig am schwarzen Faden im schwarzen Felde abzulesen ist, sind doppelreihige Felderteilungen (Abb. 84d), die stets eine Ablesung im weißen Felde ermöglichen. Abb. 84e zeigt die Teilung einer *Seibt*-Latte, deren Teilfeldbreite 4 mm beträgt, während die zwischen den getrennten Felderreihen stehende Bezifferung Doppeldezimeter angibt. Auf der Rückseite der Latte befindet sich dieselbe Teilung, nur mit entgegengesetzter Bezifferung,

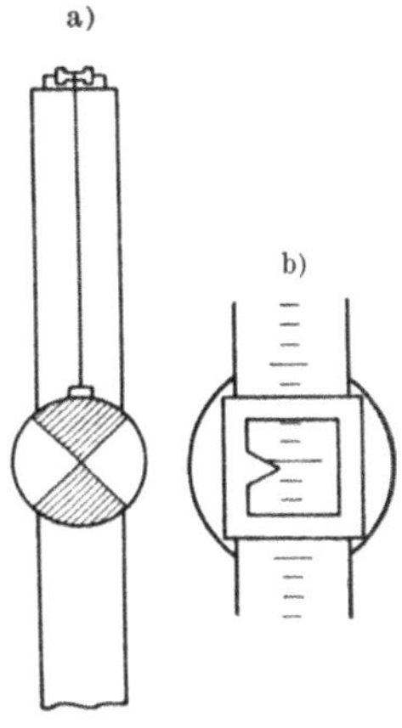

Abb. 83. Schiebelatte.

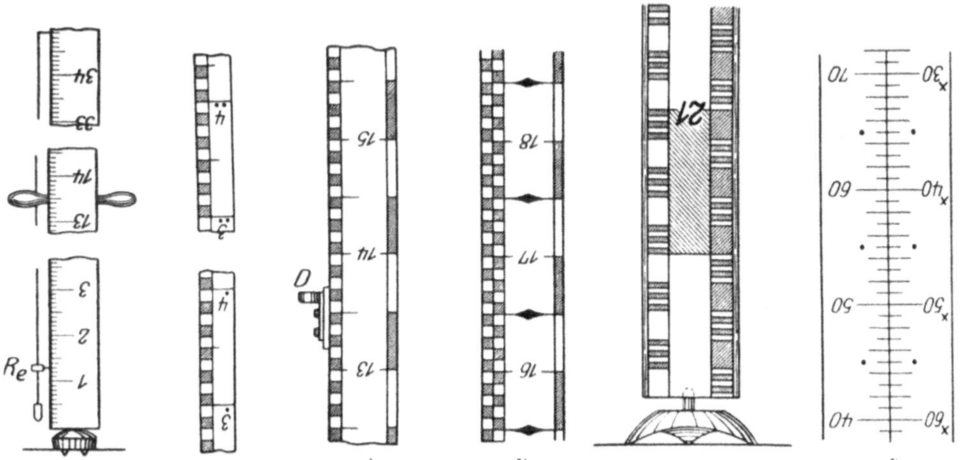

a) b) c) d) e) f)

Abb. 84. Latten zum Selbstablesen.

so daß die Summe zweier zusammengehöriger Ablesungen an beiden Teilungen dieser Wendelatte stets ein Festwert ist. Sie ist für die Einstellung des Horizontalfadens auf die Teilfeldmitte bestimmt, während bei der in Abb. 84f skizzierten Strichteilung der Preußischen Landesaufnahme je ein Teilstrich in die Mitte zwischen

[1] Schon *Heron von Alexandria* hat in seiner Dioptra (Herons von Alexandria Vermessungslehre und Dioptra, Ausgabe *Schöne*, S. 201ff. Leipzig 1903) eine Schiebelatte beschrieben.

[2] Nachdem *Fraunhofer* durch seine optischen Leistungen die Vorbedingungen für die Anwendung sprechender Latten geschaffen hatte, machte sich um ihre Einführung *Reichenbach* sehr verdient.

den zwei Horizontalfäden des Instrumentes eingestellt wird. Das Teilungsintervall ist hier 0,5 cm, während die Bezifferung mit gegenüberstehender dekadischer Ergänzung in Halbdezimetern gehalten ist.

Beim Gebrauch wird die Latte auf eine fest in den Boden getretene Unterlagsplatte gesetzt, welche entweder, wie in Abb. 84a, in eine Kugelhaube oder, wie in Abb. 84e, in einen Zapfen endigt, der in eine Höhlung des Lattenschuhes eingreift. Die Lotrechtstellung der an Griffen zu haltenden Latte wird entweder nach dem Augenmaße, mit Hilfe eines in einem Einstellring spielenden Senkels (Abb. 84a) oder mittels einer Dosenlibelle (Abb. 84c) aus freier Hand oder unter Verwendung einer Verspreizung durch Stäbe bzw. durch ein Lattenstativ vorgenommen. Die meist zum Anschrauben eingerichtete Dosenlibelle ist nach ihrer Befestigung an der Latte daraufhin zu prüfen, ob sie bei lotrecht gestellter Teilungskante einspielt. Die Genauigkeit der Lotrechtstellung der Latte geht aus den in Tabelle 8 enthaltenen mittleren Aufstellungsfehlern hervor. Die Zahlen *Lorbers* enthalten den Gesamtaufstellungsfehler der Latte und beziehen sich auf ungünstige äußere Verhältnisse, während *Hohenners* Angaben sich auf günstige Verhältnisse beziehen und nur die eine Komponente des Aufstellungsfehlers angeben. Sie mögen unter ungünstigen Verhältnissen auf das Doppelte bis Fünffache anwachsen. *Samel*[1] fand den mittleren Gesamtaufstellungsfehler einer mit Dosenlibelle versehenen 3 m langen Latte zu ± 6,6′.

Tabelle 8.

| Autor | Art der Lotrechtstellung | | | | Nachweis |
|---|---|---|---|---|---|
| | Augenmaß | Senkel | Dosenlibelle | Dosenlibelle u. Verspreizung | |
| Lorber . . . | $\pm 2^0\,20'$ | $\pm 1^0\,20'$ | $\pm 0^0\,25'$ | $\pm 0^0\,5'$ | Z. Instrumentenkde. 1886 S. 377 |
| Hohenner. . | $\pm$ 22,2′ | $\pm$ 12,2′ | $\pm$ 5,2′ | $\pm$ 1,2′ | Z. d. Bayer. Geom. Ver. 1911 S. 271 |

## 14. Instrumente zum Abstecken fester Winkel.

Bei der Einzelaufnahme spielt besonders die Absteckung rechter Winkel eine große Rolle. Sie, wie auch die Absteckung anderer fester Winkel kann durch Diopterinstrumente, Spiegelinstrumente, Prismeninstrumente oder durch Schnurdreiecke erfolgen.

### a) Diopterinstrumente.

Unter den verschiedenen, stets auf einem Stock gebrauchten Instrumenten dieser Art sind das Winkelkreuz, die Kreuzscheibe und die verschiedenen Winkelköpfe zu nennen. Das Winkelkreuz[2] besteht aus zwei fest verbundenen, senkrecht zueinander gestellten Diopten und die Kreuzscheibe ist nichts anderes als ein zur Erzielung größerer Widerstandsfähigkeit auf einer kräftigen Grundplatte befestigtes Winkelkreuz. Diese älteren Hilfsmittel besitzen nur ein geringes vertikales Gesichtsfeld und sind fast ganz von den verschiedenen Winkelköpfen (Kegelkreuzscheibe, Kugelwinkelkopf, prismatischer Winkelkopf, Zylinderwinkelkopf), insbesondere durch die im folgenden allein beschriebene Kegelkreuzscheibe verdrängt worden. Sie besteht, wie Abb. 85 zeigt, aus einem auf einer kräftigen Grundplatte $G$ befestigten hohlen Kegelstumpf, in dessen Mantel vier gleichabständige, in besondere Schaulöcher endigende Schlitze angebracht sind. Diese bilden zwei Diopter mit zueinander senkrechten Zielebenen, deren jede das ziemlich große, von den äußersten Lagen $A_z'$ und $A_z''$ der Ziellinie begrenzte, vertikale Gesichtsfeld $\alpha$ besitzt. Zur Ermöglichung einer etwas ge-

[1] Z. Vermess.-Wes. 1914 S. 606—608.

[2] Hierher gehört auch die Groma der römischen Feldmesser. Eine bei Ausgrabungen am Limes aufgefundene Groma ist in der Z. Vermess.-Wes. 1903 S. 419 abgebildet. Siehe auch Z. Vermes.-Wes. 1925 S. 311—314 u. Z. Instrumentenkde. 1925 S. 254.

naueren Lotrechtstellung der zusammenfallenden Kegel- und Stabachse ist mit dem Instrument eine Dosenlibelle $D$ verbunden.

Soll zur Geraden $AB$, genauer gesagt zur Horizontalprojektion der die Punkte $A, B$ verbindenden Strecke, eine Senkrechte $AC$ (Abb. 86) errichtet werden, so stellt man die Kegelkreuzscheibe lotrecht in $A$ auf, dreht sie, bis $B$ in der einen Diopterzielebene eingestellt ist, und weist hierauf in der anderen, zur ersten senkrechten Zielebene einen Punkt $C$ ein. Soll umgekehrt der Fußpunkt $F$ einer durch $C$ gehenden Senkrechten zu $AB$ gefunden werden, so errichtet man erst in einem geschätzten Näherungsort $F'$ des Fußpunktes eine Senkrechte zu $AB$. Entsprechend dem Abstande des Punktes $C$ von der Zielebene wird die Lage von $F'$ verbessert und der geschilderte Vorgang so lange wiederholt, bis schließlich $C$ genau in der zweiten Diopterzielebene liegt. Die Kreuzscheibe steht in diesem Falle im Fußpunkt $F$. Ist etwa ein Punkt $C$ (Abb. 87) in die Gerade $AB$ einzuschalten, d. h. ein gestreckter Winkel abzustecken, so richtet man bei Stellung $I$ des Auges die in einem Näherungsort $C'$ aufgestellte Kegelkreuzscheibe rückwärts auf Punkt $A$ ein und sieht dann in der Augenstellung $II$ vorwärts in derselben Zielebene, welche jedoch auf einen neben $B$ liegenden fehlerhaften Ort $B'$ hinweist. Aus dem etwa in Stabdicken zu schätzenden Abstande $BB'$ und der Lage des Aufstellungspunktes gegen $A$ und $B$ kann man die notwendige Versetzung $C'C$ leicht abschätzen und nun bei verbesserter Aufstellung den Vorgang einige Male wiederholen, bis die Punkte $B'$ und $B$ nicht mehr getrennt wahrgenommen werden.

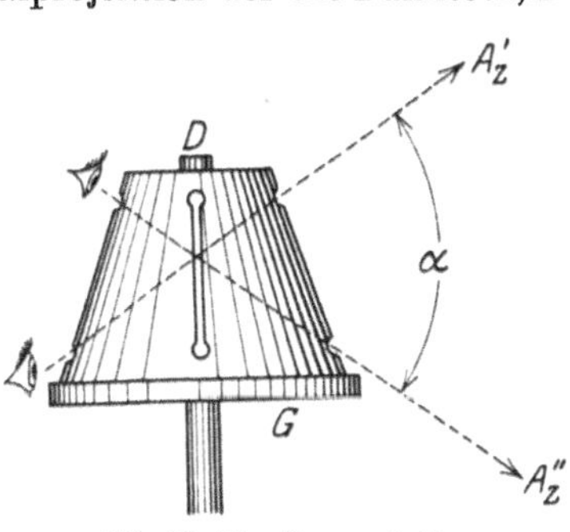


Abb. 85. Kegelkreuzscheibe.

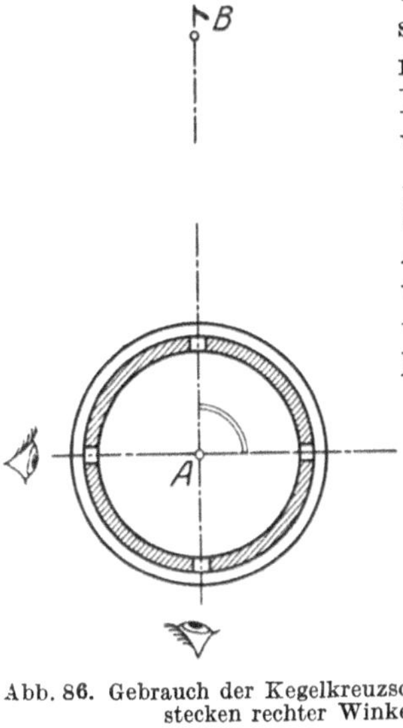


Abb. 86. Gebrauch der Kegelkreuzscheibe zum Abstecken rechter Winkel.

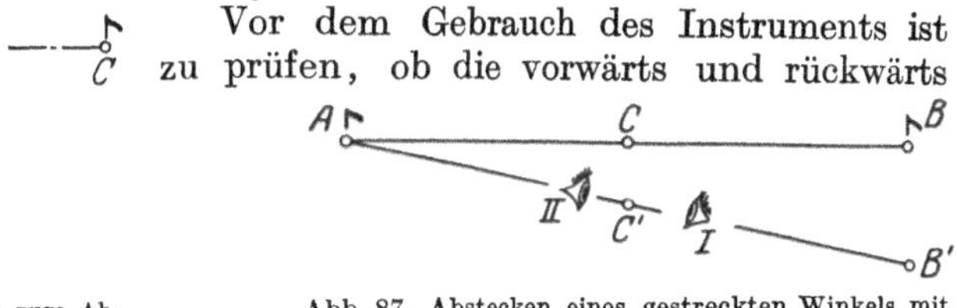


Abb. 87. Abstecken eines gestreckten Winkels mit der Kegelkreuzscheibe.

Vor dem Gebrauch des Instruments ist zu prüfen, ob die vorwärts und rückwärts gerichteten Zielachsen zusammenfallen, sowie ob die beiden Diopterzielebenen zueinander senkrecht stehen. Ersteres trifft zu, wenn die gegenüberliegenden Spalten in

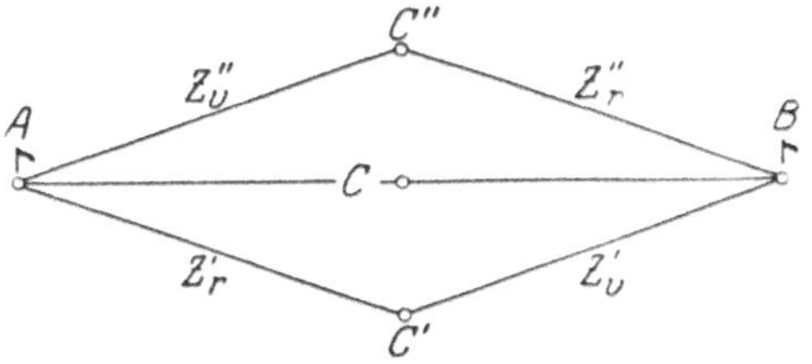


Abb. 88. Untersuchung der Kegelkreuzscheibe auf das Zusammenfallen der vorwärts und rückwärts gerichteten Zielachsen.

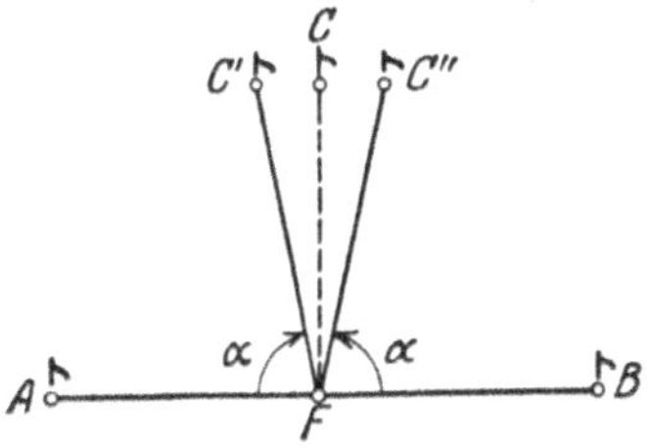


Abb. 89. Untersuchung der Kegelkreuzscheibe auf die rechtwinklige Stellung der Diopterzielebenen.

einer Ebene und die Mittelpunkte der Schaulöcher auf den Mittellinien der Spalten liegen. Eine Abweichung hiervon hat zur Folge, daß beim Einrichten eines Zwischenpunktes $C$ in der Geraden $AB$ die rückwärts und vorwärts gerichteten Ziellinien die Lagen $Z'_r, Z'_v$ bzw. $Z''_r, Z''_v$ (Abb. 88) besitzen, wenn die Absteckung vor und nach einer Drehung des Instruments um 180° erfolgt. Es ergeben sich also an Stelle von $C$ zwei verschiedene Punkte $C'$, $C''$. Zur Prüfung der senkrechten Lage der beiden Zielebenen wird man etwa in einem einer Geraden $AB$ (Abb. 89) angehörenden Punkte $F$ von beiden Seiten her einen vermeintlich rechten Winkel, in Wirklichkeit einen Winkel $\alpha$ abtragen. Kommt man hierbei auf zwei verschiedene Punkte $C'$, $C''$, so ist der von beiden Diopterzielebenen eingefaßte Winkel $\alpha$ von einem rechten verschieden.

Besitzt die Kegelkreuzscheibe noch ein zweites, gegen das erste um 45° verdrehte Paar von senkrechten Diopterzielebenen, so kann sie auch zum Abstecken von 45°-Winkeln verwendet werden.

## b) Spiegelinstrumente.

Hier ist vor allem der zur Absteckung rechter Winkel bestimmte 45°-Winkelspiegel[1] (Abb. 90) zu nennen, welcher aus zwei einen 45°-Winkel einschließenden Spiegeln $s_1$, $s_2$ besteht, die in einem mit Griff versehenen Gehäuse unter zwei Ausschnitten $f_1$, $f_2$ befestigt sind. Trifft ein zur Spiegelschnittkante senkrechter Strahl in $B$ und $C$ unter den Winkeln $\beta$ und $\gamma$ auf die beiden Spiegel $s_1$ und $s_2$ (Abb. 91), so ist die Gesamtdrehung $\psi$, welche der austretende Strahl gegen den eintretenden erfahren hat $-2(90^0-\beta)-2(90^0-\gamma)=2(\beta+\gamma)$. Nun ist $\beta+\gamma$ als Winkel zwischen den beiden Einfallsloten dem Öffnungswinkel $\alpha$ des Winkelspiegels gleich, so daß die infolge zweimaliger Reflexion verursachte Gesamtablenkung $\psi=2\alpha$, also für $\alpha=45^0$ $\psi=90^0$ wird.

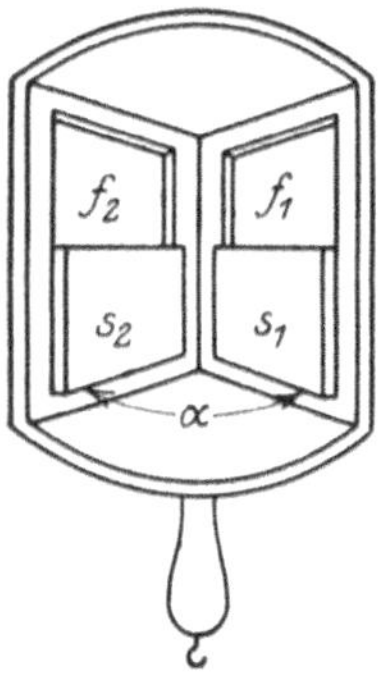

Abb. 90. Einfacher Winkelspiegel.

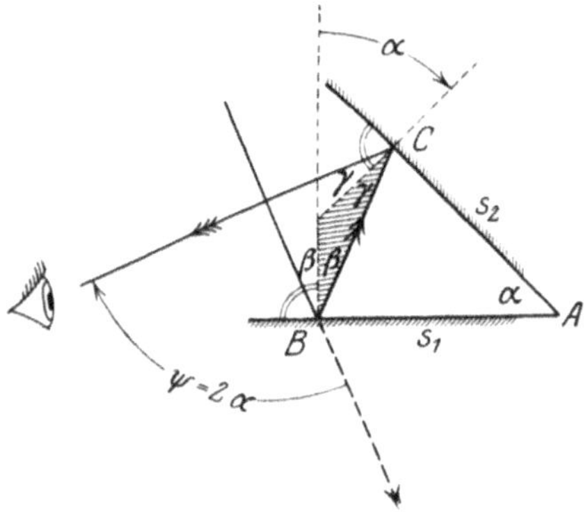

Abb. 91. Strahlengang im einfachen Winkelspiegel.

Um nun z. B. den Fußpunkt $C$ (Abb. 92) einer zur Geraden $AB$ Senkrechten durch $D$ zu finden, sucht man zunächst im Instrument, dessen Spiegelschnittkante lotrecht liegen soll, die bei einer Drehung des Spiegels um das Lot unbeweglichen, zweimal reflektierten Bilder der Punkte $A$, $B$. Hat man diese durch eine Bewegung senkrecht zu $AB$ zur Deckung und damit den Spiegel in die Lotebene durch $AB$ gebracht, so bewegt man sich noch so weit nach rechts oder links, bis sich diese zusammenfallenden Bilder mit dem durch eines der Fenster direkt gesehenen Punkte $D$ deckt. Dann befindet sich das Instrument im gesuchten Fußpunkt $C$. Die Untersuchung des Winkelspiegels erfolgt ganz nach den an Abb. 89 angeschlossenen Ausführungen. Eine zur Berichtigung etwa notwendige Änderung des Öffnungswinkels $\alpha$ kann durch geringes Verstellen des einen Spiegels mittels Richtschräubchen erreicht werden.

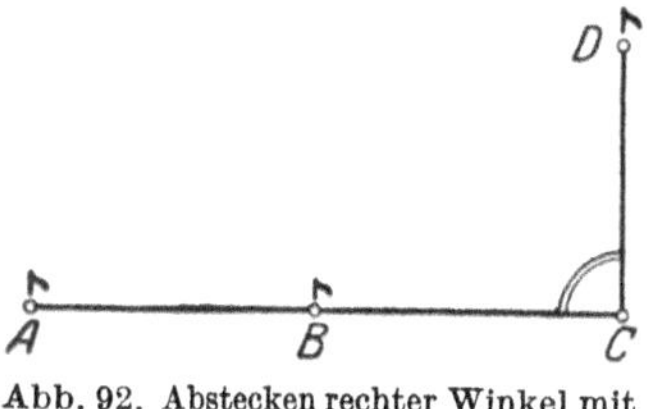

Abb. 92. Abstecken rechter Winkel mit dem Winkelspiegel.

Zum Abstecken von gestreckten Winkeln dient das aus zwei aufeinander senkrechten Spiegeln $s_1$, $s_2$ (Abb. 93) bestehende Spiegelkreuz von *Berlin*.

---

[1] Der Winkelspiegel hat sich aus dem wahrscheinlich von *Newton* erfundenen Spiegelsextanten entwickelt.

Bewegt man sich mit diesem Instrument vorwärts oder rückwärts, bis die einmal reflektierten, also beweglichen Bilder zweier Punkte $L$, $R$ sich decken, so liegt der Spiegel in der Lotebene durch $L$ und $R$; denn nach der Abbildung ist der in diesem Falle von den auffallenden Strahlen eingeschlossene Winkel

$$\gamma = 2\alpha + 2\beta = 2(\alpha + \beta)$$
$$= 2 \cdot 90^0 = 180^0.$$

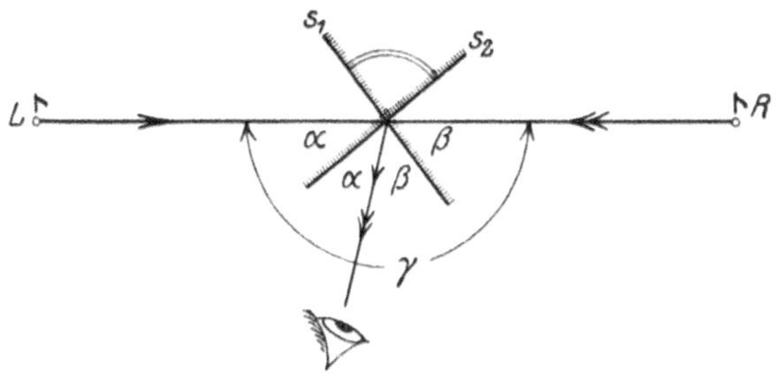


Abb. 93. Abstecken gestreckter Winkel mit dem Berlinschen Spiegelkreuz.

## c) Prismeninstrumente[1].

Zu den wichtigsten Instrumenten dieser Art gehört das 1851 von *Bauernfeind* erfundene symmetrische Winkelprisma, dessen Querschnitt ein gleichschenkeliges rechtwinkliges Dreieck ist (Abb. 94). Es beruht auf dem optischen Satze, daß die Richtungsablenkung $\psi$ (Abb. 95) eines im Prismenquerschnitt $ABC$ liegenden, im Prisma zweimal reflektierten sowie beim Ein- und Austritt je einmal gebrochenen Strahles konstant, und zwar gleich dem Winkel $A$ ist, wenn dieser dem Winkel $2C$ gleich ist. Da im symmetrischen *Bauernfeind*schen Prisma $\sphericalangle A = 90^0$ und $\sphericalangle C = 45^0$ beträgt, so ist hier die Richtungsablenkung ein rechter Winkel. Die Richtigkeit des benützten Satzes ist leicht einzusehen. Innerhalb des Prismas findet eine zweimalige Reflexion statt; der Vorgang ist also derselbe wie beim Winkelspiegel und Strahl *34* wird gegen *12* um $2C$ abgelenkt sein. Da Winkel $A = 2C$ ist, so wird *12* mit $AB$ den gleichen Winkel einschließen wie *34* mit $AC$. Es müssen also auch die Ablenkungen von *12* gegen $S$ und von $S'$ gegen *34* gleich groß sein, so daß auch die Außenstrahlen $S, S'$ den konstanten Winkel $\psi = A = 2C$ einschließen.

Abb. 94. Winkelprisma von Bauernfeind.

Auch das Prisma von *Goulier*, dessen Querschnitt Abb. 96 zeigt, wirkt wie ein $45^0$-Winkelspiegel und verursacht daher innerhalb des Prismas eine Strahlenablenkung

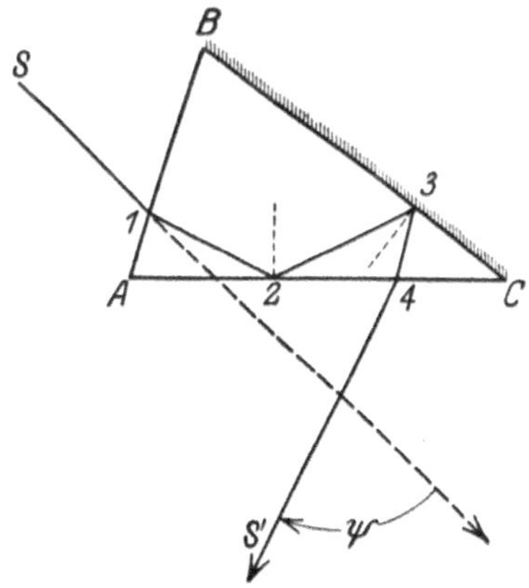


Abb. 95. Strahlengang im Winkelprisma.

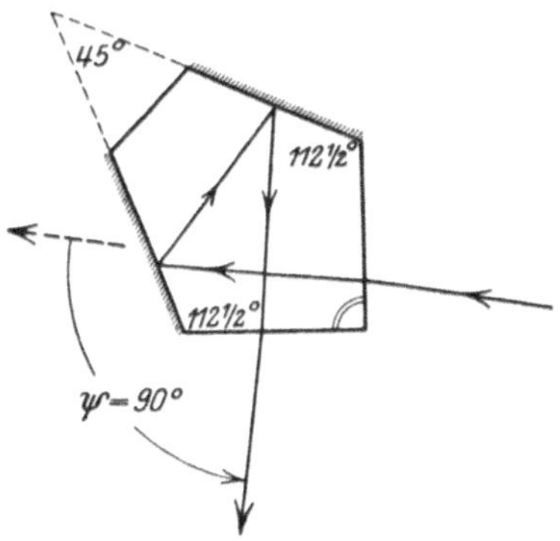


Abb. 96. Winkelprisma von Goulier.

von $90^0$. Der eintretende und der austretende Strahl sind gegen die anstoßenden Strahlenstücke, welche mit den Prismenflächen dieselben Winkel einschließen, wieder

[1] Siehe hierzu *Schellens, Franz:* Kritische Betrachtung der gebräuchlichen Winkelprismenformen. Geodätische Woche Köln 1925 S. 230—250.

um ein und denselben Betrag im gleichen Sinne gedreht, so daß die Richtungsablenkung von 90° auch hier für die äußeren Strahlen erhalten bleibt. Dieses Prisma hat zwei gewöhnliche Reflexionen, das *Bauernfeind*sche hingegen eine totale und eine gewöhnliche. Das *Goulier*sche Prisma hat den Vorteil, daß der Scheitel des abgesteckten rechten Winkels ins Prisma hineinfällt.

Zum Abstecken von 180°-Winkeln dient das in Abb. 97 skizzierte *Bauernfeind*sche Prismenkreuz, in dem zwei symmetrische, übereinander liegende *Bauernfeind*sche Prismen so verbunden sind, daß zwei Kathetenflächen in einer Ebene liegen, während die Hypotenusenflächen aufeinander senkrecht stehen. Das lotrecht zu haltende Prisma liegt auf der geraden Verbindungslinie zweier Punkte $L$, $R$, wenn deren Bilder $L'$, $R'$ übereinanderliegen. Die vorhin angegebene gegenseitige Stellung beider Prismen braucht, mit Ausnahme der parallelen Lage der Prismenkanten, nur näherungsweise zuzutreffen. Sie muß jedoch scharf eingehalten sein, wenn, wie beim Spiegelkreuz von *Berlin*, die beweglichen Bilder Verwendung finden.

a) Grundriß.

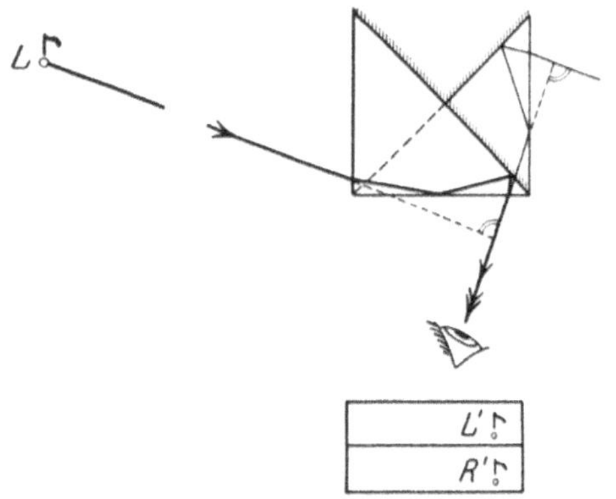


b) Anblick im Prisma.

Abb. 97. Prismenkreuz von Bauernfeind.

Spiegel und Prismen besitzen vor den Diopterinstrumenten den großen Vorzug der Handlichkeit. Prismen haben in der Regel die kleinsten Ausmaße, und sie sind im Gegensatz zum Winkelspiegel ohne jede weitere Berichtigung stets brauchbar, wenn sie bei der ersten Untersuchung richtig befunden worden sind; auch sind die Prismenbilder meist etwas heller als die Spiegelbilder. Ein Nachteil der Spiegel und Prismen ist der Mangel vertikaler Zielebenen. Im hügeligen Gelände erscheinen Bild und direkt gesehener Gegenstand häufig in sehr verschiedenen Höhen, und selbst unter Zuhilfenahme eines in den Strahlengang gebrachten Lotes ist es schwer zu beurteilen, ob Bild und Gegenstand wirklich auf dem gleichen Lote liegen. Deshalb eignen sich gewöhnliche Winkelspiegel und Prismen vorzüglich für die Ebene, während man in einem sehr hügeligen Gelände die Kegelkreuzscheibe oder einen anderen Winkelkopf trotz ihrer Schwerfälligkeit vorziehen wird[1].

Der mittlere Fehler einer mit der Kreuzscheibe oder dem Winkelspiegel abgesteckten Richtung ist etwas über 2′, während er für Prismen vielleicht die Hälfte beträgt.

## d) Absteckung fester Winkel durch Schnurdreiecke.

Mit geringerer Genauigkeit können Winkel von 45°, 60° und 90° auch lediglich durch Längenmessung abgesteckt werden. Da man hierfür meist Schnüre benutzt, so spricht man von Schnurdreiecken. Soll z. B. in $B$ (Abb. 98) eine Senkrechte zu $BA$ errichtet werden, so erhält man durch Abtragen der gleichen, an sich beliebigen Längen $\frac{1}{2} g$ von $B$ aus nach beiden Seiten hin die auf $AB$ liegenden Hilfspunkte $H'$, $H''$, welche als die Endpunkte der Grundlinie eines gleichschenkeligen Dreiecks aufzufassen sind,

[1] Beim Steilsichtprisma von *Schellens* (Winkelkantgläser mit Schliff für steile Sichten: Z. Vermess.-Wes. 1919 S. 356—372) ist der gewöhnlichen Prismen anhaftende Übelstand des geringen vertikalen Gesichtsfeldes dadurch wesentlich gemildert, daß mit Hilfe einer spiegelnden Grund- oder Deckfläche neben dem normalen Bild jeweils noch ein zweites, ziemlich hoch oder tief im gleichen Lot liegendes Bild erzeugt wird. Zur notwendigen genaueren Lotrechtstellung der Prismenkanten dient ein mit dem Prismenstiel verbundenes Gewicht.

dessen Höhe $BC$ die zu errichtende Senkrechte ist. Von $H'$ und $H''$ aus findet man nun den Punkt $C$ leicht durch Einkreuzen unter Verwendung derselben Halbmesser $s$. Ist die Verlängerung von $AB$ untunlich, so kann man sich durch die Konstruktion eines sog. Pythagoreischen Dreiecks etwa mit den Seitenlängen 3, 4, 5 unter Verwendung beliebiger Einheiten helfen. Es wäre dann z. B. $BH'' = 3 \cdot 2$ m, $BC = 4 \cdot 2$ m und $H''C = 5 \cdot 2$ m zu nehmen. Hat man umgekehrt den Fußpunkt einer durch $C$ gehenden Senkrechten zur vorgegebenen, durch $A$ gehenden Richtung zu ermitteln, so wird man von $C$ aus mit der willkürlichen Schenkellänge $s$ durch Einkreuzen auf der vorgegebenen Richtung die Basisendpunkte $H'$, $H''$ finden, deren Mittelpunkt der gesuchte Fußpunkt ist.

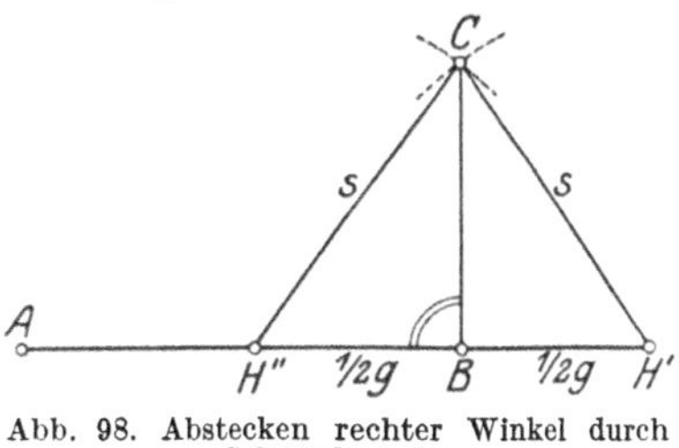

Abb. 98. Abstecken rechter Winkel durch Schnurdreiecke.

Derartige Hilfsmittel sind aber immer nur als Notbehelf zu betrachten.

## 15. Der Theodolit.

Der Theodolit[1] ist das genaueste Hilfsmittel zur Messung beliebiger Horizontalwinkel und wird sehr häufig auch zur Messung von Höhenwinkeln verwendet. Ein Horizontalwinkel hat horizontale Schenkel und kann daher als die Horizontalprojektion eines schiefen oder Positionswinkels[2] aufgefaßt werden, dessen Schenkel im Raum beliebig liegen. Der Höhenwinkel hingegen gehört stets einer Lotebene an und besitzt einen horizontalen Schenkel.

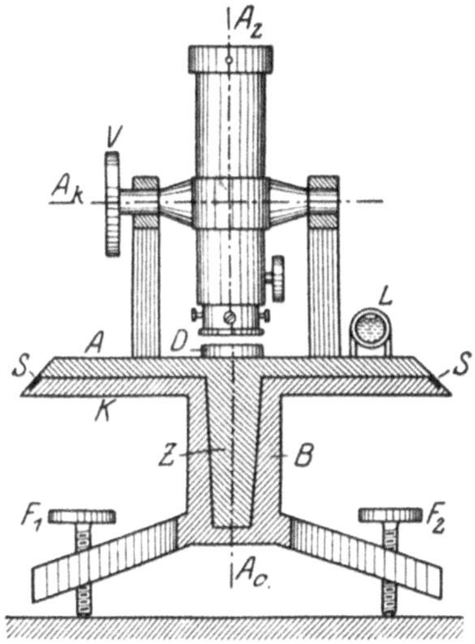

Abb. 99. Theodolit (Vertikalschnitt, Fernrohr in der Ansicht).

### a) Einrichtung des Theodolits.

Dieses Instrument ruht meist mittels dreier Schrauben $F_1, F_2, F_3$ (Abb. 99) auf einem Fußgestell, welches seinerseits die Dreifußbüchse $B$ und damit auch die horizontale Kreisscheibe $K$ trägt. In diese ist ein schmaler Silberstreifen $S$, der Limbus, möglichst fest eingelassen; auf ihm liegt die feine, im Uhrzeigersinne bezifferte Kreisteilung[3], von deren Güte die Leistung des Instruments wesentlich abhängt. Innerhalb des Kreises dreht sich um dessen Mittelpunkt eine Zeigervorrichtung, die Alhidade $A$, deren meist schwach konischer Stahlzapfen $Z$ in der aus Rotguß bestehenden Dreifußbüchse steckt. Die Alhidade trägt die Fernrohrstützen, deren obere Enden

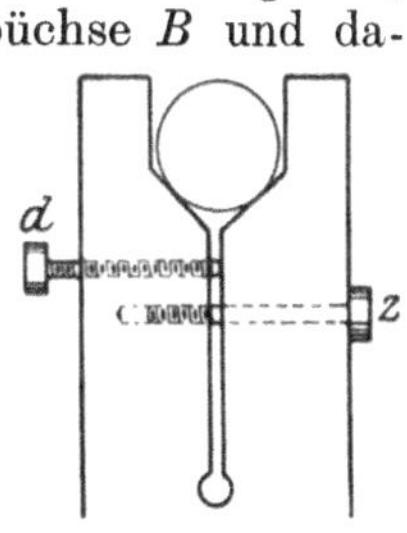

Abb. 100. Kippachsenlager.

---

[1] Siehe hierzu *Hammer, E.:* Zur Geschichte des Theodolits und besonders seines Namens. Z. Vermess.-Wes. 1908 S. 81—91.

[2] Zur Messung von schiefen Winkeln, die heute kaum noch in Betracht kommt, dienen Sextant, Spiegel- und Prismenkreis.

[3] Kreisteilungen werden mit Hilfe eigener Kreisteilmaschinen hergestellt, unter deren älteren Typen besonders die im Deutschen Museum in München befindliche *Reichenbach*sche Kreisteilmaschine zu nennen ist. Dort steht auch die erste automatische Kreisteilmaschine von *Oertling*. Näheres über Kreisteilmaschinen, besonders über automatische, siehe bei *Ambronn:* Handbuch der astronomischen Instrumentenkunde. Berlin 1899. Siehe auch *Hammer, E.:* Die selbsttätige Kreisteilmaschine von Heyde. Z. Instrumentenkde. 1905 S. 69—73.

als Lager (siehe Abb. 100) für die zylindrischen Enden der hoizontalen Drehachse des Zielfernrohrs ausgebildet sind. Außerdem sind an der Alhidade fast immer zwei zur Tilgung des periodisch veränderlichen Exzentrizitätsfehlers diametral gestellte Ablesevorrichtungen angebracht[1]. Geringeren Genauigkeitsanforderungen genügen unter Umständen einfache Zeiger oder besser das Strichmikroskop; weitaus am häufigsten wird bei mittleren Genauigkeiten der Nonius, seltener das Skalen- und Noniusmikroskop verwendet[2]. Den schärfsten Anforderungen aber entspricht der Schraubenmikroskoptheodolit. Der Theodolit ist außerdem mit Klemmen, Feinstellungen sowie Richtschrauben und Libellen zur Achsenberichtigung ausgestattet. Zur ersten Orientierung gegen das Lot dient meist eine zwischen den Fernrohrstützen befindliche Dosenlibelle $D$, zur scharfen Berichtigung aber eine Röhrenlibelle $L$, die je nach ihrem Orte als Alhidadenlibelle (wie in Abb. 99), Stützenlibelle (an den Fernrohrstützen), Fernrohrlibelle (fest oder umsetzbar auf dem Fernrohr) oder Achsenlibelle[3] (umsetzbar auf der Kippachse) bezeichnet wird. Ein Höhenbogen oder ein Vertikalkreis $V$ ermöglicht auch die Messung von Vertikalwinkeln.

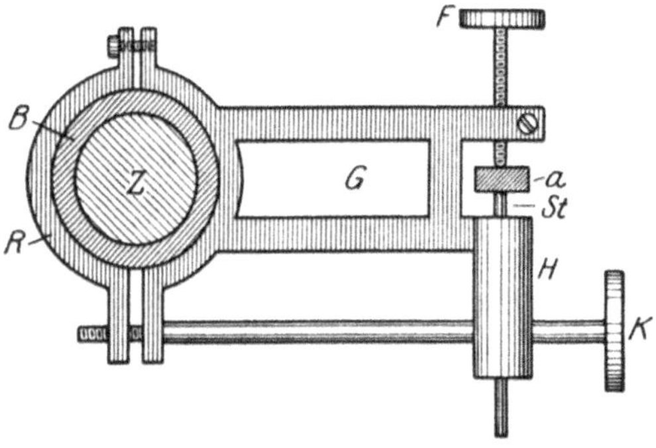

Abb. 101. Achsenklemme (Ringklemme) mit tangentialer Feinbewegung.

Die Klemmen, deren Anziehen eine feste Verbindung zwischen Kreis und Alhidade herstellt, greifen entweder am Kreisrand oder in der Nähe der Achse an, so daß man Rand- oder Peripherieklemmen und Achsenklemmen (Ringklemmen und radial wirkende Achsenklemmen) antrifft. In der eine Ringklemme darstellenden Abb. 101 bedeutet $K$ die Klemme, durch deren Anziehen ein geschlitzter Ring $R$ fest an die Dreifußbüchse $B$ gepreßt wird. Mit dem Klemmring $R$ ist ein Gestell $G$ verbunden, dessen Enden die Mutter einer Feinstellschraube $F$ und ein Federhäuschen $H$ tragen. Da die Feinstellschraube und der Stift $St$ des Federhäuschens von verschiedenen Seiten her gegen ein fest mit der Alhidade verbundenes Ansatzstück $a$ drücken, so ist bei angezogener Klemme nur noch durch Drehen der Feinstellschraube eine als Feinstellung bezeichnete geringe Verstellung der Alhidade möglich. Neben der hier skizzierten tangentialen Feinbewegung, die manchmal durch eine tangentiale Schraube ohne Ende vermittelt wird, ist auch die Feinbewegung in der Sehnenrichtung zu erwähnen.

---

[1] Die Anwendung von zwei diametralen Nonien hat schon *Hedraeus* vorgeschlagen (siehe *Lührs:* Z. Vermess.-Wes. 1910 S. 246). Bei den schwenkbaren Mikroskopen ist trotz ihrer diametralen Ablesestellen eine Ablesung nahezu vom gleichen Augenorte aus möglich; siehe hierzu *Lüdemann, K.:* Über den Gebrauchswert des „schwenkbaren Mikroskops" von *Hensoldt-Hildebrand.* Z. Vermess.-Wes. 1920 S. 314—317.

[2] Mittleren Genauigkeitsanforderungen etwa genügen auch die seit der Jahrhundertwende von *Heyde* in Dresden hergestellten Zahnkreistheodolite, bei denen die Fortbewegung der Alhidade mittels einer feingearbeiteten Mikrometerhohlschraube erfolgt, welche mit einer größeren Anzahl von Gängen in den mutterförmigen Rand der Kreisscheibe eingreift. Da der Kreis nur eine grobe Teilung zur Feststellung der ganzen Grade besitzt und die Feinablesung an der geteilten Schraubentrommel erfolgt, so werden bei dieser, auch eine besondere Feinstellung ersetzenden Ablesevorrichtung die Augen sehr geschont. Als etwas Neues aber können diese Zahnkreistheodolite — abgesehen etwa von der gegen früher erhöhten Genauigkeit der Ausführung — kaum bezeichnet werden, denn Zahnkreistheodolite mit gewöhnlicher Schraube, wie sie in schöner Ausführung im Deutschen Museum stehen, hat schon der Augsburger Mechaniker *Brander* in der zweiten Hälfte des 18. Jahrh. hergestellt, und die Hohlschraube hat nach *Hammer* (Z. Instrumentenkde. 1911 S. 315) bereits der englische Uhrmacher *John Hindley* in York verwendet.

[3] Eine zur bequemen Kontrolle der jeweiligen Kippachsenlage dienende Achsenlibelle leistet wegen des mit der Höhe zunehmenden Kippachsenfehlereinflusses besonders bei steilen Sichten gute Dienste.

## b) Berichtigung des Theodolits.

Die Hauptachsen des Theodolits sind die Alhidadenachse, die Kippachse und die Zielachse. Die Alhidadenachse $A_a$ soll lotrecht, die Horizontal- oder Kippachse $A_k$ horizontal liegen, während die Zielachse $A_z$ zur Kippachse senkrecht stehen muß. Nur beim Zutreffen dieser Bedingungen stimmt die in horizontale Lage gekippte Fernrohrzielachse mit der Horizontalprojektion der ursprünglich eingestellten Sicht überein. Andernfalls ist das Instrument mit einem Aufstellungsfehler, Kippachsenfehler und Zielachsenfehler behaftet, deren Untersuchung und Berichtigung von der Libellenanordnung abhängt.

In dem meist zutreffenden Falle, daß der Theodolit eine Alhidaden-, Stützen- oder Fernrohrlibelle besitzt, geht der Beseitigung des Kippachsenfehlers diejenige des Zielachsenfehlers, zweckmäßig auch diejenige des Aufstellungsfehlers, voraus. Ist aber das Instrument nur mit einer umsetzbaren Achsenlibelle ausgestattet, so werden Aufstellungs- und Kippachsenfehler durch eine gemeinsame Untersuchung beseitigt.

Wir behandeln zunächst den ersten Fall. Der Aufstellungsfehler $v$ (Abb. 102) ist der von der Alhidadenachse $A_a$ mit dem Lot $L$ eingeschlossene

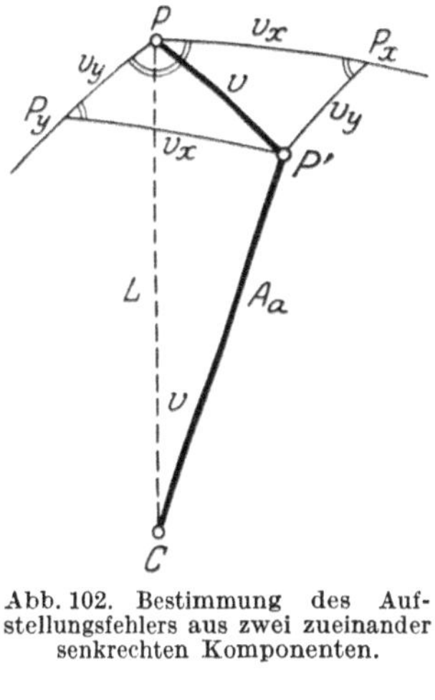


Abb. 102. Bestimmung des Aufstellungsfehlers aus zwei zueinander senkrechten Komponenten.

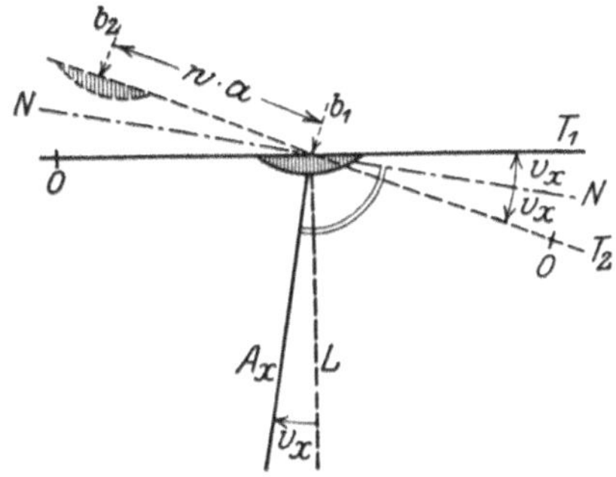


Abb. 103. Bestimmung einer Komponente des Aufstellungsfehlers.

Winkel. Die um irgendeinen Punkt $C$ von $A_a$ beschriebene Kugel mit dem Halbmesser 1, welche von $L$ und $A_a$ in den Punkten $P$, $P'$ getroffen wird, zeigt im Abstand dieser Durchstoßpunkte den Winkel $v$ als Bogen, dessen Projektionen $v_x$ und $v_y$ auf zwei beliebige zueinander senkrechte Lotebenen als die Komponenten des Aufstellungsfehlers bezeichnet werden. Aus dem sehr kleinen, wegen seiner geringen Ausdehnung als ein ebenes zu behandelnden, rechtwinkligen Dreieck $P P' P_x$ findet man leicht

$$v = \sqrt{v_x^2 + v_y^2}, \tag{197}$$

nach welcher Beziehung der Aufstellungsfehler aus einem beliebigen Paar von senkrechten Komponenten ermittelt werden kann. In Abb. 103, welche eine Projektion auf die die Komponente $v_x$ enthaltende Lotebene darstellt, ist $T_1$ die zu einer ersten Lage mit dem Blasenstand $b_1$ gehörige Tangente an den Blasenmittelpunkt, während $NN$ die zur Alhidadenachse Senkrechte parallel zur gewählten Lotebene bedeutet. Nach einer Drehung der Alhidade um 180° gelangt $T_1$ in die Lage $T_2$, welche mit $T_1$ den Winkel $2v_x$ einschließt. Der Vergleich des neuen Blasenstandes $b_2$ mit dem alten ergibt einen Blasenweg $w = b_1 - b_2$, welcher der doppelten Komponente $2v_x$ entspricht. Also ist, wenn $p$ wieder den Teilwert bedeutet, offenbar

$$v_x = \tfrac{1}{2}(b_1 - b_2)\,p'' \tag{198}$$

die eine der gesuchten Komponenten des Aufstellungsfehlers. Den zugehörigen Wert $v_y$ findet man nach einer Drehung der Alhidade um 90° genau auf dem gleichen Wege.

Zur Beseitigung des Aufstellungsfehlers bringt man die durch eine Alhidadendrehung parallel zur Lotebene durch zwei Fußschrauben $F_1$, $F_2$ (Abb. 104a) gestellte Röhrenlibelle durch Drehen an diesen Schrauben zum Einspielen, nachdem schon vorher mittels einer etwa vorhandenen Dosenlibelle eine angenäherte Lotrechtstellung der Alhidadenachse erfolgt ist. Nach einer Drehung der Alhidade um $180^0$ zeigt sich ein Libellenausschlag (Abb. 104b), welcher der doppelten Komponente des Aufstellungsfehlers $v_x$ in der Lotebene durch $F_1$, $F_2$ entspricht. Die den beiden Lagen entsprechende Achsenstellung veranschaulicht Abb. 103, wenn man hierin $T_1$ und $T_2$ durch die beiden Lagen $T'_m$, $T''_m$ der Libellenachse ersetzt denkt und dem Blasenweg $w$ die besondere Bedeutung des Blasenausschlags $A'_x$ beilegt. Dieser in Lage II vorhandene Ausschlag wird zur Hälfte je an den Libellenrichtschräubchen (bei einer Fernrohrlibelle an der Kippschraube) und an den Fußschrauben $F_1$, $F_2$ beseitigt, wodurch die Senkrechtstellung der Libellenachse zu der im Raum noch schief liegenden Alhidadenachse herbeigeführt wird. Nach einer Alhidadendrehung um $90^0$ zeigt sich ein Ausschlag $A'_y$, welcher

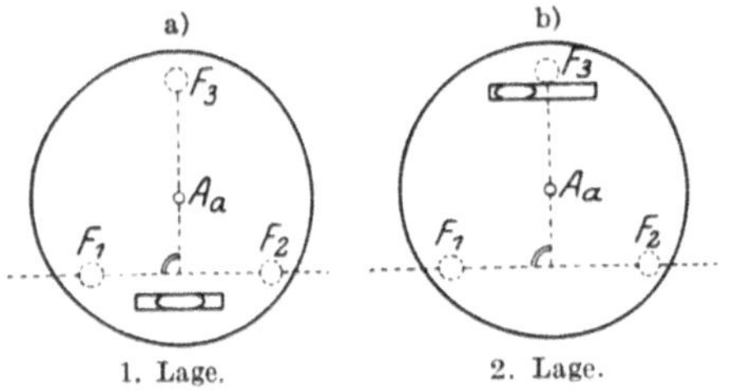

Abb. 104.

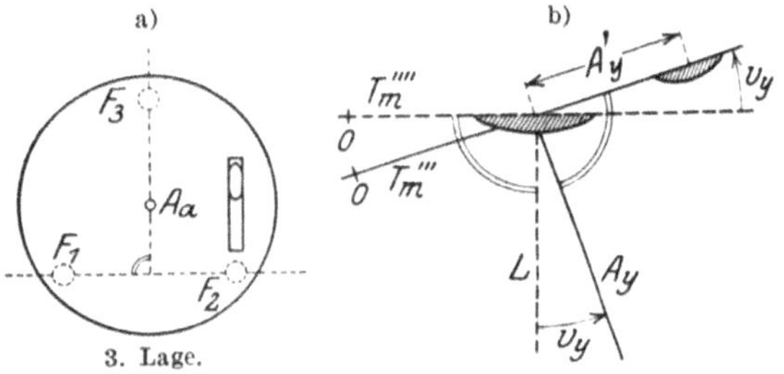

Abb. 105.

Lotrechtstellung der Alhidadenachse mittels einer gleichzeitig zu berichtigenden Alhidadenlibelle.

der einfachen zweiten Komponente $v_y$ des Aufstellungsfehlers entspricht und ganz an der dritten Fußschraube $F_3$ zu beseitigen ist (Abb. 105a, b). Dadurch wird die Libellenachse samt der Alhidadenachse um $v_y$ gedreht, so daß erstere horizontal, letztere aber lotrecht gestellt wird. Ist die Berichtigung — meist erst nach einigen Wiederholungen — hinreichend gelungen, so muß die Libelle bei jeder Alhidadenstellung einspielen. Auch jede andere etwa noch vorhandene Libelle hat dann einen festen Spielpunkt, der lediglich mit Hilfe der Libellenrichtschräubchen in den Teilungsmittelpunkt zu legen ist.

Steht die Zielachse $A_z$ (Abb. 106) nicht auf der Kippachse $A_k$ senkrecht, so spricht man von einem Zielachsenfehler (Kollimationsfehler) $c$ und versteht hierunter denjenigen im Uhrzeigersinn positiv gezählten Winkel, welchen die Zielachse mit einer in der Ebene Kippachse-Zielachse liegenden Senkrechten $NN$ zur Kippachse einschließt. Er ist positiv, wenn der Winkel zwischen dem Objektivende der Ziellinie und dem Kreisende der Kippachse größer als $90^0$ ist. Der Zielachsenfehler läßt sich aus Beobachtungen in zwei Fernrohrlagen bestimmen und beseitigen, wobei die zweite Lage entweder durch Durchschlagen oder Umlegen des Fernrohrs herbeigeführt wird. Im ersten Falle, dem Abb. 107 entspricht, erhält man nach Einstellung irgendeines im Instrumentenhorizont liegenden, deutlich sichtbaren Punktes $P$ bei Höhenkreis links an dem in der Kippachsenlotebene befindlichen Zeiger die Horizontalkreisablesung $\alpha_1$. Wird nunmehr das Fernrohr durchgeschlagen, d. h. um seine Horizontalachse gedreht, wobei Objektiv und Okular ihren Ort wechseln, die Achszapfen aber in ihren Lagern bleiben, und wird ferner nach einer Drehung der Alhidade Punkt $P$ wieder eingestellt, so besitzt die Kippachse bei Höhenkreis rechts die Lage $II$, welche mit Lage $I$ den Winkel $2c$ einschließt. Bedeutet $\alpha_2$ die zu Lage $II$ der Kippachse gehörige Horizontalkreisablesung, so ist der Zielachsenfehler nach Größe und Vorzeichen

$$c = \tfrac{1}{2}(\alpha_2 - \alpha_1). \qquad (199)$$

Der richtigen Lage der Zielachse gegen die Kippachse würde eine Ablesung

$$\alpha_0 = \tfrac{1}{2}(\alpha_1 + \alpha_2) \tag{200}$$

entsprechen. Man wird daher zur Beseitigung des Zielachsenfehlers $\alpha_0$ am Horizontalkreis einstellen und hierauf mittels der horizontal wirkenden Richtschräubchen das Fadenkreuz verschieben, bis Punkt $P$ wieder eingestellt ist.

Ähnlich ist zu verfahren, wenn man, wie in Abb. 108 angenommen, das Fernrohr umlegen kann. Bei dieser Bewegung findet eine Drehung um die Längsachse des Fernrohres statt; Objektiv und Okular bleiben an ihrer Stelle, dagegen vertauschen die Achszapfen $Z'$, $Z''$ ihre Lager. Zur Untersuchung richtet man das Fernrohr auf eine im Instrumentenhorizont liegende geteilte, zur Ziellinie senkrechte,

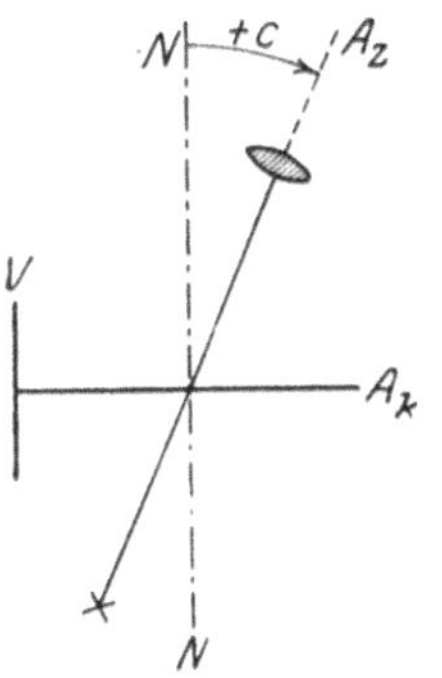


Abb. 106. Zielachsenfehler.

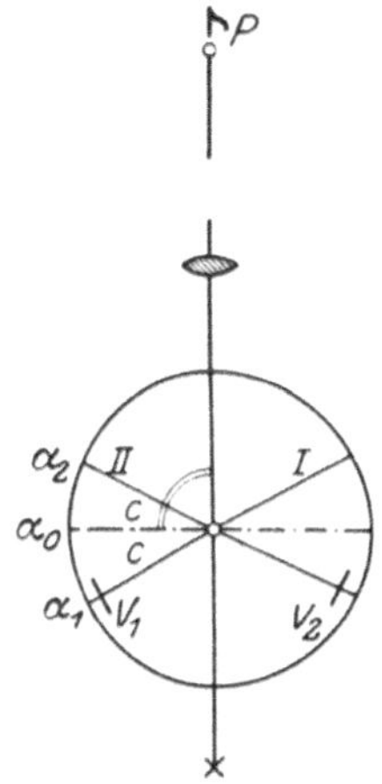


Abb. 107. Beseitigung des Zielachsenfehlers mittels Durchschlagen.

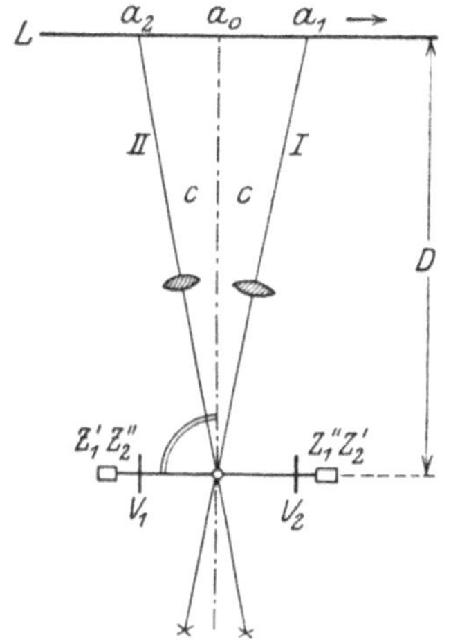


Abb. 108. Beseitigung des Zielachsenfehlers durch Umlegen.

horizontale Latte[1] $L$ im Abstande $D$ und findet an der Latte eine Ablesung $a_1$. Wird jetzt das Fernrohr umgelegt, so gelangt die Zielachse aus Lage $I$ in Lage $II$, welche mit $I$ den Winkel $2c$ einschließt. Ist $a_2$ die zugehörige Lattenablesung, so besteht, wenn die Bezifferung der Latte wie diejenige des Kreises im Uhrzeigersinne zunimmt, die einfache Beziehung

$$c = \frac{\varrho''}{2D}(a_1 - a_2). \tag{201}$$

Hier würde der richtigen Lage der Ziellinie eine Lattenablesung

$$a_0 = \tfrac{1}{2}(a_1 + a_2) \tag{202}$$

zugehören, so daß zur Beseitigung des Zielachsenfehlers das Fadenkreuz bei unveränderter Alhidadenstellung mittels der Richtschräubchen so weit im horizontalen Sinne zu verschieben wäre, bis $a_0$ eingestellt ist.

Die Kippachse soll bei lotrechter Alhidadenachse horizontal liegen. Sonst spricht man von einem Kippachsenfehler $i$ (Abb. 109) und versteht hierunter den Höhenwinkel des kreisfreien Endes der Kippachse. Ist etwa eine — für die jetzige Art der Untersuchung nicht notwendige — Achsenlibelle vorhanden, so kann $i$ leicht zahlenmäßig durch Umsetzen der Libelle und Rechnung nach der ersten der beiden Gleichun-

[1] Falls es sich nicht um die zahlenmäßige Bestimmung, sondern nur um die Beseitigung des Zielachsenfehlers handelt, kann an Stelle der geteilten Latte wieder ein scharf sichtbarer Punkt im Horizont treten. Für beide Untersuchungsarten (mittels Durchschlagen oder durch Umlegen) muß $P$ bzw. $L$ so weit entfernt sein, daß eine etwa vorhandene geringe Exzentrizität der Zielachse gegen die Alhidadenachse die Untersuchung nur unmerklich beeinflußt.

gen (191) gefunden werden. Zur Wegschaffung des Kippachsenfehlers kann man nach vorhergegangener scharfer Beseitigung des Aufstellungs- und Zielachsenfehlers das horizontale Fernrohr auf ein Lot $L$ (Abb. 110a) einstellen und hierauf dem Fernrohr eine starke Neigung erteilen. Bei der Kippbewegung beschreibt die Ziellinie in der auf der Zielebene senkrechten Lotebene eine Zielspur $S$, welche beim Vorhandensein eines Kippachsenfehlers $i$ mit dem Lot $L$ den Winkel $i$ einschließt. Zur Horizontallegung der Kippachse ist das eine Achsenende mit Hilfe von besonderen Lagerschräubchen $d, z$ (Abb. 100) so lange zu heben oder zu senken, bis der Fadenkreuzschnittpunkt des stark geneigten Fernrohrs auf dem ursprünglich eingestellten Lote liegt. Mangels eines materiellen Lotes

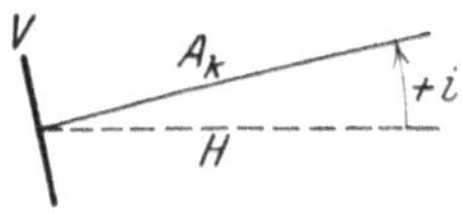


Abb. 109.
Kippachsenfehler.

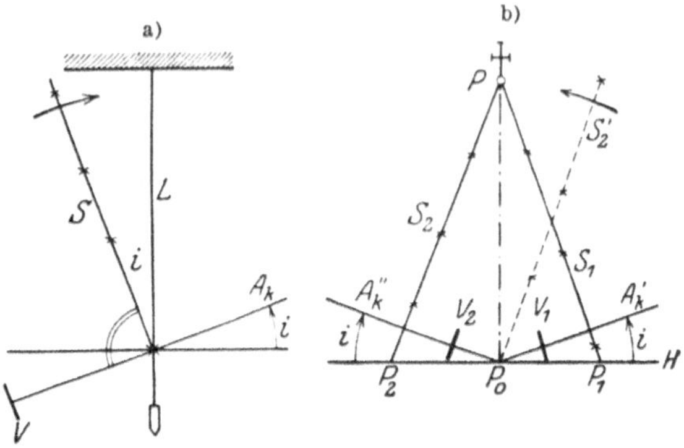


Abb. 110. Berichtigung des Kippachsenfehlers.

kann man auch in folgender Weise vorgehen. Wird ein sehr hoch oder sehr tief gelegener Punkt $P$ (Abb. 110b) vor und nach dem Durchschlagen des Fernrohrs eingestellt, so beschreibt die Zielachse beim Kippen im Aufriß die Zielspuren $S_1$ und $S_2$. Bei horizontaler Lage des Fernrohrs trifft die Zielachse in ihren beiden Lagen die zur Horizontalprojektion $P_0$ des Punktes $P$ symmetrisch liegenden Punkte $P_1$ und $P_2$. Sind $\alpha_1, \alpha_2$ die Horizontalkreisablesungen, wenn die Ziellinie nach $P_1$ bzw. in der zweiten Lage nach $P_2$ gerichtet ist, so muß, wenn die Horizontalkreiseinstellung

$$\alpha_0 = \tfrac{1}{2}(\alpha_1 + \alpha_2) \tag{203}$$

herbeigeführt wird, die horizontale Zielachse nach $P_0$ gerichtet sein. Sie wird beim Kippen nunmehr die an $P$ vorbeigehende Zielspur $S_2'$ beschreiben und es ist nun wieder durch Heben oder Senken des einen Kippachsenlagers der Fadenkreuzschnittpunkt nach $P$, d. h. in das durch $P_0$ gehende Lot zu verlegen.

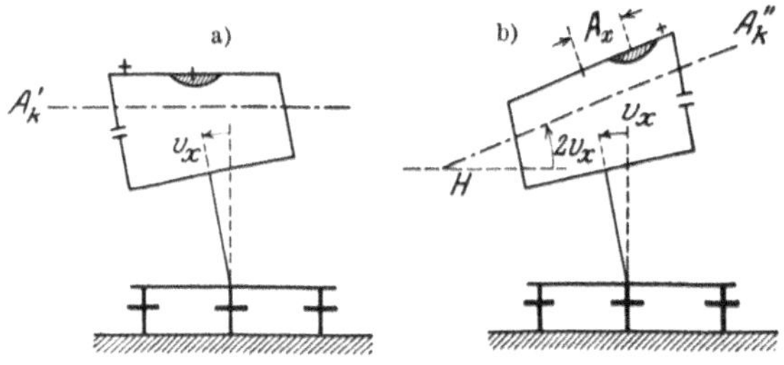


Abb. 111. Gleichzeitige Beseitigung des Aufstellungs- und Kippachsenfehlers mittels einer umsetzbaren Kippachsenlibelle.

Besitzt der Theodolit nur eine Kippachsenlibelle, so kann der Zielachsenfehler vor oder nach der übrigen Untersuchung genau so, wie vorhin beschrieben, beseitigt werden. Im übrigen wird die Berichtigung in folgender Weise erzielt. Nachdem die Reitlibelle durch Umsetzen berichtigt wurde, die Libellenachse also parallel zur Kippachse liegt, wird durch eine Alhidadendrehung die Libelle parallel zur Lotebene durch zwei Fußschrauben gestellt und durch Drehen an diesen zum Einspielen gebracht. In dieser ersten Stellung (Abb. 111a) liegen dann Libellenachse und Kippachse $A_k'$ horizontal, während zur Projektion der Alhidadenachse auf die genannte Lotebene die Komponente $v_x$ des Aufstellungsfehlers gehört. Der nach einer Drehung der Alhidade um $180^0$ vorhandene Ausschlag $A_x$ (Abb. 111b) entspricht der doppelten Komponente $2v_x$ und ist je zur Hälfte an den benutzten Fußschrauben und durch Höhenverstellung des einen Kippachsenlagers zu beseitigen. Damit ist die Kippachse senkrecht zu der noch schiefliegenden Alhidadenachse gestellt. Der nach einer Alhidadendrehung um $90^0$ sich zeigende Ausschlag $A_y$ rührt ausschließlich von dieser schiefen Lage der Alhidadenachse her und ist lediglich mittels der dritten Fußschraube zu beseitigen.

Der Einfluß des Ziel- und Kippachsenfehlers ist eine Funktion des Höhenwinkels $\alpha$ der Sicht, derjenige des Aufstellungsfehlers ist auch noch von dem Winkel $\beta$ zwischen Zielebene und Alhidadenlotebene abhängig. Bedeuten $\varphi_l'$, $\varphi_r'$ die bei Höhenkreis links und rechts an Stelle von $\varphi$ ausgeführten fehlerhaften Horizontalkreisablesungen, so ist, wie ohne Beweis[1] angeführt werden soll,

$$\varphi = \varphi_l' + \frac{c}{\cos\alpha} - i\operatorname{tg}\alpha - v\sin\beta\operatorname{tg}\alpha = \varphi_r' - \frac{c}{\cos\alpha} + i\operatorname{tg}\alpha - v\sin\beta\operatorname{tg}\alpha. \quad (204)$$

Hieraus folgt durch Einführung des Mittels $\varphi' = \frac{1}{2}(\varphi_l' + \varphi_r')$ der fehlerhaften Beobachtungen

$$\varphi = \varphi' - v\sin\beta\operatorname{tg}\alpha. \quad (205)$$

Nach diesem Ergebnis ist das arithmetische Mittel der in zwei Fernrohrlagen (mit Durchschlagen[2]) ausgeführten Horizontalkreisbeobachtungen frei vom Einfluß des Ziel- und Kippachsenfehlers, während der Einfluß

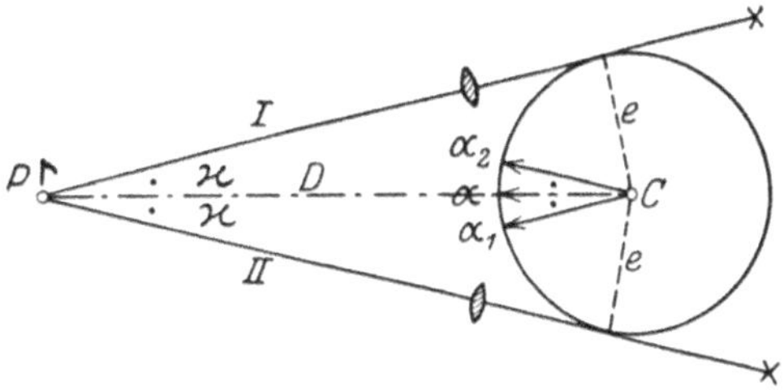


Abb. 112. Exzentrische Lage der Ziellinie.

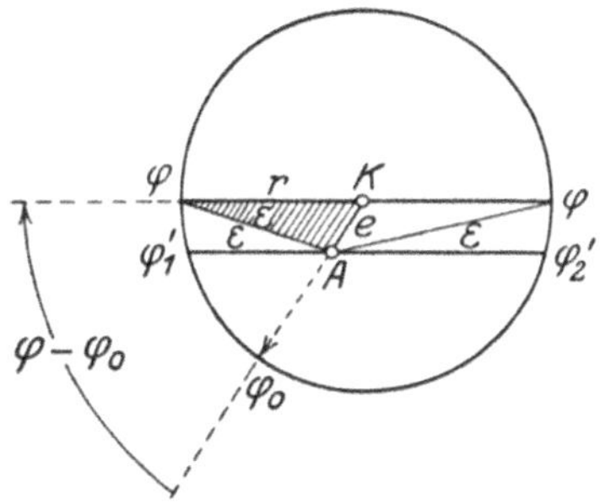


Abb. 113. Periodisch veränderlicher Exzentrizitätsfehler der Alhidade.

des Aufstellungsfehlers erhalten bleibt. Er kann jedoch durch sorgfältige Lotrechtstellung der Alhidadenachse unter der jeweils zulässigen Grenze gehalten werden.

Bei bekanntem nach (199) oder (201) ermittelten $c$ findet man nach den beiden Gleichungen (204) den Kippachsenfehler mittels des Ausdrucks

$$i = \tfrac{1}{2}(\varphi_l' - \varphi_r')\operatorname{ctg}\alpha + \frac{c}{\sin\alpha}. \quad (206)$$

Bei einer seitlichen Anordnung des Fernrohrs besitzt die auf einen Punkt $P$ eingestellte Ziellinie eine bestimmte Lage $I$ (Abb. 112) und die an einem zur Zielebene parallel gedachten Zeigerarm erscheinende Horizontalkreisablesung ist $\alpha_1$. Zur anderen Fernrohrlage $II$ aber gehört eine Ablesung $\alpha_2$, die mit $\alpha_1$ symmetrisch zur Sollablesung $\alpha$ liegt, welche einem nach $P$ gerichteten Zeiger entspricht. Es stellen also die Ausdrücke

$$\alpha = \tfrac{1}{2}(\alpha_1 + \alpha_2), \qquad \varkappa = \alpha - \alpha_1 \approx \varrho'' \frac{e}{D} \quad (207)$$

die vom Fehler der Fernrohrexzentrizität $e$ befreite Horizontalkreisablesung bzw. den Fehler der zur Lage $I$ gehörigen Ablesung vor, wenn $e$ und $D$ den Abstand des Fernrohrs und des Zielpunktes von der Alhidadenachse bedeuten.

Fällt der Kreismittelpunkt $K$ (Abb. 113) nicht auf die Alhidadenachse $A$, so entsteht ein periodisch veränderlicher Exzentrizitätsfehler $\varepsilon$. Um diesen Betrag

---

[1] Er kann z. B. mit Hilfe von Differentialdreiecken geführt werden, welche durch den Schnitt der Hauptachsen des Theodolits in ihrer richtigen und fehlerhaften Lage mit einer um den Instrumentenmittelpunkt beschriebenen Kugel vom Halbmesser 1 entstehen.

[2] Träte an Stelle des Durchschlagens das Umlegen, so würde im Beobachtungsmittel der Einfluß des Kippachsenfehlers nicht getilgt.

unterscheiden sich die an den Enden einer zunächst noch gestreckt gedachten Alhidade ausgeführten Ablesungen $\varphi_1'$, $\varphi_2'$ von dem richtigen Werte $\varphi$, welcher an den Enden eines zu den Zeigerarmen parallelen Kreisdurchmessers erscheinen würde. Dieser richtige Wert ist nach der Abbildung

$$\varphi = \tfrac{1}{2}(\varphi_1' + \varphi_2'). \tag{208}$$

Also ist das Mittel der an zwei diametralen Zeigern in einer Fernrohrlage ausgeführten Ablesungen frei vom Einfluß des periodisch veränderlichen Exzentrizitätsfehlers. Er ist auch, wie sich einfach zeigen läßt, im Mittel der am gleichen Zeiger in zwei Fernrohrlagen (mit Durchschlagen) ausgeführten Ablesungen nicht mehr enthalten.

a) b)

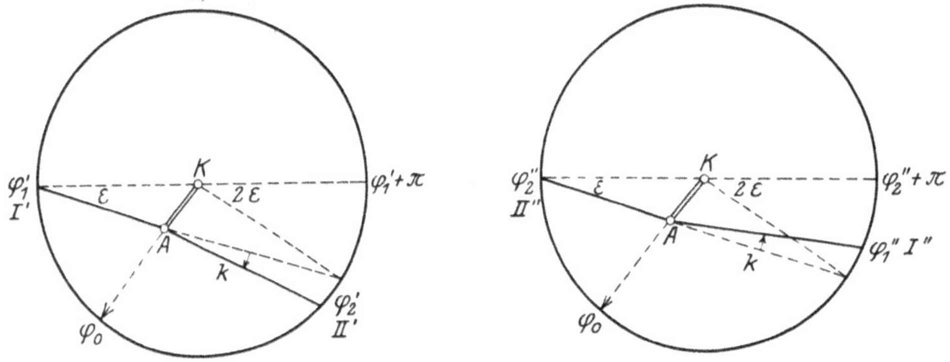


1. Alhidadenstellung. 2. Alhidadenstellung.

Abb. 114. Bestimmung des periodisch veränderlichen Exzentrizitätsfehlers und des Knickungsfehlers der Alhidade.

Bedeutet $r$ den Kreishalbmesser, $e = AK$ die lineare Exzentrizität und $\varphi_0$ die zu ihrer Richtung gehörige Kreisablesung, so ist nach dem in der Abb. 113 schraffierten Dreieck

$$\varepsilon = \varrho'' \frac{e}{r} \sin(\varphi - \varphi_0), \tag{209}$$

also eine periodisch veränderliche Größe, deren Maximalwert $\varepsilon_{\max} = \varrho'' \frac{e}{r}$ ist.

Die zahlenmäßige Bestimmung des periodisch veränderlichen Exzentrizitätsfehlers aus Beobachtungen wird vielfach mit einer Teilungsuntersuchung verbunden und sei an der Hand von Abb. 114 kurz erklärt. In einer ersten Alhidadenstellung erscheinen an den beiden Zeigern $I'$, $II'$ die Ablesungen $\varphi_1'$, $\varphi_2'$. Ist, wie hier angenommen, der zweite Zeigerarm gegen die Rückwärtsverlängerung des ersten um einen Betrag $k$ verdreht, so spricht man von einem Knickungsfehler $k$ der Alhidade. Wird diese nun um $180^0$ gedreht, so erscheinen an den in den Stellungen $I''$, $II''$ befindlichen Ablesevorrichtungen die Ablesungen $\varphi_1''$, $\varphi_2''$, deren Vergleich mit $\varphi_1'$, $\varphi_2'$ sowohl den konstanten Wert $k$ wie auch die mit der Alhidadenstellung veränderliche Größe $\varepsilon$ ergibt. Unter Verwendung der Abkürzungen

$$\varphi_2' - (\varphi_1' + 180^0) = d_1, \qquad \varphi_2'' + 180^0 - \varphi_1'' = d_2 \tag{210}$$

findet man aus der Doppelabb. 114 leicht die Beziehungen

$$d_1 = 2\varepsilon + k, \qquad -d_2 = 2\varepsilon - k \tag{211}$$

und hieraus gewinnt man die Fehlerausdrücke

$$k = \tfrac{1}{2}(d_1 + d_2), \qquad \varepsilon = \tfrac{1}{4}(d_1 - d_2). \tag{212}$$

Werden mehrere Beobachtungen — vielleicht von 15 zu 15° fortschreitend — über den ganzen Kreis verteilt, so erhält man aus den einzelnen $k$ einen Mittelwert $k_m$, der, zu 180° hinzugefügt, den wahrscheinlichsten Zeigerabstand vorstellt, während der mittlere Fehler eines einzelnen $k$ dem mittleren Fehler der Einzelablesung entspricht. Für die einzelnen nach (212) ermittelten $\varepsilon$, welche ungefähr einer Sinuskurve folgen, lassen sich unter Zugrundelegung der Beziehung (209) durch eine Ausgleichung nach vermittelnden Beobachtungen Verbesserungen berechnen, die dem Zusammenwirken der unvermeidlichen Beobachtungsfehler, der regelmäßigen und der unregelmäßigen Kreisteilungsfehler entsprechen.

Um den Einfluß der Kreisteilungsfehler herabzumindern, wird man, nachdem jeweils der Kreis verstellt worden ist, die Beobachtungen an verschiedenen Kreisstellen ausführen. So werden nicht nur die unregelmäßigen, sondern auch die regelmäßigen Kreisteilungsfehler mit verschiedenen Vorzeichen in das Beobachtungsmittel eingehen und auf dieses nur mehr einen geringen Einfluß ausüben. Das jeweilige Maß der Kreisverstellung ist $360^0 : n \cdot m$, wenn $m$ die Zahl der Ablesevorrichtungen und $n$ die beabsichtigte Wiederholungszahl der Beobachtungen (Satzzahl) bedeutet.

Eine ungleiche Dicke der zylindrischen Achszapfen bewirkt eine gleichbleibende Neigungsänderung der Kippachse, deren Einfluß gemeinsam mit dem des Kippachsenfehlers getilgt werden kann[1].

## c) Der Wild-Theodolit.

Eine besonders charakteristische Neukonstruktion ist der in Abb. 115 dargestellte Wild-Theodolit[2]. Sein kurzes Fernrohr $F$ von fester Länge ist mit einer Einstell-Linse $E$ und einem Teleobjektiv ausgestattet und trägt seitlich ein Mikroskop $M$, in dessen Gesichtsfeld die Kreisteilungen vom Okular aus abgelesen werden können. Ein Grundkreis $I$ und ein Höhenkreis $II$, beide aus Glas, sind zur Erzielung eines erhöhten Schutzes vollkommen verdeckt und staubdicht abgeschlossen. In ihre Oberflächen sind in Randnähe die Teilungen eingeritzt und durch eine spiegelnde, aufgebrachte Silberschicht noch besonders geschützt. Für die weitere Beschreibung soll, da die Einrichtung für beide Kreise grundsätzlich dieselbe ist, nur der Horizontalkreis $I$ in Betracht kommen.

Zur Sichtbarmachung der Teilung wird mittels der Beleuchtungsprismen *1—5* zwei diametralen Kreisstellen Licht zugeführt. Dort wird es an der versilberten Oberfläche unter Mitnahme des Teilungsbildes reflektiert und durch die Abbildungsprismen *5* in die hohle Alhidadenachse geworfen. Zur Unterscheidung sind die von zwei gegenständigen Kreisstellen kommenden Strahlen durch — · — · — und einfachen Pfeil bzw. durch — ·· — ·· — und Doppelpfeil bezeichnet. Diese Strahlen erfahren bei ihrem Durchgang durch ein rhombisches Prisma *7* eine beträchtliche Parallelversetzung. In dieser Lage durchsetzen die aufwärts gerichteten Strahlen das optische Doppelmikrometer *8, 9* und in einem Scheideprisma *10* werden die beiden diametralen Bilder längs einer feinen Trennungslinie nebeneinander gelegt, wie das aus Abb. 116a näher ersichtlich ist. Hinter dem Mikroskopkollektiv *12* erfahren die Strahlen noch eine Ablenkung von 90° und schließlich vereinigen sie sich zu einem stark vergrößerten, im Mikroskop $M$ sichtbaren Doppelbild. Zur Feinablesung in einem gesonderten

[1] Eine solche vollständige Unschädlichmachung ist aber bei elliptischen Achszapfen nicht möglich; siehe hierzu *Baeschlin, F.:* Untersuchung über den Einfluß elliptischer Form der Horizontalachszapfen eines Theodolits mit y-förmigen Lagern auf die Horizontalwinkelmessungen. Z. Instrumentenkde. 1916 S. 285—293.

[2] Abb. 115 ist im wesentlichen die Verkleinerung einer von *Wild* in Heerbrugg hergestellten Tafel. Eine Beschreibung der Neukonstruktion enthält die Schrift von *Wild, Heinrich:* Der neue Theodolit. Sonderabdruck aus der Schweizerischen Zeitschrift für Vermessungswesen und Kulturtechnik 1925. Einen ebenfalls von *Wild* konstruierten Vorläufer dieses Theodolits hat schon einige Jahre früher *C. Zeiß* in Jena herausgebracht. Siehe hierzu *Schermerhorn, W.:* Vergleichung des neuen Zeiß-Theodolits mit heutigen Konstruktionen. Z. Instrumentenkde. 1925 S. 16—35.

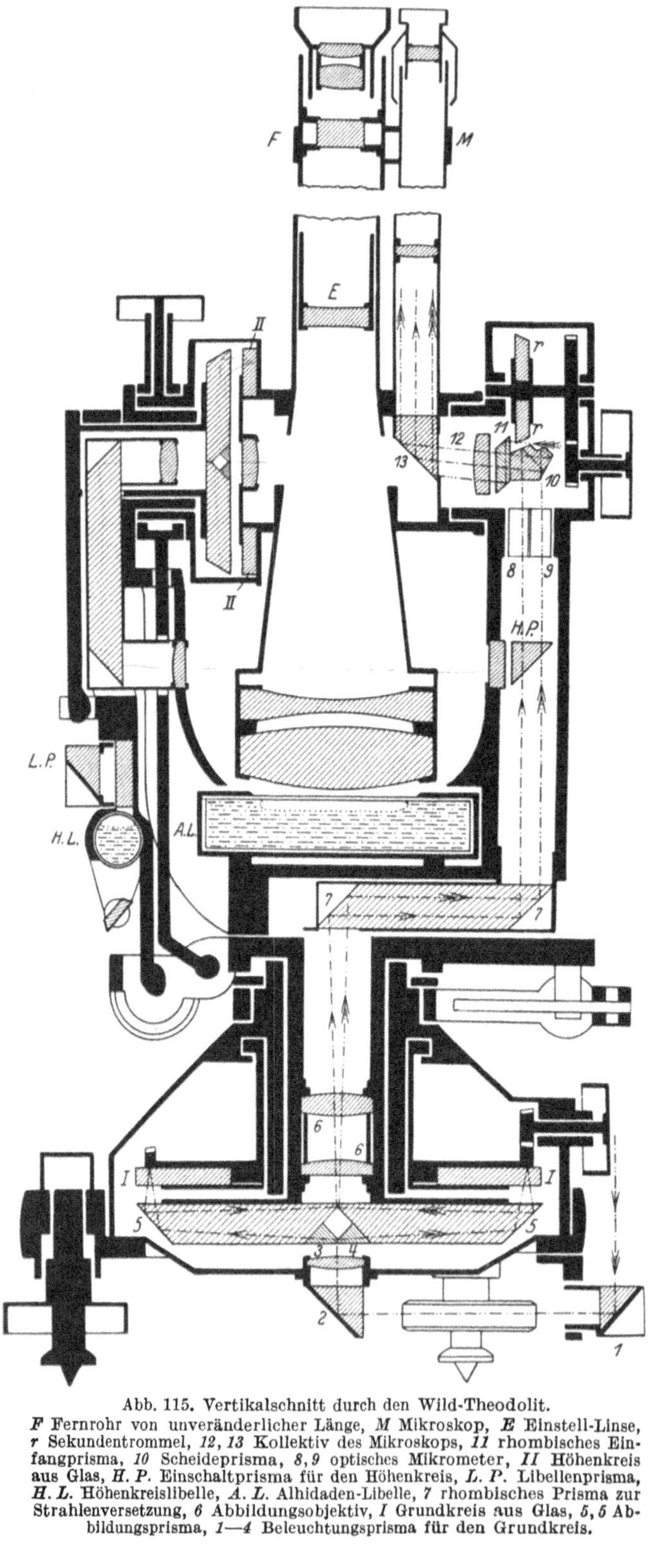


Abb. 115. Vertikalschnitt durch den Wild-Theodolit.
*F* Fernrohr von unveränderlicher Länge, *M* Mikroskop, *E* Einstell-Linse, *r* Sekundentrommel, *12, 13* Kollektiv des Mikroskops, *11* rhombisches Einfangprisma, *10* Scheideprisma, *8, 9* optisches Mikrometer, *II* Höhenkreis aus Glas, *H. P.* Einschaltprisma für den Höhenkreis, *L. P.* Libellenprisma, *H. L.* Höhenkreislibelle, *A. L.* Alhidaden-Libelle, *7* rhombisches Prisma zur Strahlenversetzung, *6* Abbildungsobjektiv, *I* Grundkreis aus Glas, *5, 5* Abbildungsprisma, *1—4* Beleuchtungsprisma für den Grundkreis.

Mikroskopbild dient die Sekundentrommel *r*, deren Randteilung durch das Einfangprisma *11* in den weiteren Strahlengang (— ··· — ··· — bzw. dreifacher Pfeil) einbezogen wird. Will man nicht am Grundkreis, sondern am Höhenkreis *II* beobachten, so wird durch Verschieben des Einschaltprismas *H. P.* der vom Horizontalkreis kommende Strahlengang abgeschnitten und dafür der von *II* kommende eingeschaltet.

Nach Einstellung eines Zielpunktes im Fernrohr *F* erscheint im Mikroskop *M* der in Abb. 116a enthaltene Anblick: die abgebildeten diametralen Kreisstellen liegen mit verschieden gerichteter Bezifferung längs einer feinen Trennungslinie nebeneinander; eine Marke *S*, an der aber nicht abgelesen werden soll, bezeichnet die Mitte des Gesichtsfeldes. Nun werden durch Drehen an der Sekundentrommel *r* die beiden Platten *8*, *9* des optischen Mikrometers gleichmäßig nach verschiedenen Seiten gedreht, bis die dem Strich *S* nächstgelegenen Striche beider Teilungen koinzidieren. Dann hat man im Mikroskop den Anblick 116b; je zwei Striche der beiden Teilungen treffen zusammen und darüber erscheint die mittels des Einfangprismas *11* einbezogene Teilung der Sekundentrommel. Zum leichteren Verständnis der Ablesung denken wir uns zunächst ein Schraubenmikroskop (siehe S. 40) so angeordnet, daß sein Faden bei Nullstellung der Trommel auf $S$ fällt. Dann erhalten wir oben und unten die Ablesungen

$$A' = A_0 + i \cdot M + R', \quad \text{bzw.} \quad A'' = A_0 + i \cdot M + R'', \tag{213}$$

wenn zu der $S$ vorhergehenden Gradzahl noch $i$ ganze Maßstabteile dazu kommen und $R'$, $R''$ die weiterhin noch bis $S$ bleibenden Reste sind. Der wahrscheinlichste Wert wäre dann das Mittel

$$A = \tfrac{1}{2}(A' + A'') = A_0 + i \cdot M + \tfrac{1}{2}(R' + R'') = A_0 + i \cdot M + R. \tag{214}$$

Während nun der Hauptbetrag $A_0 + i \cdot M$ bei der neuen Ablesevorrichtung ebenso wie beim Schraubenmikroskop unmittelbar abgelesen wird, erfolgt die Messung der Restbeträge $R'$, $R''$ nicht durch Fadenverschiebungen mittels einer Meßschraube. Vielmehr werden mit dem optischen Mikrometer die zwei einander entsprechenden, $S$ benachbarten Striche zur Deckung gebracht, so daß beide Teilungen koinzidieren. Dann erfolgt **unmittelbar die Ablesung des Mittelwertes** $R$ am Zeiger $Z$ im Bild der Sekundentrommel. In Abb. 116b ist also die Ablesung

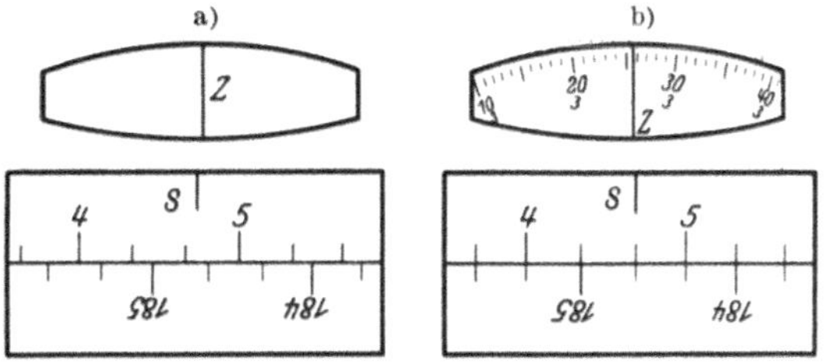

Abb. 116. Anblick im Ablesemikroskop.

$$A = 4^0 + 40' + 3'\,25{,}7'' = 4^0\,43'\,25{,}7''. \tag{215}$$

Die besonders in die Augen springenden **Vorteile** des neuen Theodolits sind neben seinem geringen Gewicht die sehr bequeme Ablesung vom Okular aus, die große Schärfe der Ablesung, die Ersparung der Mittelung von zwei diametralen Ablesungen, die geschützte Lage der Kreise und nicht zuletzt die außergewöhnliche Genauigkeit der Teilungen.

## d) Gebrauch des Theodolits zur Messung von Horizontalwinkeln.

Zur Horizontalwinkelmessung wird die Alhidadenachse des Theodolits ins Lot des Winkelscheitels gebracht. Als Unterlage eignet sich am besten ein Steinpfeiler oder etwa auch eine dicke, nicht zu lange Holzsäule, in deren Oberfläche der Aufstellungspunkt durch einen Bolzen oder Nagel bezeichnet ist. Für gewöhnlich muß man sich aber damit begnügen, das Instrument auf einem **Stativ**[1], dessen drei Beine fest in den Boden getreten werden, zu befestigen, um es in eine möglichst unveränderliche Verbindung mit dem Gelände zu bringen. Ein Stativ soll möglichst standfest und handlich sein und eine rasche Aufstellung ermöglichen. Diesen Anforderungen genügen am besten diejenigen Stative, welche der in Abb. 117 skizzierten idealen Grundform des **Gitterstativs** mit möglichst breiten Gelenkseiten nahe kommen. Allgemein unterscheidet man **Zapfenstative** und **Teller- oder Scheibenstative**. Erstere, welche heute als Theodolitträger nicht mehr in Frage kommen, besitzen einen von drei Beinen getragenen prismatischen, in einen Zapfen endigenden

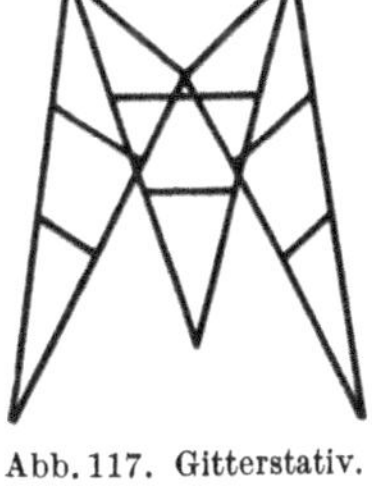
Abb. 117. Gitterstativ.

a)
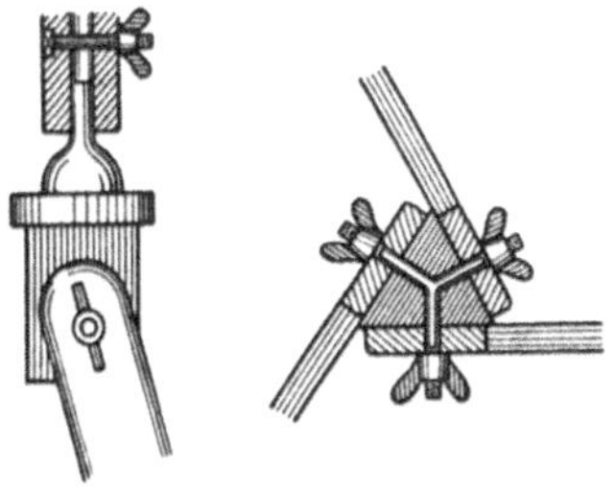
b)
Abb. 118. Zapfenstativ mit ebenen Reibungsflächen.

[1] Näheres über Stative siehe *Vogler:* Abbildungen geodätischer Instrumente. Berlin 1892.

Kopf (Abb. 118), an dem mittels Steckhülse das Instrument befestigt wird. Für Theodolitaufstellungen kommen ausschließlich die in einen Kopf mit horizontaler Auf-

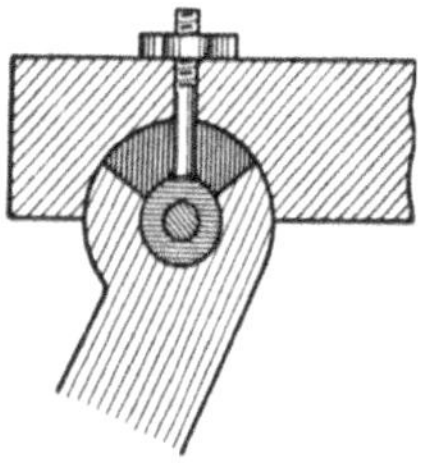

Abb. 119. Münchner Stativ (Reichenbach), zylindrische Reibungsflächen.

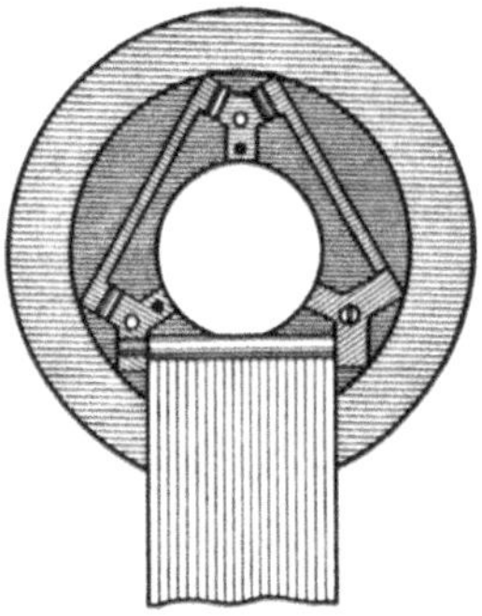

Abb. 120. Berliner Stativ von Meißner, zylindrische, fest mit einer Gußplatte verbundene Achsen (Untenansicht).

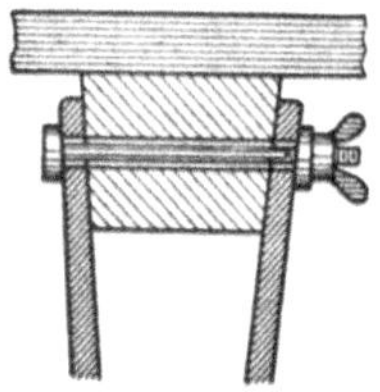

Abb. 121. Französisches Stativ (auch nach Pistor und Martins benannt), ebene Reibungsflächen, kein Fortschritt.

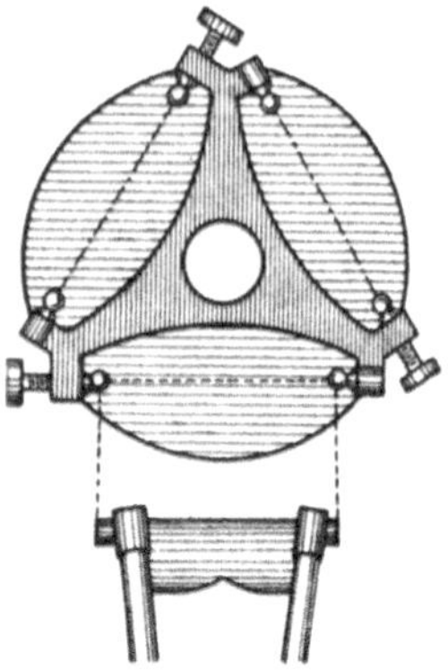

Abb. 122. Wiener Stativ von Starke u. Kammerer, die Enden der Stativbeine besitzen Kugellager (Untenansicht).

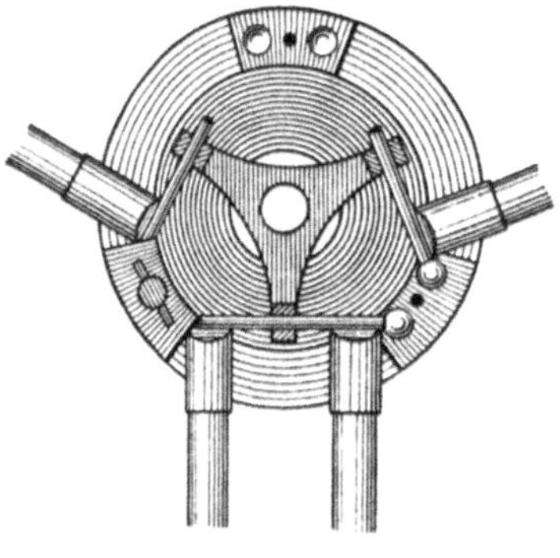

Abb. 123. Stativ von Wolz in Bonn, die kugeligen Enden der Stativbeine ruhen in Kugellagern des Stativkopfes (Untenansicht).

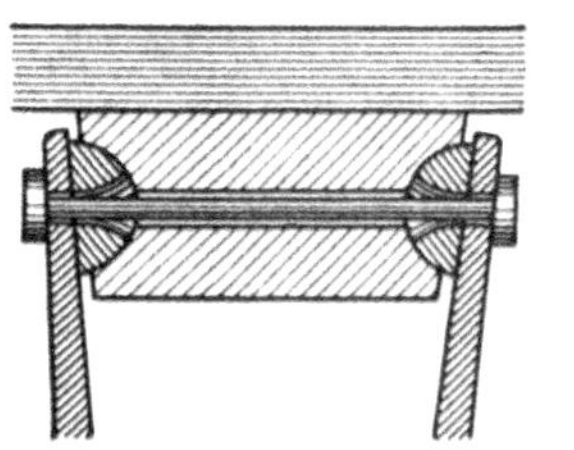

Abb. 124. Pariser Stativ mit Kugelreibung.

Abb. 125. Stativfuß mit Eisenschuh und Trittansatz.

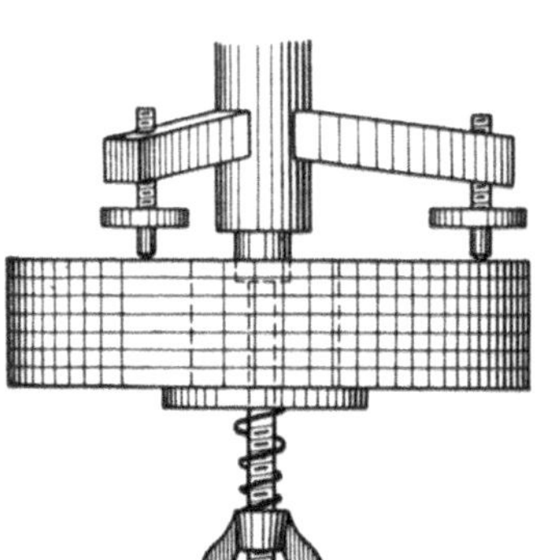

Abb. 126. Verbindung des Instrumentes mit dem Stativ.

satzfläche endigenden Tellerstative in Frage, deren wichtigste Formen in den Abb. 119 bis 124 skizziert sind. Abb. 125 zeigt die gebräuchliche Stativfußausbildung mit Eisenschuh und gut befestigtem Trittansatz. Die feste Verbindung des Instrumentes mit dem Stativkopf erfolgt, wie in Abb. 126 angedeutet ist, mittels Herzschraube und Gegenfeder, die als Spirale oder wie in Abb. 73 als Blattfeder ausgebildet ist.

Um nun den Theodolit lotrecht über einem bestimmten Bodenpunkt aufzustellen, wird das Instrument auf dem schon angenähert horizontierten Stativkopf so verschoben, daß die Spitze eines in den Stengelhaken der Herzschraube eingehängten Lotes unmittelbar über dem Bodenpunkt liegt[1]; hierauf wird die Alhidadenachse angenähert lotrecht gestellt, die hierdurch etwa gestörte Zentrie-

[1] Das im Wind pendelnde Schnurlot verzögert und verschlechtert die Zentrierung und wird wegen dieser unangenehmen Eigenschaft oft durch das starre Lot ersetzt. Es besteht bei der von *Müller* und *Reinecke* (Z. Vermess.-Wes. 1888 S. 115) erstellten Konstruktion im wesentlichen aus

rung noch einmal verbessert und dann erst wird durch Anziehen der Befestigungsmutter und der Gelenkschrauben feste Verbindung des Instrumentes mit der Umgebung hergestellt. Ist durch eine gelungene Berichtigung vor allem der Aufstellungsfehler des Theodolits beseitigt, so werden zur Messung des zwischen den Zielen $L$, $R$ (Abb. 127) liegenden Horizontalwinkels $\alpha_{lr}$ am Zeiger in den Stellungen $Z_l$, $Z_r$ die zu den aufeinanderfolgenden Einstellungen beider Zielpunkte gehörigen Horizontalkreisablesungen $a_l$, $a_r$ ausgeführt, deren Differenz

$$\alpha_{lr} = a_r - a_l \tag{216}$$

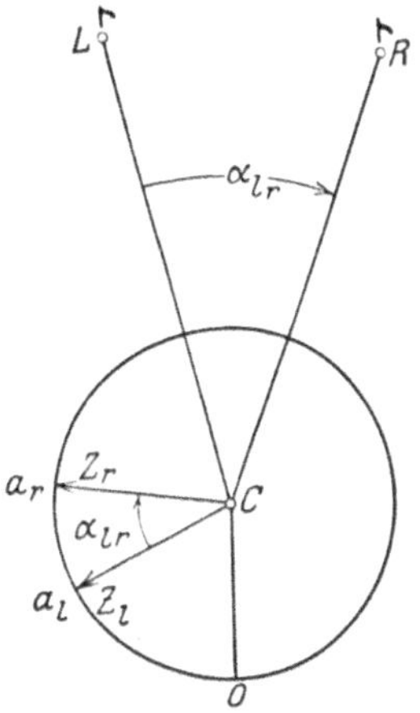


Abb. 127. Horizontalwinkelmessung.

bei berichtigtem Instrument der gesuchte Winkel ist. Beobachtungen in nur einer Fernrohrlage[1], für welche auch der Ziel- und Kippachsenfehler möglichst scharf zu beseitigen sind, werden heute nur für untergeordnete Zwecke verwendet. Gewöhnlich erfolgen die Winkelmessungen in zwei Fernrohrlagen (mit Durchschlagen) so, daß in der ersten Lage von links nach rechts, in der zweiten von rechts nach links eingestellt wird. Erst die Mittel aus den vier zum gleichen Zielpunkt gehörigen Ablesungen (als Gradzahlen werden diejenigen der ersten Ablesevorrichtung in der ersten Fernrohrlage beibehalten) werden zur Winkelberechnung nach (216) verwendet. Diese Art der Winkelmessung und Winkelberechnung, für welche Tabelle 9 ein einfaches Beispiel enthält, nennt man **Tilgungsmessung** oder **Kompensationsmessung**, weil bei diesem Verfahren eine große Zahl von Fehlern (Zielachsenfehler, Kippachsenfehler, ungleiche Dicke der kreiszylindrischen Achszapfen, exzentrische Lage der Alhidade und der Ziellinie, regelmäßige Drehung der Unterlage) unschädlich gemacht wird. Nicht getilgt werden der Aufstellungsfehler der Alhidadenachse, ein Exzentrizitätsfehler des Instrumentes und des Zielpunktes

Tabelle 9.
Standpunkt: Polygonpunkt 6.

| Zielpunkt | Ablesungen in Lage ½ | | Mittel | Winkel |
|---|---|---|---|---|
| | Nonius I | Nonius II | | |
| P. P. 5 | 16° 05′ 20″<br>196 05 40 | 5′ 00″<br>5 30 | 16° 05′ 22″ | 0° 00′ 00″ |
| P. P. 7 | 127 16 40<br>307 17 20 | 17 00<br>17 20 | 127 17 05 | 111 11 43 |

(z. B. Phasenbeleuchtung), der Einfluß einer nicht kreiszylindrischen Form der Achszapfen, sowie die aus einer unregelmäßigen Veränderung der Unterlage entspringenden Fehler. Auch der Einfluß des rein zufälligen Einstell- und Ablesefehlers, sowie der Kreisteilungsfehler[2] bleibt erhalten, kann aber durch mehrfache Wiederholung der Beobachtungen ($n$ Sätze), die mit Rücksicht auf die Kreisteilungsfehler

ineinander verschiebbaren, eine materielle Fortsetzung der Alhidadenachse bildenden Röhren, deren innerste unten in eine Spitze mit Trittansatz endigt. Diese wird beim Gebrauch in den Bodenpunkt getreten und das Instrument auf dem besonders ausgebildeten Stativkopf so verschoben, daß eine mit dem starren Lot verbundene Dosenlibelle einspielt, deren Mittelpunktshalbmesser parallel zur Röhrenachse liegt. Siehe auch das feste Lot von *Löschner* (Z. Vermess.-Wes. 1912 S. 575). Es gibt auch optische Abloteinstrumente, mit denen die Zentrierung auf einige Zehntelmillimeter durchgeführt werden kann. Die entsprechenden Beträge beim starren Lot und beim Schnurlot sind etwa 1 mm bzw. 5 mm.

[1] Noch in der ersten Hälfte des 19. Jahrh. wurden Hauptdreiecksnetzwinkel in nur einer Fernrohrlage gemessen.

[2] Bei allen als gut anzusprechenden Instrumenten bleiben die Kreisteilungsfehler unter 1″.

bei verschiedenen Kreisstellungen (jedesmalige Verstellung $180^0 : n$) erfolgen soll, sehr stark herabgedrückt werden. Bedeutet $m_e$ den mittleren zu einer Einstellung gehörigen Einstellfehler des Fernrohrs und $m_a$ den mittleren Ablesefehler an einer Ablesevorrichtung für eine Fernrohrlage, so lautet der analytische Ausdruck für den hieraus entspringenden mittleren Fehler einer einzelnen aus Beobachtungen in zwei Fernrohrlagen und unter Verwendung zweier Ablesevorrichtungen ermittelten Richtung

$$m_r = \pm \sqrt{\tfrac{1}{2} m_e^2 + \tfrac{1}{4} m_a^2}\,, \tag{217}$$

während

$$m_w = m_r \sqrt{2} = \pm \sqrt{m_e^2 + \tfrac{1}{2} m_a^2} \tag{218}$$

den mittleren Fehler des als Richtungsdifferenz aufgefaßten Winkels angibt[1].

Die entsprechenden, durch das Zeichen $\mu$ charakterisierten mittleren Fehler der aus $n$ solchen Sätzen ermittelten Richtungs- bzw. Winkelmittel sind

$$\mu_r = m_r : \sqrt{n} = \pm \sqrt{\frac{1}{n} \left(\tfrac{1}{2} m_e^2 + \tfrac{1}{4} m_a^2\right)} \quad \text{und} \quad \mu_w = \pm \sqrt{\frac{1}{n} \left(m_e^2 + \tfrac{1}{2} m_a^2\right)}. \tag{219}$$

Als Zielzeichen dienen entweder natürliche oder künstliche Signale. Zu ersteren gehören Türme, Blitzableiter oder andere hervorstechende Punkte an Bauwerken. Bei Blitzableitern wird deren Fußpunkt angezielt, bei Türmen die Stelle, wo der Knopf auf der Helmstange sitzt, wenn es sich um Horizontalwinkelmessungen handelt, dagegen der Kugelmittelpunkt bei Höhenwinkelmessungen. An künstlichen Signalen sind hauptsächlich zu nennen Fluchtstäbe, Zielstangen und Zieltafeln. Erstere sind 2 bis 3 m lange, einige cm dicke, mit Ölfarbanstrich in wechselnden Farben versehene Stäbe (Abb. 128) aus geradfaserigem Tannenholze, welche mit ihrem eisenbeschuhten Fuß lotrecht in den zu bezeichnenden Punkten aufgestellt werden. Zur Lotrechtstellung wird entweder das gewöhnliche Lot oder eine mit einem Anlegewinkel verbundene Dosenlibelle benützt; ein verstellbarer Dreifuß dient vielfach, besonders auf hartem Boden, zur Festhaltung des stets am tiefsten sichtbaren Punkte anzuzielenden Stabes in seiner lotrechten Lage. Auf größere Entfernungen hin verwendet man kräftige 4 bis 5 m lange Stangen, die zur Erhaltung der lotrechten Lage durch Stützen fest verspreizt werden (Abb. 129). Ein vielfach zweifarbiges Bretterkreuz oder ein zweifarbiges im Winde flatterndes Fähnchen machen das Signal auf größere Entfernungen hin sichtbar. Auch besondere quadratische oder kreisförmige Zieltafeln mit Kontrastfarben (Abb. 130) finden Verwendung[2].

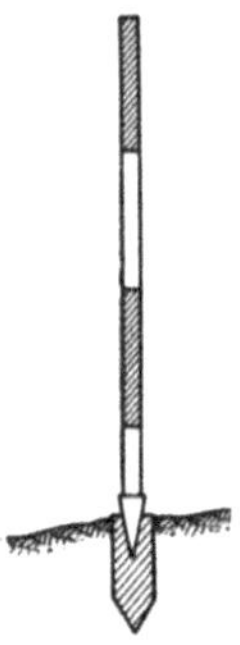

Abb. 128. Fluchtstab.

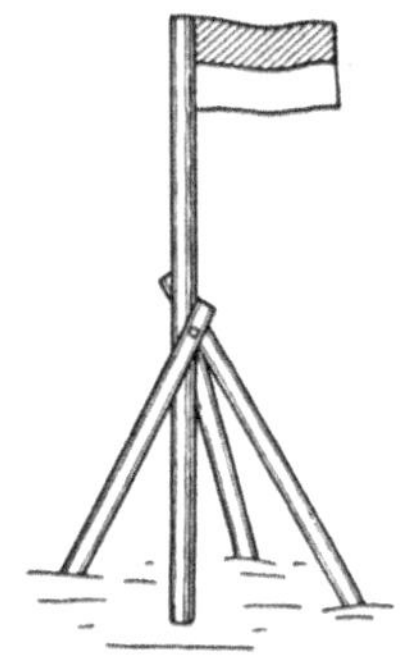

Abb. 129. Signalstange mit Fahne.

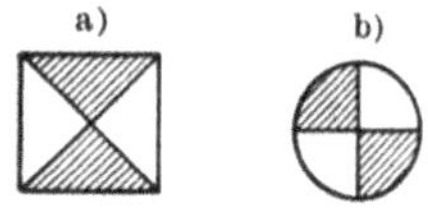


Abb. 130. Zieltafeln.

[1] Die Zahl der an Theodoliten ausgeführten Genauigkeitsuntersuchungen ist eine sehr große. Einige neuere Untersuchungen über Nonientheodolite sind folgende: a) *Klempau:* Untersuchung der Kreis- und Nonienteilung eines 10″-Repetitionstheodoliten usw. Z. Vermess.-Wes. 1912 S. 265 bis 280. b) *Lüdemann:* Über die Genauigkeit neuzeitlicher Nonientheodolite. Landmesser 1913 S. 97ff. c) *Lüdemann:* Über die Genauigkeit von Nonientheodoliten mit 12 cm Durchmesser des Grundkreises aus Reihenerzeugung. Z. Instrumentenkde. 1920 S. 49—56. d) *Heuvelink:* Die Prüfung der Kreisteilungen von Theodoliten und Universalinstrumenten. Z. Instrumentenkde. 1925 S. 70 bis 84. e) *Ackerl, Franz:* Prüfung der Teilung eines Wildschen Universaltheodolits. Öst. Z. Vermess.-Wes. 1926 S. 85—103. f) *Ackerl, F.:* Ermittlung der Zahnkranzfehler einer automatischen Kreisteilmaschine von *G. Heyde* nebst Bestimmung der Strichfehler eines auf dieser Maschine geteilten Kreises. Z. Instrumentenkde. S. 511—525.

[2] Auf sehr große Entfernungen, wie sie bei den Triangulierungsarbeiten der höheren Geodäsie auftreten, werden — manchmal auf sehr hohen Pfeilern — Heliotropenlichter und Lampensignale verwendet.

Wegen der günstigsten Form der Zielzeichen sei auf die in Anmerkung 1, S. 51 genannte Arbeit von *Noetzli* hingewiesen.

## e) Repetitionswinkelmessung.

Zur Repetitionswinkelmessung[1], die zunächst das Mehrfache des gesuchten Winkels ergibt, braucht man einen Theodolit mit doppeltem Achsensystem, einen sog. Repetitionstheodolit (Abb. 131). Bei diesem Instrumente ist die Alhidade wie auch der Kreis um je eine besondere Achse drehbar, die jedoch beide zusammenfallen sollen. Auch soll auf ihnen der Kreismittelpunkt liegen.

Die Repetitionswinkelmessung geht in folgender Weise vor sich. Stellt man das Fernrohr durch Drehung um die Alhidadenachse nacheinander auf $P_l$ (Abb. 132) und $P_r$ ein, so werden die Horizontalkreisablesungen $a_0$, $a_1$ erscheinen, deren zweite durch mechanische Addition des gesuchten Winkels $\alpha$ zu $a_0$ entsteht. Nun wird bei angezogener Alhidadenklemme die Kreisklemme gelöst und die Alhidade mit dem Kreis zurückgeführt, bis der linke Zielpunkt wieder eingestellt ist, ein Vorgang, bei dem die Kreisablesung unverändert erhalten bleibt. Durch die Wiedereinstellung von $P_r$ mittels Drehung der Alhidade um ihre Achse wird $\alpha$ ein zweites Mal zur vorhergehenden Ablesung addiert. Wird nunmehr wieder um die Kreisachse zurückgedreht und das beschriebene Verfahren einigemal wiederholt, so erscheint nach $n$-maliger Addition

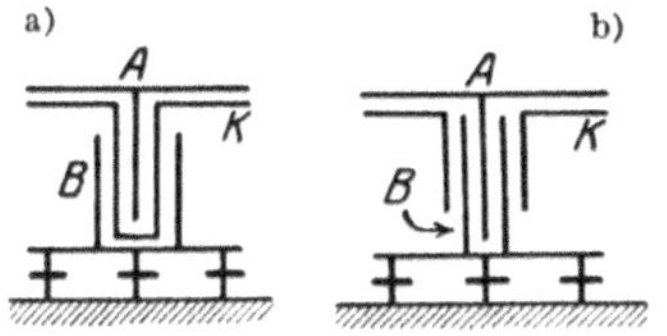

Reichenbachscher Französischer
Repetitionstheodolit (Achsensystem).
Abb. 131.

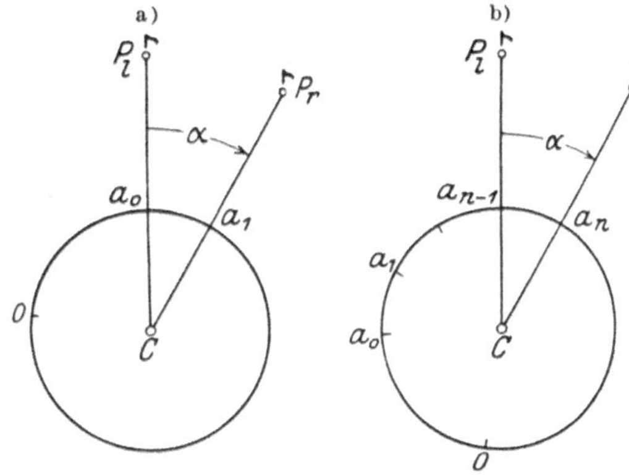

Abb. 132. Vorgang bei der Repetitionswinkelmessung.

(Repetition) des Winkels $\alpha$ zur Anfangsablesung eine Ablesung $a_n = a_0 + n \cdot \alpha$, aus welcher sich der einfache Winkel

$$\alpha = \frac{1}{n}(a_n - a_0) \tag{220}$$

ergibt. Auch hier beobachtet man aus den gleichen Gründen wie früher in zwei Fernrohrlagen, wobei aber in der zweiten Lage durch Rückwärtsdrehen um die Alhidadenachse (Vorwärtsdrehen um die Kreisachse) $\alpha$ stets von der vorhergehenden Ablesung subtrahiert wird, so daß, von Beobachtungsfehlern abgesehen, zum Schluß wieder die Anfangsablesung erscheint. Je nachdem nach dem Durchschlagen die Wiedereinstellung des rechten Zielpunktes mittels Drehung um die Alhidadenachse oder um die Kreisachse (*Gauß*sches Verfahren) erfolgt, sind $a_0$ und $a_n$ bzw. $a_0$ allein Mittelwerte aus Ablesungen in beiden Fernrohrlagen. Für den mittleren Fehler des unter Verwendung zweier Ablesevorrichtungen in zwei Lagen des Fernrohrs je $n$-mal repetierten Winkels ergibt sich der Ausdruck

$$m_w = \pm \sqrt{\frac{1}{n}\left(m_e^2 + \frac{1}{2n} m_a^2\right)} \quad \text{bzw.} \quad m'_w = \pm \sqrt{\frac{1}{n}\left(m_e^2 + \frac{3}{4n} m_a^2\right)}, \tag{221}$$

je nachdem nach dem Durchschlagen um die Alhidadenachse oder um die Kreisachse gedreht worden ist.

Da die beiden Theodolitachsen niemals genau zusammenfallen, so muß man sich auf die Lotrechtstellung einer Achse, und zwar der Kreisachse beschränken. Unter

[1] Die Repetitionswinkelmessung wurde um 1780 von dem Göttinger Astronomen *Tobias Mayer* erfunden.

dieser Voraussetzung ist es, wie *Helmert*[1] gezeigt hat, möglich, den Einfluß einer Achsenschiefe dadurch zu eliminieren, daß man eine Wiederholungszahl $n$ wählt, welche den $n$-fachen Winkel zu einem (annähernd) ganzen Vielfachen des Kreisumfanges macht.

Ein Vergleich der Fehlerausdrücke (219) und (221) zeigt den mit der Repetitionszahl $n$ stark abnehmenden Einfluß des Ablesefehlers und weist darauf hin, daß ein Instrument mit einem leistungsfähigen Fernrohr und einer schlechten Ablesevorrichtung besser zur Repetitionswinkelmessung als zur einfach wiederholten Winkelmessung verwendet wird. Der Repetitionstheodolit, welcher nach der Achsenanordnung entweder nach *Reichenbach* (von innen nach außen: Alhidadenzapfen, Kreisbüchse, Dreifußbüchse) benannt oder als französischer Repetitionstheodolit (Alhidadenzapfen, Dreifußbüchse, Kreisbüchse) bezeichnet wird, besitzt neben seinen unbestreitbaren Vorzügen leider auch systematische Fehlerquellen, die seine Verwendung zu Messungen erster Ordnung ausschließen[2].

## f) Höhenwinkelmessung.

Zur Festlegung einer Richtung $CP_1$ oder $CP_2$ gegen den Horizont $HH$ oder das Lot $CP_z$ dient der Höhenwinkel $\alpha$, der Zenitabstand $\zeta$, der Tiefenwinkel $\alpha'$ oder der Nadirabstand $\zeta'$. Die nähere Bedeutung dieser Größen folgt unmittelbar aus Abb. 133, in welchen $P_z$ den Zenitpunkt und $P_n$ den Nadirpunkt des Lotes bezeichnen. Ihre Messung kann mit jedem Theodolit erfolgen, der mit einem meist fest auf der Kippachse sitzenden Höhenkreis oder doch mit einem Höhenbogen ausgerüstet ist. Die Ermittlung des Zenitabstandes $\zeta$ einer Richtung $CP$ (Abb. 134) geschieht unter der Voraussetzung eines Vollkreises mit durchlaufend beziffertem Kreisumfange in folgender Weise. Man bringt bei lotrecht gestellter Alhidadenachse das Fernrohr in diejenige als Lage $I$ bezeichnete Stellung, für welche bei einer Fernrohrkippung der Zenitabstand und die Ablesung am Höhenkreis sich im gleichen Sinne ändern[3], und erhält nach Einstellung von $P$ eine Lage $I$ der Ziellinie und die Ablesung $a_1$ am Höhenkreis. Nach einer Drehung der Alhidade um 180° gelangt die Ziellinie in die Lage $I'$ (Beobachter mitgedreht!), welche mit dem Lot ebenso wie $I$ den Winkel $\zeta$ einschließt. Eine Kippung des Fernrohrs bis zur Wiedereinstellung von $P$ verlangt also eine Fernrohrdrehung $2\zeta$. In dieser neuen Stellung besitzt die Zielachse die Lage $II$ und die am Höhenkreis erscheinende Ablesung $a_2$ ist um $2\zeta$ kleiner als $a_1$, so daß der Zenitabstand

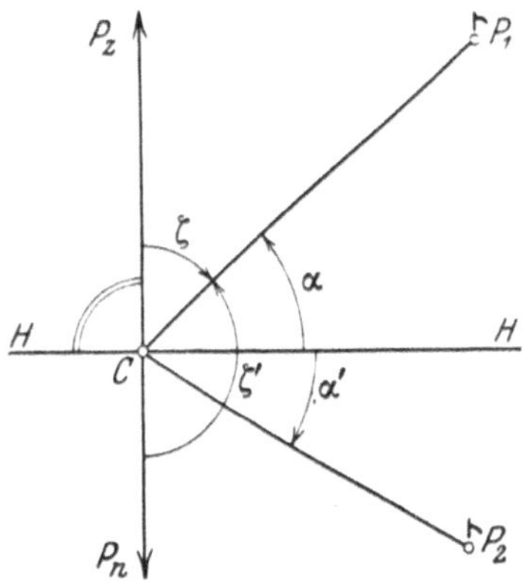

Abb. 133. Richtungsbestimmung im lotrechten Sinne.

$$\zeta = \tfrac{1}{2}(a_1 - a_2) \qquad (222)$$

und der Höhenwinkel $\alpha = 90^0 - \zeta$ wird.

Der Unterschied

$$v_z = \zeta - a_1 = -\tfrac{1}{2}(a_1 + a_2) \qquad (223)$$

---

[1] *Helmert:* Über das Vertikalachsensystem des Repetitionstheodoliten. Z. Vermess.-Wes. 1876 S. 296—300.

[2] Siehe hierzu: a) *Friebe:* Über das Mitschleppen des Limbus und verwandte Fehler bei Repetitionstheodoliten. Z. Vermess.-Wes. 1894 S. 333. b) *Nippa:* Über die Verschiebungen der Alhidade gegen den Limbus bei Repetitionstheodoliten französischer Form. Z. Vermess.-Wes. 1896 S. 675. c) *Israel:* Zur Theorie der einseitig wirkenden Instrumentalfehler an Repetitionstheodoliten. Borna-Leipzig 1912. d) *Rösch, A.:* Zur Beurteilung der Repetitionsmessungen und ihrer Fehler sowie ihrer praktischen Ergebnisse bei der ersten Triangulierung Bayerns auf Grund eines neugebildeten Hauptdreiecksnetzes (nicht veröffentlicht).

[3] Bei berichtigtem Instrument ist also die Beobachtung in Lage I unmittelbar die gesuchte Größe.

stellt die Zeigerverbesserung oder Indexverbesserung des Höhenkreises dar, welche zur Beobachtung $a_1$ in der ersten Lage hinzugefügt, den Zenitabstand $\zeta$ ergibt. Da bei einer sorgfältigen Behandlung des Instrumentes $v_z$ konstant bleibt, so bildet seine jedesmalige Ableitung bzw. die Unveränderlichkeit der Summe $a_1 + a_2$ eine willkommene Beobachtungsprobe (Standprobe).

Besitzt das Instrument nur eine zur Zielebene senkrechte Libelle, so ist vor Beginn der Messung die Alhidadenachse scharf lotrecht zu stellen. Von dieser scharfen Beseitigung des Aufstellungsfehlers kann nur dann abgesehen werden, wenn eine mit der Alhidade des Horizontalkreises oder den Fernrohrstützen verbundene, zur Zielebene parallele Libelle vor der scharfen Einstellung des Zielpunktes mittels einer geeignet liegenden Fußschraube genau zum Einspielen gebracht wird. Manche Theodolite besitzen auch eine direkt mit der Höhenalhidade verbundene, mit dieser unabhängig

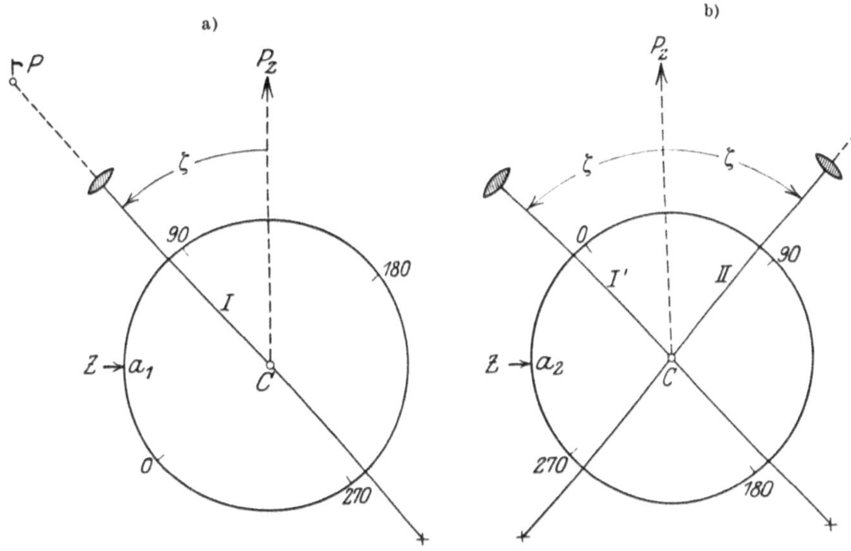


Abb. 134. Messung von Zenitabständen.

vom Fernrohr verstellbare Versicherungslibelle, die mittels besonderer Feinstellschraube erst unmittelbar vor der Kreisablesung zum Einspielen gebracht wird.

Ein Zahlenbeispiel für die Zenitwinkelmessung mit einem von 0 bis 360° bezifferten Kreis enthält Tabelle 10.

Tabelle 10.
Standpunkt $P_i$, Zielpunkt $P_k$, Instrumentenhöhe 1,38 m.

| Lage | Kreisablesungen | | Mittel | Berechnung |
|---|---|---|---|---|
| | Nonius I | Nonius II | | |
| I | 50° 10′ 15″ | 10′ 45″ | 50° 10′ 30″ | $2\zeta =$ 100° 21′ 40″ |
| II | 309 49 00 | 48 40 | 309 48 50 | $\zeta =$ 50 10 50 |
| | | $a_1 + a_2 =$ | 359 59 20 | $\alpha =$ 39 49 10 |
| | | | $v_z = +20''$ | |

Zur Steigerung der Genauigkeit werden mehrere Sätze beobachtet. Bei einem Fernrohr, welches drei Horizontalfäden, also auch drei Zielachsen besitzt, ist dies recht einfach dadurch zu erreichen, daß nacheinander alle drei Fäden auf das Ziel eingestellt werden.

Manchmal dienen zur Zenitwinkelmessung Vollkreise, deren Teilung von 0° aus beiderseits bis 180° anwächst (Abb. 135). An solchen Halbkreisteilungen mit gegenläufiger Bezifferung ändern sich bei einer Fernrohrkippung die Beobachtungen $a_1'$, $a_2'$ an der einen Ablesevorrichtung — es sei Nonius I — in beiden Fernrohrlagen im Sinne der Zenitabstände $\zeta$, während die zur anderen Ablesevorrichtung gehörigen Beobachtungen $a_1''$, $a_2''$ sich wie die Nadirabstände $\zeta'$ ändern. Ist $I$ (Abb. 135a) die Lage der Zielachse bei der ersten Einstellung von $P$, $I'$ (Abb. 135b) ihre Stellung nach Umstellung der Alhidade, so muß man um $\zeta + \zeta = a_1' + a_2'$ drehen, um in die Lage $II$ der Zielachse nach Wiedereinstellung von $P$ zu kommen. Es wird also

$$\zeta = \tfrac{1}{2}(a_1' + a_2') \quad \text{bzw.} \quad \zeta' = \tfrac{1}{2}(a_1'' + a_2''). \tag{224}$$

Die Beziehung $\zeta + \zeta' = 180^0$ kann als Probe dienen.

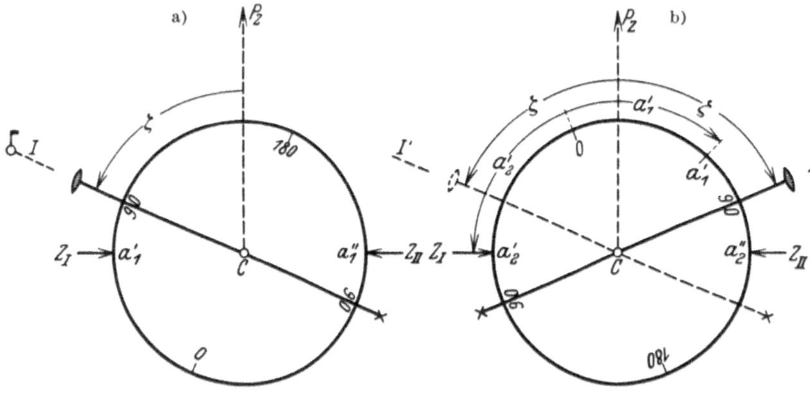

Abb. 135. Zenitwinkelmessung mit gegenläufigen Halbkreisteilungen.

Ist der Kreis, wie in Abb. 136 angedeutet, nach Quadranten beziffert, so ergibt sich aus den in beiden Fernrohrlagen ausgeführten Ablesungen $a_1$, $a_2$ unmittelbar der Höhenwinkel

$$\alpha = \tfrac{1}{2}(a_1 + a_2). \tag{225}$$

Aber auch der Tiefenwinkel $\alpha'$ ist bei Verwendung einer Quadrantenteilung durch den gleichen Ausdruck

$$\alpha' = \tfrac{1}{2}(a_1 + a_2) \tag{226}$$

bestimmt. Die Entscheidung, ob Höhen- oder Tiefenwinkel, gibt bei schwach geneigter Sicht ein Blick auf den Blasenstand der Fernrohrlibelle (Höhenwinkel, wenn Blase am Objektivende) oder das Vorzeichen, welches der zur Ablesung benützte Flügel des hier notwendigen Doppelnonius trägt.

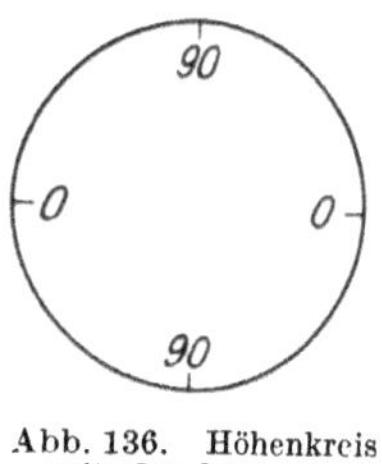


Abb. 136. Höhenkreis mit Quadrantenbezifferung.

Häufig besitzt das Instrument nur einen Höhenbogen, an dem nur in einer Fernrohrlage abgelesen werden kann. Hier muß natürlich vor der Messung die Berichtigung soweit durchgeführt werden, daß die Ablesung am Höhenbogen unmittelbar den Höhenwinkel bzw. den Zenitabstand angibt oder daß man doch die Zeigerverbesserung (Indexfehler) kennt, durch deren Hinzufügen zur Ablesung diese berichtigt wird. Die Bestimmung und Beseitigung des Zeigerfehlers am Höhenkreis ist je nach der Bauart des Instrumentes verschieden, läuft aber immer darauf hinaus, die zur lotrechten Alhidadenachse und horizontalen Ziellinie gehörige Kreisablesung bzw. deren Abweichung gegen ihren Sollbetrag zu finden und wo möglich, diese Abweichung durch ein Verschieben des Nonius zu beseitigen. Im schlimmsten Falle kann man sich immer mit Gegenbeobachtungen helfen. Richtet man das über $A$ (Abb. 137) mit lotrechter Alhidadenachse aufgestellte Instrument auf den Punkt $i_1$ ($i_1$ = Instrumentenhöhe in $A$) einer in $B$ stehenden, lotrechten, geteilten Latte, so besitzen Zielachse und Linie $AB$ denselben Höhenwinkel $\alpha$, während am

Höhenbogen eine Ablesung $a_1$ erscheint. Werden Instrument und Latte vertauscht, so liefert der entsprechende Vorgang für den Tiefenwinkel $\alpha' = \alpha$ eine Ablesung $a_2$. Ist $v_z$ die der Höhenwinkelangabe entsprechende Zeigerverbesserung, so gelten die Beziehungen

$$v_z = \tfrac{1}{2}(a_2 - a_1), \qquad \alpha = a_1 + v_z = \tfrac{1}{2}(a_1 + a_2), \tag{227}$$

nach denen der Zeigerfehler bestimmt und gegebenenfalls rechnerisch berücksichtigt werden kann.

Ist der Bogen nach Zenitabständen beziffert und sind $a_1$, $a_2$ wieder die Ablesungen in den beiden Aufstellungen $A$, $B$, so ergeben sich für den Zeigerfehler und für den zur ersten Beobachtung gehörigen Zenitabstand die Ausdrücke

$$\left.\begin{aligned} v_z &= 90^0 - \tfrac{1}{2}(a_1 + a_2), \\ \zeta &= a_1 + v_z = 90^0 + \tfrac{1}{2}(a_1 - a_2). \end{aligned}\right\} \tag{228}$$

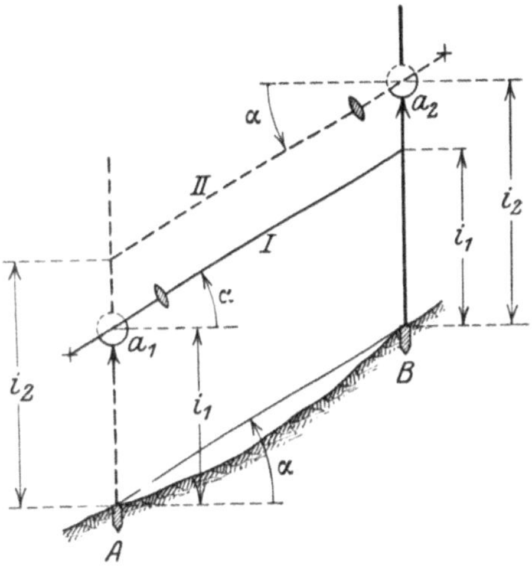

Abb. 137. Bestimmung des Zeigerfehlers am Höhenbogen aus Gegenbeobachtungen.

Zum Einfluß der Achsenfehler auf die Höhenwinkelmessung sei bemerkt, daß der Zielachsenfehler, der Kippachsenfehler und die in der Kippachsenrichtung liegende Komponente des Aufstellungsfehlers Ablesungsänderungen verursachen, die, wenn man die genannten Fehler als kleine Größen erster Ordnung auffaßt, nur kleine Größen zweiter Ordnung sind. Sie liegen bei einer einigermaßen sorgfältig durchgeführten Instrumentenberichtigung weit innerhalb der Grenzen der Beobachtungsfehler und können daher vernachlässigt werden. Die zur Zielebene parallele Komponente des Aufstellungsfehlers aber, die ganz in die Höhenwinkelmessung eingehen würde, wird durch das Einspielenlassen einer zur Zielebene parallelen Libelle unschädlich gemacht.

Der analytische Ausdruck[1] für den Einfluß des Zielachsenfehlers $c$ und des Kippachsenfehlers $i$ auf den Zenitwinkel $\zeta$ lautet

$$d\zeta = \frac{1}{\varrho''} \cdot \frac{c \cdot i}{\sin \zeta} - \frac{1}{2\varrho''}(c^2 + i^2) \operatorname{ctg} \zeta. \tag{229}$$

Hierin sind $d\zeta$ (Verbesserung), $c$ und $i$ in Sekunden zu nehmen.

Eine den Höhenkreisablesungen eigentümliche Fehlerquelle ist die mit dem sin des Zenitabstandes wachsende Fernrohrbiegung. Der größte, bei waagrechtem Fernrohr auftretende Fehler ist meist nur von der Größenordnung einer Sekunde. Für ingenieurtechnische Zwecke ist daher die Fernrohrbiegung belanglos[2].

Die Genauigkeit der Höhenwinkelmessung ist, abgesehen vom Einfluß der atmosphärischen Strahlenbrechung[3] prinzipiell nahezu dieselbe wie bei der Horizontalwinkelmessung. Bei einem sog. (astronomischen) Universalinstrument, dessen Höhenkreis von derselben Güte wie der Horizontalkreis ist, werden daher die Höhenwinkelmessungen den Horizontalwinkelmessungen ungefähr gleichwertig sein; bei den meisten Theodoliten bleibt allerdings wegen der geringeren Dimension des Höhenkreises die Genauigkeit der Höhenwinkel hinter derjenigen der Horizontalwinkel.

---

[1] Eine Ableitung siehe bei *Herr* und *Tinter:* Lehrbuch der sphärischen Astronomie S. 267. Wien 1887.

[2] Siehe hierzu *v. Haimberger, Paul:* Über die Bestimmung der Fernrohrbiegung. Z. Vermess.-Wes. 1910 S. 697—711.

[3] Siehe die späteren Ausführungen über die trigonometrische Höhenmessung.

# 16. Andere Instrumente zur Messung beliebiger Horizontalwinkel.

Mit geringerer Genauigkeit wie mit dem Theodolit kann man beliebige Horizontalwinkel auch mit anderen Instrumenten messen. Als solche kommen hauptsächlich in Betracht die Winkeltrommel[1], die Prismentrommel und die Bussole.

## a) Die Winkeltrommel.

Dieses meist mittels einer Steckhülse auf einem Zapfenstativ befestigte Instrument (Abb. 138) besteht aus zwei zylindrischen Trommeln $A$ und $B$, deren gemeinsame Achse bei der Aufstellung mit Hilfe einer Dosenlibelle $D$ durch Verstellen der Stativbeine lotrecht gestellt wird. Der untere Zylinder $B$ ist eine festliegende, die Kreisteilung tragende Büchse, gegen den mittels einer in einen Zahnkranz greifenden Triebschraube $T$ der obere Teil $A$ gedreht werden kann. Dieser trägt den manchmal mit einem Nonius ausgerüsteten Ablesezeiger $Z$ und mindestens zwei diametrale Spalten mit Schaulöchern, die zusammen ein Diopter bilden, das hier an Stelle des Fernrohrs zur Einstellung der Punkte benützt wird. Vielfach trägt der Mantel des beweglichen Zylinders noch drei weitere gleichabständige Diopter, so daß das Instrument auch als Zylinderkreuzscheibe zum Abstecken von rechten und von 45°-Winkeln dienen kann. Der gesuchte Horizontalwinkel ist die Differenz der zu den Punkteinstellungen gehörigen Trommelablesungen. Diesem rohen Instrument entspricht günstigenfalls ein mittlerer Winkelfehler von etwa $\pm 2'$.

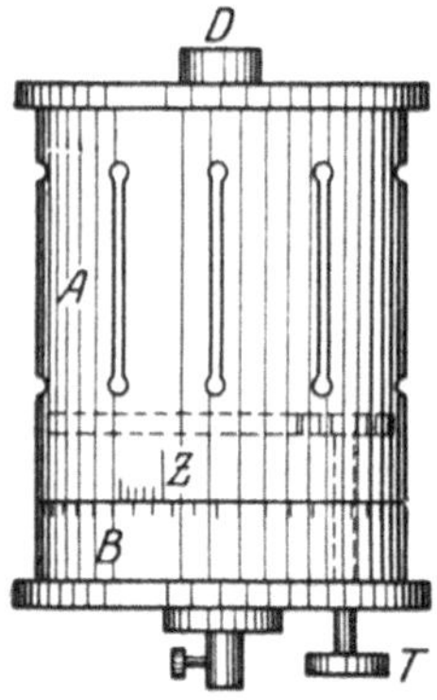

Abb. 138. Winkeltrommel.

## b) Die Prismentrommel.

Bei diesem meist aus freier Hand oder auch auf einem Stock zu gebrauchenden Instrument, dessen Genauigkeit etwa derjenigen der Winkeltrommel entspricht, liegen in einem zylindrischen Gehäuse zwei rechtwinklig gleichschenklige Prismen (Abb. 139) so übereinander, daß die Schnittkante der Hypotenusenflächen in die Zylinderachse fällt. Diese Flächen wirken wie ebene Spiegel. Die Prismentrommel wird bei lotrechter Achse verwendet, und zwar wird das mit einem Zeiger verbundene, bewegliche, gegen das fest im Gehäuse sitzende Prisma so gedreht, daß die von zwei Punkten $L$ und $R$ her auffallenden und die Prismen verlassenden Strahlen aus derselben Richtung kommen. Dann ist der an einer auf dem Gehäuse befindlichen Teilung abzulesende Winkel $\alpha$ beider Hypotenusenebenen die Hälfte des Horizontalwinkels $\psi$, unter dem vom Instrumente aus der Abstand der

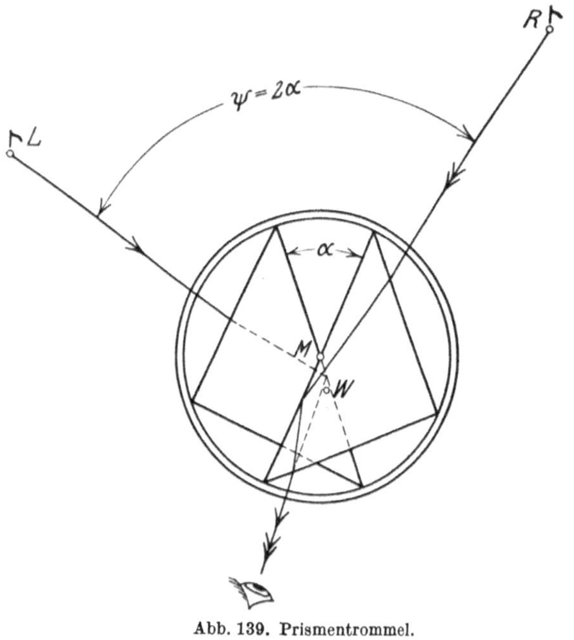

Abb. 139. Prismentrommel.

[1] Nur noch historisches Interesse besitzt der zu Anfang des 17. Jahrhunderts noch von *Snellius* verwendete holländische Kreis oder das Scheibeninstrument.

Punkte $L$, $R$ erscheint. Strenggenommen liegt der Scheitel dieses Winkels $\psi$ nicht in der Instrumentenmitte $M$, sondern in einem Punkte $W$, welcher durch die Verlängerungen der von $L$ und $R$ kommenden Strahlen bestimmt wird. Die Prismentrommel, welche eigentlich nur eine einfachere Form des *Steinheil*schen Prismenkreises[1] vorstellt, findet hauptsächlich bei der Kreisbogenabsteckung Verwendung.

## c) Die Bussole.

Die Verwendung der Bussole[2] zur Richtungsmessung beruht auf der Richtkraft, die das erdmagnetische Feld auf die Magnetnadel ausübt. Da diese Richtkraft für kürzere Zeiträume und in Nachbarorten sich nicht merklich ändert, so läßt sich die Magnetnadel als ein während der Messung stets gleich gerichteter Zeiger betrachten, mit dessen Hilfe an einer drehbaren Kreisteilung abzulesen ist. Im Gegensatz zum Theodolit handelt es sich hier im allgemeinen um eine festgerichtete Alhidade und einen beweglichen Kreis, welchem Umstande meist durch eine linkssinnige (entgegengesetzt dem Uhrzeigersinn bezifferte) Teilung Rechnung getragen wird. Als die wichtigsten der nach ihrem Zweck verschieden eingerichteten Bussolen sind zu nennen: der Taschenkompaß und die Schmalcalder-Bussole[3] als Freihandinstrumente für besonders flüchtige Aufnahmen; der für Bussolenmeßbandzüge wichtige Stockkompaß, ferner der auf einem Stativ verwendete Feldmesserkompaß, die Aufsatzbussole, die verschiedenen Orientierbussolen und die teils als Stativinstrumente, teils als Hängeinstrumente ausgebildeten Bergkompasse.

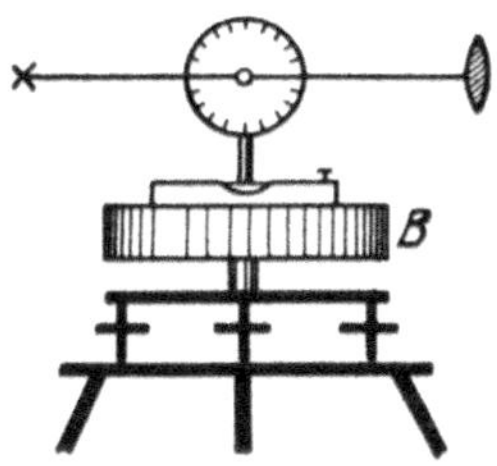


Abb. 140. Stativkompaß mit Dreifuß.

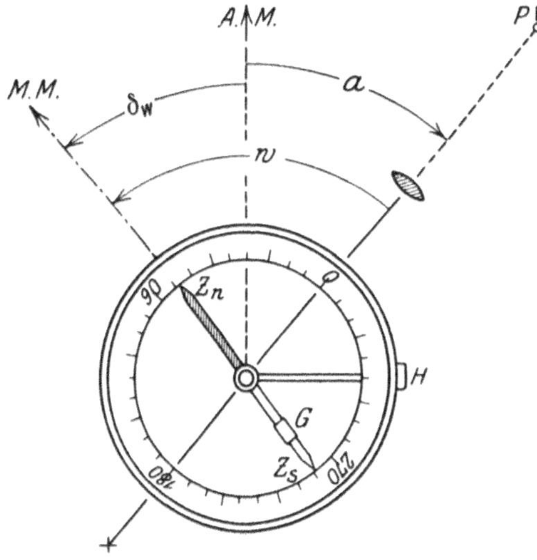


Abb. 141. Kompaßbüchse im Grundriß.

Das für die Messungen über Tage wichtigste Magnetinstrument ist der auch als Feldmesserbussole bezeichnete Stativkompaß, auf den im folgenden an Hand der Abb. 140 bis 142 kurz eingegangen werden soll. Auf einem durch ein Tellerstativ getragenen Dreifuß ruht eine Bussole $B$, deren zur Stehachse senkrechte Kreisebene mittels einer Libelle horizontal gestellt werden kann. Als Zielvorrichtung dient ein meist mit Höhenkreis oder Höhenbogen und mit Distanzfäden ausgestattetes Meßfernrohr. In der Mitte der Kreisteilung befindet sich eine als Pinne bezeichnete konische, feine Stahlspitze, auf welcher mittels eines als Hohlkonus ausgebildeten Achathütchens eine meist hochkantig gestellte, etwa 10 bis 12 cm lange Magnetnadel schwingt, deren entweder spitz zulaufende oder mit Strichen versehene

[1] Eine von *Steinheil* herrührende Beschreibung des Prismenkreises enthalten die Astronomischen Nachrichten Bd. 11 (1834) S. 43—48 u. 105—119.

[2] Zur Geschichte der Bussole siehe *Gerland, E.:* Der Kompaß bei den Arabern und im christlichen Mittelalter. Mitt. z. Geschichte d. Med. u. Naturw. 1906 S. 9—19. Hiernach war der Kompaß bei den Chinesen schon in vorchristlichen Zeiten in Gebrauch.

[3] Die Schmalcalder-Bussole wird auch als Stockinstrument gebraucht.

Enden unmittelbar als Ablesezeiger $Z_n$ und $Z_s$ dienen. Die Nadel, deren Nordhälfte durch Blauanlauf kenntlich gemacht ist, wird, solange sie nicht im Gebrauch ist, besonders aber beim Transport zur Schonung mittels einer Hemmung $H$ von der Pinne abgehoben und gegen einen die Bussole abschließenden Glasdeckel gepreßt. Ein manchmal vorhandenes Gleitstück $G$ dient zur Horizontallegung der Nadel mit Rücksicht auf die wechselnde Inklination. Außer der Magnetnadel und der Pinne darf das Instrument keine magnetischen Bestandteile, besonders weder Eisen noch Nickel enthalten. Das kippbare Zielfernrohr ist so angeordnet, daß es sich mit dem Kreis dreht und daß dessen Nullhalbmesser in der Zielebene liegt.

Wird nun bei lotrechter Stehachse des Instruments dessen Zielvorrichtung auf einen Punkt $P$ eingestellt, so ist die am Nordende $Z_n$ der Nadel erscheinende Ablesung $w$ derjenige als magnetischer Streichwinkel der eingestellten Richtung bezeichnete Winkel, welchen die Zielebene mit der Lotebene durch den magnetischen Meridian $M.M.$ einschließt. Er ist um die westliche magnetische Deklination $\delta_w$ (Mißweisung) größer als das vom astronomischen Meridian $A.M.$ aus gezählte astronomische Azimut $a$. Es gelten also die Beziehungen

$$w = a + \delta_w \quad \text{und} \quad a = w - \delta_w, \tag{230}$$

vorausgesetzt, daß der Nullhalbmesser in der zur Kippachse senkrechten Zielebene liegt und die durch die Nadelenden gehende geometrische Nadelachse $A_g$ (Abb. 142) mit der durch die Pole $P_n$, $P_s$ bestimmten magnetischen Nadelachse $A_m$ zusammenfällt. Beides trifft niemals genau zu, und man spricht dann von einem Orientierungsfehler $\vartheta'$ der Bussole gegen die Zielvorrichtung bzw. einem Kreuzungsfehler $\vartheta''$ der beiden Nadelachsen. Bezeichnet $w'$ die wirklich ausgeführte, gefälschte Ablesung und $\vartheta = \vartheta' + \vartheta''$ den gesamten Zeigerfehler, so gilt offenbar

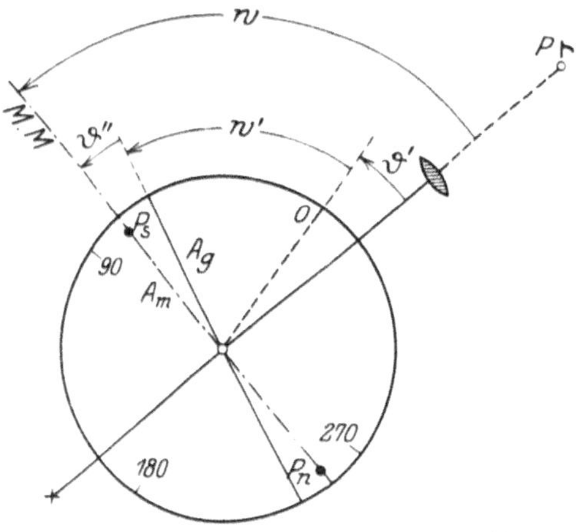

Abb. 142. Orientierungs- und Kreuzungsfehler.

$$w = w' + \vartheta \quad \text{und} \quad a = w' + \vartheta - \delta_w = w' - \Delta, \tag{231}$$

wenn zur Abkürzung $\delta_w - (\vartheta' + \vartheta'') = \delta_w - \vartheta = \Delta$ gesetzt wird. Am einfachsten kann man die Reduktionsgröße $\Delta$ ermitteln, wenn für eine Richtung mit bekanntem astronomischen Azimut $a_0$ der zugehörige Streichwinkel $w_0'$ beobachtet wird. Nach Gl. (231) ist nämlich die gesuchte Größe

$$\Delta = w_0' - a_0\,. \tag{232}$$

Ist sie aufgestellt, so liefert der Ausdruck $a = w' - \Delta$ sofort die astronomischen Azimute. Vollständig Entsprechendes gilt, wenn an Stelle der astronomischen Azimute die später ausführlicher zu besprechenden Richtungswinkel treten.

Den Winkel $\alpha$, welchen die Sicht nach $P$ mit der Parallelen $p^x$ (Abb. 143) zur Abszissenachse durch den Anfangspunkt $C$ der Sicht einschließt, bezeichnet man als ihren Richtungswinkel. Er ist

$$\alpha = a - \varkappa\,, \tag{233}$$

wo $\varkappa$ die sog. Meridiankonvergenz bedeutet. In der sphärischen Geodäsie wird gezeigt, daß

$$\varkappa'' \approx \Delta\lambda'' \cdot \sin\varphi \approx \varrho'' \frac{y}{r}\,\mathrm{tg}\,\varphi\,. \tag{234}$$

Hierin sind $\varkappa$ und $\Delta\lambda$ in Sekunden zu verstehen; letzteres ist die von der Abszissenachse aus nach Osten positiv gezählte geographische Länge des Beobachtungsortes, $\varphi$ ist seine geographische Breite, $y$ seine Ordinate (allgem. System) und $r \approx 6370$ km der Erdhalbmesser. Mit diesen Angaben ist jederzeit der Übergang von astronomischen Azimuten auf Richtungswinkel und umgekehrt möglich. Man kann aber viel einfacher unmittelbar von den beobachteten Streichwinkeln $w'$ auf die Richtungswinkel

$$\alpha = w' - \Gamma \tag{235}$$

kommen, wenn die Reduktionsgröße

$$\Gamma = w_0' - \alpha_0 \tag{236}$$

durch Beobachten eines Strahles von bekanntem Richtungswinkel $\alpha_0$ ermittelt wird.

Unter der Nadelabweichung $g_w$ versteht man den nach West positiv gezählten Winkel des magnetischen Meridians $M.M.$ mit der Parallelen $p^x$ zur Abszissenachse. Nach Abb. 143 bestehen die Beziehungen

$$g_w = \delta_w + \varkappa\,, \qquad \alpha = w - g_w\,. \tag{237}$$

Hinsichtlich der Achsenfehler der Bussole sei folgendes bemerkt. Der Kippachsenfehler und der Zielachsenfehler verhalten sich wie beim Theodolit; sie kommen aber, trotzdem nur in einer Fernrohrlage beobachtet wird, neben dem größeren Gesamteinfluß des Einstell- und Ablesefehlers kaum ernsthaft in Betracht, wenn das Instrument einigermaßen berichtigt ist. Der Einfluß einer exzentrischen Lage der Pinne zum Kreismittelpunkt und derjenige einer Nadelknickung ist im Mittel der an beiden Nadelenden ausgeführten Ablesungen nicht mehr enthalten. Eine exzentrische Lage der Bussole übt auf die Beobachtungen überhaupt keinen Einfluß aus und der Einfluß einer exzentrischen Lage der Zielvorrichtung würde im Mittel der in zwei Fernrohrlagen ausgeführten Beobachtungen verschwinden. Lediglich die vorher genannte Abweichung der geometrischen Nadelachse aus dem magnetischen Meridian[1] kann nicht ganz so einfach unschädlich gemacht werden; sie kann jedoch besonders bei hochkantig gestellten Nadeln von vornherein sehr klein gehalten werden und ist im übrigen in den nach Gl. (232) bzw. (236) bestimmten Reduktionsgrößen $\Delta$ und $\Gamma$ berücksichtigt.

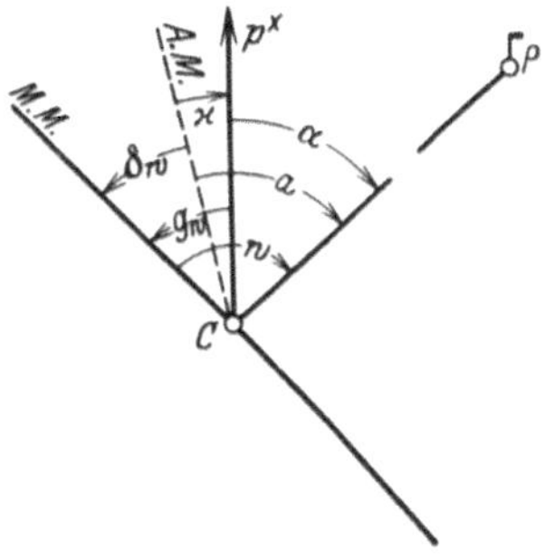


Abb. 143. Magnetische Streichwinkel, astronomische Azimute und Richtungswinkel.

Die magnetische Deklination[2] ist nicht nur mit dem Ort, sondern auch mit der Zeit veränderlich. Neben der säkularen Änderung treten auch mit der Tageszeit Schwankungen der magnetischen Deklination auf, die im Winter am kleinsten, im Sommer am größten sind. Nach Angaben von *Messerschmitt*[3] betragen im Sommer die täglichen Abweichungen der Deklination von ihrem Tagesmittel bis zu 4'. Außer-

[1] Sie kann bei Nadeln, welche ein Doppelhütchen besitzen, durch Umlegen der Nadel bestimmt werden.

[2] Seit Jahrzehnten gibt *K. Haußmann* magnetische Karten des Deutschen Reiches heraus. Seine zuletzt bearbeitete Isogonenkarte (Maßstab = 1 : 1000000) gilt für 1930,5. Hiernach war die westliche Mißweisung $\delta_w$ im genannten Zeitpunkt in Aachen 9,1°, Hannover 7,5°, Braunschweig 6,8°, Berlin 5,4°, Danzig 3,1°, Königsberg 1,0°, Dresden 5,5°, Breslau 3,6°, Darmstadt 7,6°, Karlsruhe 7,7°, Stuttgart 7,3° und in München 6,1°. Die jährliche Abnahme von $\delta_w$ beträgt in Mitteleuropa gegenwärtig rund 0,2°. Aus den *Haußmann*schen Karten von 1925,5 entnommene Deklinationen sind zur Überführung auf 1930,5 um 1,0° zu verkleinern.

Über den Stand der erdmagnetischen Vermessung in Deutschland unterrichtet uns *Haußmann, Karl:* Mitt. des Reichsamts für Landesaufnahme 1929/30 S. 277—285. Siehe ferner *Burmeister, F.:* Erdmagnetische Landesaufnahme von Bayern für 1909,0 u. 1925,5. München 1928 und Erdmagnetische Vermessung der Rheinpfalz. München 1932. (Veröffentl. d. Erdphysikalischen Warte bei der Sternwarte in München.)

[3] *Messerschmitt:* Die Mißweisung der Magnetnadel. Z. Vermess.-Wes. 1903 S. 681—686.

dem ist auch mit plötzlichen unregelmäßigen Deklinationsänderungen zu rechnen. Aus diesen Gründen eignet sich die Bussole nur für diejenigen ingenieur-technischen Messungen über Tage, deren Genauigkeitsgrad es erlaubt, die während der Dauer der Messungen etwa eintretenden Deklinationsänderungen zu vernachlässigen.

Für die Leistungsfähigkeit einer Bussole sind der mittlere Ablesefehler $m_a$ und der mittlere Einstellfehler $m_e$ ihrer Magnetnadel charakteristisch. Unter diesem versteht man die mittlere Abweichung der magnetischen Nadelachse aus dem magnetischen Meridian. Sie soll bei guten Instrumenten 3′ nicht überschreiten und wird um so geringer ausfallen, je größer die magnetische Richtkraft und je kleiner die Reibung zwischen Pinne und Hütchen ist. Zur gesonderten Ermittlung des Einstellfehlers $m_e$ kann man ein Nadelende in der Bildebene eines Mikroskops, dessen Teilstriche oder Meßfaden zur Nadelachse parallel liegen, deutlich sichtbar machen und nach je einer von $n$ Schwingungen der Nadel ihre Stellung $a$ im Mikroskop beobachten. Die dabei auftretenden Beobachtungsfehler verschwinden im Vergleich zum gesuchten Einstellfehler, welcher daher im Gradmaß der Ausdruck

$$m_e = \pm \frac{\varrho}{r} \sqrt{\frac{[v\,v]}{n-1}} \tag{238}$$

ist, wenn $v_i = a_0 - a_i$, $a_0 = [a]:n$ und $r$ die halbe Nadellänge bedeutet. Der dem Zusammenwirken des reinen Ablesefehlers $m_a$ und des Einstellfehlers $m_e$ entsprechende Ausdruck $m_{(a+e)}$ kann aus den zu $n'$ wiederholten Einstellungen der Nadel auf die gleiche Kreisstelle gehörigen Ablesungen $a'$ an einer horizontalen, zur Ziellinie senkrechten Latte gefunden werden. Er ist nämlich in Minuten

$$m_{(a+e)} = \pm \frac{\varrho'}{D} \sqrt{\frac{[v'\,v']}{n'-1}}, \tag{239}$$

wenn $n'$ die Zahl der Beobachtungen mit den scheinbaren Beobachtungsfehlern $v'$ und $D$ die Entfernung der Latte bedeutet. $m_{(a+e)}$ kann auch aus einem Vergleich von Bussolenablesungen $B_i$ mit den entsprechenden, praktisch fehlerfreien Theodolitkreisablesungen $T_i$ bestimmt werden. Aus $n''$ Einzeldifferenzen $d_i = T_i - B_i$ erhält man den Mittelwert $d = [d_i]:n''$, hieraus die wahrscheinlichsten Beobachtungsfehler $v_i'' = d - d_i$ und damit

$$m_{(a+e)} = \pm \sqrt{\frac{[v''\,v'']}{n''-1}}. \tag{240}$$

Der eigentliche Ablesefehler wird dann

$$m_a = \pm \sqrt{m_{(a+e)}^2 - m_e^2}. \tag{241}$$

Der mittlere Ablesefehler kann, wenn das Teilungsintervall 1° ist, im Mittel der Ablesungen an beiden Nadelenden zu rund 10′ veranschlagt werden; also mag auch der mittlere Fehler $m_{(a+e)} = \sqrt{m_e^2 + m_a^2}$ des einmal beobachteten Streichwinkels ungefähr 10′ betragen.

## 17. Der Meßtisch.

Der um 1590 von dem Altdorfer Professor *Praetorius* erfundene Meßtisch[1] dient in Verbindung mit der Kippregel und Lotgabel als Hilfsinstrumenten zur graphischen Planaufnahme, indem die Richtungen und Entfernungen sofort in der Natur auf zeichnerischem Wege bestimmt werden, so daß schon auf dem Felde ein verjüngtes Planbild entsteht.

[1] Siehe hierzu *Schmidt, M.:* Mensula Praetoriana. Z. Vermess.-Wes. 1893 S. 257—283.

## a) Einrichtung des Meßtisches.

Der Hauptbestandteil des Meßtisches ist ein mit Zeichenpapier bespanntes Meßtischblatt $b$ (Abb. 144), welches durch Schrauben $s$ auf einem metallenen Wenderahmen $ww$ befestigt werden kann. Bei der in Abb. 144 skizzierten Konstruktion ist, so lange die durch Ringe $rr$ hindurchgeführten Schrauben nicht angezogen sind, eine für die genaue Zentrierung etwa notwendige geringe Verschiebung des Meßtischblattes gegen den Wenderahmen möglich. Ein am Wenderahmen sitzender Zapfen wird von der Dreifußbüchse $B$ geführt, so daß bei offenem Klemmhebel $K.H.$ mit freier Hand eine grobe und bei angezogener Klemme durch die Feinstellschraube $F$ eine feine Horizontaldrehung des Meßtischoberteils möglich ist. Die Verbindung des Fußgestells $GG$ mit dem Kopf eines kräftigen Stativs erfolgt in ähnlicher Weise wie beim Theodolit. Die wichtigsten Meßtischtypen stammen von *Brander*, *Lehmann*, *Reichenbach*, *Ertel*, *Geyer* und *Franke*. Man kann sie nach der Art der groben Horizontalbewegung des Meßtischblattes mit dem Wenderahmen einteilen in 1. Achsentische, 2. Tische mit Ringführung, 3. Meßtische ohne feste (materielle) Vertikalachse. Erstere, zu denen auch der in Abb. 144 skizzierte Tisch gehört, besitzen eine massive Vertikalachse von geringem Querschnitt; ihre Standfestigkeit ist deshalb nicht sehr groß. Die unter 2. und 3. genannten Typen jedoch erlauben eine festere Verbindung der Hauptbestandteile; sie besitzen daher eine sehr große Standfestigkeit[1].

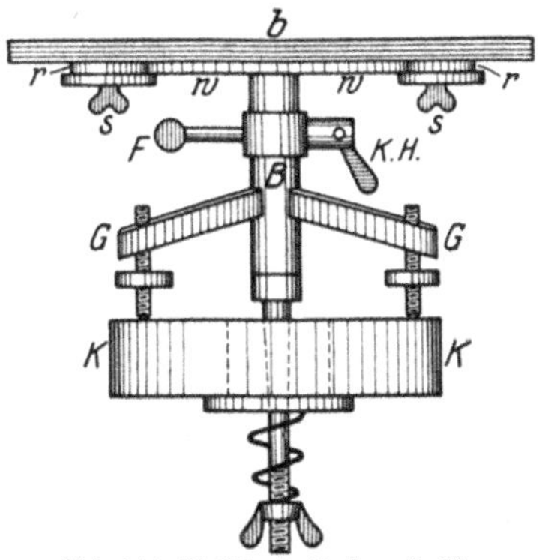

Abb. 144. Meßtisch (Achsentisch).

## b) Lotgabel und Kippregel.

Zur Meßtischausrüstung gehört die Lotgabel, besonders aber die Kippregel. Die in Abb. 145 abgebildete Lotgabel besteht aus zwei Schenkeln $s_1$, $s_2$ von solcher Länge und mit einem solchen Öffnungswinkel $\alpha$, daß das im Endpunkt des Schenkels $s_2$ hängende Lot $L$ in seiner Verlängerung durch den Endpunkt des horizontal liegenden Schenkels $s_1$ hindurchgeht. Unter dieser Voraussetzung wird bei horizontaler Lage des Meßtischblattes der durch das eine Schenkelende eingestellte Bildpunkt $p$ lotrecht über dem durch die Senkelspitze bezeichneten Feldpunkt $P$ liegen. Zur Prüfung der Lotgabel wird ein Bildpunkt $p$ vor und nach dem Umsetzen der Lotgabel um 180° mittels dieser auf den Boden projiziert. Ergeben sich etwa zwei verschiedene Projektionen $P'$, $P''$, so ist deren halber Abstand $e$ der Projektionsfehler des Instrumentes. Zu seiner Beseitigung ist der Öffnungswinkel $\alpha$ so zu ändern, daß die Lotspitze auf den Mittelpunkt $P$ der Strecke $P'$ $P''$ trifft.

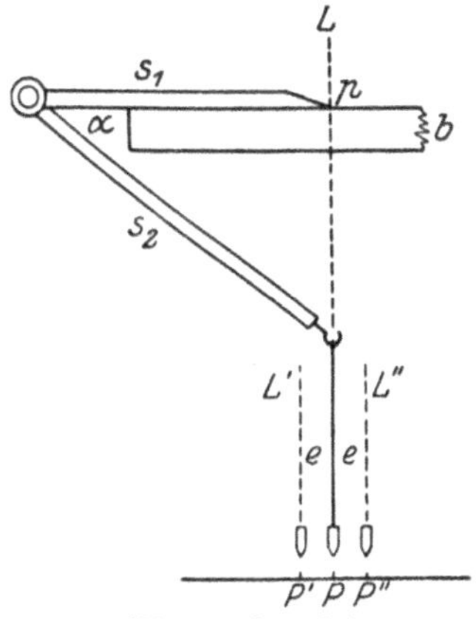

Abb. 145. Lotgabel.

Die Kippregel dient zur Übertragung der Horizontalrichtungen des Feldes auf den Meßtisch und umgekehrt. Sie besteht (siehe Abb. 146 und 147) aus einem meist distanzmessenden, vielfach auch mit einer Libelle, einem Sucherdiopter ($oO$) und einem Höhenbogen ausgestatteten kippbaren Zielfernrohr, welches mittels einer Tragsäule $T$ mit einem kräftigen Lineal so verbunden ist, daß dessen Kante $K$ in der Fern-

[1] Eine sehr gute Konstruktion ist der neue *Geyer*sche Ringtisch, den *M. Schmidt* in der Z. Vermess.-Wes. 1893 S. 281 beschrieben hat. Er ist in *Hohenner:* Geodäsie S., 101 Leipzig 1910, abgebildet.

rohrzielebene liegt. Das zum bequemen Abheben vielfach mit einem Griff versehene Lineal trägt meistens eine Querlibelle $L$, ab und zu auch eine Orientierbussole $B$. Die Untersuchung und Berichtigung der Kippregel erstreckt sich auf 1. die Geradlinigkeit der Linealkante, 2. den Zielachsenfehler, 3. den Kippachsenfehler, 4. den Kreuzungsfehler, 5. den Zeigerfehler am Höhenbogen.

Um die Geradlinigkeit der Linealkante zu prüfen, zieht man vor und nach dem Umsetzen der Kippregel längs der jeweils durch dasselbe Punktpaar gehenden Linealkante je einen, im ganzen also zwei Striche, deren Zusammenfallen die Geradlinigkeit der untersuchten Kante bezeugt.

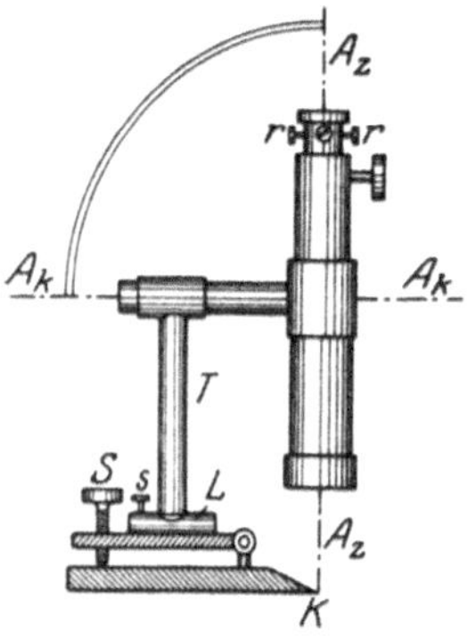


Abb. 146. Kippregel (Stirnansicht).

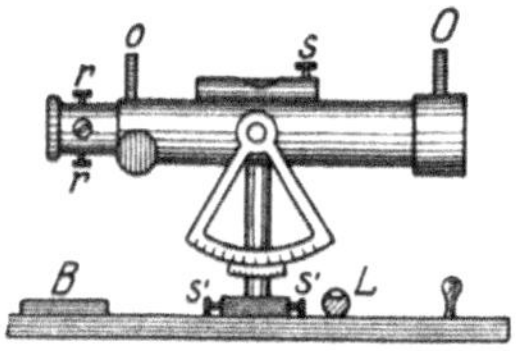


Abb. 147. Kippregel (Längsansicht).

Ein Zielachsenfehler ist wie beim Theodolit dann vorhanden, wenn die Ziellinie $A_z$ zur Kippachse $A_k$ nicht genau senkrecht steht. Zur Untersuchung stellt man irgendeinen im Instrumentenhorizont liegenden scharf sichtbaren Punkt $P_1$ (siehe Abb. 148) ein, bezeichnet die Lage der Linealkante auf dem Tisch durch Randmarken[1] $R_1$, $R_2$, schlägt das Fernrohr durch und legt nach einer Drehung der Kippregel um 180° die Linealkante wieder genau an die beiden Randmarken an. Dadurch kommt, von einer für unseren Zweck belanglosen Parallelverschiebung abgesehen, auch die Kippachse $A_k$ im Grundriß wieder in ihre alte Lage. Die horizontale Ziellinie wird in ihren beiden Lagen *1* und *2* den doppelten Zielachsenfehler $2c$ einschließen und in Lage *2* auf einen von $P_1$ verschiedenen, in der Natur nicht besonders bezeichneten Punkt $P_2$ treffen. Zur Beseitigung des Zielachsenfehlers wird bei unveränderter Stellung von Tisch und Kippregel deren Fadenkreuz mittels der horizontal wirkenden Richtschräubchen so verschoben, daß der Fadenkreuzschnittpunkt auf dem Mittelpunkt $P_3$ der Strecke $P_1 P_2$ liegt[2].

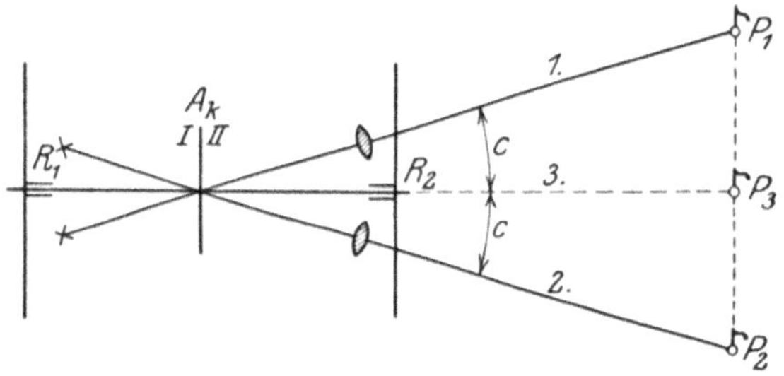


Abb. 148. Berichtigung des Zielachsenfehlers der Kippregel.

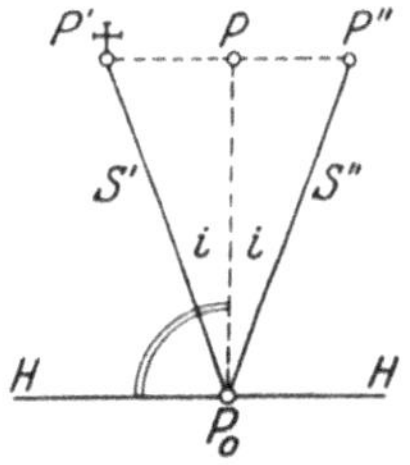


Abb. 149. Berichtigung des Kippachsenfehlers der Kippregel.

Die Kippachse $A_k$ soll zur Linealbahn parallel sein, also bei horizontaler Lage des Meßtischblattes ebenfalls horizontal liegen. Ihre etwaige Neigung bei horizontaler Bahn ist der Kippachsenfehler oder Neigungsfehler des Instrumentes, dessen einfache Beseitigung die vorher besprochene scharfe Berichtigung der Zielachse zur Voraussetzung hat. Zur Berichtigung des Kippachsenfehlers ist zunächst die Tischfläche besonders in der Richtung quer zum Lineal sorgfältig horizontal zu stellen. Dies geschieht entweder mit Hilfe einer besonderen Setzlibelle oder einer auf dem Lineal sitzenden, meist quer

[1] Die Randmarken werden meist durch feine eingerissene Linien (Anstichlinien), vielfach auch durch Anschlagnadeln bezeichnet.

[2] Durch die zur Erzielung einer einfacheren Zeichnung stillschweigend gemachte Annahme, daß die Kippachse genau senkrecht zur Linealkante liege, wird die Allgemeingültigkeit der besprochenen Berichtigung nicht eingeschränkt.

dazu gestellten Libelle, welche bei dieser Gelegenheit, wenn nötig, auch berichtigt wird. Die weitere Untersuchung kann nun wie beim Theodolit mit Hilfe eines materiellen Lotes (siehe Abb. 110a) oder mit Hilfe von sehr stark geneigten Sichten erfolgen. In diesem Falle wird zunächst ein sehr hoch oder sehr tief gelegener Punkt $P'$ eingestellt, nach Bezeichnung der Linealkantenlage auf dem horizontalen Meßtisch das Fernrohr durchgeschlagen und die Kippregel nach einer Drehung um $180^0$ wieder scharf an die Randmarken angelegt. Nach dem Aufwärtskippen des Fernrohrs wird nunmehr beim Vorhandensein eines Kippachsenfehlers die Ziellinie einen Punkt $P''$ treffen. Da jede der den beiden Fernrohrlagen entsprechenden Zielspuren $S'$ und $S''$ (Abb. 149) in einer zur Kippachse parallelen Lotebene den Winkel $i$ mit dem Lot einschließt und die horizontale Ziellinie in beiden Lagen nach demselben Punkte $P_0$ trifft, so liegt der Mittelpunkt $P$ der Strecke $P' P''$ offenbar auf dem Lote durch $P_0$ und man hat zur Beseitigung des Kippachsenfehlers mittels einer etwa vorhandenen Neigungsschraube $S$ (Abb. 146) den Träger $T$ samt dem Fernrohr so weit zu neigen, daß der Fadenkreuzschnittpunkt auf den erwähnten Mittelpunkt $P$ trifft. Kann, wie es in Abb. 146 zutrifft, die Querlibelle samt dem Oberteil der Kippregel durch eine besondere Stellschraube $S$ gegen das Lineal geneigt werden, so bringt man, wieder unter Verwendung eines hoch gelegenen Zielpunktes bei näherungsweise horizontaler Tischfläche in beiden Fernrohrlagen die Querlibelle mittels der Stellschraube $S$ zum Einspielen und beseitigt die eine Hälfte der Abweichung der Ziellinie von ihrer ersten Lage mittels der genannten Stellschraube. Wird der dadurch an der Querlibelle erscheinende Ausschlag am Höhenrichtschräubchen der Querlibelle beseitigt, so ist deren Achse parallel zur Kippachse und diese bei einspielender Querlibelle horizontal.

Sowohl der Kippachsenfehler wie auch der Zielachsenfehler, denen die Projektionsfälschungen $i \operatorname{tg} h$ und $-(c : \cos h)$ entsprechen, müssen besonders beim Auftreten steiler Sichten sorgfältig beseitigt werden, da bei Meßtischaufnahmen aus praktischen Gründen nur in einer Fernrohrlage beobachtet werden kann, so daß hier die bei Theodolitmessungen übliche einfache Art der Fehlertilgung versagt.

Der Kreuzungsfehler der Kippregel ist der Winkel, den die Linealkante mit der Zielebene einschließt. Er bewirkt, daß jede auf den Meßtisch übertragene Richtung, also auch das ganze, abgesehen von der Orientierung richtig bleibende Planbild um den Betrag des Kreuzungsfehlers gegen die Natur verdreht ist. Zur Feststellung eines groben Kreuzungsfehlers kann man untersuchen, ob ein durch Zielen längs der Linealkante eingestellter Punkt auch in der Nähe der Fernrohrzielebene liegt. Die Beseitigung des Kreuzungsfehlers erfolgt durch Drehen der das Fernrohr tragenden Säule gegen das Lineal. Vielfach aber ist gar keine Einrichtung zur Beseitigung dieses durchaus ungefährlichen Fehlers vorhanden.

Bei horizontaler Ziellinie soll am Höhenkreis je nach dessen Einrichtung $0^0$ bzw. $90^0$ abgelesen werden; andernfalls ist ein Zeigerfehler vorhanden, der ganz entsprechend wie beim Theodolit bestimmt und beseitigt werden kann.

### c) Aufstellung des Meßtisches.

Der gebrauchsfertige Meßtisch muß zentriert, orientiert und horizontiert sein. Ein mit Hilfe der Lotgabel zentrierter Tisch ist so aufgestellt, daß ein vorgegebener Bildpunkt lotrecht über dem zugehörigen Feldpunkte liegt. Orientiert ist der Tisch, wenn eine auf dem Meßtischblatt vorgegebene Richtung und die entsprechende Richtung auf dem Felde in der gleichen Lotebene liegen. Um dieses Ziel zu erreichen, wird die Linealkante der Kippregel an die Randmarken der bis an den Blattrand verlängerten (eventuell durch Berechnung der Blattschnitte) Bildrichtung angelegt und hierauf das Meßtischblatt samt der Kippregel gedreht, bis der zweite gegebene Feldpunkt in der Fernrohrzielebene liegt. Die Horizontierung endlich erfolgt durch eine Röhren- oder Dosenlibelle mit ebener Aufsatzfläche, und zwar muß man sich, da die Tischfläche niemals genau eben ist, in der Regel damit begnügen, die am meisten gebrauchte Tischmitte horizontal zu stellen. Fast jeder Praktiker stellt den Meßtisch zunächst so auf, daß er dem Augenmaße nach den drei gestellten Bedingungen ungefähr genügt und verbessert dann nacheinander die Zentrierung, Horizontierung und Orientierung. Durch dieses ineinandergreifende, versuchsweise Verfahren kommt man bei einiger Übung rascher zum Ziel als durch die sog. systematische Zentrierung, bei welcher der der Tischachse entsprechende Bildpunkt *c* (Abb. 150) mittels seiner auf die Bildstrecke *a*, *b* und deren Anfangspunkt bezogenen und abgegriffenen Koordinaten *x*, *y* auf das Feld übertragen wird. Man kann dann zunächst ohne jede Rücksicht auf die Orientierung den Tisch zentrisch über dem gewonnenen Feldpunkte *C* aufstellen, kann ihn hierauf horizontieren und schließlich so lange drehen, bis gleichzeitig *a* und *b* in die Lotebene durch *AB* zu liegen kommen, womit neben der Orientierung auch die genaue Zentrierung erreicht ist. Ist die richtige Aufstellung des Tisches gelungen, so werden zur besseren Verbindung der einzelnen Bestandteile zwecks Erhöhung der Standsicherheit des Meßtisches die etwa vorhandenen Versicherungsschrauben angezogen.

Über den Gebrauch der Kippregel sei kurz folgendes bemerkt. Sie ist beim Einstellen einer neuen Richtung vom Tisch abzuheben, in der Luft zu drehen und dann

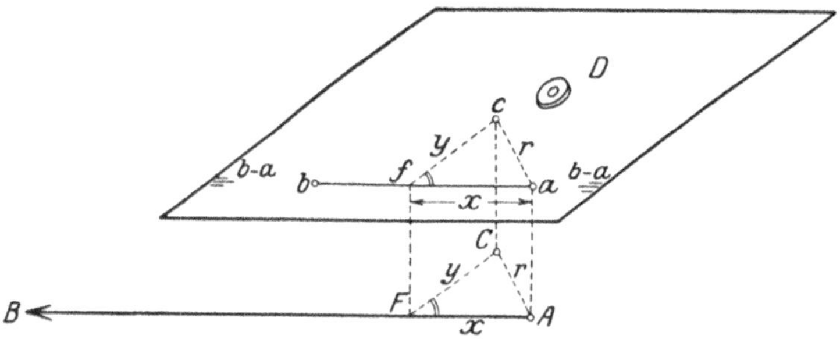


Abb. 150. Systematische Zentrierung des Meßtisches.

erst wieder aufzusetzen, damit eine Beschmutzung des Papiers und eine unbeabsichtigte Drehung des Tischblattes möglichst vermieden wird. Zur scharfen Neueinstellung eines Punktes verschiebt man die Kippregel vorsichtig, bis ihre Linealkante genau durch den Bildpunkt des Aufstellungsortes geht, legt hier an das Lineal den Scheitel eines gegen den Tisch gedrückten Winkels an und dreht hierauf das am Winkelscheitel anliegende Instrument, bis dessen Zielebene den einzustellenden Punkt enthält. Hierauf zieht man mit flachem, hartem Blei oder mit einer Nadel einen Strich so weit, als man ihn voraussichtlich braucht. Linien, die eine besondere Bedeutung besitzen, werden jedoch auch noch am Rande durch besondere Anstichlinien bezeichnet. Je weiter diese Randmarken voneinander entfernt sind und je länger daher gegebenenfalls die Anlegelinie wird, um so kleiner wird der einem bestimmten linearen Anlegefehler entsprechende Richtungs- bzw. Orientierungsfehler. Um eine unzulässige Drehung des Tisches zu vermeiden, ist die ursprünglich gewählte Orientierungsrichtung nicht nur bei besonderen Anlässen, sondern auch regelmäßig von Zeit zu Zeit — etwa nach je 15 Punkten — nachzusehen und ein etwaiger Fehler zu berichtigen.

## 18. Neigungsmesser.

Mit geringerer Genauigkeit wie mit dem Höhenkreis des Theodolits können Höhenwinkel auch unter Verwendung besonderer Neigungsmesser ermittelt werden, die man je nach dem Gebrauch als Setzinstrumente, Hängeinstrumente und Ziel- oder Freihandinstrumente bezeichnen kann.

### a) Setzinstrumente.

Die als Setzinstrumente bezeichnete Art von Neigungsmessern dient zur Ermittlung der Neigung einer ebenen Unterlage, auf welche sie mittels einer angearbeiteten ebenen Bahn aufgesetzt werden. Hierher gehören z. B. der Setzbogen, der Setzquadrant und die Universalwaage. Der Setzbogen (Abb. 151) besteht aus einem gleichschenkelig dreieckigen Rahmen, unter dessen Spitze ein Pendel hängt, dessen zeigerförmiges Ende $Z_1$ auf einer Gradteilung $T_1$ unmittelbar die Neigung der Unterlage angibt, wenn der Mittelpunkt von $T_1$ in den Pendeldrehpunkt $C$ fällt und bei horizontaler Aufsatzfläche $AB$ die Ablesung Null erscheint. Das Pendel wird durch sein Eigengewicht oder, etwas genauer, durch eine in der Abbildung gestrichelt angedeutete Libelle $L$ lotrecht gehalten. Die Untersuchung des Instrumentes erfolgt durch Umsetzen. Sind $a_1$ und $a_2$ die in beiden Lagen gewonnenen Ablesungen, so ist

$$i = \tfrac{1}{2}(a_2 - a_1) \qquad (242)$$

die zur ersten Lage gehörige Zeigerverbesserung, so daß der Neigungswinkel $\alpha = a_1 + i$ erhalten wird. Durch Anbringen einer zweiten Teilung $T_2$, an welcher mittels eines Zeigers $Z_2$ die einer Länge von 5 m entsprechenden Horizontalreduktionen abgelesen werden, erhält man den für die Schrägmessung mit 5 m-Latten bequemen Gradbogen von *Gonser*[1].

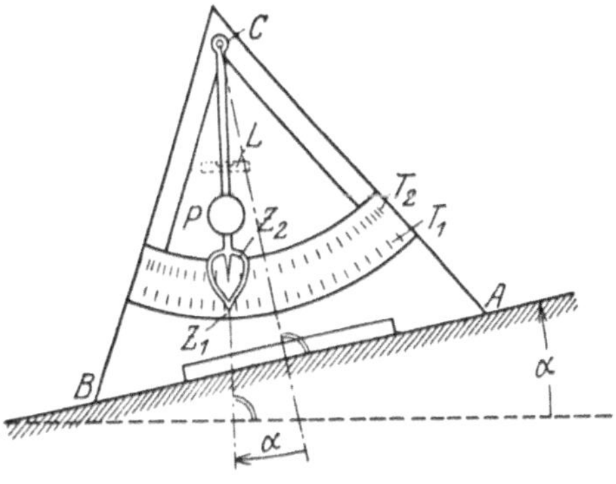

Abb. 151. Setzbogen (nach Gonser).

Häufig wird auch der Setzquadrant von *Weisbach* (Abb. 152) verwendet. Um den Mittelpunkt $C$ einer Kreisteilung dreht sich innerhalb eines Quadranten ein mit einer Libelle waagrecht zu stellender Arm. Sein freies Ende trägt einen Zeiger $Z$, mit welchem bei einspielender Libelle abgelesen wird. Die Ablesung gibt unmittelbar den Neigungswinkel $\alpha$ der Unterlage an, wenn der Nullhalbmesser parallel zur ebenen Aufsatzfläche und die Libellenachse parallel zur Zeigerlinie $CZ$ liegt, während der Kreismittelpunkt in die Drehachse des Zeigerarmes fällt.

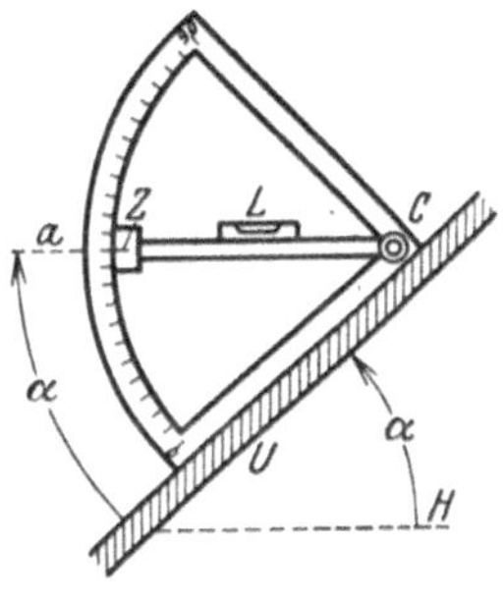

Abb. 152. Setzquadrant von Weisbach

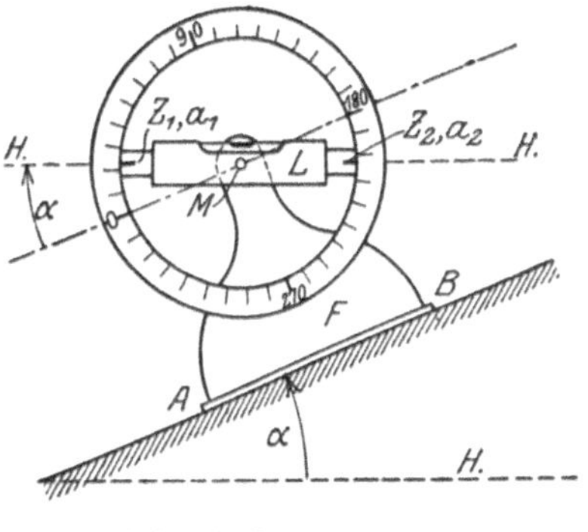

Abb. 153. Universalwaage

Bei der Universalwaage (Abb. 153) trägt ein mit einer ebenen Ansatzfläche $AB$ ausgestatteter kräftiger Fuß $F$ einen Vollkreis, um dessen Mittelpunkt $M$ sich eine Libellenalhidade $L$ mit mindestens einem Zeiger $Z_1$ dreht. Liegt der Kreisdurchmesser $0^0$—$180^0$ parallel zu $AB$ und ist $MZ_1$ parallel zur Libellenachse, so ist die bei einspielender Libelle an $Z_1$ erscheinende Ablesung $a_1$ unmittelbar der Neigungswinkel $\alpha$ der Unterlage. Die Berichtigung dieses Instrumentes, das Neigungswinkel von $0^0$—$360^0$, also auch an der Decke gemessene Winkel angibt, erfolgt durch Umsetzen.

Die Genauigkeitsgrenze ist beim Setzbogen und Setzquadrant auf etwa $^1/_5{}^0$, bei der Universalwaage auf wenige Minuten zu schätzen.

---

[1] *Steiff:* Der Gradbogen (ein Neigungsmesser für Streckenmessung mit Meßlatten) von Geometer *Gonser* in Ebingen. Z. Vermess.-Wes. 1893 S. 242—249.

## b) Hängeinstrumente.

Die Hängeinstrumente dienen zur Bestimmung der Neigung von Schnüren und Drähten, an denen sie aufgehängt werden. Sehr verbreitet ist die in Abb. 154 skizzierte Hängewaage, welche, im wesentlichen aus einem von der Mitte aus nach beiden Seiten je von 0° bis 90° bezifferten Halbkreis bestehend, mittels zweier gleich langer, nach verschiedenen Seiten hin geöffneten Haken $H_1$, $H_2$ an einer Schnur $SS$ aufgehängt wird. Ein als Zeiger dienendes, im Kreismittelpunkt $M$ befestigtes Fadenpendel $L$ gibt am Kreis unmittelbar die Neigung $\alpha$ der Schnurlinie an. Sollen mit der Hängewaage gute Ergebnisse erzielt werden, so sind folgende Forderungen zu erfüllen: 1. der Gradbogen soll eine vollkommen ebene Oberfläche besitzen; 2. das Lot muß genau im Kreismittelpunkt befestigt sein, da ein etwaiger Exzentrizitätsfehler durch Umhängen und Mittelbildung nicht beseitigt wird; 3. die Schnurlinie muß zur Vermeidung eines sog. Kollimationsfehlers zum 90°-Durchmesser parallel sein und 4. soll das Instrument möglichst leicht (Aluminium) und die Schnur kurz (nicht über 20 m) und gut gespannt sein, damit die Durchbiegung nicht ins Gewicht fällt. Bei Beachtung dieser Anforderungen werden die Messungsfehler nur selten den Betrag von einigen Minuten überschreiten[1].

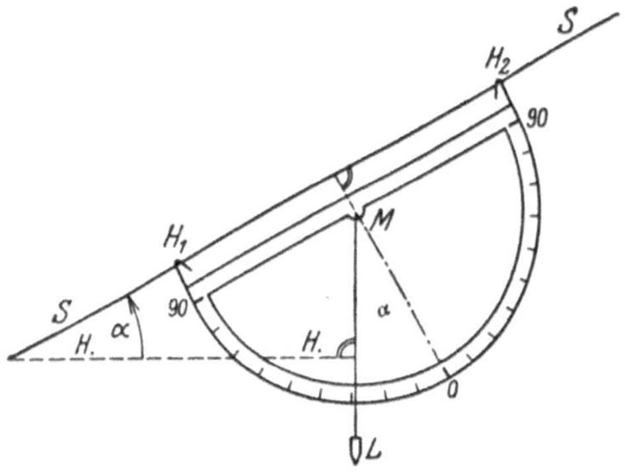

Abb. 154. Hängewaage.

## c) Zielinstrumente.

Mit den auf dem Pendelprinzip oder der Erscheinung des Auftriebs beruhenden Zielinstrumenten wird die Neigung einer Sicht bestimmt. Ein auf dem Pendelprinzip beruhendes Instrument dieser Art ist z. B. der in Abb. 155 skizzierte *Zugmaier*sche Höhenmesser[2]. Er besteht aus einem von einem Gehäuse $G$ umgebenen, beim Gebrauch um eine horizontale Achse $M$ drehbaren, von der Mitte aus quadrantenförmig geteilten Halbkreis $B$, welcher mit Hilfe eines Gewichtes $Q$ so ausbalanciert wird, daß sein Nullhalbmesser stets horizontal liegt. Ein kleines Schauloch $o$ und ein in der Mitte eines größeren Fensters $O$ befindlicher Faden $F$ bilden zusammen ein Diopter, dessen Ziellinie in die nach einem Punkt $P$ führende Sicht gebracht wird. Das in $o$ befindliche Auge kann dann mittels des Zeigerfadens $F$ an der innen auf einem Kegelmantel befindlichen, also schräg gestellten Teilung, den gesuchten Neigungswinkel $\alpha$ unmittelbar ablesen. Dieses einfache Instrument, dessen Richtigkeit entweder durch Gegenbeobachtungen oder durch die Messung eines vorher mit dem Theodolit

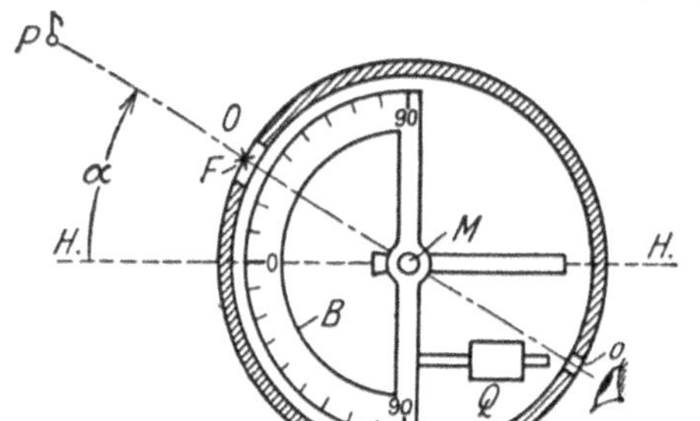

Abb. 155. Höhenmesser nach Zugmaier.

[1] Zur Neigungsmessung mit dem Gradbogen siehe a) *Schmidt, M.:* Über die Verbesserung der mit Schnur und Gradbogen gewonnenen Messungsresultate. Jahrbuch für das Berg- u. Hüttenwesen im Königreich Sachsen auf das Jahr 1884. b) *Seelis, W.:* Beiträge zur Theorie markscheiderischer Messungen. Mitt. Markscheidewes. 1928 S. 94—108.

[2] Der von *Krehan* in der Z. Vermess.-Wes. 1873 S. 113—114 beschriebene *Zugmaier*sche Höhenmesser entstand durch geringe Abänderungen aus dem in der Z. Vermess.-Wes. 1872 S. 213—219 beschriebenen Höhenmesser von *Matthes.* Siehe auch *Brandis:* Neigungsmesser in Z. Vermess.-Wes. 1892 S. 603—604.

genau bestimmten Höhenwinkels geprüft werden kann, liefert die Neigungen mit einer mittleren Unsicherheit von etwa $^1/_5{}^0$.

Etwas genauer sind die auf dem Prinzip des Auftriebs beruhenden Zielneigungsmesser.

Das einfachste Instrument dieser Art ist der in seinen Hauptbestandteilen in Abb. 156 skizzierte Spiegelneigungsmesser mit Libelle. Ein Diopterrohr $R$, dessen Ziellinie auf $P$ eingestellt wird, ist mit einem Gradbogen fest verbunden. Sein Mittelpunkt liegt auf der Drehachse eines Zeigerarmes, welcher durch eine Libelle $L$ in lotrechte Lage gebracht werden kann. $R$ besitzt einen Ausschnitt, so daß durch einen, den halben Rohrquerschnitt einnehmenden Spiegel $s$ das Bild der Libellenblase dem Auge zugeworfen werden kann. Beim Gebrauch wird $P$ mit dem Diopter eingestellt und der Zeigerarm so gedreht, daß der auf $P$ gestellte Querfaden das Blasenbild halbiert. Fällt der Teilungsmittelpunkt wirklich in die Zeigerdrehachse, steht die Libellenachse senkrecht zur Zeigerlinie, und liegt der Gradbogen in einer Lotebene, so geben die an ihm ausgeführten Ablesungen unmittelbar die Höhenwinkel $\alpha$ an.

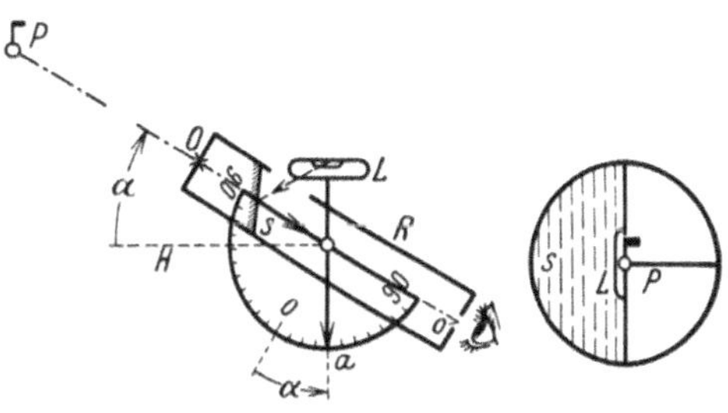

Abb. 156. Spiegelneigungsmesser mit Libelle.

Aus dieser einfachen Grundform des Spiegelneigungsmessers haben sich später auf dem Weg über den Libellenquadrant ziemlich genaue Freihandhöhenmesser entwickelt[1].

## 19. Instrumente zur direkten Längenmessung und ihr Gebrauch.

Die wichtigsten Hilfsmittel der niederen Geodäsie zur direkten Längenmessung, bei welcher die zu ermittelnde Strecke begangen werden muß, sind in der Reihenfolge abnehmender Genauigkeit Meßlatten, Meßbänder sowie Meßrad, Feldzirkel und Schrittzähler.

### a) Lattenmessung.

Die Meßlatten (Abb. 157) sind Maßstäbe aus geradfaserigem Tannenholz, welche gegen die Feuchtigkeit durch einen Ölfarbanstrich und gegen Beschädigungen an den Enden durch Metallkappen geschützt sind. Der Lattenquerschnitt ist meist rechteckig

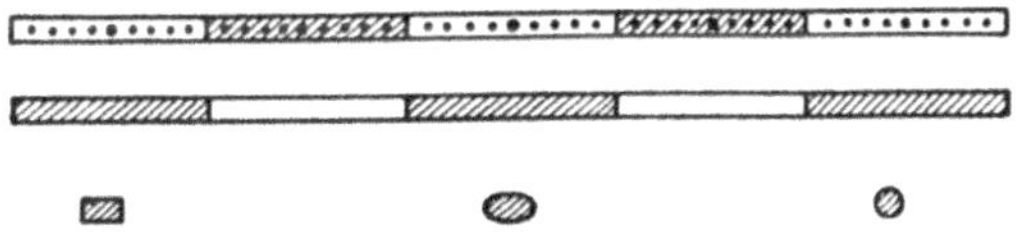
Abb. 157. Meßlatten.

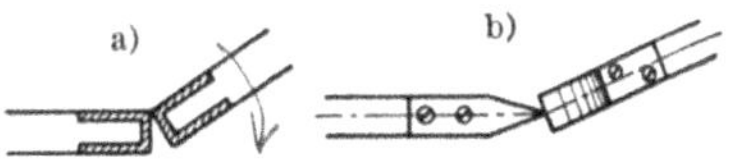

ebene schneidenförmige Endflächen.
Abb. 158.

und manchmal, besonders bei geschwellten Latten, oval. Unzweckmäßig ist der kreisförmige Querschnitt, der ein häufiges Beiseiterollen der Meßstangen zur Folge hat. Die einzelnen Meterfelder der meist 3 m (zur Ordinatenmessung) oder 5 m (zur Abszissenmessung) langen Latten sind durch verschiedene Farben — weiß und rot oder weiß und schwarz — unterschieden und bei zwei zusammengehörigen Latten, einem Lattenpaar, sind entsprechende Meterfelder verschiedenfarbig, so daß die eine Latte mit einem weißen, die andere aber mit einem roten oder schwarzen Feld beginnt. Zur Dezimeterbezeichnung dienen Nägel oder Striche. In Abb. 158 sind die gebräuchlichsten Formen der Schutzkappen, nämlich ebene und schneidenförmige Endflächen

[1] Siehe hierzu *Block, W.:* Die Anwendung von Libellen bei nautischen Höhenwinkelmessern. Jb. dtsch. Versuchsanst. Luftf. 1930 S. 491—500.

dargestellt. Seltener sind kugelige Endflächen. Als die wichtigsten Arten der Lattenmessung sind zu nennen: 1. die Messung auf horizontaler Unterlage, 2. die Staffelmessung, 3. die Schrägmessung, 4. die Messung längs gespannter Schnüre, 5. die Keilmessung.

Am einfachsten liegen die Verhältnisse bei der Lattenmessung auf horizontaler Unterlage. Nachdem die Richtung der zu bestimmenden Horizontalentfernung $AB$ (Abb. 159) durch eine genügende Anzahl von etwa 30 m voneinander abstehenden Fluchtstäben bezeichnet ist, besteht die ganze Längenmessung nur in einer an $A$ beginnenden, fortwährenden Aneinanderreihung der beiden Latten eines Lattenpaares in der bezeichneten Lotebene. Zur Einschränkung von Zählfehlern beginnt man die Messung stets mit der gleichen Latte — etwa mit den weißen Außenmetern —, deren Vorderende also die ungeraden 5 m-Zahlen angibt, während die geraden 5 m-Zahlen zum Vorderende der anderen Latte des Lattenpaares gehören. Da bei den der ganzen Länge nach aufliegenden Latten eine Durchbiegung nicht zu befürchten ist, so können sie durchwegs auf die Breitseite gelegt werden. Ist $n$ die Zahl der ganzen innerhalb $AB$ liegenden Latten von der Länge $l$ und $R$ das überschießende, an der Lattenteilung abzulesende Reststück, so ist die gesuchte Horizontalentfernung der Ausdruck

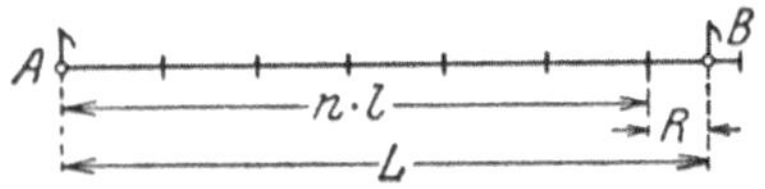


Abb. 159. Lattenmessung auf horizontaler Unterlage.

$$L = n \cdot l + R. \tag{243}$$

Auf geneigtem Gelände wird eine Horizontalmessung durch die Staffelmessung ermöglicht. Nachdem die Richtung $AB$ (Abb. 160) im Gelände genügend ersichtlich gemacht ist, wird die zur Vermeidung einer Durchbiegung auf die hohe Kante gestellte, mit ihrem hinteren Endpunkte in $A$ anliegende erste Latte $l_1$ mittels einer Setzlibelle horizontal gelegt und ihr vorderer Endpunkt $E_1$ mittels eines Senkels auf den Boden nach $E_1'$ abgelotet. An diesen Punkt $E_1'$ wird

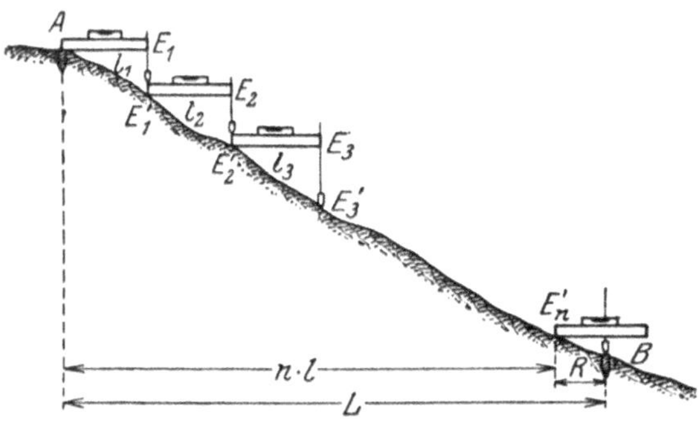


Abb. 160. Staffelmessung.

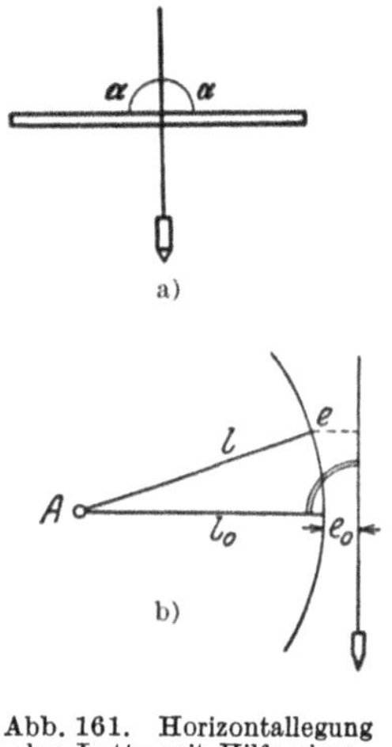


Abb. 161. Horizontallegung der Latte mit Hilfe eines Senkels.

nunmehr die zweite Latte $l_2$ horizontal angelegt und ihr vorderes Ende $E_2$ ebenfalls abgelotet. Fährt man in dieser Weise fort, so findet man schließlich $n$ ganze horizontale Längen $l$ und ein Reststück $R$, womit sich der gesuchte Horizontalabstand $L$ ebenfalls nach (243) ergibt. Mangels einer Setzlibelle kann mit etwas geringerer Genauigkeit die Horizontallegung der Latten auch mit Hilfe des Senkels (Abb. 161) erfolgen, indem man entweder dem Augenmaß nach die Latte senkrecht zur Lotschnur richtet oder sie um ihren festliegenden Anfangspunkt $A$ so lange dreht, bis ihr Endpunkt den kleinsten Abstand $e_0$ von einem festliegenden Lot besitzt. In dieser Lage $l_0$ liegt die Latte aus leicht ersichtlichen Gründen horizontal.

Bei geneigtem Gelände kann die Schrägmessung vorteilhafter sein, besonders wenn durch windiges Wetter bei der Staffelmessung die Sicherheit der Ablotung stark beeinträchtigt wird. Bei der Schrägmessung werden die Neigungswinkel $\alpha$ (Abb. 162) der unmittelbar auf dem Boden aufliegenden Lattenlängen $l'$ mit einem der früher beschriebenen Setzinstrumente gemessen. Die Horizontalprojektion der $i$-ten Latte ist dann $l_i = l'_i \cos\alpha_i$ und die horizontale Entfernung der Punkte $A$, $B$ wird

$$L = \sum_{i=1}^{n} l'_i \cos\alpha_i . \tag{244}$$

Handelt es sich stets um dieselbe Länge $l'_i = l'$, so ergibt sich die etwas einfachere Form

$$L = l' \sum_{i=1}^{n} \cos\alpha_i . \tag{245}$$

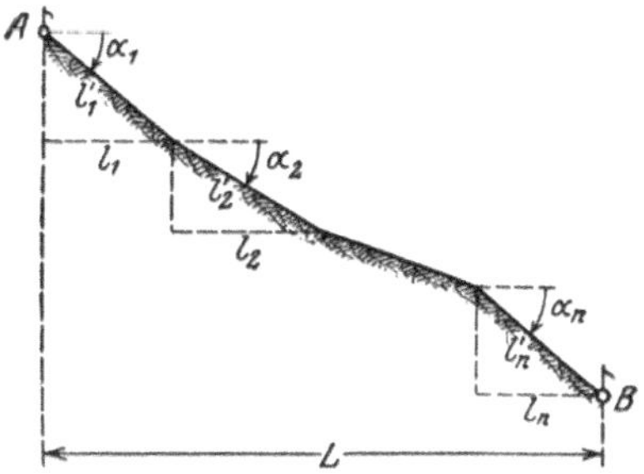

Abb. 162. Schrägmessung.

Den Unterschied $\Delta l$ der schiefen Länge $l'$ gegen ihre Horizontalprojektion $l$ bezeichnet man als die Reduktion der schiefen Länge auf den Messungshorizont. Ihr strenger Ausdruck lautet

$$\Delta l = l' - l = l' - l'\cos\alpha = 2 l' \sin^2 \frac{\alpha}{2} . \tag{246}$$

Hieraus folgt durch Reihenentwicklung

$$\Delta l_{(\mathrm{mm})} \approx 0{,}152\, l'_{(\mathrm{m})} \cdot (\alpha^0)^2 - 0{,}0000039\, l'_{(\mathrm{m})} \cdot (\alpha^0)^4 , \tag{247}$$

ein Ausdruck, dessen zweites Glied bei mäßigen Neigungen immer unterdrückt werden darf.

Verwendet man zu den Messungen 5 m-Latten und den früher beschriebenen Setzbogen von *Gonser*, so gibt dessen Teilung $T_2$ unmittelbar die Reduktionen auf den Horizont an. In einem solchen Falle ist es zweckmäßiger, nach der aus (246) folgenden Formel

$$L = [l'] - [\Delta l] \tag{248}$$

zu rechnen.

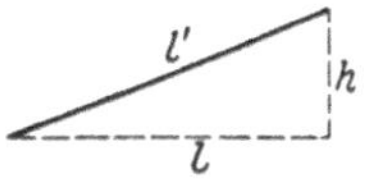

Abb. 163. Längenreduktion auf den Messungshorizont bei bekanntem Höhenunterschied der Endpunkte.

Tritt etwa an die Stelle des Lattenneigungswinkels $\alpha$ der Höhenunterschied $h$ der Lattenendpunkte (Abb. 163), so ist die Horizontalprojektion

$$l = l' \sqrt{1 - \left(\frac{h}{l'}\right)^2} . \tag{249}$$

Der strenge Ausdruck für die Horizontalreduktion lautet

$$\Delta l = l' - l = l' \left\{ 1 - \sqrt{1 - \left(\frac{h}{l'}\right)^2} \right\} ; \tag{250}$$

hieraus aber folgt durch Reihenentwicklung nach dem Binomialsatz der einfache Näherungsausdruck

$$\Delta l \approx \frac{h^2}{2 l'} . \tag{251}$$

Werden, was meist geschieht, 5 m-Latten verwendet, so ergibt sich aus (251) leicht die besonders einfache Form

$$\Delta l_{(\mathrm{mm})} \approx h^2_{(\mathrm{dm})} . \tag{252}$$

Solange $h$ klein bleibt und etwa 3 dm nicht überschreitet, kann man $\Delta l$ mit genügender Sicherheit aus einem geschätzten $h$ bestimmen und bei der Messung sogleich dadurch berücksichtigen, daß man den Anfangspunkt der nächsten Latte nicht unmittelbar an das Ende der vorhergehenden Latte anlegt, sondern nach Schätzung um den Betrag $\Delta l$

davon abstehen läßt. Man spricht dann von einer Lattenmessung mit abstehenden Enden, die bei kleinen Höhenunterschieden $h$ recht gute Ergebnisse liefert.

Verschiedene Versuche, das besprochene Vorlegemaß auf rein mechanischem Wege bei der Messung zu berücksichtigen, haben noch zu keiner vollständig gelungenen Lösung geführt.

Die zur Schrägmessung verwendeten Latten sollen schneidenförmige Enden besitzen (Abb. 158b), damit die Endenberührung in der Lattenachse stattfinden kann. Obwohl eine sorgfältig durchgeführte Schrägmessung der Staffelmessung an Genauigkeit überlegen ist, so wird doch meist die Staffelmessung bevorzugt, welche keinerlei Zwischenaufschreibungen erfordert, während die Schrägmessung fortlaufende Aufschreibungen und deren Berechnung verlangt.

Tabelle 11.

| Strecke Nr. | Neigung $\alpha$ | Schiefe Länge $l'$ | Reduktion $\Delta l$ | Waagrechte Länge $l$ |
|---|---|---|---|---|
| | ° | m | mm | m |
| 1 | 1,5 | 20,465 | 7,0 | 20,458 |
| 2 | 1,6 | 21,138 | 8,2 | 21,130 |
| 3 | 1,3 | 19,847 | 5,1 | 19,842 |
| 4 | 1,0 | 18,135 | 2,8 | 18,132 |
| | | 79,585 | 23,1 | 79,562 |

Die waagrechte Länge der Gesamtstrecke ist
$L = [l'] - [\Delta l] = 79{,}562\,\text{m}$.

Sehr genau ist die Streckenmessung längs gespannter Schnüre. Bei diesem besonders für Grubenmessungen wichtigen Verfahren wird zunächst das Streckenprofil durch Nägel abgeteilt, welche in Bodenpflöcken oder im Zimmerwerk befestigt werden. Diese Nägel werden nun durch straff gezogene Schnüre verbunden, deren Länge durch angelegte Maßstäbe genau bestimmt werden kann. Liegen die Schnüre nicht horizontal, so sind auch die Schnurneigungen — etwa mit der Hängewaage — zu ermitteln. Ein Zahlenbeispiel enthält die vorstehende Tabelle.

Um das Zurückweichen der vorher gelegten Latte durch ein Anstoßen der folgenden zu vermeiden, läßt man bei der Keilmessung zwischen den stets senkrecht zueinander gestellten schneidenförmigen Lattenenden (Abb. 23) einen kleinen Abstand $d$, welcher jeweils mit Hilfe des Meßkeils nach (156) bestimmt wird. Gehören wie bisher zu den schiefen Lattenlängen $l'$ die Horizontalprojektionen $l$, so ist die gesuchte Länge hier der Ausdruck

$$L = [l] + [d]. \tag{253}$$

Eine Reduktion der einzelnen Schneidenabstände $d$ auf den Horizont wird nur in Ausnahmefällen, nämlich bei sehr großen Genauigkeitsansprüchen und beträchtlichen Neigungen erforderlich sein.

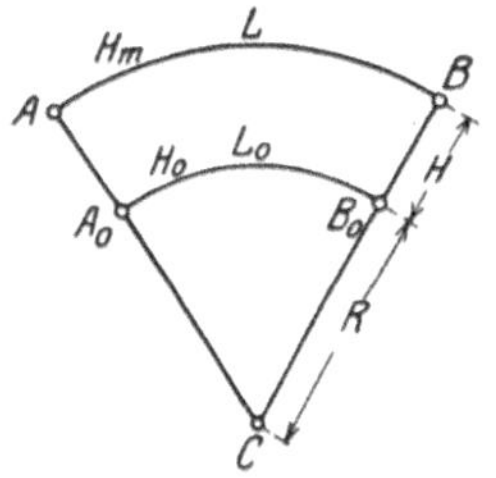


Abb. 164. Längenreduktion auf den Meeresspiegel.

Die nach irgendeinem der bisher besprochenen Verfahren gefundene Horizontalentfernung $L$ entspricht einem mittleren Messungshorizont $H_m$ (Abb. 164) und sie weicht daher von ihrer Projektion $L_0$ auf den Meereshorizont $H_0$ um einen kleinen, als Reduktion auf den Meeresspiegel bezeichneten Betrag $\Delta L$ ab. Derselbe ist von $L$ und der Meereshöhe $H$ abhängig und ergibt sich aus Abb. 164 zu

$$\Delta L = L - L_0 = L - \frac{L R}{R + H} = \frac{H L}{R + H}, \tag{254}$$

wofür man zweckmäßiger die stets ausreichende Näherung

$$\Delta L \approx \frac{H}{R} \cdot L \tag{255}$$

verwendet. Nimmt man für den Erdhalbmesser $R$ den runden Wert 6370 km, so beträgt für je 100 m in $H$ und $L$ die Reduktion $\Delta L$ 1,57 mm.

## b) Bandmessung.

Sehr häufig werden zur direkten Längenmessung — besonders im freien Feld und bei etwas geringeren Genauigkeitsansprüchen — auch Meßbänder[1] aus Stahl verwendet, die je nach dem Gebrauch in Ziehstahlbänder (Feldstahlbänder) und Handstahlbänder unterschieden werden. Die für die Abszissenmessung bestimmten Ziehstahlbänder sind 20 bis 30 m lang, etwa 20 mm breit, 0,3 mm dick und endigen in drehbare, zylindrische Ringe (Abb. 165), deren Achsen um die Meßbandlänge $l$ voneinander abstehen. Zur Messung dienen besondere Ziehstäbe oder Bandstäbe, deren zylindrischer Querschnitt genau gleich der Ringöffnung ist, so daß bei lotrechten Stäben und gestrecktem, horizontalem Band auch die Stabachsen um die Bandlänge $l$ voneinander abstehen. Diese Stäbe endigen in Eisenschuhe mit Querriegeln, die ein Herabfallen der Endringe verhindern. Beim Gebrauch wird das bis auf Dezimeter geteilte Feldstahlband zunächst angenähert in die Messungslotebene gebracht; der hintere Gehilfe steckt seinen Stab in den Anfangspunkt der zu messenden Länge und weist den Vorderstab noch genauer in die Messungsrichtung ein. Dann wird das Band mit etwa 20 kg Zug gestreckt und bei gut lotrechten Stäben das andere Ende der Bandlage durch Eindrücken des Vorderstabes in den Boden bezeichnet. Nach dem Herausnehmen des Stabes wird dieser Punkt durch einen Stift festgehalten und nunmehr das Band durch Vorwärtsziehen in die nächste Lage gebracht, wo in der gleichen Weise wie vorher verfahren wird, nachdem der hintere Stab in den durch den ersten Stift bezeichneten Punkt gesteckt worden ist. Die Zahl der vom vorderen Gehilfen gesteckten Stifte, welche der Hintermann alle wieder mitzunehmen hat, gibt die zurückliegende Teillänge an, weshalb man von Zählern spricht. Eine willkommene Probe für die richtige Zählung der ganzen Bandlängen ermöglicht auch die Restzahl der Zähler, welche am Ende der Messung der vordere Gehilfe noch in Händen hat.

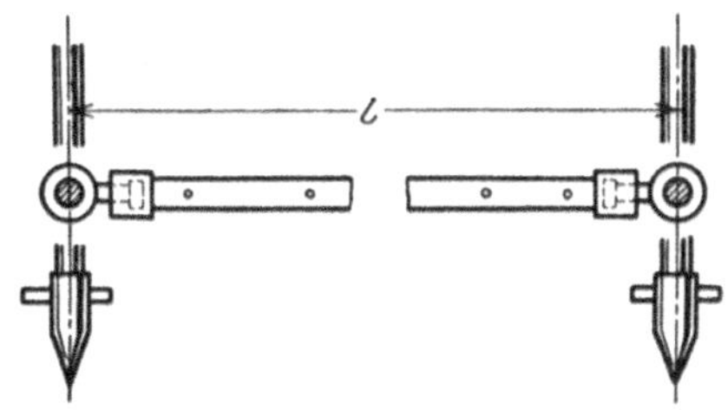

Abb. 165. Ziehstahlband.

Die Messung mit dem Ziehstahlband gestaltet sich am einfachsten bei horizontaler Unterlage, auf welcher das Band unmittelbar aufliegt. Bei geneigtem Gelände wird vielfach gestaffelt, wobei am Ende des straff gezogenen Bandes, bei stärkeren Neigungen auch schon an den Stellen 10 m oder 5 m abgelotet wird. Auch die Schrägmessung kann bei langen, ganz gleichmäßig geneigten Strecken mit Vorteil verwendet werden. Zur Neigungsmessung dient in diesem Falle am besten ein am oberen Ende des Hinterstabes befestigter Freihandhöhenmesser, mit dem das obere Ende des gleich langen Vorderstabes angezielt wird.

Viel handlicher als die schweren Ziehstahlbänder sind die 10 bis 20 m langen, meist in einem Schutzgehäuse befindlichen, bequem aufrollbaren Handstahlbänder, welche hauptsächlich für die Ordinatenmessung und zur Messung anderer nicht in der Standlinie liegenden Maße bestimmt sind. Das Handstahlband trägt meist Zentimeterteilung und wird bei der Messung nur selten auf den Boden gelegt, vielmehr meistens in Brusthöhe gebraucht, wenigstens dann, wenn die zu messende Länge kleiner als die Bandlänge ist. Leinenhandbänder sind mit der Feuchtigkeit starken Längenänderungen unterworfen, so daß sie für ingenieurtechnische Zwecke wenig Verwendung finden.

Stahlmeßbänder erfordern eine sehr sorgfältige Behandlung, wenn sie nicht in kurzer Zeit untauglich werden sollen. Insbesondere sind die Bänder vor Schleifenbildung zu bewahren und nach beendeter Arbeit sorgfältig trocken zu wischen. Ziehstahlbänder werden nach dem Gebrauch auf einen besonderen Rahmen gerollt. Verwahrloste Bänder springen sehr leicht ab und eine eingeätzte Teilung ist bald völlig unkenntlich.

[1] Die Meßkette soll, als gänzlich veraltet, hier nicht besprochen werden.

Präzisionslängenmessungen oder Feinlängenmessungen kann man auf horizontaler oder nur schwach geneigter Unterlage außer z. B. mit Schneidenlatten, Setzbogen und Meßkeil auch mit entsprechend eingerichteten Stahlbändern, sog. Feinstahlbändern, vornehmen. Bei solchen Feinmessungen kommt es hauptsächlich auf die Erfüllung zweier Forderungen an: 1. muß die jeweilige Bandlänge genau bekannt sein und 2. soll die Aneinanderreihung der einzelnen Bandlagen in möglichst einwandfreier Weise vor sich gehen. Die genaue jeweilige von der Temperatur und der Bandspannung abhängige Bandlänge, welche bei dem in Abb. 166 skizzierten, mit Handgriffen versehenen Feinstahlband durch den Abstand zweier durch Kerben hervorgehobener Endstriche $A$, $E$ bestimmt ist, ergibt sich aus der bei der Messung beobachteten Temperatur und dem an der Federwaage abgelesenen Zug. Der Temperatureinfluß beträgt bei einem Stahlband rund 1,1 mm für 10° C Temperaturänderung auf 10 m Länge. Bei Sonnenschein ist die Bandtemperatur kaum zu ermitteln; deshalb sollen Feinlängenmessungen bei bedecktem Himmel oder noch besser in der Nacht ausgeführt werden. Die Längenänderung infolge des Zuges ist nicht nur vom Material, sondern auch vom wechselnden Querschnitt des Bandes abhängig, so daß sie erst durch eine besondere Abgleichung zu ermitteln ist. Sie bleibt konstant, solange unter Anwendung des gleichen Zuges gemessen wird. Eine sorgfältige Aneinanderreihung[1] der Bandlängen läßt sich in verschiedener Weise erreichen. Man kann z. B. nach einer vorangegangenen flüchtigeren, vorläufigen Messung in den Endpunkten der Bandlängen Pflöcke schlagen und auf diesen bei der nachfolgenden scharfen Messung das Bandende jeweils mittels einer in die Kerbe bei $E$ gebrachten Stecknadel genau bezeichnen. Man kann aber auch von vornherein in den nach einer ersten Messung in den Anreihepunkten geschlagenen Pflöcken durch Nadeln oder durch Querstriche Punkte bezeichnen, deren um einige Millimeter von der Bandlänge abweichende Entfernungen an einer etwa beiderseits der Endmarke $E$ angebrachten, kurzen Millimeterteilung mittels der als Zeiger dienenden Nadel genau abgelesen werden können. An Stelle der Pflöcke mit den Nadeln können auch zwei Exemplare einer besonderen, tragbaren Anreihevorrichtung treten, wie sie *Löschner*[2] angegeben hat. Sie besteht aus einer mit einem Griff $G$ (Abb. 167) versehenen etwa 3 kg schweren Eisenplatte $P$ mit einem aufklappbaren Zeiger $Z$, welcher mittels einer Schraube $S$ genau auf den Endstrich des Bandes eingestellt werden kann, während umgekehrt bei festliegenden Zeigern der Anfangsstrich des Bandes auf den ersten Zeiger eingestellt und mit dem Zeiger der zweiten Anreihevorrichtung an der Millimeterteilung des Bandendes abgelesen würde[3].

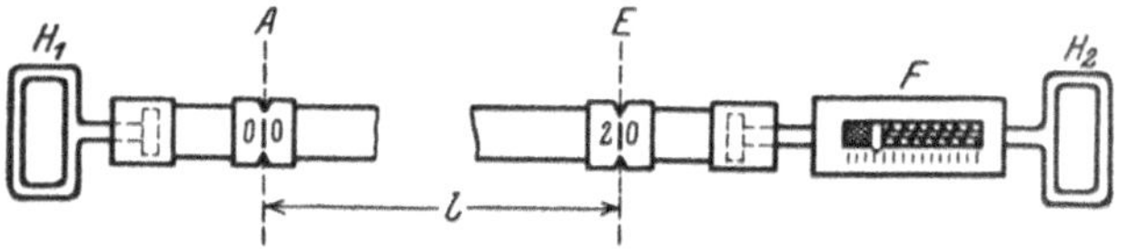

Abb. 166. Feinstahlband mit Federwaage.

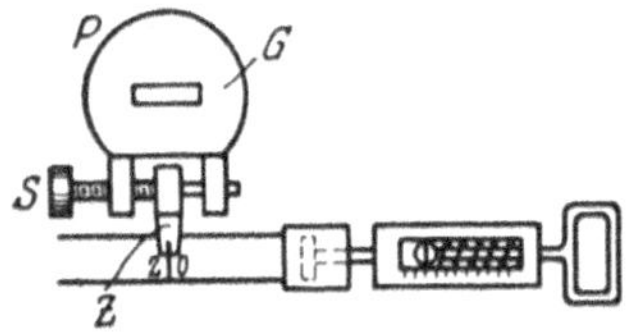

Abb. 167. Anreihevorrichtung von Löschner.

---

[1] Siehe hierzu auch *Reinhertz:* Zur Stahlbandmessung. Z. Vermess.-Wes. 1903 S. 176—183.

[2] *Löschner, H.:* Längenmessungen mit Präzisionsstahlmeßbändern. Z. Vermes.-Wes. 1912 S. 639 bis 645. Siehe auch Z. Vermess.-Wes. 1903 S. 165—176.

[3] Durch die Verwendung von Invarbändern oder Invardrähten mit besonderen Spannstativen wird die Genauigkeit der Längenmessung noch gesteigert; doch gehört die Beschreibung dieser Apparate und ihres Gebrauches bei Grundlinienmessungen besser in die höhere Geodäsie.

Zur Längenmessung mit freischwebendem Meßband siehe die S. 100 Anmerkung 1 genannte Abhandlung von *Seelis.*

## c) Meßrad, Feldzirkel und Schrittzähler.

Diese Hilfsmittel der direkten Längenmessung besitzen für die Ingenieurtechnik eine mehr untergeordnete Bedeutung. Immerhin können das Meßrad — z. B. in Form eines mit einem Zählwerk verbundenen Wagenrades — und der Schrittzähler bei flüchtigen Aufnahmen in kartographisch unbekannten Ländern auch dem Ingenieur von Nutzen sein.

Das allbekannte Meßrad (Abb. 168), welches man auch als eine zylindrische Meßlatte auffassen kann, besteht aus einem mit Speichen versehenen, zylindrischen Rad $R$, welches an einem Stiel $St$ gehalten und vorwärts geschoben wird. Ein Zeigerwerk $Z$ gibt die Zahl $n$ der Radumdrehungen an. Ist $u$ der bekannte Radumfang, so ist der in der Bodenoberfläche zurückgelegte Weg $U = n \cdot u$. Dieser stimmt mit der Horizontalentfernung der Wegendpunkte nur dann überein, wenn der befahrene Boden nahezu eben und horizontal ist[1].

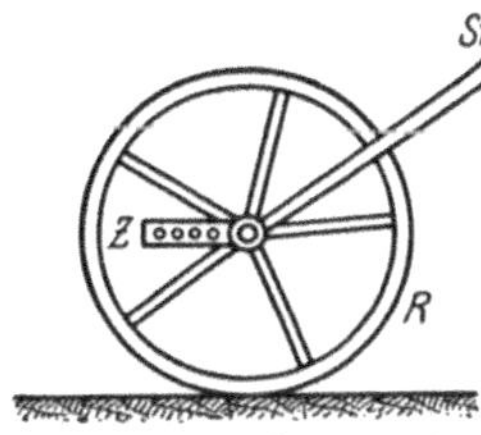

Abb. 168. Meßrad.

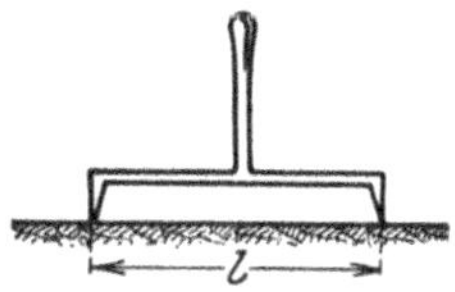

Abb. 169. Feldzirkel (Drehlatte).

Der manchmal noch für landwirtschaftliche Zwecke verwendete Feldzirkel oder die Drehlatte (Abb. 169) ist gewissermaßen ein Zirkel mit fester Öffnung $l$ ($l = 2$ bis 3 m), mit welchem die gesuchte Entfernung auf dem Felde abgezirkelt wird. Horizontalentfernungen ergeben sich unmittelbar nur auf horizontalem Boden.

Für untergeordnete Zwecke lassen sich Längen auch durch Abschreiten bestimmen. Die Schrittlänge eines jungen Mannes von mittlerer Größe ist etwa 83 cm, so daß 300 Schritte ziemlich genau 250 m ausmachen. Eine schärfere Bestimmung der Schrittlänge ist durch Abschreiten einer vorher gemessenen Strecke möglich. Sollen große Entfernungen durch Abschreiten bestimmt werden, so verwendet man mechanische Schrittzähler oder Pedometer, die am Knie befestigt werden und bei jeder Hebung des Fußes ein Zählwerk in Bewegung setzen.

## d) Fehler der direkten Längenmessung.

Die Fehler der unmittelbaren Längenmessung sind teils regelmäßige, teils unregelmäßige. Unter den zur gemessenen Länge direkt proportionalen, regelmäßigen Fehlern sind besonders zu nennen: 1. der Einfluß einer unrichtigen Länge der Latte oder des Meßbandes, 2. der Einfluß einer Durchbiegung des Meßwerkzeuges, 3. die von einem Ausweichen des Meßwerkzeuges aus der Horizontalen und der Messungslotebene entstehenden Fehler, 4. die Fehler infolge Zurückstoßens einer schon liegenden durch die neu anzulegende Latte, 5. die etwaige Unterlassung der Reduktion auf den Meereshorizont, 6. der Einfluß eines Abrutschens der Latte bei stark geneigter Unterlage, 7. der Fehler infolge Vorziehens des hinteren Bandstabes beim Anziehen des vorderen Stabes, 8. der durch das Eindringen von Fremdkörpern zwischen die Lattenenden entstehende Fehler.

[1] Über Erfahrungen mit dem Meßrad berichten *Lorber:* Über die Genauigkeit der Längenmessungen mit dem Meßrad von Wittmann & Co. in Wien. Z. Vermess.-Wes. 1877 S. 333—345, und *Schlehbach:* Über die Genauigkeit und Brauchbarkeit des Meßrades bei gewöhnlichen Längenmessungen. Z. Vermess.-Wes. 1877 S. 241—249. Wie *Bauernfeind:* Elemente der Vermessungskunde Bd. 1 7. Aufl. Stuttgart 1890 S. 407 angibt, wird die Idee, Räder zum Messen von Entfernungen zu benutzen, schon von *Vitruvius* als eine überlieferte bezeichnet. Auch *Heron* von Alexandria beschreibt im Kapitel XXXIV seiner Dioptra schon die Längenmessung mit Hilfe des Wagenrades und eines besonderen Zählwerks (*Schöne, H.:* Herons von Alexandria Vermessungslehre und Dioptra S. 293ff. Leipzig 1903). Bekannt ist der aus dem Anfang des 16. Jahrhunderts stammende Versuch des französischen Arztes *Fernel*, den Bogen Paris-Amiens aus der Umdrehungszahl eines Wagenrades zu ermitteln.

Die unter 2. bis mit 5. genannten Ursachen wirken stets vergrößernd auf das Messungsergebnis. Im gleichen Sinne wirkt eine unrichtige Lattenlänge, wenn sie von einer Abnutzung der Lattenenden herrührt. Eine durch das stets wiederholte, starke Anziehen der Bandstäbe hervorgerufene Verlängerung der Endringe und damit des Bandes selbst hat eine Verkleinerung des Messungsergebnisses zur Folge. Auch die unter 7. und 8. genannten Fehler bewirken stets ein zu kleines Messungsergebnis. Das unter 6. genannte Abgleiten der Latte vergrößert oder verkleinert das Ergebnis, je nachdem aufwärts oder abwärts gemessen wird. Dem Umstande, daß die meisten Fehler das Messungsergebnis vergrößern, wird vielfach durch eine geringe Verlängerung des Meßwerkzeuges über den Sollwert hinaus Rechnung getragen. Im einzelnen sei zu diesen regelmäßigen Fehlern noch folgendes bemerkt.

Die unrichtige Länge des Meßwerkzeuges kann, wie schon erwähnt, von einer Abnutzung der Lattenenden oder einem Langziehen der Endringe des Meßbandes herrühren. Sie kann bei hölzernen Meßlatten ihren Grund aber auch in einer durch den Wechsel der Feuchtigkeit bedingten Änderung des Lattenmeters[1] haben und bei Meß-

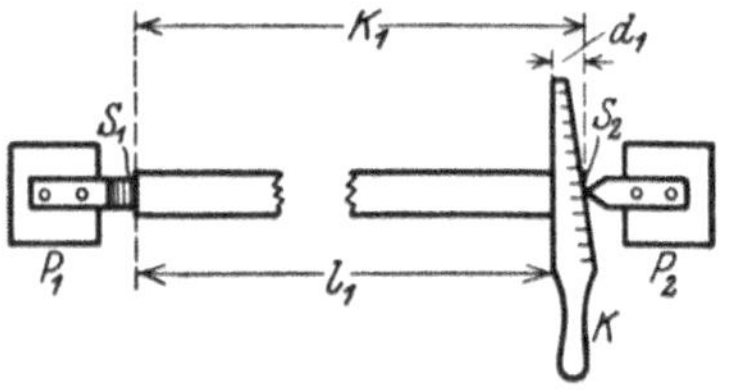


Abb. 170. Komparator zur Abgleichung von Meßlatten.

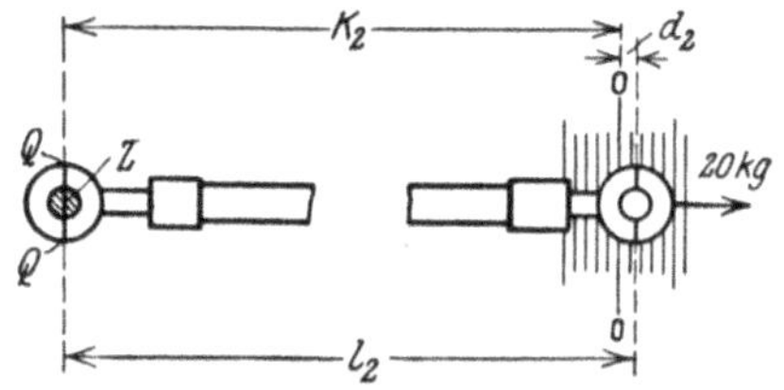


Abb. 171. Komparator zur Abgleichung von Meßbändern.

bändern durch die Nichtbeachtung einer stärkeren Ausdehnung des Bandes bei einem größeren Temperaturwechsel, sehr häufig aber auch durch das mangelhafte Zusammenflicken eines abgerissenen Bandes verursacht werden. Zur Beseitigung dieses unter Umständen sehr schlimmen Fehlers muß man von Zeit zu Zeit die Länge des Meßwerkzeuges durch eine scharfe Abgleichung mit Hilfe eines Komparators neu bestimmen. Ein Komparator für Lattenabgleichung besteht im wesentlichen aus zwei in fest eingerammten Pflöcken $P_1$, $P_2$ (Abb. 170) oder in Mauerwerk sitzenden Schneiden $S_1$, $S_2$, deren möglichst unveränderlicher Abstand $K_1$, die Komparatorlänge, durch wiederholtes Abschieben mit Hilfe eines Normalmeters bestimmt wird. Mißt man nun bei eingelegter, an $S_1$ anstoßender Latte mittels eines Meßkeils $K$ den Abstand $d_1$ der zweiten Komparatorschneide vom anderen Lattenende, so ist die gesuchte Lattenlänge

$$l_1 = K_1 - d_1. \tag{256}$$

Der Sicherheit halber wird die Komparatorlänge auch nach der Längenabgleichung noch einmal bestimmt. In ähnlicher Weise geht nach Andeutung von Abb. 171 die Längenabgleichung eines Meßbandes[2] vor sich. Hier ist die ebenfalls durch Abschieben zu ermittelnde Komparatorlänge $K_2$ durch den Abstand des Nullstriches einer

---

[1] Sehr eingehend ist diese Frage behandelt in einer zusammenfassenden Arbeit von *Lüdemann:* Die Längenänderung hölzerner Meß- und Nivellierlatten. Z. Vermess.-Wes. 1912 S. 409—418, 433 bis 447, 463—473. *Lüdemann* sagt S. 447 zusammenfassend: „Bei gut gearbeiteten Präzisionsmeß- und Nivellierlatten wird also die Amplitude der jährlichen Schwankung des Lattenmeters 50 cmm im allgemeinen nicht überschreiten ...“ Man wird also bei Meßlatten, deren Ölfarbanstrich im Laufe der Zeit gelitten hat, wohl mit einer jährlichen Schwankung des Lattenmeters von etwa 0,5 mm rechnen müssen. *Lüdemann* verspricht eine künftige Erörterung der Frage, ob alle Lattenmeter dieselbe Änderung erfahren. Diese Frage ist (für Nivellierlatten) schon von *M. Schmidt* in negativem Sinne beantwortet worden. (Siehe *Schmidt, M.:* Ergänzungsmessungen zum bayerischen Präzisionsnivellement Heft 1. München 1908 und Heft 2. München 1919.)

[2] Für sehr scharfe Abgleichungen siehe *Thomas, P. A.:* Die Einrichtungen der Reichsanstalt für Maß und Gewicht für Längenbestimmungen höherer Genauigkeit an Meßbändern und Drähten. Z. Instrumentenkde. 1919 S. 321—332.

Millimeterteilung von der Achse eines kurzen, zylindrischen Zapfens $Z$ bestimmt. Bei der Abgleichung wird der Anfangsring des Bandes an den Zapfen $Z$ gehängt und so verkeilt, daß sein durch Striche bezeichneter Querdurchmesser $QQ$ die Zapfenachse schneidet, wenn am anderen Bandende mit 20 kg Zug angezogen wird. Bedeutet $d_2$ den an der Teilung abzulesenden Betrag, um welchen bei dieser Stellung der Querdurchmesser des Endringes über den Teilungsnullpunkt hinausfällt, so ist die Bandlänge

$$l_2 = K_2 + d_2 . \tag{257}$$

Bei Feinstahlbändern wäre in ähnlicher Weise zu verfahren und auch noch die Temperaturverbesserung zu berücksichtigen. Bei gewöhnlichen Stahlbändern sieht man davon meistens ab, nimmt aber dafür die Abgleichung bei einer mittleren Temperatur vor, wie sie etwa bei den Messungen im Felde auftritt. Hat man Latten zur Verfügung, deren Länge scharf bekannt ist, so kann man die Bandabgleichung ohne eine besondere künstliche Vergleichsvorrichtung in der Weise durchführen, daß man den für eine scharf bezeichnete Länge aus wiederholten Stahlbandmessungen gefundenen Mittelwert mit der aus sorgfältigen Lattenmessungen erhaltenen Angabe vergleicht[1].

Infolge einer Durchbiegung des Meßwerkzeuges besitzt nicht die horizontale Entfernung $AE$ (Abb. 172) der Latten- bzw. Bandendpunkte, sondern der Bogen $ASE$ die Länge $l$, welche fehlerhafterweise an Stelle der Sehne $s$ gesetzt wird. Da man $ASE$ in erster Näherung als einen Kreisbogen mit der Pfeilhöhe $p$ betrachten kann, so läßt sich auch der Unterschied $f = s - l$ leicht näherungsweise angeben. Stellt man nämlich $s$ als Funktion von $l$ und $p$ dar, so erhält man nach einer einfachen Reihenentwicklung bei Unterdrückung der Glieder höherer Ordnung

$$f = -\frac{8}{3}\frac{p^2}{l} . \tag{258}$$

Die Durchbiegungsfehler sind bei hohlliegenden oder an einem Ende aufliegenden Latten nur gering und können durch Stellen der Latte auf die hohe Kante ganz unschädlich gemacht werden. Bei längeren Meßbändern aber sind sie sehr zu fürchten. Ihr Einfluß kann aber auch hier durch Unterstützen des Bandes in der Mitte oder an anderen geeigneten Stellen stark verringert werden. Die einem frei durchhängenden 20 m-Band entsprechenden Beträge von $f$ enthält Tabelle 12.

$l = 20$ m Tabelle 12.

| $p$ | 1 dm | 2 dm | 3 dm | 4 dm | 5 dm |
|---|---|---|---|---|---|
| $-f$ | 1,3 mm | 5,3 mm | 12,0 mm | 21,3 mm | 33,3 mm |

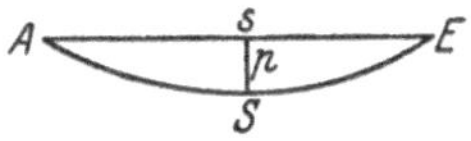

Abb. 172. Durchbiegung des Meßwerkzeuges.

Sind die Werte $h'_1, \ldots h'_n$ die Höhenunterschiede der Endpunkte des Meßwerkzeuges, so ist die an der schief gemessenen Gesamtlänge anzubringende Verbesserung

$$v' = -\left[\frac{h'^2}{2l}\right] = -\frac{n}{2l}\left[\frac{h'^2}{n}\right] = -n\cdot\frac{h'^2_m}{2l} . \tag{259}$$

Hierin bedeutet $h'_m$ den nach Analogie des mittleren Fehlers bestimmten mittleren Höhenunterschied beider Enden des Meßwerkzeuges. Ist diese Größe etwa aus Versuchen für einen Beobachter bestimmt worden, so kann dieser für eine von ihm ausgeführte Messung den Wert $v'$ wenigstens näherungsweise angeben. Ein ganz entsprechender Ausdruck ist die infolge einer mittleren seitlichen Abweichung $h''_m$ notwendige Verbesserung

$$v'' = -n\cdot\frac{h''^2_m}{2l} . \tag{260}$$

[1] Auch im Feld verwendbare Vergleichsvorrichtungen sind konstruiert worden. Siehe hierzu *Blaß, K.:* Ein Feldkomparator zur Bestimmung der Längen von Meßlatten. Z. Vermess.-Wes. 1912 S. 11—14 und *Hohenner, H.:* Ein neuer Feldkomparator von *C. Sickler* in Karlsruhe. Z. Vermess.-Wes. 1912 S. 601—604.

An unregelmäßigen, gleich oft positiven und negativen Fehlern der direkten Längenmessung sind hauptsächlich zu nennen die Anlegefehler, Anreihefehler, Ablotungsfehler, Ablesefehler, die Fehler der gemessenen Neigungen und die infolge unrichtigen Zuges entstehenden Spannungsfehler. Hinsichtlich dieses letzteren Fehlers sei bemerkt, daß eine bestimmte Zugänderung — z. B. um 1 kg — einen um so geringeren Längenfehler verursacht, je größer die gewählte Normalspannung — z. B. 20 kg — ist[1].

Nach Theorie und Erfahrung schreitet der mittlere unregelmäßige Fehler $m_u$ mit der Wurzel aus der gemessenen Länge $L$ fort. Dagegen sind die am Anfang und Ende der Strecke je einmal auftretenden Anlege- und Ablesefehler $m_a'$, $m_a''$ von der Länge unabhängig. Entspricht $\pm m_a$ ihrem Zusammenwirken und bedeutet $m_r$ den mittleren regelmäßigen, $m$ den mittleren Gesamtfehler der Länge, so gelten die Beziehungen

$$m_a = \sqrt{m_a'^2 + m_a''^2}, \qquad m_r = C \cdot L, \qquad m_u = m_0 \sqrt{L}, \qquad m = \sqrt{m_r^2 + m_u^2 + m_a^2}, \tag{261}$$

in welchen $C$ den mittleren regelmäßigen, $m_0$ den mittleren unregelmäßigen Fehler der Längeneinheit bezeichnet[2]. $m_0$ läßt sich aus Doppelmessungen mit dem gleichen Meßwerkzeug bestimmen. Werden für verschiedene Strecken $L_1, \ldots L_i, \ldots L_n$ auf dem Hin- und Rückwege die Wertepaare $L_1', L_1'', \ldots L_i', L_i'', \ldots L_n', L_n''$ mit den Differenzen $d_1, \ldots d_i, \ldots d_n$ gefunden, so ergibt sich damit in Anlehnung an (69)

$$m_0 = \pm \sqrt{\frac{1}{2n}[p\,d\,d]} = \pm \sqrt{\frac{1}{2n}\left[\frac{d^2}{L}\right]}, \tag{262}$$

vorausgesetzt, daß etwa durch die Benutzung eines Anschlagwinkels zur Bezeichnung des Längenanfangs und durch Verwendung eines mm-Maßstabes zur Endablesung die Bestandteile von $m_a$ so klein gehalten werden, daß dieses neben den Differenzen $d$ verschwindet.

Die mittlere Differenz der Längeneinheit ist also $d_0 = m_0 \sqrt{2}$ und die mittlere Differenz zwischen Hin- und Rückmessung der Länge $L$ wird

$$d = d_0 \sqrt{L} = m_0 \sqrt{2L}. \tag{263}$$

Setzt man nach Analogie des Maximalfehlers die Maximaldifferenz $D$ der dreifachen mittleren Differenz gleich, so ist, wenn man zur Gewinnung einer einfachen Formel den kleinen Betrag $m_a$ vernachlässigt,

$$D = 3d = (3 m_0 \sqrt{2}) \sqrt{L} = k \cdot \sqrt{L} \tag{264}$$

die größte zulässige Abweichung zwischen der Hin- und Rückmessung einer Strecke.

Der Wert $k$ hängt nicht nur von der Art und Güte des Meßwerkzeuges, dem Messungsverfahren, der Gewandtheit und Sorgfalt des Beobachters, sondern auch von der Beschaffenheit des Geländes und der Witterung ab, so daß wiederholte Versuche immer auf etwas verschiedene Werte $m_0$ und $k$ führen werden. Es haben auch die Verwaltungen der verschiedenen Staaten stark voneinander abweichende Werte $k$ festgesetzt.

---

[1] Nach *Haußmann, K.:* Elastizitätsmodul für Stahlmeßbänder. Z. Vermess.-Wes. 1903 S. 161 bis 165 ist der Dehnungskoeffizient für vertikal hängende Stahlbänder $0{,}5 \cdot 10^{-6}$. Dieser Betrag ist für horizontale, aufliegende Bänder um rund 10% zu vermindern.

Direkte Längenmessungen in lotrechter Richtung spielen im Bergbau eine große Rolle. Siehe hierzu *Lüdemann, Karl:* Über die Genauigkeit von Teufenbändern aus Stahl und der damit ausgeführten Teufenmessungen. Mitt. Markscheidew. 1923 S. 8—23.

[2] Nach *Cappilleri:* Zur Theorie der Lattenmessung. Z. Vermess.-Wes. 1907 S. 33—38, ergibt sich für den durchschnittlichen Fehler der Lattenmessung der Ausdruck $\vartheta = \varrho \cdot n \pm \mu \sqrt{n}$, worin $n$ die Zahl der gelegten Latten bedeutet.

Jedenfalls aber kann man fordern, daß im ebenen Gelände der Bedingung

$$D \leqq 0{,}007\,\sqrt{L} \tag{265}$$

genügt wird, in welcher $D$ und $L$ in Metern zu verstehen sind[1].

## 20. Indirekte Längenmessung.

Wird eine Länge ermittelt, ohne daß sie dabei begangen wird, so handelt es sich um eine indirekte Längenmessung, die auf geometrischem, trigonometrischem oder optischem Wege erfolgen kann.

### a) Geometrischer Weg.

Von einer geometrischen, indirekten Entfernungsmessung spricht man, wenn sich die gesuchte Entfernung aus einer oder mehreren unmittelbar gemessenen Längen mittels einfacher geometrischer Beziehungen ableiten läßt. Soll z. B. die große Entfernung $x$ eines unzugänglichen Punktes $C$ (Abb. 173) von einem zugänglichen Punkte $A$ gefunden werden, so kann man etwa mit einem sog. entfernungsmessenden Prisma[2] von $A$ aus eine Richtung $AB'$ abstecken, welche mit $AC$ einen der konstanten Richtungsablenkung $\alpha$ gleichen Winkel einschließt. Sucht man nun mit Hilfe des Prismas auf $AB'$ denjenigen Punkt $B$, von dem aus $BC$ mit $BA$ denselben Winkel $\alpha$ einschließt, so hat man in $ABC$ ein gleichschenkeliges Dreieck, dessen kurze Grundlinie $b$ direkt zu messen ist. Die gesuchte Entfernung ist dann

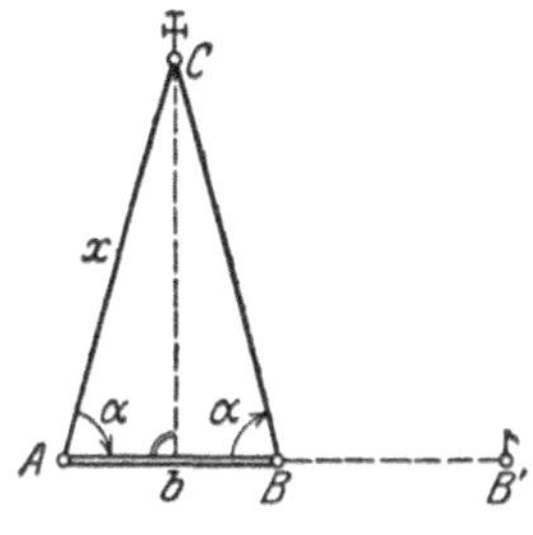

Abb. 173. Indirekte geometrische Entfernungsmessung mit Hilfe eines Distanzprismas.

$$x = b : 2\cos\alpha = C \cdot b \tag{266}$$

und kann in einfacher Weise ermittelt werden, da alle diese Prismen so geschliffen sind, daß der Vergrößerungsfaktor $C = 1 : 2\cos\alpha$ ein runder Wert — 20, 50, 100, . . . — ist. Hat man etwa ein Instrument zum Abstecken von $45^0$-Winkeln, so ergibt sich für $ABC$ ein gleichschenkelig rechtwinkliges Dreieck, und die gesuchte Entfernung wird $x = b : \sqrt{2}$. Kann man aber $\alpha = 60^0$ machen, so entsteht ein gleichseitiges Dreieck und es ist unmittelbar $x = b$. Ist die unmittelbare Messung einer Strecke $AE$ (Abb. 174) nur bis zu einem Punkte $E'$ möglich und steht zur Bestimmung der Reststrecke $E'E = x$ außer einem Längenmeßwerkzeug nur ein Prisma, Winkelspiegel oder eine Kreuzscheibe zum Abstecken rechter Winkel zur Verfügung, so kann man auf $AE$ in $E'$ eine Senkrechte $E'H$ und auf $HE$ hierauf eine Senkrechte errichten, welche auf $AE$ den Punkt $H'$ ausschneidet. Aus den direkt zu messenden Längen $H'E' = p$ und $E'H = h$ findet man dann leicht

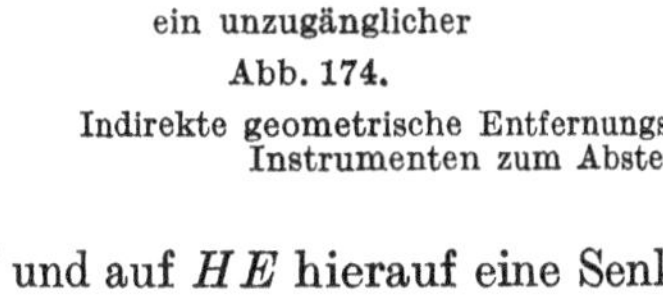

ein unzugänglicher
Abb. 174.

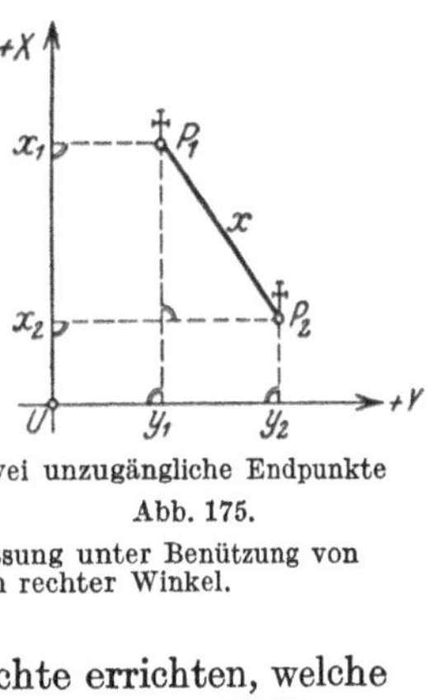

zwei unzugängliche Endpunkte
Abb. 175.

Indirekte geometrische Entfernungsmessung unter Benützung von Instrumenten zum Abstecken rechter Winkel.

$$x = \frac{h^2}{p}. \tag{267}$$

---

[1] Einige amtliche Fehlergrenzen werden später bei der Besprechung der Fehler im Polygonzug angegeben werden.

[2] Das älteste Prisma dieser Art ist vermutlich das unsymmetrische Prisma von *Bauernfeind*. Siehe auch die Beschreibung des militärischen Entfernungsmessers *Souchier* in Z. Vermess.-Wes. 1895 S. 177ff.

Sind etwa die beiden Endpunkte $P_1$, $P_2$ einer gesuchten Entfernung $x$ (Abb. 175) unzugänglich, so kann man in einem auf dem Felde abgesteckten Koordinatenkreuz mit Hilfe eines Instrumentes zum Abstecken rechter Winkel die Koordinatenfußpunkte bestimmen und aus den direkt zu messenden Koordinatenunterschieden $\Delta x = x_2 - x_1$, $\Delta y = y_2 - y_1$ die gesuchte Länge als den Ausdruck

$$x = \sqrt{\Delta x^2 + \Delta y^2} \tag{268}$$

berechnen.

Alle diese Lösungen sind aber nur als ein grober Notbehelf zu betrachten.

## b) Trigonometrischer Weg.

Genauere Ergebnisse liefert die indirekte trigonometrische Entfernungsbestimmung, welche mittels trigonometrischer Sätze von den gemessenen Stücken auf die gesuchte Länge führt.

Die in Abb. 176 enthaltene Länge $AP = x$ kann nicht unmittelbar gemessen werden, weil ein von der Seite durchschnittenes Grundstück nicht betreten werden darf. Kann

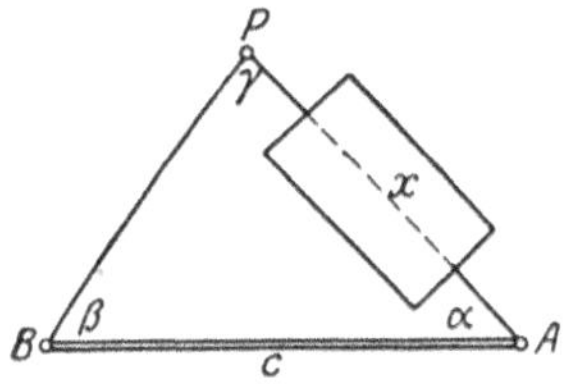


nach dem Sinussatz
Abb. 176.

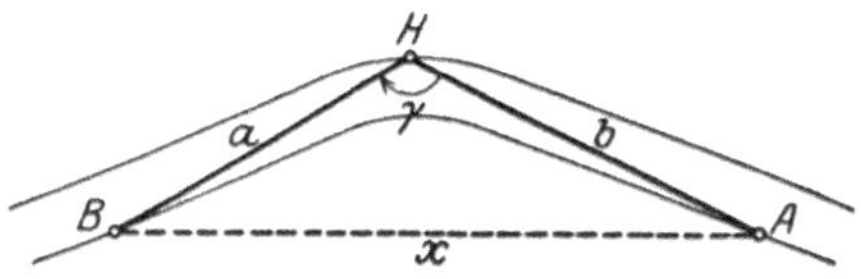


nach dem Cosinussatz
Abb. 177.

Trigonometrische Entfernungsbestimmung aus Dreiecken.

man etwa einen Hilfspunkt $B$ so wählen, daß ein günstig geformtes Dreieck entsteht, in dem die Seite $AB = c$ und mindestens zwei Winkel — vielleicht $\beta$, $\gamma$ — direkt gemessen werden können, so führt die Anwendung des Sinus-Satzes zum Ziel. Es ist nämlich

$$x = c\,\frac{\sin\beta}{\sin\gamma}. \tag{269}$$

Wenn irgend möglich, werden alle Dreieckswinkel gemessen, so daß nach Verteilung des Dreieckswiderspruchs ausgeglichene Winkel $\beta$, $\gamma$ in die Rechnung eingehen.

Ist eine unzugängliche Strecke $AB = x$ (Abb. 177) zu ermitteln und kann man den Hilfspunkt $H$ nicht so wählen, daß ein günstiges Dreieck entsteht, etwa, weil man $H$ auf einem nahe an $x$ hinziehenden Weg, den man nicht verlassen darf, annehmen muß, so wird man die von $H$ nach den Endpunkten von $x$ führenden Seiten $a$, $b$, sowie den von ihnen eingeschlossenen Winkel $\gamma$ messen; damit ergibt sich nach dem Cosinus-Satz

$$x = \sqrt{a^2 + b^2 - 2ab\cos\gamma}. \tag{270}$$

Wenn eine gesuchte Entfernung $x$ einschließlich ihrer beiden Endpunkte $A$, $B$ (Abb. 178) unzugänglich bleibt, so wird man etwa aus einer direkt gemessenen Grundlinie $CD$ und den in ihren Endpunkten beobachteten Winkeln $\gamma'$, $\gamma''$ und $\delta'$, $\delta''$ zunächst mittels des sin-Satzes die Seiten $AC$, $AD$, $BC$, $BD$ berechnen, worauf sich $x$ nach dem Cosinus-Satz einmal aus $AC$, $BC$, $\gamma''$ und zur Probe ein zweites Mal aus $AD$, $BD$, $\delta'$ ergibt.

Im unwegsamen Gelände kann auch die trigonometrische Entfernungsmessung mit horizontaler Distanzlatte angewendet werden. Eine solche z. B. von *Böhler* konstruierte Latte besitzt an den Enden zwei gut einstellbare Marken $M_1$, $M_2$ (Abb. 179a), deren Abstand $l$ durch ein Normalmeter scharf bestimmt wird. Die Latte wird auf ein Stativ ungefähr in der Mitte der zu messenden Seite $AB$ gebracht und mit Hilfe eines zur Latte senkrechten Diopters $D_i$ so gestellt, daß sie mit $A$ und $B$ je ein gleichschenkeliges Dreieck bildet. Werden in $A$ und $B$ durch eine sehr scharfe Messung (Mikroskoptheodolit) die Winkel $2\alpha$ und $2\beta$ bestimmt, unter welchen

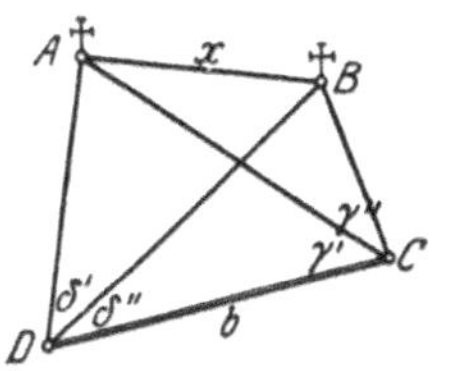


Beide Streckenendpunkte sind unzugänglich.
Abb. 178. Trigonometrische Entfernungsbestimmung aus einem Viereck.

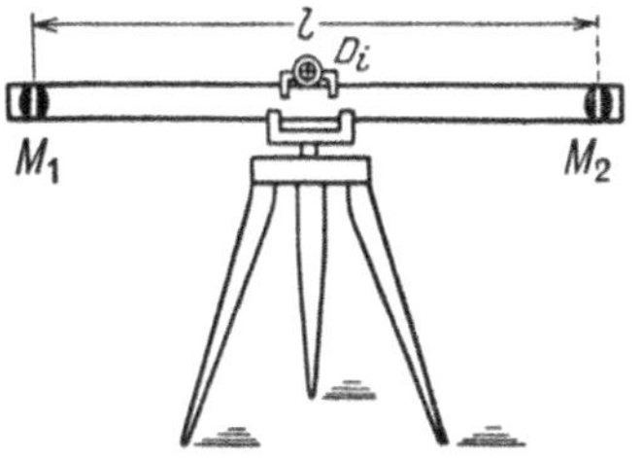


Distanzlatte von Böhler
Abb. 179a.

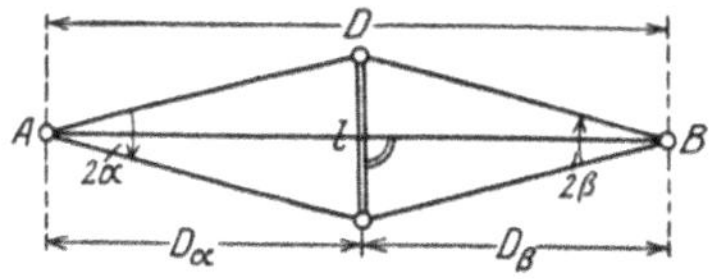


Abb. 179b.

Trigonometrische Entfernungsbestimmung mit horizontaler Distanzlatte.

von dort aus die Latte erscheint, so ergibt sich mit den Bezeichnungen der Abb. 179b die gesuchte Entfernung zu

$$D = D_\alpha + D_\beta = \frac{l}{2}(\operatorname{ctg}\alpha + \operatorname{ctg}\beta). \tag{271}$$

Auf dem gleichen mathematischen Grundgedanken beruht die indirekte Längenmessung mit dem von *C. Pulfrich* (Zeiß) eingeführten Streckenmeßtheodolit; nur wird hier die scharfe Winkelmessung nicht an der Kreisteilung, sondern an einer mit der horizontalen Feinbewegung verbundenen Tangentenmeßschraube durchgeführt[1].

## c) Optische Entfernungsmessung.

Mit Hilfe der optischen Entfernungsmesser[2] kann man Längen bestimmen, ohne sie begehen oder eine Hilfsstrecke messen zu müssen. Für die Ingenieurtechnik kommen nur die Distanzmesser mit Latte am Ende der gesuchten Entfernung in Frage.

Bei allen diesen wird die Entfernung als Bestandteil eines langen schmalen Dreiecks ermittelt, dessen bekannte Basis, der Lattenabschnitt, am Ende der

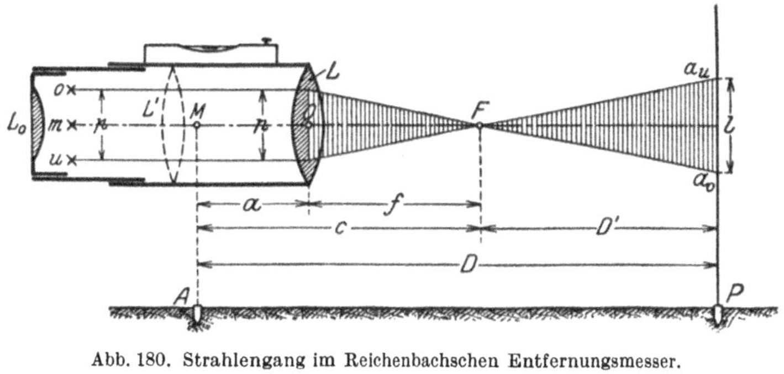


Abb. 180. Strahlengang im Reichenbachschen Entfernungsmesser.

[1] Siehe hierzu *Werkmeister, P.*: Streckenmessung mit Hilfe des Zeißschen Streckenmeßtheodolits. Z. Vermess.-Wes. 1922 S. 321—333 u. 353—363.

[2] Schon der Augsburger Mechaniker *G. F. Brander* beschreibt in „Polymetroskopium Dioptrikum", Augsburg 1764, einen — allerdings noch unvollkommenen — von ihm verfertigten Distanzmesser, womit an einer Feinteilung auf Glas die einem Gegenstand von bekannter Höhe entsprechende Bildhöhe gemessen wird, welche selbst einen Schluß auf die gesuchte Gegenstandsweite gestattet. Im Deutschen Museum zu München sind derartige *Brander*sche Entfernungsmesser zu sehen. Schon viel früher (1674) hatte in Italien *Montanari* einen auf demselben Grundgedanken beruhenden Distanzmesser erfunden. Um die weitere Entwicklung des Instruments haben sich in England *J. Watt* (1771) und *Green* (1778) verdient gemacht. In Deutschland wurde der Fadendistanzmesser um 1810 durch *Reichenbach* eingeführt und wesentlich vervollkommnet. Weitere geschichtliche Mitteilungen siehe bei *Hammer:* Zur Geschichte der Distanzmessung. Z. Vermess.-Wes. 1891 S. 295 bis 299 und Z. Instrumentenkde. 1892 S. 155—161; ferner *Schmidt, M.:* Mensula Praetoriana. Z. Vermess.-Wes. 1893 S. 257—283 und *Hammer* in Z. Instrumentenkde. 1897 S. 278ff.

gesuchten Strecke liegt. Bei den für geodätische Zwecke im allgemeinen viel zu ungenauen Entfernungsmessern ohne Latte ist die Basis des langen, schmalen Dreiecks mit dem Instrument verbunden, liegt also am Anfang der gesuchten Strecke.

Der *Reichenbach*sche Entfernungsmesser[1] in seiner heute gebräuchlichen Form besteht im wesentlichen aus einem Meßfernrohr, in dessen Bildebene drei Horizontalfäden, ein Mittelfaden $m$ (Abb. 180) und zwei dazu parallele, um $p$ voneinander abstehende Seitenfäden $o$, $u$ aufgespannt sind. Wesentliches Zubehör ist eine geteilte Latte, die sog. Distanzlatte. Zur Ermittlung der waagrechten Entfernung $D$ zweier Punkte $A$, $P$ wird das mit seinem Mittelpunkt $M$ lotrecht über $A$ aufgestellte und mittels einer Libelle oder dem Augenmaß nach horizontal gelegte Instrument auf die in $P$ lotrecht stehende Distanzlatte gerichtet, an welcher mittels der Fäden $o$ und $u$ die Ablesungen $a_o$, $a_u$ erhalten werden, deren Differenz $a_u - a_o$ einen Lattenabschnitt $l$ ergibt. Diejenigen von den Enden des Lattenabschnittes ausgehenden und auf die Seitenfäden treffenden Strahlen, welche durch den vorderen Brennpunkt $F$ des Objektivs (anallatischer Punkt) hindurchgehen, verlaufen innerhalb des Fernrohrs parallel zur optischen Achse des Objektivs. Also sind die beiden im Bild lotrecht schraffierten Flächen zwei ähnliche Dreiecke mit den Grundlinien $p$, $l$ und den Höhen $f$ (Objektivbrennweite) und $D'$, welches ein Teil der unbekannten Entfernung $D$ ist. Mit Rücksicht auf die Proportion $l : p = D' : f$ kann man aus der Abbildung leicht die Beziehung

$$D = a + f + D' = a + f + \frac{f}{p} \cdot l \tag{272}$$

ablesen, in welcher $a$ den Abstand des Objektivs von der Instrumentenmitte bedeutet. Mit den als Additionskonstante und Multiplikationskonstante bezeichneten Abkürzungen

$$c = a + f, \qquad C = \frac{f}{p} \tag{273}$$

lautet daher die Entfernungsgleichung

$$D = c + D' = c + C \cdot l. \tag{274}$$

Der von den Brennpunktstrahlen eingeschlossene Winkel $a_o F a_u$ ist der parallaktische Winkel $\varepsilon$. Zwischen ihm und $C$ besteht die ziemlich scharfe Näherungsbeziehung

$$C \cdot \varepsilon = 1, \tag{275}$$

welche aus dem linken schraffierten Dreieck leicht ermittelt werden kann.

Eine willkürliche Änderung der Multiplikationskonstanten, für welche ein runder Wert — meist 100 — angestrebt wird, ist hier nur in dem selten zutreffenden Fall möglich, daß durch Schräubchen der Fadenabstand $p$ etwas geändert werden kann.

Abb. 181 veranschaulicht den Verlauf der Brennpunktstrahlen in den mit einem *Huygens*-Okular ausgestatteten *Ertel*schen Distanzmesser. Hiernach ist $p' = \frac{f_1}{f_1 - y}\, p$, wenn $y$ den Abstand der Fadenkreuzebene vom Kollektiv bedeutet. Behält $c$ seine frühere Bedeutung bei, so erhalten wir unter Berücksichtigung des Umstandes, daß die schraffierten Dreiecke ähnlich sind, den Ausdruck

$$D = c + \frac{f}{p}\left(1 - \frac{y}{f_1}\right) l, \tag{276}$$

aus dem unter Verwendung der Abkürzung

$$C = \frac{f}{p}\left(1 - \frac{y}{f_1}\right) \tag{277}$$

für die Multiplikationskonstante die übliche Form der Entfernungsgleichung

$$D = c + C \cdot l \tag{278}$$

[1] Der *Reichenbach*sche Entfernungsmesser in seiner ältesten Form hatte zwei Okulareinsichten, eine für den oberen und eine für den unteren Faden.

hervorgeht. Da hier nach (277) $C$ auch von $y$ abhängt, so kann die Multiplikationskonstante durch eine Längsverschiebung des Fadenkreuzes in der Okularröhre etwas geändert werden. Eine hernach etwa notwendige deutliche Sichtbarmachung des Fadenkreuzes ist dann durch eine entsprechende Verschiebung des Augenglases $L_o$ in der Okularröhre herbeizuführen.

Wird in einem *Reichenbach*schen Entfernungsmesser eine Linse $L'$ (Abb. 180) so zwischen Objektiv $L$ und Fadenkreuzebene eingeschaltet, daß der vordere Brennpunkt des Äquivalentsystems für $L$ und $L'$, der anallatische Punkt, in die Instrumentenmitte $M$ fällt, so sind die von hier aus gerechneten Entfernungen $D$ zu den Lattenabschnitten $l$ unmittelbar proportional. Für einen solchen *Porro*schen Distanzmesser lautet daher die Entfernungsgleichung

$$D = C \cdot l. \tag{279}$$

Neuerdings werden auch Fernrohre mit Einstellinse zur Entfernungsmessung benützt. Durch das zur deutlichen Sichtbarmachung des Bildes notwendige Verstellen der Fokussierlinse wird jeweils der anallatische Punkt verschoben und damit die Additionskonstante um einen kleinen, praktisch aber bedeutungslosen Betrag geändert[1].

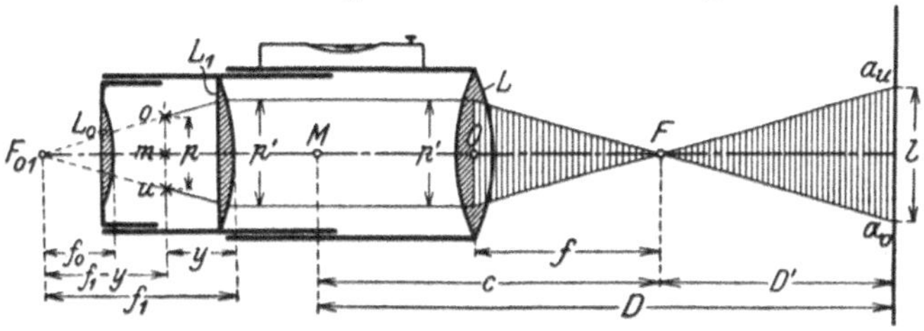


Abb. 181. Strahlengang im Ertelschen Distanzmesser.

Bei der auf empirischem Wege erfolgenden Bestimmung der Distanzmesserkonstanten wird zuerst die Additionskonstante $c$ ermittelt, welche sich nach der ersten der Gleichungen (273) aus der unmittelbar am Instrument abzumessenden Entfernung $a$ (Objektiv — Instrumentenmitte) und der Objektivbrennweite $f$ zusammensetzt. Auch diese kann man leicht dem Instrument entnehmen. Sie ist nämlich, wenn das Fernrohr auf einen sehr weit entfernten Punkt eingestellt wird, genügend genau der Abstand des Fadenkreuzes vom Objektiv. Dies gilt aber nur, wenn zwischen diesen beiden Bestandteilen keine weitere Linse eingeschaltet ist. Beim *Ertel*schen Distanzmesser z. B. ist der genannte gemessene Abstand noch um den Betrag $\frac{1}{2} f_0$ (= Fernrohrverkürzung beim *Huygens*-Okular) zu vergrößern, damit er die Länge $f$ darstellt.

Nachdem $c$ bekannt ist und, wenn möglich, die Multiplikationskonstante nahe an ihren Sollwert gebracht wurde, bezeichnet man zur Bestimmung der Multiplikationskonstanten $C$ den lotrecht unter dem anallatischen Punkt $F$ befindlichen Bodenpunkt und setzt von dort aus durch eine scharfe, unmittelbare Längenmessung in der Zielebene des Fernrohrs die horizontalen Entfernungen $D'$ — etwa 30 m, 60 m, 90 m, 120 m, 150 m — ab, deren Endpunkte ebenfalls scharf bezeichnet werden. Hierauf werden am Instrument bei horizontalem Fernrohr jeweils die im Lattenbild erscheinenden Zufallsstellungen der beiden Entfernungsfäden abgelesen, deren Differenz den zugehörigen Lattenabschnitt $l$ angibt. Zum Schutz gegen grobe Irrtümer und zur Erhöhung der Genauigkeit ermittelt man jeden dieser Lattenabschnitte als das Mittel aus einigen zu etwas verschiedenen Fernrohrstellungen gehörigen Einzelwerten. Nunmehr ergibt sich für jede der $n$ Entfernungen $D'$ nach (274) ein Wert

$$C = \frac{D'}{l}. \tag{280}$$

Für die allerdings nur sehr roh zutreffende Näherungsannahme, daß der mittlere Fehler $m_l$ des Lattenabschnittes zur Entfernung $D'$ direkt proportional sei, nämlich

[1] Siehe hierzu *Uhink, W.:* Über die optische Distanzmessung mit Fernrohren von unveränderlicher Länge. Mitt. Markscheidewes., Jahresheft 1926 S. 42—50. Dort findet man auch die wichtigsten, einschlägigen Literaturangaben.

$m_l = k \cdot D'$, wird $k \cdot C^2 = k_1$ der gleiche mittlere Fehler aller $C$ sein, so daß gleich genaue Einzelbestimmungen $C_i$ vorliegen und das einfache arithmetische Mittel

$$C = \frac{1}{n} \left[C_i\right]_1^n = \frac{1}{n} \left[\frac{D_i'}{l_i}\right] \tag{281}$$

den wahrscheinlichsten Wert der Multiplikationskonstanten darstellt. Ist $m_C$ der aus der Fehlerberechnung folgende mittlere Fehler des einmal bestimmten $C_i$, so wird

$$\mu_C = \frac{m_C}{\sqrt{n}} \tag{282}$$

der mittlere Fehler des Mittelwertes $C$.

Ein nach den vorstehenden Ausführungen berechnetes Zahlenbeispiel zur Konstantenbestimmung enthält Tabelle 13.

Tabelle 13.

Instrument: Kreutertachymeter Nr. 26 von Ertel & Sohn

$c = 0{,}00$ m Beobachter: Bl...., 13. 8. 1927

| $D'$ | $a_u'$ / $a_o'$ / $l'$ | $a_u''$ / $a_o''$ / $l''$ | $a_u'''$ / $a_o'''$ / $l'''$ | Mittelwert $l$ | $C_i$ | $v_i$ | $v_i v_i$ |
|---|---|---|---|---|---|---|---|
| m | m | m | m | m | | $10^{-2}$ | $10^{-4}$ |
| | 1,531 | 1,552 | 1,570 | | | | |
| | 1,231 | 1,252 | 1,271 | | | | |
| 30,00 | 0,300 | 0,300 | 0,299 | $0{,}299_7$ | 100,10 | − 5,5 | 30 |
| | 1,781 | 1,798 | 1,740 | | | | |
| | 1,182 | 1,198 | 1,150 | | | | |
| 60,00 | 0,599 | 0,600 | 0,599 | $0{,}599_7$ | 100,05 | − 0,5 | 0 |
| | 1,630 | 1,702 | 1,600 | | | | |
| | 0,729 | 0,801 | 0,701 | | | | |
| 90,00 | 0,901 | 0,901 | 0,899 | $0{,}900_3$ | 99,97 | + 7,5 | 56 |
| | 1,698 | 1,796 | 1,799 | | | | |
| | 0,499 | 0,596 | 0,600 | | | | |
| 120,00 | 1,199 | 1,200 | 1,199 | $1{,}199_3$ | 100,06 | − 1,5 | 2 |
| $C = 100{,}045 \pm 0{,}027$ | | | | $[C_i] =$ | 400,18 | 0,0 | 88 |

$m_C = \pm 10^{-2} \cdot \sqrt{88 : 3} = \pm 5{,}4 \cdot 10^{-2}$

$\mu_C = m_C : \sqrt{4} = \pm 2{,}7 \cdot 10^{-2}$

Die scharf ermittelte, im allgemeinen geringe Abweichung der Multiplikationskonstanten von ihrem runden Sollwert kann man entweder durch eine leichte Kopfrechnung oder mittels eines einfachen Diagramms berücksichtigen.

Um einen Einblick in die Genauigkeit der Fadendistanzmessung zu gewinnen, leiten wir aus (278) das Differential der Entfernung, d. h. den Entfernungsfehler

$$dD = dc + l \cdot dC + C \cdot dl \tag{283}$$

ab. Sind $m_c$, $m_C$ und $m_l$ die den $dc$, $dC$ und $dl$ entsprechenden mittleren Unsicherheiten, so wird der mittlere Entfernungsfehler

$$m_D = \pm \sqrt{m_c^2 + l^2 \cdot m_C^2 + C^2 m_l^2}. \tag{284}$$

Der Einfluß des Fehlers $dc$ der Additionskonstanten, welcher leicht unter 1 cm gehalten werden kann, darf als belanglos gelten. Verlangt man, daß bei $C = 100$ durch $dC$ die Entfernungen bis zu 150 m um nicht mehr als etwa 5 cm gefälscht werden, so darf $dC$ den Betrag 0,033 ... nicht überschreiten. Über die genügende Erfüllung dieser Bedingung gibt der nach (282) gewonnene mittlere Fehler $\mu_C$

des auf zwei Stellen nach dem Komma zu berechnenden $C$ Aufschluß. Die Multiplikationskonstante ist hauptsächlich infolge wechselnder Luftfeuchtigkeit[1] sowie unvermeidlicher Erschütterungen des Instrumentes und einer etwaigen geringen Veränderung der Objektivbrennweite mit der Temperatur kleinen Änderungen unterworfen. Man muß sie daher, um ein unzulässiges Anwachsen von $dC$ zu verhindern, von Zeit zu Zeit neu bestimmen.

Den schlimmsten Einfluß übt der mit dem Faktor $C$ multiplizierte Fehler $dl$ im Lattenabschnitt aus, als dessen Hauptursachen zu nennen sind: a) die unregelmäßigen Fehler der Lattenteilung und eine fehlerhafte Länge des Lattenmeters, b) die eigentlichen Ablesefehler an der Latte, c) die ungleiche Strahlenbrechung der oberen und unteren Ziellinie, d) die etwaige Änderung der Stellung des Oberfadens bis zur Vollendung der Ablesung am Unterfaden, e) die schiefe Stellung der Latte.

Eine Berücksichtigung der im allgemeinen sehr geringfügigen Lattenteilungsfehler kann bei der Fadendistanzmessung wohl unterbleiben und eine etwaige größere Änderung des Lattenmeters[2] läßt sich mit Hilfe eines von Zeit zu Zeit auf die Teilung zu legenden Normalmeters genügend scharf verfolgen und, wenn nötig, berücksichtigen[3]. Während der Einfluß der unregelmäßigen Lattenteilungsfehler auf $l$ von der Entfernung unabhängig ist und wechselndes Vorzeichen besitzt, ist derjenige eines fehlerhaften Lattenmeters zur Entfernung direkt proportional. Die entsprechenden mittleren Fehlerbeträge im Lattenabschnitt sind $m_t\sqrt{2}$ und $l \cdot m_m$, wenn $m_t$ den mittleren Teilungsfehler und $m_m$ den mittleren Fehler im Lattenmeter bedeutet.

Der bei der Schätzung der Fadenstellung im Teilfelde $t$ entstandene Ablesefehler hängt vom Zustand der Luft, der Beschaffenheit des Teilungsbildes und unter sonst gleichen Umständen auch von der Feldstelle ab, an welcher geschätzt wird. Am sichersten ist die Ablesung in der Feldmitte und an den Feldenden, während sie an den Stellen 0,25 und 0,75 am unzuverlässigsten wird. Der Ablesefehler enthält auch einen regelmäßigen Anteil, der symmetrisch zur Feldmitte so verläuft, daß der kleinere Feldteil in der Regel zu klein geschätzt wird[4]. Im übrigen hängt der mittlere Ablesefehler (Gesamtschätzungsfehler) $m_a$, abgesehen von äußeren Umständen sowie der Geschicklichkeit und Sinnesschärfe des Beobachters hauptsächlich von der Größe $t$ des Teilfeldes, der Zielweite $D$ und der Fernrohrvergrößerung $v$ ab. *Eggert*[5] und *Hohenner*[6] haben für den mittleren Ablesefehler die Ausdrücke

$$m_{a\,(\mathrm{mm})} = 0{,}0292\, t_{(\mathrm{mm})} + 0{,}13\, \frac{D_{(\mathrm{m})}}{v}, \quad (\textit{Eggert}) \tag{285}$$

$$m_{a\,(\mathrm{mm})} = 0{,}2 + 0{,}019\, \frac{D_{(\mathrm{m})}}{v} \cdot t_{(\mathrm{mm})} \quad (\textit{Hohenner}) \tag{286}$$

[1] Nach einer neueren Untersuchung von *Samel* (Der Einfluß der Luftfeuchtigkeit auf die Multiplikationskonstante des *Reichenbach*schen Entfernungsmessers. Z. Vermess.-Wes. 1913 S. 353—359) soll die durch die Luftfeuchtigkeit bedingte Spannungsänderung der Fäden eines *Reichenbach*schen Entfernungsmessers auf die Größe der Multiplikationskonstanten praktisch ohne Einfluß bleiben.

[2] Das Lattenmeter ist der durchschnittliche wirkliche Abstand derjenigen Teilstriche, die 1 m voneinander abstehen sollen.

[3] Die eingehendere Lattenuntersuchung soll erst beim geometrischen Nivellement, für welches sie eine größere Bedeutung besitzt, besprochen werden.

[4] Eine zusammenfassende Darstellung dieser Fragen auf Grund der Arbeiten von *Stampfer, Vogler, Wagner, Reinhertz, Kummer* und einiger eigener Untersuchungen enthält die Abhandlung von *Müller, C.:* Einiges über Beobachtungsfehler beim Abschätzen an Teilungen geodätischer Instrumente. Fortschritte der Psychologie und ihrer Anwendungen Bd. 4 (1916) Heft 1 S. 1—33. Siehe auch *Bäckström, Helmer:* Über die Dezimalgleichung beim Ablesen von Skalen. Z. Instrumentenkde. 1930 S. 561 u. f.

Ein anschauliches Bild über den Verlauf des mittleren zufälligen, regelmäßigen und Gesamtschätzungsfehlers in einem 1 cm-Feld geben die in Abb. 182 enthaltenen Kurven $K_z$, $K_r$ und $K_g$. Sie sind einer Abhandlung von *Kummer:* Genauigkeit der Abschätzung mittels Nivellierfernrohrs. Z. Vermess.-Wes. 1897 S. 225—245 u. 257—275 entnommen, entsprechen Entfernungen von etwa 30—60 m und einer $43^1/_2$fachen Vergrößerung eines *Meißner*schen Instrumentes.

[5] *Eggert:* Die Zielweite beim Nivellieren. Z. Vermess.-Wes. 1914 S. 249—252.

[6] *Hohenner:* Über das Zielen mit dem Zielfernrohre und das Abschätzen der Lage des Zielfadens auf Teilungen. Z. Vermess.-Wes. 1915 S. 357—376.

aus einer graphischen Ausgleichung älteren Materials und (*Hohenner*) unter Hinzunahme eigener Beobachtungen gefunden. Hiernach findet ein einigermaßen gleichmäßiges Fortschreiten des mittleren Ablesefehlers mit der Entfernung nur bei größeren Zielweiten statt, für welche allerdings die Fehlerfrage von ganz besonderer Wichtigkeit ist. Der Einfluß des mittleren Ablesefehlers auf den Lattenabschnitt ist $m_a \sqrt{2}$.

Eine ungleiche Refraktion[1] ist besonders dann zu fürchten, wenn die untere Ziellinie nahe am Boden hinstreicht. Der hieraus entspringende Fehler ist rechnerisch kaum zu fassen, wächst jedoch in der Hauptsache mit dem Quadrat der Zielweite[2]. Sein mittlerer Einfluß ist daher ein Ausdruck von der Form $m_{\Delta r} = \delta \cdot D^2$. Er fällt weg, wenn der Lattenabschnitt nicht an einer lotrechten, sondern an einer waagrechten Latte ermittelt wird.

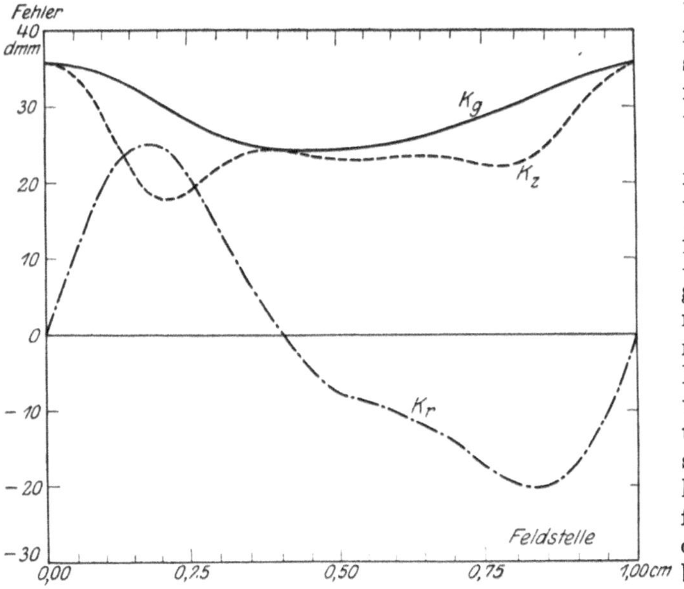


Abb. 182. Verlauf der Schätzungsfehler in einem 1 cm-Feld.

Eine Stellungsänderung des Oberfadens während der Dauer der Ablesung wird in der Hauptsache von einer geringen Neigungsänderung des Fernrohrs herrühren und daher zur Entfernung, annähernd wohl auch zur Beobachtungsdauer proportional sein. Es ist ein wesentlicher Vorteil der Okularfadendistanzmesser, daß der erwähnte Fehler, sobald er merklich wird, durch einen nochmaligen Blick auf den Oberfaden aufgedeckt werden kann. Dieser Fehler hat die Form $m_0 = D \cdot \varkappa$, wenn zu jeder Ablesung gleich viel Zeit gebraucht wird.

Bei einer zur mittleren Fernrohrziellinie schiefen Stellung der Latte um den Betrag $m'_\alpha$ wird zwischen den beiden Entfernungsfäden statt $l$ der zu große Wert $l : \cos m'_\alpha$ erscheinen; alle damit berechneten Entfernungen wären mit $\cos m'_\alpha$ zu multiplizieren und bedürfen zu ihrer Richtigstellung einer Verkleinerung um $m' = \frac{1}{2} D \left(\frac{m'_\alpha}{\varrho}\right)^2$. Der betrachtete Fehlereinfluß $m'$ ist also durchaus einseitig und zur Entfernung direkt proportional. Dient zur Lotrechtstellung der Latte eine Dosenlibelle, so wird $m'_\alpha$ selbst unter ungünstigen Verhältnissen den Betrag von 30′ kaum erreichen[3]. Dieser Grenze würde aber selbst bei $D = 200$ m erst ein 8 mm noch nicht erreichender Fehler entsprechen, der jederzeit vernachlässigt werden kann. Die Lot-

[1] Diesbezügliche Untersuchungen hat *Eggert* in dem Aufsatze: Einfluß der Refraktion auf die Fadendistanzmessung. Z. Vermess.-Wes. 1911 S. 493—498 durchgeführt und unter anderem gefunden, daß die bei seinen Beobachtungen aus dem unteren Lattenabschnitt berechnete Entfernung (ungefähr 133 m) sich um rund 0,75% kleiner ergab als die gleiche aus dem oberen Abschnitt berechnete Entfernung.

Siehe auch *Lüdemann:* Der Einfluß der Strahlenbrechung auf die Längenmessung mit Entfernungsfäden bei lotrechter Latte. Schweiz. Z. Vermess.-Wes. 1926 Nr. 2 u. 3; ferner *Löffler, Wilhelm:* Die topographische Refraktion und ihr Einfluß auf die optische Distanzmessung. Darmstadt 1928.

[2] Näheres hierüber siehe beim geometrischen Nivellement und bei der trigonometrischen Höhenmessung.

[3] Siehe Tabelle 8, Seite 66.

rechtstellung der Latte nach dem Augenmaß allerdings kann bei ungünstigen äußeren Verhältnissen Fehler bis zu rund $2\frac{1}{2}^0$ enthalten, wodurch schon in eine 100 m-Strecke ein Fehler von rund 10 cm hineingetragen wird.

Auch durch das Seitwärtshängen der Latte um $m''_\alpha$ wird ein Entfernungsfehler $m''$ verursacht, dessen Ausdruck dem eben besprochenen vollkommen entspricht.

Mit diesen Einzelfehlern ergibt sich das mittlere Fehlerquadrat des Lattenabschnitts

$$m_l^2 = 2\,m_t^2 + l^2 \cdot m_m^2 + 2\,m_a^2 + \delta^2 \cdot D^4 + \varkappa^2 \cdot D^2 + \frac{D^2}{4\,\varrho^4}\,(m'^4_\alpha + m''^4_\alpha) \qquad (287)$$

bzw.

$$m_l^2 = 2\,m_a^2 + \delta^2 \cdot D^4, \qquad (288)$$

wenn etwa die bei einer einigermaßen sorgfältigen Beobachtung bedeutungslos werdenden Fehleranteile von vornherein unterdrückt werden.

Für eine gegebene Vergrößerung $v$ und eine bestimmte Teilungseinheit $t$ erhält man sowohl aus (285) wie auch aus (286) für das Quadrat des mittleren Ablesefehlers einen Ausdruck von der Form

$$m_a^2 = C_0 + C_1\,D + C_2\,D^2, \qquad (289)$$

so daß nach (287), da $l$ zu $D$ genügend genau direkt proportional ist,

$$m_l^2 = 2\,(C_0 + C_1\,D + C_2\,D^2) + \delta^2 \cdot D^4 \qquad (290)$$

wird. Mit diesem Ausdruck erhält man aus (284) schließlich den mittleren Entfernungsfehler in der Form

$$m_D = \pm \sqrt{k_0 + k_1\,D + k_2\,D^2 + \delta^2 \cdot D^4}. \qquad (291)$$

Hierin ist

$$k_0 = m_c^2 + 2\,C_0 + 2\,m_t^2, \qquad (292)$$

$$k_1 = 2\,C_1\,, \qquad (293)$$

$$k_2 = \left(\frac{m_C}{C}\right)^2 + \left(\frac{m_m}{C}\right)^2 + 2\,C_2 + \varkappa^2 + \frac{1}{4\,\varrho^4}\,(m'^4_\alpha + m''^4_\alpha)\,, \qquad (294)$$

während

$$\delta = \Delta k : 2\,r \qquad (295)$$

das Verhältnis der mittleren gegenseitigen Abweichung der den beiden Sichten eigenen Refraktionskoeffizienten $k_1$ und $k_2$ zum Erddurchmesser $2\,r$ bedeutet.

Infolge der zusammengesetzten Natur dieser Koeffizienten ist es schwierig, dafür bestimmte, einigermaßen zuverlässige Zahlenwerte anzugeben. Hält man jedoch alles zusammen, so steht zu erwarten, daß bei kurzen Entfernungen in $m_D$ der konstante Fehleranteil überwiegt, daß jedoch $m_D$ bei mittleren Entfernungen zu $D$ und bei großen Entfernungen zu $D^2$ näherungsweise proportional ist.

Die praktische Erfahrung zeigt, daß der mittlere Fehler einer mit dem Fadendistanzmesser bestimmten Entfernung $D = 100$ m bei Verwendung eines guten Instrumentes etwa $\pm$ 5 cm beträgt[1].

[1] Weiteres über Entfernungsmesser mit Latte siehe bei der tachymetrischen Geländeaufnahme. Der distanzmessende (parallaktische) Winkel $\varepsilon$ kann auch mit Hilfe von doppelt brechenden Kristallen erzeugt werden. Dieser Gedanke ist bei dem 1777 von *Maskelyne* vorgeschlagenen „Prismatic Micrometer" sowie bei dem gleichzeitig entstandenen und von *Arago* zur Messung von Planetenscheiben viel verwendeten Mikrometer von *Rochon* benützt worden. Siehe hierzu a) *Valentiner:* Handwörterbuch der Astronomie III. Bd. 1. S. 219. b) *Repsold, J.:* Zur Geschichte der astronomischen Meßwerkzeuge von 1450—1830. S. 72. Leipzig 1908. c) *Aubell, Franz:* Ein reduzierendes Doppelbild-Tachymeter. Öst. Z. Vermess.-Wes. 1910 S. 44.

Ein vor dem Objektiv befindlicher Glaskeil kann ebenfalls zur Erzeugung des parallaktischen Winkels benützt werden; ein Beispiel hierfür ist das später beschriebene Reduktionstachymeter

# III. Aufnahmearbeiten.

## 21. Allgemeines über die Horizontalaufnahme. Ebene Koordinaten.

Durch eine Horizontalaufnahme werden die für den Aufnahmezweck wichtigen Gebilde im Grundriß festgelegt, während auf eine Darstellung der Höhenverhältnisse verzichtet wird. Dem Rahmen dieses Buches entsprechend soll es sich dabei nur um die Aufnahme von Gebieten solcher Größe handeln, für welche die Ebene noch als Projektionsfläche verwendet werden darf, ohne daß die relativen Längenverzerrungen 1 : 50000 überschreiten. Diese Bedingung ist, wie in der höheren Geodäsie gezeigt wird, immer erfüllt, wenn die äußersten Punkte der Aufnahmefläche von einem geeignet gewählten Mittelpunkte nicht mehr als 40 km abstehen. Reine Horizontalaufnahmen sind in erster Linie für die Sicherung des Grundeigentums, in vieler Hinsicht aber auch für ingenieurtechnische Zwecke von Bedeutung. Eine solche Horizontalaufnahme kann durchgeführt werden 1. mittels rechtwinkliger Naturmaßkoordinaten auf trigonometrischer Grundlage, 2. nach der Methode der Polarkoordinaten mit Hilfe des entfernungsmessenden Theodolits, 3. nach der gleichen Methode, jedoch unter Verwendung der Bussole, 4. mit dem Meßtisch.

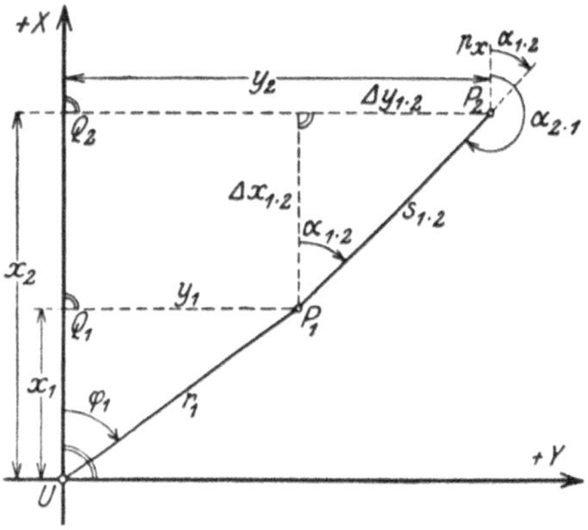


Abb. 183. Beziehungen im ebenen allgemeinen Koordinatensystem.

Den grundlegenden Rahmen aller größeren Aufnahmen bildet ein das Gebiet überspannendes Netz von Dreiecken, das Dreiecksnetz 1. Ordnung, in welches je nach Bedarf noch Netze 2., 3. und etwa noch 4. Ordnnug mit stets abnehmender Punktentfernung eingeschaltet werden. Bei großen Gebieten, welche der vorher angegebenen Grenze sich nähern, kann die Seitenlänge im Netz 1. Ordnung an 40 km heranreichen, während sie in den nachgeordneten Netzen etwa 15 bzw. 5 und 1 km beträgt. Diese Angaben, von denen die Wirklichkeit manchmal beträchtlich abweicht, sollen nur ein ungefähres Bild geben.

Um die Lage der Dreieckspunkte und anderer wichtiger Punkte in einer übersichtlichen und äußerlich voneinander unabhängigen Form anzugeben, benützt man durchwegs rechtwinklige Koordinaten, während Polarkoordinaten bei manchen Verfahren der Einzelaufnahme verwendet werden. Dabei handelt es sich bei der getroffenen Einschränkung in jedem Falle nur um ebene Koordinaten.

Die häufigste Verwendung findet das rechtwinklige allgemeine Koordinatensystem (Abb. 183), dessen positive $X$-Achse nach einer Drehung um 90° im Uhrzeigersinne in die positive $Y$-Achse fällt. Wenn nicht besondere Gründe dagegen sprechen, wird das Koordinatensystem auf der Erdoberfläche so orientiert, daß die positive $X$-Achse in die Nordrichtung des Ursprungsmeridians fällt. In Baden, dessen Koordinatenursprung ganz im Norden des Landes (Mannheim) liegt, wurde,

---

*Boßhardt-Zeiß.* Nach *Jordan, W.* (Z. Vermess.-Wes. 1899 S. 311—313) hat der Amerikaner *R. H. Richards* (J. Assoc. Eng. Soc. Bd. 13. 1894) zuerst einen Distanzmesser mit achromatischem Prisma vor dem Objektiv angewendet. *Lüdemann* (Z. Instrumentenkde. 1928 S. 109—113) teilt mit, daß die Grundlagen für die Verwendung des Glaskeils vor dem Objektiv bereits in einem deutschen Reichspatent gegeben sind, welches 1890 für einen „Entfernungsmesser mit Latte“ den Engländern *Archibald Barr* und *William Stroud* erteilt wurde.

um für die große Mehrzahl aller Punkte positive Koordinatenvorzeichen zu erzielen, die positive $X$-Achse nach Süden, die positive $Y$-Achse nach Westen gerichtet. Ein Punkt $P_1$ ist in einem solchen System durch seine rechtwinkligen Koordinaten $x_1$, $y_1$ bestimmt, wo die Ordinate $y_1$ den senkrechten Abstand des Punktes von der Abszissenachse, die Abszisse $x_1$ aber das vom Ursprung $U$ des Systems bis zum Ordinatenfußpunkt $Q_1$ reichende Stück der Abszissenachse bedeutet.

Die von $P_1$ nach $P_2$ führende Strecke $s_{1\cdot 2}$ schließt mit der durch $P_1$ gehenden Parallelen $\Delta x_{1\cdot 2}$ zur $X$-Achse den rechtssinnig[1] gezählten Richtungswinkel $\alpha_{1\cdot 2} = (P_1 P_2)$ ein[2]. Unter dem Gegenrichtungswinkel zu $(P_1 P_2)$ versteht man den Richtungswinkel $\alpha_{2\cdot 1} = (P_2 P_1)$ der Seite $P_2 P_1$. Richtungswinkel und Gegenrichtungswinkel unterscheiden sich, wie ein Blick auf die Abbildung zeigt, um 180°, also ist stets

$$(P_k P_i) = (P_i P_k) + 180^0. \tag{296}$$

Aus den Koordinaten des Anfangspunktes der Strecke und ihrem Richtungswinkel lassen sich die rechtwinkligen Koordinaten des Streckenendpunktes mittels der Formeln

$$x_2 = x_1 + \Delta x_{1\cdot 2} = x_1 + s_{1\cdot 2} \cos \alpha_{1\cdot 2}, \tag{297}$$

$$y_2 = y_1 + \Delta y_{1\cdot 2} = y_1 + s_{1\cdot 2} \sin \alpha_{1\cdot 2} \tag{298}$$

berechnen. Eine gute Probe für die Richtigkeit der berechneten Koordinatenunterschiede liefern die leicht abzuleitenden Kontrollgleichungen

$$\left.\begin{aligned} \Delta x &= \frac{s}{2}\sqrt{2}\sin(45^0 + \alpha) + \frac{s}{2}\sqrt{2}\cos(45^0 + \alpha), \\ \Delta y &= \frac{s}{2}\sqrt{2}\sin(45^0 + \alpha) - \frac{s}{2}\sqrt{2}\cos(45^0 + \alpha), \end{aligned}\right\} \tag{299}$$

deren Berechnung durch besondere Tafeln[3] erleichtert wird.

Bei bekannter Lage der Streckenendpunkte findet man Richtung und Länge der Strecke aus den Beziehungen:

$$\operatorname{tg} \alpha_{1\cdot 2} = \frac{\Delta y_{1\cdot 2}}{\Delta x_{1\cdot 2}} = \frac{y_2 - y_1}{x_2 - x_1}, \tag{300}$$

$$s_{1\cdot 2} = \frac{\Delta x_{1\cdot 2}}{\cos \alpha_{1\cdot 2}} = \frac{\Delta y_{1\cdot 2}}{\sin \alpha_{1\cdot 2}}. \tag{301}$$

Für diese Berechnungen reichen bei Anstrebung von Zentimetergenauigkeit die 5stelligen Logarithmentafeln bis zu Entfernungen von 500 m aus.

Zur Probe kann man auch noch den um 45° vergrößerten Richtungswinkel aus der Beziehung

$$\operatorname{tg}(45^0 + \alpha) = \frac{\Delta x + \Delta y}{\Delta x - \Delta y} = \frac{(x_2 + y_2) - (x_1 + y_1)}{\Delta x - \Delta y} \tag{302}$$

ableiten. Ebenso wirksam ist die nach Verdoppelung der Koordinaten wiederholte Ableitung des Richtungswinkels.

---

[1] Die in der Geodäsie und Astronomie allgemein übliche Zählung der Winkel im Uhrzeigersinn und die hieraus folgende rechtssinnige Bezifferung der in diesen Wissenszweigen gebrauchten Kreisteilungen hat ihren triftigen Grund in dem Umstande, daß auf der nördlichen Erdhalbkugel, in welcher die Heimat der messenden Astronomie liegt, die Azimute der Sonne mit der Zeit im Uhrzeigersinne zunehmen.

[2] In der preußischen Katastermessung werden die Richtungswinkel als Neigungen bezeichnet. Im bayerischen Koordinatensystem, dessen positive $X$- bzw. $Y$-Achse nach Norden bzw. Westen gerichtet sind, erfolgt die Richtungsangabe mittels der von West über Nord, also im Uhrzeigersinn positiv gezählten Direktionswinkel $\varphi$. Der Direktionswinkel einer bestimmten Richtung ist daher um 90° größer als ihr Richtungswinkel.

[3] Für kurze Entfernungen dient *Seiffert, O.:* Vierstellige polygonometrische Tafeln zur Berechnung und Sicherung der Koordinatenunterschiede mit der Rechenmaschine. Braunschweig 1907.

Der Quadrant des Richtungswinkels ist durch das Vorzeichen der Koordinatenunterschiede (Tabelle 14) eindeutig bestimmt. Bei annähernd gleicher Größe der Koordinatenunterschiede sind die beiden in (301) stehenden Ausdrücke für $s_{1\cdot 2}$ als gleichwertig zu betrachten; sonst ist wegen des geringeren Einflusses der Abrundungsfehler der mit dem größeren Koordinatenunterschied — allgemein mit dem größeren Zähler (und Nenner) — berechnete Wert vorzuziehen.

Tabelle 14.

| Quadrant | $\Delta x_{1\cdot 2}$ | $\Delta y_{1\cdot 2}$ |
|---|---|---|
| I | + | + |
| II | − | + |
| III | − | − |
| IV | + | − |

Die Streckenermittlung nach der Formel

$$s_{1\cdot 2} = \sqrt{\Delta x_{1\cdot 2}^2 + \Delta y_{1\cdot 2}^2} \tag{303}$$

ist nur dann zweckmäßig, wenn man den Richtungswinkel der Strecke nicht braucht und diese so kurz ist — etwa nicht über 100 m —, daß für die Berechnung die gewöhnlichen, in vielen Logarithmentafeln enthaltenen Quadrattafeln ausreichen.

Für manche Zwecke ist es erwünscht, den Zusammenhang zwischen Koordinatenänderungen, Längenänderung und Richtungsänderung zu kennen. Die Koordinatenfehler $dx_i$, $dy_i$ und $dx_k$, $dy_k$ der Endpunkte einer Strecke $P_i P_k$ haben die Seitenänderung $ds_{ik}$ und die Richtungsänderung $d\alpha_{ik}$ zur Folge. Man erhält diese Einflüsse durch Differentiation der Gl. (303) und (300) zu

$$ds_{ik} = (dx_k - dx_i)\cos\alpha_{ik} + (dy_k - dy_i)\sin\alpha_{ik}, \tag{304}$$

$$d\alpha''_{ik} = -\frac{\varrho''}{s_{ik}}\left\{(dx_k - dx_i)\sin\alpha_{ik} - (dy_k - dy_i)\cos\alpha_{ik}\right\}. \tag{305}$$

Für das bayerische Koordinatensystem sind die entsprechenden Ausdrücke

$$ds_{ik} = (dx_k - dx_i)\sin\varphi_{ik} + (dy_k - dy_i)\cos\varphi_{ik}, \tag{306}$$

$$d\varphi_{ik} = \frac{\varrho''}{s_{ik}}\left\{(dx_k - dx_i)\cos\varphi_{ik} - (dy_k - dy_i)\sin\varphi_{ik}\right\}. \tag{307}$$

## 22. Trigonometrische Punktbestimmung.

Die trigonometrische Punktbestimmung erfolgt ausschließlich durch Winkelmessungen bzw. Richtungsmessungen mit dem Theodolit, und da es sich hierbei um die Messung von Dreieckswinkeln handelt, so spricht man von einer Triangulierung (mit dem Theodolit). Bei einer trigonometrischen Punktbestimmung treten folgende Arbeiten auf: 1. die Auswahl und Versicherung der Dreieckspunkte, 2. der Bau von Beobachtungspfeilern und die Signalisierung der Dreieckspunkte, 3. die Ausführung der Beobachtungen, 4. die Zentrierung von Beobachtungen, 5. die Ausgleichung der Beobachtungen, 6. die Durchführung der Koordinatenberechnung. Die beiden zuletzt genannten Arbeiten sind ziemlich verschiedenartig, je nachdem es sich um eine Netzeinschaltung oder um eine Einzelpunkteinschaltung handelt.

### a) Auswahl und Versicherung der Dreieckspunkte.

Die Auswahl der Dreieckspunkte, welche entweder Bodenpunkte oder Luftsignale (Türme, Blitzableiter, Windmühlen) sind, erfolgt, nachdem die gegenseitige Sichtbarkeit der Punkte durch örtliche Erkundungen festgestellt worden ist, so, daß die Dreiecke zwecks Erzielung eines stabilen Netzes möglichst gleichseitig werden und ihre Eckpunkte für nachfolgende Punktbestimmungen günstig liegen. Auch die Frage der voraussichtlichen besseren Punkterhaltung kann bei dieser Auswahl mitsprechen. Schon vor Beginn der Winkelmessung werden die endgültig ausgewählten Dreieckspunkte dauerhaft versichert. Die oberirdische Punktbezeichnung erfolgt nach Andeutung der Abb. 184a und 184b entweder zentrisch oder exzentrisch durch aufrechte widerstandsfähige Steine, deren mittlere Ausmaße die Abbildung zeigt. Außerdem ist aber jeder Dreieckspunkt auch unterirdisch durch eine lotrechte Röhre *R* oder eine waagrechte Platte *P* versichert, deren Achse bzw. Mittelpunkt bei der zentrischen Versicherung auf dem Lot *L* durch den den Dreieckspunkt oberirdisch bezeichnenden, meist vertieften Mittelpunkt der Steinfläche liegt. Der Querschnitt eines solchen zentrischen Versicherungssteines ist quadratisch. Bei der exzentrischen Punktversicherung ist eine meist einer bestimmten Himmelsrichtung zugekehrte Breitseite des Steins etwa durch ein eingehauenes Dreieck als die Vorderseite *V* gekennzeichnet, von deren Mitte der unterirdisch versicherte Dreieckspunkt um einen durchwegs gleichen Betrag *a* absteht. Die exzentrische Punktversicherung bietet im Gegensatz zur zentrischen den Vorteil, daß sie ohne Wegnahme des Dreieckssteines eine zentrische Signalisierung des Dreieckspunktes etwa durch eine lotrechte Stange *St* ermöglicht. Zur Ergänzung der Punktversicherung werden die Dreieckspunkte auch noch auf scharf bezeichnete Punkte der näheren Umgebung eingemessen. Dies ist auch bei Luftsignalen angebracht, um ihre etwaige, im Laufe der Zeit erfolgte Lageänderung feststellen und berücksichtigen zu können.

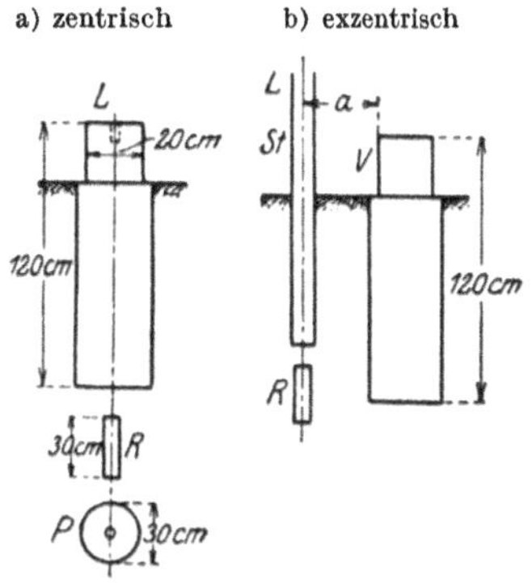

Abb. 184. Oberirdische und unterirdische Versicherung von Dreieckspunkten.

## b) Einrichtungen für die Instrumentenaufstellung. Signalisierung der Dreieckspunkte.

Zur Instrumentenaufstellung über Bodenpunkten in nachgeordneten Netzen genügt das Stativ, während im Hauptnetz besondere Beobachtungspfeiler errichtet werden. Als solche kommen in Betracht Backsteinpfeiler (Abb. 185) oder Betonpfeiler in leicht zugänglichen Bodenpunkten und Pfeiler aus Bruchsteinen oder auch massive Pfeiler aus Felsblöcken im Gebirge. Auch kräftige, gut ausgetrocknete Holzsäulen kommen zur Verwendung. In vielen Fällen wird es, um die Sichten frei zu erhalten, notwendig, das Instrument über den Boden zu heben. In einfacheren Fällen genügt hierfür eine längere, vom Standboden des Beobachters vollkommen isolierte Holzsäule, auf deren oberem Ende das Instrument aufgestellt wird. In schwierigen Fällen ist der Bau von eigenen Beobachtungspyramiden nicht zu umgehen. Ein solches Bauwerk besteht aus zwei vollständig voneinander getrennten Teilen, dem stabileren Pfeilergerüst für das Instrument und dem leichteren Beobachtungsgerüst, auf dem sich der Beobachter bewegt. Auch Kirchtürme mit festem Mauerwerk sind wegen der größeren Fernsicht gesuchte Beobachtungsstände. Da in der Turmmitte selten eine gute Aufstellung zu ermöglichen ist, so führt man hier die Beobachtungen meist exzentrisch auf Pfeilern aus, welche etwa in den Schallöffnungen oder am oberen Ende des Turmmauerwerks auf diesem errichtet werden.

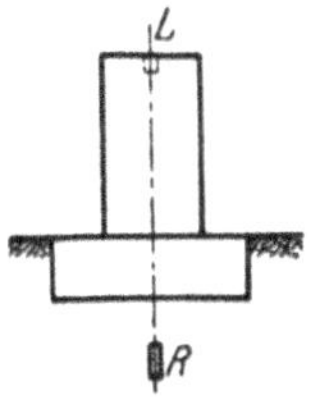

Abb. 185. Beobachtungspfeiler in einem Bodenpunkt.

Natürliche Luftsignale sind auf kürzere und mittlere Entfernungen ohne künstliche Nachhilfe sichtbar und zur Signalisierung von Bodenpunkten genügen bei kurzen Sichten häufig gut verstrebte, lotrechte, 3 bis 5 m lange Signalstangen mit Fähnchen oder genügend große Zieltafeln, die an Stangen lotrecht über dem Dreieckspunkt befestigt sind (Abb. 129, 130). Auf etwas größere Entfernungen hin finden auch niedrige Pyramiden von einigen Metern Höhe Verwendung, deren oberes Ende eine Lattenverschalung trägt. Auf sehr große Entfernungen hin, wie sie im Hauptnetz auftreten, erfolgt die deutliche Sichtbarmachung sowohl der Luftsignale als auch der

Bodenpunkte mit Hilfe von Heliotropen, wenn bei Tage, und durch Lampensignale, wenn bei Nacht beobachtet wird[1].

Eine bei Triangulierungen oft wiederkehrende Arbeit ist das Abloten eines Punktes. Soll z. B. eine Kirchturmspitze in die Turmstube abgelotet werden, so kann dies, da meist Böden und Hölzer hinderlich im Wege stehen, selten mit der wünschenswerten Zuverlässigkeit unmittelbar mit Hilfe eines Schnurlotes erfolgen, so daß man lieber eine optische Ablotung vornimmt. Dazu wird etwa ein Theodolit in mindestens zwei Punkten, von denen aus die Sicht nach der Turmspitze und in die Turmstube frei ist, mit lotrechter Alhidadenachse aufgestellt und auf dem Boden der Turmstube je die Richtung derjenigen Zielebene (Lotebene) bezeichnet, welche die Turmspitze enthält. Der Schnittpunkt dieser beiden geometrischen Örter ist die gesuchte Projektion der Turmspitze. Um den Einfluß des Zielachsen- und des Kippachsenfehlers zu tilgen, wird der Vorgang mit durchgeschlagenem Fernrohr wiederholt und hierauf gemittelt.

## c) Beobachtungsverfahren.

Bei der Triangulierung verwendet man heutzutage hauptsächlich die Winkelmessung im engeren Sinne (reine Winkelmessung) und das durch *Bessel* eingeführte Verfahren der Richtungsbeobachtungen; die Repetitionswinkelmessung bildet eine Ausnahme.

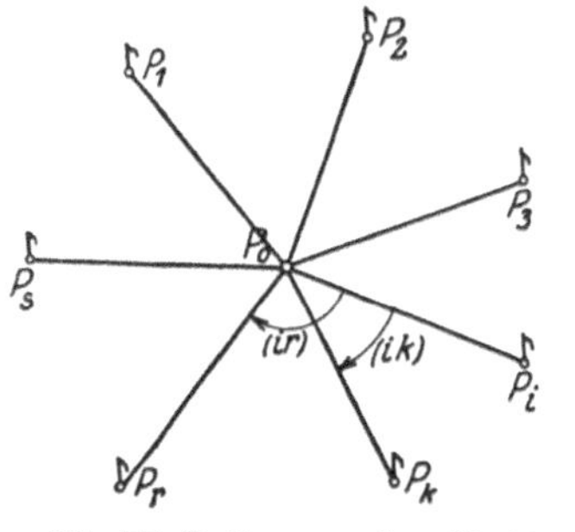


Abb. 186. Bestimmung eines Strahlensystems durch Winkelmessungen.

Im Netz 1. Ordnung überwiegt die reine Winkelmessung, bei welcher jeweils nur zwei Ziele in einen nach dem Verfahren der Tilgungsmessung zu beobachtenden Satz zusammengefaßt werden. Vielfach mißt man in einem System von $s$ Strahlen (Abb. 186), das in sich durch $s - 1$ Winkel bestimmt ist, die Zwischenwinkel $(ik)$ aller unmittelbar aufeinander folgenden Strahlen in je $n$ Sätzen. Aus den $n$ gleich genauen Einzelbeobachtungen $(ik)'$ vom Gewicht 1 folgt das Satzmittel

$$(i\,k) = \frac{1}{n}\sum_{e=1}^{n}(i\,k)'_e \tag{308}$$

mit dem Gewicht $p = n$. Die Ausgleichung dieser Winkel, welche den Horizont ausfüllen sollen, besteht in einer im allgemeinen gleichmäßigen Verteilung des auftretenden Widerspruchs auf die einzelnen Winkel. Es ist also, wenn $[ik]$ den wahrscheinlichsten Wert eines solchen Zwischenwinkels bedeutet, der sog. Horizontwiderspruch

$$w = 360^0 - \sum_{i=1}^{s}(i\,k)\,, \tag{309}$$

während die wahrscheinlichsten Werte $[ik]$, deren Summe den Festwert $360^0$ ergeben muß, mittels (84) als die Ausdrücke

$$[i\,k] = (i\,k) + \frac{w}{s} \tag{310}$$

gefunden werden, wenn alle Satzmittel aus gleichviel, gleich genauen Beobachtungen gebildet werden.

Der mittlere Fehler einer Einzelbeobachtung $(ik)'$ wird nach (69)

$$m'_{ik} = \pm\sqrt{\frac{[v'\,v']}{n-1}}\,, \tag{311}$$

[1] An dieser Stelle auf weitere Einzelheiten — besonders der künstlichen Signalisierung — einzugehen, ist mit Rücksicht auf den zur Verfügung stehenden Raum nicht möglich; hierüber siehe etwa *Jordan:* Handbuch der Vermessungskunde Bd. 3.

wenn $v'_e = (ik) - (ik)'_e$ der wahrscheinlichste Fehler der $e$ten Beobachtung von $(ik)'$ ist. Das Satzmittel $(ik)$ besitzt nach (50) den mittleren Fehler

$$m_{ik} = \frac{m'_{ik}}{\sqrt{n}} \tag{312}$$

und nach (51) das Gewicht $p = n$. Für alle $s$ aufeinander folgenden Zwischenwinkel $(ik)$ ist ein analog dem mittleren Fehler gebildeter Mittelwert

$$(\mu) = \pm \sqrt{\frac{1}{s}\,[m_{ik}^2]}\,. \tag{313}$$

Nach (85) und (86) wäre der mittlere Fehler der Gewichtseinheit (einmal gemessene Winkel) durch

$$m_0 = \pm w \sqrt{\frac{n}{s}} \tag{314}$$

und der mittlere Fehler jedes ausgeglichenen Zwischenwinkels durch

$$\mu = \pm \frac{w}{s} \sqrt{s-1} \tag{315}$$

gegeben. Dieses $\mu$ besitzt aber, da es sich nur auf ein einziges $w$ stützt, keine große Zuverlässigkeit, und es ist daher zweckmäßiger, den unter (313) stehenden Mittelwert als die mittlere Unsicherheit eines auf der Station ausgeglichenen Winkels zu betrachten. Aus dem gleichen Grund ist (314) praktisch unbrauchbar und besser durch

$$m_0 = (\mu)\sqrt{n} = \pm \sqrt{\frac{1}{s}\,[m_{ik}'^2]} \tag{316}$$

zu ersetzen.

Vorteilhafter, wenn auch zeitraubender, ist die schon *Gauß* bekannte, von *Schreiber* in die Praxis eingeführte Winkelmessung in allen Kombinationen, bei welcher alle einander nicht auf 360° ergänzenden Winkel $(ir)$ des Strahlensystems beobachtet werden. Da jeder der $s$ Strahlen mit jedem der $s-1$ übrigen je einen Winkel bildet, so ist die Zahl der bei diesem Verfahren zu messenden Winkel

$$z = \tfrac{1}{2}\, s(s-1)\,. \tag{317}$$

Um aus den gleich genauen Beobachtungen (12), (13), ..., $(ir)$, ... die ausgeglichenen Winkel [12], [13], ..., $[ir]$, ... zu erhalten, bedenken wir, daß sich jeder Winkel einmal durch den für ihn unmittelbar beobachteten Wert und $(s-2)$ mal als Summe oder Differenz der Beobachtungen darstellen läßt. Die Werte der zweiten Darstellungsart besitzen nach dem mittleren Fehlergesetz das mittlere Fehlerquadrat $2\,m^2$, wenn zur unmittelbaren Winkelbeobachtung $m^2$ gehört, so daß die hierzu umgekehrt proportionalen Gewichte mit 1 und 2 angesetzt werden können. Hiernach ist der wahrscheinlichste, aus Winkelmessungen in allen Kombinationen hervorgehende Wert irgendeines Winkels das allgemeine arithmetische Mittel aus seiner direkten Beobachtung und den $s-2$ ihn zusammensetzenden Summen und Differenzen, wo diesen das Gewicht 1 und der unmittelbaren Beobachtung das Gewicht 2 zu geben ist. So ist z. B. in einem System von 6 Strahlen der wahrscheinlichste Wert des von den Strahlen $P_0P_1$ und $P_0P_3$ eingefaßten Winkels

$$[13] = \frac{2\,(13) + (12) + (23) + (14) - (34) + (15) - (35) + (16) - (36)}{6}\,. \tag{318}$$

Meist werden alle Winkel in mehreren, etwa in $n$ Sätzen beobachtet und aus den Einzelbeobachtungen $(ir)'$ vom Gewicht 1 folgt zunächst wieder das in (318) verwendete Satzmittel

$$(ir) = \frac{1}{n}\sum_{1}^{n} (ir)'_e \tag{319}$$

mit dem Gewicht $p = n$. Bezeichnet $v_{ir} = [ir] - (ir)$ den wahrscheinlichsten Fehler des Satzmittels $(ir)$, so ist, wie hier ohne Beweis mitgeteilt werden muß,

$$m' = \pm \sqrt{\frac{2n[vv]}{(s-1)(s-2)}} \tag{320}$$

der mittlere Fehler des in einem Satz beobachteten Winkels, $m = m' : \sqrt{n}$ derjenige eines Satzmittels und

$$\mu = \frac{m'}{\sqrt{n\frac{s}{2}}} = \pm 2\sqrt{\frac{[vv]}{s(s-1)(s-2)}} \tag{321}$$

derjenige eines beliebigen, nach (318) ausgeglichenen Winkels, während

$$p_a = n \cdot \frac{s}{2} \tag{322}$$

dessen Gewicht darstellt. Bei sorgfältigen modernen Messungen erreicht $\mu$ nur Bruchteile einer Sekunde.

Zur Winkelmessung im Hauptdreiecksnetz dienen besonders leistungsfähige Instrumente, welche in runden Zahlen einen Kreisdurchmesser von 30 cm, eine Brennweite von 45 cm, 6 cm Objektivöffnung, 40fache Vergrößerung und Libellen mit einem Teilwert von etwa 5″ besitzen.

Die anfangs vielversprechende, bis in die Mitte des vorigen Jahrhunderts das Feld beherrschende Repetitionswinkelmessung hat man für das Hauptnetz aufgegeben, weil die ihr anhaftenden systematischen Fehler nicht mit der genügenden Sicherheit bestimmt und unschädlich gemacht werden können.

In den Netzen niederer Ordnung werden fast ausschließlich Richtungsbeobachtungen[1] — womöglich in vollen Sätzen — ausgeführt. Bei diesem Verfahren sind alle $s$ Ziele so in einen Satz zusammengefaßt, daß sie in der ersten Fernrohrlage in der Reihenfolge von links nach rechts und nach dem Durchschlagen des Fernrohrs in einer zweiten Lage von rechts nach links eingestellt werden. Die Zusammenstellung der Mittel aus den entsprechenden Beobachtungen beider Fernrohrlagen bildet einen vollständigen Satz, wenn bei der Beobachtung kein Ziel ausgefallen ist. Sollen $n$ Sätze beobachtet werden, so wird der geschilderte Vorgang bei verschiedenen Kreisstellungen $n$-mal wiederholt.

Aus den Beobachtungsmitteln $a_{i1}, a_{i2}, \ldots a_{ir}, \ldots a_{is}$ des $i$-ten Satzes ergeben sich in den Differenzen

$$\left.\begin{aligned} \gamma_{i1} &= a_{i1} - a_{i1} = 0, \\ \gamma_{i2} &= a_{i2} - a_{i1}, \\ \gamma_{i3} &= a_{i3} - a_{i1}, \\ &\cdots\cdots\cdots \\ \gamma_{ir} &= a_{ir} - a_{i1}, \\ &\cdots\cdots\cdots \\ \gamma_{is} &= a_{is} - a_{i1}, \end{aligned}\right\} \tag{323}$$

die diesem Satze entsprechenden reduzierten Richtungen, d. h. diejenigen Winkel, welche die einzelnen Strahlen mit dem gemeinsamen Anfangsstrahl $P_0 P_1$ (Abb. 187) einschließen. Bei $n$ Sätzen erhält man für die reduzierten Richtungen $n$ gleich genaue Reihen, deren einfaches arithmetisches Mittel auf die wahrscheinlichsten Werte $\gamma_1, \gamma_2, \ldots \gamma_r, \ldots \gamma_s$ der reduzierten Richtungen führt.

So ist z. B.

$$\gamma_r = \frac{1}{n}(\gamma_{1r} + \gamma_{2r} + \cdots + \gamma_{ir} + \cdots + \gamma_{nr}). \tag{324}$$

[1] Zur Einführung der Richtungsmessungen siehe *Bessel:* Gradmessung in Ostpreußen 1838.

Die Fehlerberechnung für vollständige Richtungssätze soll an Hand des in Tabelle 15 enthaltenen Zahlenbeispiels erläutert werden. Sind aus den reduzierten Richtungen $\gamma_{1r}, \gamma_{2r}, \gamma_{3r}, \gamma_{4r}$ der $n = 4$ Sätze für sämtliche $s = 6$ Zielpunkte die Satzmittel $\gamma_r$ abgeleitet, so erhält man aus ihrem Vergleich mit den reduzierten Richtungsangaben der einzelnen Sätze je eine Reihe von Unterschieden $d$, z. B. für den $i$-ten Satz und die $r$-te Richtung

$$d_{ir} = \gamma_r - \gamma_{ir} = v_{ir} - v_{i1}. \qquad (325)$$

Jedes $\gamma_{ir}$ desselben Satzes ist nach (323) ein Binom, dessen stets gleiches zweite Glied die zur Nullrichtung des $i$-ten Satzes gehörige Beobachtung $a_{i1}$ ist, so daß jede

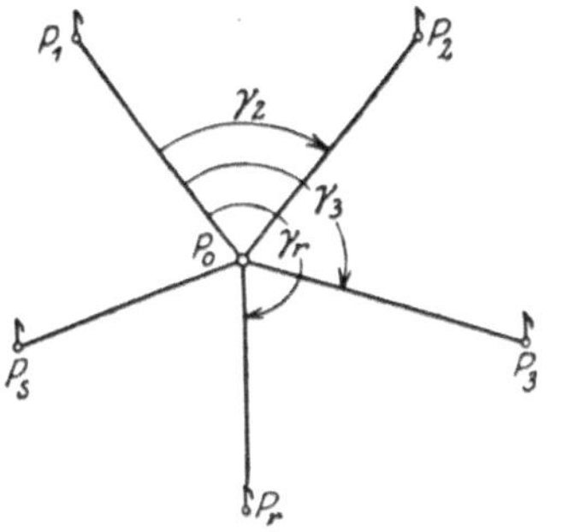


Abb. 187. Bestimmung eines Strahlensystems durch Richtungsbeobachtungen.

Differenz auch den Fehler $v_{i1}$ von $a_{i1}$ enthält. Aus (325) folgen die Ausdrücke

$$\left.\begin{aligned} [d_{ir}] &= [v_{ir}] - s \cdot v_{i1}, \\ \frac{1}{s}[d_{ir}] &= \frac{1}{s}[v_{ir}] - v_{i1}, \\ v_{i1} &= \frac{1}{s}[v_{ir}] - \frac{1}{s}[d_{ir}]. \end{aligned}\right\} \qquad (326)$$

Das arithmetische Mittel der wahrscheinlichsten Beobachtungsfehler $v_{ir}$ eines jeden Satzes liegt in der Nähe von Null. Die Einführung dieser Näherungsbeziehung in (326) ergibt in

$$v_{i1} = -\frac{1}{s}[d_{ir}] \qquad (327)$$

die Verbesserung der Nullrichtung des $i$-ten Satzes, welche, zu dessen Werten $d_{ir}$ hinzugefügt, auf die wahrscheinlichsten Beobachtungsfehler

$$v_{ir} = d_{ir} + v_{i1} \qquad (328)$$

führt. Aus den beiden letzten Gleichungen folgt für jeden Satz die Beziehung

$$\sum_{r=1}^{r=s} [v_{ir}] = 0, \qquad (329)$$

Tabelle 15.

Standpunkt $P_0$.

| Zielpunkt | Satzmittel $\gamma_r$ | 1. Satz $\gamma_{1r}$ | $d_{1r}$ | $v_{1r}$ | $v_{1r}v_{1r}$ | 2. Satz $\gamma_{2r}$ | $d_{2r}$ | $v_{2r}$ | $v_{2r}v_{2r}$ | 3. Satz $\gamma_{3r}$ | $d_{3r}$ | $v_{3r}$ | $v_{3r}v_{3r}$ | 4. Satz $\gamma_{4r}$ | $d_{4r}$ | $v_{4r}$ | $v_{4r}v_{4r}$ |
|---|---|---|---|---|---|---|---|---|---|---|---|---|---|---|---|---|---|
| | | | | | ('')² | | | | ('')² | | | | ('')² | | | | ('')² |
| $P_1$ | 0° 0′ 0″ | 0″ | 0″ | +2″ | 4 | 0″ | 0″ | −3″ | 9 | 0″ | 0″ | −3″ | 9 | 0″ | 0″ | +5″ | 25 |
| $P_2$ | 60 15 19 | 22 | −3 | −1 | 1 | 15 | +4 | +1 | 1 | 16 | +3 | 0 | 0 | 23 | −4 | +1 | 1 |
| $P_3$ | 118 10 30 | 34 | −4 | −2 | 4 | 24 | +6 | +3 | 9 | 25 | +5 | +2 | 4 | 37 | −7 | −2 | 4 |
| $P_4$ | 184 53 10 | 10 | 0 | +2 | 4 | 8 | +2 | −1 | 1 | 02 | +8 | +5 | 25 | 20 | −10 | −5 | 25 |
| $P_5$ | 243 03 50 | 56 | −6 | −4 | 16 | 45 | +5 | +2 | 4 | 47 | +3 | 0 | 0 | 53 | −3 | +2 | 4 |
| $P_6$ | 303 46 20 | 18 | +2 | +4 | 16 | 18 | +2 | −1 | 1 | 19 | +1 | −2 | 4 | 26 | −6 | −1 | 1 |
| $m_r =$ | $\sqrt{\frac{172}{3\cdot 5}} = \pm 3{,}4''$ | | −11 | +1 | 45 | | +19 | +1 | 25 | | +20 | +2 | 42 | | −30 | 0 | 60<br>45 |
| $\mu_r =$ | $\frac{3{,}4''}{\sqrt{4}} = \pm 1{,}7''$ | $v_{11} =$ | +2″ | | | $v_{21} =$ | −3″ | | | $v_{31} =$ | −3″ | | | $v_{41} =$ | + 5″ | $[v^2] =$ | 25<br>42<br>172 |

welche den Charakter einer Rechenprobe besitzt. Eine mit wachsender Satzzahl an Wert zunehmende Probe für die Güte der Beobachtungen liegt darin, daß auch die jeweils zum gleichen Ziel gehörigen Querreihen der Beobachtungsfehler die Eigenschaften zufälliger Fehler besitzen sollen. Näherungsweise soll daher auch die Bedingung

$$\frac{1}{n}\sum_{i=1}^{i=n}[v_{ir}] = 0 \tag{330}$$

erfüllt sein.

Die Summe der für jeden Satz getrennt aufgestellten Teilbeträge $[v_{ir}v_{ir}]$ gibt die Gesamtfehlerquadratsumme

$$[v\,v] = [v_{1r}v_{1r}] + [v_{2r}v_{2r}] + [v_{3r}v_{3r}] + [v_{4r}v_{4r}], \tag{331}$$

woraus nach (97) der mittlere Fehler

$$m_r = \pm\sqrt{\frac{[v\,v]}{ü}} \tag{332}$$

der einmal beobachteten Richtung eines Satzes folgt. Die hierin enthaltene Zahl $ü$ der überschüssigen Bestimmungsstücke ist

$$ü = (n-1)(s-1), \tag{333}$$

da in den letzten $n-1$ Sätzen je $s-1$ Richtungen — nicht aber die Nullrichtung — überschüssig sind. Somit wird der mittlere Richtungsfehler einer Einzelbeobachtung

$$m_r = \pm\sqrt{\frac{[v\,v]}{(n-1)(s-1)}}, \tag{334}$$

während der mittlere Fehler der aus $n$ Sätzen gemittelten Richtung durch den Ausdruck

$$\mu_r = \frac{m_r}{\sqrt{n}} = \pm\sqrt{\frac{[v\,v]}{n(n-1)(s-1)}} \tag{335}$$

angegeben wird.

In unserem Zahlenbeispiel besitzen diese Fehler die Werte

$$m_r = \pm 3{,}4'', \qquad \mu_r = \pm 1{,}7''.$$

Da jeder Winkel die Differenz zweier Richtungen ist, so besteht zwischen dem mittleren Winkelfehler $m_w$ und dem mittleren Richtungsfehler $m_r$ der einfache Zusammenhang

$$m_w = m_r\sqrt{2}. \tag{336}$$

Daraus aber folgt die zwischen dem Winkelgewicht $p_w$ und dem Richtungsgewicht $p_r$ bestehende einfache Beziehung

$$p_r = 2\,p_w. \tag{337}$$

Das Verfahren der Richtungsbeobachtungen verlangt zur Festlegung eines Strahlensystems viel weniger Arbeit als die reine Winkelmessung. Es ist am vorteilhaftesten für Beobachtungen in den untergeordneten Dreiecksnetzen, wo infolge der kürzeren Sichten auch bei etwas ungünstigeren Witterungsverhältnissen die Dreieckspunkte noch ohne umständliche Heliotropen- oder Lampensignalisierung sichtbar sind und vollständige Sätze in kurzer Zeit beobachtet werden können. Letzteres ist wichtig, da nur unter dieser Voraussetzung eine etwaige regelmäßige Drehung der Unterlage des Instruments gleichmäßig mit den Einstellungen fortschreiten wird, so daß jedes Mittel aus den Beobachtungen in beiden Fernrohrlagen um denselben Betrag gefälscht ist und die als Differenzen gebildeten reduzierten Richtungen vom Einfluß der besprochenen Drehung befreit sind.

Für das Hauptdreiecksnetz eignen sich Richtungsbeobachtungen nicht. Sie würden einen sehr großen Gehilfenapparat erfordern, da jeweils die sämtlichen Zielpunkte eines Satzes durch Heliotropen- oder Lampenlicht zu signalisieren wären. Vielfach würden auch Punkte ausfallen und umständlich zu behandelnde, unvollständige Richtungssätze entstehen. Zudem ist hier bei dem langsameren und unregelmäßigeren Fortschreiten der vielen Einstellungen kaum noch zu erwarten, daß eine regelmäßige Drehung der Unterlage im Endergebnis in der vorhin angegebenen einfachen Weise getilgt werden kann. Infolge dieser Umstände ist im Hauptnetz die reine Winkelbeobachtung vorzuziehen.

## d) Zentrieren der Beobachtungen.

Ist der Dreieckspunkt $Z$ (Abb. 188), das Zentrum, ein schwer zugängliches Luftsignal oder ein Bodenpunkt, von dem aus nicht alle Zielpunkte gesehen werden können, oder steht in $Z$ etwa ein von anderen Punkten aus angezieltes Signal, so werden die Beobachtungen in einem dem Zentrum möglichst naheliegenden Hilfspunkt $J$ (Instrumentenstand) ausgeführt. Zur Reduktion der in $J$ ausgeführten Beobachtungen $a_i$ auf die entsprechenden Werte $\gamma_i$, deren Scheitel das Zentrum ist, braucht man die sog. Zentrierungselemente, nämlich die als Exzentrizität bezeichnete Entfernung $JZ = e$ des Instrumentes vom Zentrum, die Entfernung $s_i$ des Zielpunktes $P_i$ vom Zentrum und den mitbeobachteten Winkel $a_z$, welchen die Richtung $JZ$ mit der exzentrischen Anfangsrichtung $JP_1$ bildet.

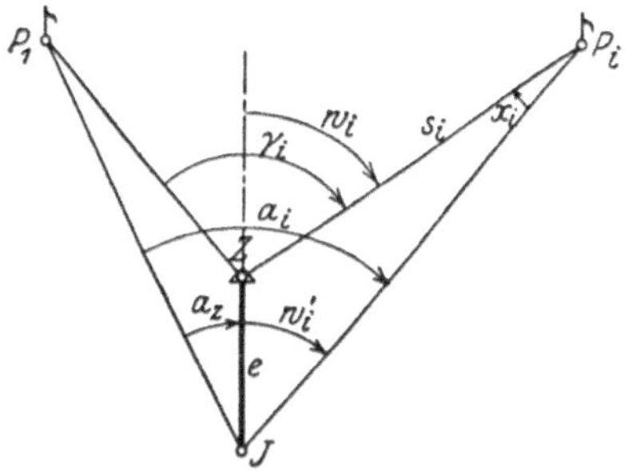

Abb. 188. Richtungszentrierung bei exzentrischem Beobachtungsort.

Der auf $JZ$ als Anfangsstrahl bezogenen Richtung

$$w_i' = a_i - a_z \tag{338}$$

entspricht die zentrierte Richtung

$$w_i = w_i' + x_i, \tag{339}$$

da $w_i$ Außenwinkel im Dreieck $ZJP_i$ ist. Die Zentrierungsverbesserung $x_i$ läßt sich aus der strengen Beziehung

$$\sin x_i = \frac{e}{s_i} \sin w_i' \tag{340}$$

gewinnen. Solange $e : s_i$ und damit auch $x_i$ klein bleiben, kann man zur Berechnung von $x_i$ den guten Näherungsausdruck

$$x_i'' \approx \varrho'' \frac{e}{s_i} \sin w_i' \tag{341}$$

verwenden, welcher die gesuchte Größe sofort in Sekunden angibt. Ein Vergleich mit (340) liefert den Fehler des Ausdrucks (341) in Sekunden:

$$\Delta'' = x_i'' - \varrho'' \frac{e}{s_i} \sin w_i' = \frac{(x_i'')^3}{6\,\varrho''^2}. \tag{342}$$

Also ist

$$x''_{\max} = \sqrt[3]{6\,\varrho''^2 \cdot \Delta''} \tag{343}$$

derjenige größte Betrag der Zentrierungsverbesserung, welcher eben noch mittels der Näherung (341) berechnet werden darf, wenn $\Delta''$ nicht überschritten werden soll. Für den besonderen Wert $\Delta'' = \frac{1}{2}''$ erhält man den Grenzwert $x_{\max} = 5035''$ $= 1^0\,23'\,55'' \approx 1{,}4^0$. Dieser Betrag kann keinesfalls überschritten werden, solange $\frac{e}{s_i} < \frac{1}{41}$ bleibt.

Ist $x_i$ berechnet, so ergibt sich nach (339) die auf $JZ$ bezogene, zentrierte Richtung $w_i$. Die auf den Anfangspunkt $P_1$ bezogenen, zentrierten Richtungen $\gamma$ sind die Differenzen

$$\gamma_i = w_i - w_1. \tag{344}$$

Tabelle 16 enthält ein Zahlenbeispiel, dessen unmittelbar gegebene Stücke durch Unterstreichen kenntlich gemacht sind.

Tabelle 16.

Aufstellungspunkt $P_0$. $\underline{e} = 6{,}459$ m. $\underline{a_z} = 202^0\,44'\,15''$.

| Bezeichnung | $P_1$ | $P_2$ | $P_3$ | $P_4$ |
|---|---|---|---|---|
| $\underline{a}$ | 0° 0′ 0″ | 90° 05′ 16″ | 162° 46′ 47″ | 292° 28′ 22″ |
| $w'$ | 157° 15′ 45″ | 247° 21′ 01″ | 320° 02′ 32″ | 89° 44′ 07″ |
| $\underline{s}_{(m)}$ | 1316,9 | 687,8 | 652,1 | 628,4 |
| $\log \frac{1}{s}$ | 6.88 044 | 7.16 254 | 7.18 569 | 7.20 176 |
| $\log e$ | 0.81 017 | 0.81 017 | 0.81 017 | 0.81 017 |
| $\log \varrho''$ | 5.31 443 | 5.31 443 | 5.31 443 | 5.31 443 |
| $\log \sin w'$ | 9.58 716 | 9.96 $514_n$ | 9.80 $769_n$ | 0.00 000 |
| $\log x''$ | 2.59 220 | 3.25 $228_n$ | 3.11 $798_n$ | 3.32 636 |
| $x''$ | +391 | −1788 | −1312 | +2120 |
| $w'$ | 157° 15′ 45″ | 247° 21′ 01″ | 320° 02′ 32″ | 89° 44′ 07″ |
| $x'\,x''$ | +06 31 | −29 48 | −21 52 | +35 20 |
| $w$ | 157° 22′ 16″ | 246° 51′ 13″ | 319° 40′ 40″ | 90° 19′ 27″ |
| $\gamma_i = w_i - w_1$ | 0° 0′ 0″ | 89° 28′ 57″ | 162° 18′ 24″ | 292° 57′ 11″ |

Den Einfluß von Fehlern der Zentrierungselemente auf die Zentrierungsverbesserung erhält man aus (341) zu

$$dx = x\left(\frac{de}{e} - \frac{ds}{s} - \operatorname{ctg} w' \cdot da_z\right). \tag{345}$$

Hierin ist die aus (338) folgende Beziehung $dw' = -\,da_z$ verwendet worden.

Eine Zentrierung wird auch notwendig, wenn mittels des in $P_0$ (Abb. 189) zentrisch aufgestellten Instrumentes statt des um $s$ entfernten Dreieckspunktes $P$ ein Hilfspunkt $P'$ angezielt wird. Bedeutet $e$ den senkrechten Abstand des Dreieckspunktes $P$ von der Sicht $P_0P'$, so ist

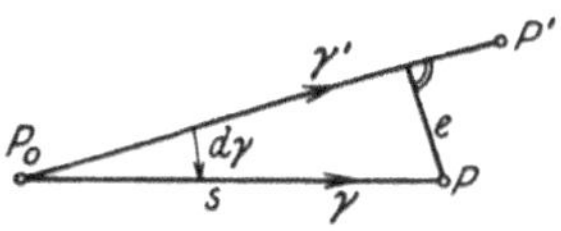

Abb. 189. Richtungszentrierung bei exzentrischem Zielpunkt.

$$d\gamma = \varrho''\frac{e}{s} \tag{346}$$

die wegen der Exzentrizität des Zielpunktes notwendige Zentrierungsverbesserung, durch deren Hinzutreten die exzentrische Richtung $\gamma'$ in die zentrierte Richtung $\gamma$ übergeht.

## e) Netzeinschaltung.

Soll die zusammenhängende Neubestimmung einer größeren Zahl von Dreieckspunkten im Rahmen eines gegebenen Netzes erfolgen, so spricht man von einer Netzeinschaltung. Bei einer trigonometrischen Punkteinschaltung hingegen handelt es sich jeweils um die Neubestimmung eines oder einiger Dreieckspunkte.

Bei der Netzeinschaltung treten die verschiedensten Dreiecksverbindungen auf, zu deren endgültiger Berechnung eine Ausgleichung nach der Methode der kleinsten Quadrate meist nicht umgangen werden kann. Doch gibt es auch einige Netzformen, welche unter Verzicht auf die volle Strenge in wesentlich einfacherer Weise nach einem Näherungsverfahren, dem Verfahren der übereinstimmenden Dreiecksberechnung, ausgeglichen werden können. Solche besondere Dreiecksverbindungen sind das vollständige Zentralsystem, das unvollständige Zentralsystem, die Polygonkette und die Linienkette.

Beim vollständigen oder geschlossenen Zentralsystem (Abb. 190) schließt eine Dreiecksverbindung mit ihrer ersten und letzten Seite an zwei bekannte Punkte $P_0$

und $P_1$ an, außerdem besitzen sämtliche Dreiecke in dem beherrschenden Punkt $P_0$ eine gemeinsame Spitze.

Fällt die letzte Seite des letzten Dreiecks nicht in die erste Seite des ersten Dreiecks, sondern besitzt sie die Lage $P_0P_{n+1}$ (Abb. 191), so spricht man von einem unvollständigen oder offenen Zentralsystem. Der Winkel $\omega$ zwischen den beiden Anschlußseiten ist die Differenz ihrer Richtungswinkel, nämlich

$$\omega = (P_0 P_1) - (P_0 P_{n+1}). \tag{347}$$

Diese selbst werden durch eine sinngemäße Anwendung der Gl. (300) gefunden.

Da sich das geschlossene Zentralsystem als ein Sonderfall des offenen ergibt, wenn in diesem $P_{n+1}$ mit $P_1$ zusammenfällt, also $\omega = 0$ und $P_0P_{n+1} = P_0P_1$ wird,

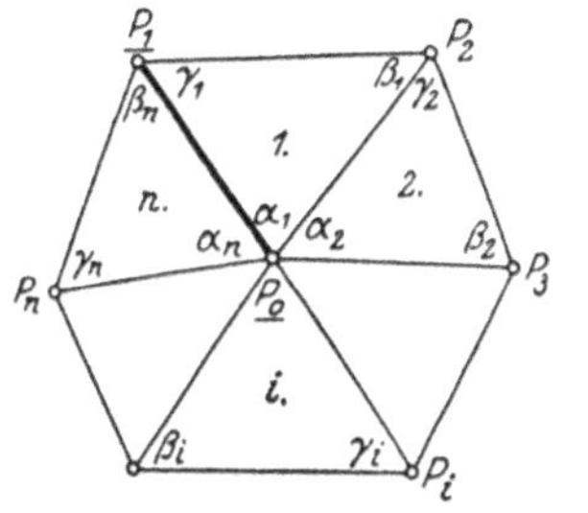

Abb. 190. Vollständiges (geschlossenes) Zentralsystem.

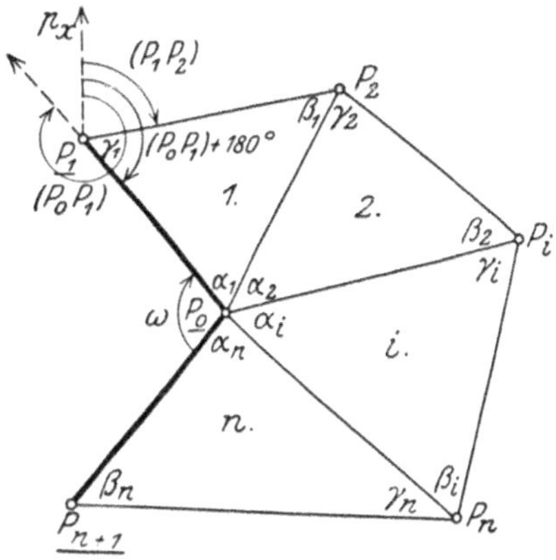

Abb. 191. Unvollständiges (offenes) Zentralsystem.

so soll die Näherungsausgleichung am allgemeineren Fall des unvollständigen Zentralsystems klargelegt werden.

Es seien $\alpha_i', \beta_i', \gamma_i'$ die beobachteten Winkel im $i$-ten Dreieck, $\alpha_i'', \beta_i'', \gamma_i''$ die hieraus durch eine Teilausgleichung erhaltenen Zwischenwerte und $\alpha_i, \beta_i, \gamma_i$ die durch die vollständige Ausgleichung erhaltenen Endwerte. Letztere müssen

1. die Stations- oder Horizontgleichung:

$$\alpha_1 + \alpha_2 + \cdots + \alpha_n + \omega - 360^0 = 0 \,|\, ds. \tag{348}$$

2. die Dreiecksgleichungen:

$$\left.\begin{array}{ll} \alpha_1 + \beta_1 + \gamma_1 - 180^0 = 0, & | d_1 \\ \alpha_2 + \beta_2 + \gamma_2 - 180^0 = 0, & | d_2 \\ \cdots\cdots\cdots & | \vdots \\ \alpha_n + \beta_n + \gamma_n - 180^0 = 0. & | d_n \end{array}\right\} \tag{349}$$

3. die Seiten- oder Sinusgleichung:

$$1 = \frac{P_0 P_1}{P_0 P_{n+1}} \cdot \frac{\sin\gamma_1 \cdot \sin\gamma_2 \ldots \sin\gamma_n}{\sin\beta_1 \cdot \sin\beta_2 \ldots \sin\beta_n} = \frac{Z}{N} \tag{350}$$

$$\text{bzw. } \log Z - \log N = 0$$

streng erfüllen. Aus Abb. 191 kann man die Bedingungen (348) bis (350) unmittelbar ablesen, letztere, indem man sich durch wiederholte Anwendung des Sinus-Satzes die Seite $P_0P_{n+1}$ erst durch $P_0P_n$, dann durch $P_0P_{n-1}$ und auf diesem Wege fortfahrend schließlich durch $P_0P_1$ ausgedrückt denkt.

Setzt man in (348) und (349) an Stelle der noch unbekannten ausgeglichenen Winkel die Beobachtungen $\alpha', \beta', \gamma'$, so erscheinen auf der rechten Seite dieser Gleichungen der Stationswiderspruch $ds$ bzw. die Dreieckswidersprüche $d_1, d_2, \ldots d_n$, welche sämtlich den Charakter von Fehlern besitzen. Diese Unstimmigkeiten werden durch eine erste Teilausgleichung beseitigt. Gibt man jedem Winkel $\alpha'$ auf der Zentralstation mit Rücksicht auf den Horizontwiderspruch $ds$ eine Verbesserung $(s)$ und jedem der Winkel im $i$-ten Dreieck eine Verbesserung $(i)$ zur Beseitigung von $d_i$, so bestehen offenbar die Beziehungen

$$\left.\begin{array}{l}(1)+(s)\\ +(2)+(s)\\ +\cdots\cdots\\ +(n)+(s)\end{array}\right\}+ds=0, \quad (351) \qquad \left.\begin{array}{l}3\,(1)+(s)+d_1=0,\\ 3\,(2)+(s)+d_2=0,\\ \cdots\cdots\cdots\cdots\\ 3\,(n)+(s)+d_n=0,\end{array}\right\} \quad (352)$$

da ja durch die einzelnen Verbesserungen die Widersprüche getilgt werden müssen.

Aus der mit 3 multiplizierten Gl. (351) und der Summe der Gleichungen (352) folgen die Ausdrücke

$$3\left\{(1)+(2)+\cdots+(n)\right\}=-3n\,(s)-3\,ds, \tag{353}$$

$$3\left\{(1)+(2)+\cdots+(n)\right\}=-\quad n\,(s)-\left[d_i\right]_1^n, \tag{354}$$

deren linke Seiten einander gleich sind. Durch Gleichsetzen ihrer rechten Seiten erhält man zunächst

$$(s)=\frac{[d]-3\,ds}{2n}, \tag{355}$$

während sich bei nunmehr bekanntem $(s)$ die Beträge

$$\left.\begin{array}{l}(1)=-\tfrac{1}{3}\left((s)+d_1\right),\\ (2)=-\tfrac{1}{3}\left((s)+d_2\right),\\ \cdots\cdots\cdots\cdots\\ (n)=-\tfrac{1}{3}\left((s)+d_n\right)\end{array}\right\} \tag{356}$$

aus den Gleichungen (352) ergeben.

Mit den aus der beschriebenen Teilausgleichung gewonnenen Verbesserungen $(s)$ und $(i)$ erhält man aus den Beobachtungen $\alpha_i'$, $\beta_i'$, $\gamma_i'$ im $i$-ten Dreieck die Zwischenwerte

$$\alpha_i''=\alpha_i'+(s)+(i), \qquad \beta_i''=\beta_i'+(i), \qquad \gamma_i''=\gamma_i'+(i), \tag{357}$$

welche die Stationsgleichung und die Dreiecksgleichungen streng erfüllen müssen. Die Seitengleichung (350) aber erfüllen sie noch nicht und ihre Einführung in (350) liefert an Stelle von $Z$ und $N$ die fehlerhaften Werte $Z'$ und $N'$. Zur Beseitigung des hieraus folgenden logarithmischen Seitenwiderspruchs

$$\log Z'-\log N'=\Delta \tag{358}$$

wird jeder Zählerwinkel $\gamma$ um eine sog. Sinusverbesserung $x''$ verkleinert, jeder Nennerwinkel $\beta$ aber um $x''$ vergrößert. Bedeuten nun $\Delta_i'$ und $\Delta_i''$ die aus der Logarithmentafel zu entnehmenden logarithmischen Sinusänderungen der $\beta_i$ und $\gamma_i$ für 1'', so sind die Ausdrücke $-x\left[\Delta_i''\right]_1^n$ und $+x\left[\Delta_i'\right]_1^n$ die aus $x$ folgenden Änderungen in $\log Z'$ und $\log N'$. Ihre Einführung in (358) muß den Widerspruch $\Delta$ tilgen; also ist

$$-x\,[\Delta'']-x\,[\Delta']+\Delta=0$$

und die Sinusverbesserung wird

$$x=\frac{\Delta}{[\Delta']+[\Delta'']}. \tag{359}$$

Nach dieser zweiten Teilausgleichung, welche sich nurmehr auf die Winkel $\beta''$, $\gamma''$ erstreckte, sind die ausgeglichenen Endwerte der Winkel im $i$-ten Dreieck:

$$\left.\begin{aligned} \alpha_i &= \alpha_i'' &&= \alpha_i' + (s) + (i), \\ \beta_i &= \beta_i'' + x &&= \beta_i' + (i) + x, \\ \gamma_i &= \gamma_i'' - x &&= \gamma_i' + (i) - x. \end{aligned}\right\} \quad (360)$$

Sie müssen jetzt die sämtlichen Bedingungsgleichungen (348) bis (350) streng erfüllen.

Liegen keine Winkelmessungen, sondern Richtungsbeobachtungen vor, so fällt die Stationsgleichung weg, und die ganze erste Teilausgleichung besteht lediglich in der gleichmäßigen Verteilung der Dreieckswidersprüche $d_i$ auf die einzelnen Dreieckswinkel. Der zweite Teil der Ausgleichung jedoch ändert sich nicht.

Ein den vorstehenden Entwicklungen sich vollständig anschließendes Zahlenbeispiel, für $n = 3$ Dreiecke, enthalten die beiden Tabellen 17 und 18, welche wohl ohne eine besondere Erläuterung verständlich sind.

Tabelle 17.

$\log P_0 P_1 = 3.307\,484$, $\log P_0 P_4 = 3.324\,012$.

| Bezeichnung | Dreieck 1 | | | Dreieck 2 | | | Dreieck 3 | | | $\omega$ | $\omega + [\alpha']$ |
|---|---|---|---|---|---|---|---|---|---|---|---|
| $\alpha'$ $\alpha''$ $\alpha$ | $64^0\,10'\,14''$ | $19''$ | $19''$ | $67^0\,00'\,30''$ | $31''$ | $31''$ | $61^0\,40'\,20''$ | $24''$ | $24''$ | $167^0\,08'\,46''$ | $359^0\,59'\,50''$ |
| $\beta'$ $\beta''$ $\beta$ | 50 13 15 | 18 | 19 | 70 01 00 | 59 | 00 | 50 10 32 | 34 | 35 | | $ds = -10''$ |
| $\gamma'$ $\gamma''$ $\gamma$ | 65 36 20 | 23 | 22 | 42 58 31 | 30 | 29 | 68 09 00 | 02 | 01 | $192^0\,51'\,14''$ | $= [\alpha]$ |
| Summe der Dreieckswinkel | $179^0\,59'\,49''$ | 00 | 00 | $180^0\,00'\,01''$ | 00 | 00 | $179^0\,59'\,52''$ | 00 | 00 | $360^0\,00'\,00''$ | $[d] = -18''$ |
| | $d_1 = -11''$ | | | $d_2 = +1''$ | | | $d_3 = -8''$ | | | $= \omega + [\alpha]$ | |
| $(s) = +2''$ | $(1) = +3''$ | | | $(2) = -1''$ | | | $(3) = +2''$ | | | | |

Tabelle 18.

| Dreieck | Berechnung des logarithmischen Seitenwiderspruchs | | | | Sinusprobe | |
|---|---|---|---|---|---|---|
| | $\log \sin \beta''$ | $\Delta'$ in $10^{-6}$ | $\log \sin \gamma''$ | $\Delta''$ in $10^{-6}$ | $\log \sin \beta$ | $\log \sin \gamma$ |
| 1 | 9.885 658 | +1.8 | 9.959 390 | +0.9 | 9.885 660 | 9.959 389 |
| 2 | 9.973 031 | +0.8 | 9.833 580 | +2.3 | 9.973 032 | 9.833 578 |
| 3 | 9.885 371 | +1.7 | 9.967 626 | +0.8 | 9.885 372 | 9.967 625 |
| Summe: | 9.744 060 | $[\Delta'] = +4.3$ | 9.760 596 | $[\Delta''] = +4.0$ | 9.744 064 | 9.760 592 |
| $\log P_0 P_4 =$ | 3.324 012 | $\log P_0 P_1 =$ | 3.307 484 | | 3.324 012 | 3.307 484 |
| $\log N' =$ | 3.068 072 | $\log Z' =$ | 3.068 080 | | 3.068 076 | 3.068 076 |
| | $[\Delta'] + [\Delta''] = 8{,}3 \cdot 10^{-6}$ | $\Delta = 8 \cdot 10^{-6}$ | $x = +1''$ | | $= \log N$ | $= \log Z$ |
| | | | | | $\log Z - \log N = 0.000\,000$ | |

Nach erfolgter Ausgleichung[1] leitet man von $P_0 P_1$ ausgehend, durch wiederholte Anwendung des sin-Satzes unter Benutzung der ausgeglichenen Winkel die Längen sämtlicher Dreiecksseiten ab. Aus dem bekannten Richtungswinkel $(P_0 P_1)$ und den Endwerten der Dreieckswinkel findet man auf Grund der Abb. 191, in welcher $p_x$ eine Parallele zur $X$-Achse bedeutet, leicht auch die Richtungswinkel der Dreiecksseiten, z. B.:

$$\left.\begin{aligned} &(P_1 P_2) = (P_0 P_1) + 180^0 - \gamma_1, \quad (P_2 P_3) = (P_1 P_2) + 180^0 - (\beta_1 + \gamma_2), \\ &(P_i P_{i+1}) = (P_{i-1} P_i) + 180^0 - (\beta_{i-1} + \gamma_i) \;\ldots\ldots\ldots\ldots\ldots \\ &\ldots\ldots\ldots\ldots\ldots\; (P_{n+1} P_0) = (P_n P_{n+1}) + 180^0 - \beta_n. \end{aligned}\right\} \quad (361)$$

[1] Die im folgenden beschriebene Koordinatenberechnung stimmt im Grundgedanken mit der etwas später (S. 151ff.) zu behandelnden Polygonzugberechnung überein.

Der Anschluß an die von vornherein nach Länge und Richtung bekannte Seite $P_0 P_{n+1}$ bietet eine erwünschte Rechenprobe.

Fügt man die aus der Länge und dem Richtungswinkel jeder Seite $P_i P_{i+1}$ berechneten Koordinatenunterschiede

$$\varDelta x_i = P_i P_{i+1} \cos (P_i P_{i+1}), \qquad \varDelta y_i = P_i P_{i+1} \sin (P_i P_{i+1}) \tag{362}$$

der Seitenendpunkte jeweils zu den Koordinaten $x_i$, $y_i$ des Seitenanfangspunktes, so ergeben sich die Koordinaten

$$x_{i+1} = x_i + \varDelta x_i, \qquad y_{i+1} = y_i + \varDelta y_i \tag{363}$$

des Streckenendpunktes $P_{i+1}$. Auch hier erhält man durch den Anschluß an die Koordinaten des von vornherein festliegenden Punktes $P_{n+1}$ eine Rechenprobe.

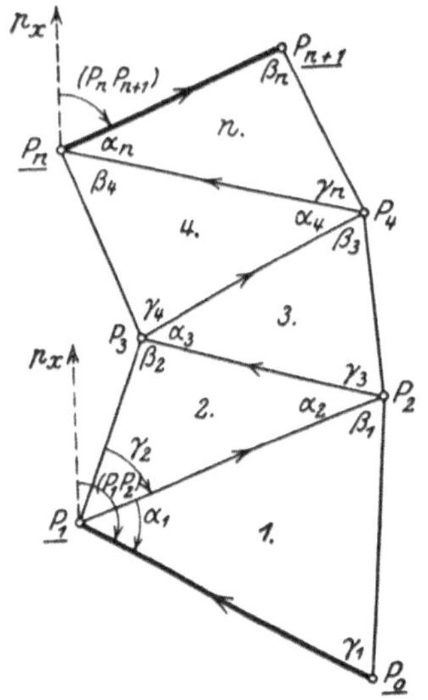

Abb. 192. Polygonkette.

Die Polygonkette (Abb. 192), welche von zwei bekannten Ausgangspunkten $P_0 P_1$ zu zwei Anschlußpunkten $P_n$, $P_{n+1}$ von bekannter Lage führt, wird bei der Triangulierung von langgestreckten Tälern besonders häufig verwendet. Wesentlich ist auch, wie bei jeder Dreieckskette im engeren Sinne des Wortes, daß Diagonalen fehlen und die Berechnung einer Dreiecksseite aus irgendeiner anderen nur auf einem einzigen Wege erfolgen kann. Würde z. B. in der skizzierten Kette auch die Sicht $P_0 P_3$ beobachtet, so würde es sich nicht mehr um eine Kette von Dreiecken, sondern um ein Dreiecksnetz handeln.

Zu der für Winkel- und Richtungsbeobachtungen ganz gleichartigen Berechnung der Polygonkette denken wir uns die einzelnen Dreieckspunkte durch die je zwei Nachbardreiecken gemeinsamen Seiten $P_1 P_2$, $P_2 P_3$, $P_3 P_4, \ldots$, $P_{n-1} P_n$ verbunden. Die von diesen Seiten eingeschlossenen Winkel seien mit $\alpha$, die Gegenwinkel der jeweils vorhergehenden Seiten mit $\beta$ und diejenigen der folgenden Seiten mit $\gamma$ bezeichnet. Aus den Koordinaten der Anschlußpunkte findet man die als fehlerfrei zu behandelnden Richtungswinkel $(P_1 P_0)$, $(P_n P_{n+1})$ beider Anschlußseiten. Der zuletzt genannte läßt sich aber auch durch $(P_0 P_1)$ und die Zwischenwinkel $\alpha$ ausdrücken, welche zu diesem Zwecke in links bzw. rechts vom Zug $P_1 P_2 \ldots P_n$ liegende Werte ${}^l\alpha$ bzw. ${}^r\alpha$ zu unterscheiden sind. Denkt man sich im Ausdruck

$$(P_n P_{n+1}) = (P_{n-1} P_n) + 180^0 - \alpha_n \tag{364}$$

den Richtungswinkel $(P_{n-1} P_n)$ durch $(P_{n-2} P_{n-1})$, diesen durch $(P_{n-3} P_{n-2})$ usw. ersetzt, bis man bei $(P_0 P_1)$ angelangt ist, so erhält man hieraus die Polygongleichung

$$(P_0 P_1) + [{}^l\alpha] - [{}^r\alpha] + n \cdot 180^0 - (P_n P_{n+1}) = 0. \qquad | \, ds \tag{365}$$

Treten hierin an Stelle der richtigen (oder ausgeglichenen) Winkel $\alpha$ die fehlerhaften Beobachtungen $\alpha'$, so erscheint auf der rechten Seite von (365) ein Polygonwiderspruch $ds$, welcher dadurch getilgt wird, daß jedem ${}^l\alpha$ bzw. ${}^r\alpha$ eine Polygonwinkelverbesserung $+(s)$ bzw. $-(s)$ zuerteilt wird. Außer der Polygongleichung (365) bestehen auch hier die Dreiecksgleichungen (349), aus denen durch Einsetzen der beobachteten Dreieckswinkel $\alpha'$, $\beta'$, $\gamma'$ wieder die Dreieckswidersprüche $d_1, d_2, \ldots d_n$ folgen. Ihnen entsprechen die Dreiecksverbesserungen (1), (2), ... ($n$). Dazu tritt eine der Bedingung (350) vollständig entsprechende Seitengleichung

$$1 = \frac{P_0 P_1}{P_n P_{n+1}} \cdot \frac{\sin \gamma_1 \cdot \sin \gamma_2 \ldots \sin \gamma_n}{\sin \beta_1 \sin \beta_2 \ldots \sin \beta_n} = \frac{Z}{N}. \tag{366}$$

Die weitere Behandlung entspricht ganz der Ausgleichung des Zentralsystems, und wie dort ergeben sich auch hier die Verbesserungen

$$(s) = \frac{1}{2n}\{([{}^l d_i] - [{}^r d_e]) - 3ds\}, \quad {}^l(i) = -\tfrac{1}{3}\{+(s) + d_i\}, \quad {}^r(e) = -\tfrac{1}{3}\{-(s) + d_e\} \tag{367}$$

aus einer ersten Teilausgleichung[1]. Die aus derselben gewonnenen Zwischenwinkel sind die Ausdrücke

$$\left.\begin{aligned} {}^l\alpha_i'' &= {}^l\alpha_i' + (s) + (i) \\ {}^r\alpha_e'' &= {}^r\alpha_e' - (s) + (e) \end{aligned}\right\}, \quad \beta_u'' = \beta_u' + (u), \quad \gamma_u'' = \gamma_u' + (u). \tag{368}$$

Mit diesen Zwischenwinkeln erhält man aus (366) den logarithmischen Seitenwiderspruch

$$\Delta = \log Z' - \log N' \tag{369}$$

und hieraus den Betrag

$$x'' = \frac{\Delta}{[\Delta'] + [\Delta'']} \tag{370}$$

der Sinusverbesserung, um welchen jeder Zählerwinkel $\gamma''$ noch zu verkleinern und jeder Nennerwinkel $\beta''$ zu vergrößern ist, damit alle Widersprüche verschwinden. So erhält man schließlich die ausgeglichenen Endwerte

$$\left.\begin{aligned} {}^l\alpha_i &= {}^l\alpha_i'' = {}^l\alpha_i' + (s) + (i) \\ {}^r\alpha_e &= {}^r\alpha_e'' = {}^r\alpha_e' - (s) + (e) \end{aligned}\right\}, \quad \left.\begin{aligned} \beta_u &= \beta_u'' + x = \beta_u' + (u) + x \\ \gamma_u &= \gamma_u'' - x = \gamma_u' + (u) - x \end{aligned}\right\}. \tag{371}$$

Sind mittels der ausgeglichenen Dreieckswinkel die Längen und Richtungswinkel aller Seiten abgeleitet, so erfolgt die Koordinatenberechnung am besten auf dem Wege $P_1, P_2, P_3, \ldots P_n$. Beim Anschluß der Rechnung an $P_n$ werden in den errechneten Koordinaten $x_n', y_n'$ auch bei fehlerfreier Rechnung Anschlußwidersprüche

$$v_x = x_n - x_n', \qquad v_y = y_n - y_n' \tag{372}$$

auftreten, welche davon herrühren, daß auch die ausgeglichenen Winkel noch mit kleinen Fehlern behaftet sind. Sie können, wenn man die Einfachheit in den Vordergrund stellt, etwa proportional den Seitenlängen auf die einzelnen Koordinatenunterschiede verteilt werden.

Ist in einer Polygonkette die erste Anschlußseite $P_0P_1$ nach Länge und Richtung, die zweite $P_nP_{n+1}$ aber nur der Länge nach bekannt, so fällt die Polygongleichung aus und die ganze erste Teilausgleichung besteht nur in der gleichmäßigen Verteilung der Dreieckswidersprüche auf die einzelnen Dreieckswinkel. Dagegen fällt die Seitengleichung und damit die ganze zweite Teilausgleichung fort, wenn die zweite Anschlußseite wohl der Richtung, nicht aber der Länge nach bekannt ist.

Die Linienkette (Abb. 193) ist eine zwischen zwei bekannte Punkte $P_0$, $P_{n+1}$ mit oder ohne Orientierung eingespannte Dreieckskette. Bei einer äußeren Orientierung werden die Winkel $\varphi_a$, $\psi_a$ beobachtet, welche die Seiten $P_0P_1$ bzw. $P_{n+1}P_n$ mit bekannten Anschlußrichtungen $P_0P_0'$ bzw. $P_{n+1}P_{n+1}'$ einschließen. Eine innere Orientierung der Kette ist nur möglich, wenn die beiden Anschlußpunkte $P_0$, $P_{n+1}$ gegenseitig sichtbar sind. An Stelle von $\varphi_a$, $\psi_a$ treten dann die Winkel $\varphi_i$, $\psi_i$ der genannten Dreiecksseiten mit der die beiden Kettenendpunkte verbindenden Diagonalen. Durch eine scharfe Bestimmung der Orientierungswinkel $\varphi$, $\psi$ kann man die Richtungswinkel $(P_0P_1)$ und $(P_nP_{n+1})$ so genau erhalten, daß sie im Vergleich zu den beobachteten Dreieckswinkeln als fehlerfrei gelten können, was in der

[1] Zur leichteren Unterscheidung ist dem linksliegenden Dreieck der Zeiger $i$, dem rechtsliegenden der Zeiger $e$ gegeben. Spielt die Lage des Dreiecks keine Rolle, so ist der Zeiger $u$ gewählt.

Abbildung durch die Seitenpfeile angedeutet ist[1]. Damit liegen die Verhältnisse hinsichtlich der Winkelausgleichung ebenso wie in einer Polygonkette mit doppeltem Richtungs-, aber nur einfachem Seitenanschluß. Sie stützt sich auf eine Polygongleichung und $n$ Dreiecksgleichungen, ist daher mit der ersten Teilausgleichung erledigt. Die Endwerte $\alpha$, $\beta$, $\gamma$ der Dreieckswinkel sind unmittelbar die aus (368) folgenden Werte $\alpha''$, $\beta''$, $\gamma''$.

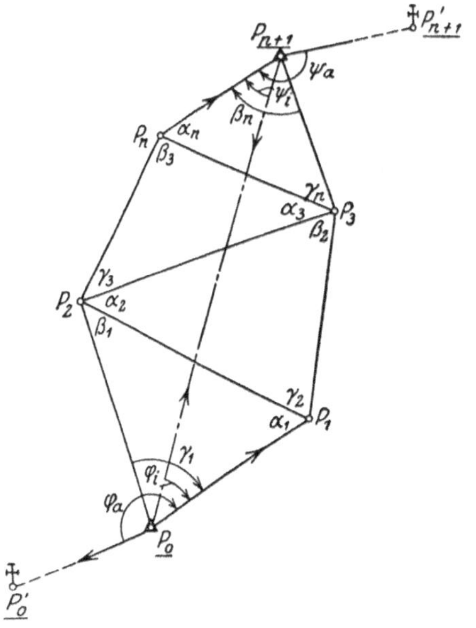


Abb. 193. Linienkette.

Bei der nicht orientierten Linienkette sind lediglich die einzelnen Dreieckswinkel $\alpha'$, $\beta'$, $\gamma'$ gemessen und die ganze strenge Winkelausgleichung dieser Dreiecksverbindung besteht in der gleichmäßigen Verteilung der Dreieckswidersprüche auf die Dreieckswinkel. Dagegen bietet die weitere Berechnung der nicht orientierten Linienkette einige Besonderheiten.

Zur Durchführung der Koordinatenberechnung muß man für $P_0P_1$, das weder der Länge noch der Richtung nach bekannt ist, eine bestimmte Länge $P'_0P'_1$ und einen Richtungswinkel $(P'_0P'_1)$ annehmen. Setzt man diesen, wie in Abb. 194 angenommen ist, etwa gleich Null, so ist die Richtung der ersten Seite parallel zur $X'$-Achse des angenommenen, gegen das Hauptsystem $X$, $Y$ um $\delta$ gedrehten Hilfssystems $X'$, $Y'$. Mit den getroffenen Annahmen und den ausgeglichenen Dreieckswinkeln lassen sich nunmehr die Längen und Richtungen der Dreiecksseiten einer zur Linienkette $P_0P_1P_2\ldots$ ähnlichen und ähnlich gelegenen — wenn wir $P'_0$ mit $P_0$ zusammenfallen lassen — Hilfsfigur $P'_0P'_1P'_2\ldots$ sowie die rechtwinkligen Koordinaten $x'$, $y'$ ihrer Eckpunkte im Hilfssystem $X'$, $Y'$ berechnen. Es ergibt sich also die Diagonale $P'_0P'_{n+1}$ aus den Gleichungen

$$\operatorname{tg}(P'_0P'_{n+1}) = \frac{y'_{n+1} - y'_0}{x'_{n+1} - x'_0}, \quad P'_0P'_{n+1} = \frac{x'_{n+1} - x'_0}{\cos(P'_0P'_{n+1})} = \frac{y_{n+1} - y'_0}{\sin(P'_0P'_{n+1})} \tag{373}$$

nach Richtung und Länge. Die entsprechenden Größen der Hauptfigur im Hauptsystem sind durch die Beziehungen

$$\operatorname{tg}(P_0P_{n+1}) = \frac{y_{n+1} - y_0}{x_{n+1} - x_0}, \quad P_0P_{n+1} = \frac{x_{n+1} - x_0}{\cos(P_0P_{n+1})} = \frac{y_{n+1} - y_0}{\sin(P_0P_{n+1})} \tag{374}$$

bestimmt. Infolge der Ähnlichkeit beider Figuren besitzen entsprechende Größen stets dasselbe Verhältnis

$$C = \frac{P_0P_{n+1}}{P'_0P'_{n+1}}. \tag{375}$$

Sind $P_iP_k$ und $P'_iP'_k$ zwei beliebige, einander entsprechende Längen, so ist die Seitenlänge in der Hauptfigur

$$P_iP_k = C\cdot P'_iP'_k \quad \text{bzw.} \quad \log P_iP_k = \log P'_iP'_k + k, \tag{376}$$

wenn

$$k = \log C = \log P_0P_{n+1} - \log P'_0P'_{n+1} \tag{377}$$

[1] Sind die Ausgangspunkte so spärlich, daß weder ein Punkt $P'_0$ noch $P'_{n+1}$ gefunden werden kann und ist auch keine innere Orientierung möglich, so läßt sich die Richtung der ersten und der letzten Seite doch aus Azimutbeobachtungen ableiten. Der Übergang von den Azimuten auf die Richtungswinkel erfolgt mittels der Beziehungen (234) und (233). Siehe auch Grundlagen der tachymetrischen Geländeaufnahme.

gesetzt wird. Mit Hilfe der Gleichungen (376) und (377) kann man in einfacher Weise die sämtlichen Seitenlogarithmen der Hilfsfigur in die entsprechenden gesuchten Seitenlogarithmen der Hauptfigur überführen.

Auch die Orientierung der Dreiecksseiten kann nunmehr leicht durchgeführt werden. Da die $X'$-Achse des Hilfssystems im Hauptsystem einen Richtungswinkel

$$\delta = (P_0 P_{n+1}) - (P_0' P_{n+1}') \tag{378}$$

besitzt, so sind die Richtungswinkel $(P_i' P_k')$ des Hilfssystems alle um das aus (378) bekannte $\delta$ zu vergrößern, damit sie in die Richtungswinkel $(P_i P_k)$ des Hauptsystems übergehen. Es ist also

$$(P_i P_k) = (P_i' P_k') + \delta\,. \tag{379}$$

Mit den bekannten Werten $P_i P_k$, $(P_i P_k)$ kann nunmehr die Koordinatenberechnung wie bei der Polygonkette durchgeführt werden. Etwaige Anschlußdifferenzen $v_x$, $v_y$ in den Koordinaten von $P_{n+1}$ haben hier den Charakter von Rechenfehlern bzw. Abrundungsfehlern.

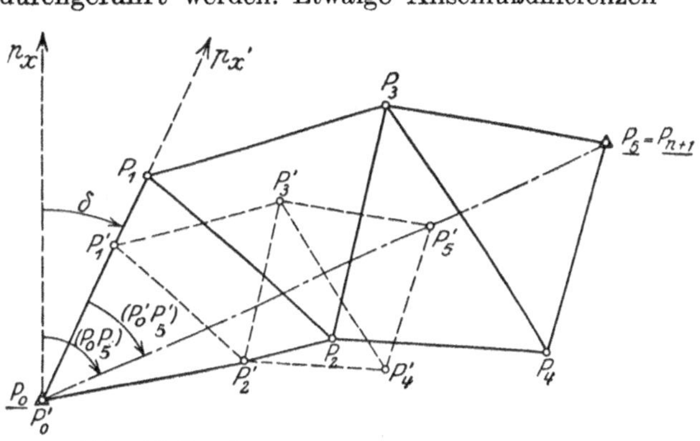

Abb. 194. Berechnung der nicht orientierten Linienkette.

Bei der orientierten Linienkette kann man zwar die endgültigen Seitenrichtungswinkel mittels der ausgeglichenen Dreieckswinkel sofort aufstellen; für die Länge der ersten Seite der Kette aber ist wieder ein Wert $P_0' P_1'$ anzunehmen, damit eine ähnliche Hilfsfigur berechnet werden kann. Zum Übergang von den Seiten der Hilfsfigur zu den entsprechenden der Hauptfigur dienen auch hier die Gleichungen (375) bis (377).

Der mittlere Fehler $m_w$ der in die Näherungsausgleichung dieser verschiedenen Dreiecksverbindungen eingeführten Winkel ergibt sich einmal aus der schon früher erläuterten, an die Satzmittelung angeschlossenen Fehlerberechnung bzw. aus der Winkelausgleichung auf der Station und völlig unabhängig davon aus den einzelnen Dreieckswidersprüchen $d$. Aus $n$ solchen Elementen, die sämtlich den Charakter von wahren Fehlern besitzen, folgt der mittlere Fehler der Dreieckswinkelsumme zu

$$d_0 = \pm \sqrt{\frac{[d\,d]}{n}}\,. \tag{380}$$

Da jede Dreieckswinkelsumme aus drei Einzelwinkeln mit je einem mittleren Fehler $m_w$ besteht, so ist offenbar

$$d_0 = m_w \sqrt{3}\,, \qquad m_w = \frac{d_0}{\sqrt{3}} \tag{381}$$

also

$$m_w = \pm \sqrt{\frac{[d\,d]}{3\,n}}\,. \tag{382}$$

Dieser Ausdruck, dessen Zuverlässigkeit mit der Dreieckszahl $n$ zunimmt, wird als die internationale Fehlerformel von *Ferrero* bezeichnet.

Auch aus dem Seitenwiderspruch kann der mittlere Winkelfehler berechnet werden. Diese Berechnungsart ist aber umständlicher und das Ergebnis unzuverlässig, da es sich bei den betrachteten Formen nur je auf einen einzigen Widerspruch stützt.

## f) Trigonometrische Punkteinschaltung.

Die wichtigsten Arten der trigonometrischen Punkteinschaltung, durch welche immer nur ein oder einige Punkte neu bestimmt werden, sind

1. Vorwärtseinschneiden,
2. Seitwärtsabschneiden,
3. Rückwärtseinschneiden,
4. Punktbestimmung durch Gegenschnitt,
5. die *Hansen*-Aufgabe.

Beim Vorwärtseinschneiden mit Sicht in der Grundlinie (Abb. 195) sind auf zwei bekannten Dreieckspunkten $P_1(x_1, y_1)$, $P_2(x_2, y_2)$ die Winkel $\alpha$ und $\beta$ beobachtet worden, welche die nach einem unbekannten Punkte $Q\,(x, y)$ führenden Sichten mit der Verbindungslinie der gegebenen Punkte (Grundlinie) einschließen. Ist der Neupunkt unzugänglich, so muß dessen Berechnung mit den zur eindeutigen Bestimmung hinreichenden unveränderten Beobachtungen $\alpha$, $\beta$ durchgeführt werden. Wenn jedoch in einem zugänglichen $Q$ etwa der überschüssige Winkel $\gamma$ beobachtet wurde, so sind $\alpha$ und $\beta$ als die aus der Dreiecksausgleichung hervorgegangenen Winkel aufzufassen.

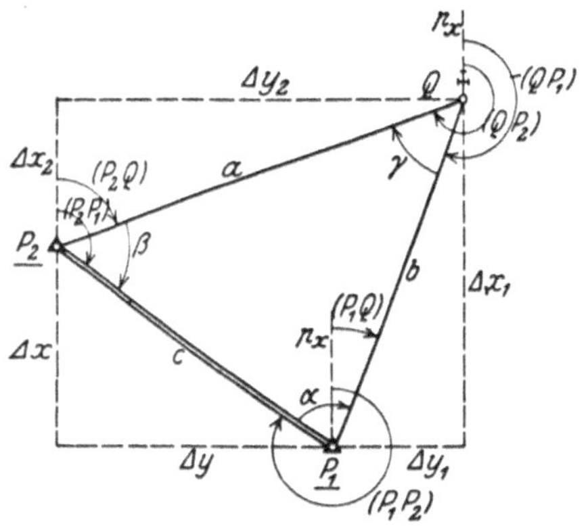


Mit Sicht in der Grundlinie.
Abb. 195. Vorwärtseinschneiden mit Koordinatenberechnung.

Aus den Koordinaten des auf dem linken Schenkel von $\gamma$ liegenden Punktes $P_1$ und von $P_2$ erhält man die Entfernung dieser Punkte und ihren Richtungswinkel mittels der Ausdrücke

$$\left.\begin{aligned} \operatorname{tg}(P_1 P_2) &= \frac{y_2 - y_1}{x_2 - x_1}\,, \\ P_1 P_2 &= \frac{x_2 - x_1}{\cos(P_1 P_2)} = \frac{y_2 - y_1}{\sin(P_1 P_2)}\,, \end{aligned}\right\} \qquad (383)$$

während sich bei bekanntem $P_1 P_2$ die von den bekannten Punkten nach $Q$ hinführenden Seitenlängen

$$P_1 Q = P_1 P_2 \frac{\sin\beta}{\sin\gamma}\,, \qquad P_2 Q = P_1 P_2 \frac{\sin\alpha}{\sin\gamma} \qquad (384)$$

nach dem Sinussatz ergeben. Der hierin enthaltene Winkel $\gamma$ kann gegebenenfalls als die Ergänzung der Summe $\alpha + \beta$ auf $180^0$ gefunden werden. Die Richtungswinkel der abgeleiteten Seiten kann man aus dem Bild ablesen; sie sind

$$(P_1 Q) = (P_1 P_2) + \alpha\,, \qquad (P_2 Q) = (P_2 P_1) - \beta\,, \qquad (385)$$

während die Ausdrücke

$$(Q P_1) = (P_1 Q) + 180^0, \qquad (Q P_2) = (P_2 Q) + 180^0 \qquad (386)$$

ihre Gegenrichtungswinkel sind. Sie ermöglichen mittels der einfachen Beziehung

$$\gamma = (Q P_2) - (Q P_1) \qquad (387)$$

eine Prüfung der Seitenrichtungswinkel $(P_1 Q)$ und $(P_2 Q)$.

Mit den abgeleiteten Seiten und ihren Richtungswinkeln ergeben sich die entsprechenden, von $P_1$ und $P_2$ aus gezählten Koordinatenunterschiede

$$\left.\begin{aligned} \varDelta x_1 &= P_1 Q \cos(P_1 Q)\,, \qquad & \varDelta x_2 &= P_2 Q \cos(P_2 Q)\,, \\ \varDelta y_1 &= P_1 Q \sin(P_1 Q)\,, \qquad & \varDelta y_2 &= P_2 Q \sin(P_2 Q)\,. \end{aligned}\right\} \qquad (388)$$

Damit erhält man nun die Koordinaten $x$, $y$ des Neupunktes von den beiden gegebenen Punkten aus als die Summen

$$\left.\begin{aligned} x &= x_1 + \Delta x_1 = x_2 + \Delta x_2\,, \\ y &= y_1 + \Delta y_1 = y_2 + \Delta y_2\,, \end{aligned}\right\} \tag{389}$$

welche, von kleinen Abrundungsfehlern abgesehen, je zwei übereinstimmende Werte ergeben sollen (Rechenprobe)[1].

Zur Erläuterung mag das in Tabelle 19 enthaltene Zahlenbeispiel dienen.

Ist eine Visur in der Grundlinie nicht möglich (Abb. 196), so werden in den gegebenen Punkten $P_1$, $P_2$ die Winkel $\delta_1$, $\delta_2$ beobachtet, welche die Seiten $P_1Q$, $P_2Q$ mit den nach zwei sichtbaren bekannten Anschlußpunkten $P_1'$, $P_2'$ führenden Richtungen einschließen. Aus den Koordinaten von $P_1$, $P_1'$ und $P_2$, $P_2'$ erhält man zunächst $(P_1P_2)$, $P_1P_2$ sowie die Richtungswinkel $(P_1P_1')$ und $(P_2P_2')$ und hiermit die Seitenrichtungswinkel

$$(P_1Q) = (P_1P_1') + \delta_1\,, \qquad (P_2Q) = (P_2P_2') + \delta_2\,. \tag{390}$$

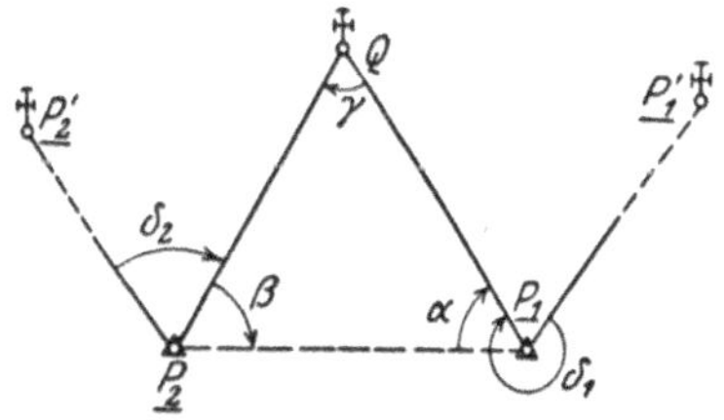


Abb. 196. Vorwärtseinschneiden ohne Sicht in der Grundlinie.

Die zur Berechnung der Dreiecksseiten $P_1Q$ und $P_2Q$ notwendigen Dreieckswinkel aber sind die Richtungswinkeldifferenzen

$$\alpha = (P_1Q) - (P_1P_2)\,, \qquad \beta = (P_2P_1) - (P_2Q)\,. \tag{391}$$

Tabelle 19[2].

1. Punkte

| | |
|---|---|
| $P_1 = \triangle 7$ | |
| $P_2 = \triangle 8$ | |
| $Q = \triangle 20$ | |

2. Dreieckswinkel

| | beobachtet | verbessert |
|---|---|---|
| $\alpha$ | 61° 13′ 30″ | 33 |
| $\beta$ | 31 27 42 | 45 |
| $\gamma$ | 87 18 39 | 42 |
| Sa. | 179 59 51 | 00 |

Gegebene Koordinaten

$x_1 = -25616{,}57$ $x_2 = -24950{,}98$
$y_1 = -10664{,}92$ $y_2 = -11619{,}35$

3. Richtung und Länge der Basis

| | |
|---|---|
| $y_2 - y_1$ | − 954,43 |
| $x_2 - x_1$ | + 665,59 |
| $\log \Delta y$ | $2.97974_n$ |
| $\log \Delta x$ | 2.82320 |
| $\log \operatorname{tg}(P_1P_2)$ | $0.15654_n$ |
| $\log \sin(P_1P_2)$ | $9.91394_n$ |
| $\log \cos(P_1P_2)$ | 9.75741 |
| $\log P_1P_2$ | 3.06580 (79) |

4. Länge der Dreiecksseiten

| | |
|---|---|
| $\log P_2Q$ | 3.00904 |
| $\log \sin \alpha$ | 9.94276 |
| $\log P_1P_2$ | 3.06580 |
| E. $\log \sin Q$ | 0.00048 |
| $\log \sin \beta$ | 9.71762 |
| $\log P_1Q$ | 2.78390 |

5. Richtung der Dreiecksseiten

| | |
|---|---|
| $(P_1P_2)$ | 304° 53′ 27″ |
| $\alpha$ | 61 13 33 |
| $(P_1Q)$ | 6 07 00 |
| $(P_2P_1)$ | 124 53 27 |
| $\beta$ | 31 27 45 |
| $(P_2Q)$ | 93 25 42 |
| $(QP_2)$ | 273 25 42 |
| $(QP_1)$ | 186 07 00 |
| $(QP_2)-(QP_1)$ | 87 18 42 |

6. Koordinaten-Berechnung von $Q$

| a) von $P_1$ aus | | $x_1$ | − 25616,57 | b) von $P_2$ aus | | $x_2$ | −24950,98 |
|---|---|---|---|---|---|---|---|
| $\log \Delta x_1$ | 2.78142 | $\Delta x_1$ | + 604,53 | $\log \Delta x_2$ | $1.78574_n$ | $\Delta x_2$ | − 61,06 |
| $\log\cos(P_1Q)$ | 9.99752 | $x$ | + 25012,04 | $\log\cos(P_2Q)$ | $8.77670_n$ | $x$ | −25012,04 |
| $\log P_1Q$ | 2.78390 | $y_1$ | − 10664,92 | $\log P_2Q$ | 3.00904 | $y_2$ | −11619,35 |
| $\log\sin(P_1Q)$ | 9.02757 | $\Delta y_1$ | + 64,78 | $\log\sin(P_2Q)$ | 9.99922 | $\Delta y_2$ | + 1019,22 |
| $\log \Delta y_1$ | 1.81147 | $y$ | − 10600,14 | $\log \Delta y_2$ | 3.00826 | $y$ | −10600,13 |

Ist auch der Winkel $\gamma$ beobachtet, so sind $\alpha$, $\beta$, $\gamma$ vor ihrer weiteren Verwendung erst auf 180° abzugleichen und mit diesen Werten sind die Richtungswinkel

$$(P_1Q) = (P_1P_2) + \alpha\,, \qquad (P_2Q) = (P_2P_1) - \beta \tag{392}$$

[1] Formeln unter Vermeidung der Richtungswinkel siehe bei *Jung, Ivar:* Einfache Formeln für Koordinatenberechnung bei Vorwärtseinschneiden. Z. Vermess.-Wes. 1926 S. 333—336.

[2] Da der relative Fehler der zu einem Logarithmus mit einer 5 stelligen Tafel aufgeschlagenen Zahl bis zu rund $0{,}8 \cdot 10^{-5}$ anwachsen kann, und in obigem Beispiel Entfernungen über 1 km auftreten, so sind in den Endergebnissen $x$, $y$ aus rechnerischen Gründen die cm nicht mehr ganz sicher. Sollen diese feststehen, so muß man bei Entfernungen über 500 m mit 6 stelligen Logarithmentafeln rechnen.

noch einmal zu ermitteln. Die weitere Rechnung entspricht vollkommen dem vorher behandelten Fall.

Die Punktfestlegung durch Vorwärtseinschneiden wird unbestimmt, wenn $\gamma$ in der Nähe von $0^0$ oder $180^0$ liegt.

Kann nur in einem der beiden bekannten Punkte beobachtet werden, weil der andere unzugänglich ist, so muß dafür der Punkt $Q$ zugänglich sein, in dem dann der Winkel $\gamma$ als zweiter Dreieckswinkel zu messen ist. Man spricht in einem solchen Fall von einer Punktbestimmung durch Seitwärtsabschneiden. Da der Winkel im unzugänglichen bekannten Punkte als die Ergänzung der Summe der gemessenen Dreieckswinkel auf $180^0$ leicht berechnet werden kann, so unterscheidet sich die rechnerische Behandlung des Seitwärtsabschneidens nicht von derjenigen des Vorwärtseinschneidens.

Um die Genauigkeit einer Punktbestimmung durch Vorwärtseinschneiden ohne Winkelausgleichung zu ermittteln, denken wir uns die Koordinaten $x$, $y$ des Neupunktes als Funktionen der fehlerhaften Beobachtungen $\alpha \pm m_\alpha$, $\beta \pm m_\beta$ dargestellt. Die Anwendung des mittleren Fehlergesetzes auf diese Funktionen führt zu den mittleren Koordinatenfehlern[1]

$$\left.\begin{aligned} m_x &= \pm \frac{c}{\sin^2\gamma} \sqrt{\{\sin\beta\cos(\beta-\psi)\}^2 m_\alpha^2 + \{\sin\alpha\cos(\alpha+\psi)\}^2 m_\beta^2}\,, \\ m_y &= \pm \frac{c}{\sin^2\gamma} \sqrt{\{\sin\beta\sin(\beta-\psi)\}^2 m_\alpha^2 + \{\sin\alpha\sin(\alpha+\psi)\}^2 m_\beta^2}\,, \end{aligned}\right\} \tag{393}$$

wenn mit $\psi$ der Richtungswinkel $(P_1 P_2)$ der Grundlinie bezeichnet wird.

Benützen wir, wie üblich, als Maß für den mittleren Punktfehler den Ausdruck

$$m_p = \pm \sqrt{m_x^2 + m_y^2}\,, \tag{394}$$

so ergibt sich in

$$m_p = \pm \frac{c}{\sin^2\gamma} \sqrt{\sin^2\beta \cdot m_\alpha^2 + \sin^2\alpha \cdot m_\beta^2} = \pm \frac{1}{\sin\gamma} \sqrt{b^2 m_\alpha^2 + a^2 m_\beta^2} \tag{395}$$

ein von der Lage des Dreiecks zum Koordinatensystem unabhängiger Ausdruck. Für gleich genaue Beobachtungen wird $m_\alpha = m_\beta = m$ und

$$m_p = \pm m \frac{c}{\sin^2\gamma} \sqrt{\sin^2\alpha + \sin^2\beta} = \pm \frac{m}{\sin\gamma} \sqrt{a^2 + b^2}\,. \tag{396}$$

Der mittlere Punktfehler wird am kleinsten, wenn der Neupunkt auf der Mittelsenkrechten zur Grundlinie liegt und durch einen aus der Bedingung $\sin\gamma = \frac{2}{3}\sqrt{2}$ folgenden Schnittwinkel $\gamma \approx 109½^0$ bestimmt wird. In diesem günstigsten Fall nimmt $m_p$ den besonderen Wert $\pm m \cdot c \sqrt{\frac{27}{32}} \approx 0{,}92 \cdot c \cdot m$ an.

Die in diesen Formeln von (393) ab enthaltenen Winkelfehler sind in Bogenmaß zu verstehen.

Werden zur Berechnung die durch die Verteilung des Dreieckswiderspruchs verbesserten Winkel $\alpha$, $\beta$ verwendet und bedeutet $m$ wieder den mittleren Fehler der gleich genau beobachteten Winkel, so ist

$$m_p = \frac{m \cdot c}{\sin^2\gamma} \sqrt{\frac{2}{3} (\sin^2\alpha + \sin^2\beta - \sin\alpha\sin\beta\cos\gamma)} \tag{397}$$

der Ausdruck für den mittleren Punktfehler, welcher im gleichschenkeligen Dreieck $(a = b)$ mit dem Schnittwinkel $\gamma \approx 100^0\,44'$ sein absolutes Minimum $0{,}798 \cdot c \cdot m$ erreicht.

---

[1] Über den Einfluß fehlerhafter Festpunkte auf das Ergebnis des Vorwärtseinschneidens siehe die gleichnamige Arbeit von *Ackerl, Franz:* Z. Vermess.-Wes. 1930 S. 41—52 (mit Literaturangaben).

Während beim Vorwärtseinschneiden und beim Seitwärtsabschneiden je zwei Instrumentenaufstellungen vorzunehmen sind, wird beim Rückwärtseinschneiden[1] das Instrument nur im Neupunkte $Q$ (Abb. 197) selbst aufgestellt, wo die Winkel $u$ und $v$ gemessen werden, unter denen von $Q$ aus die beiden Seiten $P_1P_2$ und $P_2P_3$ eines durch die drei bekannten Punkte $P_{1(x_1, y_1)}$, $P_{2(x_2, y_2)}$, $P_{3(x_3, y_3)}$ bestimmten Dreiecks erscheinen. Da die gegebenen Punkte nicht zugänglich sein müssen, so spricht man auch von der Aufgabe der unzugänglichen Punkte.

Um die Koordinaten $x$, $y$ von $Q$ zu ermitteln, leitet man bei der sog. *Burckhardt*schen Lösung[2] (1801) zunächst in bekannter Weise die Seiten $P_1P_2$ und $P_2P_3$ nach Richtung und Länge ab. Damit ergibt sich der Dreieckswinkel bei $P_2$ als die Richtungswinkeldifferenz

$$\beta = (P_2 P_1) - (P_2 P_3). \tag{398}$$

Zur Bestimmung der nunmehr einzuführenden Hilfswinkel $\varphi$, $\psi$ erhält man zunächst aus dem Viereck $P_1 P_2 P_3 Q$

$$\tfrac{1}{2}(\varphi + \psi) = 180^0 - \tfrac{1}{2}(u + v + \beta) = \gamma_1, \tag{399}$$

also die halbe Summe der gesuchten Winkel. Aus den in $P_2 Q$ zusammenstoßenden Dreiecken $P_1 P_2 Q$ und $P_2 P_3 Q$ ergibt sich die gemeinsame Seite doppelt, nämlich

$$P_2 Q = P_1 P_2 \frac{\sin\varphi}{\sin u} = P_2 P_3 \frac{\sin\psi}{\sin v}. \tag{400}$$

Daraus aber findet man unmittelbar das Sinusverhältnis

$$\frac{\sin\varphi}{\sin\psi} = \frac{P_2 P_3}{P_1 P_2}\cdot\frac{\sin u}{\sin v} = \operatorname{ctg}\lambda = \frac{\operatorname{ctg}\lambda}{1} \tag{401}$$

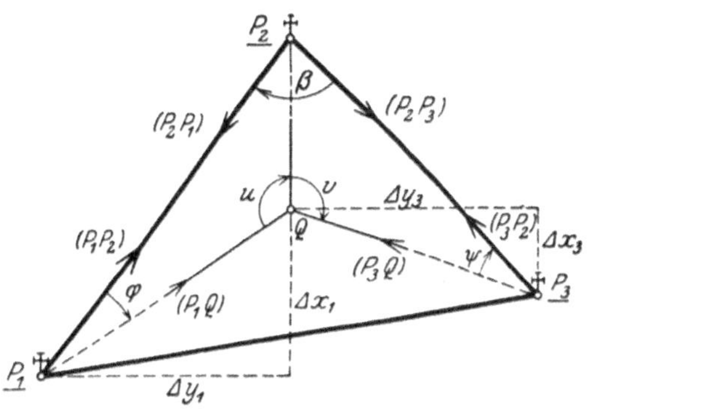


Abb. 197. Rückwärtseinschneiden mit Koordinatenberechnung.

der gesuchten Winkel. Daß der Hilfswinkel $\lambda$ um $180^0$ unbestimmt bleibt, ist belanglos, da er später in einem Ausdruck von der Form ctg $(C + \lambda)$ erscheint, dessen Zahlenwert demjenigen von ctg $(C + \lambda + 180^0)$ gleich ist.

Durch entsprechende Subtraktion und Addition erhält man aus (401)

$$\left.\begin{aligned} \frac{\sin\varphi - \sin\psi}{\sin\varphi + \sin\psi} &= \frac{\operatorname{ctg}\lambda - 1}{\operatorname{ctg}\lambda + 1} \\ \text{oder}\qquad \frac{2\cos\frac{1}{2}(\varphi+\psi)\sin\frac{1}{2}(\varphi-\psi)}{2\sin\frac{1}{2}(\varphi+\psi)\cos\frac{1}{2}(\varphi-\psi)} &= \frac{\operatorname{ctg}45^0\operatorname{ctg}\lambda - 1}{\operatorname{ctg}\lambda + \operatorname{ctg}45^0}. \end{aligned}\right\} \tag{402}$$

Daraus aber folgt unmittelbar die Gleichung

$$\operatorname{tg}\tfrac{1}{2}(\varphi - \psi) = \operatorname{tg}\tfrac{1}{2}(\varphi + \psi)\operatorname{ctg}(45^0 + \lambda) = \operatorname{tg}\gamma_1 \operatorname{ctg}(45^0 + \lambda), \tag{403}$$

woraus man die halbe Differenz der Hilfswinkel, nämlich

$$\tfrac{1}{2}(\varphi - \psi) = \gamma_2, \tag{404}$$

gewinnt. Die Hilfswinkel selbst sind nach (399) und (404) die Ausdrücke

$$\varphi = \gamma_1 + \gamma_2, \qquad \psi = \gamma_1 - \gamma_2. \tag{405}$$

---

[1] Die erste trigonometrische Lösung des Rückwärtseinschneidens hat 1617 *Willebrord Snellius* gegeben (*Snellius:* Eratosthenes Batavus, de terrae ambitus vera quantitate. Lugduni Batavorum 1617), während die erste Behandlung der Aufgabe mit Koordinatenrechnung wohl *Delambre* zuzuschreiben ist (Méthodes analytiques pour la détermination d'un arc du méridien, Paris, An 7, S. 143).

[2] Nach *Liebitzky* (Z. Vermess.-Wes. 1920 S. 18) rührt die Einführung der Hilfswinkel $\varphi$, $\psi$ von dem Göttinger Professor *Abraham Gotthelf Kästner* her, der sie in seinen „Geometrischen Abhandlungen" 1790 verwendete.

Tabelle 20.

**1.**

| d) | a) Gegebene Punkte | b) Richtungen | c) Winkel |
|---|---|---|---|
| $Q = \triangle 18$ | $P_1 = \triangle 7$ | 232° 22′ 15″ | $u =$ 127° 37′ 45″ |
| $x_2 = -$ 2 992,05 | $P_2 = \triangle 8$ | 0 00 00 | $v =$ 99 29 41 |
| $y_2 = -$ 10 693,05 | $P_3 = \triangle 9$ | 99 29 41 | $u + v =$ 227 07 26 |

**4.**

$$\operatorname{ctg} \lambda = \frac{P_2 P_3 \sin u}{P_1 P_2 \sin v}$$

| | |
|---|---|
| log sin $u$ | 9.89 872 |
| log $P_2 P_3$ | 2.91 880 |
| E. log sin $v$ | 0.00 599 |
| E. log $P_1 P_2$ | 7.14 449 |
| log ctg $\lambda$ | 9.96 800 |
| $\lambda$ | 47° 06′ 32″ |
| $45° + \lambda$ | 92 06 32 |

**5.**

| | |
|---|---|
| log ctg $(45° + \lambda)$ | 8.56 613$_n$ |
| log tg $\gamma_1$ | 9.85 552 |
| log tg $\gamma_2$ | 8.42 165$_n$ |
| $\gamma_2$ | − 1° 30′ 45″ |
| $\gamma_1$ | 35 38 26 |
| $\varphi = \gamma_1 + \gamma_2$ | 34 07 41 |
| $\psi = \gamma_1 - \gamma_2$ | 37 09 11 |

**8.** Berechnung der Koordinaten von $Q$

| | | | |
|---|---|---|---|
| log $P_1 P_2$ | 2.85 551 | log $P_2 P_3$ | 2.91 880 |
| log sin$(u + \varphi)$ | 9.49 560 | log sin $(v + \psi)$ | 9.83 663 |
| E. log sin $u$ | 0.10 128 | E. log sin $v$ | 0.00 599 |
| log $P_1 Q$ | 2.45 239 | log $P_3 Q$ | 2.76 142 |
| log cos $(P_1 Q)$ | 9.30 062$_n$ | log cos $(P_3 Q)$ | 9.76 499$_n$ |
| log $\Delta x_1$ | 1.75 301$_n$ | log $\Delta x_3$ | 2.52 641$_n$ |
| $\Delta x_1$ | − 56,62 | $\Delta x_3$ | − 336,05 |
| $x_1$ | − 2 479,31 | $x_3$ | − 2 199,89 |
| $x$ | − 2 535,93 | $x$ | − 2 535,95 |
| log $P_1 Q$ | 2.45 239 | log $P_3 Q$ | 2.76 142 |
| log sin $(P_1 Q)$ | 9.99 115$_n$ | log sin $(P_3 Q)$ | 9.91 015 |
| log $\Delta y_1$ | 2.44 354$_n$ | log $\Delta y_3$ | 2.67 157 |
| $\Delta y_1$ | − 277,68 | $\Delta y_3$ | + 469,43 |
| $y_1$ | − 10 191,87 | $y_3$ | − 10 939,00 |
| $y$ | − 10 469,55 | $y$ | − 10 469,57 |

**2.** Länge und Richtung der Dreiecksseiten

| $r$ | 1 | 3 |
|---|---|---|
| $x_r$ | − 2 479,31 | − 2 199,89 |
| $y_r$ | − 10 191,87 | − 10 939,00 |
| $y_r - y_2$ | + 501,18 | − 245,95 |
| $x_r - x_2$ | + 512,74 | + 792,16 |
| log $\Delta y$ | 2.69 999 | 2.39 085$_n$ |
| log $\Delta x$ | 2.70 990 | 2.89 881 |
| log tg $(P_2 P_r)$ | 9.99 009 | 9.49 204$_n$ |
| log sin $(P_2 P_r)$ | 9.84 447 | 9.47 206 |
| log cos $(P_2 P_r)$ | 9.85 439 | 9.98 001$_n$ |
| log $P_2 P_r$ | 2.85 551<br>2 | 2.91 880<br>7 9 |
| $(P_2 P_r)$ | 44° 20′ 46″ | 342° 45′ 04″ |

**3.**

| | | |
|---|---|---|
| | $\beta = (P_2 P_1) - (P_2 P_3)$ | 61 35 42 |
| | $u + v$ | 227 07 26 |
| | $u + v + \beta$ | 288 43 08 |
| $\gamma_1 = \frac{1}{2}(\varphi + \psi)$ | $= 180° - \frac{1}{2}(u + v + \beta)$ | 35 38 26 |

**7.**

| | |
|---|---|
| $(P_1 Q) = (P_1 P_2) + \varphi$ | 258° 28′ 27″ |
| $(P_3 Q) = (P_3 P_2) - \psi$ | 125 35 53 |
| $u + \varphi$ | 161 45 26 |
| $v + \psi$ | 136 38 52 |

**6.** Probe.

| | |
|---|---|
| $\beta =$ | 61° 35′ 42″ |
| $u =$ | 127 37 45 |
| $v =$ | 99 29 41 |
| $\varphi =$ | 34 07 41 |
| $\psi =$ | 37 09 11 |
| | 360 00 00 |

$\gamma_2$ ist zunächst um $180^0$ unbestimmt. Wurde der Quadrant richtig gewählt, so muß die nunmehr folgende Berechnung der Seiten $P_2 Q$, $P_3 Q$ auf positive Werte führen. Erscheinen negative Ergebnisse, so sind $\gamma_2$ und mit ihm $\varphi$ und $\psi$ je um $180^0$ zu ändern. Auch schon auf Grund einer rohen Skizze kann man den Quadranten für $\gamma_2$ bestimmen. Die Beziehung

$$\beta + u + v + \varphi + \psi = 360^0 \tag{406}$$

kann als Probe dienen.

Nunmehr sind die Längen und Richtungswinkel der von den bekannten Punkten $P_1$ und $P_3$ zum Neupunkt $Q$ führenden Seiten zu ermitteln. Sie lassen sich leicht aus der Abbildung ablesen, und es ist

$$P_1 Q = P_1 P_2 \frac{\sin(u + \varphi)}{\sin u}, \qquad P_3 Q = P_2 P_3 \frac{\sin(v + \psi)}{\sin v} \tag{407}$$

bzw.

$$(P_1 Q) = (P_1 P_2) + \varphi, \qquad (P_3 Q) = (P_3 P_2) - \psi. \tag{408}$$

Die den Strecken $P_1 Q$ und $P_3 Q$ entsprechenden Koordinatenunterschiede sind die Ausdrücke

$$\left.\begin{aligned} \Delta x_1 &= P_1 Q \cos(P_1 Q), & \Delta x_3 &= P_3 Q \cos(P_3 Q), \\ \Delta y_1 &= P_1 Q \sin(P_1 Q), & \Delta y_3 &= P_3 Q \sin(P_3 Q). \end{aligned}\right\} \tag{409}$$

Werden sie zu den Koordinaten der Streckenanfangspunkte hinzugefügt, so ergeben sich die gesuchten Koordinaten $x$, $y$ des Neupunktes mit Kontrolle, nämlich

$$\left.\begin{aligned} x &= x_1 + \Delta x_1 = x_3 + \Delta x_3, \\ y &= y_1 + \Delta y_1 = y_3 + \Delta y_3. \end{aligned}\right\} \tag{410}$$

Ein nach den vorstehenden Entwicklungen berechnetes Zahlenbeispiel enthält Tabelle 20.

Eine eigenartige, *Collins* (1671) zugeschriebene Lösung des Rückwärtseinschneidens sei im folgenden skizziert. In dem den Dreieckspunkten $P_1$, $P_3$ und dem gesuchten Punkt $Q$ umschriebenen Hilfskreis $K_h$ (Abb. 198) bestimmt die Richtung $QP_2$ einen Hilfspunkt $H$ (*Collins*scher Hilfspunkt) so, daß die Seiten $P_1H$, $P_3H$ von den Gegenpunkten $P_3$ und $P_1$ aus unter den in $Q$ gemessenen Winkeln $u$, $v$ erscheinen. Man kann also

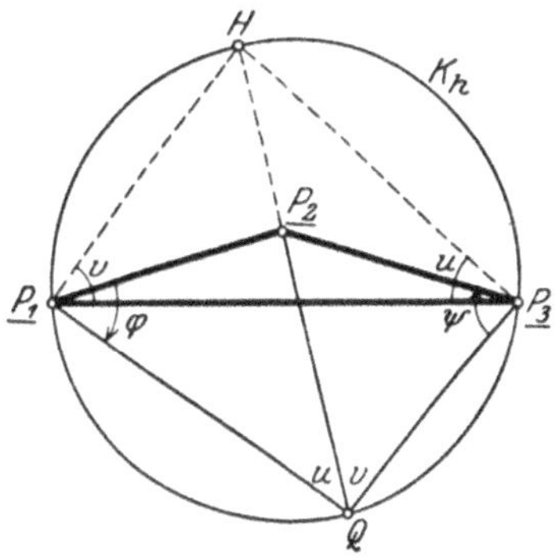


Abb. 198. Lösung des Rückwärtseinschneidens nach Collins.

1. den Punkt $H$ mittels $u$, $v$ von $P_1$ und $P_3$ aus durch Vorwärtseinschneiden bestimmen;
2. aus den Koordinaten von $H$, $P_2$, $P_1$ und $P_3$ die Richtungswinkel $(HP_2) = (P_2 Q)$, $(P_1P_2)$, $(P_3P_2)$ sowie die Seiten $P_1P_2$, $P_3P_2$ ableiten und die Richtungen $(P_1 Q) = (HP_2) - u$, $(P_3 Q) = (HP_2) + v$ aufstellen; damit erhält man
3. die Hilfswinkel $\varphi = (P_1 Q) - (P_1P_2)$ und $\psi = (P_3P_2) - (P_3 Q)$, mit deren Hilfe aus den vorher berechneten Seiten $P_1P_2$, $P_2P_3$ und den Winkeln $u$, $v$ mittels des Sinussatzes auch die Längen $P_1 Q$ und $P_3 Q$ gewonnen werden.
4. Mit den Werten $P_1 Q$, $(P_1 Q)$ und $P_3 Q$, $(P_3 Q)$ findet man endlich in bekannter Weise die Koordinaten von $Q$.

Eine andere eigenartige Lösung, die auf das Vorwärtseinschneiden zurückführt, hat *Runge* angegeben[1].

[1] *Runge, C.:* Über die Verwandtschaft des Rückwärts- und Vorwärtseinschneidens. Z. Vermess.-Wes. 1899 S. 313—315.

Neuerdings versucht man, die Lösung des Rückwärtseinschneidens dem Arbeiten mit der Rechenmaschine[1] anzupassen. Ein zu diesem Zwecke z. B. von *Reutzel*[2] entwickeltes Formelsystem ist unter Benützung der hier bisher gebrauchten Bezeichnungen das folgende:

$$\left.\begin{aligned} \operatorname{tg} u &= a_1, & y_3 - y_2 + (x_3 - x_2)\, a_1 &= b_1, & x_3 - x_2 - (y_3 - y_2)\, a_1 &= c_1, \\ \operatorname{tg} v &= a_2, & y_2 - y_1 - (x_2 - x_1)\, a_2 &= b_2, & x_2 - x_1 + (y_2 - y_1)\, a_2 &= c_2, \end{aligned}\right\} \quad (411)$$

$$\frac{a_2 c_1 - a_1 c_2}{a_2 b_1 - a_1 b_2} = \mu, \quad \Delta y_2 = \frac{\mu\, b_1 + c_1}{a_1 (1 + \mu^2)} = \frac{\mu\, b_2 + c_2}{a_2 (1 + \mu^2)}, \quad \Delta x_2 = \mu \cdot \Delta y_2, \quad (412)$$

$$x = x_2 + \Delta x_2, \qquad y = y_2 + \Delta y_2. \quad (413)$$

Eine sehr schöne, ebenfalls für die Verwendung der Rechenmaschine geeignete Lösung des Rückwärtseinschneidens stammt von *Ansermet*[3]. Der im folgenden gebrachte, recht einfache Beweis ist von dem holländischen Geometer *J. M. Tienstra*[4] veröffentlicht worden.

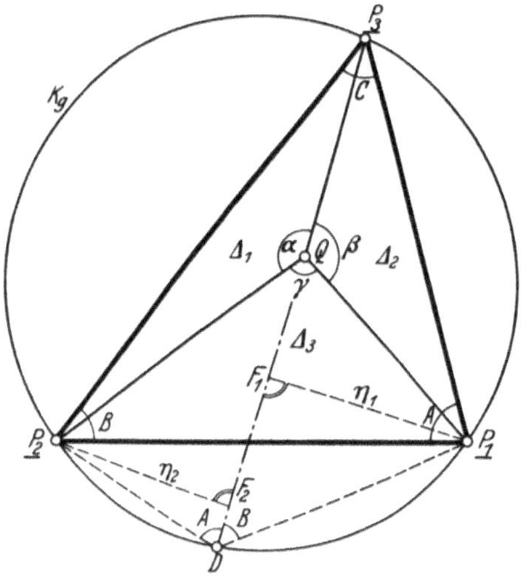


Abb. 199. Rückwärtseinschneiden nach Ansermet.

Der Neupunkt $Q$ (Abb. 199) kann als Schwerpunkt der Festpunkte $P_1$, $P_2$, $P_3$ aufgefaßt werden, wenn wir diesen geeignete Gewichte $p_1$, $p_2$, $p_3$ geben. Dann sind die Neupunktskoordinaten

$$\left.\begin{aligned} x &= \frac{p_1 x_1 + p_2 x_2 + p_3 x_3}{p_1 + p_2 + p_3}, \\ y &= \frac{p_1 y_1 + p_2 y_2 + p_3 y_3}{p_1 + p_2 + p_3}. \end{aligned}\right\} \quad (414)$$

Zur Gewichtsbestimmung wenden wir den Momentensatz in bezug auf die durch $P_3$ gehende Schwerlinie $Q P_3$ an. Da Gleichgewicht besteht, so ist mit den eingetragenen Bezeichnungen

$$p_1 \eta_1 = p_2 \eta_2 \quad (415)$$

oder

$$\frac{p_1}{p_2} = \frac{\eta_2}{\eta_1}. \quad (416)$$

Die Verlängerung von $P_3 Q$ schneidet den Umkreis $K_g$ der gegebenen Punkte in $D$. Hier sind noch einmal die Scheitel der beiden Dreieckswinkel $A$, $B$ (Peripheriewinkel über den Sehnen $P_2 P_3$ und $P_1 P_3$). Werden Zähler und Nenner der rechten Seite von (416) durch $D Q$ dividiert, so erhalten wir an Hand der Abbildung

$$\frac{p_1}{p_2} = \frac{\dfrac{\eta_2}{DQ}}{\dfrac{\eta_1}{DQ}} = \frac{\dfrac{\eta_2}{DF_2 + F_2 Q}}{\dfrac{\eta_1}{DF_1 + F_1 Q}} = \frac{\dfrac{1}{\dfrac{DF_2}{\eta_2} + \dfrac{F_2 Q}{\eta_2}}}{\dfrac{1}{\dfrac{DF_1}{\eta_1} + \dfrac{F_1 Q}{\eta_1}}} = \frac{\dfrac{1}{\operatorname{ctg} A - \operatorname{ctg} \alpha}}{\dfrac{1}{\operatorname{ctg} B - \operatorname{ctg} \beta}}. \quad (417)$$

---

[1] Bei Verwendung der Rechenmaschine zu trigonometrischen Berechnungen werden die Zahlenwerte der goniometrischen Funktionen unmittelbar besonderen Tafelwerken entnommen. Siehe z. B. *Gauß, F. G.:* Fünfstellige trigonometrische und polygonometrische Tafeln für Maschinenrechnen. *Jordan, W.:* Opus Palatinum, Sinus- und Cosinus-Tafeln von 10″ zu 10″ (7stellig). Hannover u. Leipzig 1897. *Brandenburg, H.:* Siebenstellige trigonometrische Tafel alter Kreisteilung für Berechnungen mit der Rechenmaschine. 2. Aufl. Leipzig 1931. *Peters:* Sechsstellige Tafel der trigonometrischen Funktionen des in 90° geteilten Quadranten. Berlin 1929, und Sechsstellige trigonometrische Tafeln für neue Teilung. Berlin 1930.

[2] *Reutzel, P.:* Rückwärtseinschneiden mit Koordinaten. Z. Vermess.-Wes. 1908 S. 57—59. Siehe hierzu auch *Runge:* Rückwärtseinschneiden mit Koordinaten. Z. Vermess.-Wes. 1894 S. 204 bis 206, und *Sossna:* Z. Vermess.-Wes. 1896 S. 269ff.

[3] *Ansermet, A.:* Le Problème de Snellius. Vevey 1912.

[4] *Doležal, E.:* Rückwärts- und Vorwärtseinschneiden mit der Rechenmaschine. Öst. Z. Vermess.-Wes. 1928 S. 87—98.

Durch zyklische Vertauschung folgt

$$\frac{p_2}{p_3} = \frac{\dfrac{1}{\operatorname{ctg} B - \operatorname{ctg}\beta}}{\dfrac{1}{\operatorname{ctg} C - \operatorname{ctg}\gamma}}, \quad (418) \qquad \frac{p_3}{p_1} = \frac{\dfrac{1}{\operatorname{ctg} C - \operatorname{ctg}\gamma}}{\dfrac{1}{\operatorname{ctg} A - \operatorname{ctg}\alpha}}. \quad (419)$$

Aus (417) bis (419) aber ergibt sich die Verhältnisgleichung

$$p_1 : p_2 : p_3 = \frac{1}{\operatorname{ctg} A - \operatorname{ctg}\alpha} : \frac{1}{\operatorname{ctg} B - \operatorname{ctg}\beta} : \frac{1}{\operatorname{ctg} C - \operatorname{ctg}\gamma}. \quad (420)$$

Da die Gewichte in einer beliebigen Einheit angenommen werden können, so kann man ohne weiteres

$$p_1 = \frac{1}{\operatorname{ctg} A - \operatorname{ctg}\alpha}, \quad p_2 = \frac{1}{\operatorname{ctg} B - \operatorname{ctg}\beta}, \quad p_3 = \frac{1}{\operatorname{ctg} C - \operatorname{ctg}\gamma} \quad (421)$$

setzen. Nunmehr lassen sich bei bekannten Gewichten die Neupunktskoordinaten nach (414) berechnen[1]. Noch eine andere interessante Beziehung läßt sich aufdecken. Die beiden Dreiecke $\Delta_1$ und $\Delta_2$ besitzen die gemeinsame Grundlinie $P_3 Q$; also verhalten sich die Dreiecksflächen wie die zugehörigen Höhen. Es ist daher

$$\Delta_1 : \Delta_2 = \eta_2 : \eta_1 = p_1 : p_2. \quad (422)$$

Ebenso gilt

$$\Delta_2 : \Delta_3 = p_2 : p_3, \quad \Delta_3 : \Delta_1 = p_3 : p_1. \quad (423)$$

Damit ergibt sich die Verhältnisgleichung

$$p_1 : p_2 : p_3 = \Delta_1 : \Delta_2 : \Delta_3. \quad (424)$$

Diese Lösung des Rückwärtseinschneidens ist gegenüber den trigonometrischen Lösungen dann ganz besonders vorteilhaft, wenn die Dreieckswinkel $A$, $B$, $C$ von vornherein bekannt sind.

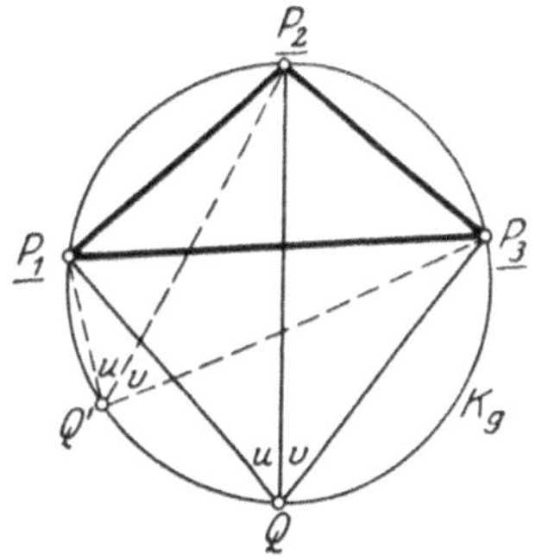


Abb. 200. Gefährlicher Kreis beim Rückwärtseinschneiden.

Die Lösung des Rückwärtseinschneidens mit Hilfe der Stücke $u$, $v$ wird unbestimmt, wenn der Neupunkt $Q$ auf dem Umkreis $K_g$ (Abb. 200) des gegebenen Dreiecks liegt. Dann erscheinen die Seiten des gegebenen Dreiecks nicht nur von dem zu bestimmenden Punkte $Q$ aus, sondern aus jedem der auf dem genannten Umkreis liegenden Punkte $Q'$ unter denselben Peripheriewinkeln $u$ und $v$, welche für sich allein daher den Ort $Q$ nicht mehr eindeutig festlegen. Wegen dieser bedenklichen Eigenschaft des dem gegebenen Dreieck umschriebenen Kreises $K_g$ spricht man von einem gefährlichen Kreis. Die analytische Untersuchung dieses Falles ergibt für $\operatorname{tg} \frac{1}{2}(\varphi - \psi)$ den unbestimmten Ausdruck $0 \cdot \infty$.

Zur Genauigkeit der Punktbestimmung durch Rückwärtseinschneiden sei folgendes bemerkt. $Q$ ist Schnittpunkt der über den Sehnen $P_1 P_2$ und $P_2 P_3$ stehenden Kreisbögen mit den Umfangswinkeln $u$, $v$. Er ist also auch durch die in ihm gezogenen Kreistangenten $T_u$, $T_v$ (Abb. 201a) bestimmt. Durch Winkelfehler erfahren, wie sich geometrisch leicht zeigen läßt, die Tangenten Verschiebungen

$$\delta_u = \frac{P_1 Q \cdot P_2 Q}{P_1 P_2} \cdot du, \qquad \delta_v = \frac{P_2 Q \cdot P_3 Q}{P_2 P_3} \cdot dv \quad (425)$$

und gelangen in die Lagen $T'_u$, $T'_v$. Ihr Schnittpunkt ist der fehlerhafte Neupunkt $Q'$, dessen Lage in bezug auf $Q$ mit Hilfe der Tangentenrichtungen und der Werte $\delta_u$, $\delta_v$ leicht angegeben werden kann.

[1] Für die praktische Durchführung der Koordinatenberechnung nach (414) wird man den Ursprung zweckmäßig in einen der Festpunkte verlegen, so daß kleine Zahlen erscheinen und in den Zählern nur je zwei Glieder auftreten.

Bestimmten Fehlern $du, dv$ in $u$ und $v$ entsprechen die Koordinatenänderungen

$$\left.\begin{aligned} dx &= \frac{1}{2\varDelta}(\xi_1\,dv + \xi_3\,du), \\ dy &= \frac{1}{2\varDelta}(\eta_1\,dv + \eta_3\,du), \end{aligned}\right\} \tag{426}$$

wenn $\varDelta$ die Fläche des zum gegebenen Dreieck $P_1P_2P_3$ gehörigen Reziprokendreiecks $R_1R_2R_3$ (Abb. 201b) ist, dessen auf den Strahlen $QP_1 = s_1$, $QP_2 = s_2$, $QP_3 = s_3$ liegende Ecken vom gesuchten Punkt $Q$ die Abstände $r_1 = 1 : s_1$, $r_2 = 1 : s_2$, $r_3 = 1 : s_3$ besitzen und wenn ferner $\xi_1$, $\eta_1$ sowie $\xi_3$, $\eta_3$ die auf den Anfangspunkt $R_2$ bezogenen rechtwinkligen Koordinaten der Punkte $R_1$, $R_3$ in einem zum Hauptsystem $X$, $Y$ parallelen System bedeuten[1]. *Eggert* hat an dem in der eben gegebenen Anmerkung genannten Ort auch die der Winkelmessung und der Richtungsmessung entsprechenden Ausdrücke

$$m_p = \pm\frac{m_w}{2\varDelta}\sqrt{\sigma_1^2 + \sigma_3^2}, \quad \text{(Winkelmessung)} \tag{427}$$

$$m_p = \pm\frac{m_r}{2\varDelta}\sqrt{\sigma_1^2 + \sigma_2^2 + \sigma_3^2} \quad \text{(Richtungsbeobachtungen)} \tag{428}$$

für den mittleren Punktfehler des Rückwärtseinschneidens aufgestellt. Hier hat $\varDelta$ dieselbe Bedeutung wie in (426), $m_w$ ist der mittlere Winkel-, $m_r$ der mittlere Richtungsfehler, während $\sigma_1$, $\sigma_2$, $\sigma_3$ die Längen der den Punkten $R_1$, $R_2$, $R_3$ gegenüberliegenden Seiten bezeichnen.

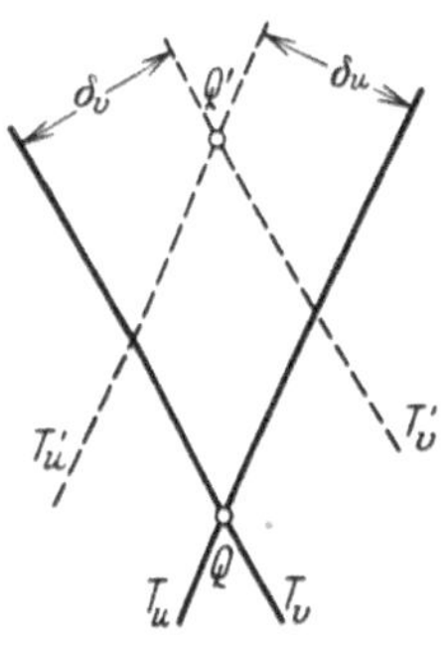

Abb. 201a. Winkelfehler und Tangentenverschiebung.

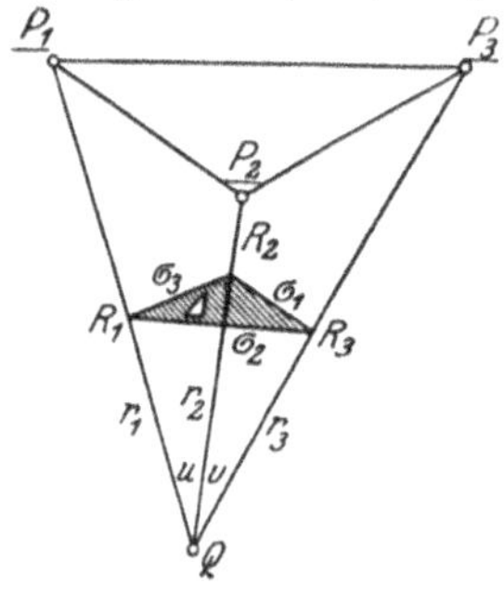

Abb. 201b. Reziprokendreieck zur Beurteilung der Genauigkeit des Rückwärtseinschneidens.

Ist außer den notwendigen Winkeln $u$, $v$ noch deren Summe oder ihre Ergänzung auf $2\pi$ gemessen und wird der auftretende Horizontwiderspruch gleichmäßig auf die gemessenen Winkel verteilt, so ergibt sich der mittlere Punktfehler des mit diesen verbesserten Winkeln berechneten Rückwärtsschnittes zu

$$m_p = \pm\frac{m_w}{2\varDelta}\sqrt{\tfrac{1}{3}(\sigma_1^2 + \sigma_2^2 + \sigma_3^2)}\,. \tag{429}$$

Eine Punktbestimmung durch Gegenschnitt[2] liegt vor, wenn vom Neupunkt $Q$ aus (Abb. 202) nur zwei bekannte Punkte $P_1$, $P_3$ in einem Winkelabstand $\sigma$ sichtbar sind und vom dritten Festpunkt $P_2$ aus ein orientierter Strahl nach dem Neupunkt beobachtet werden kann. Diese Orientierung kann mit Hilfe von $P_1$ oder $P_3$ erfolgen, wenn sie von $P_2$ aus sichtbar sind. Sonst kann man dazu auch irgendeinen anderen bekannten Punkt $P_0$ benützen. Durch Hinzufügen des beobachteten Richtungsunterschiedes $\omega$ zu der aus den Koordinaten von $P_0$ und $P_2$ abgeleiteten Orientierungsrichtung $(P_2P_0)$ folgt der Richtungswinkel des orientierten Außenstrahles:

$$(P_2Q) = (P_2P_0) + \omega. \tag{430}$$

Sind weiterhin aus den Koordinaten der Festpunkte die Seiten $P_1P_2$, $P_2P_3$ und $P_1P_3$ nach Richtung und Länge abgeleitet, so erhält man

$$\alpha = (P_1P_3) - (P_1P_2), \quad \beta_1 = (P_2P_1) - (P_2Q), \quad \beta_2 = (P_2Q) - (P_2P_3). \tag{431}$$

Im $\triangle P_1P_2Q$ ist $\beta_1 + \alpha + \varphi' + \sigma - v = 180^0$, also wird

$$\varphi' - v = 180^0 - (\alpha + \beta_1 + \sigma) = \delta, \quad (432) \qquad v = \varphi' - \delta. \tag{433}$$

[1] Die Ausdrücke (426) folgen unmittelbar aus den in *Eggert, O.*: Einführung in die Geodäsie S. 136. Leipzig 1907, für die Koordinatendifferentiale mitgeteilten Formeln.

[2] Siehe dazu Z. Vermess.-Wes. 1912 S. 148—149.

Aus (432) kann $\delta$ zahlenmäßig berechnet werden. Die Anwendung des Sinussatzes auf die Dreiecke $P_1P_3Q$ und $P_2P_3Q$ gibt

$$\sin\varphi' = \frac{QP_3}{P_1P_3}\sin\sigma, \qquad \sin v = \frac{P_2P_3}{QP_3}\sin\beta_2. \tag{434}$$

Hieraus folgt durch Multiplikation

$$\sin\varphi'\sin v = \frac{P_2P_3}{P_1P_3}\sin\beta_2\sin\sigma = h. \tag{435}$$

Auch der Hilfswert $h$ ist nunmehr zahlenmäßig bekannt. Die Einführung von (433) in (435) ergibt

$$h = \sin\varphi'\sin(\varphi'-\delta) = \sin^2\varphi'\cos\delta - \sin\varphi'\cos\varphi'\sin\delta = \tfrac{1}{2}\cos\delta - \tfrac{1}{2}\cos(2\varphi'-\delta); \tag{436}$$

also ist

$$\cos(2\varphi'-\delta) = \cos\delta - 2h. \tag{437}$$

Damit erhält man der Reihe nach

$$2\varphi'-\delta, \qquad \varphi', \qquad v = \varphi'-\delta, \qquad u = \sigma - v. \tag{438}$$

Die Ermittlung von $2\varphi'-\delta$ unmittelbar aus (437) ist zweckmäßig, wenn man eine genügend scharfe Tafel der natürlichen Werte der goniometrischen Funktionen zur Hand hat. Für die rein logarithmische Rechnung ist eine kleine Umformung am Platz. Setzt man unter Einführung eines Hilfswinkels $\mu$

$$2h = \sin\delta\,\mathrm{tg}\,\mu, \quad \text{also} \quad \mathrm{tg}\,\mu = \frac{2h}{\sin\delta}, \tag{439}$$

so folgt

$$\cos(2\varphi'-\delta) = \frac{\cos(\delta+\mu)}{\cos\mu} \tag{440}$$

und hieraus ergeben sich wieder die unter (438) stehenden Größen. Nunmehr findet man auch die zum Neupunkt führenden Seiten nach Länge und Richtung, nämlich

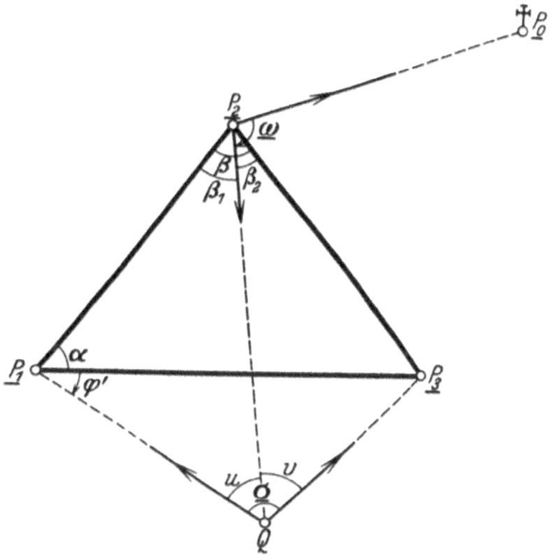


Abb. 202. Punktbestimmung durch Gegenschnitt.

$$P_1Q = P_1P_2\frac{\sin\beta_1}{\sin u}, \qquad P_3Q = P_2P_3\frac{\sin\beta_2}{\sin v}, \tag{441}$$

$$(P_1Q) = (P_2Q) - u, \qquad (P_3Q) = (P_2Q) + v \tag{442}$$

und damit kann die Koordinatenberechnung von $Q$ mit Probe von $P_1$ und $P_3$ aus erfolgen.

Bei der *Hansen*-Aufgabe wird die Lage zweier unbekannter Punkte $P_{3(x_3,y_3)}$, $P_{4(x_4,y_4)}$ (Abb. 203) aus den auf ihnen nach zwei bekannten Punkten $P_{1(x_1,y_1)}$, $P_{2(x_2,y_2)}$ und dem jeweils anderen unbekannten Punkte beobachteten Richtungen gefunden. Man spricht auch von der Aufgabe der unzugänglichen Entfernung, da die beiden gegebenen Punkte nicht zugänglich sein müssen. Eine direkte Lösung der Aufgabe führt zu folgendem Rechnungsgang. Man leitet zunächst aus den Koordinaten der bekannten Punkte die Richtung $(P_1P_2)$ und Länge $P_1P_2$ ihrer Verbindungslinie ab. Zur Bestimmung zweier Hilfswinkel $\varphi$, $\psi$, deren Scheitel in $P_1$ und $P_2$ liegen, erhält man aus den beiden, einen gleichen Winkel $\lambda$ besitzenden Dreiecken $P_1SP_2$ und $P_3SP_4$ die halbe Summe der Hilfswinkel

$$\tfrac{1}{2}(\varphi+\psi) = \tfrac{1}{2}(\gamma'+\delta'') = \gamma_1, \tag{443}$$

während ein Vergleich der beiden für $P_3P_4$ aus $P_1P_2$ über $P_1P_4$ bzw. $P_2P_3$ sich ergebenden Ausdrücke auf das Sinusverhältnis

$$\frac{\sin\varphi}{\sin\psi} = \frac{\sin\gamma''\sin\delta''\sin(\delta+\gamma')}{\sin\gamma'\sin\delta'\sin(\gamma+\delta'')} = \operatorname{ctg}\lambda \tag{444}$$

führt. Genau wie beim Rückwärtseinschneiden findet man auch hier die Beziehungen

$$\operatorname{tg}\tfrac{1}{2}(\varphi-\psi) = \operatorname{tg}\gamma_1\operatorname{ctg}(45^0+\lambda), \tag{445}$$

$$\tfrac{1}{2}(\varphi-\psi) = \gamma_2, \tag{446}$$

$$\varphi = \gamma_1+\gamma_2, \qquad \psi = \gamma_1-\gamma_2. \tag{447}$$

Die von $P_1P_2$ ausgehende und zur Probe wieder an diese Seite anschließende Längenberechnung erfolgt mittels des Sinussatzes und führt auf die Ausdrücke

$$\left.\begin{aligned} P_2P_3 &= P_1P_2\frac{\sin\varphi}{\sin\gamma''}, & P_3P_4 &= P_2P_3\frac{\sin(\gamma+\delta'')}{\sin\delta''},\\ P_4P_1 &= P_3P_4\frac{\sin\gamma'}{\sin(\gamma'+\delta)}, & P_1P_2 &= P_4P_1\frac{\sin\delta'}{\sin\psi}, \end{aligned}\right\} \tag{448}$$

welche positiv werden, wenn $\gamma_2$ im richtigen Quadranten aufgeschlagen wurde. Ein etwa auftretendes negatives Vorzeichen für die Längen ist durch eine Änderung von $\gamma_2$, $\varphi$, $\psi$ um je $180^0$ zu beseitigen.

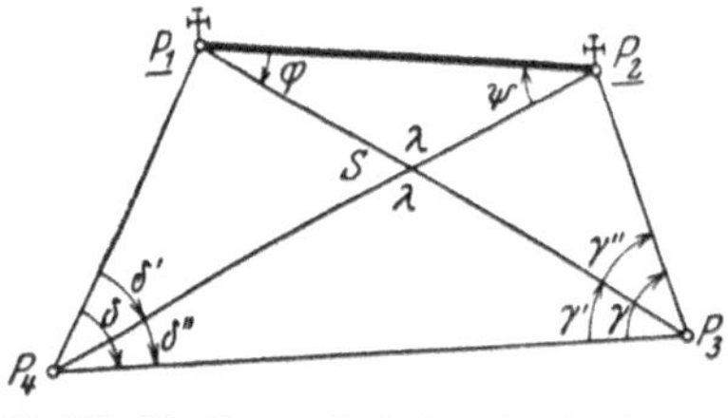

Abb. 203. Die Hansen-Aufgabe. (Direkte Lösung mit Hilfswinkeln.)

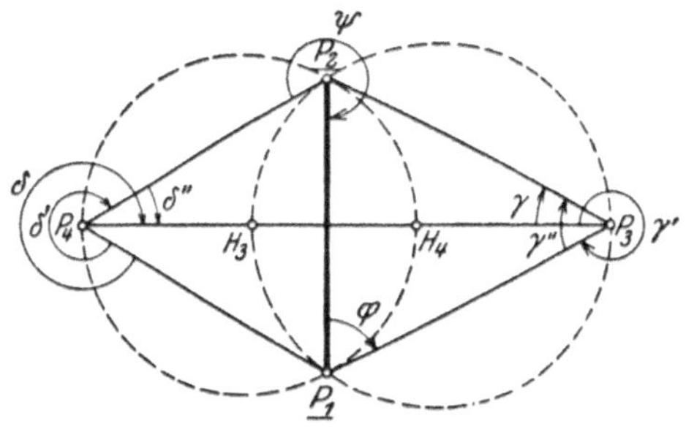

Abb. 204. Lösung der Hansen-Aufgabe mit Collinsschen Hilfskreisen.

Auch die Ableitung der Richtungswinkel dieser Seiten schließt zur Probe beiderseits an $P_1P_2$ an. Sie sind die einfachen Ausdrücke

$$\left.\begin{aligned} (P_2P_3) &= (P_1P_2)+\varphi+\gamma'', & (P_4P_1) &= (P_4P_3)-\delta,\\ (P_3P_4) &= (P_3P_2)-\gamma, & (P_1P_2) &= (P_4P_1)+\psi+\delta'. \end{aligned}\right\} \tag{449}$$

Schließlich erfolgt in bekannter Weise die Koordinatenberechnung auf dem Wege $P_2$, $P_3$, $P_4$, $P_1$.

Auch bei der aus Abb. 204 ersichtlichen Punktanordnung, wo $P_3P_4$ nicht mehr Vierecksseite sondern Diagonale ist, kann zur Lösung das oben entwickelte Formelsystem dienen, wenn die Punktbezeichnung so erfolgt, daß der um $P_1$ im Uhrzeigersinn gedrehte Strahl $P_1P_2$ erst nach $P_3$ und dann nach $P_4$ gelangt. Außerdem sind unter $\gamma$, $\gamma'$, $\gamma''$ und $\delta$, $\delta'$, $\delta''$ die der vorigen Punktanordnung entsprechenden Richtungsunterschiede zu verstehen.

Die indirekte Lösung der *Hansen*-Aufgabe, welche die Hilfswinkel $\varphi$, $\psi$ umgeht, berechnet erst mit einer Annahme $P_3'P_4'$ für die Länge $P_3P_4$ die Seitenlängen einer zur gegebenen ähnlichen Figur, wobei die der Strecke $P_1P_2$ entsprechende Länge $P_1'P_2'$ gefunden wird. Die im Verhältnis $P_1P_2 : P_1'P_2'$ vorgenommene Seitenreduktion führt auf die Längen der Hauptfigur. Der übrige Teil der Lösung (Richtungsableitung und Koordinatenberechnung) unterscheidet sich nicht von der direkten Auflösung.

Die *Hansen*-Aufgabe kann auch mit Hilfe von zwei *Collins*schen Hilfspunkten $H_3$, $H_4$ (Abb. 204), welche die durch die Neupunkte bestimmte Richtung auf den zwei durch die gegebenen Punkte und je einen Neupunkt bestimmten Kreisen ausschneidet, in ähnlicher Weise berechnet werden wie das Rückwärtseinschneiden mit einem solchen Hilfspunkt.

Wenn die beiden Neupunkte zusammenfallen oder beide auf der durch die gegebenen Punkte bestimmten Richtung liegen, so wird die Lösung der Aufgabe unbestimmt.

Eine Untersuchung des der *Hansen*-Aufgabe entsprechenden mittleren Punktfehlers hat *Eggert*[1] durchgeführt. Nach ihm sind unter allen Umständen jene Vierecksformen ungünstig, deren Neupunkte sehr nahe beieinander liegen, besonders aber diejenigen, bei denen ein Festpunkt in der Nähe der Verbindungslinie der Neupunkte liegt[2].

## 23. Theodolit-Polygonzüge.

Auch im Dreiecksnetz letzter Ordnung sind die Seiten noch viel zu lang, um der Einzelaufnahme als Standlinien dienen zu können; auch würden sie dafür viel zu ungünstig liegen. Man schaltet daher in das Dreiecksnetz noch das Polygonnetz ein, dessen zahlreiche, etwa 100 bis 150 m voneinander abstehende Punkte durch die Verbindung von Längen- und Winkelmessungen verhältnismäßig viel billiger als die Dreieckspunkte bestimmt werden können.

### a) Anlage, Versicherung und Messung der Polygonzüge.

Polygonzüge, Winkelzüge oder Streckenzüge haben eine vorwiegend praktische Bedeutung und werden daher so angelegt, daß sie vor allem für die nachfolgende Stückmessung (Einzelaufnahme) günstig liegen und ein Arbeiten mit kurzen Ordinaten ermöglichen. Sie folgen den verschiedenen Verkehrswegen, Wasserläufen, Gewannen-, Eigentums- und Kulturgrenzen. Auch darauf ist bei der Punktauswahl zu sehen, daß die Züge möglichst auf derselben Seite der Verkehrswege und Wasserläufe bleiben, daß gute Instrumentenaufstellungen möglich werden und von den einzelnen Punkten aus die beide Nachbarpunkte bezeichnenden Stäbe an ihren Fußpunkten oder doch möglichst nahe darüber angezielt werden können; auch sollen die Umstände für die Seitenmessung nicht allzu ungünstig sein. Die Wiederauffindung der Polygonpunkte wird erleichtert, wenn sie auf der geraden Verbindungslinie zweier Grenzsteine liegen. Soweit es möglich ist, trägt man natürlich auch theoretischen Anforderungen Rechnung, indem wenigstens die Hauptzüge einigermaßen gestreckt und gleichseitig angelegt werden. Auch soll die Zuglänge im allgemeinen 1 km nicht überschreiten.

Man unterscheidet offene Polygonzüge, geschlossene Züge und Zugverknotungen. Die wichtigste Form ist der offene, meist zwischen zwei Dreieckspunkte $P_1$, $P_n$ (Abb. 205) eingespannte Zug (zweifacher Punktanschluß), in dessen Endpunkten teils zur bequemen Orientierung, teils zur Steigerung der Genauigkeit noch je eine Anschlußrichtung nach je einem bekannten Punkte ge-

[1] *Eggert, O.:* Die Genauigkeit der Punktbestimmung durch *Hansens* Problem. Z. Vermess.-Wes. 1911 S. 1—16.

[2] Außer den hier besprochenen Arten der Punkteinschaltung wäre etwa noch zu nennen das Rückwärtseinschneiden mit zwei Nachbarpunkten (*Jordan:* Handbuch der Vermessungskunde Bd. 2 6. Aufl. S. 352ff. Stuttgart 1904) und die *Marek*sche Aufgabe (siehe ebendort S. 355). Bei großen Höhenunterschieden kann die horizontale Lage eines Punktes auch aus dem in ihm gemessenen Horizontalwinkel zwischen zwei nach Lage und Höhe bekannten Punkten, sowie den Höhenwinkeln der genommenen Sichten ermittelt werden (*Werner:* Punktbestimmung. Z. Vermess.-Wes. 1913 S. 161—169 und *Dock:* Rückwärtseinschneiden im Raum. Öst. Z. Vermess.-Wes. 1910 S. 291—305). Auch aus den Höhenwinkeln allein, welche im gesuchten Punkte nach drei der Lage und Höhe nach bekannten Punkten beobachtet werden, kann man den Beobachtungsort nach Lage und Höhe bestimmen (*Werner:* Punktbestimmung durch Vertikalwinkelmessung. Z. Vermess.-Wes. 1913 S. 241—253).

messen wird. Eine Seltenheit ist der mehr markscheiderischen Zwecken dienende, nicht direkt orientierte, beiderseits angeschlossene Zug. Auch den *geschlossenen* Zug, welcher wieder auf den Ausgangspunkt zurückführt, vermeidet man gerne; einmal, weil die bei annähernd gestreckten Zügen übliche einfache Art der Fehlerverteilung hier nur noch vom Standpunkt der Einfachheit aus berechtigt erscheint, dann aber auch, weil bei der Berechnung geschlossener Züge ein etwaiger Längenfehler im Meßwerkzeug nicht aufgedeckt wird. Bei *Zugverknotungen* endlich, welche zur Vermeidung allzu stark gebogener oder auch allzu langer Züge dienen, führen mehrere möglichst symmetrisch angeordnete Züge zu einem gemeinsamen Knotenpunkt.

Die *Versicherung der Polygonpunkte* ist vor der Zugmessung durchzuführen und erfolgt stets zentrisch meist durch etwa 60 bis 80 cm lange behauene Steine mit quadratischem Querschnitt, welche in ihrer Stirnfläche eine den Polygonpunkt bezeichnende Vertiefung tragen. Im Stadtgebiet sind die Polygonpunkte wohl auch in besonderen Schutzkästen (Kappenversicherung) untergebracht, welche in den Straßenkörper einbetoniert und oben durch einen Deckel ab-

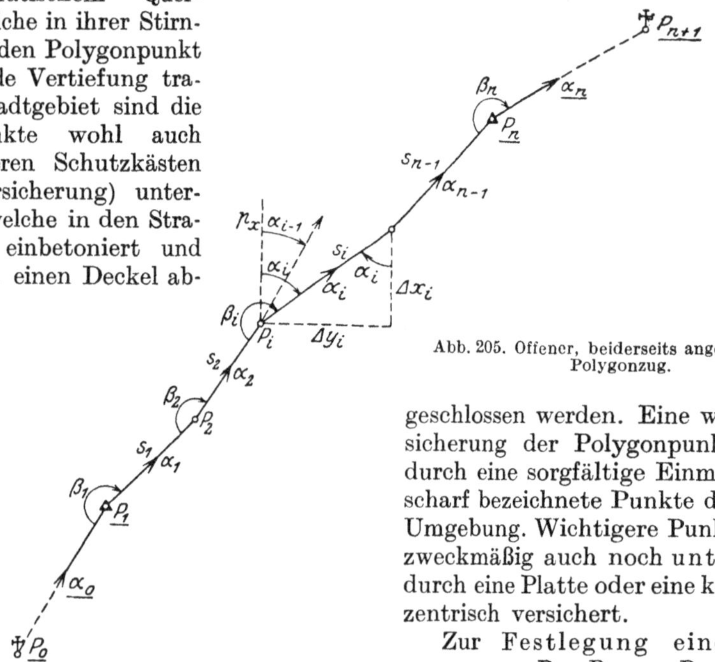


Abb. 205. Offener, beiderseits angeschlossener Polygonzug.

geschlossen werden. Eine weitere Versicherung der Polygonpunkte erfolgt durch eine sorgfältige Einmessung auf scharf bezeichnete Punkte der näheren Umgebung. Wichtigere Punkte werden zweckmäßig auch noch *unterirdisch* durch eine Platte oder eine kurze Röhre zentrisch versichert.

Zur *Festlegung eines Polygonzuges* $P_1, P_2, \ldots P_n$ (Abb. 205) werden die je zwei Nachbarpunkte verbindenden Polygonseiten $s_1, s_2, \ldots s_{n-1}$ sowie ihre links liegenden Brechungswinkel $\beta$ gemessen. Auch werden in den Zugendpunkten die Anschlußwinkel $\beta_1$ und $\beta_n$ beobachtet, welche die erste Polygonseite mit der ersten Anschlußrichtung $P_1 P_0$ bzw. eine zweite Anschlußrichtung $P_n P_{n+1}$ mit der letzten Polygonseite einschließen. Zur *Seitenmessung* dienen Schneidenlatten und Gradbogen oder gewöhnliche Latten, während das Meßband bei geringeren Genauigkeitsansprüchen Verwendung findet. Teils zum Schutz gegen grobe Fehler, teils zur Einschränkung der unvermeidlichen Fehler werden alle Seiten doppelt, das zweite Mal in entgegengesetzter Richtung gemessen. Beide Ergebnisse müssen innerhalb einer bestimmten Fehlergrenze $D_s$ übereinstimmen; im anderen Fall ist die Messung zu wiederholen[1].

Von Zeit zu Zeit ist zur Verringerung der konstanten Längenmessungsfehler eine *Abgleichung der Meßlatten oder der Meßbänder* vorzunehmen, besonders dann, wenn Messungen in geschlossenen oder stark gebogenen Zügen oder in unsymmetrischen Zugverknotungen bevorstehen.

[1] Neuerdings kommt auch die indirekte Polygonseitenmessung durch leistungsfähigere Distanzmesser mit waagrechter Latte zur Anwendung. Näheres über diese Instrumente siehe bei der tachymetrischen Geländeaufnahme.

Für die Winkelmessung ist auf eine sorgfältige Lotrechtstellung der Zielstäbe, soweit ihre Fußpunkte unsichtbar sind und auf eine gute Zentrierung des Instrumentes wohl zu achten. Insbesondere soll der Zentrierungsfehler senkrecht zu dem durch die drei je zusammengehörigen Polygonpunkte bestimmten Kreis möglichst gering bleiben. Die Bestimmung der Polygonwinkel erfolgt am einfachsten mittels Richtungsbeobachtungen; ein in zwei Fernrohrlagen sorgfältig beobachteter Satz reicht in der Regel aus. Zur Lotrechtstellung der Alhidadenachse kann, soweit es sich um horizontale Sichten handelt, eine gute, berichtigte Dosenlibelle dienen; bei geneigten Sichten kann man hierzu die Röhrenlibelle nicht entbehren und bei sehr steilen Zielungen, wie sie manchmal beim Anschluß an Hochpunkte auftreten, wird am besten die jeweilige Lage der Kippachse gegen den Horizont an einer Kippachsenlibelle verfolgt.

## b) Berechnung der Polygonzüge.

Die Berechnung des offenen Polygonzugs mit zweifachem Koordinaten- und Richtungsanschluß verlangt folgende Arbeiten:

1. Ableitung der Anschlußrichtungswinkel,
2. Ausgleichung der gemessenen Polygonwinkel,
3. Berechnung der Polygonseitenrichtungswinkel,
4. Aufstellung der vorläufigen Koordinatenunterschiede,
5. Ausgleichung der Koordinatenunterschiede,
6. Koordinatenberechnung der Polygonpunkte.

Bezeichnet $\alpha_i$ (Abb. 205) den Richtungswinkel der Polygonseite $P_i P_{i+1} = s_i$, so sind die Richtungswinkel $\alpha_0$ und $\alpha_n$ beider Anschlußrichtungen durch die Ausdrücke

$$\operatorname{tg} \alpha_0 = \frac{y_1 - y_0}{x_1 - x_0}, \qquad \operatorname{tg} \alpha_n = \frac{y_{n+1} - y_n}{x_{n+1} - x_n} \tag{450}$$

bestimmt. Für die Rechnung werden $\alpha_0$ und $\alpha_n$ ebenso wie die Koordinaten der Anschlußpunkte als fehlerfreie Größen behandelt.

Aus der allgemeinen Beziehung

$$\alpha_i = \alpha_{i-1} + 180^0 + \beta_i \tag{451}$$

folgt

$$\alpha_n = \alpha_{n-1} + 180^0 + \beta_n\,. \tag{452}$$

Ersetzt man hierin $\alpha_{n-1}$ durch $\alpha_{n-2}$, dieses durch $\alpha_{n-3}$ usw. bis man auf $\alpha_0$ zurückgekommen ist, so ergibt sich im Ausdruck

$$\alpha_n = \alpha_0 + [\beta] + n \cdot 180^0 \tag{453}$$

eine zweite Form für den Richtungswinkel der zweiten Anschlußrichtung, welcher hier durch den Richtungswinkel der ersten Anschlußrichtung und die Polygonwinkelsumme ausgedrückt ist. Wird in (453) statt $[\beta]$ der Ausdruck $[\beta']$ eingeführt, wo die $\beta'$ die fehlerhaften Beobachtungen bedeuten, so erscheint auch ein von $\alpha_n$ abweichender Wert

$$\alpha'_n = \alpha_0 + [\beta'] + n \cdot 180^0, \tag{454}$$

welcher um den sog. Richtungsanschlußwiderspruch

$$w = \alpha_n - \alpha'_n \tag{455}$$

zu verbessern ist. Dieses $w$, welches die Summe aller Polygonwinkelfehler ist, wird unter der allerdings nicht ganz zutreffenden Annahme, alle Polygonwinkel würden gleiche mittlere Fehler besitzen, nach den im Anschluß an (86) gemachten Ausführungen gleichmäßig auf die Polygonwinkel verteilt. Ist $v_\beta = w : n$ eine solche Einzelverbesserung, so sind die ausgeglichenen Polygonwinkel die Ausdrücke

$$\beta_i = \beta'_i + v_\beta = \beta'_i + \frac{w}{n}\,. \tag{456}$$

Auch der Richtungswiderspruch $w$ darf eine gewisse Grenze nicht überschreiten.

Mit Hilfe der eben ausgeglichenen Polygonwinkel findet man nunmehr die ausgeglichenen Seitenrichtungswinkel

$$\alpha_1 = \alpha_0 + \beta_1 + 180^0, \ldots \qquad \alpha_i = \alpha_{i-1} + \beta_i + 180^0, \ldots$$
$$\alpha_n = \alpha_{n-1} + \beta_n + 180^0. \tag{457}$$

Durch den letzten dieser Ausdrücke wird die ganze bisherige Rechnung mit Ausschluß der aus (450) abgeleiteten $\alpha_0$ und $\alpha_n$ verprobt.

Aus den ausgeglichenen Seitenrichtungswinkeln und den mit Rücksicht auf die jeweilige Länge der Latten oder Bänder verbesserten Seitenlängen $s$ ergeben sich die vorläufigen Koordinatenunterschiede

$$\Delta x_i' = s_i \cos \alpha_i\,, \qquad \Delta y_i = s_i \cdot \sin \alpha_i\,, \tag{458}$$

welche entweder auf logarithmischem Wege (5stellige Tafel) oder beim Vorhandensein von Tafeln der natürlichen Werte der sin und cos durch Multiplikation (Rechenmaschine, Produktentafel) oder am besten unmittelbar aus hinreichend genauen Koordinatentafeln[1] ermittelt werden.

Fügt man die Summe der vorläufigen Koordinatenunterschiede zu den Koordinaten des Anfangspunktes $P_1$ hinzu, so erhält man die fehlerhaften Koordinaten

$$x_n' = x_1 + [\Delta x'], \qquad y_n' = y_1 + [\Delta y'] \tag{459}$$

des Zugendpunktes $P_n$. Die als Koordinatenanschlußwidersprüche bezeichneten Unterschiede

$$v_x = x_n - x_n', \qquad v_y = y_n - y_n' \tag{460}$$

rühren von den Ungenauigkeiten der Seitenmessung und den nach der Winkelausgleichung noch vorhandenen kleinen Winkelfehlern her. Sie sind die Summen der Fehler sämtlicher Koordinatenunterschiede und werden bei annähernd gestreckten Zügen in der Regel, vielfach aber auch bei anders geformten Zügen proportional den Streckenlängen auf die Koordinatenunterschiede verteilt. Auf $\Delta x_i'$, $\Delta y_i'$ treffen bei dieser einfachsten Verteilungsart die Verbesserungen

$$d\,\Delta x_i = \frac{s_i}{[s]} \cdot v_x\,, \qquad d\,\Delta y_i = \frac{s_i}{[s]} \cdot v_y\,. \tag{461}$$

Mit den in dieser oder auf eine andere Weise ausgeglichenen Koordinatenunterschieden

$$\Delta x_i = \Delta x_i' + d\,\Delta x_i\,, \qquad \Delta y_i = \Delta y_i' + d\,\Delta y_i \tag{462}$$

ergeben sich nunmehr die ausgeglichenen Koordinaten der Polygonpunkte:

$$\left.\begin{aligned} x_2 &= x_1 + \Delta x_1, \ldots \quad x_{i+1} = x_i + \Delta x_i, \ldots \quad x_n = x_{n-1} + \Delta x_{n-1}, \\ y_2 &= y_1 + \Delta y_1, \ldots \quad y_{i+1} = y_i + \Delta y_i, \ldots \quad y_n = y_{n-1} + \Delta y_{n-1}. \end{aligned}\right\} \tag{463}$$

Durch die Übereinstimmung der so berechneten Werte $x_n$, $y_n$ mit ihren bekannten Sollwerten wird der letzte Teil von (459) einschl. ab geprüft.

Ein an diese Ausführungen anschließendes Zahlenbeispiel enthält Tabelle 21.

Die Berechnung eines ohne Richtungsanschluß zwischen zwei bekannte Punkte $P_1(x_1, y_1)$ und $P_n(x_n, y_n)$ eingespannten Zuges erfolgt zunächst in einem an sich beliebigen Hilfskoordinatensystem, welches zweckmäßig so angenommen wird, daß $P_1$ seine Koordinaten beibehält und die $X'$-Achse in die Richtung der ersten Polygonseite fällt. Aus den in diesem System errechneten Koordinaten $x_n'$, $y_n'$ des Zugendpunktes und aus $x_1$, $y_1$ für den Zuganfang erhält man den Richtungswinkel $(P_1 P_n)'$ der Schlußdiagonalen im Hilfssystem, während der im Hauptsystem $X$, $Y$

[1] Das zweckmäßigste Hilfsmittel dieser Art sind zur Zeit wohl *Grünerts* Tafeln zur Berechnung der Koordinaten von Polygon- und Kleinpunkten, Stuttgart 1913, aus denen bis zu $s = 300$ m mittels doppelter Interpolation die Koordinatenunterschiede bis auf 1 cm entnommen werden können.

Tabelle 21.

| Seite $s$ (in m) Punkt | Richtungswinkel $\alpha$ Polygonw. $\beta'$ $v_\beta$ | $\log\cos\alpha$ $\log s$ $\log\sin\alpha$ | $\log s\cdot\cos\alpha$ $\log s\cdot\sin\alpha$ | $\Delta x' = s\cdot\cos\alpha$ $d\Delta x$ $x$ | $\Delta y' = s\cdot\sin\alpha$ $d\Delta y$ $y$ | Ableitung der Anschlußrichtungswinkel |
|---|---|---|---|---|---|---|
| **$P_0$** | **11° 42′ 06″** | | | $x_0 =$ **+ 10005,14** | $y_0 =$ **+ 3116,05** | $x_1 - x_0 = +2005,89$ |
| | 198 10 30 | | | | | $y_1 - y_0 = + 415,46$ |
| **$P_1$** | +9 | | | **+ 12011,03** | **+ 3531,51** | |
| | | | | | | $\log \Delta y = 2.61\,853$ |
| 115,46 | 29 52 45 | 9.93 806 | 2.00 049 | + 100,11 | + 57,52 | $\log \Delta x = 3.30\,231$ |
| | 182 05 20 | 2.06 243 | | + 2 | − 1 | $\log \operatorname{tg} \alpha_0 = 9.31\,622$ |
| $P_2$ | +9 | 9.69 738 | 1.75 981 | + 12111,16 | + 3589,02 | |
| 128,89 | 31 58 14 | 9.92 856 | 2.03 878 | + 109,34 | + 68,25 | |
| | 178 19 40 | 2.11 022 | | + 2 | − 1 | $x_{n+1} - x_n = +1214,70$ |
| $P_3$ | +9 | 9.72 386 | 1.83 408 | + 12220,52 | + 3657,26 | $y_{n+1} - y_n = + 884,82$ |
| 105,18 | 30 18 03 | 9.93 621 | 1.95 815 | + 90,81 | + 53,07 | $\log \Delta y = 2.94\,686$ |
| | 179 47 50 | 2.02 194 | | + 1 | − 1 | $\log \Delta x = 3.08\,447$ |
| $P_4$ | +9 | 9.70 289 | 1.72 483 | + 12311,34 | + 3710,32 | $\log \operatorname{tg} \alpha_n = 9.86\,239$ |
| 102,09 | 30 06 02 | 9.93 709 | 1.94 608 | + 88,32 | + 51,20 | |
| | 185 58 05 | 2.00 899 | | + 1 | − 1 | |
| **$P_5 = P_n$** | +9 | 9.70 029 | 1.70 928 | **+ 12399,67** | **+ 3761,51** | |
| **$P_{n+1}$** | **36 04 16** | | | **+ 13614,37** | **+ 4646,33** | |
| $[\beta'] =$ | 924 21 25 | | | $[\Delta x'] = + 388,58$ | $[\Delta y'] = +230,04$ | |
| $\alpha'_n =$ | 36 03 31 | | | $x'_n = + 12399,61$ | $y'_n = + 3761,55$ | |
| $w =$ | +45 | | | $v_x = +6$ | $v_y = -4$ | |
| $v_\beta =$ | + 9 | | | $[s] = 451,62$ | | |
| $m_\beta \approx$ | ±20 | | | | | |

abgeleitete entsprechende Wert $(P_1 P_n)$ ist. Man hat also zu allen im System $X'$, $Y'$ abgeleiteten Richtungswinkeln $\alpha'$ die Orientierungsverbesserung

$$\delta = (P_1 P_n) - (P_1 P_n)' \tag{464}$$

hinzuzufügen, um die Richtungswinkel

$$\alpha = \alpha' + \delta \tag{465}$$

im Hauptsystem zu erhalten.

Der so orientierte Zug kann nunmehr — allerdings ohne zweiten Richtungsanschluß, aber mit zweifachem Koordinatenanschluß — berechnet werden.

In gleicher Weise wie der beiderseits orientierte und angeschlossene Zug und mit denselben Bezeichnungen kann ein geschlossener Zug, der nach Lage und Richtung ans Dreiecksnetz angeschlossen ist (Abb. 206) berechnet werden, wenn die zusammenfallenden Anschlußpunkte mit $P_1$, $P_n$ bzw. $P_0$, $P_{n+1}$ bezeichnet werden und $\beta_1$, $\beta_n$ voneinander unabhängige Winkel sind. Handelt es sich um einen geschlossenen Zug ohne Anschlüsse (Abb. 207), so trennt man besser $P_1$ von $P_n$; die Rechnung kann mit beliebig angenommenen Werten der Koordinaten von $P_1$ und des Richtungswinkels $(P_1 P_2)$ erfolgen. Am einfachsten aber ist es, nach $P_1$ den Koordinatenursprung und in die erste Polygonseite die $+ X$-Achse zu legen. Die Rechnung geht auch hier wie früher vor sich, nur daß der Richtungs- und Längenanschluß erst in einem mit $P_1$ zusammenfallenden Punkte $P_{n+1}$ stattfindet.

In einem derartigen geschlossenen Polygonzug bestehen die Winkelproben

$$[\beta] = (n + 2)\,180^0, \qquad [\gamma] = (n - 2)\,180^0, \tag{466}$$

wo $\beta$ die Außenwinkel und $\gamma$ die Innenwinkel des Vielecks bedeuten.

Umständlicher ist die Berechnung einer Zugverknotung (Abb. 208), bei welcher mehrere ziemlich gestreckte und gleichseitige Teilzüge $Z_1$, $Z_2$, $Z_3$, ... in einem gemeinsamen Knotenpunkte $K$ zusammenlaufen, von dem aus gelegentlich der Polygonwinkelmessung auch ein gut sichtbarer Punkt $H$ von im allgemeinen unbekannter Lage mitbeobachtet wird. Der einzuhaltende Rechnungsgang ist durch folgende Arbeiten gekennzeichnet:

1. Ableitung der Anschlußrichtungswinkel in den Anfangspunkten der Teilzüge,
2. Berechnung des Mittelwertes der gemeinsamen Anschlußrichtung $(KH)$,
3. Ausgleichung der gemessenen Polygonwinkel,
4. Berechnung der vorläufigen Koordinatenunterschiede,
5. Aufstellung der Koordinaten des Knotenpunktes,
6. Ausgleichung der Koordinatenunterschiede und Koordinatenberechnung der Polygonpunkte.

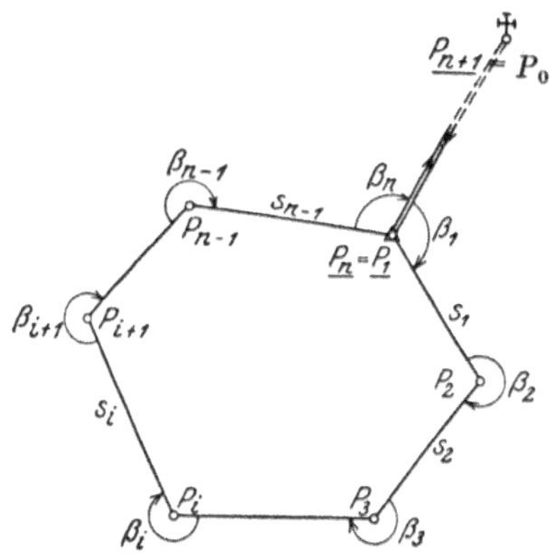


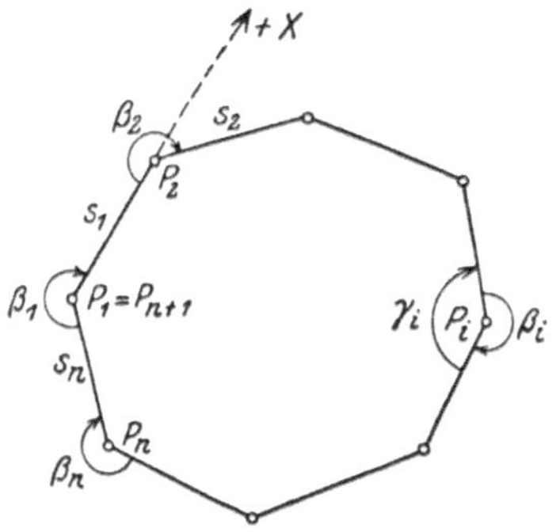


Abb. 206. Geschlossener Polygonzug Abb. 207.
mit Richtungsanschluß. ohne Richtungsanschluß.

Im einzelnen sei hierzu folgendes bemerkt:

Zu 1. Die Anschlußrichtungswinkel $\alpha_{10}$, $\alpha_{20}$, $\alpha_{30}$ ergeben sich aus den Koordinaten der bekannten Punkte $P_{10}$, $P_{11}$, $P_{20}$, $P_{21}$ und $P_{30}$, $P_{31}$, deren Zeiger mit denjenigen ihrer Koordinaten übereinstimmen.

Zu 2. Die einzelnen Züge liefern für den Richtungswinkel $(KH)$ der gemeinsamen Anschlußrichtung mit den in der Figur enthaltenen Bezeichnungen die Werte

$$\left.\begin{aligned} (KH)_1 &= \alpha_{10} + [\beta'_1] + n_1 \cdot 180^0, \\ (KH)_2 &= \alpha_{20} + [\beta'_2] + n_2 \cdot 180^0, \\ (KH)_3 &= \alpha_{30} + [\beta'_3] + n_3 \cdot 180^0, \end{aligned}\right\} \tag{467}$$

deren wahrscheinlichster Wert das allgemeine arithmetische Mittel

$$(KH) = \frac{p_1 (KH)_1 + p_2 (KH)_2 + p_3 (KH)_3}{p_1 + p_2 + p_3} \tag{468}$$

ist. Die mittleren Fehler der $(KH)_1$, $(KH)_2$, $(KH)_3$ sind zu den Wurzeln aus den Zahlen $n_1$, $n_2$, $n_3$ der in diesen Richtungswinkeln jeweils enthaltenen Polygonwinkel proportional; also sind die in (468) auftretenden Richtungsgewichte zu den $n$ selbst umgekehrt proportional und durch die Ausdrücke

$$p_1 = \frac{C}{n_1}, \qquad p_2 = \frac{C}{n_2}, \qquad p_3 = \frac{C}{n_3} \tag{469}$$

bestimmt, in denen $C$ einen passenden Festwert — etwa 10 — bedeutet.

Zu 3. An Stelle des unbekannt bleibenden strengen Wertes für den Richtungswinkel der gemeinsamen Richtung tritt der unter (468) stehende Mittelwert $(KH)$, aus dessen Vergleich mit seinen Näherungen die Richtungswidersprüche

$$w_1 = (KH) - (KK)_1, \qquad w_2 = (KH) - (KH)_2, \qquad w_3 = (KH) - (KH)_3 \tag{470}$$

der einzelnen Teilzüge folgen. Damit ergeben sich in $Z_1$, $Z_2$, $Z_3$ die Polygonwinkelverbesserungen

$$v_{\beta_1} = \frac{w_1}{n_1}, \qquad v_{\beta_2} = \frac{w_2}{n_2}, \qquad v_{\beta_3} = \frac{w_3}{n_3} \tag{471}$$

und die ausgeglichenen Polygonwinkel

$$\beta_{1i} = \beta'_{1i} + v_{\beta_1}, \qquad \beta_{2i} = \beta'_{2i} + v_{\beta_2}, \qquad \beta_{3i} = \beta'_{3i} + v_{\beta_3}, \tag{472}$$

mit deren Hilfe die ausgeglichenen Richtungswinkel $\alpha_{1i}$, $\alpha_{2i}$, $\alpha_{3i}$ der Zugseiten in bekannter Weise gefunden werden. Die bei dieser Gelegenheit aus den einzelnen Teilzügen sich ergebenden Richtungswinkel der gemeinsamen Richtung müssen mit dem in (468) aufgestellten Werte $(KH)$ vollständig übereinstimmen, wenn nicht von (467) einschl. ab ein Rechenfehler unterlaufen ist.

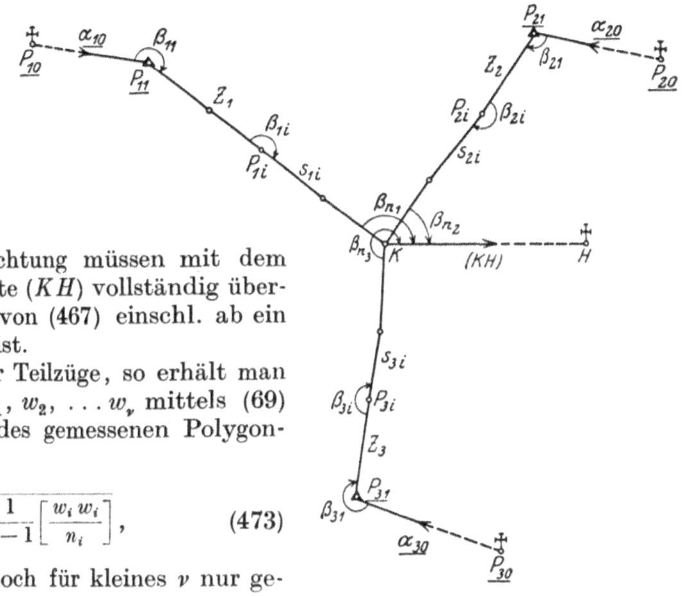


Abb. 208. Zugverknotung.

Ist etwa $\nu$ die Zahl der Teilzüge, so erhält man aus den Widersprüchen $w_1, w_2, \ldots w_\nu$ mittels (69) für den mittleren Fehler des gemessenen Polygonwinkels den Ausdruck

$$m_\beta = \pm \sqrt{\frac{1}{\nu - 1}\left[\frac{w_i w_i}{n_i}\right]}, \tag{473}$$

dessen Zuverlässigkeit jedoch für kleines $\nu$ nur gering ist.

Zu 4. Mit den ausgeglichenen Seitenrichtungswinkeln wird nunmehr die Berechnung der vorläufigen Koordinatenunterschiede

$$\left.\begin{aligned} \Delta x'_{1i} &= s_{1i}\cos\alpha_{1i}, & \Delta x'_{2i} &= s_{2i}\cos\alpha_{2i}, & \Delta x'_{3i} &= s_{3i}\cos\alpha_{3i}, \\ \Delta y'_{1i} &= s_{1i}\sin\alpha_{1i}, & \Delta y'_{2i} &= s_{2i}\sin\alpha_{2i}, & \Delta y'_{3i} &= s_{3i}\sin\alpha_{3i} \end{aligned}\right\} \tag{474}$$

vorgenommen.

Zu 5. Jeder Zug liefert ein Wertepaar für die Koordinaten $x_K$, $y_K$ des Knotenpunktes, nämlich

$$\left.\begin{aligned} x_{1K} &= x_{10} + [\Delta x'_1], & x_{2K} &= x_{20} + [\Delta x'_2], & x_{3K} &= x_{30} + [\Delta x'_3], \\ y_{1K} &= y_{10} + [\Delta y'_1], & y_{2K} &= y_{20} + [\Delta y'_2], & y_{3K} &= y_{30} + [\Delta y'_3]. \end{aligned}\right\} \tag{475}$$

Hieraus folgen die wahrscheinlichsten Koordinatenwerte als die allgemeinen arithmetischen Mittel

$$x_K = \frac{P_{1x}x_{1K} + P_{2x}x_{2K} + P_{3x}x_{3K}}{P_{1x} + P_{2x} + P_{3x}}, \qquad y_K = \frac{P_{1y}y_{1K} + P_{2y}y_{2K} + P_{3y}y_{3K}}{P_{1y} + P_{2y} + P_{3y}}, \tag{476}$$

wenn zu den Einzelwerten der Koordinaten die verschiedenen Koordinatengewichte $P_x$, $P_y$ gehören. Sie sind, wenn $C_x$, $C_y$ zwei willkürliche Festwerte und $m_{x_{n_1}}$, $m_{y_{n_1}}$, $m_{x_{n_2}}$, $m_{y_{n_2}}$, $m_{x_{n_3}}$, $m_{y_{n_3}}$ die etwas später von (507) bis (508) gebrachten mittleren

Fehler der mit den ausgeglichenen Zugwinkeln berechneten, unter (475) stehenden Koordinaten bedeuten, die Ausdrücke[1]

$$\left.\begin{aligned} P_{1x} &= \frac{C_x}{m^2_{x_{n_1}}}, & P_{2x} &= \frac{C_x}{m^2_{x_{n_2}}}, & P_{3x} &= \frac{C_x}{m^2_{x_{n_3}}}, \\ P_{1y} &= \frac{C_y}{m^2_{y_{n_1}}}, & P_{2y} &= \frac{C_y}{m^2_{y_{n_2}}}, & P_{3y} &= \frac{C_y}{m^2_{y_{n_3}}}. \end{aligned}\right\} \qquad (477)$$

Zu 6. Zur Ausgleichung der vorläufigen Koordinatenunterschiede bildet man die Koordinatenwidersprüche

$$\left.\begin{aligned} v_{1x} &= x_K - x_{1K}, & v_{2x} &= x_K - x_{2K}, & v_{3x} &= x_K - x_{3K}, \\ v_{1y} &= y_K - y_{1K}, & v_{2y} &= y_K - y_{2K}, & v_{3n} &= y_K - y_{3K}, \end{aligned}\right\} \qquad (478)$$

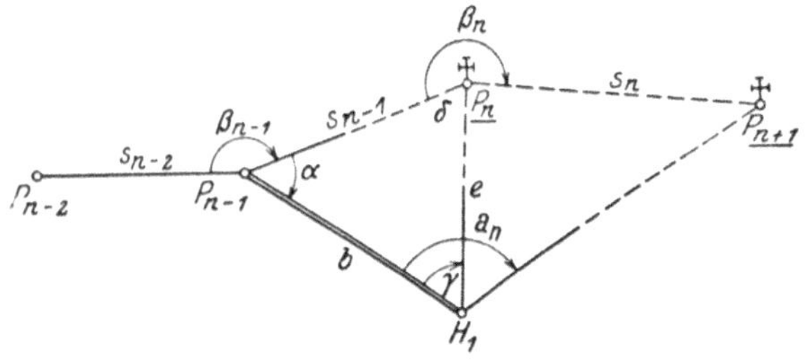

Abb. 209. Polygonzuganschluß an einen Hochpunkt.

deren Verteilung in jedem Zugzweige ganz so wie im einfachen, beiderseits angeschlossenen Zuge erfolgt. Auch die Berechnung der endgültigen Polygonpunktkoordinaten ist dieselbe.

Eine bei verschiedenen Zugformen häufig wiederkehrende Arbeit ist der Anschluß an einen Hochpunkt $P_n$ (Abb. 209) von bekannter Lage. In einem solchen Falle mißt man zur indirekten Bestimmung der letzten Zugseite $s_{n-1}$ und des Abschlußwinkels $\beta_n$ in den Endpunkten einer von $P_{n-1}$ ausgehenden, durch direkte Längenmessung bestimmten Seite $b$ die Winkel $\alpha$, $\gamma$, $a_n$. Aus $b$, $\alpha$, $\gamma$ findet man die Seiten $s_{n-1}$ und $e$, die am besten annähernd gleich lang sind und senkrecht zueinander stehen. Mit Hilfe von $\gamma$, $a_n$, $e$ und der aus den Koordinaten der bekannten Punkte $P_n$, $P_{n+1}$ gewonnenen Entfernung $s_n$ aber kann man $a_n$ durch eine Zentrierungsrechnung in $\beta_n$ überführen. Dabei sind die Zentrierungsverbesserungen für die Richtungen $H_1 P_{n-1}$ und $H_1 P_{n+1}$ wegen der relativ großen Exzentrizität $e$ mittels der strengen Formel (340) zu ermitteln. Diese wichtige Zentrierung wird zur Kontrolle und zur Erhöhung der Genauigkeit unter Benutzung eines anderen Hilfspunktes $H_2$ wiederholt.

## c) Fehlerfragen.

Zur Beurteilung der Zuggenauigkeit pflegt man die bei den Seitenmessungen auftretenden Widersprüche $ds$, den Richtungswiderspruch $w$, die Längen- und Querabweichung $v_l$ und $v_q$ oder den linearen Anschlußfehler $f_s$ heranzuziehen. Die bei der Hin- und Rückmessung der Polygonseiten $s$ auftretenden Unterschiede $ds$ sollen die aus (261) folgende Maximaldifferenz

$$D_s = 3m\sqrt{2} = 3\sqrt{2(m_a^2 + m_u^2 + m_r^2)} = \sqrt{c_0 + c_1 s + c_2 s^2} \qquad (479)$$

nicht überschreiten. In (479) wird der Koeffizient $c_2$ Null, wenn etwa die zweimalige Längenmessung mit dem gleichen Meßwerkzeuge am gleichen Tage vorgenommen wird. Einige amtliche Fehlergrenzen enthält — durchwegs in Metern — Tabelle 22[2].

---

[1] Die bayerische Vermessungsanweisung v. 9. 8. 1917 benutzt folgende Ausdrücke für die Koordinatengewichte

$$p_x = \frac{k^x \cdot n}{(n-1)\{[s] + [|\Delta x|]\}}, \qquad p_y = \frac{k^y \cdot n}{(n-1)\{[s] + [|\Delta y|]\}}.$$

[2] Soweit verschiedene Grenzen im gleichen Lande bestehen, ist hier nur die engere angegeben. Auch die vom Reichsbeirat für das Vermessungswesen vorgeschlagenen Fehlergrenzen sind hier nur für günstige Verhältnisse angeführt.

Tabelle 22.

| Land | $D_s$ | $M_{\alpha_n}$ | $M_s$ | $\begin{cases}\Delta l\\ \Delta q\end{cases}$ |
|---|---|---|---|---|
| Einheit → | $m$ | | $m$ | $m$ |
| Baden | a) $0{,}002\sqrt{s} + 0{,}0001\,s + 0{,}01$<br>b) $0{,}004\sqrt{s} + 0{,}0002\,s + 0{,}01$<br>a) für Schneidenlatten und Gradbogen<br>b) für Staffelmessung | $1{,}2^{`}\sqrt{n} + 0{,}5^{`}$<br>$\approx 40''\sqrt{n} + 17''$ | $0{,}004\sqrt{[s]}+0{,}0002[s]+0{,}05$ | |
| Bayern | $0{,}007\sqrt{s} + 0{,}02$ | $48''\sqrt{n} + 25''$ | | $0{,}0035\sqrt{[s]} + 0{,}00044[s] + 0{,}05,$<br>$0{,}00025[s] + 0{,}05$ |
| Preußen | $0{,}01\sqrt{4s + 0{,}005s^2}$ | $1{,}5'\sqrt{n}$ | $0{,}01\sqrt{4[s] + 0{,}005[s]^2}$ | |
| Sachsen | $0{,}02 + 0{,}0041\sqrt{s} + 0{,}00044\,s$ | $1'\sqrt{n}$ | $0{,}000654\,[s]$ | |
| Württemberg | $0{,}010\sqrt{s} + 0{,}0005\,s$ | $1{,}5'\sqrt{n}$ | $0{,}010\sqrt{[s]} + 0{,}0005[s] + 0{,}1\sqrt{n-1}$ | |
| Reichsbeirat für das Vermessungswesen | $0{,}004\sqrt{s} + 0{,}00030\cdot s + 0{,}02$ | $1'\sqrt{n}$ | | $0{,}002\sqrt{[s]} + 0{,}00030[s] + 0{,}05,$<br>$\frac{[s]}{3438}\cdot\sqrt{\frac{n\cdot(n+1)}{12(n-1)}} + 0{,}05$ |
| Österreich[1] | | $45''\sqrt{n} + 45''$ | | $0{,}0002[s] + 0{,}006\sqrt{[s]} + 0{,}05,$<br>$\frac{45''}{\varrho''}[s]\cdot\sqrt{\frac{n(n+1)}{12(n-1)}}$ |

Die Fehlergrenzen entsprechen nicht immer genau der theoretischen Form (479) und vernachlässigen teilweise den an sich geringen Betrag von $m_a$. Dem Zutagetreten der regelmäßigen Fehler bei Verwendung verschiedener Meßwerkzeuge zur Hin- und Rückmessung trägt das Glied mit $s^2$ unter der Wurzel bzw. das außerhalb der Wurzel stehende, in $s$ lineare Glied Rechnung.

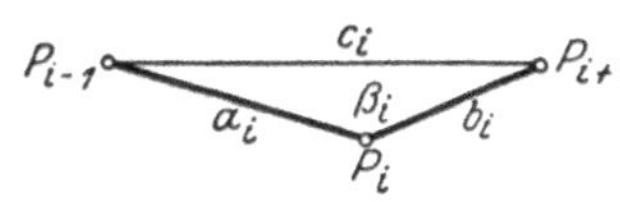

Abb. 210. Polygonwinkelfehler.

Der mittlere Fehler $m_{\beta_i}$ des gemessenen Polygonwinkels $\beta_i'$ setzt sich aus dem reinen Messungsfehler $\pm\mu$ sowie den Einflüssen der mittleren Fehler $\mu_e$, $\mu_e'$ in der zentrischen Aufstellung der Signale in $P_{i-1}$ und $P_{i+1}$ (Abb. 210) und des Instrumentes in $P_i$ zusammen. Mit dem Verhältnis $\mu_e'^2 : \mu_e^2 = \tau$ und den aus der Abbildung verständlichen Bezeichnungen $a_i$, $b_i$, $c_i$ ist der strenge Ausdruck für das mittlere Fehlerquadrat des einmal in zwei Lagen gemessenen Polygonwinkels:

$$m_{\beta_i}^2 = \mu^2 + \frac{1}{2}(\varrho\,\mu_e)^2\cdot\frac{a_i^2 + b_i^2 + \tau\,c_i^2}{a_i^2\,b_i^2}, \tag{480}$$

wie *Helmert*[2] zuerst gezeigt hat. Dieser Ausdruck besitzt nur für die eigentlichen Polygonwinkel — nicht auch für die beiden Anschlußwinkel — im gleichseitigen, gleichmäßig gekrümmten Zuge denselben Wert. Das mit $\tau$ multiplizierte Glied in (480) stellt den Einfluß des mittleren Fehlers in der zentrischen Aufstellung des Instrumentes dar, welcher besonders zu fürchten ist, da fast immer $c^2 > a^2 + b^2$ ist. Man kann dem schädlichen Einfluß der Exzentrizitätsfehler in wirksamster Weise durch besondere

[1] Siehe *Ulbrich*: Der Abschlußfehler in langen Polygonzügen. Festschrift Eduard Dolezal, herausgegeben vom Österreichischen Verein für Vermessungswesen, Wien 1932 und Z. Vermess.-Wes. 1932 S. 384.

[2] *Helmert:* Strenger Ausdruck für den mittleren Fehler eines Polygonwinkels, in Z. Vermess.-Wes. 1877 S. 112—115.

Aufstellungsvorrichtungen begegnen, auf denen die Signale mit dem Instrument so genau vertauscht werden können, daß deren Achsen bis auf etwa 0,1 mm zusammenfallen. Gehen diese lotrechten Achsen etwas an den zugehörigen Bodenpunkten vorbei, so schadet es wenig, da solche Fehler in dem durch die genannten Achsen bezeichneten Zuge sich nicht fortpflanzen können[1]. Im übrigen bleiben auch diese Zentrierungsfehler bei Verwendung eines guten optischen Abloters[2] leicht unter 0,1 mm.

Eine Berücksichtigung der Unterschiede in den mittleren Fehlern der Polygonwinkel muß im allgemeinen als viel zu umständlich unterbleiben, und man legt daher den sämtlichen Polygonwinkeln den gleichen mittleren Fehler $m_\beta$ bei. Für den mittleren Fehler $m_{\alpha_i}$ des Richtungswinkels

$$\alpha_i' = \alpha_0 + [\beta_e']_1^i + i \cdot 180^0 \tag{481}$$

der Seite $s_i$ vor der Winkelausgleichung erhält man daher

$$m_{\alpha_i} = m_\beta \sqrt{i} \approx w \sqrt{\frac{i}{n}} \tag{482}$$

und für den entsprechenden Fehler im Richtungswinkel $\alpha_n'$ der zweiten Anschlußrichtung

$$m_{\alpha_n} = m_\beta \sqrt{n}\,. \tag{483}$$

Die zweite Form von (482) folgt aus (85).

Die Grenze für den Richtungswiderspruch $w$ ist der Maximalfehler in $\alpha_n'$, nämlich

$$M_{\alpha_n} = 3\,m_{\alpha_n} = 3\,m_\beta \sqrt{n}\,. \tag{484}$$

Zum Quadrat dieses Betrages tritt strenggenommen noch ein Glied 18 $m_r^2$, welches den aus den Koordinatenunsicherheiten der Anschlußpunkte folgenden Fehlern $m_r$ der Anschlußrichtungen Rechnung trägt. Ein solches Glied ist — in etwas anderer Form — z. B. in den amtlichen Fehlergrenzen von Baden und Bayern enthalten.

Aus den Koordinaten

$$x_e = x_1 + \sum_{l=1}^{e-1} s_l \cdot \cos\alpha_l\,, \qquad y_e = y_1 + \sum_{l=1}^{e-1} s_l \cdot \sin\alpha_l \tag{485}$$

folgen leicht die Differentialausdrücke

$$\left.\begin{aligned} dx_e &= -\sum_{l=1}^{e-1} \Delta y_l \cdot d\alpha_l + \sum_{l=1}^{e-1} \cos\alpha_l \cdot ds_l \\ &= -\sum_{i=1}^{e-1} (y_e - y_i)\, d\beta_i + \sum_{i=1}^{e-1} \cos\alpha_i\, ds_i = dx_{1e}\,, \\ dy_e &= \sum_{l=1}^{e-1} \Delta x_l \cdot d\alpha_l + \sum_{l=1}^{e-1} \sin\alpha_l \cdot ds_l \\ &= \sum_{i=1}^{e-1} (x_e - x_i)\, d\beta_i + \sum_{i=1}^{e-1} \sin\alpha_i\, ds_i = dy_{1e}\,, \end{aligned}\right\} \tag{486}$$

[1] Derartige Einrichtungen sind nicht nur für bergmännische Zwecke, sondern auch für moderne Stadtvermessungen von Wichtigkeit. Dazu gehören z. B. die allbekannte Freiberger Aufstellung (beschrieben in *Bauernfeind:* Elemente der Vermessungskunde Bd. 1 7. Aufl. S. 338—345. Stuttgart 1890), sowie der hieraus entstandene Zentrierapparat für Theodolite und Signalaufstellung von *Nagel,* welcher auszugsweise in der Z. Vermess.-Wes. 1888 S. 39—50 beschrieben ist; ferner der Umsetztheodolit von *Breithaupt* in Kassel. Hier besitzen Theodolit und Signal gleiche konische Zapfen, die in ein und dieselbe konische Steckhülse eingepaßt sind; bei der Freiberger Einrichtung tragen Theodolit und Signal gleiche Kugelwulste, welche in eine entsprechende Vertiefung der Auflagerplatte zu liegen kommen. Siehe auch *Harbert:* Zeitgemäße instrumentelle Vereinfachungen zur Freiberger Aufstellung bei polygonometrischen Winkelmessungen über Tage. Z. Instrumentenkde. 1926 S. 1—10 und Polygonierung mit Zwangszentrierung. Z. Vermess.-Wes. 1931 S. 35—44.

[2] *Lüdemann, Karl:* Die Genauigkeit der Zentrierung mit dem optischen Abloter von *Max Hildebrand.* Mitt. Markscheidewes. 1924 S. 35—44.

welche für beliebige Änderungen $ds$, $d\alpha$, $d\beta$ der Seiten und Richtungswinkel bzw. der Polygonwinkel gelten. Bezeichnen $ds$ und $d\beta$ die Fehler der beobachteten, unveränderten $s$ und $\beta'$, so sind die Ausdrücke (486) die bestimmten Koordinatenfehler $dx_{1e}$, $dy_{1e}$ des Punktes $P_e$ im nicht ausgeglichenen Zug. Daraus folgen im gestreckten, gleichseitigen Zuge die mittleren Koordinatenfehlerquadrate

$$\left.\begin{aligned} m_{x_{1e}}^2 &= \tfrac{1}{6} s^2 \cdot \sin^2\alpha \cdot e(e-1)(2e-1) m_\beta^2 + (e-1)\cos^2\alpha \cdot m_s^2, \\ m_{y_{1e}}^2 &= \tfrac{1}{6} s^2 \cdot \cos^2\alpha \cdot e(e-1)(2e-1) m_\beta^2 + (e-1)\sin^2\alpha \cdot m_s^2, \end{aligned}\right\} \quad (487)$$

wenn $m_s$ und $m_\beta$ die mittleren Fehler der gemessenen Seiten und Winkel bedeuten. Für die dem Zugende $P_n$ entsprechenden Werte ist in (487) $e = n$ zu setzen. Legt man die $X$-Achse in die Zugrichtung, so wird $\alpha = 0$ und aus (487) ergeben sich die hier nur aus den Längen- bzw. Winkelfehlern entspringenden mittleren Längen- und Querabweichungen des nicht ausgeglichenen Zuges, nämlich

$$m_{1l} = m_s \sqrt{n-1}, \qquad m_{1q} = s \cdot m_\beta \sqrt{\tfrac{1}{6} n(n-1)(2n-1)} \quad (488)$$

oder

$$m_{1l} = m_0 \sqrt{L}, \qquad m_{1q} = m_\beta \cdot L \sqrt{\frac{n(2n-1)}{6(n-1)}} \approx m_\beta \cdot L \sqrt{\frac{n}{3}}, \quad (489)$$

wenn man noch die Zuglänge $L = (n-1)s$ einführt und den mittleren Seitenfehler durch die gute Näherung $m_s = m_0 \sqrt{s}$ wiedergibt. Für eine bestimmte Zuglänge $L$ ist demnach die Querverschwenkung $m_{1q}$ am geringsten bei kleinem $n$, d.h. für große Seitenlängen. Hingegen ist $m_{1l}$ lediglich von der Zuglänge selbst abhängig[1].

Der mit den ausgeglichenen Polygonwinkeln $\beta$ berechnete Richtungswinkel $\alpha_i = \alpha_0 + [\beta_e]_1^i + i \cdot 180^0$ ist seiner Entstehung nach der Ausdruck

$$\alpha_i = C + \left(1 - \frac{i}{n}\right) [\beta']_1^i - \frac{i}{n} [\beta']_{i+1}^n, \quad (490)$$

in dem $C$ eine Konstante bedeutet. Die Anwendung des mittleren Fehlergesetzes auf diesen Ausdruck führt zum mittleren Fehler $\mu_{\alpha_i}$ im Richtungswinkel $\alpha_i$ nach der Winkelausgleichung, nämlich

$$\mu_{\alpha_i} = m_\beta \sqrt{\frac{i}{n}(n-i)} = m_{\alpha_i} \sqrt{\frac{n-1}{n}}. \quad (491)$$

Wie eine einfache Untersuchung zeigt, nimmt $\mu_{\alpha_i}$ für $i = \frac{n}{2}$, also für die Zugmitte den größten Wert an, während $m_{\alpha_i}$ für $i = n$, also für den Zugendpunkt am größten wird. Es sind diese Extremwerte

$$m_{\alpha\max} = w \quad \text{und} \quad \mu_{\alpha\max} = \frac{w}{2}, \quad (492)$$

so daß durch die Winkelausgleichung das Maximum des Richtungsfehlers auf die Hälfte reduziert wird[2].

[1] Einseitig angeschlossene Züge ohne Winkelabgleichung kommen besonders häufig im Bergbau vor. Hier muß man zur Erzielung äußerster Genauigkeit vielfach mit vorausberechneten, verschiedenen Gewichten arbeiten. Siehe hierzu *Reeh, R.:* Kritik der Genauigkeit polygonometrischer Punkt- und Richtungsbestimmungen in der Markscheidekunst. Mitt. Markscheidewes., N.F. Heft 10 (1908) S. 35—90.

[2] Dies gilt unter der Voraussetzung fehlerfreier Werte für die An- und Abschlußrichtungen $\alpha_0$ und $\alpha_n$. Besitzen diese selbst größere Fehler $\mu_0$, $\mu_n$, so wird durch die Winkelausgleichung nicht eine Verbesserung sondern eine Verschlechterung der Ergebnisse erzielt. Im gestreckten, gleichseitigen Zug ist die nach der Querverschiebung der Zugmitte beurteilte Grenze $\mu_0^2 + \mu_n^2 \leqq n \cdot m_\beta^2$. Siehe *Herrmann, Karl:* Welche Genauigkeitsanforderungen müssen An- und Abschlußrichtung im gestreckten, gleichseitigen, in den Koordinaten ausgeglichenen Polygonzug erfüllen? Allg. Vermess.-Nachr. 1928.

Zur Genauigkeitssteigerung durch Zwischenorientierungen siehe *Herrmann, K.:* Zur Fehlertheorie des zwischenorientierten Polygonzuges. Allg. Vermess.-Nachr. 1929.

Die bestimmten Koordinatenfehler oder Koordinatenwidersprüche im Endpunkte des mit den ausgeglichenen, je um $w:n$ verbesserten Polygonwinkeln berechneten Zuges sind die Ausdrücke

$$\left.\begin{aligned} v_x &= dx_{2n} = \sum_1^n {}_1^n\eta_i\, d\beta_i + \sum_1^{n-1} \cos\alpha_i\, ds_i, \\ v_y &= dy_{2n} = -\sum_1^n {}_1^n\xi_i\, d\beta_i + \sum_1^{n-1} \sin\alpha_i\, ds_i, \end{aligned}\right\} \tag{493}$$

in welchen $d\beta_i$, $ds_i$ die Fehler der Beobachtungen $\beta_i'$, $s_i$ und ${}_1^n\xi_i$, ${}_1^n\eta_i$ die auf den Schwerpunkt aller Polygonpunkte bezogenen Koordinaten von $P_i$ bedeuten[1]. Hieraus folgt, daß die Änderung eines Winkels, dessen Scheitel in den genannten Schwerpunkt fällt, keinen Einfluß auf den Längenanschluß des Zuges ausüben kann.

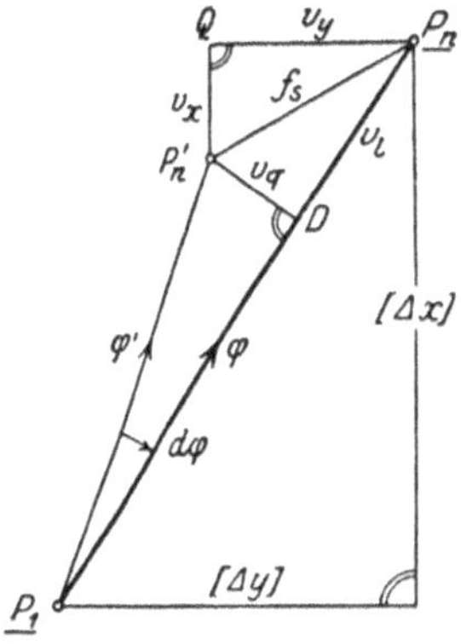

Abb. 211. Anschlußfehler im Polygonzug.

Die Anwendung des mittleren Fehlergesetzes auf (493) führt im gestreckten und gleichseitigen Zug zu den Quadraten der nach der vorläufigen Winkelausgleichung zu befürchtenden mittleren Koordinatenanschlußwidersprüche

$$\left.\begin{aligned} m_{x_{2n}}^2 &= \frac{n}{12}(n^2-1)\, s^2 \cdot \sin^2\alpha \cdot m_\beta^2 + (n-1)\cos^2\alpha \cdot m_s^2, \\ m_{y_{2n}}^2 &= \frac{n}{12}(n^2-1)\, s^2 \cdot \cos^2\alpha \cdot m_\beta^2 + (n-1)\sin^2\alpha \cdot m_s^2, \end{aligned}\right\} \tag{494}$$

aus denen für $\alpha = 0$ die diesem Fall entsprechenden mittleren Längen- und Querabweichungen $m_{2l}$, $m_{2q}$ des Zugendpunktes hervorgehen, nämlich

$$m_{2l} = m_s\sqrt{n-1} = m_{1l}, \quad m_{2q} = s \cdot m_\beta \sqrt{\frac{n}{12}(n^2-1)} \tag{495}$$

bzw.

$$m_{2l} = m_0\sqrt{L}, \qquad m_{2q} = m_\beta L \sqrt{\frac{n(n+1)}{12(n-1)}} \approx m_\beta \cdot \frac{L}{2}\sqrt{\frac{n}{3}}. \tag{496}$$

Während $m_{2q}$ stets $< m_{1q}$ ist, sind $m_{2l}$ und $m_{1l}$ einander gleich, so daß, wie zu erwarten, durch die vorläufige Winkelausgleichung im gestreckten Zuge lediglich eine Verbesserung der Punktlagen senkrecht zur Zugrichtung erfolgt.

Die wirklich auftretenden Längen- und Querabweichungen $v_l$ und $v_q$ lassen sich in einfachster Weise zeichnerisch aus den Koordinatenwidersprüchen $v_x$, $v_y$ ermitteln. Trägt man diese vom fehlerfreien Endpunkte $P_n$ (Abb. 211) des Zuges aus mit negativen Vorzeichen ab, so gelangt man zur fehlerhaften Lage $P_n'$ des Zugendpunktes, welcher von $P_n$ um den linearen Anschlußfehler

$$f_s = \sqrt{v_x^2 + v_y^2} \tag{497}$$

absteht. Dessen Projektionen auf die Zugrichtung und eine dazu Senkrechte sind die Längenabweichung $v_l$ und die Querabweichung $v_q$. Im gestreckten Zuge kann $v_l$ nur von Längenmessungsfehlern, $v_q$ nur von Fehlern der Winkelmessung herrühren.

Wird für $f_s$ eine obere Grenze $M_s$ gesetzt, so muß der mit den vorläufig ausgeglichenen Winkeln berechnete Zugendpunkt $P'$ innerhalb eines um den richtigen Ort $P$ mit dem Halbmesser $M_s$ beschriebenen Kreises liegen. Sind hingegen für $v_l$

---

[1] Dieser Ausdruck ist abgeleitet in *Näbauer:* Flächenfehler im einfachen, durch Umfangsmessung bestimmten Polygonzug S. 6 Gl. (20). Karlsruhe 1918.

und $v_q$ Fehlergrenzen $\Delta l$, $\Delta q$ angegeben, so wird verlangt, daß $P'$ in einem Rechteck liegt, dessen zur Zugrichtung parallele bzw. senkrechte Seiten die Längen $2\,\Delta l$ und $2\,\Delta q$ besitzen.

Manchmal wird auch noch die Zugverschwenkung

$$d\varphi'' = \varrho'' \frac{v_q}{P_1 P_n} \tag{498}$$

für die Genauigkeitsbeurteilung herangezogen.

Im gestreckten, gleichseitigen Zug ist die mittlere Zugverschwenkung

$$m_\varphi = \frac{m_{2q}}{L} = m_\beta \sqrt{\frac{n\,(n+1)}{12\,(n-1)}} \approx \frac{1}{2} m_\beta \sqrt{\frac{n}{3}}. \tag{499}$$

Stellt man nach der gleichmäßigen Verteilung der Koordinatenwidersprüche im nunmehr vollständig ausgeglichenen, gleichseitigen, gestreckten Zug die bestimmten Koordinatenfehler $dx_{3e}$, $dy_{3e}$ des Punktes $P_e$ als Funktionen der Beobachtungsfehler $d\beta$, $ds$ dar, so gewinnt man hieraus für die Quadrate der mittleren Koordinatenfehler in der Zugrichtung und senkrecht dazu die Ausdrücke

$$\left.\begin{aligned} m_{3l_e}^2 &= \frac{(e-1)(n-e)}{n-1} \cdot m_s^2, \\ m_{3q_e}^2 &= \frac{s^2}{48} \cdot \frac{(e-1)(n-e)}{n\,(n-1)} \{(n+1)(n^2+3) - (n+3)\,[(e-1)-(n-e)]^2\}\, m_\beta^2. \end{aligned}\right\} \tag{500}$$

Damit erhält man für den Mittelpunkt $P_{\frac{n+1}{2}}$ des betrachteten Zuges die größte mittlere Längen- und Querverschiebung

$$\left.\begin{aligned} m_{3l_m} &= \tfrac{1}{2} m_s \sqrt{n-1}, \\ &= \tfrac{1}{2} m_0 \sqrt{L}, \end{aligned}\right\} \tag{501}$$

$$\left.\begin{aligned} m_{3q_m} &= \frac{s}{8} \cdot m_\beta \sqrt{\frac{(n^2-1)(n^2+3)}{3n}}, \\ &= m_\beta \cdot \frac{L}{8} \sqrt{\frac{(n+1)(n^2+3)}{3n\,(n-1)}} \approx m_\beta \cdot \frac{L}{8} \sqrt{\frac{n}{3}}. \end{aligned}\right\} \tag{502}$$

Erstere ist für eine bestimmte Zuglänge $L$ von der Länge $s$ der Polygonseiten unabhängig; dagegen nimmt $m_{3\,q_m}$ bei festem $L$ mit der Punktzahl zu, verringert sich also für längere Polygonseiten.

Zur Einschränkung der Rechenarbeit ist — von besonderen Ausnahmefällen abgesehen — eine einfache Verteilung der Koordinatenwidersprüche $v_x$, $v_y$ zu fordern. Das vielfach übliche Verfahren, $v_x$ und $v_y$ proportional den Streckenlängen auf die Koordinatenunterschiede zu verteilen, führt nach den Untersuchungen von *Eggert*[1] nicht nur im gestreckten gleichseitigen, sondern auch im mäßig geknickten Zuge zu Ergebnissen, welche den nach der Methode der kleinsten Quadrate gewonnenen nahezu gleichwertig sind.

Es sind noch die Ausdrücke für die bei der Zugverknotung auftretenden Koordinatengewichte $P_x$, $P_y$ aufzustellen.

Aus (468) und (469) folgt

$$\left.\begin{aligned} (KH) = \left[\frac{1}{n}\right] \cdot \Big(\frac{1}{n_1}\{\alpha_{10} + [\beta'_{1i}]_1^{n_1} + n_1 \cdot 180^0\} + \frac{1}{n_2}\{\alpha_{20} + [\beta'_{2i}]_1^{n_2} + n_2 \cdot 180^0\} \\ + \frac{1}{n_3}\{\alpha_{30} + [\beta'_{3i}]_1^{n_3} + n_3 \cdot 180^0\} + \cdots\Big) \end{aligned}\right\} \tag{503}$$

[1] *Eggert:* Die Fehlerfortpflanzung in Polygonzügen. Z. Vermess.-Wes. 1907 S. 4—19. Ferner siehe *Eggert:* Die zulässigen Abschlußfehler der Polygonzüge. Z. Vermess.-Wes. 1912 S. 495—508 und Zur Ausgleichung von Polygonzügen. Z. Vermess.-Wes. 1912 S. 547—554. (Siehe auch Z. Vermess.-Wes. 1914 S. 215—235.) *Eggert* hat neuerdings eine überraschend einfache Form der strengen Polygonzugausgleichung mitgeteilt, die aber immer noch viel mehr Arbeit wie die übliche, eben doch ausreichend genaue Näherungsausgleichung erfordert und diese daher nicht verdrängen wird. (Die Ausgleichung von Polygonzügen nach der Methode der kleinsten Quadrate. Z. Vermess.-Wes. 1928 S. 657—675.)

als Funktion der Beobachtungen $\beta'$. Hieraus und aus (471) gewinnt man leicht die für jeden Winkel $\beta'_{\nu i}$ des Teilzuges $Z_\nu$ gleiche Winkelverbesserung

$$v_{\beta_\nu i} = \frac{\left(\frac{1}{n_\nu} - \left[\frac{1}{n}\right]\right) \sum_1^{n_\nu} d\beta_{\nu i} + \frac{1}{n_1} \sum_1^{n_1} d\beta_{1i} + \frac{1}{n_2} \sum_1^{n_2} d\beta_{2i} + \frac{1}{n_3} \sum_1^{n_3} d\beta_{3i}}{n_\nu \left[\frac{1}{n}\right]} \tag{504}$$

als Funktion der Fehler $d\beta$ in den beobachteten Polygonwinkeln. Der ausgeglichene Polygonwinkel $\beta$ im Zuge $Z_\nu$ ist daher mit dem Fehler

$$\begin{aligned} d\beta^0_{\nu i} &= d\beta_{\nu i} + v_{\beta_\nu i} \\ &= \frac{1}{n_\nu}\left[\frac{1}{n}\right]\left\{n_\nu \left[\frac{1}{n}\right] d\beta_{\nu i} + \left(\frac{1}{n_\nu} - \left[\frac{1}{n}\right]\right) \sum_1^{n_\nu} d\beta_{\nu i} + \frac{1}{n_1} \sum_1^{n_1} d\beta_{1i} + \frac{1}{n_2} \sum_1^{n_2} d\beta_{2i} \right. \\ &\qquad \left. + \frac{1}{n_3} \sum_1^{n_3} d\beta_{3i} + \cdots \right\} \end{aligned} \tag{505}$$

behaftet. Ersetzt man in den aus (486) folgenden, bestimmten Koordinatenfehlern

$$\begin{aligned} dx_{n_\nu} &= -\sum_{i=1}^{n_\nu - 1} (y_{n_\nu} - y_{\nu i})\, d\beta^0_{\nu i} + \sum_{i=1}^{n_\nu - 1} \cos\alpha_{\nu i} \cdot ds_{\nu i}, \\ dy_{n_\nu} &= \sum_{i=1}^{n_\nu - 1} (x_{n_\nu} - x_{\nu i})\, d\beta^0_{\nu i} + \sum_{i=1}^{n_\nu - 1} \sin\alpha_{\nu i} \cdot ds_i \end{aligned} \tag{506}$$

$d\beta^0_{\nu i}$ durch (505), so erhält man für die dem Endpunkte des Teilzuges $Z_\nu$ entsprechenden Werte $dx_{n_\nu}$, $dy_{n_\nu}$ Ausdrücke, welche unmittelbare Funktionen der Beobachtungsfehler $d\beta$ und $ds$ sind. Die Anwendung des mittleren Fehlergesetzes hierauf führt für einen gestreckten, gleichseitigen Zweig $Z_\nu$ zu den mittleren Koordinatenfehlerquadraten

$$\begin{aligned} m^2_{x_{n_\nu}} &= \frac{s_\nu^2 \cdot \sin^2\alpha_\nu}{4\left[\frac{1}{n}\right]^2} (n_\nu - 1)\left\{\frac{1}{3} n_\nu (n_\nu + 1)\left[\frac{1}{n}\right]^2 \cdot m^2_{\beta_\nu} + (n_\nu - 1)\left(\frac{m^2_{\beta_1}}{n_1} + \frac{m^2_{\beta_2}}{n_2} + \cdots + \frac{m^2_{\beta_\nu}}{n_\nu} + \cdots\right)\right\} \\ &\qquad + (n_\nu - 1)\cos^2\alpha_\nu \cdot m^2_{\nu s}, \\ m^2_{y_{n_\nu}} &= \frac{s_\nu^2 \cdot \cos^2\alpha_\nu}{4\left[\frac{1}{n}\right]^2} (n_\nu - 1)\left\{\frac{1}{3} n_\nu (n_\nu + 1)\left[\frac{1}{n}\right]^2 \cdot m^2_{\beta_\nu} + (n_\nu - 1)\left(\frac{m^2_{\beta_1}}{n_1} + \frac{m^2_{\beta_2}}{n_2} + \cdots + \frac{m^2_{\beta_\nu}}{n_\nu} + \cdots\right)\right\} \\ &\qquad + (n_\nu - 1)\sin^2\alpha_\nu \cdot m^2_{\nu s} \end{aligned} \tag{507}$$

des Zugendpunktes. Setzt man auch noch für alle Teilzüge gleiche Seiten $s$, gleiche mittlere Seitenfehler $m_s$ und Winkelfehler $m_\beta$ voraus, so erscheinen an Stelle von (507) die etwas einfacheren Ausdrücke

$$\begin{aligned} m^2_{x_{n_\nu}} &= \frac{s^2 \cdot \sin^2\alpha_\nu}{12\left[\frac{1}{n}\right]} (n_\nu - 1)\left\{n_\nu (n_\nu + 1)\left[\frac{1}{n}\right] + 3(n_\nu - 1)\right\} \cdot m^2_\beta + (n_\nu - 1)\cos^2\alpha_\nu \cdot m^2_s, \\ m^2_{y_{n_\nu}} &= \frac{s^2 \cdot \cos^2\alpha_\nu}{12\left[\frac{1}{n}\right]} (n_\nu - 1)\left\{n_\nu (n_\nu + 1)\left[\frac{1}{n}\right] + 3(n_\nu - 1)\right\} \cdot m^2_\beta + (n_\nu - 1)\sin^2\alpha_\nu \cdot m^2_s, \end{aligned} \tag{508}$$

in denen, wie auch bisher, $m_\beta$ im Bogenmaß zu verstehen ist.

Hat man sich für $m_\beta$ und $m_s$ nach (473) und aus Doppelmessungen oder nach Schätzungen Zahlenwerte verschafft, oder kennt man wenigstens näherungsweise nur das Verhältnis $m_\beta : m_s$, so kann man auch die unter (477) stehenden Zuggewichte $P_x$, $P_y$

zahlenmäßig berechnen. Häufig begnügt man sich auch mit rohen Näherungen für die Zuggewichte, indem man sie z. B. umgekehrt proportional den Zuglängen oder ihren Quadraten setzt[1].

## 24. Horizontalaufnahme durch rechtwinklige Naturmaßkoordinaten.

Dieses auch als Zahlenmethode oder Koordinatenaufnahme bezeichnete Verfahren ist die genaueste Art der Horizontalaufnahme und dient in erster Linie zur Sicherung des Grundeigentums. In einem solchen Falle soll der Messung stets eine dauerhafte Abmarkung der Eigentumsgrenzen vorausgehen. Die Koordinatenaufnahme, welche allerdings teurer kommt als die später zu besprechende Meßtischaufnahme, hat die Eigentümlichkeit, daß man jederzeit später aus den in Tabellen und Handrissen niedergelegten Messungsergebnissen einen Plan in einem innerhalb gewisser Grenzen beliebigen Maßstab herstellen kann[2].

### a) Liniennetz.

Die Seiten des Polygonnetzes werden besonders bei starker Zersplitterung des Besitzes und im bebauten Gelände nicht ausreichen, um eine technisch einwandfreie Festlegung aller Einzelheiten zu ermöglichen. Es wird daher notwendig, noch weitere Messungslinien, das sog. Liniennetz in das Polygonnetz einzubinden. Die Endpunkte dieser Einbände sind die Liniennetzpunkte oder Bindepunkte. Sie liegen scharf eingerichtet[3] auf Polygonseiten oder schon bekannten Bindelinien und sind durch ihre gemessenen Abstände von den Anfangspunkten dieser Strecken bestimmt. Die wichtigeren dieser Punkte, deren Bezeichnung sich nach dem vorhergehenden Polygonpunkt richtet — siehe z. B. $16\frac{1}{=}$, $16\frac{2}{=}$, $16\frac{3}{=}$ in Abb. 212 — werden durch lotrecht gestellte Röhren versichert. Einbände sollen nahe an den Grenzen vorbeiführen und möglichst unmittelbar an den festen Rahmen des Polygonnetzes anschließen. Man wird sie über die Grundstücksecken hinwegführen, wenn — wie auf der linken Seite von Abb. 212 — die Polygonseite außerhalb des Grundstückes liegt; durchschneidet sie es jedoch — wie in der Abbildung rechts — und sollen die Bindepunkte versichert werden, so legt man diese der besseren Zugänglichkeit und Erhaltung halber zweckmäßiger in die Schnittpunkte der Polygonseite mit den Langseiten der Grundstücke.

Die häufig notwendige Koordinatenberechnung von Liniennetzpunkten geht in folgender Weise vor sich. Der zu berechnende Punkt $P$ (Abb. 213) besitze die Koordinaten $x$, $y$ und stehe vom Anfangspunkt $A$ der Strecke $AE = S$ um $s$ ab. Aus den Koordinaten $x_a$, $y_a$ und $x_e$, $y_e$ der Punkte $A$ und $E$ erhält man mit den in der Abbildung enthaltenen Bezeichnungen

$$\Delta a = x_e - x_a\,, \qquad \Delta o = y_e - y_a\,, \tag{509}$$

$$\Delta x = \frac{s}{S}\,\Delta a = \frac{s'}{S'}\,\Delta a\,, \qquad \Delta y = \frac{s}{S}\,\Delta o = \frac{s'}{S'}\,\Delta o\,. \tag{510}$$

Liegen für $s$ und $S$ die fehlerhaften Beobachtungen $s'$, $S'$ vor, so besteht, wenn man sich $s'$ verhältnisgleich zu $S'$ verbessert denkt, die Proportion

$$s : S = s' : S', \tag{511}$$

---

[1] Die Ausdrücke (507) und (508) sind für den praktischen Gebrauch viel zu umständlich, aber insofern von Bedeutung, als man an ihnen die Brauchbarkeit der für sie verwendeten Näherungen prüfen kann.

[2] Eine solche Grenze kommt nur in Betracht, wenn der nachträglich gewählte Maßstab vielmal größer ist als der ursprünglich gewählte, da man an eine in sehr großem Maßstab darzustellende Aufnahme von vornherein größere Anforderungen in bezug auf ihre Vollständigkeit und Genauigkeit stellen müßte.

[3] Diese scharfe Einrichtung kann bei kurzen Seiten aus freiem Auge oder mit Hilfe eines Feldstechers erfolgen; bei längeren Seiten wird dazu besser ein im Anfangspunkte der bekannten Seite gut zentrisch aufgestellter, berichtigter Theodolit benützt.

so daß die Koordinatenunterschiede $\Delta x$, $\Delta y$ auch mittels der zweiten Formen von (510) berechnet werden können. Die Endergebnisse sind

$$x = x_a + \Delta x\,, \qquad y = y_a + \Delta y\,. \tag{512}$$

Häufig stellt sich bei der Anlage des Liniennetzes auch die Notwendigkeit heraus, in umschlossenen Hofräumen, durch welche eine Messungslinie nicht bis zu einer be-

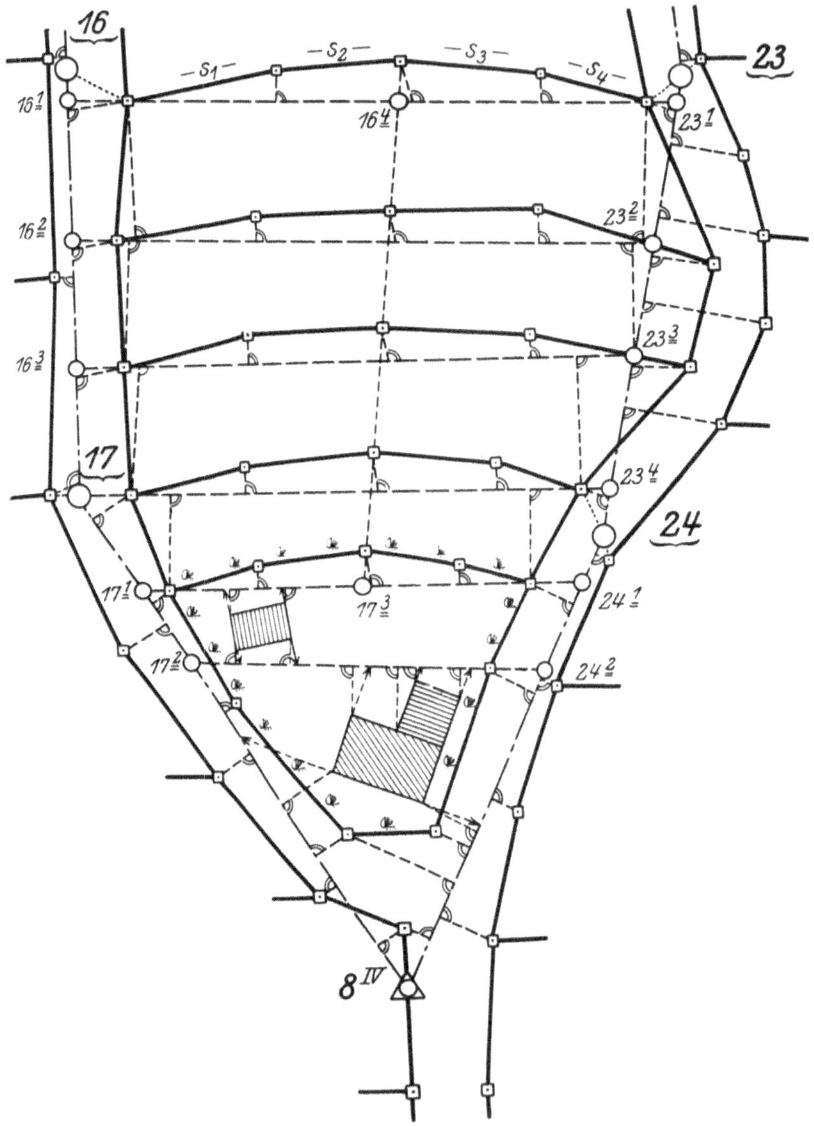


Abb. 212. Skizze einer auf ein Polygon- und Liniennetz bezogenen Stückmessung.

nachbarten Polygonseite geführt werden kann, Sackpunkte (tote Punkte) zu bestimmen. Ein solcher Sackpunkt $P_i^a$ (Abb. 214) wird durch seine Entfernung $s_i^a$ vom nächstliegenden Polygonpunkte $P_i$ und deren Winkel $\beta_i^a$ mit der vorhergehenden Polygonseite $s_{i-1}$ festgelegt. Damit und mit den Bezeichnungen der Figur ergeben sich der Richtungswinkel

$$\alpha_i^a = \alpha_{i-1} + 180^0 + \beta_i^a \tag{513}$$

der Sackseite, die Koordinatenunterschiede

$$\Delta x_i^a = s_i^a \cos \alpha_i^a , \qquad \Delta y_i^a = s_i^a \sin \alpha_i^a \tag{514}$$

sowie die Koordinaten des Sackpunktes, nämlich

$$x_i^a = x_i + \Delta x_i^a , \qquad y_i^a = y_i + \Delta y_i^a . \tag{515}$$

Bei der Festlegung und Berechnung solcher Sackpunkte ist besondere Vorsicht geboten, da eine Anschlußprobe für die Richtigkeit der Messung oder Rechnung nicht besteht.

Sind die Koordinaten $x$, $y$ des Schnittpunktes $P$ (Abb. 215) zweier Strecken $P_1 P_2$ und $P_3 P_4$ mit bekannten Endpunkten (Linienschnitt) zu ermitteln, so kann man zur Lösung der Aufgabe die Tangente des Richtungswinkels jeder Strecke je doppelt, einmal aus den Endpunkten, ein zweites Mal mit einem Endpunkt und dem gesuchten Punkt ausdrücken und erhält:

$$\operatorname{tg}(P_1 P_2) = \frac{y_2 - y_1}{x_2 - x_1} = \frac{y - y_1}{x - x_1} = m , \qquad \operatorname{tg}(P_3 P_4) = \frac{y_4 - y_3}{x_4 - x_3} = \frac{y - y_3}{x - x_3} = n , \tag{516}$$

$$(P_1 P_2) = \operatorname{arctg} m , \quad (P_3 P_4) = \operatorname{arctg} n . \tag{517}$$

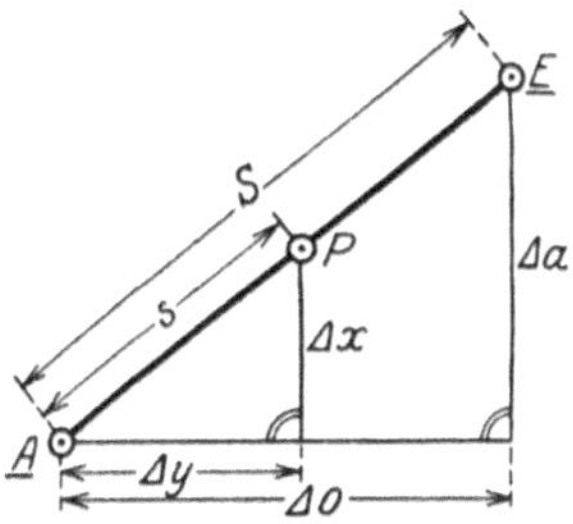

Abb. 213. Berechnung eines Liniennetzpunktes.

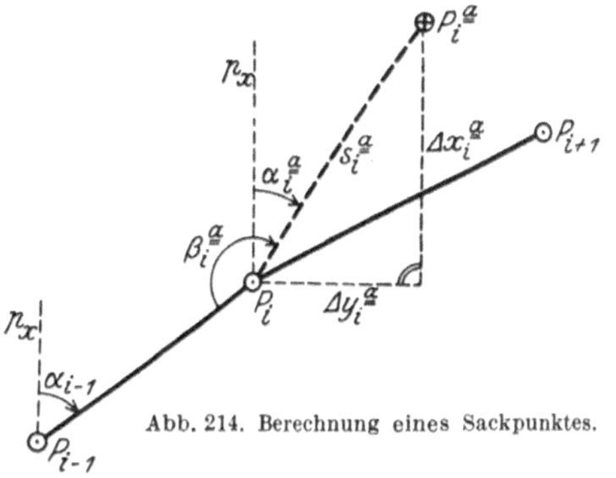

Abb. 214. Berechnung eines Sackpunktes.

Da $m$ und $n$ zahlenmäßig berechnet werden können, so sind die letzten Formen der Beziehungen (516) zwei Gleichungen mit den zwei Unbekannten $x$, $y$, für welche sich die Ausdrücke

$$x = \frac{n x_3 - m x_1 + y_1 - y_3}{n - m} , \qquad y = y_1 + m(x - x_1) = y_3 + n(x - x_3) \tag{518}$$

ergeben. Aus den Koordinatenunterschieden

$$\left.\begin{aligned} \Delta x_1 &= x - x_1 , & \Delta x_2 &= x - x_2 , & \Delta x_3 &= x - x_3 , \\ \Delta y_1 &= y - y_1 , & \Delta y_2 &= y - y_2 , & \Delta y_3 &= y - y_3 \end{aligned}\right\} \tag{519}$$

lassen sich dann auch die Entfernungen

$$\left.\begin{aligned} s_1 &= \frac{\Delta x_1}{\cos(P_1 P_2)} = \frac{\Delta y_1}{\sin(P_1 P_2)} , & s_2 &= \frac{\Delta x_2}{\cos(P_2 P_1)} = \frac{\Delta y_2}{\sin(P_2 P_1)} , \\ s_3 &= \frac{\Delta x_3}{\cos(P_3 P_4)} = \frac{\Delta y_3}{\sin(P_3 P_4)} , & s_4 &= \frac{\Delta x_4}{\cos(P_4 P_3)} = \frac{\Delta y_4}{\sin(P_4 P_3)} \end{aligned}\right\} \tag{520}$$

des Schnittpunktes $P$ von den gegebenen Punkten $P_1$, $P_2$, $P_3$, $P_4$ berechnen.

Nur ausnahmsweise bestimmt man einen Punkt $P_{(x,y)}$ (Abb. 216) von zwei bekannten Punkten $P_{1(x_1, y_1)}$ und $P_{2(x_2, y_2)}$ aus durch Einkreuzen oder Bogenschnitt, indem man seine Entfernungen $b$, $a$ von diesen mißt. Mit den Abkürzungen

$$c = P_1 P_2 , \qquad s = \tfrac{1}{2}(a + b + c) \tag{521}$$

erhält man durch Anwendung des Halbwinkelsatzes die Dreieckswinkel $\alpha$, $\beta$, $\gamma$ aus den Beziehungen

$$\left.\begin{aligned} \operatorname{tg}\frac{\alpha}{2} = \sqrt{\frac{(s-b)(s-c)}{s(s-a)}}, \quad \operatorname{tg}\frac{\beta}{2} = \sqrt{\frac{(s-a)(s-c)}{s(s-b)}}, \\ \operatorname{tg}\frac{\gamma}{2} = \sqrt{\frac{(s-a)(s-b)}{s(s-c)}}, \end{aligned}\right\} \tag{522}$$

$$\alpha + \beta + \gamma = 180^0 \tag{523}$$

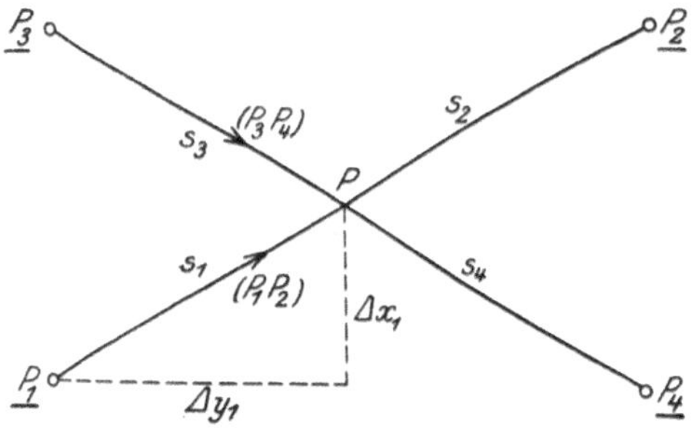


Abb. 215. Berechnung der Koordinaten des Schnittpunktes zweier Strecken (Linienschnitt).

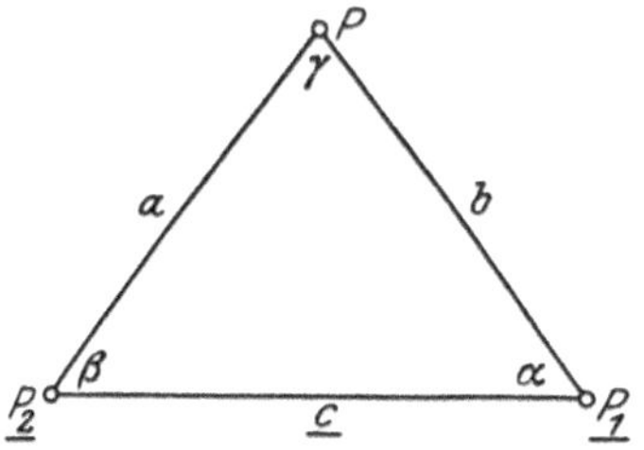


Abb. 216. Berechnung eines durch Bogenschnitt bestimmten Punktes.

mit Kontrolle, so daß nunmehr die Koordinaten von $P$ mittels Vorwärtseinschneidens berechnet werden können[1].

## b) Einzelaufnahme.

Liegt das Liniennetz fest, so erfolgt nach Andeutung von Abb. 212 die Aufnahme der Einzelheiten durch in der Natur unmittelbar gemessene rechtwinklige Koordinaten und durch Verlängerungen. Hauptsächlich zur Kontrolle werden auch die als Spannungen bezeichneten direkten Entfernungen $s_1$, $s_2$ ... eingemessener Punkte ermittelt. Die Koordinatenaufnahme erfolgt in örtlichen Systemen, deren Abszissenachsen die Polygonseiten und Einbände sind, während der Ursprung jeweils der Anfangspunkt einer solchen Linie ist. Diese Linien bzw. die durch sie bestimmten Lotebenen werden in der Natur durch eine genügende Zahl von scharf eingewiesenen Stäben bezeichnet. Zur durchlaufenden Abszissenmessung dienen meist 5 m-Latten, seltener das Ziehstahlband, während die Ordinaten auch mit 5 m-Latten oder 3 m-Latten oder mit einem Handstahlband ermittelt werden, wobei sorgfältig darauf zu sehen ist, daß der Nullpunkt des Meßwerkzeugs jeweils genau auf der Abszissenachse liegt. Zum Fällen und Errichten von Senkrechten wird im horizontalen Gelände zweckmäßig ein Winkelprisma und in stark hügeligen Gebieten die Kegelkreuzscheibe verwendet. In Städten wird bei kurzen Ordinaten wohl auch ein Winkel an die am Boden aufgeschnürte Abszissenachse angelegt. Sehr lange Ordinaten sollen wegen der größeren Unsicherheit in der Lage des Fußpunktes vermieden oder unter Umständen — ausnahmsweise — mit dem Theodolit abgesteckt werden[2]. Scharfe Messungsproben sind für die Endpunkte langer Ordinaten besonders wichtig. Durch Spannungen, welche gegen die Messungslinie und gegen die Ordinaten annähernd gleichmäßig geneigt sind, wird sowohl der zugehörige Abszissenunterschied als auch der Ordinatenunterschied — nicht aber die Koordinaten selbst — verprobt, während zur Abszissenachse annähernd parallele bzw. senkrechte Spannungen lediglich den Abszissenunterschied bzw. den Ordinatenunterschied sichern. Auch die Messung sog. Steinlinien, wie z. B. eine

[1] Zur Genauigkeit des Bogenschnittes siehe Z. Vermess.-Wes. 1926 S. 513—527; 1927 S. 374 bis 395; 1930 S. 799—809.

[2] Siehe hierzu *Löschner, Hans:* Über die Genauigkeit im Fällen von Ordinaten bei Koordinatenaufnahmen. Z. Instrumentenkde. 1926 S. 497—519.

über $16^{\underline{4}}$ und $17^{\underline{2}}$ (Abb. 212) läuft, bietet willkommene Proben. Vielfach mißt man auch die zur eigentlichen Punktfestlegung entbehrlichen Viereckshöhen, um später eine einfache Flächenberechnung zu ermöglichen. Auch Straßen- und ähnliche Gebilde nimmt man, selbst wenn ihre Begrenzung schon teilweise anders festgelegt ist, stets von den auf oder neben der Straße verlaufenden Polygonseiten aus auf, damit ihre Begrenzung jederzeit in einfacher Weise wieder hergestellt werden kann. Eine wahllose Messung aller möglichen überschüssigen Bestimmungsstücke ist jedoch unangebracht.

Die Messungsergebnisse trägt man in Handrisse ein, welche, soweit es die Rücksicht auf die Deutlichkeit erlaubt, annähernd maßstäblich geführt werden. Gegen-

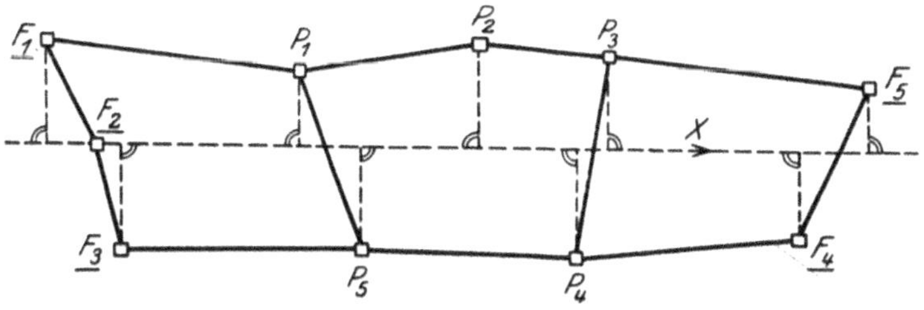


Abb. 217. Standlinienaufnahme.

stand der Aufnahme sind Eigentums-, Kultur-, Gewannen- und politische Grenzen, ferner Verkehrswege aller Art, Zäune, Hecken, Brunnen, Leitungen, Hydranten, Kanalschächte und andere für den jeweiligen Aufnahmezweck wichtige Einzelheiten.

In einfachen Fällen kann man auch ohne Polygonnetz mit einem rechteckigen oder dreieckigen Rahmen auskommen, dessen Seiten als Messungslinien dienen. Den einfachsten Fall stellt die Standlinienaufnahme dar, bei welcher eine als Abszissenachse $X$ (Abb. 217) dienende Standlinie das aufzunehmende Gebilde $P_1 P_2 \ldots P_5$ der Länge nach ungefähr halbiert. Zum Eintrag einer solchen Aufnahme in einen bereits vorhandenen Plan muß die Standlinie nach Andeutung von Abb. 217 auf im Plan sicher festliegende Punkte $F_1, F_2, \ldots F_5$ eingemessen werden[1].

Die mittlere Lageunsicherheit der durch eine gute Koordinatenaufnahme bestimmten Punkte gegen die nächsten Polygonpunkte ist auf einige Zentimeter zu schätzen[2].

## 25. Horizontalaufnahme durch Polarkoordinaten mit dem entfernungsmessenden Theodolit.

Diese auch als Rayonieren mit dem Theodolit bezeichnete Aufnahmeart kommt nur für offenes, übersichtliches, annähernd horizontales Gelände in Betracht und ist ein Sonderfall der später ausführlicher zu behandelnden Tachymetrie. In einem größeren Aufnahmegebiet werden zunächst wieder Festpunkte $P_1, P_2, \ldots$ etwa durch Polygonmessung bestimmt, welche dann der Einzelaufnahme als Theodolitstandpunkte dienen. Sie sind so auszuwählen, daß von ihnen aus das Gelände möglichst gut überblickt werden kann. Ist das Instrument etwa über $P_1$ zentrisch aufgestellt,

---

[1] Als besondere Art der Koordinatenaufnahme sei noch die Parallelmethode genannt, welche die Einzelaufnahme auf ein System von zwei senkrechten Scharen paralleler Linien stützt. Dieses Verfahren, welches seinerzeit bei der dänischen und württembergischen Landesaufnahme eine Rolle gespielt hat, liefert einfache, gute Messungsproben; es scheitert aber in der Regel daran, daß ein solches der Gestalt nach vorgegebenes Liniennetz nur sehr schwer abzustecken ist und sich den aufzunehmenden Linien und dem Gelände überhaupt viel zu wenig anschmiegt.

[2] Eine Koordinatenaufnahme beschreibt schon *Heron* von Alexandrien (*Schöne, H.:* Herons von Alexandria Vermessungslehre und Dioptra, S. 261ff. und 267ff., Leipzig 1903). Einen geschichtlichen Rückblick auf die Koordinatenmethode gibt des Verfassers Arbeit „Die Bedeutung der Koordinatengeometrie für die Bauingenieurtechnik" in der Z. bayer. Geometerv. 1907 S. 188ff.

so werden die Achsenfehler so weit beseitigt, daß ihr Einfluß den der zufälligen Beobachtungsfehler nicht mehr erreicht. Diese Untersuchung erstreckt sich, da die Aufnahme mit Rücksicht auf die etwas geringeren Genauigkeitsanforderungen und gesteigerten Ansprüche an den Arbeitsfortschritt nur in einer Fernrohrlage erfolgen kann, auch auf den Ziel- und Kippachsenfehler. Die Berichtigung ist übrigens, da lauter nahezu horizontale Sichten in Frage kommen, leicht ausreichend, es wäre denn, daß etwa zur Orientierung ein sehr nahe gelegener Hochpunkt verwendet werden müßte. Hat man die Konstanten des Entfernungsmessers bestimmt, so wird das berichtigte Instrument zur *Orientierung* der Aufnahme auf einen anderen bekannten Punkt $P_i$ gerichtet und die zu dieser Einstellung gehörige Horizontalkreisablesung aufgeschrieben. Daraufhin erfolgt die *Aufnahme der Einzelpunkte*, indem jeweils das annähernd horizontale Fernrohr auf eine in diesen Punkten lotrecht gestellte Latte gerichtet, an dieser der zwischen den Entfernungsfäden befindliche Lattenabschnitt und am Horizontalkreis die Horizontalrichtung abgelesen wird. So ist die Lage jedes Punktes in bezug auf den Instrumentenstandort und die Orientierungsrichtung durch seine horizontale Entfernung und deren Richtung, also durch seine *horizontalen Polarkoordinaten* bestimmt. Eine unmittelbare Messung der Entfernung ist nur zweckmäßig, wenn diese eine Meßbandlänge nicht überschreitet. Während ein *Beobachter am Instrument* seine Messungen ausführt und einträgt, weist ein *Handrißführer* dem *Lattenträger* die Lattenstandpunkte an, numeriert sie in seiner Skizze (Abb. 218) fortlaufend und ergänzt, wo notwendig, die Aufnahmen durch einzelne direkt gemessene Maße wie Wegbreiten, Hausbreiten u. dgl. Von Zeit zu Zeit wird durch Zuruf nachgeprüft, ob die *Numerierung* im Handriß mit derjenigen des Beobachters noch übereinstimmt. Am Ende der Beobachtungen, bei besonderen Anlässen auch schon früher, erfolgt auf jedem Standorte noch einmal eine *Nachprüfung der Orientierung*. Die *mittlere Lageunsicherheit* der nach diesem Verfahren aufgenommenen Punkte gegen den Instrumentenstandort hängt natürlich wesentlich von der Entfernung ab; ihre Größenordnung ist auf etwa 1 dm zu veranschlagen.

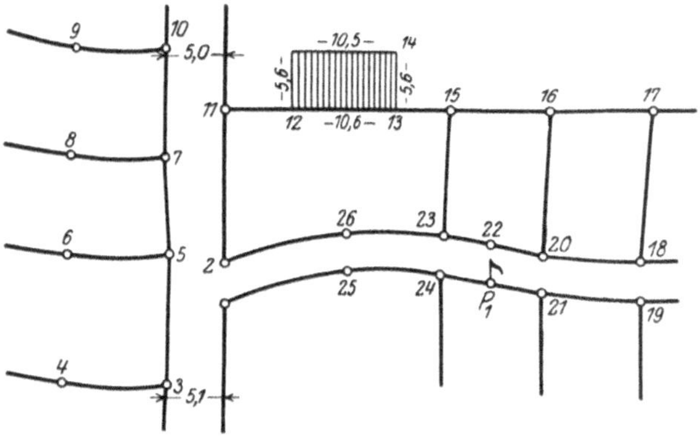


Abb. 218. Handriß zur Aufnahme nach Polarkoordinaten.

Neuerdings gewinnt diese Aufnahmeart infolge der Einführung besonders leistungsfähiger Entfernungsmesser[1] mit waagrechter Latte auch für die Eigentumsaufnahmen Bedeutung. Dies gilt für offene übersichtliche Gebiete, die in absehbarer Zeit nicht bebaut werden.

## 26. Bussolenaufnahme.

Auch bei der *Horizontalaufnahme mit der Bussole* handelt es sich um eine Punktfestlegung durch *Polarkoordinaten*. Nur erfolgt hier die Ablesung der Horizontalrichtung an der Bussolenteilung; auch liegen hinsichtlich der Fehlerfortpflanzung besondere Verhältnisse vor.

---

[1] Diese Instrumente geben die Hektometerstrecke mit einem mittleren Fehler von etwa $\pm 2$ cm. Siehe dazu auch die Ausführungen über Tachymetrie.

## a) Bussolenzüge.

Spätestens mit der Einzelaufnahme wird auch die Festlegung der häufig verpflockten Bussolenstandorte vorgenommen. Sie erfolgt meistens mit Hilfe von Bussolenzügen, d. h. von kurzseitigen (Seiten nicht über 50 m) Polygonzügen, in denen an Stelle der Brechungswinkel die Seitenrichtungen, nämlich die magnetischen Streichwinkel beobachtet werden, während zur Messung der Seitenlängen entweder das Meßband oder das distanzmessende Bussolenfernrohr dient. Die Bussolenzüge kann man daher auch als Richtungszüge, die Theodolitpolygonzüge hingegen als Winkelzüge bezeichnen.

Ein Bussolenzug $B_1 B_2 \ldots B_n$ (Abb. 219) wird womöglich immer an zwei Punkte $B_1$, $B_n$ von bekannter Lage (Dreieckspunkte oder gut bestimmte Polygonpunkte) angeschlossen. Ist das Instrument über $B_1$ aufgestellt, so ermittelt man zunächst aus der zur Einstellung eines weiteren bekannten Punktes $B_0$ gehörigen Streichwinkelablesung $w_0'$ (Mittel der Ablesungen an beiden Nadelenden) nach (236) die Reduktionsgröße $\Gamma$, stellt hierauf den vorwärts-

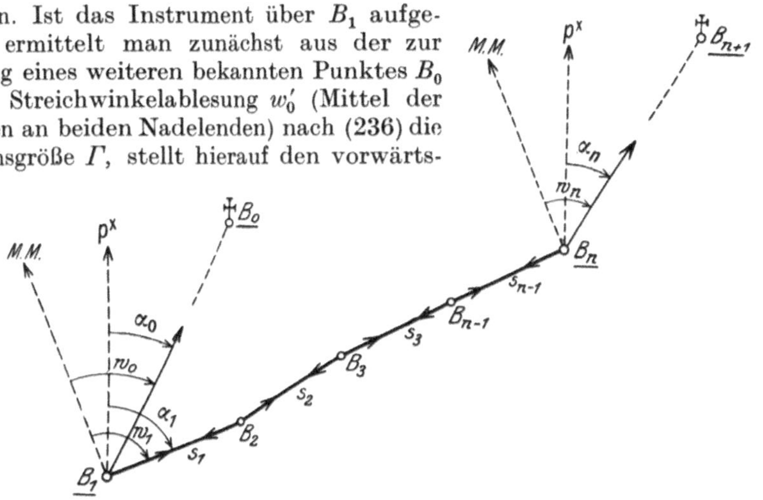


Abb. 219. Bussolenzug mit Gegenazimuten und mit Orientierungsanschluß.

liegenden Punkt $B_2$ ein und erhält aus dem Mittel $w_1'$ der Ablesungen den Richtungswinkel $\alpha_1$ der Seite $s_1$ nach (235). Gleichzeitig erfolgt die Seitenmessung. Zur eindeutigen Punktfestlegung würde es genügen, in Sprungständen zu beobachten, d. h. nur in jedem zweiten Punkte die von ihm ausgehenden Seiten nach Länge und Richtung zu ermitteln. Sicherer ist es, einen Bussolenzug mit Gegenazimuten zu messen, also die von jedem Punkt ausgehenden Seiten nach Richtung und Länge zu bestimmen und die zusammengehörigen Doppelbeobachtungen für jede Seite vor ihrer weiteren Verwertung zu mitteln. Auch am Ende der Arbeit soll die Größe $\Gamma$ noch einmal ermittelt werden. Zur Bestimmung dieser Hilfsgrößen kann an Stelle der Richtungen $B_1 B_0$ und $B_n B_{n+1}$ natürlich auch eine andere in der Nähe liegende bekannte Richtung dienen. Ein Zahlenbeispiel für eine Zugmessung mit Gegenazimuten enthält Tabelle 23.

Ein solcher Bussolenzug wird mit den bekannten Richtungswinkeln und Seiten entweder wie ein Polygonzug in das Koordinatennetz eingerechnet oder — meistens — ohne Rechnung zeichnerisch aufgetragen. Soll ein Zug, für dessen Seiten ausnahmsweise astronomische Azimute $a$ vorliegen, im Landeskoordinatensystem berechnet werden, so muß man erst unter Verwendung der Gl. (233), (234) von den Azimuten auf Richtungswinkel übergehen.

Ein Fehler im Streichwinkel beeinflußt lediglich die Richtung der betreffenden Seite, während alle übrigen Seitenrichtungen davon unberührt bleiben, so daß nur eine geringe Parallelverschiebung des folgenden Zugteiles eintritt. Anders beim Theodolitpolygonzug (Winkelzug), wo ein Winkelfehler eine Drehung des ganzen Restzuges zur Folge hat!

Tabelle 23.

| Stand-punkte | Ziel-punkte | Strecke (Mittel) | Beobachtete Streichwinkel | | Mittel $w'$ | Richtungs-winkel $\alpha$ | Be-merkungen |
|---|---|---|---|---|---|---|---|
| | | | Nordende | Südende | | | |
| $B_1$ | $B_0$ | $m$ | 28,4° | 208,3° | 28,35° | **16,55°** | bekannt |
| | $B_2$ | 41,0 | 89,2 | 269,2 | 89,20 | 77,40 | $\Gamma = w_0' - \alpha_0$ |
| | | (41,05) | | | | | $= +11{,}80°$ |
| $B_2$ | $B_1$ | 41,1 | 269,1 | 89,2 | 269,15 | 257,35 | um $6^{30}$ |
| | $B_3$ | 39,8 | 84,7 | 264,5 | 84,60 | 72,80 | |
| | | (39,75) | | | | | |
| $B_3$ | $B_2$ | 39,7 | 264,6 | 84,5 | 264,55 | 252,75 | |
| | $B_4$ | 43,5 | 88,8 | 268,8 | 88,80 | 77,00 | |
| ......... | ......... | ......... | ......... | ......... | ......... | ......... | |
| $B_n$ | $B_{n-1}$ | ......... | ......... | ......... | ......... | ......... | |
| | $B_{n+1}$ | ......... | 70,3 | 250,2 | 70,25 | **58,40** | bekannt $\Delta = +11{,}85°$ um $5^{30}$ |

Bedeutet $m_r$ den mittleren Fehler der beobachteten Streichwinkel, so ist die hieraus folgende Querverschwenkung des Endpunktes einer einzelnen Seite $s$ das Produkt $s \cdot m_r$. Für den Endpunkt $B_n$ eines gleichseitigen, gestreckten Bussolenzugs von der Länge $L$ ist daher die Querverschwenkung

$$m_q = m_r \cdot s \sqrt{n-1} = m_r \sqrt{s \cdot L} \tag{524}$$

zu befürchten[1]. Sie ist bei einer festen Zuglänge $L$ zu $\sqrt{s}$ proportional, so daß vom Standpunkte der Fehlerfortpflanzung aus Bussolenzüge mit kurzen Seiten, wie sie sich im Walde meist von selbst ergeben, Zügen mit langen Seiten vorzuziehen sind. Für die Theodolitpolygonzüge ergab sich aus (489) das umgekehrte Ergebnis.

Die mittlere Längsverschiebung des Endpunktes im betrachteten Bussolenzug wird

$$m_l = m_s \sqrt{n-1}, \tag{525}$$

wenn $m_s$ den mittleren Längenfehler einer Zugseite $s$ bedeutet. Der Ausdruck für $m_l$ stimmt in der Form mit dem entsprechenden Fehler (488) im Theodolitpolygonzuge überein. Bei den kurzen Entfernungen wird $m_s$ in der Hauptsache durch den Ausdruck $m_0 \sqrt{s}$ bzw. $k \cdot s$ angegeben, je nachdem die Längenmessung unmittelbar oder mit dem Distanzmesser erfolgt. Die Längsverschiebung des Zugendpunktes wird demnach

$$m_l = m_0 \sqrt{L} \quad \text{bzw.} \quad m_l = k \sqrt{s \cdot L}. \tag{526}$$

Bei Anwendung des Distanzmessers zur Seitenmessung verdienen daher die kurzseitigen Bussolenzüge auch mit Rücksicht auf die Längsverschiebung den Vorzug.

## b) Einzelaufnahme.

Auch die Einzelaufnahme mit der Bussole erfolgt durch Polarkoordinaten (Streichwinkel und Entfernungen), die sich auf den jeweiligen Instrumentenstandort und dessen magnetischen Meridian beziehen. Dabei werden Entfernungen unter einer Meßbandlänge meist mit dem Meßband, größere hingegen mit der Distanzmesservorrichtung ermittelt. Die Messungsergebnisse trägt man in Tabellen und Handrisse ein, die von Zeit zu Zeit auf die Übereinstimmung der Punktnumerierung hin nachgeprüft

---

[1] Im Theodolitpolygonzug ist der entsprechende Ausdruck $m_{1q} \approx m_\beta \cdot L \cdot \sqrt{\frac{n}{3}}$.

werden. Sowohl bei der Einzelaufnahme wie auch schon bei der Standortsbestimmung sind alle Ursachen, welche die Nadel aus der Richtung des magnetischen Meridians bringen könnten, wie die Annäherung von Schlüsseln, Messern, Klemmerfedern, Ziernadeln an die Magnetnadel oder eine nahe gelegene Starkstromleitung sorgfältig zu vermeiden. Unter normalen Verhältnissen ist die mittlere Lageunsicherheit der zerstreut aufgenommenen Einzelpunkte gegen den zugehörigen Bussolenstandort auf etwa 1 dm zu veranschlagen, solange die Entfernungen 50 m nicht überschreiten.

Das Hauptanwendungsgebiet für die Bussole ist der Wald, wo schon die schlechteren Sichtverhältnisse zur Einhaltung der von der Theorie geforderten kurzen Seitenlängen zwingen. Allerdings handelt es sich dabei seltener um eine reine Horizontalaufnahme, als vielmehr um eine vereinigte Horizontal- und Höhenaufnahme.

## 27. Meßtischaufnahme.

Bei Meßtischaufnahmen erfolgt auch die Bestimmung der Meßtischstandorte, von denen aus möglichst viel Einzelpunkte zu erreichen sein sollen, in der Regel mit dem Meßtisch. Dieses Stationieren mit dem Meßtisch muß stets der Einzelaufnahme vorausgehen, damit sich nicht etwa Fehler in den Standpunktsbildern auf alle von ihnen aus bestimmten Einzelheiten übertragen.

### a) Stationieren mit dem Meßtisch.

Die wichtigsten Arten der Punktbestimmung mit dem Meßtische sind:

1. das graphische Vorwärtseinschneiden,
2. das graphische Seitwärtsabschneiden,
3. das graphische Rückwärtseinschneiden.

Zu diesen als graphische Triangulierung bezeichneten Verfahren tritt noch

4. die Polygonmessung mit dem Meßtisch.

Beim graphischen Vorwärtseinschneiden (Abb. 220) ist von zwei bekannten Feldpunkten $A$, $B$ aus, deren Bilder $a$, $b$ auf dem Meßtischblatt im Maßstab der nachfolgenden Einzelaufnahme aufgetragen sind, der zu einem Neupunkt $C$ gehörige Bildpunkt $c$ zu ermitteln. Zu diesem Zwecke stellt man den Meßtisch zentriert, orientiert

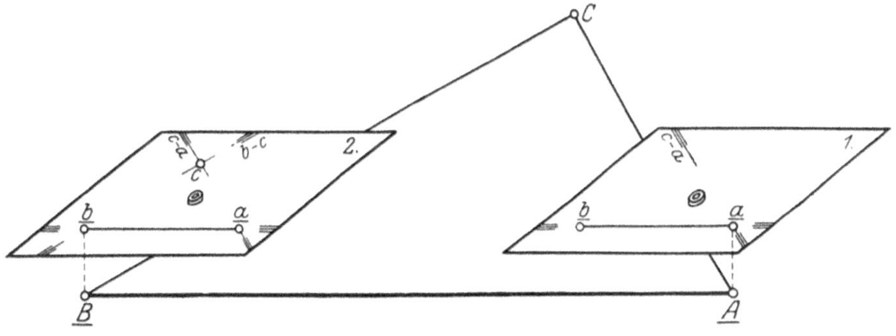


Abb. 220. Vorwärtseinschneiden mit dem Meßtisch.

und horizontiert nacheinander in den beiden gegebenen Punkten $A$, $B$ auf, indem man zur Orientierung jeweils die Richtung nach dem anderen bekannten Punkte benutzt. Dreht man nun bei feststehendem Tisch die berichtigte[1] Kippregel so, daß ihre Zielebene den unbekannten Punkt $C$ enthält und die Linealkante durch den Bildort $a$ bzw. $b$ des jeweiligen Standortes geht, so geben die längs der Linealkante gezogenen Striche $a$—$c$ und $b$—$c$ je einen geometrischen Ort, deren Schnitt den gesuchten Bild-

[1] Die Kippregelberichtigung muß sowohl für das Stationieren wie auch für die Einzelaufnahme mit dem Meßtisch sehr sorgfältig durchgeführt werden, da aus praktischen Gründen immer nur in einer Fernrohrlage beobachtet werden kann.

punkt $c$ ergibt. Daß für die scharfe Richtungsbezeichnung jeweils Randmarken verwendet werden, ist wohl selbstverständlich.

Ist von den gegebenen Punkten einer, z. B. $A$ (Abb. 221), unzugänglich, während $B$ und der unbekannte Punkt $C$ zugänglich sind, so führt das graphische Seitwärtsabschneiden zum Ziel. Hat man den Tisch zentriert, orientiert und horizontiert in $B$ aufgestellt, so erhält man durch Einstellen von $C$ mittels der Kippregel wie vorhin für $c$ einen ersten geometrischen Ort $b$—$c$. Auf diesem schätzt

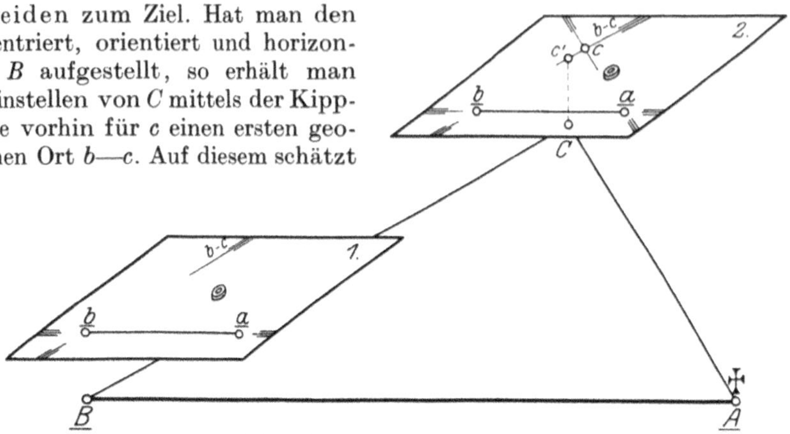


Abb. 221. Seitwärtsabschneiden mit dem Meßtisch.

man für $c$ einen Näherungsort $c'$ ein und stellt damit und mit der Richtung $CB$ als Orientierungsrichtung nunmehr den Tisch in $C$ zentriert, orientiert und horizontiert auf. Dreht man hierauf bei festem Tisch die Kippregel so, daß ihre Zielebene den unzugänglichen gegebenen Punkt $A$ enthält und die Linealkante durch dessen Bildpunkt $a$ geht, so liefert der Schnitt der Linealkante mit $b$—$c$ den gesuchten Bildpunkt $c$. In dieser Konstruktion steckt insofern ein kleiner, praktisch belangloser

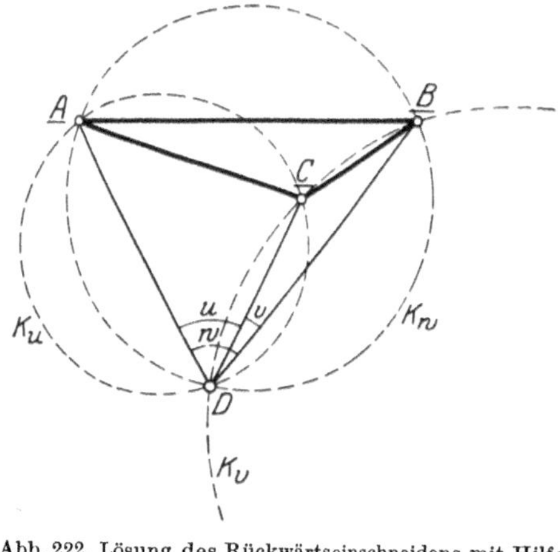


Abb. 222. Lösung des Rückwärtseinschneidens mit Hilfe der Schickhartschen Kreise.

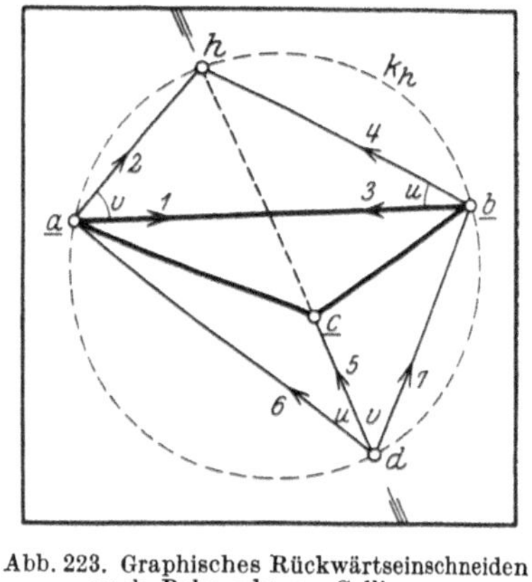


Abb. 223. Graphisches Rückwärtseinschneiden nach Bohnenberger-Collins.

Fehler, als der zu $c$ gehörige Bodenpunkt von $C$ um den geringen Betrag $cc'$ absteht. Dadurch wird $c$ um $cc' : V$ fehlerhaft, wenn $M = 1 : V$ der Aufnahmemaßstab ist. Für $M = 1 : 1000$ und die große Abweichung $cc' = 5$ cm z. B. wird der Fehler in der Lage des Bildpunktes $c$ erst 5 cmm. Sollte er ja einmal die Grenze der zeichnerischen Darstellungsmöglichkeit überschreiten, so kann er entweder durch eine Wiederholung des Abschneidens in $C$ bei verbesserter Zentrierung oder durch Abtragen der Größe $cc' : V$ von $c$ gegen $c'$ hin unschädlich gemacht werden.

Sowohl beim graphischen Vorwärtseinschneiden wie auch beim Seitwärtsabschneiden sind je zwei bekannte Punkte und je zwei Meßtischaufstellungen notwendig. Beim graphischen Rückwärtseinschneiden hingegen braucht man drei bekannte Punkte, während nur eine einzige Meßtischaufstellung im gesuchten Punkte erforderlich ist. Sind $u$, $v$, $w$ (Abb. 222) die Winkel, unter denen vom gesuchten Punkt $D$ aus die Seiten des durch die gegebenen Punkte $A$, $B$, $C$ gebildeten Dreiecks erscheinen, so kann man $D$ als den gemeinsamen Schnittpunkt dreier Kreise $K_u$, $K_v$, $K_w$, der sog. *Schickhart*schen Kreise, auffassen, von denen jeder eine Dreiecksseite als Sehne und den zugehörigen Gesichtswinkel $u$ bzw. $v$, $w$ als Peripheriewinkel faßt.

Eine dieser Darlegung entsprechende, nach *Schickhart* benannte Lösung besteht darin, die Winkel $u$, $v$ auf dem in $D$ aufgestellten Meßtisch zu zeichnen und hierauf im gegebenen Bilddreieck $abc$ mit Hilfe der gezeichneten Winkel $u$, $v$ die den Kreisen $K_u$, $K_v$ entsprechenden Bildkreise $k_u$, $k_v$ zu konstruieren, deren Schnittpunkt den dem Neupunkt $D$ entsprechenden Bildpunkt $d$ liefert. Doch ist diese naheliegende, direkte planimetrische Lösung praktisch bedeutungslos, da sie viel zu umständlich ist und zudem vollkommen versagt, wenn die Kreismittelpunkte nicht auf das Meßtischblatt fallen.

Brauchbarer ist schon die von *Bohnenberger* unter Benutzung des *Collins*schen Hilfspunktes angegebene folgende Lösung. Man stellt den Meßtisch über dem Feldpunkt $D$ auf und legt die dort gemessenen Winkel $u$, $v$ in $b$ und $a$ sofort zeichnerisch an die Seite $ab$ des Bilddreieckes an. Der Schnittpunkt $h$ (Abb. 223) der nicht zusammenfallenden Schenkel dieser Winkel ist der *Collins*sche Hilfspunkt im Bild. Da nach früheren Ausführungen (Abb. 197) $d$ auf $hc$ liegt (die Verbindungslinie $hc$ schneidet auf dem durch $a$, $b$, $c$ gehenden Hilfskreis $k_h$ den gesuchten Ort $d$ aus), so kann man in $D$ den Meßtisch mit Hilfe der Anlegelinie $c$—$h$ orientieren. Schneidet man dann noch seitwärts nach $A$ oder $B$ ab, so ist der Schnittpunkt der Linealkante mit $c$—$h$ der gesuchte Bildpunkt $d$. In Abb. 223 ist zur leichteren Orientierung die Reihenfolge der zu nehmenden Sichten durch Numerieren kenntlich gemacht. Strenggenommen müßte man im ganzen drei Meßtischaufstellungen vornehmen, nämlich je eine, wenn beim Antragen der Winkel $u$, $v$ die Bildpunkte $b$, $a$ lotrecht über $D$ gebracht werden und eine dritte beim Seitwärtsabschneiden des Punktes $d$. Dies würde die Lösung sehr umständlich machen. Stellt man den Tisch von vornherein so auf, daß ein für $d$ geschätzter Näherungsort lotrecht über $D$ liegt, so kommt man bei nicht allzu großen Genauigkeitsansprüchen auch mit dieser einen Aufstellung und einigen Drehungen der Tischplatte aus, da sich wegen der gegen die Punktentfernungen sehr kleinen Verschiebungen der Scheitel der angetragenen Winkel $u$ und $v$ diese selbst nur um belanglose Beträge ändern. Die Konstruktion versagt, wenn der Hilfspunkt $h$ über das Tischblatt hinausfällt.

Außer dem eben beschriebenen direkten Verfahren hat *Bohnenberger* unter Verwendung von *Lehmanns* fehlerzeigenden Dreiecken noch ein nie versagendes Näherungsverfahren zur graphischen Lösung des Rückwärtseinschneidens erdacht, welches als das im allgemeinen zweckmäßigste heute fast ausschließlich verwendet wird. Bei dieser Lösung stellt man den Meßtisch mit Hilfe eines für $d$ angenommenen Näherungsortes $d'$ zentrisch, horizontal und angenähert orientiert über dem Neupunkt $D$ auf, wobei zur Erzielung einer guten Orientierung am zweckmäßigsten die Richtung nach dem entferntesten der gegebenen Punkte benützt wird. Werden hierauf bei feststehendem Tisch die Feldpunkte $A$, $B$, $C$ nacheinander in die Zielebene der Kippregel gebracht, deren Linealkante dabei je durch den zugehörigen Bildpunkt $a$ bzw. $b$ und $c$ geht, so schließen die längs der Linealkante gezogenen, in Abb. 224 durch einen einfachen Pfeil bezeichneten Richtungen die schon mehrfach genannten Winkel $u$, $v$, $w$ ein, deren Scheitel $\beta$, $\alpha$, $\gamma$ auf den drei durch den gesuchten Bildpunkt $d$ gehenden *Schickhart*schen Bildkreisen $k_u$, $k_v$, $k_w$ liegen. Nunmehr wird die Orientierung des Tisches etwas verändert, und zwar am zweckmäßigsten mit Hilfe eines schärferen Näherungsortes $d''$ für $d$ verbessert[1]. Dieses $d''$ erhält man durch Einschätzung des

[1] Zur Wahrung der Übersichtlichkeit ist in Abb. 224 die Lage des Bilddreiecks vor und nach der Orientierungsänderung dieselbe; dagegen hat man sich das in der Zeichnung nicht mehr enthaltene Naturdreieck $ABC$ im entgegengesetzten Sinne um den Betrag der Orientierungsänderung gedreht zu denken.

Schnittpunktes[1] der drei durch $\beta$, $\alpha$, $\gamma$ gehenden, ihrer Lage nach ungefähr zu überblickenden Bildkreise $k_u$, $k_v$, $k_w$. In dieser neuen Stellung des Tisches wird die eben besprochene Konstruktion wiederholt (Doppelpfeile), wodurch man die ebenfalls auf $k_u$, $k_v$, $k_w$ liegenden Winkelscheitel $\beta'$, $\alpha'$, $\gamma'$ erhält. Bei einiger Übung werden die beiden fehlerzeigenden Dreiecke $\alpha\beta\gamma$ und $\alpha'\beta'\gamma'$, besonders letzteres ziemlich nahe an den gesuchten Bildort $d$ heranrücken, so daß man, ohne einen großen Fehler zu begehen, die kurzen Bögen $\alpha\alpha'$, $\beta\beta'$, $\gamma\gamma'$ durch ihre leicht zu zeichnenden, sich im gesuchten Bildpunkte $d$ schneidenden Sehnen ersetzen darf. Demnach findet man das Bild $d$ des Neupunktes als den Schnittpunkt der Verbindungslinien $\alpha\alpha'$, $\beta\beta'$, $\gamma\gamma'$ (Abb. 225) der entsprechenden Punkte von zwei nahe an $d$ liegenden fehlerzeigenden Dreiecken. Wird der Tisch, nachdem $d$ gefunden ist, nach einem der gegebenen Punkte orientiert, so

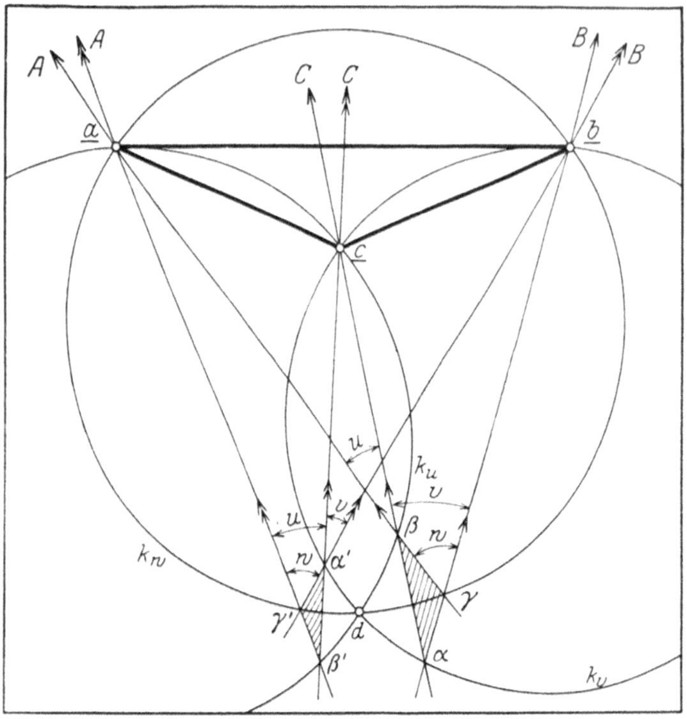


Abb. 224. Bohnenbergers graphische Lösung des Rückwärtseinschneidens mit Hilfe von Lehmanns fehlerzeigenden Dreiecken.

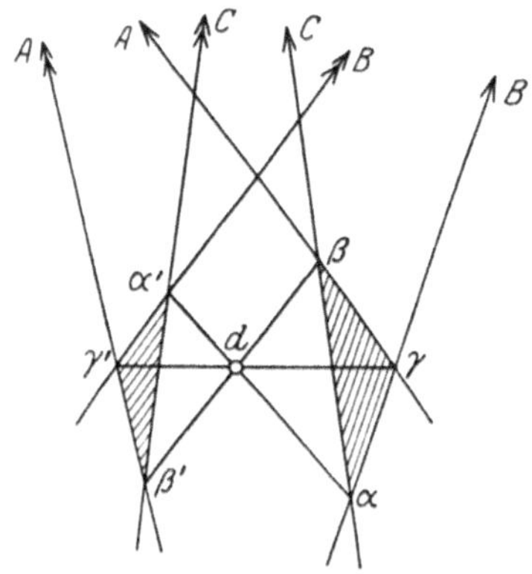


Abb. 225. Konstruktion des Standortes aus den fehlerzeigenden Dreiecken.

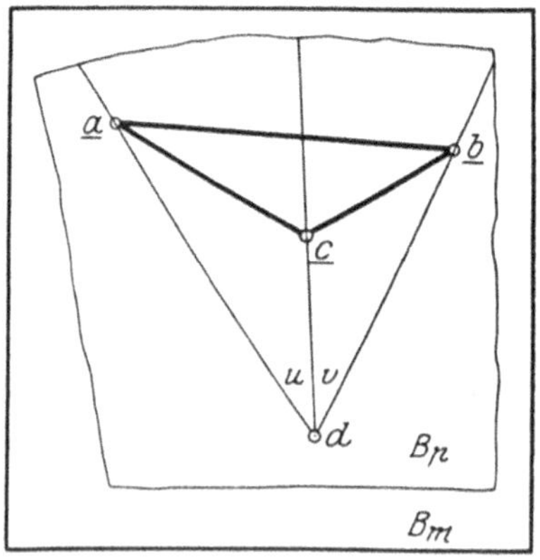


Abb. 226. Lösung des Rückwärtseinschneidens mit Hilfe einer aufgelegten Pause.

müssen zur Probe auch die übrigen Orientierungen stimmen. Sollte dies nicht genügend genau zutreffen, etwa weil das erste fehlerzeigende Dreieck noch zu groß war und die

[1] Dieser Schnittpunkt $d$ liegt innerhalb bzw. außerhalb des fehlerzeigenden Dreiecks, je nachdem der zu bestimmende Punkt $D$ innerhalb oder außerhalb des gegebenen Dreiecks $ABC$ liegt. Siehe hierzu *Freuchen, T.:* Beweis für *Lehmanns* Sätze über die Stellung des gesuchten Punktes zum fehlerzeigenden Dreiecke beim Rückwärtseinschneiden. Z. Vermess.-Wes. 1877 S. 276 und 277.

drei Sehnen $\alpha\alpha'$, $\beta\beta'$, $\gamma\gamma'$ nicht genau durch ein und denselben Punkt gehen, so zieht man zur endgültigen Punktbestimmung noch ein drittes bei schärferer Orientierung des Tisches konstruiertes, fehlerzeigendes Dreieck heran.

Sehr einfach und für manche Zwecke hinreichend genau ist die folgende, mit Hilfe einer Pause durchzuführende Lösung. Überträgt man in $D$ mittels der Kippregel die vom Neupunkt nach den gegebenen Punkten führenden Richtungen auf ein Blatt Pauspapier $B_p$ (Abb. 226) und legt dies so auf das Meßtischblatt $B_m$, daß die Schenkel der Winkel $u$, $v$ durch die drei gegebenen Bildpunkte $a$, $b$, $c$ gehen, so bezeichnet der Ort des Strahlenscheitels den gesuchten Bildpunkt $d$.

Bezüglich des gefährlichen Kreises gilt dasselbe, was schon gelegentlich der trigonometrischen Punktbestimmung hierüber gesagt worden ist[1].

Beim Polygonisieren mit dem Meßtisch tritt die graphische Richtungsmessung in Verbindung mit der Längenmessung auf. Die Punktbestimmung erfolgt hier jeweils durch Vorwärtsvisieren und Messung der Streckenlänge, die sofort in dem vorgeschriebenen Maßstabe aufgetragen wird.

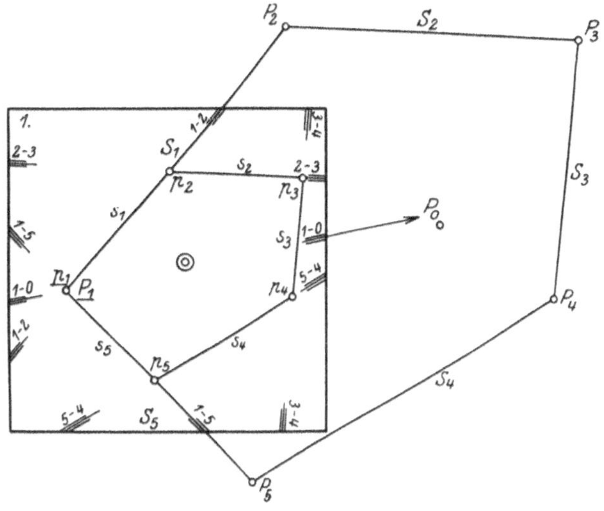

Abb. 227. Polygonaufnahme mit dem Meßtisch.

Ist $P_1 P_2 P_3 \ldots$ (Abb. 227) z. B. das aufzunehmende Polygon, zu dessen bekanntem Anfangspunkt $P_1$ der zugehörige Bildpunkt $p_1$ gegeben ist, so wird der Tisch zunächst in $P_1$ zentrisch aufgestellt und nach einem weiteren Punkte $P_0$ von bekannter Lage orientiert[2]. Dann setzt man bei unveränderter Lage des Tisches die Kippregel so, daß ihre Zielebene den Punkt $P_2$ enthält und die Linealkante durch den Bildpunkt $p_1$ geht. In dieser Instrumentenstellung trägt man die der meist direkt gemessenen horizontalen Entfernung $P_1 P_2 = S_1$ im Maßstab der Darstellung entsprechende Länge $s_1$ von $p_1$ aus längs der Linealkante ab und erhält so den Bildpunkt $p_2$. Außerdem wird zur Erzielung einer möglichst langen Anlegelinie für die Richtung $p_1 p_2$ diese auch an den Blatträndern längs der Linealkante durch Randmarken bezeichnet. Der Meßtischgenauigkeit würde eine einfache direkte Seitenmessung durchaus genügen; sie muß jedoch zur Aufdeckung etwaiger grober Fehler wiederholt werden.

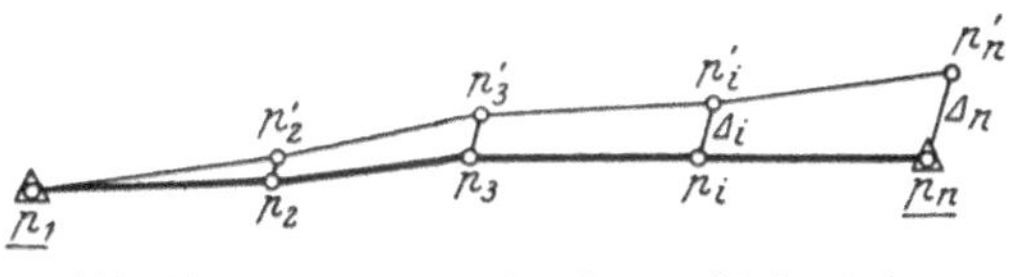

Abb. 228. Linearer Anschlußfehler der graphischen Polygonmessung.

So wie im ersten Punkte wird auch in den übrigen Punkten verfahren, wobei zur Orientierung des Tisches jeweils die lange Anlegelinie der vorher bestimmten Seite benützt wird. Schließlich soll der Endpunkt der letzten Zugseite im Bilde mit einem fehlerfrei vorgegebenen Punkte — im geschlossenen Zuge mit dessen Anfangspunkt — zusammenfallen. Auch soll eine im Endpunkte etwa noch vorhandene Orientierung stimmen. Wegen der verschiedenen unvermeidlichen Messungsfehler wird jedoch an Stelle des richtigen Zuges $p_1 p_2 \ldots p_n$ (Abb. 228) der fehlerhafte $p_1 p_2' p_3' \ldots p_n'$ mit

[1] Siehe S. 145.

[2] Dabei ist es, wenn der Bildpunkt $p_0$ nicht mehr auf das Meßtischblatt fällt, notwendig, die Schnittpunkte der Orientierungsrichtung mit den Blatträndern, die sog. Blattschnitte, zu berechnen.

einem linearen Anschlußfehler $\Delta_n$ treten. Eine strenge Zugausgleichung ist hier noch viel weniger am Platz wie bei der Theodolitpolygonisierung, und man kann etwa in ganz roher, aber auch sehr einfacher Weise nach Andeutung von Abb. 228 die sämtlichen Punkte $p'$ in der Richtung des Schlußfehlers um Beträge verschieben, welche der Zahl der zurückliegenden Polygonseiten jeweils proportional sind. So ist z. B.

$$\Delta_i = (i - 1)\frac{\Delta_n}{n - 1} \tag{527}$$

die Verschiebung des Punktes $P_i$.

Wird der Schlußfehler $\Delta_n$ größer als etwa $\frac{1}{1000}$ der Zuglänge, so ist auch noch die Einwirkung grober Fehler anzunehmen. Zeigt sich z. B., daß $\Delta_n$ ziemlich genau parallel zu einer Zugseite liegt, so ist zu vermuten, daß deren Länge falsch aufgetragen ist. Steht dagegen $\Delta_n$ senkrecht auf einer zum Endpunkt $P_n$ führenden Diagonale $P_i P_n$, so ist wahrscheinlich die Richtung $P_i P_{i+1}$ fehlerhaft aufgenommen worden. Kann durch eine Nachprüfung der verdächtigen Seiten die Differenz nicht aufgeklärt werden, so ist die ganze Zugmessung zu wiederholen.

## b) Einzelaufnahme mit dem Meßtisch.

Vor der eigentlichen Einzelaufnahme geht man zuerst das Gebiet ab und entwirft dabei in allgemeinen Umrissen einen Handriß. Manchmal werden auch gleich die hernach aufzunehmenden Punkte durch numerierte Späne bezeichnet. Dann stellt man den Meßtisch zunächst im ersten Standort $P_1$ (Abb. 229) gehörig auf, orientiert nach einem möglichst weit entfernten Punkte von bekannter Lage, führt nötigenfalls die Kippregelberichtigung und die Bestimmung der Distanzmesserkonstanten durch und nimmt hierauf alle vom Standort aus gut zu erreichenden Einzelheiten *1*, *2*, *3*, ... durch Polarkoordinaten auf. Dabei werden die Entfernungen $r_1$, $r_2$, $r_3$, ... dieser Punkte — abgesehen von denen, die unter einer Meßbandlänge betragen — durch Distanzmessung an einer lotrechten Latte ermittelt und sofort im Aufnahmemaßstab von $p_1$ (Bildpunkt des Standortes) aus an der durch diesen Punkt gehenden Linealkante abgetragen. Die aufgetragenen Punkte werden sowohl auf dem Meßtisch als auch im Handriß fortlaufend numeriert. Die Übereinstimmung der Numerierung wird, da der Handrißführer mit dem Lattenträger gehen muß, um ihm die Standorte anzuweisen, von Zeit zu Zeit durch Zuruf kontrolliert. Ab und zu, jedenfalls aber unmittelbar vor dem Verlassen des Standortes und nach einer Erschütterung des Meßtisches muß dessen Orientierung — mittels langer Anlegelinie — nachgeprüft und, wenn nötig, berichtigt werden. Sind im ersten Standpunkte alle von dort aus erreichbaren Punkte aufgenommen, so begibt man sich der Reihe nach auf die übrigen Stationen und verfährt dort ebenso. Die eine oder andere Station wird man auch überspringen können, wenn die in ihrer Umgebung liegenden Einzelheiten von den beiden Nachbarstandorten aus noch mit genügender Sicherheit aufgenommen werden können. Die Punktnumerierung ist eine durchlaufende, knüpft also stets an die letzte gegebene Nummer im eben verlassenen Standpunkte an.

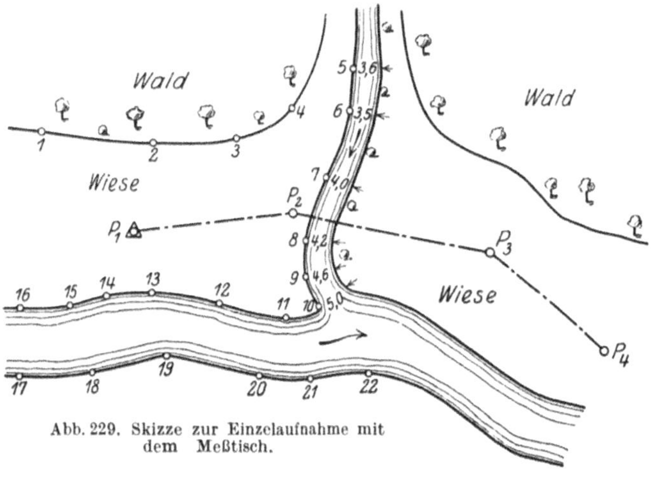


Abb. 229. Skizze zur Einzelaufnahme mit dem Meßtisch.

Da auf die beschriebene Art und Weise schon im Felde ein genaues, verjüngtes Planbild entsteht, so kann bereits die im Entstehen begriffene Aufnahme in all ihren Einzelheiten zur Aufdeckung grober Fehler mit der Natur verglichen werden.

Die Güte der Meßtischaufnahmen hängt in erster Linie vom Maßstab ab. Je kleiner derselbe, desto größer sind die Fehler der aus dem Plan entnommenen Örter und Entfernungen. Ferner spielen die Standfestigkeit des Tisches und die Sorgfalt der Meßtischaufstellung, die Beschaffenheit der Kippregel, das Wetter sowie die Übung, Geschicklichkeit und Gewissenhaftigkeit des Beobachters eine große Rolle. Für die Unsicherheit der aus den Lattenabschnitten ermittelten, aufzutragenden Entfernungen gelten die an früherer Stelle (S. 117ff.) über die Fehler der Fadendistanzmessung gegebenen Ausführungen.

Der mittlere Punktfehler eines aus einer sorgfältigen Originalaufnahme vorsichtig abgegriffenen Ortes oder einer direkt abgegriffenen Entfernung mag, wenn $M = 1 : V$ der Maßstab ist, etwa $(V : 10000)$ Meter betragen[1].

Beispiele größerer Meßtischaufnahmen — vielfach in Verbindung mit Höhenaufnahmen — sind die bayerische Landesaufnahme 1 : 5000, teilweise auch die württembergische Katasteraufnahme 1 : 2500, ferner die preußischen Meßtischblätter (1 : 25000), die älteren badischen topographischen Blätter und die sächsische topographische Landesaufnahme. Eine glänzende Meßtischaufnahme der neuesten Zeit ist der von 1899 bis 1905 aufgenommene Plan des Stadtgebietes Zürich[2] (50 qkm in 23 Blättern 1 : 2500 mit 2 m-Höhenlinien).

## 28. Allgemeines über Höhenaufnahmen.

Höhenaufnahmen sind für die verschiedensten Zwecke, insbesondere auch für rein ingenieurtechnische Aufgaben von großer Bedeutung. Je nach den vom Zweck der Arbeit abhängigen Genauigkeitsanforderungen kommen verschiedene Methoden der Höhenmessung in Betracht. Die wichtigsten derselben sind, annähernd nach abnehmender Genauigkeit geordnet, die folgenden: 1. das geometrische Nivellement, 2. die trigonometrische Höhenmessung, 3. das tachymetrische Nivellement, 4. die Staffelmessung mit Latten und Schnüren, 5. die barometrische Höhenmessung, 6. das Echolot zur Bestimmung von Meerestiefen und Lufthöhen. Die verschiedenen Arten der Höhenmessung dienen zur Bestimmung der Höhenunterschiede zwischen je zwei Punkten und zur Ermittlung ihrer Meereshöhen, d. h. ihrer lotrechten Abstände vom Meeresspiegel. Dieser muß wegen des starken Einflusses der Erdkrümmung auf die Höhen schon auf kurze Entfernungen hin als kugelförmig, bei feineren Messungen sogar als ellipsoidisch betrachtet werden. In Deutschland bezieht man heute die Höhen auf den möglichst genau in die Niveaufläche des Nullpunktes des Amsterdamer Pegels[3] gelegten Normalnullpunkt (N.N.P.) und bezeichnet sie als Höhen über Normalnull (N.N.). Zur oberirdischen Festlegung des tief unter die Bodenoberfläche fallenden Normalnullpunktes dient der Normalhöhenpunkt (N.H.P.), welchen nach den Ergebnissen sorgfältiger Messungen[4] 1879 das preußische Zentral-

---

[1] Eine interessante Untersuchung über die Genauigkeit der bayerischen Grundsteuerkatasterpläne gibt *Vogel, P.* in der Zeitschrift des bayerischen Geometervereins 1902 S. 59—69. Siehe ferner *Kobelt, Karl:* Genauigkeitsuntersuchung der graphischen Triangulation. Zürich 1917 und *Graeser, M.:* Prüfung der Genauigkeit der topographischen Grundkarte 1 : 5000. Sonderheft 4 der Mitt. Reichsamt Landesaufn. 1926.

[2] Siehe hierzu das Referat *Hammer* in der Z. Vermess.-Wes. 1911 S. 621—626.

[3] Der Nullpunkt des Amsterdamer Pegels liegt selbst um 0,162 m über dem aus langjährigen (ab 1701), sorgfältigen Beobachtungen bestimmten Mittelwasser der Nordsee. Siehe Z. Vermess.-Wes. 1892 S. 650. Nach den dort S. 648 gegebenen Mitteilungen scheinen die Höhen der Mittelwasser verschiedener Meere bis zu einigen Dezimetern voneinander abzuweichen.

[4] Die nivellitische Verbindung des N.H.P. mit dem Nullpunkt des Amsterdamer Pegels erfolgte 1875 u. 1876 mit Hilfe von niederländischen Messungen und von Messungen der trigonom. Abt. d. preußischen Landesaufnahme. Sie sind beschrieben in Nivellements der trigonom. Abteilung der Landesaufnahme Bd. 4. Berlin 1880. Siehe hierzu auch die Ausführungen in der Z. Vermess.-Wes. 1880 S. 1—16. Der mittlere Fehler dieser Übertragung ist kleiner als 1 dm zu schätzen.

direktorium der Vermessungen am Nordpfeiler der Berliner Sternwarte 37,000 m über N.N. durch den Nullpunkt einer Millimeterteilung bezeichnete. Als infolge der geplanten Verlegung der Berliner Sternwarte der Verlust des N.H.P. bevorstand, wurde 1912 zum Ersatz dafür zwischen Herzfelde und Hoppegarten eine Gruppe von 5 Punkten unterirdisch festgelegt und durch Verbindung mit dem Normalhöhenpunkt der Höhe nach genau bestimmt[1].

Als bayrischer Normalhöhenpunkt ist der 1880 auf tertiärem Flinz errichtete nördliche Komparatorpfeiler (polierte Oberfläche) im Hof der Technischen Hochschule München zu betrachten[2]. Seine Höhe über N.N. ist $514{,}670_2$.

## 29. Das geometrische Nivellement.

Beim geometrischen Nivellieren oder Einwägen werden die Höhenunterschiede durch horizontales Zielen nach lotrecht gestellten, geteilten Latten oder Maßstäben bestimmt. Man bedarf dazu eines der früher (S. 58ff.) beschriebenen Nivellierinstrumente und einer Nivellierlatte.

Für sehr flüchtige Zwecke kann es manchmal genügen, nach Andeutung von Abb. 68 ein Nivellement mit Aughöhen durchzuführen, indem man sich bei jeder neuen Aufstellung auf denjenigen Geländepunkt begibt, welcher durch das verlängerte horizontale Lotbild in der vorhergehenden Station bezeichnet wurde und die Zahl $n$ der Aughöhen $i$ zwischen den beiden Punkten abzählt, deren Höhenunterschied bestimmt werden soll. Dieser ist die Summe aus dem Produkt $n \cdot i$ und einem im Endpunkt sich ergebenden geschätzten oder gemessenen Restbetrag. Dieses rohe Verfahren, bei dem an Stelle der Lattenablesungen die konstante Aughöhe $i$ tritt, kann als ein Nivellieren vom Ende aus bezeichnet werden, da bergauf lauter Vorblicke, bergab jedoch lauter Rückblicke auftreten.

Verhältnismäßig roh sind auch die Höhenbestimmungen mit anderen Pendelnivellierinstrumenten, mit den hydrostatischen Nivellierinstrumenten sowie mit den Freihandnivellierinstrumenten mit Libelle.

Will man die Höhenunterschiede von Punkten, welche 1 km und mehr voneinander entfernt sind, auf einige mm genau erhalten, so muß man sich des eine feste Aufstellung ermöglichenden Dreifußnivellierinstruments mit Fernrohr und Libelle bedienen.

### a) Festpunkte.

Vor Beginn der Messungen werden die ihrer Höhe nach zu bestimmenden Punkte sorgfältig ausgewählt und versichert. Die Auswahl dieser 1 bis 2 km Abstand haltenden Höhenfestpunkte oder Fixpunkte (Abb. 230), deren Gesamtheit das Höhennetz bildet, erfolgt so, daß Zerstörungen oder auch nur meßbare Höhenänderungen

---

[1] Siehe dazu *Wolff, H.:* Ersatz des Normalhöhenpunktes a. d. Berliner Sternwarte. Z. Vermess.-Wes. 1914 S. 51—52.

[2] Er erscheint bei *Oertel, Karl:* Das Präzisionsnivellement in Bayern rechts des Rheins. S. 118/119. München 1893, unter der Nummer 1322. Eine nähere Beschreibung gibt *M. Schmidt* auf S. 21/22 der Schrift „Das Geodätische Institut und der Unterricht im Vermessungswesen an der Kgl. Technischen Hochschule in München, München 1916". Die bayerischen Höhenmessungen wurden mittels der dem bayerischen und norddeutschen Netz gemeinsamen Punkte Elm, Kahla, Koburg und Obersiemau an Normal-Null angeschlossen. In der Rheinpfalz ist der Anschluß durch eine größere Zahl von Punkten erfolgt. Hauptanschlußpunkt war der preußische Höhenbolzen Nr. 5990 im Kasinogarten zu Kreuznach, dessen Höhe 111,555 m über N.N. übernommen wurde. — Zur Frage verschiedener bayerischer Horizonte siehe *Düll, F.:* Die Verschiedenheit der Höhenangaben für die Festpunkte des bayerischen Flußnivellements. Bayer. Z. Vermess.-Wes. 1926 S. 262—268. Einschlägige Angaben siehe auch in „Höhenpunktnetz der Landeshauptstadt München, München 1929". Über die Lage weiterer Horizonte siehe *Heyde, Herbert:* Die Höhennullpunkte der amtlichen Kartenwerke der europäischen Staaten und ihre Lage zu Normal-Null. Berlin 1923 (siehe auch *Müller, C.:* Taschenbuch der Landmessung und Kulturtechnik. S. 368/69. Stuttgart 1929).

der Träger dieser Punkte unwahrscheinlich sind[1] und spätere Höhenmessungen leicht daran angeschlossen werden können.

Für untergeordnete Messungen von vorübergehender Bedeutung genügen vielfach Grenzsteine und Kilometersteine oder ebene Flächen (Quadrate, Dreiecke) auf Trittstufen, Sockelvorsprüngen u. dergl.; genaueren Anforderungen entsprechen Nivellementspfähle mit eingeschlagenem Nagel mit gewölbtem Kopf (Abb. 230a), horizontale massive Höhenbolzen (Abb. 230b) in festen Sockelmauern, Brückenpfeilern und ähnlichen Bauwerken, aufrechtstehende Kopfbolzen (Abb. 230c) auf den Widerlagern von Brücken, größeren Durchlässen usw., in weit ausgedehnten Anlagen z. B. auch besondere Nivellementssteine (Abb. 230d) mit horizontalen oder senkrechten Bolzen, Teilungsmarken (Abb. 230e), in festem Mauerwerk sitzende horizontale Bolzen mit zentrischer Bohrung (Abb. 230f), die auch kurzweg als Höhenmarken bezeichnet werden und Rohrfestpunkte (Abb. 230g).

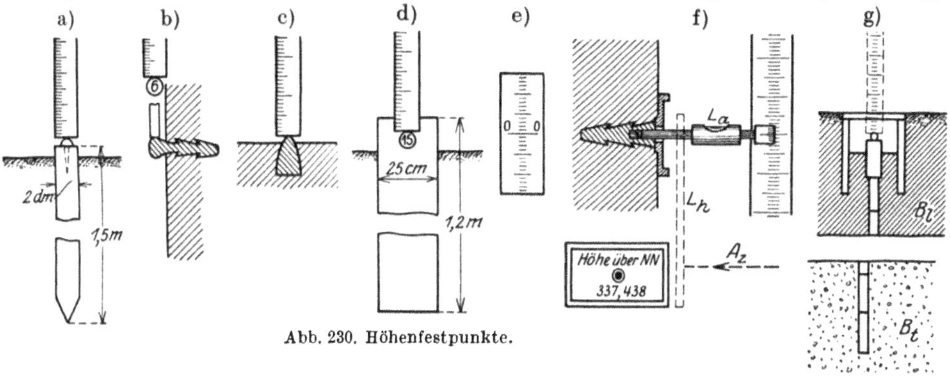


Abb. 230. Höhenfestpunkte.

Ein solcher besteht aus einem tief in den tragfähigen Boden getriebenen schmiedeeisernen Brunnenrohr, an dessen oberes Ende eine Kugelkappe aufgeschraubt ist[2]. Längs der Flüsse werden vielfach auch an gut fundierten km-Steinen oder km-Säulen Höhenbolzen angebracht. Standsicherheit verspricht ein Höhenfestpunkt nur dann, wenn sein Träger genügend weit unter die Frostgrenze in festen, gewachsenen Boden reicht. Höhenpunkt ist mit Ausnahme von 230e und f jeweils der höchste Punkt der betreffenden Marke, auf welchen beim Anschluß der Lattenfußpunkt aufgesetzt wird. Bei den Teilungsmarken ist es der Nullstrich einer feinen Teilung und bei den immer mit einem durchbohrten Schutzschild versehenen zentrischen Höhenmarken die horizontalliegende Achse einer zylindrischen Bohrung. Geeignete Höhenlage des Instrumentes und der Teilungsmarke vorausgesetzt, kann beim Anschluß an dieser selbst unmittelbar abgelesen werden. Auch der Anschluß an Höhenmarken mit horizontaler zentrischer Bohrung kann in ähnlicher Weise bewerkstelligt werden, indem mittels der Ziellinie $A_z$ an einer kurzen Hängelatte $L_h$ (Anschlußlatte) abgelesen wird (in Abb. 230f gestrichelt), welche in ihrem Nullpunkt an einem genau in die Höhlung der Marke passenden zylindrischen Stift aufgehängt ist. Die Höhenübertragung auf eine neben der Höhenmarke stehende Latte kann auch mit Hilfe einer sog. Anschlußlibelle $L_a$ in der aus der Abbildung ersichtlichen Weise erfolgen[3].

## b) Durchführung und Berechnung des gewöhnlichen geometrischen Nivellements.

Die Ableitung der Meereshöhe $H_2$ (Abb. 231) eines Punktes $P_2$ aus der bekannten Meereshöhe $H_1$ eines Ausgangspunktes $P_1$ durch ein geometrisches Längen- oder

[1] Gegen Höhenänderungen infolge von plötzlichen oder langsamen Bewegungen der ganzen Erdkruste sind natürlich auch diese Punkte nicht gefeit.

[2] Näheres siehe bei *Gurlitt, S.*: Ein Normalhöhenpunkt. Z. Vermess.-Wes. 1908 S. 145—149.

[3] Näheres hierüber siehe in *Schmidt, M.*: Ergänzungsmessungen zum Bayerischen Präzisionsnivellement, Heft 1 S. 36 u. 37. München 1908.

Liniennivellement mit Hilfe eines fest aufzustellenden Fernrohrnivellierinstrumentes mit Libelle geschieht in folgender Weise. Man stellt zunächst das Instrument, dessen Fernrohrvergrößerung etwa 20 bis 25 beträgt und dessen Libellenteilwert

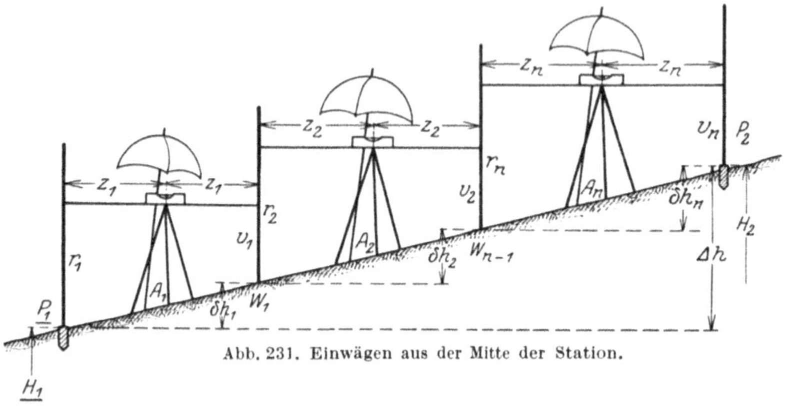


Abb. 231. Einwägen aus der Mitte der Station.

10″ bis 15″ ist, in einem Punkte $A_1$ auf, der von $P_1$ gegen $P_2$ zu um etwa 40 m absteht. Hat es nach einiger Zeit, gegen direkte Sonnenbestrahlung, Regen oder Wind durch einen Meßschirm geschützt, die Temperatur der umgebenden Luft angenommen, so wird es auf die früher (S. 56ff. u. 61ff.) beschriebene Weise berichtigt. Auch die mit der Latte verbundene Dosenlibelle ist in bezug auf ihre Stellung zur Teilungslinie zu untersuchen. Nunmehr richtet man das Nivellierfernrohr auf die rückwärts in $P_1$ (auf dem Festpunkt) lotrecht stehende Latte und erhält an derselben bei scharf einspielender Libelle als Ablesung den ersten Rückblick $r_1$. War $z_1$ die zugehörige Zielweite, so wird jetzt die Latte über $A_1$ hinaus, wo das Instrument stehen bleibt, um $z_1$ gegen $P_2$ zu in $W_1$ aufgestellt, so daß das Instrument in der Mitte der Station steht und — auf alle Stationen angewendet — von einem Nivellieren aus der Mitte gesprochen werden kann. An der in $W_1$ lotrecht stehenden Latte erhält man bei einspielender Libelle den Vorblick $v_1$. Das gleiche wiederholt man in aneinandergereihten Stationen so lange, bis man mit einer $n$-ten Station mit der Zielweite $z_n$ und den Lattenablesungen $r_n$, $v_n$ im Endpunkte $P_2$ ankommt. In den Lattenstandpunkten $W_1, W_2, \ldots W_{n-1}$, den sog. Wechselpunkten, wird die Latte jeweils auf eine fest in den Boden getretene Unterlagsplatte aufgesetzt, während sie in den Endpunkten $P_1$, $P_2$ unmittelbar auf den betreffenden Pflock, Bolzen usw. gesetzt wird. Die Höhenunterschiede der aufeinander folgenden Wechselpunkte sind die Differenzen $\delta h_1 = r_1 - v_1, \ldots \delta h_n = r_n - v_n$, so daß der Höhenunterschied von $P_1$ bis $P_2$

$$\varDelta h = [\delta h_i]_1^n = [r_i]_1^n - [v_i]_1^n \tag{528}$$

und die Meereshöhe des letztgenannten Punktes

$$H_2 = H_1 + \varDelta h = H_1 + [r_i]_1^n - [v_i]_1^n \tag{529}$$

wird.

Tabelle 24.

| | |
|---|---|
| F.P. 1 | 125,340 |
| + | 0,438 |
| ⊗ | 125,778 |
| − | 1,034 |
| | 124,744 |
| + | 0,402 |
| ⊗ | 125,146 |
| − | 1,025 |
| F.P. 2 | 124,121 |
| + | 0,616 |
| ⊗ | 124,737 |
| . . . . . | . . . . . |
| F.P. 3 | 123,045 |
| . . . . . | . . . . . |
| F.P. 4 | 123,138 |
| . . . . . | . . . . . |
| F.P. 5 | 124,086 |
| . . . . . | . . . . . |
| F.P. 6 | 124,851 |
| . . . . . | . . . . . |
| F.P. 7 | 124,934 |
| . . . . . | . . . . . |
| F.P. 8 | 125,169 |
| . . . . . | . . . . . |
| F.P. 1 | 125,355 |

Durchlaufende Aufschreibung und Berechnung.

Zur Sicherung gegen unzulässige Fehler soll jedes Nivellement in seinem weiteren Verlauf entweder an einen zweiten Punkt von bekannter Höhenlage anschließen oder in einer geschlossenen Schleife zum Ausgangspunkt zurückkehren.

Eine sich vollständig an den Gang der Messung anschließende, **gebräuchliche Art der Aufschreibung** und vorläufigen Berechnung eines Nivellements enthält Tabelle 24, in welcher ⊗ den jeweiligen **Instrumentenhorizont**, d. h. die Meereshöhe der horizontalen Ziellinie, andeutet. Das auf den Anfangspunkt zurückgeführte Nivellement kommt dort mit einer um 15 mm zu großen Höhe an. Häufig wird auch die in Tabelle 25 enthaltene Art der Aufschreibung und Berechnung benutzt, welche eine auf der letzten Zeile der Tabelle durchgeführte Rechenprobe ermöglicht.

Tabelle 25.

| Instr.-Stand | Zielweite | Lattenablesung | | Höhenunterschied | | Höhe des Lattenfußpunktes ü. N.N. | Bemerkungen |
|---|---|---|---|---|---|---|---|
| | | Rückblick | Vorblick | steigt + | fällt − | | |
| | | | | | | 225,915 | F.P. Nr. 34 |
| 1 | 51 | 1,628 | 0,416 | 1,212 | . | 227,127 | |
| 2 | 48 | 1,957 | 0,816 | 1,141 | . | 228,268 | |
| 3 | 49 | 0,348 | 1,389 | . | 1,041 | 227,227 | |
| 4 | 47 | 1,002 | 1,593 | . | 0,591 | 226,636 | |
| 5 | 50 | 1,738 | 0,615 | 1,123 | . | 227,759 | F.P. Nr. 51 |
| | | 6,673 | 4,829 | 3,476 | 1,632 | | |
| | | $[r] - [v] = +1,844$ | | $[r - v] = +1,844$ | | (227,759) | = Probe |

Aufschreibung mit Berechnung der Höhenunterschiede von Wechselpunkt zu Wechselpunkt.

Die **Ermittlung der genäherten Zielweiten** erfolgt entweder mit dem Distanzmesser, durch Abschreiten, mit dem Meßband, mit der Schnur, in sehr bequemer Weise durch Abzählen der Schienen oder unter Benutzung von hm-Pflöcken. Für nicht zu große Zielweiten kann man bei unveränderter Stellung des Okularauszugs die genügend scharfe Einhaltung gleicher Zielweiten für die beiden Blicke desselben Standes daran prüfen, daß bei scharfer, parallaxenfreier Einstellung der Latte im Rückblick auch das Lattenbild im Vorblick deutlich und parallaxenfrei sein muß.

Die **Nivellierfehler** sind **teils systematische, teils rein zufällige, unvermeidliche Beobachtungsfehler**[1].

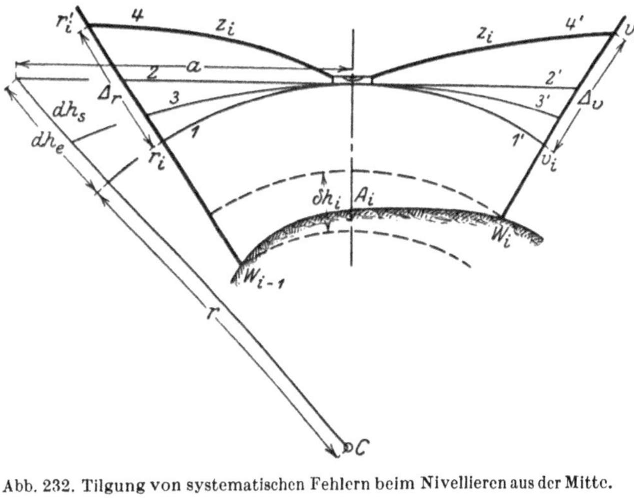


Abb. 232. Tilgung von systematischen Fehlern beim Nivellieren aus der Mitte.

**Systematische Fehler** werden hauptsächlich durch die Erdkrümmung und symmetrische Strahlenbrechung, durch Restfehler am Instrument, durch das Einsinken von Instrument und Latte, durch etwaige Augenmängel beim Einspielenlassen — oder Ablesen — der Libelle, durch ein fehlerhaftes Lattenmeter, durch die Lattenschiefe sowie durch unsymmetrische Strahlenbrechung bei einseitiger Profilneigung hervorgerufen.

Eine geradlinige horizontale Sicht würde in der Entfernung $a$ (Abb. 232) vom Instrument um den **Einfluß der Erdkrümmung** $dh_e$ von der durch den Anfangs-

[1] Diese Trennung kann nicht ganz streng durchgeführt werden, da manche Fehler für den einzelnen Stand systematischen, für die Gesamtheit aller Stände jedoch zufälligen Charakter besitzen.

punkt der Sicht gehenden Niveaufläche (Kugel um den Erdmittelpunkt $C$) abweichen. Ist $r$ der Erdhalbmesser bis zu dieser Fläche, so findet man mittels des Sekantensatzes leicht den scharfen Näherungsausdruck

$$dh_e = \frac{a^2}{2\,r}\,. \tag{530}$$

Der entsprechende Betrag in der Lattenablesung zur Zielweite $z$ ist daher

$$dh_e = \frac{z^2}{2\,r}\,. \tag{531}$$

Betrachtet man die Lichtkurve in erster Näherung[1] als einen Kreisbogen vom Halbmesser $R$ und besteht das als Refraktionskoeffizient bezeichnete Verhältnis

$$k = r : R\,, \tag{532}$$

so ist $R = r : k$ und der Einfluß der kreisförmigen Strahlenbrechung auf die Einzelablesung wird

$$dh_s = \frac{z^2}{2\,R} = k\,\frac{z^2}{2\,r}\,. \tag{533}$$

Ein kleiner Neigungsfehler der Libellenachse gegen die Zielachse wird nach der besten Berichtigung noch vorhanden sein oder infolge von Erschütterungen und Temperaturänderungen oder beim Verstellen des Okularauszugs sich bald wieder einstellen. Auch die bei der Berichtigung vernachlässigte Ungleichheit der Ringdurchmesser oder eine Exzentrizität des Objektivmittelpunktes bei einem drehbaren, umlegbaren oder durchschlagbaren Fernrohr wirken in diesem Sinne.

Der Einfluß einer Vernachlässigung der Erdkrümmung, eines Neigungsfehlers, auch derjenige der symmetrischen Strahlenbrechung auf das Nivellement kann durch Nivellieren aus der Mitte der Station behoben werden. Der Höhenunterschied der beiden Wechselpunkte $W_{i-1}$ und $W_i$ ist als Abstand der durch sie gehenden kugeligen Niveauflächen der Unterschied

$$\delta h_i = r_i - v_i\,, \tag{534}$$

wenn $r_i$, $v_i$ die Lattenstellen bezeichnen, wo eine in der Niveaufläche des Instrumentenhorizonts gedachte Ziellinie *1* die Latte im Rückblick und Vorblick trifft. Die horizontale, nicht gestörte Ziellinie besitzt die Lage *2*; infolge der zum Lot des Standortes symmetrischen Strahlenbrechung entsteht Lage *3* und durch Hinzutreten des Neigungsfehlereinflusses endlich ergibt sich die wirkliche Lage *4* der Ziellinie, zu welcher eine von $r_i$ um $\Delta_r$ sich unterscheidende fehlerhafte Rückblickablesung $r_i'$ gehört. Die entsprechenden Lagen des Vorblicks sind *1'*, *2'*, *3'*, *4'*. Sie schließen untereinander und mit dem Lot des Aufstellungspunktes $A_i$ dieselben Winkel ein wie *1*, *2*, *3*, *4*, so daß bei gleichen Lattenabständen auch die zu *4'* gehörige Ablesung $v_i'$ von $v_i$ sich um $\Delta_v = \Delta_r$ unterscheiden wird. Setzt man die Ausdrücke

$$r_i = r_i' - \Delta_r\,, \qquad v_i = v_i' - \Delta_v = v_i' - \Delta_r \tag{535}$$

in (534) ein, so findet man im Ausdruck

$$\delta h_i = r_i' - v_i' \tag{536}$$

den richtigen Höhenunterschied aus den fehlerhaften Beobachtungen.

Bei geneigtem Profil (Abb. 233) treten im Rückblick und Vorblick infolge ungleicher Strahlenbrechung etwas verschiedene Einflüsse $dh_{s\,r}$, $dh_{s\,v}$ auf. Ist $\Delta k = k_v - k_r$ der Zuwachs des Refraktionskoeffizienten vom Rückblick zum Vorblick und analog Gl. (295) $\delta = \Delta k : 2\,r$, so geht in den Höhenunterschied eines Standes der Fehler $dh_{s\,r} - dh_{s\,v} = -\,\delta \cdot z^2$ ein. Bei gleichbleibenden Verhältnissen (gleichmäßige ein-

[1] Näheres hierzu siehe bei der trigonometrischen Höhenmessung S. 206ff.

seitige Neigung bei gleicher Bodenbedeckung und gleiche Zielweiten $z$) wird der Einfluß auf das ganze Nivellement von der Länge $l$ bei $n$ Ständen der Ausdruck

$$-n\cdot\delta\cdot z^2 = -\tfrac{1}{2}\,l\cdot z\cdot\delta \tag{537}$$

sein. Dieser Fehler ist besonders bei längeren Sichten sehr zu fürchten.

Durch das Nivellieren aus der Mitte wird der bei schiefer Stehachse auftretende Einfluß des Kreuzungsfehlers $\varkappa$ und der einer seitlichen Lage der Ziellinie nicht eliminiert. Der Einfluß des Kreuzungsfehlers ist, solange sich der Aufstellungsfehler $v_i'$ (Bogenmaß) in der zur Libelle senkrechten Richtung nicht ändert, für die beiden Blicke eines Standes entgegengesetzt gleich, so daß sein doppelter Betrag in den Teilhöhenunterschied $\delta h_i$ eingeht. Für die Zielweite $z_i$ ergibt er sich unter Beachtung von (192) zu

$$dh_\varkappa^i = 2\,z_i\,v = 2\,z_i\,\varkappa\cdot v_i'. \tag{538}$$

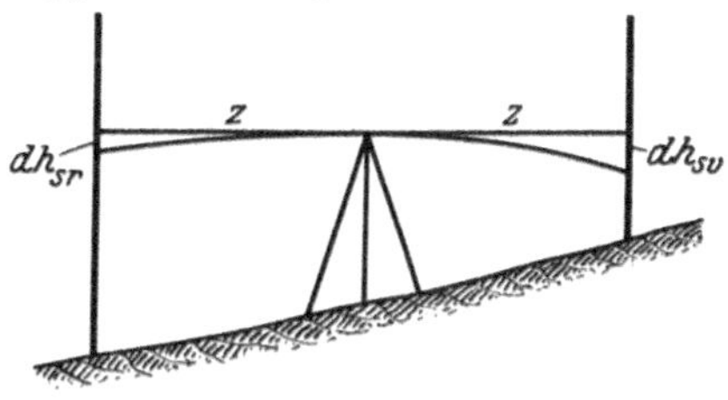

Abb. 233. Ungleiche Strahlenbrechung in Rück- und Vorblick.

Ist $e'$ der seitliche Abstand der Zielachse, so besitzen nach Andeutung von Abb. 234a die beiden Ziellinien des $i$-ten Standes einen Höhenunterschied $2\,\delta_{e'}^i$, so daß der Fehler im Höhenunterschied dieses Standes

$$dh_{e'}^i = 2\,e'\cdot v_i' \tag{539}$$

ist. Ein ganz entsprechender Fehler $dh_{e''}^i$ entsteht, wenn die exzentrische Kippachse um $e''$ von der in der Zielrichtung um $v_i''$ geneigten Stehachse absteht. Diese drei Fehler, welche durch eine genügende Lotrechtstellung der Stehachse leicht praktisch vollkommen bedeutungslos gemacht werden können, besitzen für den Gesamthöhenunterschied $\Delta h$ den Charakter zufälliger Fehler, da sie in den Beobachtungen einer größeren Zahl von Ständen verschieden groß und mit verschiedenen Vorzeichen auftreten. Ihre Einflüsse auf $\Delta h$ sind

$$2z\cdot\varkappa\cdot v'\sqrt{n} = \varkappa\cdot v'\sqrt{2\,l\cdot z},\quad 2\,e'\cdot v'\sqrt{n} = e'\cdot v'\sqrt{2\frac{l}{z}},\quad 2\,e''\cdot v''\sqrt{n} = e''\cdot v''\sqrt{2\frac{l}{z}}, \tag{540}$$

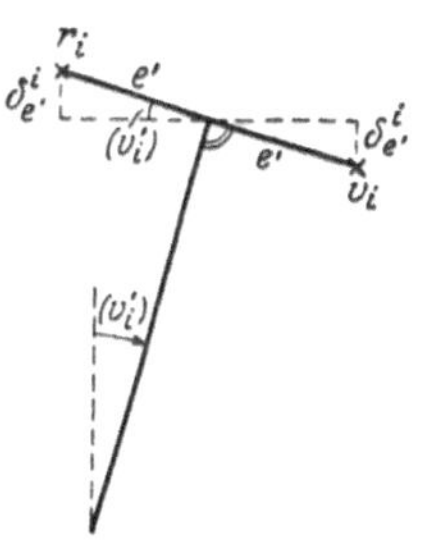

Abb. 234a. Nivellierfehler bei schiefer Stehachse und seitlicher Ziellinie.

wenn $v'$, $v''$ die im Bogenmaß ausgedrückten mittleren Fehler bedeuten und auch $\varkappa$ im Bogenmaß angegeben wird.

Zwischen den beiden Blicken desselben Standes wird das Instrument etwas einsinken, so daß jeder Vorblick um einen Betrag $\varepsilon_i'$ (Abb. 234b) zu klein erhalten wird. Hingegen findet während des Standortwechsels, in der Zeit zwischen dem Vorblick des letzten und dem Rückblick des neuen Standes ein Einsinken oder geringes Abrutschen der stehenbleibenden Latte um $\varepsilon_i''$ statt, so daß der neue Rückblick um denselben Betrag zu groß ausfällt. Beide Fehler, deren Summe $\varepsilon_i = \varepsilon_i' + \varepsilon_i''$ ist, wirken einseitig im gleichen Sinne. Infolge der Verkleinerung aller Vorblicke und der Vergrößerung aller Rückblicke werden die Meereshöhen sämtlicher einnivellierten Punkte zu groß ausfallen, und zwar um so mehr, je weiter die Messung fortschreitet. Da $\varepsilon_i$ mit der zum Wechseln der Latten- und Instrumentenstandorte benötigten Zeit, also auch mit der Zielweite $z_i$ zunimmt, im allgemeinen jedoch, ohne damit gleichen Schritt halten zu können, so wird man den einem $\varepsilon_i$ entsprechenden mittleren Fehler im Teilhöhenunterschied $\delta h_i$ in grober Annäherung durch den Ausdruck $\varepsilon_m\sqrt{z_i}$ darstellen können, so daß der mit gleichen Zielweiten in $n$ Ständen nivellierte Höhenunterschied $\Delta h$ den einseitigen Fehler $n\cdot\varepsilon_m\sqrt{z}$ besitzen mag.

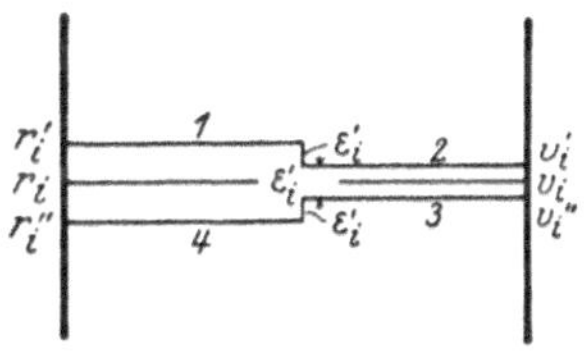

Abb. 234b. Einsinken des Nivellierinstrumentes.

Bei verschieden leistungsfähigen Augen wird zum Einstellen — bzw. Ablesen — der Blase sehr oft das eine Auge bevorzugt, wodurch die Blasenränder falsch auf die Libellenteilung projiziert werden. Dieser Mangel beeinflußt Rückblick und Vorblick entgegengesetzt gleich viel und in der Differenz der Ablesungen wird die Wirkung verdoppelt. Der Einfluß auf den Höhenunterschied eines Standes ist daher $2\pi\cdot z$, wenn $\pi$ den im Bogenmaß ausgedrückten Projektionsfehler bedeutet. Die Wirkung ist für alle Stände einseitig, wenn der Libellenbeobachter in bezug zur Nivellierrichtung stets auf derselben Seite des Instrumentes steht; der Gesamtfehler macht in diesem Fall $2\,n\cdot\pi\cdot z$ aus. Er wird dagegen schon im einfachen geometrischen Nivellement vollständig getilgt, wenn bei einer geraden Anzahl von Aufstellungen mit gleichen Zielweiten der Libellenbeobachter von Stand zu Stand abwechselnd auf verschiedenen Seiten des Instrumentes sich befindet[1]. Steht hingegen der Beobachter unregelmäßig wechselnd bald rechts, bald links, so erhält der Gesamtfehler den Charakter eines zufälligen Fehlers und wird

$$2\pi\cdot z\cdot\sqrt{n}=\pi\sqrt{2l\cdot z}. \tag{541}$$

Einseitig und proportional den gemessenen Höhenunterschieden $\Delta h$ verläuft der Einfluß einer Abweichung des Lattenmeters von seiner nominellen Länge (Nennlänge). Für einfache technische Zwecke genügt es, das Lattenmeter durch die Messung einiger Strichabstände mittels eines Normalmaßstabes zu bestimmen und etwaige größere Abweichungen rechnerisch zu berücksichtigen. Die der Bestimmung des Lattenmeters eigene Unsicherheit $m_m$ verursacht in $\Delta h$ den mittleren Fehler $\Delta h\cdot m_m$.

Dem Ursprung nach rein zufällig ist die Lattenschiefe (Tabelle 8, S. 66), deren mittlere Beträge in der Zielrichtung und senkrecht dazu $m'_\alpha$ und $m''_\alpha$ sein mögen. Ihre Wirkung aber ist vollständig einseitig, da stets an einer zu hoch gelegenen Stelle der Teilung abgelesen wird. Die bestimmten Abweichungen $d\alpha_{ir}$, $d\alpha_{iv}$ im $i$-ten Stand verursachen im Rückblick $r_i$ und im Vorblick $v_i$ die bestimmten Ablesefehler $dr_{i\alpha}=-\frac{1}{2}r_i\cdot(d\alpha_{ir})^2$ und $dv_{i\alpha}=-\frac{1}{2}v_i\,(d\alpha_{iv})^2$, so daß im Gesamthöhenunterschied $\Delta h$ der bestimmte Fehler

$$dh_\alpha=\overset{n}{\underset{i=1}{[dr_{i\alpha}]}}-\overset{n}{\underset{i=1}{[dv_{i\alpha}]}}=-\tfrac{1}{2}\overset{n}{\underset{1}{[r_i(d\alpha_{ir})^2]}}+\tfrac{1}{2}\overset{n}{\underset{1}{[v_i(d\alpha_{iv})^2]}} \tag{542}$$

steckt, für welchen leicht ein guter Näherungswert berechnet werden kann. Faßt man nämlich in den Summen die Stände mit gleichgeneigten Profilstrecken in Gruppen zusammen, so werden in jeder dieser Gruppen je alle Rückblicke und je alle Vorblicke nahezu gleich sein, so daß man sie vor die Summenklammer nehmen kann. Eine solche $e$ Stände enthaltende Gruppe liefert demnach zum Höhenfehler den Teilbetrag

$$\Delta dh_\alpha=-\tfrac{1}{2}r\,[(d\alpha_{ir})^2]+\tfrac{1}{2}v\,[(d\alpha_{iv})^2]. \tag{543}$$

Nun ist aber

$$[(d\alpha_{ir})^2]=e\cdot m_\alpha^2=[(d\alpha_{iv})^2], \tag{544}$$

also

$$\Delta dh_\alpha=-\frac{m_\alpha^2}{2}(e\cdot r-e\cdot v)=-\frac{m_\alpha^2}{2}\cdot[\delta h_e]. \tag{545}$$

Da für alle übrigen Gruppen dasselbe gilt, so wird der Höhenfehler wegen der mittleren Lattenschiefe näherungsweise

$$dh_\alpha=[\Delta dh_\alpha]=-\frac{1}{2}\,m_\alpha^2\overset{n}{\underset{1}{[\delta h_i]}}=-\frac{\Delta h}{2}\cdot m_\alpha^2, \tag{546}$$

---

[1] Näheres hierüber siehe bei *Holm:* Augenmängel des Libellenlesers als Fehlerquelle im Feinnivellement und ihre Ausschaltung. Z. Vermess.-Wes. 1910 S. 769—779 und 801—811. Nach den dort gemachten Angaben beträgt, wenn das eine, stets auf der gleichen Seite bleibende Auge gar nicht benutzt wird, unter normalen Verhältnissen der aus dem beregten Mangel fließende Fehler im Feinnivellement etwa 1,2 mm auf 1 km.

in welchem Ausdruck $m_\alpha$ im Bogenmaß zu nehmen ist. Ersetzt man $m_\alpha$ durch $m'_\alpha$ bzw. $m''_\alpha$, so erhält man mittels (546) die ihnen entsprechenden Verbesserungen $dh'_\alpha$ bzw. $dh''_\alpha$ des Höhenunterschiedes $\Delta h$. Bedeutet

$$m_\alpha = \sqrt{m'^2_\alpha + m''^2_\alpha}$$

die gesamte mittlere Lattenschiefe, so ist der Ausdruck (546) die dieser Resultante entsprechende Höhenverbesserung. Sie läßt sich zahlenmäßig angeben, wenn $m'_\alpha$ und $m''_\alpha$ oder $m_\alpha$ selbst aus Versuchen bestimmt worden sind. Für $m_\alpha = 10'$ z. B. wird $dh_\alpha = -4{,}24 \cdot 10^{-6} \cdot \Delta h$. Durch eine sorgfältige Lotrechtstellung der Latte kann der betrachtete Fehler bedeutungslos gemacht werden[1].

Die rein zufälligen, unvermeidlichen Nivellierfehler beruhen in der Hauptsache auf den gleichen Ursachen, wie die früher S. 117ff. betrachteten Fehler des Lattenabschnitts. Besonders sind zu nennen a) der mittlere Fehler $m_t$ der Lattenteilung; b) der vom Flimmern des Lattenbildes und von der Lage der Ablesestelle im Teilfeld stark beeinflußte Schätzungsfehler, d. i. der eigentliche Ablesefehler $m_a$, c) die ungleiche Strahlenbrechung[2] bei wechselnden, verschiedenseitigen Profilneigungen. Hier wird der einem Stand entsprechende Fehler $\delta \cdot z^2$ in den verschiedenen Aufstellungen wegen der zufällig wechselnden Profilneigungen sein Vorzeichen unregelmäßig wechseln und dem Gesamthöhenunterschied entspricht hier der mittlere Fehler

$$2\, m_\delta^2 = \delta \cdot z^2 \sqrt{n} = \delta \sqrt{\tfrac{1}{2}\, l \cdot z^3}\,, \tag{547}$$

wo jetzt $\delta$ als mittlere Unsicherheit aufzufassen ist. d) Ferner kommt in Betracht eine geringe Neigungsänderung der Ziellinie vom Einspielenlassen der Libelle bis zum Ablesen und eine kleine Änderung des Neigungsfehlers der Libelle in der Zeit zwischen dem Rückblick und dem Vorblick. Der Einfluß beider Fehler ist zur Zielweite proportional. e) Dasselbe gilt auch für den schon früher besprochenen Einfluß des Kreuzungsfehlers. Dem Zusammenwirken der unter d) und e) genannten Fehler möge für die einzelne Ablesung der mittlere Betrag $\eta_m = z \cdot \eta$ entsprechen. f) Der Einfluß einer seitlichen Lage der Ziellinie — siehe (539) — oder der Kippachse bei schiefem Zapfen ist unabhängig von der Zielweite; sein Quadrat sei für beide Ursachen zusammen für die einzelne Sicht — rein rechnerisch betrachtet — der Ausdruck $\tau^2$. g) Die Ablesungen werden auch durch die beim Einspielenlassen der Libelle begangenen Fehler gefälscht. Sollen diese keinen systematischen Charakter annehmen, so muß man darauf sehen, daß für den Rückblick und Vorblick desselben Standes die letzte Bewegung der Feinstellschraube stets im gleichen Sinne, etwa durch ein Hineindrehen der Schraube erfolgt. Andernfalls würde ein leichtes Nachziehen der Blase die beiden Ablesungen eines Standes im entgegengesetzten Sinne beeinflussen, in der Differenz der Ablesungen also den doppelten Einfluß ausüben. Der Einfluß des rein zufälligen Fehleranteils ist mit Rücksicht auf (190)

$$m_\lambda = z\,\frac{m_s}{\varrho''} = \frac{0{,}1}{\varrho''}\, z \sqrt{p} \approx 5 \cdot 10^{-7} z \sqrt{p}\,, \tag{548}$$

---

[1] Ein wegen seiner Geringfügigkeit für gewöhnlich zu vernachlässigender systematischer Fehler entsteht infolge der aus dem Eigengewicht der Latte und eines an den Handgriffen wirkenden Zuges eintretenden Verkürzung der lotrechten Latte. Näheres siehe bei *Näbauer, M.:* Theoretische Untersuchung des Einflusses einer Verkürzung der lotrecht stehenden Latte auf das Nivellement. Zeitschrift des Vereins der höheren bayerischen Vermessungsbeamten 1913 S. 35—58. Einseitige, der Größe nach schwer anzugebende Fehler entstehen auch durch die lästige, bei unvorsichtiger Behandlung manchmal auftretende Krümmung der Latte.

[2] Im Gegensatz zur trigonometrischen Höhenmessung verlaufen beim geometrischen Nivellement die Sichten ganz in Bodennähe, also in vielfach gestörten Luftschichten. Es ist begreiflich, daß hier der Refraktionskoeffizient (siehe S. 208) manchmal das 10fache des der freien Atmosphäre entsprechenden Wertes beträgt und daß er im übrigen stark vom Bodenprofil sowie dem Abstand der Sichten vom Boden abhängt. Siehe dazu *Hugershoff:* Der Zustand der Atmosphäre als Fehlerquelle im Nivellement. Dresden 1907 und besonders *Kohlmüller, F.:* Zur Refraktion im Nivellement. München 1912.

wenn $m_s$ den mittleren Einstellfehler der Blase und $p$ den in Sekunden ausgedrückten Teilwert bedeutet. h) Zufällige Unterschiede $\Delta z$ bzw. $m_z$ in den Zielweiten eines Standes bewirken, daß der Einfluß der Erdkrümmung, der kreisförmigen Strahlenbrechung und derjenige eines restigen Neigungsfehlers $\nu$ durch Nivellieren aus der Mitte der Station nicht vollständig getilgt wird. Im einzelnen Stand bleiben die Fehler

$$\frac{z}{r}\cdot\Delta z\,,\qquad k\frac{z}{r}\cdot\Delta z\,,\qquad \Delta z\cdot\nu \tag{549}$$

erhalten, worin $\Delta z$ einen bestimmten Zielweitenunterschied bedeutet. Ihr Zusammenwirken gibt für die Station den bestimmten Fehler

$$\zeta\sqrt{2} = \Delta z\left(\frac{z}{r} + k\frac{z}{r} + \nu\right)$$

oder das mittlere Fehlerquadrat

$$2\,\zeta^2 = m_z^2\left(\frac{z}{r} + k\frac{z}{r} + \nu\right)^2, \tag{550}$$

wenn $m_z$ den mittleren Zielweitenunterschied angibt. Für die Gesamtheit aller Stände wird das mittlere Gesamtfehlerquadrat

$$2\,n\cdot\zeta^2 = m_z^2\left(\frac{1}{r}\sqrt{\frac{1}{2}l\cdot z} + \frac{k}{r}\sqrt{\frac{1}{2}l\cdot z} + \nu\sqrt{\frac{l}{2z}}\right)^2. \tag{551}$$

Aus den besprochenen rein zufälligen Fehlern ergibt sich das mittlere Fehlerquadrat einer Ablesung des $i$-ten Standes

$$\mu_i^2 = m_t^2 + \tau^2 + m_a^2 + \eta_m^2 + m_\lambda^2 + m_\delta^2 + \zeta^2, \tag{552}$$

woraus mit Rücksicht auf die obigen Ausführungen und auf (289) die Form

$$\begin{aligned}\mu_i^2 = m_t^2 + \tau^2 + C_0 + C_1 z_i + C_2 z_i^2 + \eta^2 z_i^2 + \widehat{m}_s^2 z_i^2 + \frac{1}{2}\,\delta^2 z_i^4 \\ + \frac{1}{2}\left\{\left(\frac{1+k}{r}\right)^2\cdot z_i^2 + 2\,\nu\,\frac{1+k}{r}\cdot z_i + \nu^2\right\}.\end{aligned} \tag{553}$$

oder durch Ordnen nach Potenzen von $z$

$$\begin{aligned}\mu_i^2 = \left(C_0 + m_t^2 + \tau^2 + \frac{1}{2}\nu^2 m_z^2\right) + \left(C_1 + \nu\frac{1+k}{r}m_z^2\right)z_i + \left\{C_2 + \eta^2 + \widehat{m}_s^2 + \tfrac{1}{2}\left(\frac{1+k}{r}\right)^2 m_z^2\right\}\cdot z_i^2 \\ + \frac{1}{2}\,\delta^2 z_i^4\end{aligned} \tag{554}$$

hervorgeht.

Setzt man für die $n$ gleich sorgfältig beobachteten Stände annähernd gleiche Zielweiten $z$ voraus, so erhält man durch Anwendung des mittleren Fehlergesetzes auf die aus $2\,n$ Gliedern bestehende Summe (528) bzw. auf (529) für das mittlere unregelmäßige Fehlerquadrat des Höhenunterschiedes $\Delta h$, also auch der Meereshöhe $H_2$ den Ausdruck

$$m_u^2 = 2\,n\,\mu^2 = \frac{l}{z}\cdot\mu^2, \tag{555}$$

wenn $l$ die Länge der nivellierten Strecke bedeutet.

Daraus folgt

$$m_u = \mu\sqrt{2\,n} = \mu\sqrt{\frac{l}{z}} = \frac{\mu}{\sqrt{z}}\cdot\sqrt{l}. \tag{556}$$

Durch Einsetzen von (554) in (555) ergibt sich

$$\begin{aligned}m_u^2 = \frac{1}{z}\left\{l\left(C_0 + m_t^2 + \tau^2 + \frac{1}{2}\nu^2\cdot m_z^2\right)\right\} + \left(C_1 + \nu\frac{1+k}{r}m_z^2\right)l \\ + z\left\{l\left(C_2 + \eta^2 + \widehat{m}_s^2 + \frac{1}{2}\left(\frac{1+k}{r}\right)^2 m_z^2\right)\right\} + \frac{1}{2}z^3\left\{l\cdot\delta^2\right\}\end{aligned} \tag{557}$$

oder

$$m_u^2 = a \cdot z^{-1} + b + c z + e z^3, \tag{558}$$

wenn das Absolutglied in (557) mit $b$ und die Koeffizienten der Potenzen von $z$ mit $a$, $c$ und $e$ bezeichnet werden.

Macht man (558) zu einem Minimum, so erhält man für die zugehörige günstigste Zielweite[1] den allgemeinen Ausdruck

$$z_0 = \sqrt{-\frac{c}{6e} + \sqrt{\left(\frac{c}{6e}\right)^2 + \frac{a}{3e}}}. \tag{559}$$

Über die Größe der Koeffizienten $a$, $b$, $c$, $e$ läßt sich von vornherein nichts Sicheres angeben, abgesehen etwa davon, daß für kleinere Zielweiten — unter 50 m — und annähernd horizontales Profil der Koeffizient $e$ sehr klein wird, also der Einfluß einer ungleichen Refraktion im Rückblick und Vorblick praktisch verschwindet. Für diesen Fall folgt aus (559) nach einer kleinen Umformung die schon von *Eggert*[2] angegebene günstigste Zielweite

$$z_0 = \sqrt{\frac{a}{c}}. \tag{560}$$

Die vom Einsinken von Instrument und Latte, der Unsicherheit des Lattenmeters, von der einseitig ungleichen Strahlenbrechung und von der Lattenschiefe herrührenden regelmäßigen Fehler erzeugen in $\Delta h$ das regelmäßige mittlere Fehlerquadrat

$$m_r^2 = \left(n \cdot \varepsilon_m \sqrt{z}\right)^2 + (n \cdot z^2 \cdot \delta)^2 + (\Delta h \cdot m_m)^2 + \left(\frac{\Delta h}{2} \cdot \widehat{m}_\alpha^2\right)^2 \tag{561}$$

$$= \left(\frac{l}{2\sqrt{z}} \varepsilon_m\right)^2 + \frac{1}{4}(z \cdot l \cdot \delta)^2 + \Delta h^2 \left(m_m^2 + \frac{1}{4} \widehat{m}_\alpha^4\right), \tag{562}$$

so daß

$$m^2 = m_u^2 + m_r^2 = \left[\frac{1}{z}\left\{l\left(C_0 + m_t^2 + \tau^2 + \frac{1}{2}\nu^2 \cdot m_z^2\right)\right\} + \left\{C_1 + \nu \frac{1+k}{r} m_z^2\right\} l \right.$$
$$\left. + z\left\{l\left(C_2 + \eta^2 + \widehat{m}_s^2 + \frac{1}{2}\left(\frac{1+k}{r}\right)^2 m_z^2\right)\right\} + \frac{1}{2} z^3 \{l \delta^2\}\right]$$
$$+ \left[\frac{1}{4} l^2 \left(\frac{\varepsilon_m^2}{z} + z^2 \delta^2\right) + \Delta h^2 \left(m_m^2 + \frac{1}{4} \widehat{m}_\alpha^4\right)\right] \tag{563}$$

$$= l\left[\frac{1}{z}\left\{C_0 + m_t^2 + \tau^2 + \frac{1}{2}\nu^2 \cdot m_z^2\right\} + \left\{C_1 + \nu \frac{1+k}{r} m_z^2\right\} + z\left\{C_2 + \eta^2 + \widehat{m}_s^2 + \tfrac{1}{2}\left(\frac{1+k}{r}\right)^2 m_z^2\right\}\right.$$
$$\left. + z^3\left\{\frac{1}{2}\delta^2\right\}\right] + l^2\left[\frac{1}{4}\left(\frac{\varepsilon_m^2}{z} + z^2 \cdot \delta^2\right)\right] + \Delta h^2\left[m_m^2 + \frac{1}{4}\widehat{m}_\alpha^2\right] \tag{564}$$

Bezeichnet man die Inhalte der eckigen Klammern der Reihe nach mit $m_0^2$, $C_l^2$ und $C_h^2$, so erscheint der kürzere Ausdruck

$$m^2 = m_0^2 \cdot l + C_l^2 \cdot l^2 + C_h^2 \cdot \Delta h^2 \quad \text{bzw.} \quad m = \pm\sqrt{m_0^2 \cdot l + C_l^2 \cdot l^2 + C_h^2 \cdot \Delta h^2}, \tag{565}$$

welcher das mittlere Quadrat des Gesamtfehlers in $\Delta h$ vorstellt.

Bei Innehaltung gleicher Zielweiten wird der Quotient $\mu : \sqrt{z}$ in (556) ein Festwert $m_0$, welcher mit $m_0$ in (565) identisch ist und der mittlere unregelmäßige Fehler des Höhenunterschiedes

$$m_u = m_0 \sqrt{l} \tag{566}$$

[1] Für ein mit einem Instrument von mittlerer Leistungsfähigkeit ausgeführtes einfaches technisches Nivellement liegt nach der Erfahrung die günstigste Zielweite bei ebenem Gelände in der Nähe von 40 m.

[2] Die Zielweite beim Nivellieren. Z. Vermess.-Wes. 1914 S. 251.

wird zur Wurzel aus der nivellierten Länge direkt proportional. Unter der getroffenen Voraussetzung sind daher die zufälligen Fehlerquadrate direkt, die zugehörigen Gewichte umgekehrt proportional zu den $l$.

Den als mittleren zufälligen Kilometerfehler bezeichneten Festwert $m_0$ kann man aus Doppelmessungen bestimmen. Werden für die Höhenunterschiede $\Delta h_i$ der Endpunkte von $n$ Strecken $l_i$ in zwei Messungsreihen die Werte $\Delta h_i'$, $\Delta h_i''$ mit den Differenzen

$$d_1 = \Delta h_1'' - \Delta h_1', \ \ldots \qquad d_i = \Delta h_i'' - \Delta h_i', \qquad d_n = \Delta h_n'' - \Delta h_n' \tag{567}$$

gefunden, zu denen die Gewichte

$$p_i = \frac{1}{l_i} \tag{568}$$

gehören, so ergibt sich, wenn die $l_i$ in Kilometern ausgedrückt werden, nach (72) der mittlere zufällige Kilometerfehler[1] des einfachen Nivellements zu

$$m_0 = \pm \sqrt{\frac{1}{2n}[p\,d\,d]} = \pm \sqrt{\frac{1}{2n}\left[\frac{d\,d}{l}\right]}. \tag{569}$$

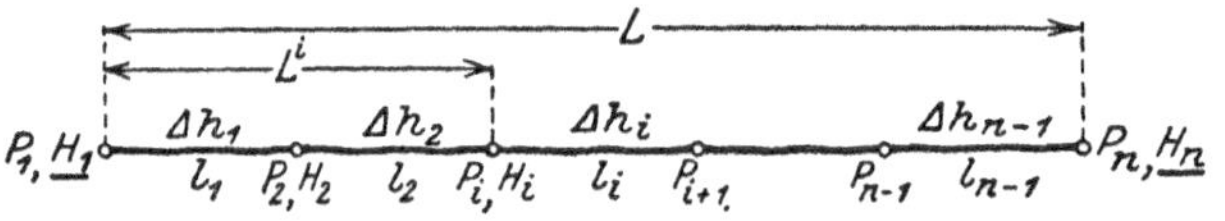


Abb. 235. Ausgleichung einer Nivellementslinie bei festliegenden Endpunkten.

Der entsprechende Wert für das Doppelnivellement (arithmetisches Mittel aus zwei Messungen) ist

$$M_0 = \frac{m_0}{\sqrt{2}} = \pm \frac{1}{2}\sqrt{\frac{1}{n}\left[\frac{d\,d}{l}\right]}. \tag{570}$$

Die zulässige Größe von $m_0$ hängt von dem besonderen Zweck der Messung ab. Ein gewöhnlichen technischen Zwecken dienendes Nivellement wird man meistens noch als brauchbar bezeichnen können, solange

$$m_0 \leqq 10 \text{ mm} \tag{571}$$

bleibt[2].

Die Ausgleichung eines geometrischen Nivellements wird besonders einfach, wenn dieses zwischen zwei Punkte von bekannter Höhenlage eingespannt ist.

Führt es von einem Punkte $P_1$ (Abb. 235) von bekannter Höhe $H_1$ zu einem davon um $L$ entfernten Punkte $P_n$ mit der bekannten Höhe $H_n$ und besitzen die eingeschalteten Zwischenpunkte $P_2, P_3, \ldots P_{n-1}$ die Nachbarentfernungen $l_1, l_2, \ldots l_{n-1}$ und die beobachteten Höhenunterschiede $\Delta h_1', \Delta h_2', \ldots \Delta h_{n-1}'$, so erhält man durch Hinzufügen von $\overset{n-1}{\underset{1}{[\Delta h_i']}}$ zu $H_1$ einen zweiten Wert für die Meereshöhe von $P_n$, nämlich

$$H_n' = H_1 + \overset{n-1}{\underset{1}{[\Delta h_i']}}. \tag{572}$$

Er unterscheidet sich von $H_n$ um den Betrag

$$H_n - H_n' = w, \tag{573}$$

[1] Soll der mittels (569) berechnete Wert $m_0$ keinen nennenswerten einseitigen Fehleranteil enthalten, so müssen die beiden Messungen je einer Strecke unter möglichst gleichen Umständen in der gleichen Richtung erfolgen.

[2] Nach den strengeren Bestimmungen des Zentraldirektoriums der Vermessungen im preußischen Staat vom 12. 1. 1895 gilt ein Nivellement als gut, wenn der mittlere km-Fehler nicht mehr als 3 mm und noch als brauchbar, wenn er nicht über 5 mm beträgt.

welcher Widerspruch die Summe der wahren Beobachtungsfehler vorstellt und nach (84) umgekehrt proportional den Gewichten der $\varDelta h_i'$ auf diese zu verteilen ist, da $[\varDelta h_i]_1^{n-1}$ eine vorgegebene feste Summe $H_n - H_1$ besitzt. Die strengere Gewichtsermittlung, welche an (563) bzw. (565) anschließen müßte, wäre für gewöhnliche technische Zwecke viel zu umständlich; auch kann man bei geringen Höhenunterschieden die nur von den $\varDelta h_i$ abhängigen regelmäßigen Fehleranteile (Lattenmeter, Lattenschiefe) vernachlässigen. Meist begnügt man sich daher damit, unter Berücksichtigung lediglich der zufälligen Fehler die Gewichte[1] der $\varDelta h_i'$ umgekehrt proportional den $l_i$ zu setzen. Es wird also, wenn $v_i$ die zu $\varDelta h_i'$ gehörige Verbesserung ist, der ausgeglichene Höhenunterschied

$$\varDelta h_i = \varDelta h_i' + v_i = \varDelta h_i' + \frac{l_i}{L} \cdot w \tag{574}$$

sein, während sich nach (85) der mittlere Fehler der Gewichtseinheit, nämlich der mittlere Kilometerfehler eines einfach beobachteten Höhenunterschiedes zu

$$m_0 \approx \pm \frac{w}{\sqrt{L}} \tag{575}$$

ergibt, welcher Wert allerdings keine große Zuverlässigkeit besitzt, da er sich nur auf einen einzigen Widerspruch stützt. Aus mehreren Linienwidersprüchen $w$ erhält man einen guten Mittelwert

$$m_0 = \pm \sqrt{\frac{1}{n}\left[\frac{w^2}{L}\right]}. \tag{576}$$

Tabelle 26.

| F. P. Nr. | $H_i'$ m | $L^i$ km | $V_i$ mm | $H_i$ m |
|---|---|---|---|---|
| 1 | **125,340** | 0,00 | 0 | **125,340** |
| 2 | 124,121 | 0,95 | − 2 | 124,119 |
| 3 | 123,045 | 2,10 | − 3 | 123,042 |
| 4 | 123,138 | 3,06 | − 5 | 123,133 |
| 5 | 124,086 | 3,97 | − 7 | 124,079 |
| 6 | 124,851 | 5,05 | − 8 | 124,843 |
| 7 | 124,934 | 6,90 | − 11 | 124,923 |
| 8 | 125,169 | 8,00 | − 13 | 125,156 |
| 1 | 125,355 | 9,10 | − 15 | 125,340 |
| | $w = -0{,}015$ | $L = 9{,}10$ | $m_0 \approx \frac{15}{\sqrt{9{,}1}}$ mm $= \pm 5{,}0$ mm | |

Die ausgeglichene Meereshöhe von $P_i$ wird nun

$$H_i = H_1 + [\varDelta h_e]_1^{i-1}. \tag{577}$$

Ist $H_i' = H_1 + [\varDelta h_e']_1^{i-1}$ die mit den fehlerhaften, beobachteten Höhenunterschieden berechnete Meereshöhe des von $P_1$ um $L^i = [l_e]_1^{i-1}$ entfernten Punktes $P_i$, so wird die Verbesserung von $H_i'$ unmittelbar

$$V_i = [v_e]_1^{i-1} = [l_e]_1^{i-1} \cdot \frac{w}{L} = \frac{L^i}{L} w \tag{578}$$

und die ausgeglichene Meereshöhe ist

$$H_i = H_i' + V_i = H_i' + \frac{L^i}{L} w. \tag{579}$$

Ein diese Darlegungen erläuterndes Zahlenbeispiel enthält Tabelle 26.

Eine besonders gefährliche Klippe für ein gutes Nivellement bildet das Überschreiten von breiten Gewässern. Man hilft sich hier durch gleichzeitig gegenseitige Beobachtungen (siehe trigonom. Höhenmessung S. 207) mit waagrechter oder

[1] Eine Untersuchung über die Aufstellung von Nivellementsgewichten enthält *Werkmeister:* Über Nivellementsgewichte. Z. Vermess.-Wes. 1912 S. 353—364 und 377—391.

nahezu waagrechter Sicht und benützt zur Erhöhung der Genauigkeit etwa mehrere nebeneinander aufgestellte Instrumente, an denen unmittelbar nacheinander, praktisch also gleichzeitig beobachtet wird[1].

## c) Längen- und Querprofile.

Das einfache geometrische Nivellement findet in der Ingenieurtechnik die ausgiebigste Anwendung. Insbesondere liefert es die Unterlagen für die Herstellung von Längen- und Querprofilen an Wegen, Straßen, Eisenbahnen und Wasserläufen.

Zur Festlegung eines Längenprofils werden bei der Durchmessung desselben alle Hektometerpunkte, die Hauptpunkte, durch bodengleiche Pflöcke bezeichnet. Außerdem werden auch Zwischenpunkte oder Nebenpunkte verpflockt, in denen das Längenprofil eine ausgesprochene Brechung erfährt, die Form der Querprofile sich ändert oder die sonst eine besondere Bedeutung besitzen. Neben jedem Bodenpflock steht ein über den Boden herausragender, die Bezeichnung des Bodenpflockes tragender Nummernpflock. Bei der durchlaufenden Längenmessung erhalten die Hunderterpunkte die Bezeichnung 1, 2, 3, ..., während die Zwischenpunkte durch zur Nummer des vorhergehenden Hauptpunktes beigesetzte Buchstaben (z. B. $2^a$, $2^b$, $2^c$, ..., $3^a$, $3^b$, ...) oder durch die Entfernung vom Anfangspunkt voneinander unterschieden werden.

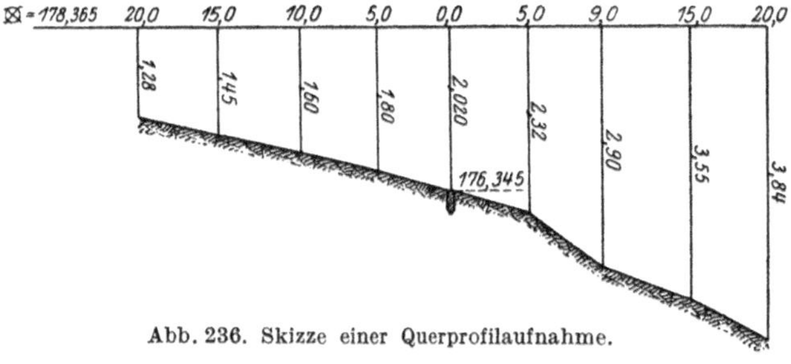

Abb. 236. Skizze einer Querprofilaufnahme.

In den Haupt- und Nebenpunkten des Längenprofils, deren Höhen durch ein doppelt geführtes geometrisches Längennivellement zu bestimmen sind, legt man senkrecht zum Längenprofil die Querprofile. In diesen werden die ausgesprochenen Brechungspunkte und andere wichtige Punkte, bei gleichmäßiger Neigung die um die runden Beträge 5 m, 10 m usw. von der Achse abstehenden Punkte etwa durch Späne bezeichnet und ihre Achsabstände in eine Skizze (Abb. 236) eingetragen. Zur Höhenbestimmung richtet man das seitlich aufgestellte Nivellierinstrument bei einspielender Libelle auf die zunächst im bekannten Achspunkt aufgestellte Latte und findet durch Hinzufügen der erhaltenen Ablesung zur Meereshöhe des Achspunktes den Instrumentenhorizont. Liest man nunmehr an der nacheinander in den einzelnen Profilbrechungspunkten aufgestellten Latte die sog. Seitenblicke ab, welche ebenfalls in die Skizze einzutragen sind, so ist das betreffende Querprofil nach Form und Höhenlage bestimmt. Bei beträchtlichen Profilneigungen werden mehrere Instrumentenaufstellungen in verschiedenen Höhenlagen erforderlich.

Sollen die Gefällsverhältnisse eines fließenden Wassers dargestellt werden, so führt man längs desselben ein als Flußnivellement bezeichnetes Längennivellement durch, welches nicht nur alle etwa vorhandenen Pegel und Eichmarken, sondern auch alle Punkte einbeziehen soll, in denen ein Gefällswechsel stattfindet. Hier werden die Köpfe von kräftigen, in der Nähe des Ufers noch etwas im Wasser stehenden Pflöcken einnivelliert, außerdem aber auch die Abstände des Sohlenpunktes und des Wasserspiegels vom Kopf des Pflockes (mit Zeitangabe) ermittelt. Auch ist an einem Pegel

[1] Einzelheiten siehe bei a) *Bork, W.:* Stromkreuzung durch Feinnivellement. Z. Vermess.-Wes. 1929 S. 577—584 (mit Literaturangaben). b) *Geodätische Abteilung* des argentinischen militärgeographischen Instituts: Zwei Kreuzungen des Rio Parana durch Nivellierungen hoher Präzision. Z. Vermess.-Wes. 1930 S. 109—120. c) *Schermerhorn:* Bestimmung der Höhenlage der Insel Terschelling. Z. Vermess.-Wes. 1926 S. 417—434. d) *Gronwald, W.:* Die Feineinwägungen in Argentinien in den Jahren 1899—1926. Z. Vermess.-Wes. 1931 S. 1—12.

während der Dauer des Nivellements der Wasserstand zu verfolgen. Die Aufnahme der Querprofile begegnet hier manchmal großen Schwierigkeiten. In einfacheren Fällen kann etwa über das Gewässer im Profil eine Meßleine mit großer Teilungseinheit (1 m, 5 m, 10 m) gespannt werden, in deren Teilungspunkten die Latte auf der Sohle aufgesetzt wird, während die Ablesung jeweils mittels des fest am Ufer aufgestellten Instrumentes erfolgt.

## d) Das Feinnivellement.

Die Bedeutung der Feinnivellements ist teils eine praktische, teils eine rein wissenschaftliche. Sie bilden einen festen Rahmen für die verschiedensten technischen Nivellements, ermöglichen die Untersuchung der Standsicherheit[1] von Bauwerken und dienen andererseits der Erdmessung zum Studium der Erdgestalt und zur Verfolgung von Bodenbewegungen[2]. Diesen Zwecken entsprechend verlaufen sie längs der wichtigsten Staatsstraßen, Eisenbahnen, Kanäle, Flußläufe und Meeresküsten in langen Linien, deren jede eine größere Anzahl von Strecken umfaßt, von Knotenpunkt zu Knotenpunkt des Netzes[3]. Die Bezeichnung der sehr wichtigen Knotenpunkte erfolgt fast immer durch zentrische Höhenmarken, die ihrerseits wieder versichert werden, während zur Bezeichnung der Streckenendpunkte auch Mauerbolzen oder Kopfbolzen genügen.

Die wesentlich höhere Genauigkeit der Feineinwägungen wird erreicht:

1. durch die Verwendung eines besonders leistungsfähigen Nivellierinstrumentes,
2. durch die Anwendung besonders geeigneter Latten und eine strenge Kontrolle des Lattenmeters,
3. durch ein zweckmäßig ausgebautes Beobachtungsverfahren,
4. durch eine sachgemäße Berechnung der Ergebnisse unter Berücksichtigung der Erdabplattung.

Zu 1. Das Feinnivellierinstrument soll eine beträchtliche Vergrößerung ($v = 30 - 40$), große Helligkeit, starkes Auflösungsvermögen und einen kleinen Teilwert ($p = 5''$) besitzen, sowie bei gedrungener, aber nicht schwerfälliger Bauart eine möglichst unveränderliche Lage der Libellenachse gegen die Ziellinie gewährleisten[4]. Zur schnellen Lotrechtstellung des Vertikalzapfens mittels der Dreifußschrauben dient eine gute Dosenlibelle, während das Einspielen der Nivellierlibelle durch eine besondere, am Ende eines langen Hebelarms angreifende Feinstellschraube herbeigeführt wird. Eine genügend scharfe Lotrechtstellung der Stehachse ist notwendig, damit der Einfluß einer etwa vorhandenen Exzentrizität der Ziellinie oder der Kippachse[5] gegen die Stehachse von vornherein wegen seiner Geringfügigkeit vernachlässigt werden kann. Vorteilhaft ist auch die feste oder lose Verbindung einer Kontroll-Libelle

---

[1] Siehe z. B. *Lang, W.:* Deformationsmessungen an Staumauern nach den Methoden der Geodäsie. Bern 1929; ferner *Gurlitt:* Bewegung von Bauwerken. Öst. Z. Vermess.-Wes. 1929 S. 60/61.

[2] In der Bodenseegegend sind schon mehrfach Senkungen der Erdoberfläche festgestellt worden. Eine Erdkrustenbewegung im oberbayerischen Alpenvorland wurde von *M. Schmidt* in München nachgewiesen. Siehe *Schmidt, M.:* Ergänzungsmessungen zum bayerischen Präzisionsnivellement Heft 1 und 2. Siehe ferner *Berndt:* Küstensenkungsmessungen. Mitt. Reichsamt Landesaufn. 1928/29 S. 30—35, sowie Ergbnisse der Feineinwägungen, Vorheft. Berlin 1930; weiter *Bastl, Friedrich:* Feststellung von Erdkrustenbewegungen im oberen Lechtale u. im Flexengebiete (1929?). *Petrelius A.:* Über die Landhebung an den Küsten Finnlands (18. Skandinaviske Naturforskermøde 1929). *Weißner, J.:* Der Nachweis jüngster tektonischer Bodenbewegungen in Rheinland und Westfalen. Essen 1929 (Z. Vermess.-Wes. 1930 S. 153). Wegen der Möglichkeit von Höhenänderungen soll man den Höhenwerten auch Zeitangaben beifügen.

[3] Nach einem von *Lallemand* auf der Allgem. Erdmessungskonferenz in Hamburg 1912 erstatteten Bericht betrug Anfang 1912 die Gesamtlänge aller Feinnivellementslinien auf der ganzen Erdoberfläche 323539 km; die Zahl aller Höhenfestpunkte war 240734.

[4] Zur Erreichung dieses Zweckes haben die Amerikaner Invarinstrumente (Nickelstahl) eingeführt.

[5] Eine große Exzentrizität der Kippachse ist immer dann vorhanden, wenn diese am vorderen Ende einer das Fernrohr tragenden Wiege liegt.

mit dem Fernrohr, da ein Auseinandergehen der Blasenstände auf jede größere, manchmal plötzlich auftretende Lageänderung der Libellenachse gegen das Fernrohr — leider nicht auch auf eine Verlagerung der Ziellinie gegen das Fernrohr — aufmerksam macht.

Zu 2. Man verwendet stets zwei zusammengehörige Latten *I* und *II*, ein Lattenpaar, welche von Stand zu Stand abwechselnd im Rückblick und im Vorblick auf den Zapfen von kräftigen Unterlagsplatten stehen. Jede Latte wird mittels zweier mit ihr verbundenen, sich gegenseitig kontrollierenden Dosenlibellen lotrecht gestellt und in dieser Lage durch ein Stativ, durch verspannte Schnüre oder am einfachsten mit Hilfe von verspreizten Stöcken hinreichend sicher festgehalten. So kann man den mittleren Aufstellungsfehler der Latte leicht beträchtlich unter 10′, seinen Einfluß also unter $^1/_{200}$ mm auf 1 m Höhenunterschied halten und ihn von vornherein vernachlässigen. Jede der aus einem Stück bestehenden, also nicht zusammenklappbaren Latten ist ungefähr 3 m lang und besitzt eine weiß-schwarze und eine weiß-rote Teilung, die gewöhnlich auf verschiedenen Seiten der Latte angebracht sind und mit *I′*, *I″* bzw. *II′*, *II″* bezeichnet sein mögen. Die beiden Teilungen einer Latte, welche meist zweireihige Felderteilungen von etwa $^1/_2$ cm Feldgröße sind, bei einem sehr leistungsfähigen Fernrohr und nicht zu großen Zielweiten auch gute Strichteilungen sein können, sind — abgesehen von der Bezifferung — rund um ein halbes Teilfeld gegeneinander verschoben. Dadurch geht der einseitige Schätzungsfehler[1] in derselben Größe, aber mit verschiedenen Vorzeichen in die Ablesungen an beiden Teilungen ein, verschwindet also im Mittel der Beobachtungen. Abgesehen davon wird das Ergebnis auch infolge der wiederholten Beobachtungen genauer. Die Bezifferung der Teilungen *I″* und *II″* ist meist in dekadischen Ergänzungen gehalten, d. h. von den Ablesungen ist noch die Einheit 10, manchmal auch eine andere bestimmte Zahl zu subtrahieren, so daß praktisch an die Stelle der Subtraktion eine Addition tritt und umgekehrt. Beim Gebrauch dieser durch ein vorgesetztes liegendes Kreuz (z. B. $^{\times}8{,}462$ statt 1,538) charakterisierten Zahlen wird man an der zweiten Teilung unbefangener ablesen wie an zwei gleich gerichteten Teilungen und erhält in der Summe je zweier zusammengehöriger Ablesungen, welche den bekannten Abstand beider Teilungsnullpunkte ergeben soll, eine erwünschte Kontrolle.

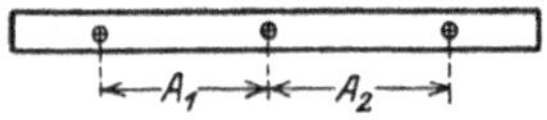

Abb. 237. Latte mit Abstandsmarken zur Bestimmung des Lattenmeters.

Bei allen hölzernen Latten ändert sich das Lattenmeter teils infolge des Temperaturwechsels (Ausdehnungskoeffizient $\alpha \approx 6 \cdot 10^{-6}$ für Fichtenholz), besonders aber mit dem Feuchtigkeitsgehalt der Luft im Verlauf einiger Monate manchmal um mehrere dmm. Da ein einfacher Zusammenhang zwischen der Luftfeuchtigkeit und der von ihr verursachten Änderung des Lattenmeters bisher nicht angegeben werden kann, so ist es für Feineinwägungen unerläßlich, die Größe des Lattenmeters jeweils auf anderem Wege zu bestimmen. Eine naheliegende Möglichkeit, die Änderungen des Lattenmeters zu ermitteln, besteht darin, in Abständen von rund 1 m in die Teilung Metallmarken mit feinen Strichkreuzen einzulassen, deren Abstände $A_1$, $A_2$ (Abb. 237) mit einem Normalmeter von Zeit zu Zeit genau bestimmt werden. In einfacherer Weise als aus solchen Markenabstandsänderungen läßt sich die Bewegung des Lattenmeters und dessen jeweilige Länge mit Hilfe des von *M. Schmidt* eingeführten und untersuchten Variometers[2] verfolgen. Der Hauptbestandteil dieser Vergleichsvorrichtung ist ein Invardraht *D* (Abb. 238) — Nickelstahl —, dessen Ausdehnungskoeffizient etwa $10^{-6}$ und weniger beträgt, so daß jedenfalls die aus dem Temperaturwechsel folgende Änderung der Drahtlänge gegen die Längenänderungen des Holzes vollständig vernachlässigt werden kann. Mit den Enden dieses nahezu 3 m langen, in einer auf der Schmalseite der

[1] Sein ungefährer Verlauf ist aus Abb. 182 S. 118 ersichtlich.

[2] *Schmidt, M.:* Ergänzungsmessungen zum bayerischen Präzisionsnivellement Heft 1 S. 29ff. Ein älteres, aber viel schwerfälligeres Hilfsmittel dieser Art ist die ebendort S. 23ff. beschriebene Lattenkompensationseinrichtung von *Goulier*.

Latte befindlichen Rinne enthaltenen Drahtes sind zwei kurze zylindrische Ansatzstücke $Z_1$, $Z_2$ verbunden, deren unteres sich gegen ein fest mit dem Holz verschraubtes Widerlager $W_1$ stützt, wenn der Draht durch eine sehr kräftige zwischen dem oberen Ansatzstück $Z_2$ und einem ebenfalls fest mit der Latte verschraubten Widerlager $W_2$ befindliche Spiralfeder $F$ gespannt wird. Ein mit dem oberen Ende der Latte fest verbundenes Metallplättchen trägt eine feine Teilung $T$, an welcher mit Hilfe eines am Draht befestigten Nonius $N$ die Variometerablesungen $a$ ausgeführt werden. Bei geeigneter Wahl der Teilungseinheit gibt $a$ die Änderung des Durchschnitts der drei Lattenmeter in cmm mit etwa $\pm$ 3 cmm mittlerem Fehler an. Um diesen Durchschnittswert jeweils selbst angeben zu können, muß man Variometerablesungen mit einer sorgfältigen Teilungsuntersuchung verbinden[1]. Zu diesem Zweck wird ein mit einem eingelassenen Thermometer versehener Strichmaßstab, welcher zu beiden Seiten seiner Endstriche noch je ein in $^1/_5$ mm geteiltes Millimeterintervall besitzt, längs der Teilungslinie auf die Teilung der horizontalen, unterstützten Latte gelegt, und in Abständen von etwa 2 cm je die Länge des Lattenmeters bestimmt. Ist dieses $M_i$ (Abb. 239), ferner $M_i'$ die mittels der abgelesenen Temperatur $t_i$ aus der bekannten Maßstabgleichung gefundene Maßstablänge und $l_i$ die mittels einer Lupe erhaltene Maßstabablesung am Endstrich des Lattenmeters, wenn dessen Anfangsstrich mit dem Anfangsstrich des Maßstabs zusammenfällt, so besteht die einfache Beziehung

$$M_i = M_i' + l_i . \qquad (580)$$

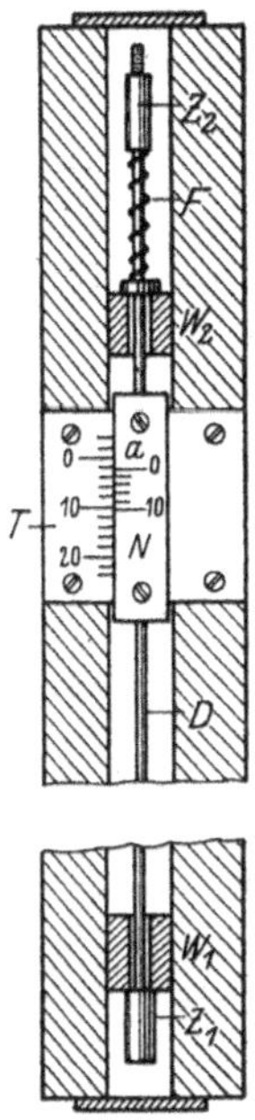


Abb. 238. Variometer von M. Schmidt zur Bestimmung des Lattenmeters.

Aus den $n$ an allen Stellen der Teilung ausgeführten Längenbestimmungen erhält man das durchschnittliche Lattenmeter

$$M_0 = \frac{1}{n}[M_i]_1^n = 1\ \mathrm{m} + x_0 , \qquad (581)$$

während sich aus den scheinbaren Beobachtungsfehlern $v_i = M_0 - M_i$ der mittlere Teilungsfehler

$$m_t = \pm \sqrt{\frac{[v\,v]}{n-1}} \qquad (582)$$

ergibt, welcher bei guten Teilungen einige cmm nicht überschreiten soll. War $a_0$ das arithmetische Mittel einiger gleichmäßig auf die ganze Teilungsuntersuchung verteilten Variometerablesungen, so zeigt dieses $a_0$ ebenfalls das Lattenmeter $M_0$ an. Zu einer anderen Variometerablesung $a$ wird also ein Lattenmeter

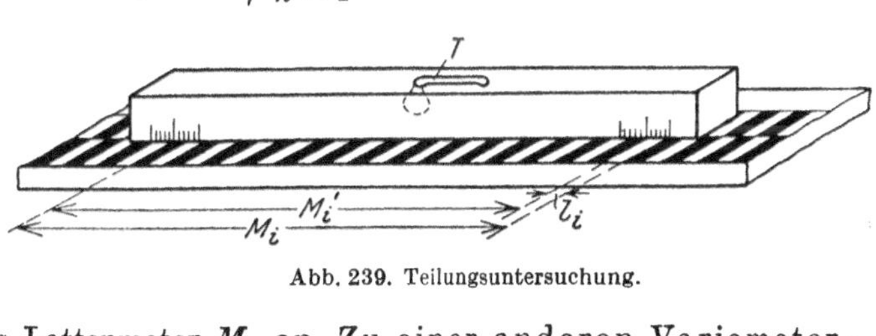


Abb. 239. Teilungsuntersuchung.

$$M = 1\ \mathrm{m} + x_0 + a - a_0 = 1\ \mathrm{m} + x \qquad (583)$$

gehören, wenn man zur Abkürzung den Ausdruck $x_0 - a_0 + a = x$ setzt.

Eine solche Teilungs- und Variometeruntersuchung, mit welcher vielfach auch noch die Messung von Markenabständen $A$ verbunden

[1] Eine besondere Vorrichtung zur Ausführung von Lattenteilungen und von Teilungsuntersuchungen beschreibt *Jordan, W.* in der Z. Instrumentenkde. 1881 S. 41—47 (Komparator und Teilmaschine für Nivellierlatten).

wird, soll vor und nach jeder längeren Feldreise vorgenommen werden.

Es ist aber immer noch möglich, daß das aus der Variometerablesung errechnete Lattenmeter nicht mit demjenigen übereinstimmt, in dem die Beobachtungen vorgenommen werden[1].

Diese Schwierigkeit sowie das unangenehme Drehen und Krümmen mancher Holzlatten fällt weg, wenn die Teilung selbst auf ein Invarband aufgetragen und dieses unter Anwendung einer kräftigen Feder von möglichst konstanter Zugkraft in die nur noch als Rahmen und Träger der Bezifferung dienende Latte eingespannt wird. Seit über ein Jahrzehnt stellt die Firma *Zeiß* derartige Latten her, bei denen das unter 20 kg Zug gehaltene Nickelstahlband zwei von unten nach oben bezifferte um 2,5 mm gegeneinander verschobene Strichteilungen trägt. Solche Teilungen, welche ein von der Temperatur und Feuchtigkeit praktisch unabhängiges Lattenmeter besitzen, braucht man nur selten zu untersuchen; ab und zu aber doch um festzustellen, ob nicht etwa eine beim Invar manchmal auftretende sprunghafte Längenänderung erfolgt ist[2].

Zu 3. Bei der Ausführung des Feinnivellements arbeiten im allgemeinen 5 Personen zusammen: ein Beobachter für das Fernrohr, einer für die Libelle, ein Schirmhalter, der zugleich Aufschreiber und Rechner ist, und schließlich zwei Lattenträger, die — stets mit derselben Latte — abwechselnd im Rückblick und im Vorblick stehen. Der Libellenbeobachter behält auf ein und demselben Stande die gewählte Stellung unveränderlich bei, so daß nicht etwa durch ein Herumtreten Bodenschwankungen entstehen. Man umgibt sich hier mit einer zur sofortigen Aufdeckung von Beobachtungsfehlern hinreichenden Zahl von Kontrollen,

---

[1] Nach *Schmidt, M.:* Ergänzungsmessungen zum Bayerischen Präzisionsnivellement Heft 1 Seite 36, wurde aus Beobachtungen festgestellt, daß bei Nivellierlatten aus Tannenholz das Mittelstück unter dem Einfluß stark wechselnder Luftfeuchtigkeit und Temperatur eine um etwa 30% größere Längenänderung zeigen kann als die beiden Endstücke.

[2] Ein eifriger Vorkämpfer für die Einführung von Metall-Latten war *Vogler,* nach welchem derartige Latten schon 1870 in München und etwas später in Holland versucht worden sind. *Vogler* selbst hat in der Absicht, jederzeit eine einfache, sichere Bestimmung des Lattenmeters zu ermöglichen und die Zielfehler möglichst gering zu halten, als Nivellierlatte eine am einen Ende mit einem Zinkstreifen verbundene Stahllamelle benutzt. Aus der gegenseitigen Verschiebung der beiden freien Enden dieser ein Metallthermometer bildenden Metallstreifen findet man leicht die jeweilige Länge des Lattenmeters. Als eigentlicher Maßstab ist die etwa 3 m lange Stahllamelle zu betrachten, auf welcher jedoch nur die dm durch weiße Scheibchen von 3 mm Durchmesser bezeichnet sind. Die Abstände dieser Marken können mit Hilfe eines Normalmaßstabes sehr scharf bestimmt werden. Das eigenartige *Vogler*sche Nivellierinstrument, zu dem die beschriebene Latte gehört, besitzt ein Schiebefernrohr, welches beim Gebrauch längs einer vertikalen zylindrischen Säule um einen jeweils bis auf einzelne cmm zu messenden Betrag — der Spielraum für die vertikale Verschiebung ist etwa 2 dm — so weit verschoben wird, bis bei nahezu einspielender Libelle das nächstliegende Dezimeterscheibchen durch Halbieren scharf eingestellt ist. Zur Reduktion der Einstellung auf horizontale Lage der Ziellinie ist die Ermittlung des geringen Blasenausschlags notwendig. Eine ausführliche Beschreibung des *Vogler*schen Instruments und seiner Anwendung gibt *Eggert, O.* in Die Einwägungen der Landwirtschaftlichen Hochschule bei Westend. Z. Vermess.-Wes. 1902 S. 1—19 und S. 32—64; siehe auch Z. Vermess.-Wes. 1908 S. 495ff.

Eine Nivellierlatte aus Nickelstahl hat zuerst vermutlich *Schell* 1903 in der Werkstätte von *Rost* in Wien anfertigen lassen. Es handelt sich um einen in einer Aluminiumhülle befindlichen Invarstab (Länge: 3 m, Breite: 3 cm, Dicke: 6 mm), auf dessen beiden Seiten lediglich die dm durch die Spitzen von weißen Dreiecken auf schwarzem Grunde bezeichnet sind. Da die Latte ganz auf das *Schell*sche Präzisionsnivellierinstrument zugeschnitten ist, so kann sie für andere Nivellierinstrumente nicht verwendet werden. Latte und Instrument hat *Doležal* in der Z. Vermess.-Wes. 1905 S. 490—497 und S. 505—519 beschrieben.

1912 hat *Musil* (siehe *Musil:* Eine neue Präzisionsnivellierlatte mit Invarskala. Z. Vermess.-Wes. 1915 S. 33—42) zwei 3 m lange Invarbänder von je 30 mm/2 mm Querschnitt mit 1/2 cm-Teilung am einen Ende mit dem Lattenfuß verbunden, während die anderen Enden frei beweglich blieben. Eine Spannfeder wurde nicht verwendet; vielmehr dienten zur Geradhaltung des Invarbandes Führungsleisten und Führungsstifte. Sowohl bei *Schell* wie auch bei *Musil* ist Temperaturmessung vorgesehen.

welche teils durch Ablesen an zwei Teilungen, teils durch wiederholte Einstellungen oder auch durch Ablesen an mehreren Fäden gewonnen werden. Ein Zuviel an Beobachtungen ist aber eher schädlich als nützlich, da dann die Arbeit zu langsam vorangeht und erfahrungsgemäß nur bei einem flotten Arbeitsgang gute Ergebnisse erzielt werden. Dagegen muß jede Feineinwägung in zwei verschiedenen Richtungen durchgeführt werden. Dadurch werden nämlich einseitige Fehler aufgedeckt, die verborgen bleiben, wenn die Wiederholung der Messung in der ursprünglichen Richtung erfolgt. Das Mittel aus dem Hin- und Rücknivellement, das Doppelnivellement, ist von den schlimmsten einseitigen Fehlern befreit. Die Ablesungen an den einzelnen Teilungen erfolgen stets in der Reihenfolge $r'$, $v'$, $v''$, $r''$, so daß die beiden Vorblicke $v'$, $v''$ zeitlich zwischen die beiden Rückblicke zu liegen kommen. Dadurch wird das Einsinken des Instrumentes ziemlich unschädlich gemacht, da die den Mittelwerten $r = \frac{1}{2}(r' + r'')$, $v = \frac{1}{2}(v' + v'')$ entsprechenden Lattenablesungen $r_i$, $v_i$ nach Andeutung von Abb. 234b auf einer Horizontalen liegen. Zum mindesten hat der etwa übrigbleibende Fehler seinen einseitigen Charakter verloren. Große Sorgfalt ist auch auf die Einhaltung gleicher Zielweiten auf ein und demselben Stande zu verwenden, und niemals darf während der Beobachtungen auf einem Stande der Okularauszug verstellt werden. Das Stativ wird so aufgestellt, daß stets das gleiche Bein senkrecht zur Messungsrichtung steht (Abb. 240) und sich abwechselnd zu verschiedenen Seiten derselben befindet. Ihm gegenüber steht jeweils der Libellenbeobachter, dessen Stellung einen entsprechenden Wechsel erfährt. Wie schon früher[1] erwähnt, kann dadurch der Einfluß von Augenmängeln des Libellenbeobachters auf das Nivellement behoben werden. An heißen Tagen wird bei starkem Flimmern der Luft die Arbeit während der Mittagsstunden ausgesetzt. Mindestens am Beginn und Ende jeder einzelnen Nivellementsstrecke wird zur Kontrolle des Lattenmeters auch ein etwa vorhandenes Variometer abgelesen.

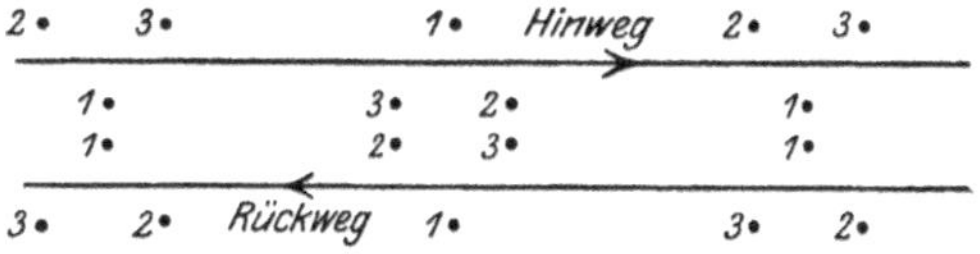

Abb. 240. Aufstellungsschema für ein Feinnivellement.

Für die Ausführung der Beobachtungen im einzelnen kommen vier verschiedene Methoden in Frage, nämlich $\alpha$) Nivellieren mit einspielender Libelle und Zufallsablesung an der Latte, $\beta$) Nivellieren mit nahezu einspielender Libelle und Zufallsablesung an der Latte, $\gamma$) Nivellieren mit schwach geneigter Ziellinie (mit Libellenausschlägen) und Einstellen auf Teilfeldmitte, $\delta$) Nivellieren mit einspielender Libelle und Mitteneinstellung.

Zu $\alpha$). Beim Nivellieren mit einspielender Libelle und Zufallsablesungen an der Latte erfolgen bei scharf einspielender Libelle an drei gleichabständigen Fäden die Zufallsablesungen an den Lattenteilungen in der Reihenfolge $I'$, $II'$, $II''$, $I''$, wenn auf dem betreffenden Stande die Latte $I$ im Rückblick steht. Eine erste Probe besteht darin, daß die entsprechenden arithmetischen Mittel $r'$, $v'$, $v''$, $r''$ mit der jeweiligen Ablesung am Mittelfaden übereinstimmen sollen. Eine weitere sehr wirksame Kontrolle liefert der Vergleich der zusammengehörigen Ablesungen auf beiden Lattenteilungen. Bei verschieden (bzw. gleich-) gerichteten Bezifferungen ist nämlich die Summe (bzw. Differenz) entsprechender Ablesungen der Abstand beider Teilungsnullpunkte, also ein Festwert $c_0$. Es muß daher jeweils die Bedingung

$$r_i' + r_i'' = c_0 = v_i' + v_i'' \tag{584}$$

erfüllt sein. Aus dem mittels der beiden Außenfäden $o$, $u$ gefundenen Lattenabschnitt und den Distanzmesserkonstanten $c$, $C$ erhält man jeweils auch die Zielweite, welche bei diesem Verfahren zweckmäßig etwa 40 bis 60 m ist. Ein Zahlenbeispiel für die dabei auf einem Stand auszuführenden Beobachtungen enthält Tabelle 27.

[1] Siehe Anmerkung 1 S. 184.

Tabelle 27.

$c_0 = 4{,}0000$ (Sollwert). Stand 11. $c = 0{,}50$ m, $C = 100{,}00$.

| Rückblick | | | Vorblick | | | Bemerkungen |
|---|---|---|---|---|---|---|
| Entfernung | Vorderteilung | Rückteilung | Entfernung | Vorderteilung | Rückteilung | |
| | [1] | [4] | | [2] | [3] | |
| 0,503 | $o = 1{,}095$ | $o = 2{,}906$ | 0,507 | $o = 1{,}251$ | $o = 1{,}749$ | bedeckter |
| 0,506 | $m = 1{,}347$ | $m = 2{,}653$ | 0,506 | $m = 1{,}505$ | $m = 2{,}495$ | Himmel, |
| | $u = 1{,}598$ | $u = 2{,}400$ | | $u = 1{,}758$ | $u = 2{,}242$ | ruhige, klare |
| 50,95 m | 4,040 | 7,959 | 51,15 m | 4,514 | 7,486 | Bilder |
| $= z$ | $r' = 1{,}3467$ | $r'' = 2{,}6530$ | $= z$ | $v' = 1{,}5047$ | $v'' = 2{,}4953$ | |
| | Kontrolle: | $c_0 = 3{,}9997$ | | Kontrolle: | $c_0 = 4{,}0000$ | |
| Doppelte Berechnung des Höhenunterschiedes beider Wechselpunkte: $\Delta h' = r' - v' = -0{,}1580$ m $\Delta h'' = v'' - r'' = -0{,}1577$ m Standdifferenz $\delta = \Delta h'' - \Delta h' = +3$ dmm | | | | | | Mittel: $\Delta h = -0{,}1578$ m |

Zu $\beta$). Beim **Nivellieren mit nahezu einspielender Libelle und Zufallsablesungen an der Latte**[1] verzichtet man auf das viel Zeit erfordernde scharfe Einspielenlassen der Libelle, welches doch nicht während der ganzen Dauer der Ablesung anhält. Es wird daher die Libelle nur nahezu zum Einspielen gebracht und ihr Stand vor und nach den je drei zu einer Teilung gehörigen Ablesungen ermittelt. Die Mittel $b'_r$, $b'_v$, $b''_v$, $b''_r$ aus je zwei Blasenständen werden dann in guter Annäherung den zugehörigen Beobachtungsmitteln $r'$, $v'$, $v''$, $r''$ entsprechen. Da die Ziellinie während der Ablesungen nicht genau horizontal war, so bedürfen diese kleiner Verbesserungen, um in diejenigen Werte überzugehen,

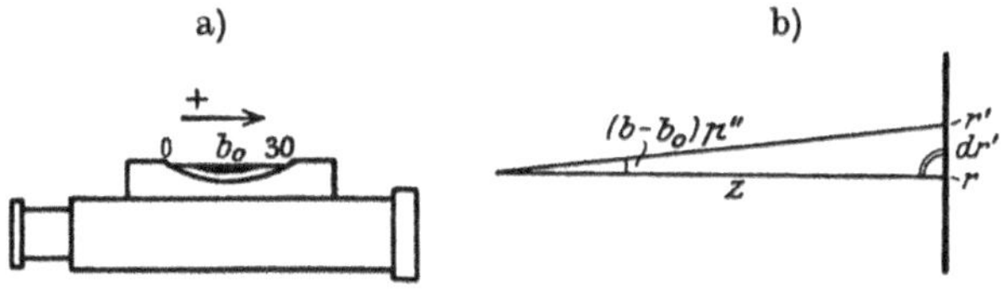


Abb. 241a und b. Nivellieren mit schwach geneigter Sicht.

welche horizontalen Sichten entsprechen. Ist $b_0$ (Abb. 241a) die Mittelmarke der Libelle, so wäre beim Blasenstand $b_0$ die Ziellinie horizontal. Für einen Blasenstand $b$ ist, wenn die Libellenbezifferung am Okularende der Libelle mit Null beginnt und gegen das Objektivende hin zunimmt, der Höhenwinkel der Sicht $(b - b_0)\,p''$; es werden also die Ablesungen an den aufwärts bezifferten Vorderteilungen zu groß, diejenigen an den abwärts bezifferten Rückteilungen zu klein ausgefallen sein. Die einer Zielweite $z$ entsprechenden Verbesserungen der Ablesungsmittel $r'$, $r''$, $v'$, $v''$ sind daher

$$\left.\begin{aligned} dr' &= -\frac{p''}{\varrho''}(b'_r - b_0)\,z\,, & dr'' &= +\frac{p''}{\varrho''}(b''_r - b_0)\,z\,,\\ dv' &= -\frac{p''}{\varrho''}(b'_v - b_0)\,z\,, & dv'' &= +\frac{p''}{\varrho''}(b''_v - b_0)\,, \end{aligned}\right\} \tag{585}$$

welche Werte entweder mit den Eingängen $z$ und $b$ bzw. $2\,b$ aus einer Hyperbeltafel entnommen werden oder auch leicht mit dem Rechenschieber zu berechnen sind. Die verbesserten Beobachtungsmittel sind dann

$$R' = r' + dr', \qquad R'' = r'' + dr'', \qquad V' = v' + dv', \qquad V'' = v'' + dv''. \tag{586}$$

Auch hier werden Zielweiten von 40 bis 60 m genommen. Die Aufschreibungen eines nach diesem Verfahren beobachteten Standes und ihre Berechnung enthält Tabelle 28. Eine Kontrolle der Libellenablesungen wird durch die Berechnung der Blasenlänge (= Differenz dieser Ablesungen) ermöglicht.

[1] Nach einer Bemerkung von *Vogler* in Z. Vermess.-Wes. 1878 S. 8 ist dieses Verfahren zuerst von *Hirsch* und *Plantamour* in der Schweiz angewendet worden. Später fand es auch beim bayerischen Präzisionsnivellement Verwendung.

Tabelle 28.

$b_0 = 25{,}0$ $p = 5''$ $c_0 = 4{,}0000$ Stand 9. $c = 0{,}50$ m $C = 100{,}00$

| Rückblick | | | | | Vorblick | | | | | Bemerkungen |
|---|---|---|---|---|---|---|---|---|---|---|
| Entfernung | Libelle | Vorderteilung | Libelle | Rückteilung | Entfernung | Libelle | Vorderteilung | Libelle | Rückteilung | |
| | | 1) | | 4) | | | 2) | | 3) | |
| 0,541 | 16,5 | $o=1{,}372$ | 17,3 | $o=2{,}627$ | 0,543 | 17,6 | $o=1{,}032$ | 16,8 | $o=2{,}969$ | |
| 0,541 | 32,8 | $m=1{,}643$ | 33,5 | $m=2{,}356$ | 0,542 | 34,0 | $m=1{,}304$ | 32,8 | $m=2{,}698$ | |
| | **49,3** | $u=1{,}913$ | **50,8** | $u=2{,}086$ | | **51,6** | $u=1{,}575$ | **49,6** | $u=2{,}427$ | leichtes |
| 54,6 m | $-2b'_r$ | 4,928 | $=2b''_r$ | 7,069 | 54,75 m | $=2b'_v$ | 3,911 | $=2b''_v$ | 8,094 | Flimmern |
| $=z$ | | $r'=1{,}6427$ | | $r''=2{,}3563$ | $=z$ | | $v'=1{,}3037$ | | $v''=2{,}6980$ | |
| | | $dr'=+\ 5$ | Probe: $c_0$ | $dr''=+\ 5$ | | | $dv'=-\ 11$ | Probe: $c_0$ | $dv''=-\ 3$ | |
| | | $R'=1{,}6432$ | $=4{,}0000$ | $R''=2{,}3568$ | | | $V'=1{,}3026$ | $=4{,}0003$ | $V''=2{,}6977$ | |
| Doppelte Berechnung des Höhenunterschiedes beider Wechselpunkte: $\Delta h' = R' - V' = +0{,}3406$ m $\Delta h'' = V'' - R'' = +0{,}3409$ m Standdifferenz $\delta = \Delta h'' - \Delta h' = +3$ dmm | | | | | | | | | | Mittel: $\Delta h =$ $+0{,}3407$ m |

Zu $\gamma$). Das **Nivellieren mit Libellenausschlägen und Einstellung auf Teilfeldmitte** beruht auf der Überlegung, daß der bei der Halbierung eines Teilfeldes begangene Fehler beträchtlich hinter dem zur Ablesung der zufälligen Fadenstellung gehörigen Ablesefehler bleibt. Bei diesem in die deutsche Nivellierpraxis durch *Seibt* eingeführten, von ihm weiter ausgebildeten und nach ihm benannten Verfahren wird jeweils der Faden auf die Mitte desjenigen weißen Teilfeldes scharf eingestellt,

Tabelle 29.

$b_0 = 25{,}0$ $p = 4''$ $c_0 = 4{,}0000$ Stand 7. $c = 0{,}25$ Dm $C = 100{,}00$

| Rückblick | | | | | Vorblick | | | | | Bemerkungen |
|---|---|---|---|---|---|---|---|---|---|---|
| Entfernung | Libelle | Vorderteilung | Libelle | Rückteilung | Entfernung | Libelle | Vorderteilung | Libelle | Rückteilung | |
| | | 1) | | 4) | | | 2) | | 3) | |
| | 13,6 | $o=0{,}870$ | 13,9 | $o=3{,}129$ | | 18,0 | $o=0{,}287$ | 18,3 | $o=3{,}714$ | |
| 0,362 | 31,7 | $m=1{,}0510$ | 31,8 | $m=2{,}9490$ | 0,361 | 36,1 | $m=0{,}4670$ | 36,3 | $m=3{,}5330$ | |
| 0,361 | **45,3** | $u=1{,}232$ | **45,7** | $u=2{,}768$ | 0,361 | **54,1** | $u=0{,}648$ | **54,6** | $u=3{,}353$ | |
| | 13,8 | | 13,7 | | | 18,2 | | 18,1 | | Sonne, |
| 36,4 Dm | 31,8 | $r'=1{,}0510$ | 31,7 | $r''=2{,}9490$ | 36,3 Dm | 36,2 | $v'=0{,}4670$ | 36,2 | $v''=3{,}5330$ | leichtes |
| $=z$ | **45,6** | $dr'=+\ 16$ | **45,4** | $dr''=-\ 16$ | $=z$ | **54,4** | $dv'=-\ 15$ | **54,3** | $dv''=+\ 16$ | Flimmern |
| | **45,45** | $R'=1{,}0526$ | **45,55** | $R''=2{,}9474$ | | **54,25** | $V'=0{,}4655$ | **54,45** | $V''=3{,}5346$ | |
| | $=2b'_r$ | | $=2b''_r$ | $c_0=4{,}0000$ | | $=2b'_v$ | | $=2b''$ | $c_0=4{,}0001$ | |
| Doppelte Berechnung des Höhenunterschiedes beider Wechselpunkte: $\Delta h' = R' - V' = +0{,}5871$ Dm $\Delta h'' = V'' - R'' = +0{,}5872$ Dm Standdifferenz $\delta = \Delta h'' - \Delta h' = +1$ Ddmm | | | | | | | | | | Mittel: $\Delta h =$ $+1{,}1743$ m |

das er bei horizontaler Lage der Ziellinie trifft, worauf sogleich der Stand der Libelle abzulesen ist. Dieser Vorgang wird zur Verringerung des Einstellfehlers sogleich einmal oder öfter wiederholt; bei der ersten Einstellung werden an jeder Teilung auch die beiden Entfernungsfäden abgelesen. Die Reduktion der Einstellungen auf horizontale Sicht erfolgt ebenso wie vorher bei $\beta$); nur handelt es sich hier um wesentlich größere Beträge. Zur Ausnützung der Vorzüge dieses Verfahrens, für das eine durchschnittliche Zielweite von 70 m als günstig erachtet wird, ist eine häufiger zu untersuchende, sehr gute Libelle mit durchaus kreisförmiger Schliffkurve und die genaue Kenntnis des Teilwertes unerläßlich. Tabelle 29 gibt ein Zahlenbeispiel für die Aufschreibungen eines Standes beim abgekürzten *Seibt*schen Verfahren für eine nach Doppeleinheiten[1] bezifferte Teilung mit 4 mm breiten Teilfeldern.

Das Verfahren bleibt im Prinzip dasselbe, wenn nicht ein Faden auf die Teilfeldmitte, sondern bei Strichteilungen ein Teilstrich in die Mitte eines horizontalen Doppelfadens gebracht wird, wie es seit Jahren bei der preußischen Landesaufnahme üblich ist[2].

Die bisher besprochenen Verfahren $\alpha$), $\beta$), $\gamma$), welchen die mittleren Fehler $m_\alpha$, $m_\beta$, $m_\gamma$ eigentümlich sein mögen, hat *Reinhertz*[3] auf ihre Genauigkeit hin untersucht und dafür die Beziehung

$$\frac{1}{m_\alpha} : \frac{1}{m_\beta} : \frac{1}{m_\gamma} = 1 : 1{,}2 : 2{,}0 \tag{587}$$

gefunden. Demnach ist das heute weit verbreitete *Seibt*sche Nivellierverfahren den beiden anderen entschieden überlegen.

$\delta$) Das Nivellieren mit einspielender Libelle und Mitteneinstellung[4] vereinigt den Vorteil des Nivellierens bei einspielender Libelle, nämlich geringere Genauigkeitsanforderungen an die Libelle und einfachste Rechnung, mit dem Vorteil

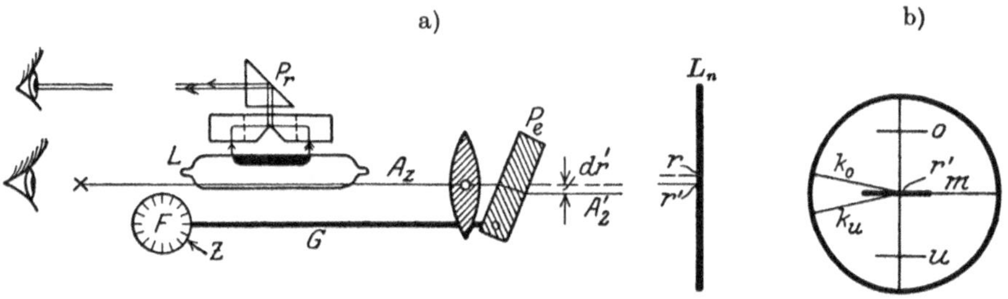


Abb. 242a und b. Wildsches Nivellierinstrument der Firma Zeiß zum Nivellieren mit einspielender Libelle und Mitteneinstellung.

größerer Genauigkeit der Mitteneinstellung. Es ist durch den Bau eines Feinnivellierapparates von *Zeiß* in den Vordergrund gerückt worden. Dieser von *Wild* konstruierte Apparat besteht aus der auf S. 194 erwähnten Invarbandlatte und dem früher, S. 63, beschriebenen Nivellierinstrument von *Zeiß*, vor dessen Objektiv eine kreisförmig begrenzte, etwa 24 mm dicke, genau planparallele Platte, die Einstellplatte, so befestigt wird, daß sie mit Hilfe einer mit Randteilung versehenen Feinstellschraube um eine zur Zielrichtung senkrechte, horizontale Achse gedreht werden kann. Beim Gebrauch wird die Libelle ($p \approx 10''$) des auf die Nivellierlatte $L_n$ (Abb. 242a) gerichteten Fernrohrs zum Einspielen gebracht (s. Abb. 80) und hierauf mittels der Feinstellschraube $F$ durch Vermittlung eines nur angedeuteten Gestänges $G$ die Einstellplatte $P_e$ so weit gedreht, bis im Bilde (Abb. 242b) der nächstliegende Teilstrich $r'$ (erster Rückblick) den Öffnungswinkel des keilförmigen Fadenkreuzes halbiert (Keilstricheinstellung). Die dadurch bewirkte Parallelverschiebung der Ziellinie — $dr'$ in Abb. 242a —, um welche die Einstellung $r'$ zu verbessern ist, kann an der Rand-

[1] Die Doppeleinheit ist in Tabelle 29 jeweils durch ein der betreffenden Einheit vorgesetztes *D* gekennzeichnet.

[2] Nach *Vogler:* Über das holländische Präzisionsnivellement. Z. Vermess.-Wes. 1878 S. 7—18, hat *Cohen Stuart* schon 1875 beim holländischen Feinnivellement das Nivellieren mit Libellenausschlägen und Einstellung auf Teilfeldmitte in der Form angewendet, daß nacheinander auf die Mitte des von der horizontalen Sicht getroffenen Feldes sowie auf die Mitten der beiden anliegenden Teilfelder eingestellt und aus den zugehörigen Blasenständen unter Voraussetzung einer gleichmäßig gekrümmten Schliffkurve sowohl der Libellenteilwert als auch die Reduktion der Einstellungen auf horizontale Sicht berechnet wurde.

[3] *Reinhertz:* Mitteilung einiger Beobachtungen über die Schätzungsgenauigkeit an Maßstäben, insbesondere an Nivellierlatten. Z. Vermess.-Wes. 1894 S. 603.

[4] Beim Gebrauch des in Anmerkung 2, S. 194, erwähnten *Vogler*schen Nivellierapparates handelt es sich um ein Nivellieren mit nahezu einspielender Libelle und Mitteneinstellung.

teilung der Feinstellschraube unmittelbar auf dmm abgelesen und bis auf cmm geschätzt werden. Da die Einstellung der Libelle vom Fernrohr aus erfolgt, so sind hier am Instrument nur zwei Personen notwendig. Tabelle 30 enthält ein mit geringen Änderungen aus *M. Schmidt:* Ergänzungsmessungen zum Bayerischen Präzisionsnivellement Heft 2 S. 9, entnommenes Beispiel für die Aufschreibungen eines Standes bei Verwendung des *Zeißschen* Nivellierapparates[1].

Tabelle 30. Linie: Mühldorf-München.

⊡ bei km 55,820, Bahndurchlaß, bis ⊡ bei km 55,440, Brücke über die Goldach.

$c_0 = 592{,}500$

<table>
<tr><th rowspan="3">Nummer des Standes und der Latten<br><br>Zielweite<br>$z = C \cdot \frac{l}{2}$</th><th colspan="5">Rückblick</th><th colspan="5">Vorblick</th><th rowspan="3">Stand-differenz<br>$\delta = dv - dr$</th><th rowspan="4">Zeit,<br>Bemerkungen</th></tr>
<tr><th colspan="2">Teilung $I'$</th><th rowspan="2">Zieldifferenz<br>$dr$</th><th colspan="2">Teilung $I''$</th><th colspan="2">Teilung $II'$</th><th rowspan="2">Zieldifferenz<br>$dv$</th><th colspan="2">Teilung $II''$</th></tr>
<tr><th>Latte</th><th>Trommel</th><th>Latte</th><th>Trommel</th><th>Latte</th><th>Trommel</th><th>Latte</th><th>Trommel</th></tr>
<tr><th></th><th>$\frac{cm}{2}$</th><th>$\frac{cmm}{2}$</th><th>$\frac{cmm}{2}$</th><th>$\frac{cm}{2}$</th><th>$\frac{cmm}{2}$</th><th>$\frac{cm}{2}$</th><th>$\frac{cmm}{2}$</th><th>$\frac{cmm}{2}$</th><th>$\frac{cm}{2}$</th><th>$\frac{cmm}{2}$</th><th>$\frac{cmm}{2}$</th></tr>
<tr><td>Stand Nr. 1<br>Latte 83/61<br>$z = \begin{cases} 60{,}00 \text{ m} \\ 60{,}50 \text{ m} \end{cases}$</td><td>272</td><td>320<br>340<br>300<br>960</td><td>+28</td><td>864</td><td>790<br>790<br>796<br>2376</td><td>285</td><td>764<br>780<br>770<br>2314</td><td>+10</td><td>878</td><td>260<br>262<br>260<br>782</td><td>−18</td><td>1915<br>9. Sept.<br>$4^h\ 10^m$<br>leichter, kühler Wind, Sonne</td></tr>
<tr><td>$R' =$</td><td>272</td><td>320</td><td>$R'' =$<br>$c_0 =$</td><td>864<br>592</td><td>792<br>472</td><td>285</td><td>771</td><td>$= V'$<br>$c_0 =$</td><td>878<br>592</td><td>261<br>490</td><td>$= V''$</td><td></td></tr>
</table>

Zu 4). Zur Berechnung eines Feinnivellements und seiner Genauigkeit sei folgendes bemerkt. Es bezeichne $\Delta h$ bzw. $h$ den Höhenunterschied zwischen den Endpunkten einer durch zwei benachbarte Festpunkte begrenzten Strecke $l$ bzw. einer durch zwei Knotenpunkte des Höhennetzes begrenzten Linie $L$. Die für $\Delta h$ in beiden Richtungen beobachteten Werte $\Delta h'$, $\Delta h''$ sind zunächst durch Hinzufügen der dem Hin- und Rückweg entsprechenden Verbesserungen $v'_m$, $v''_m$ zur Berücksichtigung des Lattenmeters in die verbesserten Werte

$$'\Delta h' = \Delta h' + v'_m, \qquad '\Delta h'' = \Delta h'' + v''_m \tag{588}$$

überzuführen. In ihrem arithmetischen Mittel $''\Delta h = \frac{1}{2}('\Delta h' + '\Delta h'')$ ist der aus dem Einsinken von Instrument und Latte entstehende Fehler, welcher die Absolutwerte der positiven Höhenunterschiede zu groß, diejenigen der negativen zu klein erscheinen läßt, getilgt bis auf kleine, für mehrere Strecken den Charakter von zufälligen Fehlern annehmende Restfehler. Eine weitere, mit Rücksicht auf die ellipsoidische Erdgestalt notwendige Verbesserung ist die orthometrische Korrektion $\gamma$. Sie wird, wie hier ohne Beweis mitgeteilt werden muß, in dmm durch den Ausdruck

$$\gamma = -2{,}57 \cdot 10^{-4} H \cdot \Delta\varphi'' \cdot \sin 2\varphi \tag{589}$$

bestimmt, wenn $\Delta\varphi''$ den in Sekunden ausgedrückten Breitenzuwachs vom Anfangspunkt der Strecke bis zu ihrem Endpunkt, $\varphi$ die geographische Breite für die Mitte der Strecke und $H$ die (genäherte) durchschnittliche Meereshöhe beider Streckenendpunkte in Metern bedeutet. Der verbesserte Wert

$$'\Delta h = ''\Delta h + \gamma \tag{590}$$

ist, wenn keine weiteren Bedingungen vorhanden sind, ein wahrscheinlichster[2]. Die

[1] Der seit 1915 zu den Ergänzungsmessungen im Bayrischen Präzisionsnivellement verwendete Nivellierapparat von *Zeiß* und sein Gebrauch sind in *M. Schmidt:* Ergänzungsmessungen zum bayerischen Präzisionsnivellement Heft 1, ausführlicher beschrieben.

[2] In sehr geringem Maße werden die Ergebnisse der Feineinwägungen auch von den durch die Gezeiten des Geoids verursachten Lotabweichungen beeinflußt. Siehe hierzu *Helmert, F. R.:* Die mathematischen und physikalischen Theorien der höheren Geodäsie II. Teil S. 383—386. Leipzig 1884 oder *Berroth:* Schweremessungen S. 476 (Handbuch der Physik von *Geiger u. Scheel* Bd. II).

Summe der zu einer Linie $L$ gehörigen $'\Delta h$ ergibt den ihren Endpunkten entsprechenden Höhenunterschied

$$'h = ['\Delta h]. \tag{591}$$

Die $'h$ und auch die $'\Delta h$ sind als Mittelwerte aus Hin- und Rückmessungen frei von den mit der Entfernung fortschreitenden systematischen Fehlern, welche durch das Einsinken von Instrument und Latte hervorgerufen werden. Da infolge der sorgfältigeren Lattenaufstellung auch der Einfluß der Lattenschiefe außer Betracht bleiben kann, so bleiben nur die mit der Wurzel aus der nivellierten Länge wachsenden zufälligen Nivellierfehler $\mu_u = \mu_0 \sqrt{L}$ sowie der mit $'h$ zunehmende Einfluß $'h \cdot m_m$ einer geringen Unsicherheit des Lattenmeters und die für feste Zielweite zu $L$ proportionale Wirkung $\frac{1}{2} z \cdot L \cdot \delta$ einseitiger Refraktionsfehler übrig. Es ist also das Quadrat des mittleren Gesamtfehlers in $'h$ ein Ausdruck von der Form

$$\mu_g^2 = L \cdot \mu_0^2 + 'h^2 \cdot m_m^2 + L^2 \cdot m_\delta^2, \tag{592}$$

dessen zweites und drittes Glied jedoch nur bei größeren Höhenunterschieden bzw. bei einseitig geneigten Profilen von Bedeutung sind. $L^2 m_\delta^2$ wird für diejenige relativ schwache Neigung am größten, bei welcher die eben noch unverkürzte Sicht den Fußpunkt der einen Latte trifft.

Die Genauigkeitsbeurteilung einer Feineinwägung erfolgt nach dem mittleren zufälligen km-Fehler $m_0$ bzw. $\mu_0$ des einfachen bzw. des Doppelnivellements sowie nach der Größe der systematischen Fehler, soweit diese eben nachweisbar sind. Für $m_0$ wird sich aus den Standdifferenzen ein Wert $m_0'$, aus den Streckendifferenzen einer Linie aber ein anderer Wert $m_0''$ ergeben.

Versteht man unter den Standdifferenzen $\delta$ (s. die Tabellen 27 bis 30) den für jeden der $n$ Stände berechneten Unterschied der je aus beiden Lattenteilungen ermittelten Höhenunterschiede benachbarter Wechselpunkte, so sind — gleiche Zielweiten vorausgesetzt — die Ausdrücke

$$m_0' = \pm \sqrt{\frac{[\delta\delta]}{2 l_i}}, \tag{593}$$

$$m_0' = \pm \sqrt{\frac{[\delta\delta]}{2 L}}, \tag{594}$$

in welchen $[\delta\delta]$ verschiedene Werte besitzt, die einer Strecke $l_i$ bzw. einer Linie $L$ entsprechenden mittleren Standfehler pro 1 km des einfachen (in einer Richtung) gemessenen Nivellements. Der entsprechende Ausdruck für das Doppelnivellement ist

$$\mu_0' = \frac{m_0'}{\sqrt{2}}. \tag{595}$$

Die Berechnung von $m_0''$ aus den Streckendifferenzen einer Linie erfolgt gemeinsam mit der Ermittlung desjenigen zur Länge proportionalen systematischen Fehlers $k$, welcher die Absolutwerte $|'\Delta h'|_{+}$ und $|'\Delta h''|_{-}$ der positiven und negativen Höhenunterschiede auf dem Hin- und Rückwege in verschiedenem Sinne beeinflußt. Ist

$$d_i = \underset{+}{|'\Delta h_i'|} - \underset{-}{|'\Delta h_i''|} \tag{596}$$

die einseitig beeinflußte Differenz der beiden Höhenunterschiede einer Strecke $l_i$ und $d_i'$ der zugehörige zufällige Wert, so gelten die Beziehungen:

$$d_i = d_i' + l_i (2k), \tag{597}$$

$$\frac{d_i}{\sqrt{l_i}} = \frac{d_i'}{\sqrt{l_i}} + 2k\sqrt{l_i}, \tag{598}$$

$$\left[\frac{d_i}{\sqrt{l_i}}\right] = \left[\frac{d_i'}{\sqrt{l_i}}\right] + 2k\left[\sqrt{l_i}\right]. \tag{599}$$

Nun sind die $d_i' : \sqrt{l_i}$ lauter zufällige Differenzen vom Gewicht 1, so daß

$$\left[\frac{d_i'}{\sqrt{l_i}}\right] = 0 \tag{600}$$

ist. Damit aber ergibt sich aus (599) der systematische Nivellierfehler für 1 km:

$$k = \frac{1}{2}\left\{\left[\frac{d_i}{\sqrt{l_i}}\right] : \left[\sqrt{l_i}\right]\right\}. \tag{601}$$

Mit bekanntem $k$ findet man aus (597) die zufälligen Differenzen

$$d_i' = d_i - 2k \cdot l_i \tag{602}$$

und damit die mittleren zufälligen km-Fehler

$$m_0'' = \pm\sqrt{\frac{1}{2n}\left[\frac{d'd'}{l}\right]}, \qquad \mu_0'' = \pm\frac{1}{2}\sqrt{\frac{1}{n}\left[\frac{d'd'}{l}\right]}. \tag{603}$$

Ein Zahlenbeispiel[1] für die Berechnung des systematischen und des mittleren zufälligen Linienfehlers auf 1 km enthält Tabelle 31, S. 202.

Bilden die Linien eine größere Anzahl von geschlossenen Schleifen, so kann nach Beseitigung der systematischen Fehler der mittlere zufällige km-Fehler näherungsweise auch aus den Schleifenschlußfehlern, zuverlässiger aber aus einer strengen Netzausgleichung, deren Besprechung im Rahmen dieses Buches zu weit führen würde, erfolgen.

Ist $w_i$ der Schlußfehler der doppelt nivellierten $i$-ten Schleife von der Länge $S_i$, so sind die Ausdrücke

$$m_0''' = \pm\sqrt{\frac{2}{\nu}\left[\frac{ww}{S}\right]}, \qquad \mu_0''' = \pm\sqrt{\frac{1}{\nu}\left[\frac{ww}{S}\right]} \tag{604}$$

die aus den $\nu$ Schleifenschlußfehlern $w$ berechneten Näherungswerte für den mittleren km-Fehler des einfachen bzw. des Doppelnivellements.

Jedes Feinnivellement ist an gewisse, engere Fehlergrenzen gebunden. Nach einem Beschluß der Allgemeinen Konferenz der Europäischen Erdmessung zu Berlin, 1867, darf der mittlere Fehler der Höhendifferenz zweier um 1 km entfernten Punkte im allgemeinen nicht 4,5 mm und in keinem Falle 7,5 mm überschreiten. Die seither erzielten großen Fortschritte in der Genauigkeit des Nivellierens haben die 17. Allgem. Konf. d. Internationalen Erdmessung in Hamburg, 1912, veranlaßt, neben den unverändert bestehenbleibenden Präzisionsnivellements als Feineinwägungen von hoher Genauigkeit solche in entgegengesetzten Richtungen und womöglich an verschiedenen Tagen durchgeführte Doppelnivellements zu bezeichnen, deren nach bestimmten Formeln[2] berechnete mittlere zufällige und mittlere systematische Fehler die Beträge $\pm$ 1,5 mm bzw. 0,3 mm nicht überschreiten.

[1] Die Zahlenwerte der $d_i$ und $l_i$ sind aus *M. Schmidt:* Ergänzungsmessungen zum Bayerischen Präzisionsnivellement Heft 1 S. 38 entnommen. Mit den dort aus einer geometrisch sehr anschaulichen Linienausgleichung erhaltenen Beträgen $y = +\,0{,}52$ mm (S. 39) und $\mu_1 = \pm\,1{,}27$ mm (S. 40) stimmen die ihnen entsprechenden Werte $2k$ und $\mu_0''$ in Tabelle 31 bis auf 2 bzw. 1 Einheit der zweiten Dezimalstelle überein. Bei einer solchen Linienausgleichung trägt man die Entfernungen aller Punkte vom Anfangspunkt der Linien als Abszissen und die zugehörigen Summen aller zurückliegenden $d$ als Ordinaten auf. Die so entstandene Punktreihe läßt sich in ihrer ganzen Ausdehnung oder in mehreren Abschnitten durch je eine Gerade ausgleichen, deren genaue Lage durch eine Ausgleichung mit zwei Unbekannten gefunden wird. Auch wenn die Fehlerberechnung mittels der Formeln (601) und (603) erfolgt, ist die Herstellung eines solchen Schaubildes für das Auseinandergehen beider Einwägungen notwendig, damit für die Berechnung der $k$ die etwa notwendige Unterabteilung der Linie an den richtigen Stellen erfolgt.

[2] Siehe Verhandlungen d. 1912 in Hamburg abgehaltenen 17. Allg. Konf. d. Intern. Erdm., II. Teil, Berlin 1914, Annex B. VIII^c, S. 251/252; siehe ferner *Baeschlin, F.:* Die Nivellements hoher Präzision u. die internationalen Vorschriften ihrer Fehlerberechnung. Schweiz. Bauztg. 1918 und *Rune, G. A.:* Die Definition nebst Formeln der internationalen Erdmessungskonferenz 1912 betr. Nivellements von hoher Präzision. Z. Vermess.-Wes. 1930 S. 633—642.

Ein geometrisches Nivellement durch Nivellieren aus Zwischenpunkten, die allerdings nicht in der Mitte der Station vorausgesetzt sind, beschreibt schon *Heron* von Alexandria; siehe *Schöne:* Herons von Alexandria Vermessungslehre und Dioptra, Leipzig 1903, S. 205ff. Aufgabe VI.

Tabelle 31.

| Nr. | $d_i$ | $l_i$ | $\sqrt{l_i}$ | $\frac{d_i}{\sqrt{l_i}}$ | $2k\,l_i$ | $d'_i$ | $d'_i\,d'_i$ | $\frac{d'_i\,d'_i}{l_i}$ |
|---|---|---|---|---|---|---|---|---|
| | mm | km | km$^{\frac{1}{2}}$ | mm | mm | mm | mm$^2$ | mm$^2$ |
| 1 | + 4,3 | 1,67 | 1,29 | + 3,34 | 0,89 | + 3,41 | 11,6 | 7,0 |
| 2 | + 3,6 | 2,01 | 1,42 | + 2,54 | 1,07 | + 2,53 | 6,4 | 3,2 |
| 3 | + 3,9 | 2,01 | 1,42 | + 2,75 | 1,07 | + 2,83 | 8,0 | 4,0 |
| 4 | − 4,7 | 2,01 | 1,42 | − 3,31 | 1,07 | − 5,77 | 33,3 | 16,6 |
| 5 | − 1,9 | 2,01 | 1,42 | − 1,34 | 1,07 | − 2,97 | 8,8 | 4,4 |
| 6 | + 3,3 | 1,74 | 1,32 | + 2,50 | 0,93 | + 2,37 | 5,6 | 3,2 |
| 7 | − 2,1 | 1,40 | 1,18 | − 1,78 | 0,75 | − 2,85 | 8,1 | 5,8 |
| 8 | + 1,7 | 1,01 | 1,00 | + 1,70 | 0,54 | + 1,16 | 1,3 | 1,3 |
| 9 | + 3,7 | 2,02 | 1,42 | + 2,61 | 1,08 | + 2,62 | 6,9 | 3,4 |
| 10 | − 0,8 | 2,03 | 1,42 | − 0,56 | 1,08 | − 1,88 | 3,5 | 1,7 |
| 11 | + 0,5 | 2,00 | 1,41 | + 0,35 | 1,06 | − 0,56 | 0,3 | 0,2 |
| 12 | − 0,2 | 2,02 | 1,42 | − 0,14 | 1,08 | − 1,28 | 1,6 | 0,8 |
| 13 | + 8,7 | 4,03 | 2,01 | + 4,32 | 2,15 | + 6,55 | 42,9 | 10,6 |
| 14 | − 3,2 | 1,51 | 1,23 | − 2,60 | 0,80 | − 4,00 | 16,0 | 10,6 |
| 15 | − 2,4 | 0,53 | 0,73 | − 3,29 | 0,28 | − 2,68 | 7,2 | 13,6 |
| 16 | + 3,4 | 0,48 | 0,69 | + 4,93 | 0,26 | + 3,14 | 9,8 | 20,4 |
| 17 | + 3,0 | 1,48 | 1,22 | + 2,46 | 0,79 | + 2,21 | 4,9 | 3,3 |
| 18 | + 1,8 | 2,03 | 1,42 | + 1,27 | 1,08 | + 0,72 | 0,5 | 0,2 |
| 19 | − 2,9 | 2,00 | 1,41 | − 2,06 | 1,06 | − 3,96 | 15,7 | 7,8 |
| 20 | + 2,0 | 2,35 | 1,53 | + 1,30 | 1,25 | + 0,75 | 0,6 | 0,3 |
| 21 | + 4,7 | 1,65 | 1,28 | + 3,67 | 0,88 | + 3,82 | 14,6 | 8,9 |
| 22 | + 2,6 | 1,75 | 1,32 | + 1,97 | 0,93 | + 1,67 | 2,8 | 1,6 |
| 23 | − 0,8 | 2,05 | 1,43 | − 0,56 | 1,09 | − 1,89 | 3,6 | 1,8 |
| 24 | − 1,9 | 3,29 | 1,81 | − 1,05 | 1,75 | − 3,65 | 13,3 | 4,0 |
| 25 | + 0,7 | 4,89 | 2,21 | + 0,37 | 2,61 | − 1,91 | 3,6 | 0,7 |
| 26 | − 4,2 | 2,43 | 1,56 | − 2,69 | 1,29 | − 5,49 | 30,1 | 12,4 |
| 27 | + 8,9 | 2,01 | 1,42 | + 6,27 | 1,07 | + 7,83 | 61,3 | 30,5 |
| 28 | − 0,2 | 2,03 | 1,42 | − 0,14 | 1,08 | − 1,28 | 1,6 | 0,8 |
| 29 | + 2,4 | 1,99 | 1,41 | + 1,70 | 1,06 | + 1,34 | 1,8 | 0,9 |
| 30 | + 1,4 | 0,30 | 0,55 | + 2,55 | 0,16 | + 1,24 | 1,5 | 5,0 |
| 31 | − 1,1 | 1,71 | 1,31 | − 0,84 | 0,91 | − 2,01 | 4,0 | 2,3 |
| 32 | + 4,5 | 1,33 | 1,15 | + 3,91 | 0,71 | + 3,79 | 14,4 | 10,8 |
| 33 | − 0,9 | 0,10 | 0,32 | − 2,81 | 0,05 | − 0,95 | 0,9 | 9,0 |
| 34 | − 4,9 | 2,15 | 1,47 | − 3,33 | 1,14 | − 6,04 | 36,5 | 17,0 |
| [+] | | | | +50,51 | | +47,98 | | |
| [−] | | | | −26,50 | | −49,17 | | |
| [±] | | +64,02 | +45,04 | +24,01 | | − 1,19 | | +224,1 |

$k = +0{,}27$ mm; $\mu_0'' = \pm 1{,}28$ mm; $m_0'' = \pm 1{,}81$ mm

In manchen Staaten werden, einem viel empfundenen Bedürfnisse folgend, die Ergebnisse der Feinnivellements und anderer Höhenmessungen in besonderen Höhenverzeichnissen veröffentlicht[1].

[1] Siehe z. B. a) in Baden: Die Großh. Bad. Hauptnivellements mit den Anschlüssen an die Nachbarstaaten, bearbeitet von *Jordan:* Karlsruhe 1885; ferner Beiträge zur Hydrographie des Großherzogtums Baden, 13. Heft: Die Hochwassermarken im Großherzogtum Baden, bearbeitet von *Kitiratschky.* Karlsruhe 1911. b) Bayern: Das Bayerische Landesnivellement, bearbeitet von *M. Schmidt.* München 1910, enthält die in Bayern durch Präzisionsnivellements (das unter *Bauernfeinds* Leitung ausgeführte, über das ganze Land sich erstreckende Feinnivellement wurde seinerzeit von *C. Örtel* bearbeitet), Eisenbahn-, Straßen- und Flußnivellements bestimmten Höhen nach dem Stand von Ende 1909. Dazu treten die Ergänzungsmessungen zum Bayerischen Präzisionsnivellement, Heft 2, bearbeitet von *M. Schmidt.* München 1919; ferner Höhenfestpunktnetz der Landeshauptstadt München. München 1929. c) Preußen und ehemalige Reichslande: Nivellements und Höhenbestimmungen der Punkte erster und zweiter Ordnung, ausgeführt v. d. Trigonom. Abt. d. Landesaufnahme. Berlin 1870, 1873, 1875, 1880, 1883, 1886, 1889, 1894. Außer diesen größeren Werken sind nach Landesteilen geordnete Auszüge für den unmittelbaren Gebrauch der Technik veröffentlicht worden, die in bisher 13 Heften (Mittler & Sohn Berlin) erschienen sind; ferner Kgl. Preuß.

# 30. Trigonometrische Höhenmessung.

Bei der Berechnung einer trigonometrischen Höhenmessung treten goniometrische Funktionen von gemessenen Zenitabständen oder Höhenwinkeln der von gegebenen zu gesuchten Punkten führenden Richtungen auf.

## a) Kurze Sichten.

Ist in $P_1$ (Abb. 243) mit der Meereshöhe $H_1$ unter Verwendung einer Instrumentenhöhe $i$ nach einem in $P_2$ um die Zielhöhe $z$ über dem Boden befindlichen Zielzeichen der Höhenwinkel $\alpha$ beobachtet worden, so ist der Höhenzuwachs von der Kippachse bis zum Zielpunkt

$$h = a \cdot \operatorname{tg} \alpha . \tag{605}$$

$a$ bedeutet die horizontale Entfernung $P_1 P_2$. Die Meereshöhe des Bodenpunktes $P_2$ wird

$$H_2 = H_1 + i - z + a \cdot \operatorname{tg} \alpha . \tag{606}$$

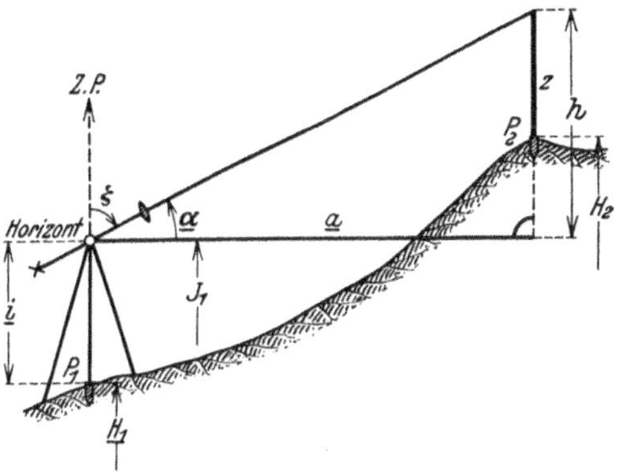


Abb. 243. Trigonometrische Höhenmessung mit kurzen Sichten.

Eine sehr häufige und vorteilhafte Anwendung findet diese einfache Art der trigonometrischen Höhenbestimmung, wenn in Polygonzügen, die einer topographischen Aufnahme als Grundlage dienen, die Endpunkte der bereits gemessenen Polygonseiten auch der Höhe nach bestimmt werden sollen. Sorgt man bei der Höhenwinkelmessung dafür, daß zusammengehörige Werte der Instrumenten- und Zielhöhe einander gleich werden, so ist die Zielachse jeweils zur Verbindungslinie der Bodenpunkte parallel und man hat neben den Standproben (S. 87) noch eine Gegenprobe, welche besagt, daß die zur gleichen Seite gehörige Summe der Zenitabstände 180° bzw. die Summe der Höhenwinkel Null ist. Dabei ist wegen der kurzen Entfernungen vom Einfluß der Lotkonvergenz abgesehen. Der bei Berechnung solcher Züge zwischen Punkten von bekannter Höhenlage auftretende Höhenwiderspruch wird proportional den Quadraten der Seiten auf die ihnen entsprechenden Höhenunterschiede verteilt.

Hierher gehört auch die Bestimmung von Turmhöhen aus nächster Nähe. Sind in den um die gemessene Horizontalentfernung $c$ voneinander abstehenden Punkten $P_1$, $P_2$ (Abb. 244), deren Instrumentenhorizonte $J_1$, $J_2$ durch ein an einen Höhenfestpunkt angeschlossenes geometrisches Nivellement scharf bestimmt worden sind, die Höhenwinkel $\varphi$, $\psi$ gemessen worden, welche die von $P_1$, $P_2$ nach einem der Höhe $H$ nach zu bestimmenden Punkte $P$ führenden Sichten besitzen und bedeuten

Ministerium der öffentl. Arbeiten, Höhen über Normalnull von Festpunkten und Pegeln an Wasserstraßen, Stankiewiecz, Berlin; bisher 16 Hefte nach Flußgebieten geordnet (für den praktischen Gebrauch bestimmte Auszüge aus größeren Bänden). d) In Württemberg: Publikation d. K. Württemb. Commission für Europäische Gradmessung, Präzisionsnivellement, ausgeführt unter der Leitung von *Schoder*. Stuttgart 1885. e) Sachsen: Astronomisch-geodätische Arbeiten für die Europäische Gradmessung im Königreich Sachsen, veröffentlicht in Z. Vermess.-Wes. 1886 S. 541 u. f.; siehe ferner *Richter:* Das neue sächsische Landesnivellement. Z. Vermess.-Wes. 1931 S. 95—102; IV. Abt. Das Landesnivellement, begonnen unter Leitung von *Julius Weisbach*, vollendet und bearbeitet von *A. Nagel*. Berlin 1886. f) Auch einzelne Städte, z. B. Dresden und München, haben ihr Höhenverzeichnis veröffentlicht.

Über den jeweiligen Stand der Feinnivellements auf der ganzen Erde und die dabei verwendeten Instrumente, Latten und Arbeitsmethoden, geben die verschiedenen Gradmessungs- und Erdmessungsberichte Aufschluß.

$\alpha$, $\beta$ die ebenfalls gemessenen Horizontalwinkel zwischen diesen Sichten und der Standlinie $c$, so ergibt sich mit den eingeschriebenen Bezeichnungen $H$ doppelt auf dem Wege über folgende Formeln:

$$\gamma = 180^0 - (\alpha + \beta)\,, \qquad a = c\cdot\frac{\sin\alpha}{\sin\gamma}\,, \qquad b = c\cdot\frac{\sin\beta}{\sin\gamma}\,, \tag{607}$$

$$h_1 = b\cdot\operatorname{tg}\varphi\,, \qquad h_2 = a\operatorname{tg}\psi\,, \tag{608}$$

$$H = J_1 + h_1 = J_2 + h_2\,. \tag{609}$$

Ist es nicht möglich, die Standlinie so zu wählen, daß ein günstiges horizontales Bestimmungsdreieck entsteht, so kann man etwa in einer auf den Turm zuführenden Straße die Standlinie $P_1P_2$ (Abb. 245) so legen, daß ihre Lotebene auch den zu bestimmenden Punkt $P$ enthält. Aus den ermittelten Instrumentenhorizonten $J_1$, $J_2$ in den Endpunkten der Standlinie $D$ und den dort beobachteten Höhen-

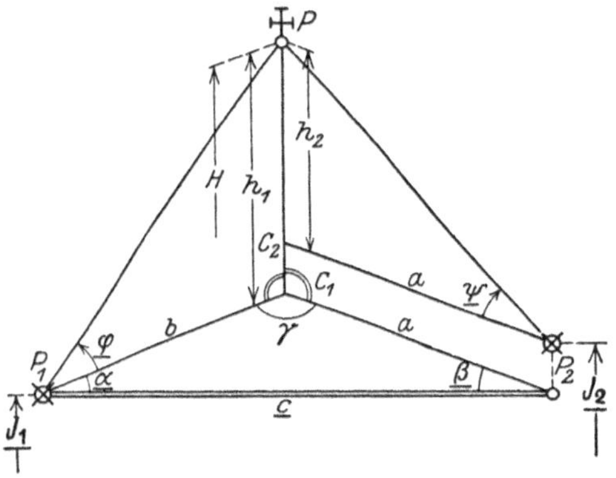


Abb. 244. Turmhöhenbestimmung mit seitlich gelegener Grundlinie.

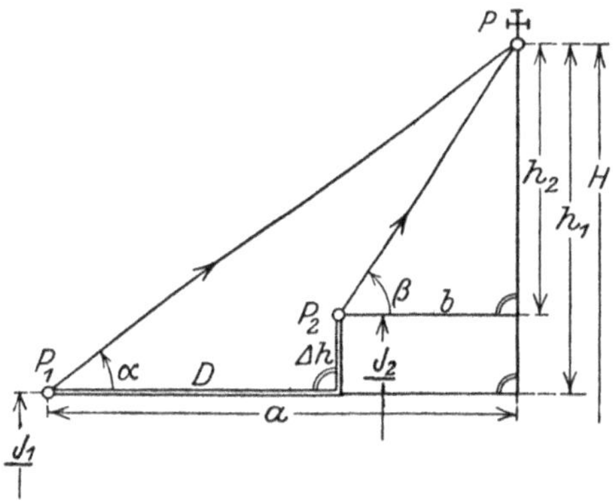


Abb. 245. Turmhöhenbestimmung mit auf das Ziel gerichteter Grundlinie.

winkeln $\alpha$, $\beta$ findet man unter Verwendung der eingeschriebenen Bezeichnungen leicht:

$$\Delta h = J_2 - J_1\,, \qquad a = b + D\,, \qquad b = a - D\,, \tag{610}$$

$$\Delta h = a\cdot\operatorname{tg}\alpha - b\cdot\operatorname{tg}\beta\,, \tag{611}$$

$$a = \frac{\Delta h - D\operatorname{tg}\beta}{\operatorname{tg}\alpha - \operatorname{tg}\beta}\,, \qquad b = \frac{\Delta h - D\operatorname{tg}\alpha}{\operatorname{tg}\alpha - \operatorname{tg}\beta}\,, \tag{612}$$

$$h_1 = a\cdot\operatorname{tg}\alpha = \frac{D - \Delta h\cdot\operatorname{ctg}\beta}{\operatorname{ctg}\alpha - \operatorname{ctg}\beta}\,, \qquad h_2 = b\cdot\operatorname{tg}\beta = \frac{D - \Delta h\cdot\operatorname{ctg}\alpha}{\operatorname{ctg}\alpha - \operatorname{ctg}\beta}\,, \tag{613}$$

$$H = J_1 + h_1 = J_2 + h_2\,. \tag{614}$$

Auch die Ermittlung der Meereshöhe $H_n$ eines im Turminneren gelegenen Punktes $P_n$ (Abb. 246) mittels eines Schnurzugs $P_1P_2\ldots P_i\ldots P_n$, für dessen Seiten die Längen $s$ und Neigungen $\alpha_i$ (Hängewaage) zu messen sind, ist — wenigstens vom rechnerischen Standpunkte aus — hier zu nennen. Der einer einzelnen Seite entsprechende Höhenunterschied ist

$$\Delta h_i = s_i\sin\alpha_i\,, \tag{615}$$

also wird der Gesamthöhenunterschied

$$h = [\Delta h_i]_1^{n-1}\,. \tag{616}$$

Fügt man sie zur vorher bestimmten Höhe $H_1$ des Zuganfangspunktes $P_1$ am Turmfuß, so erhält man die Höhe des Zugendpunktes, nämlich

$$H_n = H_1 + h = H_1 + [\Delta h_i]_1^{n-1} = H_1 + [s_i\sin\alpha_i]_1^{n-1}\,. \tag{617}$$

Zur Erzielung guter Ergebnisse sind die Schnüre straff zu spannen und die einzelnen Strecken nicht über 20 m zu nehmen.

Noch eine andere Art der Höhen- und Entfernungsbestimmung, welche man vielleicht als Nivellement durch zweifache Höhenwinkelmessung bezeichnen kann, gehört hierher.

Sind mit Hilfe eines in $A$ (Abb. 247) stehenden, zum Messen von Höhenwinkeln eingerichteten Instruments mit der Instrumentenhöhe $i$ die Höhenwinkel $\alpha$, $\beta$ der nach dem oberen und unteren Endpunkt des festen Abschnittes $l$ einer im Lot von $P$ stehenden Latte führenden Sichten beobachtet worden und bedeuten $z$ und $h$ die Höhe

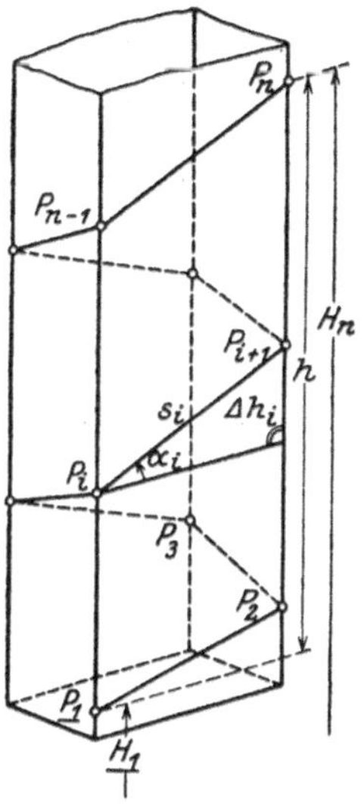


Abb. 246. Turmhöhenbestimmung mit Hilfe eines Schnurzuges.

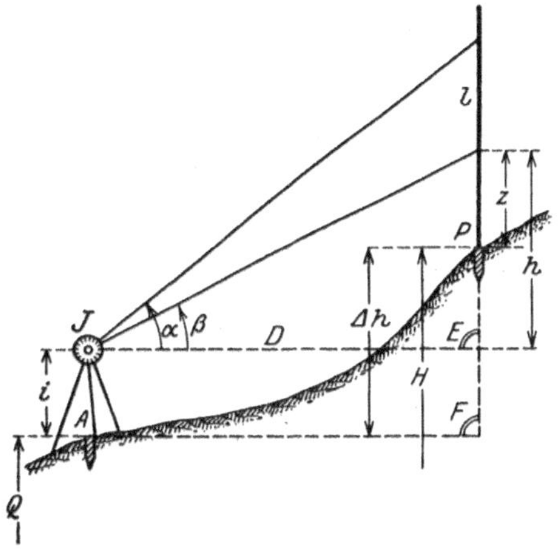


Abb. 247. Bestimmung der horizontalen Entfernung und des Höhenunterschiedes durch zweifache Höhenwinkelmessung.

des unteren Endpunktes des Lattenabschnitts über dem Lattenfußpunkt $P$, bzw. über dem Instrumentenhorizont, so ergeben sich die horizontale Entfernung $D$ und der Höhenunterschied $\Delta h$ beider Geländepunkte $A$ und $P$ mittels der aus den beiden Neigungsdreiecken folgenden Beziehungen

$$D \cdot \operatorname{tg} \alpha = h + l, \qquad D \cdot \operatorname{tg} \beta = h \tag{618}$$

zu

$$D = \frac{l}{\operatorname{tg} \alpha - \operatorname{tg} \beta}, \tag{619}$$

$$\Delta h = D \cdot \operatorname{tg} \alpha + i - l - z = D \cdot \operatorname{tg} \beta + i - z. \tag{620}$$

Im hügeligen Gelände und bei etwas größeren Entfernungen (etwa 200 bis 400 m) kann es sich, wenn zugunsten der Zeitersparnis die Genauigkeitsanforderungen etwas zurücktreten dürfen, lohnen, ein solches Nivellement durchzuführen, wenn das hernach beschriebene tachymetrische Nivellement versagt. Nach Abb. 248, in deren Bezeichnungen die Zeiger $r$ und $v$ den Rückblick und den Vorblick andeuten, ist der Höhenunterschied zwischen den aufeinanderfolgenden Wechselpunkten $W_r$ und $W_v$

$$\delta h = h_v - h_r + z_r - z_v. \tag{621}$$

Nimmt man, was fast immer geschieht, $z_r = z_v$, so erhält man den einfachen Ausdruck

$$\delta h = h_v - h_r, \tag{622}$$

welcher in der äußeren Form bis auf das Vorzeichen mit dem entsprechenden Ausdruck $\delta h = r - v$ im geometrischen Nivellement übereinstimmt. Zur Erleichterung der

Beobachtungen und zur Erhöhung ihrer Genauigkeit bezeichnet man die Endpunkte des Lattenabschnittes $l$ häufig durch fest mit der Latte verbundene Zielscheiben

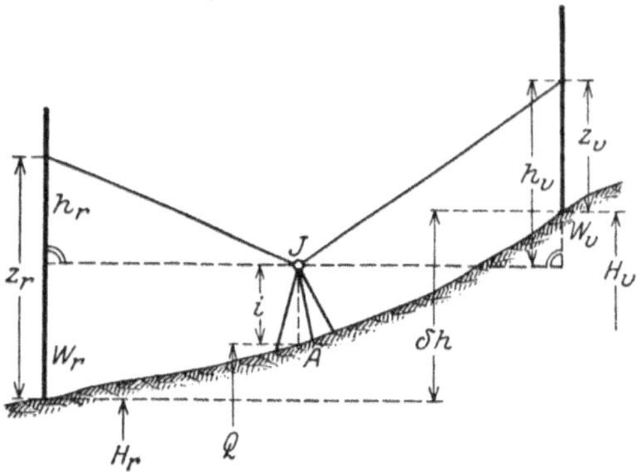


Abb. 248. Höhenübertragung von Wechselpunkt zu Wechselpunkt durch trigonometrisches oder durch tachymetrisches Nivellement.

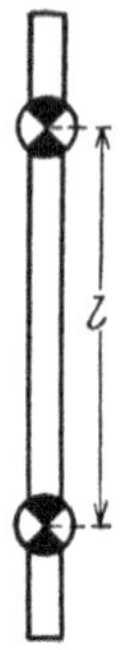


Abb. 249. Latte mit Zielscheiben.

(Abb. 249), deren möglichst runder Abstand mit Hilfe eines Normalmaßstabes genau bestimmt und von Zeit zu Zeit nachgeprüft wird.

## b) Lange Sichten.

Soll die Erdkrümmung und Strahlenbrechung die Höhe des Endpunktes einer Sicht in den Zentimetern nicht mehr fälschen, so muß man Entfernungen über 200 m vermeiden. Bei Zielungen, die, wie beim Nivellement, durch zweifache Höhenwinkelmessung in Bodennähe hinstreichen, werden die Zentimeter schon auf geringere Entfernungen hin unsicher. Doch wird dieser Fehler im Höhenunterschied $\delta h$ zum Teil behoben, wenn annähernd aus der Mitte der Station nivelliert wird und die untere Zielscheibe nicht allzu nahe am Lattenfuß liegt.

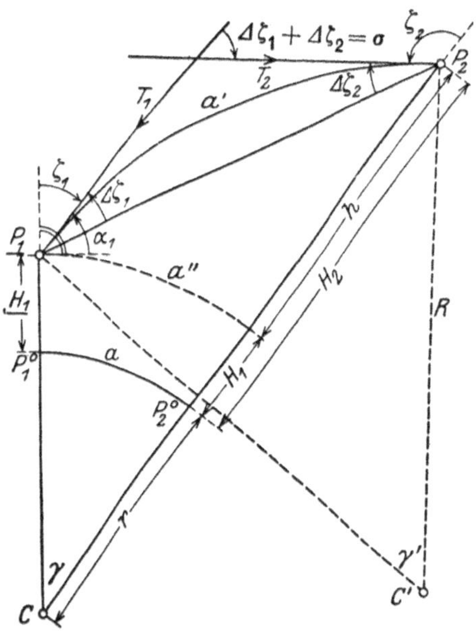


Abb. 250. Trigonometrische Höhenmessung unter Berücksichtigung von Erdkrümmung und Strahlenbrechung.

Bei längeren Sichten ist, wenn der Höhenfehler einige Zentimeter nicht überschreiten soll, stets der Einfluß der Erdkrümmung und Strahlenbrechung zu berücksichtigen.

In Abb. 250 sei $a'$ die zwischen den entfernten Punkten $P_1$, $P_2$ mit den Meereshöhen $H_1$, $H_2$ verlaufende Lichtkurve, deren Endpunktstangenten $T_1$, $T_2$ die Richtungen der jeweils auf den anderen Endpunkt eingestellten Fernrohrziellinie angeben. Sie besitzen die Zenitabstände $\zeta_1$, $\zeta_2$ und schließen mit der Sehne $P_1$, $P_2$ die als terrestrische Refraktionen bezeichneten Winkel $\Delta\zeta_1$, $\Delta\zeta_2$ ein[1]. Aus dem durch den Erdmittelpunkt $C$ und die Punkte $P_1$, $P_2$ gebildeten Dreieck findet man,

[1] Die Summe $\Delta\zeta_1 + \Delta\zeta_2$ dieser Teilrefraktionen in den Strahlenendpunkten ergibt die terrestrische Gesamtrefraktion $\sigma$.

wenn $a'$ vom Erdmittelpunkt aus unter dem Zentriwinkel $\gamma$ erscheint, nach dem Tangenssatze

$$\frac{CP_2 - CP_1}{CP_1 + CP_2} = \frac{\operatorname{tg} \frac{1}{2} \{(\zeta_2 + \Delta\zeta_2) - (\zeta_1 + \Delta\zeta_1)\}}{\operatorname{ctg} \frac{\gamma}{2}}. \tag{623}$$

Die Differenz $CP_2 - CP_1$ ist der zu ermittelnde Höhenunterschied $h$ zwischen $P_1$ und $P_2$. Mittels der für alle terrestrischen Sichten (Sichten nach irdischen Zielpunkten) praktisch als streng zu erachtenden Beziehung

$$\operatorname{tg} \frac{\gamma}{2} \approx \frac{\gamma}{2} \approx \frac{a}{2r}, \tag{624}$$

in welcher $a$ die Horizontalprojektion der Lichtkurve auf das Meeresniveau und $r$ (rund 6370 km) den Erdhalbmesser bedeutet, ergibt sich aus (623)

$$h = a\left(1 + \frac{H_1 + H_2}{2r}\right) \operatorname{tg} \frac{1}{2} \{(\zeta_2 + \Delta\zeta_2) - (\zeta_1 + \Delta\zeta_1)\}, \tag{625}$$

bzw.

$$h = a\left(1 + \frac{H_m}{r}\right) \operatorname{tg} \frac{1}{2} \{(\zeta_2 + \Delta\zeta_2) - (\zeta_1 + \Delta\zeta_1)\}, \tag{626}$$

wenn $H_m$, für das ein Näherungswert genügt, die mittlere Meereshöhe von $P_1$ und $P_2$ bedeutet. Das Argument des letzten Faktors in (626) läßt sich mit Hilfe der aus der Winkelsumme des Dreiecks $CP_1P_2$ hervorgehenden Gleichung

$$(\zeta_1 + \Delta\zeta_1) + (\zeta_2 + \Delta\zeta_2) = \pi + \gamma \tag{627}$$

durch die Substitutionen

$$\zeta_2 + \Delta\zeta_2 = \pi + \gamma - (\zeta_1 + \Delta\zeta_1), \qquad \zeta_1 + \Delta\zeta_1 = \pi + \gamma - (\zeta_2 + \Delta\zeta_2) \tag{628}$$

als Funktion von $\zeta_1$, $\Delta\zeta_1$, $\gamma$ bzw. von $\zeta_2$, $\Delta\zeta_2$, $\gamma$ ausdrücken. Man erhält auf diese Weise die beiden praktisch noch strengen Formen

$$h = a\left(1 + \frac{H_m}{r}\right) \operatorname{ctg}\left(\zeta_1 + \Delta\zeta_1 - \frac{\gamma}{2}\right), \tag{629}$$

$$h = -a\left(1 + \frac{H_m}{r}\right) \operatorname{ctg}\left(\zeta_2 + \Delta\zeta_2 - \frac{\gamma}{2}\right). \tag{630}$$

Über die Form der Lichtkurven war bisher noch keine Voraussetzung getroffen worden. Macht man die in vielen Fällen genügend genau zutreffende, im allgemeinen aber doch unsichere Annahme, daß die beiden Refraktionswinkel in den Endpunkten der Lichtkurve einander gleich seien, nämlich

$$\Delta\zeta_1 = \Delta\zeta_2 = \Delta\zeta = \frac{\sigma}{2}, \tag{631}$$

so findet man aus (626) den Höhenunterschied

$$h = a\left(1 + \frac{H_m}{r}\right) \operatorname{tg} \frac{1}{2} (\zeta_2 - \zeta_1) = a\left(1 + \frac{H_m}{r}\right) \operatorname{tg} \frac{1}{2} (\alpha_1 - \alpha_2) \tag{632}$$

ohne Kenntnis der Strahlenbrechung aus gleichzeitig beobachteten, gegenseitigen Zenitabständen[1]. Die Lichtkurve $a'$ ist strenggenommen eine von der wechselnden, nur ungenau bekannten Luftbeschaffenheit und von der Wellenlänge des Lichtes abhängige unregelmäßige Kurve. Bei normaler Luftschichtung weicht sie von einem sehr flachen Kreisbogen, zu dessen Zentriwinkel $\gamma'$ der Scheitel $C'$ und

---

[1] *Gülland* (Über den theoretischen Refraktionskoeffizienten. Z. Vermess.-Wes. 1914 S. 369 bis 385 u. 393—419) findet aus einer Untersuchung der *Bauernfeind*schen Refraktionsbeobachtungen, daß bei Benützung der Kreisbogentheorie Messungen, welche um die Mittagszeit auf der Talstation ausgeführt werden, ebenso gute oder noch bessere Ergebnisse liefern wie gleichzeitige gegenseitige Beobachtungen aus durchlaufenden Tagesreihen.

der Halbmesser $R$ gehören mögen, nur wenig ab. Für diese allgemein übliche Näherungsannahme wird

$$\Delta\zeta = \tfrac{1}{2}\gamma'. \tag{633}$$

Um $\Delta\zeta$ durch $\gamma$ ausdrücken zu können, brauchen wir eine — wenigstens näherungsweise bekannte — Beziehung zwischen $\gamma'$ und $\gamma$. Bedeutet $\alpha_1 = \frac{\pi}{2} - \zeta_1$ den in $P_1$ gemessenen Höhenwinkel von $a'$, so kann man in guter Annäherung

$$a' \approx \frac{a''}{\cos\alpha_1} \approx \frac{a}{\cos\alpha_1} = \frac{r\cdot\gamma}{\cos\alpha_1} \tag{634}$$

setzen. Andererseits ist

$$a' = R\cdot\gamma', \tag{635}$$

also

$$\gamma' = \frac{a'}{R} = \frac{1}{\cos\alpha_1}\cdot\frac{r}{R}\cdot\gamma = \frac{k}{\cos\alpha_1}\cdot\gamma\,. \tag{636}$$

Das Verhältnis $k' = r : R$ des Erdhalbmessers zum Halbmesser der Lichtkurve ist der Refraktionskoeffizient. Die Einführung von (636) in (633) ergibt somit den Refraktionswinkel

$$\Delta\zeta = \frac{1}{\cos\alpha_1}\cdot k'\cdot\frac{\gamma}{2} = \frac{k'}{\cos\alpha_1}\cdot\frac{a}{2r} \tag{637}$$

und der Höhenunterschied wird nach (629)

$$h = a\left(1 + \frac{H_m}{r}\right)\operatorname{tg}\left\{\alpha_1 + \left(1 - \frac{k'}{\cos\alpha_1}\right)\frac{\gamma}{2}\right\}. \tag{638}$$

Hieraus erhält man durch Entwickeln nach dem *Taylor*schen Satz unter Beschränkung auf die beiden ersten Glieder

$$h = a\left(1 + \frac{H_m}{r}\right)\left\{\operatorname{tg}\alpha_1 + \frac{\gamma}{2\cos^2\alpha_1}\left(1 - \frac{k'}{\cos\alpha_1}\right)\right\} \tag{639}$$

oder unter Beachtung der Beziehung $\gamma = \frac{a}{r}$

$$h = a\left(1 + \frac{H_m}{r}\right)\operatorname{tg}\alpha_1 + \left(1 - \frac{k'}{\cos\alpha_1}\right)\frac{a^2}{2r\cos^2\alpha_1}\,. \tag{640}$$

Die Krümmung der Lichtkurve nimmt annähernd mit dem cos des Höhenwinkels ab, so daß

$$k' = k\cos\alpha_1, \quad \gamma' = k\cdot\gamma = k\frac{a}{r} \tag{641}$$

wird, wenn das künftig allein verwendete $k$ der einer waagerechten Sicht entsprechende Refraktionskoeffizient ist. Bei Berücksichtigung dieses Umstandes erscheint statt (640) die bekanntere Form

$$h = a\left(1 + \frac{H_m}{r}\right)\operatorname{tg}\alpha_1 + (1 - k)\frac{a^2}{2r\cos^2\alpha_1}\,. \tag{642}$$

Der Quotient $H_m : r$ im ersten Gliede dieses Ausdrucks trägt der Vergrößerung des im Meeresspiegel befindlichen Bogens $a$ bis zum mittleren Messungshorizont $H_m$ Rechnung. Er kann, wenn es sich nicht um sehr große Meereshöhen handelt, vielfach unterdrückt werden. Da bei den größeren Entfernungen nur kleine Höhenwinkel $\alpha$ in Frage kommen, so kann meistens im Zusatzgliede von (642) auch $\cos^2\alpha = 1$ gesetzt werden. So entsteht der in der trigonometrischen Höhenmessung vielgebrauchte, meist ausreichende Näherungsausdruck

$$h = a\operatorname{tg}\alpha_1 + (1 - k)\frac{a^2}{2r}, \tag{643}$$

dessen zweites Glied dem mit dem Quadrat der Entfernung fortschreitenden Gesamteinfluß der Erdkrümmung und Strahlenbrechung entspricht. Die in gleicher Weise fortschreitenden Teilverbesserungen sind $+\frac{a^2}{2r}$ (Erdkrümmung) und $-k\frac{a^2}{2r}$ (Strahlenbrechung).

Trägt man jetzt wieder dem Umstand Rechnung, daß bei der Messung eine Instrumentenhöhe $i$ (in $P_1$) und eine Zielhöhe $z$ (in $P_2$) auftritt, so erhält man nach Analogie von (606) und Abb. 243 für die Meereshöhe des Bodenpunktes $P_2$ den Ausdruck

$$H_2 = H_1 + i - z + a \cdot \operatorname{tg} \alpha_1 + (1 - k)\frac{a^2}{2r}. \tag{644}$$

Hierin gehört $H_1$ zum Bodenpunkt $P_1$.

Zur zahlenmäßigen Ermittelung des Refraktionskoeffizienten kann man den aus (643) folgenden Ausdruck

$$k = 1 - \frac{2r}{a^2}(h - a \operatorname{tg} \alpha_1) \tag{645}$$

benützen, wenn $h$ schon aus einem geometrischen Nivellement genau bekannt ist. Auch aus gleichzeitig beobachteten gegenseitigen Zenitabständen $\zeta_1$, $\zeta_2$ oder den ihnen entsprechenden Höhenwinkeln $\alpha_1$, $\alpha_2$ kann er mittels der aus (627) nach einer kleinen Umformung entstehenden Formel

$$k = 1 + \frac{r}{a} \cdot \frac{\alpha_1^0 + \alpha_2^0}{\varrho^0} \tag{646}$$

berechnet werden. Ein für das Festland[1] in Deutschland gültiger, aus vielen Bestimmungen gefundener Mittelwert ist

$$k = +0{,}13 \pm 0{,}03. \tag{647}$$

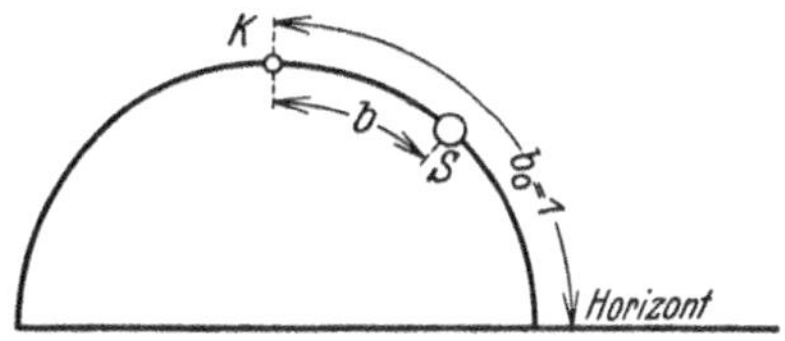


Abb. 251. Einfluß des Sonnenstandes auf den Refraktionskoeffizienten.

Die damit berechneten, mit dem Quadrat der Entfernung fortschreitenden Höhenverbesserungen auf 1 km sind + 7,8 cm wegen der Erdkrümmung, — 1,0 cm wegen der Strahlenbrechung und + 6,8 cm wegen des Zusammenwirkens beider Erscheinungen.

Der Refraktionskoeffizient ist abhängig von der Wellenlänge $\lambda$ der Lichtstrahlen, der Zusammensetzung der Luft, ihrem Staubgehalt, dem Luftdruck $B$, der Temperatur $t$, vom Druckgefälle $\pi$ und besonders vom Temperaturgefälle $\tau$ (Temperaturabnahme auf 1 m Höhenzunahme). Er ist für $t = 0^0$ und $B = 760$ mm überschlagsweise

$$k \approx 0{,}23 - 6{,}8\,\tau. \tag{648}$$

Mißlich ist die Änderung von $k$ mit der Meereshöhe und dem Sonnenstand. Immerhin kann man den Einfluß dieser Faktoren überschlägig berücksichtigen. Bedeutet $H$ die in Hektometern ausgedrückte Meereshöhe, $b_0$ (Abb. 251) den halben Tagebogen der Sonne und $b$ den in der Einheit $b_0$ ausgedrückten Abstand der Sonne $S$ von ihrem Kulminationspunkt $K$, so ergibt sich aus den Untersuchungen von *Hartl*[2] ein der Höhenlage und dem Sonnenstand angepaßter Wert

$$k = 0{,}104 - 0{,}0013 \cdot H + 0{,}084\, b^2. \tag{649}$$

[1] Über Wasserflächen gelten andere Verhältnisse. Siehe *Helmert:* Trigonometrische Höhenmessung und Refraktionskoeffizienten in der Nähe des Meeresspiegels. Sitzungsber. d. Kgl. Preuß. Akademie der Wissenschaften 1908 S. 492—511.

[2] *Hartl, Heinrich:* a) Beiträge zum Studium der terrestrischen Strahlenbrechung und b) Über mittlere Refraktionskoeffizienten. Mitt. d. k. k. militärgeographischen Instituts S. 110—136. Wien 1883 u. 1884 S. 156—175. Der Koeffizient 0,0013 ist ein den Verhältnissen in Ligurien und Piemont, Dalmatien und angrenzende Landstriche sowie in den österreichischen Alpenländern angepaßter Mittelwert, während die Zahlen 0,104 und 0,084 dem Ostseegebiet entnommen werden mußten. Trotz dieser Ungleichartigkeit dürften die nach (649) ermittelten $k$ dem Mittelwert 0,13 vorzuziehen sein.

Aber auch dieser Wert darf nicht als sehr zuverlässig betrachtet werden, da die Konstanten seiner Korrektionsglieder von der geographischen Lage nicht im erwünschten Maße unabhängig sind.

Die große Unsicherheit des Refraktionskoeffizienten, auch seine lästige Änderung mit der Tageszeit — er ist am kleinsten (rund 0,1), wenn die Sonne im Zenit, am größten (etwa 0,2), wenn sie im Horizont steht[1] — bewirken, daß mit der zunehmenden Leistungsfähigkeit des geometrischen Nivellements die Bedeutung der ursprünglich bevorzugten trigonometrischen Höhenmessung sehr stark zurückgegangen ist. Die Genauigkeit der trigonometrischen Höhenmessung, welche weniger von der Leistungsfähigkeit des Instrumentes und der Sorgfalt des Beobachters als von der Kürze der Sichten abhängt, läßt sich durch Beobachtungen aus der Mitte der Station steigern, besonders wenn bei einer geeigneten Wahl des Instrumentenstandes beide Ziellinien möglichst weit über dem Boden und über gleichartigem Gelände sich befinden[2].

Der aus (644) sich ergebende bestimmte Fehler der abgeleiteten Meereshöhe $H_2$ ist

$$dH_2 = dH_1 + di - dz + \frac{a}{\cos^2\alpha}\cdot d\alpha + da\cdot\operatorname{tg}\alpha - \frac{a^2}{2r}\cdot dk. \tag{650}$$

Von diesem Ausdruck kann man, wenn notwendig, leicht auf mittlere Fehler übergehen.

In Ausnahmefällen hat der Ingenieur auch Sonnen- und Gestirnshöhen $\alpha'$ zu messen, für deren Reduktion die astronomische Refraktion $r$ zu berechnen ist. Bei genaueren Messungen wird sie unter Beachtung von Temperatur und Luftdruck aus besonderen Refraktionstabellen[3] entnommen. Hat man solche nicht zur Hand, so kann $r$ mittels der Näherungsformel

$$r'' \approx 21{,}7''\,\frac{B}{T}\operatorname{ctg}\alpha'\left\{1 + \frac{\widehat{r}}{\sin 2\alpha'}\right\} \tag{651}$$

gefunden werden, in welcher $B$ den Barometerstand in mm und $T$ die absolute Temperatur in C° bedeutet. Bei Höhenwinkeln unter 10° wird sie unsicher und bald unbrauchbar. Für $\widehat{r} = r'' : \varrho''$ kann $\frac{21{,}7''}{\varrho''}(B : T)\operatorname{ctg}\alpha'$ genommen werden. Der wegen Strahlenbrechung verbesserte Höhenwinkel ist

$$\alpha = \alpha' - r''. \tag{652}$$

## 31. Tachymetrisches Nivellement.

Beim tachymetrischen Nivellement mittels Kreistachymeters — d. i. ein mit Höhenkreis und Distanzmessereinrichtung versehener Theodolit — erfolgt die Bestimmung des Höhenunterschiedes $h$ (Abb. 252) und der horizontalen Entfernung $D$ eines durch die mittlere Ziellinie bezeichneten Lattenpunktes $M$ in bezug auf den Instrumentenmittelpunkt $J$ aus dem zwischen den Entfernungsfäden liegenden Abschnitt $UO = l$ der lotrechten Latte und dem Höhenwinkel $\alpha$ der mittleren Ziellinie. Die Horizontalentfernung $D$, deren Kenntnis zur Darstellung der Neigungsverhält-

---

[1] Dadurch erklärt sich auch der periodische Verlauf der trigonometrisch bestimmten Höhen. Nach den Untersuchungen von *Kohlmüller, Frz.:* Zur Refraktion im Nivellement. München 1912 (Sonderabdruck aus der Zeitschrift des Vereins der höheren bayerischen Vermessungsbeamten 1912 S. 151—189, 242—280, 299—317) liegen die Verhältnisse bei der auch als topographische Refraktion bezeichneten Refraktion im Nivellement gerade umgekehrt. Sie ist morgens und abends am kleinsten, mittags am größten, im übrigen viel größer als die terrestrische Refraktion und annähernd umgekehrt proportional zur Sichthöhe über dem Boden. Durch die Formel (648) läßt sie sich nicht genügend darstellen.

[2] Die irdische Strahlenbrechung wurde wahrscheinlich zuerst von *Picard* 1669 beobachtet (siehe *Picard:* Mesure De La Terre. S. 57/58, Mémoires De L'Academie Royale Des Sciences, Tome Quatrième).

[3] Siehe z. B. *Albrecht, Th.:* Formeln und Hilfstafeln für geographische Ortsbestimmungen, 4. Aufl. Leipzig 1908 oder *Stampfer-Doležal:* Sechsstellige logarithmisch-trigonometrische Tafeln, 22. Aufl. Wien 1921.

nisse nicht entbehrt werden kann, ist, wenn $c$ die Additionskonstante des Fernrohrs bedeutet, die Summe

$$D = JF^0 + F^0 E = c \cdot \cos\alpha + D'. \tag{653}$$

Mit den in Abb. 252 eingetragenen Bezeichnungen sind die Abstände der durch die äußeren Ziellinien bezeichneten Lattenstellen $O$ und $U$ vom Horizont durch den anallatischen Punkt $F$ die Ausdrücke

$$E'O = D' \operatorname{tg}\left(\alpha + \frac{\varepsilon}{2}\right), \qquad E'U = D' \operatorname{tg}\left(\alpha - \frac{\varepsilon}{2}\right), \tag{654}$$

aus deren Differenz

$$E'O - E'U = l = D'\left\{\operatorname{tg}\left(\alpha + \frac{\varepsilon}{2}\right) - \operatorname{tg}\left(\alpha - \frac{\varepsilon}{2}\right)\right\} \tag{655}$$

unter Rücksicht auf (653) der strenge Ausdruck für die Horizontalentfernung

$$D = c\cos\alpha + \frac{l}{\operatorname{tg}\left(\alpha + \frac{\varepsilon}{2}\right) - \operatorname{tg}\left(\alpha - \frac{\varepsilon}{2}\right)} \tag{656}$$

$$= c \cdot \cos\alpha + \frac{l}{\sin\varepsilon} \cos\left(\alpha + \frac{\varepsilon}{2}\right) \cos\left(\alpha - \frac{\varepsilon}{2}\right) \tag{657}$$

hervorgeht. Der sogenannte distanzmessende Winkel $\varepsilon$ ist mit der Multiplikationskonstanten $C$ durch die einfache strenge Beziehung

$$2 \operatorname{tg} \frac{\varepsilon}{2} = \frac{1}{C} \tag{658}$$

verknüpft. Nach einer kleinen Umformung von (657) ergibt sich unter Vernachlässigung des Gliedes

$$v_D = +\,2c\sin^2\frac{\alpha}{2}\cos\alpha - \frac{l}{4C}\sin^2\alpha \tag{659}$$

die übliche bequeme Näherungsformel

$$D = (c + C \cdot l)\cos^2\alpha = K \cdot \cos^2\alpha, \tag{660}$$

deren leicht zu berechnender Koeffizient $K = c + C \cdot l$ als Stammzahl bezeichnet wird.

Der Höhenunterschied ist streng

$$h = D\operatorname{tg}\alpha = c\sin\alpha + \frac{l \cdot \operatorname{tg}\alpha}{\operatorname{tg}\left(\alpha + \frac{\varepsilon}{2}\right) - \operatorname{tg}\left(\alpha - \frac{\varepsilon}{2}\right)}. \tag{661}$$

Unterdrückt man das kleine Glied

$$v_h = +\,2c\sin^2\frac{\alpha}{2}\sin\alpha - \frac{l}{4C}\sin^2\alpha\operatorname{tg}\alpha, \tag{662}$$

so erscheint die für den Höhenunterschied gebräuchliche Näherungsformel

$$h = \tfrac{1}{2}(c + C \cdot l)\sin 2\alpha = \tfrac{1}{2} K \sin 2\alpha = D \cdot \operatorname{tg}\alpha. \tag{663}$$

Die Ermittlung von $D$ und $h$ erfolgt am einfachsten durch Entnahme aus sog. Tachymetertafeln[1]. Sie sind auch mit dem Rechenschieber — es gibt besondere

[1] Von den Zahlenwerken dieser Art sind besonders zu nennen a) *Jordan:* Hilfstafeln für Tachymetrie (alte Teilung), 1. Aufl., Stuttgart 1880, 6. Aufl., Stuttgart 1917. b) *Reger:* Tachymetertafeln als Ergänzungen der *Jordan*schen Hilfstafeln für Tachymetrie (alte Teilung). Stuttgart 1910. c) *Jadanza:* Tachymetertafeln für zentesimale Winkelteilung. Deutsche Ausgabe besorgt von *Hammer*. Stuttgart 1909. d) *Hammer:* Tafeln zur Berechnung der Höhenunterschiede aus horizontaler Entfernung und Höhenwinkel, alte Teilung. Stuttgart 1895. e) Tafeln zur Berechnung von Höhenunterschieden aus Horizontaldistanz und Höhenwinkel in Zentesimal- und Sexagesimal-

Tachymeterschieber — leicht zu bestimmen. Dabei wird zweckmäßig nicht unmittelbar $D$, sondern der bei den meist schwachen Neigungen geringe Unterschied

$$\varDelta = K - D = K \sin^2 \alpha \tag{664}$$

bzw.

$$\varDelta \approx \frac{3\,K}{10000} \cdot (\alpha^0)^2\,, \tag{665}$$

die Reduktion der Stammzahl auf den Horizont, berechnet, um den die Stammzahl zu verkleinern ist, damit sie in $D$ übergeht. Der sehr bequeme Näherungsausdruck $\frac{3\,K}{10000}\,(\alpha^0)^2$ ist ziemlich scharf und reicht bis $\alpha = 15^0$ und $K = 150$ m vollkommen aus. Das erste unterdrückte Glied ist $+\,0{,}015 \cdot \varDelta$.

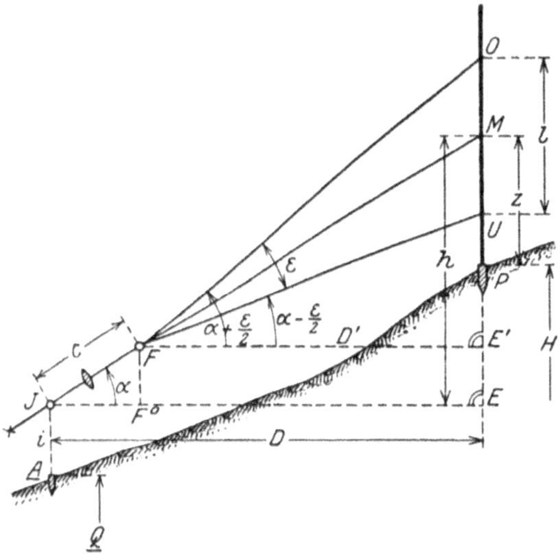


Abb. 252. Bestimmung der Horizontalentfernung und des Höhenunterschiedes mit dem Kreistachymeter.

Sind $h_r$ und $h_v$ (Abb. 248) die im Rückblick und Vorblick einer Station gegen den Instrumentenmittelpunkt gefundenen Höhenunterschiede, zu denen die Ablesungen $z_r$, $z_v$ an der mittleren Ziellinie gehören, so ergibt sich die Meereshöhe $H_v$ des Lattenfußpunktes $W_v$ im Vorblick aus derjenigen $H_r$ des Lattenfußpunktes $W_r$ im Rückblick als der Ausdruck

$$H_v = H_r - h_r + h_v + (z_r - z_v) \tag{666}$$

oder

$$H_v = H_r - h_r + h_v\,, \tag{667}$$

wenn, wie fast immer, $z_v = z_r$ gemacht wird.

Zur Berechnung der Meereshöhe

$$Q = H_r + z_r - h_r - i \tag{668}$$

des Instrumentenaufstellungspunktes $A$ ist auch die Instrumentenhöhe $i$ zu messen.

Bestimmt man durch tachymetrisches Nivellement mittels wiederholter Instrumentenaufstellungen aus der bekannten Meereshöhe $H_1$ eines Ausgangspunktes $P_1$ die Höhe $H_2$ eines entfernten Punktes $P_2$, so ist diese

$$H_2 = H_1 - [h_r] + [h_v] + [z_r] - [z_v] \tag{669}$$

bzw.

$$H_2 = H_1 - [h_r] + [h_v]\,, \tag{670}$$

wenn auf jedem Stand $z_v = z_r$ ist.

Vor Beginn der eigentlichen Messungen ist auf die früher beschriebene Weise (S. 115ff.) die sorgfältige Bestimmung der Distanzmesserkonstanten, sowie die Berichtigung des Instrumentes vorzunehmen. Vor allem ist der Zeigerfehler des Höhenkreises zu bestimmen und womöglich zu beseitigen, und zwar nicht nur bei Instrumenten, die nur einen Höhenbogen besitzen, sondern auch bei denen, die mit einem Vollkreis ausgestattet sind, da zur Zeitersparnis doch nur in einer Fernrohrlage beobachtet wird. Der Zielachsenfehler, Kippachsenfehler und ein Aufstellungsfehler in der Richtung der Kippachse üben nur einen geringen Einfluß aus; dagegen ist durch scharfes Einspielenlassen einer in der Ziel-

teilung. Nebst Hilfstafeln und Anleitungen. Bearbeitet von *H. Wild.* Herausgegeben vom Eidgen. Departement des Innern. Bern 1905.

Von graphischen Werken dieser Art seien genannt: a) *Werkmeister, P.:* Graphische Tachymetertafel für alte Kreisteilung. Stuttgart 1908 und b) *Wenner, F.:* Graphische Tafeln für Tachymetrie (Zentesimalteilung). Darmstadt 1905.

richtung liegenden Libelle[1] dafür zu sorgen, daß bei der scharfen Einstellung des Mittelfadens auf einen meist durch eine Zielscheibe bezeichneten Lattenpunkt die Zeigerlinie des Höhenkreises stets dieselbe Lage gegen den Horizont besitzt. Der Lattenabschnitt müßte strenggenommen aus den zur Einstellung des Mittelfadens gehörigen Zufallsablesungen an den äußeren Fäden berechnet werden. Teils zur Vermeidung der damit verbundenen Rechnung und möglichen Irrtümer, teils zur Herabminderung des Ablesefehlers kippt man jedoch meist das Fernrohr erst so weit, bis der Oberfaden auf dem nächsten *dm*- oder *m*-Strich liegt und liest hierauf nahezu unmittelbar den Lattenabschnitt selbst ab[2]. Bei den ab und zu auftretenden horizontalen Teilstrecken wird man zur Vereinfachung der Beobachtung und Rechnung bei horizontaler Lage der mittleren Ziellinie ablesen und die betreffenden Höhenunterschiede auf geometrischem Wege ermitteln.

Da die Zielweiten hier beträchtlich größer sind als beim geometrischen Nivellement und größere Neigungen den Arbeitsfortschritt kaum hemmen, so kommt man mit dem besprochenen Verfahren sehr schnell vorwärts. Allerdings ist auch die Genauigkeit des tachymetrischen Nivellements eine geringere. Wenn aber unter Vermeidung allzu großer Zielweiten jeweils möglichst aus der Mitte der Station beobachtet wird und ein gutes, sorgfältig berichtigtes Instrument Verwendung findet, so kann man den mittleren Kilometerfehler des Höhenunterschiedes unter 1 *dm* halten.

An Fehlern des tachymetrischen Nivellements sind zu nennen: a) Fehler der Formeln, b) Fehler im Messungsvorgang, c) unvermeidliche Beobachtungsfehler.

a) Fehler der Formeln. Durch Verwendung der einfachen Ausdrücke (660) und (663) entstehen kleine, durch (659) und (662) bestimmte Fehler $v_D$, $v_h$; auch der Gebrauch der Näherung (665) bringt in $D$ und $h$ die kleinen Ungenauigkeiten

$$dD_\Delta = -0{,}015 \cdot \Delta \tag{671}$$

bzw.

$$dh_\Delta = -0{,}015 \cdot \Delta \cdot \operatorname{tg}\alpha \tag{672}$$

herein; letztere aber nur dann, wenn $h$ als $D \cdot \operatorname{tg}\alpha$ berechnet wird.

b) Fehler im Messungsvorgang. Bei der üblichen Art, den Lattenabschnitt nach Einstellung des Oberfadens auf einen bestimmten Dezimeter- oder Meterstrich zu ermitteln, wird in der zugehörigen Fernrohrstellung am Mittelfaden eine — nicht abgelesene — fehlerhafte Zielhöhe $z'$ erscheinen, welche sich von dem zur Einstellung der Zielscheibe und zur Höhenkreisablesung gehörigen Wert $z$ um den Betrag $\delta = z - z'$ unterscheidet. Die hieraus entspringenden Fehler im Lattenabschnitt, in der Entfernung und im Höhenunterschied sind die Ausdrücke

$$dl_z = \frac{2\,\delta}{C} \operatorname{tg}\alpha\,, \quad (673) \qquad dD_z = \delta \cdot \sin 2\alpha\,, \quad (674)$$

$$dh_z = 2\,\delta \cdot \sin^2 \alpha\,. \tag{675}$$

$\delta$ wird höchstens 5 cm bzw. 5 dm erreichen, wenn der Oberfaden immer auf den nächstliegenden Dezimeter- bzw. Meterstrich eingestellt wird.

[1] Trägt eine mittels besonderer Feinstellschraube drehbare Höhenalhidade eine besondere Versicherungslibelle, so kann diese auch erst unmittelbar nach der scharfen Einstellung des Mittelfadens, aber noch vor der Höhenkreisablesung zum Einspielen gebracht werden.

[2] *Hammer* untersucht in dem Aufsatz: Über die Näherungen bei Anwendung des Fadendistanzmessers in der Tachymetrie. Z. Vermess.-Wes. 1905 S. 721—735 (Zusatz Z. Vermess.-Wes. 1911 S. 905—911) den aus der Höhenkreisablesung bei veränderter Fernrohrstellung entspringenden Fehler in $D$ unter der Annahme, daß der Mittelfaden stets auf 1,3 m, der Oberfaden stets auf 0,5 m eingestellt wird. Desgleichen untersucht er dort die beiden den Fehler der Näherungsformel (660) darstellenden Glieder des Ausdrucks (659). Der Verlauf aller drei Fehler, von denen nur der erste gefährlich werden kann, ist durch Schaubilder erläutert. Die entsprechenden Höhenfehler entstehen durch Multiplikation der genannten Beträge mit tg α. Siehe hierzu auch *Hohenner* in Zeitschrift des Vereins der höheren bayerischen Vermessungsbeamten 1911 S. 271—282 und *Werkmeister* in Z. Vermess.-Wes. 1906 S. 513—521.

Manchmal kann man nicht an beiden Entfernungsfäden, sondern nur an einem derselben und am Mittelfaden ablesen; es wird dann gewöhnlich die doppelte Differenz der Ablesungen für den Lattenabschnitt $l$ genommen. Halbiert der Mittelfaden scharf den Abstand der Seitenfäden, so ist der Unterschied der Teile des Lattenabschnittes

$$\lambda = l_o - l_u = MO - MU \approx \frac{l}{2C} \cdot \operatorname{tg} \alpha . \tag{676}$$

Je nachdem $l_u$ oder $l_o$ verdoppelt wird, geht in den Lattenabschnitt der Fehler

$$l - 2l_u = \lambda \quad \text{bzw.} \quad l - 2l_o = -\lambda \tag{677}$$

ein. Daraus folgen mit Rücksicht auf (660) und (663) in $D$ und $h$ die Änderungen

$$dD_\lambda = \frac{\lambda}{l} \cdot D = \frac{l}{4} \sin 2\alpha \quad \text{bzw.} \quad -\frac{l}{4} \sin 2\alpha , \tag{678}$$

$$dh_\lambda = \frac{\lambda}{l} \cdot h = \frac{l}{2} \sin^2 \alpha \quad \text{bzw.} \quad -\frac{l}{2} \sin^2 \alpha . \tag{679}$$

Dazu kommt noch je ein weiterer kleiner Betrag, wenn die Entfernungsfäden zum Mittelfaden nicht genau symmetrisch liegen.

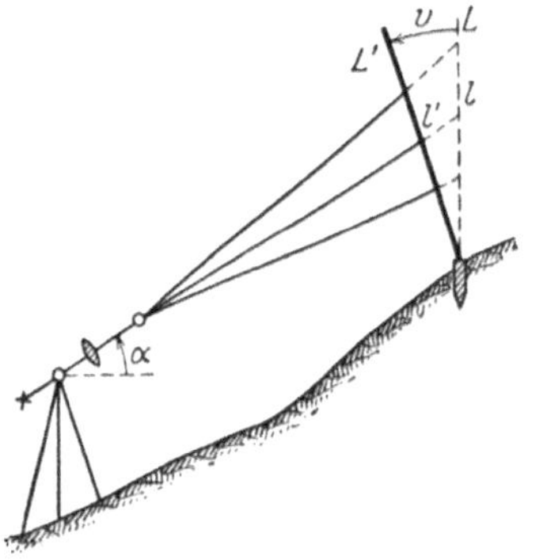

Abb. 253. Einfluß eines Aufstellungsfehlers der Latte.

c) Unvermeidliche Beobachtungsfehler. Darunter sind hauptsächlich die Fehler der Konstantenbestimmung, der Fehler im Lattenabschnitt, der Höhenwinkelfehler und der Einfluß der Lattenschiefe zu nennen. Der analytische Ausdruck für den bestimmten Fehler eines einzelnen Höhenunterschiedes $h$ ergibt sich aus (663) zu

$$dh = h\left\{\frac{dC}{C} + \frac{dl}{l}\right\} + D(1 + \operatorname{tg}^2 \alpha)\, d\alpha , \tag{680}$$

wenn der äußerst geringe Fehler $dc$ der Additionskonstanten von vornherein vernachlässigt wird. Wegen der Fehler $dC$ und $dl$ der Multiplikationskonstanten und des Lattenabschnittes sei auf die früheren Ausführungen (S. 116f.) verwiesen. Ihr Einfluß ist, solange man den Quotienten $\frac{dl}{l}$ in erster Näherung als konstant betrachtet, zum Höhenunterschied proportional und bleibt für kleine $h$ bis zu etwa 5 m praktisch bedeutungslos. Der von der Horizontalentfernung $D$ und der Neigung der Sicht abhängige Einfluß eines Fehlers $d\alpha$ im Höhenwinkel bleibt für die ungünstigen Annahmen $D = 150$ m, $\alpha = 45^0$, $d\alpha = 1'$ noch etwas unter 9 cm.

Der Einfluß von $dC$, $dl$ und $d\alpha$ auf die Horizontalentfernungen, welcher nicht so sehr für das tachymetrische Nivellement als für die bei der tachymetrischen Geländeaufnahme auftretenden Tachymeterzüge von Bedeutung ist, wird nach (660)

$$dD = D\left\{\frac{dC}{C} + \frac{dl}{l}\right\}. \tag{681}$$

Der aus $dC$ und $dl$ in $D$ entspringende Fehler ist also zu $D$ proportional, während der Einfluß des Höhenwinkelfehlers $d\alpha$ Null ist.

Es sei noch besonders bemerkt, daß in (680) und (681) der Fehler $dl$ keinen aus $d\alpha$ fließenden Anteil mehr enthält.

Ein Aufstellungsfehler $v$ (Abb. 253) der Latte fälscht sowohl die Horizontalentfernung wie auch den Höhenunterschied. Die wegen einer solchen Lattenschiefe anzubringenden Verbesserungen in $l$, $D$ und $h$ sind, wie hier ohne

Beweis mitgeteilt werden soll, in den Hauptgliedern

$$dl_v = l - l' \approx l \cdot v \cdot \operatorname{tg} \alpha\,, \tag{682}$$

$$dD_v \approx (h + z)\, v \tag{683}$$

und

$$dh_v \approx (h + z)\, v \cdot \operatorname{tg} \alpha\,, \tag{684}$$

wenn bei positivem $v$ der Oberteil der Latte gegen das Instrument zu geneigt ist. Für $v = +1^0$, $D = 100$ m und $h = 50$ m z. B. ergeben sich in $D$ und $h$ die Beträge $+ 0{,}87$ m und $+ 0{,}44$ m, woraus ohne weiteres folgt, daß besonders bei größeren Höhenunterschieden die Entfernungslatte sorgfältig lotrecht zu stellen ist.

## 32. Staffelmessung.

Staffelmessungen kann man mit horizontal gerichteten Latten oder Schnüren ausführen, an deren Enden an lotrecht gestellten Maßstäben abgelesen wird. Es handelt sich dabei also auch um eine geometrische Höhenmessung, deren Genauigkeit, wenigstens bei Verwendung von Latten, jedoch weit hinter der des geometrischen Nivellements zurückbleibt.

Abb. 254. Staffelmessung mit horizontalen Latten.

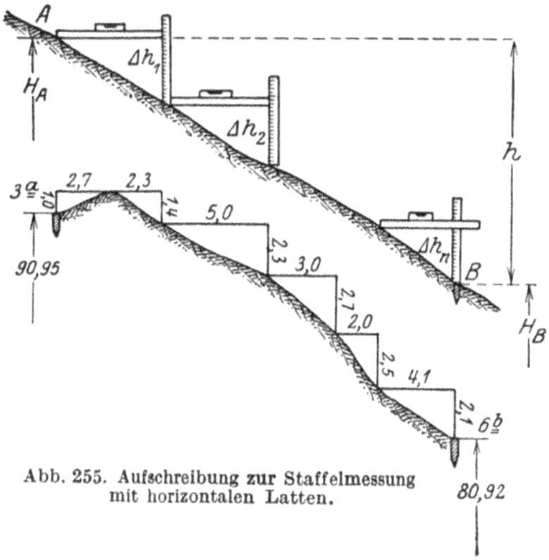


Abb. 255. Aufschreibung zur Staffelmessung mit horizontalen Latten.

Der Vorgang der Staffelmessung ist aus Abb. 254, die Art der Aufschreibung aus 255 ohne viel Worte ersichtlich. Dabei handelt es sich seltener darum, nur den Höhenunterschied $h$ zweier Punkte $A$, $B$ zu bestimmen, als vielmehr um eine Aufnahme des Profils, wobei der meist schon aus einer anderen genauen Höhenmessung bekannte Höhenunterschied $h$ als Messungsprobe dient. Bei vereinzelten Messungen verwendet man gewöhnliche, durch Setzlibellen horizontal gerichtete 5 m-Latten, bei sehr steilem Gelände auch nur 3 m-Latten, während zum Messen der einzelnen Höhenunterschiede $\Delta h$ eine mit Dezimeterteilung versehene Meßstange meist genügt. Für gewöhnlich findet die Staffelung nur am Ende der horizontalen Latte statt; bei ausgesprochenen Brechungspunkten des Profils und anderen besonders wichtigen Punkten wird auch zwischenhinein oder mit kürzeren Längen abgelotet. Für größere Arbeiten dieser Art verwendet man wohl auch ein besonderes Staffelzeug, dessen horizontale, mit einer eingelassenen Libelle versehene Latte an dem auf den Boden zu setzenden Ende einen Handgriff trägt, während sie sich zur Gewichtsverminderung nach dem in der Luft schwebenden Ende zu verjüngt.

An Fehlern kommen hauptsächlich in Betracht: 1. die Abweichung aus der Horizontalen, 2. der Ablesefehler an der lotrechten Latte, 3. der Ablotungsfehler und 4. der Anlegefehler der nächsten Latte. Schätzt man den hieraus entspringenden mittleren Fehler $m_1$ einer der $n$ Staffelungen zu $\pm 4$ cm, so ist der in Metern ausgedrückte mittlere Fehler des Höhenunterschiedes $h$

$$m_h = m_1 \sqrt{n} = \pm 0{,}04 \sqrt{n}\,. \tag{685}$$

Der entsprechende mittlere km-Fehler in $h$ beträgt gegen 60 cm bzw. gegen 75 cm, wenn stets mit 5 m-Latten bzw. 3 m-Latten gearbeitet wird. Eine solche Staffelmessung mit Latten kann also — wenigstens bei schlechter Bodenbeschaffenheit — nur geringeren Genauigkeitsansprüchen genügen.

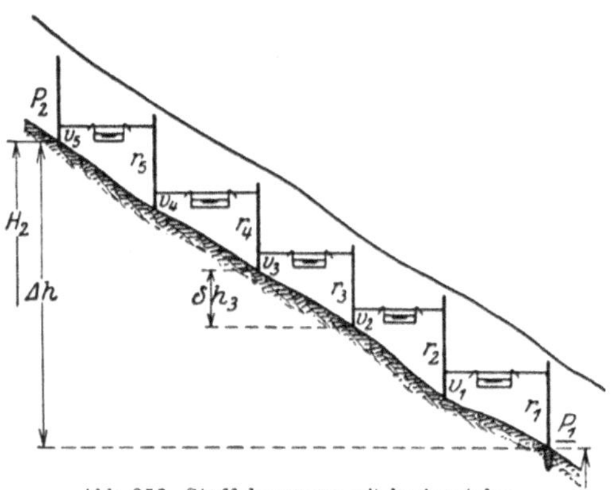


Abb. 256. Staffelmessung mit horizontalen Schnüren.

Sehr viel genauere Ergebnisse werden bei der in Abb. 256 veranschaulichten Art der geometrischen Höhenmessung mit Hilfe der Hängelibelle erzielt, welche besonders in niedrigen, nur zum Durchkriechen bestimmten Gängen, wo eine Instrumentenaufstellung nicht möglich ist, das gewöhnliche geometrische Nivellement ersetzen muß. Die Ziellinie ist hier jeweils durch eine meist kurze, straff gespannte, durch eine Hängelibelle gut horizontal gerichtete Schnur ersetzt, deren Enden für die die Nivellierlatten ersetzenden kurzen, lotrechtgestellten Maßstäbe als Ablesezeiger dienen. Die Höhenberechnung erfolgt mit Hilfe der Rückblicke $r$ und Vorblicke $v$ in der vom geometrischen Nivellement her bekannten Weise.

## 33. Barometrische Höhenmessung.

Wesentlich ungenauer als die bisher besprochenen Verfahren ist die barometrische Höhenmessung, deren Ergebnisse selbst in günstigen Fällen um einige Meter unsicher bleiben[1]. Sie beruht auf dem Umstande, daß unter sonst gleichen Umständen der Luftdruck mit zunehmender Höhe abnimmt, so daß das direkt den Luftdruck angebende Barometer indirekt auch als Höhenmesser dienen kann. Die Beziehung, welche den Zusammenhang zwischen der Höhe und dem Luftdruck angibt, nennt man die Barometerformel. Sie läßt sich unter der Voraussetzung trockener und in verschiedenen Höhen gleich warmer Luft leicht aufstellen. Bedeutet in Abb. 257 der schraffierte Teil ein Luftprisma vom Querschnitt 1 und der unendlich kleinen Höhe $dH$, zu dem eine Temperatur $t$, ein Druck $p$ und ein spezifisches Gewicht $s$ gehören, während der Temperatur $t_0$ die Werte $p_0$, $s_0$ entsprechen, so ist nach dem Gesetz von *Mariotte-Gay-Lussac*

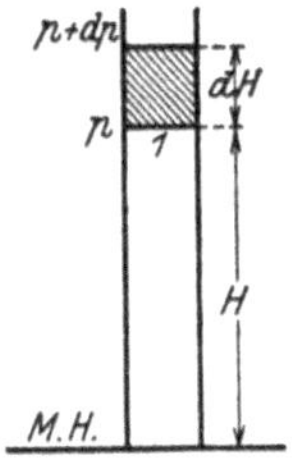


Abb. 257. Barometrische Höhenmessung. Höhenänderung und Druckänderung.

$$s = s_0 \cdot \frac{p}{p_0} \cdot \frac{1}{1 + \alpha \cdot t}. \tag{686}$$

$\alpha$ bezeichnet hierin den kubischen Ausdehnungskoeffizienten der Luft. Die der Höhenänderung $dH$ entsprechende Druckänderung auf die Flächeneinheit ist das negative Gewicht des kleinen Luftprismas, also

$$dp = -1 \cdot dH \cdot s = -s_0 \cdot \frac{p}{p_0} \cdot \frac{dH}{1 + \alpha \cdot t}. \tag{687}$$

[1] Trotzdem behält die barometrische Höhenmessung ihre große Bedeutung für allgemeine Erkundungszwecke des Ingenieurs bei, besonders in unbekannten Ländern. Einen neueren Beleg dafür bietet die Arbeit von *Walther*: Lagen- und Höhenaufnahmen bei technischen Erkundungsreisen des Bauingenieurs in kartographisch unbekannten Ländern. Karlsruhe 1919.

Für barometrische Aufnahmen in Ostafrika sei auf die auch in der vorgenannten Arbeit besprochenen sehr wichtigen Untersuchungen von *E. Kohlschütter* (Ergebnisse der ostafrikanischen Pendelexpedition. Abh. d. K. Ges. d. Wissensch. zu Göttingen, Math.-phys. Kl. N. F. B. 5, Bd. 1, Nr. 1. Berlin 1907) hingewiesen.

Die Integration der hieraus folgenden Form

$$\frac{dp}{p} = -\frac{s_0}{p_0} \cdot \frac{dH}{1 + \alpha \cdot t} \tag{688}$$

ergibt den Ausdruck

$$\lg p = -\frac{s_0}{p_0} \cdot \frac{H}{1 + \alpha \cdot t} + C, \tag{689}$$

welcher $p$ und $p_0$ im absoluten Maßsystem enthält. Sind $B_1$ und $B_2$ die zu den Meereshöhen $H_1$ und $H_2$ eines tief und eines hoch gelegenen Punktes gehörigen Luftdruckwerte in mm, für welche $p$ die besonderen Werte $p_1$, $p_2$ annimmt, so bestehen offenbar die Beziehungen

$$p_1 = k \cdot B_1, \qquad p_2 = k \cdot B_2, \tag{690}$$

wo $k$ eine Konstante bedeutet. Wendet man (689) unter Beachtung von (690) auf beide Messungen an, so entstehen die Ausdrücke

$$\lg k B_1 = -\frac{s_0}{p_0} \cdot \frac{H_1}{1 + \alpha \cdot t} + C, \qquad \lg k B_2 = -\frac{s_0}{p_0} \cdot \frac{H_2}{1 + \alpha \cdot t} + C, \tag{691}$$

deren Subtraktion auf die Gleichung

$$\lg k B_1 - \lg k \cdot B_2 = \lg \frac{k B_1}{k \cdot B_2} = \lg \frac{B_1}{B_2} = \frac{s_0}{p_0} \cdot \frac{1}{1 + \alpha \cdot t}(H_2 - H_1) \tag{692}$$

führt. Versteht man ferner unter

$$h = H_2 - H_1 \tag{693}$$

den Höhenunterschied beider Punkte, so folgt aus (692)

$$h = \frac{p_0}{s_0}(1 + \alpha t) \lg \frac{B_1}{B_2} \quad \text{bzw.} \quad h = \frac{1}{M} \cdot \frac{p_0}{s_0}(1 + \alpha t) \log \frac{B_1}{B_2}, \tag{694}$$

wenn $M = 0{,}4343$ den Modul des *Briggs*schen Logarithmensystems bedeutet.

Mit den Ausgangswerten

$$t_0 = 0^0, \quad p_0 = 76 \cdot 13{,}596\,\text{g auf 1 qcm}, \quad s_0 = 0{,}001293, \quad \alpha = 0{,}003665, \tag{695}$$

welche nach *Jordan*[1] für Deutschland gelten, erhält man aus (694) den in Metern ausgedrückten Höhenunterschied

$$h = 18464 (\log B_1 - \log B_2)(1 + 0{,}003665\, t), \tag{696}$$

die Lufttemperatur $t$ (Mittelwert der Thermometerangaben in beiden Punkten) in Celsiusgraden gemessen[2].

Die praktische Durchführung und Berechnung der barometrischen Höhenmessung ist eine etwas verschiedene, je nachdem die Luftdruckänderung aus der Höhenänderung einer Quecksilbersäule, aus der Formänderung einer elastischen Dose oder aus dem Unterschied der Siedetemperaturen des Wassers ermittelt wird.

## a) Höhenmessung mit dem Quecksilberbarometer.

Die Quecksilberbarometer, welche den Luftdruck durch die Höhe einer ihm das Gleichgewicht haltenden Quecksilbersäule messen, sind entweder Gefäßbarometer, Heberbarometer oder Gefäßheberbarometer, deren wesent-

---

[1] *Jordan*: Handbuch der Vermessungskunde Bd. 2 6. Aufl. S. 598. Stuttgart 1904.

[2] Gleichung (696) ist eine sog. unvollständige Barometerformel. Die etwas genaueren vollständigen Barometerformeln, deren wichtigste von *Laplace* (1805), *Biot* (1811), *Bauernfeind* (1872), *Rühlmann* (1870) und *Jordan* (1876) abgeleitet worden sind, werden wegen ihrer großen Umständlichkeit nur in Ausnahmefällen verwendet.

Sehr bequeme Hilfstafeln zur Höhenberechnung mittels der obenstehenden Barometerformel hat *Jordan* berechnet, nämlich Barometrische Höhentafeln für Luftdrücke zwischen 630 und 765 mm und für Lufttemperaturen zwischen 0° und + 35°. Die ersten 6 Temperaturgrade neu hinzugefügt von *Hammer*, 3. Aufl. Stuttgart 1917; ferner Barometrische Höhentafeln für Tiefland und für große Höhen. Hannover 1896.

liche Kennzeichen aus den schematischen Darstellungen Abb. 258a, b, c ersichtlich sind. Beim Gefäßbarometer taucht der untere Teil einer geraden, mit Quecksilber gefüllten Barometerröhre $R$ in ein offenes, weites, zylindrisches, mit Quecksilber gefülltes Gefäß. Ein daneben stehender, fester oder beweglicher Maßstab $M$ ermöglicht die Ablesung des Barometerstandes $B'$, zu dem noch die Temperaturverbesserung $v(t)$, die Schwereverbesserung $v(g)$, die Gefäßverbesserung $v(G)$ und die Kapillarverbesserung $\delta$ hinzuzufügen sind, damit er in den von den wesentlichsten Fehlern befreiten Barometerstand $B$ übergeht.

Wegen der Ausdehnung des Quecksilbers und des Maßstabes ist eine Temperaturverbesserung

$$v(t) = -(\beta - \gamma)B' \cdot t^i \tag{697}$$

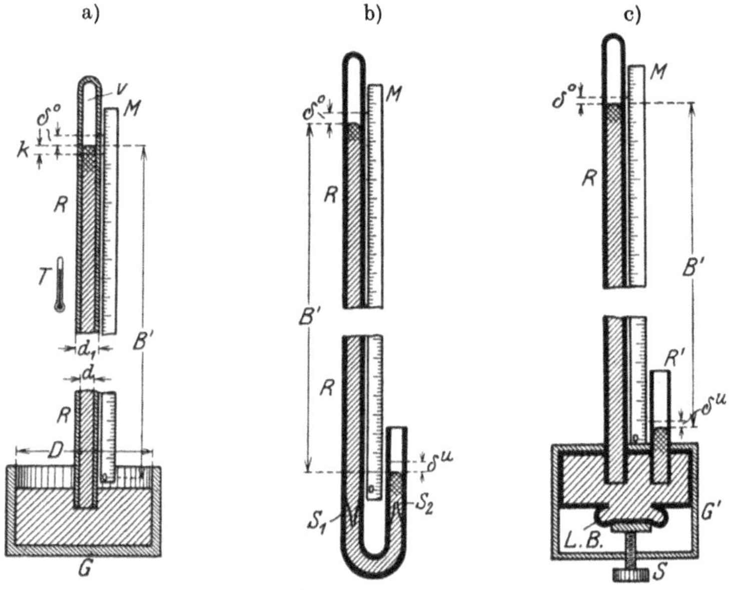


Gefäßbarometer. Heberbarometer. Gefäßheberbarometer.

Abb. 258. Quecksilberbarometer.

notwendig. Hierin ist $t^i$ die an einem am Instrumente befindlichen Thermometer $T$ abgelesene Instrumententemperatur in Celsiusgraden, $\beta = 180 \cdot 10^{-6}$ der kubische Ausdehnungskoeffizient des Quecksilbers und $\gamma$ (für Glas $10 \cdot 10^{-6}$, für Messing, Silber, Neusilber $19 \cdot 10^{-6}$) der lineare des Maßstabes.

Eine Schwereverbesserung

$$v(g) = -0{,}00265\, B' \cos 2\varphi - 2\frac{B' H}{r}, \tag{698}$$

in welcher $r = 6370$ km den Erdhalbmesser, $\varphi$ die geographische Breite und $H$ die Meereshöhe des Beobachtungsortes bedeutet, wird notwendig, weil die den Druck der Quecksilbersäule bestimmende, also auch den Barometerstand wesentlich beeinflussende Schwerkraft mit der Meereshöhe und der geographischen Breite des Beobachtungsortes veränderlich ist.

Ist der Maßstab $M$ fest mit der Barometerröhre verbunden, so ist an $B'$ auch eine Gefäßverbesserung

$$v(G) = (B' - B^0)\frac{d^2}{D^2 - d_1^2} \tag{699}$$

anzubringen, da der Teilungsnullpunkt nur für einen ganz bestimmten Barometerstand $B^0$ in den unteren Quecksilberspiegel fallen wird. In (699) bedeuten $d$ und $D$

die lichten Weiten der Barometerröhre und des zylindrischen Gefäßes, während $d_1$ der äußere Durchmesser der Barometerröhre ist.

Diese Gefäßverbesserung fällt fort, wenn vor jeder Ablesung durch Verstellen eines verschiebbaren Maßstabes dessen Nullpunkt jeweils in den unteren Quecksilberspiegel gebracht werden kann.

Wegen der von der lichten Röhrenweite $d$ und von der zu messenden Kuppenhöhe $k$ abhängigen Kapillardepression des Quecksilbers ist noch eine Kapillarverbesserung

$$\delta = f(d, k) \tag{700}$$

erforderlich, welche aus Tabelle 32 entnommen werden kann[1]. Sie ist für das Gefäßbarometer stets positiv und trägt ausschließlich dem zu tiefen Stand der oberen Quecksilberkuppe in der Barometerröhre Rechnung. Der auf den unteren Quecksilberspiegel treffende entsprechende Betrag ist wegen der großen lichten Weite des Gefäßes verschwindend klein und kann daher vernachlässigt werden.

Tabelle 32.

| Kuppenhöhe in mm | Lichte Röhrenweite in mm | | | | | | Kuppenhöhe in mm | Lichte Röhrenweite in mm | | | | | |
|---|---|---|---|---|---|---|---|---|---|---|---|---|---|
| | 4 | 6 | 8 | 10 | 12 | 14 | | 4 | 6 | 8 | 10 | 12 | 14 |
| 0,00 | 0,0 | 0,00 | 0,00 | 0,00 | 0,00 | 0,00 | 0,90 | 2,2 | 0,98 | 0,50 | 0,28 | 0,16 | 0,09 |
| 0,10 | 0,3 | 0,12 | 0,06 | 0,03 | 0,02 | 0,01 | 1,00 | . . | 1,07 | 0,55 | 0,30 | 0,18 | 0,10 |
| 0,20 | 0,6 | 0,24 | 0,12 | 0,06 | 0,04 | 0,02 | 1,10 | . . | 1,14 | 0,59 | 0,33 | 0,19 | 0,11 |
| 0,30 | 0,9 | 0,36 | 0,18 | 0,10 | 0,06 | 0,03 | 1,20 | . . | 1,21 | 0,63 | 0,35 | 0,20 | 0,12 |
| 0,40 | 1,2 | 0,48 | 0,24 | 0,13 | 0,07 | 0,04 | 1,30 | . . | 1,27 | 0,67 | 0,38 | 0,22 | 0,13 |
| 0,50 | 1,4 | 0,59 | 0,29 | 0,16 | 0,09 | 0,05 | 1,40 | . . | 1,32 | 0,71 | 0,40 | 0,23 | 0,14 |
| 0,60 | 1,6 | 0,70 | 0,35 | 0,19 | 0,11 | 0,06 | 1,50 | . . | 1,37 | 0,74 | 0,42 | 0,24 | 0,14 |
| 0,70 | 1,9 | 0,80 | 0,40 | 0,22 | 0,13 | 0,07 | 1,60 | . . | 1,41 | 0,77 | 0,44 | 0,25 | 0,15 |
| 0,80 | 2,0 | 0,90 | 0,45 | 0,25 | 0,14 | 0,08 | 1,70 | . . | 1,44 | 0,79 | 0,45 | 0,26 | 0,16 |
| 0,90 | 2,2 | 0,98 | 0,50 | 0,28 | 0,16 | 0,09 | 1,80 | . . | 1,46 | 0,81 | 0,47 | 0,27 | 0,16 |

Durch die Berücksichtigung aller bisher genannten Verbesserungen erhält man einen Wert

$$(B) = B' + v(t) + v(g) + v(G) + \delta, \tag{701}$$

welcher von dem richtigen Barometerstand $B$, den ein sorgfältig behandeltes unter ständiger Kontrolle gehaltenes Normalbarometer angibt, noch um die auch als absolute Korrektion bezeichnete Standverbesserung

$$v(s) = B - (B) \tag{702}$$

abweicht. Diese Differenz hat verschiedene Ursachen und rührt hauptsächlich von einer die Säulenhöhe vergrößernden Verunreinigung des Quecksilbers sowie von der entgegengesetzt wirkenden Anwesenheit geringer Mengen an Luft, Wasser- und Quecksilberdampf im Vakuum her. Die Standkorrektion ist daher strenggenommen eine mit der Zeit und der Temperatur veränderliche Größe. Sie kann jedoch hauptsächlich mit Rücksicht darauf, daß die in kleinen Zeitspannen auftretenden Änderungen des Barometerstandes im Vergleich zur Höhe des Vakuums und erst recht gegen diejenige der Quecksilbersäule nur kleine Größen sind, für kürzere Zeit als unveränderlich behandelt werden. Doch soll man sie bei jeder günstigen Gelegenheit nachprüfen.

Soll eine zweite Beobachtung $B_2'$ mit einer ersten $B_1'$ verglichen werden, so kann dies nur für den gleichen Luftzustand geschehen. Es ist also $B_2'$, dessen übrige Verbesserungen denen von $B_1'$ vollkommen entsprechen, noch mit der Verbesserung auf den gleichen Luftzustand

$$v(a) = B_{s1} - B_{s2} \tag{703}$$

[1] Die Zahlen der Tabelle 32 stammen aus *Jordan*: Handbuch der Vermessungskunde Bd. 2 6. Aufl. Seite [17] des Anhangs. Stuttgart 1904.

zu versehen, wo $B_{s1}$ und $B_{s2}$ die zu gleicher Zeit mit $B_1'$ und $B_2'$ an einem fest aufgestellten Barometer, dem Standbarometer, beobachteten Barometerstände sind.

Demnach sind die verbesserten, für die Höhenberechnung nach (696) verwendbaren Barometerstände die Ausdrücke[1]

$$\left.\begin{aligned} B_1 &= B_1' + v(t)_1 + v(g)_1 + v(G)_1 + \delta_1 + v(s)\,, \\ B_2 &= B_2' + v(t)_2 + v(g)_2 + v(G)_2 + \delta_2 + v(s) + v(a)\,. \end{aligned}\right\} \quad (704)$$

Das besprochene Gefäßbarometer eignet sich wegen seiner Schwerfälligkeit und wegen der Transportschwierigkeiten nicht für Aufnahmen im freien Felde; dagegen leistet es als Standbarometer gute Dienste.

Viel geeigneter ist für Geländeaufnahmen das Heberbarometer (Abb. 258b), dessen Röhre am unteren Ende U-förmig umgebogen ist. Hier ist der fehlerhafte Barometerstand $B'$ die Differenz der zu den beiden Kuppen im langen geschlossenen und im kurzen offenen Schenkel gehörigen Maßstabablesungen. Eine Gefäßverbesserung gibt es beim Heberbarometer nicht, dagegen bleiben $v\,(t)$, $v\,(g)$, $\delta$, $v\,(s)$ und $v\,(a)$ erhalten. Nur wird hier die Kapillardepression

$$\delta = \delta^o - \delta^u \quad (705)$$

als die Differenz der zum oberen und unteren Kuppenstand gehörigen, ebenfalls aus Tabelle 32 zu entnehmenden Teilbeträge $\delta^o$ und $\delta^u$ gefunden.

Auch das in Abb. 258c skizzierte Gefäßheberbarometer ist für Reisezwecke brauchbar. Hier stecken die beiden Röhren $R$ und $R'$ in einem geschlossenen, mit Quecksilber gefüllten Gefäß $G'$, welches einen durch die Schraube $S$ verstellbaren Lederboden $L.\,B.$ besitzt. Durch ein Anheben dieses Bodens wird die Reibung zwischen dem Quecksilber und den Röhren überwunden[2], so daß in den gleichweiten Röhren $R$, $R'$ die beiden Kuppen ziemlich gleiche Gestalt annehmen, also auch gleiche Depression besitzen. Somit verschwindet hier, da $\delta^o \approx \delta^u$ ist, auch die Kapillarverbesserung $\delta$, und es bleiben lediglich die Verbesserungen $v\,(t)$, $v\,(g)$, $v\,(s)$ und $v\,(a)$ übrig.

Nach den skizzierten Grundformen werden die Quecksilberbarometer in der verschiedensten Weise ausgeführt. Vielen Formen gemeinsam ist die sog. *Bunten*sche Spitze ($S_1$ in Abb. 258b), welche einen sehr wirksamen Schutz gegen das gefährliche Eindringen von Luft ins Vakuum gewährt, da eine etwa aufsteigende Luft nahezu restlos in den durch diese Vorrichtung und die anschließende Barometerröhre gebildeten Zwickel geleitet wird. Bei Reisebarometern ist auch für einen geeigneten Verschluß des beim Beobachten offenen Schenkels der Röhre zu sorgen.

## b) Höhenmessung mit dem Federbarometer.

Die Wirksamkeit der für die Reise außerordentlich handlichen Federbarometer oder Aneroide beruht auf der Messung der den Luftdruckschwankungen folgenden Formänderungen einer nahezu luftleeren, elastischen Dose.

Bei dem hauptsächlich von *Naudet* und *Bohne* vervollkommneten Federbarometer von *Vidie*[3], dessen wesentliche Bestandteile Abb. 259 zeigt, erfolgt die Messung der erwähnten geringen Formänderung durch ein stark vergrößerndes Hebelsystem in folgender Weise. Auf der mit dem Boden eines Gefäßes $G$ verbundenen kräftigen Grundplatte $P$ befindet sich eine luftdicht verschlossene, zur Herabminde-

[1] Hat man viel mit dem gleichen Instrument zu arbeiten, so empfiehlt es sich, die besprochenen Verbesserungen in Tabellenform oder graphisch darzustellen. Strenggenommen ist auch noch eine sog. Isobarenkorrektion notwendig, da in den Projektionen der Beobachtungspunkte auf das Meeresniveau im allgemeinen ein verschiedener Luftdruck herrscht. Diese bei größeren Entfernungen zu berücksichtigende Verbesserung kann aus einer Isobarenkurve entnommen werden.

[2] Beim Gefäß- und beim Heberbarometer wird sie durch ein sanftes Klopfen überwunden.

[3] Erfunden 1847.

rung der Temperatureinflüsse möglichst luftleere Dose $B$, deren stark gewellte, sehr elastische Decke eine aufgelötete Säule $S$ trägt. Damit der auch im Gehäuse $G$ herrschende äußere Luftdruck die Büchse nicht eindrückt, wird die wenig widerstandsfähige Dosendecke durch eine das obere Ende von $S$ fest umschließende, sehr kräftige Blattfeder $F$, deren Spannkraft etwa dem Luftdruck entspricht, nach oben gezogen. Das eine Ende dieser Feder ist durch das Gestell $G'$ und die zugehörigen Träger $T$, $T'$, ohne $B$ zu berühren, mit der Grundplatte $P$ fest verbunden. Zur Vergrößerung der einer Luftdruckänderung entsprechenden Hebung oder Senkung der Dosendecke, deren Bewegung durch $S$ auf das freie Ende der Blattfeder übertragen wird, dient das Hebelsystem $H_1$ bis $H_4$ mit den Gelenken $G_1$, $G_2$. Die Teile $H_3$, $H_4$ sind fest verbunden und bilden einen Rechtwinkelhebel, dessen Achse $A$ in dem mit der Grundplatte $P$ fest verbundenen Bock $L$ gelagert ist. $Q$ ist ein an der Verlängerung von $H_3$ sitzendes Gewicht, das einen toten Gang verhindern soll. Durch die beschriebene Vorrichtung wird eine vertikale Bewegung der Dosendecke in eine beträchtlich größere horizontale Bewegung des oberen Endes von $H_4$ übergeführt. Diese aber wird mit Hilfe eines Kettchens $K$, dessen eines Ende um eine vertikale Achse $A'$ geschlungen ist, in eine Drehbewegung dieser im Gestell $G''$ gelagerten Achse verwandelt. Mit dem oberen Ende von $A'$ ist ein damit sich drehender Zeiger $Z$ verbunden, welcher an einer geeigneten, auf dem Gehäusedeckel befindlichen Teilung $T''$ den jeweiligen Luftdruck angibt. Wie sich leicht verfolgen läßt, kann die Kette $K$ nur bei einer Zunahme des Luftdrucks einen Zug ausüben. Damit die Achse $A'$ auch bei einer Druckabnahme eine — entgegengesetzte — Drehbewegung ausführt, ist $A'$ mit dem einen, das Gestell $G''$ mit dem anderen Ende einer dem Zug von $K$ entgegenwirkenden Spiralfeder $F'$ verbunden.

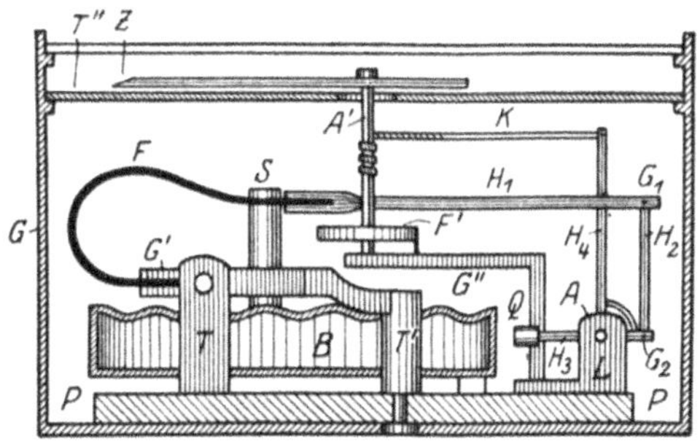

Abb. 259. Federbarometer.

Die Formänderung der Barometerdose läßt sich, wie beschrieben, durch ein stark vergrößerndes Hebelsystem messen. Man kann sie aber auch ohne wesentliche vorherige Vergrößerung mit Hilfe einer feinen Mikrometerschraube ermitteln, wie es bei den Federbarometern von *Goldschmid* geschieht[1] oder ebenfalls ohne wesentliche Hebelvergrößerung mit Hilfe eines stark vergrößernden Mikroskops bestimmen[2].

Zu den Angaben $B_1'$ und $B_2'$ der Federbarometer ist weder eine Gefäßverbesserung, noch eine Schwereverbesserung, noch eine Kapillarverbesserung hinzuzufügen. Dagegen bleiben die hier andersgeartete Temperaturverbesserung $v(t)$, die Standverbesserung $v(s)$ und die Reduktion auf gleichen Luftzustand $v(a)$ bestehen, wozu noch eine Teilungsverbesserung $v(T)$ tritt.

Die für die Höhenberechnung geeigneten verbesserten Federbarometerstände sind daher

$$\left.\begin{aligned} B_1 &= B_1' + v(t)_1 + v(T)_1 + v(s), \\ B_2 &= B_2' + v(t)_2 + v(T)_2 + v(s) + v(a). \end{aligned}\right\} \qquad (706)$$

Eine Temperaturverbesserung $v(t)$ wird hier hauptsächlich deshalb notwendig, weil die in der Dose $B$ noch befindliche geringe Menge Luft einen mit der Temperatur $t^i$ wechselnden Druck auf die elastische Decke ausübt und somit die Ablesungen fälscht. Die zu den Änderungen von $t^i$ annähernd proportionalen Werte $v(t)$ kann man

[1] Siehe *Koppe*: Die Aneroid-Barometer von *Goldschmid* und das barometrische Höhenmessen. Zürich 1877.

[2] Ein Instrument dieser Art ist das Federbarometer von *Reitz-Deutschbein*; siehe hierzu Z. Vermess.-Wes. 1873 S. 363—373; 1887 S. 20—25.

durch Vergleich der bei gleichem Barometerstand, aber möglichst verschiedenen Temperaturen (Winterbeobachtungen im Zimmer und im Freien) gefundenen Federbarometerangaben untereinander oder mit einem Standbarometer ermitteln. Sie werden für jedes Instrument in eine Tabelle gebracht und auf diesem oder in dessen Futteral befestigt. Bei Instrumenten mit Temperaturkompensationen[1] wird $v(t)$ dadurch zum Verschwinden gebracht, daß $H_1$ (Abb. 259) aus zwei übereinanderliegenden Lamellen mit verschiedenen Ausdehnungskoeffizienten hergestellt wird.

Eine Teilungsverbesserung $v(T)$ wird notwendig, weil — unter sonst gleichen Verhältnissen — die Unterschiede der Barometerablesungen nicht unmittelbar die Luftdruckunterschiede in Millimetern angeben, sondern nur — in guter Annäherung — zu diesen proportional sind. Man ermittelt sie aus Beobachtungen bei möglichst gleichen Temperaturen, aber unter möglichst verschiedenem Druck durch Vergleich mit den verbesserten Angaben eines Quecksilberbarometers und reiht sie in einer Tabelle an die schon vorher bestimmten Temperaturverbesserungen an.

Die auch hier nur für kürzere Zeit als unveränderlich zu betrachtende Standverbesserung $v(s)$ wird wie beim Quecksilberbarometer durch den Vergleich des Wertes $(B) = B' + v(t) + v(T)$ mit der gleichzeitig beobachteten und verbesserten Angabe $B$ eines guten Standbarometers als die Differenz $B - (B)$ gefunden. Sie rührt hauptsächlich von einer Verschiebung des Teilungsnullpunktes her.

### c) Höhenbestimmung mit dem Siedethermometer.

Die Höhenermittlung mit dem Siedethermometer erfolgt aus den beim Sieden des reinen Wassers beobachteten Dampftemperaturen. Die Verwendung dieses Instrumentes, welches als Höhenmesser mit den Federbarometern in erfolgreichen Wettbewerb getreten ist, gründet sich auf den Umstand, daß die Siedetemperatur $t_s$ des Wassers eine Funktion der stets dem Luftdruck $B$ gleichen Dampfspannung $d_s$ ist; also gilt auch umgekehrt

$$B = d_s = f(t_s)\,. \qquad (707)$$

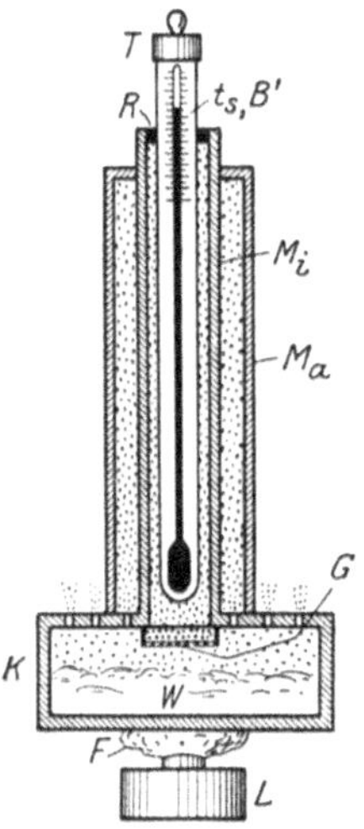

Abb. 260. Siedethermometer.

Da man aus einer der zahlreichen Dampfspannungstabellen[2] zu jeder beobachteten Siedetemperatur $d_s$ den zugehörigen Luftdruck $B$ im Beobachtungsort entnehmen kann, so ist damit die Aufgabe auf die rein barometrische Höhenmessung zurückgeführt.

Das Instrument, welches in Abb. 260 schematisch dargestellt ist, besteht aus einem feinen Thermometer, welches zweckmäßig statt der Gradteilung gleich eine den Luftdruck in Millimetern angebende Teilung besitzt. Es steckt in dem mit einem Kochgefäß $K$ verbundenen inneren Mantel $M_i$, welcher oben durch einen Gummiring $R$ abgeschlossen wird, in dem das Thermometer $T$ verschoben werden kann. Beim Gebrauch wird mittels der 3 bis 4 cm hohen Flamme $F$ einer Spirituslampe $L$ das ins Gefäß $K$ gefüllte destillierte Wasser oder Regenwasser $W$ zum Kochen gebracht, worauf der Wasserdampf, soweit er nicht durch Löcher in der Gefäßdecke in die Luft entweicht, in den zum Schutz gegen Abkühlung noch mit einem Außenmantel $M_a$ umgebenen Innenmantel $M_i$ strömt und dort das Thermometer umspült. Ein Gitter $G$ schützt das Thermometergefäß vor spritzendem, kochendem Wasser. Nach einiger Zeit wird das Thermometer nicht mehr steigen und sodann die gesuchte Siedetempera-

[1] Siehe dazu *Pfeiffer, A.*: Zur gleichmäßigen Temperaturkompensation im ganzen Druckmeßbereich. Z. Instrumentenkde. 1931 S. 307—311.

[2] Solche Tabellen und andere zur Erleichterung der Berechnung barometrischer Höhenmessungen sind in manchen geodätischen Werken, besonders in *Jordan*: Handbuch der Vermessungskunde Bd. 2, Anhang [13] bis [27] enthalten.

tur $t_s$ bzw. gleich den Luftdruck $B'$ des Beobachtungsortes angeben. Damit nicht etwa die Temperatur eines überhitzten Dampfes gemessen wird, ist wohl darauf zu achten, daß die Dampfabzugslöcher nicht verstopft sind. Eine im Laufe der Zeit eintretende geringe Verschiebung des Teilungsnullpunktes, welche durch Vergleich mit einem Normalbarometer zu ermitteln ist, spielt ganz die Rolle einer Standverbesserung $v(s)$. Der verbesserte Barometerstand ist dann die Summe

$$B = B' + v(s)\,. \tag{708}$$

## d) Barometrische Höhenstufen.

Die Beziehung zwischen einer kleinen Höhenänderung $dh$ und der zugehörigen Druckänderung $dB$ erhält man durch Differentiation der Barometerformel (696) zu

$$dh = -18464 \cdot M \cdot \frac{dB}{B}(1 + 0{,}003665\,t)\,, \tag{709}$$

wenn dort $B_2$ und $h$ als veränderlich betrachtet werden.

Für $dB = -1$ mm folgt hieraus die barometrische Höhenstufe

$$dh_0 = \frac{8019}{B}(1 + 0{,}003665\,t)\,, \tag{710}$$

das ist derjenige Betrag, um den man steigen muß, damit der Luftdruck um 1 mm abnimmt. Ein aus (710) folgendes Verzeichnis der von der Lufttemperatur und dem Luftdruck abhängigen $dh_0$ in Metern gibt die Tabelle 33[1]. Hat

Tabelle 33.

| Temperatur $t^l_m$ | Mittlerer Barometerstand $B_m$ in mm | | | | | | | | | | | | | | | | |
|---|---|---|---|---|---|---|---|---|---|---|---|---|---|---|---|---|---|
| | 760 | 750 | 740 | 730 | 720 | 710 | 700 | 690 | 680 | 670 | 660 | 650 | 640 | 630 | 620 | 610 | 600 |
| $-4^0$ | 10,40 | 10,54 | 10,68 | 10,82 | 10,97 | 11,13 | 11,29 | 11,45 | 11,62 | 11,79 | 11,97 | 12,16 | 12,35 | 12,54 | 12,74 | 12,95 | 13,17 |
| $-2$ | 47 | 61 | 76 | 90 | 11,06 | 21 | 37 | 54 | 71 | 88 | 12,06 | 25 | 44 | 64 | 84 | 13,05 | 27 |
| 0 | 55 | 69 | 84 | 98 | 14 | 29 | 46 | 62 | 79 | 97 | 15 | 34 | 53 | 73 | 93 | 15 | 36 |
| $+2$ | 63 | 77 | 92 | 11,07 | 22 | 38 | 54 | 71 | 88 | 12,06 | 24 | 43 | 62 | 82 | 13,03 | 24 | 46 |
| 4 | 71 | 85 | 99 | 15 | 30 | 46 | 62 | 79 | 97 | 14 | 33 | 52 | 71 | 92 | 12 | 34 | 56 |
| 6 | 78 | 93 | 11,07 | 23 | 38 | 54 | 71 | 88 | 12,05 | 23 | 42 | 61 | 81 | 13,01 | 22 | 44 | 66 |
| 8 | 86 | 11,01 | 15 | 31 | 46 | 63 | 79 | 96 | 14 | 32 | 51 | 70 | 90 | 10 | 31 | 54 | 76 |
| 10 | 94 | 08 | 23 | 39 | 55 | 71 | 88 | 12,05 | 23 | 41 | 60 | 79 | 99 | 20 | 41 | 63 | 85 |
| 12 | 11,01 | 16 | 31 | 47 | 63 | 79 | 96 | 13 | 31 | 50 | 68 | 88 | 13,08 | 29 | 50 | 73 | 95 |
| 14 | 09 | 24 | 39 | 55 | 71 | 87 | 12,04 | 22 | 40 | 58 | 77 | 97 | 17 | 38 | 60 | 83 | 14,05 |
| 16 | 17 | 32 | 47 | 63 | 79 | 96 | 13 | 30 | 48 | 67 | 86 | 13,06 | 27 | 47 | 69 | 93 | 15 |
| 18 | 25 | 40 | 55 | 71 | 87 | 12,04 | 21 | 39 | 57 | 76 | 95 | 15 | 36 | 57 | 79 | 14,02 | 25 |
| 20 | 32 | 48 | 63 | 79 | 95 | 12 | 30 | 47 | 66 | 85 | 13,04 | 24 | 45 | 66 | 88 | 12 | 35 |
| 22 | 40 | 55 | 71 | 87 | 12,04 | 20 | 38 | 56 | 74 | 93 | 13 | 33 | 54 | 75 | 98 | 22 | 44 |
| 24 | 48 | 63 | 79 | 95 | 12 | 29 | 46 | 64 | 83 | 13,02 | 22 | 42 | 63 | 85 | 14,07 | 31 | 54 |
| 26 | 56 | 71 | 87 | 12,03 | 20 | 37 | 55 | 73 | 92 | 11 | 31 | 51 | 72 | 94 | 17 | 41 | 64 |
| 28 | 63 | 79 | 95 | 11 | 28 | 45 | 63 | 81 | 13,00 | 20 | 40 | 60 | 82 | 14,03 | 26 | 51 | 74 |
| 30 | 71 | 87 | 12,03 | 19 | 36 | 54 | 72 | 90 | 09 | 29 | 49 | 69 | 91 | 13 | 36 | 61 | 84 |
| 32 | 79 | 95 | 11 | 27 | 44 | 62 | 80 | 99 | 18 | 37 | 57 | 78 | 14,00 | 22 | 45 | 70 | 93 |
| 34 | 87 | 12,02 | 19 | 35 | 53 | 70 | 88 | 13,07 | 26 | 46 | 66 | 87 | 09 | 31 | 55 | 80 | 15,03 |

man nun in zwei Punkten $P_1$, $P_2$ die verbesserten Barometerstände $B_1$, $B_2$ und die Lufttemperaturen $t^l_1$, $t^l_2$ gefunden, so kann man mit einer mittleren Lufttemperatur $t^l_m = \frac{1}{2}(t^l_1 + t^l_2)$ und dem mittleren Barometerstand $B_m = \frac{1}{2}(B_1 + B_2)$ als Eingängen aus vorstehender Tabelle das zugehörige $dh_0$ entnehmen. Damit und aus der Luftdruckabnahme $\varDelta B = B_1 - B_2$ von $P_1$ bis $P_2$ findet man die entsprechende Höhenzunahme

$$\varDelta h = \varDelta B \cdot dh_0\,. \tag{711}$$

[1] Nach *Jordan*: Handbuch der Vermessungskunde Bd. 2 6. Aufl. Anhang [26]. Stuttgart 1904.

Tabelle 34.

21. VII. 1913. Instrument *Bohne* 411 (412).

| Standort | Barometer-ablesung $B'$ | Temperatur $t^i$ (Instr.) $t^l$ (Luft) | Zeit | Standbaromet. (Brockenbaromet.) | Verbesserungen $v(a)$ $v(s)$ $v(t_i)$ $v(T)$ 411 | 412 | Verbesserter Barometerstand $B$ |
|---|---|---|---|---|---|---|---|
| | mm | Grad C | | mm | mm | | mm |
| 1. Kaltenbachtalbrücke, 1,1 m über dem Bolzen. Bolzenhöhe 287,8 m | 735,5<br>(737,3) | +18,0<br>(15,0)<br>10,0 | $8^{45}$ | 661,7 | 0,0<br>+ 0,6<br>− 0,21<br>− 1,2<br>− 0,81 | 0,0<br>− 1,9<br>0,00<br>+ 0,1<br>− 1,8 | 734,69<br>(735,50) |
| 2. Molkenhaus, Gaststube, 0,8 m über dem Boden | 716,2<br>(717,4) | 15,0<br>(14,0)<br>8,0 | $10^{15}$ | 661,9 | − 0,2<br>+ 0,6<br>− 0,15<br>− 1,8<br>− 1,55 | − 0,2<br>− 1,9<br>0,00<br>0,0<br>− 2,10 | 714,65<br>(715,30) |
| 3. Dreiherrnbrücke, Landesgrenzstein, Oberfläche | 717,5<br>(718,6) | 14,0<br>(14,5)<br>7,7 | $10^{50}$ | 661,9 | − 0,2<br>+ 0,6<br>− 0,13<br>− 1,8<br>− 1,53 | − 0,2<br>− 1,9<br>0,00<br>0,0<br>− 2,10 | 715,97<br>(716,50) |
| 4. Scharfenstein, Gaststube, 0,8 m über dem Boden | 707,2<br>(708,2) | 11,8<br>(12,2)<br>7,3 | $11^{40}$ | 662,0 | − 0,3<br>+ 0,6<br>− 0,09<br>− 1,9<br>− 1,69 | − 0,3<br>− 1,9<br>0,00<br>+ 0,1<br>− 2,10 | 705,51<br>(706,10) |
| 5. Wegkreuzung Ilsenburg-Hermannsklippe, 1,0 m über dem Boden | 696,3<br>(696,8) | 12,3<br>(13,0)<br>7,1 | $12^{30}$ | 662,0 | − 0,3<br>+ 0,6<br>− 0,10<br>− 2,0<br>− 1,80 | − 0,3<br>− 1,9<br>0,00<br>+ 0,3<br>− 1,90 | 694,50<br>(694,90) |
| 6. Bismarckklippe, Felsbank | 684,7<br>(684,6) | 11,5<br>(12,5)<br>5,9 | $12^{55}$ | 662,0 | − 0,3<br>+ 0,6<br>− 0,08<br>− 2,4<br>− 2,18 | − 0,3<br>− 1,9<br>0,00<br>+ 0,5<br>− 1,70 | 682,52<br>(682,90) |
| 7. Bahnübergang, 1,3 m über dem Boden | 668,4<br>(668,5) | 10,0<br>(11,0)<br>5,1 | $1^{25}$ | 662,0 | − 0,3<br>+ 0,6<br>− 0,05<br>− 2,4<br>− 2,15 | − 0,3<br>− 1,9<br>0,00<br>+ 0,7<br>− 1,50 | 666,25<br>(667,00) |
| 8. Brocken-Pfeiler I, Oberfläche, Höhe 1142,3 m | 663,9<br>(664,0) | 9,0<br>(10,0)<br>4,9 | $1^{35}$ | 662,1 | − 0,4<br>+ 0,6<br>− 0,04<br>− 2,4<br>− 2,24 | − 0,4<br>− 1,9<br>0,00<br>+ 0,8<br>− 1,50 | 661,66<br>(662,50) |

Tabelle 34.

Standverbesserung $v(s) = + 0{,}6$ mm ($- 1{,}9$ mm).

| Mittlerer Barometerstand $B_m$ | Mittl. Lufttemperatur $t^l$ | Barometr. Höhenstufe $dh_0$ | Differenz der verb. Barometerstände $\Delta B$ | Vorläufiger Höhenunterschied $h'$ | Verbesserung des Höhenunterschieds $dh$ | Ausgeglichener Höhenunterschied $h$ | Ausgeglichene Meereshöhe $H$ |
|---|---|---|---|---|---|---|---|
| mm | Grad C | m | mm | m | m | m | m |
| | | | | | | | **288,9** |
| 725 (725) | + 9,0 | 11,43 (11,43) | − 20,04 (− 20,20) | + 229,1 (+ 230,9) | − 2,0 (− 1,8) | + 227,1 (+ 229,1) | |
| | | | | | | | 516,0 (518,0) |
| 715 (716) | 7,8 | 11,54 (11,52) | + 1,32 (+ 1,20) | − 15,2 (− 13,8) | − 0,1 (− 0,1) | − 15,3 (− 13,9) | |
| | | | | | | | 500,7 (504,1) |
| 711 (711) | 7,5 | 11,58 (11,58) | − 10,46 (− 10,40) | + 121,1 (+ 120,4) | − 1,1 (− 0,9) | + 120,0 (+ 119,5) | |
| | | | | | | | 620,7 (623,6) |
| 700 (700) | 7,2 | 11,76 (11,76) | − 11,01 (− 11,20) | + 129,5 (+ 131,7) | − 1,1 (− 1,0) | + 128,4 (+ 130,7) | |
| | | | | | | | 749,1 (754,3) |
| 689 (689) | 6,5 | 11,92 (11,92) | − 11,98 (− 12,00) | + 142,8 (+ 143,0) | − 1,3 (− 1,1) | + 141,5 (+ 141,9) | |
| | | | | | | | 890,6 (896,2) |
| 674 (675) | 5,5 | 12,14 (12,12) | − 16,27 (− 15,90) | + 197,5 (+ 192,7) | − 1,8 (− 1,5) | + 195,7 (+ 191,2) | |
| | | | | | | | 1086,3 (1087,4) |
| 664 (665) | 5,0 | 12,30 (12,28) | − 4,59 (− 4,50) | + 56,5 (+ 55,3) | − 0,5 (− 0,4) | + 56,0 (+ 54,9) | |
| $[h] = H_8 - H_1 = + 853{,}4$ m | | | $[h'] =$ | + 861,3 (+ 860,2) | $[dh] =$ − 7,9 (− 6,8) | $[h] =$ 853,4 (853,4) | **1142,3** |

Dieses auf *Babinet* zurückgehende Verfahren der Höhenbestimmung mit Hilfe von barometrischen Höhenstufen ist sehr einfach und liefert, solange die $\Delta h$ nicht allzu groß werden, ganz annehmbare Ergebnisse, besonders, wenn bei sog. Höheneinschaltungen der Endpunkt einer Kette von derartigen Höhenmessungen wieder an einen Punkt von bekannter Höhenlage angeschlossen wird, so daß ein auftretender Anschlußwiderspruch verteilt werden kann.

Ein nach diesem Verfahren aus Beobachtungen an zwei Federbarometern berechnetes Zahlenbeispiel enthält Tabelle 34, deren den bisher gebrauchten Bezeichnungen entsprechende Einträge wohl ohne besondere Erläuterung verständlich sind.

## e) Genauigkeit der barometrischen Höhenmessung.

Soweit es sich um absolute Luftdruckbestimmungen und um große Höhenunterschiede handelt, liefern die Quecksilberbarometer die besten Ergebnisse. *Bauernfeind*[1] fand z. B. aus 100 korrespondierenden Messungen am Großen Miesing 1857 für eine Messung der Höhenunterschiede 540 m, 528 m und 1068 m mit dem Quecksilberbarometer die durchschnittlichen Fehler ± 3,0 m, ± 3,3 m und ± 4,6 m. *Samel*[2] bestimmte neuerdings aus Zimmerbeobachtungen den mittleren Fehler einer Luftdruckangabe zu ± 2,7 cmm, ± 4,3 cmm bzw. 6,6 cmm für ein Normalbarometer *Wild-Fueß*, ein Reisebarometer von *Fortin* bzw. für ein *Darmer*sches Reisebarometer. Die Federbarometer liefern, wenn sie nur zum Einschalten von Punkten und für nicht zu große Höhenunterschiede (etwa nicht über 300 m) benützt werden, mindestens ebenso gute Ergebnisse wie Quecksilberbarometer. *Schmidt*[3] fand z. B. den mittleren Fehler einer Luftdruckbeobachtung mit *Naudet*-Aneroiden zu ± 11 cmm und denjenigen im Höhenunterschied ($\Delta h$ bis zu 300 m) zu rund 1 m. *Hammer*[4] gibt als mittleren Höhenfehler einer Punkteinschaltung durch ein *Bohne*-Aneroid ($\Delta h$ bis zu 70 m) den sehr geringen Betrag von ± 0,65 m an. *A. Schreiber*[5] hat Genauigkeitsversuche mit einem *Bohne*schen Aneroid auf Eisenbahnfahrten angestellt, wobei die Horizontalentfernung der äußersten Punkte 36,1 km, ihr Höhenunterschied 470 m betrug. Er fand den mittleren unregelmäßigen Fehler einer Luftdruckbeobachtung zu ± 4,1 cmm und denjenigen eines Höhenunterschiedes zu ± 0,90 m. Gefährlich ist beim Federbarometer immer die bei der Überwindung großer Höhenunterschiede auftretende elastische Nachwirkung, die auch im Mittel der Angaben mehrerer gleichzeitig benützter Instrumente erhalten bleibt. Recht gute Ergebnisse werden neuerdings auch mit dem Siedethermometer erzielt. Einen ausführlichen Bericht über derartige Messungen gibt das S. 216, Anmerk. 1 genannte Werk von *E. Kohlschütter*, nach welchem der Luftdruck durch einen vollen Satz von vier Thermometern bis auf 1 dmm genau bestimmt wird. Nach einer neueren Untersuchung von *Samel*[2] beträgt der mittlere Fehler einer Luftdruckbestimmung im Zimmer etwa 1 dmm.

Gemeinsam für alle Arten der barometrischen Höhenmessung sei bemerkt, daß die Kenntnis des mittleren Fehlers einer Luftdruckbestimmung noch keinen zuverlässigen Schluß auf den mittleren Höhenfehler gestattet, da die Höhe auch noch von anderen Faktoren, insbesondere von der Lufttemperatur abhängt. Temperaturfehler aber sind immer zu befürchten, da nicht zu erwarten steht, daß die in der Nähe des Erdbodens beobachtete, schon durch die Wärmestrahlung des Bodens gefälschte Thermometerangabe die Mitteltemperatur der über dem Instrument befindlichen Luftsäule bezeichnet. Damit in Einklang steht auch der in bezug auf die Tageszeit

---

[1] *Bauernfeind*: Elemente der Vermessungskunde Bd. 2, 7. Aufl. S. 436. Stuttgart 1890.

[2] *Samel*: Verwendbarkeit von Siedethermometern und Quecksilberbarometern zur Höhenmessung. Z. Vermess.-Wes. 1911 S. 549—560.

[3] *Schmidt, M.*: Über den praktischen Wert *Naudet*scher Aneroide. München 1876.

[4] *Hammer*: Genauigkeitsversuche mit einigen *Bohne*schen Aneroiden. Z. Vermess.-Wes. 1890 S. 79—87.

[5] Z. Vermess.-Wes. 1907 S. 449—470 und 481—493.

und Jahreszeit periodische Verlauf der barometrisch bestimmten Höhen, welche sich bei normaler Witterung um die Mittagszeit (nach *Bauernfeind* am Miesing im Sommer von $10^h$ bis $4^h$) zu groß, morgens und abends aber zu klein ergeben[1].

## 34. Das Echolot.

Das Echolot oder *Behm*-Lot[2] dient zur Bestimmung von Meerestiefen und Flughöhen aus der Zeit, welche der Schall braucht, um vom Schiff bzw. vom Luftschiff oder Flugzeug aus auf den Grund (Meeresgrund bzw. Meeresspiegel oder fester Boden) zu gelangen und von dort als Echo wieder zum Beobachtungsort zurückzukommen. Der Grundgedanke sei an Hand von Abb. 261 noch etwas näher ausgeführt[3]. Die Schallquelle $Q$ gibt einen möglichst scharf einsetzenden Knall, welcher von dem in unmittelbarer Nähe liegenden Abgangsmikrophon $A.M.$ aufgenommen und zur Auslösung des Kurzzeitmessers $K.Z.M.$ diesem zugeleitet wird. Der sich ausbreitende Schall erfährt am Boden $F_r$ eine Reflexion und kommt als Echo zurück. Insbesondere treffen die in $R$ reflektierten Strahlen auf das um $a$ hinter $A.M.$ befindliche Echomikrophon $E.M.$, welches sich infolge einer Eigengeschwindigkeit $v$ des Fahrzeugs seit der Knallerzeugung von seiner Ausgangsstellung $E.M_1$ in seine jetzige Stellung $E.M_2$ bewegt hat. Der vom Echo in $E.M_2$ erzeugte Impuls wird wieder auf den Kurzzeitmesser übertragen und dieser gibt nunmehr das Zeitintervall $\Delta t$ an, welches der Schall zur Zurücklegung des Weges $QRE.M_2$ gebraucht hat. Bedeutet $c$ die Schallgeschwindigkeit[4], so ergibt sich bei Vernachlässigung des kleinen Abstandes $Q - A.M.$ aus den Einträgen in Abb. 261 für den gesuchten Höhenunterschied $h$ der Ausdruck

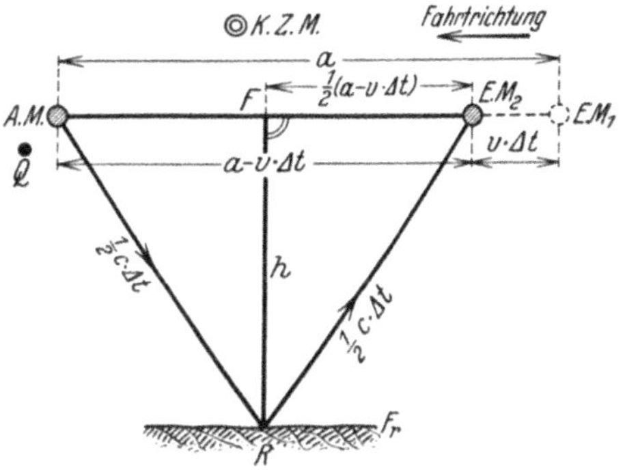


Abb. 261. Wirkungsweise des Echolotes.

$$h = \sqrt{\frac{1}{4}\{(c\cdot\Delta t)^2 - (a - v\cdot\Delta t)^2\}} = \frac{1}{2}c\cdot\Delta t\sqrt{1 - \left(\frac{a - v\cdot\Delta t}{c\cdot\Delta t}\right)^2} \approx \frac{1}{2}c\cdot\Delta t - \frac{(a - v\cdot\Delta t)^2}{4c\cdot\Delta t}. \quad (712)$$

[1] Aus der reichen Literatur über barometrische Höhenmessung sei zu dem bisher Gebrachten noch genannt: *Hartl*: Praktische Anleitung zum Höhenmessen mit Quecksilberbarometer und mit Aneroiden, 2. Aufl. Wien 1884. *Koppe*: Die Verfahren der Ausführung und der Berechnung barometrischer Höhenaufnahmen. Z. Vermess.-Wes. 1888 S. 561—584. *Hammer:* Beiträge zur Praxis der Höhenaufnahmen. Z. Vermess.-Wes. 1892 S. 353—368. *Hammer*: Hilfsmittel zur Berechnung barometrisch gemessener Höhenunterschiede mit Höhenstufen. Z. Instrumentenkde. 1896, S. 161—167. *Hebe*: Über die Prüfung von Aneroiden. Z. Instrumentenkde. 1900 S. 253—266. *Liznar*: Die barometrische Höhenmessung. Leipzig und Wien 1904. *v. Neumayer*: Anleitung zu wissenschaftlichen Beobachtungen auf Reisen, Bd. 1, 3. Aufl. Hannover 1906. Abschnitt von *P. Vogel*: Aufnahme des Reiseweges und des Geländes S. 74—164; desgl. die Ausführungen von *Hann:* S. 613 bis 619; ferner Anhang S. 812—823.

[2] Dieses von *A. Behm* erfundene und in die Praxis eingeführte Instrument bedeutet einen sehr großen Fortschritt. Es wurde zunächst für Tiefenmessungen gebraucht [siehe a) *Behm:* Ann. Hydrogr. Berlin 1922, Heft 11 b) *Schubart*: Umschau 1923 Heft 35. c) *Brennecke*: Naturwiss. 1923 Heft 9. d) *Schulz, B.*: Ann. Hydrogr. Berlin 1924, Heft 11 u. 12. e) *A. Werner* gibt aus den vorgenannten Quellen einen zusammenfassenden Bericht „Die Methoden der Kurzzeitmessung beim *Behm*-Lot" in Z. Instrumentenkde. 1925 S. 248—253]. Heute ist die Erfindung auch schon in den Dienst des Flugwesens gestellt. Siehe hierzu die beiden Abhandlungen von *Ernst Schreiber*: a) Das *Behm*-Lot für Flugzeuge und die mit ihm erzielte Genauigkeit, b) Meßgenauigkeit des *Behm*-Lots für Flugzeuge in geringen Flughöhen in den Jahrbüchern 1930 u. 1931 der Deutschen Versuchsanstalt für Luftfahrt (Berichte 185 u. 205).

[3] Weitere Einzelheiten siehe in den in Anmerk. 2 genannten Abhandlungen.

[4] Sie ist in Flußwasser 1437 m bei 15°, in Meerwasser 1454 m bei 20° (logarithmisch-trigonometrische Tafeln von *Stampfer-Doležal*, 22. Aufl. S. 314. Wien 1921) und in Luft (330,7 + 0,66 t)m nach S. 483 des in Anmerk. 2 dieser Seite genannten Berichts Nr. 185.

Die Berücksichtigung des hierin enthaltenen, an letzter Stelle stehenden Korrektionsgliedes wird nur bei schärferen Messungen notwendig sein.

Die Genauigkeit der akustischen Lotung, welche in erster Linie vom Kurzzeitmesser abhängt, ist schon heute überraschend groß; nach den in Anmerk. 2 S. 227 genannten Mitteilungen von *E. Schreiber* wurde der mittlere Fehler der akustisch gemessenen Flughöhen zu $\pm$ 1,3 m für geringe Höhen (4 m bis 18 m) und zu $\pm$ 3,5 m für größere Höhen (19 m bis 100 m) gefunden. Bei Tiefenmessungen werden noch günstigere Ergebnisse erzielt.

## 35. Flächennivellement.

Zur Bestimmung der Geländeoberfläche sind alle für dieselbe charakteristischen Punkte nach Lage — d. h. in der Horizontalprojektion — und Höhe festzulegen. Insbesondere kommen dafür in Betracht die höchsten und tiefsten Punkte von Kuppen und Mulden, Sattelpunkte sowie die Brechungspunkte von Rückenlinien, Tallinien, von Verschneidungen und von Profilen. Die zu einer solchen Flächenbestimmung insgesamt notwendigen als Flächennivellement bezeichneten Arbeiten können entweder nach Lage und Höhe getrennt oder aus einem Guß erfolgen. Ersteres trifft für das geometrische Flächennivellement, im wesentlichen auch für die halbtrigonometrische Höhenmessung zu, während bei der Flächenaufnahme durch Längen- und Querprofile, insbesondere aber bei der tachymetrischen und photogrammetrischen Geländeaufnahme sofort die Gesamtunterlagen für die räumliche Punktbestimmung ermittelt werden.

### a) Das geometrische Flächennivellement.

Beim geometrischen Flächennivellement, welches bei geringen Höhenunterschieden ein sehr schnelles und doch genaues Arbeiten gestattet, werden entweder Schichtenlinien von runder Meereshöhe ins Gelände übertragen und nachträglich durch eine Horizontalaufnahme im Grundriß bestimmt oder es erfolgt zur nachträglichen zeichnerischen Ermittlung der Schichtenlinien eine Höhenbestimmung von verstreuten Geländepunkten, deren horizontale Lage entweder schon bekannt ist oder durch eine besondere nachträgliche Vermessung erst noch zu bestimmen ist. Als Instrument dient in jedem Falle zweckmäßig ein Dreifußnivellierinstrument, auf dessen scharf lotrecht gerichteter Vertikalachse Ziellinie und Libellenachse genau senkrecht stehen müssen, wenn nicht bei jeder Drehung des Fernrohrs ein lästiger größerer Libellenausschlag eintreten soll. Eine Übertragung der Schichtenlinien in die Natur kann bei sehr flachem Gelände, insbesondere für kulturtechnische Zwecke in Frage kommen. In einem solchen Falle wird man zunächst von einem Höhenfestpunkt aus bis zur Aufnahmestelle zur Gewinnung des Instrumentenhorizontes ein geometrisches Längennivellement durchführen und hierauf in geeigneten Abständen durch Einwinken einer — langen, auch für größere Höhenunterschiede ausreichenden — Nivellierlatte diejenigen Geländepunkte bezeichnen, für welche bei horizontaler Ziellinie im Fernrohr an der Latte die Höhenzunahme von der abzusteckenden Schichtenlinie bis zum bekannten Instrumentenhorizont abgelesen wird. Die so gefundenen Höhenlinien, in deren Verlauf etwaige Unstetigkeiten auf die Möglichkeit von Absteckungsfehlern hinweisen, werden hierauf im Grundriß je nach der geforderten Genauigkeit durch eine Koordinatenaufnahme oder durch ein anderes Verfahren der Horizontalaufnahme festgelegt.

Viel häufiger erfolgt die Höhenaufnahme von verstreuten Geländepunkten mit nachträglicher Lageeinmessung. Dieses Verfahren ist besonders vorteilhaft, wenn bereits Horizontalpläne mit genügend viel Einzelheiten (Flurpläne von Bayern und Württemberg!) vorhanden sind. Dann beschränkt man sich im wesentlichen darauf, eine genügende Anzahl von geeignet liegenden Punkten dieser Pläne auch der Höhe nach zu bestimmen. Auch entzerrte Luftbilder[1] bilden wegen der vielen in ihnen enthaltenen Einzelheiten eine sehr gute Grundlage für ein geometrisches Flächennivellement. Einzelne für die Oberflächengestaltung besonders charakteristische, im Plan jedoch nicht enthaltenen Punkte werden zur Ergänzung ebenfalls aufgenommen und dabei durch den mit dem Lattenträger gehenden Planführer — etwa durch Abschreiten ihrer auf die nächste Grundstücksgrenze und ihren Anfangspunkt bezogenen Koordinaten — auch gleich im Horizontalplan festgelegt. Bei der Aufnahme werden die Punkte sowohl im Plan wie auch in der Aufschreibung am Instrument fortlaufend numeriert. Während die Instrumentenhorizonte aus einem durchlaufenden, an beiden Endpunkten an Höhenfestpunkte angeschlossenen Nivellement bis auf mm zu ermitteln sind, genügt es, die Meereshöhen der aufzunehmenden Seitenpunkte je nachdem auf cm oder nur auf dm anzugeben. Die Art der Aufschreibung zeigt Tabelle 35, deren römische Ziffern die Instrumentenstandorte bedeuten, neben denen die zugehörigen Instrumentenhorizonte stehen.

Tabelle 35.

| Punkt Nr. | Meereshöhen | |
|---|---|---|
| | Hauptpunkte m | Seitenpunkte m |
| F. P. 10 | **531,810** | |
| ........ | ........ | |
| I ⊗ | 512,291 | |
| 1 | 1,45 | 510,84 |
| 2 | 1,03 | 511,26 |
| 3 | 1,10 | 511,19 |
| ........ | ........ | ........ |
| II ⊗ | 510,802 | |
| 16 | 1,60 | 509,20 |
| 17 | 1,48 | 509,32 |
| ........ | ........ | ........ |
| F. P. 10 | 531,818<br>$w = -8$ | |

## b) Die halbtrigonometrische Höhenmessung.

Eine sehr vorteilhafte Art der Flächenaufnahme ist die halbtrigonometrische Höhenmessung, wenn es sich um ein Gelände mit größeren Höhenunterschieden handelt, für das schon Horizontalpläne mit einer genügenden Zahl von in der Natur leicht erkennbaren Punkten vorliegen. Bei diesem Verfahren wird man zunächst eine genügende Anzahl von auch im Plan enthaltenen oder in denselben einzutragenden Punkten durch geometrisches oder ein sorgfältig durchgeführtes tachymetrisches Nivellement der Höhe nach bestimmen. Manchmal ist es auch möglich, den Standpunkt nach Lage und Höhe durch Rückwärtseinschneiden nach einigen räumlich festliegenden Punkten des Höhennetzes zu ermitteln. Die Einzelaufnahme erfolgt nun von denjenigen dieser Punkte aus, welche einen guten Geländeüberblick gewähren, in folgender Weise. Nach der Berichtigung des mit einem Höhenbogen versehenen Instrumentes wird die gemessene Instrumentenhöhe $i$ an einer Latte durch eine Zielscheibe bezeichnet, deren Stellung während der Beobachtungsdauer eines Standes unverändert bleibt. Der Planführer wählt die aufzunehmenden Punkte aus, numeriert sie im Plan, zeichnet Leitkurven und führt kleine Ergänzungsmessungen durch. Vom Instrumente aus aber wird jeweils die Zielscheibe der in den ausgesuchten Punkten aufgestellten Latte eingestellt und der zugehörige Höhenwinkel $\alpha$ am Instrument abgelesen. Ist $Q$ die Meereshöhe des Instrumentenstandortes, $D$ die unter Berücksichtigung des Papiereinganges[2] aus dem Plan zu entnehmende Horizontalentfernung des Geländepunktes, $h$ der Höhenunterschied zwischen Instrumentenhorizont und Zielscheibe und $H$ die gesuchte Höhe des Lattenfußpunktes, so ist offenbar

$$H = Q + h = Q + D \operatorname{tg} \alpha . \tag{713}$$

Ab und zu ist es auch nicht zu vermeiden, daß zur Ergänzung ein im Plan nicht enthaltener Punkt tachymetrisch bestimmt wird.

[1] Luftphotoplan siehe unter Photogrammetrie.
[2] Näheres über den Papiereingang siehe später unter Planherstellung und Flächenberechnung.

Die Berechnung der $H$ nach (713) ist höchst einfach, besonders wenn man Tabellen zu Hilfe nimmt. Es ist aber bei weitem vorteilhafter, die Meereshöhe vollständig auf zeichnerisch mechanischem Wege zu ermitteln. Hat man nach den für die Koordinatenrichtungen ermittelten Extremwerten $p_x$, $p_y$ des Papiereingangs für

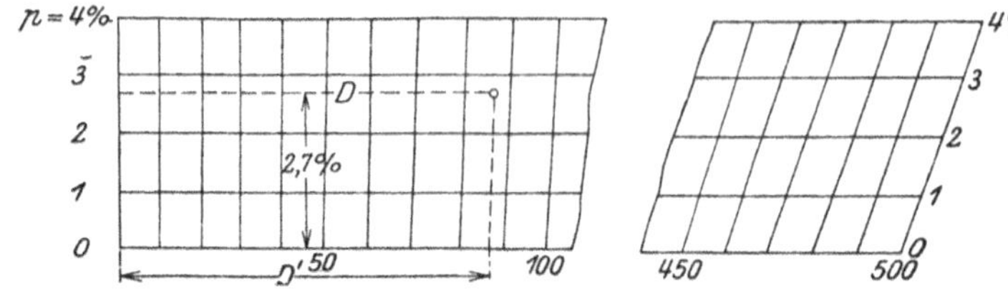


Abb. 262. Diagramm zur Reduktion von Planmaßen infolge des Papiereinganges.

die abgegriffene Länge $D'$ den Betrag $p$% eingeschätzt, so kann man nach Andeutung des Diagramms[1] Abb. 262 mit $p$ (hier 2,7%) und der Zirkelöffnung $D'$ als Eingängen leicht die verbesserte Horizontalentfernung $D$ abgreifen und damit aus einem Strahlendiagramm, welches etwa die 10fachen tg $\alpha$ angibt, sofort den Höhenunterschied $h$ in den Zirkel nehmen. Wird $h$ an einem Strichmaßstab, auf dem $Q$ bezeichnet ist, von diesem Punkte aus angetragen, so liest man am Zirkelende unmittelbar $H$ ab[2].

## c) Flächenaufnahme durch Längen- und Querprofile.

Die Oberfläche eines schmalen, längs einer Achse verlaufenden Geländestreifens kann, wenn es sich um größere Genauigkeit handelt, durch in früher beschriebener Weise (S. 190) mit dem Nivellierinstrument aufgenommene Längen- und Querprofile bestimmt werden, wozu allerdings auch die Lage der einnivellierten Achse noch im Grundriß zu bestimmen ist. Doch haben derartige Profilaufnahmen mit dem Nivellierinstrument weniger den Zweck, eine nachträgliche Darstellung der Geländeoberfläche zu ermöglichen, als vielmehr den, die unmittelbaren rechnerischen Grundlagen für Massenermittlungen zu liefern.

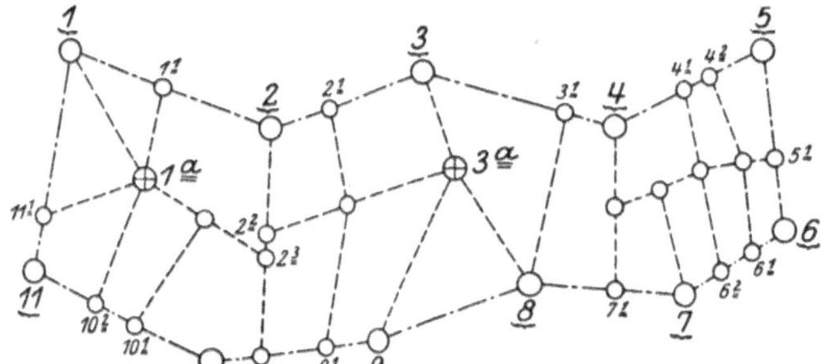


Abb. 263. Profilnetz einer Flächenaufnahme durch Staffelmessung.

Handelt es sich um die Aufnahme von unübersichtlichen, vielleicht auch steilen Flächen und kann — etwa wegen zu dichten Gebüsches oder infolge von Nadelablenkungen — die Bussolentachymetrie keine Verwendung finden, so kommt die Profilaufnahme durch Staffelmessung zu ihrem Recht. Ein solches Gelände (siehe Abb. 263) wird durch einen Polygonzug *1—2* — · · · —*11* umschlossen, dessen Punkte nach Lage und Höhe — in letzterem Sinn entweder durch geometrisches oder tachymetrisches Nivellement — zu bestimmen sind. In diesen festen Rahmen werden Profilrichtungen *2—9²* usw. eingebunden, welche den Rücken- und Tallinien sowie anderen Bruchlinien möglichst folgen und im übrigen in der Richtung des größten Gefälles angelegt werden. Dazu

[1] Die gleichmäßig geteilten Parallelen *1—1*, *2—2*, *3—3* des Diagramms sind um 1, 2 bzw. 3% länger als *0—0*.

[2] Weitere Einzelheiten zu diesem in Württemberg mit großem Vorteil angewendeten Verfahren siehe bei *Hammer*: Beiträge zur Praxis der Höhenaufnahmen. Z. Vermess.-Wes. 1890 S. 641—655 und Zum trigonometrischen Flächennivellement auf Grund eines gedruckten Plans. Z. Vermess.-Wes. 1897 S. 202—207.

tritt noch eine genügende Zahl von Querverbindungen, z. B. $2^{\underline{2}}$—$3^{\underline{a}}$. Soweit die verpflockten Einbindepunkte auf den Polygonseiten liegen, werden sie gleich bei der Messung des Polygonzuges ebenfalls nach Lage und Höhe bestimmt. Daran schließt sich nun die Aufnahme aller Profile durch die früher S. 215 beschriebene Staffelmessung mit der Latte. Auch die auf den Einbindelinien liegenden Netzpunkte 2. Ordnung, z. B. $2^{\underline{2}}$, $2^{\underline{3}}$ werden bei dieser Gelegenheit räumlich durch Staffelung bestimmt.

## 36. Die tachymetrische Geländeaufnahme.

Unter Tachymetrie oder Schnellmeßkunst versteht man ein weitverbreitetes Verfahren der vereinigten Horizontal- und Höhenaufnahme, bei welchem durch Beobachtung von je nur einem Instrumentenstandorte aus die Unterlagen für die räumliche Festlegung der Geländepunkte gewonnen werden.

### a) Grundlagen der Aufnahme.

Die Grundlagen der tachymetrischen Geländeaufnahme bilden ein über die aufzunehmende Fläche gespanntes Dreiecksnetz und ein Polygonnetz, deren Punkte räumlich scharf festzulegen sind. Auch gut bestimmte Tachymeterzüge kann man noch hierher rechnen. Ein genügend dichtes Dreiecksnetz erhält man entweder durch eine Neuaufnahme oder durch eine mittels Einzelpunkteinschaltung oder Ketteneinschaltung weit genug getriebene Verdichtung eines schon bestehenden Netzes. Die bei einer Ketteneinschaltung der Lageberechnung der Dreieckspunkte vorausgehende Winkelausgleichung kann nach dem Verfahren der übereinstimmenden Dreiecksberechnung (S. 130ff.) erfolgen, während beim Vorliegen überschüssiger Bestimmungsstücke für Einzelpunkteinschaltungen eine Koordinatenausgleichung[1] nicht gut zu umgehen ist, wenn Willkür vermieden werden soll.

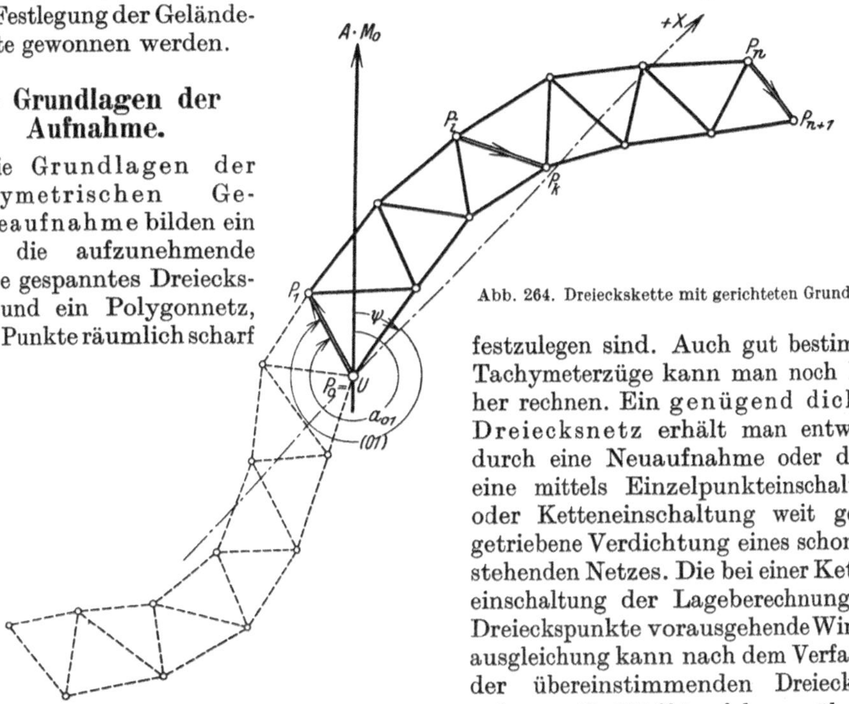


Abb. 264. Dreieckskette mit gerichteten Grundlinien.

Sehr häufig hat man es in unkultivierten Ländern ohne vorgegebenes Dreiecksnetz mit der Aufnahme von schmalen, gegen 1 km breiten, aber sehr langen Streifen zu tun. Hier wird das Dreiecksnetz fast immer eine einfache, über den Streifen hinziehende Kette $P_0 P_1 \ldots P_n P_{n+1}$ (Abb. 264) sein, in welcher nicht nur am Anfang und am Ende, sondern auch an Zwischenstellen die Länge einzelner Dreiecksseiten, wenn es etwa geht, direkt zu messen oder aus einer unmittelbar gemessenen Strecke in einfacher Weise abzuleiten ist. In der Abbildung sind diese Seiten durch Doppelstriche kenntlich gemacht. Durch solche Grundlinien, welche mit Rücksicht auf die vielleicht nicht allzu große Genauigkeit der Winkelmessung schon in Abständen von je 20 km einzuschalten wären, wird die richtige Länge der Dreiecksseiten besser gewahrt. Eine Anhäufung von Winkelfehlern zu allzu großen Richtungsfehlern

[1] Wird in den Werken über Ausgleichsrechnung nach der Methode der kleinsten Quadrate besprochen.

wird dadurch vermieden, daß etwa für die vorher der Länge nach bestimmten Seiten auch noch die Azimute, d. h. diejenigen Winkel gemessen werden, welche die durch diese Seiten bezeichneten Lotebenen mit der Meridianebene einschließen. Für die Weiterbehandlung einer solchen Kette mit einzelnen orientierten Seiten von bekannter Länge ist ein günstig gelegenes Koordinatensystem anzunehmen. Die Wahl des Anfangspunktes $P_0$ der Kette zum Ursprung $U$ des Systems bringt den Vorteil, daß lauter positive Abszissen $x$ erscheinen. Mit einem durch Schätzung bestimmten Wert $(01)$ für den Richtungswinkel der ersten Seite $P_0 P_1$ kann zunächst eine vorläufige Koordinatenberechnung durchgeführt werden, welche die Näherungswerte $x'$, $y'$ ergibt. Diese genügen aber zur Ableitung des Richtungswinkels $(ik)$ aus dem beobachteten Azimut $a_{ik}$ (Abb. 265)[1] der Seite $P_i P_k$.

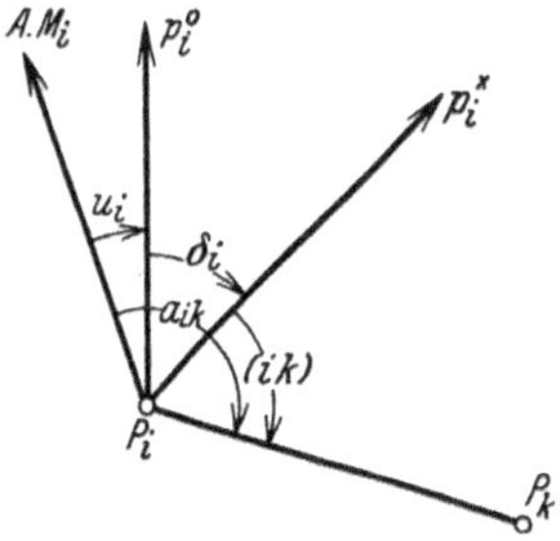

Abb. 265. Richtungswinkel und Azimut.

In Abb. 264 ist $A.M_0$ der astronomische Meridian des Ursprungs, $a_{01}$ das beobachtete Azimut der Seite $P_0 P_1$ und

$$\psi = a_{01} - (0\,1) \tag{714}$$

das aus $a_{01}$ und $(01)$ zu berechnende Azimut der $X$-Achse. Ferner bedeutet in Abb. 265 $A.M_i$ den Meridian von $P_i$, $p_i^0$ eine Parallele zu $A.M_0$ durch $P_i$, $p_i^x$ eine Parallele zur $X$-Achse durch $P_i$ und $\varkappa_i$ die Meridiankonvergenz in $P_i$ bezogen auf $A.M_0$. Dann gelten, wie hier ohne Beweis mitgeteilt werden muß, zur Ermittlung der Richtungswinkel aus den Azimuten die folgenden, schon für Gradmaß hergerichteten Beziehungen:

$$\delta_i \approx \psi_i + \varrho'' \left( \frac{x_i' y_i'}{r^2} \sin^2 \psi - \frac{x_i'^2 - y_i'^2}{4 r^2} \sin 2\psi \right), \tag{715}$$

$$\varkappa_i \approx \varrho'' \left( \frac{x_i'}{r} \sin \psi + \frac{y_i'}{r} \cos \psi \right) \operatorname{tg} \varphi_0 + \frac{\varrho''}{\cos^2 \varphi_0} \left( \frac{x_i'^2 - y_i'^2}{2 r^2} \sin^2 2\psi + \frac{x_i' y_i'}{r^2} \cos 2\psi \right), \tag{716}$$

$$(i\,k) = a_{ik} - (\delta_i + \varkappa_i)\,. \tag{717}$$

Hierin ist $\varphi_0$ die zu bestimmende geographische Breite von $P_0$ (Ursprungsbreite) und $r$ der Halbmesser einer dem Erdellipsoid sich gut anschmiegenden Projektionskugel. Am besten eignet sich beim Vorliegen einer schmalen Kette der Krümmungshalbmesser desjenigen Normalschnittes von $U$, welcher die $X$-Achse enthält. Mit einer für unseren Zweck ausreichenden Genauigkeit gewinnt man ihn aus der Beziehung

$$r \approx 6378\,\text{km} + 42{,}5\left(\tfrac{1}{2} \sin^2 \varphi_0 - \cos^2 \varphi_0 \cos^2 \psi\right) \text{km}\,. \tag{718}$$

Von den obenstehenden Ausdrücken ist derjenige für $\varkappa_i$ der ungenauere; aber auch er ist in der hohen Breite von $\varphi_0 = 70^0$ noch brauchbar, wenn die Abszissen $x$ nicht größer als 120 km sind. Bei Überschreitung dieser Grenzen müßte man den Ursprung $U$ in die Mitte der Kette legen. Vom Einfluß etwaiger Lotabweichungen ist dabei abgesehen[2].

Sind nunmehr für alle Kontrollseiten die Längen und Richtungswinkel bekannt, so wird durch diese Seiten die ganze Kette in eine Reihe von Polygonketten abgeteilt, welche nach den Ausführungen auf S. 134 nach dem Verfahren der übereinstimmenden Dreiecksberechnung ausgeglichen und eben berechnet werden können. Die bei dieser Behandlung auftretenden relativen Längenverzerrungen können für $y \leqq 40$ km den Betrag von 1 : 50000 nicht überschreiten[3].

---

[1] In Abb. 265 ist $\varkappa_i$ statt $u_i$ zu setzen.

[2] Er bleibt doch immer beträchtlich unter dem Richtungsübertragungsfehler, welcher durch Anhäufung der unvermeidlichen Triangulierungsfehler im betrachteten Dreiecksnetz entsteht. Im übrigen kommt nur die meridiansenkrechte Komponente der Lotabweichung in Betracht.

[3] Für Gebiete mit größeren Ordinaten muß bei Wahrung gleicher Genauigkeitsansprüche die Rechnung entweder auf der Kugel oder mittels einer ebenen winkeltreuen Projektion (z. B. Merkatorprojektion) ausgeführt werden. Siehe hierzu die Lehrbücher über Landesvermessung und Höhere Geodäsie.

Zur Durchführung der vorhin erwähnten astronomisch-geodätischen Arbeiten seien für den Notfall[1] noch einige Fingerzeige gegeben.

Die geographische Breite $\varphi$ ist der Winkel, welchen das Lot des Beobachtungsortes mit der Äquatorebene einschließt. Ihre Bestimmung aus Kulminationshöhen sei an Hand von Abb. 266 erläutert. Diese trägt dem Umstand Rechnung, daß die Ausmaße der Erde im Vergleich zur Entfernung eines angezielten Fixsternes als unendlich klein betrachtet werden dürfen, so daß die Erde als Punkt $C$ dargestellt werden kann. Zur Breitenbestimmung wird man einen solchen Zirkumpolarstern $\Sigma$ verwenden, der mit Rücksicht auf die Tageszeit in zwei Kulminationen $\Sigma_u$, $\Sigma_o$ beobachtet werden kann und welcher auch in der unteren Kulmination mindestens $10^0$ über dem Horizont bleibt. Findet man für die kleinste und größte Gestirnshöhe die Beobachtungswerte $h'_u$, $h'_o$, so sind diese zunächst wegen der astronomischen Refraktion um die aus Refraktionstabellen oder nach (651) zu ermittelnden Beträge $r_u$, $r_o$ zu verkleinern; die Ausdrücke

$$h_u = h'_u - r_u\,, \qquad h_o = h'_o - r_o \tag{719}$$

sind die vom Einfluß der Strahlenbrechung befreiten Höhenwinkel. Da nach Abb. 266 die geographische Breite gleich der Polhöhe ist[2] und die Kulminationsorte $\Sigma_u$, $\Sigma_o$ zum Pol $P_n$ symmetrisch liegen, so wird

$$\varphi = \tfrac{1}{2}(h_u + h_o)\,. \tag{720}$$

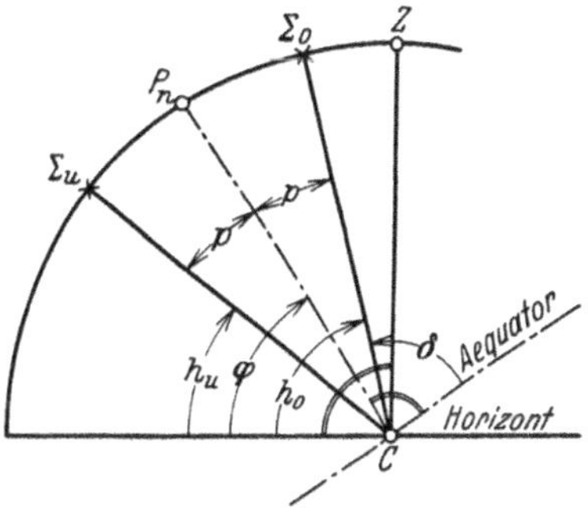

Abb. 266. Breitenbestimmung aus Kulminationshöhen (Meridianschnitt).

Bei der praktischen Durchführung werden auch die zu den Nachbarstellungen von $\Sigma_u$ und $\Sigma_o$ gehörigen Gestirnshöhen beobachtet. Am günstigsten liegen die Verhältnisse, wenn die um 12 Stunden abstehenden Beobachtungen in die Morgen- und Abenddämmerung treffen; dann kann man nämlich ohne Fadenbeleuchtung auskommen. Fallen beide Beobachtungen in die Nacht, was im Winter zutreffen kann, so liegen die Dinge auch noch günstig; aber man muß dann bei der Einstellung des Gestirns jeweils durch das Objektiv etwas Licht[3] ins Gesichtsfeld schicken, damit sich das Fadenkreuz vom Hintergrund abhebt. Im Hochsommer ist das besprochene, einfache Verfahren leider nicht anwendbar, weil eine der beiden Kulminationen immer in den hellen Tag fällt und das Gestirn dann nicht auffindbar ist.

Bei diesem Verfahren sind wie bei allen astronomischen Höhenbeobachtungen Luftdruck und Temperatur als Bestimmungselemente für die Refraktion zu messen. Ein etwa vorhandenes Okularprisma (Abb. 48, S. 49) und eine Leuchtblende (Spiegelring) vor dem Objektiv erleichtern das Beobachten.

Hat man ein Sternverzeichnis[4], dem die Gestirnsdeklination $\delta$ (Winkelabstand vom Äquator) oder ihre Ergänzung auf $90^0$ (Polabstand $p$) entnommen werden kann, oder läßt sich die Berechnung solange verschieben bis man sich — erst wieder zu Hause — solche Tabellen verschaffen kann, so genügt schon die Beobachtung des

---

[1] Der Bauingenieur muß damit rechnen, daß in geographisch unbekannten Ländern und anderen nicht vermessenen Gebieten auch astronomisch-geodätische Aufgaben an ihn herantreten. Wenn er im Ausland größere Aufnahmen durchführen will, so muß er sich unbedingt vorher ausreichende Kenntnisse und Übung in der astronomisch-geographischen Ortsbestimmung erwerben. Nur für den Ausnahmefall, daß dies unterblieben ist, seien als grober Notbehelf die folgenden Ausführungen gegeben. Dabei müssen die Begriffe aus der mathematischen Geographie als bekannt vorausgesetzt werden. Ein einschlägiges, neueres Lehrbuch ist: *Graff, K.:* Grundriß der geographischen Ortsbestimmung aus astronomischen Beobachtungen. Berlin u. Leipzig 1914.

[2] Entsprechende Schenkel dieser Winkel stehen nämlich aufeinander senkrecht.

[3] Als Lichtquelle kann bei günstiger Stellung auch der Mond dienen.

[4] z. B. Berliner Astronomisches Jahrbuch oder Nautisches Jahrbuch.

Gestirns in einer einzigen Kulmination. Dann ergibt sich die Breite aus

$$\varphi = h_u + p = h'_u - r_u + p \quad \text{bzw.} \quad \varphi = h_o - p = h'_o - r_o - p, \tag{721}$$

je nachdem die Messungen zu einer unteren oder oberen Kulmination gehören.

Für diese zweite Methode kann man unter Verwendung eines Blendglases auch die Sonne benützen, wobei zur Eliminierung des Sonnendurchmessers in beiden Fernrohrlagen jeweils der andere Sonnenrand eingestellt wird. Wegen der Veränderlichkeit der Sonnendeklination ist auch die Datumsangabe und die genäherte Kenntnis der geographischen Länge erforderlich. Ferner ist hier außer der Strahlenbrechung bei sehr genauen Messungen noch die Höhenparallaxe der Sonne mit $8{,}8'' \cdot \cos h$ zu berücksichtigen; sie entspringt dem kleinen Richtungsunterschied der vom Beobachtungsort und vom Erdmittelpunkt zum Sonnenmittelpunkt gezogenen Richtungen. Die geographische Breite ist dann durch den Ausdruck

$$\varphi = h'_o - r_o + 8{,}8'' \cdot \cos h \tag{722}$$

bestimmt.

Wichtiger als Breitenbestimmungen sind für ingenieurtechnische Aufnahmen Azimutbestimmungen. Dabei handelt es sich zunächst um die Ermittlung der Meridianrichtung bzw. um ihre Festhaltung durch Messung desjenigen Winkels, welchen sie mit einer festen Richtung einschließt.

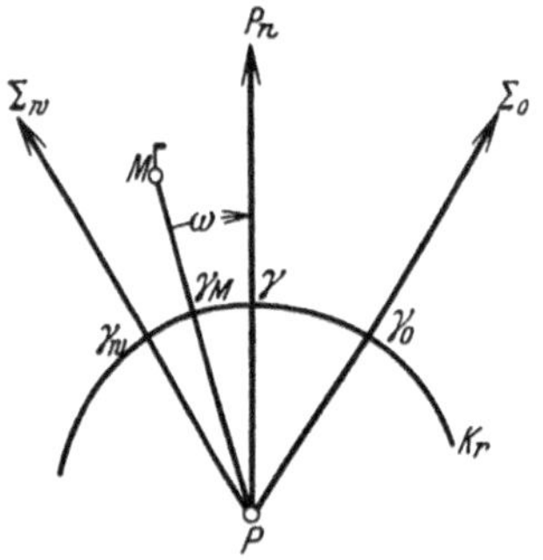

Abb. 267. (Grundriß.) Meridianbestimmung aus den Horizontalkreisablesungen zur östlichsten und westlichsten Stellung eines Gestirns.

Die Aufgabe ist am einfachsten zu lösen, wenn man die Horizontalkreisablesungen $\gamma_o$ und $\gamma_w$ (Abb. 267) zur Einstellung eines zwischen Zenit und Pol kulminierenden Fixsterns — am besten eines polnahen Gestirns — in seiner östlichsten Stellung $\Sigma_o$ und westlichsten Stellung $\Sigma_w$ ausführt. Da die Stellungen $\Sigma_o, \Sigma_w$ zur Meridianebene symmetrisch sind, so fällt die Zielebene in den Meridian, wenn am Grundkreis das Mittel

$$\gamma = \tfrac{1}{2}(\gamma_o + \gamma_w) \tag{723}$$

eingestellt wird. Zur Sicherung wird man auch eine gut sichtbare, irdische Marke $M$ einstellen und die zugehörige Kreisablesung $\gamma_M$ finden. Dann ist die Differenz

$$\omega = \gamma - \gamma_M \tag{724}$$

derjenige Winkel, welchen die Nordrichtung $PP_n$ mit der festen Richtung $PM$ einschließt. Auch hier werden die zu $\Sigma_o$ und $\Sigma_w$ benachbarten Gestirnsstellungen mitbeobachtet und alle Beobachtungen werden zur Fehlertilgung in zwei Fernrohrlagen ausgeführt. Für die Durchführungsmöglichkeit der skizzierten Methode gilt dasselbe was über die Möglichkeit der Breitenbestimmung aus beiden Kulminationshöhen eines Zirkumpolarsterns gesagt worden ist.

Die Meridianrichtung kann man auch aus korrespondierenden Höhen des gleichen Gestirns gewinnen. Man stellt dazu einen Fixstern $\Sigma$ in der Nähe des ersten Vertikals (Ost-West-Vertikal) etwa 10 bis 20° über dem Horizont in der Vormittagsstellung $\Sigma_v$ (Abb. 268) ein und findet eine Grundkreisablesung $\gamma_v$. Die zugehörige Gestirnshöhe $h$ wird nach der Kulmination vom absteigenden Stern in der Nachmittagsstellung $\Sigma_n$ noch einmal erreicht. Beim Herannahen dieses Zeitpunktes ist das Fernrohr, dessen ursprüngliche Neigung sorgfältig erhalten bleiben muß, im horizontalen Sinne nachzudrehen, zum Schluß mit der Feinstellschraube. Steht $\Sigma$ wieder im Fadenkreuzschnittpunkt, so wird am Grundkreis eine Ablesung $\gamma_n$ erscheinen. Aus Symmetriegründen ist

$$\gamma = \tfrac{1}{2}(\gamma_v + \gamma_n) \tag{725}$$

diejenige Kreiseinstellung, für welche die Zielebene im Meridian liegt.

Bei Verwendung der Sonne erfolgen nach Andeutung von Abb. 269 Randeinstellungen; auch sind die zugehörigen Uhrablesungen $U_v$, $U_n$ auszuführen, damit die wegen der Sonnendeklinationsänderung notwendige **Mittagsverbesserung** berechnet werden kann. Ist

$$t = \tfrac{1}{2}(U_n - U_v) \tag{726}$$

der Stundenwinkel der Sonne und $\Delta\delta_0$ deren Deklinationszunahme von der den Beobachtungen vorausgehenden bis zu der ihnen folgenden, gleichartigen Kulmination, so tritt an Stelle von (725) der Ausdruck

$$\gamma' = \frac{1}{2}(\gamma_v + \gamma_n) - \frac{t \cdot \Delta\delta_0}{24 \sin t \cdot \cos\varphi}. \tag{727}$$

Hierin ist das im Zähler stehende $t$ in Stunden ausgedrückt. Zur Berechnung des Korrektionsgliedes braucht man auch einen groben Näherungswert von $\varphi$, außerdem $\Delta\delta_0$, welches mangels einer Sonnenephemeride nach

$$\Delta\delta_0 = h_{i+1} - h_i \tag{728}$$

genügend genau aus aufeinander folgenden Mittagshöhen $h_i$, $h_{i+1}$ der Sonne ermittelt werden kann. Auch bei der Einstellung von Planeten ist die Beziehung (727) sinngemäß zu verwenden.

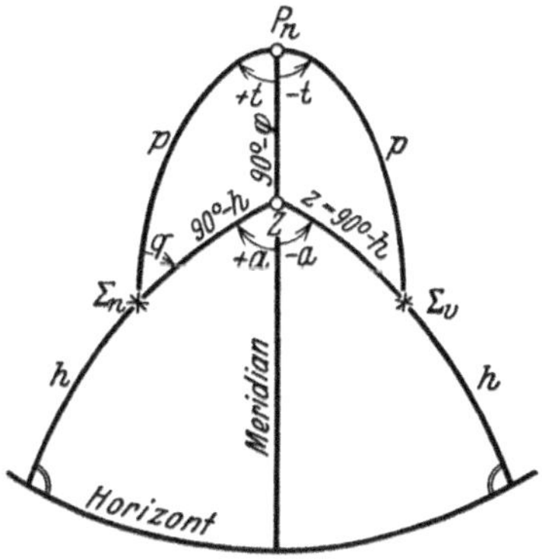

Abb. 268. (Ansicht) Meridianbestimmung aus korrespondierenden Gestirnshöhen.

Der bisher beschriebene Weg verlangt die unveränderte Beibehaltung der Fernrohrneigung für die ganze Beobachtungsdauer, so daß nur in einer Lage beobachtet werden kann. Will man diesen Übelstand vermeiden und in zwei Lagen beobachten, so wird sich die Nachmittagshöhe $h_n$ etwas von der Vormittagshöhe $h_v$ unterscheiden[1] und statt (725) ist bei Verwendung eines Fixsterns der Ausdruck

$$\gamma_0 = \frac{1}{2}(\gamma_v + \gamma_n) + \frac{\cos q}{2 \sin t \cdot \cos\varphi}(h_n - h_v) \tag{729}$$

zu benützen. Der in Abb. 268 eingetragene parallaktische Winkel $q$ ergibt sich genügend scharf mit einem genäherten $\varphi$ aus

$$\sin q = \frac{\sin t \cdot \cos\varphi}{\cos h}. \tag{730}$$

Auch hier muß man die Uhrablesungen mitnehmen, um $t$ nach (726) ermitteln zu können. Für die Sonne und für Planeten ist wieder die Mittagsverbesserung zu berücksichtigen und die der Meridianlage der Zielebene entsprechende Kreiseinstellung wird durch

$$\gamma_0' = \frac{1}{2}(\gamma_v + \gamma_n) + \frac{1}{2 \sin t \cdot \cos\varphi}\left\{(h_n - h_v)\cos q - \frac{t}{12} \cdot \Delta\delta_0\right\} \tag{731}$$

bestimmt.

Bei Azimutmessungen kann man nahe an den Horizont herangehen, soweit es sich nur um Horizontalkreisablesungen handelt. Bei stärkeren Neigungen ist die Alhidadenachse besonders sorgfältig lotrecht zu halten oder es ist der Aufstellungsfehler zu ermitteln und zu berücksichtigen. Gute Dienste leistet bei solchen Messungen eine Kippachsenlibelle. Erfolgt — wie bei der Meridianbestimmung aus korrespondierenden Gestirnshöhen — die Azimutbestimmung unter Zuhilfenahme

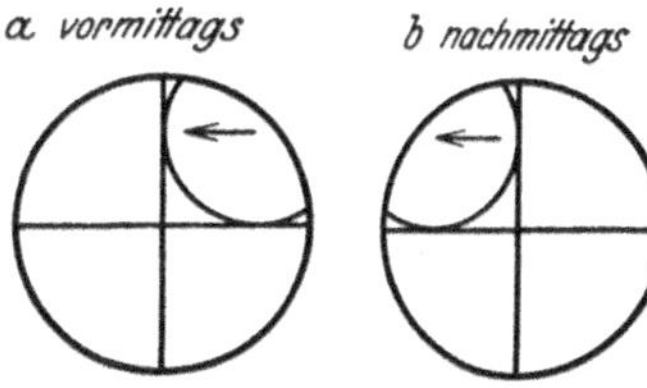

Abb. 269. (Anblick im Fernrohr.) Meridianbestimmung aus korrespondierenden Sonnenhöhen.

[1] Entsprechende Beobachtungen in beiden Fernrohrlagen gehören wegen der fortschreitenden Bewegung des Gestirns zu etwas verschiedenen Höhenwinkeln und Azimuten. Sie müssen ziemlich rasch ausgeführt werden, damit dem Höhenmittel ohne weiteres das Azimutmittel zugeordnet werden darf. Deswegen legt man auch zusammengehörige Sterneinstellungen stets zwischen die entsprechenden Einstellungen der festliegenden irdischen Marke.

von Höhenwinkeln, so muß man mit Rücksicht auf die vertikale Strahlenbrechung auch hier mindestens $10^0$ über dem Horizont bleiben. Wir kehren nunmehr wieder zu den rein geodätischen Arbeiten zurück.

Die Punkte des Polygonnetzes, dessen bis zu 250 m lange Seiten am besten durch direkte Längenmessungen bestimmt werden, soll man so auswählen, daß sie vor allem eine feste Instrumentenaufstellung und eine gute Übersicht ermöglichen, damit bei der nachfolgenden Einzelaufnahme von jedem Polygonpunkte aus möglichst viele Geländepunkte aufgenommen werden können. Soweit möglich, soll auch dem ordentlichen Aufbau des Netzes die nötige Sorgfalt zugewendet werden. Bei langen, sehr schmalen Streifen — etwa bis 400 m Breite — wird man in der Mitte des Streifens liegende Züge zwischen geeignet gelegene Dreieckspunkte einspannen, so daß, von diesen Zwischen-Dreieckspunkten abgesehen, ein einziger das Rückgrat des Streifens bildender Zug den ersten mit dem letzten Dreieckspunkt verbindet. Wird der Streifen breiter, so braucht man zwei derartige, annähernd parallel geführte Züge, deren Abstand von den Streifenrändern etwa die Hälfte ihres gegenseitigen Abstandes betragen soll.

Die Höhenbestimmung der Dreiecks- und Polygonpunkte erfolgt, wenn die auftretenden Höhenunterschiede nur gering und die Punkte leicht zugänglich sind, mit dem Nivellierinstrument. Treffen diese Voraussetzungen nicht zu, so begnügt man sich damit, die Höhen von nur einigen möglichst diametral liegenden Dreieckspunkten geometrisch zu nivellieren und ermittelt die Höhen der übrigen Dreieckspunkte trigonometrisch durch die Messung gegenseitiger Zenitdistanzen in zwei Fernrohrlagen. Die zusammengehörigen der unter Berücksichtigung von Erdkrümmung und Strahlenbrechung berechneten Höhenunterschiede weichen meist nur einige cm voneinander ab, solange die Dreiecksseiten 2 km nicht übersteigen. Ihre Mittelwerte sind entweder durch eine Ausgleichung oder, wenn das zuviel Arbeit verursacht, mehr oder weniger nach Gutdünken zwischen die vorher einnivellierten Dreieckspunkte einzupassen.

Auch die Höhenbestimmung der Polygonpunkte kann trigonometrisch gelegentlich der Polygonwinkelmessung durch die Beobachtung gegenseitiger Zenitabstände erfolgen. Hier genügt zur Beobachtung (in einer Fernrohrlage) ein Instrument, das nur einen Höhenbogen besitzt, und die Berechnung der Höhenunterschiede kann ohne Rücksicht auf Erdkrümmung und Strahlenbrechung vorgenommen werden. Der am Ende eines Zuges auftretende Höhenwiderspruch ist proportional zu den Quadraten der Seitenlängen auf die ihnen entsprechenden Höhenunterschiede zu verteilen.

Zur Ergänzung des Polygonnetzes dienen Tachymeterzüge, d. h. verpflockte Winkelzüge, deren Horizontalwinkelmessung in der auch sonst üblichen Weise, jedoch nur in einer Fernrohrlage erfolgt, während die Seitenlängen und Höhenunterschiede dieser Züge durch das beim tachymetrischen Nivellement beschriebene Verfahren bestimmt werden. Dabei wird zur Kontrolle und zur Erhöhung der Genauigkeit jede Seite und der zugehörige Höhenwinkel doppelt, einmal bei Blick rückwärts und ein zweites Mal bei Blick vorwärts gemessen. Tachymetrisch zu bestimmende Seiten dürfen ja nicht zu lang genommen werden, selbst bei sehr leistungsfähigen Instrumenten nicht über 150 m. Längere Seiten müßten gegebenenfalls mit Aufstellung des Instrumentes in der Mitte der Seite in zwei Abschnitten gemessen werden.

Tabelle 36 enthält unter Verwendung der schon beim tachymetrischen Nivellement gebrauchten Bezeichnungen ein Zahlenbeispiel für die Höhenberechnung eines Tachymeterzuges mit sämtlichen Feldaufschreibungen. Zum besseren Verständnis mögen folgende Erläuterungen dienen. Nachdem das Instrument im betreffenden Standort meßgerecht aufgestellt ist, wird die Instrumentenhöhe $i$ gemessen, aufgeschrieben und an der Entfernungslatte mittels der Zielscheibe eingestellt, so daß die Zielhöhe $z$ gleich der Instrumentenhöhe $i$ und die Sicht parallel zur Verbindungsstrecke der Bodenpunkte wird. Ist diese Angleichung — wie beim Rückblick im Standort $T_4$ — aus irgendeinem Grund nicht möglich, so muß das betreffende abweichende $z$, z. B. 1,60 m ein-

Tabelle 36.

Tachymeterzug von ⊙25—⊙30.

Instrument: Repetitionstachymetertheodolit von Ertel & Sohn, Nr. 47.

4. 8. 1923.

$c = 0{,}40$ m; $C = 100{,}02$. $v_z = 0{,}0'$.

| 1) Ziel | 2) $m = z$ | 3) $l$ | 4) Grund-kreis-ab-lesungen | 5) Höhen-kreis-ab-lesungen $\alpha$ | 6) $K$ $\Delta$ | 7) Hori-zontal-entfer-nung $D = K - \Delta$ | 8) Höhen-unter-schied $h$ | 9) Probe $\Delta : h = \operatorname{tg}\alpha$ | 10) Meeres-höhe $H$ |
|---|---|---|---|---|---|---|---|---|---|
| | Standort: | P. P. 25 | $i = 1{,}35$ | | | | | | |
| ⊙24 | | | **224° 16′$_e$** | | | | | | **617,31** |
| $T_1$ | $z = i$ | 0,893 | 50 ~~43~~ | +4° 28′ | | | | | |
| | | | 44 | | | | 7,00 | | |
| | | 0,892$_0$ | | +4 29,$_0$ | 89,62 | 89,07 | + ~~6,98~~ | 0,0785 | |
| | | | | | 0,55 | | | 84 | |
| | Standort: | $T_1$ | $i = 1{,}38$ | | | | | | 624,31 |
| ⊙25 | $z = i$ | 0,891 | 230 43,$_e$ | −4 30 | | | | | |
| $T_2$ | $z = i$ | 0,785 | 61 ~~28~~ | +3 58 | | | | | |
| | | | 30 | | | | 4 | | |
| | | 0,784$_5$ | | +3 57,$_5$ | 78,87 | 78,49 | + 5,4~~3~~ | 0,0698 | |
| | | | | | 0,38 | | | 92 | |
| | Standort: | $T_2$ | $i = 1{,}40$ | | | | | | 629,75 |
| $T_1$ | $z = i$ | 0,784 | 241 28,$_e$ | −3 57 | | | | | |
| $T_3$ | $z = i$ | 0,816 | 83 ~~36~~ | +5 19 | | | | | |
| | | | 39 | | | | 7 | | |
| | | 0,815$_0$ | | +5 19,$_5$ | 81,92 | 81,21 | + 7,5~~6~~ | 0,0939 | |
| | | | | | 0,71 | | | 33 | |
| | Standort: | $T_3$ | $i = 1{,}34$ | | | | | | 637,32 |
| $T_2$ | $z = i$ | 0,814 | 263 36,$_e$ | −5 20 | | | | | |
| $T_4$ | $z = i$ | 0,698 | 47 ~~49~~ | +3 25 | | | | | |
| | | | 53 | | | | 8 | | |
| | | 0,699$_0$ | | +3 24,$_5$ | 70,31 | 70,06 | + 4,1~~7~~ | 0,0598 | |
| | | | | | 0,25 | | | 96 | |
| | Standort: | $T_4$ | $i = 1{,}42$ | | | | | | 641,50 |
| | $i$ | | | 24 | | | | | |
| $T_3$ | $z =$ ~~1,60~~ | 0,700 | 227 49,$_e$ | −3 ~~15~~ | | | | | |
| $T_5$ | $z = i$ | 0,815 | 43 ~~18~~ | +4 33 | | | | | |
| | | | 23 | | | | 9 | | |
| | | 0,815$_5$ | | +4 33,$_0$ | 81,97 | 81,45 | + 6,4~~8~~ | 0,0802 | |
| | | | | | 0,52 | | | 796 | |
| | Standort: | $T_5$ | $i = 1{,}38$ | | | | | | 647,99 |
| $T_4$ | $z = i$ | 0,816 | 223 18,$_e$ | −4 33 | | | | | |
| $T_6$ | $z = i$ | 0,742 | 38 ~~46~~ | +5 51 | | | | | |
| | | | 52 | | | | 7 | | |
| | | 0,741$_0$ | | +5 51,$_5$ | 74,51 | 73,74 | + 7,5~~6~~ | 0,1016 | |
| | | | | | 0,77 | | | 26 | |
| | Standort: | $T_6$ | $i = 1{,}35$ | | | | | | 655,56 |
| $T_5$ | $z = i$ | 0,740 | 218 46,$_e$ | −5 52 | | | | | |
| ⊙30 | $z = i$ | 0,806 | 35 ~~07~~ | +4 40 | | | | | |
| | | | 14 | | | | 8 | | |
| | | 0,806$_0$ | | +4 39,$_5$ | 81,02 | 80,48 | + 6,5~~7~~ | 0,0806 | |
| | | | | | 0,53 | $[h'] =$ | + 44,75 | 15 | |
| | Standort: | P. P. 30 | $i = 1{,}41$ | | | Soll | + 44,83 | | **662,14** |
| $T_6$ | $z = i$ | 0,806 | 215 07,$_e$ | −4 39 | | $w_H =$ | + 0,08 | | |
| ⊙31 | | | 68 ~~28~~ | | | | | | |
| | | | 36 | | | | | | |
| | | Soll | 68 36 | | | | | | |
| | | $w =$ | + 8 | | | | | | |

getragen werden[1]. Spalte 3 enthält die im Rückblick und Vorblick auf mm abgelesenen Lattenabschnitte $l$ sowie ihre für die weitere Rechnung verwendeten Mittelwerte; diese auf halbe Millimeter. Da ein Repetitionstheodolit zur Verfügung stand, so konnten am Grundkreis sogleich Richtungswinkel abgelesen werden. Zu diesem Zweck wurde zunächst im Anfangspunkt P. P. 25 der bekannte Richtungswinkel $224^0\,16'$ für die Orientierungsseite nach P. P. 24 eingestellt[2], und hierauf ohne Änderung dieser Ablesung die Einstellung von P. P. 24 durch eine Drehung um die Kreisachse herbeigeführt. War dann der vorwärtsliegende Punkt $T_1$ durch eine Drehung um die Alhidadenachse eingestellt worden, so gab die Grundkreisablesung $50^0\,43'$ ohne weiteres den Richtungswinkel der vorwärtsliegenden, nach $T_1$ führenden Zugseite an. Sinngemäß war auch in allen übrigen Standpunkten zu verfahren. Der Anschlußwiderspruch $w$ — hier $+\,8'$ — ist gleichmäßig fortschreitend auf die Richtungswinkel zu verteilen. Im Beispiel sind die vorläufigen Werte der Richtungswinkel durchstrichen und die ausgeglichenen Werte darunter gesetzt. Bei Benutzung eines gewöhnlichen Theodolits sind natürlich für Rückblick und Vorblick Zufallsablesungen auszuführen, deren Unterschied erst die Polygonwinkel ergibt, welche bei rechnerischer Bearbeitung des Zuges wie beim Theodolitpolygonzug zu behandeln sind. Die in Spalte 5 bis auf ganze Minuten enthaltenen Höhenwinkel der einzelnen Seiten des Tachymeterzuges unterscheiden sich für Vorblick und Rückblick nur durch das Vorzeichen. Ihre weiterhin verwendeten Mittel sind auf halbe Minuten gebildet und stehen zwischen den beiden Einzelwerten. Wenn $z$ nicht gleich $i$ gemacht werden konnte, so muß vor Mittelung der Höhenwinkel erst eine der Forderung $z = i$ entsprechende Änderung $d\alpha'$ des Höhenwinkels herbeigeführt werden. Aus Gl. (661): $h = D \cdot \operatorname{tg} \alpha$ findet man bei konstantem $D$ leicht den einfachen Ausdruck

$$d\alpha' = \varrho' \cdot \cos^2 \alpha \cdot \frac{dh}{D} = \varrho' \frac{i - z}{K}, \tag{732}$$

wo $K = c + C \cdot l$ die Stammzahl bedeutet. In unserem Fall wird $d\alpha = -\,3438\,\frac{0{,}18}{70} = -\,9{,}0'$. Es ist also die in $T_4$ nach $T_3$ erfolgte Höhenkreisablesung $-\,3^0\,15'$ durch $-\,3^0\,24'$ zu ersetzen. Spalte 6 enthält die Stammzahlen $K$ und darunter die nach (665) mit dem Rechenschieber ermittelten Reduktionen $\Delta$, deren Subtraktion von $K$ auf die in der nächsten Spalte enthaltenen Horizontalentfernungen $D$ führt. Auch die Höhenunterschiede $h$ sind hier mit dem Rechenschieber berechnet. Die Summe ihrer vorläufigen Werte $h'$ — hier 44,75 m — soll mit der Differenz 662,14 m − 617,31 m $= +\,44{,}83$ m der bekannten Meereshöhen der Anschlußpunkte P. P. 25 und P. P. 30 übereinstimmen. Ein Höhenwiderspruch $w_H = +\,0{,}08$ m wird proportional den Quadraten der Entfernungen auf die einzelnen Höhenunterschiede verteilt. Mit den verbesserten Höhenunterschieden $h$ erhält man jetzt die in Spalte 10 stehenden Meereshöhen der einzelnen Zugpunkte mit Anschlußprobe in P. P. 30. Spalte 9 endlich ist eine Probespalte, deren Mitnahme unsicheren Rechnern zu empfehlen ist.

Mit der Messung von Tachymeterzügen pflegt man sogleich auch die Einzelaufnahme zu verbinden.

## b) Die Einzelaufnahme mit verschiedenen Tachymetertheodoliten.

Das älteste und unter den üblichen Tachymetern in bezug auf Genauigkeit noch heute das leistungsfähigste Instrument ist das Kreistachymeter, ein mit Höhenkreis und Fadendistanzmesser ausgestatteter Theodolit. Zur Durchführung der Einzelaufnahme wird das Instrument, nachdem seine Distanzmesserkonstanten scharf bestimmt worden sind, über einem der vorher bestimmten Netzpunkte aufgestellt und berichtigt. Diese Berichtigung hat sich auf die deutliche Sichtbarmachung des Fadenkreuzes, die

[1] Sowohl die Instrumentenhöhen wie auch alle übrigen in der Tabelle enthaltenen Längen sind in Metern zu verstehen.

[2] Alle Einstellungen sind in der Tabelle durch ein angehängtes $e$ kenntlich gemacht.

Lotrechtstellung der Alhidadenachse und Berichtigung der Alhidadenlibelle, die Beseitigung des Neigungsfehlers einer etwa vorhandenen Fernrohrlibelle sowie des Zeigerfehlers am Höhenkreis und, da nur in einer Fernrohrlage beobachtet wird, auch auf die Wegschaffung des Zielachsen- und Kippachsenfehlers zu erstrecken. Zur horizontalen Orientierung des aufzunehmenden Punktsystems wird der rückwärtsliegende Polygonpunkt oder ein anderer gut sichtbarer Punkt von bekannter Lage eingestellt und die zugehörige Ablesung am Horizontalkreis aufgeschrieben. Ist das Instrument ein Repetitionstheodolit, so wird man dafür sorgen, daß bei Einstellung der Orientierungsrichtung am Horizontalkreis ihr von vornherein bekannter Richtungswinkel erscheint. Dann gibt auch jede andere Horizontalkreisablesung sogleich den Richtungswinkel der zugehörigen Zielebene an. Die gemessene Instrumentenhöhe $i$ bezeichnet man an der Entfernungslatte zweckmäßig durch eine Zielscheibe, auf welche jeweils die mittlere Fernrohrziellinie gerichtet wird, wenn ihr Höhenwinkel abgelesen werden soll. Nach diesen Vorbereitungen geht der Handrißführer mit zwei Lattenträgern ins Gelände, wählt die aufzunehmenden charakteristischen Punkte aus, in denen die Latten aufgestellt werden, skizziert, zeichnet Leitlinien und nimmt kleinere Ergänzungsmessungen vor, während zwei Beobachter, deren einer auch die Aufschreibungen besorgt, am Instrument bleiben. Zur Aufnahme eines Punktes wird zuerst der Lattenabschnitt $l$ abgelesen, wobei der obere Faden zweckmäßig auf 1 m oder doch auf einen dm-Strich eingestellt wird. Hierauf stellt man den Mittelfaden auf die Zielscheibe, so daß die Ablesung am Mittelfaden, die sog. Zielhöhe, $z = i$ wird und ruft dann den Lattenträger sofort ab, damit er sich zum nächsten Punkt begeben kann, während am Instrument noch die Ablesungen am Horizontalkreis und Höhenkreis (Höhenwinkel oder Zenitabstand) ausgeführt werden. Kann einmal $z$ nicht gleich $i$ gemacht werden, etwa weil die Zielscheibe verdeckt ist, so ist das gewählte $z$ natürlich aufzuschreiben. Manchmal wird es aus einem ähnlichen Grunde notwendig, auch an den beiden äußeren Fäden Zufallsablesungen auszuführen, deren Differenz dann den Lattenabschnitt ergibt. Die Art der Aufschreibung, für welche die Punktnumerierung eine durchlaufende für alle Standorte ist, zeigt Tabelle 37. Sind in einem Standorte alle Punkte

Tabelle 37.

| Zielpunkt Nr. | Fadenablesungen $o$ | $m = z$ | $u$ | $l = u - o$ | Winkelablesungen Horizontalkreis | Höhenkreis | Stammzahl $K$ | Horiz. Entfernung $D$ | Höhenunterschied $h$ | Meereshöhe $H$ | Bemerkungen |
|---|---|---|---|---|---|---|---|---|---|---|---|
| | **Standort: P.P. 16** | | | | **36° 15′** | **= Orientierung nach P.P. 15.** | | | $Q_{16} =$ | **311,56** | $v_z = 0{,}0'$ $i = 1{,}40$ m |
| 26 | | $i$ | | 0,538 | 51° 38′ | + 5° 58′ | | | | | |
| 27 | | $i$ | | 0,630 | 55 14 | + 4 19 | | | | | |
| 28 | | 1,30 | | 0,705 | 68 21 | + 4 25 | | | | | |
| 29 | 1,046 | $i$ | 1,988 | 0,942 | 75 06 | + 3 08 | | | | | |
| .... | .... | .... | .... | ..... | .... | .... | | | | | |
| 45 | | $i$ | | 1,004 | 34 30 | + 4 23 | | | | | |
| | | | | | 36 14 | = Orientierung nach P.P. 15. | | | | | |

aufgenommen, so wird vor der Wegnahme des Instrumentes noch einmal die Orientierung nachgeprüft. Bei besonderen Anlässen ist sie schon früher nachzusehen und, wenn nötig, zu berichtigen. Auch die Übereinstimmung der Punktnumerierung am Instrument und im Handriß ist etwa alle 5 Punkte durch Zuruf nachzuprüfen. Durch die Horizontalkreisablesung, den Lattenabschnitt und den Höhenwinkel der mittleren Ziellinie sowie durch $i$ und $z$ ist bei bekannter Lage des Aufstellungspunktes nunmehr auch die räumliche Lage des aufgenommenen Punktes bestimmt. Wie schon früher (S. 211) gezeigt worden ist, sind die horizontale Entfernung $D$ der Latte und der Höhenunterschied $h$ zwischen der Kippachse des Instruments und dem Lattenpunkte $z$ durch die Ausdrücke[1]:

$$D = K\cos^2\alpha = K - \varDelta\,, \qquad \varDelta = K\cdot\sin^2\alpha \approx \frac{3\,K}{10000}\,(\alpha^0)^2, \tag{733}$$

$$h = \tfrac{1}{2}\,K\cdot\sin 2\,\alpha = D\cdot\operatorname{tg}\alpha \tag{734}$$

bestimmt; also ist, wenn $Q$ (Abb. 270) die Meereshöhe des Aufstellungspunktes $A$ und $Q' = Q + i - z$ dessen reduzierte Kote bedeuten, die Meereshöhe $H$ des Geländepunktes

$$H = Q' + h\,. \tag{735}$$

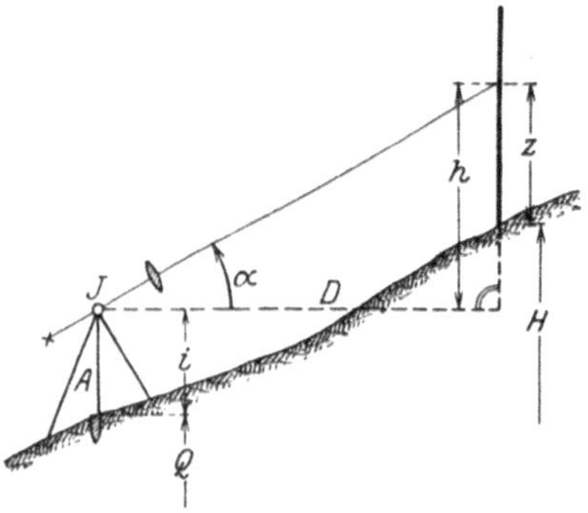

Abb. 270. Höhenermittlung für einen tachymetrisch aufgenommenen Geländepunkt.

Tachymeter, welche die Rechenarbeit ganz oder teilweise selbst erledigen, nennt man selbstreduzierende Tachymeter. Dazu gehört das Schiebetachymeter oder Projektionstachymeter von *Kreuter*[2]. Es ist das ein Repetitionstheodolit mit in einem Rohrlager drehbarem distanzmessenden Ringfernrohr, das eine umsetzbare Reitlibelle besitzt, so daß das Instrument auch als Nivellierinstrument gebraucht werden kann. Das Eigenartige des Instrumentes ist ein aus drei geteilten Linealen bestehendes Projektionsgestänge (Abb. 271), dessen schiefes Lineal, das sog. Hypotenusenlineal $M_s$, fest mit dem Fernrohr verbunden ist und dessen Teilungslinie zur unteren Ziellinie $Z_u$ (Abb. 272) parallel ist, wenn das Fernrohr auf unendlich eingestellt ist[3]. Ein Horizontalmaßstab $M_D$ läßt sich in einer unten an den Fernrohrstützen befestigten Nut $N$ verschieben; er endigt in einen lotrechten Führungsarm $F$, an dem ein Höhenmaßstab $M_H$ mit abgeschrägter Kante verschoben und durch eine Klemmschraube $S$ befestigt werden kann. Der Sinn der Bezifferungen ist in der Abbildung durch Pfeile angedeutet. Beim Gebrauch wird im aufzunehmenden Punkte $P$ eine Latte, deren Oberteil um ein in der Höhe $z$ befindliches Scharnier $S$ (Abb. 273) drehbar ist, so aufgestellt, daß der Lattenfuß $L_u$ lotrecht steht, während der Oberteil $L_o$

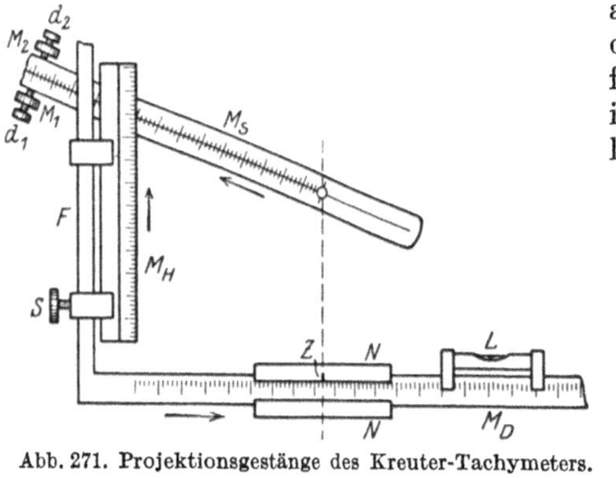

Abb. 271. Projektionsgestänge des Kreuter-Tachymeters.

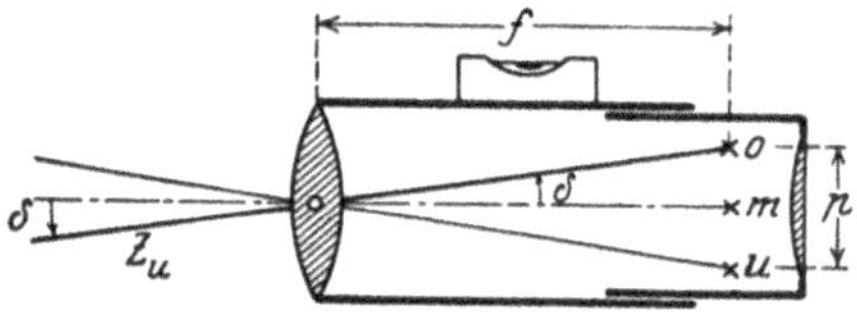

Abb. 272. Fernrohr des Schiebetachymeters von Kreuter.

mit Hilfe eines kurzen, dazu senkrechten, aufklappbaren Diopters $D_i$ senkrecht zur unteren auf $S$ gerichteten Ziellinie $Z_u$ gestellt wird. Da in $S$ der Nullpunkt der Distanzteilung liegt, kann am Unterfaden sogleich der Lattenabschnitt $l$ abgelesen werden, so daß der Ausdruck $C\cdot l$ ($C = 100{,}00$) gegebenenfalls unter Hinzufügung von $c$ sogleich die schiefe Entfernung $E$ angibt. Wird nunmehr durch eine horizontale Verschiebung von $M_D$ mittels der Kante des Höhenmaßstabes am schiefen Maßstab $M_s$ die eben

[1] Über die Hilfsmittel zur Bestimmung von $D$ und $h$ siehe Anm. auf S. 211; wegen der Fehler der Ausdrücke (733) und (734) siehe (659) und (662) und Anm. 2 S. 213.

[2] *Kreuter, F.*: Patentiertes Quotierinstrument für generelle Aufnahmen in koupiertem Terrain. Wien 1874; ferner Das neue Tacheometer 2. Aufl. Brünn 1888.

[3] Für endliche Entfernungen kommt ein kleiner, praktisch bedeutungsloser Fehler herein.

ermittelte schiefe Entfernung $E$ eingestellt, so liest man an $M_D$ sogleich die Horizontalentfernung $D$, an $M_H$ jedoch die Meereshöhe $H$ des aufzunehmenden Punktes ab, wenn nach Aufstellung des Instrumentes über $A$ der Höhenmaßstab so verstellt wurde, daß an ihm bei horizontaler Lage der unteren Ziellinie durch die Teilungskante vom $M_s$ die Ablesung

$$A_0 = Q' = Q + i - z \qquad (736)$$

angezeigt wird.

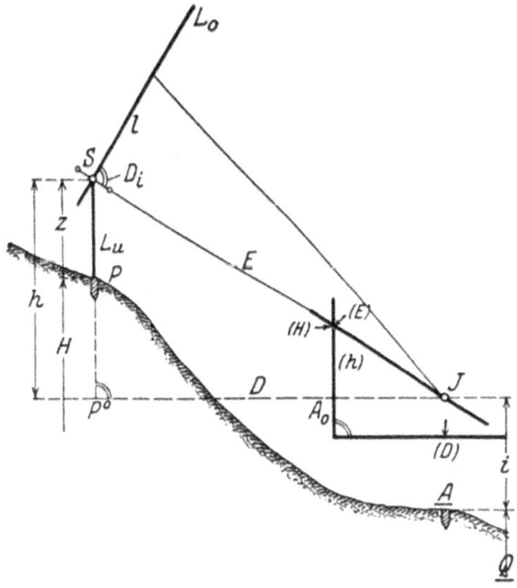

Abb. 273. Wirkungsweise des Kreuterschen Projektionstachymeters.

Vor dem Gebrauch ist das Instrument zuerst als Theodolit, Nivellierinstrument und als Distanzmesser zu berichtigen. Dann erst erfolgt die Untersuchung des Projektionsgestänges in bezug auf 1. die waagerechte Lage des Horizontalmaßstabes durch Umsetzen einer Libelle; 2. den Parallelismus zwischen Hypotenusenlineal und unterer Ziellinie $Z_u$ (Verminderung der Ablesung an $M_H$ um $\frac{1}{200}\cdot\Delta D$, wenn bei einspielender Fernrohrlibelle $M_D$ um $\Delta D$ verschoben wird); 3. den Zeigerfehler am Horizontalmaßstab (für horizontale Sicht — einspielende Libelle — sollen die Ablesungen an $M_s$ und $M_D$ übereinstimmen) und 4. auf die richtige Einstellung des Höhenmaßstabes (bei einspielender Libelle soll an $M_H$ die Ablesung $A_0' = A_0 - \frac{1}{200} D$ erscheinen)[1].

Auch das Kontakttachymeter von *Sanguet* ist ein charakteristisches selbstreduzierendes Tachymeter. Auf der mit einer Libelle $L_1$ ausgerüsteten Alhidade dieses Instruments (Abb. 274) sitzen die beiden Fernrohrträger $T_1$, $T_2$, in deren erstem die um $c$ exzentrische Kippachse des Fernrohres gelagert ist. $T_2$ trägt eine als Tangentenmaßstab $M_t$ bezeichnete Teilung, deren Ablesungen $t$ die 100fachen tg der Höhenwinkel $\alpha$ der Ziellinie — das Instrument besitzt nur eine Ziellinie — angeben. Das Okularende des Fernrohres ruht mittels einer in der durch den Fadenkreuzschnittpunkt und die Kippachse bestimmten Ebene liegenden Schneide $S_1$ (Abb. 275) auf einer dazu senkrechten horizontalen Schneide $S_2$, welche ihrerseits mit einem an der lotrechten

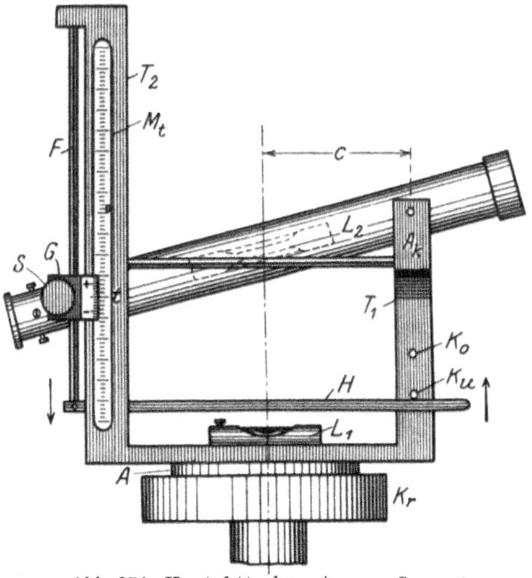

Abb. 274. Kontakttachymeter von Sanguet.

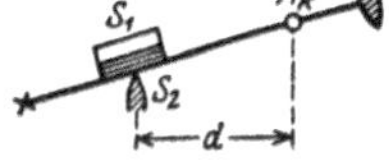

Abb. 275. Schneidenauflagerung beim Kontakttachymeter von Sanguet.

[1] Schon der durch die Erfindung des Meßtisches rühmlichst bekannte Altdorfer Professor Magister *Praetorius* hatte an seinem Meßtischlein drei Nebenregeln angebracht, welche den Projektionsvorrichtungen des Schiebetachymeters vollkommen entsprechen (siehe *Daniel Schwenter*, Geometriae Practicae, Nürnberg 1627). Nach *Puller* (Z. Vermess.-Wes. 1896, S. 375) hat 1865 Geometer *Kiefer* den Gedanken der Projektionsvorrichtung gefaßt und von *Breithaupt* ausführen lassen. Etwas jünger als das *Kreuter*sche Instrument ist das Tachygraphometer von *Wagner*. Das vom Erfinder *Puller* in der Z. Vermess.-Wes. 1901 S. 531—544 beschriebene Schiebetachymeter von *Puller-Breithaupt* vermeidet die bei *Kreuter* und *Wagner* notwendige schiefe Lattenstellung.

Führungsstange $F$ verschiebbaren Gleitstück $G$ verbunden ist. Durch Anziehen einer Klemmschraube $S$ wird dieses mit einem Nonius ausgerüstete Gleitstück und damit das Fernrohr in bestimmter Lage festgehalten. Charakteristisch ist ein in der Ausgangsstellung an einem unteren Knopf $K_u$ anliegender Hebel $H$, durch dessen Verstellung bis zum oberen Knopf $K_o$ die mit dem anderen Hebelende verbundene Führungsstange $F$ und damit auch die Schneide $S_2$ um einen konstanten Betrag $q$ gesenkt werden. Bedeutet $d$ den Abstand dieser Schneide von der Kippachse und war bei einer Instrumentenhöhe $i$ in der Ausgangsstellung ($H$ an $K_u$) $t$ die Ablesung am tg-Maßstab und $z$ diejenige an der Latte, welche in der zweiten Fernrohrstellung ($H$ an $K_o$) um $l$ vergrößert erscheint, so erhält man mit den in Abb. 276 eingeschriebenen Bezeichnungen leicht:

$$D' : d = l : q\,, \qquad D = c + \frac{d}{q}\cdot l \quad \text{und} \quad h = D'\frac{t}{100}\,. \tag{737}$$

Bezeichnet man die Multiplikationskonstante $d : q$ zur Abkürzung mit $C$ ($= 100{,}00$), so erhält man zur Bestimmung der Punktlage außer der Ablesung am Horizontalkreis:

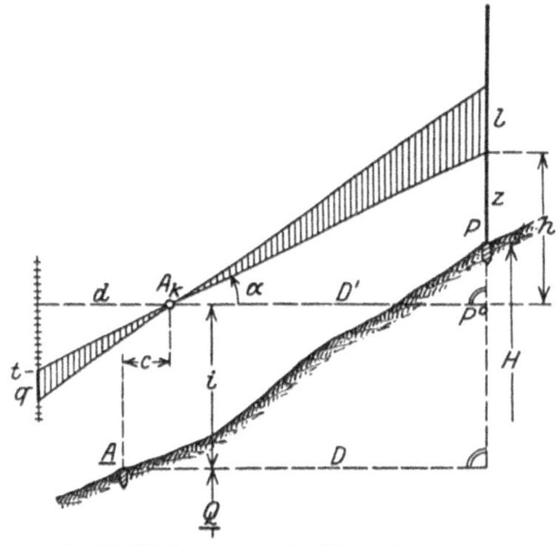


Abb. 276. Wirkungsweise des Kontakttachymeters von Sanguet.

$$\text{und} \qquad \left.\begin{aligned} D &= c + C\cdot l \\ H &= Q + i - z + h\,. \end{aligned}\right\} \tag{738}$$

Das Instrument wird vor dem Gebrauch als Theodolit und unter Verwendung der gestrichelt gezeichneten Fernrohrdoppelschlifflibelle $L_2$ als Nivellierinstrument berichtigt. Schließlich erfolgt bei lotrechter Alhidadenachse und horizontaler Ziellinie die Bestimmung und Beseitigung des Zeigerfehlers am tg-Maßstab[1].

Eine sehr sinnreiche neuere Konstruktion ist das s e l b s t r e d u z i e r e n d e T a c h y m e t e r v o n *Hammer-Fennel*[2].

Denkt man sich den Ausdruck für die Horizontalentfernung auf die Form

$$D = C\cdot l\cos^2\alpha = \frac{f}{p}\cdot\cos^2\alpha\cdot l_p = C_1\cdot l_p \tag{739}$$

gebracht und verlangt man, daß $C_1$ für alle Fernrohrstellungen eine (runde) Konstante bleibt, so muß, da die Objektivbrennweite $f$ als unveränderlich zu betrachten ist, der Fadenabstand mit der Fernrohrneigung veränderlich sein. Der zum Höhenwinkel $\alpha$ gehörige Wert von $p$ ist nach (739) der Ausdruck

$$p_\alpha = \frac{f}{C_1}\cos^2\alpha\,. \tag{740}$$

In derselben Weise findet man aus

$$h = \frac{1}{2}C\cdot l\sin 2\alpha = \frac{f}{2q}\cdot\sin 2\alpha\cdot l_q = C_2\cdot l_q\,, \tag{741}$$

---

[1] Das s e l b s t r e d u z i e r e n d e K o n t a k t t a c h y m e t e r von *Kern* (siehe *Aregger*: Schweiz. Z. Vermess.-Wes. 1927 S. 267—277) ist eine Weiterbildung des Kontakttachymeters von *Sanguet*. Neigungsmaßstab und Schraube zur Herbeiführung einer konstanten Tangentenänderung liegen hier waagrecht. Der in der Fernrohrrichtung liegende Rechtwinkelschenkel des Kontaktmechanismus kann durch eine Schraube mit Schneckengewinde rasch vom Fernrohr gelöst oder damit verbunden werden. Das Fernrohr kann also durchgeschlagen und in zwei Lagen auch als Theodolitfernrohr gebraucht werden. Seine Additionskonstante ist Null.

[2] *Hammer, E.*: Tachymetertheodolit zur unmittelbaren Lattenablesung von Horizontaldistanz und Höhenunterschied. Z. Vermess.-Wes. 1901, S. 153—158 und Neuerungen am *Hammer-Fennel*schen Tachymetertheodolit. Z. Instrumentenkde. 1923 S. 50—53. Siehe ferner „Geodätische Woche Köln 1925“ S. 181.

wo $C_2$ ein für die Bestimmung des Höhenunterschieds dienender runder Festwert sein soll, den zu $\alpha$ gehörigen Fadenabstand

$$q_\alpha = \frac{f}{2\,C_2}\sin 2\,\alpha\,. \tag{742}$$

Nun konstruiert man mit den für die verschiedenen $\alpha$ berechneten Fadenabständen $p_\alpha$, $q_\alpha$ durch radiales Abtragen derselben von einem Grundkreise $G$ aus ein Diagramm, dessen Kurven in Abb. 277 mit $D$ und $+h$ bzw. $-h$ bezeichnet sind, und projiziert das mit dem einen durchbrochenen Kippachsenende verbundene Diagramm durch ein

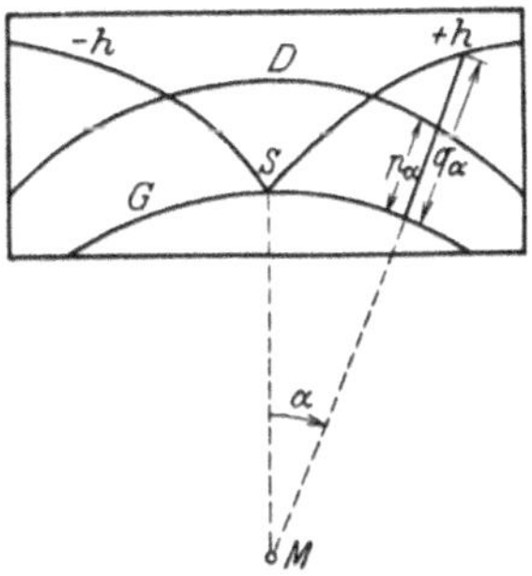


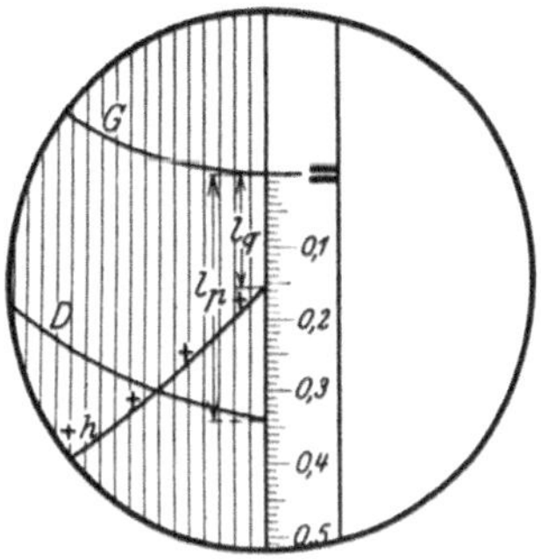


Selbstreduzierendes Tachymeter von Hammer-Fennel.

Abb. 277. Diagramm der Fadenabstände. Abb. 278. Anblick im Fernrohr.

geeignetes System von Prismen und Linsen so in die Bildebene, daß die der jeweiligen Fernrohrneigung entsprechenden Längen $p_\alpha$, $q_\alpha$ stets in der Zielebene liegen. Sie fallen dann in eine den Vertikalfaden ersetzende, das Gesichtsfeld halbierende Prismenkante. Wird mittels dieser Kante die Latte eingestellt und das Fernrohr so geneigt, daß der Grundkreis durch den in mittlerer Instrumentenhöhe befindlichen Teilungsnullpunkt der Latte geht, so liest man an den beiden anderen Kurven des Diagramms (Abb. 278) sogleich die Werte $l_p$ und $l_q$ ab, welche unmittelbar auf die Größen

$$D = C_1 \cdot l_p\,, \qquad h = C_2 \cdot l_q \tag{743}$$

führen. Es ist zweckmäßig, die Einrichtung so zu treffen, daß $C_1 = 100{,}00$ und $C_2 = 20{,}00$ wird.

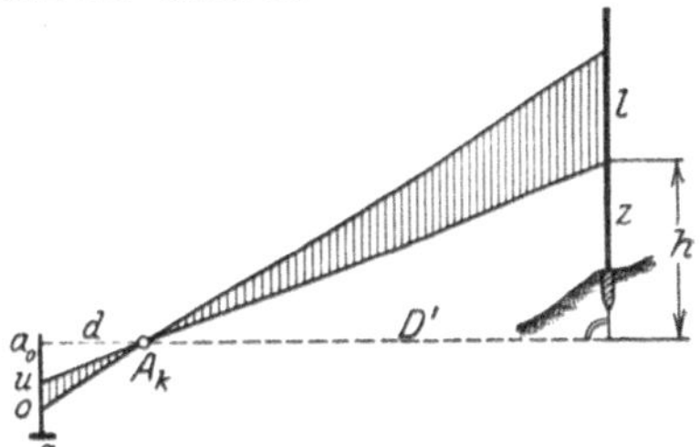


Abb. 279. Wirkungsweise des Schraubendistanzmessers.

Bei den besonders in Österreich gebräuchlichen Schraubendistanzmessern wird der Unterschied in den tg-Werten des Höhenwinkels einer nach den beiden Endpunkten eines Lattenabschnittes $l$ (Abb. 279) führenden Ziellinie mit Hilfe einer lotrechten, von der Kippachse um $d$ entfernten Tangentenkippschraube gemessen. Sind $o$, $u$ die zu diesen beiden Lagen der Ziellinie, $a_0$ die zur horizontalen Ziellinie gehörigen Schraubenablesungen, und ist $\gamma$ die Schraubenganghöhe, so bestehen nach Abb. 279 die Beziehungen

$$D' = \frac{d \cdot l}{\gamma\,(o-u)} = C\,\frac{l}{o-u}\,, \qquad h = \frac{u-a_0}{o-u}\,l\,, \tag{744}$$

worin man der Multiplikationskonstanten $C = d : \gamma$ durch eine geeignete Wahl von $d$ und $\gamma$ einen runden Wert geben kann. Mit dem Schraubendistanzmesser kann man noch auf Entfernungen hin arbeiten, für welche bei fest aufgespannten Entfernungsfäden der Fadenabstand schon größer ist als die Länge des Lattenbildes[1].

[1] Die Tangentenkippschraube hat Oberst *Hogrewe* eingeführt; siehe *Hogrewe*: Praktische Anweisung zum Nivellieren usw. Hannover 1800. Siehe auch *Vogler*: Die Tangentenkippschraube. Z. Vermess.-Wes. 1891 S. 145—159. Ferner *Klingatsch*: Über Fadentachymeter mit Tangentenschraube. Z. Vermess.-Wes. 1905 S. 337—341 und 353—362.

Den Zwecken der Feintachymetrie, besonders der genauen räumlichen Festlegung der Polygonpunkte, dient der Präzisionsdistanzmesser von *Hohenner*. Zur Ermittelung eines Lattenabschnittes kann man entweder an beiden Fäden Zufallsablesungen ausführen oder man kann einen Faden auf eine Teilfeldgrenze oder Teilfeldmitte bringen und am anderen eine Zufallsablesung vornehmen, oder man kann sich auch beide Fäden auf Teilfeldmitten eingestellt denken. Die diesen Verfahren entsprechenden Entfernungsfehler $m_1$, $m_2$, $m_3$ werden in der genannten Reihenfolge abnehmen; sie stehen nach *Hohenners* Angaben[1] im Verhältnis $3:2:1$. Die gleichzeitige Einstellung beider Entfernungsfäden auf Feldmitten müßte also einen wesentlichen Genauigkeitsgewinn bringen. Zur Ermöglichung einer solchen Einstellung ist bei dem genannten Instrument zwischen Okular und Objektiv noch eine durch einen Trieb $T'$ (Abb. 280) verstellbare Schaltlinse $L'$ eingefügt, durch deren Verstellung die Größe des Lattenbildes innerhalb enger Grenzen so weit geändert werden kann, daß bei deutlicher Sichtbarkeit des Bildes beide Fäden auf Feldmitten stehen. Die damit verbundene sehr geringe Änderung der Multiplikationskonstanten kann leicht aus der Angabe $a$ eines mit $L'$ verbundenen Zeigers $Z$ ermittelt werden. Bei horizontaler Fernrohrstellung ist die Entfernung durch den Ausdruck

$$D = c + (C_0 + K \cdot a) \cdot l \qquad (745)$$

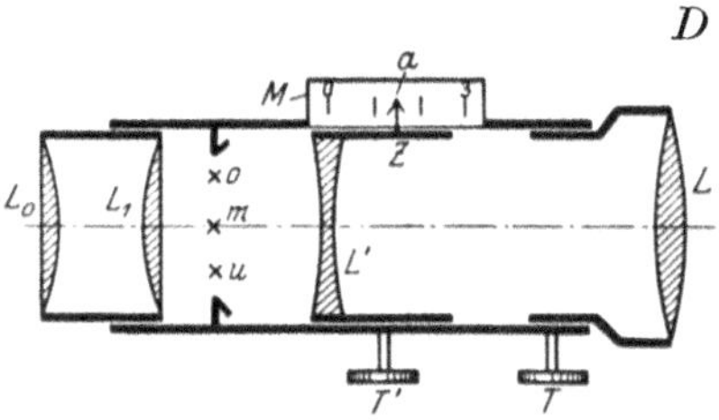


Abb. 280. Präzisionsdistanzmesser von Hohenner.

bestimmt. Von den drei Konstanten $c$, $C_0$, $K$ wird die Hauptkonstante $C_0$ scharf auf einen runden Wert, z. B. 100,00 gebracht. Die Additionskonstante $c$ ist praktisch als unveränderlich zu betrachten, da einem Anwachsen von $D$ von 20 auf 300 m in $c$ nur eine Abnahme von 4 mm entspricht.

Als genaueste Tachymeter sind zur Zeit die in der Hauptsache von schweizerischen Geodäten konstruierten Instrumente mit waagrechter Latte[2] und Koinzidenzplatte zu betrachten. Dabei sind in erster Linie die Namen *Aregger*, *Boßhardt* und *Wild* zu nennen. Wir müssen uns auf die Beschreibung eines einzigen dieser Instrumente in seinen Grundzügen beschränken und greifen das besonders charakteristische Reduktions-Tachymeter von *Boßhardt-Zeiß* heraus[3].

Das Instrument besitzt einen Grundkreis und einen Höhenkreis, deren Teilungen durch optische Systeme in der Skalenebene eines einzigen, mit dem Fernrohr verbundenen und mit ihm durchschlagbaren Skalenmikroskops abgebildet werden. Die Ermittlung von Richtung und Neigung ist daher wie beim *Wild*-Theodolit (S. 79) unmittelbar vom Okular aus möglich. Neuerdings ist neben der Höhenkreisteilung eine weitere Teilung angebracht worden, welche unmittelbar die Tangenten der Neigungswinkel angibt.

Das charakteristische des Instruments liegt in der Bestimmung horizontaler Entfernungen durch Drehkeile und Mikrometerplatte aus dem an einer waagrechten Distanzlatte ermittelten Lattenabschnitt.

---

[1] Der *Hohenner*sche Präzisionsdistanzmesser und seine Verbindung mit einem Theodolit S. 8. Leipzig-Berlin 1919.

[2] Durch die Verwendung einer waagrechten Latte wird, wie schon S. 118 angegeben, die vertikale Differentialrefraktion ausgeschaltet. An ihre Stelle tritt die viel kleinere waagrechte Differentialrefraktion, welche für tachymetrische Zwecke kaum jemals eine Rolle spielt.

[3] Siehe *Boßhardt, R.:* a) Das neue Reduktions-Tachymeter. Schweiz. Z. Vermess.-Wes. 1927 S. 1—9 u. 25—46 und b) Optische Distanzmessung und Polarkoordinatenmethode. Stuttgart 1930. Siehe ferner a) *Theimer, Viktor:* Beiträge zur Theorie des Doppelbild-Tachymeters von *Boßhardt-Zeiß:* Z. Instrumentenkde. 1930 S. 493—511 und b) *Jüttner, Georg:* Über die bei optischen Distanzmessungen mittels *Boßhardt-Zeiß* auftretenden Fehler, unter besonderer Berücksichtigung der Refraktion. Ratibor 1928.

Zum Geschichtlichen siehe die Fußnote auf S. 119; insbesondere auch die dort genannte Studie von *Aubell.*

In Abb. 281 bedeuten $K_1$, $K_2$ zwei gleichgestaltete, von vorneher gesehen kreisförmig begrenzte, achromatische Keile, deren Hauptschnitte bei waagrechter Fernrohrstellung gleichgerichtet sind und ebenfalls waagrecht liegen. Alle durch diese Keile gehenden Strahlen $S''$ werden durch ein Rhomboederprisma $Q$ (s. Aufriß) parallel so weit verschoben, daß sie durch die untere Hälfte des Objektivs $O$ in das Fernrohr treten und in dessen Bildebene $B$ ein Bild $B''$ erzeugen. Sie erfahren durch die Keile eine gewisse seitliche Richtungsablenkung $\varphi$, welche für die Normalstellung $\varepsilon$ ist, wenn jeder einzelne Keil die Ablenkung $\frac{\varepsilon}{2}$ verursacht. Durch den über den Keilen liegenden Rohrstutzen gelangen die Strahlen $S'$ — die Platte $M$ zunächst weggedacht — unmittelbar auf das Objektiv; sie werden ebenfalls in der Ebene $B$ zu einem Bild $B'$ vereinigt. Es entstehen also in derselben Ebene zwei im horizontalen Sinn gegen-

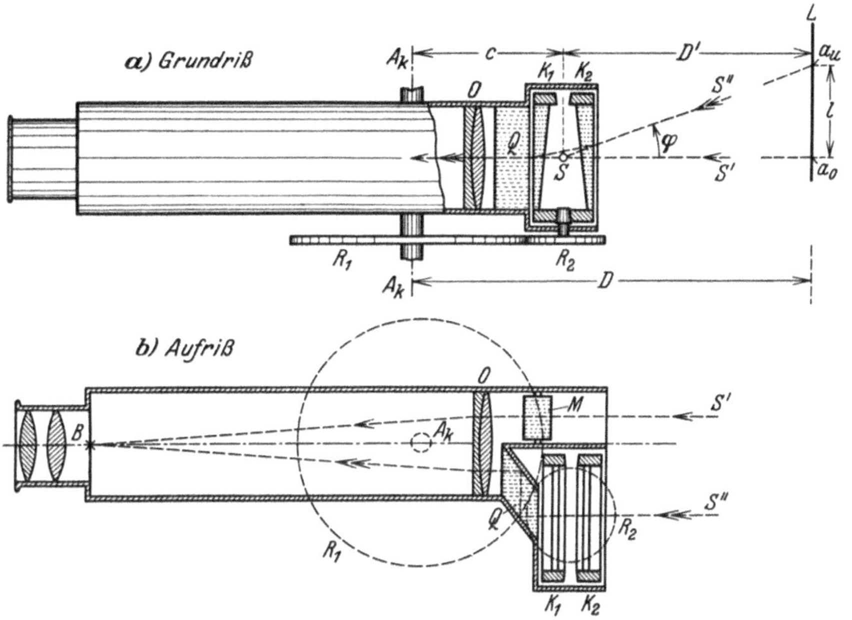


Abb. 281a, b. Reduktionstachymeter Boßhardt-Zeiß.

einander verschobene, im übrigen aber gleiche Bilder $B'$, $B''$. Handelt es sich dabei um eine waagrechte, geteilte Latte $L$, so kann man an irgendeiner Stelle $a_0$ (Abb. 281a) des von der oberen Objektivhälfte direkt erzeugten Bildes $B'$ die zugehörige Ablesung $a_u$ im Bild $B''$ aufsuchen und in der Differenz

$$l = a_u - a_0 \tag{746}$$

erhält man den einem parallaktischen Winkel $\varepsilon$ entsprechenden Lattenabschnitt $l$. Nimmt man für $a_0$ den Teilungsnullpunkt, so gibt $a_u$ unmittelbar $l$ an. Es ist also bei waagrechtem Fernrohr die Horizontalentfernung

$$D = c + D' = c + l \cdot \operatorname{ctg} \varepsilon = c + C \cdot l\,, \tag{747}$$

worin $C = \operatorname{ctg} \varepsilon$ eine Multiplikationskonstante und $c$ eine Additionskonstante bedeutet. Letztere ist der Abstand des im Grundriß enthaltenen Strahlenschnittpunktes $S$ von der Kippachse $A_k$.

Die ineinander fallenden Bilder werden infolge der Mischung flau und unscharf. Zur Behebung dieses Übelstandes ist im Okularkopf ein in der Abbildung durch zwei Linsen nur symbolisch angedeutetes, aus Prismen und Linsen bestehendes System zur Bildtrennung enthalten. Die beiden Bilder erscheinen klar und deutlich, durch eine feine Linie getrennt, übereinander. In Abb. 282 ist $T_u$ das untere, $T_o$ das obere Bild der Teilung einer waagrechten, auf einem besonderen Gestell ruhenden Latte[1]. $T_o$ enthält nur den Ablesezeiger $Z$ in Verbindung mit einem Nonius; die links folgende Teilung ist als bedeutungslos weggelassen. In $T_u$ hingegen ist der Teilungsanfang nicht mehr enthalten. $Z$ fällt nicht genau in den Nullpunkt der Hauptteilung; es ist um den Betrag $c : C$ in die Teilung hineingerückt, so daß in der um diesen Betrag vergrößerten Ablesung die Additionskonstante $c$ sofort mechanisch berücksichtigt wird. Eine Zufallsablesung am Nonius, für welche die Deckstelle doch immer zwischen zwei Strichen durch Schätzung zu ermitteln wäre, würde noch nicht die gewünschte Genauigkeit in $D$ bringen. Diese ist nur zu erreichen, wenn die Koinzidenzstelle aus einem scharfen Zusammenfallen zweier Striche ermittelt werden kann, und dazu dient die als optisches Mikrometer wirkende planparallele Platte $M$. Durch eine Drehung derselben um eine vertikale Achse kann man das Noniusbild so weit seitlich verschieben, daß eine scharfe Deckung eines seiner Striche mit einem Strich der Hauptteilung stattfindet. Die zugehörige Ablesung an der mit dem Stellwerk verbundenen Trommel gibt die Verbesserung $\Delta D$ an, welche an dem auf dem unmittelbar abgelesenen Näherungswert $(D)$ noch anzubringen ist. Es wird also der scharfe Endwert:

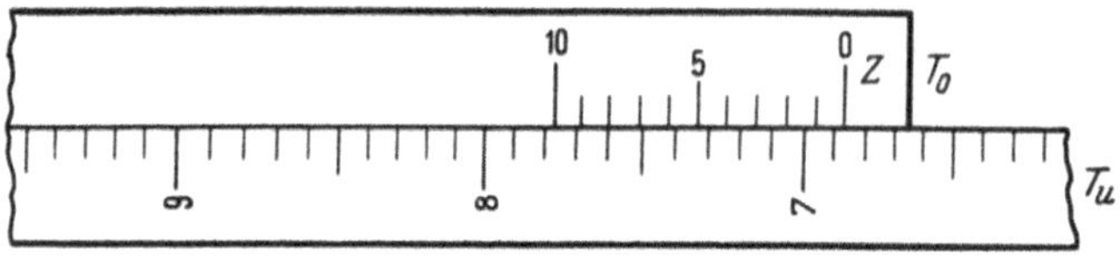


Abb. 282. Doppelbild der waagrechten Distanzlatte.

$$D = (D) + \Delta D\,. \tag{748}$$

Ist die zu Abb. 282 gehörige Trommelablesung etwa 0,075 m, so folgt $D = 68{,}7$ m $+ 0{,}075$ m $= 68{,}775$ m.

Bei einer Kippung des Fernrohrs wälzt sich auf einem gegen den Horizont festliegenden, zur Kippachse koaxialen Rad $R_1$ (Abb. 281) ein Rad $R_2$ ab, dessen Bewegung auf die im Grundriß angedeutete Weise so auf die beiden Keile übertragen wird, daß sie in entgegengesetzter Richtung um die Fernrohrneigung $\alpha$ aus der Horizontalen herausgedreht werden. Würden sich die Drehkeile gleichsinnig bewegen, so bliebe ihre gegenseitige Stellung und der Ablenkungswinkel $\varepsilon$ im Hauptschnitt erhalten. Der Strahl $S''$ müßte also in einer zur Zielachse senkrechten Ebene durch die Teilungslinie der waagrechten Latte einen zum Durchstoßpunkt $U$ der Zielachse konzentrischen Kreis $K_\varepsilon$ beschreiben, dessen Halbmesser $UE_0 = l$ von $S$ aus unter dem Winkel $\varepsilon$ erscheint. Diese Ebene ist in Abb. 283 um die Waagrechte durch $U$ in die Horizontalebene umgeklappt. Nach den Eintragungen der Figur geben die Ausdrücke

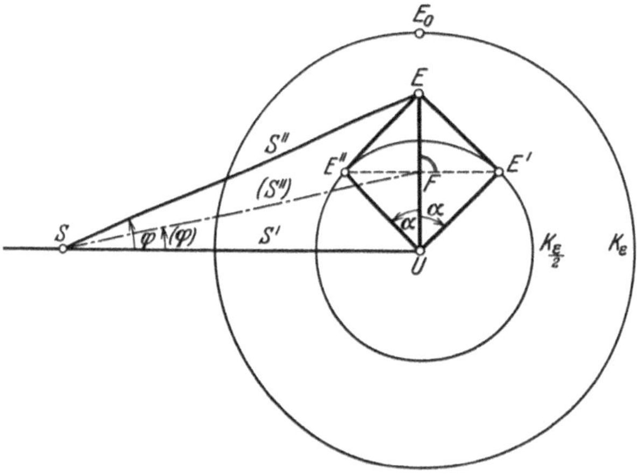


Abb. 283. Stellung der Drehkeile und Lattenabschnitte. Grundriß und Umklappung.

$$SU = C \cdot l\,, \qquad D' = SU \cdot \cos\alpha = C \cdot l \cdot \cos\alpha \tag{749}$$

[1] In Wirklichkeit ist es keine Strich-, sondern eine Felderteilung. Für die Senkrechtstellung der Latte zur Zielachse des Fernrohrs durch den Lattenträger wird ein zur Latte senkrechtes Diopter verwendet. Die Richtigkeit der Lattenstellung kann vom Instrument aus am Aufleuchten eines mit der Latte verbundenen Kollimators erkannt werden.

die schiefe Entfernung $SU$ vom Instrument bis zur Latte und die horizontale Teilentfernung $D'$.

In Wirklichkeit drehen sich aber die Keile in entgegengesetzter Richtung und jedem einzelnen Keil für sich entspricht ein Ablenkungswinkel $\frac{\varepsilon}{2}$ im Hauptschnitt sowie ein Spurkreis $K_{\frac{\varepsilon}{2}}$, dessen Halbmesser $UE'$ bzw. $UE''$

$$l' = (l \cdot \operatorname{ctg} \varepsilon) \cdot \operatorname{tg} \frac{\varepsilon}{2} = \frac{l}{2}\left(1 - \frac{\varepsilon^2}{4} + \cdots\right) \approx \frac{l}{2} \tag{750}$$

ist. Der Strahl $S''$ wird durch $K_1$ nach $E'$, durch $K_2$ nach $E''$ abgelenkt. Ihr Zusammenwirken läßt den Strahl nach $E$ gelangen, so daß ein waagrechter Lattenabschnitt

$$l'' = 2\,l' \cdot \cos\alpha = l \cos\alpha \tag{751}$$

abgelesen wird. Setzt man diesen Ausdruck in (749) ein, so folgt

$$D' = C \cdot l''. \tag{752}$$

Es kann also auch bei geneigtem Fernrohr die Horizontalentfernung durch Multiplikation von $C$ mit dem waagrechten Lattenabschnitt $l''$ bzw. durch unmittelbare Ablesung im Fernrohr gewonnen werden. Die Additionskonstante $c$ allerdings wird durch die Reduktion des Lattenabschnittes nicht beeinflußt; sie geht als $c$ statt $c \cdot \cos\alpha$ in das Ergebnis ein, so daß der Ausdruck

$$D = c + C \cdot l'' \tag{753}$$

einen geringen Fehler besitzt. Er spielt aber nur bei beträchtlichen Neigungen für die schärfsten Messungen eine Rolle und kann — wenn nötig — einer mit dem Instrument verbundenen Teilung unmittelbar entnommen werden[1].

### c) Meßtischtachymetrie und Bussolentachymetrie.

Bei der Meßtischtachymetrie, die besonders früher im offenen übersichtlichen Gelände viel verwendet worden ist, erfolgt die Richtungsangabe durch die Linealkante einer mit Höhenbogen oder Höhenkreis versehenen distanzmessenden Kippregel. Die horizontalen Entfernungen, manchmal auch die Höhen, werden sogleich entweder aus einer Zahlentabelle oder einem Diagramm entnommen und in den Plan eingetragen. Sollen etwa auch die Standorte des Tisches durch Polygonisieren mit dem Meßtisch bestimmt werden, so sind aus den früher (S. 171) genannten Gründen das Stationieren und die Einzelaufnahme vollständig voneinander zu trennen. Dem Vorteil einer größeren Anschaulichkeit steht bei der Meßtischtachymetrie ein schwerfälligeres Instrument und die größere Abhängigkeit von der Witterung entgegen[2].

---

[1] Eine kurze Beschreibung des *Wild*schen Distanzmessers gibt *Hammer, E.* in der Z. Instrumentenkde. 1925 S. 353—358 (der neue Wildsche Theodolit mit Präzisionsdistanzmesser).

Über eine Konstruktion von *Aregger* siehe: a) *Aregger, Alfred:* Der Doppelbildtachymeter *Kern*: Z. Vermess.-Wes. 1927 S. 134—141 und b) *Lüdemann, Karl:* Genauigkeitsuntersuchungen an einem geodätischen Doppelbildentfernungsmesser. Z. Instrumentenkde. 1928 S. 109—113. Das in Form eines doppelten Schwalbenschwanzes gehaltene Keilprisma liegt symmetrisch zu einem Objektivdurchmesser. Dieses Instrument wird auch von *Hildebrand* hergestellt.

Beim *Breithaupt*-Doppelbild-Tachymeter wird ein Prismenaufsatz verwendet, dessen beide nahezu rhombischen Spiegelprismen so geschliffen sind, daß entsprechende Strahlen um den parallaktischen Winkel gegeneinander verdreht sind. Es soll durch die Verwendung von Spiegelprismen der Temperatureinfluß auf die Multiplikationskonstante ausgeschaltet werden. Siehe hiezu *Uhink, W.:* Das *Breithaupt*-Doppelbild-Tachymeter. Z. Instrumentenkde. 1929 S. 581—595.

[2] Neuerdings verliert die Meßtischtachymetrie an Bedeutung, ohne etwa bedeutungslos geworden zu sein. Nach *Koppe* geben die französischen Ingenieure durchweg der Zahlentachymetrie den Vorzug, während in der Schweiz die Meßtischtachymetrie vorherrscht. In Deutschland wurde die Meßtischtachymetrie z. B. verwendet bei der preußischen und sächsischen topographischen Landesaufnahme 1 : 25000 sowie für die von *Koppe* geschaffene, jedoch nur teilweise ausgeführte neue braunschweigische Landeskarte in 1 : 10000. Die Neuaufnahmen der bayerischen und württembergischen topographischen Karten erfolgen auf der Grundlage der dort vorhandenen Kataster-

Die Bussolentachymetrie, bei welcher an einem mit distanzmessendem Fernrohr und Höhenbogen versehenen Bussoleninstrument an Stelle der Horizontalkreisablesungen die magnetischen Streichwinkel beobachtet werden, eignet sich für den Wald, wo teils infolge der schlechten Beleuchtung, teils infolge von hinderlichem Baumwuchs nur kurze Sichten möglich sind, wie man sie nach früherem (S. 171) bei Bussolenmessungen verlangen muß. Zur Aufnahme legt man Bussolenzüge mit Gegenazimuten oder auch nur in Sprungständen, die im horizontalen Sinne nach den Ausführungen auf S. 169ff. festgelegt werden. Zur Höhenfestlegung der Zugpunkte, von denen aus schon bei der Zugmessung die erreichbaren Geländepunkte durch sog. Seitenblicke aufgenommen werden, sind natürlich wie bei jedem Tachymeterzug auch die Höhenwinkel zu messen. Bei sehr dichtem Gebüsch ist die Anwendung der von *Jordan* eingeführten Meßbandzüge empfehlenswert. Dabei sind alle schiefen Seiten gleich der Länge des flach aufliegenden Meßbandes, dessen jeweiliger Neigungswinkel mit Hilfe eines am oberen Ende des Hinterstabes befindlichen Freihandhöhenwinkelmessers (S. 100) durch Beobachten des oberen Endes des gleich langen Vorderstabes bestimmt wird, während die Ermittelung der Bandrichtung vom hinteren Ende aus mit Hilfe einer Stockbussole erfolgt.

## d) Genauigkeitsfragen.

Die schärfsten Ergebnisse liefert das Kreistachymeter, welches — ein gutes Instrument vorausgesetzt — den auf die Kippachse des Instrumentes bezogenen, scharf bezeichneten Endpunkt einer Hektometerstrecke nach Lage und Höhe auf etwa 5 cm bzw. 2 cm festlegt. Ähnlich liegen die Verhältnisse beim Schraubentachymeter. Für das *Kreuter*sche Schiebetachymeter sind die entsprechenden Fehler auf etwa 20 cm bzw. 10 cm zu veranschlagen, welche Genauigkeit für ingenieurtechnische Vorarbeiten durchaus ausreicht. Etwas genauer arbeitet das Kontakttachymeter von *Sanguet*. Das *Hammer-Fennel*sche Tachymeter scheint nach verschiedenen Untersuchungen[1] die Horizontal- und Vertikalprojektion der Hektometersicht mit einer mittleren Unsicherheit von etwa 3 dm bzw. 1 dm anzugeben. Eine gute Tachymeterkippregel mit Fadendistanzmesser ist dem Kreistachymeter nahezu ebenbürtig, während der Tachymeterbussole aus leicht begreiflichen Gründen die geringste Genauigkeit zukommt.

Der mittlere Fehler in der räumlichen Lage eines Geländepunktes setzt sich aus den eben genannten Fehlern des Geländepunktes gegen den Instrumentenstandort und aus dessen eigenem Fehler zusammen. Ersterer wird in Lage und Höhe 3 dm bzw. 1 dm kaum überschreiten. Auch die entsprechenden Fehler der Aufstellungspunkte werden selbst in der Mitte von langen Zügen nicht größer sein. Man darf also wohl annehmen, daß der mittlere Fehler der nach den besprochenen Methoden aufgenommenen Geländepunkte in Lage (gegen die nächsten Dreieckspunkte) und Meereshöhe die Beträge 0,5 m bzw. 0,2 m nicht überschreitet. Die dadurch gekennzeichnete Genauigkeit ist aber für ingenieurtechnische Zwecke fast immer als ausreichend zu betrachten.

Während die sog. topographische Tachymetrie mit einer wesentlich geringeren Genauigkeit (Entfernungen und Höhen auf wenige m bzw. dm genau) wie die Ingenieurtachymetrie auskommt, werden bei der sog. Feintachymetrie wesentlich schärfere Ergebnisse angestrebt und erreicht. So fand z. B. *Hohenner*[2] die mittleren Fehler der

---

und Flurpläne teils durch halbtrigonometrische Höhenmessung, teils durch Zahlentachymetrie. Dieses Verfahren findet auch bei den Neuaufnahmen der badischen topographischen Blätter 1 : 25000 Verwendung.

[1] Siehe dazu *Koppe:* Der *Hammer-Fennel*sche Tachymetertheodolit und die Tachymeterkippregel. Z. Vermess.-Wes. 1902 S. 144—147; ferner *Hammer:* Neue Genauigkeitsversuche mit einem *Hammer-Fennel*schen Tachymetertheodolit. Z. Vermess.-Wes. 1903 S. 691—696, und *Haerpfer:* Ein Genauigkeitsversuch mit dem *Hammer-Fennel*schen Tachymetertheodolit. Z. Vermess.-Wes. 1915 S. 385—400 und 433—444.

[2] Siehe S. 244 Anm. 1, S. 51 u. 54 dieser Schrift u. Z. Vermess.-Wes. 1919 S. 422.

mit seinem Präzisionsdistanzmesser einmal bestimmten Horizontalentfernungen und Höhenunterschiede zu rund

$$m_D = \pm \frac{D}{2200} \text{ bzw. } m_h = \pm \frac{D}{5600}. \quad (754)$$

Bei solchen feintachymetrischen Messungen handelt es sich jedoch nicht so sehr um die räumliche Aufnahme der Geländeoberfläche als um die Verdrängung der direkten Messung von Polygonseiten in schwierigem Gelände, neuerdings auch um scharfe Horizontalaufnahmen durch Polarkoordinaten[1]. Zur Erzielung der erwähnten größeren Genauigkeit braucht man ein gut berichtigtes, besonders leistungsfähiges Instrument (starke Vergrößerung, große Helligkeit, gutes Auflösungsvermögen), gut eingeübte Lattenträger und mit empfindlichen Dosenlibellen versehene, durch Verspreizen lotrecht gehaltene Latten mit scharfer Teilung, deren Meterlänge genau bekannt sein muß. Soll die besonders in $D$ erwartete größere Genauigkeit auch zuverlässig sein, so muß man durch Verwendung der allerdings nicht so bequemen horizontalen Distanzlatte auch die Refraktionsfehler im Lattenabschnitt verkleinern[2]. Bei den neueren Entfernungsmessern mit waagrechter Latte ist es auch gelungen, den mittleren Fehler der 100-m-Strecke auf etwa $\pm$ 2 cm herabzudrücken[3].

## 37. Erdphotogrammetrie.

### a) Aufgabe der Photogrammetrie.

Die Photogrammetrie oder Bildmeßkunst[4] ermöglicht die Darstellung der Geländeoberfläche nach Lage und Höhe aus photographischen Aufnahmen von bekannten Standpunkten aus. Manchmal hat sie auch noch die Lage des Aufnahmeortes aus den Bildern bekannter Punkte zu ermitteln und selbst ohne irgendwelche bekannte Ausgangspunkte ist grundsätzlich eine Darstellung des Geländes möglich. Zur photogrammetrischen Punktbestimmung sind im allgemeinen mindestens zwei zu-

---

[1] Siehe S. 167.

[2] Siehe dazu auch *Röthlisberger, E.:* Die Verwendung der Präzisionstachymetrie bei den Katastervermessungen im Berner Oberland. Z. Vermess.-Wes. 1906 S. 233—241.

Zur Genauigkeit tachymetrischer Aufnahmen siehe auch *Müller, H.:* Über den zweckmäßigsten Maßstab topographischer Karten. Ihre Herstellung und Genauigkeit. Heidelberg 1913; ferner *Egerer, A.:* Untersuchungen über die Genauigkeit der topographischen Landesaufnahme (Höhenaufnahme) von Württemberg im Maßstab 1 : 2500. Stuttgart 1915.

Zur tachymetrischen Aufnahme im allgemeinen siehe *Hammer:* Beiträge zur Praxis der Höhenaufnahmen; II. Zur Tachymetrie auf freiem Feld und im Wald. Z. Vermess.-Wes. 1891 S. 193 bis 207 u. 241—251.

Die Genauigkeit der Höhenentnahme beliebiger Kartenpunkte wird im Anschluß an die Herstellung von Höhenplänen besprochen.

[3] Siehe hiezu z. B. a) *Ackerl, Franz:* Versuchsmessungen mit dem selbstreduzierenden Distanzmesser von *Boßhardt-Zeiß*. Z. Instrumentenkde. 1929 S. 64—71; b) *Schneider, Wilhelm:* Genauigkeitsergebnisse eines Vergleichs optischer Distanzmessungen mit Messungen entsprechend der Württembergischen Amtlichen Technischen Anweisung für Katastervermessungen. Z. Instrumentenkde. 1929 S. 541—550; c) *Smirnoff, K. N.:* Forschungen und Feldarbeiten mit dem Reduktionstachymeter *Boßhardt-Zeiß* in Rußland. Z. Vermess.-Wes. 1931 S. 727—739.

*Berroth, A.* berichtet in den Allgemeinen Vermessungsnachrichten 1932 S. 198—200 über einen deutlichen Temperatureinfluß beim *Boßhardt-Zeiß*schen Reduktionstachymeter Nr. 18630 im Sinne einer Vergrößerung der Multiplikationskonstanten um $7{,}2 \cdot 10^{-5}$ für $1^0$ Temperaturerhöhung.

[4] An neueren Lehrbüchern über Photogrammetrie siehe hauptsächlich: a) *Sarnetzky, H.:* Grundzüge der Luft- und Erdbildmessung. Berlin 1928; b) *Gast, Paul:* Vorlesungen über Photogrammetrie. Leipzig 1930; c) *v. Gruber, Otto:* Ferienkurs in Photogrammetrie. Stuttgart 1930; d) *Hugershoff, R.:* Photogrammetrie und Luftbildwesen. Wien 1930 (Bd. 7 im Handbuch der wissenschaftlichen und angewandten Photographie, herausgegeben von A. Hay); e) *Löschner, Hans:* Einführung in die Erdbildmessung. Leipzig u. Wien 1930.

Ausschließlich der Photogrammetrie sind die beiden Zeitschriften: a) Int. Archiv für Photogrammetrie, Wien, b) Bildmessung und Luftbildwesen, Liebenwerda, gewidmet.

Siehe ferner die Jahresberichte der Abteilung für Luftbildwesen und Navigation der Deutschen Versuchsanstalt für Luftfahrt.

sammengehörige Aufnahmen erforderlich; nur wenn von vornherein feststeht, daß das aufzunehmende Gebilde in einer bekannten Fläche liegt, wie z. B. die Uferlinien eines stehenden Gewässers, kann man mit einer einzigen Aufnahme auskommen. Die Photogrammetrie, welche die gleichzeitige Bestimmung einer großen Zahl von Punkten mit mäßiger Genauigkeit ermöglicht, verlangt Einblick in alle Einzelheiten des Geländes, aber kein Begehen desselben; sie besitzt daher ihre Hauptbedeutung für Aufnahmen in kahlen unwegsamen Gegenden, besonders im Hochgebirge. Für die Aufnahme bewaldeten Geländes eignet sie sich nicht.

Findet die Aufnahme vom festen Erdboden aus statt, so spricht man von einer Erdphotogrammetrie oder terrestrischen Photogrammetrie. Diese ältere Methode besitzt den Vorteil einer leicht durchzuführenden Orientierung der Aufnahmen und sie liefert gute Ergebnisse; sie verlangt aber wegen der vielfach mangelhaften Übersicht eine größere Zahl von Aufnahmestandpunkten. Bei der Luftphotogrammetrie erfolgen die Aufnahmen vom Ballon, Luftschiff oder meistens vom Flugzeug aus in rascher Folge. Der Einblick in das Gelände ist ungleich vollkommener wie von der Erde her, aber die Orientierung und Auswertung der Aufnahmen wird — von besonderen Fällen abgesehen — wesentlich umständlicher wie bei der terrestrischen Photogrammetrie. Wenn auch die Bedeutung der Luftphotogrammetrie stets und rasch zunimmt, so wird der Bauingenieur seine Aufnahmen in der Hauptsache doch vom Erdboden aus vornehmen, so daß die terrestrische Photogrammetrie zunächst noch die für ihn wichtigere bleibt. Sie soll, da sie auch die ältere Methode ist, vor der Luftphotogrammetrie besprochen werden.

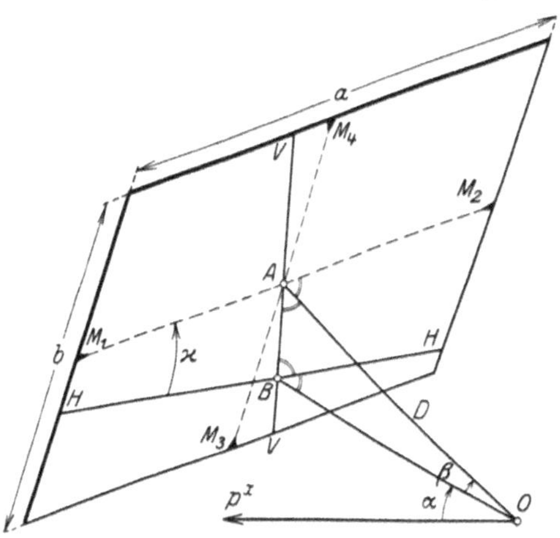


Abb. 284. Elemente der inneren und äußeren Orientierung.

## b) Der Phototheodolit.

Das wichtigste Instrument zur Durchführung von terrestrischen Aufnahmen ist der Phototheodolit.

Jeder zu photographischen Aufnahmen vom festen Boden aus oder aus der Luft bestimmte photographische Apparat trägt einen rechteckigen Rahmen mit den Ausmaßen $a, b$, dessen Mittelmarken $M_1$, $M_2$, $M_3$, $M_4$ (Abb. 284) bei der Belichtung auf der fest an den Rahmen gepreßten Platte mit abgebildet werden. Der wichtigste Bestandteil ist ein gegen den Markenrahmen möglichst unveränderlich angeordnetes, perspektivisch richtig zeichnendes, auch von anderen Fehlern möglichst freies Objektiv. Der hintere, auch als optisches Zentrum bezeichnete Hauptpunkt $O$ dieser Linse, deren Achse zur Bildebene senkrecht liegt, steht von dieser, also auch von der Rahmenebene um die Bildweite $D$ ab. Die von $O$ nach den Bildpunkten führenden Strahlen (Zielstrahlen) schließen dieselben Winkel ein wie die vom vorderen Hauptpunkte[1] nach den entsprechenden Geländepunkten gezogenen Richtungen. Da $O$ aus Stabilitätsgründen einen festen Abstand von der Bildebene besitzen muß und die aufzunehmenden Punkte weit entfernt sind, so macht man $D$ gleich der Brennweite $f$ des Objektivs. Die Bildweite $D$ und die Lage ihres als Hauptpunkt oder Rahmenhauptpunkt bezeichneten Fußpunktes $A$ gegen den Markenrahmen bestimmen die innere Orientierung des Apparates. $A$ ist durch seine rechtwinkligen Koordinaten in dem durch die Verbindungslinien gegenüberliegender Marken gebildeten Achsenkreuz bestimmt; man

[1] Man kann ihn für die Zwecke der Photogrammetrie stets mit $O$ zusammenfallen lassen. In Abb. 284 ist die in Wirklichkeit nicht zutreffende, für die praktische Bearbeitung aber sehr zweckmäßige Annahme gemacht, daß das aufrechte Bild um den Betrag der Bildweite $D$ vor $O$ liegt.

trachtet danach, den Hauptpunkt in den Nullpunkt dieses Achsenkreuzes zu bekommen. Bei der Aufnahme wird die Kameraachse $OA$ den Richtungswinkel $\alpha$ und einen Höhenwinkel $\beta$ besitzen. Die durch $O$ gelegte Horizontalebene schneidet die Bildebene im Bildhorizont $HH$, während die durch $D$ gelegte Lotebene die den Hauptpunkt $A$ enthaltende Hauptvertikale $VV$ ausschneidet. Richtungswinkel und Höhenwinkel der Bildweite sowie Bildhorizont (und Hauptvertikale) bilden die Elemente der äußeren Orientierung.

Der Phototheodolit, welcher außer zu photographischen Aufnahmen auch zur Messung der äußeren Orientierung dient, besteht aus einem Theodolit, mit dem ein photographischer Apparat fest oder kippbar verbunden ist. Feste Verbindung der genannten Bestandteile besitzt z. B. der in Abb. 285 schematisch dargestellte Phototheodolit von *Finsterwalder*[1]. Die Alhidade trägt eine durch einen Metallrahmen $RR$ und Querspreizen gut versteifte photographische Kammer, deren Bildebene parallel zur Alhidadenachse liegt. Beide können durch mit dem Apparat fest verbundene Libellen $L_1$, $L_2$ lotrecht gestellt werden. Das Objektiv $O_b$ sitzt auf einem Schlitten $SS$, welcher zur Erzielung eines größeren vertikalen Gesichtsfeldes durch die Triebschraube $T$ in einer Führung $F$ in lotrechtem Sinn um genau meßbare Beträge verschoben werden kann. Es ist durch eine um $G$ drehbare Hebelvorrichtung $H$ mit einem Okular $o$ so verbunden, daß dieses stets auf $O_b$ gerichtet ist. Unmittelbar vor der Bildebene ist auf dem Markenrahmen ein Fadenkreuz aufgespannt. Dieses sowie $o$ und $O_b$ bilden das Theodolitfernrohr, während die auf dem Schieber $SS$ befindliche Teilung die Tangente der Höhenwinkel der Ziellinie mißt und so einen Höhenkreis ersetzt. Zur photographischen Aufnahme wird das Okular etwas zurückgezogen und abgedeckt; daraufhin läßt man die in einem Ledersack $S_2$ befindliche Platte in den Rückteil $K$ der Kammer fallen und befördert sie nach erfolgter Belichtung mittels der Federn $L$ in den unten angehängten Ledersack $S_1$. Das in erster Linie für Gebirgsaufnahmen bestimmte Instrument ist leicht gebaut und besitzt ein ebenfalls leichtes zusammenschiebbares Stativ, dessen Standfestigkeit bei der Aufnahme durch ein zwischen seine Beine gehängtes, mit Steinen beschwertes, eben den Boden berührendes Netz erhöht wird.

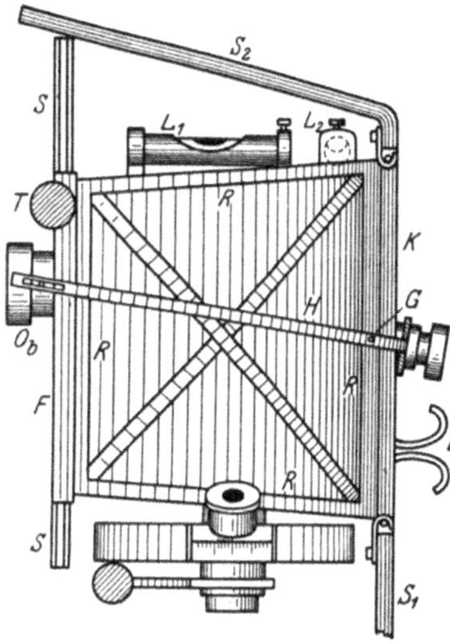

Abb. 285. Phototheodolit von Finsterwalder.

Ist 1. die Berichtigung der Libellen $L_1$, $L_2$ und die Lotrechtstellung der Alhidadenachse durchgeführt, so soll 2. die Rahmenebene lotrecht stehen, 3. sollen die Rahmenseiten horizontal bzw. lotrecht liegen, 4. das optische Zentrum $O$ soll bei der Verschiebung des Schiebers $SS$ eine lotrechte Gerade beschreiben, 5. die Hauptvertikale soll durch die Marken $M_3$, $M_4$ gehen, während 6. der Bildhorizont bei der Schieberablesung 0 in die Verbindungslinie $M_1M_2$ fallen soll. 7. Endlich soll $D$ parallel zur Zielebene liegen[2].

[1] Siehe *Finsterwalder, S.:* a) Photogrammetrischer Theodolit für Hochgebirgsaufnahmen. Z. Instrumentenkde. 1895 S. 370—373; b) Zur photogrammetrischen Praxis. Z. Vermess.-Wes. 1896 S. 225—240.

[2] Über photogrammetrische Instrumente und ihre Untersuchung siehe außer den auf S. 249 Fußnote 4 genannten Werken und anderen z. B. *S. Finsterwalder:* Die Photogrammetrie als Hilfsmittel der Geländeaufnahme in *Neumayer:* Anleitung zu wissenschaftlichen Beobachtungen auf Reisen Bd. 1, 3. Aufl. Hannover 1906; ferner *Koppe:* Die Photogrammetrie oder Bildmeßkunst. Weimar 1889, und Photogrammetrie und internationale Wolkenmessung. Braunschweig 1896. Abbildungen der gebräuchlichsten älteren Apparate enthält *Weiß:* Die geschichtliche Entwicklung der Photogrammetrie und die Begründung ihrer Verwendbarkeit für Meß- und Konstruktionszwecke. Stuttgart 1913. Die mathematischen Grundlagen des neuen Aufnahmeverfahrens sind behandelt

Im einzelnen kann die Berichtigung in folgender Weise durchgeführt werden[1].

Zu 1. Die Libellenberichtigung und die Lotrechtstellung der Alhidadenachse geht in derselben Weise vor sich wie beim Theodolit.

Zu 2. Nach Erledigung des ersten Punktes soll bei einspielender Längslibelle ($L_1$ in Abb. 285 und 286) die Rahmenebene lotrecht stehen. Man kann die Untersuchung mit Hilfe eines Spiegels oder mit Loten durchführen. Im ersten Fall wird das Objektiv des Phototheodolits herausgeschraubt und an den Markenrahmen ein Spiegel $S$ (Abb. 286) angelegt, welcher von einer ungefähr in der Zielrichtung liegenden, lotrechten Teilung $L$ in der Entfernung $s$ ein Bild $L'$ entwirft. Nahe der Objektivöffnung steht in geeigneter Höhe ein Nivellierinstrument, dessen Fernrohr bei waagrechter Zielachse sowohl auf $L$ wie auch — bei scharf einspielender Libelle $L_1$ — auf $L'$ gerichtet wird, wobei etwa die Ablesungen $a$ bzw. $a'$ erscheinen. Hängt der obere Teil des Markenrahmens um den als Neigungsfehler der Rahmenebene gegen die Alhidadenachse bezeichneten Winkel $d\nu$ gegen das Objektiv hin, so gilt nach der Figur

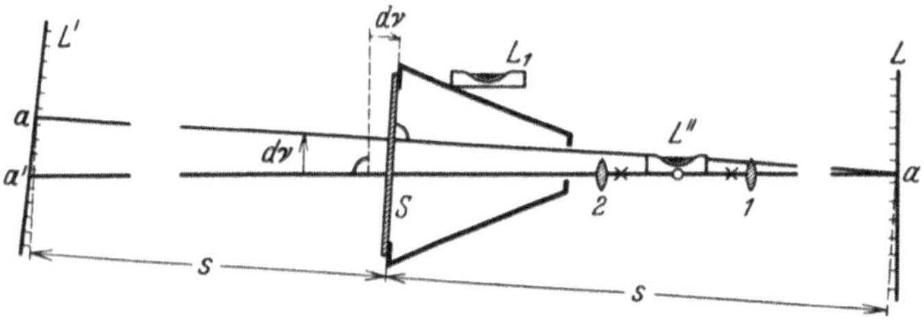

Abb. 286. Spiegelmethode zur Untersuchung der Stellung des Markenrahmens.

$$d\nu = \varrho\,\frac{a - a'}{2\,s}. \tag{755}$$

Hierin ist $a' = \frac{1}{2}(a_1' + a_2')$ das Mittel zweier Ablesungen $a_1'$, $a_2'$ an $L'$, welche zur Unschädlichmachung einer etwaigen Ungleichheit der Plattendicke bei aufrechter und umgekehrter Spiegelstellung ausgeführt werden.

Bei der zweiten Methode wird das mißliche Herausschrauben des Objektivs vermieden. Man hängt zwei Lote $L_1$, $L_2$ (Abb. 287a) so, daß ihre bei einspielender Längslibelle photographierten Bilder $L_1'$, $L_2'$ (Abb. 287b) nahe an die aufrechten Ränder $E_1E_2$ und $E_3E_4$ fallen. An den waagrechten Rändern schneiden die Lotbilder die

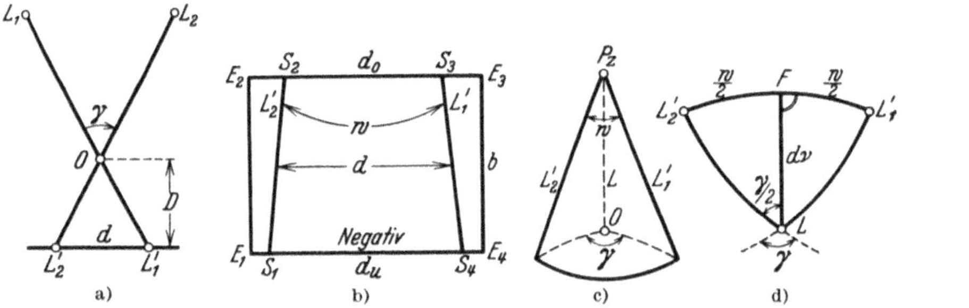

Abb. 287 a, b, c, d. Untersuchung der Stellung des Markenrahmens mit Hilfe von Loten.

Stücke $S_1S_4 = d_u$, $S_2S_3 = d_o$ heraus, aus deren Unterschied sich der kleine Konvergenzwinkel

$$w = \frac{1}{b}(d_u - d_o) \tag{756}$$

der Lotbilder ergibt. $L_1'$, $L_2'$ und das Lot $L$ durch $O$ schneiden sich im Bildzenitpunkt

in *S. Finsterwalder:* Die geometrischen Grundlagen der Photogrammetrie. Jb. dtsch. Math.-Ver. Leipzig 1899; siehe ferner *S. Finsterwalder:* Photogrammetrie in der Enzykl. d. math. Wissenschaften, $VI_1$, 2. Leipzig 1906, mit Literaturangaben.

[1] Ein neueres Zahlenbeispiel siehe bei *Löschner, H.:* Zur Prüfung eines Photogrammeters. Z. Instrumentenkde. 1928 S. 573—585 (enthält auch Literatur über die Prüfung photogrammetrischer Instrumente).

$P_z$ (Abb. 287c), dem Durchstoßpunkt von $L$ durch die Bildebene. In dem durch $L_1'$, $L_2'$ und $L$ gebildeten Dreikant erscheint der Konvergenzwinkel $w$ unmittelbar als Seite. Ihm gegenüber liegt der von den Zielebenen $OL_1$, $OL_2$ (Abb. 287a) eingeschlossene Winkel $\gamma$. Die Einheitskugel um $P_z$ als Mittelpunkt schneidet das in Abb. 287d enthaltene gleichschenkelige sphärische Dreieck aus, welches durch die Höhe $d\nu$ in zwei kongruente, gleichschenkelig rechtwinklige Dreiecke zerlegt wird. Aus $LL_2'F$ und aus Abb. 287a folgt

$$\operatorname{tg}\frac{1}{2}\gamma = \frac{\operatorname{tg}\frac{w}{2}}{\sin d\nu}, \qquad \sin d\nu = \operatorname{tg}\frac{w}{2}\operatorname{ctg}\frac{\gamma}{2}, \qquad d\nu \approx \frac{w}{2}\operatorname{ctg}\frac{\gamma}{2} \approx \frac{D}{d}\cdot w. \tag{757}$$

Hierin hat $d\nu$ seine bisherige Bedeutung; für $d$ kann der Durchschnittswert $\frac{1}{2}(d_o + d_u)$ oder auch eines der beiden Elemente genommen werden.

Zu 3. Bringt man die beiden berichtigten Libellen (Längs- und Querlibelle) zum Einspielen, so müssen die Rahmenseiten waagrecht bzw. lotrecht liegen. Das wird dann zutreffen, wenn die bei einspielenden Libellen photographierten Bilder der Rahmenseiten auf den Lotbildern senkrecht stehen bzw. zu ihnen parallel liegen.

Bei dieser Vergleichung kann an die Stelle des Lotbildes auch der Bildhorizont $HH$ treten, welcher schon aus anderen Gründen scharf bestimmt werden muß.

Man bringt in genügender Entfernung vom Instrument zwei in den Objektivhorizont einnivellierte Marken $(m_1)$, $(m_2)$ so an, daß ihre bei einspielenden Libellen photographierten Bilder $m_1$, $m_2$ (Abb. 288a) in Nähe der Ränder erscheinen. Die Verbindungslinie $m_1 m_2$ ist der Bildhorizont $HH$; ihren Winkel $\varkappa$ mit der Markenlinie $M_1 M_2$ nennt man deren Verkantung. Dies gilt auch für geneigte Aufnahmen (siehe Abb. 284).

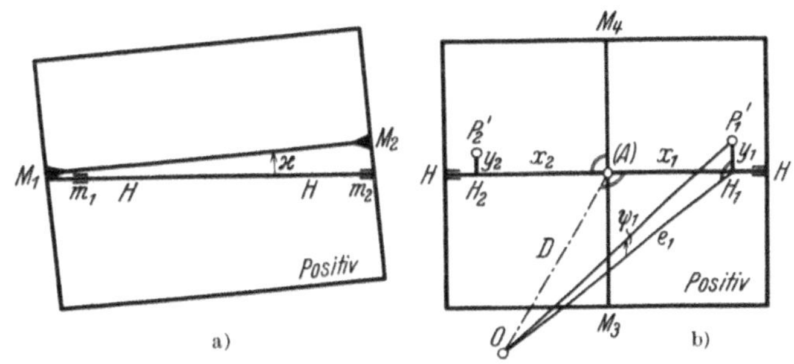

Abb. 288. (Positiv.) Bestimmung des Bildhorizonts.

Der Bildhorizont kann nach Abb. 288b auch aus den rand- und horizontnahen Bildern $P_1'$, $P_2'$ zweier Punkte $P_1$, $P_2$ gefunden werden, wenn die Höhenwinkel $\psi_1$, $\psi_2$ der zugehörigen Zielstrahlen $OP_1$, $OP_2$ durch eine vorherige scharfe Messung mit dem Theodolit bestimmt worden sind. Aus der Figur folgt

$$e_1 = OH_1 = \sqrt{D^2 + x_1^2}, \quad e_2 = OH_2 = \sqrt{D^2 + x_2^2}, \quad y_1 = e_1 \operatorname{tg}\psi_1, \quad y_2 = e_2 \operatorname{tg}\psi_2, \tag{758}$$

wo $x_1$, $x_2$ die aus den Bildern zu entnehmenden Abszissen und $y_1$, $y_2$ die zu berechnenden, vom Horizont aus gezählten Bildpunktsordinaten sind. Trägt man diese im richtigen Sinn parallel den aufrechten Bildrändern ab, so kommt man auf die Ordinatenfußpunkte $H_1$, $H_2$, deren Verbindungslinie der Bildhorizont ist. Die zunächst — vor der Horizontbestimmung — vorhandene geringe Unsicherheit der Koordinatenrichtungen und ein kleiner Fehler in der Lage des Hauptpunktes $A$ bringen bei der getroffenen Punktauswahl nur einen kleinen Fehler höherer Ordnung in das Endergebnis.

Zu 4. Um zu beurteilen, ob bei lotrechter Alhidadenachse der hintere Hauptpunkt $O$ des Objektivs gelegentlich der Schieberverstellung eine lotrechte Gerade beschreibt, prüft man, ob nach Einstellung eines Lotes dieses bei einspielenden Libellen für jede Schieberstellung im Fernrohr eingestellt bleibt. Man kann auch bei zwei extremen Schieberstellungen, ohne sonst etwas am Instrument zu ändern, das gleiche Lot zweimal photographieren. Bei einwandfreier Schieberführung fallen die beiden Lotbilder zusammen.

Zu 5. Ist die Lage des Bildhorizonts nach 3. bestimmt worden, so kann auch die dazu senkrechte Hauptvertikale $VV$ angegeben werden, sobald der Hauptpunkt $A$ bekannt ist. Dessen Ermittlung geht Hand in Hand mit der Bestimmung der Kammerbrennweite $f = D$.

Es werden drei in der Nähe des Instrumentenhorizonts liegende Punkte $P_1$, $P_2$, $P_3$ photographiert, welche unter den mit einem Theodolit genau gemessenen Winkelabständen $u$, $v$ (Abb. 289a) erscheinen. Die Bildpunkte $P_1'$, $P_2'$, $P_3'$ besitzen — vom Schnittpunkt $S$ der Markenlinie $M_3M_4$ mit dem Bildhorizont aus gerechnet — die Abszissen $x_1$, $x_2$, $x_3$; sie können mit dem später erwähnten Stereokomparator scharf gemessen werden, so daß die gegenseitige Lage der Bildpunkte im horizontalen Sinn bekannt ist. Von $O$ aus erscheinen diese Punkte unter Richtungen, welche die bekannten Winkel $u$, $v$ einschließen; die Lage des hinteren Objektivhauptpunktes $O$ in bezug auf $S$ kann also durch Rückwärtseinschneiden (S. 141 u. f.) bestimmt werden. Die hierbei gefundenen Koordinaten von $O$ sind aber nichts anderes als die Bildweite $D$ und der horizontale Abstand $x_0$ des Rahmenhauptpunktes $A$ vom Schnittpunkt $S$.

In Wirklichkeit wird für diese Untersuchung eine größere Zahl von Punkten verwendet, so daß $D$ und $x_0$ durch eine Ausgleichung bestimmt werden[1].

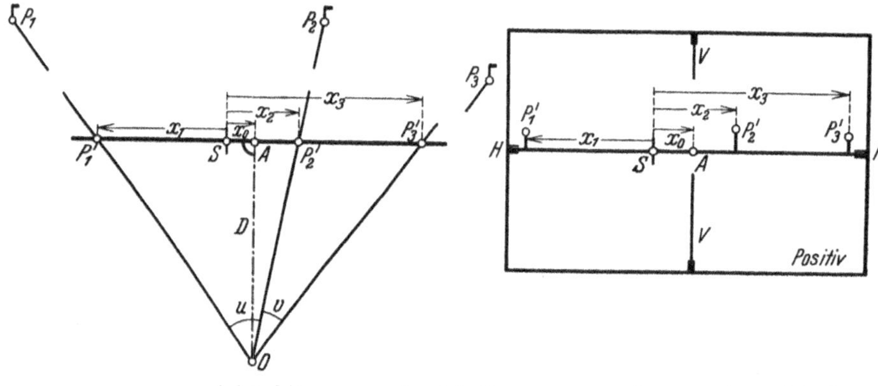


a) Grundriß. Abb. 289. Bestimmung von Hauptpunkt und Bildweite.

Zu 6. Wird gelegentlich der unter 3. beschriebenen Bestimmung des Bildhorizonts am Objektivschieber $SS$ (Abb. 285) die Einstellung Null herbeigeführt und fällt in der Photographie die Markenlinie $M_1M_2$ nicht in den Bildhorizont $HH$ (Abb. 290), so ist der Abstand der Schnittpunkte der Hauptvertikalen $VV$ mit $M_1M_2$ und $HH$ der Zeigerfehler $v_z$ des Objektivschiebers. Er ist, wenn er nicht beseitigt werden kann, bei der Verarbeitung der Aufnahmen zu berücksichtigen.

Zu 7. Den Winkel $\delta$ (Abb. 291), welchen die Fernrohrzielebene mit der den Hauptpunkt $A$ enthaltenden Hauptzielebene der Kammer bildet, bezeichnet man als den Kreuzungsfehler der Fernrohrzielebene gegen die Kammerachse. Er kann aus der unter 5. zur Bestimmung der inneren Orientierung erwähnten Aufnahme gefunden werden, wenn vor dem Photographieren der Fadenkreuzschnittpunkt auf einen Kontrollpunkt $K$ eingestellt wird. Dessen Bild $K'$ sollte in die Hauptvertikale — im Grund-

---

[1] Diese weitergehende Aufgabe kann hier nicht behandelt werden. Siehe dazu: a) Die Ausführungen von *Doležal, E.:* Int. Arch. Photogrammetrie Bd. 6 S. 31 ff. Wien 1923. (Es wird die Bestimmung der inneren Orientierungselemente $D$, $x_0$ mit Hilfe eines Gautierschen Gitters und zweier Kollimatorfernrohre erläutert); b) *v. Gruber, O.:* Bestimmung der inneren Orientierung von Meßkammern. Int. Arch. Photogrammetrie. Bd. 6 S. 82—89. Wien 1923; c) *Baeschlin, F.:* Korrekte u. strenge Behandlung des Problems der Bestimmung der inneren Orientierung eines Phototheodoliten. Schweiz. Z. Vermess.-Wes. 1929 S. 31—36; d) *Werkmeister, P.:* Bestimmung der inneren Orientierung der Kammer eines Phototheodolits. Z. Instrumentenkde. 1930 S. 246—254; e) *Werkmeister, P.:* Bestimmung der Genauigkeit der inneren Orientierung einer Meßkammer. Z. Instrumentenkde. 1931 S. 396—400.

riß in den Hauptpunkt $A$ — fallen. Zeigt sich eine Abweichung $x_0 - x_K$, so ist

$$\delta = \varrho \cdot \frac{x_0 - x_K}{D} \tag{759}$$

der gesuchte Kreuzungsfehler. Es ist daher der Richtungswinkel der Kammerachse um $\delta$ größer als derjenige der Zielachse des Fernrohrs[1].

Eine Weiterentwicklung des beschriebenen Instrumentes — insbesondere auch hinsichtlich der stereophotogrammetrischen Verwendung — ist der ebenfalls nach Angabe von *S. Finsterwalder* von *Zeiß* gebaute leichte Feldphototheodolit, welcher sich bei guter Stabilität durch besonders geringes Gewicht und dadurch auszeichnet, daß ein oberes und ein unteres Okular vorhanden ist. Diese bestimmen mit dem Objektiv des Phototheodolits zwei Fernrohre, deren Kippachsen in der Plattenebene liegen.

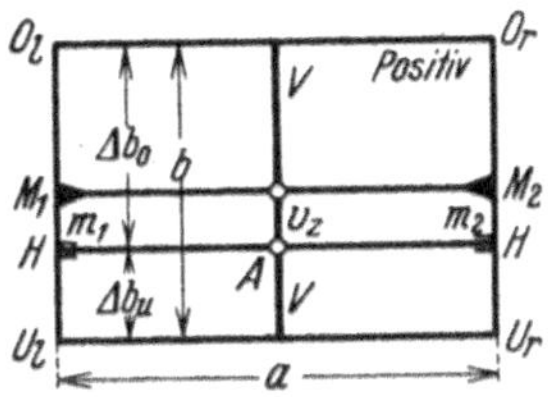


Abb. 290. Zeigerfehler des Objektivschiebers.

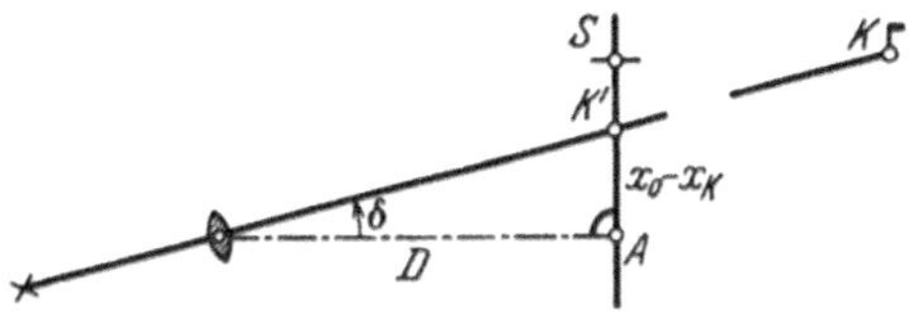


Abb. 291. (Grundriß.) Kreuzungsfehler der Fernrohrzielebene.

Als Fadenkreuze dienen die Strichmarken, welche auch die Hauptvertikale festlegen. Durch die Verwendung zweier Zielachsen, deren gegenseitige Lage scharf zu ermitteln ist, kann man bei vergrößertem vertikalen Gesichtsfeld ohne allzu große Objektivverschiebungen auf hoch und tief gelegene Ziele einstellen[2].

Unter den vielen anderen Phototheodoliten seien, ohne daß näher darauf eingegangen wird, noch diejenigen von *Koppe*[3], *Doležal-Rost*[4], *Zeiß*[5], *Hugershoff-Heyde*[6], *Wild*[7] und *Breithaupt*[8] erwähnt.

Ist die Instrumentenuntersuchung und Berichtigung[9] durchgeführt, so kann man den Bildhorizont und die Hauptvertikale, deren Lage gegen die Rahmenmarken nunmehr als bekannt anzunehmen ist, in die aufgenommenen Bilder eintragen.

## c) Plattenlage und Bildverzerrung.

Vor der Verwertung einer Platte zu Meßzwecken ist zu untersuchen, ob die abgebildeten Rahmenausmaße mit den wirklichen übereinstimmen. Abweichungen weisen auf Verzerrungen hin, welche entweder durch eine unsachgemäße Behandlung der Platten — sie sollen in waagrechter Lage getrocknet werden — oder infolge Nicht-

---

[1] Nachdem die Untersuchung dieser einen Konstruktion hinreichend ausführlich besprochen worden ist, kann es keine großen Schwierigkeiten bieten, gegebenenfalls auch einen Phototheodolit anderer Bauart zu untersuchen.

[2] Näheres über dieses Instrument siehe bei *Finsterwalder, R.:* Der leichte Feld-Phototheodolit der Firma *Carl Zeiß* und seine Verwendung bei der deutsch-russischen Alai-Pamir-Expedition 1928 (Abschnitt in *v. Gruber, O.:* Ferienkurs in Photogrammetrie, S. 160—172. Stuttgart 1930).

[3] *Koppe, C.:* Die Photogrammetrie oder Bildmeßkunst. Weimar 1889, sowie Photogrammetrie und internationale Wolkenmessung. Braunschweig 1896.

[4] *Doležal, E.:* Das Phototachymeter *Doležal-Rost.* Int. Arch. Photogrammetrie Bd. 6, S. 219 bis 236. Wien 1923.

[5] *Pulfrich, C.:* Neue stereoskopische Methoden und Apparate. S. 158—172. Berlin 1912; und *Schneider, F.:* Über die Feldausrüstung *Zeiß*, Modell 3b. Bildmessg. u. Luftbildwes. 2. Jg. S. 95ff. Berlin 1927.

[6] *Doležal, E.:* Das Photogrammeter des math.-mechan. Instituts Heyde in Dresden. Int. Arch. Photogrammetrie Bd. 3, S. 226—231. Wien 1912.

[7] Das neue stereophotogrammetrische Instrumentarium *Wild.* Bildmessg. u. Luftbildwes. 1. Jg. (1926) S. 35—37.

[8] *Doležal, E.:* Int. Arch. Photogrammetrie. Bd. 3 (1912) S. 62ff.

[9] Bei sorgfältiger Behandlung des Apparates erhält sich dessen Berichtigung ziemlich lange.

anliegen der Platte am Markenrahmen entstanden sind. Handelt es sich um Papierabzüge, so kommt dazu noch die durch die Bäder entstehende beträchtliche Papieränderung.

Rührt die Verzerrung von einem Nichtanliegen der Platte[1] am Markenrahmen (Abb. 292) her, so sind Rahmen- und Bildbegrenzung $R$ und $B$ zueinander perspektiv und nach Wegnahme der Platte immer noch zueinander projektiv. Dasselbe gilt für das Bild, welches entstehen sollte und für das wirklich entstandene Bild.

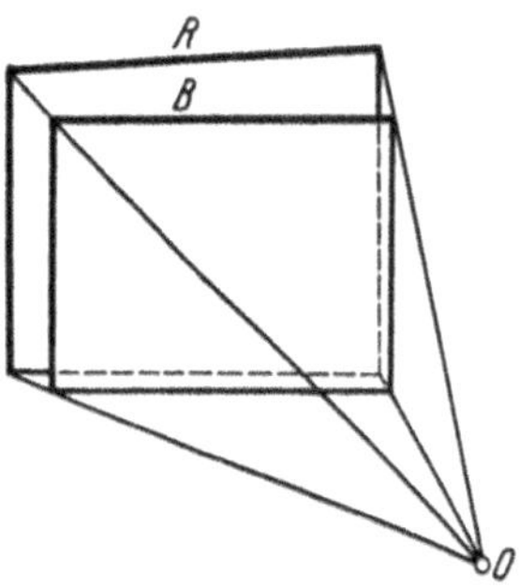


Abb. 292. Nichtanliegen der Platte am Markenrahmen.

Für die weitere Untersuchung denken wir uns die Platte durch folgende Vorgänge aus der Rahmenebene in ihre fehlerhafte Lage gebracht:

1. durch eine Parallelverschiebung $p$ in Richtung der Kammerachse,
2. durch eine Drehung $\varepsilon$ (Plattenschiefe) um den Bildhorizont,
3. durch eine seitliche Drehung $\lambda$ um die Hauptvertikale.

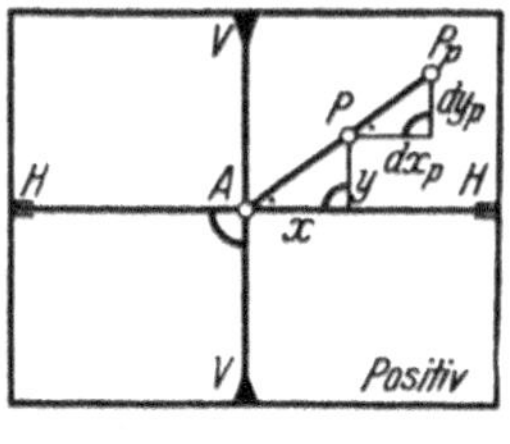


Abb. 293. Parallelverschiebung und Koordinatenänderung.

Die Einwirkung dieser Bewegungen auf die Koordinaten $x$, $y$ eines Bildpunktes $P$ im System $HH - VV$ sollen im Positiv verfolgt werden.

Zu 1. Findet eine Parallelverschiebung der Platte in Richtung der Kammerachse so statt, daß $D$ um $p$ vergrößert wird, so ist das entstandene Bild dem richtigen ähnlich. Alle von den Hauptpunkten ab nach entsprechenden Punkten $P$, $P_p$ (Abb. 293) ge-

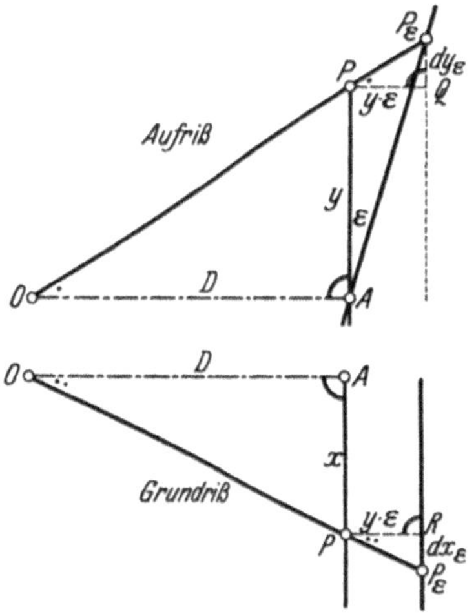


Abb. 294. Plattenneigung und Koordinatenänderung.

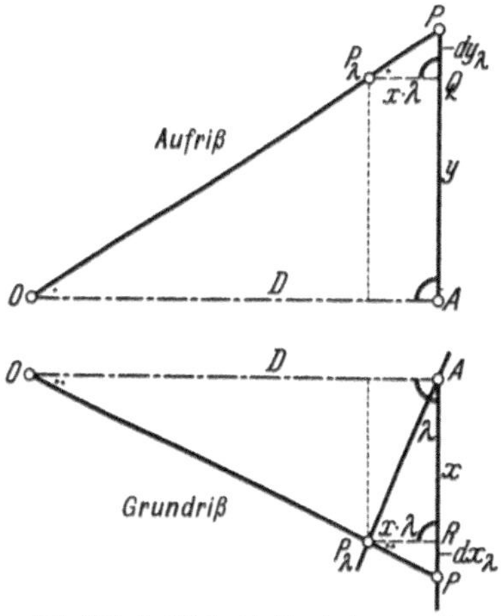


Abb. 295. Seitliche Plattendrehung und Koordinatenänderung.

zogenen Richtungen bleiben zueinander parallel und entsprechende Strecken erfahren die relative Längenänderung $p : D$. Damit folgen für die radiale Punktverschiebung $P P_p$ und für die Koordinatenänderungen die Ausdrücke

$$PP_p = \frac{AP}{D} \cdot p, \qquad dx_p = \frac{x}{D} \cdot p, \qquad dy_p = \frac{y}{D} \cdot p. \tag{760}$$

Zu 2. Denkt man sich den oberen Teil des Positivs (oder Negativs) nach vorne um den Bildhorizont um $\varepsilon$ gedreht, so folgt aus den in Abb. 294 enthaltenen ähnlichen

[1] Siehe hiezu auch *Nowatzky, F.*: Ausmessung fehlerhaft anliegender Platten. Jahresber. d. Reichsamts f. Landesaufnahme 1920/21 S. 79—87. Berlin 1922.

Dreiecken $OAP$ und $PRP_\varepsilon$ im Grundriß bzw. $OAP$ und $PQP_\varepsilon$ im Aufriß mit den wohl ohne besondere Erklärung verständlichen Eintragungen unmittelbar

$$dx_\varepsilon = \frac{x}{D} \cdot y \cdot \varepsilon, \qquad dy_\varepsilon = \frac{y^2}{D} \cdot \varepsilon. \tag{761}$$

Zu 3. Durch eine Drehung $\lambda$ des Positivs oder der Platte um die Hauptvertikale entsteht an Stelle des Bildpunktes $P$ der fehlerhafte Bildpunkt $P_\lambda$ (Abb. 295). Aus den ähnlichen Grundrißdreiecken $OAP$ und $P_\lambda RP$ sowie den ähnlichen Aufrißdreiecken $OAP$ und $P_\lambda QP$ ergeben sich die Koordinatenänderungen

$$dx_\lambda = -\frac{x^2}{D} \cdot \lambda, \qquad dy_\lambda = -\frac{x \cdot y}{D} \cdot \lambda. \tag{762}$$

Dem Zusammenwirken von $p$, $\varepsilon$ und $\lambda$ entsprechen nunmehr die Gesamtfehler $dx, dy$, welche die Summen der unter (760), (761), (762) aufgestellten, entsprechenden partiellen Koordinatenänderungen sind. Es wird

$$\left.\begin{aligned} dx &= dx_p + dx_\varepsilon + dx_\lambda = \frac{x}{D}(p + y \cdot \varepsilon - x \cdot \lambda) \\ dy &= dy_p + dy_\varepsilon + dy_\lambda = \frac{y}{D}(p + y \cdot \varepsilon - x \cdot \lambda) \end{aligned}\right\}. \tag{763}$$

Wenden wir diese Formeln auf die vier Bildecken $O_l, O_r, U_r, U_l$ (Abb. 290) an und sind $a, b$ Länge und Breite des Markenrahmens, ferner $\Delta b_o, \Delta b_u$ die im Positiv über bzw. unter dem Bildhorizont liegenden Teile von $b$, so gilt für

$O_l\left(x = -\frac{a}{2},\quad y = \Delta b_o\right)$:

$$dx_{ol} = -\frac{a}{2D}\left(p + \Delta b_o \cdot \varepsilon + \frac{a}{2} \cdot \lambda\right), \qquad dy_{ol} = \frac{\Delta b_o}{D}\left(p + \Delta b_o \cdot \varepsilon + \frac{a}{2} \cdot \lambda\right), \tag{764}$$

$O_r\left(x = +\frac{a}{2},\quad y = \Delta b_o\right)$:

$$dx_{or} = \frac{a}{2D}\left(p + \Delta b_o \cdot \varepsilon - \frac{a}{2} \cdot \lambda\right), \qquad dy_{or} = \frac{\Delta b_o}{D}\left(p + \Delta b_o \cdot \varepsilon - \frac{a}{2} \cdot \lambda\right), \tag{765}$$

$U_r\left(x = +\frac{a}{2},\quad y = -\Delta b_u\right)$:

$$dx_{ur} = \frac{a}{2D}\left(p - \Delta b_u \cdot \varepsilon - \frac{a}{2} \cdot \lambda\right), \qquad dy_{ur} = -\frac{\Delta b_u}{D}\left(p - \Delta b_u \cdot \varepsilon - \frac{a}{2} \cdot \lambda\right), \tag{766}$$

$U_l\left(x = -\frac{a}{2},\quad y = -\Delta b_u\right)$:

$$dx_{ul} = -\frac{a}{2D}\left(p - \Delta b_u \cdot \varepsilon + \frac{a}{2} \cdot \lambda\right), \qquad dy_{ul} = -\frac{\Delta b_u}{D}\left(p - \Delta b_u \cdot \varepsilon + \frac{a}{2} \cdot \lambda\right). \tag{767}$$

Daraus folgen nunmehr die Seitenänderungen $da_o, da_u, db_l, db_r$ als Differenzen von entsprechenden Koordinatenänderungen der Rahmenecken, nämlich

$$da_o = dx_{or} - dx_{ol} = \frac{a}{D}(p + \Delta b_o \cdot \varepsilon), \tag{768}$$

$$da_u = dx_{ur} - dx_{ul} = \frac{a}{D}(p - \Delta b_u \cdot \varepsilon), \tag{769}$$

$$db_l = dy_{ol} - dy_{ul} = \frac{b}{D} \cdot p + \frac{\Delta b_o^2 - \Delta b_u^2}{D} \cdot \varepsilon + \frac{a \cdot b}{2D} \cdot \lambda, \tag{770}$$

$$db_r = dy_{or} - dy_{ur} = \frac{b}{D} \cdot p + \frac{\Delta b_o^2 - \Delta b_u^2}{D} \cdot \varepsilon - \frac{ab}{2D} \cdot \lambda. \tag{771}$$

Beachtet man, daß $\Delta b_o^2 - \Delta b_u^2 = b(\Delta b_o - \Delta b_u)$ ist, so ergeben sich aus den vorstehenden Gleichungen die gesuchten Bewegungskomponenten

$$p = \frac{D}{a \cdot b}(\Delta b_u \cdot da_o + \Delta b_o \cdot da_u), \tag{772}$$

$$\varepsilon = \frac{D}{a \cdot b}(da_o - da_u), \tag{773}$$

$$\lambda = \frac{D}{a \cdot b}(db_l - db_r), \tag{774}$$

sowie die Probegleichung

$$\frac{2b}{D}\{p + (\Delta b_o - \Delta b_u)\,\varepsilon\} \doteq db_l + db_r. \tag{775}$$

Die Seitenänderungen

$$da_o = a'_o - a, \qquad da_u = a'_u - a, \qquad db_l = b'_l - b, \qquad db_r = b'_r - b \tag{776}$$

können aus den bekannten Rahmenausmaßen $a$, $b$ und den fehlerhaften Bildlängen $a'_o$, $a'_u$, $b'_l$, $b'_r$ zahlenmäßig berechnet werden. Da auch $D, \Delta b_o$, $\Delta b_u$ bekannt sind, so bietet die Berechnung der Größen $p$, $\varepsilon$, $\lambda$ nach (772) bis (774) keine Schwierigkeiten mehr.

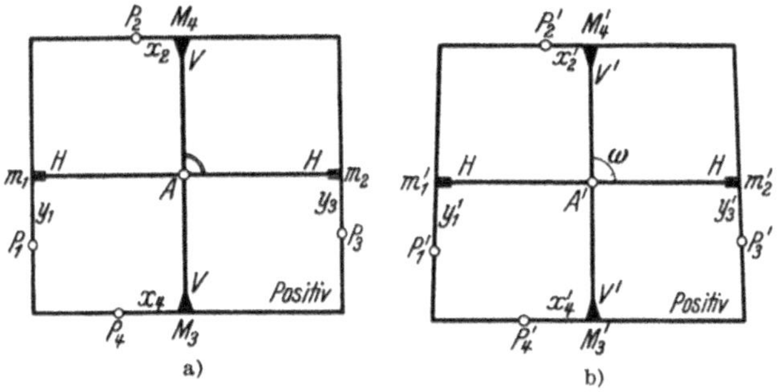

Abb. 296. Übertragung des Markenkreuzes ins Bild.

Auch aus den Seitenänderungen $ds_{12}$, $ds_{23}$, $ds_{31}$ eines bekannten Dreiecks $P_1 P_2 P_3$ — etwa drei bekannte Marken des Rahmens — mit den Seiten $s_{12}$, $s_{23}$, $s_{31}$ können $p$, $\varepsilon$ und $\lambda$ ermittelt werden. Die drei in den Unbekannten linearen Bestimmungsgleichungen haben, wie ohne Beweis mitgeteilt werden soll, die gemeinsame allgemeine Form

$$s_{ik}^2 \cdot p + \{\Delta x_{ik}(x_k y_k - x_i y_i) + \Delta y_{ik}(y_k^2 - y_i^2)\} \cdot \varepsilon$$
$$- \{\Delta x_{ik}(x_k^2 - x_i^2) + \Delta y_{ik}(x_k y_k - x_i y_i)\}\,\lambda = D \cdot s_{ik} \cdot ds_{ik}. \tag{777}$$

Hierin ist für $ik$ der Reihe nach $12, 23, 31$ zu setzen.

Zur Übertragung des Markenkreuzes $HH-VV$ (Abb. 296) aus der Rahmenin die Bildebene braucht man Rahmenpunkte $P_1$, $P_2$, $P_3$, $P_4$, deren Abstände $y_1$, $x_2$, $y_3$, $x_4$ von $m_1$, $M_4$, $m_2$, $M_3$ bekannt sind. Hieraus werden mittels der Beziehungen (763) die verzerrten Beträge

$$y'_1 = y_1 + dy_1, \qquad x'_2 = x_2 + dx_2, \qquad y'_3 = y_3 + dy_3, \qquad x'_4 = x_4 + dx_4 \tag{778}$$

berechnet und von $P'_1$, $P'_2$, $P'_3$, $P'_4$ aus an den Rändern des verzerrten Bildes abgetragen. Die gefundenen Punkte $m'_1$, $m'_2$, $M'_3$, $M'_4$ bestimmen ein verzerrtes Achsenkreuz, dessen Schnittwinkel $\omega$ durch die Beziehung

$$\sin(\omega - 90^0) = \sin\varepsilon \cdot \sin\lambda \tag{779}$$

bestimmt ist. Für $\varepsilon = \lambda = \frac{1}{10}^0$ bleibt $\omega - 90^0 < 1''$. Man darf also wohl für alle praktisch möglichen Werte $\varepsilon$, $\lambda$ die Differenz $\omega - 90^0$ vernachlässigen und das übertragene Achsenkreuz $H'H' - V'V'$ als ein rechtwinkliges betrachten. In diesem Falle genügen zur Übertragung bereits drei bekannte Punkte.

## d) Verkehrt eingelegte Platten.

Verzerrte Platten wird man am liebsten durch Neuaufnahmen ersetzen. Das gilt erst recht, wenn infolge einer Verwechslung der Schichtseite mit der Glasseite fehlerhafte Bilder entstehen. In vielen Fällen kann aber eine Wiederholung der Aufnahmen nicht mehr stattfinden und dann bleibt nur übrig, einen Weg aufzusuchen, der nicht zu umständlich ist und mit möglichst geringen Nachteilen zum Ziele führt[1].

Das von $O$ (Abb. 297) ausgehende Strahlenbündel sollte im Abstand $D$ von $O$ in der Ebene des Markenrahmens das Bild $B$ erzeugen. Da aber die Platte verkehrt eingelegt ist, so entsteht auf der Schichtseite ein Bild $B'$, welches um die Plattendicke $d$ hinter $B$ liegt, von $O$ also um $D' = D + d$ absteht. Wir schneiden das in die Platte hinein verlängerte, ursprüngliche Strahlenbündel durch eine zu $B$ und $B'$ parallele Ebene im zunächst unbestimmten Abstand $D''$ von $O$ und erhalten so ein fingiertes Bild $B''$. Ein beliebiger Strahl $S$ schließt mit der Kammerachse $D$ einen Winkel $\varepsilon$ ein; ihm entsprechen in den Ebenen $B$, $B'$, $B''$ die Bildpunkte $P$, $P'$, $P''$, welche von den zugehörigen Hauptpunkten $A$, $A'$, $A''$ die Abstände $r, r', r''$ besitzen. Nun läuft die Aufgabe darauf hinaus, $D''$ so zu wählen, daß die bleibenden radialen Punktverschiebungen $v = r'' - r'$ bzw. entsprechende Richtungsänderungen $\lambda$ der Strahlen $S$ möglichst klein werden. Unter dieser Voraussetzung und bei nicht allzu großen Genauigkeitsansprüchen wird man das entstandene Bild $B'$ als ein zur Bildweite $D''$ gehöriges nichtverzerrtes und zu $B$ ähnliches Bild betrachten und weiter behandeln dürfen.

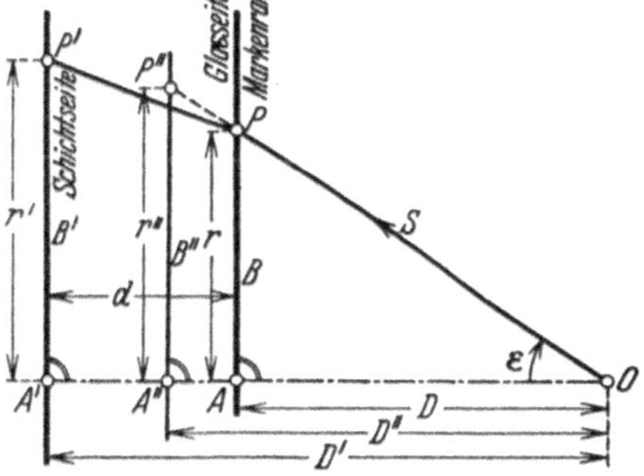

Abb. 297. Bildverzerrung bei verkehrt eingelegter Platte.

Das Ergebnis einer einschlägigen Untersuchung[2], die als zu umfangreich hier nicht mitgeteilt werden kann, ist folgendes.

In einem kreisförmig begrenzten Innenfeld mit dem Hauptpunkt als Mittelpunkt erscheinen negative $v$, im übrigbleibenden Außenfeld positive. Die extremen Werte in diesen Feldern sind $v_m$ und $v_e$; dabei gehört $v_e$ zu demjenigen noch auszuwertenden Punkt $P_e$, welcher den größten Abstand $r_e$ von $A$ besitzt. Das sind äußersten Falles die Plattenecken. Verlangt man nun, daß

$$v_m + v_e = 0 \tag{780}$$

wird, d. h. daß entgegengesetzt gleiche größte Längenverzerrungen in beiden Feldern auftreten, so führt dies für $D''$ auf den besonderen Wert $D''_l$. Er ist durch folgende Gleichungen bestimmt:

$$\left.\begin{aligned} D''_l &= D + \frac{d}{m_0}, \qquad m_0 \approx 1{,}41 + 0{,}40\,t_e + k_1 \cdot dn, \\ t_e &= \frac{r'_e}{D'}, \quad dn = n - 1{,}53, \quad k_1 \approx 0{,}83 + 0{,}60\,t_e. \end{aligned}\right\} \tag{781}$$

Hierin bedeutet $n$ den Brechungsexponent der Platte.

Den Längenverzerrungen $v$ entsprechen für die Strahlen $S$ Richtungsverzerrungen $\lambda$ mit gleichen Vorzeichen. Unterwirft man deren Extremwerte $\lambda_m$, $\lambda_e$ der Bedingung

$$\lambda_m + \lambda_e = 0, \tag{782}$$

---

[1] Steht ein Bildmeßtheodolit (siehe später!) zur Verfügung, so wird der Schaden einfach durch eine Ausmessung bei verkehrt eingelegter Platte behoben.

[2] *Näbauer, M.:* Beitrag zur photogrammetrischen Verwertung verkehrt eingelegter Platten. Z. Vermess.-Wes. 1912 S. 1—10.

Zu diesem Gegenstand siehe ferner:

a) *Zaar, K.:* Über die Verzeichnung des photographischen Bildes bei Einschaltung von durchsichtigen planparallelen Platten (Lichtfiltern). Int. Arch. Photogrammetrie Bd. 6, S. 182—200. Wien 1923.

b) *Nowatzky:* Welche Fehler sind zu erwarten, wenn als Widerlager für den Film eine planparallele Glasplatte verwendet wird. Mitt. Reichsamt Landesaufn. 5. Jg. (1929/30) S. 135—137.

d. h. verlangt man gleich große Absolutwerte $|\lambda_m|$, $|\lambda_e|$, so ergibt sich für $D''$ der durch die Gleichungen

$$\left.\begin{aligned} D''_r &= D + \frac{d}{\mu_0}, \qquad \mu_0 \approx 1{,}43 + 0{,}34\, t_e + k_2 \cdot dn, \\ t_e &= \frac{r'_e}{D'}, \quad dn = n - 1{,}53, \quad k_2 \approx 0{,}95 + 0{,}26\, t_e \end{aligned}\right\} \qquad (783)$$

bestimmte besondere Wert $D''_r$.

Bei Verwendung der Brennweiten $D''_l$ bzw. $D''_r$ ist die einem Strahl $S$ entsprechende, bleibende radiale Punktverschiebung $v$ bzw. die Richtungsänderung $\lambda$ durch die Ausdrücke

$$\left.\begin{aligned} v &= d \cdot t \left(\frac{1}{m_0} - \frac{1}{\sqrt{n^2 + (n^2 - 1)\, t^2}}\right), \\ \lambda &= \frac{d}{D} \cdot \frac{t}{1 + t^2} \left(\frac{1}{\mu_0} - \frac{1}{\sqrt{n^2 + (n^2 - 1)\, t^2}}\right), \quad t = \operatorname{tg} \varepsilon \end{aligned}\right\} \qquad (784)$$

bestimmt.

## e) Grundlage der Aufnahmen.

Die Grundlage der erdphotogrammetrischen Aufnahmen bildet, soweit diese für rein ingenieurtechnische Zwecke brauchbar sein sollen, stets ein gut bestimmtes Dreiecksnetz mit nicht zu großen Seitenlängen oder zum mindesten eine Folge von gut bestimmten Polygonzügen. Im großen und ganzen gelten für diese Grundlagen die Ausführungen auf S. 231ff. über die Grundlagen der tachymetrischen Geländeaufnahme. Auf die besondere Eignung von Azimutmessungen zur Einschränkung der Richtungsübertragungsfehler sei hier noch einmal hingewiesen. Nur in einzelnen besonders günstig liegenden Fällen kann auch eine photogrammetrische Standortsbestimmung aus den Aufnahmebildern stattfinden. Bei der photogrammetrischen Einzelaufnahme steht der Phototheodolit in der Regel in den beiden nach Lage und Höhe bekannten Endpunkten einer Grundlinie. Ist nach sachgemäßer Aufstellung des Instrumentes die Instrumentenhöhe gemessen und nach Einstellung des anderen Endpunktes der Grundlinie am Horizontalkreis abgelesen worden, so richtet man am besten das Fernrohr auf einen in der Mitte des Aufnahmefeldes liegenden, markanten Punkt und liest wieder sowohl am Horizontalkreis wie auch am Objektivschieber oder bei geneigter Kammer am Höhenkreis ab. Die Differenz der Horizontalkreisablesungen — die zur Grundlinieneinstellung gehörige verbessert wegen des Kreuzungsfehlers $\delta$ (Abb. 291) — ist der Winkel, den die Bildweite $D$ bei der Aufnahme mit der Grundlinie einschließt. Unmittelbar vor und nach der Belichtung der Platte überzeugt man sich, ob die ursprüngliche Einstellung der Ziellinie erhalten geblieben ist.

Eine sehr gute Stütze für die Auswertung bilden Paßpunkte in genügender Zahl; das sind in den Bildern deutlich erkennbare, für den Aufbau des Netzes an sich entbehrliche Punkte, deren räumliche Lage trigonometrisch ermittelt wird.

Schon bei der Aufnahme und erst recht für ihre Auswertung ist zwischen der älteren Einschneide- oder Meßtischphotogrammetrie und der neueren Parallaxen- oder Stereophotogrammetrie zu unterscheiden.

## f) Die Einschneidephotogrammetrie bei lotrechter Bildebene.

Durch die Einschneidephotogrammetrie[1] werden die Horizontalprojektionen der aufgenommenen Punkte durch ein meist zeichnerisches Vorwärtseinschneiden gewonnen, während die Höhen im Anschluß an die Grundrißfestlegung in der Regel durch Rechnung ermittelt werden. In Abb. 298 handle es sich um zwei mit lotrechten

[1] Dieses Verfahren hat mit Einführung der Stereophotogrammetrie sehr an Bedeutung verloren. Trotzdem kommt es noch manchmal zum Zug, z. B. bei kleineren Arbeiten, wo es sich vielleicht nicht lohnt, einen Stereoautographen zu benutzen oder auch bei der Auswertung von sehr nahe gelegenen Geländestücken einer Stereoaufnahme.

Bildebenen ausgeführte Aufnahmen $I, II$ in den bekannten, um die Grundlinie $B$ (Abb. 299) voneinander abstehenden Standorten $O_1, O_2$ mit den Instrumentenhorizonten $J_1$ und $J_2$. Sind auf Grund der bei der Aufnahme abgelesenen Schieberstellungen $t_1, t_2$ von den Mittelmarken aus die Bildhorizonte $H'H'$, $H''H''$ eingetragen und in ihren Schnittpunkten mit den beiden Hauptvertikalen $V'V'$, $V''V''$ die zwei Lagen $A'$, $A''$ des Hauptpunktes gefunden worden, so kann man die auf das Achsenkreuz Bildhorizont—Hauptvertikale bezogenen rechtwinkligen Koordinaten $x'$ $y'$ und $x''$, $y''$ der Bildpunkte $P'$, $P''$ eines Geländepunktes $P$ den Aufnahmen durch Abmessen entnehmen. Bei Verwendung von Papierbildern ist deren etwa eingetretener Schwund durch Vergleich der Seitenlängen $a'$, $b'$ des Bildrechtecks mit den bekannten Seiten $a$, $b$ des Markenrahmens festzustellen und in den Koordinaten zu berücksichtigen. Wird hingegen die Bildweite sinngemäß reduziert (getrennt für die Ermittlung der Horizontalprojektion und der Höhen), so können zur nachfolgend beschriebenen Punktbestimmung die unveränderten Koordinaten der Bildpunkte Verwendung finden.

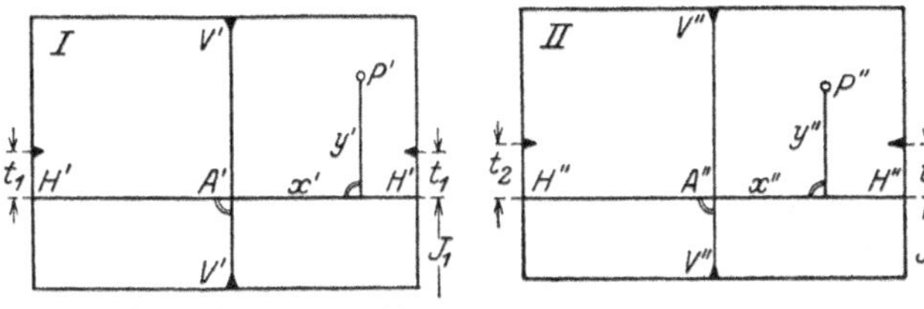


Abb. 298. Zwei zusammengehörige photogrammetrische Aufnahmen bei lotrechter Bildebene (Positiv).

Für die prozentualen Papieränderungen[1]

$$p' = 100\frac{a'-a}{a}, \qquad p'' = 100\frac{a''-a}{a}, \qquad q' = 100\frac{b'-b}{b}, \qquad q'' = 100\frac{b''-b}{b} \tag{785}$$

der beiden Aufnahmen in waagrechter und vertikaler Richtung sind diese **reduzierten Bildweiten** durch die Ausdrücke

$$D'_w = D + \frac{p'}{100}\cdot D, \quad D''_w = D + \frac{p''}{100}\cdot D, \quad D'_v = D + \frac{q'}{100}\cdot D, \quad D''_v = D + \frac{q''}{100}\cdot D \tag{786}$$

bestimmt.

Nunmehr trägt man im Grundriß mittels der bei der Aufnahme gemessenen Orientierungswinkel $\gamma_1$, $\gamma_2$ von $O_1$ und $O_2$ aus die reduzierte Bildweite in ihren den Aufnahmen entsprechenden Lagen $D'$, $D''$ ab und errichtet in ihren Endpunkten $A'_0$, $A''_0$, den Horizontalprojektionen des Hauptpunktes, die als **Bildlinien** bezeichneten Senkrechten $b_1$ und $b_2$. Für genaue Arbeiten genügen zu dieser Konstruktion Transporteur und rechter Winkel nicht; es ist vielmehr rätlich, sowohl für die Horizontalprojektion des Hauptpunktes wie auch für zwei an den Enden der Bildlinie gelegene Punkte die rechtwinkligen Koordinaten zu berechnen und damit in einem sorgfältig konstruierten Quadratnetz, in das vorher schon die Standorte eingetragen wurden, nunmehr auch die Hauptpunkte mit den zugehörigen Bildlinien einzutragen. Die Endpunkte der in die Bildlinien übertragenen Abszissen $x'$, $x''$ bezeichnen die Horizontalprojektionen $P'_0$, $P''_0$ der Bildpunkte $P'$,

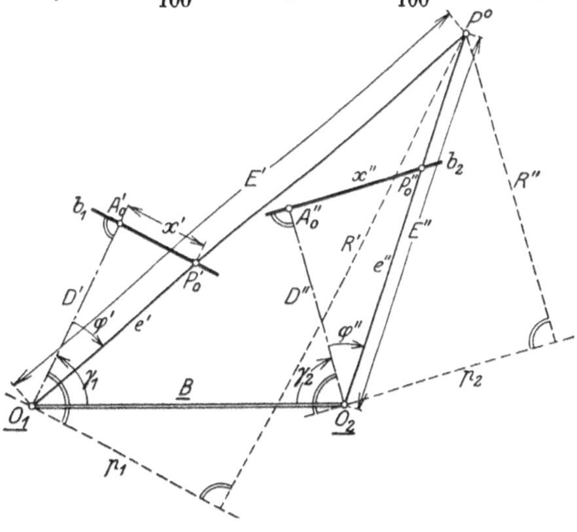


Abb. 299. Ermittlung der Horizontalprojektion eines Punktes aus zwei zusammengehörigen lotrechten Aufnahmen.

[1] Weiteres über Papieränderung siehe unter 40. Horizontalpläne.

$P''$, während der Schnittpunkt der beiden geometrischen Örter $O_1P_0'$ und $O_2P_0''$ die Horizontalprojektion $P^0$ des Geländepunktes $P$ angibt. Sind $E', E''$ dessen horizontale Entfernungen von $O_1, O_2$, während $e', e''$ die Entfernungen der entsprechenden Bildlinienpunkte $P_0', P_0''$ von $O_1$ und $O_2$ bedeuten, so folgt aus den beiden ähnlichen Aufrißdreiecken der Abb. 300 für die Höhenzunahme vom optischen Zentrum $O_1$ bis zum Punkte $P$ der Ausdruck

$$h' = \frac{E'}{e'} \cdot y' = \frac{R'}{D} \cdot y', \tag{787}$$

dessen letzte, bequemere Form, in der $R'$ (siehe Abb. 299) den Abstand des Punktes $P^0$ von einer durch $O_1$ gezogenen Parallelen $p_1$ zu $b_1$ bedeutet, leicht aus der Beziehung $E' : e' = R' : D$ hervorgeht. Ebenso findet man für den Höhenunterschied zwischen $O_2$ und $P$

$$h'' = \frac{E''}{e''} y'' = \frac{R''}{D} \cdot y''. \tag{788}$$

In (787) und (788) sind für $D$ die reduzierten Werte $D_v'$ bzw. $D_v''$ zu nehmen. Die senkrechten Abstände $R', R''$ von $p_1$ und $p_2$ können, nachdem $P^0$ im Grundriß festliegt, demselben ohne weiteres entnommen werden. Die Meereshöhe $H$ des Geländepunktes muß sich aus den beiden Ausdrücken

$$H = J_1 + h' = J_2 + h'' \tag{789}$$

übereinstimmend ergeben.

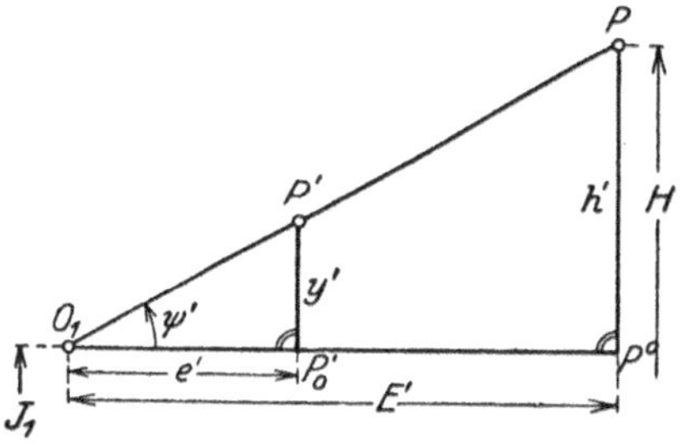

Abb. 300. Ermittlung der Höhe eines Punktes bei bekannter Horizontalprojektion.

Bei bekannter innerer und äußerer Orientierung bietet die Gewinnung von Grundriß und Höhe nach dem oben besprochenen Verfahren der Meßtischphotogrammetrie keine grundsätzlichen Schwierigkeiten. Sollte das eine oder andere Element der äußeren Orientierung fehlen, so kann dieses mit Hilfe der schon früher (S. 260) erwähnten Paßpunkte gefunden werden. Deren eigentlicher Zweck ist allerdings ein anderer, nämlich die allgemeine Überprüfung der ganzen äußeren Orientierung.

## g) Entnahme von Winkeln aus lotrechten Bildebenen. Zusammenschluß von Aufnahmen im gleichen Standort.

Soll man die auf die Bildweite bezogene Horizontalrichtung $\varphi$ (waagrechte Bildrichtung, horizontaler Achsenwinkel) des Strahles $OP$ und seinen Höhenwinkel $\psi$ zahlenmäßig angeben, so hat man hierfür nach den Abb. 299 und 300 die Gleichungen

$$\operatorname{tg} \varphi' = \frac{x'}{D}, \qquad \operatorname{tg} \varphi'' = \frac{x''}{D}, \tag{790}$$

$$\left.\begin{aligned} \operatorname{tg} \psi' &= \frac{y'}{e'}, \qquad \operatorname{tg} \psi'' = \frac{y''}{e''}, \\ e' &= \sqrt{D^2 + x'^2}, \quad e'' = \sqrt{D^2 + x''^2}. \end{aligned}\right\} \tag{791}$$

Mittels der Horizontalrichtungen $\varphi$ und Höhenwinkel $\psi$ zweier Strahlen $OP_1, OP_2$ läßt sich auch der von ihnen eingefaßte schiefe Winkel $s_{1\cdot 2}$ angeben. Man erhält nämlich durch die Anwendung des sphärischen Cosinus-Satzes auf das durch $s_{1\cdot 2}$ und die Ergänzungen von $\psi_1, \psi_2$ auf $90^0$ gebildete Kugeldreieck

$$\cos s_{1\cdot 2} = \sin \psi_1 \sin \psi_2 + \cos \psi_1 \cos \psi_2 \cos (\varphi_2 - \varphi_1). \tag{792}$$

Zur Bestimmung von $s_{1\cdot 2}$ reicht auch die Kenntnis der inneren Orientierungselemente $D$ und $A$ aus. Nach Abb. 301 erhält man nämlich, wenn $p, q, r_1$ und $r_2$ den betreffenden Aufnahmen entnommen worden sind, den gesuchten Winkel aus den Gleichungen

$$\operatorname{tg} \omega = \frac{p}{q}, \qquad \operatorname{tg} s_1 = \frac{r_1}{D}, \qquad \operatorname{tg} s_2 = \frac{r_2}{D}, \tag{793}$$

$$\cos s_{1\cdot 2} = \cos s_1 \cos s_2 + \sin s_1 \sin s_2 \cos \omega. \tag{794}$$

Auch aus der Bildstrecke $c$ und den Strahlenabschnitten

$$\sigma_1 = \sqrt{D^2 + r_1^2}, \qquad \sigma_2 = \sqrt{D^2 + r_2^2}, \tag{795}$$

erhält man den schiefen Winkel $s_{1.2}$ mittels der Beziehungen

$$s = \tfrac{1}{2}(\sigma_1 + \sigma_2 + c), \qquad \operatorname{tg} \tfrac{1}{2} s_{1.2} = \sqrt{\frac{(s - \sigma_1)(s - \sigma_2)}{s(s - c)}}. \tag{796}$$

Für den Zusammenschluß mehrerer Aufnahmen desselben Standpunktes braucht man den Winkel $\lambda$ (Abb. 302), welchen die zu den Aufnahmen gehörigen Lagen $'D$, $''D$ der Bildweiten einschließen. Er ist im allgemeinen aus den Horizontalkreisablesungen am Phototheodolit bekannt, kann aber, wenn in dieser Richtung etwa ein Versäumnis vorliegt, mit geringerer Genauigkeit auch aus den Aufnahmen selbst bestimmt werden.

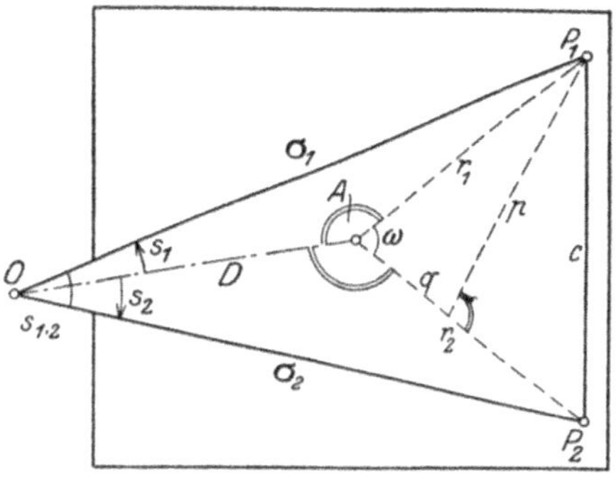


Abb. 301. Ermittlung des durch zwei Bildpunkte und das optische Zentrum bestimmten schiefen Winkels.

Sind $'P$, $''P$, zu welchen wieder die Abszissen $'x$, $''x$ gehören, die Bilder ein und desselben Punktes in beiden Aufnahmen, so berechnet man zunächst $'\varphi$, $''\varphi$ aus den Gln. (790) und erhält sodann den Winkel $\lambda$ als die Differenz

$$\lambda = {'\varphi} - {''\varphi}. \tag{797}$$

Zur Erhöhung der Genauigkeit wird man $\lambda$ unter Zuhilfenahme verschiedener Punkte wiederholt wie angegeben berechnen und die Einzelwerte zu einem Mittel vereinigen. Recht einfach ist auch das folgende von *S. Finsterwalder* angegebene Verfahren, welches unter Verzicht auf den Beweis mitgeteilt werden soll. Wählt man in beiden Aufnahmen eine größere Zahl zusammengehöriger Punkte $'P_1$, $''P_1$ bis $'P_n$, $''P_n$ (Abb. 303) so aus, daß sie von den einander zugekehrten Bildrändern nahezu gleiche Abstände $'\xi_1$, $''\xi_1$ bis $'\xi_n$, $''\xi_n$ besitzen, so erhält man mit der Rahmenbreite $a$ den Winkel $\lambda$ aus den Gleichungen

$$m = \frac{1}{2n}([' \xi] + ['' \xi]), \qquad \operatorname{tg} \frac{\lambda}{2} \approx \frac{\frac{1}{2}a - m}{D}. \tag{798}$$

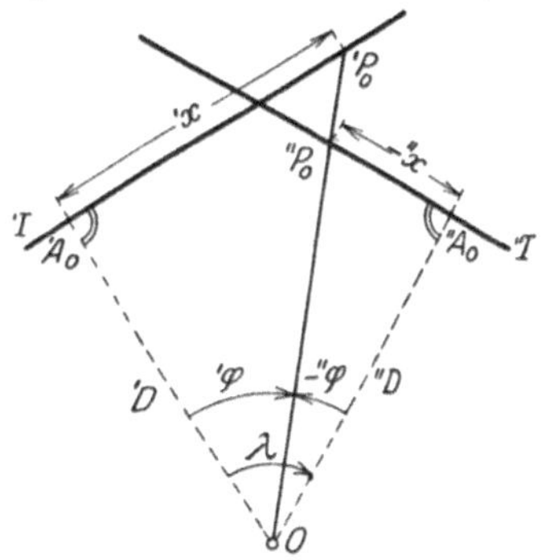


Abb. 302.

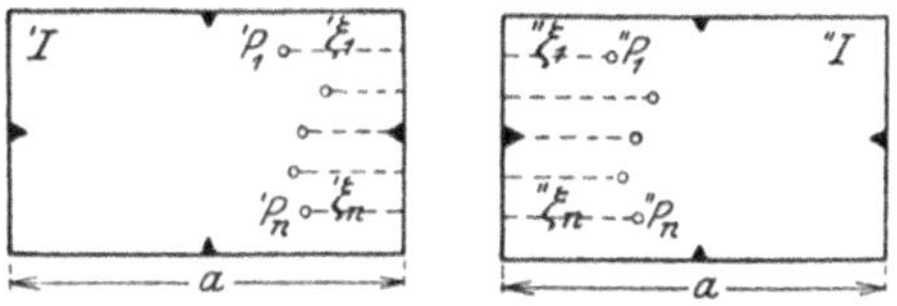


Abb. 303.

Zusammenschluß von lotrechten Aufnahmen einer Station

unter Verwendung beliebiger zusammengehöriger Punkte. — unter Benutzung von zusammengehörigen Punkten in der Nähe der Bildschnittlinie.

Ebenfalls ohne Beweis, der sich auf die Gln. (790) und (797) stützt, sei mitgeteilt, wie die an einem Näherungswert $(D)$ der Bildweite noch anzubringende Verbesserung $dD$ gefunden werden kann, wenn sämtliche den Horizont einer Station ausfüllenden $\lambda$ mit $(D)$ berechnet worden sind.

Es ergibt sich

$$dD = \frac{2(D)(360^0 - [\lambda])}{\varrho([\sin 2''\varphi] - [\sin 2'\varphi])}, \tag{799}$$

$$D = (D) + dD. \tag{800}$$

In (799) tritt $\sigma$ an Stelle von $360^0$, wenn $[\lambda]$ ein von vornherein bekannter Festwert $\sigma$ ist.

Theoretisch kann man bei bekannter Lage der Hauptvertikalen $'V$ bzw. $''V$ aus zwei Aufnahmen im gleichen Standort auch die Abstände $'c$, $''c$ (Abb. 304) der beiden Bildhorizonte $'H'H$ und $''H''H$ von irgend einer Horizontparallelen, z. B. von den waagrechten Markenlinien $'M_1'M_2$ und $''M_1''M_2$ erhalten. In der Abbildung bedeuten $'\eta$, $''\eta$ die meßbaren Abstände der zum gleichen Geländepunkt $P$ gehörigen Bildpunkte $'P$, $''P$ von den vorliegenden, um $\Delta c$ voneinander abstehenden Markenlinien während $'y$, $''y$ die entsprechenden, vom Bildhorizont $HH$ aus gerechneten, unbekannten Ordinaten sind. Mit den in

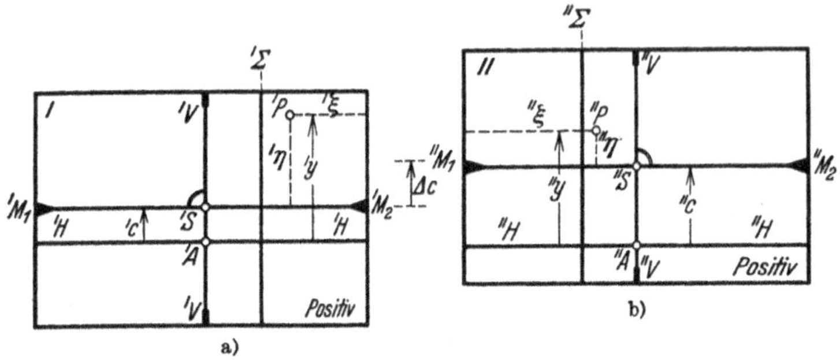


Abb. 304. Zwei auseinander genommene Bildebenen im gleichen Standort.

den Höhendreiecken (Abb. 305) enthaltenen Bezeichnungen folgt

$$\operatorname{tg}\psi = \frac{'y}{'e} = \frac{''y}{''e} = \frac{'\eta + 'c}{'e} = \frac{''\eta + ''c}{''e} \tag{801}$$

und hieraus

$$'c - \frac{'e_1}{''e_1}\cdot ''c = \frac{'e_1}{''e_1}\cdot ''\eta_1 - '\eta_1 = l_1, \qquad 'c - \frac{'e_2}{''e_2}\cdot ''c = \frac{'e_2}{''e_1}\cdot ''\eta_2 - '\eta_2 = l_2. \tag{802}$$

Da die verschiedenen $e$-Werte nach (758) aus der Lage der Bildpunkte zur Hauptvertikalen bestimmt werden können, so ist es nach (802) möglich, aus zwei Bildpunktspaaren die Werte $'c$ und $''c$ zu ermitteln. Die Lösung gibt aber keine scharfen Ergebnisse. Sie werden noch am besten, wenn $P_1$, $P_2$ zwei möglichst verschieden gerichteten Zielebenen angehören und die Unterschiede $\Delta e = e'' - e'$ möglichst groß werden.

Dagegen läßt sich der Abstand $\Delta c$ beider Markenlinien ziemlich scharf bestimmen, wenn auf der Bildschnittlinie $\Sigma$ oder in ihrer unmittelbaren Nähe in beiden Bildern genügend Einzelheiten zu erkennen sind. Nach dem Anblick von Abb. 304 wird

$$\Delta c = ''c - 'c = '\dot{\eta} - ''\dot{\eta}, \tag{803}$$

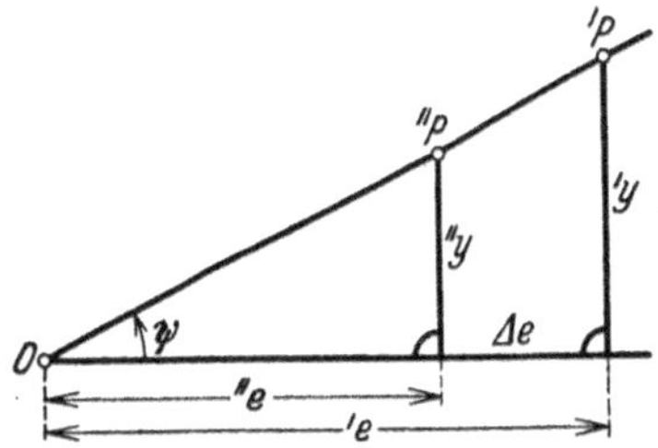

Abb. 305. Zwei zum gleichen Standort und zum gleichen Geländepunkt gehörige Höhendreiecke.

wenn $\dot{\eta}$ zu Punkten der Schnittsenkrechten gehört. Aus einer größeren Zahl von Einzelwerten $\Delta c_i$ erhält man für $\Delta c$ einen guten Mittelwert.

Die einfache Formel (803) gilt nur dann streng, wenn die benutzten Punkte scharf auf der Schnittsenkrechten $\Sigma$ liegen. Trifft dies nicht genau zu und besitzen die Bilder eines Punktes in beiden Aufnahmen die etwas verschiedenen Randabstände $'\xi$, $''\xi$ (siehe Abb. 303 u. 304), so sind die einzelnen $\Delta c$ mittels der schärferen Beziehungen

$$\Delta\xi = ''\xi - '\xi, \qquad \Delta c = '\dot{\eta} - ''\dot{\eta} - \Delta\xi\cdot\sin\frac{\lambda}{2}\operatorname{tg}\psi \tag{804}$$

zu ermitteln. Das Korrektionsglied dieses Ausdrucks enthält den zunächst unbekannten Höhenwinkel $\psi$. Für den nach (791) zu berechnenden Faktor $\operatorname{tg}\psi$ erhält man einen noch ausreichenden Näherungswert, wenn der Bildhorizont auf $\pm 1$ cm bekannt ist. Der entsprechende Fehler in $\Delta c$ wird für $\lambda = 60^0$ und $e = 15$ cm erst etwa $\frac{1}{30}\cdot\Delta\xi$.

Hat man $\Delta c$ gefunden, so folgt aus (802):

$$'c = \frac{'e(''\eta + \Delta c) - ''e\cdot '\eta}{''e - 'e}, \qquad ''c = 'c + \Delta c. \tag{805}$$

Natürlich müssen zur Bestimmung von $'c$ möglichst weit von der Schnittsenkrechten abstehende Punkte verwendet werden.

## h) Berechnung weiterer fehlender Stücke.

Auch der Höhenunterschied der Objektivzentren zweier Standorte ist manchmal zu bestimmen. Er ergibt sich als die Differenz der Instrumentenhorizonte aus (789) zu

$$\Delta h = J_2 - J_1 = h' - h''. \tag{806}$$

Aus einer größeren Zahl von zusammengehörigen Differenzen $h'$, $h''$ kann für $\Delta h$ ein genauerer Mittelwert gefunden werden.

Ist — etwa infolge einer unterbliebenen Ablesung am Objektivschieber — die Lage der zu den Markenverbindungslinien $M_1'$, $M_2'$ und $M_1''$, $M_2''$ (Abb. 306) parallelen Bildhorizonte $H'H'$, $H''H''$ nicht genau bekannt und werden die Bildpunktsordinaten $\eta'$, $\eta''$ deshalb von den Markenverbindungslinien oder dazu parallelen Linien aus gemessen, so bestehen die Gleichungen

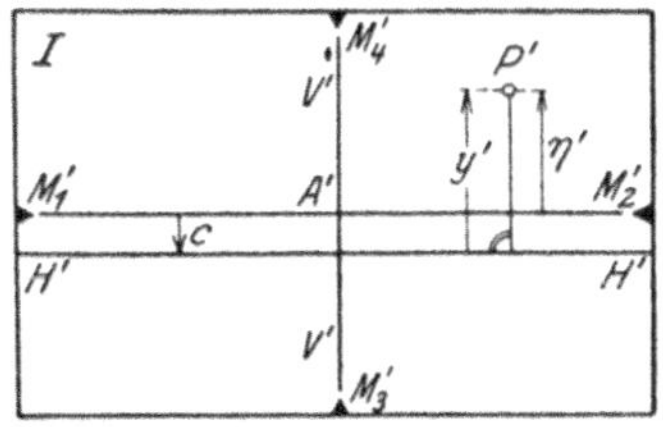

Abb. 306. Ermittlung des zur Markenverbindungslinie parallelen Bildhorizontes bei lotrechter Bildebene (Positiv).

$$y' = \eta' + c_1, \qquad y'' = \eta'' + c_2, \tag{807}$$

wenn $c_1$ und $c_2$ die notwendigen Horizontverschiebungen — nach unten im aufrechten Bild — bedeuten[1]. Damit ergeben sich, da man ja die Horizontalprojektionen von Geländepunkten konstruieren kann, aus (787), (788) und (806) für drei Punkte $P_1$, $P_2$, $P_3$ die Gleichungen

$$\left.\begin{aligned} R_1' \cdot c_1 - R_1'' c_2 - D \cdot \Delta h + (R_1' \eta_1' - R_1'' \eta_1'') &= 0, \\ R_2' \cdot c_1 - R_2'' c_2 - D \cdot \Delta h + (R_2' \eta_2' - R_2'' \eta_2'') &= 0, \\ R_3' \cdot c_1 - R_3'' c_2 - D \cdot \Delta h + (R_3' \eta_3' - R_3'' \eta_3'') &= 0, \end{aligned}\right\} \tag{808}$$

woraus die drei Unbekannten $c_1, c_2, \Delta h$ eindeutig gefunden werden können. Wird größere Genauigkeit angestrebt, so sind unter Verwendung weiterer Punkte zu den Gln. (808) noch überschüssige Bestimmungsgleichungen mit geeigneten Gewichten für die Absolutglieder aufzustellen, aus denen durch eine Ausgleichung nach vermittelnden Beobachtungen die wahrscheinlichsten Werte der gesuchten Größen sich ergeben.

Sind drei Punkte $P_1$, $P_2$, $P_3$ (Abb. 307) von bekannter Lage in der Aufnahme abgebildet, so ist der Standort auch durch photogrammetrisches Rückwärtseinschneiden bestimmt. Durch Entnahme der Richtungen $\varphi_1$, $\varphi_2$, $\varphi_3$ aus der Abbildung kann man den Ort der Aufnahme nach früheren Darlegungen (S. 174, Abb. 226) zeichnerisch oder rechnerisch ermitteln. Doch ist diese Art der Punktbestimmung nur bei günstiger Punktlage und gut bestimmten Ausgangspunkten brauchbar. Auch ist es ratsam, überschüssige Punkte heranzuziehen.

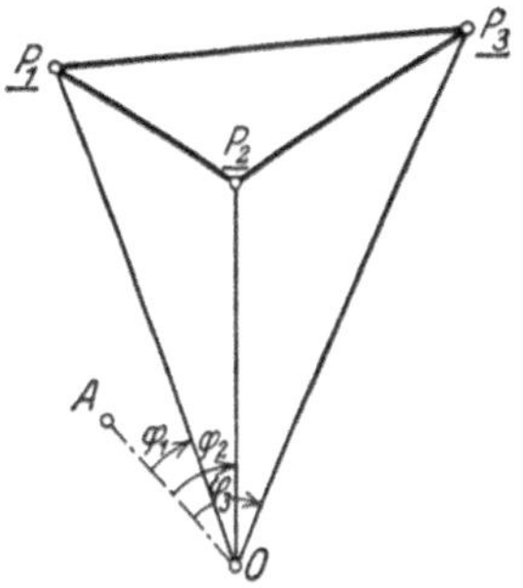

Abb. 307. Photogrammetrische Punktbestimmung durch Rückwärtseinschneiden.

## i) Entzerrung des Inhalts einer waagrechten Ebene bei bekanntem Höhenunterschied.

Um bei bekanntem Höhenunterschiede $h$ aus der Aufnahme eines stehenden Gewässers dessen Uferlinie darzustellen, legt man zweckmäßig der Horizontalprojektion ein Quadratnetz zugrunde, dessen zur Bildebene senkrechte bzw. parallele Netzlinien perspektivisch in das Abbild zu übertragen sind. Die im Maßstab der Darstellung um den Höhenunterschied $h$ (Abb. 308) vom Bildhorizont $HH$ abstehende Schnittgerade $SS$ der Bildebene mit dem Wasserspiegel wird ohne Verzerrung abgebildet; also bleiben in der Abbildung auch die der gewünschten Maschenweite $w$ entsprechenden gleichabständigen Teilungspunkte $0, 1, 2, 3\ldots$ einer in diese Gerade

[1] In Abb. 306 lies $c_1$ statt $c$.

gelegten Netzlinie erhalten. Das Bild des Teilungsnullpunktes *0* mag in die Hauptvertikale *V V* fallen. Da nach den gemachten Annahmen die beiden zueinander senkrechten Scharen von Netzlinien senkrecht bzw. parallel zur Bildebene liegen, so gehen ihre perspektivischen Bilder durch den Hauptpunkt *A* (Fluchtpunkt der ersten Schar) bzw. durch den unendlich fernen Punkt des Bildhorizontes *HH*. Die erste Schar der Netzlinienbilder ist demnach ein durch die Teilungspunkte *0*, *1*, *2* ... gehendes Strahlenbüschel mit dem Mittelpunkt *A*. Zur Auffindung der zweiten, zum Horizont parallelen Schar denkt man sich die durch *O* und *V V* bestimmte Lotebene durch eine Drehung um die Hauptvertikale in die Aufrißtafel geklappt. Dabei wird auch eine in der genannten Ebene liegende geteilte Netzlinie *NN* mit umgeklappt, welche in dieser Lage mit *SS* und ihrer Teilung zusammenfällt. Projiziert man diese Punkte von *O* aus auf die Hauptvertikale (z. B. *3* nach *3'*), so sind die durch diese Projektionen zu *HH* gezogenen Parallelen die perspektivischen Bilder der zweiten Schar von Netzlinien. Ist das Netz eng genug, so kann man die Schnittpunkte der Uferlinie *U U* mit den Netzlinien lediglich durch Schätzung aus dem perspektivischen Netz in das quadratische der Horizontalprojektion übertragen.

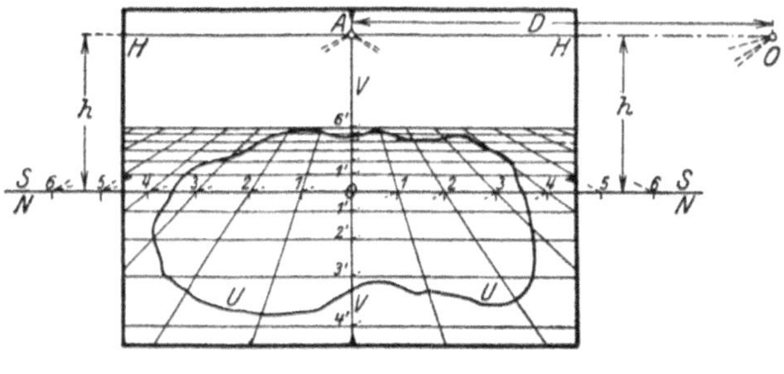


Abb. 308. Darstellung eines mit lotrechter Bildebene aufgenommenen horizontalen Gebildes.

Besitzt das Bild eine nach allen Richtungen hin gleichmäßige Verzerrung von $p\%$, so wird es einer Originalaufnahme mit der Bildweite $D_w = D + \frac{p}{100} \cdot D$ gleichwertig sein. Es ist dann bei unverändertem $h$ die umgeklappte Bildweite $D_w$ zu verwenden. Ist hingegen die waagrechte Verzerrung $p\%$, die aufrechte aber $q\%$, so wird für die umgeklappte Bildweite die Länge $D_w$ beizubehalten sein, während vom Bildhorizont aus an Stelle von $h$ der Wert $h_v = h + \frac{q-p}{100} \cdot h$ abzutragen ist.

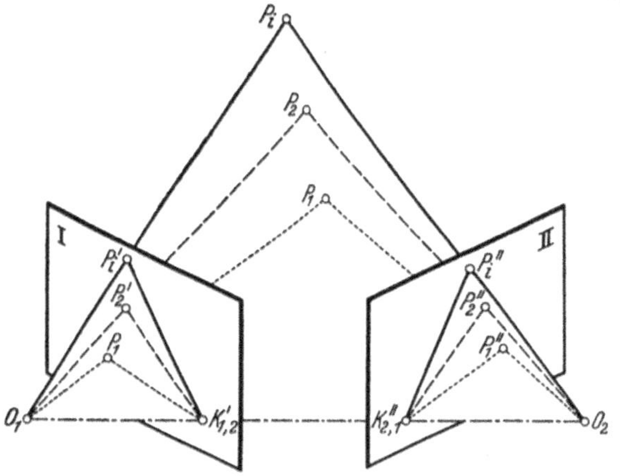


Abb. 309. Entstehung von Kernstrahlenbüscheln.

## k) Kernpunkte und Kernstrahlen.

Eine gewisse Rolle spielen ab und zu auch die von *G. Hauck* eingeführten Kernpunkte. Man versteht unter den gegnerischen Kernpunkten $K'_{1\cdot 2}$ und $K''_{2\cdot 1}$ (Abb. 309) zweier Aufnahmen in verschiedenen Standpunkten die Durchstoßpunkte der von den hinteren Hauptpunkten $O_1$, $O_2$ bestimmten Geraden durch die Bildebenen *I* und *II*. Die Gerade $O_1O_2$ ist die Kernachse und jede sie enthaltende Ebene, z. B. die Ebene $O_1P_iO_2$ ist eine Kernebene. Die Kernebenen schneiden in jeder Bildebene ein Strahlenbüschel zum Mittelpunkt $K'_{1\cdot 2}$ bzw. $K''_{2\cdot 1}$ aus. Diese aus Kernstrahlen bestehenden Büschel sind nach ihrer Entstehung zueinander projektiv, so daß je vier Elemente des einen Büschels dasselbe Doppelverhältnis besitzen wie die vier entsprechenden Elemente des anderen Büschels.

Die Bedeutung der Kernpunkte liegt mehr auf theoretischem Gebiet; immerhin können sie auch für die Meßtischphotogrammetrie von Nutzen sein. Dann nämlich, wenn es sich darum handelt, in abgebildeten Linien (Wege, Wasserläufe, Kulturgrenzen, Kämme, Schneegrenzen usw.) beider Aufnahmen zusammengehörige Punkte zu finden oder wenn eine zweifelhaft gewordene Zusammengehörigkeit von Punkten nachgeprüft werden soll.

In Abb. 310 bedeuten $L'$ und $L''$ die in den Aufnahmen $I$ und $II$ entstandenen Bilder einer Geländelinie $L$ während $P'_1$, $P'_2$, $P'_3$ und $P''_1$, $P''_2$, $P''_3$ irgendwelche gut erkennbare, zweifellos zusammengehörige Bildpunkte sind. Um nun auf $L'$ und $L''$ zusammengehörige Punkte $P'_4$, $P''_4$ zu finden, verbindet man die vorher ausgewählten Punkte und einen auf $L'$ angenommenen Punkt $P'_4$ mit den zugehörigen Kernpunkten $K'_{1\cdot 2}$ bzw. $K''_{2\cdot 1}$ und legt einen Streifen $St$ in der Stellung $St'$ auf das erste Bild. Seine Schnittpunkte $S_1$, $S_2$, $S_3$, $S_4$ mit den Kernstrahlen werden am Streifenrand genau bezeichnet. Hierauf bringt man den Streifen in einer solchen Lage $St''$ auf das zweite Bild, daß die Schnittpunkte $S_1$, $S_2$, $S_3$ auf die entsprechenden Kernstrahlen fallen. Der ebenfalls mitübertragene Punkt $S_4$ bestimmt mit $K''_{2\cdot 1}$ den vierten Kernstrahl, welcher auf $L''$ den zu $P'_4$ gehörigen Linienpunkt $P''_4$ ausschneidet.

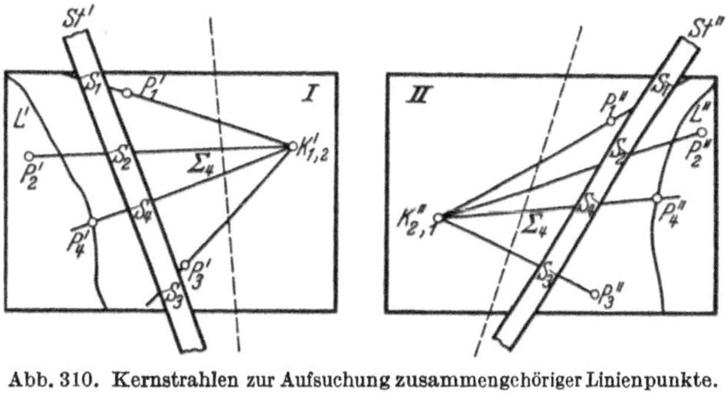

Abb. 310. Kernstrahlen zur Aufsuchung zusammengehöriger Linienpunkte.

Die Aufgabe wird noch umständlicher, wenn die Kernpunkte — wie es meist zutrifft — außerhalb der Bildbegrenzung liegen. Kann man die Bilder nicht auf einen Bogen von solchem Ausmaß kleben, daß auch die Kernpunkte noch darauf fallen, so sind die Schnittpunkte der drei festen Kernstrahlen mit den Bildrändern zu berechnen und hierauf die ins Bild fallenden Strahlenstücke zu ziehen. Der Kernstrahl durch den laufenden Punkt $P'_4$ läßt sich in bekannter Weise jeweils als die zum unzugänglichen Schnittpunkt der übrigen Strahlen führende Gerade konstruieren. Wird nunmehr die vorhin angegebene Konstruktion durchgeführt und hierauf bei einer anderen Streifenlage wiederholt, so werden ins zweite Bild die Punkte $S_4$ und $\Sigma_4$ übertragen, welche den Kernstrahl $K''_{2\cdot 1}P''_4$ bestimmen.

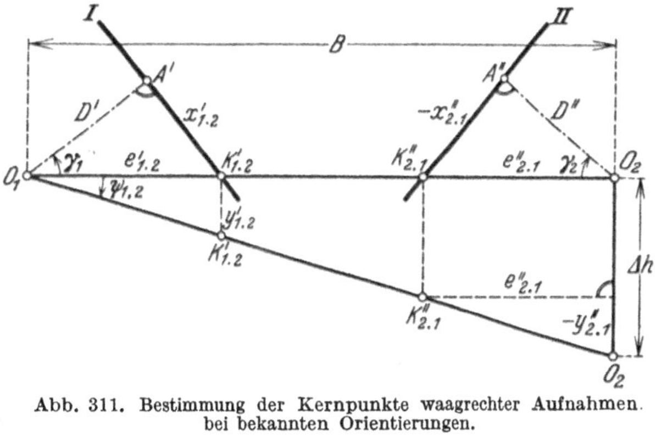

Abb. 311. Bestimmung der Kernpunkte waagrechter Aufnahmen bei bekannten Orientierungen.

Die Berechnung der Kernpunkte lotrechter Bildebenen ist bei bekannter innerer und äußerer Orientierung leicht durchzuführen. In Abb. 311 sind $\gamma_1$, $\gamma_2$ die Orientierungswinkel, welche die Kammerachse $D$ in ihren Lagen $D'$, $D''$ mit der Grundlinie $B$ einschließt. Deren Endpunkte $O_1$, $O_2$ besitzen die Instrumentenhorizonte $J_1$, $J_2$ und den Höhenunterschied $\Delta h = J_2 - J_1$. Aus den Dreiecken $O_1A'K'_{1\cdot 2}$ und $O_2A''K''_{2\cdot 1}$ liest man die Ausdrücke

$$x'_{1\cdot 2} = D \cdot \operatorname{tg}\gamma_1, \qquad x''_{2\cdot 1} = -D \cdot \operatorname{tg}\gamma_2 \tag{809}$$

für die Abszissen der Kernpunkte in den Bildern $I$ und $II$ unmittelbar ab. Aus der angefügten, umgeklappten Neigungsfigur erhält man auch die Ordinaten

$$y'_{1\cdot 2} = e'_{1\cdot 2}\frac{\Delta h}{B}, \qquad y''_{2\cdot 1} = -e''_{2\cdot 1}\frac{\Delta h}{B}, \tag{810}$$

der Kernpunkte und der Ausdruck

$$\operatorname{tg} \psi_{1\cdot 2} = \frac{\Delta h}{B} \tag{811}$$

bestimmt den Höhenwinkel $\psi_{1\cdot 2}$ der schiefen Basis $O_1 O_2$.

## l) Die gnomonische Reziprokalprojektion.

Bei flüchtigen Aufnahmen — insbesondere auf Forschungsreisen — wird man aus Mangel an Zeit und Hilfsmitteln auf die Errichtung von besonderen Signalen und auf die regelrechte Erstellung eines trigonometrischen Netzes aus Theodolitbeobachtungen manchmal verzichten müssen, da die Orientierungswinkel $\gamma$ (Abb. 299) zunächst fehlen. Wenn zwei Bilder in der Hauptsache den gleichen Geländeabschnitt darstellen und den Rahmen möglichst ausfüllen, so ist trotzdem eine gegenseitige Orientierung der Aufnahmen möglich, welche bei gegebener Lage des Bildhorizonts und Hauptpunktes für Aufnahmen mit lotrechter Bildebene nicht allzu umständlich wird. Unter diesen bei terrestrischen Arbeiten leicht einzuhaltenden Voraussetzungen kann die Orientierung der Aufnahmen und die Konstruktion eines Standortsnetzes aus dem Bildinhalt mit Hilfe der gnomonischen Reziprokalprojektion[1] verhältnismäßig einfach durchgeführt werden. Ihr Wesen und der Vorgang bei ihrer Verwendung seien kurz dargelegt.

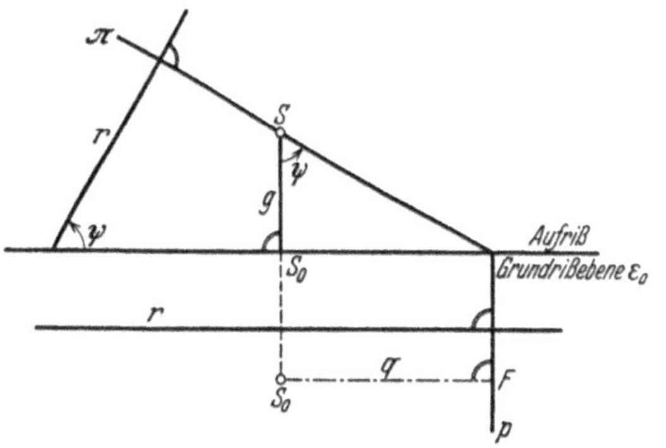


Abb. 312. Entstehung des gnomonischen Reziprokalbildes einer Geraden.

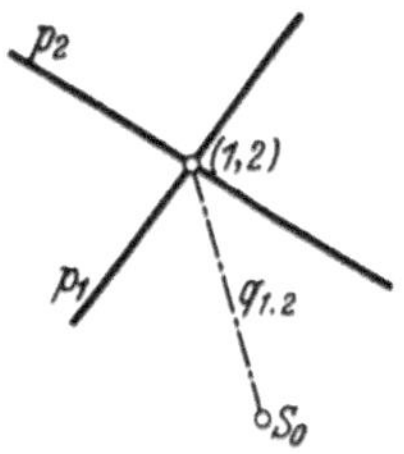


Abb. 313. Gnomonisches Reziprokalbild einer Ebene.

Auf einer Abbildungsebene $\varepsilon_0$ (Grundrißebene in Abb. 312) steht ein Gnomon $g$ senkrecht. Um eine Gerade $r$ in $\varepsilon_0$ abzubilden, führt man durch die Spitze $S$ des Gnomons eine zu $r$ senkrechte Ebene $\pi$, welche in $\varepsilon_0$ eine Gerade $p$, das gnomonische Reziprokalbild von $r$, ausschneidet. $p$ steht auf $r$ und seinem Grundriß senkrecht; aber auch auf allen zu $r$ parallelen Richtungen, so daß diesen allen das eine gemeinsame Bild $p$ zukommt. Ist $\psi$ der Höhenwinkel von $r$, so gibt

$$q = g \cdot \operatorname{tg} \psi \tag{812}$$

den senkrechten Abstand des Bildes $p$ vom Fußpunkt $S_0$ des Gnomons an.

Eine beliebige Ebene $\varepsilon$ ist durch zwei in ihr liegende Gerade $r_1, r_2$ bestimmt, deren Reziprokalbilder $p_1, p_2$ (Abb. 313) sich im Punkt $(1, 2)$ schneiden. Er ist das Reziprokalbild der Ebene $\varepsilon$ sowie aller dazu parallelen Ebenen und ergibt sich unmittelbar als Durchstoßpunkt einer durch $S$ senkrecht zu $\varepsilon$ geführten Geraden durch die Bezugsebene $\varepsilon_0$. Aus dem zu $q_{1\cdot 2}$ gehörigen, hier nicht dargestellten Neigungsdreieck läßt sich ersehen, daß zwischen dem Abstand $q_{1\cdot 2}$ des Ebenenbildes vom Gnomonfußpunkt $S_0$

[1] Diese Projektionsart hat *S. Finsterwalder* der Photogrammetrie dienstbar gemacht. Siehe hiezu seine beiden Abhandlungen a) Flüchtige Aufnahmen mittels Photogrammetrie. Verhandl. int. Mathematikerkongresses. Heidelberg 1904; b) Die Kernpunkte, die gnomonische Projektion und die Reziprokalprojektion in der Photogrammetrie. Int. Arch. Photogrammetrie, S. 22—35. Wien 1923.

und dem Neigungswinkel $\psi_{1\cdot 2}$ der Ebene $\varepsilon$ die einfache Beziehung

$$q_{1\cdot 2} = g \cdot \operatorname{tg} \psi_{1\cdot 2} \tag{813}$$

besteht.

Zur gegenseitigen Orientierung der Aufnahmen *I* und *II* suchen wir auf beiden Bildern mindestens je drei zusammengehörige Punkte $P_1', P_2', P_3'$ bzw. $P_1'', P_2'', P_3''$ aus und zeichnen für die dadurch bestimmten Zielstrahlen $O_1P_1 = 1', O_1P_2 = 2'$, $O_1P_3 = 3'$ bzw. $O_2P_1 = 1'', O_2P_2 = 2'', O_2P_3 = 3''$ die gnomonischen Bilder $p_1', p_2', p_3'$ bzw. $p_1'', p_2'', p_3''$ (Abb. 314) je auf eine möglichst maßhaltige Pause, wobei für $g$ ein geeigneter Wert, etwa

$$g = n \cdot D \tag{814}$$

anzunehmen ist. Die Herstellung dieser zunächst getrennten gnomonischen Bilder ist ohne weiteres möglich, da sie auf den Horizontalprojektionen $e', e''$ der zugehörigen

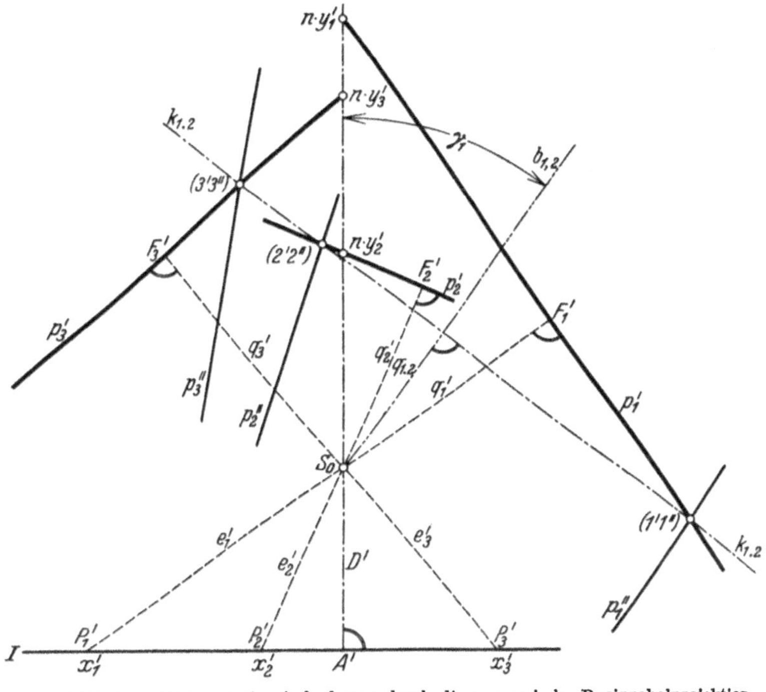


Abb. 314. Orientierung zweier Aufnahmen durch die gnomonische Reziprokalprojektion.

Zielstrahlen senkrecht stehen und die zur Berechnung der Abstände $q$ notwendigen Strahlenneigungen $\psi$ aus (791) folgen. Demnach ergeben sich aus (812) für die gnomonischen Strahlenbilder der ersten Aufnahme die Abstände

$$q_1' = \frac{y_1'}{e_1'} \cdot g, \qquad q_2' = \frac{y_2'}{e_2'} \cdot g, \qquad q_3' = \frac{y_3'}{e_3'} \cdot g \tag{815}$$

vom gewählten Projektionsmittelpunkt $S_0$. Die gnomonischen Reziprokalbilder der Zielstrahlen können auch dadurch gefunden werden, daß von $S_0$ ab in der Verlängerung von $D'$ die Längen $n \cdot y_1', n \cdot y_2', n \cdot y_3'$ abgetragen werden. Die durch diese Punkte senkrecht zu $e_1', e_2', e_3'$ gezogenen Geraden sind die Bilder $p_1', p_2', p_3'$. Hat man die Projektion der zweiten Aufnahme in entsprechender Weise gewonnen, so wird die erste Pause derart auf die zweite gelegt, daß die Gnomonfußpunkte $S_0$, als welche man für die Konstruktion zweckmäßig $O_1$ und $O_2$ nehmen kann, sich decken. Dann dreht man unter Festhaltung der Mittelpunkte eine Pause gegen die andere bis die Schnittpunkte $(1'1'')$, $(2'2'')$, $(3'3'')$ der Strahlenbilder $p_1', p_2', p_3'$ mit den entsprechenden $p_1'', p_2'', p_3''$ auf einer Geraden $k_{1\cdot 2}$ liegen. In diesem Falle sind die beiden Pausen bzw.

die darauf befindlichen Strahlenbilder richtig gegeneinander orientiert. Die Punkte $(1'1'')$, $(2'2'')$, $(3'3'')$ sind nämlich die Reziprokalbilder der durch die Zielstrahlen $1'1''$, $2'2''$, $3'3''$ bestimmten drei Kernebenen, welchen allen die Kernachse $O_1O_2$ gemeinsam ist. Deren Bild $k_{1\cdot 2}$ muß also durch die genannten drei Kernebenenbilder hindurchgehen, wenn die Orientierung gelungen ist. Die Winkel $\gamma_1, \gamma_2$, welche die Bildweiten $D', D''$ auf beiden Pausen mit einer zu $k_{1\cdot 2}$ Senkrechten $b_{1\cdot 2}$ einschließen, sind die gesuchten Orientierungswinkel.

Die Neigung $\psi_{1\cdot 2}$ der Grundlinie $B$ ergibt sich aus

$$\operatorname{tg} \psi_{1\cdot 2} = \frac{q_{1\cdot 2}}{g}, \tag{816}$$

wo $q_{1\cdot 2}$ den Abstand des Kernachsenbildes $k_{1\cdot 2}$ vom Zentrum $S_0$ bedeutet.

In Wirklichkeit wird man zur Lösung der eben besprochenen Aufgabe zwecks Erhöhung der Genauigkeit und zum Schutz gegen grobe Irrtümer stets mehr als drei Punktpaare verwenden.

Die in Abb. 315 dargestellte Strahlenlage, für welche die Fußpunkte $F_1', F_2', F_3'$ der Abstände $q_1', q_2', q_3'$ in die Ebenenbilder $(1'1'')$, $(2'2'')$, $(3'3'')$ fallen und daher $p_1', p_2', p_3'$ Fallinien der durch die Punkte $P_1$, $P_2$, $P_3$ bestimmten Kernebenen sind, ist als **gefährlich** für die Orientierungsbestimmung zu betrachten. Dann berühren nämlich die verschiedenen $p'$ Kreise zum gemeinsamen Mittelpunkt $S_0$ in den Ebenenbildern $(1'1'')$, $(2'2'')$, $(3'3'')$ und da man jedes Kreisbogenstück durch ein kurzes Stück der Tangente im Berührpunkt ersetzen darf, so kann tatsächlich die obere Pause etwas um $S_0$ gedreht werden, ohne daß sogleich eine Verschiebung der Strahlenschnittpunkte wahrzunehmen ist; die **Orientierung wird also unscharf.**

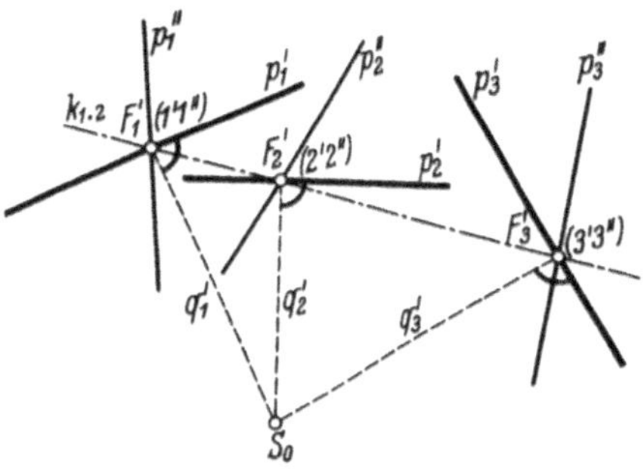


Abb. 315. Gefährliche Strahlenlage für die gnomonische Reziprokalprojektion.

Bei größeren Arbeiten ist es zweckmäßig, den Inhalt der orientierten Pausen auf ein einziges, möglichst maßhaltiges, kräftiges Blatt, das sog. **Projektionsblatt**, zusammenzutragen. Dieses gibt dann Aufschluß über die horizontale Richtung und über die Neigung — kurz gesagt über die räumliche Lage — aller zur Konstruktion verwendeten Zielstrahlen und der damit abgeleiteten Kernachsen (Grundlinien). Auch Kontrollen bieten sich. Bilden z. B. drei Grundlinien ein geschlossenes Dreieck, so müssen ihre Bilder durch ein und denselben Punkt gehen, welcher das Bild der Dreiecksebene darstellt. Ist eine Grundlinie mehreren Dreiecken gemeinsam, so muß ihr Bild durch die Bilder der Ebenen aller dieser Dreiecke gehen. Nach Beseitigung etwaiger Widersprüche und Annahme einer Länge für die erste Seite kann man die ausgeglichenen Richtungen für den Aufbau des das trigonometrische Netz ersetzenden Standortsnetzes verwenden. Enthält das Netz irgendeine von vornherein bekannte Länge, so gibt ihr Vergleich mit dem abgeleiteten Wert auch noch den Maßstab der Darstellung[1].

## m) Auswertung von Aufnahmen mit bekannter Neigung.

**Ist die Aufnahme nicht mit lotrechten Bildebenen, sondern unter einem Höhenwinkel $\beta$ der Bildweite so ausgeführt worden, daß die Markenverbindungslinie $M_1, M_2$ horizontal liegt,** so kann man die Winkel

[1] Eine größere praktische Arbeit dieser Art hat *R. Finsterwalder* ausgeführt und in seiner 1923 verfaßten Dissertation „Die gnomonische Reziprokalprojektion und ihre praktische Anwendung bei der Vermessung des Loferer Steinbergs“ (infolge der damaligen Zeitumstände nicht gedruckt!) eingehend behandelt. Trotz recht ungünstiger äußerer Verhältnisse bleiben die mittleren Fehler der gnomonisch ermittelten Netzwinkel unter 5′.

aus der in Abb. 316 angedeuteten Grund- und Aufrißkonstruktion entnehmen. Man trägt die zur Tafel II parallel gedachte Bildweite $D$ im Aufriß unter ihrem Höhenwinkel $\beta'$ auf und trägt vom Bild $A_2'$ des Hauptpunktes aus die von der Markenverbindungslinie $M_1 M_2$ aus gezählte Ordinate $y'$ des Bildes $P'$ auf der Spur $S_2$ der Bildebene ab. Das Lot durch den so erhaltenen Aufrißpunkt $P_2'$ schneidet die Kantenparallelen durch $O_2$ und $O_1$ in den Punkten $B$ und $C$. Trägt man auf dem verlängerten Lot durch $P_2'$ im Grundriß von $C$ aus mittels der Abszisse $x'$ den Grundriß $P_0'$ von $P'$ auf, so ist $O_1 P_0'$ sogleich wieder der erste geometrische Ort für die gesuchte Horizontalprojektion $P^0$ des Geländepunktes, wenn von vornherein $O_1 C$ so gelegt wird, daß es mit der Grundlinie $B$ den Winkel $\gamma_1$ einschließt und somit den Richtungswinkel $\Phi_1$ besitzt. Auf gleiche Weise erhält man von $O_2$ aus einen zweiten Bestimmungsstrahl $O_2 P_0''$ zur Ermittlung von $P^0$. Setzt man die der Konstruktion zu entnehmenden Längen

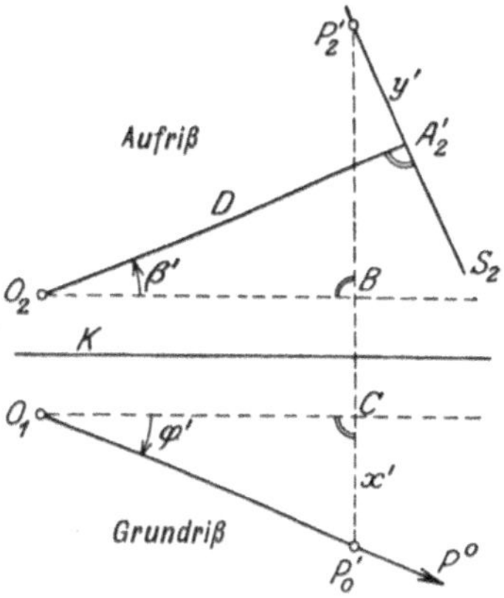


Abb. 316. Ermittlung der Horizontalrichtung und des Höhenwinkels eines Bestimmungsstrahles bei geneigter Bildebene.

$$\left.\begin{aligned} O_1 P_0' &= (e)', & O_1 P^0 &= E', & B P_2' &= (y)', \\ O_2 P_0'' &= (e)'', & O_2 P^0 &= E'', & B P_2'' &= (y)'', \end{aligned}\right\} \quad (817)$$

so werden die von $O_1$ bzw. von $O_2$ bis zum Geländepunkt gezählten Höhenunterschiede $h'$, $h''$ die Ausdrücke

$$h' = \frac{E'}{(e)'} \cdot (y)' \qquad h'' = \frac{E''}{(e'')} \cdot (y)''. \quad (818)$$

Zur zahlenmäßigen Bestimmung der Richtung $\varphi'$ und des zugehörigen Höhenwinkels $\psi'$ dienen die nach *Koppe* benannten Gleichungen

$$\operatorname{tg} \varphi' = \frac{x'}{O_1 C} = \frac{x'}{D \cos \beta' - y' \sin \beta'}, \quad (819)$$

$$\operatorname{tg} \psi' = \frac{B P_2'}{O_1 P_0'} = \frac{D \sin \beta' + y' \cos \beta'}{D \cos \beta' - y' \sin \beta'} \cos \varphi'. \quad (820)$$

Ganz entsprechendes gilt auch für die Werte $\varphi''$, $\psi''$ einer zweiten Station.

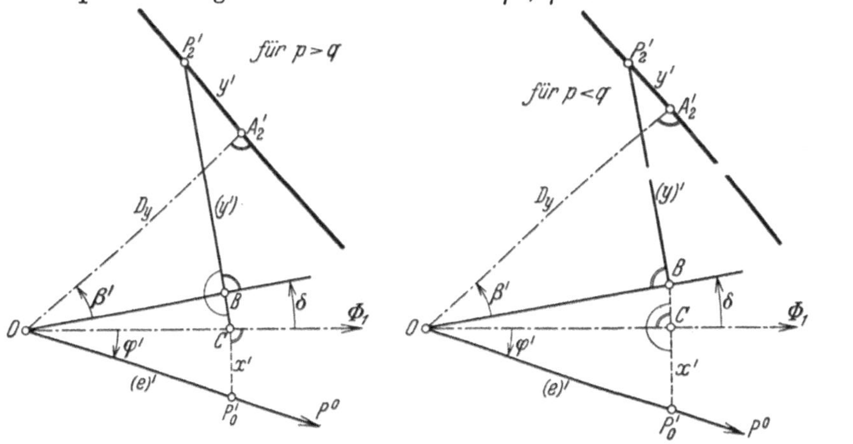


a) b)

Abb. 317. Berücksichtigung der Papieränderung beim Grund- und Aufrißverfahren für a) $p > q$ b) $p < q$.

In den Abb. 317 ist angedeutet, wie eine Papieränderung von $p$% bzw. $q$% in der Abszissen- und Ordinatenrichtung bei der Grundrißzeichnung in einfacher Weise berücksichtigt werden kann. Zunächst wird im Aufriß die Papieränderung durch

Verwendung der reduzierten Bildweite $D_y = D + \frac{q}{100} \cdot D$ berücksichtigt. Die damit erhaltenen Strecken $OB$ sind ebenfalls um $q$% geändert. Um im Grundriß $\varphi'$ zu erhalten, muß eine zu seiner Konstruktion verwendete Länge $OC$ die $x'$ zukommende Verzerrung von $p$% besitzen. Dies wird erreicht, wenn zwischen $OB$ und $OC$ ein kleiner Winkel

$$\delta = \tfrac{1}{10}\sqrt{2(p-q)} \quad \text{für } p > q \qquad \text{bzw.} \qquad \delta = \tfrac{1}{10}\sqrt{2(q-p)} \quad \text{für } p < q \tag{821}$$

eingelegt wird[1].

Bei der nach (818) erfolgenden Höhenberechnung muß der Unterschied in den Verzerrungen von $(y)'$ und $(e)'$ bzw. von $(y)''$ und $(e)''$ berücksichtigt werden.

Eine neuere Methode zur Auswertung geneigter Aufnahmen ist das Verfahren der Abgreiflinie[2], bei welchem die Papieränderung ebenfalls in einfacher Weise berücksichtigt werden kann.

## n) Ausmessung geneigter Platten nach Porro-Koppe. Der Bildmeßtheodolit.

In der Absicht, die Arbeit zu vereinfachen und Fehler — besonders solche des Objektivs — für die Auswertung von Aufnahmen möglichst unschädlich zu machen, haben *Porro*[3] und später unabhängig von ihm *Koppe*[4] die Ausmessung der Platten durch das Objektiv hindurch eingeführt. In Abb. 318 ist *Ka* die Aufnahmekammer und *Pl* die entwickelte Platte. Beide erhalten dieselbe Lage gegeneinander und gegen den Horizont wie bei der Aufnahme. Vor dem Objektiv der Kammer wird ein Theodolit mit zurückgesetztem Fernrohr so angebracht, daß der Schnittpunkt der Zielachse $A_z$ mit der Kippachse $A_k$ in den vorderen Objektivhauptpunkt $H'$ fällt; dies läßt sich leicht bis auf Bruchteile eines Millimeters erreichen. Wird jetzt die in der Brennebene liegende Platte von hinten her beleuchtet und irgendein Bildpunkt $P_i'$ derselben eingestellt, so ist die Zielachse $A_z$ zum Strahl $H''P_i'$ ($H''$ = hinterer Hauptpunkt des Objektivs) parallel. Diese Strahlen $H''P_i'$ selbst sind aber zu den von $H'$ nach den entsprechenden Geländepunkten $P_i$ führenden Zielstrahlen $H'P_i$ parallel, so daß die nach Einstellung von $P_i$ am Grundkreis $K_g$ und Höhenkreis $K_v$ des Theodolits ausgeführten Ablesungen die dem Zielstrahl $H'P_i$ entsprechende Horizontalrichtung und seinen Höhenwinkel unmittelbar angeben. Das Instrument, für welches statt der geschlossenen Aufnahmekammer auch ein offener Plattenhalter mit einem besonderen Objektiv — am besten identisch mit dem Aufnahmeobjektiv — verwendet werden kann, wurde später vervollkommnet und ist heute unter dem Namen Bildmeßtheodolit[5] bekannt. Dieser wird als selbständiges Instrument heute selten verwendet, hat aber als wichtiger Bestandteil vieler automatischer Auswerteinstrumente eine große Bedeutung erlangt.

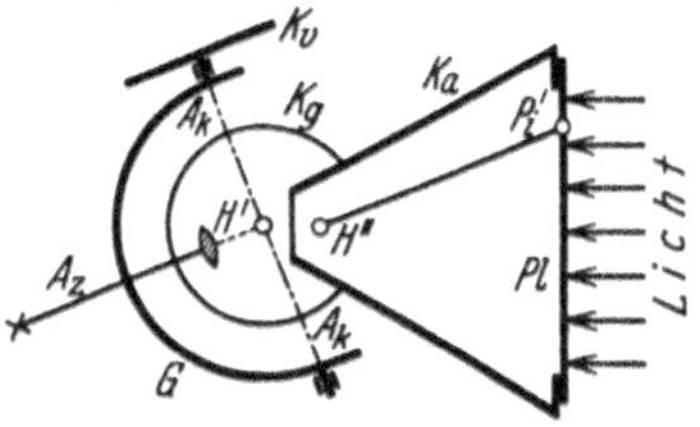

Abb. 318. Bildmeßtheodolit zur Plattenausmessung nach Porro-Koppe.

Ist die Voraussetzung, daß die Bildweite $D$ gleich der Brennweite $f$ des Objektivs sei, nicht streng erfüllt und geht gleichzeitig die Zielachse $A_z$ um $r$ seitwärts an $H'$

---

[1] Der in Abb. 317 bei $B$ bzw. bei $C$ enthaltene einfache Bogen bedeutet einen gestreckten Winkel.

[2] *Lüscher, H.:* Photogrammetrie. Aus Natur u. Geisteswelt Nr. 612 S. 114—116. Leipzig u. Berlin 1920.

[3] *Doležal, E.:* Über *Porros* Instrumente für photogrammetrische Zwecke. Der Mechaniker, S. 73ff. Berlin 1902.

[4] *Koppe, C.:* Photogrammetrie und internationale Wolkenmessung, S. 14ff. Braunschweig 1896.

[5] Zwei bekanntere Bildmeßtheodolite sind die von *Pulfrich-Zeiß* und *Hugershoff-Heyde.* Siehe hiezu a) *Pulfrich, C.:* Über Photogrammetrie aus Luftfahrzeugen und die ihr dienenden Instrumente. Jena 1919; b) *Hugershoff* u. *Cranz:* Grundlagen der Photogrammetrie aus Luftfahrzeugen, S. 40—46. Stuttgart 1919; c) *Hugershoff:* Photogrammetrie und Luftbildwesen, S. 58ff. Wien 1930.

vorbei, so ist der entstehende **Richtungsfehler**

$$d\varphi = \varrho'' \frac{r(D-f)}{f^2}. \tag{822}$$

Für $f = 150$ mm und die beträchtlichen Abweichungen $r = 0{,}5$ mm, $D - f = 0{,}5$ mm folgt aus (822) der besondere große Fehlerwert $d\varphi = 2{,}3''$. Er kann wohl immer vernachlässigt werden.

## o) Fehlerfragen.

Die **Genauigkeit der räumlichen Lage** eines zeichnerisch oder rechnerisch aus photogrammetrischen Aufnahmen bestimmten Punktes hängt vorwiegend von den Fehlern $dx, dy$ der Bildkoordinaten und denjenigen der Orientierungselemente ab. Erstere setzen sich aus vielen Teilbeträgen zusammen; sie entspringen hauptsächlich folgenden Ursachen:

1. einer Verzeichnung des Objektivs (kann bei guten neueren Objektiven meist vernachlässigt werden), 2. aus Verzerrungen (Nichtanliegen der Platte am Rahmen, Unebenheiten und Durchbiegung der Platte, Verziehen der Schicht, Papieränderung), 3. einer fehlerhaften Lage des Koordinatenursprungs im Bild (mangelhafte Bestimmung oder Übertragung des Hauptpunktes), 4. einer Drehung (Verkantung) des Bildkoordinatensystems (Nichteinspielen der Querlibelle, mangelhafte Bestimmung oder Übertragung des Bildhorizonts), 5. einer unbeabsichtigten Neigung der Aufnahme (mangelhafte Lotrechtstellung der Rahmenebene bei der Instrumentenuntersuchung, Lageänderung oder Einstellfehler der Längslibelle), 6. Unsicherheiten der Punktidentifizierung, 7. rein zufälligen Messungsfehlern.

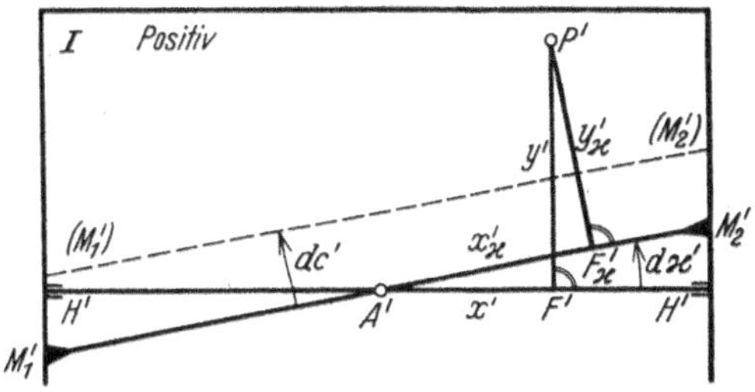


Abb. 319. Änderung der Bildkoordinaten durch eine kleine Verkantung und Parallelverschiebung der Markenlinien $M'_1M'_2$.

Unter Voraussetzung einer Aufnahme mit lotrechter Bildebene (**Waagrechtaufnahme**) sollen für die linke Aufnahme $I$ die Koordinatenänderungen ins Auge gefaßt werden, welche aus einer fehlerhaften Lage der Markenlinie $M'_1 M'_2$ infolge eines kleinen Verkantungsfehlers $d\varkappa'$ und einer geringen Parallelverschiebung $dc'$ sowie durch einen kleinen Neigungsfehler $d\beta'$ der Kammerachse $D'$ entstehen.

Infolge des **Verkantungsfehlers** $d\varkappa'$ (Abb. 319) werden statt der auf den Bildhorizont $H'H'$ und den Hauptpunkt $A'$ bezogenen Bildkoordinaten $x', y'$ die auf die verkantete Markenlinie $M'_1M'_2$ bezogenen fehlerhaften Beträge $x'_\varkappa, y'_\varkappa$ gemessen. Aus der Abbildung ergeben sich die Fehlerausdrücke

$$dx'_\varkappa = x' - x'_\varkappa = -y' \cdot d\varkappa', \qquad dy'_\varkappa = y' - y'_\varkappa = x' \cdot d\varkappa'. \tag{823}$$

Demnach verschwindet der Einfluß eines kleinen Verkantungsfehlers auf die Bildkoordinate, wenn der Bildpunkt auf der gleichnamigen Koordinatenachse liegt. Durch eine **Parallelverschiebung** der Markenlinie um $dc'$ gelangt diese in die Lage $(M'_1)(M'_2)$. Es werden lediglich fehlerhafte Ordinaten $y'_c$ entstehen, während die Abszissen unberührt bleiben. Die Fehlerausdrücke lauten

$$dx'_c = 0, \qquad dy'_c = y' - y'_c = dc \tag{824}$$

In Abb. 320 ist der Fall veranschaulicht, daß die **Kammerachse** statt der streng waagrechten Lage $D'$ die **schwach geneigte Lage** $D'_\beta$ vom Höhenwinkel $d\beta'$ besitzt[1]. An Stelle von $P'$ mit den Bildkoordinaten $x', y'$ entsteht ein anderer Bildpunkt $P'_\beta$ mit den fehlerhaften Koordinaten $x'_\beta, y'_\beta$. Aus der Abbildung ergeben sich die Fehler

$$dx'_\beta = x' - x'_\beta = \frac{x' \cdot y'}{D} \cdot d\beta', \qquad dy'_\beta = y' - y''_\beta = \left(D + \frac{y'^2}{D}\right) d\beta'. \tag{825}$$

[1] In Abb. 320 lies $d\beta'$ statt $d\beta$.

Der Einfluß einer kleinen Achsenneigung $d\beta'$ auf die Bildabszisse ist proportional zur Fläche des Koordinatenrechtecks; er verschwindet also, wenn der Bildpunkt auf einer Koordinatenachse liegt. Dagegen kann ihr von $x'$ unabhängiger Einfluß auf die Ordinate niemals Null werden.

Den Gesamteinfluß einer fehlerhaften Lage der Markenlinie und der Kammerachse gegen den Horizont gewinnt man als die Summe der eben aufgestellten Teilfehler, nämlich

$$dx'_{\varkappa c\beta} = x' - x'_{\varkappa c\beta} = y'\left(-d\varkappa' + \frac{x'}{D}\cdot d\beta'\right), \tag{826}$$

$$dy'_{\varkappa c\beta} = y' - y'_{\varkappa c\beta} = x'\cdot d\varkappa' + dc' + \left(D + \frac{y'^2}{D}\right)d\beta'. \tag{827}$$

Ein Zielstrahl nach dem Paßpunkt $P$ (Abb. 321) besitzt einen bekannten Richtungswinkel $\Phi'$ und einen bekannten Höhenwinkel $\psi'$. Aus dem ebenfalls bekannten Richtungswinkel $\Phi_0 = (O_1O_2)$ der Standlinie folgt der Richtungswinkel

$$\Phi_1 = \Phi_0 - \gamma_1 \tag{828}$$

der Kammerachse. Nach dem Anblick der Abbildung und mit Rücksicht auf die Gln. (790) und (791) erhält man die fehlerfreien Bildkoordinaten $x'$, $y'$ des Paßpunktes aus den Gleichungen

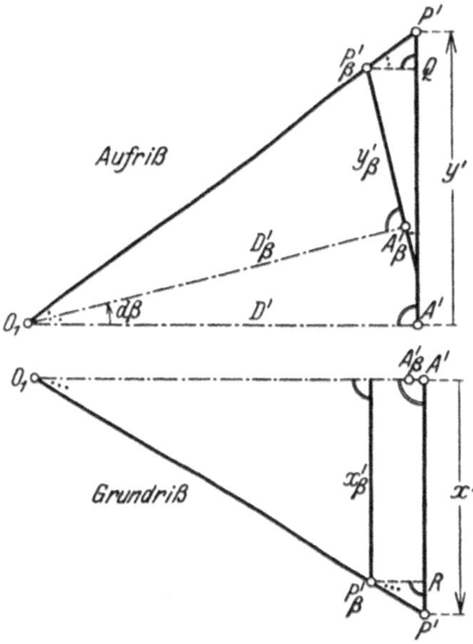


Abb. 320. Änderung der Bildkoordinaten infolge eines kleinen Neigungsfehlers der Kammerachse. Aufriß. Grundriß.

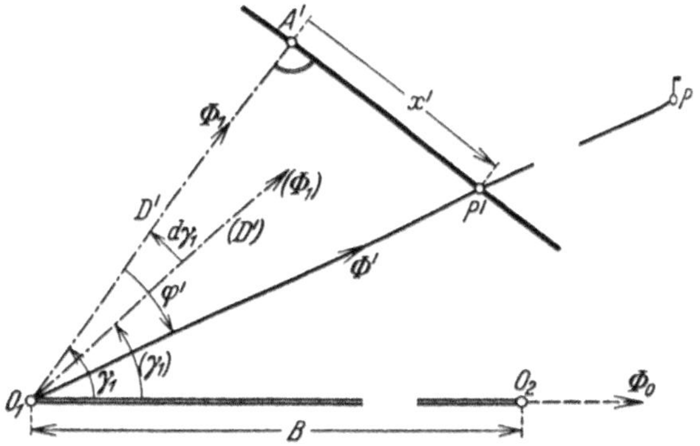


Abb. 321. Prüfung der äußeren Orientierung durch Paßpunkte.

$$\varphi' = \Phi' - \Phi_1, \qquad x' = D\cdot \operatorname{tg}\varphi', \qquad y' = e'\cdot\operatorname{tg}\psi' = \operatorname{tg}\psi'\cdot\sqrt{D^2 + x'^2}. \tag{829}$$

Nun weicht aber der nach (828) zur Berechnung von $x'$, $y'$ erforderliche richtige Wert $\gamma_1$ des Orientierungswinkels vom beobachteten Wert $(\gamma_1)$ meist etwas ab. Dieser beobachtete Wert muß daher zunächst verprobt bzw. berichtigt werden. Mit Hilfe eines Paßpunktes finden wir leicht

$$\operatorname{tg}\varphi' = \frac{x'}{D}, \qquad \Phi_1 = \Phi' - \varphi', \qquad \gamma_1 = \Phi_0 - \Phi_1 = \Phi_0 - \Phi' + \varphi'. \tag{830}$$

Der Fehler des Orientierungswinkels ist die Differenz

$$d\gamma_1 = \gamma_1 - (\gamma_1) = \Phi_0 - \Phi' + \varphi' - (\gamma_1). \tag{831}$$

Für die Ermittlung von $\gamma_1$ bzw. $d\gamma_1$ muß ein Paßpunkt so ausgewählt werden, daß seine dem Bild zu entnehmende, in (830) einzuführende Abszisse $x'$ durch die früher besprochenen Fehler $d\varkappa'$, $dc'$, $d\beta'$ nicht beeinflußt wird. Das trifft nach (826) für alle auf dem Horizont liegenden — bzw. ihm benachbarten — Punkte zu. Hat man mit Hilfe eines oder mehrerer solcher Paßpunkte den Orientierungswinkel $\gamma_1$ genügend sicher erhalten, so ergeben sich die gerechneten Bildkoordinaten $x'$, $y'$

weiterer Paßpunkte aus (828) und (829). Ihr Vergleich mit den gemessenen, entstellten Werten $x'_{\varkappa c\beta}$, $y'_{\varkappa c\beta}$ führt auf die Zahlenwerte der Fehler $dx'_{\varkappa c\beta}$, $dy'_{\varkappa c\beta}$ und die Anwendung der Beziehungen (826), (827) auf zwei zunächst beliebige Paßpunkte $P_1$, $P_2$ ergibt vier Gleichungen, aus welchen die drei Unbekannten $d\varkappa'$, $dc'$, $d\beta'$ mit Probe ermittelt werden können. Mit den Abkürzungen $(dx'_{\varkappa c\beta})_1$, $(dx'_{\varkappa c\beta})_2$ bzw. $(dy'_{\varkappa c\beta})_1$, $(dy'_{\varkappa c\beta})_2$ für die in (826) und (827) auftretenden Absolutglieder erhält man

$$d\beta' = \frac{D\{y'_1\,(dx'_{\varkappa c\beta})_2 - y'_2\,(dx'_{\varkappa c\beta})_1\}}{y'_1\,y'_2\,(x'_2 - x'_1)}, \quad d\varkappa' = \frac{(dy'_{\varkappa c\beta})_2 - (dy'_{\varkappa c\beta})_1}{x'_2 - x'_1} - \frac{y'^2_2 - y'^2_1}{D\,(x'_2 - x'_1)} \cdot d\beta', \tag{832}$$

$$dc' = (dy'_{\varkappa c\beta})_1 - x'_1 \cdot d\varkappa' - \left(D + \frac{y'^2_1}{D}\right) d\beta' = (dy'_{\varkappa c\beta})_2 - x'_2\,d\varkappa' - \left(D + \frac{y'^2_2}{D}\right) d\beta'. \tag{833}$$

Zweckmäßiger ist es, Paßpunkte von besonderer Lage — darunter randnahe Horizontpunkte — zu verwenden. Für die in Abb. 322 getroffene Anordnung z. B., welche zwei überschüssige Punkte enthält, ist $y'_1$, $y'_2$, $x'_3$, $x'_4$ jeweils Null und aus den Gln. (826), (827) folgen die besonderen Beziehungen

$$(dx'_{\varkappa c\beta})_1 = 0, \quad (dx'_{\varkappa c\beta})_2 = 0, \quad (dx'_{\varkappa c\beta})_3 = -y'_3 \cdot d\varkappa', \quad (dx'_{\varkappa c\beta})_4 = -y'_4\,d\varkappa', \tag{834}$$

$$(dy'_{\varkappa c\beta})_1 = x'_1 \cdot d\varkappa' + dc' + D \cdot d\beta', \qquad (dy'_{\varkappa c\beta})_2 = x'_2 \cdot d\varkappa' + dc' + D \cdot d\beta', \tag{835}$$

$$(dy'_{\varkappa c\beta})_3 = dc' + \left(D + \frac{y'^2_3}{D}\right) d\beta', \qquad (dy'_{\varkappa c\beta})_4 = dc' + \left(D + \frac{y'^2_4}{D}\right) d\beta'. \tag{836}$$

Durch geeignete Verbindung dieser Gleichungen ergeben sich die nur für den besprochenen Fall gültigen Fehlerausdrücke

$$d\varkappa' = \frac{(dy'_{\varkappa c\beta})_2 - (dy'_{\varkappa c\beta})_1}{x'_2 - x'_1} = -\frac{(dx'_{\varkappa c\beta})_3}{y'_3} = -\frac{(dx'_{\varkappa c\beta})_4}{y'_4}, \tag{837}$$

$$\left.\begin{aligned} d\beta' &= \frac{D}{y'^2_3}\{(dy'_{\varkappa c\beta})_3 - (dy'_{\varkappa c\beta})_1 + x'_1 \cdot d\varkappa'\} = \frac{D}{y'^2_3}\{(dy'_{\varkappa c\beta})_3 - (dy'_{\varkappa c\beta})_2 + x'_2\,d\varkappa'\} \\ &= \frac{D}{y'^2_4}\{(dy'_{\varkappa c\beta})_4 - (dy'_{\varkappa c\beta})_1 + x'_1 \cdot d\varkappa'\} = \frac{D}{y'^2_4}\{(dy'_{\varkappa c\beta})_4 - (dy'_{\varkappa c\beta})_2 + x'_2\,d\varkappa'\}, \end{aligned}\right\} \tag{838}$$

$$\left.\begin{aligned} dc' &= (dy'_{\varkappa c\beta})_1 - x'_1\,d\varkappa' - D \cdot d\beta' = (dy'_{\varkappa c\beta})_2 - x'_2\,d\varkappa' - D \cdot d\beta' \\ &= (dy'_{\varkappa c\beta})_3 - \left(D + \frac{y'^2_3}{D}\right) d\beta' = (dy'_{\varkappa c\beta})_4 - \left(D + \frac{y'^2_4}{D}\right) d\beta'. \end{aligned}\right\} \tag{839}$$

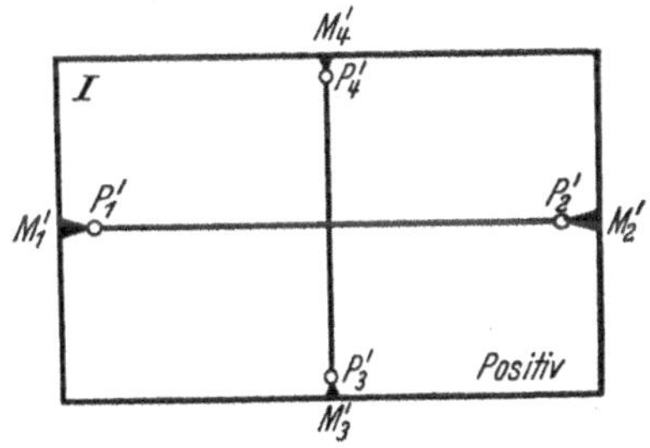


Abb. 322. Besondere Lage von Paßpunkten.

Die auf dem Horizont liegenden Paßpunkte — hier $P_1$ und $P_2$ — können natürlich auch zur vorausgehenden Bestimmung von $\gamma_1$ nach (830) verwendet werden.

Diese ab (823) geführten Entwicklungen gelten natürlich auch für die rechte Aufnahme *II*; nur ist in den entsprechenden Ergebnissen überall ′ mit ″ zu vertauschen, während $+\gamma_1$ und $+d\gamma_1$ durch $-\gamma_2$ und $-d\gamma_2$ zu ersetzen sind.

Wir werfen auch einen Blick auf die Fehler der einer Aufnahme entnommenen Horizontal- und Höhenwinkel, soweit es sich um den Einfluß von irgendwie entstandenen Fehlern $dx$, $dy$ der Bildkoordinaten oder eines Bildweitenfehlers $dD$ handelt. Die Verhältnisse sind für beide Aufnahmen gleich, so daß eine besondere Kennzeichnung durch ′ bzw. ″ unterbleiben kann.

Aus (790) ergibt sich die Änderung des Horizontalachsenwinkels $\varphi$ zu

$$d\varphi = \cos^2\varphi \left(\frac{dx}{D} - \operatorname{tg}\varphi \cdot \frac{dD}{D}\right) = \frac{\cos^2\varphi}{D} \cdot dx - \frac{\sin 2\varphi}{2D} \cdot dD. \tag{840}$$

Die stärkste Einwirkung von $dx$ bzw. von $dD$ auf $\varphi$ zeigt sich bei Punkten der Hauptvertikalen bzw. bei Punkten mit dem Achswinkel $\varphi = 45^0$.

Für den Fehler eines Horizontalwinkels $w_{1\cdot 2} = \varphi_2 - \varphi_1$, dessen Schenkel die Achswinkel $\varphi_1, \varphi_2$ besitzen, folgt aus (840) der Ausdruck

$$dw_{1\cdot 2} = d\varphi_2 - d\varphi_1 = \frac{1}{D}\left\{\cos^2\varphi_2 \cdot dx_2 - \cos^2\varphi_1 \cdot dx_1 - \sin w_{1\cdot 2}\cos(\varphi_1+\varphi_2)\cdot dD\right\}. \quad (841)$$

Bemerkenswert ist, daß der Einfluß eines Bildweitenfehlers nicht nur mit dem Winkel $w$, sondern auch dann verschwindet, wenn die Winkelhalbierende von $w$ den Achswinkel $\varphi_m = 45^0$ besitzt.

Aus (791) erhält man den Fehler des Höhenwinkels $\psi$ eines Zielstrahls, nämlich

$$d\psi = \frac{1}{D}\left(-\tfrac{1}{2}\sin\varphi\sin 2\psi\cdot dx + \cos\varphi\cos^2\psi\cdot dy - \tfrac{1}{2}\cos\varphi\sin 2\psi\cdot dD\right). \quad (842)$$

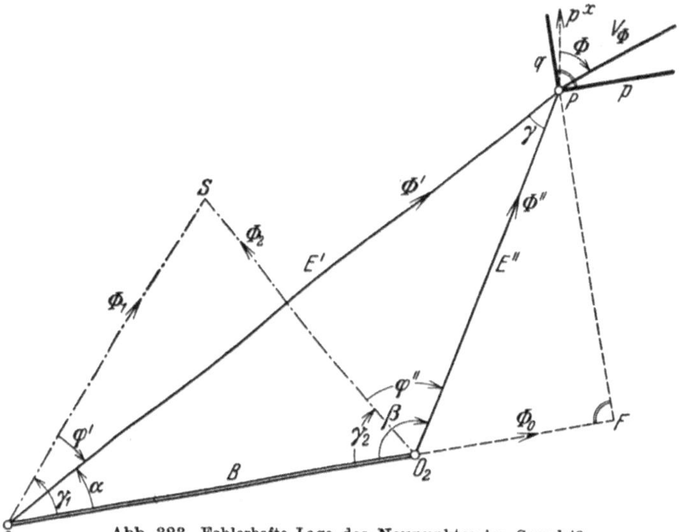


Abb. 323. Fehlerhafte Lage des Neupunktes im Grundriß.

Die Einflüsse von $dx$, $dy$, $dD$ werden am größten für die Plattenecken bzw. für den Bildhauptpunkt bzw. für die Endpunkte der Hauptvertikalen.

Mit den Seitenrichtungswinkeln $\Phi_0$, $\Phi_1$, $\Phi_2$ (Abb. 323) des von der Basis $B$ und den beiden Lagen der Kammerachse gebildeten Grunddreiecks $O_1SO_2$, den Achswinkeln $\varphi'$, $\varphi''$ und den Orientierungswinkeln $\gamma_1$, $\gamma_2$ findet man die Richtungswinkel der Bestimmungsstrahlen $O_1P$ und $O_2P$, nämlich

$$\Phi' = \Phi_0 - \gamma_1 + \varphi', \qquad \Phi'' = 180^0 + \Phi_0 + \gamma_2 + \varphi'' \quad (843)$$

und hieraus die Seitenrichtungsfehler

$$d\Phi' = d\Phi_0 - d\gamma_1 + d\varphi', \qquad d\Phi'' = d\Phi_0 + d\gamma_2 + d\varphi'', \quad (844)$$

bzw.

$$d\Phi' = -d\gamma_1 + d\varphi', \qquad d\Phi'' = d\gamma_2 + d\varphi'', \quad (845)$$

wenn fehlerfreie Lage von $O_1$ und $O_2$ vorausgesetzt wird.

Aus den Winkeln

$$\alpha = \gamma_1 - \varphi', \quad \beta = \gamma_2 + \varphi'', \quad \gamma = 180^0 - (\alpha + \beta) = 180^0 - (\gamma_1 + \gamma_2) + \varphi' - \varphi'' \quad (846)$$

des Schnittdreiecks $O_1PO_2$ folgen die Dreieckswinkelfehler

$$d\alpha = d\gamma_1 - d\varphi', \quad d\beta = d\gamma_2 + d\varphi'', \quad d\gamma = -(d\alpha + d\beta) = -(d\gamma_1 + d\gamma_2) + d\varphi' - d\varphi'' \quad (847)$$

und die aus der Abbildung abzulesenden Ausdrücke

$$E' = B\frac{\sin\beta}{\sin\gamma}, \qquad E'' = B\frac{\sin\alpha}{\sin\gamma} \quad (848)$$

führen auf die Seitenfehler

$$\left.\begin{aligned} dE' &= E'\left\{\operatorname{ctg}\gamma\cdot d\alpha + (\operatorname{ctg}\beta + \operatorname{ctg}\gamma)\,d\beta\right\},\\ dE'' &= E''\left\{(\operatorname{ctg}\alpha + \operatorname{ctg}\gamma)\,d\alpha + \operatorname{ctg}\gamma\cdot d\beta\right\}.\end{aligned}\right\} \quad (849)$$

Der Grundriß von $P$ ist durch seine Koordinaten

$$\left.\begin{aligned} X &= X_1 + E'\cos\Phi' = X_2 + E''\cos\Phi'', \\ Y &= Y_1 + E'\sin\Phi' = Y_2 + E''\sin\Phi'' \end{aligned}\right\} \tag{850}$$

bestimmt. Hieraus ergeben sich für fehlerfreie Lage der Standpunkte $O_1, O_2$ die folgenden Koordinatenfehler des Geländepunktes $P$:

$$\left.\begin{aligned} dX &= \frac{B}{\sin^2\gamma}\{-\sin\beta\cos(\Phi_0+\beta)\,d\alpha + \sin\alpha\cos(\Phi_0-\alpha)\cdot d\beta\} \\ &= \frac{1}{\sin\gamma}\{-E'\cdot\cos(\Phi_0+\beta)\cdot d\alpha + E''\cdot\cos(\Phi_0-\alpha)\cdot d\beta\}, \end{aligned}\right\} \tag{851}$$

$$\left.\begin{aligned} dY &= \frac{B}{\sin^2\gamma}\{-\sin\beta\sin(\Phi_0+\beta)\cdot d\alpha + \sin\alpha\cdot\sin(\Phi_0-\alpha)\cdot d\beta\} \\ &= \frac{1}{\sin\gamma}\{-E'\cdot\sin(\Phi_0+\beta)\cdot d\alpha + E''\cdot\sin(\Phi_0-\alpha)\cdot d\beta\} \end{aligned}\right\} \tag{852}$$

im allgemeinen Koordinatensystem als Funktionen der Winkelfehler $d\alpha, d\beta$.

Die Größe $V$ der Punktverschiebung und ihre Richtung $\Phi^0$ ist durch die Beziehungen

$$V^2 = dX^2 + dY^2, \qquad \operatorname{tg}\Phi^0 = \frac{dY}{dX} \tag{853}$$

festgelegt.

Einer beliebigen Richtung $\Phi$ entspricht eine Punktverschiebung $V_\Phi$, welche durch die Projektion von $V$ auf die Richtung $\Phi$ dargestellt wird. Man erhält sie aus (851), wenn dort $\Phi_0$ durch $\Phi_0 - \Phi$ ersetzt wird. Damit folgt

$$\left.\begin{aligned} V_\Phi &= V\cdot\cos(\Phi-\Phi^0) \\ &= \frac{B}{\sin^2\gamma}\{-\sin\beta\cos(\Phi_0-\Phi+\beta)\cdot d\alpha + \sin\alpha\cdot\cos(\Phi_0-\Phi-\alpha)\cdot d\beta\} \\ &= \frac{1}{\sin\gamma}\{-E'\cos(\Phi_0-\Phi+\beta)\,d\alpha + E''\cdot\cos(\Phi_0-\Phi-\alpha)\,d\beta\} \end{aligned}\right\} \tag{854}$$

oder, wenn die Abkürzungen

$$\left.\begin{aligned} k_\alpha &= -\frac{B}{\sin^2\gamma}\sin\beta\cos(\Phi_0-\Phi+\beta) = -\frac{E'}{\sin\gamma}\cos(\Phi_0-\Phi+\beta), \\ k_\beta &= \frac{B}{\sin^2\gamma}\sin\alpha\cos(\Phi_0-\Phi-\alpha) = \frac{E''}{\sin\gamma}\cdot\cos(\Phi_0-\Phi-\alpha) \end{aligned}\right\} \tag{855}$$

Verwendung finden:

$$V_\Phi = k_\alpha\cdot d\alpha + k_\beta\cdot d\beta. \tag{856}$$

Die Fehlerkoeffizienten $k_\alpha$, $k_\beta$ können nach Andeutung von Abb. 324 auch graphisch gewonnen werden. Vertauscht man auf den Schenkeln des Winkels $\gamma$ die Längen $E'$, $E''$ miteinander, so entstehen Hilfspunkte $O_1'$, $O_2'$, deren senkrechte Projektionen auf die maßgebende Richtung $\Phi$ die Punkte $Q_\alpha$, $Q_\beta$ sind. Diese bestimmen mit $P$ als Mittelpunkt zwei Kreise $K_\alpha$, $K_\beta$, an welche parallel zu den Schenkeln des Winkels $\gamma$ die Tangenten $T_\alpha$, $T_\beta$ gezogen werden. Die Abstände der von $T_\alpha$, $T_\beta$ auf den genannten Schenkeln bezeichneten Punkte $A_0$, $B_0$ vom Winkelscheitel $P$ sind die gesuchten Koeffizienten $k_\alpha$, $k_\beta$. Sie sind positiv, wenn $(PA_0) = (O_2P)$ bzw. $(PB_0) = (PO_1)$ ist.

Setzt man in (854) nacheinander $\Phi = \Phi_0$ und $\Phi = \Phi_0 - 90^0$, so erhält man zwei besonders wichtige Komponenten der Punktverschiebung, die seitliche Verschiebung $p$ (Abb. 323) und den Abstandsfehler $q$ des Geländepunktes von der Grundlinie $B$. Ihre analytischen Ausdrücke sind

$$\left.\begin{aligned} p &= \frac{B}{2\sin^2\gamma}(-\sin 2\beta\cdot d\alpha + \sin 2\alpha\cdot d\beta) = \frac{1}{\sin\gamma}(-E'\cos\beta\cdot d\alpha + E''\cos\alpha\cdot d\beta), \\ q &= \frac{B}{\sin^2\gamma}(\sin^2\beta\cdot d\alpha + \sin^2\alpha\cdot d\beta) \qquad = \frac{1}{B}(E'^2\cdot d\alpha + E''^2\cdot d\beta). \end{aligned}\right\} \tag{857}$$

Für **große Entfernungen**, also für kleines **Basisverhältnis**

$$v_B = B:E,\ldots \tag{858}$$

kann man ohne nennenswerten Einfluß auf die Fehler die vom Basismittelpunkt $M$ zum Geländepunkt $P$ führende Strecke $E$ (Abb. 325) durch das arithmetische Mittel $\frac{1}{2}(E'+E'')$ beider Zielstrahlen ausdrücken und annehmen, daß $\gamma$ durch $E$ halbiert wird. Versteht man unter $\varphi$ den Winkel, welchen $E$ mit der Basisnormalen einschließt, so ergibt die Untersuchung für $P$ eine **radiale Verschiebung**

$$v_l = dE \approx \frac{E}{2\cos\varphi\sin\frac{\gamma}{2}}(\sin\beta\cdot d\alpha + \sin\alpha\cdot d\beta) \approx \frac{B}{4\sin^2\frac{\gamma}{2}}(\sin\beta\cdot d\alpha + \sin\alpha\cdot d\beta) \tag{859}$$

und eine **Querverschiebung**

$$\left.\begin{aligned} v_q &= E\cdot d\varphi \\ &\approx -\frac{E}{2}(d\alpha - d\beta). \end{aligned}\right\} \tag{860}$$

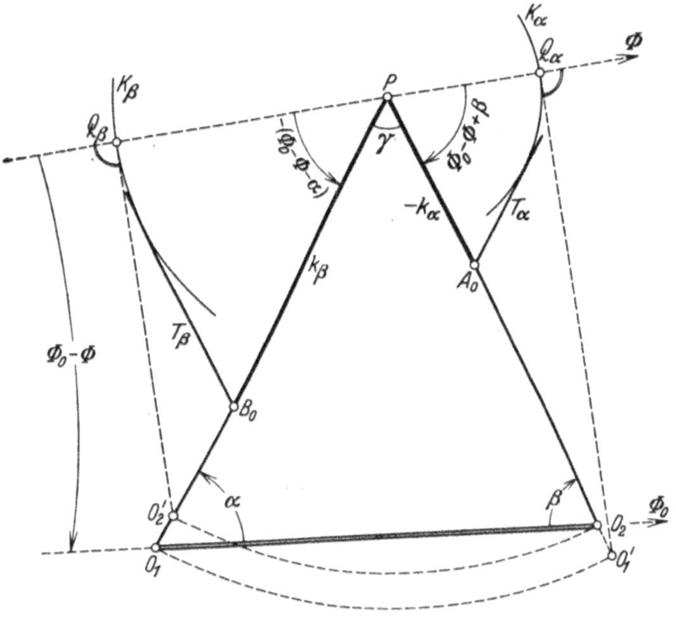


Abb. 324. Zeichnerische Ermittlung der Fehlerkoeffizienten $k_\alpha$, $k_\beta$.

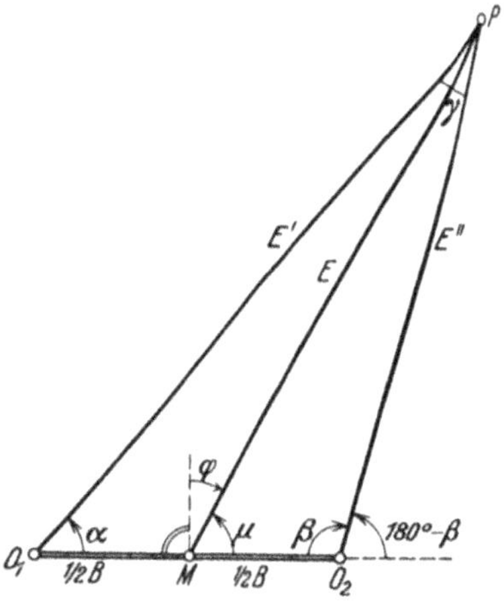


Abb. 325. Radiale Punktverschiebung und Querverschiebung für große Entfernungen.

Der bisher nicht berücksichtigte Basisfehler $dB$ bewirkt lediglich eine Maßstabänderung. Die Ähnlichkeit wird nicht gestört, aber sämtliche Längen erfahren eine relative Vergrößerung $dB:B$.

Aus

$$h' = E'\cdot \operatorname{tg}\psi \tag{861}$$

folgt der **Fehler des Höhenunterschieds** $h'$ vom optischen Zentrum $O_1$ bis zum Geländepunkt $P$; er ist

$$dh' = \operatorname{tg}\psi'\cdot dE' + \frac{E'}{\cos^2\psi'}\cdot d\psi'. \tag{862}$$

In diesem Ausdruck wäre im allgemeinen Fall $d\psi'$ durch (842), $dE'$ durch (849) unter Berücksichtigung von (847) und (840) zu ersetzen und hierauf Gleichartiges zusammenzufassen. Den so entstehenden, ungemein sperrigen Ausdruck kann man vermeiden, wenn man lediglich weit entfernte Punkte in Betracht zieht, für welche auch die Fehlerfrage besonders wichtig ist. Zu solchen Geländepunkten gehören kleine Schnittwinkel $\gamma$ und auch kleine Höhenwinkel $\psi'$. Unter dieser Voraussetzung wird in (842) im allgemeinen das mittlere Glied das weitaus größere sein. Vernachlässigen wir neben ihm die beiden anderen, mit dem kleinen Faktor $\sin 2\psi'$ behafteten Glieder, so bleibt die Näherung

$$dh' \approx E'\cdot\operatorname{tg}\psi'\{\operatorname{ctg}\gamma\cdot d\alpha + (\operatorname{ctg}\beta + \operatorname{ctg}\gamma)\,d\beta\} + \frac{E'}{D}\cos\varphi'\cdot dy'. \tag{863}$$

Wegen der Kleinheit von $\gamma$ kann hierin $\operatorname{ctg}\beta$ neben $\operatorname{ctg}\gamma$ weggelassen werden. Ersetzt man ferner $E' \cdot \operatorname{tg}\psi'$ durch $h'$ und $E' \cos\varphi'$ durch $R'$ (Abb. 299), so wird

$$dh' \approx h' \cdot \operatorname{ctg}\gamma\,(d\alpha + d\beta) + \frac{R'}{D} \cdot dy'. \tag{864}$$

Für den Übergang auf mittlere Fehler lassen wir den bestimmten Fehlern $d\alpha$ und $d\beta$ wieder den gleichen mittleren Winkelfehler $\pm m$ und allen Bildordinaten — auch denen der zweiten Aufnahme — den mittleren Ordinatenfehler $\pm m_y$ entsprechen. Damit erhält man in den ziemlich einfachen Ausdrücken

$$\left.\begin{aligned} m_{h'}^2 &\approx 2\,(h' \operatorname{ctg}\gamma)^2 \cdot m^2 + \left(\frac{R'}{D}\right)^2 \cdot m_y^2, \\ m_{h''}^2 &\approx 2\,(h'' \operatorname{ctg}\gamma)^2 \cdot m^2 + \left(\frac{R''}{D}\right)^2 \cdot m_y^2, \end{aligned}\right\} \tag{865}$$

rohe Näherungen für die mittleren Fehlerquadrate der Höhenunterschiede $h', h''$ weit entfernter Punkte.

Zu den Fehlern, welche die Ergebnisse der Meßtischphotogrammetrie beeinflussen, gehören auch die zeichnerischen Ungenauigkeiten. Sie lassen sich analytisch nicht so leicht fassen und es kann hier nicht weiter darauf eingegangen werden.

Zusammenfassend sei festgestellt, daß bei kurzen Grundlinien wegen der zugehörigen kleinen Konvergenzen eine ungünstige Fehlerfortpflanzung auftritt, obwohl die Punktidentifizierung hier eine sehr scharfe ist. Die Verwendung langer Grundlinien bringt günstige Schnittwinkel und somit kleine Fehler. Dem wirkt aber stark entgegen, daß infolge der geringen Ähnlichkeit der Bilder beträchtliche Identifizierungsfehler entstehen.

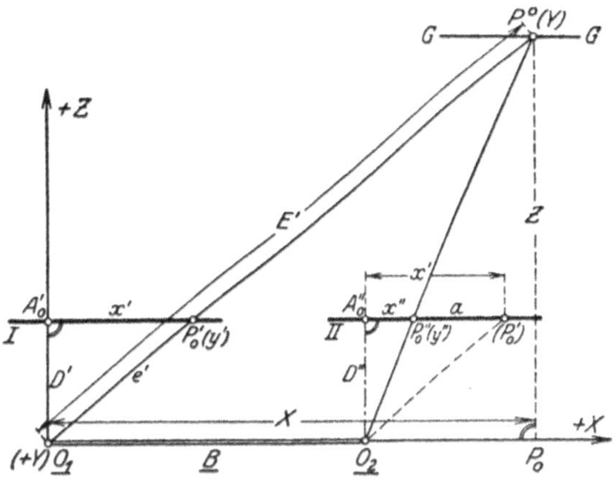

Abb. 326. Normalfall der Stereophotogrammetrie.

Zahlenangaben über die Genauigkeit der Meßtischphotogrammetrie gibt unter anderen *S. Finsterwalder*[1]. Aus einer Zusammenstellung der zahlreichen, bei Bearbeitung des Vernagtferners aufgetretenen Höhenwidersprüche folgt, daß der mittlere Fehler einer einfachen Höhenbestimmung auf 1 km Horizontalentfernung etwa $\pm 1{,}0$ m beträgt, während der mittlere Fehler eines durch zwei Strahlen bestimmten Geländepunktes jedenfalls größer als ein Tausendel des längeren Bestimmungsstrahles ist. Bemerkenswert scheint der Umstand, daß der relative Höhenfehler (relativ in bezug auf die Entfernung) mit zunehmender Entfernung ziemlich stark abnimmt.

## p) Die Stereo- oder Parallaxenphotogrammetrie. Der Stereokomparator.

Die etwa bis zum Anfang dieses Jahrhunderts zurückreichende Parallaxenphotogrammetrie, deren rasches Aufblühen hauptsächlich den Arbeiten *Pulfrichs* zu verdanken ist, bestimmt den Grundriß $P^0$ (Abb. 326) eines Geländepunktes $P$ als den Schnittpunkt des vom ersten (linken) Standort ausgehenden Bestimmungsstrahles $O_1P^0 = E'$ mit dem geometrischen Ort $GG$ der Punkte gleicher Parallaxe oder Punktverschiebung $a$, worunter der Abszissenunterschied $x' - x''$ zu verstehen ist.

[1] *Finsterwalder, S.:* Zur photogrammetrischen Praxis. Z. Vermess.-Wes. 1896 S. 225—240. Es sei bemerkt, daß sich die Finsterwaldersche Untersuchung auf keine unwahrscheinlich günstigen Voraussetzungen stützt.

Seine verhältnismäßig größere Genauigkeit verdankt dieses Verfahren dem Umstande, daß man die Parallaxe und den von ihr abhängigen geometrischen Ort *GG* sehr scharf bestimmen kann. Es wird dazu die durch ein Stereoskop gesteigerte Fähigkeit des Menschen, mit zwei Augen körperlich zu sehen, benutzt, so daß man das Meßverfahren auch als Stereophotogrammetrie und die Vorrichtung zur Ausmessung der Platten als Stereokomparator[1] bezeichnen kann. Dieser besteht, wie die schematische Abb. 327 zeigt, im wesentlichen aus vier auf einem festen Rahmen *RR* befindlichen Schlitten, deren gegenseitige Verschiebung mittels der Mikrometerschrauben $S_1$ bis $S_4$ an deren Trommeln und an Maßstäben scharf abgelesen werden kann. Sind die Platten *I*, *II* richtig auf die zugehörigen Schlitten gebracht und stellt man die beiden Bildmarken des einen erweiterten Objektivabstand besitzenden Doppelmikroskops *M* (Stereoskop) auf die Bilder $P'$, $P''$ eines Objektpunktes *P* scharf ein, so sieht man das räumliche Bild der nächsten Umgebung von *P*, auf welchen eine ebenfalls räumlich erscheinende Mikroskopmarke eingestellt ist. Im einzelnen werden durch die Abszissenschraube $S_1$, deren Trommelablesungen die Bildpunktabszissen $x'$ der linken Platte angeben, bei fest bleibendem Mikroskop beide Platten gleichmäßig in der Abszissenrichtung verschoben. Die Schraube $S_2$ bewegt bei unveränderter Plattenlage das Stereoskop und mißt die Ordinaten $y'$ der linken Platte, während die Schraube $S_3$ eine Verschiebung der rechten Platte gegen die festliegende linke ermöglicht und daher zur Parallaxenmessung dient. Durch $S_4$ endlich wird eine zur Erhaltung des stereoskopischen Effektes notwendige Nachstellung der Platte *II* in der Ordinatenrichtung ermöglicht.

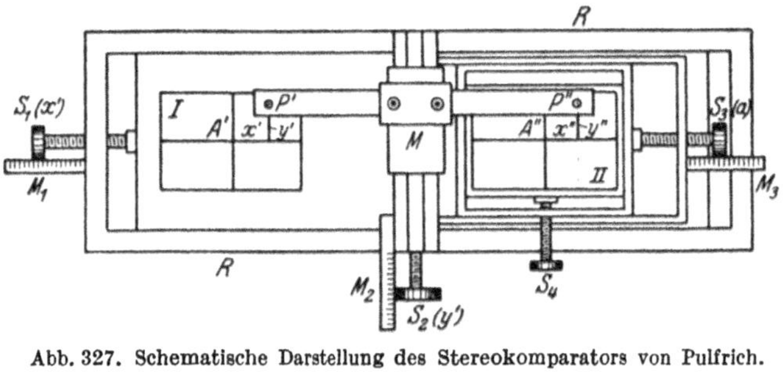


Abb. 327. Schematische Darstellung des Stereokomparators von Pulfrich.

Nach diesen allgemeinen Angaben sollen an Hand von Abb. 328 die Vorgänge beim Gebrauch des Stereokomparators noch etwas näher betrachtet werden.

In Abb. 328a sind $L'$ (Objektiv) und $L_0'$ (Okular) die Hauptbestandteile des linken, etwa 6-fach vergrößernden Stereoskopmikroskops, dessen Bildebene eine keilförmige, strichförmige, oder sonstwie zweckmäßig geformte Marke $m_1$ enthält. $m'$ ist ihr Bild in Abb. 328b. Zwei durch Prismen $S'$ bzw. $\Sigma'$ bewirkte Spiegelungen ergeben eine Parallelversetzung der Mikroskopzielachse, während ein weiteres Prisma $U'$ die durch das Mikroskopobjektiv $L'$ zunächst hereingebrachte Bildumkehrung wieder aufhebt. Ganz entsprechend ist das rechte Mikroskop eingerichtet, dessen Bildebenenmarke $m_2$ durch eine Schraube *S* etwas gegen $m_1$ verschoben werden kann. Zur praktischen Verwendung des Instrumentes sei kurz folgendes bemerkt:

1. Nachdem auf die Plattenhalter eine gleichmäßig helle Unterlage, z. B. eine Mattscheibe gebracht ist, wird durch Drehen der Okularmuscheln der Abstand Okular—Bildebene getrennt für beide Mikroskope so geändert, daß bei einäugiger Betrachtung mit dem zugehörigen Auge jede der Marken $m_1$, $m_2$ möglichst deutlich sichtbar wird.

2. Durch Drehen der Okularstutzen um exzentrische Achsen macht man die Entfernung der Okulare gleich dem Augenabstand $a_0$ des Beobachters. Dann vereinigen

---

[1] Der 1901 erfundene Stereokomparator sowie der für stereophotogrammetrische Aufnahmen von *Pulfrich* konstruierte besondere Phototheodolit sind nach Einrichtung, Theorie und Gebrauch eingehend beschrieben in *Pulfrich:* Neuere stereoskopische Methoden und Apparate. Berlin 1912. Siehe auch *Eggert:* Neuere Instrumente für Stereophotogrammetrie. Z. Vermess.-Wes. 1908 S. 425 bis 436, und *v. Gruber, O.:* Ferienkurs in Photogrammetrie, S. 314ff. Stuttgart 1930.

*Hugershoff, R.* hat einen Stereokomparator für lotrechte Plattenlage konstruiert. Siehe *Hugershoff, R.:* Photogrammetrie und Luftbildwesen, S. 59. Wien 1930.

sich beim zweiäugigen Sehen die zu $m_1$ und $m_2$ gehörigen Halbbilder $m', m''$ (Umklappung in Abb. 328b, c) zum einzigen, deutlich sichtbaren Raumbild $m$ (Abb. 328d). $m$ schwebt in unendlicher Ferne, wenn die von $m_1, m_2$ kommenden Strahlen parallel in die Augen treten. Eine zu große Abweichung von dieser bequemen Stellung kann mittels der Schraube $S$ beseitigt werden. Im übrigen bleibt die Stellung der Raummarke $m$ unverändert; ihre Entfernung und die Richtung, in der sie erscheint, hängen in keiner Weise von der Stellung der beiden fest miteinander verbundenen Mikroskope gegen die Platten ab.

3. Nunmehr werden die Platten (bei Negativen die Glasseite nach oben) so in die Plattenhalter gelegt, daß in den Mikroskopen aufrechte Bilder ohne Seitenvertauschung erscheinen. Zur Verbesserung der Bildschärfe kann das Stereoskop etwas gegen die Plattenhalter verstellt werden. Dann erst geht man an das eigentliche Ausrichten

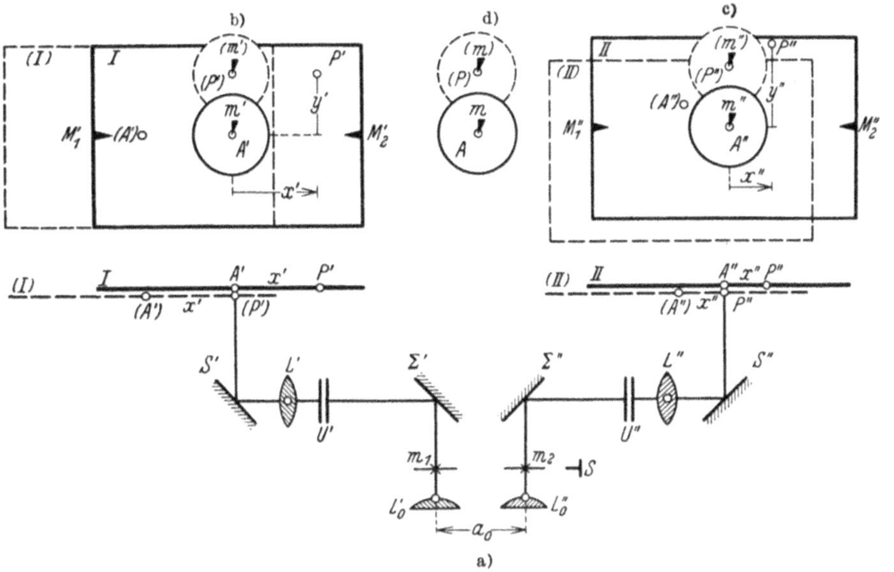


Abb. 328. Strahlengang im Stereokomparator von C. Pulfrich. Punkteinstellung und Ausmessung.

der Platten, d. h. an die Parallelstellung ihrer Achsenkreuze zu den Schlittenführungen. Wir drehen mittels Kurbeln die Abszissenschraube $S_1$ und die Ordinatenschraube $S_2$ so weit, daß die linke Mikroskopmarke $m_1$ bzw. ihr Bild $m'$ mit der einen Horizontmarke $M_1'$ (Abb. 328b) der linken Platte $I$ zusammenfällt und verschieben diese dann durch weiteres Drehen von $S_1$ bis die andere Horizontmarke $M_2'$ ins Gesichtsfeld kommt. Fällt $m'$ nicht genau auf $M_2'$, so ist die Hälfte der Abweichung durch Drehen der Platte in ihrer Ebene mittels einer besonderen Richtschraube zu beseitigen und der Vorgang einige Male zu wiederholen, bis sich kein Widerspruch mehr zeigt. Ganz entsprechend wird die rechte Platte $II$ ausgerichtet. Natürlich kann man für diese Arbeiten statt der den Bildhorizont bezeichnenden Markenlinie $M_1 M_2$ auch die dazu senkrechte Hauptvertikale $M_3 M_4$ verwenden.

Bei gelungener Berichtigung sollen die zu den Enden der Hauptvertikalen gehörigen Markenhalbbilder $M_3', M_3''$ und $M_4', M_4''$ nach geeigneter Höhenverstellung an $S_4$ je ein räumliches Vollbild ergeben, welches man mit der Raummarke $m$ zur Deckung bringen kann.

Ob die bei diesen Arbeiten vorausgesetzte senkrechte Schlittenführung wirklich zutrifft, kann man mit Hilfe eines an Stelle der Platten aufgelegten *Gautier*-Gitters (Quadratnetz auf Glas) nachprüfen.

4. Werden nunmehr die Platten und das Stereoskop mittels der Schrauben $S_1$ bis $S_4$ so verschoben, daß die Mikroskopachsen auf die — wie wir hier voraussetzen —

in die Schnittpunkte der Markenlinien fallenden Hauptpunkte $A', A''$ treffen, die Halbbilder $m', m''$ also auf $A', A''$ sitzen, so haben wir die sog. Normalstellung herbeigeführt, zu welcher die einzelnen Maßstabablesungen aufzuschreiben oder besser runde Ablesungen durch geeignete Trommelverstellungen herbeizuführen sind. In dieser Normalstellung besitzen die Platten die in Abb. 328b, d durch ausgezogene Striche bezeichnete Lage.

5. Zur stereoskopischen Ausmessung eines Punktes mit den Bildern $P', P''$ wird zunächst der in die neue Lage $(P')$ kommende Bildpunkt $P'$ durch Drehen von $S_1$ und $S_2$ mit dem Markenbild $m'$ scharf zur Deckung gebracht. Dann gibt man $P''$ mittels $S_3$ und $S_4$ eine solche Lage $(P'')$, daß es mit $m''$ zusammenfällt. In der Abbildung sind die zugehörigen Plattenstellungen gestrichelt. Die Raummarke $m$, das aus $(P')$ und $(P'')$ entstandene Vollbild $(P)$ sowie das Gelände in seiner näheren Umgebung erscheinen dem Beobachter im Stereoskop körperlich und aus einer guten räumlichen Deckung von $m$ und $(P)$ läßt sich die scharfe Einstellung von $m'$ auf $(P')$ und von $m''$ auf $(P'')$ mit großer Sicherheit — viel besser als bei einäugiger Betrachtung — feststellen. Befriedigt die Einstellung, so werden an den zu $S_1$ und $S_2$ gehörigen Nonien die Koordinaten $x', y'$ des linken Bildpunktes $P'$ etwa bis auf 0,02 mm abgelesen. Viel schärfer erhält man an der Trommel der Parallaxenschraube $S_3$ die für eine genaue Bestimmung des Geländepunktes in erster Linie maßgebende Bildparallaxe

$$a = x' - x'' \tag{866}$$

als Differenz der horizontalen Schlittenverschiebungen. Sie wird bis auf 0,001 mm geschätzt.

Am einfachsten liegen die Verhältnisse für die Punktbestimmung aus $x', y'$ und $a$ bei dem ursprünglich allein angewendeten Normalfall der Stereophotogrammetrie, für welchen die lotrechten Bildebenen beider Aufnahmen zusammenfallen, wie es auch in Abb. 326 angenommen ist. Wir denken uns durch das optische Zentrum $O_1$ der linken Aufnahme ein räumliches, rechtwinkliges Koordinatensystem gelegt, dessen $X$-Achse die horizontale Richtung $O_1O_2$, dessen $Y$-Achse das Lot in $O_1$ und dessen $Z$-Achse die zur $X$-Achse senkrechte Horizontale durch $O_1$ ist. $P$ habe in diesem System die Koordinaten $X, Y, Z$. Eine durch $O_2$ gezogene Parallele zu $O_1P^0$ schneidet die Bildebenenspur $II$ in $(P_0')$, dessen Abstand von $P_0''$ die Parallaxe $a$ ist. Aus den ähnlichen Dreiecken $O_1P^0O_2$ und $(P_0')O_2P_0''$ sowie $O_1P^0P_0$ und $O_1A_0'P_0'$, ferner aus den beiden zu $O_1P'$ und $O_1P$ gehörigen ähnlichen Neigungsdreiecken ergeben sich die Beziehungen

$$Z : f = B : a, \qquad X : x' = Z : f, \qquad Y : y' = Z : f, \tag{867}$$

in welchen nunmehr statt $D$ das gebräuchlichere Zeichen $f$ steht. Ersetzt man die rechten Seiten der beiden letzten dieser Verhältnisgleichungen durch die gleichwertige rechte Seite der ersten Proportion, so erhält man die rechtwinkligen Naturkoordinaten von $P$ in der Form

$$X = \frac{B}{a} x', \qquad Y = \frac{B}{a} y', \qquad Z = \frac{B}{a} f. \tag{868}$$

Der Ausdruck für $Z$ zeigt, daß für den Normalfall der Stereophotogrammetrie der geometrische Ort $GG$ aller Punkte gleicher Parallaxe eine zur Grundlinie $B$ parallele Gerade ist. Während beim Vorliegen des Normalfalls die Koordinaten eines Geländepunktes nach (868) leicht berechnet und aufgetragen[1] werden

[1] Zur Erleichterung des Punktauftrags und für die Ermittlung von $Y$ beim Normalfall hat *Pulfrich* ein mit einem Drehlineal und Teilungen ausgestattetes Zeichenbrett konstruiert; siehe *Pulfrich:* Über den Gebrauch der von mir angegebenen Hilfsmittel für die Kartierung bei stereophotogrammetrischen Aufnahmen. Wien u. Leipzig 1910.

Siehe auch *Dock, H.:* Verfahren zur Auswertung von stereophotogrammetrischen Aufnahmen mit parallelverschwenkten waagrechten Hauptachsen (Verfahren der variablen Basis). Int. Arch. Photogrammetrie Bd. 7 1. Halbband. Baden bei Wien 1930.

können, liegen die Verhältnisse schon etwas umständlicher, wenn die lotrechten und zueinander parallelen Bildebenen infolge einer Parallelverschwenkung aus der Grundlinienlotebene $O_1O_2$ heraustreten. Noch etwas schwieriger wird die Aufgabe, wenn die Aufnahmen zwar mit horizontalen, aber sonst beliebig gelegenen Bildweiten erfolgen. In der diesem Fall entsprechenden Abb. 329 seien $\varphi_1, \varphi_2$ die von den Basisnormalen $N_1$, $N_2$ nach links positiv gezählten Verschwenkungen der beiden Aufnahmen, während $\gamma_1$, $\gamma_2$ die Orientierungswinkel,

$$\gamma_0 = 180^0 - (\gamma_1 + \gamma_2) = \varphi_2 - \varphi_1 \qquad (869)$$

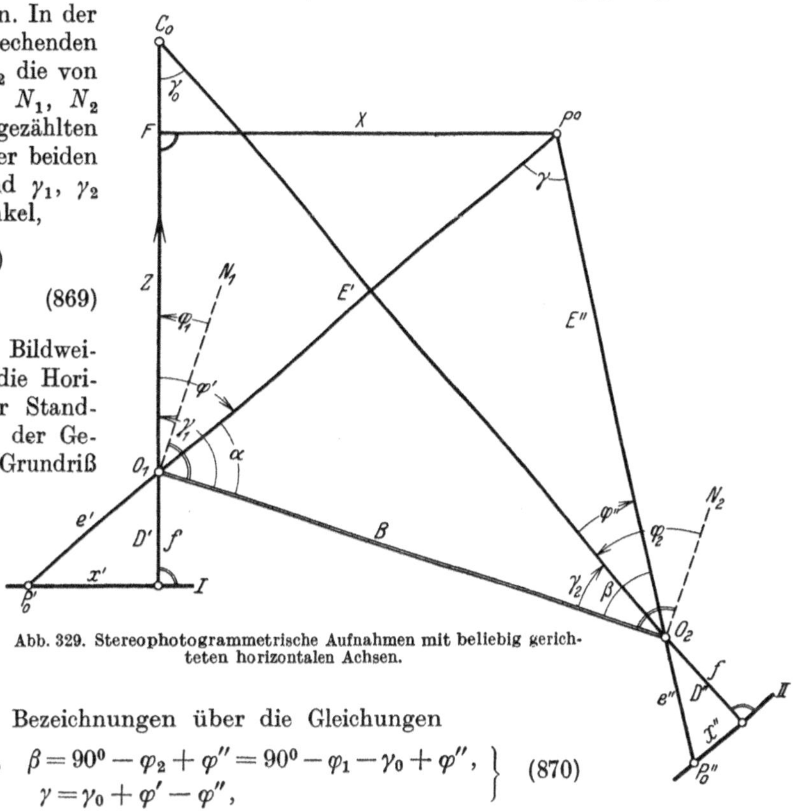

Abb. 329. Stereophotogrammetrische Aufnahmen mit beliebig gerichteten horizontalen Achsen.

die Konvergenz der Bildweiten $D'$, $D''$ und $B$ die Horizontalprojektion der Standlinie bedeuten. Hat der Geländepunkt $P$ (im Grundriß $P^0$) in bezug auf $O_1$ und die verlängerte Bildweite $D'$ als Z-Achse die rechtwinkligen Raumkoordinaten $X$, $Y$, $Z$, so ergeben sich mit den in der Abbildung enthaltenen Bezeichnungen über die Gleichungen

$$\left.\begin{aligned} \alpha = 90^0 + \varphi_1 - \varphi', \quad \beta = 90^0 - \varphi_2 + \varphi'' = 90^0 - \varphi_1 - \gamma_0 + \varphi'', \\ \gamma = \gamma_0 + \varphi' - \varphi'', \end{aligned}\right\} \qquad (870)$$

$$E' = B\frac{\sin\beta}{\sin\gamma} = B\,\frac{e'\cdot f\cdot\cos(\varphi_1+\gamma_0) + e'\cdot x''\sin(\varphi_1+\gamma_0)}{(f^2 + x'\cdot x'')\sin\gamma_0 + f\,(x'-x'')\cos\gamma_0}, \qquad (871)$$

leicht die Beziehungen

$$\left.\begin{aligned} Z = O_1F = E'\cos\varphi' = \frac{f}{e'}\cdot E' &= B\cdot f\,\frac{\cos(\alpha-\gamma) - x''\sin(\alpha-\gamma)}{(f^2+x'x'')\sin\gamma + f\,(x'-x'')\cos\gamma} \\ &= B\cdot f\,\frac{(f + x''\operatorname{tg}\gamma_0)\cos\varphi_1 + (x'' - f\cdot\operatorname{tg}\gamma_0)\sin\varphi_1}{a\cdot f + (f^2 + x'\cdot x'')\operatorname{tg}\gamma_0} \end{aligned}\right\}, \qquad (872)$$

$$X = Z\frac{x'}{f}, \qquad Y = Z\frac{y'}{f}. \qquad (873)$$

In den vorstehenden Ausdrücken für $Z$ und $X$ kann man die Bildabszisse $x''$ durch $x' - a$ ersetzen und hierauf durch Elimination von $x'$ eine Beziehung zwischen den Koordinaten $X, Z$ herstellen. Es folgt:

$$\left.\begin{aligned} f\cdot\operatorname{tg}\gamma_0\cdot X^2 + (a + f\cdot\operatorname{tg}\gamma_0)Z^2 - a\operatorname{tg}\gamma_0\cdot X\cdot Y - f(\sin\varphi_1 + \cos\varphi_1\operatorname{tg}\gamma_0)\cdot X \\ - B\{f(\cos\varphi_1 - \sin\varphi_1\operatorname{tg}\gamma_0) - a\}Z = 0. \end{aligned}\right\} \qquad (874)$$

Dieser durch die Basisendpunkte $O_1$, $O_2$ gehende Kegelschnitt (Kurve gleicher Parallaxe) ist der geometrische Ort $G$ aller Geländepunkte, welchen die gleiche Bildparallaxe $a = x' - x''$ zukommt.

Aus (874) erhält man für den Normalfall der Stereophotogrammetrie ($\varphi_1 = 0$, $\varphi_2 = 0$, $\gamma_0 = 0$)

$$Z = \frac{B}{a}\cdot f, \qquad (875)$$

welches Ergebnis mit dem früher gewonnenen Ausdruck (868) übereinstimmt. Der Ort $G$ ist hier eine zur $X$-Achse parallele Gerade.

Liegen parallel verschwenkte Aufnahmen ($\gamma_0 = 0$, $\varphi_1 = \varphi_2 = \varphi$) vor, so ergibt sich aus (874) für $G$ die Parabelgleichung

$$a \cdot Z^2 + B(a - f\cos\varphi) Z + f \cdot \sin\varphi \cdot X = 0, \tag{876}$$

während $Z$ den besonderen Wert

$$Z = B \cdot \frac{f \cdot \cos\varphi + x'' \sin\varphi}{(x' - x'')} = B \cdot \frac{f \cos\varphi + x'' \sin\varphi}{a} \tag{877}$$

annimmt. Im allgemeinen Fall konvergenter ($\gamma_0 > 0$ wie in Abb. 329) bzw. divergenter Aufnahmen werden die Kurven gleicher Parallaxe Ellipsen bzw. Hyperbeln.

Bei der praktischen Ausführung der Aufnahmen wird infolge der Geländeverhältnisse die Anwendung des früher allein gepflegten Normalfalls der Stereophotogrammetrie meist nicht möglich sein oder nicht ausreichen. Andrerseits wird man Aufnahmen mit beliebig gerichteten horizontalen Achsen fast immer vermeiden können. Am zweckmäßigsten ist in der Regel die Verbindung des Normalfalles mit zwei gleichmäßig nach links und rechts um runde Beträge verschwenkten Aufnahmen, wie es Abb. 330 zeigt. Hier sind $I$, $II$ Normalaufnahmen, $I_l$, $II_l$ um 30° gleichmäßig links verschwenkte und $I_r$, $II_r$ um 30° gleichmäßig rechts verschwenkte Aufnahmen.

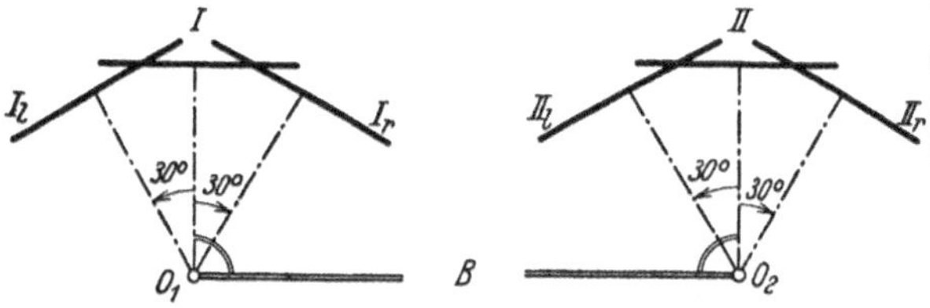


Abb. 330. Aufnahmen mit normalen und parallel verschwenkten Achsen.

## q) Der Stereoautograph.

Die Berechnung der räumlichen Punktlage nach den Gl. (868) ist für den Normalfall einfach; bei parallel verschwenkten Aufnahmen wird die Rechnung nach (877) und (873) schon recht umständlich und die bei konvergenten Achsen erforderliche Anwendung der Beziehungen (872) und (873) ist als sehr mühselig und zeitraubend zu bezeichnen. Zu dieser Rechenarbeit kommt noch die beim Einzelauftrag der berechneten Punkte erwachsende Zeichenarbeit.

Unter solchen Umständen wäre der Anwendungsbereich der terrestrischen Stereophotogrammetrie wohl ein ziemlich enge begrenzter geblieben. Zum Glück für die neue Methode wurden aber die einer ausgedehnten Anwendung entgegenstehenden Schwierigkeiten durch den 1909 vom damaligen Oberleutnant *v. Orel*[1] erfundenen, von *Zeiß* erbauten und vervollkommneten Stereoautograph nahezu mit einem Schlage beseitigt.

Der Stereoautograph ist im wesentlichen die Verbindung des Stereokomparators mit einem Zeichenbrett und einem Übertragungsmechanismus, welcher so eingerichtet ist, daß durch die zur Einstellung von Bildpunkten im Komparatorstereoskop auszuführenden Schlittenbewegungen jeweils ein Zeichenstift an die Stelle der Horizontalprojektionen der entsprechenden Objektpunkte gebracht wird, während gleichzeitig die in mechanischer Weise dargestellten Höhenunterschiede der einzelnen Geländepunkte gegen das Objektivzentrum $O_1$ der linken Aufnahme zu dessen Höhe automatisch addiert werden, so daß an einem Maßstab sogleich auch die Meereshöhen abgelesen werden können.

An Hand der schematischen Abb. 331, welche die Hauptbestandteile des Modells 1914 enthält, soll auf die Einrichtung und Wirkungsweise dieses Präzisionsautomaten noch näher eingegangen werden.

---

[1] *v. Orel:* Der Stereoautograph als Mittel zur automatischen Verwertung von Komparatordaten. Mitt. d. k. k. Militärgeographischen Instituts in Wien, Bd. 30 (1911). Ein Vorläufer des v. Orelschen Apparates ist der Stereoplotter von *Thompson.*

Ein kräftiges, in der Abbildung nicht enthaltenes Untergestell trägt — in der Abbildung links unten — einen Stereokomparator mit seinen Antriebsvorrichtungen (Richtungsrad $R_x$, Höhenrad $R_y$, Abstandsrad $R_a$, Vertikalparallaxennachstellschraube $V$) und drei Lineale: das Richtungslineal $L_R$, das Parallaxen- oder Abstandslineal $L_P$ und das Höhenlineal $L_H$. Diese Lineale, welche die Schlittenbewegungen des Komparators übernehmen, sind um ortsfeste, in einer Lotebene $A_1$—$A_1$ liegende senkrechte Gelenke $G_1, G_2, G_3$ mit konzentrischen Kreisen $K_1, K_2, K_3$ drehbar, an denen im Bedarfsfall die jeweilige horizontale Bildrichtung $\varphi', \varphi''$ sowie der Höhenwinkel $\psi'$ des linken Zielstrahls abgelesen werden können. Während das Richtungslineal ein in seiner ganzen Ausdehnung gerades Lineal darstellt, ist das Parallaxenlineal $L_P$ zur Berücksichtigung der Achsenkonvergenz $\gamma_0$ um $G_2$ beliebig knickbar; das Höhenlineal $L_H$ stellt einen in sich starren Rechtwinkelhebel vor. Die kurzen Arme der Linealhebel tragen an ihren Enden die in Führungen $B_1$ und $B_3$ laufenden Brennweitenschlitten $S_1$, $S_2$ und $S_3$; so genannt, weil die Achsen $A_2$, $A_4$ der Schlittenführungen von den Drehachsen $G_1, G_2, G_3$ um die Brennweite $f$ der Aufnahmekammer abstehen. Mittels des Abstands- oder Parallaxenrades $R_a$ wird die feingängige Spindel $Sp_2$ und durch Vermittlung der Übertragungsstange $Ü_1$ auch $Sp_1$ gleich viel gedreht. Diese Spindeln verschieben auf den Führungsschienen $F_1, F_2$ die Führungsschlitten $S_4, S_5$ der Abstandsbrücke $B_2$ und damit diese selbst samt der Schlittenachse $A_3$ parallel zu $A_1$. Der linke Teil $B_2'$ der Abstandsbrücke ist die mit einer verschiebbaren Teilung $M_H$ (Höhenteilung auf Höhenmaßstab) versehene Höhenbrücke, auf welcher ein durch die Höhenspindel $Sp_3$ bewegter, am langen Hebelende von $L_H$ angreifender Höhenschlitten $S_H$ sitzt. Auf $B_2$ läuft der vom längeren Hebelarm des Richtungslineals $L_R$ geführte Abstandsschlitten $S_A$, welcher selbst den Basiskreuzschlitten $S_k$ trägt. Dieser ermöglicht die Einstellung der Grundlinie $B$ unter Berücksichtigung der Verschwenkung $\varphi_1$ der linken Kammerachse. Seine Hauptbestandteile sind der mittels Einstellrad $E_s$ und Basisstammspindel $Sp_4$ verstellbare Basisstammschlitten $S_s$ und der Basisausrückungsschlitten $L_a$, dessen Einstellung durch $E_a$ und die Basisausrückungsspindel $Sp_5$ erfolgt. Die zugehörigen Feinteilungen sind in Abb. 331 nicht mehr dargestellt. Der Basisnullpunkt $O_1'$ ist auf $S_A$ so angeordnet, daß er vom Angriffspunkt $R_0$ des Richtungslineals um den festen Betrag $G_1G_2$ absteht; $G_1R_0O_1'G_2$ ist daher stets ein gelenkiges Parallelogramm, dessen eines Seitenpaar die unveränderliche Länge $G_1G_2$ besitzt; die Winkel, welche $L_R$ und $G_2O_1'$ mit $N_R$ und $N_P$ einschließen, sind beide $\varphi'$. Auf der linken Seite des Stereoautographen ist ein Zeichentisch angebracht, auf welchen durch den Stift $St$ eines langen Zeichenarms der Grundriß übertragen wird. Der vorhin erwähnte auf $B_2'$ verstellbare Höhenmaßstab $M_H$ gibt die Meereshöhe jedes eingestellten Punktes an, wobei hier der Einfachheit halber als Ablesezeiger $z$ die linke Kante des Höhenschlittens $S_H$ dient.

Beim Gebrauch des Instrumentes werden nach früheren Angaben (S. 281) zunächst die Platten im Stereokomparator ausgerichtet. In dessen Ausgangsstellung, für welche $x' = 0$, $y' = 0$, $a = x'' - x' = 0$ ist, verbindet man die ebenfalls in ihre Ausgangsstellungen (Null-Lagen) $N_H, N_R, N_P$ gebrachten Lineale $L_H, L_R, L_P$ mit den entsprechenden Komparatorschlitten. Dabei darf $L_P$ vorerst noch nicht geknickt sein. Nunmehr werden zur Berücksichtigung der Verschwenkung die beiden Basiskomponenten

$$B_s = B \cdot \cos\varphi_1, \qquad B_a = B \cdot \sin\varphi_1 \tag{878}$$

eingestellt, und zwar der Basisstamm $B_s$ mittels Kurbel $E_s$ und Spindel $Sp_4$, dann die Basisausrückung $B_a$ durch Vermittlung von $E_a$ und $Sp_5$. Durch diese Einstellungen wird der Angriffspunkt des langen Parallaxenhebelarms nach $O_2'$ verschoben. Jetzt erst wird das Parallaxenlineal $L_P$ unter Festhaltung seines kurzen Armes in der Ausgangsstellung $p_0G_2$ in $G_2$ durch Drehen des langen Armes um den Konvergenzwinkel $\gamma_0$ geknickt und die so erlangte gegenseitige Stellung der Linealarme festgehalten. Ferner ist noch der an $B_2'$ befindliche Höhenmaßstab $M_H$ so zu verschieben, daß an ihm bei

Normalstellung von $L_H$ ein mit dem Schlitten $S_H$ verbundener Zeiger die Meereshöhe $J_1$ des linken Objektivzentrums $O_1$ angibt[1].

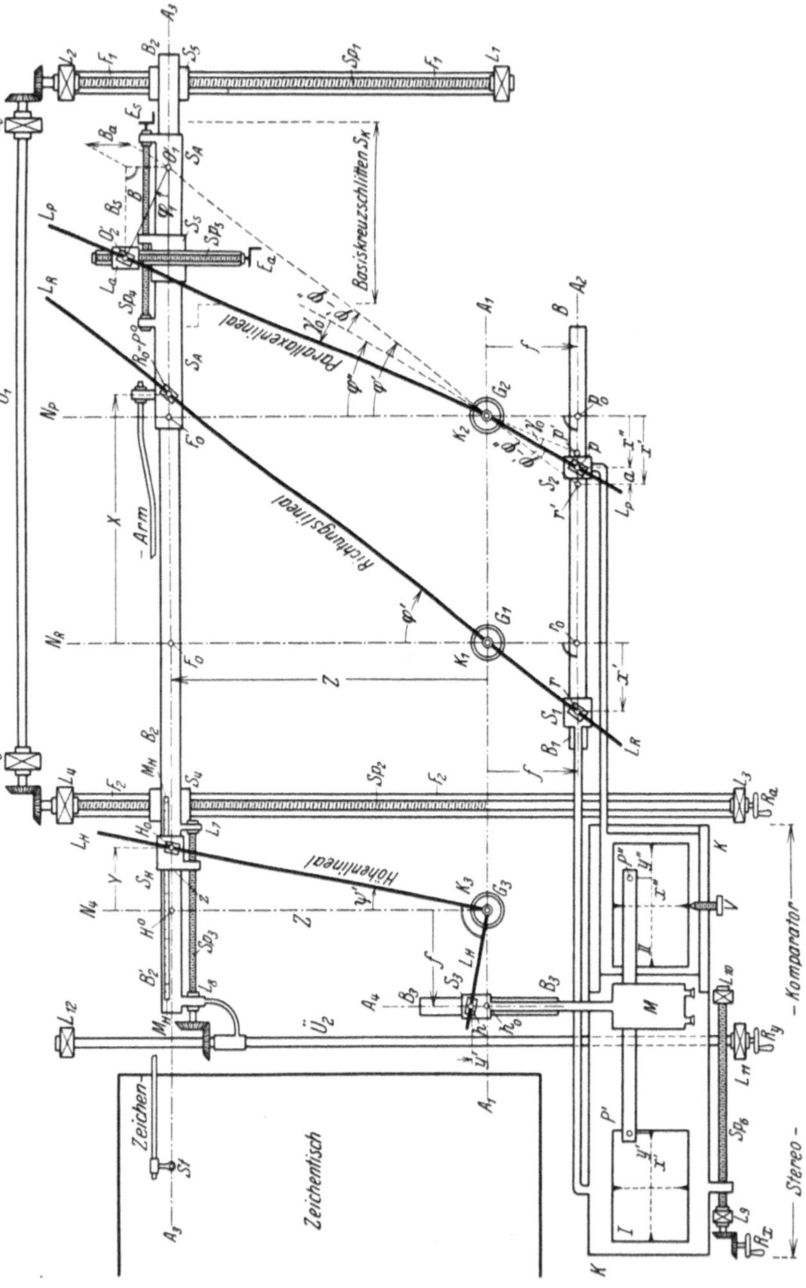


Abb. 331. Der Stereoautograph, Modell 1914. Schematische Darstellung.

Nach diesen Vorbereitungen kann die eigentliche Ausarbeitung beginnen. Durch geeignete Drehungen von $R_x$, $R_y$ und $R_a$ sowie etwaiges Nachstellen der Vertikal-

[1] Die Untersuchung des Instruments ist eingehend beschrieben in *Lüscher, H.*: Der Stereoautograph Modell 1914, seine Berichtigung und Anwendung; Dissertation als Handschrift gedruckt 1917? Siehe auch die gleichnamige Abhandlung in der Z. Instrumentenkde. 1919 S. 2—19, 55—67 u. 83—91.

Bezeichnungen zu Abb. 331.

| | | | |
|---|---|---|---|
| $K-K$ | Stereokomparatorhauptschlitten | $F_1-F_1, F_2-F_2$ | Schlittenführungen für die Abstandsbrücke |
| $I\,(P', x', y')$ | linke Aufnahme | $S_1, S_2, S_3$ | Brennweitenschlitten für $L_R, L_P, L_H$ |
| $II\,(P'', x'', y'')$ | rechte Aufnahme | | |
| $M$ | Stereomikroskop | $S_H$ | Höhenschlitten |
| $X, Y, Z$ | Koordinaten des Geländepunktes $P$ | $S_4, S_5$ | Führungsschlitten der Abstandsbrücke |
| $R_a, R_x, R_y$ | Abstandsrad, Richtungsrad, Höhenrad | $B, B_s, B_a$ | Basis, Basisstamm, Basisausrückung |
| $V$ | Höhennachstellschraube für die Vertikalparallaxe | $S_A$ | Abstandsschlitten |
| | | $S_s$ | Basisstammschlitten |
| $G_1, G_2, G_3$ | senkrechte Achsen mit Teilkreisen zu $L_R, L_P, L_H$ | $L_a$ | Basisausrückungsschlitten |
| | | $E_a, E_s$ | Einstellräder für $B_a$ und $B_s$ |
| $L_R, L_P, L_H$ | Richtungs-, Abstands-, Höhenlineal | $Sp_1, Sp_2$ | Spindeln für die Abstandsbrücke |
| | | $Sp_3$ | Höhenspindel |
| $B_1-B_1$ | Brennweitenschlittenführung für $L_R$ und $L_P$ | $Sp_4, Sp_5$ | Basisstamm-, Basisausrückungsspindel |
| $B_2-B_2$ | Abstandsbrücke | $Sp_6$ | Abszissenspindel des Komparators |
| $B_2'$ | Höhenbrücke | | |
| $M_H$ | Höhenmaßstab | $L_1$ bis $L_{12}$ | feste Lager |
| $z$ | Höhenzeiger | $St$ | Zeichenstift |
| $Ü_1, Ü_2$ | Übertragungsstangen mit Zahnrädern | $h, r, p$ | Linealangriffspunkte am Brennweitenhebel von $L_H, L_R, L_P$ |
| $B_3-B_3$ | Brennweitenschlittenführung für $L_H$ | $H_0, R_0, O_2'$ | Linealangriffspunkte am anderen Hebelende von $L_H, L_R, L_P$ |
| $\varphi', \varphi''$ | waagrechte Bildwinkel des linken und rechten Zielstrahles | $N_H, N_R, N_P$ | Nullstellung der Lineale $L_H$, $L_R$, $L_P$ |
| $\varphi_1$ | Verschwenkungswinkel (der linken Aufnahme) | $h_0, r_0, p_0$ | Nulleinstellung der Brennweitenhebel $L_H$, $L_R$, $L_P$ |
| $\gamma_0$ | Konvergenzwinkel der Kammerachsen | $H^0$ | Nullpunkt des Höhenmaßstabs bzw. Einstellung auf die Meereshöhe des linken Standpunktes |
| $\psi'$ | Höhenwinkel des linken Zielstrahls | $O_1'$ | Basisnullpunkt. |

parallaxenschraube $V$ — dies kann mit Hilfe einer Töpferscheibe mit dem Fuß geschehen — wird der auszumessende Geländepunkt wie früher beschrieben im Komparator stereoskopisch eingestellt. Die dazu notwendigen Schlittenbewegungen des Stereokomparators werden auf die Lineale $L_H, L_R$ und $L_P$ so übertragen, daß die Angriffspunkte $h$, $r$, $p$ an den Brennweitenarmen dieser Lineale aus ihren Nullstellungen $h_0, r_0, p_0$ um die Bildkoordinaten $y'$, $x'$ und die Parallaxe $a = x' - x''$ herauswandern. Der auf dem Richtungslineal liegende Angriffspunkt $R_0$ gibt dann — auf $G_1$ als Ursprung bezogen — den Grundriß $P^0$ des Geländepunktes $P$ mit den Horizontalkoordinaten $Z$, $X$, während der mit $B_2'$ verbundene Höhenmaßstab die Meereshöhe $H$ anzeigt, welche durch mechanisches Addieren des Höhenunterschieds $Y$ zum linken Aufstellungshorizont $J_1$ entsteht. Aus praktischen Gründen wird aber der Grundriß auf den zugänglich angeordneten Zeichentisch seitlich übertragen.

So kann man für charakteristische, ausgewählte Punkte die räumliche Lage bestimmen und durch Befahren von Linien (Wege, Ufer, Kulturgrenzen usw.) auch deren Grundriß festlegen. Soweit es sich nur um die Ermittlung der Situation handelt, ist ein Ablesen der Meereshöhen nicht notwendig; die Bildordinaten und das Höhenlineal spielen in diesem Fall keine Rolle. Von besonderer Bedeutung für die Oberflächendarstellung sind rundabständige Linien gleicher Meereshöhe, sog. Schichtenlinien oder Höhenlinien. Der Stereoautograph eignet sich, wenn das Gelände nicht ganz einförmig glatt erscheint, vorzüglich zum Ziehen von Schichtenlinien. Dazu ist bei fester Höheneinstellung unter Nachstellen von $V$ an $R_x$ und $R_a$ so zu drehen, daß die Raummarke des Stereoskops die räumlich gesehene Geländeoberfläche nicht verläßt. Der Fahrstift $St$ zeichnet dann den Grundriß der Höhenlinie.

Wir müssen uns von der Richtigkeit der Arbeitsweise des Autographen erst noch überzeugen und stellen die für die Wirkung des Parallaxenlineals bedeutsamen Linien in Abb. 332 noch besonders zusammen.

Aus den ähnlichen Dreiecken $p'r'G_2$ und $QO_1'G_2$ mit den Höhen $f$ und $A$ folgt

$$A = \frac{f}{m} \cdot O_1' Q. \tag{879}$$

Die hierin noch unbekannten Stücke $O_1'Q$ und $m$ sind durch die Bildabszissen $x'$, $x''$, die Verschwenkung $\varphi_1$ und die Konvergenz $\gamma_0$ auszudrücken. Im Dreieck $QO_2'O_1'$ mit dem Höhenfußpunkt $F$ wird

$$\left.\begin{aligned} O_1'Q &= O_1'F + FQ = B_s + B_a \operatorname{tg}(\varphi'' - \gamma_0) = B\cos\varphi_1 + B\sin\varphi_1 \operatorname{tg}(\varphi'' - \gamma_0) \\ &= B\left(\cos\varphi_1 + \sin\varphi_1 \frac{\operatorname{tg}\varphi'' - \operatorname{tg}\gamma_0}{1 + \operatorname{tg}\varphi'' \operatorname{tg}\gamma_0}\right) \end{aligned}\right\} \tag{880}$$

oder

$$O_1' Q = B\left(\cos\varphi_1 + \sin\varphi_1 \frac{x'' - f \cdot \operatorname{tg}\gamma_0}{f + x'' \operatorname{tg}\gamma_0}\right), \tag{881}$$

da $\operatorname{tg}\varphi'' = x'' : f$ ist. Aus den unteren Dreiecken findet man

$$m = x' - p_0 p' = x' - f \cdot \operatorname{tg}(\varphi'' - \gamma_0) = x' - f \cdot \frac{x'' - f \cdot \operatorname{tg}\gamma_0}{f + x'' \operatorname{tg}\gamma_0} = \frac{a \cdot f + (f^2 + x' \cdot x'') \operatorname{tg}\gamma_0}{f + x'' \cdot \operatorname{tg}\gamma_0}, \tag{882}$$

wenn $x' - x'' = a$ gesetzt wird.

Die Einführung von (881) und (882) in (879) ergibt für $A$ den Ausdruck

$$A = B \cdot f \cdot \frac{(f_1 + x'' \cdot \operatorname{tg}\gamma_0)\cos\varphi_1 + (x'' - f \cdot \operatorname{tg}\gamma_0)\sin\varphi_1}{a \cdot f + (f^2 + x' \cdot x'')\operatorname{tg}\gamma_0}. \tag{883}$$

Dieses Ergebnis stimmt aber vollkommen mit dem früher entwickelten Ausdruck (872) für die $Z$-Koordinate überein, so daß nach erfolgter stereoskopischer Einstellung eines Geländepunktes, d. h. nach Übertragung von $x'$ und $a$ auf die Brennweitenschlitten $S_1$, $S_2$ der Achsenabstand $A_1 - A_3 = A$ wirklich die Größe $Z$ darstellt. Nachdem dies feststeht, folgt aus den zu den beiden Hebelarmen des Richtungslineals $L_R$ (Abb. 331) gehörigen ähnlichen Dreiecken $G_1F_0R_0$ und $G_1r_0r$ sowie aus den am Höhenlineal $L_H$ liegenden ähnlichen Dreiecken $G_3H^0H_0$ und $G_3h_0h$ ohne weiteres

$$X = \frac{x'}{f} \cdot Z, \qquad Y = \frac{y'}{f} \cdot Z, \tag{884}$$

welches Gleichungspaar mit dem früher ermittelten (873) identisch ist. Der Stereoautograph ist also wirklich imstande, die Raumkoordinaten $X, Y, Z$ eines Geländepunktes auf die Einstellung seiner Bildpunkte hin mechanisch darzustellen oder mit anderen Worten: die Koordinatengleichungen (872) und (873) mechanisch aufzulösen.

Der Stereoautograph wird in der Regel nur zur Ausarbeitung von Waagrechtaufnahmen verwendet; er kann aber auch zur Bearbeitung von geneigten Aufnahmen dienen, besonders wenn er eine geeignete Zusatzeinrichtung besitzt[1].

Wenn größere Genauigkeit in den Höhen angestrebt wird, so ist auch der sog. Krümmungsfehler (Gesamteinfluß der Erdkrümmung und Strahlenbrechung) zu berücksichtigen. Dies geschieht nach *Aschenbrenner*[2] mit ausreichender Schärfe auf folgendem Wege. Sind $Z_{\min} = t$ und $Z_{\max} = w$ die äußersten Abstände, zwischen welchen das auszuwertende Gebiet liegt, so ergibt sich mit $k_0 = (1 - k) : 2r$ ($k$ = Refraktionskoeffizient, $r$ = Erdhalbmesser) eine Höhenreduktion

$$\Delta H = \frac{k_0}{6}\{(w + t)^2 + 2w \cdot t\} \tag{885}$$

---

[1] Siehe hiezu a) die auf S. 286 Fußnote 1 genannten Arbeiten von *H. Lüscher*; b) *v. Gruber, O.:* Der *v. Orel-Zeiß*sche Stereoautograph mit Zusatzeinrichtung zur Ausarbeitung von Luftaufnahmen. Int. Arch. Photogrammetrie Bd. 6 S. 45—59. Wien 1923.

*Sander, W.*, hat die einer beliebigen Lage der Kammerachsen entsprechenden Formeln abgeleitet (Der *v. Orel-Zeiß*ische Stereoautograph und neue Vorschläge für seine weitere Ausgestaltung. Z. Instrumentenkde. 1921 S. 1—27, 33—60 u. 65—86). Mit der Erfindung des Stereoplanigraphen hat man die Absicht, den Autograph für die Bearbeitung von Luftaufnahmen auszugestalten, aufgegeben.

[2] *Aschenbrenner, Claus:* Über die Berücksichtigung von Erdkrümmung und Refraktion bei der mechanischen Auswertung von Stereophotogrammen. Z. Instrumentenkde. 1925 S. 203—207.

Am Höhenmaßstab $M_H$ (Abb. 331) ist in der Nullstellung des Höhenlineals $L_H$ statt des linken Instrumentenhorizonts $J_1$ der reduzierte Wert

$$J_1' = J_1 - \Delta H = J_1 - \frac{k_0}{6}\{(w+t)^2 + 2\,w \cdot t\} \tag{886}$$

einzustellen. Weiterhin muß die linke Platte in der Ordinatenrichtung um einen solchen Betrag $\mu \cdot f$ verschoben werden, daß der durch den Hauptpunkt bezeichnete Zielstrahl den Höhenwinkel

$$\mu = k_0\,(w+t) \tag{887}$$

besitzt. Dies wird praktisch dadurch erreicht, daß unter Annahme und Festhaltung eines runden Abstandes $Z_0$ durch Verschieben des Höhenschlittens $S_H$ der Höhenzeiger $z$ auf die Maßstabablesung

$$H_\mu = J_1' + k_0\,(w+t)\cdot Z_0 = J_1' + \Delta M \tag{888}$$

eingestellt und hierauf das Höhenlineal festgeklemmt wird. Dann ist die linke Platte so lange in der Ordinatenrichtung zu verschieben bis die Mikroskopmarke $m'$ auf der Markenlinie $M_1' M_2'$ liegt.

Es hat sich als praktisch erwiesen, die Basis $B$ so zu bemessen, daß die kleinsten und größten Entfernungen zwischen $5\,B$ und $20\,B$ liegen. Für die diesem Fall entsprechenden Annahmen $t = 5\,B$, $w = 20\,B$ erhält man die bequemen Faustformeln

$$\left.\begin{aligned} \Delta H_{(\mathrm{dm})} &\approx 0{,}94 \cdot B^2_{(\mathrm{hm})}, \\ \Delta M_{(\mathrm{dm})} &\approx 1{,}71 \cdot B_{(\mathrm{hm})} \cdot Z_{0\,(\mathrm{km})}. \end{aligned}\right\} \tag{889}$$

Dabei sind $\Delta H$ und $\Delta M$ in dm, die Basis $B$ in hm und $Z_0$ in km zu verstehen.

Bei sehr ausgedehnten Aufnahmen wird das Gelände der Tiefe nach in mehrere Streifen zerlegt, für welche die wegen Erdkrümmung und Strahlenbrechung notwendigen Einstellungsänderungen gesondert zu ermitteln sind.

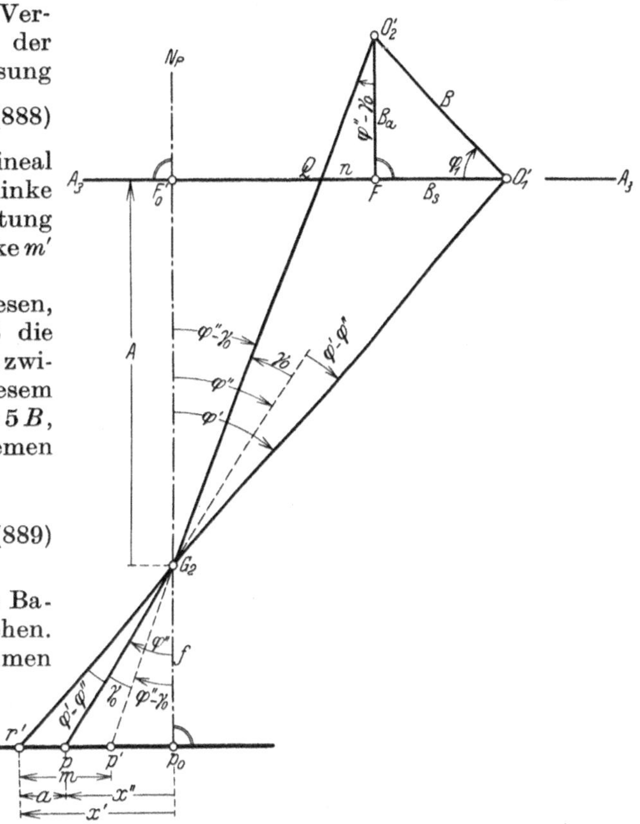

Abb. 332. Ableitung der Abstandsgleichung aus den Bewegungen der Komparatorschlitten.

## r) Genauigkeitsfragen.

Die Aufstellung einer strengen Fehlertheorie der stereophotogrammetrischen Punktbestimmung, sei es, daß diese nach gemessenen Komparatordaten $x'$, $y'$, $a$ mittels der Gln. (872) und (873) rechnerisch oder auf Grund stereoskopischer Einstellungen durch den Stereoautographen mechanisch erfolgt, ist eine recht umständliche Sache. Zu den hauptsächlichsten Fehlerquellen gehören der radial veränderliche Lichtabfall, Verzeichnungsfehler des Aufnahmeobjektivs, Helligkeitsunterschiede infolge ungleichartiger Bodenbedeckung, Beleuchtungswechsel und Verschiebung der Schattengrenzen zwischen zwei Aufnahmen, Verschiedenheiten im Plattenkorn, fehlerhafte Plattenlage, Standortsfehler, Fehler in den Elementen der inneren und äußeren Orientierung, Augenmängel und die nicht ganz auszuschaltenden mechanischen Unvollkommenheiten des Auswerteapparates[1]. Bei der Verwendung des Stereoautographen wird der Grundriß eines Punktes durch die aus der Einstellung von $x'$ folgende Lage des Richtungslineals $L_R$, also durch einen orientierten Vorwärtsstrahl sowie durch das Zusammenfallen einer räumlichen Marke $m$ mit dem stereoskopischen Bild $(P)$ des auszumessenden Punktes bestimmt. Die Herbeiführung dieser räumlichen Deckung entspricht in der Hauptsache der Messung des Schnittwinkels $\gamma$. Läßt man diese vielleicht nicht ganz hieb- und stichfeste Auffassung gelten, so handelt es sich bei der Autographenarbeit vom geometrischen und fehlertheoretischen Standpunkt aus im wesentlichen um eine Punktbestimmung durch Seitwärtsabschneiden. Die Winkel $\alpha$, $\gamma$ des Schnittdreiecks (Abb. 325) besitzen dann die irgendwie entstandenen bestimmten Beobachtungsfehler $d\alpha$, $d\gamma$ und aus $\alpha + \beta + \gamma = 180^0$ ergibt sich der Fehler des dritten Winkels zu

$$d\beta = -(d\alpha + d\gamma). \tag{890}$$

Damit folgen aus (856) bis (860) die Ausdrücke

$$V_\Phi = (k_\alpha - k_\beta)\, d\alpha - k_\beta \cdot d\gamma, \tag{891}$$

$$\left.\begin{aligned} p &= -\frac{B}{2\sin^2\gamma}\{(\sin 2\alpha + \sin 2\beta)\, d\alpha + \sin 2\alpha \cdot d\gamma\} \\ &= -\frac{1}{\sin\gamma}\{(E''\cos\alpha + E'\cos\beta)\, d\alpha + E''\cos\alpha \cdot d\gamma\}, \end{aligned}\right\} \tag{892}$$

$$\left.\begin{aligned} q &= -\frac{B}{\sin^2\gamma}\{(\sin^2\alpha - \sin^2\beta)\, d\alpha + \sin^2\alpha \cdot d\gamma\} \\ &= -\frac{1}{B}\{(E''^2 - E'^2)\, d\alpha + E''^2 \cdot d\gamma\}, \end{aligned}\right\} \tag{893}$$

$$\left.\begin{aligned} v_l = dE &\approx \frac{E}{2\cos\varphi\sin\frac{\gamma}{2}}\left(2\sin\varphi\sin\frac{\gamma}{2}\cdot d\alpha - \sin\alpha\cdot d\gamma\right) \\ &\approx \frac{B}{4\sin^2\frac{\gamma}{2}}\left(2\sin\varphi\sin\frac{\gamma}{2}\cdot d\alpha - \sin\alpha\cdot d\gamma\right), \end{aligned}\right\} \tag{894}$$

$$v_q = E\cdot d\varphi \approx -\frac{E}{2}\left(d\alpha + \tfrac{1}{2}d\gamma\right) \approx -\frac{B}{2}\cdot\frac{\cos\varphi}{\sin\frac{\gamma}{2}}\left(d\alpha + \tfrac{1}{2}d\gamma\right) \tag{895}$$

für die Punktverschiebung in der beliebigen Richtung $\Phi$, die seitliche Verschiebung $p$, den Abstandsfehler $q$, die Längsverschiebung $v_l$ und die Querverschiebung $v_q$ senkrecht zu $E$. Die in den vorstehenden Gleichungen gebrauchten Bezeichnungen haben die gleiche Bedeutung wie in der bei der Meßtischphotogrammetrie behandelten Fehleruntersuchung für Vorwärtseinschneiden. Das Basisverhältnis besitzt aber bei Stereoaufnahmen einen viel kleineren Wert — durchschnittlich 1 : 10 — als bei der Meßtischphotogrammetrie.

Wird im Ausdruck für $v_l$ auch noch der Basisfehler $(dB : B)\cdot E$ berücksichtigt, $\sin\gamma$ durch $\gamma$ ersetzt und $\gamma$ neben $\varphi$ vernachlässigt, so erhält man die gebräuchliche Überschlagsformel

$$\left.\begin{aligned} v_l = dE &\approx \frac{\cos\varphi}{\gamma}\cdot dB - \frac{B\cdot\sin\varphi}{\gamma}\cdot d\varphi - \frac{B\cdot\cos\varphi}{\gamma^2}\cdot d\gamma \\ &\approx \frac{E}{B}\cdot dB - E\cdot\operatorname{tg}\varphi\cdot d\varphi - \frac{E^2}{B\cdot\cos\varphi}\cdot d\gamma \end{aligned}\right\} = \Delta_B + \Delta_\varphi + \Delta_\gamma, \tag{896}$$

[1] Eine interessante Genauigkeitsbetrachtung aus der ersten Zeit der stereophotogrammetrischen Punktbestimmung siehe bei *Schilling, Fr.:* Die geometrische Theorie der Stereophotogrammetrie. Z. Vermess.-Wes. 1911 S. 637ff.

Siehe ferner *Graf, R.:* Fehlertheorie des *Wild*schen Stereoautographen. Schweiz. Z. Vermess.-Wes. 1929 S. 250—264.

Weiterhin siehe *Finsterwalder, R.:* a) Grenzen und Möglichkeiten der terrestrischen Photogrammetrie, besonders auf Forschungsreisen. Allg. Vermess.-Nachr. 1930; b) Über die Genauigkeit der terrestrischen Photogrammetrie. Allg. Vermess.-Nachr. 1932 S. 17—22.

während aus (895) der Ausdruck

$$v_q = E \cdot d\varphi \approx \frac{B \cdot \cos\varphi}{\gamma} \cdot d\varphi \tag{897}$$

hervorgeht.

Aus (896) erkennen wir, daß die Einflüsse $\Delta_\varphi$ und $\Delta_\gamma$ eines Verschwenkungsfehlers $d\varphi$ und eines Fehlers $d\gamma$ der Zielstrahlenkonvergenz zu $\gamma$ bzw. $\gamma^2$ umgekehrt proportional sind, während — wie schon früher festgestellt — der Basisfehlereinfluß $\Delta_B$ gleichmäßig mit $E$ zunimmt. In $d\varphi$ und $d\gamma$ sind nicht nur die zufälligen Auswertungsfehler, sondern auch die alle Zielstrahlen gleichmäßig beeinflussenden Ungenauigkeiten der äußeren, horizontalen Orientierung enthalten. Bemerkenswert ist, daß $\Delta_\varphi$ wegen des Faktors $\sin\varphi$ für Punkte auf der Basisnormalen verschwindet, während das nach seinem Bau stets viel größere $\Delta_\gamma$ praktisch niemals Null werden kann. Beachtet man außerdem, daß $\Delta_B$ gleichmäßig mit $E$, $\Delta_\gamma$ hingegen proportional zu $E^2$ wächst, so kann man mit geeignet ausgewählten, kartierten Paßpunkten $dB$, $d\gamma$ und $d\varphi$ bestimmen bzw. berücksichtigen. Das ist für $d\gamma$ wegen seines starken schädlichen Einflusses besonders wichtig, da dieser Fehler im allgemeinen nicht schon von vornherein durch eine scharfe Ausrichtung der Kammerachsen genügend klein gehalten werden kann. Bei guten Arbeiten muß man verlangen, daß er nachträglich mit Hilfe der Paßpunkte möglichst unter 10″ herabgedrückt wird; die entsprechende Grenze für $d\varphi$ ist etwa 1′.

Die stereophotogrammetrisch bestimmten Höhen werden in erster Linie durch Neigungs- und Verkantungsfehler der Aufnahmen beeinflußt. Auch diese Fehler lassen sich mit Hilfe von kartierten Paßpunkten unschädlich machen.

Einige Zahlenangaben zur Genauigkeit der Stereoautographenarbeit gibt *R. Finsterwalder* hauptsächlich auf Grund von theoretischen Überlegungen in den auf S. 290 (Fußnote) zitierten Schriften. Von großem Interesse sind die Mitteilungen des schweizerischen Sektionschefs für Topographie, *K. Schneider*, über die Genauigkeit der terrestrischen Probeaufnahme Rüschegg im Kanton Bern[1]. Die Feldaufnahmen ($f = 19$ cm) wurden mit dem Stereoautographen im Maßstab 1 : 5000 unter Einhaltung eines Höhenlinienabstandes von 5 m ausgearbeitet. Die Untersuchung ergab für die Höhenkurven den mittleren Höhenfehler

$$m_H = \pm (0{,}4 + 1{,}2 \operatorname{tg}\alpha) \text{ Meter,}$$

und den mittleren Lagefehler

$$m_l = \pm (1{,}2 + 0{,}4 \operatorname{ctg}\alpha) \text{ Meter.} \tag{898}$$

Hierin bedeutet $\alpha$ die Geländeneigung an der betrachteten Stelle.

Die Erdstereophotogrammetrie mit Auswertung am Stereoautograph findet unter Beschränkung auf geeignetes Gelände auch im staatlichen Vermessungswesen vieler Länder ausgedehnte Verwendung. Ganz besonders gilt dies für Österreich und die Schweiz.

In Österreich werden die schon vorhandenen 1000- und 2000-teiligen Katasterblätter durch stereophotogrammetrisch bestimmte Höhenlinien ergänzt; ferner erfolgt die Herstellung von Grundlagen für Katasterneuaufnahmen im Maßstab 1 : 4000 oder 1 : 5000 in Gebieten mit geringem Bodenwert oder schwer bezeichenbaren Grenzlinien (Hochgebirge) auf stereophotogrammetrischem Wege, wobei entlang den zu vermessenden Grenzlinien einzelne Festpunkte bestimmt werden[2].

[1] Die Photogrammetrie und ihre Anwendung bei der schweizerischen Grundbuchvermessung und bei der allgemeinen Landesvermessung; Sammlung von Referaten (*Baltensperger, Schneider, Härry*), gehalten am Vortragskurs des Schweizerischen Geometer-Vereins am 7. u. 8. Mai 1926 an der Eidg. Technischen Hochschule in Zürich. Brugg 1926.

[2] Siehe dazu a) *Gromann, A.*: Der bundesstaatliche Vermessungsdienst in Österreich und seine Arbeiten seit der Reform. Wien 1931 (Sonderabdruck aus: Mitt. d. Geographischen Gesellschaft in Wien Bd. 74); b) *Winter:* Bericht der Sektion Österreich der Internationalen Gesellschaft für Photogrammetrie. Int. Arch. Photogrammetrie. Bd. 7, 1. Halbband S. 37—55. Baden bei Wien 1930.

In der Schweiz wird die terrestrische Stereophotogrammetrie, gestützt auf ein gutes trigonometrisches Netz, mit großem Vorteil zur planmäßigen topographischen Neuvermessung der etwa die Hälfte des Landes einnehmenden Alpengebiete verwendet. Dazu kommt die teilweise stereophotogrammetrische Grundbuchvermessung, welcher folgende Aufgaben zugewiesen sind: 1. Aufnahme der Eigentums- und Kulturgrenzen für die Grundbuchpläne in den Maßstäben 1 : 5000 und 1 : 10000; 2. Aufnahme und Auswertung der Kulturgrenzen für Grundbuchpläne im Maßstab 1 : 2000; 3. Aufnahmen für den Übersichtsplan (Topographie) 1 : 5000 und 1 : 10000 in allen hiefür geeigneten Gebieten (Vor- und Hochalpen)[1].

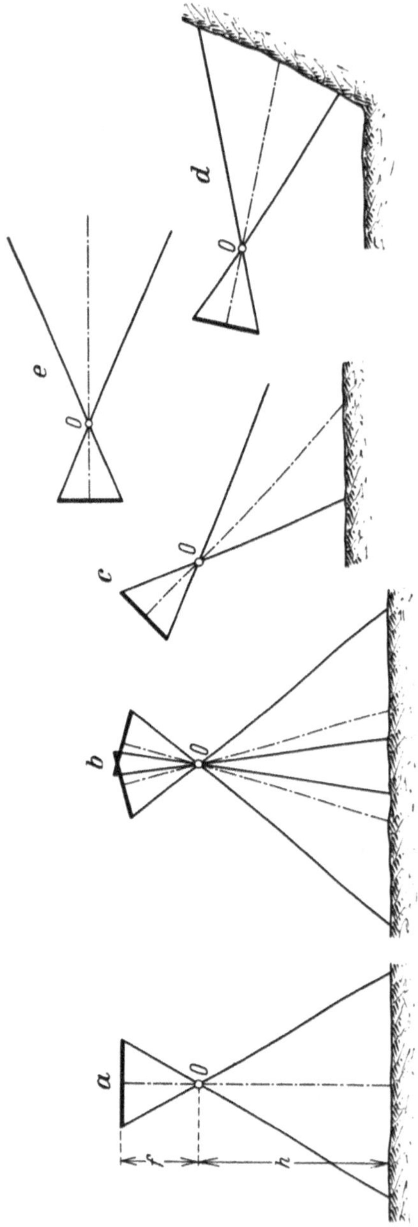

Abb. 333 a), b), c), d), e). Typische Fälle der Luftaufnahme.

Auch in Bayern werden gelegentlich vom Landesvermessungsamt erneuerte Katasterblätter durch stereophotogrammetrisch bestimmte Höhenlinien (Autographenarbeit, Photogrammetrie G. m. b. H.) ergänzt.

Seit einer Reihe von Jahren erfolgt auch die Erstellung von Karten des Deutschen u. Österreichischen Alpenvereins aus meist erdstereophotogrammetrischen Aufnahmen (*R. Finsterwalder*). Wie sehr sich die Erdstereophotogrammetrie für Forschungsreisen eignet, hat *R. Finsterwalder* gezeigt[2].

## 38. Luftphotogrammetrie.

### a) Allgemeines. Instrumente.

Luftaufnahmen besitzen, wie schon erwähnt, terrestrischen Aufnahmen gegenüber den großen Vorteil, daß sie infolge der ideal überhöhten Aufnahmeorte einen sehr guten Einblick ins Gelände gewähren, womit auch eine der wichtigsten Voraussetzungen für ein wirtschaftliches Arbeiten erfüllt ist. Dazu kommt, daß — wenigstens bei Senkrecht- und Steilaufnahmen — die Entfernungen der einzelnen Geländeteile von den Aufnahmeorten keine allzu großen Unterschiede aufweisen, so daß auch eine gleichmäßige Genauigkeit der räumlichen Punktbestimmung innerhalb des gemeinsamen Bildfeldes erreicht wird. Ein weiterer Vorteil ist die kurze Dauer der eigentlichen, in der Regel unter Benutzung eines Flugzeugs erfolgenden Aufnahmearbeit.

Die gegenüberstehenden Nachteile sind in erster Linie die hohen Flugkosten, die Unkenntnis des Aufnahmeortes und der genauen Lage der Kammerachse zum Lot sowie die Schnelligkeit der

[1] *Schneider, K.:* Die Photogrammetrie in der Schweiz. Int. Arch. Photogrammetrie Bd. 7, 1. Halbband S. 131ff. Baden bei Wien 1930.

[2] *Finsterwalder, R.:* a) Begleitworte zur Karte der Loferer Steinberge und Begleitworte zur Karte der Glocknergruppe. Z. Dtsch. u. Österr. Alpenvereins 1925 u. 1928; b) Photogrammetrie auf Forschungsreisen unter Berücksichtigung der Ergebnisse der Alai-Pamir-Expedition. Bildmessg. u. Luftbildwes. 4. Jg. (1929) Heft 4 u. (1930) Heft 1; c) Grenzen und Möglichkeiten der terrestrischen Photogrammetrie, besonders auf Forschungsreisen. Liebenwerda 1930.

Fortbewegung, welche nur ganz kurze Belichtungszeiten erlaubt und eine weitere Steigerung der Emulsionsempfindlichkeit gebieterisch fordert.

Trotzdem schreitet die Ausbreitung der Luftphotogrammetrie unaufhaltsam fort, besonders soweit es sich um die sog. extensive Photogrammetrie handelt, für deren kleine Maßstäbe die Genauigkeitsanforderungen an das Endergebnis stark zurücktreten, so daß auch sehr spärliche trigonometrische Unterlagen noch ausreichen.

Was die Art der Aufnahme anlangt, so unterscheidet man einige typische Fälle, nämlich a) Senkrechtaufnahmen (Abweichung der Kammerachse vom Lot nur wenige Grad), b) Steilaufnahmen (entsprechende Abweichung etwa bis $20^0$), c) Schrägaufnahmen (Neigung etwa $20^0$ bis $70^0$), d) Horizontalaufnahmen (Kammerachse bis auf wenige Grad waagrecht), e) Flachaufnahmen (entsprechende Abweichung etwa bis $20^0$). Sie sind in Abb. 333 veranschaulicht. Von Bedeutung ist auch der ungefähre Bildmaßstab $M = 1 : x$. Er ist für Senkrechtaufnahmen

$$M = l : L = f : h\,, \tag{899}$$

wenn unter $l$, $L$ entsprechende Längen im Bild und im Feld verstanden werden und wenn ferner $f$ die Objektivbrennweite, $h$ die Höhe des Aufnahmeortes über dem Boden (Höhe über Grund) bedeutet. Will man einen bestimmten Bildmaßstab erreichen, so muß die Flughöhe

$$h = f : M = f \cdot x \tag{900}$$

möglichst eingehalten werden.

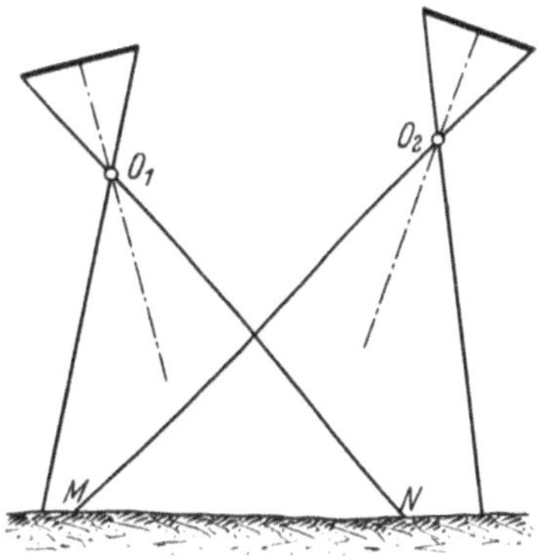

Abb. 334. Überdeckung von Aufnahmen.

Von besonderen Fällen abgesehen müssen die Aufnahmen so gehalten und miteinander verbunden werden, daß den Nachbaraufnahmen ein entsprechend großes Bildfeld gemeinsam ist. Man spricht dann von einer Überdeckung oder Überlappung der Aufnahme (Abb. 334).

Das Instrument für Luftbildaufnahmen ist die sehr stabil gehaltene Fliegerkammer[1] (Fliegermeßkammer, Flugzeugkammer), eine photographische Meßkammer, welche entweder freihändig an kräftigen Griffen oder bequemer in einem besonderen Aufhängegestell verwendet wird. Ein solches ermöglicht es, die Kammer angenähert in der gewünschten Richtung festzuhalten. Mit Rücksicht auf die sehr kurze Belichtung, welche zur Vermeidung von Verzerrungen nur mittels eines Zentralverschlusses erfolgen kann, muß ein sehr lichtstarkes Objektiv Verwendung finden, das auch bei großem Öffnungsverhältnis genügend verzeichnungsfrei bleibt. Bei der mit Rahmensucher ausgestatteten Handmeßkammer erfolgt die Bedienung der Kassette und des Verschlusses von Hand aus durch Drehungen an geeigneten Knöpfen. Für größere Aufnahmen sind besondere, nach Vornahme der notwendigen Einstellungen automatisch arbeitende Reihenbildmeßkammern vorteilhafter. Die Hauptbestandteile einer solchen Reihenbildmeßkammer sind: a) die Kammer mit der kardanischen Aufhängevorrichtung, b) ein Sucherfernrohr mit Überdeckungsregler, c) ein regulierbarer Propellerantrieb, d) eine Meßfilmwechselkassette. Die bei Verwendung von Filmen[2] notwendige Ebnung derselben im Augenblick der Aufnahme wird durch einen Staudruck der in die Kammer geführten Luft erreicht, welcher den Film fest an eine ebene Platte preßt. Der regulierbare Propeller aber besorgt automatisch die Aus-

[1] Dieses Instrument kann hier nur kurz behandelt werden. Weitere Einzelheiten siehe in der Literatur, z. B. a) bei *Doležal, E.*, Photogrammetrische Instrumente, Int. Arch. f. Photogrammetrie, Bd. 6, Wien 1923, S. 249—310, wo Flugzeugkammern verschiedener Firmen behandelt werden; b) in den auf S. 249 Fußnote unter a), b), c), d) genannten Werken von *Sarnetzky*, *Gast*, *v. Gruber* und *Hugershoff*.

[2] Filme können auch heute noch nicht ganz formbeständig hergestellt werden.

lösung der für den Plattenwechsel bzw. Filmtransport und für die Belichtung notwendigen Bewegungen. Zur genäherten Orientierung der Aufnahme gegen das Lot wird eine mit Gradteilung versehene Dosenlibelle mitphotographiert, während ein im Anlegerahmen befindlicher, selbsttätiger Aufnahmezähler die Platte bzw. den Film numeriert.

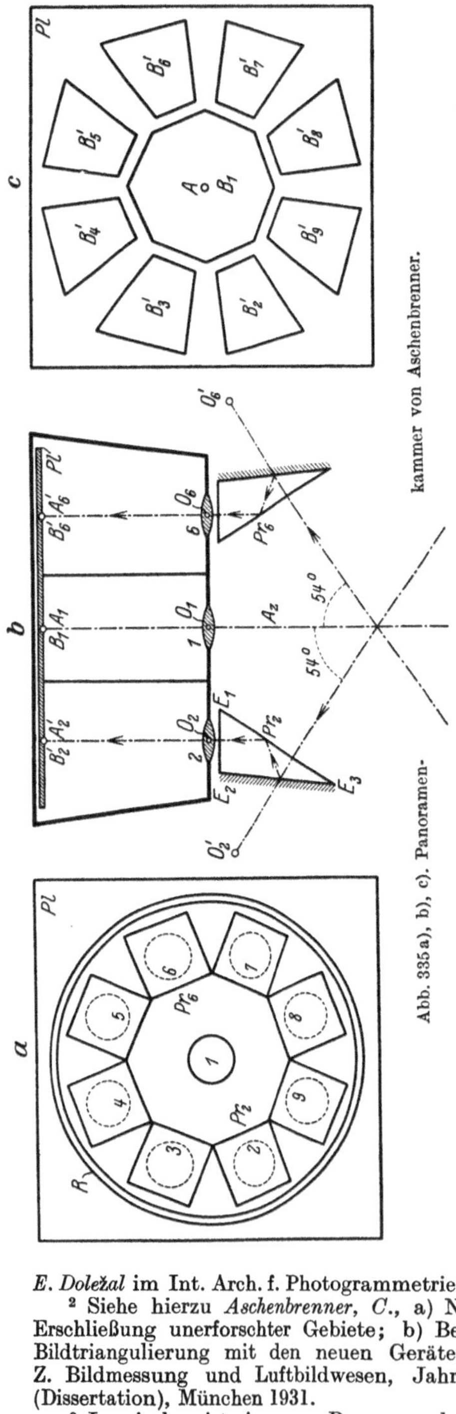


Abb. 335 a), b), c). Panoramenkammer von Aschenbrenner.

Auch gleichzeitig auslösbare **Mehrfachkammern** (Zweifach- und Vierfachkammer) finden Verwendung. Dabei erfolgt die Anordnung der Kammern symmetrisch zum Lot so, daß bei der Zweifachkammer die Aufnahmerichtungen in der Flugrichtung liegen und bei der Vierfachkammer auch noch senkrecht dazu gestellt sind.

Eine ganz besondere, zweifellos noch wachsende Bedeutung kommt der **Panoramenkammer** zu. Sie ist in erster Linie für die Gewinnung kleinmaßstäblicher Karten von Bedeutung und verdankt ihre Entwicklung hauptsächlich dem Bestreben, mit einer einzigen Auslösung ein möglichst großes Gelände zu photographieren. Dabei wird die Aufnahme zur Vermeidung einer allzu weitwinkligen Abbildung mit ungenügend belichteten und unscharfen Randpartien in eine Anzahl gesonderter, annähernd gleich guter Bilder von bekannter gegenseitiger Lage zerlegt. Um die Ausbildung dieses Instrumentes haben sich besonders *Thiele, Scheimpflug Th.*[1], *Cranz-Hugershoff* und neuerdings *C. Aschenbrenner* verdient gemacht. Letzterem ist es mit Hilfe der Firma *C. A. Steinheil* in München gelungen, die Panoramenkammer so weit zu vervollkommnen und mit geeigneten Hilfsapparaten (Umbild- und Übertragungsgerät) auszustatten, daß damit die später zu besprechende Bildtriangulierung eine wesentliche Förderung erfahren hat.

Die für die Photogrammetrie G. m. b. H. in München erbaute *Aschenbrenner*sche Panoramenkammer[2] (Abb. 335) besteht aus neun zu einer starren Einheit zusammengewachsenen Einzelkammern, deren Objektive *2* bis *9* innerhalb eines kräftigen Ringes *R* um das Objektiv *1* der ersten Kammer kranzförmig angeordnet sind. Bei zusammenfallenden Hauptebenen, gleichen Brennweiten ($f = 5{,}3$ cm)[3] und parallelen Achsen besitzen sie auch eine gemeinsame, in der Vorder-

[1] Eine Würdigung dieses um die Entwicklung der Luftphotogrammetrie hochverdienten Mannes gibt *E. Doležal* im Int. Arch. f. Photogrammetrie, Bd. 2 (1909—1911), Wien 1911 S. 241—249.

[2] Siehe hierzu *Aschenbrenner, C.*, a) Neue Geräte u. Methoden für die photogrammetrische Erschließung unerforschter Gebiete; b) Bericht über die Durchführung u. die Ergebnisse einer Bildtriangulierung mit den neuen Geräten der Photogrammetrie G. m. b. H. in Nr. 1 u. 4 der Z. Bildmessung und Luftbildwesen, Jahrg. 1929; c) Über weitwinklige Luftphotogrammetrie (Dissertation), München 1931.

[3] Inzwischen ist eine neue Panoramenkammer mit größeren Brennweiten gebaut worden.

seite der Platte $Pl$ liegende Brennebene. Vor den Objektiven *2* bis *9* sind die gleichgestalteten Prismen $Pr_2 - Pr_9$, welche eine konstante Richtungsablenkung von $54^0$ herbeiführen; dazu muß im Querschnittsdreieck $E_1E_2E_3$ der Winkel bei $E_1$ das doppelte des Winkels bei $E_3$ sein. Die Außenseiten $E_2E_3$ tragen Spiegelbelag, so daß die Prismen eine zweimalige Reflexion verursachen, deren eine — an $E_1E_3$ — eine totale ist. Bei der getroffenen Anordnung ist eine gleichzeitige Auslösung aller Verschlüsse leicht zu ermöglichen; auf der gleichen Platte $Pl$ entstehen das Mittelbild $B_1$ und die seitlichen Bilder $B_2'$ bis $B_9'$, welche so beschaffen sind, als ob sie von $O_2'$ bis $O_9'$ aus je unter einer Neigung von $54^0$ gegen die zentrale Achse $A_z$ aufgenommen worden wären. Die annähernd trapezförmigen seitlichen Bilder auf der quadratischen Platte $Pl$ (Seitenlänge 18 cm) reihen sich ebenfalls kranzförmig um das Mittelbild $B_1$ mit dem Hauptpunkt $A_1$; sie entsprechen sämtlich Schrägaufnahmen mit dem gleichen Nadirabstand $54^0$, wenn die Achse der zentralen Kammer lotrecht ist.

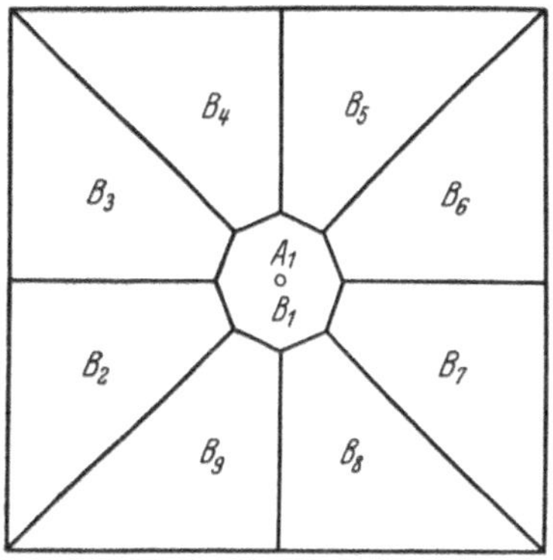

Abb. 336. Zusammengefügte, in die Ebene des Mittelbildes entzerrte Bilder.

Alle diese Schrägaufnahmen werden mittels eines besonderen Umbildgerätes[1] umphotographiert, wobei die auf die Ebene von $B_1$ entzerrten Teilstücke $B_2$ bis $B_9$ so an das Mittelbild angereiht werden, daß ein einheitliches Bild (Abb. 336) entsteht, wie es bei unbegrenzter Vollkommenheit der Linse *1* diese selbst erzeugt hätte. Das Ergebnis der Umbildung auf den Maßstab und die Ebene von $B_1$ ist ein ziemlich gleichmäßig durchgebildetes quadratisches Bild gleicher Perspektive mit dem Hauptpunkt $A_1$; die Quadratseite erscheint von $O_1$ aus unter dem großen Bildwinkel von $136^0$.

## b) Entzerrung eines ebenen Gebildes aus einer einzigen Aufnahme.

Ein einfacher aber sehr wichtiger Sonderfall der Luftphotogrammetrie ist die Entzerrung der Aufnahme eines ebenen Gebildes in den Grundriß, welche ohne jede Kenntnis der inneren oder äußeren Orientierung immer dann durchgeführt werden kann, wenn in der Photographie vier im Grundriß bekannte Punkte abgebildet sind. Die Höhen bleiben allerdings unbekannt.

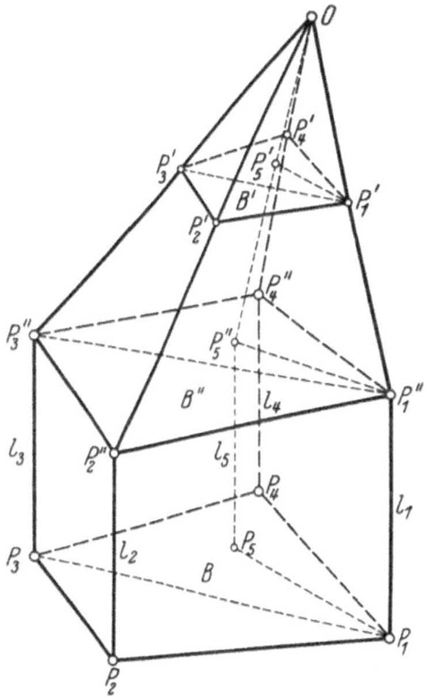

Abb. 337. Beziehungen zwischen Geländeebene $B''$, Bildebene $B'$ und Grundriß $B$.

In Abb. 337 sei $B''$ die beliebig geneigte Geländeebene mit den bekannten Punkten $P_1''$ bis $P_4''$; $B$ ist der zugehörige Grundriß, $B'$ das von $B''$ in $O_1$ aufgenommene Bild. Die durch das optische Zentrum $O_1$ gehenden Zielstrahlen entwerfen von $B''$ auf der Platte die Zentralprojektion $B'$, während die Lote $l$ durch Orthogonalprojektion den Grundriß $B$ erzeugen. Es sind also $B$ und $B'$ zu $B''$ perspektiv und — als ebene Gebilde für sich betrachtet — zueinander projektiv. Das Doppelverhältnis von je vier entsprechenden Strahlen zu entsprechenden Mittelpunkten besitzt daher in den genannten Ebenen je den gleichen Wert. Dies läßt sich auch unmittelbar aus der Abbildung ersehen. Unter Einbeziehung eines beliebigen, durch den Zeiger *5* charakterisierten laufenden Punktes ergibt sich zur

[1] Siehe Anmerkung 2 auf S. 294.

Achse $O_1 P_1''$ ein Ebenenbüschel, dessen vier Ebenen durch die Bildebene $B'$ und die Geländeebene $B''$ in zwei projektiven Strahlenbüscheln $(P_2', P_3', P_5', P_4')$, $(P_2'', P_3'', P_5'', P_4'')$ mit den Mittelpunkten $P_1'$, $P_1''$ geschnitten werden. Andrerseits wird das entsprechende, zur Achse $l_1$ gehörige Ebenenbüschel durch $B''$ und $B$ in den projektiven Strahlenbüscheln $(P_2'', P_3'', P_5'', P_4'')$ und $(P_2, P_3, P_5, P_4)$ zu den Mittelpunkten $P_1''$, $P_1$ geschnitten. Da projektive Strahlenbüschel gleiche Doppelverhältnisse besitzen, so gilt offenbar

$$(P_2' P_3' P_5' P_4') = (P_2'' P_3'' P_5'' P_4'') = (P_2 P_3 P_5 P_4)\,, \tag{901}$$

gleichgiltig, welche entsprechende Punkte zu Büschelmittelpunkten gemacht werden. Auf Grund dieser projektiven Beziehung zwischen $B'$ und $B$ kann der Bildinhalt in den Grundriß übertragen werden. Zur Durchführung dieser Arbeit dienen[1]:

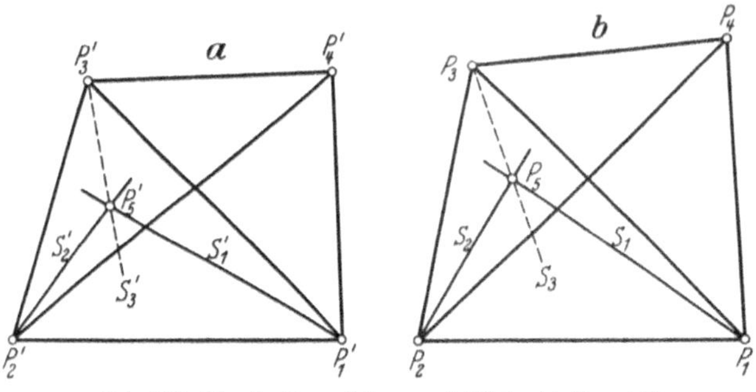


Abb. 338. Vierstrahlenverfahren. a) Bild. b) Grundriß.

1. Das Vierstrahlenverfahren, 2. Bezugsnetze, 3. die photographische Entzerrung.

Zu 1. Das Vierstrahlenverfahren (Streifenverfahren) ist zu empfehlen, wenn nur für wenige Punkte der Grundriß aufzusuchen ist. Zur Übertragung des Bildpunktes $P_5'$ (Abb. 338a) verbindet man zunächst die Bilder der bekannten Punkte zum Viereck $P_1' P_2' P_3' P_4'$ und zieht hierauf den Strahl $S_1'$ von $P_1'$ nach $P_5'$. Mit Hilfe eines aufgelegten Streifens, an dessen Rand die Schnitte der vier von $P_1'$ auslaufenden Richtungen bezeichnet werden, erfolgt so wie früher im Anschluß an Abb. 310, S. 267 im einzelnen beschrieben wurde, die projektive Übertragung von $S_1'$ in die Grundrißlage $S_1$ (Abb. 338b). Dann macht man $P_2'$ zum projektiven Mittelpunkt und erhält zum Bildstrahl $S_2'$ im Grundriß einen zweiten geometrischen Ort $S_2$. Ein unter Benutzung des Zentrums $P_3'$ gewonnener Probestrahl $S_3$ muß durch den Schnittpunkt von $S_1$ und $S_2$ gehen. Dieser Punkt ist der dem Bildpunkt $P_5'$ entsprechende Grundrißpunkt $P_5$. In gleicher Weise werden sämtliche Punkte in den Grundriß übertragen.

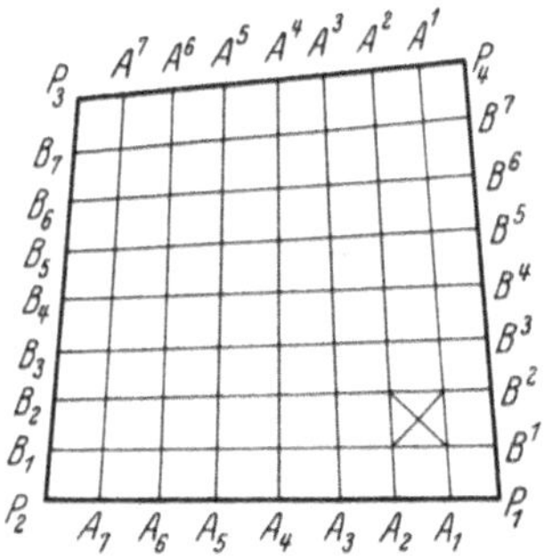

Abb. 339. Künstliches Vierecksnetz mit gleichmäßiger Seitenteilung.

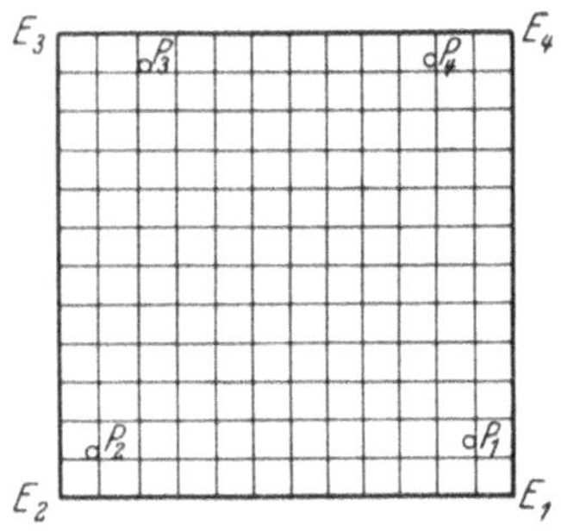

Abb. 340. Koordinatennetz (Möbiusnetz).

Zu 2. Handelt es sich darum, für eine große Anzahl von Punkten oder Linien den Grundriß abzuleiten, so ist die Anwendung von Bezugsnetzen zu empfehlen, die entweder künstliche oder natürliche Vierecksnetze sind. Ersteres erhält man z. B. wenn die Seiten des Planvierecks gleichmäßig geteilt (Abb. 339) und die das Netz bestimmenden Teilungspunkte projektiv ins Bild übertragen werden. Ist das Netz genügend eng, so kann man die Einzelheiten nach dem Augenmaß aus dem Bild in die entsprechenden Planmaschen übertragen. Maschen mit sehr vielen Einzelheiten wird man wie in der Abbildung angedeutet, durch Diagonalen noch weiter zerlegen. Bequeme Proben gibt es bei Anwendung des eben besprochenen Netzes nicht.

---

[1] Die mechanische Entzerrung durch sog. rein mechanische Perspektographen kommt praktisch kaum in Betracht.

Sind die gegebenen Punkte $P_1$ bis $P_4$, wie es meist zutrifft, durch ihre rechtwinkligen Koordinaten bestimmt, so überträgt man das Umfassungsrechteck $E_1E_2E_3E_4$ (Abb. 340) mit den Unterteilungen der Seiten projektiv in die Photographie und erhält ein sog. *Möbiusnetz*, aus dem man schätzungsweise auch Entfernungen entnehmen kann. Dieses Netz enthält auch wirksame Kontrollen: Die Netzecken liegen auf den Diagonalen und die Bilder aller Koordinatenparallelen sollen durch ein und denselben Punkt gehen.

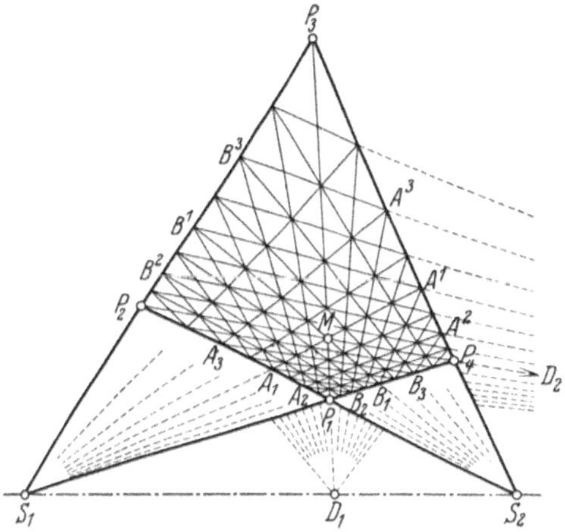

Abb. 341. Natürliches Vierecksnetz.

Jedes künstliche Netz erfordert die Übertragung von Teilungen aus dem Plan ins Bild; bei dem in Abb. 341 dargestellten natürlichen Vierecksnetz bleibt sie erspart. Hier erfolgt die Maschenkonstruktion mittels der von den Ecken $S_1$, $S_2$ des vollständigen Vierecks auslaufenden Strahlen, deren erstes Paar durch den Diagonalenschnittpunkt $M$ geht und auf den Vierecksseiten die Punkte $A_1$, $A^1$ und $B_1$, $B^1$ ausschneidet. Die Strecken $A_1B_1$, $A^1B^1$ treffen die Diagonale $P_1P_3$ in zwei Punkten, deren Verbindung mit $S_1$ und $S_2$ auf dem Umfang die weiteren Teilungspunkte $A_2$, $A^2$, $A_3$, $A^3$ und $B_2$, $B^2$, $B_3$, $B^3$ bestimmt. Auf diesem Wege kann im Plan und im Bild die Teilung beliebig weit getrieben werden. Eine willkommene Probe besteht darin, daß die Strahlen $A_iB^i$, $A^iB_i$ bzw. $A_iB_i$, $A^iB^i$ durch die Schnittpunkte $D_1$, $D_2$ der Diagonalen $P_1P_3$ bzw. $P_2P_4$ mit der Seite $S_1S_2$ laufen müssen. Diese schöne Probe versagt, wenn $D_1$ und $D_2$ außerhalb des Planes bzw. des Bildes liegen und es versagt praktisch die ganze Netzkonstruktion, wenn auch $S_1$, $S_2$ diese ungünstige Lage besitzen.

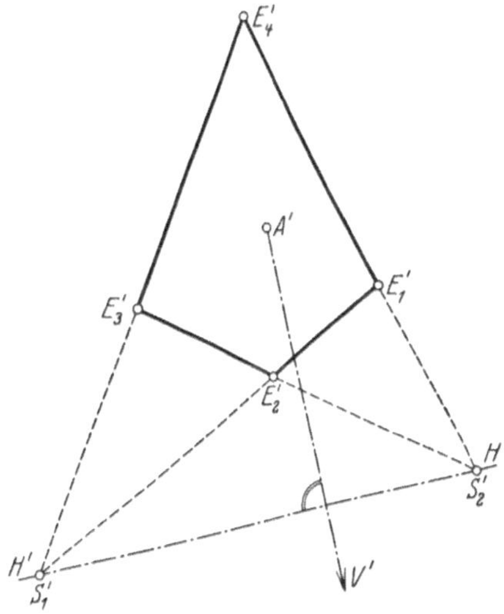

Abb. 342. Bildhorizont und Hauptvertikale bei waagrechter Geländeebene.

Alle bisherigen Ausführungen über Entzerrungen in den Grundriß mit Hilfe von vier im horizontalen Sinn bekannten Punkten gelten für eine beliebig geneigte Geländeebene. Ist diese waagrecht, was häufig genug in guter Annäherung zutrifft, so kann man auch den Bildhorizont angeben, bei bekanntem Hauptpunkt auch noch die Hauptvertikale.

Den waagrechten Koordinatenlinien des Grundrisses entsprechen hier in der Geländeebene waagrechte Parallelenscharen, deren Fluchtpunkte $S_1'$, $S_2'$ (Abb. 342) mit denjenigen der gleichgerichteten Koordinatenlinien zusammenfallen. Sie ergeben sich als die Schnittpunkte der Seitenbilder $E_1'E_2'$ und $E_3'E_4'$ bzw. $E_2'E_3'$ und $E_4'E_1'$ des in Abb. 342 enthaltenen Umfassungsrechtecks. Da es sich bei $S_1'$, $S_2'$ um die Fluchtpunkte von horizontalen Richtungen handelt, so bezeichnet die Gerade $S_1'S_2'$ den Bildhorizont $H'H'$, während die Senkrechte dazu durch den Hauptpunkt $A'$ die Hauptvertikale $V'$ angibt. Sie kann wie jede andere Richtung in den Grundriß übertragen werden und bestimmt hier als Horizontalprojektion der Kammerachse die sog. Blickrichtung oder Aufnahmerichtung.

Zu 3. Die Durchführung der photomechanischen Entzerrung setzt voraus, daß sich der Grundriß $B$ als unmittelbare Zentralprojektion des Bildes $B'$ darstellen läßt und daß weiterhin durch eine Linse von vorgegebener Brennweite eine optische Scharfabbildung zwischen den Ebenen $B$, $B'$ stattfindet. Ersteres wird zutreffen, wenn sich ein Projektionszentrum $O$ (Abb. 343) so finden läßt, daß die verlängerten Kanten der von $O$ und dem Bildviereck $P_1' P_2' P_3' P_4'$ bestimmten Pyramide nach einer geeigneten Bewegung derselben die Grundrißpunkte $P_1, P_2, P_3, P_4$ treffen. Die Möglichkeit dieses Vorganges ergibt sich aus folgender Überlegung. Wir denken uns in einer Parallelebene zu $B'$ unendlich viele benachbarte Linien $L$ gezogen und lassen $O$ zunächst auf $L_1$ wandern. Für jede Stellung von $O$ auf dieser Linie wird es möglich sein, drei Pyramidenkanten durch $P_1$, $P_2$, $P_3$ zu legen, während der Durchstoßpunkt der 4. Kante im Grundriß eine Kurve $K_1$ beschreibt. Anderen Linien $L$ entsprechen andere Spuren $K$. Unter dieser Schar wird sich auch eine Linie $K_0$ befinden, welche durch $P_4$ geht. Es läßt sich also in der gewählten Ebene ein Punkt $O$ so ausfindig machen, daß von ihm aus nach einer geeigneten gegenseitigen Lageänderung von $B'$ und $B$ die vier Bildpunkte $P_1'$, $P_2'$, $P_3'$, $P_4'$ auf die Planpunkte $P_1, P_2, P_3, P_4$ projiziert werden. Da auch bei dieser einmaligen, direkten Zentralprojektion je vier Elemente entsprechender Strahlenbüschel in $B'$ und $B$ gleiches Doppelverhältnis besitzen, so wird jedem von $B'$ nach $B$ projizierten Punkt in dieser Ebene eindeutig derselbe Platz zugewiesen wie bei Anwendung des Vierstrahlenverfahrens. Das entstehende Gebilde ist also in beiden Fällen dasselbe, nämlich der erstrebte Grundriß $B$.

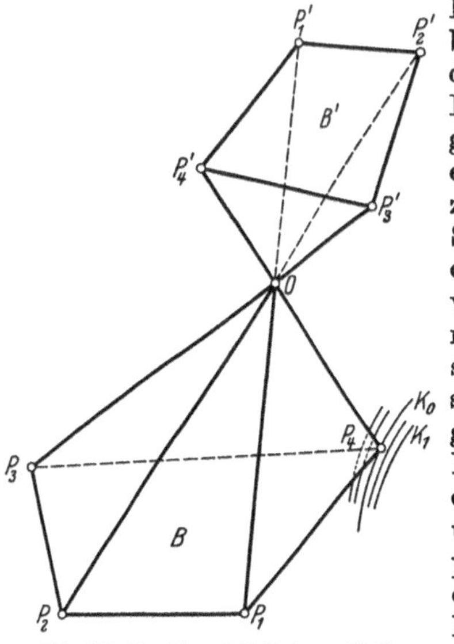

Abb. 343. Der Grundriß $B$ als unmittelbare Perspektive des Bildes $B'$.

Auch in jeder anderen Parallelebene zu $B'$ findet man ein solches Projektionszentrum $O$, so daß einfach unendlich viele Lösungen bestehen. Für alle diese perspektiven Lagen muß die Schnittgerade $S$ (Abb. 344) der Ebenen $B'$, $B$ (Achse der Perspektivität), welche mit ihrem Bild Punkt für Punkt zusammenfällt, erhalten bleiben. Man kann also, sobald aus einer ersten Lösung die Schnittgerade bekannt ist, die übrigen perspektiven Lagen lediglich durch Drehung von $B$ um $S$ erhalten. Es läßt sich zeigen, daß dabei $O$ eine ebensolche Drehung um die Fluchtlinie $F$ ausführt.

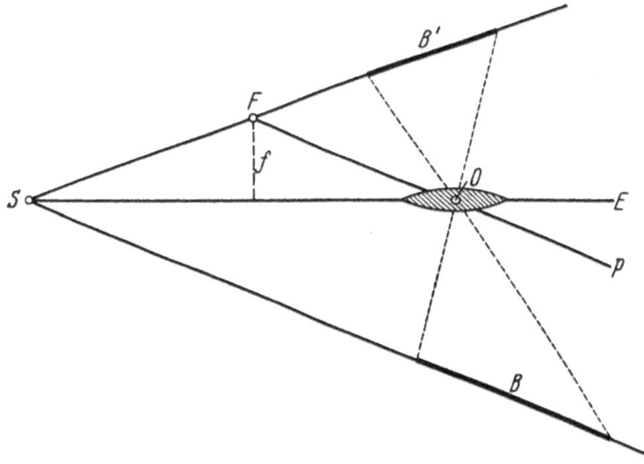

Abb. 344. Perspektive Lage und optische Scharfabbildung zwischen Bild $B'$ und Plan $B$.

Eine optische Scharfabbildung findet zwischen $B'$ und $B$ statt, wenn

a) unter Voraussetzung einer unendlich dünnen Linse die Schnittgerade $S$ in der Linsenebene $E$ liegt[1] (sog. *Scheimpflug*-Bedingung)[2] und dabei

[1] Infolge der endlichen Linsendicke ist strenger zu fordern, daß die Spuren der Ebenen $B'$, $B$ mit den zugehörigen Linsenhauptebenen in einer zu diesen senkrechten Parallelebene zur optischen Achse der Linse liegen.

[2] *Theodor Scheimpflug*, welcher sich um die Entwicklung der Photogrammetrie, insbesondere der Luftphotogrammetrie, große Verdienste erworben hat, ist die Konstruktion des ersten photomechanischen Entzerrungsgerätes, des Photoperspektographen, zu verdanken. Der Erfinder

b) für ein beliebiges, außerhalb $S$ liegendes Paar entsprechender Punkte $P'$, $P$ in beiden Ebenen die Linsengleichung erfüllt ist.

Durch die unter a) genannte Bedingung wird die Gesamtzahl der Lösungen noch nicht eingeschränkt, da man für beliebige Stellungen von $B'$ und $B$ die Linse immer so legen kann, daß $S$ in der Linsenebene $E$ liegt. Erst durch die zuletzt aufgestellte Forderung, welcher z. B. genügt wird, wenn die zu $B$ gehörige Fluchtlinie $F$ von $E$ um die Linsenbrennweite $f$ absteht, wird aus den unendlich vielen Lösungen die einzige brauchbare ausgewählt.

Die verschiedenen optischen Entzerrungsapparate, welche neuerdings fast immer einen aufrechten Aufbau zeigen, versuchen die vorhin aufgestellten Anforderungen mehr oder weniger automatisch zu erfüllen. Dabei spielen sog. Schnittliniensteuerungen zur Erhaltung der gemeinsamen Schnittgeraden $S$ von $B'$, $B$ und $E$ sowie Inversoren[1] zur automatischen Scharfabbildung eine wichtige Rolle.

Ein vollautomatischer Apparat ist das selbstfokussierende Entzerrungsgerät der Firma *Carl Zeiß*. Es ist für die Auswertung von nahezu beliebig geneigten Aufnahmen (bis 40° Nadirabstand) bei beliebig geneigter Geländeebene brauchbar und verlangt lediglich die Einpassung der vier gegebenen Grundrißpunkte auf die Projektionen der entsprechenden Bildpunkte aus freier Hand. Charakteristisch ist für das Gerät auch die vertikale Lage der durch Bildhauptpunkt und optischen Mittelpunkt der Linse bestimmten Achse[2].

Sind außer der Einpassung auf die gegebenen Punkte noch weitere Nachstellungen notwendig, so spricht man von einem halbautomatischen Entzerrungsgerät. Zu dieser Gruppe gehört z. B. das von *C. Aschenbrenner* konstruierte Entzerrungsgerät der Photogrammetrie G. m. b. H. in München. Dieses Instrument, welches zur Erzielung der Bildschärfe eine gesonderte Nachstellung verlangt, ist für die Auswertung von Nadiraufnahmen (bis etwa 8° Nadirabstand) bei horizontalem Gelände bestimmt. Hieraus und aus dem Umstande, daß Projektionsfehler bis $\pm$ 0,2 mm (rohe Zeichengenauigkeit) geduldet werden, ergibt sich die Möglichkeit der Vereinfachung einzelner Konstruktionsteile[3]. Noch etwas geringer ist die Automatisierung beim Entzerrungsgerät von *R. Hugershoff*[4].

Die mit dem einen oder anderen Instrument nach Vornahme der notwendigen Einstellungen gewonnenen photographischen Bilder von ebenen Abschnitten eines größeren Geländes sind Teile des Grundrisses. Sie können, falls stets auf den gleichen Maßstab entzerrt worden ist, lückenlos zum naturgetreu wirkenden Photoplan (Photokarte) zusammengefügt werden, der als Photographie eine Fülle von Einzelheiten aber keinerlei Bezeichnungen enthält. Werden hierin unter Weglassung der vielen weniger wichtigen Einzelheiten die bedeutsamen Punkte und Linien herausgehoben und fügt man

---

hat das Instrument hauptsächlich dazu verwendet, um die Schrägaufnahmen seiner Panoramenkammer in die Ebene des nahezu waagrechten Mittelbildes umzuphotographieren. Bei den interessanten Scheimpflugschen Versuchen, durch zonenweises Umphotographieren einen naturgetreuen Plan zu erhalten, hat der Photoperspektograph eine wichtige Rolle gespielt. Siehe hierzu *Scheimpflug, Theodor*: a) Der Photoperspektograph und seine Anwendung, Photogr. Korresp. 1906 S. 516 u. f., b) Die Herstellung von Karten und Plänen auf photographischem Wege. Sitzungsberichte d. K. Akademie d. Wissensch., mathem. naturw. Kl. 1907, Abt. IIa, S. 235 u. f. Eine erste Weiterentwicklung des Photoperspektographen ist der nicht an einen bestimmten Maßstab gebundene Photokartograph von *S. Finsterwalder*. Siehe *Finsterwalder, S.*, Eine neue Lösung der Grundaufgabe der Luftphotogrammetrie; Sitzungsberichte d. K. Bayer. Akademie d. Wissensch., mathem.-physik. Kl. 1915 S. 67—78.

[1] Siehe hierzu *Gruber, Otto v.*: Inversoren. Zeitschrift für Instrumentenkunde 1925 S. 561—573.

[2] Weitere Einzelheiten über den Zeißschen Apparat siehe bei *Gruber, Otto v.*: a) Über den Bau von Entzerrungsgeräten. Bildmessung u. Luftbildwesen 1927 S. 10—19; b) Ferienkurs in Photogrammetrie, Stuttgart 1930, S. 383—385 u. 389.

[3] Näheres siehe bei *Aschenbrenner, Claus*: a) Über ein neues halbautomatisches Entzerrungsgerät für den praktischen topographischen Gebrauch. Zeitschrift für Instrumentenkunde 1925 S. 333—353; b) Über die Verwendung von Entzerrungsgeräten zur kartographischen Darstellung von geneigtem Gelände aus Flugzeugaufnahmen. Zeitschrift für Instrumentenkunde 1927 S. 568—579.

[4] Siehe *Hugershoff, R.*: Photogrammetrie und Luftbildwesen, Wien 1930 S. 21.

Signaturen und Beschriftung bei, so entsteht der Luftbildplan bzw. die Luftbildkarte.

Manchmal reichen die vorhandenen Festpunkte für eine regelrechte Entzerrung nicht aus. In einem solchen Fall kann man die aus Senkrechtaufnahmen gewonnenen, ungefähr gleichmaßstäblichen, ursprünglichen Bilder unter Verwendung der wenigen Paßpunkte zusammenfügen. Da diese Bilder keine genauen Grundrisse sind und auch kleine Maßstabunterschiede besitzen, so ergeben sich besonders in größeren Abständen von den Paßpunkten Klaffungen bzw. Überschneidungen und das entstehende Gebilde wird als Luftbildskizze oder Mosaikbild bezeichnet[1].

## c) Ortsbestimmung und Orientierung von Luftaufnahmen aus drei bekannten Punkten bei gegebener innerer Orientierung.

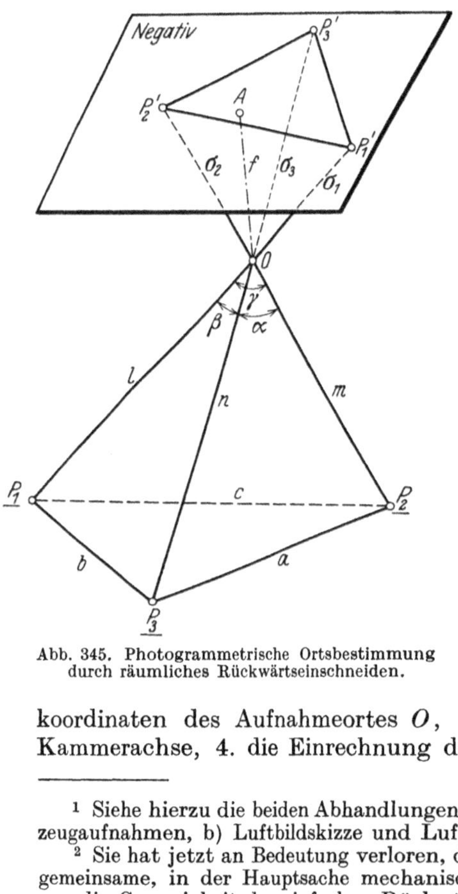


Abb. 345. Photogrammetrische Ortsbestimmung durch räumliches Rückwärtseinschneiden.

Für die Verwertung von Luftaufnahmen tritt im allgemeinen Fall die Aufgabe heran, zwei oder mehrere zusammengehörige Aufnahmen gegeneinander sowie gegen das Lot und die Erdoberfläche zu orientieren. Zur Bewältigung dieser Arbeit kann man die einzelnen Aufnahmen vollkommen unabhängig voneinander mit Hilfe von je drei bekannten Punkten gegen die Erde ausrichten, womit sie auch gegenseitig orientiert sind. Andererseits kann man die beiden Aufnahmen zunächst ohne bekannte Punkte lediglich aus dem gemeinsamen Bildinhalt in richtige Lage zueinander bringen und hierauf mit einigen bekannten Punkten die gemeinsame Orientierung zur Erde herbeiführen.

Hier soll der erstgenannte Weg gegangen werden. Er führt zum räumlichen Rückwärtsschnitt, dessen Lösung früher schlechthin die Hauptaufgabe der Luftphotogrammetrie darstellte[2]. Die strenge Behandlung[3] ist zu umständlich, als daß sie praktisch in Frage käme. Ein von *S. Finsterwalder*[4] angegebenes Näherungsverfahren, dem wir in der Hauptsache folgen, verlangt: 1. die Berechnung der Pyramidenkanten, 2. die Ermittlung der Raumkoordinaten des Aufnahmeortes $O$, 3. die Bestimmung der räumlichen Lage der Kammerachse, 4. die Einrechnung des Bildhorizontes und der Hauptvertikalen.

---

[1] Siehe hierzu die beiden Abhandlungen von *Adolf Schlötzer*: a) Geländevermessung durch Flugzeugaufnahmen, b) Luftbildskizze und Luftbildkarte im Bauing. 1923, H. 3, und 1924, H. 4.

[2] Sie hat jetzt an Bedeutung verloren, da seit dem Aufkommen der neueren Auswertegeräte die gemeinsame, in der Hauptsache mechanische Orientierung von Bildpaaren bevorzugt wird. Auch war die Genauigkeit des einfachen Rückwärtsschnittes wegen der kleinen Bildwinkel ziemlich gering; dieser Mißstand fällt aber mit Einbürgerung der Panoramenkammer weg. Heutzutage gebührt die Bezeichnung „Hauptaufgabe der Luftphotogrammetrie" der gemeinsamen Orientierung zweier Luftaufnahmen.

[3] Siehe hierzu *Müller, Fr. J.*: Direkte (exakte) Lösung des einfachen Rückwärtseinschneidens im Raume. Allg. Vermess.-Nachr. 1926 S. 649—661, 669—673 und 1927 S. 40—43, 49—52, 65—69, 81—87, 105—113.

[4] Dazu siehe *Finsterwalder, S.*: a) Die geometrischen Grundlagen der Photogrammatrie (Bericht, erstattet der deutschen Mathematikervereinigung, Leipzig 1899); b) *Finsterwalder, S.*, und *W. Scheufele*, Das Rückwärtseinschneiden im Raum, Sitzungsbericht d. mathem.-physik. Kl., Bd. 33 (1903), S. 591—614; c) *Förg, Karl*, Die Bestimmung des Standpunktes und der äußeren Orientierungselemente in der Photogrammetrie bei bekannter innerer Orientierung, Nürnberg 1909.

Zu 1. Die Berechnung der Pyramidenkanten $l$, $m$, $n$ (Abb. 345) geschieht auf folgendem Wege. Sind nach früheren Angaben (S. 262) die schiefen Winkel $\alpha$, $\beta$, $\gamma$, unter welchen von $O$ aus die Seiten $a$, $b$, $c$ des Festpunktsdreiecks $P_1 P_2 P_3$ erscheinen, dem Bild entnommen, so breiten wir die längs einer Kante — hier längs $l$ — aufgeschnittene Pyramide in die Ebene aus. In dem entstehenden, durch Abb. 346 dargestellten Vierstrahl nehmen wir auf $l$ für $P_1$ einen Näherungsort an und schneiden von ihm aus mittels der bekannten Entfernung $c$ auf $m$ den Punkt $P_2$ ab. In gleicher Weise werden unter Verwendung von $a$ und $b$ die Punkte $P_3$ und $P_1$ auf $n$ und dem letzten Strahl bestimmt. Die benützten Seiten sind aus den räumlichen Koordinaten ihrer Endpunkte bekannt. Hat man nach mehreren Versuchen $P_1$ so angenommen, daß dieser Punkt auf dem Anfangs- und Endstrahl gleich weit vom Mittelpunkt $O$ absteht, so sind die Pyramidenkanten vorerst mit zeichnerischer Genauigkeit bestimmt. Aus den verschiedenen möglichen Lösungen kann man meist schon nach dem Anblick des Bildes die nicht zutreffenden ausscheiden. Im Zweifelsfall wird die Entscheidung durch Hinzunahme eines vierten bekannten Punktes herbeigeführt.

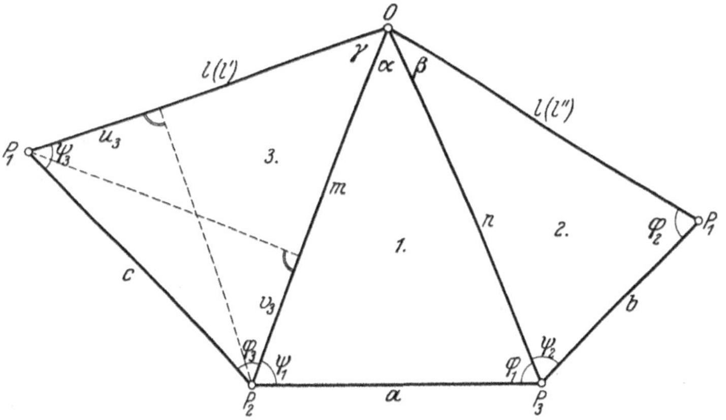

Abb. 346. Bestimmung der Pyramidenkanten.

Die Verschärfung der Ergebnisse erfolgt durch Rechnung. Man betrachtet die erste auf zeichnerischem Weg erhaltene Kantenlänge als Näherungswert $l'$ und rechnet damit sowie mit $c, \gamma, a, \alpha$ und $b, \beta$ alle Dreiecke mittels des Sinussatzes durch. Dabei erhält man jeweils erst den Winkel $\varphi$ und hierauf die folgende Pyramidenkante, für die letzte den Wert $l''$. Die in Abb. 346 ebenfalls enthaltenen Winkel $\psi$ ergeben sich dann als dritte Dreieckswinkel in bekannter Weise.

Bedeutet

$$l = l' + dl' = l'' + dl'' \tag{902}$$

den richtigen Wert der Pyramidenkante $O P_1$, so läßt sich aus dem Unterschied

$$\Delta = l'' - l' \tag{903}$$

des zusammengehörigen Wertepaares $l'$, $l''$ die Bedingung

$$dl' - dl'' = \Delta \tag{904}$$

gewinnen, in welcher $dl''$ durch $dl'$ auszudrücken ist. Zunächst erhält man aus der Beziehung

$$c^2 = l^2 + m^2 - 2l \cdot m \cdot \cos\gamma\,, \tag{905}$$

in welcher jetzt lediglich $l$ und $m$ als veränderlich zu betrachten sind,

$$dm = -\frac{l - m\cos\gamma}{m - l\cos\gamma} \cdot dl' = -\frac{u_3}{v_3} \cdot dl'. \tag{906}$$

Geht man von $dm$ auf $dn$ und davon schließlich auf $dl''$ über, so folgt

$$dl'' = -\frac{u_1 \cdot u_2 \cdot u_3}{v_1 \cdot v_2 \cdot v_3} \cdot dl' = -q \cdot dl'\,, \tag{907}$$

wenn

$$\frac{u_1 \cdot u_2 \cdot u_3}{v_1 \cdot v_2 \cdot v_3} = q \tag{908}$$

gesetzt wird. Die hierin enthaltenen Größen $u$, $v$ (siehe Abb. 346) sind die Projektionen der drei Festpunktssеiten auf die jeweils vorhergehende bzw. auf die folgende Pyramidenkante. Nach Einsetzen von (907) in (904) ergibt sich hieraus und aus (902) in

$$dl' = \frac{\Delta}{1+q}, \qquad l = l' + \frac{\Delta}{1+q} \tag{909}$$

die Verbesserung der vorläufigen Kantenlänge $l'$ und die verbesserte Kantenlänge $l$. Eine neuerliche Durchrechnung der Seitendreiecke mit dem nach (909) gewonnenen $l$ als Ausgangswert liefert die scharfen Kantenlängen $m$, $n$ und die auf dem 4. Strahl errechnete Länge muß mit $l$ genau übereinstimmen (Anschlußprobe).

Aus den Dreiecken der Abb. 346 folgt

$$\frac{u}{v} = \frac{\cos\psi}{\cos\varphi} = \frac{\delta\cdot\cos\psi}{\delta\cdot\cos\varphi} = \frac{d\sin\psi}{d\sin\varphi}, \qquad q = \frac{d\sin\psi_1\cdot d\sin\psi_2\cdot d\sin\psi_3}{d\sin\varphi_1\cdot d\sin\varphi_2\cdot d\sin\varphi_3}, \tag{910}$$

wenn $d\sin\varphi$, $d\sin\psi$ die jeweils zur selben kleinen Winkeländerung $\delta$ — etwa $1'$ — gehörigen sin-Änderungen bedeuten. $q$ kann also entweder geometrisch nach (908) oder trigonometrisch nach (910) ermittelt werden.

Zu 2. Die Bestimmung der Raumkoordinaten $X_o$, $Y_o$, $Z_o = H_o$ des Aufnahmeortes $O$ kann, nachdem die Werte $l$, $m$, $n$ berechnet sind, aus den Beziehungen

$$\left.\begin{aligned}(X_o - X_1)^2 + (Y_o - Y_1)^2 + (Z_o - Z_1)^2 &= l^2,\\ (X_o - X_2)^2 + (Y_o - Y_2)^2 + (Z_o - Z_2)^2 &= m^2,\\ (X_o - X_3)^2 + (Y_o - Y_3)^2 + (Z_o - Z_3)^2 &= n^2\end{aligned}\right\} \tag{911}$$

erfolgen, in welchen $X_i$, $Y_i$ bzw. $Z_i$ die Horizontalkoordinaten bzw. die Meereshöhe des Punktes $P_i$ bedeuten.

Eine strenge Lösung kann unter anderem durch Koordinatentransformation erzielt werden. In einem zum Hauptsystem parallelen[1] Raumkoordinatensystem mit dem Ursprung $P_1$ sind die Koordinaten der Festpunkte und des Aufnahmeortes:

$$\left.\begin{aligned}X_1' &= 0, & X_2' &= X_2 - X_1, & X_3' &= X_3 - X_1, & X_o' &= X_o - X_1,\\ Y_1' &= 0, & Y_2' &= Y_2 - Y_1, & Y_3' &= Y_3 - Y_1, & Y_o' &= Y_o - Y_1,\\ Z_1' &= 0, & Z_2' &= Z_2 - Z_1, & Z_3' &= Z_3 - Z_1, & Z_o' &= Z_o - Z_1.\end{aligned}\right\} \tag{912}$$

Die Gleichung der Festpunktsebene lautet in diesem System

$$\begin{vmatrix} X' & Y' & Z' \\ X_2' & Y_2' & Z_2' \\ X_3' & Y_3' & Z_3' \end{vmatrix} = 0, \quad (913) \qquad \text{bzw.} \quad \left.\begin{aligned} &\begin{vmatrix} Y_2' & Z_2' \\ Y_3' & Z_3' \end{vmatrix} X' - \begin{vmatrix} X_2' & Z_2' \\ X_3' & Z_3' \end{vmatrix} Y' + \begin{vmatrix} X_2' & Y_2' \\ X_3' & Y_3' \end{vmatrix} Z' = 0 \\ \text{oder} \quad &D_1\cdot X' + D_2\cdot Y' + D_3\cdot Z' = 0,\end{aligned}\right\} \tag{914}$$

wenn $X'$, $Y'$, $Z'$ die Koordinaten des laufenden Punktes sind und $D_1$, $D_2$, $D_3$ die zahlenmäßig berechenbaren Unterdeterminanten von (913) nach den Elementen der ersten Zeile bedeuten. Für $Z' = 0$ folgt aus (914) die Gleichung

$$D_1\cdot X' + D_2\cdot Y' = 0 \tag{915}$$

der in der $X'Y'$-Ebene liegenden Spur $S$ der Festpunktsebene. Sie schließt mit der Abszissenachse den gegen die Ordinatenachse hin positiv gezählten Winkel $\alpha$ (Abb. 347) ein, welcher durch den Ausdruck

$$\operatorname{tg}\alpha = \frac{Y'}{X'} = -\frac{D_1}{D_2} = +\frac{\begin{vmatrix} Y_2' & Z_2' \\ Y_3' & Z_3' \end{vmatrix}}{\begin{vmatrix} X_2' & Z_2' \\ X_3' & Z_3' \end{vmatrix}} \tag{916}$$

bestimmt ist. Dreht man jetzt das Raumkoordinatensystem um seine $Z'$-Achse bis die Abszissenachse in die Spur $S$ fällt, so entsteht ein neues System $(X'')$, $(Y'')$, $(Z'')$,

[1] Vom Einfluß der Erdkrümmung sei hier abgesehen.

dessen Höhenordinaten die bisherigen sind. Nach Abb. 348 lauten die Transformationsgleichungen

$$\left.\begin{aligned} (X'') &= X' \cdot \cos\alpha + Y' \cdot \sin\alpha, \\ (Y'') &= Y' \cdot \cos\alpha - X' \cdot \sin\alpha, \\ (Z'') &= Z'. \end{aligned}\right\} \tag{917}$$

Nach Ermittlung des Neigungswinkels $\beta$ (Abb. 349) der Festpunktsebene gegen die waagrechte $X'\,Y'$-Ebene aus der Beziehung

$$\operatorname{tg}\beta = \frac{Z_2'}{(Y_2'')} = \frac{Z_3'}{(Y_3'')}, \tag{918}$$

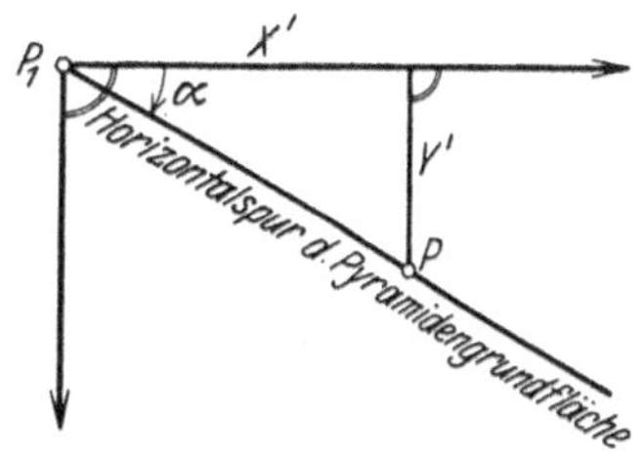


Abb. 347. Horizontalspur der Festpunktsebene.

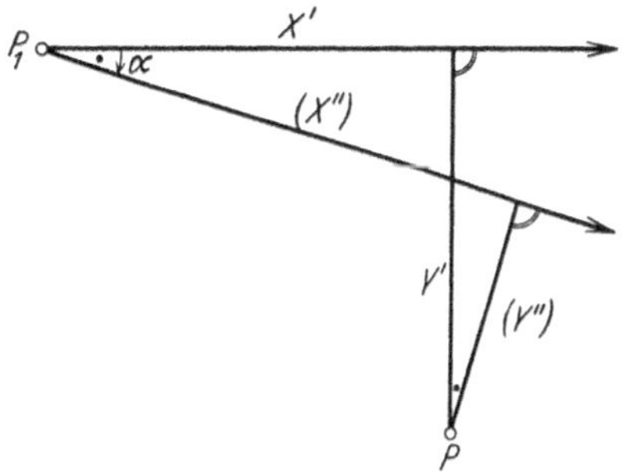


Abb. 348. Transformation aus dem System $X'$, $Y'$, $Z'$ in das System $(X'')$, $(Y'')$, $(Z'')$.

drehen wir das vorhin benützte Zwischenkoordinatensystem um die $(X'')$-Achse um den Winkel $\beta$, so daß die neue $Z''$-Achse auf der Festpunktsebene senkrecht steht. Aus der einschlägigen Abb. 350 folgen die Übergangsgleichungen

$$\left.\begin{aligned} X'' &= (X'') = X' \cdot \cos\alpha + Y' \cdot \sin\alpha, \\ Y'' &= (Y'')\cos\beta + Z' \cdot \sin\beta, \\ Z'' &= Z'\cos\beta - (Y'')\sin\beta. \end{aligned}\right\} \tag{919}$$

Ursprung ist nach wie vor $P_1$. Für die Punkte der Pyramidengrundfläche wird $Z'' = 0$. Unter Beachtung dieses Umstandes folgen aus (911) die einfacheren Beziehungen

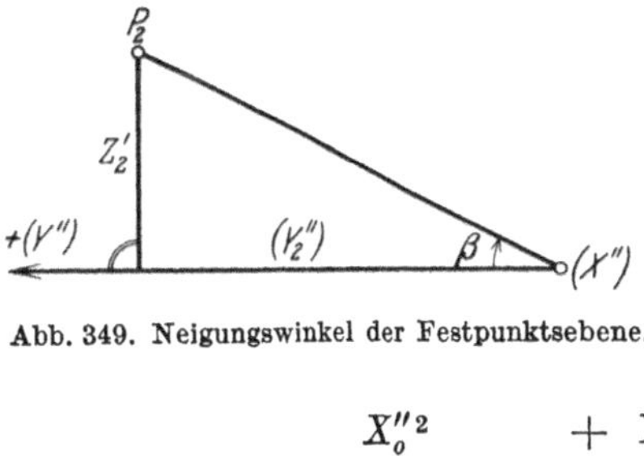


Abb. 349. Neigungswinkel der Festpunktsebene.

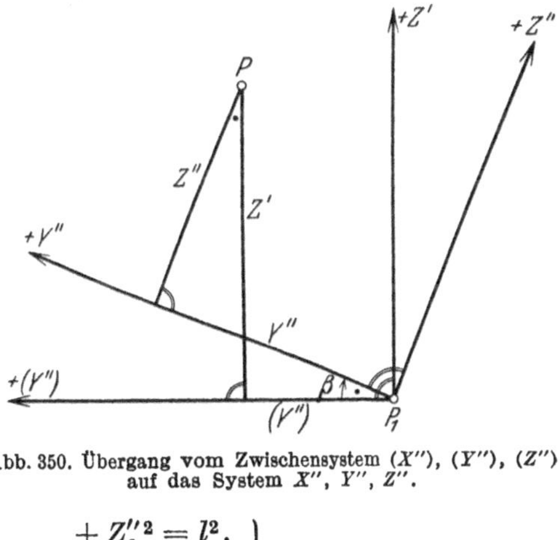


Abb. 350. Übergang vom Zwischensystem $(X'')$, $(Y'')$, $(Z'')$ auf das System $X''$, $Y''$, $Z''$.

$$\left.\begin{aligned} X_o''^2 \qquad &+ Y_o''^2 \qquad + Z_o''^2 = l^2, \\ (X_o'' - X_2'')^2 &+ (Y_o'' - Y_2'')^2 + Z_o''^2 = m^2, \\ (X_o'' - X_3'')^2 &+ (Y_o'' - Y_3'')^2 + Z_o''^2 = n^2. \end{aligned}\right\} \tag{920}$$

Durch Subtraktion der ersten Gleichung von den übrigen ergeben sich die in $X''$, $Y''$ linearen Gleichungen

$$\left.\begin{aligned} 2\,X_2'' \cdot X'' + 2\,Y_2'' \cdot Y'' &= X_2''^2 + Y_2''^2 + l^2 - m^2, \\ 2\,X_3'' \cdot X'' + 2\,Y_3'' \cdot Y'' &= X_3''^2 + Y_3''^2 + l^2 - n^2. \end{aligned}\right\} \tag{921}$$

Nach Ermittlung von $X_o''$, $Y_o''$ findet man aus (920) auch die dritte Koordinate von $O$, nämlich

$$Z_o'' = \sqrt{l^2 - X_o''^2 - Y_o''^2}. \tag{922}$$

Die nunmehr zahlenmäßig bekannten Werte der Koordinaten $X_o''$, $Y_o''$, $Z_o''$ des Aufnahmeortes $O$ sind aus dem Hilfssystem $X''$, $Y''$, $Z''$ wieder in das Ausgangssystem $X$, $Y$, $Z$ zurückzuführen. An Hand der Abb. 350 und 348 ergeben sich die Übergangsgleichungen

$$(X_o'') = X_o'', \qquad (Y_o'') = Y_o'' \cos\beta - Z_o'' \sin\beta, \qquad (Z_o'') = Z_o'' \cos\beta + Y'' \sin\beta, \tag{923}$$

$$X_o' = (X_o'') \cos\alpha - (Y_o'') \sin\alpha, \quad Y_o' = (Y_o'') \cos\alpha + (X_o'') \sin\alpha, \quad Z_o' = (Z_o''), \tag{924}$$

$$X_o = X_o' + X_1, \qquad Y_o = Y_o' + Y_1, \qquad Z_o = Z_o' + Z_1. \tag{925}$$

Dieser strengen Lösung[1] ist eine Näherungslösung vorzuziehen, welche unter Beibehaltung des Hauptsystems zunächst auf Näherungswerte $(X_o)$, $(Y_o)$, $(Z_o)$ der Koordinaten von $O$ führt, aus denen durch Hinzufügen von Verbesserungen $dX$, $dY$, $dZ$ die scharfen Werte

$$X_o = (X_o) + dX, \qquad Y_o = (Y_o) + dY, \qquad Z_o = (Z_o) + dZ \tag{926}$$

hervorgehen.

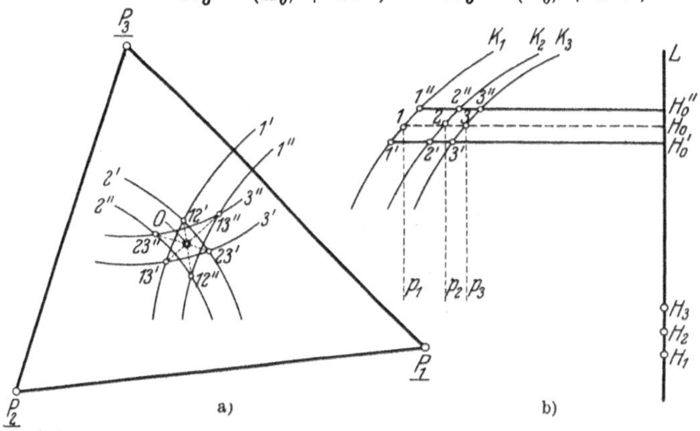


Abb. 351 a), b). Genäherte Ermittlung des Aufnahmeortes aus horizontalen Kreisschnitten.

Für die genäherte Bestimmung von $O$ denken wir uns die drei mit den Halbmessern $l$, $m$, $n$ um $P_1$, $P_2$, $P_3$ beschriebenen Kugeln $K_1$, $K_2$, $K_3$ (geometrische Örter für $O$) waagrecht verschoben, bis ihre Mittelpunkte auf dem Lot $L$ liegen, wo sie die unveränderten Meereshöhen $H_1 = Z_1$, $H_2 = Z_2$, $H_3 = Z_3$ (Abb. 351 b) besitzen. Bei einer ersten beliebigen Annahme $H_o'$ für $Z_o$ werden die Bestimmungskugeln durch die zu $H_o'$ gehörige Horizontalebene in drei Kreisen mit den Halbmessern $H_o'\,1'$, $H_o'\,2'$, $H_o'\,3'$ geschnitten. Die Grundrisse *1'*, *2'*, *3'* (Abb. 351 a) der entsprechenden Schnittkreise auf den Kugeln besitzen in ihrer ursprünglichen Lage die Mittelpunkte $P_1$, $P_2$, $P_3$ und die Schnittpunkte *12'*, *13'*, *23'*. Eine zweite Annahme $H_o''$ führt auf die Halbmesser $H_o''\,1''$, $H_o''\,2''$, $H_o''\,3''$ (Abb. 351 b) und die zu den Grundrißpunkten $P_1$, $P_2$, $P_3$ konzentrischen Kreise *1''*, *2''*, *3''* (Abb. 351 a) mit den Schnittpunkten *12''*, *13''*, *23''*. Diese beiden Schnittpunktstripel liegen auf den drei Kugelschnittkreisen, deren Grundrisse Ellipsen sind. Falls je zwei entsprechende dieser Punkte nicht zu weit voneinander abstehen, kann man den zwischenliegenden Ellipsenbogen durch die Sehne ersetzen und erhält so drei einfach zu zeichnende geometrische Örter, deren gemeinsamer Schnittpunkt den gesuchten Punkt $O$ im Grundriß angibt. Letzterem können also die genäherten Horizontalkoordinaten $(X_o)$, $(Y_o)$ des Aufnahmeortes entnommen werden. Zieht man nunmehr in den dem Grundriß zu entnehmenden Abständen $P_1O$, $P_2O$, $P_3O$ im Aufriß die Parallelen $p_1$, $p_2$, $p_3$ zu $L$, so schneiden diese auf $K_1$, $K_2$, $K_3$ die Punkte *1*, *2*, *3* (Abb. 351 b) aus, deren ausgleichender Horizont auf $L$ die Meereshöhe $H_o = Z_o$ bzw. die Näherung $(H_o) = (Z_o)$ bestimmt.

---

[1] Weitere strenge Lösungen siehe a) in der auf S. 300 Anmerkung 4c) genannten Dissertation von *Karl Förg*, S. 33—38; b) bei *Eggert, O.*, Die Berechnung der äußeren Orientierung in der Photogrammetrie aus der Luft. Z. Vermess.-Wes. 1925 S. 203—215.

Nachdem $(X_o)$, $(Y_o)$, $(Z_o)$ bekannt sind, denken wir uns in den Gleichungen (911) die strengen Werte $X_o$, $Y_o$, $Z_o$ durch die Ausdrücke (926) ersetzt und nach dem *Taylor*schen Lehrsatz entwickelt. Dadurch ergeben sich die linearen Gleichungen:

$$\left.\begin{aligned}&\{(X_o) - X_1\}\,dX + \{(Y_o) - Y_1\}\,dY + \{(Z_o) - Z_1\}\,dZ\\&\qquad = \tfrac{1}{2}\,l^2 - \tfrac{1}{2}\left[\{(X_o) - X_1\}^2 + \{(Y_o) - Y_1\}^2 + \{(Z_o) - Z_1\}^2\right],\\&\{(X_o) - X_2\}\,dX + \{(Y_o) - Y_2\}\,dY + \{(Z_o) - Z_2\}\,dZ\\&\qquad = \tfrac{1}{2}\,m^2 - \tfrac{1}{2}\left[\{(X_o) - X_2\}^2 + \{(Y_o) - Y_2\}^2 + \{(Z_o) - Z_2\}^2\right],\\&\{(X_o) - X_3\}\,dX + \{(Y_o) - Y_3\}\,dY + \{(Z_o) - Z_3\}\,dZ\\&\qquad = \tfrac{1}{2}\,n^2 - \tfrac{1}{2}\left[\{(X_o) - X_3\}^2 + \{(Y_o) + Y_3\}^2 + \{(Z_o) - Z_3\}^2\right],\end{aligned}\right\}\quad (927)$$

aus welchen die Unbekannten $dX$, $dY$, $dZ$ zu ermitteln sind. Ihre Einsetzung in (926) führt auf die gesuchten scharfen Koordinatenwerte $X_o$, $Y_o$, $Z_o$ des Aufnahmeortes.

Auch für das räumliche Rückwärtseinschneiden gibt es einen gefährlichen Ort; in dem Sinne nämlich, als das zu irgendeinem Punkt dieses Ortes gehörige, bereits in das Festpunktsdreieck eingepaßte Bestimmungsdreikant gegen das Festpunktsdreieck noch eine unendlich kleine Beweglichkeit besitzt. $O$ ist in diesem Fall nicht als Schnittpunkt sondern als Berührungspunkt zweier Linien bestimmt. In solchen Punkten wird daher die Ortsbestimmung theoretisch zwar nicht unmöglich wie beim ebenen Rückwärtseinschneiden für die Punkte des gefährlichen Kreises; sie ist nur unsicher. Die praktische Auswirkung dieses Umstandes ergibt aber vielfach die Unmöglichkeit der Lösung. Der gefährliche Ort für räumliches Rückwärtseinschneiden ist, wie eine nähere Untersuchung zeigt[1], derjenige auf der Festpunktsebene senkrechte Kreiszylinder (gefährlicher Zylinder), dessen Hauptschnitt in den Umkreis des Festpunktsdreiecks fällt.

Zu 3. Zur Bestimmung der räumlichen Lage der Kammerachse $AO$ (Abb. 345) ermitteln wir zunächst die räumlichen Koordinaten $x_i'$, $y_i'$ der Bildpunkte $P_1'$, $P_2'$, $P_3'$, welche sich bei hinzugedachten Koordinatendreiecken leicht aus der Figur ablesen lassen. Es ist

$$\left.\begin{aligned}x_1' &= X_o + \frac{\sigma_1}{l}(X_o - X_1), & x_2' &= X_o + \frac{\sigma_2}{m}(X_o - X_2), & x_3' &= X_o + \frac{\sigma_3}{n}(X_o - X_3),\\y_1' &= Y_o + \frac{\sigma_1}{l}(Y_o - Y_1), & y_2' &= Y_o + \frac{\sigma_2}{m}(Y_o - Y_2), & y_3' &= Y_o + \frac{\sigma_3}{n}(Y_o - Y_3),\\z_1' &= Z_o + \frac{\sigma_1}{l}(Z_o - Z_1), & z_2' &= Z_o + \frac{\sigma_2}{m}(Z_o - Z_2), & z_3' &= Z_o + \frac{\sigma_3}{n}(Z_o - Z_3),\end{aligned}\right\}\quad (928)$$

und die Gleichung der Bildebene lautet in Raumkoordinaten

$$\begin{vmatrix} x' - x_1' & y' - y_1' & z' - z_1' \\ x_2' - x_1' & y_2' - y_1' & z_2' - z_1' \\ x_3' - x_1' & y_3' - y_1' & z_3' - z_1 \end{vmatrix} = 0 \text{ bzw. } D^x\cdot(x' - x_1') + D^y\cdot(y' - y_1') + D^z\cdot(z' - z_1') \quad (929)$$

wenn $x'$, $y'$ die Koordinaten des laufenden Punktes und

$$D^x = +\begin{vmatrix} y_2' - y_1' & z_2' - z_1' \\ y_3' - y_1' & z_3' - z_1' \end{vmatrix},\quad D^y = -\begin{vmatrix} x_2' - x_1' & z_2' - z_1' \\ x_3' - x_1' & z_3' - z_1' \end{vmatrix},\quad D^z = +\begin{vmatrix} x_2' - x_1' & y_2' - y_1' \\ x_3' - x_1' & y_3' - y_1' \end{vmatrix},\quad (930)$$

die zu den Elementen der ersten Zeile der Hauptdeterminante gehörigen Unterdeterminanten bedeuten.

[1] Siehe hierzu a) die auf S. 300 Anmerkung 4 unter b) genannte Abhandlung von *Finsterwalder* u. *Scheufele* S. 597—598; b) *Kröner, Georg*, Über das Rückwärtseinschneiden im Raum mit Hilfe des Fliegerbildes, Stuttgart 1926. Diese Arbeit befaßt sich auch mit dem Einfluß von Fehlern der Bestimmungselemente auf die Ortsbestimmung. Sie streift auch die Frage, wie genau bei Senkrechtaufnahmen der Aufnahmeort für die Auswertung des Fliegerbildes gebraucht wird.

Versteht man unter $\nu_x$, $\nu_y$, $\nu_z$ die Winkel der zur Bildebene senkrechten Kammerachse mit den entsprechenden positiven Achsen des räumlichen Koordinatensystems, so sind diese Winkel durch die Beziehungen

$$\varDelta = \frac{1}{\pm\sqrt{(D^x)^2 + (D^y)^2 + (D^z)^2}}, \quad \cos\nu_x = \varDelta \cdot D^x, \quad \cos\nu_y = \varDelta \cdot D^y, \quad \cos\nu_z = \varDelta \cdot D^z \tag{931}$$

festgelegt. Da bei Luftaufnahmen die Kammerachse nach unten gerichtet ist, so muß $90^0 < \nu_z < 180^0$ sein und das Vorzeichen von $\varDelta$ ist entgegengesetzt demjenigen von $D^z$ zu wählen, damit $\cos\nu_z$ negativ wird. Der Tiefenwinkel der vorwärts gerichteten Kammerachse ist

$$\tau = \nu_z - \frac{\pi}{2}. \tag{932}$$

Auf der Einheitskugel $K_0$ um $O$ liegt zwischen den Durchstoßpunkten $X$, $Y$ (Abb. 352) der Parallelen zu den horizontalen Koordinatenachsen ein Horizontalbogen zum Zentriwinkel $90^0$. Die Kammerachse bezeichnet auf $K_0$ einen Punkt $D$, welcher von $X$, $Y$ die Abstände $\nu_x$, $\nu_y$ besitzt. Seine sphärische Projektion $F$ auf den Bogen $XY$, zerlegt diesen in die Bestandteile $\Phi$ und $90^0 - \Phi$, wo $\Phi$ den Richtungswinkel der Aufnahmeachse bedeutet. Er wird nach den beiden rechtwinklig sphärischen Dreiecken $XDF$ und $YDF$ durch die Beziehungen[1]

$$\sin\Phi = \frac{\cos\nu_y}{\cos\tau}, \qquad \cos\Phi = \frac{\cos\nu_x}{\cos\tau} \tag{933}$$

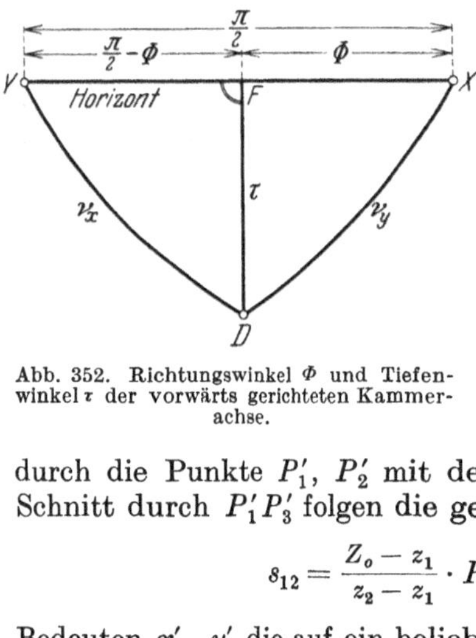


Abb. 352. Richtungswinkel $\Phi$ und Tiefenwinkel $\tau$ der vorwärts gerichteten Kammerachse.

vollständig bestimmt. Durch $\Phi$ und $\tau$ ist nunmehr die räumliche Lage der Kammerachse in einfacher Weise gegeben.

Zu 4. Für die Ermittlung des Bildhorizonts $H'H'$ mit der bekannten Höhenkoordinate $Z_0$ gehen wir darauf aus, dessen Schnittpunkte mit den Seiten des Bilddreiecks zu berechnen; etwa die auf den Seiten $P_1'P_2'$ (Abb. 353a, b) und $P_1'P_3'$ liegenden Punkte $S_{12}$, $S_{13}$, welche von $P_1'$ die Abstände $s_{12}$, $s_{13}$ besitzen. Aus den beiden in Abb. 353b schraffierten ähnlichen Dreiecken im Vertikalschnitt durch die Punkte $P_1'$, $P_2'$ mit den Meereshöhen $z_1$, $z_2$ und aus dem entsprechenden Schnitt durch $P_1'P_3'$ folgen die gesuchten Entfernungen

$$s_{12} = \frac{Z_0 - z_1}{z_2 - z_1} \cdot P_1'P_2', \qquad s_{13} = \frac{Z_0 - z_1}{z_3 - z_1} \cdot P_1'P_3'. \tag{934}$$

Bedeuten $x_i'$, $y_i'$ die auf ein beliebiges rechtwinkliges System in der Bildebene — etwa auf das Markenkreuz $M_1'M_2'$, $M_3'M_4'$ — bezogenen Koordinaten eines Bildpunktes $P_i'$, so sind nach den ähnlichen in Abb. 353a, b enthaltenen Koordinatendreiecken die Ausdrücke

$$\left.\begin{aligned} x_{12}' &= x_1' + \frac{s_{12}}{P_1'P_2'}(x_2' - x_1') = x_1' + \frac{Z_0 - z_1}{z_2 - z_1}(x_2' - x_1'), \\ y_{12}' &= y_1' + \frac{s_{12}}{P_1'P_2'}(y_2' - y_1') = y_1' + \frac{Z_0 - z_1}{z_2 - z_1}(y_2' - y_1'), \end{aligned}\right\} \tag{935}$$

$$x_{13}' = x_1' + \frac{Z_0 - z_1}{z_3 - z_1}(x_3' - x_1'), \quad y_{13}' = y_1' + \frac{Z_0 - z_1}{z_3 - z_1}(y_3' - y_1') \tag{936}$$

die Koordinaten der Schnittpunkte $S_{12}$, $S_{13}$ im gleichen System. Da sie dem Bildhorizont $H'H'$ angehören, dessen laufender Punkt die Koordinaten $x'$, $y'$ besitzt, so lautet die Horizontgleichung

$$H'H' \equiv \frac{x' - x_{12}'}{y' - y_{12}'} = \frac{x_{13}' - x_{12}'}{y_{13}' - y_{12}'}, \tag{937}$$

bzw.

$$(y_{13}' - y_{12}') \cdot x' - (x_{13}' - x_{12}')\, y' + x_{13}' y_{12}' - x_{12}' y_{13}' = 0 = A \cdot x' + B \cdot y' + C, \tag{938}$$

[1] In Abb. 352 sind $\nu_x$ und $\nu_y$ zu vertauschen.

wenn von den Abkürzungen

$$A = (y'_{13} - y'_{12}), \quad B = -(x'_{13} - x'_{12}), \quad C = x'_{13}\, y'_{12} - x'_{12}\, y'_{13} \tag{939}$$

Gebrauch gemacht wird.

Aus der Horizontgleichung (938) ergibt sich für die zum Bildhorizont $H'H'$ senkrechte Hauptvertikale $V'V'$ die Gleichung

$$V'V' \equiv B \cdot x' - A \cdot y' + C' = 0 = B \cdot x' - A \cdot y' + (A \cdot y'_0 - B x'_0). \tag{940}$$

Hierin ist das Absolutglied bereits so bestimmt, daß $V'V'$ durch den Hauptpunkt $A$ mit den Koordinaten $x'_0$, $y'_0$ hindurchgeht. Für den meist zutreffenden Fall, daß $A$ in den Koordinatenursprung fällt, verschwindet in (940) das Absolutglied und es bleibt die einfachere Form

$$V'V' \equiv B \cdot x' - A \cdot y' = 0. \tag{941}$$

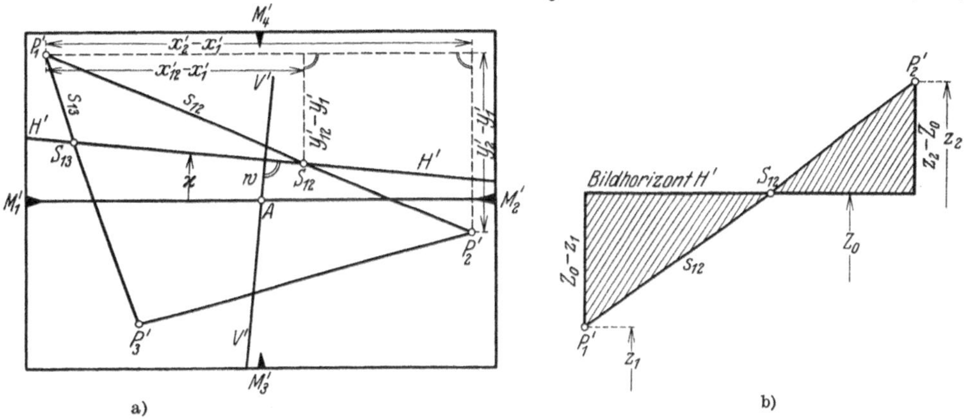


Abb. 353. Ermittlung des Bildhorizonts. a) Draufsicht auf das Bild. b) Vertikalschnitt durch $P_1'P_2'$.

Zum genauen zeichnerischen Eintrag von $H'H'$ und $V'V'$ ins Bild wird man deren Schnittpunkte mit den Rahmenseiten berechnen. Eine Probe für die Richtigkeit der Berechnung und Eintragung des Horizonts besteht darin, daß er vom Hauptpunkt $A$ den Abstand

$$w = f \cdot \operatorname{tg} \tau \tag{942}$$

besitzt.

Von Interesse ist auch die Verkantung $\varkappa$ des Bildhorizonts $H'H'$ (Abb. 353a) gegen die Markenlinie $M'_1 M'_2$. Aus (938) ergibt sich

$$\operatorname{tg} \varkappa = \frac{A}{B}, \tag{943}$$

falls $M'_1 M'_2$ in $B'$ Abszissenachse der Bildpunkte ist[1].

Die Ortsbestimmung und Orientierung von Flachaufnahmen und Senkrechtaufnahmen bietet einige Besonderheiten.

Bekannt ist die 1918 von *T. Fischer*[2] gefundene Näherungslösung für Flachauf-

---

[1] Zur Vermeidung der sehr mühseligen rechnerischen Behandlung des räumlichen Rückwärtseinschneidens hat bereits *Scheimpflug* versucht, die Aufgabe mit Hilfe seines Perspektographen mechanisch durch optische Koinzidenz zu lösen (*Scheimpflug, Theodor*: Die Herstellung von Karten und Plänen auf photographischem Wege. Sitzungsbericht d. mathem.-naturwiss. Kl. d. K. Akademie d. Wiss., Bd. 116, Abt. IIa, S. 235—266, Wien 1907). Siehe hierzu auch *Finsterwalder, S.*: Eine neue Lösung der Grundaufgabe der Luftphotogrammetrie, Sitzungsbericht d. K. Bayer. Akademie d. Wiss., mathem.-physik. Kl. München 1915, S. 67—78.

[2] *Fischer, T.*: Über die Berechnung des räumlichen Rückwärtseinschnitts bei Aufnahmen aus Luftaufnahmen, Jena 1921. Siehe auch *Pulfrich, C.*: Die Photogrammetrie aus Luftfahrzeugen, Jena 1919. *Fischer* behandelt in der angeführten Schrift auch den räumlichen Rückwärtseinschnitt ohne Bildmeßtheodolit sowie die Ausgleichung des Rückwärtsschnittes beim Vorliegen überschüssiger Beobachtungen.

nahmen unter Mitverwendung des Bildmeßtheodolits. Sie besteht in folgendem. Ist mit den nur genähert bekannten Werten $\nu'$, $\varkappa'$ für den Nadirabstand der Kammerachse und die Verkantung die Platte im Bildmeßtheodolit (siehe S. 272) ausgerichtet, so liest man nach Einstellung des Zielfernrohrs auf die Bilder $P_1'$, $P_2'$, $P_3'$ der Festpunkte an den Kreisen die genäherten horizontalen Richtungen $\gamma_i'$ und die genäherten Nadirabstände $\nu_i'$ der Zielstrahlen ab. Mit den Horizontalrichtungen $\gamma_i'$ ergibt sich durch ebenes Rückwärtseinschneiden — beim ersten Versuch genügt auch die Einpassung einer Strahlenpause — nach den Festpunkten $P_1$, $P_2$, $P_3$ die genäherte Horizontalprojektion $O_0'$ von $O$ (Näherungskoordinaten $X_0'$, $Y_0'$). Der richtige Grundrißpunkt $O_0$ hat von $P_1$, $P_2$, $P_3$ die Abstände $R_1$, $R_2$, $R_3$; der Rückwärtsschnitt hat hierfür jedoch die fehlerhaften Werte $R_i'$ geliefert. Damit und mit den genäherten Nadirabständen $\nu_i'$ findet man aus den Höhen $H_1$, $H_2$, $H_3$ der Ausgangspunkte für die Meereshöhe $H_0 = Z_0$ des Aufnahmeortes $O$ die vorläufigen Werte

$$H_{01}' = H_1 + R_1' \operatorname{ctg} \nu_1' + k_1, \quad H_{02}' = H_2 + R_2' \operatorname{ctg} \nu_2' + k_2, \quad H_{03}' = H_3 + R_3' \operatorname{ctg} \nu_3' + k_3, \tag{944}$$

in welchen $k_i$ den zum Strahl $O P_i$ gehörigen Gesamteinfluß der Erdkrümmung und Strahlenbrechung ausdrückt. Bezeichnen weiterhin $d\nu'$, $d\varkappa'$ die an $\nu'$ und $\varkappa'$ noch anzubringenden Verbesserungen, $\gamma_A'$ die bei Einstellung des Hauptpunktes ausgeführte Horizontalkreisablesung, $\varphi_i' = \gamma_i' - \gamma_A'$ die von der Blickrichtung (Grundriß der Hauptvertikalen) aus gezählten Horizontalrichtungen der Zielstrahlen $O P_i$, so erhält man die linearen Gleichungen

$$\left.\begin{aligned}
\frac{R_1' \cos \varphi_1'}{\sin^2 \nu_1'} \cdot d\nu' + \frac{R_1' \sin \varphi_1'}{\sin^2 \nu_1'} \cdot \sin \nu' \cdot d\varkappa' + H_0 - H_{01}' = 0, \\
\frac{R_2' \cos \varphi_2'}{\sin^2 \nu_2'} \cdot d\nu' + \frac{R_2' \sin \varphi_2'}{\sin^2 \nu_2'} \cdot \sin \nu' \cdot d\varkappa' + H_0 - H_{02}' = 0, \\
\frac{R_3' \cos \varphi_3'}{\sin^2 \nu_3'} \cdot d\nu' + \frac{R_3' \sin \varphi_3'}{\sin^2 \nu_3'} \cdot \sin \nu' \cdot d\varkappa' + H_0 - H_{03}' = 0,
\end{aligned}\right\} \tag{945}$$

hieraus $d\nu'$, $d\varkappa'$, $H_0$ und damit die verbesserten Werte

$$\nu = \nu' + d\nu', \qquad \varkappa = \varkappa' + d\varkappa', \qquad H_0. \tag{946}$$

Bei kleinen Beträgen $d\nu'$, $d\varkappa'$ bedeuten die aus (946) für $\nu$ und $\varkappa$ gefundenen Zahlen sogleich Endwerte. Andernfalls sind sie nur Zwischenwerte $\nu''$, $\varkappa''$, $H_0''$, aus welchen durch eine Wiederholung aller beschriebenen Vorgänge neue kleine Verbesserungen $d\nu''$, $d\varkappa''$ und damit die endgiltigen Werte

$$\nu = \nu'' + d\nu'', \qquad \varkappa = \varkappa'' + d\varkappa'', \qquad H_0 \tag{947}$$

gewonnen werden. Nach nochmaliger Einstellung der jetzt feststehenden Werte $\nu$, $\varkappa$ am Bildmeßtheodolit liest man an dessen Horizontalkreis nach Einstellung der Bildpunkte $P_i'$ die zur Berechnung der endgiltigen Horizontalkoordinaten $X_0$, $Y_0$ dienenden Richtungen $\gamma_i$ ab.

Das Verfahren nimmt auf den Einfluß der in den Abständen $R_i'$ enthaltenen Ungenauigkeiten keine Rücksicht. Da sich diese Ungenauigkeiten bei waagrechten und schwach geneigten Sichten in den Höhen nicht bzw. nur wenig auswirken können, so ist die besprochene Lösung besonders für Flachaufnahmen geeignet.

Die Ortsbestimmung und Orientierung einer Senkrechtaufnahme ist unter Voraussetzung von vier bekannten Punkten durch *Marchand*[1] behandelt worden[2].

---

[1] *Marchand, Hermann*: Die Orientierung von Senkrechtaufnahmen in der Photogrammetrie. Z. Vermess.-Wes. 1922 S. 65—80, 97—112, 193—208, 225—238.

[2] Schon früher (1906) hat *Schell* unter Voraussetzung einer waagrechten Plattenlage — sie sollte durch geeignete Verspannung des den Apparat tragenden, unbemannten Fesselballons erreicht werden — die bei dieser Annahme denkbar einfache Aufgabe der Ortsbestimmung von Luftaufnahmen gelöst und eine Genauigkeitsuntersuchung angefügt. (*Schell, Anton*: Die stereophotogrammetrische Ballonaufnahme für topographische Zwecke. Sitzungsbericht d. math.-naturwiss. Kl. d. Kaiserl. Akademie d. Wiss., Bd. 115, Abt. IIa, S. 485—522, Wien 1906.)

Eine neuere, einfache Bestimmung des Nadirpunktes von genäherten Senkrechtaufnahmen bei annähernd waagerechtem Gelände hat *S. Finsterwalder* angegeben[1].

## d) Gemeinsame Orientierung und Auswertung zweier Luftaufnahmen.

Durch die stürmische Entwicklung der Luftphotogrammetrie hat die gemeinsame Orientierung zweier Luftaufnahmen so sehr an Bedeutung gewonnen, daß sie heute als die Grundaufgabe der Luftphotogrammetrie bezeichnet werden muß. Das Problem besteht:

1. in einer solchen gegenseitigen Ausrichtung beider Aufnahmen in $O_1$ und $O_2$, daß je zwei entsprechende Strahlen $O_1 P_i'$ und $O_2 P_i'$ (Abb. 354 zeigt die Verhältnisse in $O_1$) der beiden Zielstrahlenbündel sich schneiden;

2. in der gemeinsamen Orientierung der gegeneinander ausgerichteten, nunmehr starr verbundenen Aufnahmen zur Erdoberfläche.

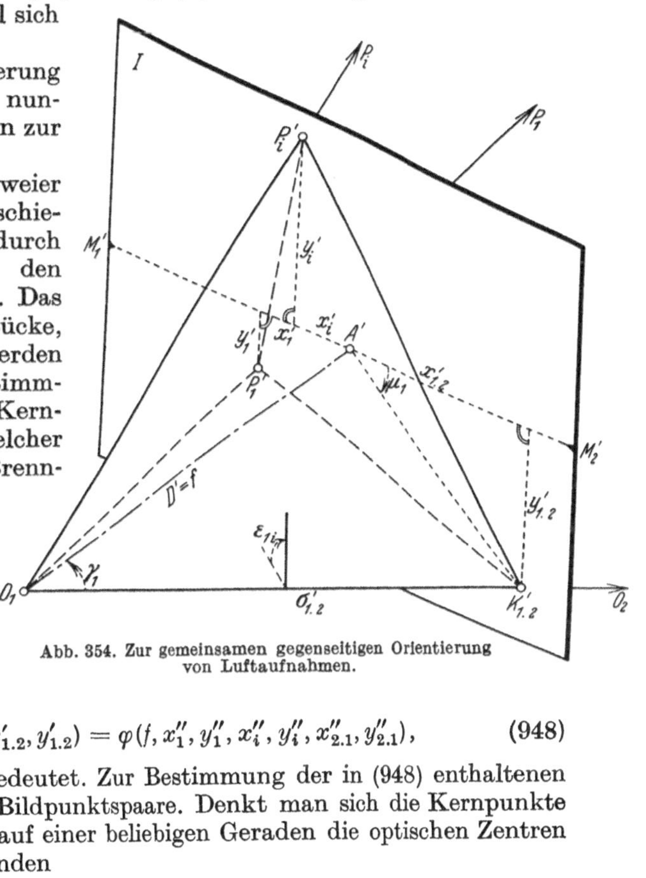


Abb. 354. Zur gemeinsamen gegenseitigen Orientierung von Luftaufnahmen.

Zu 1. Die gegenseitige Lage zweier Aufnahmen kann man sich in verschiedener Weise festgelegt denken, z. B. durch die Kernpunktskoordinaten und den Winkel $\omega$ der Bildebenen $I$ und $II$. Das sind fünf zunächst unbekannte Stücke, deren erste vier für sich ermittelt werden können[2]. Die durch $P_1'$ und $P_i'$ bestimmten Kernebenen bilden längs der Kernachse $O_1O_2$ einen Keilwinkel $\varepsilon_{1i}$, welcher aus der Aufnahme $I$ durch die Brennweite $f$, die Bildpunktskoordinaten $x_1'$, $y_1'$, $x_i'$, $y_i'$ und die unbekannten Kernpunktskoordinaten $x_{1.2}'$, $y_{1.2}'$ ausgedrückt werden kann. Ganz in derselben Weise läßt sich $\varepsilon_{1i}$ durch $f$ und die entsprechenden Koordinaten der Aufnahme $II$ darstellen. Es ist also

$$\varepsilon_{1i} = \varphi(f, x_1', y_1', x_i', y_i', x_{1.2}', y_{1.2}') = \varphi(f, x_1'', y_1'', x_i'', y_i'', x_{2.1}'', y_{2.1}''), \tag{948}$$

wobei $\varphi$ eine bekannte Funktion bedeutet. Zur Bestimmung der in (948) enthaltenen vier Unbekannten brauchen wir 5 Bildpunktspaare. Denkt man sich die Kernpunkte $K_{1.2}'$, $K_{2.1}''$ ermittelt, so kann man auf einer beliebigen Geraden die optischen Zentren $O_1$, $O_2$ annehmen und in den Abständen

$$\sigma_{1.2}' = \sqrt{f^2 + x_{1.2}'^2 + y_{1.2}'^2}\,, \qquad \sigma_{2.1}'' = \sqrt{f^2 + x_{2.1}''^2 + y_{2.1}''^2} \tag{949}$$

von ihnen die Kernpunkte $K_{1.2}'$, $K_{2.1}''$ auftragen. Dann werden die Bildebenen $I, II$ noch so um die Kernachse $O_1 O_2$ gedreht, daß sich entsprechende Kernstrahlen $K_{1.2}' P_i'$ und $K_{2.1}'' P_i''$ im gleichen Punkt der Plattenschnittlinie $\Sigma$ treffen. In dieser Stellung ist der Einschlußwinkel beider Bildebenen das letzte gesuchte Bestimmungsstück $\omega$.

---

[1] *Finsterwalder, S.*: Höhenkarten aus weitwinkligen Luftaufnahmen. Int. Arch. Photogrammetrie 7, Bd. 2. Hälfte S. 7—26. Wien 1931.

[2] Andere fünf Bestimmungsstücke sind etwa die den bisherigen Orientierungswinkeln entsprechenden Winkel $\gamma_1$, $\gamma_2$, welche die beiden Lagen $D'$, $D''$ der Kammerachse mit der Kernachse $O_1 O_2$ einschließen, ferner der Winkel $\varepsilon_0$ der durch $D'$ und $D''$ bestimmten Kernebenen sowie die Winkel $\mu_1$, $\mu_2$ der Markenverbindungslinien $M_1' M_2'$, $M_1'' M_2''$ mit den durch die Hauptpunkte gehenden Kernstrahlen $A'K_{1.2}'$ und $A''K_{2.1}''$.

Zu 2. Denkt man sich nach der gegenseitigen Ausrichtung der Aufnahmen alle Zielstrahlen zum Schnitt gebracht, so entsteht ein dem Gelände ähnliches Modell. Dieses ist jetzt maßstäblich so zu ändern, ferner so zu drehen und zu verschieben, daß zwei Modellpunkte mit den entsprechenden bekannten Geländepunkten sich decken und daß ein weiterer Punkt eine vorgegebene Koordinate — am besten eine vorgegebene Höhe — erhält. Man braucht also zwei räumlich vollständig bekannte Punkte; von einem dritten Punkt ist nur noch die Höhe notwendig.

Die rechnerische Bewältigung[1] der hier nur skizzierten Aufgabe ist im allgemeinen

[1] Zur Entwicklung der rechnerischen Lösung sei folgendes bemerkt. a) *S. Finsterwalder* hat in den geometrischen Grundlagen der Photogrammetrie (Bericht für die Deutsche Mathematikervereinigung, Leipzig 1899) bereits das Grundsätzliche über die gegenseitige Orientierung unter Verwendung der Kernpunkte gebracht und für bekannte innere Orientierung auf S. 15—16 der genannten Abhandlung Näheres auseinandergesetzt. Als Grundrißebene für die Einzelauswertung durch Vorwärtseinschneiden (Meßtischphotogrammetrie) dient hierbei die zur Schnittlinie beider Bildebenen senkrechte Ebene. b) In der Abhandlung „Eine Grundaufgabe der Photogrammetrie und ihre Anwendung auf Ballonaufnahmen“ (Abhandlungen d. K. Bayer. Akademie d. Wiss., Kl. II, Abt. II, Bd. 22, München 1903) gibt *S. Finsterwalder* eine Lösung für die Auswertung von Ballonaufnahmen mit praktischer Anwendung auf die Umgebung von Gars am Inn. Dabei ist vorausgesetzt, daß für die äußere Orientierung der Aufnahmen bereits Näherungsangaben vorliegen, wie sie aus den Bildern von Lotleinen und einer horizontalen Strecke mit bekannten Endpunkten zu entnehmen sind. Aus den vorliegenden Aufnahmen war allerdings die Orientierung gegen das Lot nicht zu entnehmen; es wurden daher die Bilder durch räumlichen Rückwärtseinschnitt nach bekannten Punkten orientiert und mit Hilfe von überschüssigen Festpunkten konnte eine Ausgleichung durchgeführt werden. c) *H. v. Sanden* (Die Bestimmung der Kernpunkte in der Photogrammetrie, Göttingen 1908) gibt nach Vorträgen von *C. Runge* unter Verwendung von Dreieckskoordinaten eine lineare Bestimmung der Kernpunkte. Die Lösung, welche die Kenntnis der inneren Orientierung nicht voraussetzt, führt auf 5 lineare Gleichungen mit 5 Unbekannten. Notwendig sind 8 Paare von zusammengehörigen Bildpunkten; von den zugehörigen Geländepunkten dürfen höchstens 5 in einer Ebene liegen. Ferner wird bei bekannter innerer Orientierung auch die Bestimmung der Kernpunkte für den Fall behandelt, daß das Objekt eine Ebene ist. Beiden Untersuchungen ist je ein Zahlenbeispiel angefügt. d) *K. Fuchs* zeigt in einer sehr lesenswerten Abhandlung (Berechnung der Konstanten der Aufstellung aus inneren Daten. Int. Arch. Photogrammetrie Bd. 1 S. 201—213, 264—278. Wien 1909, und Bd. 2 S. 112—118. Wien 1911), wie man von den nach geeigneten Gesichtspunkten im Vorder- und Hintergrund ausgewählten, zusammengehörigen Bildpunkten durch ein graphisch-analytisches Näherungsverfahren zu Kernstrahlen und damit zu guten Näherungskoordinaten der Kernpunkte gelangt. Eine Ausgleichung mit 4 Unbekannten führt zu verbesserten Werten; die allgemeine Form der zugehörigen Fehlergleichung wird aufgestellt. Ferner ist zur Vervollständigung der gegenseitigen Orientierung angegeben, um welche Winkel die zweite Platte um die Achsen eines mit ihr verbundenen Koordinatensystems zu drehen ist, damit sie zur ersten Aufnahme parallel liegt. Da das angegebene Verfahren für Senkrechtaufnahmen versagt, so wird zum Schluß noch auseinandergesetzt, wie man für diesen Fall die gegenseitige Lage der Kammern im Augenblick der Aufnahme aus dem Inhalt der beiden Bilder ohne Verwendung der Kernpunkte ermitteln kann. e) In der Abhandlung „Gegenseitige Orientierung von nahezu parallelen Aufnahmen in der Photogrammetrie [Z. Mathematik u. Physik, Bd. 59 (1910) S. 12—20] bestimmt *H. v. Sanden* zunächst unter Voraussetzung streng paralleler Platten das Verhältnis Höhenunterschied zur Horizontalentfernung der Ballonorte. Hierauf werden für annähernd parallele Bildebenen (Winkel $\alpha$ der Bildebenen ist eine kleine Größe von der 1. Ordnung) die Verhältnisse des Höhenunterschieds der Aufnahmen zu den Horizontalkoordinaten des zweiten Ortes $O_2$ in bezug auf den ersten Ort $O_1$ ermittelt und die Winkel bestimmt, welche die Koordinatenachsen eines mit der zweiten Aufnahme verbundenen Systems mit den entsprechenden Achsen der ersten Aufnahme einschließen. Bis hierher ist alles ziemlich einfach; die Ergebnisse werden aus 5 linearen Gleichungen gewonnen, sind aber im allgemeinen noch nicht genügend scharf. Die weitere Entwicklung, welche auch noch die Glieder mit $\alpha^2$ berücksichtigt, führt ebenfalls auf lineare Gleichungen mit 5 Unbekannten. Die Koeffizienten und Absolutglieder dieser Gleichungen werden jedoch so umständlich, daß eine praktische Ausnützung dieser schärferen Beziehungen kaum in Frage kommt. f) Im Anschluß an *Finsterwalder*sche Vorlesungen entwickelt *Christian Schmidt* (Über die gegenseitige Orientierung von Flugaufnahmen mittels gnomonischer Projektion. Z. Vermess.-Wes. 1928 S. 209—219, 273—286, 337—356) aus den bekannten Eigenschaften der direkten gnomonischen Projektion ein neues Orientierungsverfahren. Eine wichtige Rolle spielen dabei Widersprüche in der Ähnlichkeit zweier Punktreihen, welche durch zwei festbleibende parallele Gerade auf den Verbindungslinien entsprechender Bildpunkte ausgeschnitten werden. Die an einen graphischen Vorversuch anschließende schärfere Rechnung führt mit Hilfe von 5 Paaren entsprechender Bildpunkte auf 4 lineare Gleichungen mit 4 Unbekannten (3 kleine Drehkomponenten und ein Maßstabfaktor). Die Ausführungen sind durch ein Zahlenbeispiel erläutert. g) *Joh. Koppmair* (Generelle Lösung der

Fall sehr umständlich und auch im besonderen Fall der Senkrechtaufnahmen nicht eben einfach, solange die Nadirabstände nicht in noch wesentlich engere Grenzen als bisher gezwängt werden können. Für die Praxis ist daher zur Zeit die rechnerisch-analytische Lösung nur von geringer Bedeutung; hier steht die optisch-mechanische Orientierung eines Plattenpaares im Vordergrund. Sie erfolgt mit den auch für die Einzelauswertung von Luftaufnahmen bestimmten Instrumenten, indem durch systematisches Probieren eine fortschreitende, nach Verlauf von einer oder mehreren Stunden genügende Annäherung an die wahren Werte der Orientierungselemente erzielt wird[1].

Die wichtigsten aus dem deutschen Kulturkreis stammenden Instrumente zur optisch-mechanischen Orientierung und Auswertung von Luftaufnahmen sind in der Reihenfolge ihrer Entstehung:

1. der Inag-Doppelprojektor von *M. Gasser*,
2. der Autokartograph von *R. Hugershoff*,
3. der Stereoplanigraph von *Bauersfeld-Zeiß*,
4. der Stereoautograph von *Wild*,
5. der Aerokartograph von *Hugershoff*.

Eine ausführliche Beschreibung dieser teilweise sehr komplizierten Instrumente muß hier unterbleiben; immerhin sollen einige charakteristische Merkmale gestreift werden[2].

Zu 1. Denkt man sich die entwickelten Platten $Pl_1$, $Pl_2$ (Abb. 355) zweier Luftaufnahmen mit den Kammern in richtige gegenseitige Lage gebracht und von hinten her beleuchtet, so werden sich die das Objektiv verlassenden Hauptstrahlen paarweise in den Punkten der aufgenommenen Geländeoberfläche schneiden. Wird die Basis $O_1 O_2$ genügend verkleinert, so kann man im Zimmer an dem entstandenen, dem Original ähnlichen Geländemodell Messungen ausführen. Irgendeine durch die Oberfläche eines Projektionstisches $T$ dargestellte Ebene schneidet die beiden durch $O_1$ und $O_2$ bestimmten Bündel von Hauptstrahlen in zwei Punktfeldern, deren entsprechende Elemente im allgemeinen getrennt liegen. Aus dem Gewirr der sich gegenseitig störenden Projektionen hebt sich aber der geometrische Ort von zusammenfallenden entsprechenden Punkten, d. i. die Schnittlinie des Geländes mit dem Auffangschirm, deutlich ab. Sie kann durch Nachfahren mit Blei gezeichnet werden. Handelt es sich, wie in Abb. 355 angenommen, um einen waagrechten Projektionstisch, so erhält man durch lotrechtes Verstellen desselben Schichtenlinien, deren Meereshöhen $H$ ein Zeiger $Z$ am festen Höhenmaßstab $M_H$ angibt.

Grundaufgabe der Photogrammetrie. Allg. Vermess.-Nachr. 43. Jahrg.) stellt unter der praktisch immer zutreffenden Voraussetzung, die innere Orientierung sei bekannt, aus 8 Bildpunktspaaren durch Vermittlung der stereographischen Projektion ein System von 8 linearen Gleichungen auf, deren Unbekannte auf die 5 eigentlichen Orientierungselemente führen. Irgendwelche Einschränkungen über die Geländebeschaffenheit werden dabei nicht gemacht. h) Siehe auch die auf S. 309, Fußnote 1 genannte Arbeit von *S. Finsterwalder,* in welcher für annähernd ebenes Gelände eine ziemlich einfache Art der Nadirübertragung von einer Aufnahme in eine andere, daran angeschlossene gezeigt wird.

[1] Gegenüber der rechnerischen Ermittlung von Orientierungsverbesserungen ist dieser mechanisch-optische Weg schon dadurch im Vorteil, daß hier die Interpolationen der Wirklichkeit entsprechend nicht auf Geraden sondern mechanisch auf Kurven vorgenommen werden. *Otto v. Gruber* hat Differentialformeln (Einfache und Doppelpunkteinschaltung im Raum, Jena 1924) aufgestellt, deren Kenntnis die optisch-mechanische Orientierung wesentlich erleichtert.

[2] Für ein eingehendes Studium dieser Instrumente und ihrer Handhabung sei besonders auf die S. 249, Fußnote 4 genannten Bücher und Zeitschriften verwiesen. Siehe ferner: a) *Gasser, M.*: Die Aerokarte von Kalkberge, Kalkberge 1926, und die darin genannten *Gasser*schen Patentschriften ab 1915; b) *Doležal, E.*: Photogrammetrische Instrumente. Schöpfungen der letzten Jahre, Int. Arch. Photogrammetrie Bd. 6 S. 248—310. Wien 1923; c) *v. Gruber, Otto*: Der Stereoplanigraph der Firma Carl Zeiß, Jena, Z. Instrumentenkunde 1923 S. 1—16; d) *Hugershoff, R.*: Der Aerokartograph von Prof. Dr.-Ing. Hugershoff. Schweiz. Z. Vermess.-Wes. u. Kulturtechnik 1928 S. 2—11; e) *Graf, R.*: Fehlertheorie des *Wild*schen Stereoautographen; f) *Berchtold, E.*: Der *Wild*-Autograph; g) *Baeschlin, F.*: Zur Theorie des *Wild*-Autographen; h) *Haerpfer, A.*: Der Plattendrehungswinkel beim *Wild*-Autographen; sämtlich in der Schweiz. Z. Vermess.-Wes. u. Kulturtechnik, und zwar e) in 1928 S. 250—264, f) in 1929 S. 49—59, g) in 1929 S. 110—116 u. 123—125, h) in 1929 S. 179—180.

Nach wichtigen Vorarbeiten von *Th. Scheimpflug* für terrestrische Horizontalaufnahmen mit bekannter Orientierung wurde die vorhin entwickelte, bestechend einfache Idee im Doppelprojektor von *M. Gasser* (Inag-Gerät) für nicht von vornherein orientierte Luftaufnahmen verwirklicht. Bei diesem Apparat werden zwei auch der Höhe nach verstellbare Projektoren an einer Laufschiene so befestigt, daß die vor den Objektiven befindlichen Spiegel von den Platten Bilder entwerfen, welche zueinander und zum Gelände die gleiche Lage besitzen wie bei der Aufnahme die Platten. Zur Ermöglichung einer solchen Ausrichtung sind die Projektionskammern außerdem um Kugeln, deren Mittelpunkte den Aufnahmeorten entsprechen, nach allen Richtungen hin drehbar. Ein waagrechter, der Höhe nach verstellbarer Tisch, dessen jeweilige Lage scharf abgelesen werden kann, trägt die Projektionsfläche. Sind die Kammern ausgerichtet und die Platten beleuchtet, so kann man für verschiedene Stellungen des Tisches die mehr oder weniger scharf hervortretenden Höhenlinien bzw. die in der betreffenden Ebene liegende Situation zeichnen. Wenn das Gelände wenig Einzelheiten enthält, so ist die vorgesehene Unterstützung der freiäugigen Konstruktion durch das *Pulfrich*sche Blinkverfahren oder durch Anaglyphen zu empfehlen. Bei ersterem werden die Platten in rascher Folge abwechselnd beleuchtet, so daß entsprechende Teile der beiden Projektionen um so mehr gegeneinander springen, je weiter sie voneinander abstehen. Lediglich die gesuchten, jeweils in der Projektionsfläche liegenden Geländepunkte bleiben dabei ruhig stehen, wodurch ihre Festlegung in der unruhigen Umgebung erleichtert wird. Das Anaglyphenverfahren sieht die Benützung einer Brille mit zwei verschieden gefärbten Gläsern (hier rot und grün) vor, durch welche die in gleicher Farbe gehaltenen, aufeinanderliegenden Projektionsbilder zu betrachten sind. Man sieht dann ein räumliches Geländemodell, dessen Schnittlinie mit der Tischebene durch Nachfahren festgelegt wird.

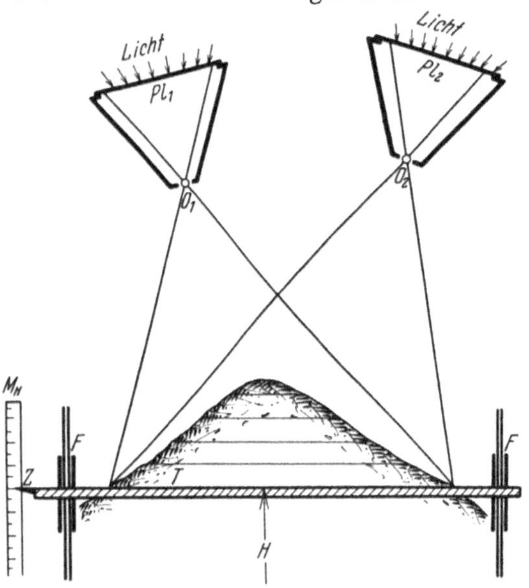


Abb. 355. (Vertikalschnitt.) Grundgedanke der Geländeausmessung durch Doppelprojektion.

Die der Auswertung vorangehende Orientierung der Projektoren erfolgt unter Benützung von drei in den Platten abgebildeten Festpunkten mittels der für die Kammern vorgesehenen Bewegungen. Es handelt sich um eine Lösung durch systematische Versuche, wobei zur Beurteilung des Standes der jeweils erreichten Annäherung in die Platten eingeritzte Linien Verwendung finden. Auch das Maximum der stereoskopischen Wirkung wird zur Verbesserung der Orientierung herangezogen.

In Wirklichkeit findet die Abbildung nicht nur durch die Hauptstrahlen, sondern durch die Gesamtheit aller das Objektiv durchsetzenden Strahlen statt. Daher kann, da besondere Hilfsmittel für eine Scharfabbildung in verschiedenen Entfernungen nicht vorgesehen sind, ein scharfes Bild nur für eine einzige bestimmte Schirmstellung entstehen. Dieser mißliche Umstand ist aber bei den hauptsächlich in Betracht kommenden Senkrechtaufnahmen nicht sehr schlimm, weil hier keine so großen Tiefenunterschiede wie bei Schrägaufnahmen oder gar bei terrestrischen Aufnahmen auftreten.

Den unter 2. bis 5. genannten Auswertegeräten ist die Verwendung von zwei Bildmeßtheodoliten und einer stereoskopischen Betrachtung unter Verwendung einer

Raummarke gemeinsam. Diese Apparate bestehen in der Hauptsache aus zwei Bildträgern (Projektoren) mit Lenkern, einem stereoskopischen Betrachtungssystem, einer Kartierungseinrichtung und einigen Meßvorrichtungen. Zur Punkteinstellung müssen die genannten Bestandteile gegeneinander bewegt werden, was bei den einzelnen Konstruktionen in verschiedener Weise erfolgt.

Beim Autokartographen von *R. Hugershoff* (1919) liegt das stereoskopische Betrachtungssystem (Doppelfernrohr) fest und nach erfolgter Orientierungseinstellung ist auch die Neigung der Bildträger gegen die Zeichenebene unveränderlich. Zur Einstellung der Kammerzielstrahlen, d. h. zur Punkteinstellung auf die festgelagerten, waagrechten Zielachsen werden einerseits die Bildträger um senkrechte Stehachsen durch die vorderen Hauptpunkte der Kammer(Bildträger)objektive gedreht und andererseits zwei vor diesen befindliche Reflektoren um die ebenfalls durch die genannten Hauptpunkte gehenden Fernrohrachsen gekippt. Die erste Bewegung dient zur Messung horizontaler Richtungen; dabei erfahren die von den Bildträgerstehachsen mitgenommenen Horizontallineale (orientierte Vorwärtsstrahlen) solche Drehungen, daß ihr Schnittpunkt den Grundriß des Geländepunktes angibt. Durch die Kippung der Reflektoren hingegen werden die Höhen bestimmt. Diese Bewegungen werden durch Hebelsysteme so auf die Hypotenusenlineale der zu beiden Vorwärtsstrahlen gehörigen, in den Grundriß geklappten Höhendreiecke übertragen, daß an den Höhenmaßstäben die Geländehöhen bzw. deren Unterschiede gegen die Aufnahmestandpunkte erscheinen. Dabei müssen durch zwei Invarbänder die horizontalen Katheten der Höhendreiecke automatisch den Grundrißlängen der entsprechenden Vorwärtsstrahlen gleich lang gehalten werden. Die der Einzelpunktauswertung vorausgehende Orientierung erfolgt: a) durch Drehungen der Plattenhalter um die Kammerachsen zur Berücksichtigung der Verkantungen, b) durch geeignete Drehungen (Kippungen) der Projektoren um die waagrechten Fernrohrachsen zur Einstellung der Kammerneigungen und c) durch die den Verschwenkungen entsprechenden Drehungen der freigegebenen horizontalen Lineale um die Zapfen der Bildträgerstehachsen mit nachfolgender Klemmung derselben.

Ein wesentlich leichter gehaltenes Instrument ist der 1926 entstandene Aerokartograph von *Hugershoff*. Vom Autokartograph, mit dem er im Grundgedanken übereinstimmt, unterscheidet er sich — abgesehen vom geringeren Gewicht — vor allem dadurch, daß keine Zerlegung in eine Grund- und Aufrißkonstruktion mit gesonderten Projektionslinealen stattfindet. Die Punktermittlung erfolgt hier vielmehr durch Vermittlung zweier die Zielstrahlen verkörpernder Raumlenker. Bemerkenswert ist auch eine Vorrichtung zur Umkehrung des Stereoeffektes, welche außerdem eine einfache, rasche Aneinanderreihung von aufeinanderfolgenden Bildern ohne Herausnahme der bereits orientierten Platte ermöglicht. Durch eine einzige Hebelbewegung wird das rechte Bild unter Erhaltung seiner Orientierung zum linken Bild einer neuen Kombination gemacht.

Der schon etwas früher entstandene Autograph von *Wild* besitzt ebenfalls Raumlenker. Sie sind hier zu den Kammerachsen senkrecht gestellt und mit den Bildträgern fest verbunden. Das Betrachtungssystem steht fest und die ganzen Bewegungen werden bei diesem Instrument den Bildträgern zugeschoben. Bei den Kammerbewegungen um lotrechte und waagrechte Achsen schließen die zu den Kammerachsen parallelen Lenker mit der Zielachse des festliegenden Betrachtungsfernrohres andere Winkel ein wie die entsprechenden Feldstrahlen mit den Kammerachsen. Zur Behebung dieses Umstandes ist mittels eines besonderen Korrektionsgliedes eine geeignete zusätzliche Bewegung der Kammern um ihre Längsachsen vorgesehen.

Das zur Zeit vollkommenste und leistungsfähigste Auswerteinstrument für Luftaufnahmen ist wohl der Stereoplanigraph von *Bauersfeld-Zeiß*. Es handelt sich hier gewissermaßen darum, diejenigen Gelände- bzw. Modellpunkte ausfindig zu machen, von welchen aus im parallelen Strahlengang in beiden Platten jeweils entsprechende

Bildpunkte erscheinen. Charakteristisch sind die vor den Kammer- bzw. Bildträgerobjektiven befindlichen, beweglichen Zusatzsysteme, welche eine Brennweitenänderung ermöglichen und im gerade betrachteten Geländepunkt sowie in seiner allernächsten Umgebung eine Scharfabbildung herbeiführen. Sie werden durch Lenker von veränderlicher Dicke gesteuert. Das Betrachtungssystem ist ein Doppelmikroskop mit festliegenden Okularen, welches im übrigen als optische Schere ausgebildet ist, damit der Meßmarkenträger die Verschiebungen eines Kreuzschlittens mitmachen kann. An die kurzen räumlichen Lenker, welche in ihrem weiteren Verlauf durch Lichtstrahlen ersetzt sind, werden hohe Genauigkeitsanforderungen gestellt. Zur Orientierung der Aufnahmen wird jede Kammer für sich um entsprechende Achsen verkantet, gekippt und verschwenkt. Die Einstellung der Basiskomponenten erfolgt durch geeignete Verschiebungen der Kammern und der Meßmarken aus ihren Ausgangsstellungen, worauf sie mit ihren Trägern fest verbunden werden und bleiben. Bei der Einzelauswertung der Aufnahmen werden die Geländepunkte mit der Raummarke eingestellt und die von einem Kreuzschlitten ausgeführten Grundrißbewegungen auf das Zeichenbrett übertragen.

Gegenüber dem skizzierten Modell von 1923 zeigt der Stereoplanigraph von 1930 wesentliche Änderungen. Diese zielen unter Verzicht auf die Ausarbeitung von Schrägaufnahmen und von terrestrischen Aufnahmen darauf hin, ein für die Auswertung der wichtigeren Senkrecht- bzw. Steilaufnahmen besonders geeignetes und leistungsfähiges Instrument zu schaffen. Es besitzt den großen Vorzug, daß die äußere Orientierung gewonnen werden kann, ohne daß eine nennenswerte Störung der vorher ermittelten gegenseitigen Orientierung der Aufnahmen erfolgt[1].

Die Genauigkeit der heute verwendeten stereoskopischen Auswertegeräte für Luftaufnahmen läßt sich kurz dahin charakterisieren, daß die Fehler dieser Instrumente die rohe Zeichenungenauigkeit nicht überschreiten, zum Teil sogar wesentlich darunter bleiben. Wichtige Aufschlüsse hierüber geben vor allem die Berichte über einschlägige schweizerische Probeaufnahmen[2], sowie das von *Aurel Kruttschnitt* erstattete Landesreferat über die in Ungarn hergestellten photogrammetrischen Karten[3]. Eine Zusammenstellung von Genauigkeitsergebnissen für verschiedene Instrumente und verschieden gerichtete Aufnahmen teilt *v. Gruber* mit[4]. Von Interesse sind hier auch die Angaben von *W. Kuny*[5] sowie die Ausführungen von *Schermerhorn*[6], welcher es als

[1] Eine Zusammenstellung von Patenten und Patentanmeldungen auf Doppelbildauswertegeräte für Kartierung oder Modellierung gibt *W. Sander* in *O. v. Gruber*: Ferienkurs in Photogrammetrie, S. 286—287. Stuttgart 1930. Siehe auch die Patentzusammenstellung, welche *E. Doležal* seiner Abhandlung „Photogrammetrische Instrumente. Schöpfungen der letzten Jahre" am Schluß beigefügt hat (Int. Arch. Photogrammetrie Bd. 6 S. 248—310. Wien 1923). So vollkommen die Auswerteapparate für Luftaufnahmen heute schon sind, so teuer sind sie auch und können daher nur von leistungsfähigen Instituten und Gesellschaften erworben werden. Es liegt daher das Bestreben nahe, nach billigeren Hilfsmitteln auszuschauen. So hat *J. Koppmair* in seiner auf S. 310, Fußnote 1 unter g) genannten Schrift eine einfache Vorrichtung angegeben, welche mit beschränkter Genauigkeit die gegenseitige Orientierung von Luftaufnahmen ermöglicht. Dabei finden zwei in einem Rahmen drehbare, stereographische Netze Verwendung. Einer schärferen Lösung soll ein ebenfalls die stereographische Projektion benützender Orientierungsapparat (Universalstereograph) mit stereoskopischer Betrachtungseinrichtung dienen, über welchen *Koppmair* auf der Jubiläumstagung der Österreichischen Gesellschaft für Photogrammetrie in Wien im März 1932 vorgetragen hat. (Der Vortrag erscheint demnächst in den Allg. Vermess.-Nachr.)

[2] Siehe dazu: a) Die Photogrammetrie und ihre Anwendung bei der schweizerischen Grundbuchvermessung und bei der allgemeinen Landesvermessung. Sammlung von Referaten, Brugg 1926; b) *Schneider, K.*: Ergebnisse aerophotogrammetrischer Probeaufnahmen mit *Wild*-Instrumenten. Schweiz. Z. Vermess.-Wes. u. Kulturtechnik 1928 S. 195—208.

[3] Int. Arch. Photogrammetrie Bd. 7, Halbbd. 1, S. 81—101. Wien 1930.

[4] Ferienkurs in Photogrammetrie, S. 424 u. f. Stuttgart 1930.

[5] *Kuny, Wilhelm*: Festpunktlose räumliche Triangulation aus Luftaufnahmen. Stuttgart 1932.

[6] *Schermerhorn*: Versuche zur Anfertigung von Katasterkarten im Maßstab 1 : 1000 mit aero-Photogrammetrischen Instrumenten der Firma Zeiß-Aerotopograph G. m. b. H., Jena; Bildmessung u. Luftbildwesen 1932, Heft 2, S. 61—75.

wahrscheinlich hinstellt, daß das Verhältnis der Genauigkeiten der Apparaturen von *Zeiß* (Stereoplanigraph), *Hugershoff* (Autokartograph) und *Wild* (Stereoautograph) etwa 4 : 3 : 2 ist[1].

## e) Lufttriangulation.

Bei der Luft-, Aero- oder Bildtriangulierung handelt es sich darum, aus dem Inhalt stark übergreifender Aufnahmen ein Dreiecksnetz zu erstellen, wobei die gegenseitige Sichtbarkeit der ausgewählten Dreieckspunkte keine Rolle spielt. Diese Bildtriangulation ist dann besonders wichtig, wenn terrestrische Festpunkte nur am Anfang und Ende eines langen Fluges zur Verfügung stehen, dazwischen aber weite festpunktslose Räume zu überbrücken sind. Je nachdem die Netzpunkte nur im Grundriß oder auch der Höhe nach zu bestimmen sind, spricht man von einer ebenen oder Radialtriangulierung bzw. von einer räumlichen Bildtriangulation.

Zur Durchführung der räumlichen Aerotriangulation wird man zunächst ein erstes Bildpaar im Anschluß an gegebene Festpunkte unter sich und gegen die Erdoberfläche orientieren. Das Luftauswertegerät gibt dann nach Einstellung geeignet ausgewählter, auch im folgenden dritten Bild enthaltener Dreieckspunkte deren Raumkoordinaten an. Durch Hinzufügen von je einer weiteren, immer mit Hilfe der vorhergehenden, ausgerichteten Aufnahme zu orientierenden Platte erhält man eine Folge von räumlich bestimmten Dreieckspunkten, eine Dreieckskette oder ein Netz, welches zur Sicherheit schließlich wieder an bekannte Punkte angeschlossen wird[2].

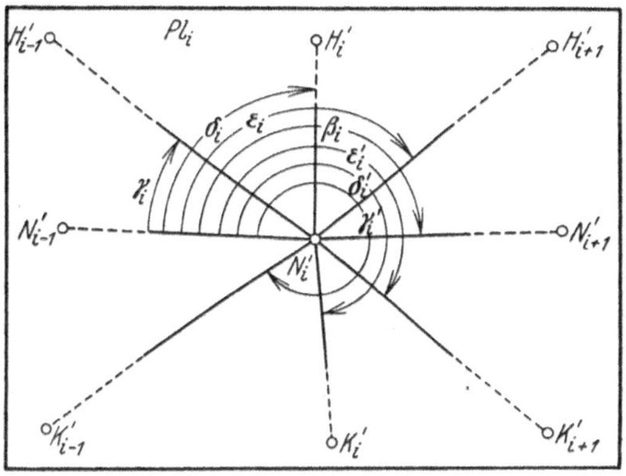


Abb. 356. (Platte.) Nadirtriangulierung.

Zur Zeit steht die ebene Lufttriangulierung im Vordergrund. Ihr Hauptziel besteht darin, den Grundriß eines Punktnetzes zu beschaffen, in dessen genügend enge Maschen hinein die einzelnen Aufnahmen photomechanisch entzerrt werden sollen. Man unterscheidet drei Verfahren der Radialtriangulierung:

1. die Nadirtriangulierung, 2. die Hauptpunkttriangulation, 3. die Fokalpunkttriangulierung.

Setzen wir zunächst eine ideale Senkrechtaufnahme voraus, so besteht zwischen den genannten Verfahren kein Unterschied; sie sind identisch, weil für die gemachte Annahme der Nadirpunkt $N'$, der Hauptpunkt $A'$ und für waagrechtes Gelände auch der hernach zu besprechende Fokalpunkt $F'$ (Abb. 357 zeigt diese Punkte getrennt in allgemeiner Lage) zusammenfallen. Gleiches gilt für die in diesen Punkten abgebildeten Geländepunkte $N$, $A$ und $F$. Die Kammerachse ist dann der lotrechte Träger eines Ebenenbüschels, dessen Elemente man als Zielebenen des Theodolits bei einer terrestrischen Triangulierung im Geländenadir $N$ betrachten kann. Da unter der getroffenen Voraussetzung Grundkreisebene und Bildebene parallel sind — beide liegen waagrecht —, so läßt sich das einer solchen Triangulierung entsprechende System horizontaler Richtungen unmittelbar dem Bild entnehmen, wenn der Theodolitaufstellungspunkt $N$ mit dem Bildnadir $N'$ und die Geländepunkte $P$ mit ihren Bildpunkten $P'$ vertauscht werden. Es muß also bei geeigneter Anordnung der Aufnahmen grundsätzlich möglich

[1] Siehe auch *Seidel, Friedrich*: Über die Prüfung der Genauigkeit der aus Luftlichtbildern hergestellten topographischen Grundkarte 1 : 5000 von Amrum und ihre Wirtschaftlichkeit. Sonderheft 7 zu den Mitteilungen des Reichsamts für Landesaufnahme, 1928.

[2] Über neuere Versuche dieser Art an einer im Harz erfolgten Probeaufnahme für den Reichsbeirat für das Vermessungswesen berichtet *W. Kuny* in der auf S. 314, Fußnote 5 genannten Arbeit.

sein, lediglich aus dem Platteninhalt eine bis auf den Maßstab bestimmte Dreiecksverbindung zu konstruieren, welche, dem Fluge folgend, sich über das Gelände hinzieht. Daher kann man in gewissen Fällen, sofern man sich mit einer geringeren Genauigkeit begnügen will oder muß, die terrestrische Triangulierung durch die ebene Bildtriangulierung ersetzen.

Für den soeben behandelten Sonderfall einer streng lotrechten Kammerachse ist es bei Verwendung der zusammenfallenden Nadir- und Hauptpunkte als Richtungsmittelpunkte gleichgültig, wie das Gelände beschaffen ist. Höhenunterschiede verursachen hier lediglich eine radiale Verschiebung der Bildpunkte. Sie lassen also das durch den Hauptpunkt (Büschelmittelpunkt) und die Bildpunkte bestimmte Strahlensystem unverändert.

Für einen in praktischen Fällen meist kleinen Nadirabstand $\nu$ (Abb. 357) fallen Hauptpunkt und Nadirpunkt nicht mehr zusammen. Nimmt man als entsprechende Mittelpunkte der auszumessenden Richtungssätze Bild- und Geländenadir $N'$ und $N$, so handelt es sich um eine N a d i r p u n k t t r i a n g u l i e r u n g. Dagegen spricht man von einer H a u p t p u n k t t r i a n g u l i e r u n g, wenn als Richtungszentren der Bildhauptpunkt $A'$ und der in ihm abgebildete Geländehauptpunkt $A$ Verwendung finden.

Bei geneigter Kammerachse sind die den Bildern entnommenen Richtungen gefälscht. Dabei macht sich nicht nur der reine E i n f l u ß d e r B i l d n e i g u n g, sondern auch derjenige von H ö h e n u n t e r s c h i e d e n im Gelände geltend. Zählt man diese Richtungen rechtssinnig von der Bildhorizontalen durch den Hauptpunkt aus über den aufwärtssteigenden Teil des Bildes und gehören zur waagrechten Ebene die richtigen Werte $w$, zur geneigten die fehlerhaften Werte $w'$, so entsprechen bei der Hauptpunkttriangulierung der Achsenneigung $\nu$ und dem Höhenunterschied $\Delta H_i = H_i - H_A$ des Geländepunktes $P_i$ gegen den Geländehauptpunkt $A$ die Verbesserungen

$$dw_{\nu i} \approx \frac{\nu^2}{4\varrho} \cdot \sin 2 w_i \ldots \qquad (950), \qquad dw_{H_i} \approx - \frac{\Delta H_i}{R_i} \cdot \nu \cdot \cos w_i \ldots \qquad (951)$$

In diesen Ausdrücken, welche alle Winkelgrößen in Gradmaß enthalten, bedeutet $R_i$ den horizontalen Abstand des Geländepunktes $P_i$ vom Geländehauptpunkt $A$. Da im allgemeinen der Quotient $\Delta H_i : R_i$ als kleine Größe von der 1. Ordnung angesprochen werden kann, so sind die angegebenen Näherungsausdrücke — vom Faktor $\varrho$ abgesehen — nur kleine Größen von der 2. Ordnung.

Sehr oft ist im Bildhauptpunkt $A'$ kein deutlich erkennbarer Punkt abgebildet. Dann kommt die sog. e x z e n t r i s c h e H a u p t p u n k t t r i a n g u l i e r u n g zum Zug. Man benutzt hier statt $A'$ einen davon um eine möglichst kleine Strecke $e$ entfernten Ersatzpunkt $A'_e$, in dem ein auch im Nachbarbild gut erkennbarer Punkt $A_e$ abgebildet ist. Bei nicht horizontalem Gelände sind die im exzentrischen Punkte $A'_e$ entnommenen Richtungen verglichen mit den entsprechenden Horizontalrichtungen zum Zentrum $A_e$ fehlerhaft. Die der Richtung nach $P_i$ entsprechende Verbesserung wird

$$dw_{e i} \approx \varrho \frac{e}{r_i} \cdot \frac{\Delta H_i}{h} \cdot \sin(w_i - w_e), \qquad (952)$$

falls $r_i = A' P'_i$ den Abstand des Bildpunktes vom Hauptpunkt, $h \approx AO$ die Flughöhe über Grund und $w_e$ die zur Exzentrizität $e$ gehörige Richtung bedeutet. Auch der Näherungsausdruck (952) ist wegen der Quotienten $e : r_i$ und $\Delta H_i : R_i$ klein von der 2. Ordnung.

Die wegen der verschiedenen genannten Fehlerquellen bei der Hauptpunkttriangulierung verbesserte Richtung ist nunmehr durch die Summe

$$w_i = w'_i + dw_{\nu i} + dw_{H_i} + dw_{e i} \qquad (953)$$

bestimmt. Zur genäherten Bestimmung der hierin bzw. in (950) und (951) enthaltenen Plattenneigung $\nu$ und ihrer Richtung sowie der dazu senkrechten Bildhorizontalen, von welcher aus die $w_i$ und $w'_i$ gezählt werden, kann der Stand einer bei der Aufnahme mitabgebildeten Dosenlibelle dienen[1].

Da man bei geneigter Plattenlage für die Nadirpunkttriangulierung den Bildnadir $N'$ erst berechnen müßte[2], während der Hauptpunkt von vornherein bekannt ist, so zieht man die Hauptpunkttriangulierung in der Regel vor. Noch zweckmäßiger ist bei geneigter Kammerachse und ebenem Gelände die Radialtriangulierung mit Fokalpunkten. Sie besteht in Folgendem:

Bei horizontaler Geländeebene $B$ (Abb. 357) schließt diese mit der geneigten Bildebene $B'$ den gleichen Winkel $\nu$ ein, welchen die Kammerachse $OA'$ mit dem Lot $ON'$ bildet. Zieht man durch $O$ eine Senkrechte $OF$ zur Ebene $W$, welche den von $B$ und $B'$ eingeschlossenen Winkel $\nu$ halbiert, so wird der von dieser Senkrechten getragene Ebenenbüschel durch $B$ und $B'$ aus Symmetriegründen in zwei kongruenten Strahlenbüscheln geschnitten, deren Mittelpunkte die als Bildfokalpunkt $F'$ und Geländefokalpunkt $F$ bezeichneten Durchstoßpunkte sind[3]. Wenn man also bei horizontalem

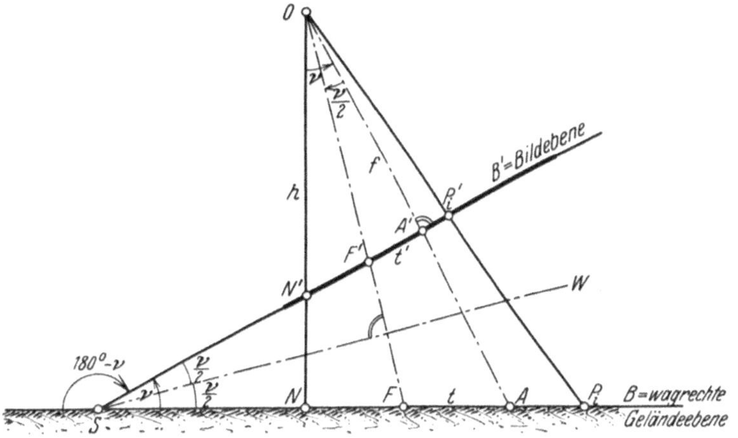


Abb. 357. (Positivstellung der Bildebene.) Nadirpunkte $N', N$, Hauptpunkte $A', A$ und Fokalpunkte $F', F$.

Gelände, aber beliebig geneigter Bildebene die Fokalpunkte $F$, $F'$ mit entsprechenden Gelände- bzw. Bildpunkten verbindet, so sind die entstehenden Strahlensysteme kongruent; die dem Bild entnommenen Richtungen und Winkel zum Scheitel $F'$ sind gleich den entsprechenden Feldgrößen zum Mittelpunkt $F$.

Vor Beginn der Bildausmessung ist der Fokalpunkt $F'$ vom Hauptpunkt $A'$ aus entgegengesetzt der durch das Bild der Libellenblase bestimmten Richtung in die Platte zu übertragen. Nach Abb. 357 wird die abzutragende Strecke

$$t' = A'F' = f \cdot \operatorname{tg} \frac{\nu}{2}, \tag{954}$$

wenn $f$ wie bisher die Brennweite bedeutet.

Nach einer interessanten Studie von *R. E. Rehn*[4] wird unter sinngemäßer Weiterverwendung von bisher gebrauchten Bezeichnungen ($w$ für die Horizontalebene, $w'$ für die Bildebene, $R_i = FP_i$) der bei einer exzentrischen Fokalpunkttriangulierung auftretende Fehler

$$dw_{ei} = w_i - w'_i \approx \varrho \cdot \frac{e}{f} \sin \nu \sin w'_i \cdot \sin (w'_i - w'_e), \tag{955}$$

[1] Die damit erzielte Genauigkeit kann aber im allgemeinen nicht sehr groß sein, weil die bei Verwendung des Flugzeuges unvermeidlichen Beschleunigungen den Blasenstand erheblich fälschen.

[2] Er steht, wie die Abb. 357 zeigt, vom Plattenhauptpunkt $A'$ um $f \cdot \operatorname{tg} \nu$ ab.

[3] Das dem Winkel $180^0 - \nu$ entsprechende Paar von Fokalpunkten besitzt dieselbe Eigenschaft. Es spielt aber praktisch keine Rolle, weil diese Punkte zu weit hinausfallen.

[4] *Rehn, R. E.*: Fehleruntersuchungen zur Nadirpunkttriangulation. Bildmessung und Luftbildwesen 1929 S. 86—95.

während infolge eines Höhenunterschiedes $\Delta H_i = H_i - H_F$ von $P_i$ gegen $F$ eine Verbesserung

$$dw_{H_i} \approx -\varrho \frac{\Delta H_i}{R_i} \cdot \operatorname{tg} \frac{\nu}{2} \cdot \cos w_i \tag{956}$$

erforderlich wird, welche nur die Hälfte des entsprechenden Betrags (951) für die Hauptpunkttriangulierung ausmacht.

*Rehn* hat in der genannten Abhandlung auch untersucht, wie groß bei der Wahl eines beliebigen Bildpunktes $P'_0$ und des zugehörigen Geländepunktes $P_0$ als Satzmittelpunkten oder anders gesagt für eine beliebige endliche Exzentrizität $e = F'P_0$ von der Richtung $w'_e$ die Differenzen entsprechender Richtungen im Bild und im Gelände ausfallen. Er findet für den Unterschied die strenge Formel

$$\operatorname{tg}(w_i - w'_i) = \frac{e \cdot \sin w'_i \cdot \sin(w'_i - w'_e)}{f - e \cdot \sin \nu \cdot \cos w'_i \sin(w'_i - w'_e)} \tag{957}$$

und hieraus die Maximalwerte

$$(w_i - w'_i)_1 = \alpha_1 - \alpha_2, \qquad (w_i - w'_i)_2 = -(\alpha_1 + \alpha_2), \tag{958}$$

wo die Hilfswerte $\alpha_1, \alpha_2$ durch

$$\operatorname{tg}\alpha_1 = \frac{e \cdot \sin \nu}{2f \cdot \sqrt{1 + \frac{e}{f} \sin \nu \sin w'_e}}, \qquad \operatorname{tg}\alpha_2 = -\frac{e \cdot \sin \nu \cdot \cos w'_e}{2f + e \cdot \sin \nu \cdot \sin w'_e} \tag{959}$$

bestimmt sind.

Ein wichtiges Hilfsinstrument für die Ausmessung der Richtungen und radialen Entfernungen im Bild (Polarkoordinaten) ist der *Zeiß*sche Radialtriangulator, gleichgültig ob der Nadirpunkt, der Hauptpunkt, der Fokalpunkt oder ein Ersatzpunkt als Büschelmittelpunkt dient. Dieses Instrument, bei dessen Verwendung die zufälligen Messungsfehler der Bildrichtungen beträchtlich unter 1′ gehalten werden, besteht im wesentlichen aus zwei auf einer Führungsschiene im ganzen und gegeneinander seitlich verstellbaren Bildwagen mit drehbaren Teilkreisen, in welche mittels besonderer Bildrahmen zwei benachbarte Platten geeignet — vor allem zentrisch — eingelegt werden. Ein Doppelmikroskop und Hilfsprismen ermöglichen eine scharfe gegenseitige Orientierung und eine genaue Richtungsausmessung unter Ausnützung des stereoskopischen Effekts[1].

Ähnliches leistet das *Aschenbrenner*sche Übertragungsgerät der Photogrammetrie G. m. b. H. in München[2].

Über die Verwendung der den Bildern entnommenen Richtungen zum Aufbau eines Polygonzugs oder von Dreiecksverbindungen sei an Hand der Abb. 356 und 358 folgendes bemerkt.

Hat man die den einzelnen Strahlen von einem Büschelmittelpunkt $N'_i$ ($A'_i$ oder $F'_i$) zu den benachbarten Nadirpunkten $N'_{i-1}$, $N'_{i+1}$ und zu den Hilfspunkten $H'_{i-1}$, $H'_i$, $H'_{i+1}$, $K'_{i-1}$, $K'_i$, $K'_{i+1}$ entsprechenden Richtungen auf irgendeine Weise (Koordinaten, Transporteur, Radialtriangulator, Übertragungsgerät) aus den Bildern ermittelt und etwa auf den vorhergehenden Mittelpunkt $N'_{i-1}$ als Nullrichtung bezogen, so erscheinen, abgesehen vom Einfluß systematischer und zufälliger Fehler die in Abb. 358 eingetragenen Grundrißwinkel. Winkel $\beta_i$ ist sogleich der linksseitige Polygonwinkel im Zugpunkt $N_i$. Zur Ableitung der Polygonseite $s_i = N_i N_{i+1}$ aus der vorhergehenden $s_{i-1} = N_{i-1} N_i$ verbindet man $N_{i-1}$, $N_i$ und $N_{i+1}$ mit einem auf den Platten $Pl_{i-1}$, $Pl_i$, $Pl_{i+1}$ abgebildeten, derart ausgewählten Hilfspunkt $H_i$, daß für die Anwendung des Sinussatzes günstig geformte Dreiecke $N_{i-1} H_i N_i$ und $N_i H_i N_{i+1}$ entstehen.

---

[1] Näheres über die Einrichtung des Radialtriangulators und seinen Gebrauch siehe bei *O. v. Gruber:* a) Fortschritte der Aerotriangulation, Bildmessung und Luftbildwesen 1928 S. 141—150; b) Ferienkurs in Photogrammetrie, S. 318—321. Stuttgart 1930.

[2] *Aschenbrenner, Claudius*: Bericht über die Durchführung und die Ergebnisse einer Bildtriangulierung mit den neuen Geräten der Photogrammetrie G. m. b. H. Bildmessung und Luftbildwesen 1929 Nr. 4 S. 161—169.

Mit den reduzierten Richtungen $\beta_{i-1}$, $\varepsilon_{i-1}$, $\delta_i$ erhält man zunächst aus $\triangle N_{i-1} H_i N_i$ die Verbindungsseite

$$N_i H_i = s_{i-1} \frac{\sin(\beta_{i-1} - \varepsilon_{i-1})}{\sin(\beta_{i-1} - \varepsilon_{i-1} + \delta_i)}, \tag{960}$$

während das $\triangle N_i H_i N_{i+1}$ mit den reduzierten Richtungen $\beta_i$, $\delta_i$, $\gamma_{i+1}$ auf die nächste Polygonseite

$$s_i = N_i H_i \frac{\sin(\beta_i - \delta_i + \gamma_{i+1})}{\sin\gamma_{i+1}} = s_{i-1} \frac{\sin(\beta_{i-1} - \varepsilon_{i-1}) \cdot \sin(\beta_i - \delta_i + \gamma_{i+1})}{\sin(\beta_{i-1} - \varepsilon_{i-1} + \delta_i) \cdot \sin\gamma_{i+1}} \tag{961}$$

führt.

So kann man, von einem angenommenen Wert $s_1$ ausgehend, von Punkt zu Punkt fortschreitend sämtliche Seiten des Nadirpolygons bis auf den Maßstab gewinnen. Diesen selbst erhält man erst durch Berechnung oder Konstruktion einer von vornherein bekannten Länge. Zur Kontrolle und Verschärfung der Ergebnisse dienen Kontrollpunkte $K_i$, welche eine zweite Seitenberechnung ermöglichen. Diese überschüssigen Punkte werden womöglich so ausgewählt, daß die Grundform der Vierecke

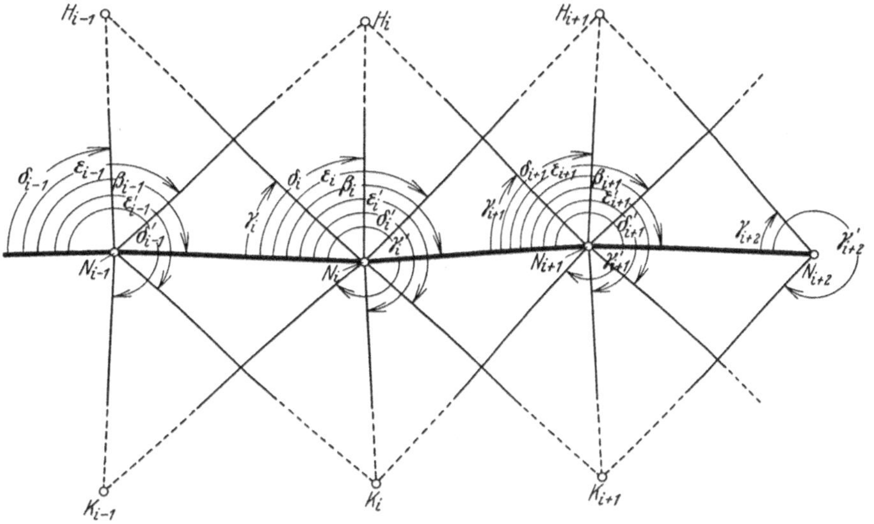

Abb. 358. (Geländegrundriß.) Aufbau eines Nadirpolygonzugs mittels Bildtriangulierung.

$N_{i-1} H_i N_{i+1} K_i$ eine Raute ist. In solchen Rautenzügen ergeben sich infolge von fehlerhaften überschüssigen Bestimmungsstücken Widersprüche. Hauptsächlich mit Rücksicht auf die in den Winkeln enthaltenen systematischen Fehler, deren Durchschnittsbetrag mehrere Minuten ausmacht, ist beim heutigen Stand der Sache eine strenge Ausgleichung aller Beobachtungen in einem Guß sicherlich nicht am Platz. Auf alle Fälle kann man — worauf schon *Koppmair*[1] hinweist und was *Aschenbrenner*[2] durchgeführt hat — die einzelnen Rauten als voneinander unabhängig betrachten und behandeln. Für die Ausgleichung der Einzelrauten genügen auch Näherungsverfahren und wenn entsprechende Punkte $H_i$, $K_i$ zur Zugrichtung einigermaßen symmetrisch liegen, kann man sich schließlich damit zufrieden geben, die Polygonseiten als einfache arithmetische Mittel aus den mit den links- und rechtsseitigen Dreiecken erhaltenen Einzelwerten zu berechnen.

Bei Parallelflügen, die auch genügende seitliche Überdeckung besitzen, sind auf den einzelnen Platten je drei Nadirpunkte des ersten und je drei des zweiten Fluges enthalten. An Stelle der beim Rautenpolygonzug verwendeten Hilfspunkte $H_i$ treten dann ebenfalls Nadirpunkte, so daß geschlossene Dreiecke, Dreiecksketten und Netze

[1] *Koppmair, Johann:* Nadirtriangulierung. Allg. Vermess.-Nachr. 1929 S. 33 u. f.
[2] *Aschenbrenner, Claudius:* Über weitwinklige Luftphotogrammetrie. München 1931.

entstehen. Für die Ausgleichung dieser Dreiecksverbindungen[1] gelten ähnliche Gesichtspunkte wie für die Rautenzüge.

Je länger bei einer Bildtriangulierung die zu überwindenden festpunktslosen Strecken sind, desto größer werden die Längen- und Richtungsfehler der von den Enden weiter abstehenden Polygon- und Dreiecksseiten ausfallen. Zur Einschränkung dieser lästigen, in der Mitte der Kette ihr Maximum erreichenden Übertragungsfehler kann man — ähnlich wie bei der Beschaffung der Grundlagen für die tachymetrische Geländeaufnahme S. 231 u. f. auseinandergesetzt ist — in geeigneten Abständen Dreiecksseiten nach Länge und Richtung (Azimutmessungen) bestimmen. Derartige „gerichtete Seiten von bekannter Länge" bedeuten für ausgedehntere Ketten sehr willkommene Stützen[2].

Über die Genauigkeit der Punktbestimmung durch Radialtriangulation sei summarisch bemerkt, daß aus Aufnahmen, welche zur Ausarbeitung im Maßstab $M = 1 : 10000$ bestimmt sind, bei nicht zu langen Ketten mittlere Punktfehler im Betrag von mehreren Metern hervorgehen. Die mittleren Fehler der den Bildern entnommenen Richtungen sind, wenn es sich nicht gerade um ausgesprochenes Gebirgsland handelt, auf einige Minuten zu schätzen[3]. Eine Genauigkeitssteigerung, welche nicht durch einen wesentlichen Rechenballast teuer erkauft werden muß, ist nur bei einer genaueren Orientierung der Aufnahme gegen das Lot möglich.

Eine sehr interessante und praktisch aussichtsreiche Erweiterung der Nadirtriangulierung hinsichtlich der Höhenermittlung hat *S. Finsterwalder* entwickelt. Den näheren Anlaß gab die unerwartet starke Raumwirkung, welche bei der stereoskopischen Betrachtung sich überdeckender Weitwinkelaufnahmen eintrat und welche beim Maßstab 1 : 50000 gestattete, die Raummarke bis auf einzelne Meter auf das Gelände einzustellen. Für ein eingehendes Studium muß auf die Quellenschriften[4] verwiesen werden. Um aber mit wenigen Sätzen eine Übersicht des Verfahrens zu geben, sei die Disposition[5] mitgeteilt, welche *Finsterwalder* seinem einschlägigen Vortrag auf der Züricher Tagung (1930) der Internationalen Gesellschaft für Photogrammetrie vorangestellt hat. Sie lautet:

„1. Weitwinklige Luftaufnahmen (über 100° Bildfeld) können unter Voraussetzung eines einigermaßen ebenen Geländes bis auf 15′ genau gegen das Lot orientiert und die darauf befindlichen eigenen und fremden Nadirpunkte mittels einfacher Formeln ausgerechnet werden.

2. Auf Grund dieser umgerechneten Nadirpunkte ist eine genaue Nadirtriangulation der Lage nach möglich.

3. Mittels dieser Lagetriangulation können für jede Luftaufnahme Höhen bezogen auf eine bis auf 15′ genähert waagrechte Ebene gerechnet werden.

4. Die Höhen benachbarter, übereinandergreifender Aufnahmen können einfach auf die gleiche genähert waagrechte Ebene umgerechnet werden.

---

[1] *A. Buchholtz* (Über die Ausgleichung von Bildtriangulationen. Bildmessung und Luftbildwesen 1930 S. 17—26) schlägt eine Näherungsausgleichung vor, welche mit der Berechnung und dem Aufbau des Netzes Hand in Hand geht.

[2] Siehe hierzu auch *S. Finsterwalder:* Über die zweckmäßigste Verwendung der geographischen Ortsbestimmungen bei der Nadirtriangulation. Int. Arch. Photogrammetrie 7. Bd. 2. Halbband S. 37—46. Wien 1931.

[3] Einschlägige Genauigkeitszusammenstellungen siehe: a) in den Kommissionsberichten zum 3. Internationalen Kongreß für Photogrammetrie 1930 in Zürich (Int. Arch. Photogrammetrie 7. Bd. 2. Hälfte S. 141. Wien 1931); b) bei *O. v. Gruber*: Ferienkurs in Photogrammetrie S. 474. Stuttgart 1930. Im einzelnen sei besonders auf die *Koppmair*sche Untersuchung (Seite 319, Fußnote 1) mit Hauptpunktstriangulierung im Hochgebirge, auf die vorwiegend der Fokalpunktstriangulierung gewidmete Arbeit von *Georg Schweizer* (Untersuchung und praktische Durchführung einer Radialtriangulation im Hügelland. Borna 1931) und auf die Dissertation von *Cl. Aschenbrenner* (Über weitwinklige Luftphotogrammetrie. München 1931) verwiesen.

[4] *Finsterwalder, S.:* a) Auswertung weitwinkliger Luftaufnahmen. Sitzungsberichte d. Bayer. Akademie d. Wiss., mathem.-naturwiss. Abteilung, S. 183—207. München 1930; b) Höhenkarten aus weitwinkligen Luftaufnahmen. Int. Arch. Photogrammetrie 7. Bd. 2. Hälfte S. 7—26. Wien 1931.

[5] Int. Arch. Photogrammetrie 7. Bd. 1. Hälfte S. 197. Wien 1930.

5. Sind von den so gerechneten Höhen mindestens drei bekannt, so können alle auf eine wirklich waagrechte Ebene bezogen werden.

6. Dann kennt man auch von allen zugehörigen Aufnahmen die wahren Nadirpunkte.

7. Um diese mit den wahren Nadirpunkten versehenen weitwinkligen Aufnahmen für Auswertegeräte geringen Gesichtsfeldes zugänglich zu machen, wird nicht ein ähnliches Modell des Geländes, sondern ein in der Lotrichtung vielfach affin verzerrtes Modell der Auswertung unterzogen. In diesem verzerrten Modell sind die bilderzeugenden Strahlenbündel nicht mehr weitwinklig. Die mitverzerrten Luftaufnahmen können aus den ursprünglichen durch Zuhilfenahme eines Entzerrungsgerätes umgebildet werden.

8. Für diese Umbildung werden einfache Formeln aufgestellt, die die Einstellwerte des Entzerrungsgerätes liefern und auch die Brennweite des Auswertegerätes berücksichtigen.

9. Die Einpassung auf Stereoeffekt dieser umgebildeten Aufnahmen im Auswertegerät ist dadurch sehr vereinfacht, daß die Achsen der beiden Projektionskammern des Auswertegerätes von Anfang an parallel sind und bleiben.

10. Auf diese Weise können aus zwei weitwinkligen Luftaufnahmen Hunderte von Quadratkilometern in Maßstäben 1 : 50000 bis 1 : 200000 in einem Stück einheitlich ausgewertet und mit Höhenschichten versehen werden. Eine gewisse Schwierigkeit bereitet nur die Erdkrümmung, da diese das Auswertegerät nicht berücksichtigt.

11. Die mögliche Genauigkeit ist bei 50 mm Brennweite der Aufnahmekammer und der Ausmeßgenauigkeit der Bilder auf 0,01 mm auf 1 bis 2 m in Lage und Höhe zu schätzen.“

## f) Anwendungsgebiet der Luftaufnahmen.

Die Luftphotogrammetrie hat sich als Stereo- und Entzerrungsphotogrammetrie, neuerdings unter Mitverwendung der Bildtriangulation im privaten, gemeindlichen und staatlichen Vermessungswesen heute schon ein großes Anwendungsfeld erobert. Sie ist das gegebene Verfahren für die kleinmaßstäbliche Erstaufnahme kartographisch unerschlossener Gebiete, wird aber weitgehend auch in Kulturländern am rechten Ort mit Vorteil verwendet[1].

In Deutschland macht das Reichsamt für Landesaufnahme bei der Herstellung der neuen Reichswirtschaftskarte 1 : 5000 und bei der topographischen Karte 1 : 25 000 vielfach von luftphotogrammetrischen Methoden Gebrauch. Dabei kommen weniger Entzerrungen als stereophotogrammetrische Auswertungen in Betracht. Bei den Hamburger Luftaufnahmen für die Herstellung der topographischen Grundkarte 1 : 5000 steht wegen des vorwiegend ebenen Geländes die photomechanische Entzerrung im Vordergrund. Verschiedene Firmen führen sowohl für private wie für behördliche Auftraggeber Luftstereo- und Entzerrungsaufnahmen durch. Bei den Luftaufnahmen von Gebieten der bayerischen Staatsforsten durch die Photogrammetrie G.m.b.H. in München ist auch die Bildtriangulierung in größerem Umfang zum Zug gekommen. Bemerkenswert sind auch die von derselben Firma aus Luftaufnahmen hergestellten nordbayerischen topographischen Blätter 1 : 25000 sowie 5000-teilige Schichtenpläne von schwedischen und finnischen Gebieten. Auch für die neueren Karten des Deutschen und Österreichischen Alpenvereins wird gelegentlich — hauptsächlich zur Ergänzung der terrestrischen Photogrammetrie — die Luftstereophotogrammetrie verwendet.

In Österreich ist die Aerophotogrammetrie auf die Herstellung von Luftphotoplänen für ebenes und von Luftbildskizzen für gebirgiges Gelände (ohne Höhendarstel-

---

[1] Über den heutigen Anwendungsstand der Luftphotogrammetrie unterrichten hauptsächlich: a) die im Int. Arch. Photogrammetrie 7. Bd. 1. Hälfte S. 6—145. Wien 1930 enthaltenen Landesberichte (siehe besonders die Berichte von Ungarn und von der Schweiz); b) Die Photogrammetrie und ihre Anwendung bei der schweizerischen Grundbuchvermessung und bei der allgemeinen Landesvermessung. Brugg 1926; c) Mitteilungen des Reichsamts für Landesaufnahme.

lung) beschränkt. Als Grundlage für die Entzerrung der Luftbilder in den Maßstab 1:4000 dienen die auf das gleiche Maßverhältnis verkleinerten Grundkatasterpläne, deren Einzelheiten genügend Paßpunkte liefern. Die Luftaufnahmen bzw. ihre Ergebnisse dienen zur Laufendhaltung der schon bestehenden amtlichen Kartenwerke sowie zur Beschaffung von Behelfen für topographische Neuaufnahmen; namentlich in Gebieten, welche der terrestrischen Stereophotogrammetrie unzugänglich sind.

In der Schweiz liegen die Verhältnisse für die Anwendung der Photogrammetrie — auch der terrestrischen — nicht nur wegen der Geländebeschaffenheit sondern auch deswegen sehr günstig, weil dieses Land eine einheitlich und sorgfältig durchgeführte Landesvermessung neuesten Ursprungs besitzt, deren Ergebnisse eine vorzügliche Grundlage für photogrammetrische Vermessungen jeder Art abgeben. Die Luftphotogrammetrie findet sowohl bei der allgemeinen Landesvermessung wie auch bei der Grundbuchvermessung Anwendung. Bei jener wird sie vorteilhafterweise im welligen Hügelland des schweizerischen Mittellandes und im Jura gebraucht, während im gebirgigen Teil der Schweiz (Alpen und Voralpen) die terrestrische Photogrammetrie zum Zuge kommt. Bei der Grundbuchvermessung kommt die Photogrammetrie nur in den weniger wertvollen Gebirgsgegenden zur Verwendung, und zwar je nach Eignung der Gebiete als terrestrische oder als Luftphotogrammetrie oder als Kombination beider Verfahren. Es ist bemerkenswert, daß bei allen amtlichen Vermessungen, für welche die Photogrammetrie zu einer lückenlosen Darstellung nicht ausreicht, zur restlosen Ergänzung der Aufnahmeergebnisse immer nur der Meßtisch Verwendung findet.

Die Aerophotogrammetrie dient in der allgemeinen Landestopographie vorwiegend der Kartennachführung. Hierfür werden die Fliegeraufnahmen nach eingemessenen Paßpunkten entzerrt und zu Photokarten zusammengestellt, auf deren Grundlage die Kartenrevisionen und Nachträge bezüglich der Situation vorgenommen werden oder die Topographie mit Hilfe des Meßtisches erstellt wird. Die Luftstereophotogrammetrie findet in der topographischen Landesaufnahme nur zur Ergänzung der terrestrischen Stereophotogrammetrie Verwendung.

Wie schon S. 292 angeführt, gelten als Aufgaben der stereophotogrammetrischen (terrestrisch und aviatisch) Grundbuchvermessung:

1. die Aufnahme der Eigentums- und Kulturgrenzen für die Grundbuchpläne in den Maßstäben 1:5000 und 1:10000;

2. die Aufnahme und Auswertung der Kulturgrenzen für die Grundbuchpläne im Maßstab 1:2000;

3. Aufnahmen für den Übersichtsplan (Topographie) 1:5000 und 1:10000 in allen dafür geeigneten Gebieten (Vor- und Hochalpen).

Es ist beabsichtigt, für diese Zwecke pro Jahr durchschnittlich 500 qkm aufzunehmen.

Ungarn hat infolge der orographischen Verhältnisse des Landes von der terrestrischen Photogrammetrie ganz abgesehen und sich ausschließlich auf die Aerophotogrammetrie eingestellt. Im staatlichen Vermessungswesen werden Luftaufnahmen sowohl für Entzerrungszwecke wie auch für die stereophotogrammetrische Bearbeitung in großem Umfange ausgeführt. Die zunächst 1:10000 entzerrte Photokarte wird zur topographischen Bearbeitung auf 1:25000 verkleinert. Sie stützt sich auf Paßpunkte, für deren Beschaffung das vorhandene Dreiecksnetz vor dem Flug soweit verdichtet wird, daß auf je 3 qkm ein Punkt entfällt. Die durchschnittliche Kostenersparnis gegenüber einer Meßtischaufnahme beträgt etwa 10% und man erhofft mit der Zeit eine Steigerung dieses Satzes. Zur Durchführung der aviatischen Stereophotogrammetrie dienen konvergente Aufnahmen, nachdem vorher das Netz rechnerisch oder graphisch soweit verdichtet worden ist, daß auf jedes Plattenpaar wenigstens 4 Festpunkte treffen. Die Auswertung erfolgt am *Bauersfeld-Zeiß*schen Stereoplanigraphen im Maßstab 1:10000; bei der weiteren Bearbeitung wird wieder auf 1:25000 übergegangen. Auch für die stereophotogrammetrische Methode wird festgestellt, daß sie der Meßtischaufnahme wirtschaftlich überlegen ist. Für beide Methoden der Luftaufnahme sind auch die Ergebnisse von Genauigkeitsuntersuchungen[1] mitgeteilt. Der mittlere Entzerrungsfehler wird zu $\pm$ 0,3 mm zum Maßstab 1:12500 angegeben. Bei der stereoskopischen Auswertung fand sich ein mittlerer Lagefehler von $\pm$ 2,5 m und ein mittlerer Höhenfehler von $\pm$ 0,3 m beim Punkteinstellen bzw. von $\pm$ 0,6 m beim Befahren einer Höhenlinie.

Auch in anderen Ländern ist die Luftphotogrammetrie in fortschreitender Entwicklung.

# IV. Planherstellung und Flächenberechnung.

## 39. Allgemeines.

Ein Hauptzweck der meisten geodätischen Aufnahmen ist die Herstellung von Karten und Plänen. Man versteht darunter zeichnerische Darstellungen der Aufnahmen, welche den Geländegrundriß bis auf den Maßstab und den Einfluß systematischer Verzerrungen richtig wiedergeben. Abbildungen kleineren Maßstabes (unter $M = 1:10000$) dienen mehr geographischen sowie Übersichtszwecken und werden als Karten bezeichnet, während man bei den für ingenieurtechnische Zwecke wichtigeren Darstellungen größeren Maßstabes von Plänen spricht. Je nachdem ein solches Bild lediglich Grundrißdarstellungen oder auch noch Höhenangaben in irgendeiner Form enthält, handelt es sich um Horizontal- oder Lagepläne bzw. um Höhenpläne. In beiden Fällen muß die Darstellung ausgedehnter Aufnahmen auf eine größere Anzahl regelmäßig oder unregelmäßig begrenzter Blätter verteilt werden, deren Ausmaße in beiden Richtungen etwa 40 bis höchstens 60 cm betragen. Zur regelmäßigen Blattbegrenzung dienen bei Karten meistens geographische Netzlinien (Meridiane und Parallelkreise), bei Plänen hingegen rundabständige Senkrechte und Parallele zur Abszissenachse des Koordinatensystems. Im ersteren Falle erfolgt die Bezeichnung des Blattes entweder durch eine Nummer oder durch Angabe des wichtigsten in ihm enthaltenen Ortes; im zweiten Falle hingegen wird die Lage eines Blattes durch Angabe des Quadranten sowie der von den genannten Senkrechten und Parallelen eingeschlossenen Schicht (römische Ziffern in Abb. 359) und Reihe (arabische Nummern) bestimmt. Das in Abb. 359 schraffierte Blatt $B$ würde demnach die Bezeichnung N. O. II. 4 tragen. Daß die Ränder regelmäßig begrenzter Blätter Grundstücke durchschneiden, ist nicht schlimm, da die Flächenberechnung doch meist aus Naturmaßen erfolgt und kleinere Reststücke auch noch über den Blattrand hinaus kartiert werden können. Der große Vorteil der regelmäßigen Blattbegrenzung, die einzelnen Blätter je nach Bedarf in einfachster Weise zu größeren Plänen zusammenstoßen zu können, geht bei der meist durch Gemeindegrenzen oder Flurgrenzen bestimmten unregelmäßigen Blatteinteilung vollständig verloren, welcher Nachteil durch die ungeteilte Darstellung der Grundstücke keinesfalls wettgemacht werden kann.

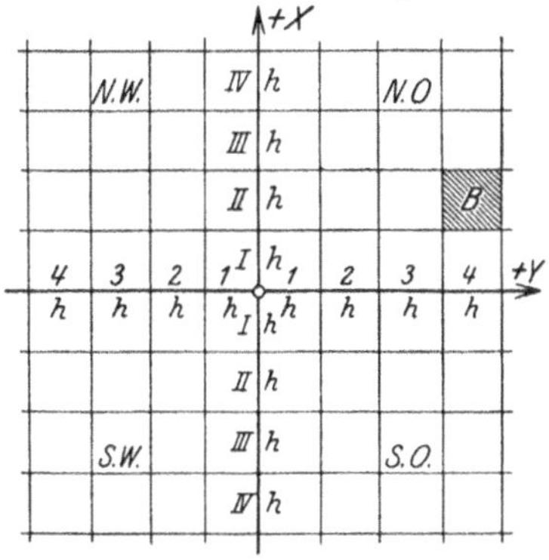

Abb. 359. Regelmäßige Blatteinteilung.

## 40. Horizontalpläne.

Zur Zeichnung dieser Pläne sind zunächst alle das Netz der Aufnahme bildenden Dreiecks-, Polygon- und Liniennetzpunkte mittels ihrer rechtwinkligen Koordinaten aufzutragen. Diese werden ihrer großen Ausdehnung halber nicht unmittelbar von den Koordinatenachsen aus, sondern von den dazu parallelen Seiten eines Quadrat-

[1] Siehe die auf S. 314, Fußnote 3 genannte Quelle.

netzes mit runder Maschenweite $l$ (meist 1 dm) abgesetzt. Die Konstruktion eines solchen Koordinatennetzes muß man, da die Schiebedreiecke zu ungenau sind, für gewöhnlich mit Hilfe von Zirkel und Transversalmaßstab und eines auf seine Geradlinigkeit geprüften Lineals vornehmen. Sehr vorteilhaft ist die Verwendung eines sogenannten Konstruktions- oder Kontroll-Lineals, welches zwei Teilungen mit den Teilungseinheiten $l$ und $l\sqrt{2}$ (Diagonalenteilung) besitzt.

Soll der Auftrag des Koordinatennetzes nach der in Abb. 360 dargestellten Diagonalenmethode erfolgen, so zieht man zwei annähernd durch die Blattecken $E_1$, $E_3$ und $E_2$, $E_4$ gehende Gerade, betrachtet sie als die Diagonalen eines Rechtecks und trägt auf ihnen von ihrem Schnittpunkte $M$ aus die angenommene Halbdiagonale $\frac{1}{2}d$ nach allen Seiten hin ab. Die so gewonnenen Punkte $A$, $B$, $C$, $D$ bilden einen rechteckigen

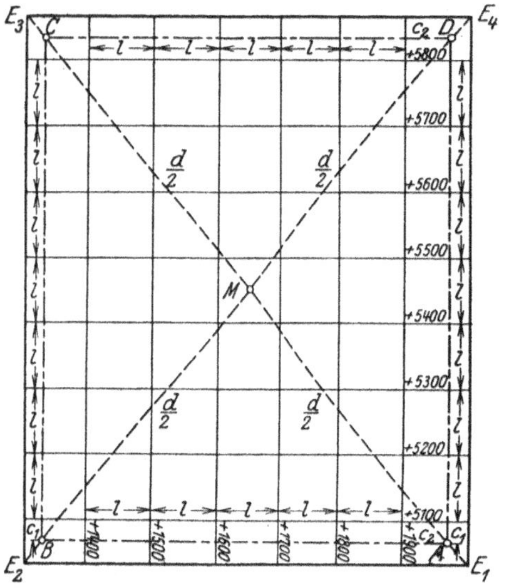


Abb. 360. Auftrag eines Koordinatennetzes nach der Diagonalenmethode.

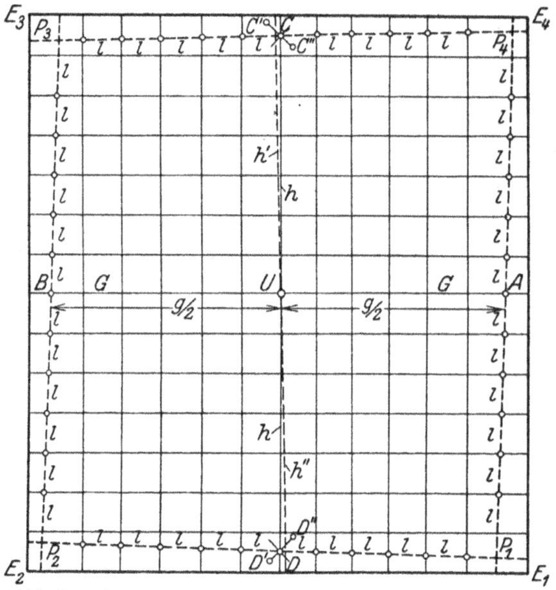


Abb. 361. Auftrag eines Koordinatennetzes mit Hilfe eines rechtwinkligen Achsenkreuzes.

Rahmen. Auf dessen Seiten werden von den Ecken aus solche Werte $c_1$, $c_2$ abgetragen, daß die Verbindungslinien der bezeichneten Punkte Netzlinien von geeigneter Lage sind. Bezeichnet man von diesen aus auf den Rechtecksseiten alle um die gewünschte Maschenweite $l$ abstehenden Punkte, so erhält man in den Verbindungslinien der zusammengehörigen Punkte die beiden Parallelenscharen des Koordinatennetzes. Bei der Prüfung des Netzes müssen alle diagonal liegenden Netzpunkte in die geradlinige Kante und in die Teilstriche der $l\sqrt{2}$-Teilung eines geeignet angelegten Kontrollineals fallen.

Um nach der in Abb. 361 angedeuteten Achsenkreuzmethode ein Koordinatennetz aufzutragen, wählt man in der Mitte einer das Blatt etwa halbierenden horizontalen Geraden $GG$ den Achsenschnittpunkt $U$ und errichtet in ihm mit gewöhnlichen Hilfsmitteln (Reißschiene und Winkel) eine zu $GG$ annähernd Senkrechte $h'h''$. Durch Abtragen einer angenommenen Länge $\frac{1}{2}g$ auf $GG$ von $U$ aus nach beiden Seiten hin findet man die Hilfspunkte $A$, $B$. Werden z. B. mit einem Stangenzirkel von geeigneter Öffnung $r$, dessen eines Ende in $B$ eingesetzt ist, in der Nähe der Blattränder zu beiden Seiten von $h'h''$ nahe an diesen Linien die Punkte $C'$, $C''$ bzw. $D'$, $D''$ bezeichnet, so schneidet der nunmehr in $A$ mit derselben Öffnung $r$ eingesetzte Zirkel auf den Strecken $C'C''$ und $D'D''$ die Punkte $C$ und $D$ aus, deren Verbindungslinie mit $AB$ ein rechtwinkliges Achsenkreuz mit dem Mittelpunkt $U$ bildet. Die durch $A$, $B$, $C$, $D$

mit Reißschiene und Winkel gezogenen Achsenparallelen bilden ein von einem Rechteck nur wenig abweichendes Hilfsviereck $P_1 P_2 P_3 P_4$, auf dessen Seiten von den erstgenannten Achsenpunkten aus die gewünschte Maschenweite $l$ wiederholt abgetragen wird. Die Verbindungslinien entsprechender Punkte bilden wieder das Koordinatennetz. Nimmt man an, der Endpunkt irgendeiner der etwa 0,5 m langen Seiten des Hilfsvierecks sei gegen ihren Anfangspunkt seitlich um 2 mm verschoben, so ist der hieraus entstehende Projektionsfehler dieser Seite erst $4\,\mu$, also noch weit unter der zeichnerischen Darstellungsmöglichkeit. Zur Erzielung einer scharfen Konstruktion ist hauptsächlich darauf zu sehen, daß die Punkte $A, B, C, D$ nahe an die Blattränder fallen und das Einkreuzen von $C$ und $D$ unter nahezu rechten Winkeln erfolgt. Zur Verprobung des Netzes dient wieder das Kontrolllineal.

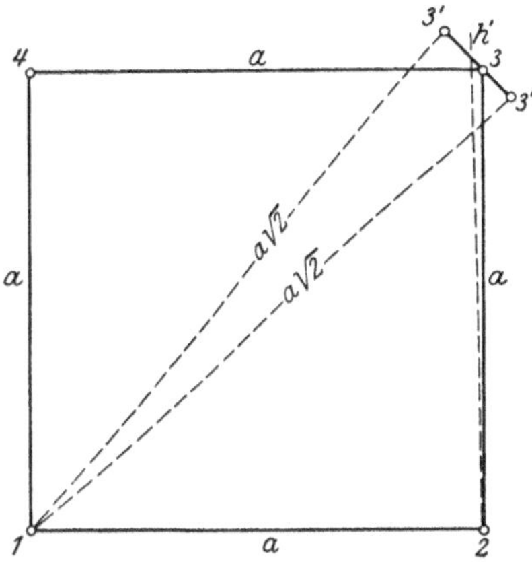


Abb. 362. Auftrag einer quadratischen Blattbegrenzung.

Handelt es sich um die Konstruktion eines quadratischen Blattes *1 2 3 4* (Abb. 362) von der Seitenlänge $a$, so trägt man erst die Punkte *1*, *2* im Abstande $a$ auf, errichtet in *2* die auf *1 2* (annähernd) Senkrechte $h'$ und bezeichnet zu ihren beiden Seiten in ihrer unmittelbaren Nähe zwei von *1* um $a\sqrt{2}$ abstehende Hilfspunkte *3'*, *3''*. Der von *2* aus durch Einkreuzen mit der Entfernung $a$ bestimmte Punkt *3* auf der Strecke *3' 3''* ist ein weiterer Eckpunkt des Blattquadrates. Dessen letzter Punkt *4* kann von *2* und *1* aus in derselben Weise oder von *1* und *3* aus durch Einkreuzen mit dem Halbmesser $a$ gefunden werden. Eine weitere Probe für diese am besten mit dem Kontrollineal auszuführende Konstruktion bietet der Umstand, daß alle Halbdiagonalen des Quadrats gleich lang sind.

Ein einfaches Hilfsmittel zum Auftrag eines Koordinatennetzes ist die Quadratnetzplatte (Abb. 363), deren Netzecken in die Achsen kreiszylindrischer Löcher fallen. Durch einen genau eingepaßten Stift mit zentrischer Spitze wird das Quadratnetz auf die Unterlage übertragen.

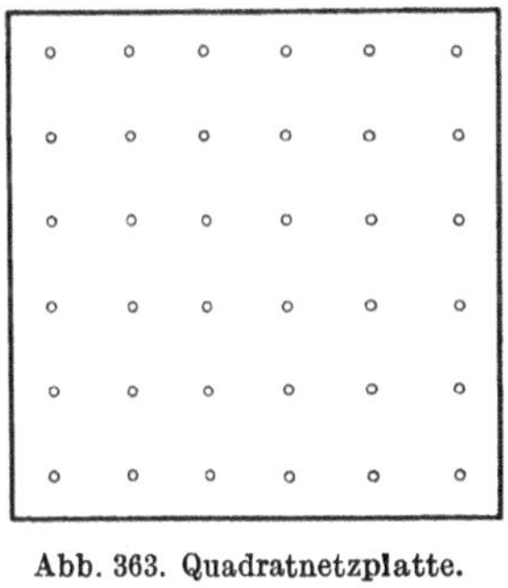

Abb. 363. Quadratnetzplatte.

Wesentlich genauer, leichter und in viel kürzerer Zeit wie mit Zirkel und Lineal kann ein Koordinatennetz auch mit Hilfe des in Abb. 364 skizzierten großen, freirollenden Koordinatographen von *Coradi* erstellt werden. Das Instrument besteht im wesentlichen aus zwei Wagen $W_1$, $W_2$, die mittels der schneidenförmigen, in den Nuten $N$, $N'$ laufenden Räder $r$, $r$, $r'$, $r'$ in den Koordinatenrichtungen verschoben werden können. $W_1$ läuft auf einer mit dem Zeichentisch $T$ verschraubten Schiene $AA$ und trägt das am freien Ende mittels einer Laufrolle $R$ auf einer Schiene $B$ ruhende Gestell $GG'$ für $W_2$. Während die groben Verschiebungen an den Teilungen $M$, $M'$ abgelesen werden, dienen zur Messung der feinen Bewegungen die in den Zahnstangen $Z$, $Z'$ sich abwälzenden Zählrollen $z$, $z'$. Feineinstellungen nach erfolgter Klemmung werden durch Feinbewegungen $F$, $F'$ ermöglicht[1]. Der Wagen $W_2$ trägt die federnden Punktierstifte *I*, *II*, *III*, durch welche jeweils drei Netzpunkte auf einmal bezeichnet werden können. An ihre Stelle gebrachte Reißfedern zeichnen sogleich die Linien des Koordinatennetzes. Der mittlere Auftragfehler dieses Apparates ist der Größenordnung nach auf etwa 1 cmm zu schätzen[2].

[1] $F'$ ist in Abb. 364 nicht mehr dargestellt.

[2] Zur eingehenden Untersuchung des Instrumentes siehe *Spaeth:* Der freirollende Koordinatograph. Z. d. Ver. d. höheren bayerischen Vermess.-Beamten 1914, S. 131—144.

Soll ein Punkt $P$ mit den rechtwinkligen Koordinaten $x, y$ ins Koordinatennetz eingetragen werden, so ermittelt man zunächst dasjenige Netzquadrat *1 2 3 4* (Abb. 365), in welches der Punkt hineinfällt. Gehören zu den den Koordinatenachsen nächstliegenden Quadratseiten *1 2* und *2 3* die runden Koordinaten $x_0$, $y_0$, so sind in den Ausdrücken

$$x = x_0 + \Delta x\,, \qquad y = y_0 + \Delta y \tag{962}$$

$\Delta x$ und $\Delta y$ die Abstände des Punktes $P$ von den erwähnten Quadratseiten. Durch Abtrag des Restes $\Delta x$ von *1* und *2* aus in der Abszissenrichtung erhält man die mittels der Ergänzung $l - \Delta x$ von der Gegenseite aus zu prüfenden Hilfspunkte $H_1$, $H_2$, deren Verbindungslinie ein geometrischer Ort für $P$ ist. Trägt man auf ihm von $H_1$ aus $\Delta y$ ab, so ergibt sich der aufzutragende Punkt, dessen richtige Lage mittels der Restlänge $l - \Delta y$ von $H_2$ aus zu verproben ist. Bei einer solchen Konstruktion ist die hernach zu besprechende Papieränderung genau zu berücksichtigen. Auch der Auftrag aller dieser Punkte, deren rechtwinklige Koordinaten im gemeinsamen Hauptsystem bekannt sind, kann außer durch Zirkel und Transversalmaßstab (S. 37) mittels des vorhin beschriebenen Koordinatographen schnell und mit größter Genauigkeit erfolgen[1].

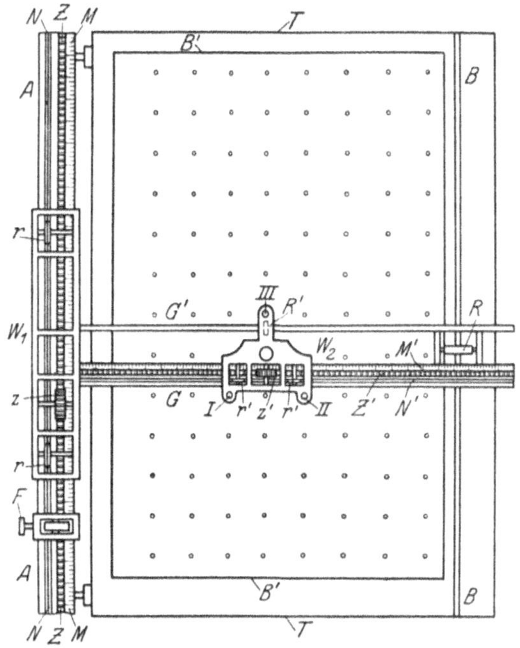


Abb. 364. Skizze des großen, freirollenden Koordinatographen von *Coradi*.

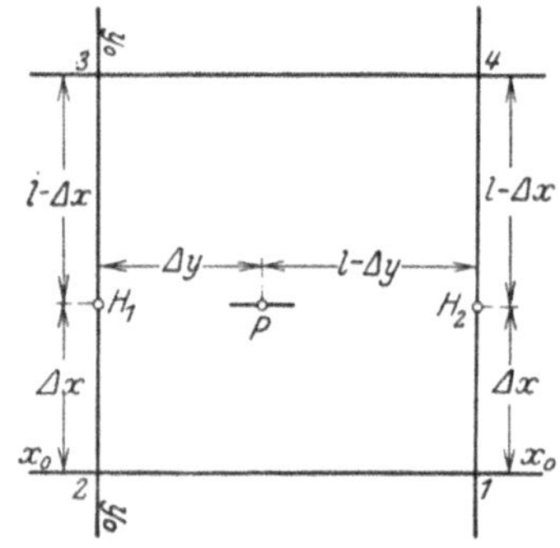


Abb. 365. Auftrag eines durch seine rechtwinkligen Koordinaten (im Hauptsystem) bestimmten Punktes.

An das feste Gefüge der koordinierten Punkte schließt sich nunmehr der **Auftrag des Liniennetzes** an. Dabei ergeben sich zahlreiche Proben für die Richtigkeit der Arbeit, da die Entfernungen der kartierten Netzpunkte mit den entsprechenden Maßangaben des Handrisses übereinstimmen müssen. Erst nach der angedeuteten **Verprobung des Polygon- und Liniennetzes** erfolgt nach den Angaben des Handrisses im engsten Anschluß an die Art der Aufnahme die **Kartierung der Einzelheiten** mit Hilfe der auf die einzelnen Netzseiten und ihre Anfangspunkte bezogenen örtlichen, rechtwinkligen Koordinaten. Verlängerungen und Spannungen dienen zur Ergänzung des Auftrags, hauptsächlich aber als willkommene Kontrollen. Die zum Punktauftrag durch rechtwinklige Koordinaten für gewöhnlich erforderlichen Lineale und Winkel bezeichnet man als **Abschiebezeug**. Ist bei der Kleinkartierung von den einzelnen Linien aus jeweils eine größere Anzahl von Punkten durch Abszissen und Ordinaten abzusetzen, so kann der sog. **Orthograph** gute Dienste leisten. Ein

[1] Diesem Zweck und dem Kleinauftrag insbesondere dient auch ein etwas kleineres Instrument dieser Art, der sog. **Detailkoordinatograph** von *Coradi*.

von *Peltz* 1857 konstruierter Orthograph[1] besteht im wesentlichen aus einem zwei verschiedene Teilungen $T_1$, $T_2$ (für verschiedene Maßstäbe) tragenden Abszissenlineal $AB$ (Abb. 366), an dem eine mit denselben Teilungen $t_1$, $t_2$ und den zugehörigen Nonien $N_1$, $N_2$ (zu $T_1$, $T_2$) bzw. $n_1$, $n_2$ (zu $t_1$, $t_2$) versehene Ordinatenplatte $CC$ verschoben werden kann. Zwei seitliche Fenster $o_1$, $o_2$ sind in der einen Richtung durch Kanten $k_1$, $k_2$ begrenzt, welche auf einer die Nullpunkte der Teilungen $t_1$, $t_2$ enthaltenden, zur Kante des Abszissenlineals parallelen Geraden liegen. In einem in der Mitte angeordneten Ausschnitt $OO$ gleitet senkrecht zum Abszissenlineal eine mit Nonien und Punktierstift $St$ ausgestattete Zeigervorrichtung $S$. Zum Gebrauch legt man die Kanten $k_1$, $k_2$ so an die betreffende Messungslinie $a\,b$, daß ihr Anfangspunkt $a$ an einem

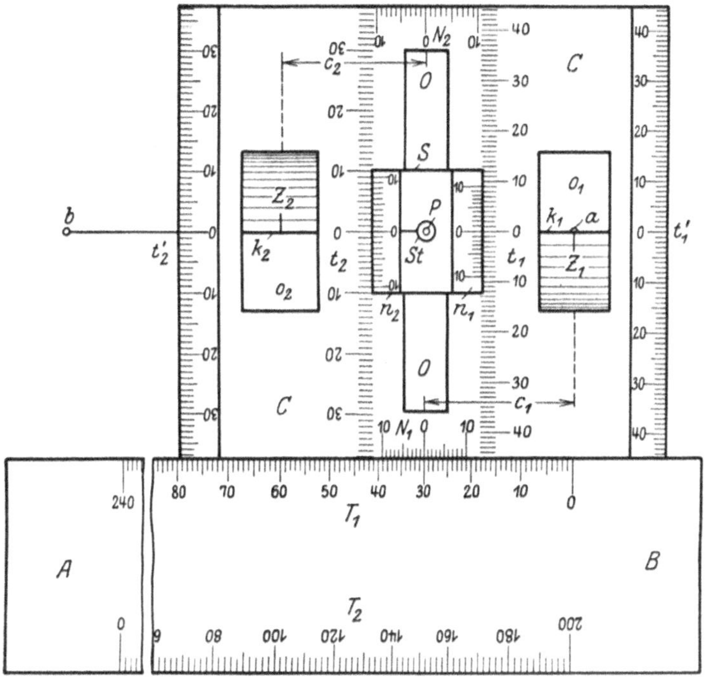

Abb. 366. Orthograph.

Zeiger $Z_1$ ansteht und verschiebt hierauf das angelegte Abszissenlineal so weit, bis an ihm der runde Abstand $c_1$ dieses Hilfsstriches $Z_1$ vom Nullstrich des Nonius $N_1$ abgelesen wird. Bei richtiger Lage von $AB$ muß, nachdem durch Verschieben von $C$ und $S$ an $N_1$ und $n_1$ die Einstellungen Null erreicht sind, der Punktierstift $St$ auf $a$ stehen und bei einer Verschiebung von $C$ längs $AB$ auch $b$ auf den Fensterkanten $k_1$, $k_2$ liegen. Sind für irgendeinen Punkt $P$ an $T_1$ und $t_1$ seine Koordinaten eingestellt, so wird er durch einen Druck auf $St$ auf dem Papier bezeichnet. Die an den Seiten von $C$ mit $t_1$ und $t_2$ gleichen Kantenteilungen $t'_1$, $t'_2$ ermöglichen auch die Entnahme von Koordinaten aus dem Plan.

Der mittlere Fehler der mit Zirkel und Transversalmaßstab durch einen geübten Zeichner aufgetragenen Längen ist auf $1/20$ mm zu veranschlagen. Wie schon erwähnt, wird die Auftragegenauigkeit bei Verwendung eines Koordinatographen wesentlich erhöht.

Untergeordnete Züge kann man mit Hilfe eines Strahlenziehers unmittelbar mit den gemessenen Bestimmungsstücken zu Papier bringen. Hat man einen Strahlenzieher mit Zentrierungsvorrichtung (Abb. 367),

[1] *Peltz, W.:* Der Orthograph. Z. Vermess.-Wes. 1874 S. 45—48.

d. h. einen mit einer Gradteilung versehenen Kreis, dessen Mittelpunkt durch ein Kreuz, einen engen Kreis auf Glas oder durch eine kleine kreisförmige Öffnung bezeichnet ist, so legt man seinen Mittelpunkt auf den einen Anschlußpunkt $P_1$ und dreht das Instrument so, daß die als Zeiger dienende Anschlußrichtung $P_1\ P_0$ an ihm den Polygonwinkel $\beta_1$ angibt. Trägt man in dieser Stellung längs des Nullhalbmessers (Ziehkante) von $P_1$ aus die erste Polygonseite $s_1$ im gewünschten Maßstabe ab, so ist der Punkt $P_2$ gefunden. Ebenso findet man von $P_2$ aus mit der Orientierung $P_2\ P_1$ den Punkt $P_3$ und in ganz entsprechender Weise ergeben sich auch die übrigen Punkte, deren letzter bei guter Arbeit in den bereits durch seine Koordinaten aufgetragenen zweiten Anschlußpunkt $P_n$ fallen muß. Liegen die Richtungswinkel oder Azimute der Polygonseiten vor, so benutzt man zur Orientierung beim Auftrag der folgenden Richtung jeweils die durch ihren Anfangspunkt gezogene Abszissenparallele bzw. die Meridianrichtung. Mit denselben Hilfsmitteln können von den Polygonseiten aus auch die durch ihre horizontalen Polarkoordinaten bestimmten Einzelpunkte des Geländes aufgetragen werden.

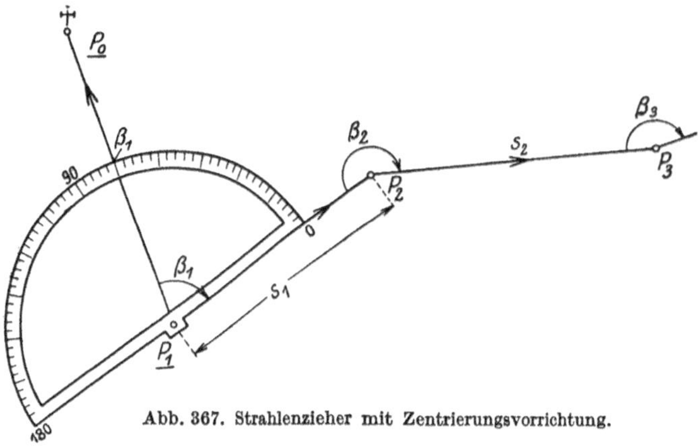


Abb. 367. Strahlenzieher mit Zentrierungsvorrichtung.

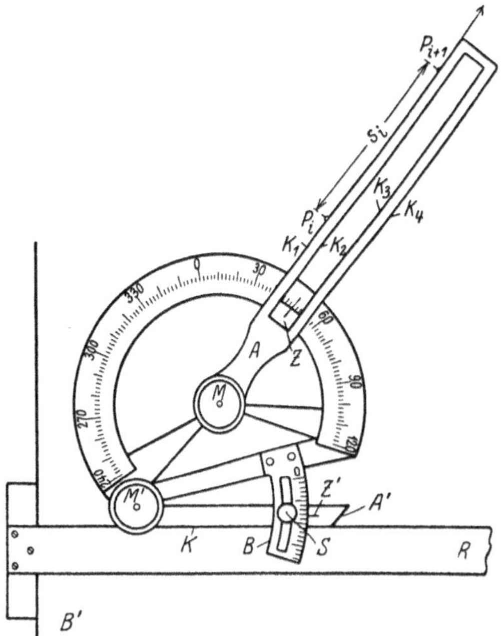


Abb. 368. Strahlenzieher ohne Zentrierungsvorrichtung (nach *Jordan*).

Ein recht bequemes Arbeiten ermöglicht der in Abb. 368 skizzierte, nach *Jordans*[1] Angaben hergestellte Strahlenzieher ohne Zentrierung. Er besitzt einen um den Kreismittelpunkt $M$ drehbaren Arm $A$ mit einem Einstellstrich $Z$ und vier zum Zeigerhalbmesser parallelen Ziehkanten $K_1$ bis $K_4$. Ein zweiter Arm $A'$ mit zwei parallelen Kanten wird zur Berücksichtigung der Deklination beim Auftrag magnetischer Beobachtungen um den Mittelpunkt $M'$ eines Hilfsbogens $B$ so weit gedreht, bis an ihm die Deklination eingestellt ist. Beim Gebrauch wird bei angezogener Klemme $S$ die Unterkante $K$ des Armes $A'$ an die Oberkante der Reißschiene $R$ angelegt, der abzutragende Richtungswinkel bzw. das Azimut mit Hilfe von $Z$ am Hauptbogen eingestellt und das Instrument — wenn nötig auch die Reißschiene — so weit verschoben, bis eine geeignet beleuchtete Ziehkante durch den gegebenen Punkt $P_i$ geht. Von diesem aus erhält man durch Abtrag von $s_i$ sogleich den nächsten Polygon-

[1] *Jordan*: Strahlenzieher. Z. Vermess.-Wes. 1899 S. 135—138.

punkt $P_{i+1}$. Eine Abweichung der Reißschienenoberkante von der Senkrechten zum Blattrand kann ebenfalls durch Verstellen des Armes $A'$ berücksichtigt werden[1].

Beim Reinzeichnen der Pläne werden die fein eingestochenen Punkte — wenigstens soweit die entsprechenden Feldpunkte scharf bezeichnet sind — von den Tuschelinien nicht überzogen. Zur Darstellung der Einzelheiten dienen besondere Symbole, sog. Signaturen, die als Grund- und Aufrißbilder den natürlichen Eindruck der Gegenstände mehr oder weniger gut wiedergeben[2].

Sowohl für den Auftrag der Pläne wie auch bei der Maßentnahme aus Plänen spielt die Papieränderung eine große Rolle. Dies gilt weniger für die neuerdings häufigeren Trockendrucke als besonders für die älteren durchwegs feucht gedruckten Pläne. Diese erleiden hauptsächlich in der Richtung, in welcher sie durch die Presse gingen, beträchtliche, als Papiereingang bezeichnete Schrumpfungen, etwa 1,5%, und senkrecht dazu 0,5%. Sehr alte und schlecht behandelte Pläne zeigen manchmal Eingänge von 3% und mehr. Daneben findet ein vom Verlaufe der Temperatur- und Luftfeuchtigkeit abhängiges geringes unregelmäßiges Arbeiten des Papieres statt.

Eine einwandfreie Bestimmung der Papieränderung setzt die Erhaltung der Schnittpunkte des Koordinatennetzes voraus. Der betrachtete Bezirk sei stets nur so groß, daß innerhalb desselben die Papieränderung für alle zueinander parallelen Richtungen als unveränderlich betrachtet werden darf (affine Verzerrung). Bei einer solchen Abgrenzung liegen die beiden extremen Werte der Papieränderung, welche $p$% und $q$% sein mögen, stets in zwei zueinander senkrechten Richtungen. Zeigt sich nun, daß die Maschenweite nicht mehr $l$ sondern $l'$ und $l''$ (Abb. 369) in der Richtung der Koordinatenachsen ist, so treffen auf diese Längen die Verbesserungen

$$dl_x = l - l', \quad dl_y = l - l'', \tag{963}$$

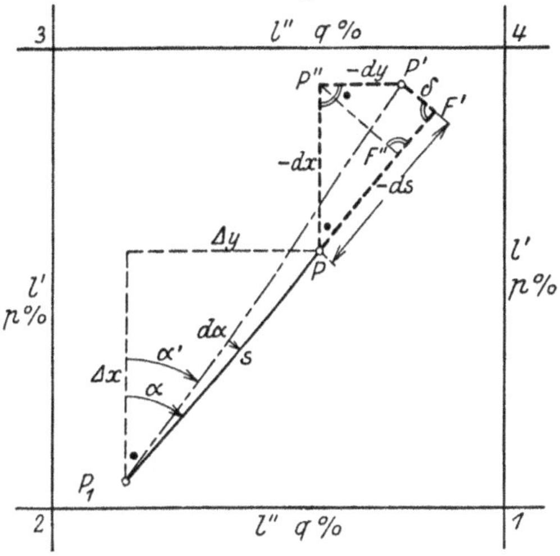


Abb. 369. Papieränderung, Längen- und Querverschiebung.

denen die Prozentzahlen

$$p_0 = 100(dl_x : l) \quad \text{und} \quad p_{90} = 100(dl_y : l) = q_0 \tag{964}$$

entsprechen.

Die nächste Untersuchung erfolgt unter der meist zutreffenden Annahme, daß die Extremwerte der Papieränderung in die Richtung der Blattränder fallen, so daß alle rechten Winkel, deren Schenkel den Koordinatenachsen parallel sind, als rechte Winkel erhalten bleiben. Die nach (964) bestimmten Zahlen $p_0$ und $q_0 = p_{90}$ sind dann sogleich die Extremwerte $p$ und $q$. Der Endpunkt $P$ (Abb. 369) einer Strecke $P_1 P = s$ gelangt bei als fest betrachtetem $P_1$ nach $P'$ und bedarf der Koordinatenverschiebungen (Verbesserungen)

$$dx = \frac{p}{100} \cdot \Delta x, \qquad dy = \frac{q}{100} \Delta y, \tag{965}$$

um wieder nach $P$ zu kommen. Die entsprechenden, ebenfalls als Verbesserungen auf-

[1] Bussolenzüge werden außer durch rechtwinklige Koordinaten oder mit dem Strahlenzieher auch mit Kompaß und Zulegeplatte oder auch mit Hilfe von Tangenten- und Sehnenlängen kartiert.

[2] Die Zeichnungsvorschriften der einzelnen Verwaltungen weichen vielfach voneinander ab. Solche Vorschriften sind z. B.: a) Bestimmungen über die Anwendung gleichmäßiger Signaturen für topographische Pläne und geometrische Karten, Pläne und Risse v. 20. 12. 1879 mit Nachträgen (Zentraldirektorium der Vermessungen in Preußen), 5. Aufl., Berlin 1909; b) Vorschriften für Zeichnung und Lithographie der bayerischen Katasterpläne vom Jahre 1896.

gefaßten Längen- und Querverschiebungen $ds$ und $\delta$ von $P$ lassen sich aus der Abbildung, deren Fehlerfigur $PP''P'F'$ der Deutlichkeit halber übertrieben groß gehalten ist, unter Benutzung des Richtungswinkels $\alpha$ leicht ablesen; es ist nämlich

$$ds = dx\cos\alpha + dy\sin\alpha = \frac{s}{100}(p\cos^2\alpha + q\sin^2\alpha) = \frac{p\cdot\Delta x^2 + q\cdot\Delta y^2}{100\cdot s}, \qquad (966)$$

$$\delta = -dx\sin\alpha + dy\cos\alpha = -\frac{s}{200}(p-q)\sin 2\alpha = -\frac{1}{100}\cdot\frac{\Delta x\cdot\Delta y}{s}(p-q). \qquad (967)$$

Die entsprechenden, auf $s$ bezogenen Prozentzahlen $p_\alpha$ und $r_\alpha$ der Papieränderung in der Richtung $\alpha$ und der dazu senkrechten Querverschiebung sind daher

$$p_\alpha = 100\frac{ds}{s} = p\cos^2\alpha + q\sin^2\alpha = \frac{1}{2}(p+q) + \frac{1}{2}(p-q)\cos 2\alpha, \qquad (968)$$

$$r_\alpha = 100\frac{\delta}{s} = -(p-q)\sin\alpha\cos\alpha = -\frac{1}{2}(p-q)\sin 2\alpha. \qquad (969)$$

Sie können nach Andeutung der ohne viel Worte verständlichen Abb. 370 mit Hilfe zweier konzentrischer Kreise mit den Halbmessern $p$ und $q$ in einfacher Weise zeichnerisch gefunden werden.

Die aus $r_\alpha$ bzw. $\delta$ folgende Richtungsänderung $\alpha - \alpha'$ ist in Gradmaß

$$d\alpha = \frac{\varrho}{100}\cdot r_\alpha = -\frac{\varrho}{200}(p-q)\sin 2\alpha = -\frac{\varrho}{100}\cdot\frac{\Delta x\cdot\Delta y}{s^2}(p-q). \qquad (970)$$

Damit erhält man die Verzerrung (als Verbesserung) $d\beta_{ik}$ eines Winkels $\beta_{ik} = \alpha_k - \alpha_i$ als den Ausdruck

$$d\beta_{ik} = d\alpha_k - d\alpha_i = -\frac{\varrho}{100}(p-q)\sin\beta_{ik}\cos(\alpha_i + \alpha_k), \qquad (971)$$

welcher für $\beta_{ik} = 90^0$ den besonderen Wert

$$d\beta_{90} = \frac{\varrho}{100}(p-q)\sin 2\alpha_i \qquad (972)$$

annimmt. Die Verzerrung eines festen Winkels $\beta_{ik}$ wird nach (971) am größten, nämlich $\frac{1}{100}\varrho\,(p-q)\sin\beta_{ik}$, wenn seine Schenkel zu den Koordinatenachsen symmetrisch liegen. Ist dagegen eine Oktantenrichtung die Winkelhalbierende, so verschwindet die Winkelverzerrung. Infolge der Winkelverzerrung bedarf der Endpunkt einer Ordinate $o$, welche von einer den Richtungswinkel $\alpha_i$ besitzenden Messungslinie aus abgesetzt worden ist, einer Querversetzung

$$\delta_o = \frac{1}{100}\cdot o\,(p-q)\sin 2\alpha_i, \qquad (973)$$

deren Projektionen auf die Koordinatenachsen

$$\left.\begin{aligned}\delta_{ox} &= \delta_o\cos\alpha_i, \\ \delta_{oy} &= \delta_o\sin\alpha_i\end{aligned}\right\} \qquad (974)$$

sind.

Die Richtigkeit der vorhin getroffenen Annahme $p_0 = p$, $p_{90} = q$ wird in einfachster Weise durch die gleiche Länge der abgegriffenen Diagonalen *1 3* und *2 4* (Abb. 369) bestätigt. Ein Unterschied dieser Strecken weist jedoch darauf hin, daß die Extremwerte $p$ und $q$ nicht in die Koordinatenrichtungen fallen. Trotzdem bleiben alle bisher abgeleiteten Formeln erhalten, wenn man für deren Anwendung die zunächst noch unbekannte Richtung von $p$ als Abszissenachse auffaßt. Ist $\alpha_0$ ihr Richtungswinkel im alten System, so sind alle Richtungswinkel im neuen Hilfssystem um $\alpha_0$ kleiner als die entsprechenden Werte $\alpha$ im Hauptsystem; also bestehen nach (968) die Gleichungen

$$p_\alpha = p\cos^2(\alpha - \alpha_0) + q\sin^2(\alpha - \alpha_0) = \tfrac{1}{2}(p+q) + \tfrac{1}{2}(p-q)\cos 2(\alpha - \alpha_0), \qquad (975)$$

$$q_\alpha = p\sin^2(\alpha - \alpha_0) + q\cos^2(\alpha - \alpha_0) = \tfrac{1}{2}(p+q) - \tfrac{1}{2}(p-q)\cdot\cos 2(\alpha - \alpha_0), \qquad (976)$$

deren Addition auf den Ausdruck

$$p_\alpha + q_\alpha = p + q = 2\,\sigma_1 \tag{977}$$

führt. Demnach ist die Summe der prozentualen Papieränderungen in zwei beliebigen zueinander senkrechten Richtungen konstant.

Zur Ermittlung der drei Unbekannten $p$, $q$, $\alpha_0$ ist es vorteilhaft, für vier bestimmte Richtungen — genügen würden schon drei — aus dem betreffenden Netzquadrat die zugehörigen Papieränderungen zu entnehmen. Sind $p_0$, $p_{45}$, $p_{90}$, $p_{135}$ diese für die Koordinatenrichtungen und Oktantenrichtungen ermittelten Zahlen, so erhält man zunächst aus (977)

$$\tfrac{1}{2}(p + q) = \tfrac{1}{2}(p_0 + p_{90}) = \tfrac{1}{2}(p_{45} + p_{135}) = \sigma_1\,. \tag{978}$$

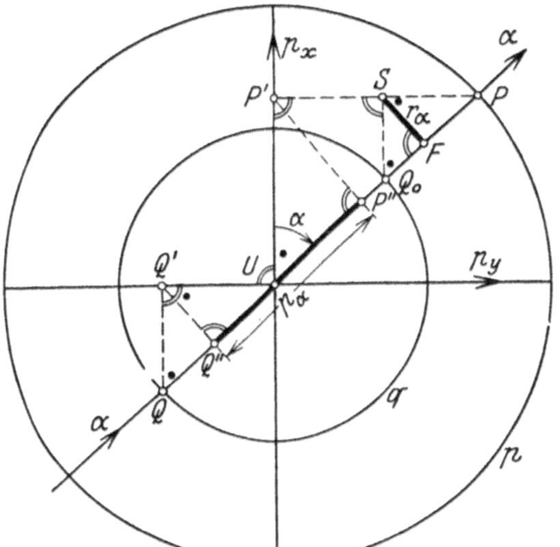

Abb. 370. Zeichnerische Ermittlung der Prozentzahlen $r_\alpha$, $p_\alpha$ der Längen- und Querverschiebung des Endpunktes einer beliebig gerichteten Strecke.

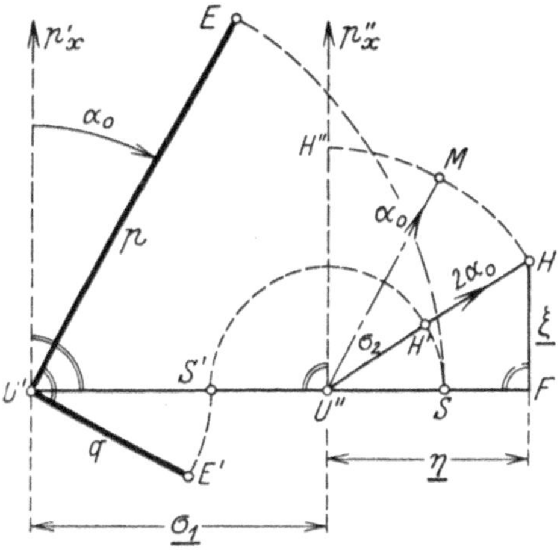

Abb. 371. Zeichnerische Ermittlung der Extremwerte der prozentualen Papieränderung nach Größe und Richtung ($p$, $q$, $\alpha_0$) aus den in beiden Achsen- und Oktantenrichtungen gemessenen Prozentzahlen.

Wendet man (975) und (976) einerseits auf $p_0$ und $p_{90}$, andererseits auf $p_{45}$ und $p_{135}$ an, so findet man unter Verwendung der Abkürzungen $\xi$, $\eta$

$$(p - q)\cos 2\,\alpha_0 = p_0 - p_{90} = \xi\,, \tag{979}$$

$$(p - q)\sin 2\,\alpha_0 = p_{45} - p_{135} = \eta\,. \tag{980}$$

Diese beiden Ausdrücke bestimmen den Winkel $2\,\alpha_0$ sowie die Differenz $p - q = 2\,\sigma_2$. Man findet

$$\operatorname{tg} 2\,\alpha_0 = \frac{\eta}{\xi}\,, \qquad \sigma_2 = \frac{1}{2}(p - q) = \frac{1}{2}\sqrt{\xi^2 + \eta^2}\,. \tag{981}$$

Verbindet man die letzte Gleichung mit (978), so ergeben sich die Extremwerte der Papieränderung, nämlich

$$p = \sigma_1 + \sigma_2\,, \qquad q = \sigma_1 - \sigma_2\,. \tag{982}$$

Etwas einfacher ist die unmittelbar an (978) bis (980) anschließende zeichnerische Lösung nach Abb. 371, in welcher die gegebenen Stücke $\sigma_1$, $\xi$, $\eta$ unterstrichen, die nach Größe und Lage gesuchten Werte $p$, $q$ stark ausgezogen sind. Zur Konstruktion sei nur noch bemerkt, daß $M$ und $H'$ die Mittelpunkte des Bogens $H''\,H$ und der Hypotenuse $U''\,H$ sind und daß $U'\,E$ parallel zu $U''\,M$ gezogen ist.

Die Papieränderung ist beim Auftrag des Koordinaten- und Liniennetzes auf das peinlichste zu verfolgen und zu berücksichtigen, in der Kleinkartierung hauptsächlich beim Abtragen längerer Abszissen oder Abszissenreste auf den Messungslinien zu beachten, während sie bei kurzen Ordinaten übergangen werden kann. Auch die Entnahme von Strecken und Koordinaten aus dem Plan muß unter Berücksichtigung der Papieränderung erfolgen[1].

## 41. Höhenpläne.

Höhenpläne enthalten neben den Horizontalprojektionen auch Angaben über die Oberflächengestaltung. Ihre ursprüngliche Form ist in der Regel der kotierte Plan, welcher durch Einschreiben der Höhenzahlen zu den im Grundriß aufgetragenen

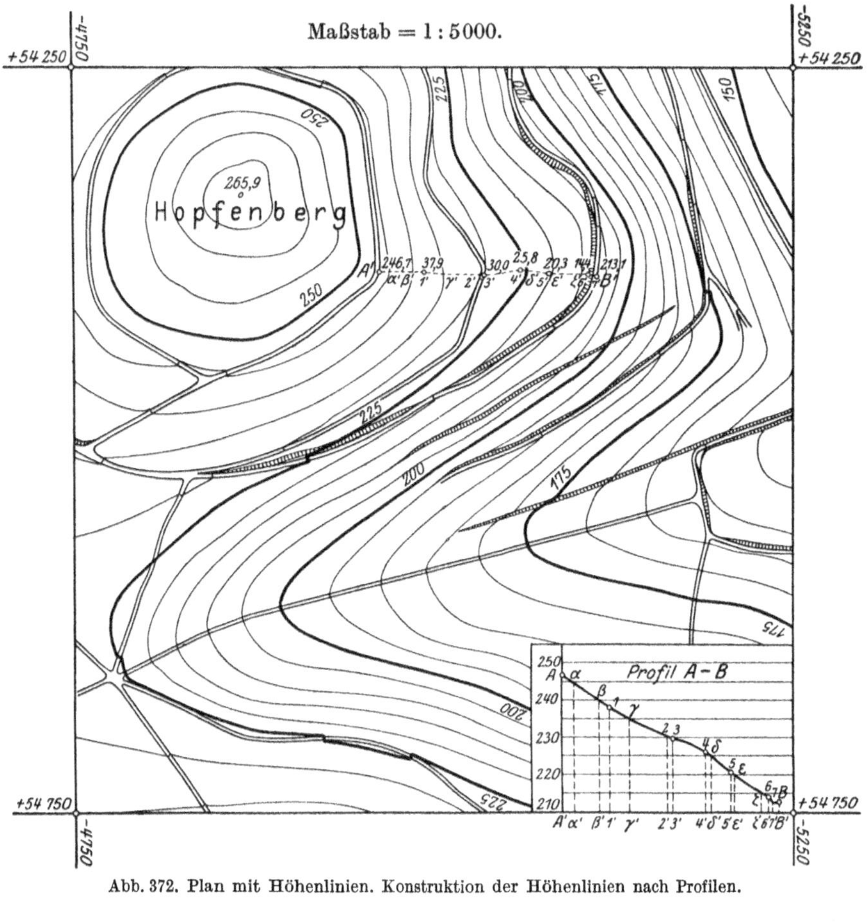


Abb. 372. Plan mit Höhenlinien. Konstruktion der Höhenlinien nach Profilen.

Punkten entsteht. Er bestimmt ein der Geländeoberfläche sich anschmiegendes Polyeder, aber seine Angaben sind unübersichtlich und man kann aus ihm nur für enge Bezirke die Bodenformen durch Vergleich der Höhenzahlen mühsam herausfinden.

---

[1] Zur ziemlich angeschwollenen allgemeinen Theorie der Papieränderung siehe in der Zeitschrift für Vermessungswesen: a) *Laska, W.*: Theorie des Karteneinganges. 1906 S. 113—122; b) *Fuchs, K.*: Theorie des Karteneinganges. 1907 S. 289—298; c) *Gampert, K.*: Über Wirkungen des Papiereingangs. 1925 S. 167—174; d) *Braun, Walter*: Über die Wirkungen des Papiereingangs. 1926 S. 579—586. Siehe auch e) *Weyh*: Die Ermittlung des linearen Papiereinganges bei Linien in beliebiger Richtung. Z. des bayerischen Geometervereins 1908 S. 251—255 und f) *Theimer, Viktor*: Zur Theorie der Papierdeformation Öst. Z. Vermess.-Wes. 1926 S. 69—74 u. 1927 S. 8—19.

Zur Genauigkeit von Kartenmaßen siehe die Ausführungen auf S. 177 sowie *H. Brandenburg*: Bestimmung des Grenzfehlers zwischen einem auf der Karte abgegriffenen und einem örtlich ermittelten Längenmaße. Z. Vermess.-Wes. 1930 S. 261—268.

Die für ingenieurtechnische Zwecke vorteilhaftesten Höhenpläne sind die meist auf Grund kotierter Pläne entstandenen Schichtenpläne und die Profilpläne. Die Schichtenpläne enthalten die als Schichtenlinien, Höhenlinien oder Isohypsen bezeichneten geometrischen Örter von Punkten gleicher Meereshöhe, welchen man aus praktischen Gründen runde, gleichabständige Höhenzahlen zuordnet. So entstehen für ein und denselben Plan gleichabständige oder äquidistante Höhenlinien. In verschiedenen Blättern aber schwankt die Schichtdicke je nach den Geländeverhältnissen und dem Zweck der Darstellung innerhalb sehr weiter Grenzen. Sie kann in kulturtechnischen Plänen großen Maßstabes bei geringen Neigungen vielleicht nur 1 bis 2 dm betragen und in Übersichten kleinen Maßstabes bei starken Neigungen bis zu 100 m und mehr anwachsen.

Bei der zeichnerischen Ausführung werden, nachdem die Höhenlinien schätzungsweise in Blei eingetragen sind, die Höhenpunkte in Züge zusammengefaßt, welche annähernd senkrecht zu den Schichtenlinien stehen, also in Profilen in der Richtung des größten Gefälles liegen. In Abb. 372 ist $A'B'$ die Horizontalspur eines solchen Profilzugs. Man denkt sich nun alle Profilstrecken um das Lot durch ihren Anfangspunkt so weit gedreht, daß sie in die Lotebene der ersten Strecke gelangen, und zeichnet mit den angegebenen Höhenzahlen und den dem Plane zu entnehmenden Horizontalentfernungen das gestreckte Profil $AB$ im Aufriß. Dort bestimmt man die Schnittpunkte des Profils mit den Aufrißbildern der Höhenlinien und überträgt deren Horizontalprojektionen $\alpha'$, $\beta'$, ... jeweils vom vorhergehenden Teilpunkt aus in den Grundriß zurück. Mit Hilfe einer größeren Zahl solcher Punkte[1] kann man den Verlauf der Höhenlinien verbessern. Sie überqueren die Wege senkrecht und verlaufen geradlinig in ebenen Böschungen. Die beschriebene Art der Einschaltung von Höhenlinienpunkten ist zum mindesten dem Anfänger zu empfehlen. Sie ist sehr anschaulich und sehr genau, weil in der zeichnerischen Darstellung auch die Ausrundungen der Profile gut berücksichtigt werden können. Im einfachen Gelände wird auch die geradlinige Interpolation genügen. Dafür gibt es eine Unzahl von Hilfsmitteln, deren einfachstes, bequemstes und billigstes ein mit bezifferten gleichabständigen Parallelen ... *6, 7, 8, ... 11* (Abb. 373) versehenes Blatt Pauspapier ist, welches so auf die durch eine Bleilinie verbundenen Profilendpunkte $A'$, $B'$ gelegt wird, daß deren Höhen zwischen die Linien hineinpassen. Die mit einer Nadel durchzustechenden Schnittpunkte $\alpha'$, $\beta'$, ... der verschiedenen Parallelen mit der Linie $A'B'$ sind unmittelbar Punkte der Horizontalkurven. Zur Hebung der Deutlichkeit durch die Farbe pflegt man die Situation schwarz, die Gewässer blau und die Höhenlinien braun zu halten. Vielfach werden auch noch die Kulturarten in verschiedenen Farben dargestellt.

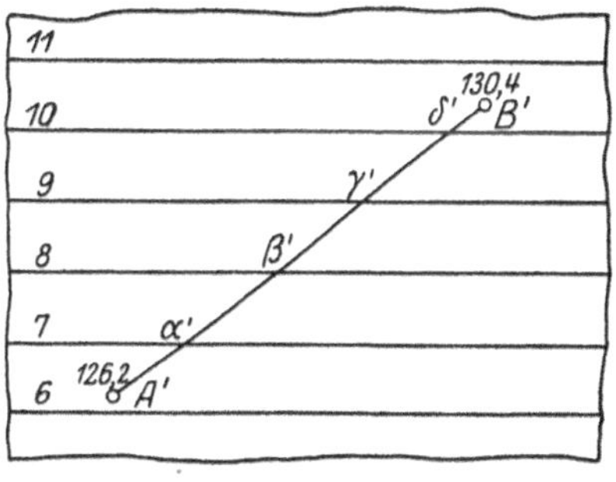

Abb. 373. Einschalten von Punkten runder Höhe mit Hilfe einer Parallelenschar auf Pauspapier.

Aus einem Schichtenplan kann man bei geeigneter Dichte der Linien den Verlauf der Geländeoberfläche mit einem Blick erfassen und die Geländeneigung nicht nur in der Richtung des größten Gefälles (Böschungswinkel), sondern auch für jede andere Richtung entnehmen. Auch die nach einem solchen Plan erfolgende Zeichnung von lotrechten Profilen mit beliebiger Horizontalspur ist eine höchst einfache Aufgabe.

Um die Klärung der Frage nach dem zweckmäßigsten Maßstab und nach der zu fordernden Genauigkeit der Schichtenpläne hat sich *Koppe* sehr verdient gemacht. Die Maßstabfrage muß jeweils unter Beachtung verschiedener

[1] In Abb. 372 sind alle für die Erklärung des Profilauftrags entbehrlichen Punkte mit ihren Höhenzahlen weggelassen worden, damit die Wirkung der Schichtenlinien nicht beeinträchtigt wird.

Umstände entschieden werden. Sie hängt nicht nur von der im allgemeinen geforderten Genauigkeit und der Schwierigkeit des Geländes ab, sondern wird auch vom Maßstab etwa bereits vorhandener, auch zur Höhenaufnahme verwendeter Horizontalpläne beeinflußt. Für die Aufstellung eines zuverlässigen ingenieurtechnischen Vorprojektes ist jedenfalls der Maßstab 1 : 25000 viel zu klein, schon deswegen, weil er eine maßstabgetreue deutliche Darstellung schmaler Gebilde (Wege, Gräben, Straßen, Bäche usw.) nicht mehr ermöglicht. Darüber und über die Notwendigkeit, mit Zunahme der Geländeschwierigkeiten auch den Maßstab zu vergrößern, der im Gebirge 1 : 1000 und mehr betragen kann, sind sich alle erfahrenen Ingenieure einig. 1 : 10000, 1 : 5000 und 1 : 2500 sind in Deutschland und in der Schweiz häufig gebrauchte Maßstäbe. Zur Beurteilung der Genauigkeit von Höhenplänen dient der mittlere Fehler der Kartenhöhen, welcher durch das Zusammenwirken der Messungsfehler, Zeichnungsfehler und Interpolationsfehler entsteht. Man versteht unter einer Kartenhöhe die durch Einschätzung zwischen benachbarte Schichtenlinien gefundene Meereshöhe eines beliebigen Geländepunktes. Nach *Koppes* Untersuchungen sind für allgemeine technische Vorarbeiten bestimmte Pläne in 1 : 10000 als zweckentsprechend genau zu betrachten, wenn der mittlere Fehler der Kartenhöhen in Metern etwa

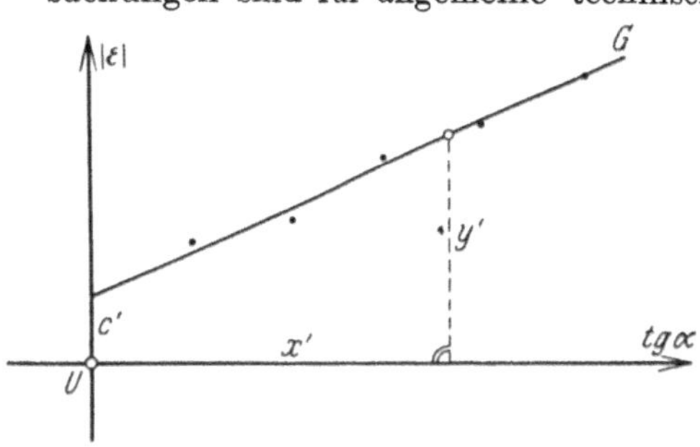

Abb. 374. Konstantenbestimmung zum mittleren Fehler der Kartenhöhe.

$$m = c + k \cdot \operatorname{tg} \alpha = 0{,}5 + 5 \operatorname{tg} \alpha \tag{983}$$

beträgt. Hierin bedeutet $\alpha$ den Böschungswinkel an der betrachteten Stelle.

Der vom deutschen Reichsbeirat für das Vermessungswesen für die topographische Grundkarte 1 : 5000 (Wirtschaftskarte) vorgeschlagene mittlere Fehler

$$m = \pm\,(0{,}4 + 5 \operatorname{tg} \alpha)_{\text{Meter}} \tag{984}$$

stimmt mit dem *Koppe*schen Ausdruck nahezu überein.

Will man ein zuverlässiges Urteil über den Wert eines Blattes und darüber gewinnen, welchen Genauigkeitsanforderungen es tatsächlich genügt, so müssen die Koeffizienten $c$ und $k$ für den Plan bestimmt und demselben beigeschrieben werden. Um mit relativ einfachen Mitteln den mittleren Fehler der Kartenhöhen eines Blattes zu finden, kann man etwa an Stellen verschiedener Neigung nach Lage und Höhe gut bestimmte Polygonpunkte durch Züge verbinden, für deren Brechungspunkte ebenfalls die genaue räumliche Lage aus Messungen zu bestimmen ist. Nach dem Eintrag dieser Züge in den Plan können demselben die Kartenhöhen $H'$ der eingezeichneten Punkte entnommen und mit den aus den Messungen erhaltenen Punkthöhen $H$ verglichen werden. Trägt man die Absolutwerte der auftretenden Differenzen $\varepsilon = H - H'$ als Ordinaten zu den entsprechenden Werten $\operatorname{tg} \alpha$ als Abszissen auf (Abb. 374), so entsteht eine Punktreihe, welche mit genügender Genauigkeit durch eine Gerade $G$ ausgeglichen werden kann. Ihr Abschnitt $c'$ auf der Ordinatenachse und ihre aus einem beliebigen Punkt von $G$ erhaltene trigonometrische Tangente $k' = (y' - c') : x'$ mit der Abszissenachse führen auf die guten Näherungswerte

$$c = \tfrac{5}{4}\,c', \qquad k = \tfrac{5}{4}\,k' \tag{985}$$

der in (983) stehenden Konstanten, vorausgesetzt, daß die Fehler der Probemessung gegen diejenigen der Kartenhöhe vernachlässigt werden dürfen[1].

[1] *Koppe* hat seine Untersuchungen über die Maßstabfrage und die Genauigkeit der Höhenlinienpläne in folgenden Arbeiten niedergelegt: a) Die neuere Landestopographie, die Eisenbahnvorarbeiten und der Doktor-Ingenieur. Braunschweig 1900; b) Die neue topographische Landeskarte des Herzogtums Braunschweig im Maßstab 1 : 10000. Z. Vermess.-Wes. 1902 S. 397—424; c) Militärische und technische Topographie. Z. Vermess.-Wes. 1904 S. 1—7; d) Über die zweck-

Zu den Höhenplänen im weiteren Sinne gehören auch die besonders für ingenieurtechnische Zwecke wichtigen Profilpläne, welche Darstellungen von lotrechten Längen- oder Querschnitten sind und deren Auftrag entweder mit etwas geringerer Genauigkeit nach den Angaben eines Schichtenplanes oder wesentlich genauer nach unmittelbaren Profilaufnahmen (S. 190) erfolgen kann. Als Maßstab der Längen wird bei der Zeichnung des Längenprofils meistens derjenige des zugehörigen Horizontalplans gewählt, während die Höhen in der Regel in einem 10mal größeren Maßstab dargestellt werden, so daß durch eine zehnfache Überhöhung auch geringere Neigungen sichtbar gemacht werden können[1]. In das Längenprofil (Abb. 375) trägt man die in hm oder km gehaltene durchlaufende Bezeichnung der Hauptpunkte sowie diejenige der Zwischenpunkte und ihre gegenseitigen Abstände oder ihre Entfernungen vom vorhergehenden Hauptpunkte ein, desgleichen die runden Meereshorizonte und die zu den Profilpunkten und zu nahegelegenen Festpunkten gehörigen Meereshöhen. Auch Wegübergänge, Durchlässe, Böschungskanten, Grabensohlen usw. werden besonders für die weitere Verwertung des Profils in demselben bezeichnet.

Der Auftrag von gemessenen Querprofilen erfolgt im engsten Anschluß an die Art der Aufnahme, bei mit dem Nivellierinstrument aufgenommenen Profilen

---

entsprechende Genauigkeit der Höhendarstellung in topographischen Plänen und Karten für allgemeine technische Vorarbeiten. Z. Vermess.-Wes. 1905 S. 2—13, 33—38; e) Über die zweckentsprechende Genauigkeit der Höhendarstellung in topographischen Plänen und Karten für allgemeine Eisenbahnvorarbeiten. Org. Fortschr. Eisenbahnwes. 1905 S. 73—76, 91—94; f) Eisenbahnvorarbeiten und Landeskarten. Z. Vermess.-Wes. 1906 S. 2—9; g) Die Weiterentwicklung der Geländedarstellung durch Horizontalkurven auf wissenschaftlich praktischer Grundlage im technischen und allgemeinen Landesinteresse. Z. Architektur- u. Ing.-Wes. 1907 S. 211—215; h) Die vermessungstechnischen Grundlagen der Eisenbahnvorarbeiten in der Schweiz. Org. Fortschr. Eisenbahnwes. 1908 S. 112—116, 125—127, 152—154, 161—164, 185—188 mit Bericht. S. 246; i) Die topographischen Grundlagen bei Eisenbahnvorarbeiten in verschiedenen Ländern. Z. Vermess.-Wes. 1910 S. 401—410; k) Die vermessungstechnischen Grundlagen der Eisenbahnvorarbeiten in Deutschland und Österreich. Org. Fortschr. Eisenbahnwes. 1912 S. 127—129, 145—147, 163—168, 181—185. In der unter f) genannten Arbeit schreibt *Koppe*: „Durch die früher bereits besprochenen Untersuchungen von bei der Rheinischen Eisenbahn mit Erfolg zu generellen Vorarbeiten benutzten Höhenpläne, sowie die gutachtlichen Äußerungen hervorragender Eisenbahnbauingenieure konnte festgestellt werden, daß die an eine topographische Landeskarte von ziviltechnischer Seite zu stellenden Anforderungen im allgemeinen sind: 1. Möglichst genauer Grundriß in richtiger geometrischer Verjüngung. 2. Zahlreiche in die Karte eingeschriebene und in der Natur scharf bezeichnete Höhenfestpunkte, um so mehr, je steiler und schwieriger das dargestellte Gelände ist. 3. Vollständige und topographisch richtige Darstellung der Geländeformen durch Horizontalkurven. 4. Genauigkeit der Höhenschichtenlinien bis auf einen durchschnittlichen (Bemerkung d. Verfassers: soll heißen mittleren) Fehler derselben $m = \pm (0{,}5 + 5 \operatorname{tg} N)$ Meter, wobei $N$ die jeweilige Neigung des Bodens bedeutet.“ Nach der unter d) angeführten Arbeit wird durch die Verdoppelung des Maßstabes die für die Feldaufnahme ein und derselben Fläche erforderliche Zeit etwa auf das 1½fache erhöht. Zu den besprochenen Fragen siehe ferner *Schumann*: Ein Vergleich der Höhenlinien einer tachymetrischen Aufnahme mit denen des Meßtischblattes der K. Landesaufnahme. Z. Vermess.-Wes. 1909 S. 1—9, weiter *Heinrich Müller:* Über den zweckmäßigsten Maßstab topographischer Karten. Ihre Herstellung und Genauigkeit. Heidelberg 1913 und *A. Egerer:* Untersuchungen über die Genauigkeit der topographischen Landesaufnahme (Höhenaufnahme) von Württemberg im Maßstab 1 : 2500. Stuttgart 1915. *Müller* pflichtet nach eingehender Untersuchung der *Koppe*schen Genauigkeitsformel auch für den Maßstab 1 : 5000 bei, während *Egerer* auf Grund zahlreicher Untersuchungen für den Maßstab 1 : 2500 vorschlägt, den mittleren Fehler der Kartenhöhen mit $0{,}3 + 4 \operatorname{tg} \alpha$ (für Feldaufnahmen) bzw. $0{,}4 + 5 \operatorname{tg} \alpha$ (für Waldaufnahmen) anzusetzen.

Schichtenlinien wurden zuerst wahrscheinlich zur Veranschaulichung von Punkten gleicher Wassertiefe benutzt. 1730 verwendete sie der niederländische Wasserbauer und Geometer *Cruquius* zu diesem Zweck; bald darauf auch der französische Geograph *Buache*. Die große Bedeutung dieser Linien für die Oberflächendarstellung über Wasser hat zuerst wohl der Genfer Ingenieur *Ducarla* erkannt, welcher über diese Frage 1771 der Pariser Akademie der Wissenschaften eine Abhandlung vorlegte.

[1] Bei technischen Plänen schadet die Überhöhung dann nicht, wenn weiterhin wieder die Zahlen verwendet werden. Sonst werden Überhöhungen, besonders starke, besser vermieden. Sie verdeutlichen wohl die Höhenunterschiede, fälschen aber Längen, Winkel, Böschungen und Geländeknicke. Schutthalden erscheinen manchmal in ganz unmöglichen Neigungen. Siehe zu diesem Punkt auch *Ludwig Carrière*: Die Wirkung der Überhöhung. Mitt. Reichsamt Landesaufn. Jg. 1929/30 S. 176—193.

(S. 190) z. B. am einfachsten vom Instrumentenhorizont aus. In diese natürlichen Profile können die Profile der projektierten Bauwerke mit Hilfe der aus dem Längenprofil sich ergebenden Planikoten eingetragen werden. Aus den Querprofilen werden für die nachfolgende Massenberechnung die Grundflächen der zu berechnenden Körper ermittelt; es ist daher zweckmäßig, sie ohne Verzerrung darzustellen.

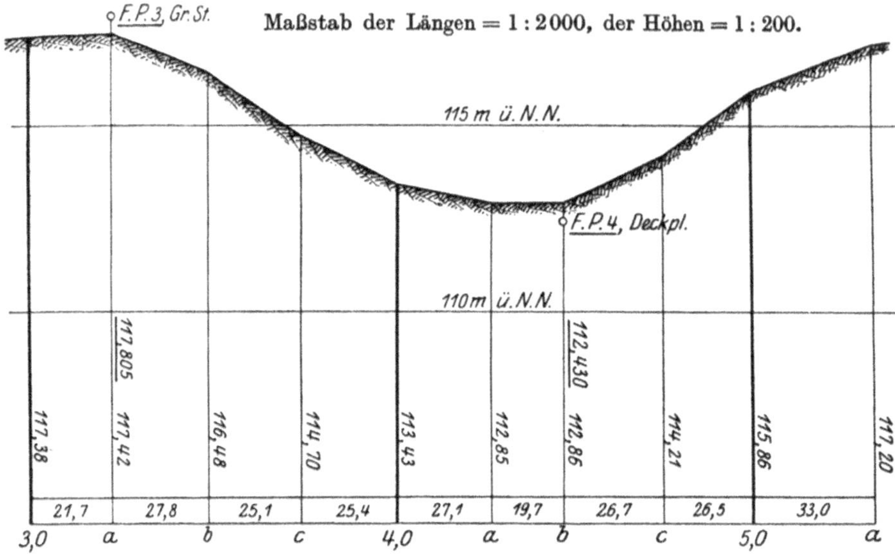


Abb. 375. Längenprofil mit zehnfacher Überhöhung.

Die bei Darstellungen kleineren Maßstabes (Karten) häufige Schraffenmanier[1] verdankt hauptsächlich militärischen Bedürfnissen ihre Entstehung, ist aber für ingenieurtechnische Zwecke weniger wichtig, da sie die Oberflächenform nur teilweise, nämlich hinsichtlich der Neigungen, darstellt. Zwar sind besonders wichtigen Punkten die Höhenzahlen beigesetzt, zu beliebigen Punkten aber können aus einem solchen Schraffenplan, dessen Elemente in der Fallrichtung liegen, die Meereshöhen nicht entnommen werden.

Die Schraffenmanier stützt sich auf den Umstand, daß das Gelände einem hoch über demselben befindlichen Auge bei lotrechter Beleuchtung mit zunehmender Neigung immer dunkler erscheinen wird. Man bemißt deshalb die Dicke $d$ (Abb. 376) der zur Neigungsdarstellung verwendeten schwarzen Schraffen im Verhältnis zu den weißen Zwischenräumen $z$ um so stärker, je größer die Neigung ist, und zwar benützt man dafür die Beziehung

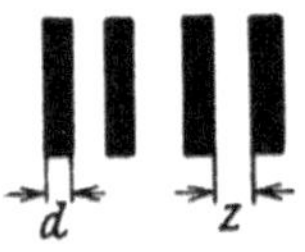


Abb. 376. Schraffenmanier.

$$d:z = \alpha^0 : (C^0 - \alpha^0)\,, \tag{986}$$

in welcher $\alpha^0$ den Böschungswinkel der betreffenden Geländestelle und $C^0$ den größten in einem ausgedehnten Aufnahmegebiet auftretenden Böschungswinkel bedeutet. Demnach wird $C^0$ in Ländern mit annähernd horizontaler Oberfläche klein bleiben, in Gebirgsländern aber große Werte annehmen müssen.

Schraffenpläne, welche wie die bekannte *Dufour*-Karte der Schweiz unter Annahme einer schiefen Beleuchtung gezeichnet werden, erzielen eine ungemein plastische Wirkung. Sie stellen die Geländeformen gut dar, täuschen jedoch falsche Neigungen vor, da die beleuchteten Hänge (Nordwesthänge) zu flach, die im Schatten liegenden

[1] Der Grundgedanke der Schraffenmanier „je steiler, desto dunkler" ist dem preußischen Ingenieurmajor *Ludwig Müller* zuzuschreiben. In ein festes System wurde die Schraffenzeichnung 1799 durch den sächsischen Major *Lehmann* gebracht, welcher für die Verteilung von Weiß und Schwarz die senkrechte Beleuchtung zugrunde legte.

aber zu steil erscheinen. Dieser Nachteil wird etwas gemildert, wenn die Darstellung auch noch Höhenlinien enthält. In solchen Fällen ersetzt man die zeitraubende Schraffenzeichnung vielfach durch eine ähnlich wirkende Abtönung, eine sog. Schummerung, in welcher die Höhenlinien gut erkennbar bleiben. Neben anderen deutschen Karten besitzt z. B. die zum topographischen Atlas von Bayern in 1:50000 gehörige Karte des Wettersteingebirges und der Miemingergruppe schiefe Beleuchtung. Sie enthält braune Höhenlinien auf grau-grüner Schummerung, blaue Gewässer und schwarze Situation.

*Eckerts* Punktsystem[1], welches ebenfalls den Satz „je steiler, desto dunkler" befolgt, bedeutet einen Versuch, den stufenförmigen Eindruck der Schraffenkarten zu vermeiden und die zeichnerische Darstellung zu erleichtern.

Hauptsächlich in geographischen Karten werden zur Darstellung der Höhenzonen verschiedene Farben verwendet. Am meisten haben sich die den natürlichen Bodenfarben gut angepaßten *Sydow*schen Regionalfarben eingebürgert, welche mittels einer genügenden Zahl von Abstufungen über Grün, Weiß, Braun vom Tiefland ins Hochgebirge führen. Sehr beachtenswert ist eine neuere vom Wiener Geographen *Peucker* stammende Farbenskala, welche unter Ausnutzung der Raumwerte der Farben nicht nur die Höhenlage, sondern auch die Geländeformen — wenigstens im Gebirge — ziemlich gut zum Ausdruck bringt[2].

## 42. Abzeichnen und Vervielfältigung von Plänen.

Ein heute noch viel gebrauchtes Hilfsmittel zum Abzeichnen von Plänen im gleichen oder in einem vom Original verschiedenen Maßstab ist der zu Anfang des 17. Jahrhunderts von *Christ. Scheiner* aus Mindelheim erfundene Pantograph oder Storchschnabel. Dieses Instrument ist im wesentlichen ein Parallelogramm $ABCD$ (Abb. 377), dessen durch Stäbe verkörperte Seiten in ihren Endpunkten gelenkig miteinander verbunden sind, so daß wohl eine Formänderung, aber keine Seitenänderung des Parallelogramms möglich ist. Auf zweien seiner Seiten liegen ein das Original $O$ umfahrender Fahrstift $E$ und ein dabei das Abbild $Z$ beschreibender Zeichenstift $G$, welche

[1] *Eckert, Max:* Die Kartenwissenschaft Bd. I S. 578 u. f. Berlin und Leipzig 1921.

[2] Siehe hierzu *K. Peucker:* Höhenschichtenkarten. Studien und Kritiken zur Lösung des Flugkartenproblems (mit einer farbigen Karte). Z. Vermess.-Wes. 1911 S. 17—23, 37—62, 65—81, 85 bis 96. Die neue Höhenschichtenkarte von Bayern 1 : 250000 (Neubearbeitung der alten bayerischen hypsometrischen Karte) ist nach der Methode von *Peuckers* Höhenplastik (je höher, desto satter und greller) ausgeführt.

Zur Geländedarstellung siehe auch die Arbeiten von *J. Röger:* Die Geländedarstellung auf Karten. München 1908; Die Bergzeichnung auf den älteren Karten München 1910; Anleitung für den Unterricht im Kartenlesen München 1910; ferner *M. Walter:* Inhalt und Herstellung der topographischen Karte 1:25000. Gotha 1913; *R. Rothe:* Darstellende Geometrie des Geländes, Leipzig u. Berlin 1914, und besonders die beiden Schriften von *A. Egerer:* Kartenlesen, 2. Aufl., Stuttgart 1918, und Kartenkunde (Bd. 610 a. Natur u. Geisteswelt). Leipzig u. Berlin 1920, welche auch eine Besprechung und übersichtliche Zusammenstellung der hauptsächlichsten deutschen Kartenwerke und der wichtigsten zugehörigen Daten enthalten.

Über das Kartenwesen in verschiedenen Ländern unterrichten besonders folgende Schriften: a) *Netzsch, Hermann:* Deutsches topographisches Kartenwesen unter besonderer Berücksichtigung der bayerischen Verhältnisse. Bay. Z. Vermess.-Wes. 1926 S. 207—243 (siehe auch *Netzsch:* Die bayerischen amtlichen Kartenwerke. Mitt. Reichsamt Landesaufn. 1929/30 S. 40—55); b) *Imhof, Ed.:* Unsere Landkarten und ihre weitere Entwicklung. Schweiz. Z. Vermess.-Wes. 1927 S. 81—178 (siehe dazu im gleichen Jahrgang dieser Zeitschrift die Ausführungen von *Ganz* S. 57—66, *W. Lang,* S. 203—219, 227—238 und *Zeller* S. 289—297); c) *Egerer:* Die neuere amtliche Kartographie Württembergs. Mitt. Reichsamt Landesaufn. 1929/30, S. 252—277; d) *Mühlberger:* Die Entwicklung der österreichischen Staatskartographie. Mitt. Reichsamt. Landesaufn. 1929/30, S. 193—213; e) *Walther:* Die amtlichen topographischen Kartenwerke des Landes Baden. Mitt. Reichsamt Landesaufn. 1931/32, S. 38—46; f) *Krause, O. H.:* Neue Wege der Kartenherstellung im Reichsamt für Landesaufnahme. Sonderheft 9 zu den Mitt. Reichsamt Landesaufn. 1931; g) *Klingenberg, K. S.:* Die amtlichen topographischen Kartenwerke Norwegens und ihre geodätische Grundlage. Mitt. Reichsamt Landesaufn. 1931/32 S. 232—241; h) *Medvey-Aurel:* Das topographische Kartenwesen Ungarns. Mitt. Reichsamt Landesaufn. 1932/33 S. 99—114.

so angeordnet sind, daß ihre Verbindungslinie durch den festen Aufstellungs- und Drehpunkt $F$ des Storchschnabels hindurchgeht. Zur Erzielung verschiedener Maßstäbe können die beiden Stifte in Löchern verstellt werden. Das Abbild $Z$ wird stets dem Original $O$ ähnlich sein, wenn

1. die Verbindungslinie $EG$ bei jeder beliebigen Stellung des Instrumentes durch den festen Drehpunkt $F$ hindurchgeht,
2. der Abstand $EG$ durch $F$ stets im gleichen Verhältnis geteilt wird.

Zu 1. Für irgendeine Zufallsstellung des Pantographen gilt nach den beiden ähnlichen Dreiecken $DFG$ und $AEG$

$$DF = DG\frac{AE}{AG} = C_1 . \tag{987}$$

$DG$, $AE$ und $AG$ sind unveränderliche Größen, so daß das von der Verbindungslinie der Stifte auf $CD$ abgeschnittene Stück $DF$ stets ein und derselbe Wert $C_1$ ist.

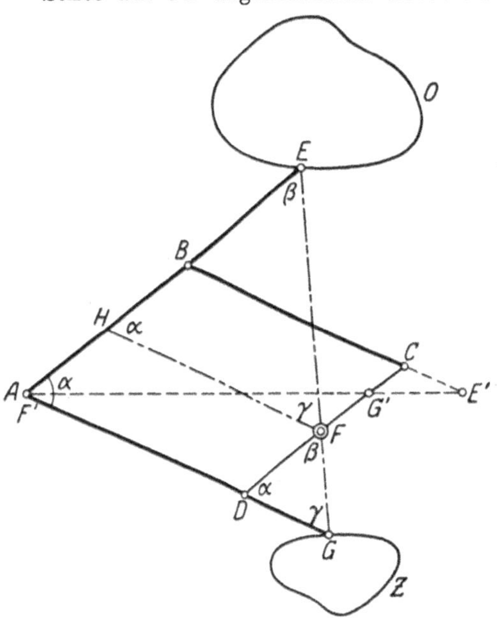


Abb. 377. Storchschnabel (Pantograph) zum Abzeichnen von Plänen.

Es wird daher $EG$ immer durch den Drehpunkt $F$ gehen, wenn dieser so angeordnet ist, daß es für irgendeine Zufallsstellung des Instrumentes zutrifft.

Zu 2. Das Verhältnis des Zeichenstrahles $FG$ zum Fahrstrahl $FE$ ist nach den ähnlichen Dreiecken $DFG$ und $HEF$

$$\begin{aligned} v &= FG : FE = DG : HF \\ &= DG : AD = C_2 . \end{aligned} \tag{988}$$

Es ist eine Konstante $C_2$, da $DG$ und $AD$ ebenfalls Festwerte sind.

Nach (987) und (988) sind die beiden gestellten Bedingungen erfüllt, so daß, wenn der Fahrstift $E$ ein Urbild $O$ umfährt, der Zeichenstift $G$ ein zum Urbild ähnliches und ähnlich gelegenes ($F$ ist Ähnlichkeitspunkt), $v$-mal vergrößertes Abbild $Z$ aufzeichnet.

Werden also nach Einstellung der Stifte auf die gewünschte Vergrößerung $v$ die sämtlichen Linien und Punkte eines Originalplanes befahren, so zeichnet der zweite Stift den verlangten Plan.

Gebräuchlich ist auch eine andere Anordnung, bei welcher der feste Drehpunkt in eine Ecke des Parallelogramms gelegt wird. Den Punkten $E$, $F$, $G$ entsprechen dann die ebenfalls auf einer Geraden liegenden Punkte $E'$, $F'$, $G'$ (Abb. 377).

Nicht so genau, aber recht einfach ist die Abzeichnung eines Planes durch Einschalten von Punkten in ein Quadratnetz. Überzieht man den gegebenen Plan mit einem Quadratnetz $0, 1, 2, 3, \ldots a, b, c, \ldots$ (Abb. 378a) und konstruiert man dazu in der für die Abzeichnung gewünschten Verjüngung ein zweites Quadratnetz $0', 1', 2', 3', \ldots a', b', c' \ldots$ (Abb. 378b), so kann man die Schnittpunkte der Planlinien des Originals mit dem zugehörigen Netz und andere Punkte nach Schätzung in das verjüngte Netz übertragen. So entsteht ein dem Urbild ähnliches Abbild, dessen Genauigkeit im allgemeinen mit der Netzdichte zunimmt.

Liegt das Bedürfnis nach einer größeren Anzahl von genauen Kopien der Originalpläne vor, so erfolgt die Planvervielfältigung mittels eines der bekannten Reproduktionsverfahren, von denen hauptsächlich der Kupferstich und der Steindruck in Frage kommen. Den Übertrag des Originals auf den Bildstock besorgte früher der Pantograph; heute weist man diese Aufgabe der Photographie zu, nachdem es gelungen ist, sehr scharf und perspektivisch richtig zeichnende Weitwinkelobjektive zu konstruieren. Zur Schonung der teuren Kupfer- bzw. Steinplatten werden diese meist nur zur Herstellung besonders wichtiger Planabdrücke wie der Korrektionsblätter unmittelbar benutzt. Im übrigen werden durch Umdruck auf Zink- oder Aluminiumplatten Hilfsbildstöcke gewonnen, auf welchen dann die große Mehrzahl der Pläne gedruckt wird. Geringeren Anforderungen an die Zahl und Beschaffenheit der Abdrücke genügt auch das Lichtpausverfahren[1].

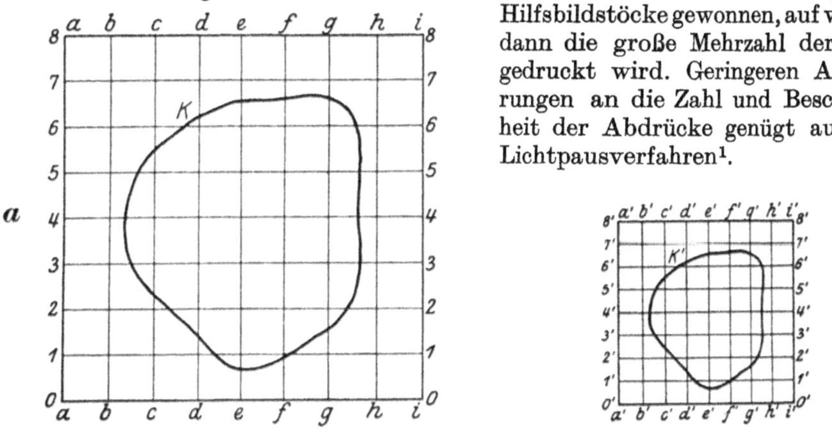


Abb. 378. Abzeichnen eines Plans mit Hilfe zweier entsprechender Quadratnetze.

## 43. Flächenberechnung aus Naturmaßen.

In vielen Fällen, besonders bei Eigentumsaufnahmen, folgt der Kartierung die Flächenberechnung. Dabei handelt es sich nicht etwa um die wirklichen, krummen Oberflächen[2] der Grundstücke, sondern um ihre Horizontalflächen, d. h. um die von den Horizontalprojektionen der Grundstücksgrenzen umschlossenen ebenen Flächen. Die Flächenberechnung kann a) aus Naturmaßen, b) nach dem Plan, c) halbgraphisch vorgenommen werden.

Die Flächenberechnung aus Naturmaßen ist die genaueste Art der Flächenberechnung und erfolgt mit Hilfe der in der Natur unmittelbar gemessenen Bestimmungsstücke, wobei die Rechenmaschine oder besondere Rechentafeln gute Dienste leisten können.

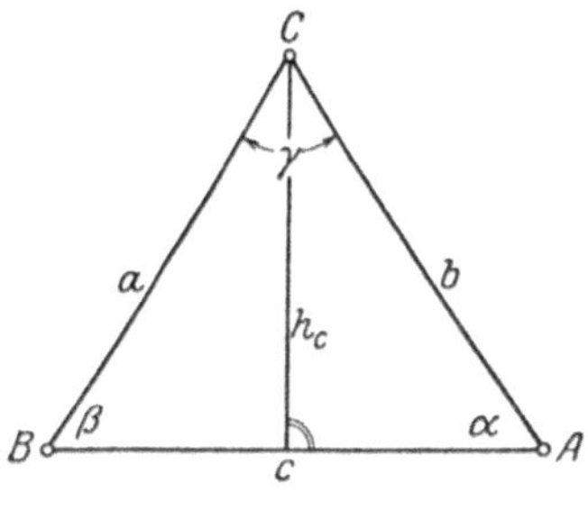


Abb. 379. Berechnung von Dreiecksflächen.

Die Bestimmung der Fläche $F$ des Dreiecks $ABC$ (Abb. 379) kann, je nachdem diese oder jene Größen gemessen sind, mittels einer der Formeln

$$F = \frac{1}{2}\, c \cdot h_c = \frac{1}{2}\, a\, b \sin\gamma = \frac{c^2}{2} \cdot \frac{\sin\alpha \cdot \sin\beta}{\sin\gamma} = \sqrt{s\,(s-a)\,(s-b)\,(s-c)} \qquad (989)$$

erfolgen, in deren letzter (*Heron*ische Flächenformel) $s = \frac{1}{2}(a + b + c)$ den halben

[1] Für ein näheres Studium der Planvervielfältigung sei verwiesen auf a) *Schikofsky:* Reproduktionsmethoden zur Herstellung von Karten. Wien 1890; b) *Ibel, A.:* Anwendung der Photographie zur Vervielfältigung bayerischer Katasterpläne. Z. Vermess.-Wes. 1907 S. 194—203; c) *Ibel, A.:* Gravierung und Evidenthaltung der neueren Katasterpläne. Sonderabdruck eines Beitrags zu *J. Amann:* Die Bayerische Landesvermessung in ihrer geschichtlichen Entwicklung. München 1908; d) *Lamprecht, H.:* Die Vervielfältigungstechnik. Sonderheft 2 zu den Mitt. Reichsamt Landesaufn. 1926. e) Siehe auch das auf S. 337, Fußnote 2 unter f) genannte Sonderheft 9; f) *Walthard, Friedrich:* Mit Stichel und Stift. Zürich 1924.

[2] Zu dieser Frage siehe *S. Finsterwalder:* Über den mittleren Böschungswinkel und das wahre Areal einer topographischen Fläche. Sitzungsberichte d. K. B. Akademie d. Wissenschaften, math.-phys. Kl. 1890 S. 35—82; die Ergebnisse sind dort in den Ausdrücken (3) auf S. 42 bzw. 43 (unten) und (26) auf S. 69 enthalten. Siehe ferner *H. Löschner*: Über Inhalt und Ertragsfähigkeit geneigter Flächen. Aus der Festschrift „Beiträge zum landwirtschaftlichen Pflanzenbau, insbesondere Getreidebau", S. 188—204. Berlin 1924.

Dreiecksumfang bedeutet. Auch die Formeln

$$F = \frac{c^2}{2(\operatorname{ctg}\alpha + \operatorname{ctg}\beta)} = \frac{a\,b\,c}{4\,r} = 2\,r^2 \sin\alpha \sin\beta \sin\gamma = \varrho \cdot s, \tag{990}$$

in denen $r$ und $\varrho$ den Umkreishalbmesser und den Inkreishalbmesser des Dreiecks bezeichnen, können unter Umständen von Nutzen sein.

Die Fläche eines Rechtecks mit den Seiten $a$, $b$ ist

$$F = a \cdot b, \tag{991}$$

diejenige eines Trapezes, dessen parallele Seiten $a$, $b$ den Abstand $h$ besitzen, ist

$$F = \tfrac{1}{2}(a + b)\,h, \tag{992}$$

während der Ausdruck

$$F = \tfrac{1}{2}\,e\,(h_b + h_d) = \tfrac{1}{2}\,e\,f \sin\mu \tag{993}$$

die Fläche eines beliebigen Vierecks $ABCD$ (Abb. 380) mit den in der Abbildung enthaltenen Bezeichnungen angibt.

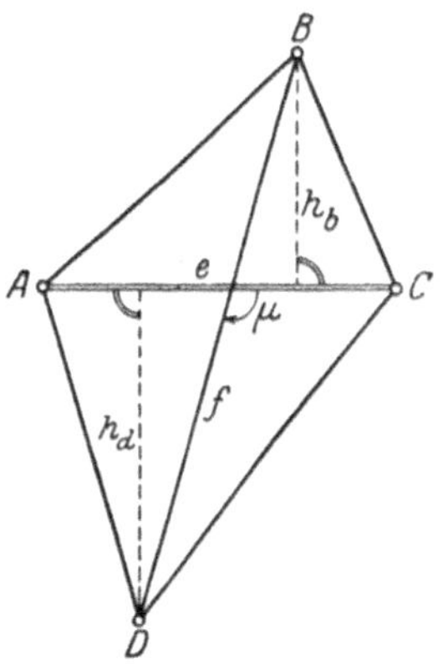


Abb. 380. Berechnung einer Vierecksfläche.

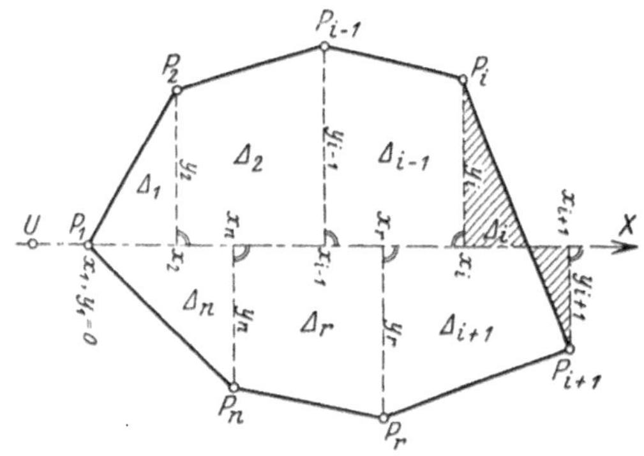


Abb. 381. Berechnung der Fläche eines Vielecks mittels der Trapezformel.

In der Mehrzahl der Fälle handelt es sich um die Berechnung eines nach der Standlinienaufnahme durch gemessene, rechtwinklige Koordinaten bestimmten Vielecks $P_1\,P_2 \ldots P_i \ldots P_n$ (Abb. 381). Dieses wird schon durch die Art der Aufnahme in die $n$ Teilflächen $\Delta_1, \Delta_2, \ldots \Delta_n$ zerlegt, welche teils rechtwinklige Dreiecke, teils rechtwinklige Trapeze sind, deren Summe

$$F = \Delta_1 + \Delta_2 + \cdots + \Delta_n \tag{994}$$

die Vielecksfläche ist. Diese Teilflächen lassen sich unmittelbar aus der Abbildung ablesen, z. B.

$$\left.\begin{aligned} \Delta_1 &= \tfrac{1}{2}(x_2 - x_1)\,y_2, \qquad \Delta_2 = \tfrac{1}{2}(x_3 - x_2)\,(y_2 + y_3), \\ \Delta_r &= \tfrac{1}{2}(x_r - x_{r+1})\,(y_r + y_{r+1}), \;\ldots \end{aligned}\right\} \tag{995}$$

Wird der Anfangspunkt $U$ der Abszissenmessung nach $P_1$ verlegt, so ist $x_1 = 0$. Unter den Trapezen befinden sich manchmal auch verschränkte Trapeze, z. B. $\Delta_i$, welche aus einem positiven und einem negativen Bestandteil zusammengesetzt sind. Diesem Umstande entsprechend tritt in dem Ausdruck

$$\Delta_i = \tfrac{1}{2}(x_{i+1} - x_i)\,(y_i - y_{i+1}) \tag{996}$$

an Stelle der Summe die Differenz der Ordinatenabsolutwerte auf. Diese ungleichartige Behandlung verschwindet, wenn man unter $x$, $y$ nicht die in den Handriß geschriebenen Absolutwerte, sondern die algebraischen Werte der Koordinaten versteht, deren Vorzeichen aus der Lage der Koordinatenlinien hervorgeht. Setzt man rechtssinnige Bezifferung der Vieleckspunkte und das allgemeine Koordinatensystem voraus, so ergeben sich an der Hand von Abb. 381 leicht die allgemein gültigen Trapezformeln

$$2F = -\sum_{i=1}^{n} (x_{i+1} - x_i)\,(y_i + y_{i+1}) = +\sum_{i=1}^{n} (y_{i+1} - y_i)\,(x_i + x_{i+1}). \tag{997}$$

Sie gelten auch für überschlagene Flächen, wenn man deren Teilflächen positiv bzw. negativ auffaßt, je nachdem deren Punktnumerierung nach dem Anblick dem Uhrzeiger folgt oder ihm entgegengesetzt ist.

Vorteilhafter ist die unter strenger Beachtung der Koordinatenvorzeichen anzuwendende sog. *Gauß*sche Flächenformel[1], welche meistens zur Ermittelung von Polygonflächen aus deren berechneten Eckpunktskoordinaten dient, aber ebensogut auch zur Flächenberechnung einer Standlinienaufnahme Verwendung finden kann.

Durch Verbinden der Eckpunkte des Polygons $P_1\,P_2\,\ldots\,P_n$ (Abb. 382) mit dem Koordinatenursprung $U$ (allgemeines System) wird dessen Fläche $F$ in die Dreiecke $\Delta_1$, $\Delta_2, \ldots \Delta_n$ zerlegt, so daß

$$F = \sum_{i=1}^{n} \Delta_i \tag{998}$$

ist. Bezeichnen $\alpha_i$ und $r_i$ Richtungswinkel und Länge des Strahles $UP_i$, so ist die doppelte Fläche des $i$-ten Dreiecks

$$\begin{aligned} 2\Delta_i &= r_i\, r_{i+1} \sin(\alpha_{i+1} - \alpha_i) \\ &= (r_i \cos\alpha_i)\,(r_{i+1} \sin\alpha_{i+1}) \\ &\quad - (r_i \sin\alpha_i)\,(r_{i+1} \cos\alpha_{i+1}). \end{aligned} \tag{999}$$

Unter Berücksichtigung der Beziehungen

$$r_i \cos\alpha_i = x_i, \qquad r_i \sin\alpha_i = y_i$$

findet man aus (999) leicht

$$2\Delta_i = x_i\, y_{i+1} - y_i\, x_{i+1}, \tag{1000}$$

so daß

$$2F = \left[2\Delta_i\right]_{i=1}^{n} = \sum_{i=1}^{n} x_i\, y_{i+1} - \sum_{i=1}^{n} y_i\, x_{i+1} \tag{1001}$$

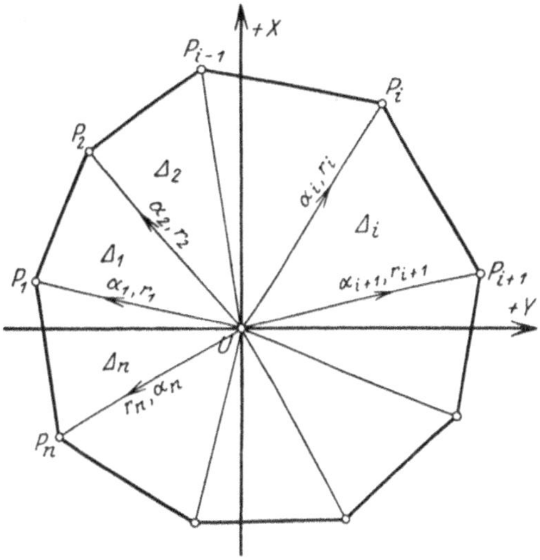


Abb. 382. Zur Flächenberechnung eines Polygons mittels der Gaußschen Flächenformel.

wird. Setzt man in den zwei letzten Summen die gemeinsamen $x_i$ bzw. $y_i$ jeweils vor eine Klammer, so entstehen die beiden Formen der *Gauß*schen Flächenformel:

$$2F = \sum_{i=1}^{n} x_i (y_{i+1} - y_{i-1}) = -\sum_{i=1}^{n} y_i (x_{i+1} - x_{i-1}). \tag{1002}$$

Bei diesem Ausdruck sind $n$ Differenzen und $n$ Produkte zu berechnen. Er ist also vorteilhafter als die Form (1001), welche die Berechnung von $2n$ Produkten verlangt. Bei der praktischen Durchführung einer Flächenberechnung mittels der eben aufgestellten Formel wird man, da die Fläche von der Lage des Koordinatensystems unabhängig ist, zur Erzielung kleiner Faktoren $x_i$, $y_i$ die Koordinaten von einem der Fläche möglichst naheliegenden Nullpunkt aus zählen[2]. Müssen zur Flächenberechnung auf verschiedene Messungslinien bezogene Koordinaten verwendet werden, so sind diese erst durch eine Koordinatentransformation auf ein und dasselbe System zu beziehen.

In Abb. 383 sind $AB$, $CD$ zwei Messungslinien, für deren Endpunkte die recht-

---

[1] Sie wird auch nach *L'Huilier* benannt.

[2] Für die Maschinenrechnung nach der *Gauß*schen Flächenformel hat der dänische Landinspektor *Elling* eine sehr vorteilhafte Anordnung gegeben. Siehe hierzu Z. Vermess.-Wes. 1926 S. 545—552 und Bayer. Z. Vermess.-Wes. 1927 S. 76—85.

winkligen Koordinaten in einem gemeinsamen Hauptsystem bekannt sind. Es soll der durch unmittelbare Messung von der örtlichen Abszissenachse $CD$ ($C$ = Ursprung) aus festgelegte Punkt $P_i$ durch Umrechnung auf die Achse $AB$ mit $A$ als Ursprung bezogen werden. Bezeichnen $xy$, $x'y'$, $x''y''$ bzw. $()$, $()'$ und $()''$ die Koordinaten eines Punktes bzw. den Richtungswinkel einer Strecke im gemeinsamen Hauptsystem und in den örtlichen Systemen $AB$ bzw. $CD$, so erhält man aus den Koordinaten $x_A$, $y_A$, $x_B$, $y_B$, $x_C$, $y_C$, $x_D$, $y_D$ der Punkte $A$, $B$, $C$, $D$ im Hauptsystem in bekannter Weise

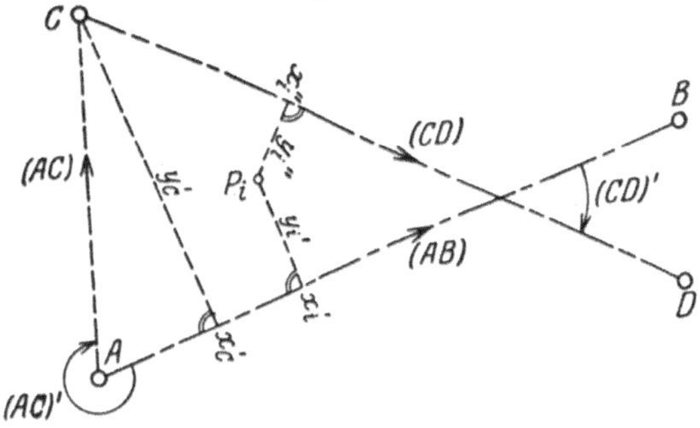

Abb. 383. Koordinatentransformation.

$$(AB),\quad (CD),\quad (AC),\quad AC \tag{1003}$$

$$\left.\begin{aligned}(AC)' &= (AC) - (AB),\\ (CD)' &= (CD) - (AB)\end{aligned}\right\} \tag{1004}$$

sowie die auf $AB$ bezogenen Koordinaten des Punktes $C$

$$\left.\begin{aligned}x'_C &= AC\cdot\cos(AC)',\\ y'_C &= AC\cdot\sin(AC)'.\end{aligned}\right\} \tag{1005}$$

Da im System $AB$ die Koordinaten $x''_i$, $y''_i$ die Richtungswinkel $(CD)'$ und $(CD)' + 90^0$ besitzen, so werden die ihnen entsprechenden Koordinatenunterschiede

$$x''_i\cos(CD)' - y''_i\sin(CD)' \quad \text{bzw.} \quad x''_i\sin(CD)' + y''_i\cos(CD)' \tag{1006}$$

in der Abszissen- bzw. Ordinatenrichtung. Durch Addition der beiden letzten Gleichungen entstehen die Transformationsformeln

$$\left.\begin{aligned}x'_i &= x'_C + x''_i\cos(CD)' - y''_i\sin(CD)',\\ y'_i &= y'_C + x''_i\sin(CD)' + y''_i\cos(CD)'.\end{aligned}\right\} \tag{1007}$$

Will man eine krummlinig begrenzte Fläche möglichst scharf berechnen, so ermittelt man erst die Fußpunkte $x_0$, $x_n$ (Abb. 384) der die Grenzlinie berührenden Ordinaten, zerlegt den Abszissenunterschied $x_n - x_0$ in eine gerade Anzahl $n$ gleicher Teile

$$h = \frac{1}{n}(x_n - x_0) \tag{1008}$$

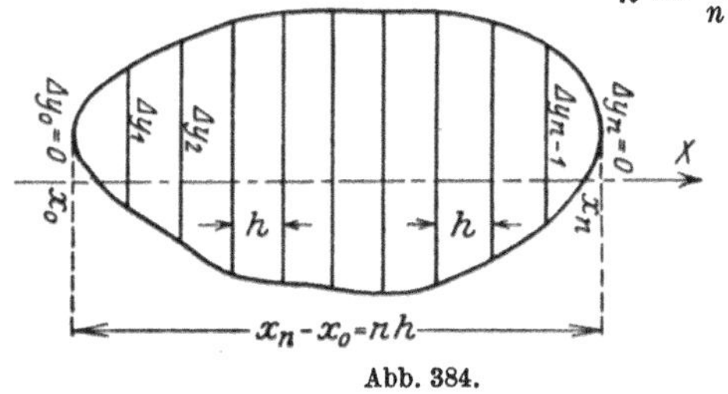

Abb. 384.

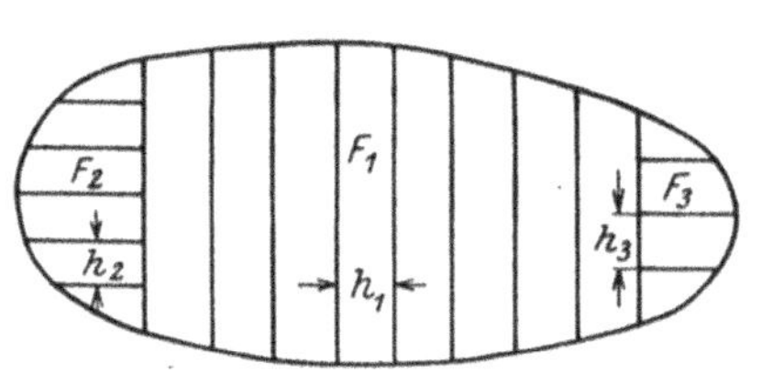

Abb. 385.

Flächenberechnung mit Hilfe der Simpsonschen Regel.

und ermittelt aus den in diesen Punkten errichteten Ordinaten die Sehnen $\Delta y_0, \Delta y_1, \ldots \Delta y_n$. Durch Anwendung der *Simpson*schen Regel auf die beiderseits der Standlinie gelegenen Flächenteile erhält man für die gesuchte Fläche den Ausdruck

$$\begin{aligned}F = \tfrac{1}{3}h[\Delta y_0 + \Delta y_n &+ 4(\Delta y_1 + \Delta y_3 + \cdots + \Delta y_{n-1})\\ &+ 2(\Delta y_2 + \Delta y_4 + \cdots + \Delta y_{n-2})],\end{aligned} \tag{1009}$$

dessen beide erste Glieder $\Delta y_0, \Delta y_n$ unter der getroffenen Voraussetzung verschwinden[1].

[1] Mittels (1009) erhält man an Stelle der sonst errechneten Fläche eines Sehnenpolygons den Inhalt einer durch Parabelbögen begrenzten Figur. Diese Parabelbögen schließen sich der Umgrenzung inniger an als die Sehnen und sind dadurch bestimmt, daß sie durch je drei aufeinanderfolgende Ordinatenendpunkte gehen und daß die Achsen der Parabeln, auf denen sie liegen, zur Standlinie senkrecht stehen.

Man kann auch die Kuppen $F_2$, $F_3$ (Abb. 385) einer Fläche $F$ vom Kern $F_1$ abtrennen, alle drei Teile nach (1009) berechnen[1] und zur Summe

$$F = F_1 + F_2 + F_3 \tag{1010}$$

vereinigen.

Projiziert man die im mittleren Messungshorizont $H$ berechnete Fläche $F$ mit der Umgrenzung $K$ (Abb. 386) auf den Meeresspiegel, so entsteht die von $K_0$ umschlossene, infolge der Lotkonvergenz etwas kleinere Fläche $F_0$. Den Unterschied

$$\Delta F_0 = F - F_0 \tag{1011}$$

bezeichnet man als die Flächenreduktion auf den Meereshorizont. Die ähnlichen Flächen $F_0$ und $F$ liegen auf zwei Kugeln vom Halbmesser $r$ ($r$ = Erdhalbmesser) und $r + H$; sie verhalten sich also wie die Quadrate dieser Längen und es ist daher

$$F_0 = F\left(\frac{r}{r+H}\right)^2 = F\left(\frac{1}{1+\frac{H}{r}}\right)^2 = F\left(1 - \frac{H}{r} + \cdots\right)^2 = F\left(1 - 2\frac{H}{r} + \cdots\right). \tag{1012}$$

Die hierin vernachlässigten Glieder höherer Ordnung von $\frac{H}{r}$ sind im Vergleich zu diesem verschwindend klein. Es wird also die Reduktion auf den Meeresspiegel

$$\Delta F_0 = 2 \cdot \frac{H}{r} \cdot F \tag{1013}$$

und die reduzierte Fläche ist

$$F_0 = F - 2 \cdot \frac{H}{r} \cdot F = \left(1 - 2\frac{H}{r}\right) F. \tag{1014}$$

Für $F = 1$ ha und $H = 100$ m ist $\Delta F_0 = 0{,}314$ qm; wegen seiner Geringfügigkeit kann es — mindestens in Tiefländern — meistens vernachlässigt werden.

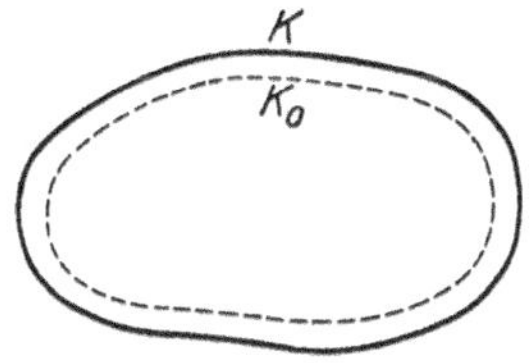

Abb. 386. Flächenreduktion auf den Meeresspiegel.

## 44. Flächenberechnung nach dem Plan.

Liegen für die Flächenermittlung keine Maßzahlen vor, wie z. B. bei Meßtischaufnahmen, so erfolgt mit geringerer Genauigkeit die Flächenberechnung nach dem Plan, und zwar entweder a) aus Planmaßen, b) mit Hilfe von Flächentafeln oder c) mit dem Planimeter.

### a) Flächenberechnung aus Planmaßen.

Zur Flächenberechnung aus Planmaßen werden die einzelnen Figuren in Dreiecke und rechtwinklige Trapeze zerlegt, deren Bestimmungsstücke dem Plan zu entnehmen sind. Die Dreieckshöhen bzw. die Vielecksordinaten, einzelne Grundlinien und Diagonalen werden meist mit Zirkel und Transversalmaßstab bestimmt, während zur Abszissenmessung im Vieleck in der Regel ein abgeschrägter (prismatischer) Maßstab mit einer zuverlässigen, deutlichen Millimeterteilung benützt wird. Mit den so gewonnenen Maßen erfolgt nunmehr die Flächenberechnung in derselben Weise wie vorher aus Naturmaßen.

Natürlich ist bei dieser Art der Flächenberechnung auch die Papieränderung zu berücksichtigen. Man könnte gleich bei der Maßentnahme jede abgegriffene Länge in entsprechender Weise verbessern. Diesen umständlichen Weg kann man aber vermeiden, indem man die zunächst ohne Berücksichtigung des Papiereingangs berechnete, fehlerhafte Fläche $F'$ mit einem entsprechenden Zuschlag $\Delta F$, der Flächenverbesserung infolge der Papieränderung, versieht.

Wir denken uns $F$ durch Parallele zur einen Hauptrichtung der Papieränderung in unendlich schmale Streifen $dF$ zerlegt, die als Rechtecke von der Länge $a$ und der Breite $db$ gelten können. Sind $p$ und $q$ die Prozentzahlen der Papieränderung in der

[1] Bei der Berechnung des Teiles $F_1$ sind $\Delta y_0$ und $\Delta y_n$ von Null verschieden.

Richtung der Rechtecksseiten, so betragen deren Änderungen

$$da = \frac{p}{100} \cdot a, \qquad \delta b = \frac{q}{100} \cdot db. \tag{1015}$$

Aus dem Ausdruck

$$dF = a \cdot db \tag{1016}$$

für die Rechtecksfläche folgt daher die Flächenänderung

$$\delta F = a \cdot \delta b + db \cdot da = a \frac{q}{100} \cdot db + db \frac{p}{100} \cdot a = \frac{a\,db}{100}(p+q) = \frac{p+q}{100} dF. \tag{1017}$$

Also ist die der Gesamtfläche $F = \int dF$ entsprechende Flächenänderung $\Delta F$ wegen des Papiereingangs

$$\Delta F = \int \delta F = \frac{p+q}{100} \int dF = \frac{p+q}{100} \cdot F, \tag{1018}$$

d. h. der Prozentsatz der Flächenänderung ist die Summe der Prozentzahlen der extremen Papieränderungen. Die berichtigte Naturfläche wird daher

$$F = F' + \Delta F = F' + \frac{p+q}{100} \cdot F. \tag{1019}$$

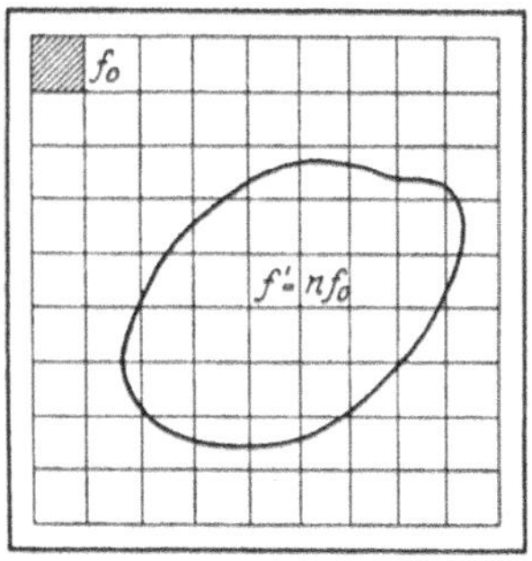


Abb. 387. Flächenbestimmung mit dem Schätzquadrat.

Wurden einem Plane, dessen Maßstab etwa $M = 1:V$ ist, die zur Flächenberechnung verwendeten Maße im natürlichen Maßstab entnommen, so ist das erhaltene Ergebnis zunächst die fehlerhafte Papierfläche $f'$, aus welcher sich die wegen des Papiereingangs berichtigte Papierfläche

$$f = f' + \Delta f = f' + \frac{p+q}{100} f' \tag{1020}$$

ergibt. In der zu $f$ ähnlichen Feldfläche $F$ ist jede Länge $V$-mal größer als in $f$, und da sich die Flächen ähnlicher Gebilde wie die Quadrate entsprechender Längen verhalten, so besteht für den Übergang von der Papierfläche zur Feldfläche die Beziehung

$$F = V^2 \cdot f. \tag{1021}$$

## b) Das Schätzquadrat.

Unter den sog. Flächentafeln sei das Schätzquadrat genannt. Dasselbe ist eine durchsichtige, mit einem feinen Quadratnetz überzogene Tafel (Abb. 387), dessen Maschenquadrat eine bekannte runde Fläche $f_0$ besitzt. Beim Gebrauch wird das Schätzquadrat mit der Teilung auf das Papier gelegt und durch Abzählen und Schätzen die Zahl $n$ der Flächenelemente $f_0$ ermittelt, welche in der zu bestimmenden Fläche $f'$ enthalten sind. Es ist dann

$$f' = n \cdot f_0. \tag{1022}$$

Das Schätzquadrat ist sehr bequem; es liefert aber nur mäßig genaue Ergebnisse und wird mit Vorteil besonders zur Nachprüfung von Flächenberechnungen zwecks Aufdeckung etwaiger grober Rechenfehler benützt. Die Berücksichtigung des Papiereingangs spielt daher bei der Benützung des Schätzquadrats keine so große Rolle[1].

[1] Ähnliche Hilfsmittel zur Flächenbestimmung sind die Faden- oder Harfenplanimeter (Flächenharfe), deren wirksamer Bestandteil eine Schar von parallelen Geraden mit gleichen runden Abständen $a$ ist. Liegt die Harfe auf der Fläche, so kann man rechnerisch oder mit dem Zirkel die Mittellängen der entstandenen Streifen addieren und erhält im Produkt aus dieser Summe $s$ in den Parallelenabstand $a$ die gesuchte Fläche $f = a \cdot s$.

Hier sei auch die Hyperbeltafel von *Kloth* genannt, welche auf einer durchsichtigen Platte eine Schar von gleichseitigen Hyperbeln trägt und zur bequemen Ermittlung von Dreiecks- und Vierecksflächen dient.

## c) Flächenberechnung mit dem Planimeter.

Mit den Planimetern kann man Flächen auf rein mechanischem Wege durch einfaches Umfahren bestimmen. Die weiteste Verbreitung unter allen Umfahrungsplanimetern[1] hat das *Amsler*sche Polarplanimeter gefunden, dessen Theorie im folgenden besprochen werden soll.

Die gesuchte von der stark ausgezogenen Kurve $K$ umschlossene Fläche $f_1$ (Abb. 388) werde mit dem einen Ende eines Stabes von der Länge $a$ umfahren, während sich das andere Stabende zwangsläufig auf einer außerhalb $f_1$ befindlichen Kurve $K_0$ bewegt. Durch eine kleine Bewegung gelangt der Stab aus seiner Anfangslage $AB$ in die Nachbarlage $A'B'$ und überstreicht dabei die kleine Fläche $df$, welche man sich aus einem unendlich schmalen Trapez $df'$ und einem unendlich schmalen Dreieck $df''$ zusammengesetzt denken kann. Rechnet man $df'$, $df''$ und $df$ der Reihe nach positiv, wenn $B'A''$ rechts von $BA$, $B'A'$ rechts von $B'A''$ und $B'A'$ ganz oder mit seiner größeren Hälfte rechts von $BA$ liegt, so gilt immer die einfache Beziehung

$$df = df' + df''. \tag{1023}$$

Die Anteile $df'$, $df''$ entsprechen einer unendlich kleinen Parallelverschiebung bzw. Drehung des Stabes um die Beträge $dU$ und $d\varphi$, so daß

$$df = a\,dU + \frac{a^2}{2}\,d\varphi \tag{1024}$$

wird, wobei $d\varphi$ im Bogenmaß zu nehmen ist. Die bei einer vollständigen Umfahrung von $f_1$ von $a$ überstrichene Fläche $f_2$ ist also die Summe

$$f_2 = \int df = a\int dU + \frac{a^2}{2}\int d\varphi. \tag{1025}$$

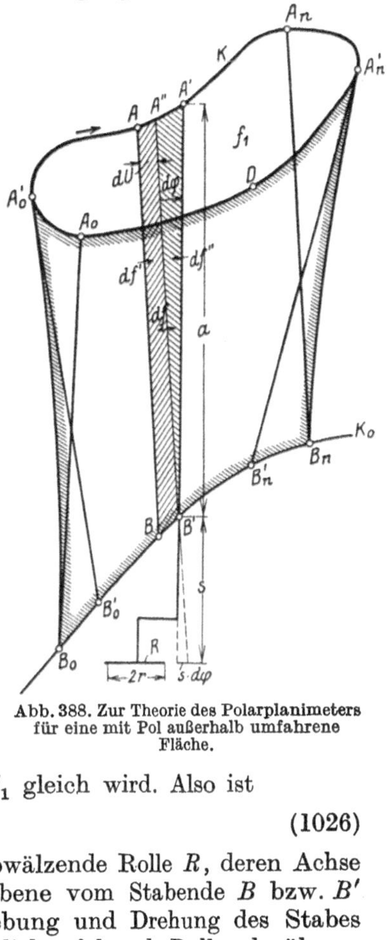

Abb. 388. Zur Theorie des Polarplanimeters für eine mit Pol außerhalb umfahrene Fläche.

$f_2$, welches den äußeren Umriß $B_0A_0'AA_n'B_nB$ besitzt, enthält einen Teil $B_0A_0'DA_n'B_nB$, welcher sowohl beim Hinweg wie auch beim Rückweg, also rechtssinnig und linkssinnig überstrichen wird. Er besitzt daher nach der vorhin getroffenen Vorzeichenregel einmal positives, einmal negatives Vorzeichen, so daß $f_2$ dem allein übrigbleibenden Teil $f_1$ gleich wird. Also ist

$$f_1 = f_2. \tag{1026}$$

Eine mit $a$ verbundene, auf der Unterlage sich abwälzende Rolle $R$, deren Achse zum Fahrstab parallel liegt und deren Berührungsebene vom Stabende $B$ bzw. $B'$ um $s$ absteht, wird sich infolge der Parallelverschiebung und Drehung des Stabes um die Beträge $+\,dU$ und $-\,s\cdot d\varphi$ abwälzen. Die wirklich erfolgende Rollenabwälzung ist ihre Summe

$$dU_0 = dU - s\cdot d\varphi. \tag{1027}$$

Setzt man den hieraus folgenden Ausdruck

$$dU = dU_0 + s\cdot d\varphi \tag{1028}$$

---

[1] Das älteste Umfahrungsplanimeter ist das Linearplanimeter (mit zwei zueinander senkrechten Bewegungen), als dessen erster Erfinder nach *Bauernfeind:* Elemente der Vermessungskunde Bd. 2 S. 228. Stuttgart 1890 der bayerische Trigonometer *Hermann* (1814) anzusehen ist. Dieses im Laufe der Zeit hauptsächlich durch *Wetli* und *Hansen* verbesserte Instrument war jedoch ziemlich teuer und genauer als notwendig. Es wurde daher durch das einfachere, billigere und doch hinreichend genaue Polarplanimeter, welches 1854 *Amsler* in Schaffhausen konstruiert und das nahezu gleichzeitig (1855) auch *Miller* in Leoben erfunden hatte, schnell verdrängt.

in (1025) ein, so folgt

$$f_2 = a\int dU_0 + a\cdot s\int d\varphi + \frac{a^2}{2}\int d\varphi. \tag{1029}$$

$\int dU_0$ ist die gesamte, während der Umfahrung von $f_1$ erfolgende Rollenabwälzung $U_0$. Die Stabrichtung, welche beim Beginn der Bewegung etwa $\varphi_0$ war, ist am Ende derselben wieder $\varphi_0$, da der Stab in die Ausgangslage zurückgekehrt ist, ohne den Umkreis umfahren zu haben; es sind also auch in $\int d\varphi$ die Grenzen $\varphi_0$ einzusetzen. Damit erhält man

$$f_2 = a\cdot U_0 + \left(as + \frac{a^2}{2}\right)[\varphi]_{\varphi_0}^{\varphi_0} = a\cdot U_0 \tag{1030}$$

oder mit Rücksicht auf (1026)

$$f_1 = f_2 = a\cdot U_0. \tag{1031}$$

Bedeutet $r$ den Halbmesser, $u$ den Umfang und $n$ die Umdrehungszahl der Rolle $R$, so gelten die Beziehungen

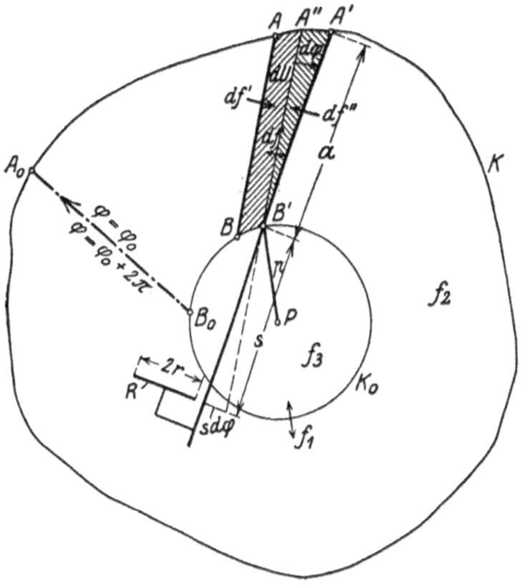


Abb. 389. Zur Theorie des Polarplanimeters für eine mit Pol innerhalb umfahrene Fläche.

$$u = 2\pi\cdot r, \quad U_0 = n\cdot u = 2n\pi\cdot r. \tag{1032}$$

Ihre Berücksichtigung in (1031) führt auf die für **Pol außerhalb der umfahrenen Fläche gültige Planimetergleichung**

$$f_1 = (a\cdot u)\cdot n = k\cdot n. \tag{1033}$$

**Die umfahrene Fläche ist also, wenn das zweite Stabende außerhalb ihres Umrisses liegt, das Produkt aus einer Multiplikationskonstanten $k$ und der Rollenumdrehungszahl $n$.** Die Multiplikationskonstante

$$k = a\cdot u \tag{1034}$$

ist das Produkt der Stablänge $a$ in den Rollenumfang $u$.

Ähnlich liegen die Verhältnisse, wenn sich beim Befahren der die gesuchte Fläche $f_1$ begrenzenden Linie $K$ das zweite Stabende $B$ auf einer innerhalb $K$ liegenden, geschlossenen Kurve $K_0$ (Abb. 389) bewegt, welche die Fläche $f_3$ begrenzen möge. Bei einer vollständigen Umfahrung von $K$ überstreicht der Fahrstab $a$ die ringförmige von $K$ und $K_0$ begrenzte Fläche $f_2$ und gelangt nach einer vollen Umdrehung in die mit der Anfangsstellung $B_0A_0$ zusammenfallende Endstellung. Den beiden Lagen entsprechen also die Richtungsangaben $\varphi_0$ bzw. $\varphi_0 + 2\pi$. Für $f_2$ ergibt sich durch die gleichen Überlegungen wie vorher der Ausdruck (1030), nur daß jetzt die obere Integrationsgrenze nicht mehr $\varphi_0$ sondern $\varphi_0 + 2\pi$ ist. So findet man jetzt

$$f_2 = a\cdot U_0 + a^2\cdot\pi + 2as\cdot\pi. \tag{1035}$$

Für den Fall, daß $K_0$ ein Kreis vom Halbmesser $p$ ist, wird

$$f_3 = p^2\pi \tag{1036}$$

und die gesuchte Fläche ist

$$f_1 = f_2 + f_3 = a\cdot U_0 + \pi(a^2 + 2as + p^2) \tag{1037}$$

bzw.

$$f_1 = k\cdot n + C, \tag{1038}$$

wenn $k$ und $n$ ihre alte Bedeutung behalten und von den Abkürzungen

$$a^2 + 2as + p^2 = L^2, \qquad \pi\cdot L^2 = C \tag{1039}$$

Gebrauch gemacht wird.

Bewegt sich das Stabende $B_0$ auf einer innerhalb der befahrenen Kurve $K$ liegenden Linie $K_0$, so ist die umfahrene Fläche $f_1$ das Produkt der Multiplikationskonstanten $k$ in die Umdrehungszahl $n$, vergrößert um eine Additionskonstante $C$.

Das in Abb. 390 schematisch dargestellte *Amsler*sche Polarplanimeter besteht im wesentlichen aus zwei im gemeinsamen Endpunkte $B$ gelenkig verbundenen Stäben, dem Fahrarm $a$ und dem in den Pol $P$ endigenden Polarm $p$. Ersterer besitzt im Endpunkte $A$ einen Fahrstift, mit dem kleine Figuren mit festem Pol außerhalb, große aber mit Pol innerhalb der zu bestimmenden Fläche umfahren werden. Der Pol wird, wenn er eine Spitze besitzt, mit derselben in die Unterlage eingedrückt und durch ein kleines Polgewicht $G_p$ beschwert; bei kugelförmiger Ausbildung wird der Pol in die entsprechend geformte Höhlung eines größeren, fest auf der Unterlage liegenden Polgewichtes eingesetzt. Mit dem Fahrarm ist eine Laufrolle $R$ verbunden, deren Achse $XX$ (Abb. 391) zu $a$ parallel liegt und deren Berührungsebene vom Gelenk $B$ um $s$ absteht.

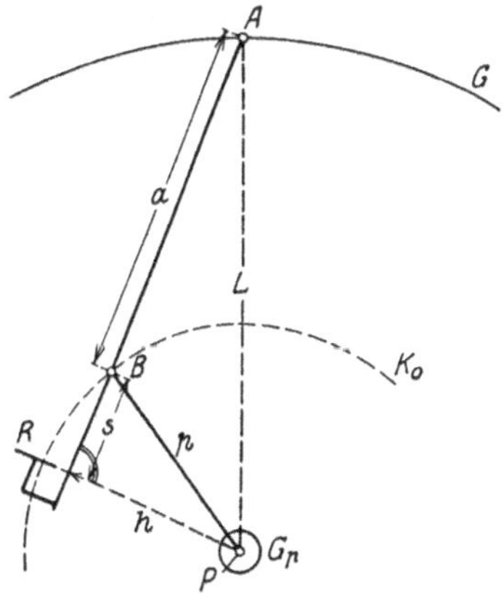


Abb. 390. Schematische Darstellung des Polarplanimeters.

Ein anschließender Zylinder, die Zählrolle $R_z$ trägt eine Teilung, an der mit Hilfe eines Nonius die Bruchteile der Umdrehungszahl abgelesen werden, während eine Zählscheibe $Z$ die ganzen Umdrehungen angibt. Um eine Änderung der Fahrarmlänge zu ermöglichen, sind die eben genannten Bestandteile nicht unmittelbar mit dem Fahrstab, sondern mit einer nach Lösen der Klemmschrauben $K_1$, $K_2$ am Fahrarm verschiebbaren Hülse $H$ verbunden. Ist mit Hilfe des Nullstriches eines Nonius $N_2$ an der in einem Fenster der Hülse sichtbaren Fahrarmteilung die gewünschte Einstellung $l$ ungefähr erreicht, so wird $K_1$ angezogen, mit der Feinstellschraube $F$ die Einstellung $l$ scharf herbeigeführt und sodann die Versicherungsklemmschraube $K_2$ angezogen. Die Hülse $H$ trägt auch das Gelenk $B$, welches vielfach derart ausgebildet ist, daß der Polarm nach dem Gebrauch ohne weiteres herausgenommen werden kann.

Der Festwert $C$ kann als die Fläche eines Kreises, des sog. Grundkreises aufgefaßt werden, dessen Halbmesser bei kreisförmigem $K_0$ eine einfache geometrische Deutung besitzt. Faßt man diejenige Stellung des Fahrarmes zum Polarm ins Auge, für welche die erweiterte Rollenebene durch den Pol geht (Abb. 390), so ist das Quadrat des zugehörigen Abstandes $AP$ des Fahrstiftes vom Pol der besondere Wert

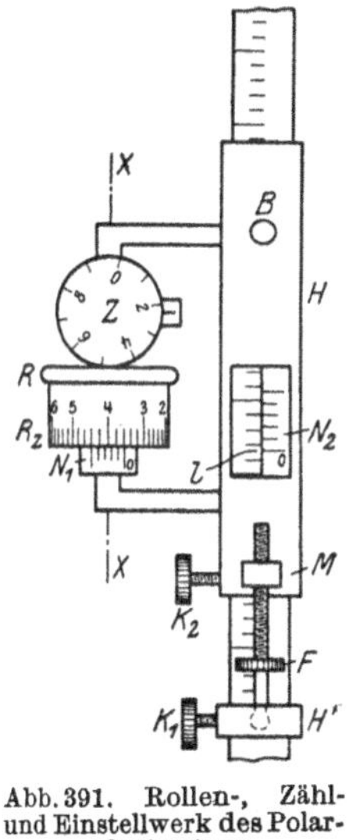


Abb. 391. Rollen-, Zähl- und Einstellwerk des Polarplanimeters.

$$x^2 = (a+s)^2 + h^2 = (a+s)^2 + p^2 - s^2 = a^2 + 2as + p^2, \tag{1040}$$

welcher mit dem durch (1039) definierten $L^2$ übereinstimmt.

Die Additionskonstante oder Grundkreisfläche $C = \pi \cdot L^2$ ist daher die Fläche desjenigen Kreises $G$, welcher umfahren wird, wenn die Rollenebene stets den Pol enthält. Da sich die Rolle bei der Umfahrung des Grundkreises stets in der Richtung ihrer Achse bewegt, so findet dabei nur ein Gleiten, aber keine Umdrehung der Rolle statt.

Will man $C = 0$ machen, so muß $L$ verschwinden. Für diesen Fall folgt aus der ersten der Gl. (1039) die Bedingung

$$s = -\left(\frac{a}{2} + \frac{p^2}{2a}\right). \tag{1041}$$

Weiterhin müssen für $L = 0$ die Punkte $A$ und $P$ zusammenfallen, d. h. es muß $p = a$ sein. Damit folgt aus (1041) $s = -a$; also muß bei gleicher Länge von Fahr- und Polarm die Rollenebene den Fahrarmanfangspunkt enthalten, damit $C$ verschwindet.

Verbindet man den Polarm mit zwei gleich dicken, senkrecht zur Achse fein gerillten Zylindern $Z_1$, $Z_2$ (Abb. 392), die mittels Spitzen in einem festen, in der Abbildung gestrichelt angedeuteten Rahmen laufen, welcher auch das Gelenk $B$ trägt, so wird sich bei einer Bewegung des Fahrstiftes der Polarm stets parallel zu seiner Anfangslage verschieben. Der Pol liegt also bei diesem in verschiedenen Formen ausgebildeten Rollplanimeter im Unendlichen, so daß alle Flächen, die sich übrigens senkrecht zum Polarm beliebig weit ausdehnen können, stets mit Pol außerhalb umfahren werden.

Die Bestimmung der Planimeterkonstanten $k$, $C$ kann in roher Weise mittels der Ausdrücke (1034) und (1039) aus den Abmessungen des Instrumentes erfolgen. Die so gewonnenen, ziemlich ungenauen Ergebnisse sind jedoch nur für eine rohe Überprüfung tauglich. Zur scharfen Planimetereichung dient der im folgenden beschriebene empirische Weg.

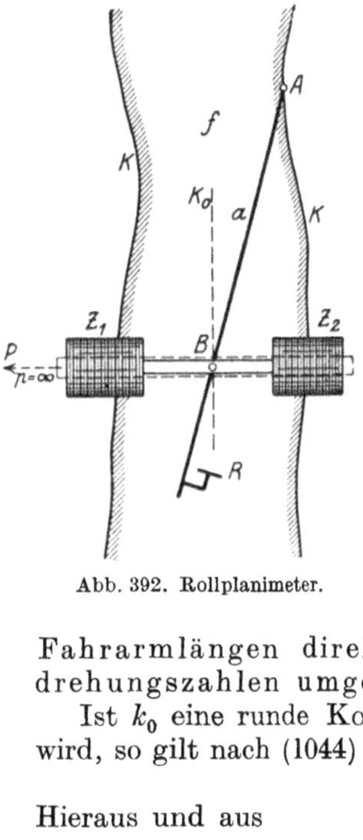

Abb. 392. Rollplanimeter.

Wird eine bekannte Fläche $f$ mit Pol außerhalb der Figur mit den verschiedenen Fahrarmlängen $a_1$, $a_2$ umfahren, so ergeben sich die Umdrehungszahlen $n_1$, $n_2$ und es bestehen die Beziehungen

$$f = k_1 n_1 = k_2 n_2, \tag{1042}$$

aus welchen bei bekanntem $f$ und beobachteten $n_1$, $n_2$ die Werte $k_1$, $k_2$ zahlenmäßig berechnet werden können.

Nach (1034) aber ist auch

$$k_1 = a_1 \cdot u, \qquad k_2 = a_2 u, \tag{1043}$$

so daß aus (1043) und (1042) die Verhältnisgleichung

$$k_1 : k_2 = a_1 : a_2 = \frac{1}{n_1} : \frac{1}{n_2} \tag{1044}$$

hervorgeht. Demnach sind die Multiplikationskonstanten eines Planimeters zu den zugehörigen Fahrarmlängen direkt, zu den zur gleichen Fläche gehörigen Umdrehungszahlen umgekehrt proportional.

Ist $k_0$ eine runde Konstante, für welche die zugehörige Fahrarmlänge $a_0$ gesucht wird, so gilt nach (1044) auch

$$a_0 : a_1 = k_0 : k_1 . \tag{1045}$$

Hieraus und aus

$$a_2 : a_1 = k_2 : k_1 \tag{1046}$$

ergibt sich durch entsprechende Subtraktion

$$(a_0 - a_1) : (k_0 - k_1) = a_1 : k_1 = (a_2 - a_1) : (k_2 - k_1) \tag{1047}$$

und daraus folgt für die gesuchte Fahrarmlänge der Ausdruck

$$a_0 = a_1 + (a_2 - a_1) \frac{k_0 - k_1}{k_2 - k_1} . \tag{1048}$$

Würden die Ablesungen bei den Fahrarmeinstellungen wirklich die Fahrarmlängen angeben, so könnte zur Berechnung von $a_0$ die einfachere Beziehung (1045) dienen. In Wirklichkeit unterscheiden sich aber die Fahrarmlängen $a_0$, $a_1$, $a_2$ um einen Betrag $\Delta$ von den entsprechenden Fahrarmeinstellungen (Ablesungen) $l_0$, $l_1$, $l_2$, so daß

$$a_0 = l_0 + \Delta, \qquad a_1 = l_1 + \Delta, \qquad a_2 = l_2 + \Delta \tag{1049}$$

ist. Setzen wir diese Ausdrücke in (1048) ein, so fällt $\Delta$ hinaus und es ergibt sich die zur runden Konstanten $k_0$ gehörige Fahrarmeinstellung

$$l_0 = l_1 + (l_2 - l_1)\frac{k_0 - k_1}{k_2 - k_1}, \tag{1050}$$

welche hiernach aus den mittels (1042) berechneten Zufallswerten $k_1$, $k_2$ und den zugehörigen Fahrarmeinstellungen $l_1$, $l_2$ bestimmt werden kann. Die Beziehung (1050) gilt auch, wie sich leicht zeigen läßt, für jede beliebige Einheit der Fahrarmteilung wie auch für den Fall, daß die Bezifferung des Fahrarms mit zunehmender Fahrarmlänge abnimmt.

An die Bestimmung der Multiplikationskonstanten $k$ reiht sich nunmehr die Ermittlung der Additionskonstanten $C$ aus Umfahrungen einer großen bekannten Fläche $f$ mit Pol innerhalb der Figur. Ist $n$ die dabei beobachtete Umdrehungszahl, so wird

$$C = f - k \cdot n. \tag{1051}$$

Zur Durchführung einer Flächenbestimmung mit dem Planimeter setzt man zweckmäßig zunächst den Fahrstift in die Mitte der Figur, stellt den Polarm rechtwinklig zum Fahrarm, fährt hierauf mit dem Fahrstift an den Rand der Figur und überzeugt sich, ob bei der gewählten Stellung ein Umfahren der Figur möglich ist, ohne daß der von den beiden Armen des Instrumentes eingeschlossene Winkel an irgendeiner Stelle zu spitz oder zu stumpf wird. Dann wählt und bezeichnet man als Anfangspunkt der Umfahrung eine Stelle, für welche einer Bewegung des Fahrstiftes eine möglichst geringe Änderung der Rollenablesung entspricht. Unter dieser Voraussetzung macht es für das Ergebnis wenig aus, wenn der Fahrstift am Ende der Umfahrung etwa nicht genau in den Anfangspunkt zu liegen kommt; er muß jedoch am Anfang und am Ende der Bewegung scharf auf der befahrenen Linie liegen. Zum Schutz gegen grobe Irrtümer und zur Erhöhung der Genauigkeit führt man in der Regel in beiden Umfahrungsrichtungen mindestens je drei Umfahrungen durch und vereinigt die gefundenen Einzelwerte zum arithmetischen Mittel.

Der Einfluß einer Papieränderung auf die planimetrische Flächenermittlung kann unschädlich gemacht werden: 1. durch nachträgliche Berücksichtigung, 2. durch die sog. Proportionalmethode, 3. durch vorherige, entsprechende Änderung der Fahrarmeinstellung.

Die nachträgliche Berücksichtigung der Papieränderung erfolgt genau so wie bei der Flächenberechnung aus Planmaßen, nämlich mittels (1020). Anders bei der Proportionalmethode. Hier kann eine Fläche $f$ ohne Kenntnis der Papieränderung und der Multiplikationskonstanten des Planimeters bestimmt werden, wenn mit ihr auch eine sie umschließende Fläche $f_0$ (z. B. ein Netzquadrat) ebenfalls mit Pol außerhalb umfahren wird. Sind $n$ und $n_0$ die beobachteten Umdrehungszahlen, so gibt

$$f = \frac{n}{n_0} \cdot f_0 \tag{1052}$$

die nach der Proportionalmethode bestimmte Fläche an.

Auch durch eine geringe Änderung der Fahrarmeinstellung vor der Umfahrung kann der Papiereingang von vornherein unschädlich gemacht werden. Es ist offenbar $dk_0 = \frac{1}{100}(p + q) \cdot k_0$ diejenige Änderung der Multiplikationskonstanten, welche die Wirkung des Papiereingangs aufhebt. Dieser Konstantenänderung entspricht aber nach (1050) die Einstellungsänderung

$$d l_0 = \frac{l_2 - l_1}{k_2 - k_1} \cdot d k_0, \tag{1053}$$

so daß die Umfahrung mit der Einstellung $l_0 + dl_0$ statt mit $l_0$ auszuführen ist.

Auch die Beziehung zwischen Papierfläche, Feldfläche und Maßstab ist wieder durch (1021) ausgedrückt.

## 45. Halbgraphische Flächenberechnung.

Die halbgraphische Flächenberechnung liegt der Genauigkeit nach zwischen der Flächenberechnung aus Naturmaßen und derjenigen nach dem Plan. Sie erfolgt unter gleichzeitiger Verwendung von Naturmaßen und Planmaßen, und zwar werden zur Geringhaltung der Flächenfehler die kleinen Faktoren direkt gemessen, die großen aber unter sofortiger Berücksichtigung der Papieränderung dem Plane entnommen.

## 46. Genauigkeit der Flächenberechnung.

Die Fehlerfortpflanzung in der Flächenberechnung ist eine verschiedene, je nachdem es sich um Flächenberechnungen aus Naturmaßen oder nach dem Plan handelt.

### a) Fehler der Flächenberechnung aus Naturmaßen.

Erfahren die Grundlinie $c$ und die zugehörige Höhe $h_c$ eines Dreiecks die Änderungen $dc$ und $dh_c$, so ist, wie aus (989) folgt,

$$dF = \tfrac{1}{2}(c \cdot dh_c + h_c \cdot dc) \qquad (1054)$$

der den genannten Änderungen entsprechende bestimmte Fehler der Dreiecksfläche. Hierin ist jeder Faktor mit dem Fehler des anderen multipliziert. Bei sehr verschiedenen Faktoren wird also der mit dem großen Faktor multiplizierte Fehler des kleinen Faktors einen viel größeren Einfluß ausüben wie der mit dem kleinen Faktor multiplizierte Fehler des großen Faktors. Daraus folgt die bekannte, allgemein gültige Regel, die kleineren Faktoren mit besonderer Schärfe zu bestimmen.

Wenn an Stelle von $dc$ und $dh_c$ die mittleren Unsicherheiten $m_c$, $m_{h_c}$ treten, so ergibt die Anwendung des mittleren Fehlergesetzes das mittlere Flächenfehlerquadrat

$$m_F^2 = \tfrac{1}{4}(c^2 \cdot m_{h_c}^2 + h_c^2 \cdot m_c^2)\,, \qquad (1055)$$

gleichgültig, in welcher Weise $m_c$ und $m_{h_c}$ entstehen. Setzt man etwa

$$m_c^2 = m_0^2 \cdot c\,, \qquad m_{h_c}^2 = m_0^2 \cdot h_c\,, \qquad (1056)$$

wo $m_0$ den mittleren unregelmäßigen Fehler der Längeneinheit bedeutet, so folgt aus (1055) die besondere Form des mittleren Fehlerquadrats der Dreiecksfläche

$$m_F^2 = \tfrac{1}{4} c \cdot h_c (c + h_c)\, m_0^2 = \tfrac{1}{2} F\, (c + h_c)\, m_0^2\,. \qquad (1057)$$

Dieser Ausdruck wird mit Rücksicht auf den Faktor $(c + h_c)$ am kleinsten, wenn zur Flächenberechnung dasjenige Paar „Grundlinie, Höhe" benutzt wird, dessen Elemente die kleinste Summe besitzen. Wie die weitere Untersuchung zeigt, besitzen diese Längen unter sich den geringsten Unterschied.

Den Einfluß, welchen die Fehler $da$, $db$, $dc$ in den gemessenen Seiten auf die Dreiecksfläche ausüben, erhält man aus der *Heron*ischen Flächenformel zu

$$dF = r\,(da \cdot \cos\alpha + db \cdot \cos\beta + dc \cdot \cos\gamma)\,, \qquad (1058)$$

wenn $r$ den Halbmesser des Dreiecksumkreises bedeutet. Demnach läßt ein kleiner Fehler der Hypotenuse die Fläche des rechtwinkligen Dreiecks unberührt.

Den beliebig entstandenen mittleren Seitenfehlern $m_a$, $m_b$, $m_c$ entspricht im Dreieck das mittlere Flächenfehlerquadrat

$$m_F^2 = r^2\,(\cos^2\alpha \cdot m_a^2 + \cos^2\beta \cdot m_b^2 + \cos^2\gamma \cdot m_c^2)\,. \qquad (1059)$$

Für die Rechtecksfläche $F = a \cdot b$ erhält man die den Gleichungen (1054) und (1056) entsprechenden Fehlerausdrücke

$$dF = a \cdot db + b \cdot da \qquad (1060)$$

bzw.

$$m_F^2 = F\,(a + b)\, m_0^2\,. \qquad (1061)$$

Die (1057) und (1061) entsprechenden mittleren Fehlerquadrate der Trapezfläche sind

$$m_F^2 = \tfrac{1}{2} F\,(a + b + h)\, m_0^2 \qquad (1062)$$

bzw.

$$m_F^2 = \tfrac{1}{2} F\,(g_{13} + h_2 + h_4)\, m_0^2\,, \qquad (1063)$$

je nachdem die Trapezfläche nach (992) oder aber nach Andeutung von Abb. 393 als Summe zweier Dreiecksflächen mit der gemeinsamen Grundlinie $g_{13}$ und den Höhen $h_2$, $h_4$ berechnet wird.

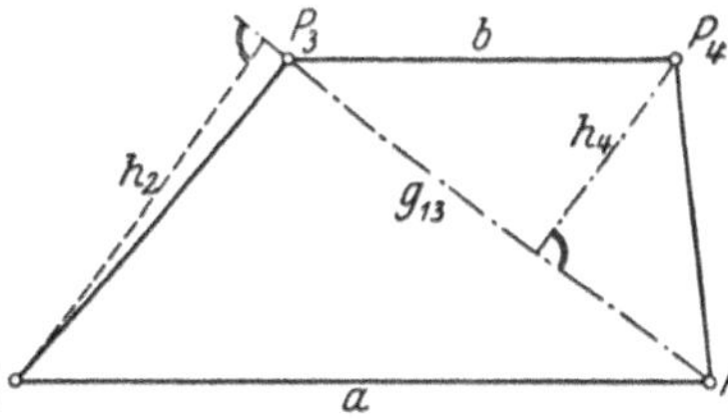


Abb. 393. Flächenfehler im Viereck.

Für ein beliebiges als Summe zweier Dreiecke berechnetes Viereck findet man

$$m_F^2 = \frac{1}{2} F\,(e + h_b + h_d)\, m_0^2 = \frac{1}{2} F \left\{ e + f - 2 f \sin^2\left(45^0 - \frac{\mu}{2}\right)\right\} m_0^2 \qquad (1064)$$

bzw.

$$m_F^2 = \frac{1}{2} (f + h_a + h_c)\, m_0^2 \quad = \frac{1}{2} F \left\{ e + f - 2 e \sin^2\left(45^0 - \frac{\mu}{2}\right)\right\} m_0^2\,, \qquad (1065)$$

je nachdem zur Flächenberechnung die Stücke $e$, $h_b$, $h_d$ (Abb. 380) bzw. $f$, $h_a$, $h_c$ verwendet worden sind. Aus einem Vergleich der dritten Glieder in beiden geschweiften Klammern folgt, daß diejenige Flächenbestimmung als die genauere zu betrachten ist, welche die kürzere Diagonale als Grundlinie benutzt.

Sehr viel umständlicher liegen die Verhältnisse, wenn es sich um den wichtigen Fall der Flächenberechnung eines Vielecks handelt. Dabei verläuft die Fehlerfortpflanzung für eine Standlinienaufnahme mittels rechtwinkliger Koordinaten wesentlich anders als bei einer Vielecksaufnahme durch Umfangsmessung, d. h. durch Polygonzüge.

Wir betrachten zunächst die Verhältnisse bei der durch eine Standlinienaufnahme bestimmten Vielecksfläche und berücksichtigen wegen der Wichtigkeit dieses Falles nicht nur die bisher allein beachteten mit der Wurzel aus den gemessenen Längen fortschreitenden Fehler, sondern auch alle übrigen. Aus (1002) erhält man zunächst den bestimmten Flächenfehler

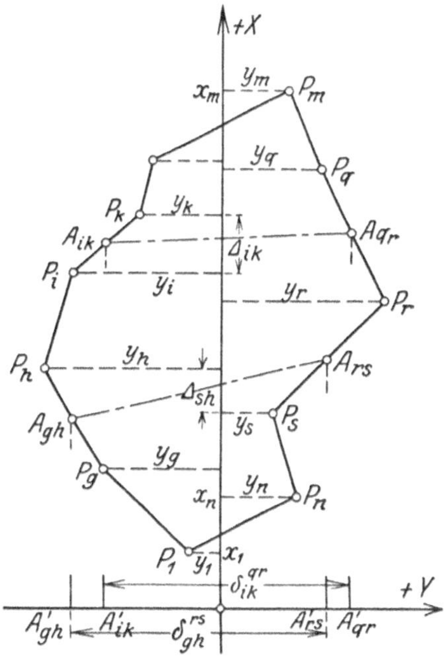


Abb. 394. Flächenfehler eines durch eine Standlinienaufnahme bestimmten Polygons.

$$dF = \frac{1}{2} \left\{ \sum_{i=1}^{n} (y_{i+1} - y_{i-1})\, dx_i - \sum_{i=1}^{n} (x_{i+1} - x_{i-1})\, dy_i \right\} \qquad (1066)$$

der ins Auge gefaßten Fläche, deren Eckpunkte $P_1$ bis $P_n$ sein mögen, während zu $P_m$ (Abb. 394) die größte Abszisse gehören soll. Bedeuten $m_0$ den mit $\sqrt{l}$ fortschreitenden mittleren zufälligen Fehler der Längenmessung, $m_r = k \cdot y$ den durch eine Ungenauigkeit der Ordinatenrichtung verursachten mittleren Fehler der Abszisse ($k$ etwa $1' : \varrho'$, also roh $1:3000$), $m_a$ (rund 2,9 Einheiten der ersten abgeworfenen Stelle), $m_\alpha$ und $m_\lambda$ die mittleren Fehler der Abrundung, Ablesung und der Ablotung bzw. des Einrichtens und ist $|\Delta_{ik}|$ der Absolutwert eines zwischen zwei aufeinander folgenden Ordinatenfußpunkten liegenden Abszissenelementes, gleichgültig, ob die zugehörigen Eckpunkte $P_i$, $P_k$ auch in der Numerierung aufeinanderfolgen oder ob sie diagonal liegen, so wird das Quadrat des mittleren Flächenfehlers[1]

$$m_F^2 = m_0^2 \left\{ \sum_{i=1}^{k=m} |\Delta_{ik}| (\delta_{ik}^{qr})^2 + \sum_{i=1}^{n} |y_i| (x_{i+1} - x_{i-1})^2 \right\}$$

$$+ k^2 \sum_{i=1}^{n} y_i^2 (y_{i+1} - y_{i-1})^2 + \tfrac{1}{4} D^2 (m_a^2 + m_\alpha^2 + m_\lambda^2). \qquad (1067)$$

Hierin[2] bedeutet weiter $\delta_{ik}^{qr}$ die Projektion der Diagonale $A_{ik} A_{qr}$ auf die Ordinatenachse, $A_{ik}$ und $A_{qr}$ selbst aber sind die Mittelpunkte derjenigen Strecken $P_i P_k$ und $P_q P_r$, in deren Projektionen auf die Abszissenachse das Element $\Delta_{ik}$ enthalten ist. In dem Beiwert

$$D = \sqrt{[d_i^2]_1^n} = \sqrt{d_1^2 + d_2^2 + \cdots + d_n^2} \qquad (1068)$$

bedeutet $d_i$ die nach dem übersprungenen Punkte $P_i$ bezeichnete direkte Entfernung der Punkte $P_{i-1}$, $P_{i+1}$. Die Länge $D$, also auch der Einfluß von $m_a$, $m_\alpha$ und $m_\lambda$ auf die Fläche sind von der Lage des Koordinatensystems unabhängig. Bezeichnet

$$m = \pm \sqrt{m_a^2 + m_\alpha^2 + m_\lambda^2 + \cdots}$$

die Summe der von den Koordinaten unabhängigen Fehler, so wird

$$\Delta m_F = \pm \tfrac{1}{2} D \cdot m \qquad (1069)$$

ihr Teileinfluß auf die Fläche. Der Bau von (1067) weist darauf hin, daß man zur Erzielung eines kleinen Flächenfehlers bei langgestreckten Vielecken die Standlinie so legen soll, daß sie das Grundstück der Länge nach oder in Richtung der längeren Diagonale annähernd halbiert. Auch kann man aus (1067) ersehen, daß durch eine Einschaltung weiterer Punkte des Umfangs zwischen die bereits vorhandenen der Flächenfehler im allgemeinen verringert wird.

Sind die zur Abszissen- und Ordinatenmessung verwendeten Längenmeßwerkzeuge um $p$% bzw. $q$% fehlerhaft, so entsteht ein weiterer Flächenteilfehler

$$dF_m = \tfrac{1}{100} (p + q) F. \qquad (1070)$$

Wendet man die Formel (1067) auf ein Rechteck von der Fläche $F$ mit den Seiten $a$, $b$ an, dessen zu $a$ parallele Standlinie $b$ halbiert, so findet man

$$m_F^2 = (2a + b) F \cdot m_0^2 + k^2 b^4 + d^2 (m_a^2 + m_\alpha^2 + m_\lambda^2), \qquad (1071)$$

wenn $d = \sqrt{a^2 + b^2}$ die Rechtecksdiagonale bedeutet. Geht die Standlinie durch zwei Gegenecken des Rechtecks und ist $h$ der Abstand der beiden anderen Ecken von dieser Diagonale, so ergibt sich das Fehlerquadrat

$$m_F^2 = (2d + h) F \cdot m_0^2 + d^2 (m_a^2 + m_\alpha^2 + m_\lambda^2). \qquad (1072)$$

Hier verschwindet also das mit $k^2$ behaftete Glied, und ein Vergleich mit (1071) zeigt, daß die Aufmessung des Rechtecks auf die Diagonale derjenigen auf die Längsachse unter sonst gleichen Umständen vorzuziehen ist.

Wesentlich anders als in der durch gemessene rechtwinklige Koordinaten bestimmten Vielecksfläche liegen die Verhältnisse in dem durch Umfangsmessung bestimmten Polygonzug $P_1 P_2 \ldots P_n$ (Abb. 395). Bedeuten $m_i$, $\mu_i$, $\nu_i$ die mittleren Fehler der gemessenen Seiten $s_i$, Polygonwinkel $\beta_i$ und Seitenrichtungen $\alpha_i$, ferner ${}_1^nS$, ${}_1^nT$, ${}_1^nO$ die entsprechenden mittleren Fehler der vom Zug und seiner Abschluß-

[1] Siehe hierzu *Näbauer:* Über die Genauigkeit einer aus rechtwinkligen Koordinaten berechneten Fläche. Z. Ver. höheren bayer. Vermess.-Beamten 1912 S. 1—12.

[2] Die Summe $\sum_{i=1}^{k=m} |\Delta_{ik}| (\delta_{ik}^{qr})$ enthält $n-1$ Glieder.

diagonale $P_1 P_n$ umschlossenen Fläche, so gelten die Beziehungen[1]

$$ {}_1^nS^2 = \sum_{i=1}^{n-1}\left\{a_i + C_1 \sin\alpha_i + C_2 \cos\alpha_i\right\}^2 m_i^2 , \tag{1073}$$

$$ {}_1^nT^2 = \sum_{i=1}^{n}\left\{\tfrac{1}{2}\left(-r_i^2 + \frac{1}{n}\,[r_e^2]_1^n\right) - C_1\cdot\xi_i + C_2\cdot\eta_i\right\}^2 \mu_i^2 , \tag{1074}$$

$$ {}_1^nO^2 = \sum_{i=1}^{n-1}\left\{\tfrac{1}{2}\left(r_{i+1}^2 - r_i^2\right) + C_1\cdot\Delta x_i - C_2\cdot\Delta y_i\right\}^2 \nu_i^2 . \tag{1075}$$

Dabei besitzt ${}_1^nS$ für den Winkelzug und den Richtungszug bei doppeltem Koordinatenanschluß Geltung, ${}_1^nT$ bezieht sich auf den mit zweifachem Koordinaten- und Richtungsanschluß gemessenen, in üblicher Weise ausgeglichenen (erst Winkelausgleichung, dann Koordinatenausgleichung) Winkelpolygonzug, während ${}_1^nO$ zu einem Richtungszug (z. B. Bussolenzug) mit doppeltem Koordinatenanschluß gehört.

Die in den Ausdrücken (1073) bis (1075) auftretenden Größen kann man teilweise der Zeichnung entnehmen. $a_i$ ist der Abstand des Mittel-

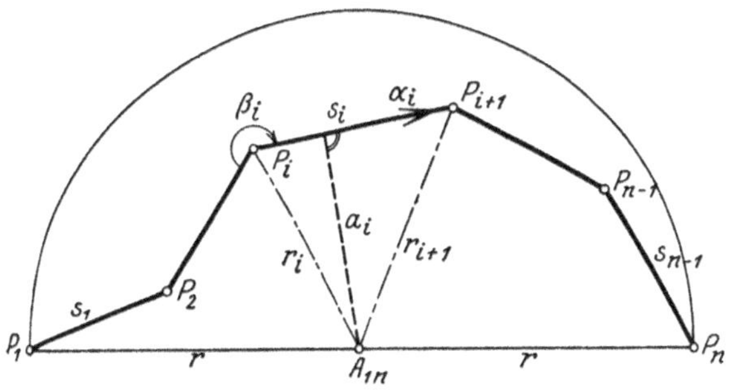


Abb. 395. Zur Ermittlung des Flächenfehlers eines durch Umfangsmessung bestimmten Polygons.

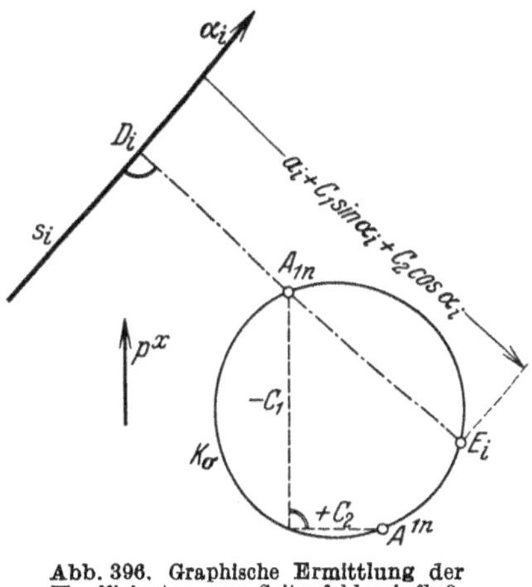


Abb. 396. Graphische Ermittlung der Koeffizienten zum Seitenfehlereinfluß.

punktes $A_{1n}$ der Abschlußstrecke $P_1 P_n$ von der Seite $s_i$ (positiv, wenn $A_{1n}$ rechts von $s_i$ liegt), $r_i$, $r_{i+1}$, $r_e$ sind die Entfernungen der Polygonpunkte $P_i$, $P_{i+1}$, $P_e$ von $A_{1n}$; $\Delta x_i$, $\Delta y_i$ bezeichnen die Differenzen $x_{i+1} - x_i$, $y_{i+1} - y_i$ und $\xi_i$, $\eta_i$ bedeuten die rechtwinkligen Koordinaten des Punktes $P_i$ in einem zum gegebenen parallelen Koordinatensystem, dessen Ursprung in den Schwerpunkt der Polygonpunkte $P_1$, $P_2, \ldots P_n$ fällt. Die Beiwerte $C_1, C_2$ endlich sind die Summen

$$ C_1 = +\tfrac{1}{2}\sum_1^n q_e\left(x_{e+1} - x_{e-1}\right), \qquad C_2 = -\tfrac{1}{2}\sum_1^n p_e\left(y_{e+1} - y_{e-1}\right), \tag{1076}$$

deren Koeffizienten $p_e, q_e$ die Bedeutung von Verteilungszahlen bei der Koordinatenausgleichung besitzen, so zwar, daß die auf den Punkt $P_e$ treffenden Koordinatenverbesserungen die Ausdrücke

$$ dx_e = p_e \cdot v_x , \qquad dy_e = q_e \cdot v_y \tag{1077}$$

sind, wo die Koordinatenanschlußwidersprüche $v_x = x_n - x_n'$, $v_y = y_n - y_n'$ den Charakter von Verbesserungen besitzen.

Wie die ohne viel Worte[2] verständliche Abb. 396 zeigt, können auch die sämtlichen Koeffizienten des Ausdrucks (1073) jeweils als Ganzes unmittelbar der Zeichnung entnommen werden.

---

[1] Auf die Herleitung dieser Ausdrücke muß hier verzichtet werden. Siehe dazu *Näbauer:* Flächenfehler im einfachen, durch Umfangsmessung bestimmten Polygonzug. Karlsruhe 1918.

[2] $K_\sigma$ ist ein Kreis über dem Durchmesser $A_{1n}A^{1n}$, wo Hilfspunkt $A^{1n}$ gegen $A_{1n}$ die Koordinatenunterschiede $-C_1$, $+C_2$ besitzt. Die Senkrechte durch $A_{1n}$ zur Polygonseite $s_i$ schneidet auf $K_\sigma$ den Punkt $E_i$ aus, dessen Abstand $D_i E_i$ von $s_i$ den zu $ds_i$ bzw. $m_i$ gehörigen Fehlerkoeffizienten darstellt.

Durch die Verwendung eines um $p\%$ fehlerhaften Längenmeßwerkzeugs entsteht der systematische Flächenfehleranteil

$$dF_m = \frac{p}{100}\left\{2\,{}_1^nF + C_1(y_n - y_1) + C_2(x_n - x_1)\right\}. \tag{1078}$$

Für den gleichseitigen, gestreckten Zug ist

$${}_1^nS = 0\,, \quad {}_1^nT^2 = \frac{s^4}{720}\,n(n^2-1)(n^2-4)\,\mu^2, \quad {}_1^nO^2 = \frac{s^1}{12}\,n(n-1)(n-2)\,\nu^2, \tag{1079}$$

wenn, wie es sehr häufig geschieht, $v_x$ und $v_y$ zu gleichen Teilen auf die einzelnen Koordinatenunterschiede verteilt werden.

Die unter Voraussetzung derselben Verteilungsart für den gleichseitigen, gleichmäßig gekrümmten Zug sich ergebenden Flächenfehler sind die etwas umständlichen Ausdrücke[1]

$${}_1^nS = \pm m\,\frac{s}{2(n-1)}\operatorname{ctg}\frac{\gamma}{2}\sqrt{(n-1)^3 - \frac{1}{2}\left(\frac{\sin\frac{\Gamma}{2}}{\sin\frac{\gamma}{2}}\right)^2\left(3(n-1) - \frac{\sin\Gamma}{\sin\gamma}\right)}, \tag{1080}$$

$${}_1^nT = \pm\mu\,\frac{s^2}{4(n-1)\sin^2\frac{\gamma}{2}}\left[\frac{\sin\frac{n\gamma}{2}}{\sin\frac{\gamma}{2}} - \cos\frac{\Gamma}{2}\right]\sqrt{\frac{n}{2} - \frac{1}{n}\left(\frac{\sin\frac{n\gamma}{2}}{\sin\frac{\gamma}{2}}\right)^2 + \frac{1}{2}\,\frac{\sin n\gamma}{\sin\gamma}}, \tag{1081}$$

$${}_1^nO = \pm\nu\cdot s^2\,\frac{\sin\frac{\Gamma}{2}\operatorname{ctg}\frac{\gamma}{2}}{4(n-1)\sin\frac{\gamma}{2}}\sqrt{2\left(n - 1 - \frac{\sin\Gamma}{\sin\gamma}\right)}, \tag{1082}$$

in welchen $\gamma$ und $\Gamma = (n-1)\gamma$ die Zentriwinkel bedeuten, unter denen vom Mittelpunkt des dem Polygon umschriebenen Kreises aus die einzelne Polygonseite $s$ bzw. die Abschlußdiagonale $P_1P_n$ erscheinen. Der unter (1078) stehende systematische Fehleranteil wird hier der besondere Wert

$$dF_m = \frac{p}{100}\left[2\,{}_1^nF + \frac{1}{2}\,P_1\,P_n^2\left\{\operatorname{ctg}\frac{\Gamma}{2} - \frac{1}{n-1}\operatorname{ctg}\frac{\gamma}{2}\right\}\right]. \tag{1083}$$

Aus (1080) bis (1082) folgen für den regelmäßigen, geschlossenen Zug, in dem $P_n$ nach $P_1$ fällt, die besonderen Werte

$${}_1^nS = m\cdot\frac{s}{2}\operatorname{ctg}\frac{\gamma}{2}\sqrt{n-1} = m\cdot R_e\sqrt{n-1}\,, \tag{1084}$$

wo $R_e$ den Inkreishalbmesser des Polygons bedeutet, bzw.

$${}_1^nT = 0\,, \quad {}_1^nO = 0\,. \tag{1085}$$

Demnach wird bei der gleichmäßigen Verteilung der Koordinatenwidersprüche die Fläche des geschlossenen, regelmäßigen Polygons durch die Seitenrichtungsfehler und Polygonwinkelfehler nicht beeinflußt.

Wenn man sich auf Zentriwinkel $\Gamma < \pi$ beschränkt, so kann man an Stelle der strengen Ausdrücke (1080) bis (1082) von den Näherungen

$${}_1^nS \approx \pm m\cdot s\,\frac{\widehat{\Gamma}}{11}(n-1)\sqrt{n-2}\left\{1 - \frac{\widehat{\Gamma}^2}{27}\right\}, \tag{1086}$$

$${}_1^nT \approx \pm\mu\cdot s^2\sqrt{\frac{1}{720}\left(n - \frac{1}{2}\right)^5}\left\{1 - \frac{\widehat{\Gamma}^2}{20}\right\}, \tag{1087}$$

$${}_1^nO_5 \approx \pm\nu\cdot s^2\sqrt{\frac{n}{14}(n-1)(n-2)}\left\{1 - \frac{\widehat{\Gamma}^2}{20}\right\} \tag{1088}$$

[1] Ihre Ableitung siehe bei *Näbauer:* Fehler der Polygonfläche ${}_1^nF$ im gleichseitigen, gleichmäßig gekrümmten Zug. Z. Vermess.-Wes. 1921 S. 417—434, 449—466, 481—494.

Gebrauch machen, ohne äußerstenfalls die relativen Fehler $\frac{1}{7}$, $\frac{1}{7}$, $\frac{1}{10}$ zu überschreiten. Solange $\Gamma$ im ersten Quadranten liegt, kann in diesen Gebrauchsformeln auch noch das mit $\widehat{\Gamma}^2$ behaftete Glied in der geschweiften Klammer unterdrückt werden.

Da Polarkoordinaten neuerdings für Eigentumsaufnahmen wieder an Bedeutung gewonnen haben, soll auch der den Fehlern $dr_i$, $d\gamma_i$ der Polarkoordinaten $r_i$, $\gamma_i$ entsprechende bestimmte Flächenfehler

$$dF = \tfrac{1}{2}\left\{[q_i\,d\,r_i]_1^n - [r_i\,p_i\,d\gamma_i]_1^n\right\} \tag{1089}$$

angegeben werden. Hierin sind $p_i$, $q_i$ (Abb. 397) die zu $r_i$ parallelen bzw. senkrechten Komponenten der den Punkt $P_i$ überspringenden Diagonale $d_i$. Aus (1089) folgt, wenn $m_i$ den mittleren Fehler von $r_i$ und $m'$ den für alle $\gamma_i$ gleichen mittleren Richtungsfehler in Bogenmaß bedeutet, das mittlere Flächenfehlerquadrat

$$m_F^2 = \tfrac{1}{4}\left\{[q_i^2\,m_i^2]_1^n + [r_i^2\,p_i^2]_1^n \cdot m'^2\right\}. \tag{1090}$$

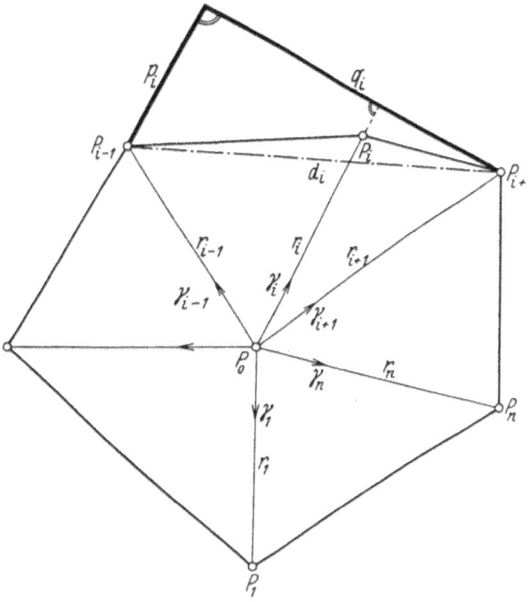

Abb. 397. Ermittlung des Flächenfehlers aus den Fehlern der Polarkoordinaten.

## b) Fehler der aus Planmaßen berechneten Flächen.

Die aus dem Plan mit Zirkel und Transversalmaßstab oder einem guten Millimetermaßstab entnommenen Maße besitzen alle die gleiche, von der Länge unabhängige mittlere Unsicherheit $m_p$, welche bei einiger Übung etwa $\pm\frac{1}{20}$ mm beträgt. Bei Verwendung des Koordinatographen zur Maßentnahme wird dieser Fehler noch wesentlich kleiner. Infolge der gleichen Unsicherheit kurzer und langer Planmaße werden auch die Flächenfehlerausdrücke etwas andere als bei der Flächenberechnung aus Naturmaßen.

Für die aus der Grundlinie $c$ und der Höhe $h_c$ berechnete Dreiecksfläche $f$ z. B. findet man das mittlere Fehlerquadrat

$$m_f^2 = \tfrac{1}{4}(c^2 + h_c^2)\,m_p^2. \tag{1091}$$

Es wird — wie früher — um so kleiner, je weniger sich die gewählte Grundlinie von der zugehörigen Höhe unterscheidet.

Im Rechteck mit der Diagonale $d$ wird

$$m_f = d \cdot m_p, \tag{1092}$$

während sich für das Trapez die Ausdrücke

$$m_f^2 = \tfrac{1}{4}[(a+b)^2 + 2h^2]\,m_p^2 \quad \text{bzw.} \quad m_f^2 = \tfrac{1}{4}[2g_{13}^2 + (h_2 + h_4)^2]\,m_p^2 \tag{1093}$$

ergeben, je nachdem die Trapezfläche nach (992) aus den parallelen Seiten und ihrem Abstand oder nach Andeutung von Abb. 393 als Summe zweier Dreiecke mit der gemeinsamen Grundlinie $g_{13}$ ermittelt wird.

Für ein nach der zuletzt genannten Art berechnetes beliebiges Viereck erhält man, wenn $e$ (Abb. 380) als Grundlinie gewählt wird,

$$m_{f_4}^2 = \frac{1}{4}[2e^2 + (h_b + h_d)^2]\,m_p^2 = \frac{1}{2}\left(e^2 + f^2 - f^2\cos^2\frac{\mu}{2}\right)m_p^2. \tag{1094}$$

Die zuletzt angeschriebene Form läßt erkennen, daß man auch hier vom Genauigkeitsstandpunkte aus stets die kürzere Viereckdiagonale zur Grundlinie machen soll.

Um den mittleren Fehler einer beliebigen Vielecksfläche, deren Eckpunktskoordinaten dem Plan entnommen sind, aufzustellen, brauchen wir nur an den allgemein gültigen Fehlerausdruck (1066) anzuknüpfen. Ersetzt man die darin enthaltenen bestimmten Koordinatenänderungen $dx$, $dy$ durch die mittlere Unsicherheit $m_p$, so ergibt sich bei Anwendung des mittleren Fehlergesetzes für den Flächenfehler der höchst einfache Ausdruck

$$m_f = \tfrac{1}{2} D \cdot m_p\,, \tag{1095}$$

wo $D$ seine alte, durch (1068) erklärte Bedeutung besitzt.

Die diesen verschiedenen Fehlern $m_f$ der Papierfläche $f$ entsprechenden mittleren Fehler $m_F$ der Feldfläche $F$ sind die Ausdrücke

$$m_F = V^2 \cdot m_f\,, \tag{1096}$$

wenn der Planmaßstab $M = 1:V$ ist.

### c) Genauigkeit der Flächenberechnung mit dem Planimeter.

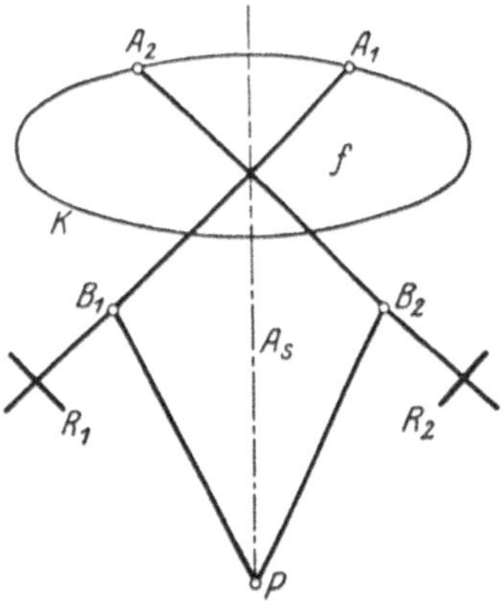


Abb. 398. Flächenbestimmung mit dem Kompensationspolarplanimeter.

Eine mit dem Planimeter bei Pol außerhalb bestimmte Fläche $f = k \cdot n$ ist mit dem bestimmten Flächenfehler

$$df = k \cdot dn + n \cdot dk \tag{1097}$$

behaftet, wenn $dn$ und $dk$ die bestimmten Fehler der Rollenumdrehungszahl und der Multiplikationskonstanten bedeuten. $dk$ ist, da $k$ auf empirischem Wege aus $n$ bestimmt wird, von diesem, also auch von $dn$ abhängig. Bei einer mit Pol innerhalb erfolgten Flächenbestimmung tritt zur rechten Seite von (1097) noch der ebenfalls von $n$ abhängige Fehler $dC$ der Additionskonstanten.

Die Ursachen des Fehlers $dn$ sind hauptsächlich folgende: 1. der Umfahrungsfehler, 2. die mangelhafte Abwälzung der Rolle auf schlechter Unterlage, 3. die Rollenachsenschiefe gegen den Fahrarm, 4. die Schiefe der Rollenebene gegen die Rollenachse, 5. die Schiefe der Scharnierachse (für Polarm und Fahrarm), 6. eine geringe Polverschiebung durch Druck oder Zug, welcher bei allzu spitzen oder stumpfen Winkeln zwischen Polarm und Fahrarm auftritt. Die praktische Ermittelung des Einflusses dieser Fehler bereitet Schwierigkeiten. Man trachtet daher, diesen Einfluß von vornherein auszuschalten, was bei verschiedenen neueren Planimeterkonstruktionen gut gelungen ist. Am einfachsten läßt sich die Rollenachsenschiefe unschädlich machen. Man umfährt nämlich die Fläche mit einem Kompensationspolarplanimeter, d. h. einem Polarplanimeter, dessen Polarm gegen den Fahrarm durchgeschlagen werden kann, in zwei zur Symmetrieachse $A_s$ (Abb. 398) der Fläche symmetrischen Aufstellungen (1 und 2). Das arithmethische Mittel der so gewonnenen Umdrehungszahlen ist frei vom Einfluß der Rollenachsenschiefe. Um den sehr schädlichen Einfluß einer mangelhaften Unterlage zu beheben, hat man Planimeter gebaut, mit welchen eine für die Rollenabwälzung besonders geeignete Fläche verbunden ist. Eine der besten neueren Konstruktionen ist das Kugelrollplanimeter von *Coradi* sowie dessen Scheibenrollplanimeter. *Lorber*[1] hat unter Benutzung zahlreicher Beobachtungen die Genauig-

[1] *Lorber, Franz:* Über *Coradis* Kugelplanimeter. Z. Vermess.-Wes. 1888 S. 161—187. *Lorber* setzt dabei voraus, daß der Fahrstift die Umgrenzungslinie nicht verläßt. — Zur Theorie der Planimeterfehler siehe ferner a) *Wilski, P.:* Rollenschiefe und Scharnierschiefe beim *Amsler*schen Polarplanimeter. Z. Vermess.-Wes. 1892 S. 609—618; b) *Doležal, E.:* Planimeterstudien. Berg- u. hüt-

keit verschiedener Planimeterkonstruktionen untersucht. Er stellte für den mittleren Flächenfehler die Beziehung

$$m_f = c \cdot k + c_1 \sqrt{k \cdot f} \qquad (1098)$$

auf und fand für das gewöhnliche Polarplanimeter insbesondere die Werte $c = 0{,}00126$ und $c_1 = 0{,}00022$, so daß für den mittleren Fehler der mit diesem einfachen Instrument einmal umfahrenen Fläche der Betrag

$$m_f = 0{,}00126\, k + 0{,}00022 \sqrt{k \cdot f} \qquad (1099)$$

zu erwarten ist. $k$ bedeutet wie bisher den Flächenwert einer Rollenumdrehung. *Lorber* hat mittels der angegebenen Formel für $k = 10$ qcm und für verschiedene Flächen die zugehörigen in Tabelle 38 enthaltenen relativen mittleren Fehler je einer Umfahrung berechnet, nach denen man sich ein Urteil über die ungefähre Leistungsfähigkeit des einfachen Polarplanimeters bilden kann.

Tabelle 38.

$k = 10$ qcm

| $f$ in qcm | $m_f : f$ | $f$ in qcm | $m_f : f$ |
|---|---|---|---|
| 5 | 1: 357 | 50 | 1:1852 |
| 10 | 1: 588 | 100 | 1:2857 |
| 20 | 1:1000 | 200 | 1:4255 |

## d) Flächenabgleichung mit Hilfe von Kontrollflächen.

Zur Verprobung der Flächenberechnung und zur Verbesserung der errechneten Einzelflächen dienen Kontrollflächen, in welchen je eine geeignete Anzahl von nicht allzu verschiedenen Grundstücksflächen $F$ zusammengefaßt ist. Die Hauptmasse der möglichst scharf zu bestimmenden und durch eine zweite Berechnung zu sichernden Kontrollfläche $K$ ist die Fläche $P$ eines Polygons, dessen der Lage nach durch ihre Koordinaten bestimmte Brechungspunkte so ausgewählt werden, daß die Polygonseiten dem Umfang der Grundstückssumme, d. h. dem Umfang der Kontrollfläche sich möglichst gut anschmiegen, und daß die über das Polygon hinausragenden Grundstücksteile (Zugänge $z$) sowie die Flächenteile (Abgänge $a$) zwischen den Polygonseiten und den innerhalb derselben liegenden Grundstücksgrenzen nicht zu groß werden und vor allem tunlichst aus Naturmaßen berechnet werden können. An die Stelle einer Polygonfläche im engeren Sinne des Wortes kann auch, besonders bei Flächenberechnungen nach dem Plan, die Fläche $P$ eines regelmäßig begrenzten Blattes oder die Fläche eines oder mehrerer Netzquadrate treten. In allen Fällen bestehen die Beziehungen

$$K = P + [z] - [a]\,, \qquad [F] = K\,. \qquad (1100)$$

Ersetzt man hierin die richtigen bzw. ausgeglichenen Einzelflächen $F$ durch die unmittelbar berechneten Werte $F'$, so ergibt sich ein Widerspruch

$$w = K - [F']\,, \qquad (1101)$$

welcher strenggenommen proportional zu den mittleren Fehlerquadraten der Einzelflächen auf diese zu verteilen wäre. Die numerische Ermittelung dieser Fehler ist jedoch nicht immer ganz einfach und würde für die große Zahl der in Frage kommenden Grundstücke im allgemeinen zu viel Arbeit erfordern. Da andererseits der Flächenfehler zwar in keiner einfachen Beziehung zur Fläche steht, auch nicht von ihr allein abhängt, im allgemeinen aber doch mit ihr zugleich wächst, und da die Flächen ohnedies ermittelt

tenm. Jb. Leoben u. Přibram 1906 S. 293—360 und 1907 S. 81—143; c) *Idler, R.:* Die Theorie und die Genauigkeit des Scheibenrollplanimeters Nr. 4072 der Firma G. Coradi in Zürich, besprochen in der Z. Instrumentenkde. 1926 S. 550—552; d) *Montigel, R.:* Genauigkeitsuntersuchungen über Flächenbestimmungen mit dem Planimeter. Z. Vermess.-Wes. 1926 S. 257—264.

werden, so begnügt man sich in praktischen Fällen damit, den auftretenden Widerspruch $w$ verhältnisgleich den berechneten Flächen auf diese zu verteilen. Die abgeglichene Einzelfläche ist daher

$$F_i = F'_i + \frac{F'_i}{[F'_i]} \cdot w\,. \tag{1102}$$

Im Bedarfsfall, besonders wenn sehr verschiedenartige Grundstückskomplexe auftreten, zieht man es vor, die große Kontrollfläche in mehrere kleinere zu zerlegen, welche dann zunächst auf die große Kontrollfläche abgeglichen werden, ehe sie zur Abgleichung der Einzelflächen dienen.

# V. Absteckungsarbeiten.

Absteckungsarbeiten sind vielfach schon bei den Aufnahmen vorzunehmen; ihre größte Bedeutung aber besitzen sie, wenn es sich darum handelt, zur Übertragung eines ingenieurtechnischen Entwurfs ins Gelände dort nach den Ergebnissen geodätischer Berechnungen oder zeichnerischer Konstruktionen Linien mit bestimmten Eigenschaften zu bezeichnen. Dabei hat man es außer mit der Bezeichnung von Profilen hauptsächlich mit der Absteckung von Linien gleicher Neigung, von Geraden und von Kurven — insbesondere Kreisbögen — zu tun, von welchen in der Natur jeweils so viel Punkte angegeben werden, daß ihre Träger praktisch genau genug bestimmt sind[1]. Die Ausdrücke Gerade, Kreisbogen usw. sind jedoch nicht wörtlich zu nehmen; man versteht darunter vielmehr Profillinien, deren Horizontalprojektionen gerade Linien bzw. Kreisbögen sind.

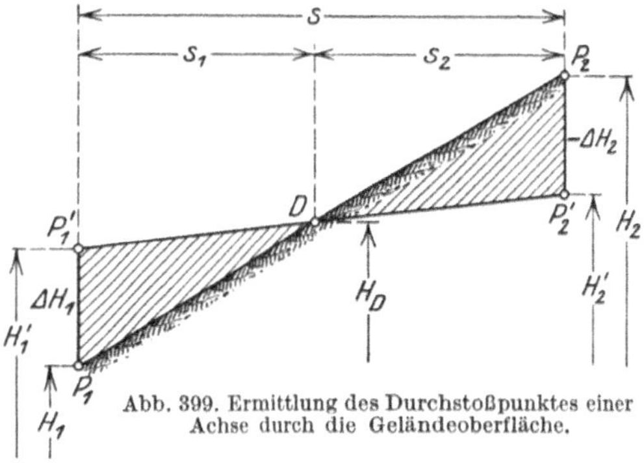


Abb. 399. Ermittlung des Durchstoßpunktes einer Achse durch die Geländeoberfläche.

## 47. Absteckung von Bauprofilen.

Zur augenfälligen Bezeichnung des projektierten Baukörpers in der Natur dienen sog. Bauprofile, durch welche sowohl das Längenprofil wie insbesondere auch Querprofile des Bauwerks dargestellt werden.

### a) Absteckung eines Längenprofils.

Sollen Punkte der Längsachse in der Oberfläche des projektierten Bauwerks in der Natur bezeichnet werden, so kann man etwa aus den Profilplänen oder aus den dazugehörigen Berechnungsheften die Beträge $\Delta h$ entnehmen, um welche die einnivellierten Haupt- und Zwischenpunkte des Längenprofils unter den entsprechenden sichtbar zu machenden Punkten der Längsachse liegen. Werden nunmehr neben den Profilpflöcken Latten lotrecht so weit eingeschlagen, oder nach dem Einschlagen in einer solchen Höhe abgeschnitten, daß ihre oberen, meist mit einem Querstück versehenen Enden die genannten Bodenpflöcke um die Beträge $\Delta h$ überragen, so bezeichnen die Lattenenden Punkte der Längsachse in der Oberfläche des Bauwerks.

Zur Aufsuchung des Durchstoßpunktes $D$ (Abb. 399), der Längsachse durch die Geländeoberfläche ermittelt man etwa diejenigen Profilpunkte $P_1$, $P_2$ auf dem gewachsenen Boden, welche in vertikalem Sinne auf verschiedenen Seiten der zugehörigen Achsstrecke $P'_1 P'_2$ liegen. Sind $H_1$, $H_2$ und $H'_1$, $H'_2$ die bekannten zu den genannten

[1] Auf die Beschreibung der für die Vermessungskunde sehr wichtigen bei Flächenteilungen auftretenden Absteckungsarbeiten, die jedoch für den Bauingenieur weniger von Bedeutung sind, muß hier aus Mangel an Raum verzichtet werden.

Punkten gehörigen Meereshöhen, während $s$, $s_1$ und $s_2$ die Horizontalprojektionen der Strecken $P_1P_2$, $DP_1$ und $DP_2$ bedeuten, so erhält man unter Verwendung der Abkürzungen

$$\Delta H_1 = H_1' - H_1, \qquad \Delta H_2 = H_2' - H_2 \tag{1103}$$

aus den beiden schraffierten ähnlichen Dreiecken leicht die Absteckungselemente

$$\left.\begin{aligned} s_1 &= s \cdot \frac{\Delta H_1}{\Delta H_1 - \Delta H_2}, \\ s_2 &= s \cdot \frac{\Delta H_2}{\Delta H_2 - \Delta H_1}, \end{aligned}\right\} \tag{1104}$$

deren eines zur Verprobung der Rechnung und der darauffolgenden Messung dienen kann.

Für die Meereshöhe $H_D$ des Durchstoßpunktes $D$ findet man unter Verwendung der Abkürzung

$$\Delta H = H_2 - H_1 \tag{1105}$$

leicht den Ausdruck

$$H_D = H_1 + \frac{s_1}{s} \cdot \Delta H = H_2 - \frac{s_2}{s} \cdot \Delta H. \tag{1106}$$

Bei bekanntem $H_D$ kann in $D$ ein Pflock, dessen Oberflächenhöhe mittels eines Nivellierinstrumentes unter Kontrolle gehalten wird, so weit eingeschlagen werden, daß sein oberes Ende den Durchstoßpunkt $D$ nach Lage und Höhe scharf bezeichnet[1].

## b) Absteckung von Auftrags- und Abtragsprofilen.

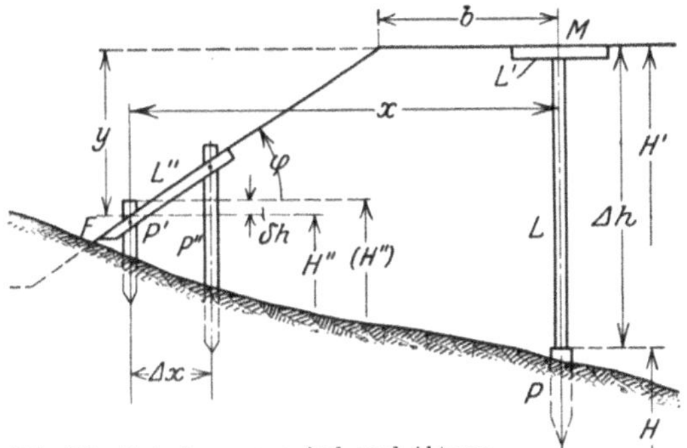


Abb. 400. Absteckung von Auf- und Abtragsprofilen.

Bei dieser wichtigeren Aufgabe wird das Bauwerk mit Hilfe von Lehren aus Latten in der Natur in groben Zügen veranschaulicht. Mit Rücksicht auf die folgenden Erdarbeiten muß durch die abgesteckten Lattenprofile vor allem der Böschungsfuß $F$ (Abb. 400) einer Anschüttung, der Rand eines Einschnittes und der Böschungswinkel $\varphi$ bzw. das Böschungsverhältnis $v = \operatorname{ctg} \varphi$ angegeben werden.

Die Kronenmitte $M$ wird, wie vorhin beschrieben, durch den Oberrand einer kurzen horizontalen Latte $L'$ bezeichnet, welche auf einer lotrechten am Achspflock $P$ befestigten Latte $L$ von der Länge $\Delta h = H' - H$ befestigt ist. $H$ ist die Meereshöhe des Achsenbodenpflockes, $H'$ diejenige der Krone. Um nun auch die Böschung durch die Oberkante einer Latte $L''$ bezeichnen zu können, bestimmt man erst entweder durch Maßentnahme aus dem Profilplan oder durch bloße Schätzung in der Natur den ungefähren Ort des Böschungsfußes $F$ und schlägt etwas innerhalb desselben einen Pflock $P'$, welcher von der Achse um $x$ abstehen möge. Bedeutet $b$ die halbe Kronenbreite, $y$ die Höhenzunahme vom Schnittpunkt der Böschungskante mit dem Pflock $P'$ bis zur Krone und $H''$ die Meereshöhe des vorerwähnten Schnittpunktes, so kann man aus Abb. 400 unmittelbar die Beziehung

$$H'' = H' - y = H' - (x - b) \operatorname{tg} \varphi = H' - \frac{1}{v}(x - b) \tag{1107}$$

[1] Manchmal wird der Durchstoßpunkt auch mit Hilfe von drei gleich langen T-förmigen Krücken in der Weise bestimmt, daß zwei Krücken in den beiden im Auftrag liegenden, vorhergehenden oder folgenden bereits bezeichneten Achspunkten aufgestellt werden, worauf die dritte Krücke so lange in der Achsrichtung verstellt wird, bis ihre Querkante in der durch die Querkanten der beiden ersten Krücken bestimmten Ebene liegt, d. h. bis die drei Kanten sich decken. Der Fußpunkt der dritten Krücke bezeichnet dann den gesuchten Durchstoßpunkt.

ablesen. Diese berechnete Höhe wird etwas kleiner sein, als die mit Hilfe des Nivellierinstrumentes von $P$ auf den Kopf von $P'$ übertragene Höhe $(H'')$. Es wird also der um

$$\delta h = (H'') - H'' \tag{1108}$$

unterhalb des oberen Pflockendes liegende Ort den gesuchten Schnittpunkt der Böschungskante mit der Pflockachse bezeichnen. In ähnlicher Weise bestimmt man einen solchen Schnittpunkt auf einem um $\Delta x$ von $P'$ entfernten Pflocke $P''$ und befestigt hierauf die Profillatte $L''$ so an $P'$ und $P''$, daß ihre in die Böschung fallende Oberkante durch die beiden ermittelten Schnittpunkte geht.

In entsprechender Weise kann man auch Einschnittsprofile abstecken. Nur werden hier die Pflöcke $P'$, $P''$ aus leicht ersichtlichen Gründen nicht innerhalb (von der Achse aus gerechnet), sondern außerhalb der Einschnittskante geschlagen.

## 48. Absteckung einer Linie gleicher Steigung.

Eine mittelbare Lösung besteht darin, die Linie gleicher Steigung erst in einem Schichtenplan zu ermitteln und hernach ihre auf geeignete Messungslinien bezogene Horizontalprojektion ins Gelände zu übertragen. Zur Auffindung einer von $A$ ausgehenden Linie $AB$ (Abb. **401**) bestimmter Steigung im Plan ermittelt man aus dem

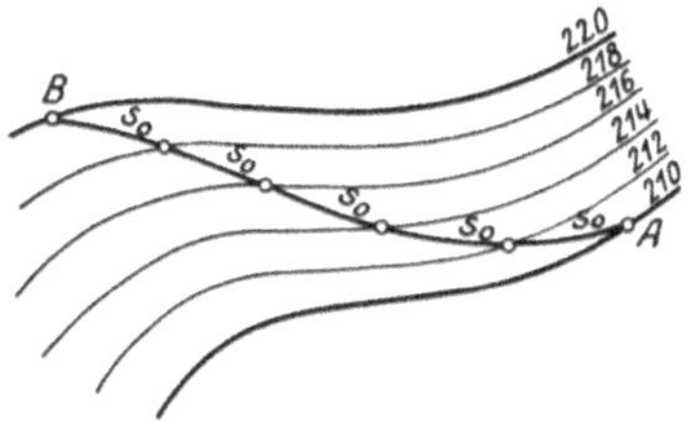


Abb. 401. (Grundriß)

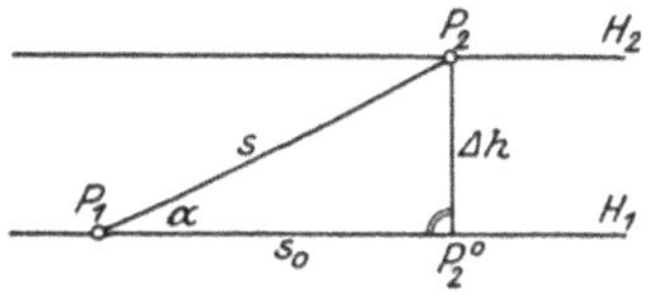


Abb. 402. (Neigungsdreieck)

Aufsuchen einer Linie gleicher Steigung im Plan.

Abstand $\Delta h$ zweier benachbarter Höhenlinien $H_1$, $H_2$ und der in Prozent oder durch den Neigungswinkel $\alpha$ bestimmten Steigung die Horizontalprojektion $s_0$ (Abb. 402) einer Strecke $s$, welche zwei Punkte $P_1$, $P_2$ der genannten Höhenlinien unter der verlangten Steigung verbindet. Der aus dem Neigungsdreieck $P_1 P_2 P_2^0$ sich zeichnerisch oder rechnerisch ergebende Wert

$$s_0 = \Delta h \cdot \operatorname{ctg} \alpha \tag{1109}$$

wird in den Zirkel genommen und, in $A$ beginnend, von Schichtlinie zu Schichtlinie abgetragen. Der so entstehende Linienzug $AB$ kann in untergeordneten Fällen unverändert beibehalten werden; bei wichtigeren Linien aber sind mit Rücksicht auf die Bodenbeschaffenheit, zur Vermeidung allzu starker Krümmungen oder aus anderen Gründen Abweichungen von der konstruierten Linie notwendig.

Handelt es sich darum, zwei von vornherein festliegende Punkte $A$, $B$ im Plan durch eine Linie von gleicher, noch unbekannter Steigung zu verbinden, so nimmt man einen geschätzten Wert $s_0$ in den Zirkel, führt die Konstruktion versuchsweise durch und erreicht auf der durch $B$ gehenden Höhenlinie statt $B$ einen Näherungsort $B'$. Nach einigen Wiederholungen mit einer stets wieder verbesserten Zirkelöffnung wird man so nahe an $B$ hinkommen, daß der geringe, bleibende Abstand gleichmäßig auf die einzelnen Höhenlinien verteilt werden darf.

Die unmittelbare Absteckung einer Linie gleicher Steigung im Felde kann entweder mit einem Nivellierinstrument oder unter Verwendung eines besonderen Gefäll- oder Neigungsmessers erfolgen.

Die Verwendung des Nivellierinstrumentes ist bei größeren Genauigkeitsanforderungen und besonders bei geringeren Neigungen am

Platz. Ist $\Delta h = l \cdot \operatorname{tg} \alpha$ die der gewünschten Steigung auf die waagrechte Meßbandlänge $l$ entsprechende Höhenzunahme und wurde an der im Anfangspunkt $A$ aufgestellten Latte im Nivellierfernrohr die Ablesung $r$ gefunden, so bringt man das hintere Ende des schon ungefähr richtig liegenden Meßbandes in den Anfangspunkt $A$ und beschreibt mit dem vorderen Bandende ein Kreisbogenstück. Auf diesem findet man nach einigen Lattenaufstellungen leicht den der gesuchten Linie angehörenden Punkt, für welchen nämlich die Lattenablesung

$$v = r - \Delta h \tag{1110}$$

erscheinen muß.

Bei geringeren Genauigkeitsanforderungen kann man unter Benützung einer Handkanalwaage (S. 60) oder eines optisch horizontal gelegten Lotes (S. 59) auch mit Aughöhen arbeiten, wobei man sich jeweils im zuletzt bestimmten Punkt aufzustellen hat. Ist $i = \Delta h$ die Aughöhe und $s_0$ die zugehörige horizontale Kathete des Neigungsdreieckes, nämlich

$$s_0 = i \cdot \operatorname{ctg} \alpha , \tag{1111}$$

so hält man das hintere Ende einer Schnur von der Länge $s_0$ am Auge fest, richtet die Schnur mittels der Handkanalwaage oder nach dem optisch horizontal gelegten Lot horizontal und beschreibt in dieser Lage mit dem vorderen Schnurende einen Kreis. Dessen Schnitt mit dem Boden bezeichnet den nächsten Punkt der abzusteckenden Linie, von dem aus weitere Punkte in derselben Weise gefunden werden.

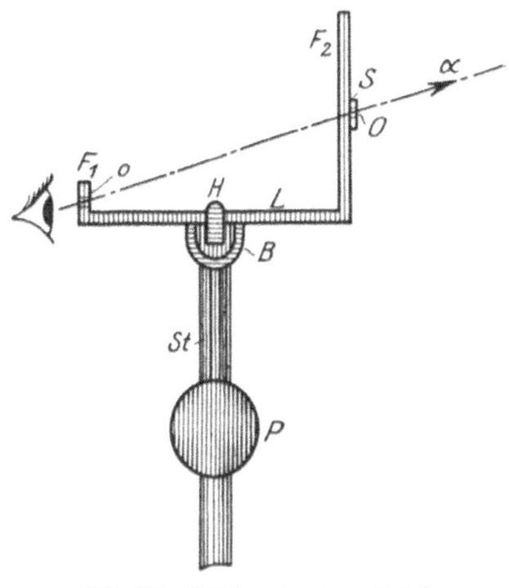


Abb. 403. Gefällmesser von Ertel.

Bei stärkeren Steigungen, wo die Anwendung des Nivellierinstrumentes wegen der vielen Aufstellungen sehr mühsam wird, kommt der Vorteil der Absteckung einer Linie gleicher Steigung mittels eines besonderen Neigungsmessers so recht zur Geltung. Dazu kann man z. B. den auf S. 100 beschriebenen Höhenmesser von *Zugmaier* oder ein ähnliches Instrument verwenden. Sehr zweckmäßig ist auch der in Abb. 403 skizzierte *Ertel*sche Gefällmesser (Nivellierdiopter), bei welchem ein Gestänge $F_1$, $L$, $F_2$ an dem mit einem Stab *St* fest verbundenen Haken $H$ pendelnd aufgehängt wird. Dieses durch eine schwere Pendellinse $P$ in einer bestimmten Lage gegen den Horizont festgehaltene Gestänge besteht aus zwei durch ein Lineal $L$ starr verbundenen Flügeln $F_1$ und $F_2$, deren erster ein festliegendes Schauloch $o$ mit Fadenkreuz besitzt. Der Flügel $F_2$ hingegen enthält die Führung für einen im lotrechten Sinn beweglichen Schlitten $S$, der eine Öffnung mit eingespanntem Fadenkreuz besitzt. $o$ und $O$ bilden zusammen ein zum Vorwärts- und Rückwärtszielen eingerichtetes Diopter, dessen Ziellinie durch geeignetes Einstellen eines mit dem Schlitten $S$ verbundenen Zeigers auf eine an der Vorderseite von $F_2$ aufgebrachte Prozentteilung die gewünschte Neigung erhält. Als Zubehör dient ein Stab mit Zielscheibe, deren Höhe so bemessen wird, daß die auf sie gerichtete Ziellinie zur Verbindungslinie der entsprechenden durch die unteren Stabenden bezeichneten Bodenpunkte parallel ist. Beim Gebrauch stellt man durch Verschieben des Schlittens $S$ erst die gewünschte Steigung der Ziellinie ein und verstellt hierauf den Stab mit der Zielscheibe so lange, bis diese im Diopter des im horizontalen Sinne nachgedrehten Instrumentes eingestellt ist. Da man bei der Verwendung eines besonderen Gefällmessers sich nicht ängstlich an eine bestimmte Entfernung zu halten braucht, so kann man, wo es wünschenswert ist, die abgesteckten Punkte auf ausgesprochene Bruchlinien des Geländes verlegen[1].

[1] Siehe auch *Fr. Schilling:* Konstruktion kürzester Wege in einem Gelände. Z. angew. Math. Mech. 1928 S. 45—68.

## 49. Abstecken von Geraden über Tage.

Diese Aufgabe tritt unter allen Absteckungsarbeiten am häufigsten auf und wird je nach Lage der Dinge in verschiedener Weise gelöst.

### a) Einschalten der Zwischenpunkte vom Ende aus.

Sollen in die gerade Verbindungslinie der gegebenen, durch zwei lotrechte Stäbe bezeichneten Punkte $A$, $B$ (Abb. 404) von $A$ aus weitere Punkte $C$, $D$ eingeschaltet werden, so schickt man einen Gehilfen mit einem Stab zunächst in die Nähe des entfernteren der zu bezeichnenden Punkte und weist nun den hier möglichst lotrecht gehaltenen Stab von $A$ aus in die Gerade $AB$ ein. Ist die Einschaltung wirklich gelungen, so muß sich das Auge vom Stabe in $A$ aus um genau die gleichen Beträge $e$ nach rechts bzw. nach links bewegen, bis der in $B$ stehende Stab unmittelbar neben dem in $C$ befindlichen erscheint. Bei der Einschaltung weiterer Punkte wird der $A$ am nächsten liegende zuletzt eingerichtet. Den Abstand benachbarter Stäbe braucht man nicht unter 30 m zu nehmen, wenn es sich nur um eine Längenmessung in der Richtung der Linie auf übersichtlichem Gelände handelt. Wird dagegen die Arbeit durch Unübersichtlichkeit des Geländes erschwert oder sind etwa senkrecht zur abgesteckten Richtung auch Ordinaten zu messen, so ist der Punktabstand geringer zu nehmen.

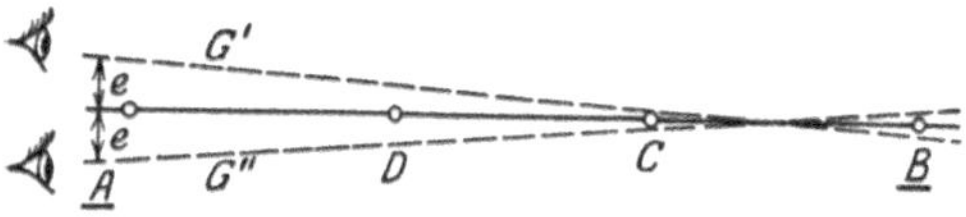


Abb. 404. Einschalten der Zwischenpunkte einer Geraden vom Ende aus.

Bei kurzen Linien wird man die beschriebene Absteckung mit freiem Auge oder allenfalls mit Hilfe eines Feldstechers vornehmen; bei etwas längeren Geraden ist es zu empfehlen, die Zielebene eines in $A$ meßgerecht aufgestellten Theodolits nach $B$ zu richten und nunmehr die Fußpunkte der Stäbe in die lotrechte Zielebene einzuweisen.

### b) Punkteinschaltung aus Zwischenpunkten der Geraden.

Um in einer Geraden mit unzugänglichen oder infolge starker Profilkrümmung gegenseitig unsichtbaren Endpunkten $A$, $B$ (Abb. 405) weitere Punkte zu bezeichnen, wählt man in der Nähe der Geraden zwei gegenseitig sichtbare Punkte $C_1$, $D_1$, von

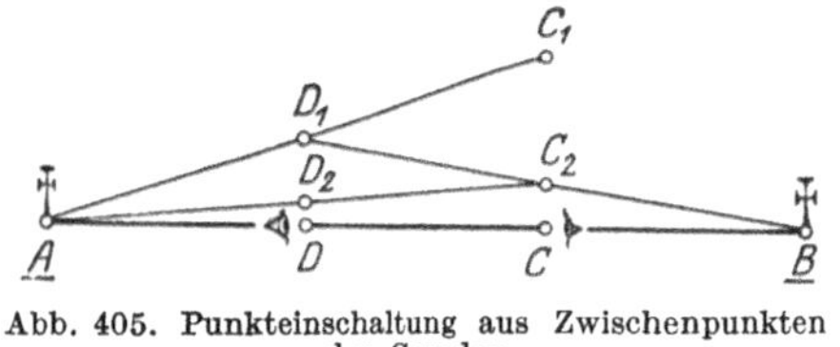


Abb. 405. Punkteinschaltung aus Zwischenpunkten der Geraden.

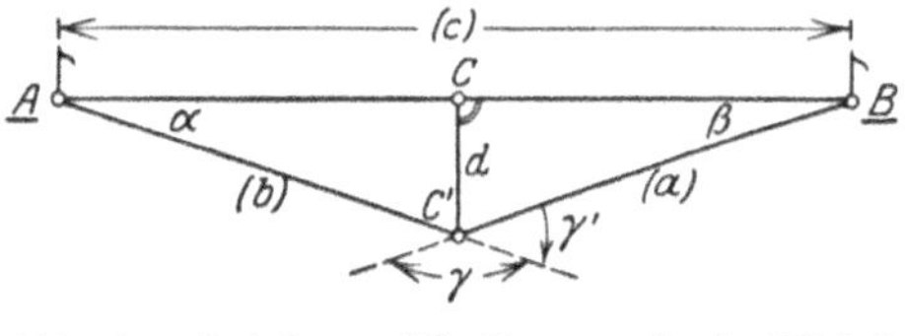


Abb. 406. Zwischenpunktbestimmung durch Winkelmessung.

welchen aus auch der Endpunkt $A$ bzw. $B$ gesehen werden kann. Nun wird von dem durch einen Stab bezeichneten Punkt $C_1$ aus ein in $D_1$ befindlicher Stab scharf in die Richtung nach $A$ und hierauf von dem eben bestimmten Orte $D_1$ aus Punkt $C_1$ in die Richtung nach $B$ eingewiesen, wodurch der bezeichnende Stab nach $C_2$ kommt. Nach einigen Wiederholungen dieses Vorganges, welcher stets eine Annäherung der beiden Stäbe an die Gerade $A\ B$ herbeiführt, wird der Abstand der Stäbe von dieser Geraden so weit verringert sein, daß er vernachlässigt werden darf. Diesen Zustand erkennt man daran, daß gleichzeitig die Punkte $C$, $D$, $A$ und $D$, $C$, $B$ in einer Geraden erscheinen.

### c) Einweisen eines Zwischenpunktes durch Winkelmessung und Entfernungsschätzung.

Soll ein einzelner Punkt $C$ (Abb. 406) in die gerade Verbindungslinie zweier sehr weit entfernter Punkte $A$, $B$ oder etwa beim Versagen der vorhin beschriebenen Methode zwischen zwei unzugängliche Punkte eingeschaltet werden, so mißt man mittels eines in dem der Geraden $AB$ benachbarten Orte $C'$ aufgestellten Theodolits den Winkel $\gamma$, unter dem von $C'$ aus die Seite $AB$ erscheint. Bedeutet

$$\gamma' = 180^0 - \gamma \tag{1112}$$

die geringe Abweichung des beobachteten Winkels von einem gestreckten und sind $(a)$, $(b)$, $(c)$ Näherungswerte für die Entfernungen der Punkte $A$, $B$ von $C'$ bzw. voneinander, so findet man auf dem Weg über den Sinussatz für die kleinen Winkel $\alpha$, $\beta$ die hinreichend genauen Ausdrücke

$$\alpha \approx \frac{(a)}{(c)} \cdot \gamma', \qquad \beta \approx \frac{(b)}{(c)} \cdot \gamma'. \tag{1113a}$$

Hiermit ergibt sich nach der Abbildung die notwendige Querversetzung des Punktes $C'$ zu

$$d \approx (b) \cdot \widehat{\alpha} \approx (a) \widehat{\beta} \approx \frac{(a) \cdot (b)}{(c)} \cdot \widehat{\gamma}'. \tag{1113b}$$

Eine zur Probe doch notwendige Wiederholung der Winkelmessung in dem verbesserten Orte $C$ zeigt sogleich, ob noch eine weitere geringe Versetzung erforderlich ist oder nicht.

Abb. 407. Verlängern einer Geraden mit freiem Auge.

## d) Verlängerung einer Geraden.

Die Verlängerung einer Geraden $AB$ (Abb. 407) über $B$ hinaus kann auf eine kürzere Entfernung hin mit freiem Auge erfolgen. Dazu wird ein Stab $C$ nach dem Augenmaß in die Lotebene durch $AB$ gebracht und hierauf die Richtigkeit seiner Stellung durch geringes Seitwärtsbewegen des Auges in der vorhin beschriebenen Weise nachgeprüft. Weitere Punkte $D$, $E$, ... werden in der gleichen Weise bestimmt.

Zu Verlängerungen auf größere Entfernungen hin dient entweder ein besonderes Absteckungsinstrument oder der Theodolit.

Um mit Hilfe eines zum Umlegen und Durchschlagen eingerichteten Instrumentes die Gerade $AB$ (Abb. 408) über $B$ hinaus zu verlängern, stellt man den Theodolit mit lotrechter Alhidadenachse in $B$ auf und stellt im Fernrohr den Anfangspunkt $A$ scharf ein. Die Ziellinie besitzt dann die Lage $K_1 O_1$. Durch Umlegen des Fernrohrs geht sie in die Lage $K_2 O_2$ über, welche gegen $K_1 O_1$ um den doppelten Zielachsenfehler $2c$ gedreht ist. Wird das Fernrohr auch noch durchgeschlagen, so gelangt die Ziellinie in der Lage $K_3 O_3$ genau in die rückwärtige Verlängerung ihrer ersten Lage, also in die Richtung $AB$, und ein in ihrer Zielebene bezeichneter Punkt $C$ wird in der Geraden $AB$ liegen. Bei stärkeren Neigungen der Strecken $AB$ und $BC$ müßte man zur Ausschaltung des Einflusses eines etwa vorhandenen Kippachsenfehlers die Absteckung auch mit umgestellter Alhidade vornehmen, wobei ebenso wie in der ersten Alhidadenstellung eine etwa vorhandene Querlibelle zur Sicht genau einspielen muß. Der richtige Ort $C$ liegt in der Mitte zwischen den in beiden Alhidadenstellungen gefundenen Punkten $C'$ und $C''$.

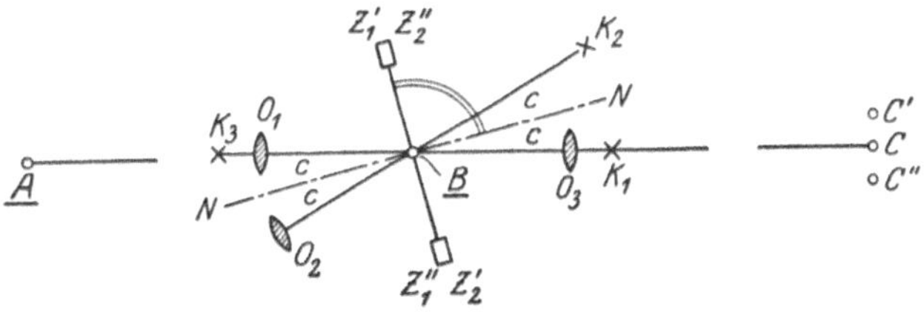

Abb. 408. Verlängern einer Geraden mittels Umlegen und Durchschlagen des Fernrohrs.

Ist das Theodolitfernrohr nur zum Durchschlagen eingerichtet, so geschieht die Absteckung in folgender Weise. Es wird im Fernrohr des in $B$ (Abb. 409) mit lotrechter Alhidadenachse aufgestellten Theodolits der rückwärts liegende Punkt $A$ eingestellt, wodurch die Ziellinie in die Lage $K_1 O_1$, die Kippachse in die Lage $Z_1' Z_1''$ gelangt. Nach dem Durchschlagen kommt sie in die Stellung $K_2 O_2$ und schließt mit ihrer ersten Lage bzw. mit $AB$ den Winkel $2c$ ein, wenn $c$ den Zielachsenfehler bedeutet. Ein in der Zielebene bezeichneter Punkt besitzt die fehlerhafte Lage $C'$. Nun wird die Alhidade gedreht, bis Punkt $A$ wieder eingestellt ist. Die neue Lage $K_3 O_3$ der Ziellinie fällt mit ihrer ersten Richtung $K_1 O_1$ zusammen, während die Kippachse eine Lage $Z_2' Z_2''$ besitzt, welche mit $Z_1' Z_1''$ den Winkel $2c$ einschließt. Ein nochmaliges Durchschlagen des Fernrohrs bringt dessen Ziellinie in die Lage $K_4 O_4$, welche mit $A B$ den Winkel $2c$, mit $K_2 O_2$ den Winkel $4c$ einschließt. Wird nunmehr in der Zielebene ein Punkt $C''$ bezeichnet, so ist der Mittelpunkt $C$ der Strecke $C' C''$ der vom Zielachsenfehler und Kippachsenfehler nicht mehr beeinflußte gesuchte, in der Lotebene durch $A B$ liegende Punkt.

Will man ein sehr genaues Ergebnis erzielen, ohne die Absteckung selbst des öfteren zu wiederholen, so kann man etwa durch eine erste Absteckung einen guten Näherungsort $C'$ (Abb. 410) bestimmen und daraufhin bei scharf lotrechter Alhidadenachse den Winkel $A B C'$ in mehreren Sätzen in je zwei Fernrohrlagen (mit Durchschlagen) messen. Ist $\beta$ der Mittelwert aus den Beobachtungen und $\beta'$ dessen Fehlbetrag an einem gestreckten Winkel, so gibt

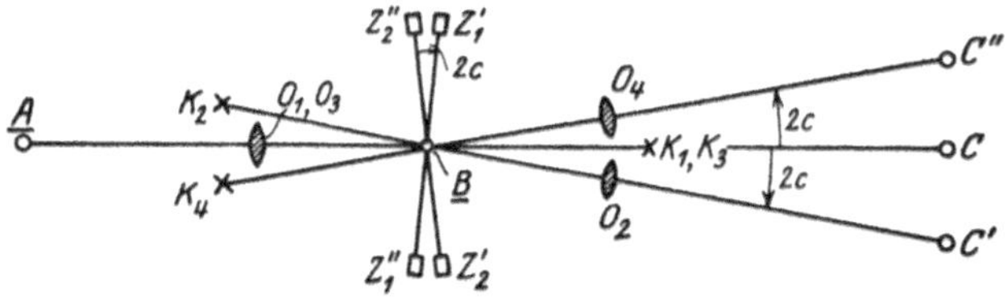

Abb. 409. Verlängern einer Geraden durch zweimaliges Durchschlagen des Fernrohrs.

$$q = s \cdot \widehat{\beta'} \tag{1114}$$

die zur Erreichung der Richtung $A B$ noch notwendige kleine Querversetzung von $C'$ an, wenn $s$, für das eine rohe Näherung genügt, die Entfernung $A C'$ bedeutet.

## e) Abstecken einer Geraden in unübersichtlichem Gelände.

Sind $P_1$ und $P_n$ (Abb. 411) die Endpunkte einer in unübersichtlichem Gelände, z. B. in Wald verlaufenden Geraden, auf welcher Zwischenpunkte $P_2, P_3, \ldots P_{n-1}$ bezeichnet werden sollen, so kann man etwa durch den Anfangspunkt $P_1$ eine Standlinie $X$ legen und den davon nicht allzu weit abliegenden Endpunkt $P_n$ durch seine zu messenden rechtwinkligen Koordinaten $x_n, y_n$ auf diese Hilfslinie beziehen. An Hand der Abbildung ergibt sich leicht zu einer beliebigen Abszisse $x_i$ diejenige Ordinate $y_i$, deren Endpunkt $P_i$ auf der Geraden $P_1 P_n$ liegt. Sie ist nach den ähnlichen rechtwinkligen Dreiecken, welche durch die Koordinaten $x_i, y_i$ bzw. $x_n, y_n$ gebildet werden, der Ausdruck

$$y_i = \frac{y_n}{x_n} \cdot x_i \,. \tag{1115}$$

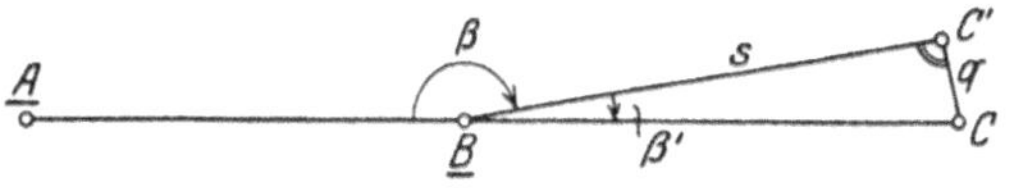

Abb. 410. Verlängern einer Geraden durch Winkelmessung und nachträgliche Querversetzung.

Mittels dieser Gleichung wird man für geeignet gewählte Abszissen $x$ die zugehörigen Ordinaten $y$ berechnen und die dadurch bestimmten Punkte $P$ der Geraden $P_1 P_n$ durch Abstecken der gefundenen Koordinaten in die Natur übertragen.

Ist es nicht möglich, die Hilfsgerade $X$ durch $P_1$ zu legen, so läßt sich vielleicht eine Standlinie $X'$ (Abb. 411, untere Hälfte) so nahe an der abzusteckenden Geraden vorbeiführen, daß deren Endpunkte $P_1$, $P_n$ auf $X'$ aufgemessen werden können, wobei ein beliebiger Punkt $U'$ als Ursprung dienen möge. Sind $x_1'$, $y_1'$ und $x_n'$, $y_n'$ die dabei gefundenen rechtwinkligen Koordinaten dieser Punkte, so erhält man nach der Abbildung für die zu einer Abszisse $x_i'$ gehörige Ordinate $y_i'$, deren Endpunkt $P_i$ auf $P_1 P_n$ liegt, den Ausdruck

$$y_i' = y_1' + \Delta_i = y_1' + \frac{y_n' - y_1'}{x_n' - x_1'} \cdot (x_i' - x_1') \,. \tag{1116}$$

Mit den hiernach berechneten Koordinaten kann die Absteckung beliebiger Zwischenpunkte der Geraden $P_1 P_n$ von $X'$ aus durchgeführt werden.

Zur Absteckung von Zwischenpunkten einer Geraden $P_1 P_n$ im Wald kann auch ein zwischen diesen Punkten im Zickzack geführter Polygonzug dienen, dessen Seitenschnittpunkte mit der abzusteckenden Geraden berechnet und von den Seitenanfangs- oder Endpunkten aus abgesetzt werden.

Besondere Vorsicht ist geboten, wenn es sich darum handelt, durch einen Häuserblock eine Gerade $P_1 P_5$ (Abb. 412) abzustecken, in deren Richtung ein Durchbruch geplant ist. Zur Durchführung dieser Absteckung sind folgende Arbeiten vorzunehmen:

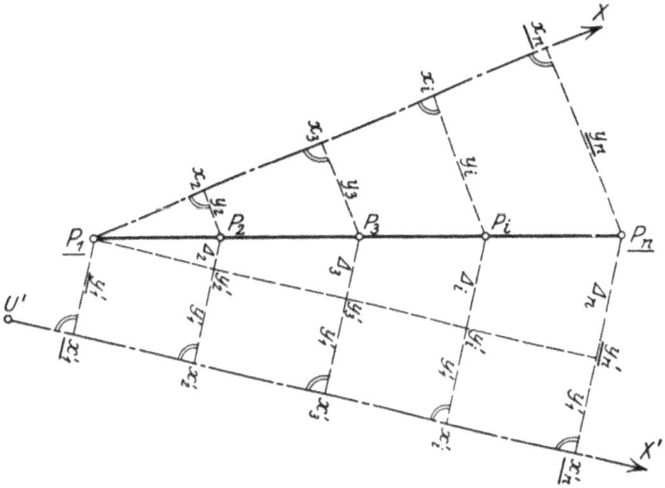


Abb. 411. Absteckung von Zwischenpunkten einer Geraden in unübersichtlichem Gelände.

1. Man legt um den Block einen über die Punkte $P_1, P_5$ führenden Polygonzug, dessen rechtwinklige Koordinaten nach sorgfältiger Messung seiner Bestimmungsstücke in einem beliebig angenommenen System berechnet werden.

2. Hierauf werden Liniennetzpunkte *9, 10, 11, 12* ausgewählt, von denen aus man unter Benützung von Durchfahrten, Fenstern und Hofräumen zusammensehen kann oder von denen aus wenigstens in die Hofräume gesehen und gemessen werden kann. Nach erfolgter Einmessung dieser Liniennetzpunkte werden deren Koordinaten in dem vorhin benützten System, wie S. 163 und 164 beschrieben, berechnet.

3. Sind gegenseitig sichtbare Liniennetzpunkte *9* und *12* vorhanden, so können nach den Ausführungen auf S. 165 die Koordinaten des Schnittpunktes *13* ihrer Verbindungslinie mit der abzusteckenden Geraden $P_1 P_5$ sowie die Entfernungen $\sigma_1$, $\sigma_2$ des Punktes *13* von *9* und *12* gefunden werden, und die Winkel

$$\left.\begin{aligned} u &= (P_1 P_5) - (12 \cdot 9)\,, \\ u' &= (P_5 P_1) - (12 \cdot 9) \end{aligned}\right\} \quad (1117)$$

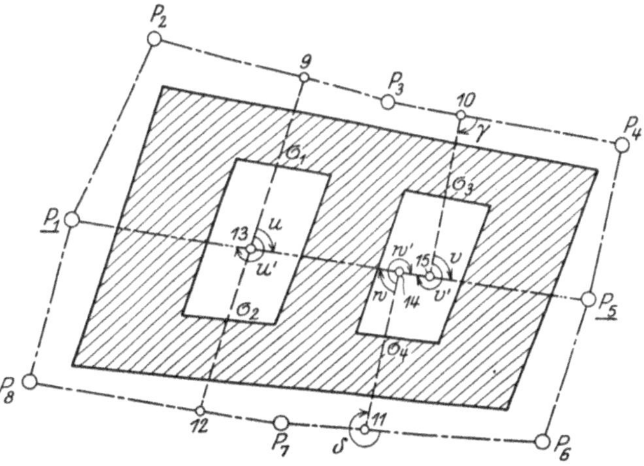


Abb. 412. Angabe von Zwischenpunkten einer Durchbruchslinie.

der Geraden $P_1 P_5$ mit dem Einband *9 · 12* ergeben sich als die Differenzen der aus der Koordinatenberechnung bekannten bzw. durch die Koordinaten von $P_1$ und $P_5$ bestimmten Richtungswinkel der genannten Strecken.

4. Kann man vom Liniennetzpunkt *10* aus keinen gegenüberliegenden Netzpunkt erreichen, wohl aber den Hofraum einsehen, so mißt man den Winkel $\gamma$, den eine festzuhaltende Sicht *10 · 15* mit $P_3 P_4$ einschließt. Die Lage dieser Sicht ist durch ihren bekannten Anfangspunkt *10* und ihren Richtungswinkel

$$(10 \cdot 15) = (P_3 P_4) + \gamma \qquad (1118\text{a})$$

eindeutig bestimmt, so daß sich die Koordinaten ihres Schnittpunktes *15* mit $P_1 P_5$ sowie die Länge $10 \cdot 15 = \sigma_3$ ermitteln lassen. Außerdem findet man auch die Winkel

$$v = (P_1 P_5) - (15 \cdot 10)\,, \qquad v' = (P_5 P_1) - (15 \cdot 10) \qquad (1118\,\mathrm{b})$$

der abzusteckenden Geraden mit der angenommenen Sicht. In entsprechender Weise ergeben sich aus dem bekannten Anfangspunkt *11* und dem dort gemessenen Winkel $\delta$ einer Kontrollsicht $11 \cdot 14$ mit $P_6 P_7$ die Koordinaten des Schnittpunktes *14* dieser Sicht mit $P_1 P_5$, die Entfernung $\sigma_4$ und die Winkel $w$, $w'$.

5. Mit Hilfe der berechneten Stücke $\sigma_1$, $\sigma_2$, $\sigma_3$, $\sigma_4$, lassen sich die auf der abzusteckenden Geraden liegenden Punkte *13, 14, 15* — ersterer mit Kontrolle — in die Natur übertragen. Die ebenfalls verlangte Richtungsangabe der genannten Geraden in diesen Punkten erfolgt mit Hilfe der in ihnen von den Richtungen $13 \cdot 9$, $15 \cdot 10$ und $14 \cdot 11$ aus abzutragenden, vorher berechneten Absteckungswinkel $u, u', v, v'$ und $w, w'$. Die beiden von *14* und *15* aus vorgenommenen Richtungsangaben kontrollieren sich gegenseitig.

Solche im städtischen Bauwesen herantretende Aufgaben wird man fast immer in der eben skizzierten Weise oder auf einem ähnlichen Wege lösen können. Großes Gewicht ist dabei stets auf die Beschaffung einer hinreichenden Zahl von Kontrollen zu legen.

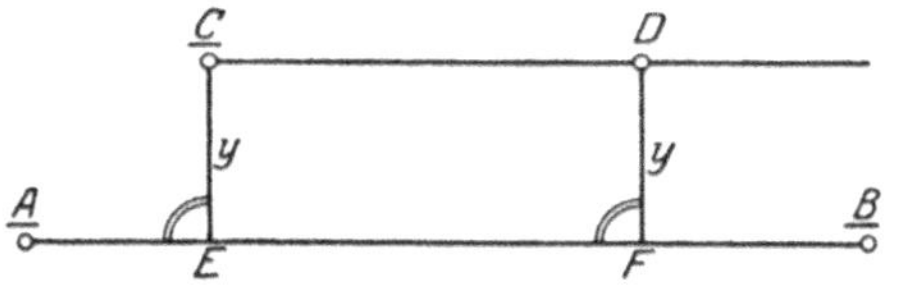


Abb. 413. Parallelenabsteckung durch gleich lange Ordinaten.

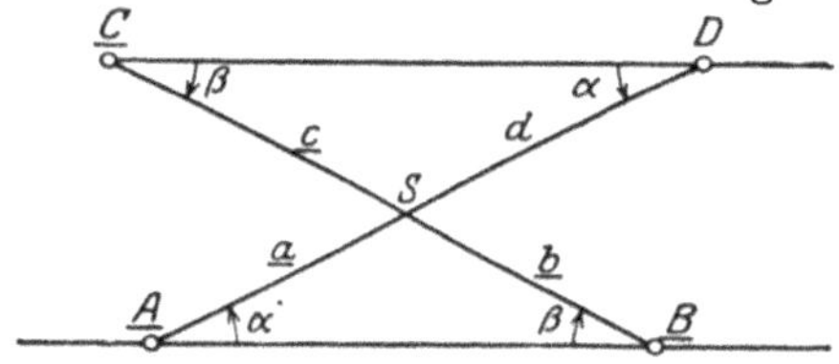


Abb. 414. Parallelenabsteckung durch Längenmessung.

## 50. Richtungsübertragungen.

Bei dieser Art von Absteckungsarbeiten handelt es sich darum, gestützt auf eine festliegende bekannte Richtung eine andere Richtung zu bezeichnen, welche mit der ersten einen bestimmten Winkel einschließt bzw. welche einen vorgeschriebenen Richtungswinkel besitzt.

### a) Absteckung einer Parallelen durch gleichlange Ordinaten.

Zur Lösung dieser einfachen, häufig auftretenden Aufgabe, bei welcher durch einen bestimmten Punkt $C$ (Abb. 413) eine Parallele zu einer gegebenen Geraden $A\,B$ zu ziehen ist, ermittelt man die hierauf bezogene Ordinate $y$ des Punktes $C$ und errichtet hierauf in einem beliebigen Punkte $F$ von $A\,B$ darauf eine Senkrechte von der Länge $y$, deren Endpunkt $D$ zusammen mit $C$ die abzusteckende Parallele bestimmt. Zur Angabe der Ordinatenrichtung wird meist eines der früher (S. 67ff.) beschriebenen Instrumente zum Abstecken rechter Winkel genügen.

### b) Absteckung einer Parallelen durch schiefe Längen.

Um durch Längenmessung allein zu $A\,B$ (Abb. 414) eine durch den festen Punkt $C$ gehende Gerade abzustecken, wählt man ungefähr in der Mitte der Verbindungsgeraden $B\,C$ einen Punkt $S$, dessen zu messende Entfernungen von $A$, $B$, $C$ die Längen $a$, $b$, $c$ sein mögen. Denkt man sich $A\,S$ bis zum Schnittpunkt $D$ mit der durch $C$ zu ziehenden Parallelen verlängert, so ergibt sich aus den ähnlichen Dreiecken $A\,S\,B$ und $D\,S\,C$ für den Abstand des Punktes $D$ von $S$ der Wert

$$d = \frac{a \cdot c}{b}\,. \qquad (1119)$$

Man braucht also nur $A\,S$ über $S$ hinaus um die berechnete Länge $d$ zu verlängern, um den auf der gesuchten Parallelen anzugebenden Punkt $D$ zu erhalten.

### c) Absteckung einer Parallelen durch Winkelmessung.

Ist eine Längenmessung etwa wegen zu großer Entfernungen oder wegen Unzugänglichkeit des zwischen den Parallelen liegenden Geländes nicht möglich, oder wird etwas größere Genauigkeit angestrebt, so kann man zunächst in $B$ (Abb. 414) den Winkel $\beta$ messen, welchen die Zwischenrichtung $BC$ mit der gegebenen Richtung einschließt. Hierauf stellt man den Theodolit meßgerecht in $C$ auf und trägt von $CB$ aus den Winkel $\beta$ in dem der Messung entgegengesetzten Sinn wieder ab. Die so bezeichnete Richtung, der ein Punkt $D$ angehören möge, versinnlicht die abzusteckende Parallele $CD$.

### d) Übertragung einer beliebigen Richtung durch Winkelmessung.

In Abb. 415 ist $AB$ eine in der Natur bezeichnete Gerade mit dem bekannten Richtungswinkel $\alpha_1$, während $C$ einen gegebenen Punkt bedeutet, durch den eine Richtung $CD$ zu ziehen ist, deren Richtungswinkel einen vorgegebenen Wert $\alpha_2$ besitzt. Zur Lösung der Aufgabe verbindet man $B$ und $C$ durch einen Polygonzug mit möglichst langen Seiten, der, wenn er unzugängliche oder unübersichtliche Gebiete $G_1$, $G_2$ umgehen muß, häufig eine gewundene Gestalt besitzt. Mit Hilfe der zu messenden Polygonwinkel $\beta_1, \beta_2, \ldots \beta_{n-1}$ und der bekannten Anschlußrichtungswinkel $\alpha_1$ und $\alpha_2$ läßt sich der in $C$ abzusteckende, letzte Polygonwinkel $\beta_n$ berechnen. Es ist nämlich

$$\alpha_2 = \alpha_1 + [\beta_i]_1^{n-1} + \beta_n + n \cdot 180^0; \quad (1120)$$

also ergibt sich

$$\beta_n = \alpha_2 - \alpha_1 - [\beta_i]_1^{n-1} - n \cdot 180^0. \quad (1121)$$

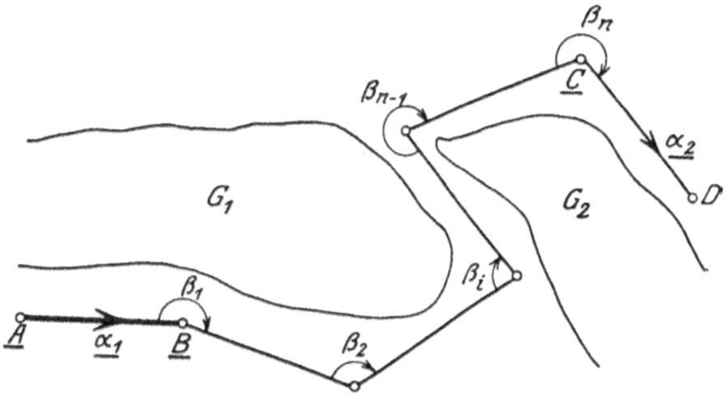

Abb. 415. Richtungsübertragung durch Winkelmessung im Polygonzug.

Wird daher in $C$ der errechnete Winkel $\beta_n$ von der letzten Polygonseite aus im Uhrzeigersinn abgetragen, so enthält die vorwärts gerichtete Zielebene, in welcher ein Punkt $D$ bezeichnet werden möge, die abzusteckende Richtung mit dem verlangten Richtungswinkel $\alpha_2$. Irgendeine Längenmessung tritt bei dem beschriebenen Verfahren ncht auf.

## 51. Absteckung einer geraden Tunnelachse.

Soll sogleich in den beiden Mundlochpunkten $M_1$, $M_2$ eines geraden Tunnels mit dem Stollenvortrieb begonnen werden, so ist für jeden dieser Punkte die Richtung der Tunnelachse genau zu bestimmen. Am einfachsten liegen die Verhältnisse, wenn es möglich ist, mit Hilfe des Theodolits über den Berg hinweg eine durch beide Mundlochpunkte gehende Gerade abzustecken[1], in deren Profil auf dem Rücken des Berges ein und derselbe Punkt von beiden Mundlochpunkten aus sichtbar ist. Die Zielebene eines in diesen Punkten meßgerecht aufgestellten Instrumentes, dessen Fernrohr auf den erwähnten Zwischenpunkt gerichtet wird, ist sodann eine die Tunnelachse enthaltende Vertikalebene.

So einfach liegen aber die Verhältnisse nur selten, und wenn vielfach auch noch eine Absteckung über Tage möglich ist, so kann sie meist nur unter Benutzung von mehreren, häufig genug ungünstig liegenden Zwischenpunkten erfolgen, wodurch die Sicherheit der direkten Absteckung beeinträchtigt wird. Unter solchen Umständen ist

[1] Z. B. durch Verlängern (siehe S. 363) einer im Anfangspunkt versuchsweise angenommenen Richtung bei fortschreitender Verbesserung der Annahme oder durch Winkelmessung und Entfernungsschätzung (S. 362).

es wünschenswert, zur Kontrolle auch noch eine indirekte Richtungsangabe durchzuführen; zu einer unumgänglichen Notwendigkeit wird sie in jenen Fällen, wo eine Absteckung der Achsrichtung über Tage unmöglich ist[1].

Handelt es sich um einen kürzeren Tunnel, dessen Länge einige Kilometer nicht überschreitet, und läßt sich zwischen $M_1$ und $M_2$ ein auch für Längenmessungen geeigneter Geländestreifen ausfindig machen, so kann zur Lösung der Aufgabe ein die beiden Mundlochpunkte verbindender Polygonzug genügen, dessen möglichst lange Seiten und Brechungswinkel mit großer Sorgfalt zu messen sind. Wird der auf irgendein ebenes, rechtwinkliges Koordinatensystem bezogene Zug berechnet, so erhält man aus den Koordinaten der Zugendpunkte den Richtungswinkel ihrer Verbindungslinie, d. h. der Tunnelachse und findet in den Unterschieden dieses Richtungswinkels gegen die Richtungswinkel der anliegenden Polygonseiten die sog. Absteckungswinkel, d. h. diejenigen Winkel, welche man in $M_1$ und $M_2$ von der ersten bzw. letzten Polygonseite aus abzutragen hat, damit die lotrechte Fernrohrzielebene die Tunnelachse enthält.

Bei sehr großen Tunnellängen versagt auch diese Methode, da auf weite Entfernungen hin ihre Ergebnisse zu unsicher werden und auch häufiger schwieriges Gelände zu überwinden ist. In solchen Fällen verbindet man die beiden Mundlochpunkte $M_1$, $M_2$ (Abb. 416) durch eine Kette oder ein Netz von günstig geformten, großen Dreiecken, deren Winkel mit größter Sorgfalt gemessen werden. Im einzelnen sind zur Ermöglichung der Richtungsangabe der Tunnelachse folgende Arbeiten durchzuführen:

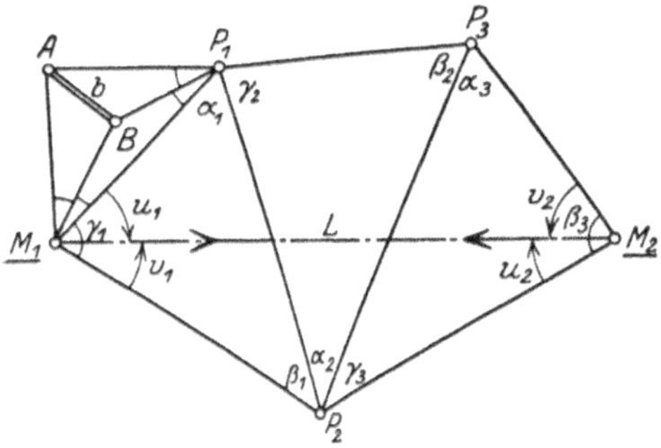


Abb. 416. Richtungsangabe einer geraden Tunnelachse mit Hilfe eines Dreiecksnetzes.

1. Zunächst sind die Dreieckspunkte auszuwählen, zu versichern und mit gemauerten Pfeilern für die Instrumentenaufstellung zu versehen. Es hat sich bewährt, in diesen Pfeilern eine lotrechte, zentrische Eisenröhre von etwa 8 cm lichter Weite anzubringen, in welche nach der Beobachtung eine kurze Stange gesteckt wird, die einen den Dreieckspunkt auf größere Entfernungen hin sichtbar machenden, pyramidenförmigen oder kegelförmigen Aufsatz (Hut) aus Blech oder Holz trägt.

2. Zur Winkelmessung dient ein leistungsfähiger Mikroskoptheodolit oder ein solcher mit optischem Mikrometer, an denen einschließlich Schätzung der Bruchteile bis auf 2″ abgelesen werden kann. Die Zahl der in verschiedenen Kreisstellungen durch Kompensationsmessung zu bewältigenden Sätze ist so zu bemessen, daß die mittleren Fehler der Winkelmittel nur noch Bruchteile von 1″ betragen. Die genaue zahlenmäßige Angabe des zu fordernden mittleren Winkelfehlers hängt im übrigen von der Form des Netzes, der Tunnellänge und der angestrebten Durchschlagsgenauigkeit ab.

3. Bei sehr ungleichartiger Massenverteilung sind in den Stationen, von welchen steile Sichten ausgehen, die Lotabweichungskomponenten $\xi$, $\eta$ des physischen Lotes (Normale an das Geoid) in der Richtung des Meridians und senkrecht dazu zu bestimmen, was entweder durch Vergleichung der astronomisch bestimmten geographischen Länge und Breite mit den entsprechenden durch geodätische Übertragung errechneten Werten, oder näherungsweise nach den sichtbaren Unregelmäßigkeiten in der Massenverteilung erfolgen kann. Aus $\xi$ und $\eta$, welche positiv gezählt werden, wenn das nach oben verlängerte physische Lot nach Norden bzw. Osten ausschlägt (Zenitabweichungen), erhält man die gesamte Zenitabweichung $\Theta$ und ihr Azimut $\varepsilon$

[1] Eine rein geometrische Lösung der in Rede stehenden Aufgabe hat schon *Heron* von Alexandrien angegeben. Siehe *Schöne:* Herons von Alexandria Vermessungslehre und Dioptra. (Aufgaben VII, S. 215 und XV, S. 239) Leipzig 1903.

in entsprechender Weise wie den Aufstellungsfehler $v$ aus seinen Komponenten $v_x$ und $v_y$, nämlich aus den Beziehungen

$$\operatorname{tg} \varepsilon = \frac{\eta}{\xi}, \qquad \Theta = \sqrt{\xi^2 + \eta^2}. \tag{1122}$$

Auch die Wirkung der Lotabweichung entspricht ganz derjenigen des Aufstellungsfehlers. Davon ausgehend erhält man aus dem fehlerhaften Horizontalwinkel $\beta'$, dessen linker und rechter Schenkel die Höhenwinkel $\alpha_1$, $\alpha_2$ besitzen und mit der Richtung der Zenitabweichung $\Theta$ die rechtssinnig positiv gezählten Horizontalwinkel $\gamma_1, \gamma_2$ einschließen, den vom Einfluß der Lotabweichung befreiten Horizontalwinkel

$$\beta = \beta' - \Theta (\sin \gamma_2 \operatorname{tg} \alpha_2 - \sin \gamma_1 \operatorname{tg} \alpha_1) = \beta' + v_\beta. \tag{1123}$$

Die Unterdrückung der Verbesserungen $v_\beta$ kann in ungünstigen Fällen (sehr steile Sichten, große Lotabweichungskomponenten senkrecht zur Tunnelrichtung) bei einer großen Tunnellänge ein vollständiges Mißlingen des Durchschlags zur Folge haben.

4. Für die Richtungsangabe einer geraden Tunnelachse wäre die Kenntnis der Tunnellänge $L$ nicht notwendig. Man braucht sie aber aus anderen, naheliegenden Gründen. Es muß daher auch eine Seitenlänge im Dreiecksnetz bestimmt werden, was im einfachsten Falle durch einen Anschluß der Messungen an ein schon vorhandenes, bekanntes Dreiecksnetz geschehen kann. Ist dies nicht möglich, so muß man auf festem Boden eine auch sonst günstig gelegene Grundlinie $b$ direkt messen und durch ein sog. Vergrößerungsnetz mit der nächstliegenden Dreiecksseite ($M_1 P_1$ in Abb. 416) verbinden. Zur Grundlinienmessung genügen horizontal gerichtete Schneidenlatten oder Schneidenlatten mit Gradbogen, deren genaue Länge durch eine sorgfältige Abgleichung unmittelbar vor und nach der Messung zu bestimmen ist. Die Grundlinie ist, wie früher (S. 103 und 104) beschrieben, erst auf den mittleren Messungshorizont und von diesem auf den Meeresspiegel zu reduzieren, ehe sie zur Ableitung der Dreiecksseite Verwendung findet.

5. Zur Neigungsermittlung der Tunnelachse wird der Höhenunterschied ihrer Endpunkte durch ein Feinnivellement bestimmt, welches zur Sicherheit entweder eine geschlossene Schleife bildet oder wenigstens in Form eines Doppelnivellements (hin und zurück) durchgeführt wird.

6. Die Ausgleichung der Dreieckswinkel erfolgt wegen der Wichtigkeit der Sache am besten nach der Methode der kleinsten Quadrate, über welches Verfahren die Lehrbücher der Ausgleichungsrechnung unterrichten[1]. Für den Fall, daß es sich wie in Abb. 416 um eine reine Dreieckskette handelt, wird die ganze strenge Ausgleichung denkbar einfach und besteht lediglich in der gleichmäßigen Verteilung der Dreieckswidersprüche auf die Dreieckswinkel.

7. Für die Berechnung der Dreiecksseiten nach Länge und Richtung genügt als Projektionsfläche die Kugel. Auf ihr findet auch die Koordinatenberechnung statt, wenn man nicht die Verwendung von ebenen, rechtwinkligen konformen Koordinaten (etwa die Merkatorprojektion) vorzieht, wobei die Abszissenachse zweckmäßig so gelegt wird, daß sie das Dreiecksnetz in dessen Längsrichtung ungefähr halbiert[2]. Ist die Koordinatenberechnung durchgeführt, so erhält man aus den Koordinaten der beiden Mundlochpunkte leicht die Tunnelachse nach Richtung und Länge, und die

[1] Siehe z. B. *Helmert, F. R.:* Die Ausgleichungsrechnung nach der Methode der kleinsten Quadrate, 3. Aufl. Leipzig und Berlin 1924; ferner *Jordan, W.*: Handbuch der Vermessungskunde Bd. 1, Ausgleichungsrechnung nach der Methode der kleinsten Quadrate, 6. Aufl. Stuttgart 1910; die Elemente der Ausgleichungsrechnung sind auch enthalten in *Näbauer, M.:* Grundzüge der Geodäsie. 2. Aufl. Leipzig und Berlin 1925.

[2] Die Rechnung auf der Kugel sowie die Theorie der ebenen rechtwinkligen konformen Koordinaten wird in den Lehrbüchern über höhere Geodäsie behandelt. Siehe z. B. *Jordan, W.:* Handbuch der Vermessungskunde, III. Bd. Landesvermessung und Grundaufgaben der Erdmessung. Eine kurzgefaßte höhere Geodäsie enthalten auch des Verfassers Grundzüge der Geodäsie (siehe vorhergehende Anmerkung).

vor allem gesuchten Absteckungswinkel sind die Richtungsdifferenzen

$$\left.\begin{aligned} u_1 &= (M_1 M_2) - (M_1 P_1)\,, & v_1 &= (M_1 P_2) - (M_1 M_2)\,, \\ u_2 &= (M_2 M_1) - (M_2 P_2)\,, & v_2 &= (M_2 P_3) - (M_2 M_1) \end{aligned}\right\} \tag{1124}$$

8. Zur Vorbereitung für die eigentliche Achsabsteckung errichtet man über den an den Mundlochpunkten oder in ihrer Nähe liegenden Dreieckspunkten, in denen auf festem Grund besonders kräftige Pfeiler stehen, als Schutz gegen Witterungsunbilden je ein Beobachtungshäuschen. Von diesen Observatorien aus werden durch Abtragen der errechneten Absteckungswinkel mittels des Theodolits nach oft wiederholten Messungen in genügender Entfernung auf dem stehenden Fels gut sichtbare, bei Nacht beleuchtete Marken, Richtmarken, angebracht, welche alsdann mit den Observatoriumspunkten eine die Tunnelachse enthaltende Lotebene bestimmen. Stehen die erwähnten Dreieckspunkte etwas weiter (vielleicht ½ km) von den Mundlochpunkten ab, so kommen die Absteckungsmarken am besten über das Tunnelportal zu liegen; sind dagegen die Observatorien sehr nahe an den Tunnelendpunkten, so bringt man sie besser in der rückwärtigen Verlängerung der Achse an.

9. Nach diesen Vorbereitungen kann man zur Absteckung der Achsrichtung von den Observatorien aus ein standfestes, mit gutem Fernrohr ausgestattetes Durchgangsinstrument benutzen. Wird dessen auf die Richtmarken eingestelltes Fernrohr so weit gekippt oder durchgeschlagen, bis es die Neigung der Tunnelachse besitzt, so kann man vorwärts im Tunnel ein auf einem sehr kräftigen Stativ befindliches Lichtsignal in die Achse einweisen. Dieser Vorgang wird des öfteren in beiden Fernrohrlagen vollständig wiederholt und sehr erleichtert, wenn der Stativkopf einen senkrecht zur Tunnelrichtung verschiebbaren Schlitten trägt, dessen Bewegung an einer Millimeterteilung gemessen werden kann. Die gefundene Mittellage wird sorgfältig abgesenkelt und etwa durch einen eingefeilten Strich auf einer in die Tunnelsohle eingelassenen Eisenklammer bezeichnet. Wird das Absteckungsinstrument nunmehr über diesem neubestimmten Punkte aufgestellt, so kann von hier aus ein vorwärtsliegender Achspunkt in der gleichen Weise gefunden werden. Von den Umstellstativen ist zu fordern, daß sie nicht nur stabil aufgestellt werden können, sondern auch so eingerichtet sind, daß die senkrechten Achsen des Lichtsignals, des Absteckungsinstrumentes und der Ablotungsvorrichtung zusammenfallen.

Man hat Hauptabsteckungen und Zwischenabsteckungen zu unterscheiden. Erstere finden nur ab und zu statt, wenn eben der Stollenvortrieb jeweils wieder um ein oder zwei Kilometer vorgeschritten ist. Dabei sucht man mit möglichst langen Sichten vorwärts zu kommen, was jedoch nur bei staub-, rauch- und nebelfreier Luft gelingt. Zur Herbeiführung dieses Zustandes muß schon einige Zeit vor der Absteckung die Arbeit gänzlich eingestellt und mittels der Ventilatoren neue Luft in den Tunnel gepumpt werden. Bei der Absteckung selbst jedoch soll ein gleichmäßiger Luftzustand herrschen. Sehr gefährlich ist die bei einseitiger Erwärmung der Luft (z. B. infolge verschiedener Temperatur der beiden Tunnelwände) auftretende seitliche Strahlenbrechung[1]. Man kann sie bei der Absteckung eines Winkels $\beta_i$ (Abb. 417), welcher für die vorliegende Aufgabe ein gestreckter ist, näherungsweise unter der Annahme berücksichtigen, daß sie innerhalb einer Polygonseite jeweils gleichartig verläuft. In diesem Falle ist der Grundriß der rückwärts und vorwärts gerichteten Sicht je ein sehr flacher Kreisbogen und statt $\beta_i$ ist ein Winkel

$$\beta_i' = \beta_i - (\xi_{i-1} + \xi_i) \tag{1125}$$

abzustecken, wo

$$\xi_{i-1} \approx 0{,}11 \cdot \tau_{i-1}\,, \qquad \xi_i \approx 0{,}11 \cdot \tau_i \tag{1126}$$

Näherungswerte der in Sekunden ausgedrückten seitlichen Teilrefraktionen sind.

[1] Siehe zu diesem Punkt: a) *Gast, Paul:* Über Luftspiegelungen im Simplontunnel. Z. Vermess.-Wes. 1904 S. 241—271; b) den auf S. 372 unter f) genannten Vortrag von *A. Tichy* und c) die in der gleichen Anmerkung unter g) genannte Abhandlung von *Baeschlin.*

$\tau_{i-1}$ und $\tau_i$ bedeuten die in Celsiusgraden ermittelten, auf 1 km Entfernung bezogenen seitlichen Temperaturgefälle in den Mitten der Polygonseiten $s_{i-1}$, $s_i$. Sie sind hier positiv bei fallender Temperatur und können auch durch die arithmetischen Mittel der etwa in $P_{i-1}$ und $P_i$ bzw. in $P_i$ und $P_{i+1}$ beobachteten Gefälle ersetzt werden[1].

Die immer während des Vortriebes vorzunehmenden Zwischenabsteckungen stützen sich jeweils auf die zuletzt ausgeführte Hauptabsteckung. Sie erfordern, da ihre Fehler sich nur auf einer kürzeren Strecke geltend machen und durch die nächste Hauptabsteckung wieder korrigiert werden, etwas weniger Sorgfalt; es genügen auch wesentlich kürzere Sichten.

Bei diesen Absteckungsarbeiten ist außer der Horizontalrichtung der Tunnelachse auch noch deren Neigung durch geometrisches Nivellement in den Stollen zu übertragen und ferner durch genaue Längenmessung die Länge der zurückliegenden Tunnelstrecke zu bestimmen.

Das treffendste Urteil über die Genauigkeit der Arbeit liefert der in den Durchschlagsergebnissen sich aussprechende Erfolg. Die in Betracht kommenden Fehler, nämlich 1. die seitliche Abweichung, 2. die Höhenabweichung und 3. die bei einem geraden Tunnel etwas weniger gefährliche Längenabweichung, dürfen

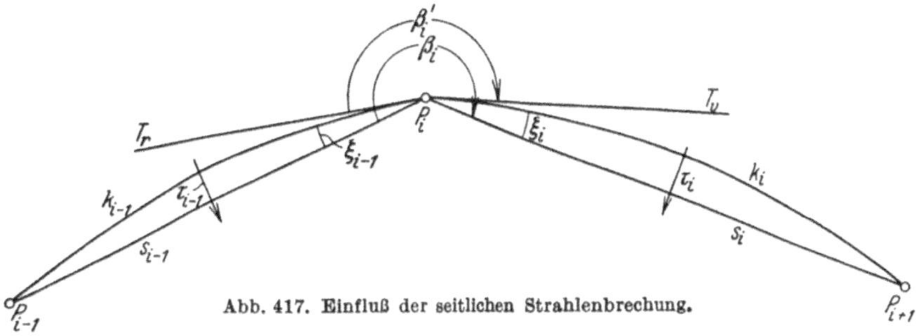


Abb. 417. Einfluß der seitlichen Strahlenbrechung.

aber gewisse Beträge keinesfalls überschreiten, wenn nicht großer Schaden entstehen soll. Man muß sich daher über den Zusammenhang zwischen den mittleren zu befürchtenden Durchschlagsfehlern und ihren Ursachen, nämlich den Fehlern der Messung und der Absteckung im klaren sein. Die mittlere Unsicherheit der errechneten Absteckungselemente (Richtungswinkel der Achse bzw. Absteckungswinkel und Tunnellänge) erhält man gelegentlich der Ausgleichung des Dreiecksnetzes und man kann, sobald dessen Gestalt und die Leistungsfähigkeit des Instrumentes in den Händen eines bestimmten Beobachters feststehen, die zur Innehaltung gewisser Fehlergrenzen unter normalen Verhältnissen erforderliche Satzzahl von Beobachtungen angeben.

Zu den Unsicherheiten der errechneten Absteckungsdaten treten noch die bei der Ausführung der Absteckung unterlaufenden Fehler. Sie verhalten sich, soweit die Horizontalrichtung in Frage kommt, ebenso wie die Winkelfehler in einem gestreckten Polygonzug (siehe die Ausdrücke $m_{1l}$ und $m_{1q}$ auf S. 159) und lassen sich von vornherein ungefähr abschätzen, besser aber aus den bei wiederholten Absteckungen auftretenden Widersprüchen ermitteln. Auch die in der Längenmessung und im geometrischen Nivellement enthaltenen Unsicherheiten lassen sich am zuverlässigsten nach den Widersprüchen mehrerer Messungen beurteilen[2].

[1] Der Einfluß eines seitlichen Druckgefälles auf die Strahlenbrechung ist im vorliegenden Fall bedeutungslos.

[2] Bezüglich weiterer Einzelheiten, praktischer Erfahrungen und der erzielten Durchschlagsergebnisse sei auf einige naheliegende praktische Beispiele hingewiesen. a) Die 1857/58 vorgenommene Achsabsteckung des 1870 durchschlagenen Mont-Cenis-Tunnels (12,2 km) konnte infolge günstiger Umstände mit genügender Sicherheit über den Berg hinweg erfolgen. Die Durchschlagsdifferenzen sind nach einer Notiz der Z. öst. Ing.- u. Arch.-Ver. Bd. 26 (1875) S. 224, 14 m in der Länge, 3 dm in der Höhe, während sich in der Richtung kein nennenswerter Betrag ergab. (*Conte:* Über die Herstellung des großen Tunnels durch die Alpen. Zivilingenieur, N. F., Bd. 9 (1863), Anmerk. auf

S. 347/48; *Pestalozzi, S.*: Die Absteckung der Achse des Gotthardtunnels. Vortrag, Die Eisenbahn Bd. 6 (1877) S. 89—91 und 97—99); b) Die Absteckung des Gotthardtunnels (14,99 km zwischen den Mundlochpunkten, 15,85 km zwischen den Observatorien) erfolgte sowohl durch *Gelpke*, wie auch durch *Koppe* indirekt mittels eines Dreiecksnetzes (1869 bzw. 1874) und unter ungünstigen Verhältnissen zur Probe auch noch direkt über den Berg hinweg. Der am 29. II. 1880 vorgenommene Durchschlag ergab die Fehler 7 m, 49 cm (später nur noch 33 cm) und 5 cm in Länge, Richtung und Höhe. Die große Längenabweichung rührt nach den Untersuchungen von *Messerschmitt* (Neuberechnung der Länge des Gotthardtunnels, Z. Vermess.-Wes. 1902 S. 189—191) wahrscheinlich von einem Längenmessungsfehler in der von *Koppe* übernommenen *Gelpke*schen Grundlinie her. (An Literatur siehe: *Gelpke, O.:* Bericht über die Bestimmung der St. Gotthard-Tunnel-Achse. Zivilingenieur, N. F. Bd. 16 (1870) S. 143—167, *Koppe, C.:* Bestimmung der Achse des Gotthardtunnels. Z. Vermess.-Wes. 1875 S. 369—444 mit Berichtigungsnachtrag 1876 S. 86—90; *Koppe, C.:* Bestimmung der Achse des Gotthardtunnels, II., Z. Vermess.-Wes. 1876 S. 353—382; *Koppe C.:* Trigonometrische Höhenmessung zur Tunneltriangulation. Z. Vermess.-Wes. 1876, S. 129—145; *Helmert:* Diskussion der Beobachtungsfehler in *Koppes* Vermessung für die Gotthardtunnelachse. Z. Vermess.-Wes. 1876 S. 146—155; *Gelpke, O.:* Die letzten Richtungsverifikationen und der Durchschlag am großen St. Gotthardtunnel. Z. Vermess.-Wes. 1880 S. 101—116, 137—148, 149—163; *Pestalozzi, S.:* Die Absteckung der Achse des Gotthardtunnels. Die Eisenbahn Bd. 6 (1877) S. 89 bis 91 und 97—99; *Dolezalek, C.:* Hilfsmittel für die Richtungsangabe im Gotthardtunnel. Z. d. Archit.- u. Ing.-Ver. zu Hannover Bd. 24 (1878) S. 186—194; ferner Bericht zum Vortrag von *Dolezalek:* Über den Durchschlag und die Richtungsbestimmung des Gotthardtunnels. Z. d. Archit.- u. Ing.-Ver. zu Hannover Bd. 26 (1880) S. 317—320). c) Beim Durchschlag des über 10 km langen Arlbergtunnels (1883), über dessen Absteckung nichts Näheres bekannt geworden ist, waren die Durchschlagsdifferenzen 5,7 m, 4 cm und 16 cm in Länge, Richtung und Höhe (Schweiz. Bauztg. Bd. 3 (1884) S. 17/18). d) Der längste bisher gebaute Alpentunnel ist der Simplontunnel (19,80 km), dessen Achse über Tage nicht abgesteckt werden konnte und deshalb von *Rosenmund* aus einer im Sommer 1898 durchgeführten Triangulierung unter Berücksichtigung der Lotabweichungen auf indirektem Wege abgeleitet wurde. Die nach dem am 24. II. 1905 erfolgten Durchschlag festgestellten Durchschlagsfehler betrugen 79 cm, 20 cm und 9 cm in Länge, Richtung und Höhe. (*Rosenmund, M.:* Über die Absteckung des Simplontunnels. Schweiz. Bauztg. Bd. 37 (1901) S. 221—224 und 243—245; *Rosenmund, M.:* Achsabsteckung am Simplontunnel. Z. Vermess.-Wes. 1902 S. 74 bis 82 und *Rosenmund, M.:* Die Schlußergebnisse der Absteckungen des Simplontunnels. Z. Vermess.-Wes. 1905 S. 578—579). e) Zur Richtungsermittlung des geraden Haupttunnels der Albulabahn (5,87 km) diente kein zusammenhängendes neues Netz; vielmehr wurde jedes der beiden Observatorien durch ein kleines, im Herbst 1898 und Frühjahr 1899 gemessenes Netz an drei Punkte der neuen eidgenössischen Triangulation angeschlossen. Die Durchschlagsfehler waren 1,15 m, 5 cm und 5 cm in Länge, Richtung und Höhe. (*Graf, W.:* Die neuen Linien der rhätischen Bahn. Einiges über die Tunnelabsteckungen auf der Albulabahn. Schweiz. Bauztg. Bd. 40 (1902) S. 284—290.) f) Über die Tunnelabsteckungen auf der Tauernbahn berichtet *Tichy, A.* in Rationelle Vorgänge der Absteckung bedeutend langer Eisenbahntunnels. Vortrag Z. öst. Ing.- u. Arch.-Ver. 1914 S. 717 bis 722, 733—736, 749—754. Über die erzielten Durchschlagsergebnisse unterrichtet Tabelle 39. Von besonderem Interesse ist die mitgeteilte Beobachtung einer seitlichen Strahlenbrechung von 10″ und 8″ nach verschiedenen Seiten hin. g) Der zuletzt erbaute große Alpentunnel ist der 14,5 km (gerader Abstand der Tunnelendpunkte 13,7 km) lange Lötschbergtunnel, für dessen Richtungsangabe *Mathys* 1906 zwei Achspunkte getrennt durch Einschaltung in das Dreiecksnetz der schweizerischen Landestopographie bestimmte. Zur Berechnung der Triangulation diente ein Näherungsverfahren! Behufs Kontrolle seiner errechneten Richtungsangaben führte *Mathys* noch 1906 mit Hilfe von drei Zwischenpunkten auch noch eine oberirdische Achsabsteckung durch. Nach *Mathys* Tode übernahm 1907 *Baeschlin* die Weiterführung der Arbeiten und prüfte zunächst unter Berücksichtigung der aus den sichtbaren Massen errechneten Lotabweichungen die vorliegende oberirdische Absteckung. Diese Nachprüfung ergab die Notwendigkeit einer geringen seitlichen Verschiebung der Achssignale. Die Höhenlage der Tunnelportale war schon 1906 durch ein an das Höhennetz der schweizerischen Landestopographie angeschlossenes Feinnivellement bestimmt worden. Nachdem der Stollenvortrieb an der Südseite etwa bis zu km 4,2 und an der Nordseite bis zu km 2,7 gelangt war, erfolgte an dieser Stelle im Juli 1908 der Einbruch der Kander. Es wurde eine Umgehung dieser Stelle und damit die Aufgabe der geradlinigen Tunnelachse notwendig. Zwei neu eingeschaltete gerade Strecken wurden unter sich und mit den Endstücken der geraden Tunnelachse durch Kreisbögen von 1100 m Radius verbunden, wodurch die Tunnelachse auf 14,5 km verlängert und ihre

Tabelle 39.

| Tunnel | Länge m | Differenz in Länge m | Richtung mm | Höhe mm |
|---|---|---|---|---|
| Wocheiner . . . | 6338 | 0,76 | 50 | 3 |
| Karawanken . . | 7972 | 0,45 | 20 | 30 |
| Bosruck . . . . | 4766 | 0,18 | 153 | 30 |
| Tauern . . . . | 8552 | 2,93 | 55 | 56 |

## 52. Richtungsübertragung auf einen anderen Horizont (Schachtlotung).

Die Richtungsübertragung in der gleichen Lotebene auf einen anderen Horizont spielt als sog. Schachtlotung in der Markscheidekunst eine große Rolle. Für die Bauingenieure gewinnt sie besondere Bedeutung, wenn die Durchbohrung eines langen Tunnels außer von seinen Endpunkten auch von mehreren Zwischenpunkten aus in Angriff genommen werden soll. Zur Erreichung dieser Punkte kann man etwa durch besondere, nicht zu lange Seitenstollen von bekannten Punkten aus Polygonzüge führen und so abstecken, daß ihre Endpunkte nach Lage und Höhe auf der Tunnelachse liegen. Mit Hilfe dieser Polygonzüge kann nach den Ausführungen auf S. 367 in den gefundenen Zwischenpunkten die Achsrichtung leicht angegeben werden. Im einzelnen sind dabei folgende Arbeiten durchzuführen:

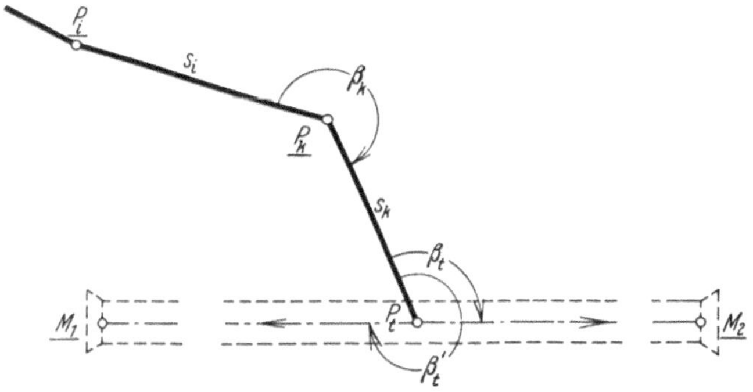

Abb. 418. Seitliches Anfahren von Punkten der Tunnelachse.

1. Einrechnung eines Achspunktes $P_t$ (Abb. 418) nach Lage und Höhe als Liniennetzpunkt zwischen die bekannten Mundlochpunkte $M_1$, $M_2$ mittels einer geeigneten Annahme für die Entfernung $M_1 P_t$; die Koordinaten von $P_t$ werden $x_t$, $y_t$, $H_t$.

2. Führung, Messung und Berechnung eines an das Netz der Tunneltriangulierung angeschlossenen Polygonzugs bis zum letzten Außenpunkt $P_k$; Bestimmung der Höhenlage $H_k$ von $P_k$.

3. Berechnung der Polygonseite $P_k P_t = s_k$ nach Richtung, Länge und Neigung $\nu_k$ aus

$$\operatorname{tg}(P_k P_t) = \frac{y_t - y_k}{x_t - x_k}, \qquad s_k = \frac{x_t - x_k}{\cos(P_k P_t)} = \frac{y_t - y_k}{\sin(P_k P_t)}, \qquad \operatorname{tg}\nu_k = \frac{H_t - H_k}{s_k}. \tag{1127}$$

4. Ermittlung der Absteckungswinkel

$$\left.\begin{aligned} \beta_k &= (P_k P_t) - (P_k P_i)\,, \\ \beta_t &= (M_1 M_2) - (P_t P_k)\,, \\ \beta_t' &= (M_2 M_1) - (P_t P_k)\,. \end{aligned}\right\} \tag{1128}$$

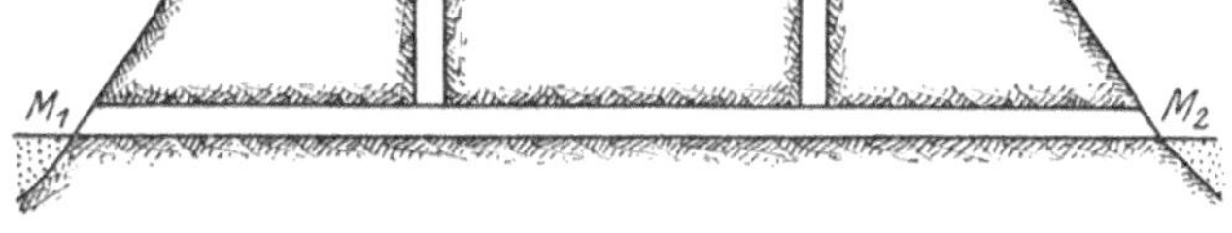

Abb. 419. Richtungsangabe der Tunnelachse in Zwischenpunkten.

Besitzt das Profil der über Tage abgesteckten Tunnelachse tiefe Täler (Abb. 419), so ist es naheliegend, dort Förderschächte $S_1$, $S_2$ anzulegen und bis zur Tunnelachse hinabzuführen, um gleichzeitig an mehreren Zwischenpunkten mit der Durchbohrung beginnen zu können. Die in diesen Örtern notwendige Richtungsangabe der Achse unter Tage kann etwa in folgender Weise gefunden werden. Man bringt in den Schacht $S$ (Abb. 420 und 421) in möglichst großem Abstande $a$ zwei Lote $L_1$, $L_2$ aus dünnem, aber starkem Stahldraht, an denen schwere Gewichte $G_1$, $G_2$ (bis zu einem Zentner und darüber) hängen. Die Lote sind über Tage im Horizont $H_0$ in den Punkten $O_1$, $O_2$ einer Hängebank so befestigt, daß sie sowohl unter sich als auch

---

Absteckung wesentlich erschwert wurde. Der am 31. III. 1911 erfolgte Durchschlag zeigte trotzdem nur ganz belanglose Differenzen, nämlich 41 cm, 26 cm bzw. 10 cm in Länge, Richtung und Höhe. (*Baeschlin, F.:* Über die Absteckung des Lötschbergtunnels. Schweiz. Bauztg. Bd. 58 (1911) S. 109 bis 111, 125—129, 154—156, 167—169, 189—192 u. S. 234.)

zur Umgebung eine möglichst unveränderliche Lage besitzen. Sie durchstoßen in den Punkten $U_1, U_2$ den Horizont $H_u$ des Tunnels. Gelingt es, 1. über Tage die Lage eines der beiden Aufhängepunkte $O_1$, $O_2$ sowie die durch sie bestimmte Richtung genau zu ermitteln und 2. die Projektionen $U_1$, $U_2$ dieser Punkte auf $H_u$ in aller Schärfe ausfindig zu machen, so ist die Aufgabe als gelöst zu betrachten.

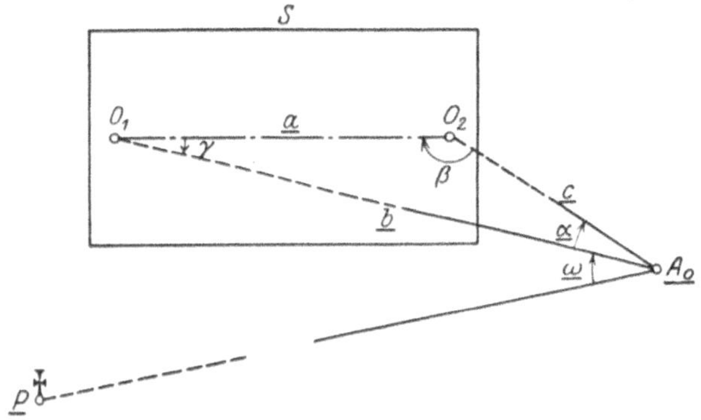


Abb. 420. Scharfe Orientierungsermittlung über Tage.

Zu 1. Man wählt etwa möglichst nahe der Lotebene durch $O_1O_2$ und nahe an $O_2$ auf festem Boden einen Standort $A_0$ so, daß seine Lage im Netz der Tunneltriangulierung gut bestimmt werden kann. Sind die in $A_0$ gemessenen Winkel $\alpha$ (Standwinkel) und $\omega$ (Orientierungswinkel) die Horizontalwinkel, welche die nach dem oberen Ende des ersten Lotes gerichtete Sicht mit der Richtung nach $O_2$ bzw. mit einer nach einem bekannten Punkte $P$ führenden Anschlußrichtung einschließt, und bedeutet $\gamma$ den aus $\alpha$ und den ebenfalls zu messenden Entfernungen $a$, $c$ aus

$$\sin\gamma = \frac{c}{a}\cdot\sin\alpha \tag{1129}$$

errechneten Anschlußwinkel bei $O_1$ im Anschlußdreieck $A_0O_1O_2$, so gibt der Ausdruck

$$(O_1 O_2) = (P A_0) + \omega - \gamma \tag{1130}$$

den Richtungswinkel der Strecke $O_1O_2$ an[1].

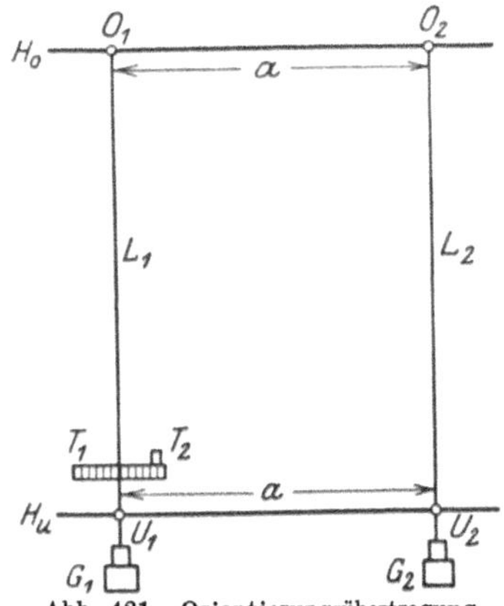


Abb. 421. Orientierungsübertragung in die Tiefe nach dem Schachtlotverfahren von M. Schmidt.

Mit Hilfe der gemessenen Seiten $b$ bzw. $c$ und ihrer Richtungswinkel

$$\left.\begin{aligned}(A_0 O_1) &= (A_0 P) + \omega \\ \text{und}\qquad (A_0 O_2) &= (A_0 P) + \omega + \alpha\end{aligned}\right\} \tag{1131}$$

erhält man vom bekannten Punkte $A_0$ aus leicht die Koordinaten von $O_1$ und $O_2$, wodurch die genaue Lage dieser Punkte gegen die Tunnelachse bestimmt ist.

Zu 2. Die Ermittlung der Untenpunkte $U_1$, $U_2$ muß mit der größten Sorgfalt durchgeführt werden, da sich auf die Richtung ihrer kurzen Verbindungsstrecke ein vielmal längeres Stück der Tunnelachse stützt, so daß Querfehler dieser Punkte auch als vielmal größerer Beitrag in den seitlichen Durchschlagsfehler eingehen. Es ist deshalb notwendig, in manchmal sehr große Tiefen die Obenpunkte $O_1$, $O_2$ bis auf einige Dezimillimeter genau abzuloten, was bei der hauptsächlich durch den Wetterzug und das Traufwasser verursachten Unruhe der Lote eine sehr schwierige Aufgabe ist.

Im Bestreben einer Verbesserung des *Borchers*schen Gedankens, die Schwingungsausschläge des Lotes messend zu verfolgen, hat 1882 *M. Schmidt* in Freiberg ein sehr

[1] Für die allerdings nicht streng zutreffende Annahme, daß die Fehler in $\omega$, $\alpha$, $a$ und $c$ von der Lage des Standortes $A_0$ unabhängig sind, wird der Fehler in dem nach (1130) abgeleiteten Richtungswinkel um so kleiner, je näher $A_0$ an die Richtung $O_1O_2$ und an $O_2$ heranrückt. Näheres hierüber siehe bei *Parschin, N.*: Tagesanschluß der Grubenmessungen, Heft 1, Freiberg i. S. 1914, (ins Deutsche übertragen von *P. Wilski*).

sinnreiches, heute am weitesten verbreitetes Schachtlotverfahren angegeben und später noch weiter ausgebaut[1]. Es besteht in folgendem. Man kann an zwei hinter dem betreffenden Lote befindlichen, senkrecht zueinander gestellten Teilungen $T_1$, $T_2$ (Abb. 421) die Bewegungen des schwingenden Lotes verfolgen und die den Umkehren des Lotes entsprechenden Projektionen desselben auf die Teilungen beobachten. Erscheinen die Projektionen der Umkehren an den Stellen $a'_1, a'_2, \ldots a'_{n'}$ bzw. $a''_1, a''_2, \ldots a'_{n''}$ dieser Teilungen, so sind, für $n'$ und $n''$ gerade Zahlen vorausgesetzt, die aus einer großen Zahl von Beobachtungen errechneten Mittelwerte

$$a'_m = \frac{1}{n'}[a'], \qquad a''_m = \frac{1}{n''}[a''] \tag{1132}$$

diejenigen Teilungsstellen, auf welche sich das zentrierte, d. h. in die Ruhelage gebrachte Lot projizieren muß.

Zur praktischen Ausführung benutzt man einen horizontalen Zentrierteller $Z$ (Abb. 422), mit dem die beiden Teilungen verbunden sind. Zur direkten Beobachtung der Werte $a'$ dient ein seitlich in $A_u$ aufgestelltes Fernrohr, dessen Ziellinie zur Teilung $T_1$ senkrecht steht. Die sonst für die an $T_2$ auszuführenden Beobachtungen $a''$ notwendige Aufstellung eines zweiten Fernrohres kann dadurch vermieden werden, daß in der Höhe von $T_2$ mit dem Zentrierteller ein lotrechter Spiegel $S$ (eingeführt von *Cséti*) verbunden wird, welcher mit $T_2$ einen 45°-Winkel einschließt. Man erhält dann sogleich von $A_u$ aus mittels der Spiegelbilder der Lotumkehren am Teilungsbild $T'_2$ die gesuchten Ablesungen $a''$. Um während der Beobachtung die in einem Ausschnitt des Zentriertellers frei schwingenden Lote möglichst wenig störenden Einflüssen auszusetzen, müssen während der Beobachtungsdauer die Türen verschlossen und die Ventilatoren abgestellt werden. Zur Einstellung des Lotes auf seine errechnete Ruhelage führt man es durch die Bohrung eines prismatischen Zentrierklotzes $P$, welcher mit Hilfe der Zentrierschrauben $s_1$, $s_2$, $s_3$, $s_4$ in der Richtung beider Teilungen derart verstellt wird, daß von $A_u$ aus das Lot an den Teilungsstellen $a'_m$ bzw. $a''_m$ erscheint. Ist in derselben Weise auch das Lot $L_2$ zentriert worden, so muß der Abstand $U_1 U_2$ bis auf den Einfluß der Lotkonvergenz (S. 104) mit dem über Tage gemessenen Lotabstand $a$ übereinstimmen. Das Gelingen des beschriebenen Schachtlotverfahrens setzt vollkommen frei schwingende Lote voraus und es ist daher schon vor Beginn der Arbeit zu untersuchen, ob das durch verschiedene Böden gehende und nahe an Bauhölzern vorbeiführende Lot nicht irgendwo geklemmt ist oder anliegt. Man kann sich davon in einfachen Fällen durch den unmittelbaren Augenschein überzeugen; auch kann man längs der Lote Papierscheibchen hinabgleiten lassen oder die gelegentlich der Zentrierungsbeobachtungen ebenfalls ermittelte Schwingungsdauer mit dem aus der bekannten Schwerebeschleunigung $g$ und der Schachttiefe $l$ berechneten theoretischen Wert

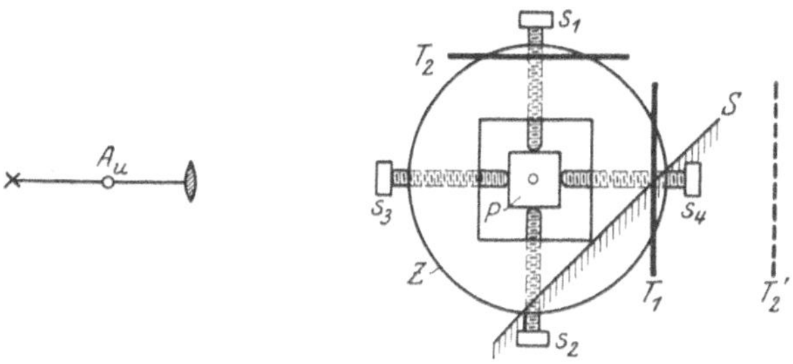

Abb. 422. Zentrierteller nach M. Schmidt mit Csétischem Spiegel.

$$t = \pi \sqrt{\frac{l}{g}} \tag{1133}$$

vergleichen.

---

[1] Siehe hierzu die folgenden Schriften von *M. Schmidt*: a) Das Problem der Schachtlotung mit frei schwingendem Lote; b) Schachtlotungsverfahren mit fixierten Loten, Jb. f. d. Berg- u. Hütt.-Wes. im Kgr. Sachsen 1882 bzw. 1884; c) die Methoden der unterirdischen Orientierung und ihre Entwicklung seit 2000 Jahren, München 1892 (Bericht der Technischen Hochschule München für das Studienjahr 1891/92).

Die Ruhelage $L_r$ (Abb. 423) eines Lotes ist infolge des geringen Wetterdruckes, welcher auch bei abgestellter Ventilation, abgedecktem Schacht und geschlossenen Wettertüren übrigbleibt, leider noch nicht seine Seigerlage $L_s$ (lotrechte Lage). Wie man an einer Teilung aus dem Ruhepunkt $R$ den Seigerpunkt $S$ durch Mehrgewichtslotung finden kann, hat 1916 *Wilski* gezeigt. Aus der Voraussetzung, daß das Produkt aus der Abtrift $a_i$ und dem Lotgewicht $G_i$ (Last + halbes Drahtgewicht) konstant sei, folgt für zwei verschiedene Lotgewichte $G_e$, $G_i$ und die zugehörigen Abtriften $a_e$, $a_i$ die Beziehung

$$a_e : a_i = \frac{1}{G_e} : \frac{1}{G_i}. \tag{1134}$$

Sind ferner $x_e$, $x_i$ die zu den entsprechenden Ruhelagen aus den Beobachtungen ermittelten Skaleneinstellungen, so wird

$$x_0 = \frac{x_i G_i - x_e G_e}{G_i - G_e} \tag{1135}$$

die zum Seigerpunkt $S$ gehörige Einstellung[1].

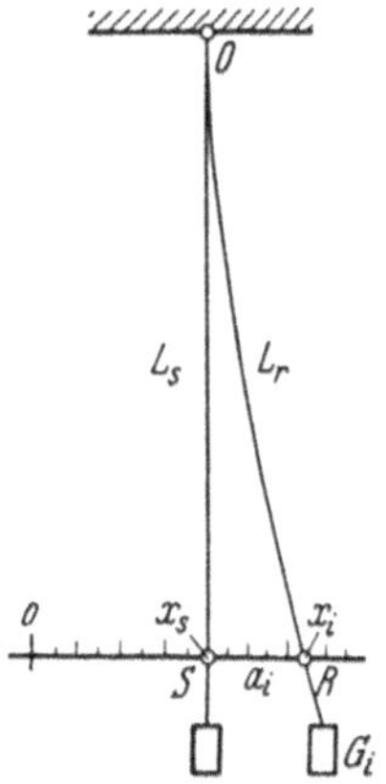


Abb. 423. Ruhelage, Seigerlage und Mehrgewichtslotung.

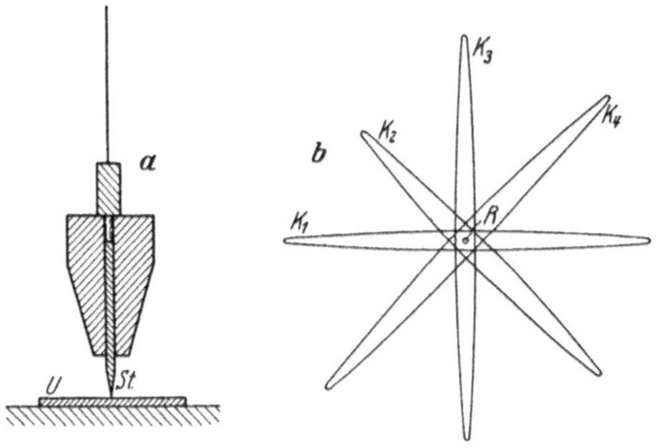


Abb. 424. Selbstschreibendes Lot von Veith.

Abb. 424 zeigt das 1893 vom Markscheider *Veith* in Saarbrücken angegebene selbstschreibende Lot. Dessen Ruhelage $R$ wird aus der auf einer Unterlage aufgezeichneten Spur eines zum Lot zentrischen Bleistiftes $St$ ermittelt. Zur Verbesserung des Gerätes hat 1901 *Fuhrmann* den Stift durch einen zentrischen Lichtstrahl ersetzt[2].

Mit Hilfe eines im Horizont $H_u$ liegenden Anschlußdreiecks $U_1 U_2 A_u$ (man denke sich in Abb. 420 an Stelle von $O_1$, $O_2$, $A_o$ nunmehr $U_1$, $U_2$, $A_u$ gesetzt!) ergeben sich aus den unter Tage gemessenen Stücken $a$, $b$, $c$ und $\alpha$ der Winkel $\gamma$, der Richtungswinkel $(U_1 A_u)$ der Seite $b$, die genaue Lage des nahezu in der Lotebene der Tunnelachse befindlichen Standortes $A_u$ sowie der für die Angabe der Achsrichtung von $A_u U_1$ aus abzusetzende Absteckungswinkel[3].

---

[1] Zur Mehrgewichtslotung siehe besonders: a) *Wilski, P.:* Schachtlotung bei Wetterzug, Mitt. Markscheidewes., Jahresheft 1916 S. 87—97; b) *Wilski, P.:* Die Abtrift des Schachtlotes im Wetterstrom. Mitt. Marktscheidewes., Jahresheft 1917 S. 77—120; c) *Wilski, P.:* Das Schachtlotproblem. Öst. Z. Vermess.-Wes. 1925 S. 84—90; d) *Fox:* Die neuzeitliche Entwicklung der Lotorientierungen. Mitt. Markscheidewes. 1926 S. 1—25.

[2] Auf Seite 8 der letzgenannten Abhandlung ist auch das selbstschreibende Lot von *Veith* skizziert.

[3] Das beschriebene Verfahren der Richtungsübertragung, bei dem die Standorte $A_o$ bzw. $A_u$ nicht auf dem Lot $L_2$ oder $L_1$ liegen, ist ein exzentrisches Schachtlotverfahren. Über andere Verfahren dieser Art, sowie über die zentrische Schachtlotung siehe die Lehrbücher der Markscheidekunde, ferner die in Anmerkung 1 S. 374 genannte Schrift von *N. Parschin.* Siehe ferner

Seit einiger Zeit kommt auch der Kreiselkompaß (Vermessungskreisel) für die Ausrichtung von Tunnelachsen und als unterirdisches Orientierungsmittel ernsthaft in Betracht, nachdem der mittlere Fehler der Richtungsangabe bereits auf 1′ herabgedrückt worden ist[1].

## 53. Kurvenabsteckung.

Soll die gerade Achse eines Bauwerks ihre Richtung ändern, so wird zur Herbeiführung einer allmählichen Richtungsänderung zwischen die beiden Geraden eine Kurve oder ein Kurvenzug eingeschaltet, wobei der Kreisbogen[2] die größte Rolle spielt.

### a) Kreisbogennetz.

Die Übertragung eines größeren Bogens in die Natur stützt sich auf einen vorher abzusteckenden Rahmen, das sog. Kurvennetz (Abb. 425). Es besteht aus den beiden Haupttangenten $G_1$, $G_2$, der Scheiteltangente $EF$ und etwaigen weiteren Zwischentangenten sowie den Berührpunkten dieser Geraden mit dem Kreisbogen und ihren gegenseitigen Schnittpunkten. Die Berechnung des Kurvennetzes erfolgt je nach den gegebenen Bestimmungsstücken in verschiedener Weise.

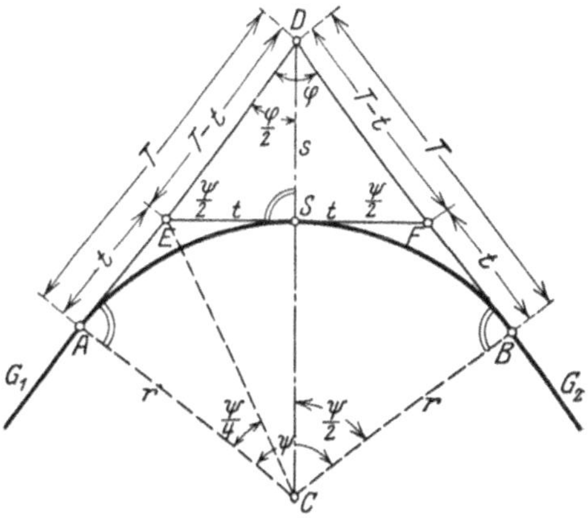

Abb. 425. Kreisbogennetz bei zugänglichem Tangentenschnittpunkt.

Im einfachsten Falle sind außer dem Kreisbogenhalbmesser $r$ die beiden Haupttangenten $G_1$, $G_2$ mit zugänglichem Tangentenschnittpunkt $D$ gegeben. Man kann dann mit Hilfe eines in $D$ aufgestellten Theodolits den Tangentenschnittwinkel $\varphi$ messen und erhält damit aus dem in den Berührpunkten $A$, $B$ rechtwinkligen Viereck $CADB$ ($C$ = Kreis-

*Wandhoff*, Zentrische oder exzentrische Schachtlotung? Mitt. Markscheidewes., Jahresheft 1930 (*Karl Haußmann*-Festschrift), S. 37—66.

Die Kunst der unterirdischen Orientierung war schon *Heron* von Alexandrien bekannt (siehe *Schöne*, Herons von Alexandria Vermessungslehre und Dioptra. Leipzig 1903) und eine der bedeutendsten Unternehmungen des Altertums, bei der sie Verwendung fand, war der unter Kaiser Claudius (51 bis 54 n. Chr.) erfolgte Bau eines etwa 5,7 km langen Wasserabzugstollens vom Fuciner-See zum Lirifluß. Nach den Ausführungen von *M. Schmidt* in der auf S. 375 Anmerkung 1 unter c) genannten Schrift dienten zur Richtungsanweisung und Materialbeförderung 40 vertikale Schächte von 80 bis 122 m größter Tiefe und eine noch höhere Anzahl flacher Schächte von 16 bis 20° Neigung. Das in der nachrömischen Zeit verfallene Werk wurde 1862 bis 1875 wieder in Stand gesetzt und die dabei erfolgte Wiedereröffnung der altrömischen Schächte und Stollen ergab infolge mangelhafter Orientierungsmessungen und fehlerhafter Höhenangaben große Abweichungen, welche der raschen Wasserabführung hinderlich waren und zum frühzeitigen Verfall des Werkes wesentlich beigetragen haben.

Überraschend gute Durchschlagsergebnisse wurden nach den Ausführungen von *Koppe* in der Z. Vermess.-Wes. 1876 S. 376—378, bei dem 1851 bis 1864 erfolgten Bau des 10,3 km langen Ernst-August-Stollens im Harz erzielt. Die Arbeit wurde unter Benutzung von 8 Förderschächten an 10 Punkten gleichzeitig in Angriff genommen und die Durchschlagsfehler betrugen durchwegs nur einige Zentimeter.

[1] Siehe hierzu den Bericht *Nehm* über die 15. Tagung des deutschen Markscheidevereins in Clausthal, Mitt. Markscheidewes., Jahresheft 1926 S. 162.

Um die Ausbildung des Kreiselkompasses für den gedachten Zweck haben sich besonders *K. Haußmann* und die Firma *Anschütz* verdient gemacht. Siehe dazu *K. Haußmann:* a) Der Kreiselkompaß im Dienste des Bergbaues (mit Literaturangabe). Mitt. Markscheidewes., Jahresheft 1914 S. 49—61; b) Die Geophysik im Dienste des Bergbaues. Öst. Z. Vermess.-Wes. 1924 S. 45—53. Siehe ferner c) *K. Hochmuth:* Der Kreiselkompaß. Leipzig 1921.

[2] Eine Kreisbogenabsteckung ist schon beschrieben in *Daniel Schwenter*: Geometriae Practicae, von neuem an den Tag gegeben und mit vielen nützlichen Additionen und neuen Figuren vermehrt durch *Georgium Andream Böcklern*, Architekt und Ingenieur, Nürnberg 1667. Doch werden dort die abzusteckenden Größen nicht auf rechnerischem, sondern auf zeichnerischem Wege ermittelt.

mittelpunkt), dessen Winkelsumme 360° ist, den dem Bogen entsprechenden Zentriwinkel

$$\psi = 180^0 - \varphi. \tag{1136}$$

Zur Absteckung der Tangentenberührpunkte $A$, $B$ von $D$ aus braucht man die Länge $T$ der Haupttangente. Sie ergibt sich aus dem Dreieck $CAD$ oder $CBD$ zu

$$T = r \operatorname{tg} \tfrac{1}{2}\psi, \tag{1137}$$

während die Länge der in $S$ berührenden Scheiteltangente

$$t = r \operatorname{tg} \tfrac{1}{4}\psi \tag{1138}$$

ist. Auch die Schnittpunkte $E$; $F$ dieser Scheiteltangente mit den beiden Haupttangenten können mit Hilfe der nunmehr bekannten Differenzen $T - t$ vom Tangentenschnittpunkt $D$ aus auf $G_1$ und $G_2$ abgetragen werden. In ähnlicher Weise geht auch die Berechnung weiterer Zwischentangenten vonstatten.

Zur Probe wird man die unmittelbar zu messende Entfernung $EF$ mit ihrem Sollbetrag $2t$ vergleichen und untersuchen, ob der Mittelpunkt $S$ dieser Strecke, der Kurvenscheitel, auf der Winkelhalbierenden der beiden Haupttangenten liegt und von $D$ um den aus Dreieck $EDS$ folgenden, errechneten Scheitelabstand

$$s = r \operatorname{tg} \tfrac{1}{2}\psi \operatorname{tg} \tfrac{1}{4}\psi \tag{1139}$$

absteht.

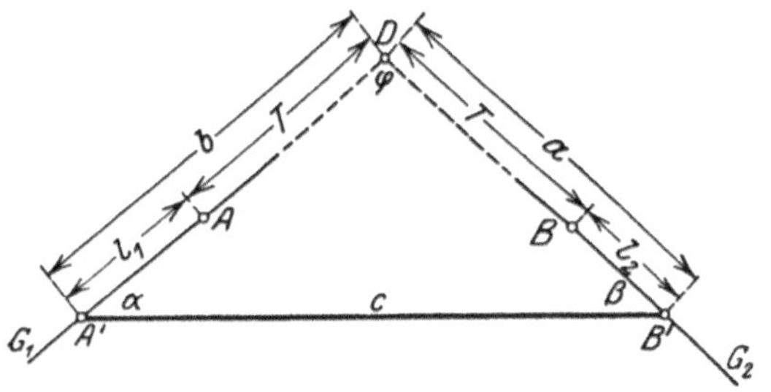


Abb. 426. Berechnung des Kreisbogennetzes bei unzugänglichem Tangentenschnittpunkt.

Auch die Bogenlänge $r \cdot \widehat{\psi}$ ist zu berechnen.

Ist der Tangentenschnittpunkt $D$ unzulänglich (Abb. 426) — vielleicht weil er ins Wasser fällt —, so lassen sich etwa auf den in der Natur bezeichneten Geraden $G_1$, $G_2$ möglichst nahe an $D$ zwei Hilfspunkte $A''$, $B''$ signalisieren und in genügendem Abstande weiter rückwärts zwei gegenseitig sichtbare Theodolitstandorte $A'$, $B'$ angeben, deren Entfernung $c$ unmittelbar (oder mittelbar) gemessen werden kann und von denen aus auch die Punkte $A''$, $B''$ angezielt werden können. Sind $\alpha$ und $\beta$ die in $A'$ und $B'$ zu beobachtenden Winkel, welche die Tangenten $G_1$, $G_2$ mit $c$ einschließen, so ist nach dem Dreieck $A'DB'$ der Tangentenschnittwinkel

$$\left.\begin{aligned} &\varphi = 180^0 - (\alpha + \beta), \\ \text{und der Zentriwinkel}\quad &\psi = \alpha + \beta. \end{aligned}\right\} \tag{1140}$$

Hat man nach (1140) den Zentriwinkel $\psi$ und mittels (1137) die Länge $T$ der Haupttangente berechnet, ferner die Dreiecksseiten $A'D$, $B'D$ zu

$$b = c\,\frac{\sin\beta}{\sin\varphi}, \qquad a = c\,\frac{\sin\alpha}{\sin\varphi} \tag{1141}$$

ermittelt, so findet man die Abstände der Tangentenberührpunkte $A$, $B$ von $A'$, $B'$ als die Differenzen

$$l_1 = b - T, \qquad l_2 = a - T. \tag{1142}$$

Die Berührpunkte $A$, $B$ können somit von $A'$, $B'$ aus abgesteckt werden, womit die weitere Behandlung der Aufgabe auf die vorher besprochene Lösung zurückgeführt ist[1].

[1] Je nach den gegebenen Bestimmungsstücken ist die Art der Netzberechnung natürlich immer wieder eine etwas verschiedene. Eine Reihe von einschlägigen Aufgaben enthalten z. B. die verschiedenen Jahrgänge der Z. Vermess.-Wes.

## b) Absteckung von gleichabständigen Kreispunkten durch rechtwinklige Koordinaten von der Tangente aus.

Ist das Kurvennetz ins Gelände übertragen, so wird jeder der gleichgroßen Teilbögen für sich von der zugehörigen Tangente aus abgesteckt, wobei man allerdings die für den ersten Bogen zu berechnenden Koordinaten sogleich auch für die übrigen Bögen verwenden kann.

Denkt man sich den Teilbogen, zu dem der Zentriwinkel $\frac{1}{4}\psi$ gehören möge, in $n$ gleiche Teile $a$ (Abb. 427) zerlegt, wo $a$ je nach dem Zweck etwa zwischen 5 m und 20 m liegt, so ist der einem Kleinbogen $a$ entsprechende Zentriwinkel

$$\alpha = \frac{\psi}{4n}, \qquad (1143)$$

während sich für die auf die Tangente $G_1$ und ihren Berührpunkt $A$ bezogenen rechtwinkligen Koordinaten eines Kreispunktes $P_i$ nach der Figur die Ausdrücke

$$x_i = r \cdot \sin i\alpha, \qquad (1144)$$

$$y_i = r - r \cdot \cos i\alpha = 2r \cdot \sin^2 \tfrac{1}{2} i\alpha \qquad (1145)$$

ergeben.

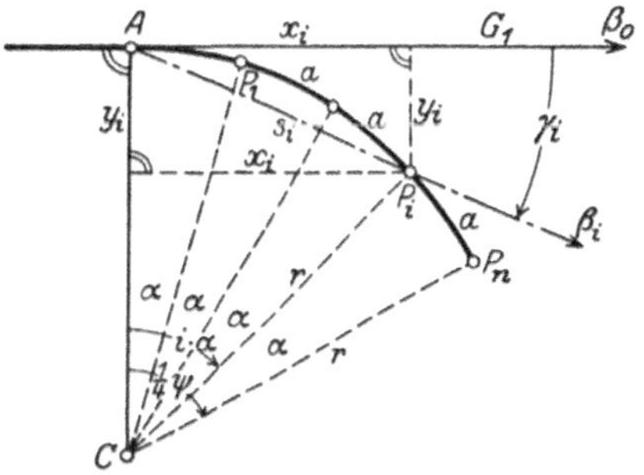


Abb. 427. Absteckung gleichabständiger Kreispunkte durch rechtwinklige Koordinaten von der Tangente aus.

Die nach diesem Verfahren berechneten und in die Natur übertragenen Punkte stehen gleichweit voneinander ab; man hat also, vom Einfluß der Messungsfehler abgesehen, den Vorteil einer an allen Stellen gleichmäßig sicher bestimmten Kurve. Daß mit wachsendem $x$ die Abszissenunterschiede — erst langsam und dann rasch — abnehmen, ist ein Nachteil der Methode, welcher sich besonders bei der Anlage von Kurventabellen bemerklich macht. Solche Hilfstafeln, welche für bestimmte Halbmesser und Bögen die Kreiskoordinaten angeben, werden bei der praktischen Durchführung von Kurvenabsteckungen mit Vorliebe benützt, da die zahlenmäßige Berechnung der Punkte mittels der analytischen Formeln auf dem Felde meist zu viel Zeit in Anspruch nehmen würde[1].

## c) Absteckung von Kreispunkten durch rechtwinklige Koordinaten von der Tangente aus mit gleichen Abszissenunterschieden.

Sind $x_1$ und $x_n$ (Abb. 428) die auf die Tangente $G_1$ und ihren Berührpunkt $A$ bezogenen Abszissen des Bogenpunktes $P_1$ und des Bogenendpunktes $P_n$, so ist

$$x_1 = \frac{1}{n} \cdot x_n = \frac{1}{n} r \cdot \sin \tfrac{1}{4}\psi. \qquad (1146)$$

Die Abszisse des Punktes $P_i$ ergibt sich dann zu

$$x_i = i \cdot x_1, \qquad (1147)$$

während

$$y_i = r - \sqrt{r^2 - x_i^2} \approx 2r\left\{\left(\frac{x}{2r}\right)^2 + \left(\frac{x}{2r}\right)^4\right\} \qquad (1148)$$

den strengen bzw. einen genäherten Wert der zugehörigen Ordinate angibt. Ersteren kann man leicht der Figur entnehmen; durch Reihenentwicklung nach dem Binomialsatz folgt hieraus der in den meisten Fällen ausreichende Näherungswert.

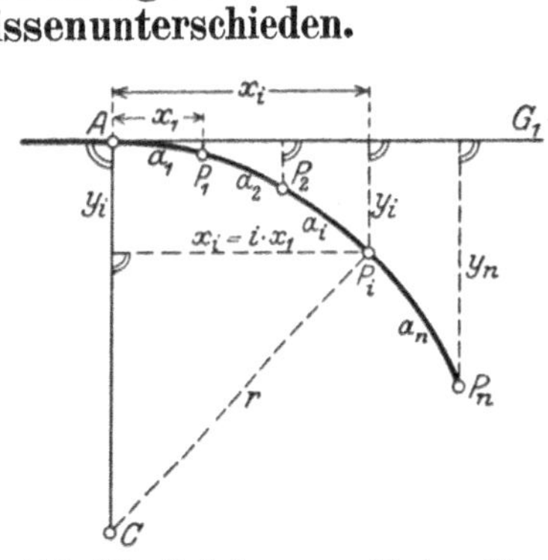


Abb. 428. Absteckung von Kreispunkten durch rechtwinklige Koordinaten von der Tangente aus mit gleichen Abszissenunterschieden.

[1] Das bekannteste und wohl auch älteste Werk, welches Hilfstafeln zum Abstecken von Bögen nach der oben beschriebenen Methode enthält, ist *Kröhnke:* Taschenbuch zum Abstecken von Kurven auf Eisenbahn- und Wegelinien. 1. A. Leipzig 1851, 16. A. Leipzig 1923. Hilfstabellen für dieselbe Absteckungsmethode sind auch enthalten in *C. Knoll:* Taschenbuch zum Abstecken der Kurven an Straßen und Eisenbahnen. 3. A. Leipzig 1911.

Will man den Vorteil dieser Methode voll ausnützen, so muß man dem konstanten Abszissenunterschied $x_1$ einen runden Wert beilegen. Dann gestaltet sich die Berechnung und Absteckung der Abszissen so außerordentlich einfach, daß man seine Hauptaufmerksamkeit der Ermittlung und Absteckung der die Krümmung eines flachen Bogens besonders stark beeinflussenden Ordinaten zuwenden kann. Dafür läßt sich der kleine Nachteil, daß mit wachsenden Abszissen die Punktabstände zunehmen, leicht mit in Kauf nehmen[1].

## d) Absteckung von Kreispunkten durch rechtwinklige Koordinaten von der Sehne aus.

Die beiden vorhin beschriebenen Methoden sind annähernd gleichwertig und anwendbar, wenn das auf der Außenseite des Bogens befindliche Gelände zugänglich und für genaue Längenmessungen geeignet ist. Trifft diese Voraussetzung nicht mehr zu, während sich das innerhalb des Bogens liegende Gelände für die Vornahme von Messungen eignet, so kann die Einzelpunktabsteckung durch rechtwinklige Koordinaten von der Sehne aus am Platze sein. Dabei ist die zwischen den Berührpunkten $A$, $B$ (Abb. 429) gezogene Sehne die Abszissenachse, während in ihren Mittelpunkt der Koordinatenursprung $U$ fällt. Die Koordinaten $x_i'$, $y_i'$ eines Punktes $P_i$ lassen sich in einfachster Weise durch die auf die Tangente bezogenen Werte $x_i$, $y_i$ ausdrücken, gleichgültig, ob es sich um gleiche Punktabstände oder um konstante Abszissenunterschiede handelt. Nach Abb. 429 gilt nämlich

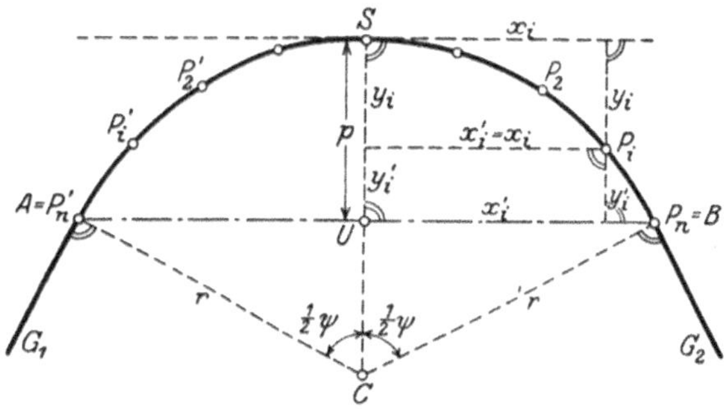


Abb. 429. Absteckung von Kreispunkten durch rechtwinklige Koordinaten von der Sehne aus.

$$x_i' = x_i\,, \qquad y_i' = p - y_i\,, \tag{1149}$$

wenn

$$p = 2r \cdot \sin^2 \tfrac{1}{4}\psi \tag{1150}$$

die Pfeilhöhe des Bogens $AB$ bedeutet.

## e) Absteckung von Kreispunkten durch Polarkoordinaten.

Bei diesem Verfahren wird der abzusteckende Bogen $AP_n$ (Abb. 427) in $n$ gleiche Teile zerlegt, deren jedem ein Zentriwinkel $\alpha$ entspricht. Die auf die Tangente $G_1$ und ihren Berührpunkt $A$ bezogenen Polarkoordinaten eines Kreispunktes $P_i$ sind die Ausdrücke

$$\gamma_i = \tfrac{1}{2} \cdot i \cdot \alpha\,, \qquad s_i = 2r \sin \tfrac{1}{2} \cdot i \cdot \alpha\,. \tag{1151}$$

Während die Richtung des Strahles $AP_i$ durch Absteckung des Winkels $\gamma_i$ von $G_1$ aus anzugeben ist, wäre $s_i$ in der Zielebene des Theodolits von $A$ aus direkt abzumessen[2]. Das wird besonders bei größeren Entfernungen lästig und kann auch mit Rücksicht auf Geländeschwierigkeiten nicht immer durchgeführt werden. Man begnügt sich deshalb vielfach damit, die Strahlenrichtung von der Tangente aus abzustecken und

[1] Beim Bau der Brennerbahn (1861—1868) sind nach *Kreuter* alle Bögen nach dem oben beschriebenen Verfahren abgesteckt worden.

Auch für diese Art des Kurvenabsteckens bestehen Hilfstabellen wie z. B. in *Sarrazin u. Oberbeck:* Taschenbuch zum Abstecken von Kreisbogen. 42. A. Berlin 1928. Ferner sind solche Tafeln enthalten in *Bauernfeind:* Elemente der Vermessungskunde Bd. 2 Tafel 24, in *Jordan:* Handbuch der Vermessungskunde Bd. 2 8. A. Stuttgart 1914, Anhang [36] bis [38] sowie in dem in der vorhergehenden Anmerkung genannten Hilfswerk von *Knoll.*

[2] Hilfstabellen für dieses Verfahren sind enthalten in *Bauernfeind:* Elemente der Vermessungskunde Bd. 2 Tafel 26.

die Strahlenlänge bzw. den Punkt $P_i$ auf dem Strahl dadurch zu bestimmen, daß man die dem Winkel $\alpha$ entsprechende konstante Sehnenlänge $s_1 = 2\,r\cdot\sin\frac{1}{2}\alpha$ jeweils vom vorhergehenden Punkte $P_{i-1}$ aus so abträgt, daß ihr Endpunkt in die abgesteckte Strahlenrichtung fällt. Da jedoch bei diesem bequemen Verfahren die Länge der Leitstrahlen auf indirektem Wege bestimmt wird, so kann man, strenggenommen, kaum mehr von einer Absteckung durch Polarkoordinaten sprechen. Es ist besonders vorteilhaft, wenn man zwar vom Berührpunkt der Tangente aus den ganzen Bogen überblicken kann, zu beiden Seiten der — vielleicht auf einem hohen Damm liegenden — Kurve jedoch keine Messungen ausgeführt werden können[1].

## f) Absteckung von Kreispunkten durch ein regelmäßiges, einbeschriebenes Polygon.

Wenn zu beiden Seiten des Bogens sehr wenig Platz zur Verfügung steht und auch nicht die ganze Kurve überblickt werden kann, wie z. B. in reifenden Getreidefeldern,

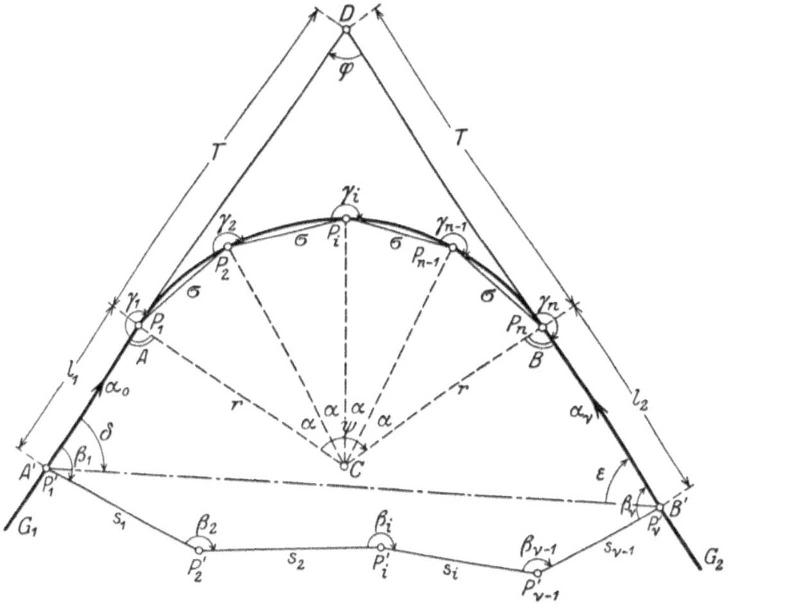


Abb. 430. Absteckung von Kreispunkten durch ein regelmäßiges einbeschriebenes Polygon.

in engen Schluchten oder gar in einem Tunnel, so kann, wenn genaue Arbeit verlangt wird, die Absteckung des Kreisbogens mit Hilfe eines ihm einbeschriebenen, regelmäßigen Polygons vorteilhaft sein.

Die in Abb. 430 angedeutete Lösung nimmt für den etwas schwierigeren Fall, daß der Tangentenschnittpunkt unzugänglich und die Sicht zwischen den beiden Hilfspunkten $A'$, $B'$ auf den Haupttangenten $G_1$, $G_2$ nicht frei ist, den folgenden Verlauf.

1. Man verbindet die Hilfspunkte $A'$, $B'$ durch einen Polygonzug $A'P'_2 \ldots B'$, dessen möglichst lange Seiten $s_1, \ldots s_{\nu-1}$ und Brechungswinkel $\beta_1, \ldots \beta_\nu$ sorgfältig gemessen werden.

---

[1] Die beschriebene Abart stammt nach *Kreuter* aus den 1840er Jahren und ist von *Rankine* (siehe *W. J. M. Rankine*: Handbuch der Bauingenieurkunst. Deutsche Bearbeitung von *Franz Kreuter*, 3. A. Wien 1892). Hilfstafeln enthalten die auf S. 380 Anmerk. 1 genannten Kurventabellen von *Sarrazin* und *Oberbeck* sowie *Jordan:* Handbuch der Vermessungskunde Bd. 2 8. A. Stuttgart 1914, Anhang [39] bis [41].

2. Ist $\alpha_0$ der irgendwie angenommene Richtungswinkel der Haupttangente $G_1$ (erste Anschlußrichtung), so erhält man von diesem ausgehend die Richtungswinkel der einzelnen Polygonseiten auf bekanntem Wege und schließlich den Richtungswinkel $\alpha_\nu$ der mit der zweiten Anschlußrichtung identischen Haupttangente $G_2$, nämlich

$$\alpha_\nu = \alpha_0 + \overset{\nu}{\underset{1}{[\beta_i]}} - (\nu - 1)\, 180^0. \tag{1152}$$

Nun ist aber der Tangentenschnittwinkel $\varphi$ die Differenz der beiden Tangentenrichtungswinkel, also

$$\varphi = \alpha_0 - \alpha_\nu = (\nu - 1)\, 180^0 - \overset{\nu}{\underset{1}{[\beta_i]}}. \tag{1153}$$

Damit ist auch der Zentriwinkel $\psi = 180^0 - \varphi$, also auch die Haupttangente $T = r \cdot \mathrm{tg}\, \frac{\psi}{2}$ wieder bekannt.

3. Mit den Polygonseiten und ihren soeben aufgestellten Richtungswinkeln lassen sich unter Annahme irgendwelcher Koordinaten $x_{A'}$, $y_{A'}$ für den Zuganfangspunkt $A'$ die rechtwinkligen Koordinaten der einzelnen Zugpunkte berechnen, wobei der Endpunkt $B'$ die Koordinatenwerte $x_{B'}$, $y_{B'}$ erhalten möge. Damit ergibt sich $A'B'$ nach Richtung und Länge, nämlich

$$\mathrm{tg}(A'B') = \frac{y_{B'} - y_{A'}}{x_{B'} - x_{A'}}, \qquad A'B' = \frac{x_{B'} - x_{A'}}{\cos(A'B')} = \frac{y_{B'} - y_{A'}}{\sin(A'B')}. \tag{1154}$$

4. Nunmehr erhält man im Dreieck $A'DB'$ die bei $A'$ und $B'$ liegenden Winkel

$$\delta = (A'B') - \alpha_0, \qquad \varepsilon = \alpha_\nu - (B'A') \tag{1155}$$

als die Differenzen der Seitenrichtungswinkel, und mit den Abkürzungen

$$A'B' = c, \qquad A'D = b, \qquad B'D = a \tag{1156}$$

ergeben sich nach dem Sinussatze die noch unbekannten Dreiecksseiten

$$a = c \cdot \frac{\sin\delta}{\sin\varphi}, \qquad b = c \cdot \frac{\sin\varepsilon}{\sin\varphi}. \tag{1157}$$

Da bei gegebenem Halbmesser $r$ die Länge $T$ der Haupttangenten nach (1137) berechnet werden kann, so lassen sich auch die Längen

$$l_1 = b - T, \qquad l_2 = a - T \tag{1158}$$

angeben, welche man von $A'$ und $B'$ aus auf den Haupttangenten gegen deren Schnittpunkt zu abzutragen hat, um auf die Tangentenberührpunkte $A$ und $B$ zu kommen.

5. Soll das dem Kreisbogen $AB$ einzubeschreibende regelmäßige Polygon $n - 1$ Seiten $\sigma$ fassen, so ist der einer solchen Seite entsprechende Zentriwinkel

$$\alpha = \frac{\psi}{n - 1}, \tag{1159}$$

so daß

$$\sigma = 2\, r \sin \frac{1}{2}\, \alpha = 2\, r \sin \frac{1}{2\,(n-1)}\, \psi \tag{1160}$$

wird. Die an die Haupttangenten anschließenden Absteckungswinkel $\gamma_1$ und $\gamma_n$ an den Bogenenden sind die Ausdrücke

$$\gamma_1 = \gamma_n = 180^0 + \tfrac{1}{2}\, \alpha, \tag{1161}$$

während sich für die Zwischenpunkte die einander gleichen Winkel

$$\gamma_2 = \gamma_3 = \cdots = \gamma_{n-1} = 180^0 + \alpha \tag{1162}$$

ergeben.

6. Damit sind alle rechnerischen Vorbereitungen erledigt und das Polygon kann nunmehr vom Punkt $A$ und der Richtung $AA'$ ausgehend mit Hilfe der errechneten Werte $\gamma$ und $\sigma$ abgesteckt werden, wobei für längere Bögen sowohl der Winkelabsteckung mit dem Theodolit als auch der Längenabsteckung große Sorgfalt zuzuwenden ist.

Eine durchschlagende Kontrolle für die Richtigkeit der Arbeit ergibt sich erst beim Anschluß an $B$, der sowohl der Punktlage nach als auch der Richtung nach stimmen soll.

Ist die Zahl der so gewonnenen Bogenpunkte noch zu gering, so kann man weitere Kreispunkte von den Sehnen $\sigma$ aus durch rechtwinklige Koordinaten, wie auf Seite 380 beschrieben, abstecken[1].

## g) Absteckung eines durch drei gegebene Punkte bestimmten Kreisbogens.

Die Aufgabe, einen durch drei gegebene Punkte $A$, $B$, $C$ (Abb. 431, 432) gehenden Kreisbogen abzustecken, kann in verschiedener Weise gelöst werden.

Hat man eine Prismentrommel (S. 90) oder einen sog. Arkographen, d. i. ein Winkelspiegel (S. 68) mit verstellbarem Öffnungswinkel, zur Verfügung, so kann man die Methode der gleichen Peripheriewinkel[2] verwenden, welche sich auf den Umstand stützt, daß alle Punkte, von denen aus die Seite $AB = c$ unter demselben Winkel $\gamma$ erscheint, auf einem Kreis liegen. Zur Durchführung der Absteckung begibt man sich nach $C$ und verstellt den beweglichen Teil der Prismentrommel bzw.

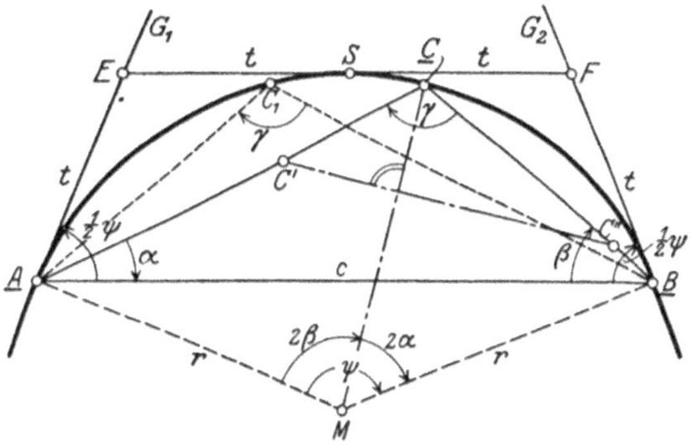


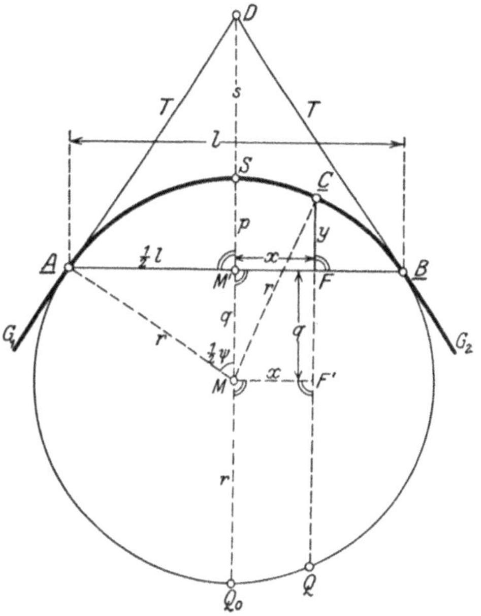


Abb. 431. Abb. 432.

Absteckung eines durch drei gegebene Punkte bestimmten Kreisbogens.

des Arkographen so weit, daß das Spiegelbild von $B$ in der Richtung des direkt gesehenen Punktes $A$ liegt. Sucht man nunmehr mit Hilfe des unverändert bleibenden Instrumentes andere Punkte $C_1$, $C_2$, ... auf, von denen aus das Spiegelbild von $B$ ebenfalls in der Richtung von $A$ erscheint, so liegen diese Punkte alle auf dem abzusteckenden Bogen. Das beschriebene Verfahren besitzt den Vorteil, daß — vom Einfluß der Instrumentenfehler abgesehen — alle Einzelpunkte voneinander vollständig unabhängig sind. Will man in einem Punkte $C$ des in dieser Weise oder auf irgendeine andere Art abgesteckten Bogens die Richtung nach dem Kreismittelpunkt $M$ angeben, so zieht man

---

[1] Die Verwendung eines regelmäßigen Sehnenpolygons ist im allgemeinen zweckmäßiger als die Absteckung mit Hilfe eines regelmäßigen Tangentenpolygons, da im ersten Fall das Instrument in die Mitte des Stollenquerschnitts, im zweiten hingegen nahe an die Stollenwände zu stehen kommt. Die Absteckung von Kreisbogenpunkten kann auch mittels eines unregelmäßigen Polygons erfolgen, wenn dessen Eckpunktskoordinaten und die Koordinaten des Kreismittelpunktes berechnet werden.

Ob nun die Absteckung mit Hilfe eines regelmäßigen Sehnen- oder Tangentenpolygons oder mittels eines unregelmäßigen Vieleckzugs vorgenommen wird, stets ist der Winkelabsteckung bzw. Winkelmessung die größte Sorgfalt zuzuwenden, da ein Winkelfehler sich auf den ganzen Restzug überträgt.

[2] Die Bogenabsteckung durch gleiche Peripheriewinkel scheint zuerst von *Rankine* (1841) angewendet worden zu sein. Siehe *W. J. M. Rankine:* Handbuch der Bauingenieurkunst. Deutsche Bearbeitung von *Franz Kreuter*, 3. A. S. 114. Wien 1892.

die durch $C$ gehende Senkrechte zu einer Hilfsstrecke $C'C''$ (Abb. 431), deren Endpunkte auf $AC$ und $BC$ so anzunehmen sind, daß der Beziehung

$$CC' = \frac{k}{AC}, \qquad CC'' = \frac{k}{BC}, \tag{1163}$$

in welcher $k$ ein beliebiger Festwert ist, genügt wird.

Soll die Absteckung von Kreispunkten auf Grund eines Kurvennetzes erfolgen, so sind vorerst diejenigen Bestimmungsstücke des Dreiecks $ABC$ zu messen, welche den Bogen festlegen, nämlich die Seite $c$ und der Winkel $\gamma$. Ein Blick auf die Figur ergibt dann für den Zentriwinkel $\psi$ den Ausdruck

$$\psi = 2(\alpha + \beta) = 360^0 - 2\gamma \tag{1164}$$

und da die Haupttangenten $G_1$, $G_2$ mit der Sehne $AB$ je den Winkel $\frac{1}{2}\psi$ einschließen, so kann man durch Abtragen dieses Winkels in $A$ und $B$ von $c$ aus auch die Tangentenrichtungen in die Natur übertragen. Mit Hilfe von $\psi$ und des Bogenhalbmessers

$$r = \frac{c}{2\sin\frac{1}{2}\psi} \tag{1165}$$

ergeben sich nach den Formeln (1137), (1138) auch die Tangentenlängen $T$ und $t$.

Die etwa in $C$ mit dem Theodolit nach dem Kreismittelpunkt $M$ abzusteckende Richtung schließt mit den Seiten $CA$ und $CB$ die Winkel $\mu = 90^0 - \beta$ und $\nu = 90^0 - \alpha$ ein. Man kann sich davon leicht überzeugen, wenn Abb. 431 durch Ziehen der Dreieckshöhen von $M$ auf $AC$ und $BC$ ergänzt wird.

Ohne Benutzung eines Theodolits kann man in folgender Weise vorgehen. Bezieht man $C$ durch seine zu messenden rechtwinkligen Koordinaten $x$, $y$ (Abb. 432) auf die Sehne $AB = l$ und ihren Mittelpunkt $M'$ und bezeichnet $q$ den Abstand des Kreismittelpunktes $M$ von $AB$, so ergibt sich aus dem Sehnensatz

$$q = \frac{1}{2y}\left\{\frac{1}{4}l^2 - (x^2 + y^2)\right\} = \frac{1}{2y}\left(\frac{1}{2}l + \varrho\right)\left(\frac{1}{2}l - \varrho\right). \tag{1166}$$

Hierin ist die Abkürzung

$$\varrho = M'C = \sqrt{x^2 + y^2} \tag{1167}$$

verwendet. Der Kreishalbmesser $r$, die zum Kurvenscheitel $S$ gehörige Pfeilhöhe $p$, der Abstand $p + s$ des Tangentenschnittpunktes $D$ vom Mittelpunkt $M'$ der Seite $AB$ und die Länge der Haupttangente sind dann die Ausdrücke

$$r = \sqrt{\tfrac{1}{4}l^2 + q^2}, \tag{1168}$$

$$p = r - q, \tag{1169}$$

$$p + s = \frac{l^2}{4q}, \tag{1170}$$

$$T = \sqrt{\tfrac{1}{4}l^2 + (p + s)^2}. \tag{1171}$$

Durch Errichten einer Senkrechten in $M'$ auf $AB$ von der berechneten Länge $p + s$ erhält man den Tangentenschnittpunkt $D$ und in den Verbindungen $AD$ und $BD$ sogleich die Haupttangenten nach Länge und Richtung. Zur Probe muß der nach (1171) errechnete Wert für $T$ mit den direkt gemessenen Entfernungen $AD$ und $BD$ übereinstimmen. Der dem Bogen $ASB$ entsprechende Zentriwinkel $\psi$ endlich ergibt sich aus der Beziehung

$$\operatorname{tg}\frac{1}{2}\psi = \frac{l}{2q}. \tag{1172}$$

### h) Absteckung von Kreispunkten nach der Einrückmethode.

Auch hier wird der abzusteckende Bogen $AP_n$ (Abb. 433) in $n$ gleiche Teile zerlegt. Mit Hilfe des einem Teil entsprechenden Zentriwinkels $\alpha$ erhält man die auf die Haupttangente $G_1$ bezogenen rechtwinkligen Koordinaten

$$x_1 = r \cdot \sin\alpha, \qquad y_1 = 2r \cdot \sin^2\tfrac{1}{2}\alpha \tag{1173}$$

des ersten Bogenpunktes $P_1$. Auch alle weiteren Punkte werden durch rechtwinklige Koordinaten abgesteckt, die jedoch nicht mehr auf die Tangente, sondern auf die Sehne durch die beiden jeweils vorhergehenden Kurvenpunkte mit dem zuletzt bestimmten Punkt als Ursprung bezogen werden. Wie leicht einzusehen, sind diese Koordinaten für alle Punkte von $P_2$ ab dieselben Werte, nämlich

$$x_2 = x_i = s_1 \cdot \cos\alpha\,, \quad y_2 = y_i = s_1 \sin\alpha\,, \tag{1174}$$

wo

$$s_1 = 2r \cdot \sin\tfrac{1}{2}\alpha \tag{1175}$$

ist.

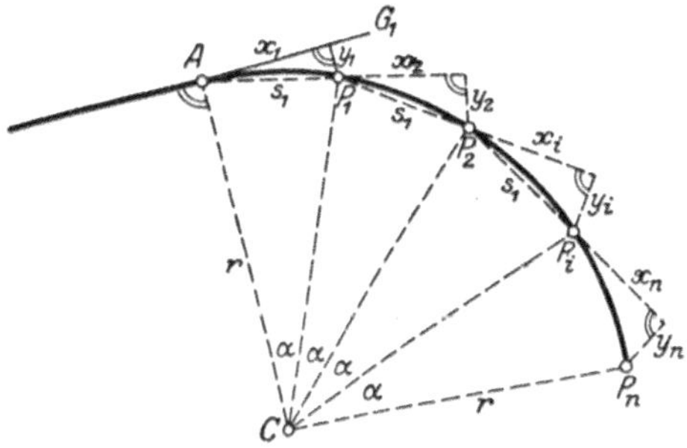


Abb. 433. Absteckung von Kreispunkten nach der Einrückmethode.

Dieses Verfahren bietet den Vorteil, sehr wenig Raum zu beanspruchen und eignet sich daher besonders zur Absteckung durch enge Schluchten oder durch Getreidefelder. Auch bei der Absteckung eines ganz kurzen Tunnels kann es angebracht sein, doch muß man diese Methode mit großer Vorsicht und peinlicher Genauigkeit anwenden. Sie besitzt nämlich eine sehr ungünstige Fehlerfortpflanzung, da sich eine Ungenauigkeit in der Bestimmung irgendeines Punktes auch auf alle folgenden Punkte überträgt. Man bezeichnet daher dieses Verfahren wie auch das folgende als ein N ä h e r u n g s v e r f a h r e n.

## i) Absteckung von Kreispunkten nach der Ausrückmethode.

Bei diesem Verfahren, welches die gleichen Vorteile und Nachteile wie die Einrückmethode besitzt, wird ebenfalls der erste Zwischenpunkt $P_1$ (Abb. 434) des in $n$ gleiche Teile mit je einem Zentriwinkel $\alpha$ zerlegten Bogens mittels seiner nach (1173) berechneten rechtwinkligen Koordinaten von der Tangente $G_1$ aus abgesteckt. Jeder folgende Kurvenpunkt $P_2$, $P_3$, ... aber ergibt sich jeweils als Endpunkt einer durch den zuletzt bestimmten Punkt gehenden Sehne, deren konstante Länge $s_1$ nach (1175) berechnet werden kann, während zur Bezeichnung ihrer Richtung je ein Punkt ihrer rückwärtigen Verlängerung mittels der auf die vorhergehende Sehne und ihren Anfangspunkt bezogenen Ordinate

$$\eta = s_1 \cdot \operatorname{tg}\alpha \tag{1176}$$

abgesteckt wird.

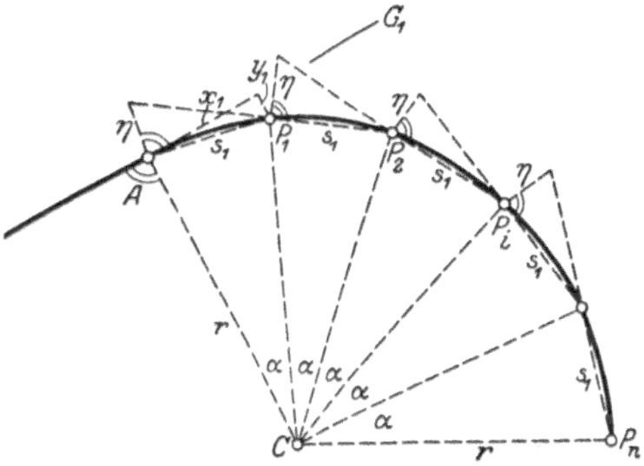


Abb. 434. Absteckung von Kreispunkten nach der Ausrückmethode.

## k) Absteckung von Kreispunkten nach der Viertelsmethode.

Sind die beiden zuletzt besprochenen Absteckungsarten wegen ihrer ungünstigen Fehlerübertragung vom t e c h n i s c h e n Standpunkte aus als Näherungsmethoden zu bezeichnen, so trifft dies für die Viertelsmethode mehr vom m a t h e m a t i s c h e n Standpunkte aus zu. Sie kann mit Vorteil nur auf Bögen mit kleinen Zentriwinkeln $\psi$ (Abb. 435) angewendet werden und setzt voraus, daß in der Natur außer den Bogenendpunkten $A$, $B$ auch noch der Kurvenscheitel $S$ gegeben ist. Der Kreishalbmesser $r$ hingegen braucht nicht bekannt zu sein. Bedeuten $l_1$, $p_1$ die Sehne und die Pfeilhöhe zum Zentriwinkel $\psi_1$, während $l_2$, $p_2$ die entsprechenden Werte zum Zentriwinkel $\psi_2$ sind, so gelten für $p$ die strengen Ausdrücke

$$p_1 = \frac{l_1^2}{4\,(2r - p_1)} = 2r \cdot \sin^2\frac{1}{4}\,\psi_1\,, \qquad p_2 = \frac{l_2^2}{4\,(2r - p_2)} = 2r \cdot \sin^2\frac{1}{4}\,\psi_2\,, \tag{1177}$$

aus welchen leicht die für kleinere Zentriwinkel hinreichend genauen **Näherungsbeziehungen**

$$p_1 \approx \frac{1}{8r} \cdot l_1^2 \approx \frac{1}{8} r \cdot \widehat{\psi}_1^2, \qquad p_2 \approx \frac{1}{8r} \cdot l_2^2 \approx \frac{1}{8} r \cdot \widehat{\psi}_2^2 \tag{1178}$$

hervorgehen. Daraus aber folgt unmittelbar die Proportion

$$p_1 : p_2 \approx l_1^2 : l_2^2 \approx \psi_1^2 : \psi_2^2, \tag{1179}$$

nach welcher sich die Pfeilhöhen näherungsweise wie die Quadrate der zugehörigen Sehnen oder der entsprechenden Zentriwinkel verhalten. Faßt man etwa den ganzen Bogen $AB$ und den halben Bogen $AS$ mit den Zentriwinkeln $\psi$ und $\frac{1}{2}\psi$ ins Auge, so führt (1179) auf die besonders einfache Beziehung

$$p_1 : p_2 \approx 1 : \tfrac{1}{4} \quad \text{bzw.} \quad p_2 \approx \tfrac{1}{4} p_1, \tag{1180}$$

welche der Viertelsmethode unmittelbar zugrunde liegt und ihr den Namen gegeben hat. Hiernach erhält man die Scheitel der halben Bögen, indem man von den Mittelpunkten der zugehörigen Sehnen aus nach außen zu Ordinaten absetzt, deren Länge ein Viertel der zum ganzen Bogen gehörigen Pfeilhöhe ist. Geht man vom halben Bogen auf den Viertelsbogen usw., so wird der Kreisbogen bald durch eine genügende Zahl von gleichabständigen Punkten bezeichnet sein.

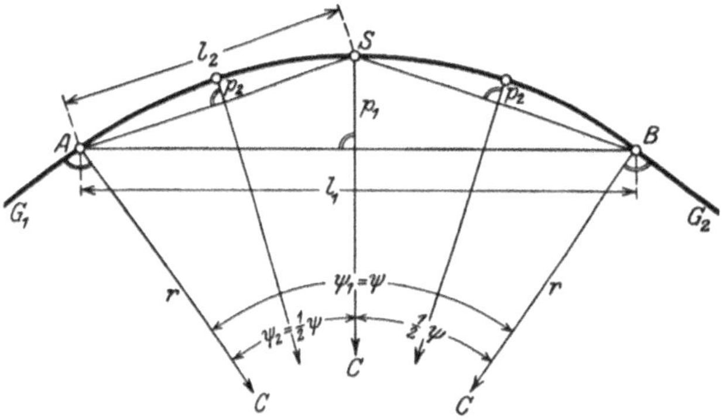


Abb. 435. Absteckung von Kreispunkten nach der Viertelsmethode.

## l) Absteckung der kubischen Parabel als Übergangskurve.

Bei der Verwendung einfacher Kreisbögen als Verbindungslinien geradliniger Schienenstränge findet in den Tangentenberührpunkten ein plötzlicher Krümmungswechsel statt. Dieser Umstand ist für das diese Punkte durcheilende Fahrzeug sehr mißlich, da es hier einer plötzlichen Änderung der Fliehkraft ausgesetzt ist. Bekanntlich kann man dieser Kraft, welche den Wagen in der Richtung der Normalen hinauszuwerfen sucht, einen durch eine entsprechende Überhöhung der äußeren Schiene erzielten Widerstand entgegensetzen. Nun soll wegen der Krümmung Null der Tangente im Berührpunkt noch keine Überhöhung vorhanden sein; andrerseits soll dort aber wegen der endlichen Krümmung des anschließenden Kreisbogens schon eine Überhöhung stattfinden! Um diesem Zwiespalt zu entgehen, schaltet man zwischen die Gerade $G_1$ (Abb. 436) und den Kreisbogen $K$ eine sog. **Übergangskurve** $\ddot{U}$ ein, welche in ihren Berührpunkten mit den Anschlußlinien gleiche Krümmung besitzt. Ihr Krümmungshalbmesser ist daher im Tangentenberührpunkt $A$ unendlich groß und nimmt von da an beständig ab, bis er im Berührpunkt $A'$ mit dem Kreisbogen dessen Halbmesser $r$ erreicht. Eine einfache den gestellten Bedingungen genügende Kurve ist die **kubische** Parabel

$$\eta = \frac{\xi^3}{6q}, \tag{1181}$$

bezogen auf die Tangente $G_1$ und ihren Berührpunkt $A$ als Anfangspunkt. Der im Nenner von (1181) enthaltene Festwert ist der Ausdruck

$$q = \frac{\nu \cdot w \cdot v^2}{g} = l \cdot r, \tag{1182}$$

hängt also von der Überhöhungszunahme $\nu$ (Maßzahl) der äußeren Schiene pro Längeneinheit, der Spurweite $w$, der Fahrzeuggeschwindigkeit $v$ und der Beschleunigung $g$

durch die Schwerkraft ab. Er ist auch gleich dem Produkt $r \cdot l$ aus dem Kreisbogenhalbmesser $r$ in die Länge $l$ der Übergangskurve. Bezeichnet $h$ die dem Kreisbogen zukommende Schienenüberhöhung und ist ein bestimmtes $\nu$ ($\nu = \frac{1}{200}$ bis $\frac{1}{300}$) gewählt, so ergibt sich

$$l = \frac{h}{\nu} \approx \xi_n\,. \tag{1183}$$

Die Vertauschung von $l$ mit der Endabszisse $\xi_n$ ist wegen der sehr geringen Neigung der Übergangskurve gegen die Tangente $G_1$ praktisch immer zulässig.

Aus der Gleichung (1181) der Übergangskurve ergeben sich noch einige wichtige Beziehungen. Bedeuten $\xi_m$, $\eta_m$ die Koordinaten desjenigen Kurvenpunktes $P_m$, dessen Ordinatenverlängerung den Kreismittelpunkt $C$ enthält, so gilt

$$\xi_m = \tfrac{1}{2}\,\xi_n\,, \qquad \eta_m = \tfrac{1}{8}\,\eta_n\,. \tag{1184}$$

Die Projektion $F_1$ von $C$ auf $G_1$ halbiert also die Endabszisse $AA_0' = \xi_n$. Ferner findet man die infolge Einschaltens der Übergangskurve $\ddot{U}$ notwendige Verschiebung des Kreisbogens $K$ nach innen zu

$$\Delta = F_1F_1' = 2 \cdot \eta_m = \tfrac{1}{4}\,\eta_n\,. \tag{1185}$$

Der Krümmungshalbmesser $R$ in einem Punkte $P$ mit der Abszisse $\xi$ ist genähert jeweils

$$R \approx q : \xi = \frac{l}{\xi} \cdot r \tag{1186}$$

und die zugehörige Subtangente

$$S_t = \tfrac{1}{3}\,\xi\,, \tag{1187}$$

woraus für den Kurvenendpunkt $A'$ der besondere Wert

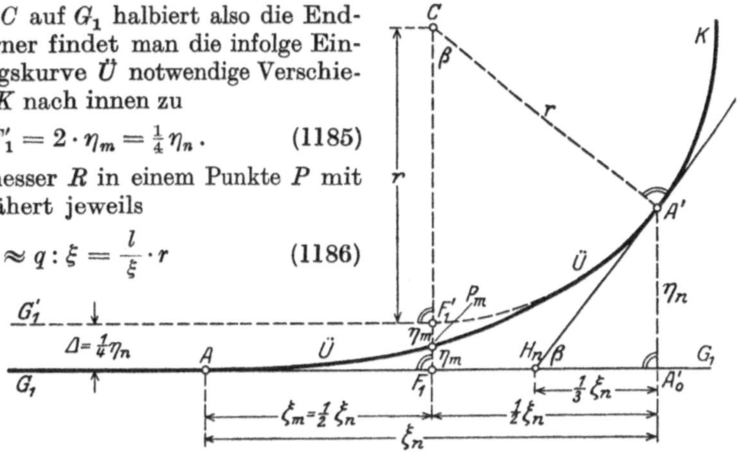


Abb. 436. Die kubische Parabel als Übergangskurve.

$$S_{t_n} = H_n A_0' = \tfrac{1}{3}\,\xi_n \tag{1188}$$

hervorgeht. Von Bedeutung ist auch der durch die Beziehung

$$\sin\beta = \frac{\xi_n}{2\,r} \tag{1189}$$

bestimmte Zentriwinkel $\beta$, welchen der nach dem Endpunkt $A'$ der Übergangskurve führende Kreishalbmesser mit der Ordinatenrichtung einschließt.

Sind in einem praktisch einfachen Falle die den zu messenden Winkel $\varphi$ einschließenden Haupttangenten $G_1$, $G_2$ (Abb. 437) in der Natur gegeben, und sollen sie durch einen Kreisbogen $K$ zum Halbmesser $r$ mit beiderseits anschließenden identischen Übergangskurven $\ddot{U}_1$, $\ddot{U}_2$ verbunden werden, so ergibt sich folgender A r b e i t s g a n g:

1. Zunächst ist mittels (1183) die Länge $l$ und nach (1182) der Festwert $q$ der Übergangskurve bzw. die Endabszisse $\xi_n$ abzuleiten.

2. Damit erhält man aus (1181) sogleich die Endordinate $\eta_n$ und hieraus nach (1185) die Tangentenverschiebung $\Delta$.

3. Zur Absteckung der Fußpunkte $F_1$, $F_2$ braucht man ihren Abstand $T$ vom Tangentenschnittpunkt $D$. Er ergibt sich als die Länge der statt mit $r$ mit $r + \Delta$ berechneten Haupttangente, nämlich

$$T = (r + \Delta)\,\mathrm{tg}\,\tfrac{1}{2}\,\psi\,. \tag{1190}$$

4. Durch Abtragen der Länge $\frac{1}{2}\,\xi_n$ auf $G_1$ bzw. $G_2$ von $F_1$ bzw. $F_2$ aus nach beiden Seiten hin erhält man die Berührpunkte $A$, $B$ der Übergangskurven $\ddot{U}_1$, $\ddot{U}_2$ mit den Haupttangenten $G_1$, $G_2$ und die Ordinatenfußpunkte $A_0'$, $B_0'$ der Berührpunkte $A'$, $B'$ von $\ddot{U}_1$ und $\ddot{U}_2$ mit dem dazwischenliegenden Kreisbogen $K$.

5. Die Berührpunkte $A$, $A'$ bzw. $B$, $B'$ und die durch Abtragen der Ordinate $\eta_m$ in $F_1$ und $F_2$ gewonnenen Kurvenmittelpunkte $P_m$ bzw. $Q_m$ werden in vielen Fällen die Übergangskurve schon hinreichend genau bestimmen. Im Bedarfsfalle können weitere Kurvenpunkte leicht nach Gleichung (1181) abgesteckt werden.

6. Daran reiht sich die Absteckung der wie sonst berechneten, jedoch um $\frac{1}{2}\,\xi_n$ vergrößerten Kreisabszissen und der um $\varDelta$ vergrößerten Kreisordinaten von den Haupttangenten $G_1$, $G_2$ und ihren Berührpunkten $A$, $B$ aus. Im übrigen kann der Kreisbogen nach einer beliebigen Methode abgesteckt werden, während die Absteckung der Übergangskurven stets durch rechtwinklige Koordinaten von der Tangente aus erfolgt[1].

## m) Berechnung der Absteckungselemente eines dreifachen Korbbogens bei festliegenden Haupttangenten, Mundlochpunkten und vorgegebenen Halbmessern.

Um bei größeren Höhenunterschieden die zur Vermeidung unzulässiger Steigungen erforderliche Bahnlänge zu gewinnen, ist man häufig genötigt, einen Kehrtunnel anzulegen, dessen Achse in der Horizontalprojektion ein aus Kreisbögen mit gegebenen Halbmessern zusammengesetzter Korbbogen ist. In Abb. 438, welche die Horizontalprojektion eines dreiteiligen Korbbogens darstellt, ist die Berglinie $G_1$ mit der Tallinie $G_2$ durch die größtenteils im Berg verlaufenden Kreisbögen $A_1B_1$, $B_1B_2$, $B_2A_2$ mit den Halbmessern $r_1$, $r_3$, $r_2$ verbunden. Gelten etwa die beiden Mundlochpunkte $M_1$, $M_2$, deren senkrechte Abstände $y_1$, $y_2$ von den ebenfalls gegebenen Haupttangenten $G_1$, $G_2$ zu messen sind, als festliegend und hat man für die Halbmesser $r_1$ und $r_2$ der an die Geraden anschließenden Bögen

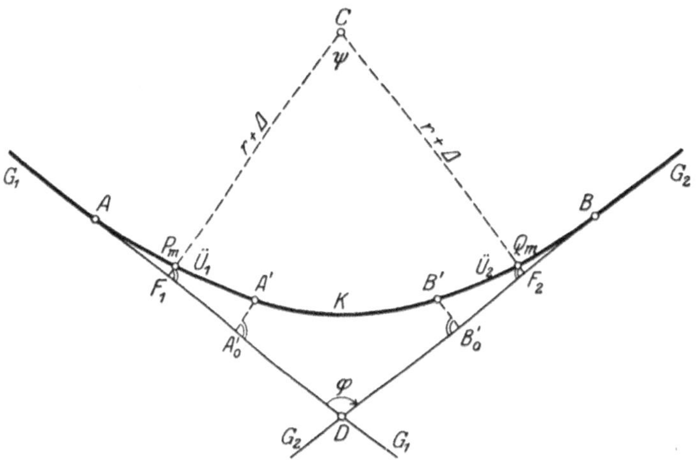


Abb. 437. Absteckung eines Kreisbogens mit beiderseits anschließenden Übergangskurven.

[1] Nach *Rankine* (s. Anm. 2, S. 383), S. 743, hat zuerst *William Froude* in den vierziger Jahren des vorigen Jahrh. die im vorhergehenden beschriebene kubische Parabel als Übergangskurve benutzt. Um ihre Einführung auf dem Kontinent hat sich nach *Sarrazin* und *Oberbeck Nördling,* der Chefingenieur der französischen Orleanszentralbahnen verdient gemacht. Hilfstabellen zur Absteckung von Übergangskurven durch rechtwinklige Koordinaten sind z. B. enthalten in dem auf S. 380, Anm. 1 genannten Taschenbuch von *Sarrazin* und *Oberbeck,* sowie in *Karl Hecht:* Hand- und Hilfsbuch zum Abstecken von Eisenbahn- und Straßenkurven. Dresden 1893 (I. Teil Text, II. Teil Tabellen). Das älteste Hilfswerk dieser Art ist wohl *Helmert:* Die Übergangskurven für Eisenbahngleise mit Tafeln. Aachen 1872. *Gravatt* hat nach *Rankine* (siehe S. 383, Anm. 2), S. 743, schon 1828 oder 1829 die einen sehr allmählichen Krümmungswechsel ermöglichende Sinuskurve zur Verbindung zweier Geraden verwendet und sie von der Berührpunktssehne aus durch rechtwinklige Koordinaten abgesteckt. Er kam so mit einer einzigen Kurve aus, wo bei dem heute üblichen Verfahren drei gesonderte Kurvenzweige, nämlich zwei kubische Parabeln als Übergangskurven und der dazwischenliegende Kreisbogen abzustecken sind. Neuerdings hat *Hecht* in seinem vorgenannten Werke vorgeschlagen, irgendeinen Kegelschnitt statt des Kreisbogens samt den Übergangskurven als Bahnkurve zu wählen. Die Absteckung solcher zu den Tangenten symmetrischen Kegelschnittsbahnkurven erfolgt zweckmäßig durch rechtwinklige Koordinaten mit gleichmäßig zunehmenden Abszissen. *Hecht* hat hiernach eine größere Zahl von Hilfstabellen berechnet. Die Anwendung und Absteckung der gemeinen Parabel von der Achse aus als Bahnkurve ist schon behandelt in *Friedr. Proß:* Lehrbuch der praktischen Geometrie. Stuttgart 1838.

passende Werte gewählt, so kann man zunächst die Lage der Tangentenberührpunkte $A_1$, $A_2$ angeben, wenn ihre Abstände $x_1$, $x_2$ von den Ordinatenfußpunkten $F_1$, $F_2$ ermittelt werden. Für diese Längen ergeben sich nach dem Sekantensatz die Ausdrücke

$$x_1 = \sqrt{y_1(2r_1 - y_1)}, \qquad x_2 = \sqrt{y_2(2r_2 - y_2)}. \tag{1191}$$

Die Endpunkte der in $A_1$, $A_2$ senkrecht zu $G_1$, $G_2$ gezogenen Halbmesser $r_1$, $r_2$ bezeichnen im Plan die Mittelpunkte $C_1$, $C_2$ der Bögen $A_1B_1$ und $A_2B_2$. Um diese durch einen sie berührenden Bogen mit dem Halbmesser $r_3$ zu verbinden, muß man für den durch die Abbildung veranschaulichten Fall $r_3$ jedenfalls größer als $r_1$ und $r_2$ annehmen. Hat man einen derartigen Wert gewählt, so ergeben sich in den Differenzen

$$\Delta r_1 = r_3 - r_1, \qquad \Delta r_2 = r_3 - r_2, \tag{1192}$$

deren Summe zudem größer sein muß als die Entfernung $C_1C_2$, die Abstände des Mittelpunktes $C_3$ des dritten Bogens von den schon vorliegenden Mittelpunkten $C_1$ und $C_2$. Punkt $C_3$ kann also durch Einkreuzen mit den Entfernungen $\Delta r_1$, $\Delta r_2$ von $C_1$ und $C_2$ aus leicht zeichnerisch angegeben werden, während die Berührpunkte $B_1$, $B_2$ durch die Verlängerungen $C_3C_1$ und $C_3C_2$ auf den beiden äußeren Anschlußbögen ausgeschnitten werden. Somit läßt sich jetzt aus dem Mittelpunkt $C_3$ mit dem Halbmesser $r_3$ zwischen $B_1$ und $B_2$ auch der dritte Kreisbogen zeichnen.

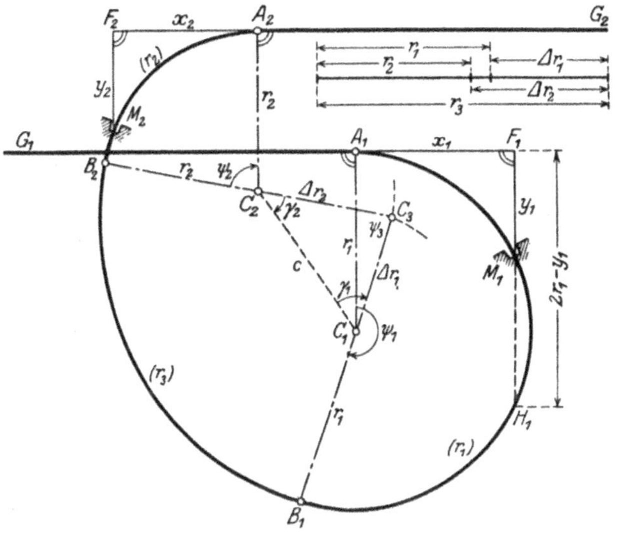


Abb. 438. Berechnung der Absteckungselemente eines dreiteiligen Korbbogens.

Zur Übertragung des Korbbogens in die Natur kann man jeden seiner Teile etwa durch ein regelmäßiges, einbeschriebenes Polygon oder auch in anderer Weise abstecken. Auf jeden Fall braucht man außer den schon bestimmten Halbmessern $r_1$, $r_2$, $r_3$ auch die den zugehörigen Bögen entsprechenden Zentriwinkel $\psi_1$, $\psi_2$, $\psi_3$, für deren Ermittlung die gegenseitige Lage sowohl der Berührpunkte $A_1$, $A_2$ wie auch der Anschlußtangenten $G_1$, $G_2$ bekannt sein muß. Am einfachsten liegen die Verhältnisse, wenn es möglich ist, die Winkel und eine Seite desjenigen Dreiecks zu messen, welches durch die Berührpunkte $A_1$, $A_2$ und den Schnittpunkt der Tangenten $G_1$, $G_2$ gebildet wird. Vielfach aber sind diese Unterlagen nur durch eine größere Triangulierung zu erlangen. Hat man auf diesem Wege die rechtwinkligen Koordinaten von $A_1$, $A_2$ und die Richtungswinkel $(A_1F_1)$, $(A_2F_2)$ der Tangenten $G_1$, $G_2$ gefunden, so ist der weitere Arbeitsgang folgender:

1. Aus den Richtungswinkeln

$$(A_1C_1) = (A_1F_1) + 90^0, \qquad (A_2C_2) = (A_2F_2) - 90^0 \tag{1193}$$

der Strecken $A_1C_1 = r_1$, $A_2C_2 = r_2$ folgen die rechtwinkligen Koordinaten

$$\left.\begin{aligned} x_{C_1} &= x_{A_1} + r_1 \cdot \cos(A_1C_1), & x_{C_2} &= x_{A_2} + r_2 \cdot \cos(A_2C_2), \\ y_{C_1} &= y_{A_1} + r_1 \cdot \sin(A_1C_1), & y_{C_2} &= y_{A_2} + r_2 \cdot \sin(A_2C_2) \end{aligned}\right\} \tag{1194}$$

ihrer Endpunkte, der Kreismittelpunkte $C_1$, $C_2$.

2. Deren Verbindungsstrecke $C_1C_2 = c$ erhält man aus den oben berechneten rechtwinkligen Koordinaten mittels der Formeln

$$(C_1C_2) = \operatorname{arc\,tg} \frac{y_{C_2} - y_{C_1}}{x_{C_2} - x_{C_1}}, \qquad c = \frac{x_{C_2} - x_{C_1}}{\cos(C_1C_2)} = \frac{y_{C_2} - y_{C_1}}{\sin(C_1C_2)} \tag{1195}$$

nach Richtung und Länge.

3. Die Innenwinkel $\gamma_1$, $\gamma_2$, $\psi_3$ des seinen Seiten $c$, $\varDelta r_1$, $\varDelta r_2$ nach bekannten Dreiecks $C_1C_2C_3$ ergeben sich nach dem Halbwinkelsatz aus den Formeln

$$\operatorname{tg} \tfrac{1}{2}\gamma_1 = \sqrt{\frac{(s-c)(s-\varDelta r_1)}{s(s-\varDelta r_2)}}, \qquad \operatorname{tg} \tfrac{1}{2}\gamma_2 = \sqrt{\frac{(s-c)(s-\varDelta r_2)}{s(s-\varDelta r_1)}},$$

$$\operatorname{tg} \tfrac{1}{2}\psi_3 = \sqrt{\frac{(s-\varDelta r_1)(s-\varDelta r_2)}{s(s-c)}}, \tag{1196}$$

wenn

$$s = \tfrac{1}{2}(c + \varDelta r_1 + \varDelta r_2) \tag{1197}$$

den halben Dreiecksumfang bedeutet. Die Bedingung

$$\gamma_1 + \gamma_2 + \psi_3 = 180^0 \tag{1198}$$

bietet eine erwünschte Rechenprobe.

4. Nunmehr erhält man die Richtungswinkel der nach den Berührpunkten $B_1$, $B_2$ führenden Halbmesser, nämlich

$$\left.\begin{aligned}(C_1B_1) &= (C_3B_1) = (C_1C_2) + \gamma_1 + 180^0,\\ (C_2B_2) &= (C_3B_2) = (C_1C_2) - \gamma_2 .\end{aligned}\right\} \tag{1199}$$

Sie werden durch die Beziehung

$$\psi_3 = (C_3B_2) - (C_3B_1) \tag{1200}$$

verprobt.

5. Die noch fehlenden Zentriwinkel $\psi_1$, $\psi_2$ der Bögen $A_1B_1$ und $A_2B_2$ ergeben sich als die Unterschiede der aus den Bogenmittelpunkten nach den zugehörigen Bogenendpunkten führenden Richtungen. Es ist

$$\psi_1 = (C_1B_1) - (C_1A_1), \qquad \psi_2 = (C_2A_2) - (C_2B_2). \tag{1201}$$

Damit hat man alles, was man braucht, um von $A_1$ und $A_2$ aus die Absteckung der Bögen in Angriff zu nehmen[1].

## n) Absteckung eines dreiteiligen Korbbogens mit Übergangskurven an den beiden Außenbögen.

Sind die an die Haupttangenten $G_1$, $G_2$ (Abb. 439) anschließenden Kreisbögen $A_1B_1$, $A_2B_2$ mit den Halbmessern $r_1$, $r_2$ stark gekrümmt, so wird es notwendig, zwischen die Haupttangenten und die genannten Bögen je eine Übergangskurve $\ddot{U}_1$ bzw. $\ddot{U}_2$ (in der Abbildung zur Vermeidung einer Überladung nicht enthalten) einzuschalten. Dabei werden sich, nachdem mittels (1182) und (1183) die Festwerte $q_1$, $q_2$ und die Längen $l_1$, $l_2$ der Übergangskurven gefunden sind, für die Kreistangenten nach (1185) die Verschiebungen $\varDelta_1$ und $\varDelta_2$ ergeben, welche eine Versetzung des Tangentenschnittpunktes $D$ nach $D'$ um den vorerst unbekannten Betrag $p$ und eine ebenso große und gleichgerichtete Verschiebung des ganzen Korbbogens nach innen zu zur Folge haben.

[1] Der Kehrtunnel spielt besonders bei Gebirgsbahnen eine große Rolle. Angaben über wirklich ausgeführte Kehrtunnelabsteckungen in den Alpen und die dabei erzielte Genauigkeit sind z. B. enthalten in a) *Koppe, C.:* Über die Bestimmung der Absteckungselemente für die sieben Kehrtunnels der Gotthardbahn, die Eisenbahn (Schweiz. Z. Bau- u. Verkehrswes.) Bd. 13 (1880) S. 34 bis 37 u. 40—43 (enthält die Berechnungen für den Pfaffensprung- und den Travitunnel sowie Übersichten der anderen Tunnels); b) *Graf, W.:* Die neuen Linien der rhätischen Bahn. Einiges über Tunnelabsteckungen auf der Albulabahn. Schweiz. Bauztg. Bd. 40 (1902) S. 284—290 (die dort für mehrere Kehrtunnels angegebenen Durchschlagsfehler in Länge, Richtung und Höhe betragen jeweils nur wenige cm).

Ist $\varphi$ der bekannte, wie bisher ermittelte Tangentenschnittwinkel, welcher durch $DD'$ in die Teile $\mu, \nu$ zerlegt wird, so ergeben sich zu deren Bestimmung und zur Ermittlung von $p$ die Gleichungen

$$\tfrac{1}{2}(\mu + \nu) = \tfrac{1}{2}\varphi = \gamma_1, \tag{1202}$$

$$\frac{\sin\mu}{\sin\nu} = \frac{\varDelta_1}{\varDelta_2} = \operatorname{ctg}\lambda, \tag{1203}$$

$$\operatorname{tg}\tfrac{1}{2}(\mu - \nu) = \operatorname{tg}\gamma_2 = \operatorname{ctg}(45^0 + \lambda)\operatorname{tg}\gamma_1, \tag{1204}$$

$$\tfrac{1}{2}(\mu - \nu) = \gamma_2, \tag{1205}$$

$$\mu = \gamma_1 + \gamma_2, \qquad \nu = \gamma_1 - \gamma_2, \tag{1206}$$

$$p = \frac{\varDelta_1}{\sin\mu} = \frac{\varDelta_2}{\sin\nu}. \tag{1207}$$

Die Beziehung (1202) folgt unmittelbar aus dem Anblick der Figur. Dasselbe gilt für (1203), wenn man sich nur noch in der Abbildung von $D'$ aus die Senkrechten $\varDelta_1$ und $\varDelta_2$ zu $G_1$ und $G_2$ gezogen denkt. Gleichung (1204) aber entsteht aus (1203) nach Einführung eines Hilfswinkels $\lambda$ in der gleichen Weise wie die bei der trigonometrischen Behandlung des Rückwärtseinschneidens auf S. 141 aufgestellte Beziehung (403) aus (401) hervorging.

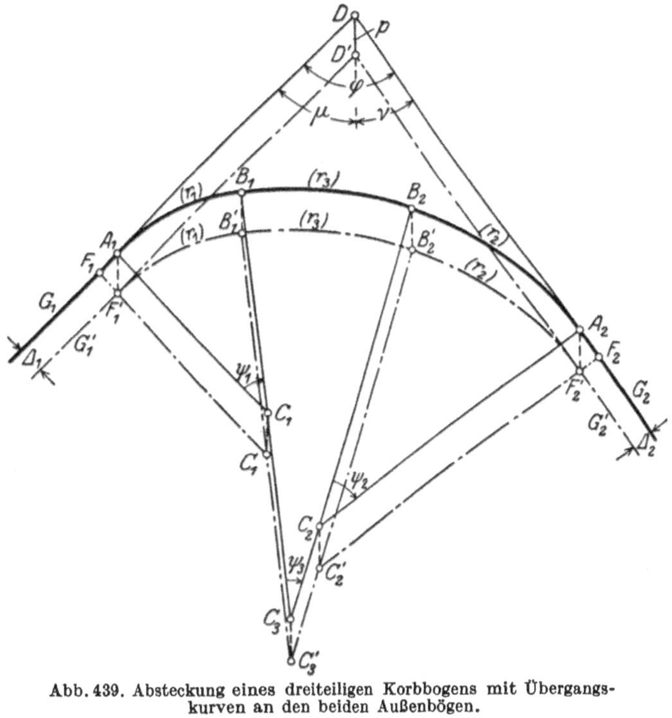


Abb. 439. Absteckung eines dreiteiligen Korbbogens mit Übergangskurven an den beiden Außenbögen.

Bei bekanntem $\mu$, $\nu$, $p$ erhält man nunmehr die zur Absteckung der beiden Übergangskurven notwendigen Punkte $F_1$, $F_2$, sowie die Punkte $F_1'$, $F_2'$ von $A_1$ und $A_2$ aus mittels der rechtwinkligen Koordinaten

$$\left.\begin{aligned} A_1F_1 &= p\cdot\cos\mu,\\ A_2F_2 &= p\cdot\cos\nu,\\ F_1F_1' &= \varDelta_1,\\ F_2F_2' &= \varDelta_2. \end{aligned}\right\} \tag{1208}$$

Mit diesen Unterlagen läßt sich in der früher (S. 387) angegebenen Weise jeder der beiden Übergangsbögen $\ddot{U}_1$, $\ddot{U}_2$ abstecken.

In der Absteckung der Kreisbögen selbst tritt — abgesehen von ihrer Parallelverschiebung — gegen früher keine Änderung ein[1].

## 54. Übersicht der vermessungstechnischen Arbeiten beim Eisenbahnbau.

Bei der Anlage von Verkehrswegen, besonders der Eisenbahnen, spielen auch vermessungstechnische Arbeiten eine große Rolle, deren Bedeutung mit der Schwierigkeit

[1] Am Schluß dieses Kapitels über Absteckungsarbeiten sei auf einige Schriften verwiesen, welche sich mit verwandten Aufgaben beschäftigen, nämlich a) *Waffenschmidt:* Zeichnerische Berechnung von Gleisplänen. Org. Fortschr. Eisenbahnwes. 1921 S. 25—28; b) *Höfer, Max:* Die Absteckung von Gleisbogen aus Evolventenunterschieden. Berlin 1927 (Nalenz-Verfahren); *Höfer, Max:* Über die Absteckung von Bogenweichen. Z. Vermess.-Wes. 1929 S. 401—426.

des Geländes zunimmt. Hauptsächlich kommen sie in Betracht bei den sog. Eisenbahnvorarbeiten, welche man gewöhnlich in Voruntersuchungen, allgemeine Vorarbeiten und ausführliche (spezielle) Vorarbeiten gliedert.

1. Bei den Voruntersuchungen werden mehrere, vielfach durch weite Räume getrennte Linien miteinander verglichen. Für die Wahl der einen oder anderen Linie bleiben Geländeeinzelheiten ohne Bedeutung; dagegen sprechen neben allgemeinen wirtschaftlichen Gesichtspunkten die großen Züge im Antlitz der Natur, wie die Beschaffenheit und Höhenlage etwaiger Gebirgstäler und Gebirgsübergänge ein entscheidendes Wort. In Kulturländern, die im Besitze einer 25000-teiligen topographischen Karte mit Schichtenlinien sind, wird es fast immer möglich sein, auf Grund dieses Kartenwerks eine sichere Auswahl zu treffen. Auch eine 50000-teilige topographische Karte kann noch genügen, wenn sie in bezug auf die Höhendarstellung etwa mittels barometrischer Messungen soweit ergänzt wird, daß sie 10 m- oder mindestens 20 m-Schichtenlinien enthält. Bei der Anlage von Verkehrswegen in kartographisch unbekannten Ländern bleibt freilich nichts anderes übrig, als daß man die einzelnen Linien bereist und sie unter Zuhilfenahme des Barometers, der Bussole, des Schrittzählers oder der Marschzeiten oder eines Wagenrades als Meßrad in flüchtiger Weise aufnimmt. Die Arbeit kann in einem gut gangbaren Gelände durch automatische Meßinstrumente[1], welche, wie z. B. der Pedograph von *Ferguson*, den Reiseweg in der Hauptsache selbsttätig auftragen, wesentlich erleichtert werden. Zur Sicherung solcher Routenaufnahmen werden einzelne ihrer Punkte, in erster Linie ihr Anfangs- und ihr Endpunkt durch geographisch-astronomische Ortsbestimmungen festgelegt[2].

2. Zu den allgemeinen Vorarbeiten gehört vor allem die Herstellung eines zuverlässigen, in größerem Maßstabe gehaltenen Schichtenplans, welcher einen manchmal mehrere hundert Meter breiten Geländestreifen zu beiden Seiten der ihrem ungefähren Verlaufe nach in die Natur übertragenen Linie darstellt. Auf Grund dieses Planes, welchem auch — in der Regel unter Beibehaltung des Längenmaßstabes — die meist 10-fach überhöhten Längenprofile entnommen werden, findet unter Einhaltung gewisser Bedingungen (kleinster Halbmesser, größte Steigung usw.) die Ermittlung einiger Varianten des Verkehrsweges statt, unter denen schließlich die bauwürdigste ausgewählt wird.

Bezüglich des Maßstabes und der Art der Aufnahme solcher Schichtenpläne für allgemeine Vorarbeiten herrscht nun eine große, zum Teil allerdings berechtigte Verschiedenheit!

Ist aus Mangel an geeigneten Planunterlagen eine vollständige Neuaufnahme notwendig, die sich, wie früher beschrieben, auf ein Dreiecksnetz und Polygonzüge stützt, so ist nach dem übereinstimmenden Urteil von erfahrenen Fachmännern der Maßstab 1:5000 als der zweckmäßigste zu bezeichnen. Er reicht zur Darstellung aller wichtigeren Einzelheiten aus und liefert ein noch als übersichtlich zu bezeichnendes Planmaterial, dessen Höhenlinien im Flachland, Hügelland, Mittel- und Hochgebirge zweckmäßig die Abstände 1 m, 2 m, 3 m und 5 m besitzen. Die Ausführungsmethode solcher Neuaufnahmen wird, soweit nicht Vorschriften entscheiden, bis zu einem gewissen Grade immer von der persönlichen Veranlagung und Liebhaberei des Leiters der Arbeiten abhängen. In tieferen, meist unübersichtlichen Lagen wird wohl die Zahlentachymetrie mit dem Theodolit, in dichten Wäldern diejenige mit der Bussole vorzuziehen sein, während in höheren, meist übersichtlicheren Bezirken mit viel Einzelheiten in den Ge-

[1] Siehe z. B. *F. Koll*: Automatische Meßinstrumente (Pedograph, Cyclograph, Hodograph). Z. Vermess.-Wes. 1905 S. 245—251. Ferner siehe Z. Instrumentenkde. 1904 S. 57.

[2] Siehe dazu in *G. v. Neumayer:* Anleitung zu wissenschaftlichen Beobachtungen auf Reisen 1. Bd. 3. Aufl. Hannover 1906; die Beiträge a) *Ambronn, L.:* Geographische Ortsbestimmung auf Reisen S. 1—73; b) *Vogel, P.:* Aufnahme des Reiseweges und des Geländes S. 74—164; c) *Finsterwalder, S.:* Die Photogrammetrie als Hilfsmittel der Geländeaufnahme S. 165—202; d) *Finsterwalder, R.:* Grenzen u. Möglichkeiten der terrestrischen Photogrammetrie, besonders auf Forschungsreisen. Allg. Vermess.-Nachr. 1930.

Auch auf die S. 216, Anm. 1 genannte Arbeit von *P. T. Walther* sei hier noch einmal verwiesen.

ländeformen die Meßtischtachymetrie, besonders in trockenen Ländern, vielleicht bessere Dienste leisten kann. Nimmt mit zunehmender Höhe die Zugänglichkeit des Aufnahmegebietes immer mehr ab, während es doch gut eingesehen werden kann, so versagen die genannten Methoden, und es kommt die Photogrammetrie als Hilfsmittel der Geländeaufnahme zu ihrem Recht. Nur in einzelnen, besonders einfachen Fällen, z. B. bei der Aufnahme eines nahezu horizontalen Talbodens, genügt es auch, mit dem Nivellierinstrument eine hinreichende Zahl von Querprofilen aufzunehmen, welche in geeigneten Punkten des gut einnivellierten Längenprofils eines Polygonzuges gelegt werden.

Sind bereits Horizontalpläne vorhanden (z. B. in Württemberg die Flurpläne 1:2500, in Bayern die Katasterpläne 1:5000), so braucht man diese nur innerhalb des aufzunehmenden Streifens in bezug auf die Höhen zu ergänzen, was je nach der Geländebeschaffenheit durch geometrisches Flächennivellement, durch halbtrigonometrische Höhenmessung oder auch tachymetrisch erfolgen kann, während das barometrische Flächennivellement, als für diesen Zweck zu ungenau, hier nicht in Betracht kommt. Im übrigen ist ein großer Teil der allgemein zugänglichen württembergischen Flurkarten bereits mit Höhenlinien versehen, und auch in Bayern werden vom topographischen Büro in die 5000-teiligen Katasterblätter Höhenlinien eingetragen[1]. Etwas umständlicher liegen die Verhältnisse, wenn, wie z. B. in Preußen, die Lagepläne der Fluraufnahmen in verschiedenen Maßstäben und zusammenhanglos vorliegen. Solche Pläne muß man erst auf einen passenden, gemeinsamen Maßstab bringen und hierauf durch Aneinanderfügen längs der Gemeindegrenzen — so gut es geht — zu einem Ganzen verbinden. Die in manchen Ländern vorhandenen 10000-teiligen Übersichtspläne der Katasteraufnahme sind, wenn es sich nicht um ganz einfache Verhältnisse handelt, in der Regel doch zu klein, um nach Ergänzung in bezug auf die Höhen für die Ermittlung der bauwürdigsten Linie eine zuverlässige Grundlage abzugeben. Neuerdings hat man mit der Anlage einer allgemeinen deutschen Wirtschaftskarte 1:5000 begonnen. Sie wird aber nicht in einem Zuge hergestellt, sondern jeweils nur nach Bedürfnis erweitert.

In Österreich hat es sich eingebürgert, unter Beiseitelassung der früher ebenfalls benutzten Katasterblätter, für die allgemeinen Vorarbeiten vollständige Neuaufnahmen (Zahlentachymetrie) in dem großen Maßstabe 1:1000 auszuführen. Dieses Verfahren kommt allerdings ziemlich teuer; es sind aber auch für die hernach zu besprechenden speziellen Vorarbeiten keine besonderen Aufnahmen mehr vorzunehmen.

3. Zur Vornahme der ausführlichen Vorarbeiten ist zunächst die auf Grund der allgemeinen Vorarbeiten ermittelte bauwürdigste Linie aus dem Plan in die Natur zu übertragen und dauerhaft zu bezeichnen. Bei dieser Gelegenheit hat man es häufig mit der Absteckung von sehr langen Geraden zu tun, während die Bögen in der Regel noch nicht ausgesteckt werden. Längs der ins Feld übertragenen Linie findet ein genaues Längennivellement und die Aufnahme einer genügenden Zahl von kurzen Querprofilen statt. Diese Messungen, nach welchen Profile in größerem Maßstabe (1:1000 und größer) hergestellt werden, bilden nicht nur die Grundlage für die endgültige, genaue Massenberechnung, sondern auch für die genaue räumliche Anordnung der verschiedenen Kunstbauten. Für letzteren Zweck sind manchmal auch noch Detailaufnahmen in größerem Maßstabe erforderlich. Stellt sich auf Grund der letzten Berechnungen die Notwendigkeit einer kleinen Rückung der Linie heraus, so sollen davon im allgemeinen die vorgesehenen Kurven möglichst wenig berührt werden, da Bögen vielfach eingelegt werden, um die Linie zwischen nahe aneinander liegenden Hindernissen ungefährdet hindurchzuführen. Liegt der Verkehrsweg nunmehr endgültig fest, so wird man auch die verschiedenen Bogenabsteckungen vornehmen und die Richtungsangaben für etwaige Tunnelabsteckungen durchführen.

---

[1] Diese durch Höhenlinien ergänzten 5000-teiligen Blätter sind allerdings nur als Grundlage für die Herstellung der topographischen Blätter in 1:25000 gedacht.

4. Eine wichtige vermessungstechnische Aufgabe, die jedoch mit dem eigentlichen Bau von Verkehrswegen nichts zu tun hat, bildet die Vermarkung und Vermessung der neuen Eigentumsgrenzen, sowie die Herstellung der Grunderwerbspläne. Derartige Aufnahmen müssen — wenigstens in Kulturländern — mit der größten Sorgfalt durchgeführt werden und erfolgen heute fast ausnahmslos auf trigonometrischer Grundlage nach der Koordinatenmethode. Diese Arbeiten werden, da es sich hierbei um Eigentumsfragen und um die Laufendhaltung des Grundbuchs handelt, von einer unparteiischen Instanz, nämlich durch die von Staats wegen aufgestellten Geometer bzw. Vermessungsingenieure nach besonderen Vermessungsanweisungen vorgenommen[1].

---

[1] Zum Schluß dieser Ausführungen sei noch auf die einschlägigen wertvollen Untersuchungen von *C. Koppe* hingewiesen, nämlich a) Die topographischen Grundlagen bei Eisenbahnvorarbeiten in verschiedenen Ländern. Z. Vermess.-Wes. 1910 S. 401—410 und b) Die vermessungstechnischen Grundlagen der Eisenbahnvorarbeiten in Deutschland und Österreich. Org. Fortschr. Eisenbahnwes. N. F. Bd. 49 (1912) S. 127—129, 145—147, 163—168, 181—185. Siehe ferner *Puller:* Über Eisenbahnvorarbeiten. Z. Vermess.-Wes. 1898 S. 153—162.

An einschlägigen amtlichen Vorschriften seien erwähnt: a) in Baden: Vorschriften für die Bearbeitung genereller Eisenbahnprojekte aus dem Jahre 1885 (ihnen folgten 1888 die Mitteilungen über die Herstellung topographischer Karten mit Horizontalkurven zur Bestimmung der Zugrichtung von Eisenbahnen, Straßen und Kanälen von *v. Würthenau*); b) in Preußen insbesondere: 1. Bestimmungen für die Aufstellung der technischen Vorarbeiten zu Eisenbahnanlagen im Königreich Preußen vom Oktober 1871, 2. Vorschriften über allgemeine Vorarbeiten für Eisenbahnen (preußisch-hessische Staatsbahnen) vom 1. August 1911, 3. Vorschriften für das Vermessungswesen im Bereiche der preußisch-hessischen Eisenbahngemeinschaft vom Januar 1913.

# Sachverzeichnis.

**Photogrammetrie und Luftbildwesen.** Bearbeitet von **R. Hugershoff.** („Handbuch der wissenschaftlichen und angewandten Photographie“, Band VII.) Mit 271 Abbildungen. VII, 264 Seiten. 1930. RM 28.—; gebunden RM 30.80

Bei der sehr schnellen Entwicklung der Methoden zur Verwertung der Luftbildaufnahmen jeglichen Geländes, dem ungeheuren Fortschritt seit Beendigung des Krieges im Bau geeigneter Ausmaßapparate, der Aufnahmegeräte und der Hilfsmittel zur korrekten Durchführung der Bildflüge war es natürlich, daß die Literatur darüber sehr umfangreich wurde. Es fehlte aber bisher an einem wissenschaftlichen Werk, das uns die Errungenschaften in geschlossener Form übermittelte und die Entwicklung Schritt für Schritt vorführte.

Hier liegt es uns vor aus der Feder eines genialen Erfinders auf dem Gebiete der Photogrammetrie.

Ein Wegweiser für alle Arbeiten im Gebiete der Photogrammetrie, ein Nachschlagewerk für alle Fragen der Theorie und Praxis, ein Lehrbuch für alle, die sich in das weite Gebiet einarbeiten wollen. 271 Abbildungen im Text tragen zum Verständnis des Dargebotenen sehr wesentlich bei, und ein erschöpfender Nachweis der einschlägigen Literatur gibt dem, der in Einzelheiten tiefer eindringen will, die nötigen Hinweise.

*„Mitteilungen des Reichsamts für Landesaufnahme“*

---

* **Beobachtungsbuch für markscheiderische Messungen.** Herausgegeben von **G. Schulte** und **W. Löhr**, Markscheider der Westf. Berggewerkschaftskasse und ord. Lehrer an der Bergschule zu Bochum. Fünfte, durchgesehene Auflage. Mit 18 Textabbildungen und 15 ausführlichen Messungsbeispielen nebst Erläuterungen. IV, 144 Seiten und 8 Seiten Schreibpapier. 1929. RM 5.40

Neben allgemeinen Grundsätzen für die Führung des Beobachtungsbuches enthält das Buch Angaben über die Einteilung und den Zweck der Meßpunkte und Meßlinien über Tage. Es gibt sodann für die einzelnen Arten von Messungen — Lage-, Höhenbestimmungen und besondere Aufnahmen — an, welche Hilfsmittel bei ihrer Ausführung gebraucht werden, und weist nach, in welcher Weise die einzelnen Arten der Lage- und Höhenmessungen über und unter Tage durchgeführt werden. Für jede der Messungsarten ist ein genügend umfangreiches Beispiel eingetragen, aus welchem alles Charakteristische der betreffenden Messung zu ersehen ist.

*„Zeitschrift des Oberschlesischen Berg- und Hüttenmännischen Vereins“*

---

**Lehrbuch der Markscheidekunde.** Von Dr. phil. **P. Wilski**, o. Professor der Markscheidekunde an der Technischen Hochschule zu Aachen.

*Erster Teil: Mit 131 Abbilduugen im Text, einer mehrfarbigen und 27 schwarzen Tafeln. VIII, 252 Seiten. 1929. Gebunden RM 26.—

Zweiter Teil: Mit 101 Abbildungen im Text, 7 mehrfarbigen und 16 schwarzen Tafeln. VI, 272 Seiten. 1932. Gebunden RM 34.—

---

**Physikalisches Handwörterbuch.** Herausgegeben von Dr.-Ing. e. h. Dr. phil. **Arnold Berliner** und Geh. Reg.-Rat Professor Dr. phil. **Karl Scheel.** Zweite Auflage. Mit 1114 Textfiguren. VI, 1428 Seiten. 1932. RM 96.—; gebunden RM 99.60

---

* **Lehrbuch der Physik** in elementarer Darstellung. Von Dr.-Ing. e. h. Dr. phil. **Arnold Berliner.** Vierte Auflage. Mit 802 Abbildungen. V, 658 Seiten. 1928. Gebunden RM 19.80

---

* *Auf alle vor dem 1. Juli 1931 erschienenen Bücher des Verlages Julius Springer-Berlin wird ein Notnachlaß von 10% gewährt.*

GPSR Compliance

*The European Union's (EU) General Product Safety Regulation (GPSR) is a set of rules that requires consumer products to be safe and our obligations to ensure this.*

*If you have any concerns about our products, you can contact us on ProductSafety@springernature.com*

In case Publisher is established outside the EU, the EU authorized representative is:

Springer Nature Customer Service Center GmbH
Europaplatz 3
69115 Heidelberg, Germany

Batch number: 10704763

Printed by Printforce, the Netherlands